W0257054

Das Gedingewesen im Bergbau

Von

Franz Dohmen VDI

Dipl.-Berging., Dr.-Ing. habil.,
Privatdozent für Bergbauliche Betriebslehre
an der Rheinisch-Westfälischen Technischen Hochschule zu Aachen

Mit 214 Abbildungen und 130 Tafeln
im Text

Springer-Verlag

Berlin / Göttingen / Heidelberg

1953

ISBN-13: 978-3-642-92588-7   e-ISBN-13: 978-3-642-92587-0
DOI: 10.1007/978-3-642-92587-0

Zum Geleit.

Eine fortschrittliche Industrie muß stets bestrebt sein, nach neuen Mitteln und Wegen zu suchen, um ihre Leistungsfähigkeit zu steigern. Solches Bestreben ist besonders wichtig für eine so bedeutsame Grundstoffindustrie, wie sie der Kohlenbergbau ist. Die Leistungsfähigkeit des Kohlenbergbaus kommt sowohl in der Höhe der Förderung zum Ausdruck als in den Selbstkosten, da von ihnen der Kohlenpreis bestimmt wird. Die Höhe des Kohlenpreises aber beeinflußt die Leistungsfähigkeit und Konkurrenzfähigkeit einer Vielzahl von Industriezweigen und damit letztlich den Lebensstandard der Bevölkerung.

In dem stark lohnintensiven Steinkohlenbergbau entfallen rund 50% der Produktionskosten auf die Arbeitskosten, die wieder etwa zur Hälfte gedingeabhängig sind. D. h. rund ein Viertel der Selbstkosten des Steinkohlenbergbaus werden von der dem Bergbau eigenen Art der leistungsabhängigen Lohnfestsetzung beeinflußt. Man sollte daher annehmen, daß Bergbautechnik und Wissenschaft sich mit den Problemen des Gedingewesens schon seit langem auseinandersetzten und sich bemühten, sie einer bestmöglichen Lösung zuzuführen. Das Gegenteil ist der Fall. Zwar ist die Lohnfestsetzung durch Gedingeabschluß schon seit Jahrhunderten im Bergbau üblich, aber genau so alt sind die heute noch vielfach geübten Methoden der Gedingesetzung. In den meisten Fällen wird ein Gedinge auch heute noch auf Grund von Erfahrungswerten durch Aushandeln zwischen den beiden Gedingeparteien abgeschlossen. Eine ins einzelne gehende Gedingekalkulation unter Benutzung gemessener oder berechneter Zeitaufwandswerte für die den Gesamtarbeitsablauf ausmachenden Arbeitsvorgänge findet nur selten statt. So ist es unausbleiblich, daß es zu Fehlabschlüssen kommt, die entweder Arbeiter oder Betrieb benachteiligen und Unzufriedenheit und eine Verschlechterung der Betriebsatmosphäre zur Folge haben.

Gewiß ist es gerade im Bergbau schwierig, einen der menschlichen Arbeitsleistung entsprechenden, gerechten Lohn zu ermitteln. Wirken doch auf die Arbeit des Bergmanns so viele Faktoren ein, die sich stetig ändern und in vielen Fällen nach dem heutigen Stand der Erkenntnisse nicht exakt zu messen oder zu berechnen sind. Aber dennoch darf der Bergbau vor solchen Schwierigkeiten nicht zurückschrecken, er muß weiter bemüht sein, den ursächlichen Zusammenhang der Gedinge-Einflußgrößen und der Arbeitsleistung zu erforschen, um das Gedingewesen zu einer geordneten und neuzeitlichen Gedingewirtschaft weiterzuentwickeln.

Erfreulicherweise ist in den letzten Jahren die Scheu, sich mit dem heißen Eisen „Gedingewesen" zu beschäftigen, langsam gewichen und eine stärkere Erörterung der Gedingeprobleme scheint sich allmählich anzubahnen. Aber diese Bemühungen befaßten sich ausschließlich mit Einzelfragen, es fehlte eine zusammenfassende Darstellung des ganzen Fragenkomplexes. Um so mehr ist das Erscheinen des vorliegenden Buches von Herrn Dr.-Ing. habil. DOHMEN zu begrüßen, der in umfassender Schau die vielfältigen Probleme, die das Gedingewesen birgt, aber auch Wege und Möglichkeiten aufzeigt, die zu einer befriedigenden Lösung dieser Probleme führen können. Der besondere Wert dieses Buches liegt darin, daß es von einem Manne geschrieben wurde, der seit vielen Jahren sich in der Praxis mit Fragen des Gedingewesens auseinanderzusetzen hatte und der stets bemüht war, von der reinen Empirie mit ihren erheblichen Mängeln abzugehen, und versucht hat, Gesetze und Regeln abzuleiten, auf denen die Erscheinungen des Betriebes beruhen. Ausgehend von seinen reichen Erfahrungen, ist so dem Verfasser eine bemerkenswerte wissenschaftlich-theoretische Durchdringung dieses vielfältigen Fragenkomplexes gelungen, die den Grund legt für einen methodischen Aufbau des gesamten bergmännischen Gedingewesens. Man darf dieses Buch werten als einen weiteren Schritt auf dem Wege der Vergeistigung menschlicher Tätigkeit, die sich allenthalben abzeichnet und die den Menschen befähigt, zu Entschlüssen zu kommen, die einen größeren objektiven Wert und einen höheren Grad an Richtigkeit haben und der Subjektivität soweit als möglich entkleidet sind.

Aachen, im Januar 1953. **C. H. Fritzsche.**

Geleitwort.

Sicher können mit einer ordnungsmäßig nach neuzeitlichen Methoden geführten „Gedingewirtschaft" bislang ungenutzte Möglichkeiten der Leistungssteigerung wirksam werden. Wir sind überzeugt, daß eine Lohngestaltung, die die Leistung des Bergmannes zutreffend und dem Bergmann leicht verständlich wertet, manche Spannungen im Betrieb beseitigen wird. Aus diesen Gründen haben wir seit langen Jahren jeden Versuch unserer Mitarbeiter begrüßt und unterstützt, der unsere Werke und darüber hinaus den ganzen Bergbau auf diesem Wege einen Schritt weiterzubringen geeignet erschien. Wir haben daher auch dem Verfasser gern die Möglichkeit gegeben, der akademischen Jugend die Probleme des Gedingewesens nahezubringen, da u. E. die Hauptlast der Weiterentwicklung auf diesem wichtigen Teilgebiet des Betriebslebens dem Nachwuchs zufallen wird. Wir sind auch der Meinung, daß es an der Zeit ist, die Arbeit in der Breite aufzunehmen, damit die erarbeiteten Erkenntnisse, Gedanken und Methoden baldmöglichst allgemein angewandt werden.

In diesem Sinne wünschen wir dem Werk unseres Mitarbeiters, daß ihm Erfolg beschieden sein möge.

Bochum, im Januar 1953.

Der Vorstand der Bergbau-Aktiengesellschaft Lothringen.

Vorwort.

Mit der Behauptung, daß von allen Industriezweigen als erster der Bergbau den leistungsabhängigen Lohn anwandte, geht man angesichts der geschichtlichen Entwicklung des Gedingewesens kaum fehl. Findet sich doch bereits in der Meißener Bergordnung [*156*, S. 493] vom Jahre 1328 eine Bestimmung, die das Gedinge betrifft. Und schon das 15. Jahrhundert hat Vorschriften über das Gedinge entwickelt, die bis zur neuzeitlichen Berggesetzgebung in Geltung geblieben sind [*156*, S. 493]. Dagegen ist das Wort „Akkord" erst im 16. Jahrhundert aus der französischen in die deutsche Sprache übernommen worden[1]. Die Annahme würde demnach durchaus naheliegen, daß das Gedingewesen im bergmännischen Schrifttum einen verhältnismäßig größeren Niederschlag gefunden haben müsse, als dies beim Akkordwesen in Büchern und Zeitschriften anderer Wirtschaftszweige der Fall sein würde. Doch gerade das Gegenteil ist festzustellen. Während sich die übrige Industrie seit mehreren Jahrzehnten in immer mehr zunehmendem Umfange mit Fragen der Lohngestaltung befaßte, sind im Schrifttum des deutschen Bergbaus erst in allerjüngster Zeit Ansätze bemerkbar geworden, die darauf schließen lassen, daß die Erörterung des „Gedingeproblems" allgemein in Fluß zu kommen beginnt. Auf den Gang der sich andeutenden Weiterentwicklung werden die durch das Mitbestimmungsgesetz und durch den Einsatz von Arbeitsdirektoren gekennzeichneten neuen Gegebenheiten nicht ohne Auswirkung bleiben. Der Bergtechniker der kommenden Jahre wird sich daher von dem Typus der Vergangenheit wesentlich unterscheiden müssen. Für ihn gilt das Wort des spanischen Philosophen ORTEGA Y GASSET: „Mögen die Techniker erkennen, daß es, um Techniker zu sein, nicht genügt, Techniker zu sein." Der Bergtechniker wird sich in Zukunft weit mehr als bisher mit den Aufgaben befassen müssen, die mit dem Kennwort „Der Mensch im Betrieb" umrissen sind. Und eine der wesentlichsten Fragen dieses Bereiches ist die des Lohnes, wobei im Betriebe, da die sog. Schichtlohnsätze in den überbetrieblichen Verhandlungen der Tarifpartner festgelegt werden, das ganze Schwergewicht dem Gedingelohn auflastet. Eine Umformung des Gedingewesens nach neuzeitlichen Erkenntnissen und Gesichtspunkten wird in der kommenden Zeit eine erstrangige und unaufschiebbare Aufgabe des Bergtechnikers sein, wenn er seiner Sendung als Ingenieur, als Vertreter des ingeniums, die Treue halten und nicht zum ausschließlichen homo faber herabsinken will.

Das weite Fragenfeld des Gedingewesens in gleicher Weise dem Betriebspraktiker und dem bergmännischen Nachwuchs zu erschließen, ihnen Wegweiser und Ratgeber beim Studium und im Betriebe zu sein, ist das Ziel des vorliegenden Buches. Es gründet sich auf die Erfahrungen einer 25jährigen Tätigkeit im Bergbau an der Ruhr und auf die seit 1949 an der Rhein.-Westf. Technischen Hochschule zu Aachen über das Gedingewesen gehaltenen Vorlesungen. In den Betrachtungskreis einbezogen wurden, soweit es die Belange des Bergbaus zweckdienlich erscheinen ließen, Erkenntnisse und Erfahrungen anderer Industriezweige. Auch sind im ausländischen Bergbau entwickelte Verfahren berücksichtigt. Trotz alldem ist sich der Verfasser bewußt, daß sein Werk nur ein Anfang sein kann, ein Versuch, den Grund zu legen, der dem Bergbau zu einem methodischen Aufbau seines Gedingewesens bis heute noch fehlt. Möge das Buch hinausgehen und Freunde finden. Möge es vor allem Anreger zur Weiterarbeit und ein Beitrag zur Erreichung des Zieles sein, das jedem verantwortungsbewußten Bergmann vorschwebt: ein alle Schwierigkeiten überwindendes und alle Unzulänglichkeiten ausgleichendes Gedingewesen.

---

[1] WASSERZIEHER, E.: Woher? Ableitendes Wörterbuch der deutschen Sprache. 12. Aufl., S. 101, Bonn 1950.

Zum Schluß sei all der vielen gedacht, denen ich für Förderung und Unterstützung meiner Arbeiten auf dem Gebiete des Gedingewesens zu Dank verpflichtet bin. Sie alle namentlich aufzuführen, ist schlechterdings unmöglich. Für viele mögen hier nur zwei Namen stehen: Herr Bergwerksdirektor EWALD AUFERMANN, mein verehrter Altlehrmeister, unter dessen verständnisvoller Leitung ich die ersten verantwortlichen Schritte in das Neuland „Gedinge" tat, und Herr Prof. Dr. Dr.-Ing. C. HELLMUT FRITZSCHE, dem ich für das freundliche Geleitwort zu diesem Buche herzlich danke und der meiner wissenschaftlichen Arbeit auf dem Gebiete des Gedingewesens immer reges Interesse entgegenbrachte. Zu großem Dank verpflichtet bin ich sodann dem Vorstand der Bergbau-AG. Lothringen, der mir in großzügiger Weise die Ausarbeitung und Durchsetzung neuer Gedankengänge im Betriebe ermöglichte, Sorge für meine Unterrichtung über außerbetriebliche Erfahrungen trug, mir bezüglich meiner Lehrtätigkeit größtes Verständnis und Entgegenkommen bewies und gerne meinem Wunsche nachkam, meinem Werk ein Wort des Geleites zu geben. Dankbar erwähnen muß ich weiter die uneigennützige Unterstützung, die mir Herr Studienrat Dr. KARL WEIS beim Lesen der Korrekturen lieh. Schließlich gebührt mein aufrichtiger Dank dem Springer-Verlag für seine Bemühungen um die treffliche Ausstattung des Werkes.

Bochum-Gerthe, im Januar 1953.

F. Dohmen.

Inhaltsverzeichnis.

1 Gegenwartsfragen des Gedingewesens.

10 Vorbemerkungen.

Auf wohl keinem Teilgebiet des bergbaulichen Betriebslebens steht heute eine so große Zahl der Lösung entgegendrängender Probleme an, wie sie im Gedingewesen zu finden ist. Es erscheint daher angebracht, in einem kurzen einleitenden Abriß eine Übersichtsschau über das weite Gebiet des bergmännischen Gedinges zu geben und dabei insbesondere auf Fragen hinzuweisen, die derzeitig lebhaft erörtert werden.

Das Gedinge ist ein Vertrag, der, wie jeder andere, auf der Gleichberechtigung und der Gleichgewichtigkeit der beiden Vertragspartner aufzubauen hat (Abb. 1). Aus diesem Grundprinzip leiten sich zunächst die Grundforderungen der Lohngerechtigkeit und der Wirtschaftlichkeit ab, wobei die Lohngerechtigkeit dem Arbeiter seinen Anteil am Erzeugnis zuwägt, während das Gebot der Wirtschaftlichkeit die Belange des Unternehmens wahrt. Die Ehe zwischen Lohngerechtigkeit und Wirtschaftlichkeit wäre aber unvollkommen ohne ihr Kind, den Leistungsanreiz.

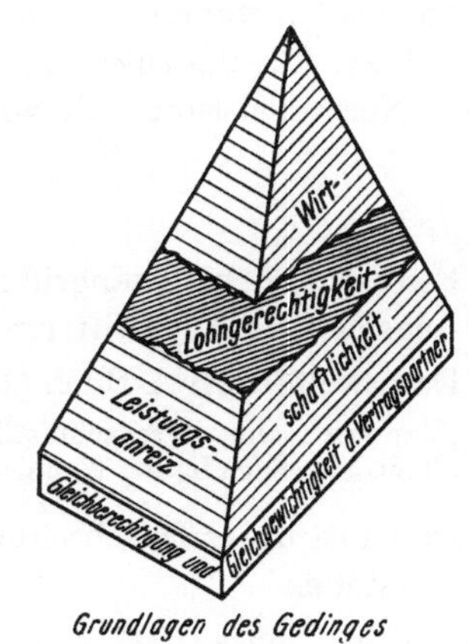

Grundlagen des Gedinges

Bezeichnet man den der Normalleistung korrelaten Lohn als „Normallohn", so ist ein Gedinge lohngerecht, wenn aus ihm bei erbrachter Normalleistung der Normallohn, jedenfalls aber kein niedrigerer Lohn als der Normallohn erfließt. Wirtschaftlich ist es, wenn es für die erbrachte Normalleistung den Normallohn, jedenfalls aber keinen höheren Lohn als den Normallohn auswirft. Der Gedingevertrag muß also auf der Normalleistung und einem Lohn, der in seiner erwarteten Höhe dem Normallohn entspricht, als funktional abhängigen Größen aufgebaut werden. Diese Abhängigkeit legt *einen*, und zwar den charakteristischen Punkt der Gedingekurve fest (Abb. 1), die in ihrem Gesamtverlauf das Verhältnis zwischen Lohn und Leistung für den gesamten Leistungsbereich regelt. Die Art der funktionalen Verknüpfung muß durch die Maxime des Leistungsanreizes bestimmt werden, wobei dessen Einflußgrenzen eindeutig dadurch festgelegt sind, daß zwangsläufig ein zu hoher Leistungsanreiz im oberen Leistungsbereich zur Unwirtschaftlichkeit und im unteren zur Lohnungerechtigkeit führt, während ein zu niedriger umgekehrt im oberen Leistungsbereich lohnungerecht, im unteren unwirtschaftlich ist.

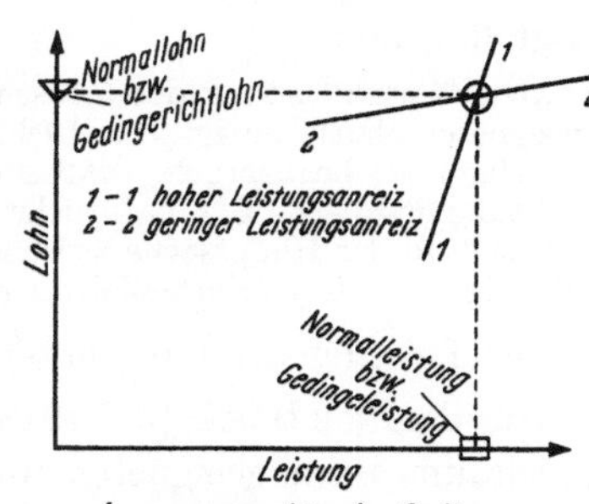

Ausgangspunkte des Gedinges

Abb. 1. Grundlagen und Ausgangspunkte des Gedinges.

Bei einer systematischen Untersuchung der Gedingefrage würden demnach zunächst folgende Hauptpunkte zu behandeln sein:

1. Der bei der Gedingeberechnung anzusetzende Lohn. — 2. Die Normalleistung. — 3. Die Gestaltung der Gedingekurve.

11 Der Gedingerichtlohn.

Wenn eingangs der Normallohn als das lohnmäßige Ergebnis einer in der Vergangenheit liegenden, erbrachten Normalleistung angesprochen wurde, so wird man den Lohn, auf den das in die Zukunft zielende Gedinge ausgerichtet wird, zweckmäßig als „Gedingerichtlohn" bezeichnen. Die Festsetzung der Höhe dieses Gedingerichtlohnes ist keine Betriebsangelegenheit, sondern die Aufgabe über- bzw. außerbetrieblicher Stellen. Er müßte als solcher in die Lohnskala des Tarifvertrages aufgenommen werden, die ihn bislang nicht kennt. Im Betriebe legt man im allgemeinen den Gedingen den Soll-Hauerdurchschnittslohn der Tariflohnskala zugrunde. Die Tatsache, daß man hiervon abweichend bei den Gesteinshauern vielfach einen höheren Lohn ansetzt, dürfte allein schon genügen, die Festsetzung von Gedingerichtlöhnen in der Tariflohnskala zu empfehlen. Zweifellos würde durch diese Maßnahme eine größere Einheitlichkeit in der Gedingesetzung erreicht, insbesondere bei den Gesteinshauer-Gedingen, bei denen heute verschieden hohe Löhne als Grundlage des Gedinges verwandt werden.

12 Die Normalleistung.

120 Vorbemerkungen.

Bezüglich der Normalleistung ist vorab festzustellen, daß eine allgemein anerkannte Definition dieses Begriffes im Bergbau fehlt, wenn er auch in der Gedingetechnik des Betriebes dauernd angewandt wird. Sicher ist, daß in dem Fehlen einer gültigen Begriffsbestimmung für die Normalleistung nicht nur eine Reihe von Gedingestreitigkeiten ihre Wurzel finden wird. Daß der deutsche Bergbau heute noch über keinerlei verbindliche Leistungsrichtwerte verfügt, ist ebenso eine Folge des Umstandes, daß der Begriff der Normalleistung noch nicht eindeutig und bindend festgelegt ist. Für die zukünftige Gestaltung des Gedingewesens muß daher die genaue Umreißung der „Normalleistung" als vordringlichste Aufgabe angesehen werden.

121 Begriffsumgrenzung.

Es erscheint bei Inangriffnahme dieser Aufgabe geboten, zunächst einen Blick in das arbeitswissenschaftliche Schrifttum zu werfen.

Das zweite REFA-Buch [*184*] sagt:

„Man wird eine durchschnittliche Leistung zugrunde legen müssen, die normalerweise dauernd ohne gesundheitliche Schädigung eingehalten werden kann (Normal-Leistung)."

Dabei ist unter Durchschnitt offenbar ein statistischer, ein Erfahrungswert (Leistungsergebnis) zu verstehen.

Der im Jahre 1943 erschienene Leitfaden für die Lohngestaltung Eisen und Metall [*140*] sagt folgendes:

„Die Normalleistung des Menschen ist diejenige Leistung, die von einer Großzahl für die jeweilige Arbeit geeigneter Menschen im Durchschnitt auf Dauer eingehalten werden kann, sowie Können und Einsatz des einzelnen so beansprucht, daß sein Leistungsergebnis das Urteil „befriedigend" im Sinne einer mittleren Leistung verdient. Der natürliche Streubereich der menschlichen Leistung erstreckt sich erfahrungsgemäß hiernach in der Hauptsache zwischen etwa 75 und etwa 125% Leistungsgrad ... Besonders häufig kommt die 100%ige Leistung (Normalleistung) vor."

Die Leistungsstreuung entspricht der GAUSSschen Verteilungskurve.

Aus den von BÖHRS [*34*] 1948 gemachten Angaben ergibt sich, daß er den allgemeinen Leistungsspielraum beim geeigneten und geübten Arbeiter als zwischen 100 und 133% Leistungsgrad liegend ansieht.

EULER [*74*] definiert die Normalleistung wie folgt:

„Normalleistung = diejenige menschliche Leistung, die bei ausreichender Eignung und bei voller Übung nach vollzogener Einarbeitung und bei normalem wirksamen Kräfteeinsatz im Mittelwert der natürlichen Leistungsschwankungen des einzelnen Arbeiters während der beeinflußbaren Zeit aufeinanderfolgender Schichten ohne Gesundheitsschädigung von allen denjenigen Arbeitern erreicht und erwartet wird, die den obigen Voraussetzungen genügen.
Voraussetzung ist ferner dabei, daß die vorgegebene Verlustzeit und — falls notwendig — die Erholungszeit eingehalten werden."

EULER sagt weiter:

„Die Normalleistung liegt also auf der Grenze von zureichender und nicht zureichender Leistung im arbeitswissenschaftlichen Sinn. Diese Grenze umfaßt für den einzelnen Arbeitsfall einen Streubereich von etwa $\pm 5\%$ um 100% herum."

MAUCHER [*148*] nimmt zu der Begriffsbestimmung von EULER wie folgt Stellung:

„Der arbeitswissenschaftlich geschulte Leser erkennt sofort den erheblichen Niveauunterschied dieses neuen Normalleistungsbegriffes gegenüber allen vorherigen Formulierungen. Die neue Normalleistung hat gegenüber diesen eine offensichtliche Abwertung erfahren, und zwar liegt sie jetzt nicht mehr zwischen der „schwachen" und „guten" Leistung im Sinne der Definition des Leitfadens für die Lohngestaltung Eisen und Metall, sondern „bildet die untere Grenze der betrieblich tragbaren Leistung."

FORNALLAZ [*84*] äußert sich zur Frage der Normalleistung u. a. wie folgt:

„Fast alle in der Praxis feststellbaren Leistungsgrade kommen in dem Bereich von 100—130/140% vor."

Und weiter

„Der Mittelwert liegt wenig unterhalb 120%. Die Verteilung ist asymmetrisch, der häufigste Wert liegt etwa bei 115%."

Hierzu äußert sich MAUCHER [*148*] wie folgt:

„. . . möchten wir behaupten, daß das Häufigkeitsbild der Leistungen sich mit zunehmender statistischer Masse elementar-theoretisch einer GAUSSschen Kurve nähern muß. An Hand . . . beachtlichen Zahlenmaterials können wir FORNALLAZ' Behauptung von der Asymmetrie der Häufigkeitskurve als Normalfall nicht anerkennen."

In einem Sonderdruck der Industrie- und Handelskammer Augsburg, betitelt „Arbeits- und Zeitstudien in USA", findet sich auf die Frage „Wenn die Normalleistung 100% gesetzt wird, wieviel Prozent dieser Normalleistung beträgt nach amerikanischer Auffassung der höchstmögliche vom Arbeiter zu haltende Leistungsgrad?" folgende Antwort:

„In seltenen Fällen können bei ganz besonders geschickten Arbeitern bis zu 150% Verdienst auftreten. Das ist aber eine Seltenheit. Im allgemeinen sind 140 oder nur 135% die Spitzenleistung."

HEITBAUM [*106*] äußert sich zum „Problemkreis der Normalleistung" wie folgt:

„Die Frage, welche Leistung man als normal ansehen könne, ist bisher sehr verschieden beantwortet worden. In der ursprünglichen Refa-Auffassung hat man die Durchschnittsleistung zur Normalleistung erklärt . . . Bei der Neufassung des REFA-Buches, das in absehbarer Zeit erscheinen soll, ist man jedoch von dieser Auffassung abgegangen. Heute gilt als „Normalleistung" diejenige Leistung, „die von jedem hinreichend geeigneten Arbeiter bei voller Übung und Einarbeitung im Mittel der täglichen Schichtzeit und auf die Dauer ohne Gesundheitsschädigung erreicht werden kann, wenn er die in der Vorgabezeit berücksichtigte Verlust- und Erholungszeit einhält". Diese Ansicht wird heute auch international von den Arbeitswissenschaftlern vertreten. Diese Auffassung von der Normalleistung entspricht auch den Ansichten der Gewerkschaften. Die Auffassung von der Durchschnittsleistung als Normalleistung führt zur Benachteiligung der Arbeiter und zwar einmal, weil sie den Ansatz der Akkordschere bedeutet, und ferner, weil die somit zu hoch angesetzte „Normalleistung" eine erhebliche Vorenthaltung des Lohnes nach sich zieht."

Viele deutsche Fachleute stützen sich auf die Ausführungen von BARNES [*7*]. So z.B. HEITBAUM [*106*], wenn er bemerkt:

„Nach Ansicht von BARNES, eines führenden Arbeitswissenschaftlers der Vereinigten Staaten, liegt die Durchschnittsleistung im allgemeinen 25% höher als die (oben dargelegte und international anerkannte) Normalleistung. Wenn also die Durchschnittsleistung um rd. 25% über der Normalleistung liegt, dann ist es ohne weiteres klar, daß gute Arbeiter auch darüber hinausgelangen können. Wo demnach bisher die Durchschnittsleistung als Normalleistung angesetzt worden ist, dort hat derjenige Arbeiter, der die so festgesetzte „Normalleistung" erreichte, die wirkliche Normalleistung um 25% überschritten. Für diese 25% ist ihm also bisher ein erheblicher Teil seines verdienten Lohnes vorenthalten worden."

Oder auch MEUSS [*157*, S. 310], der schreibt:

„Der amerikanische Professor M. BARNES hat auf Grund sorgfältiger arbeitswissenschaftlicher Untersuchungen eine Standard-Häufigkeitsverteilungskurve (Standard gleichbedeutend mit Normal) für die Arbeitsleistungen in Betrieben festgestellt . . . Die Standardleistung (Normalleistung) liegt bei 100% als der Grenze zur unbefriedigenden Leistung. Unter dieser liegen 3,5% der Häufigkeit und darüber 96,5% mit der Unterteilung in 24%, 45%, 24% und 3,5% Häufigkeit . . . Beachtenswert ist das Verhältnis der schlechtesten zur besten Leistung mit 1:2, die Aufteilung in 5 Leistungsstufen und die Lage der Durchschnittsleistung mit 125% zur Normalleistung mit 100%. Damit ist klar, warum die . . . gegebene Begriffsbestimmung der Normalleistung sagt, daß sie von jedem arbeitenden Menschen *mindestens* erwartet und erreicht werden soll. Außerdem ist eindeutig ersichtlich, daß eine Durchschnittsleistung nicht gleich der Normalleistung sein kann, daß man also diese beiden Begriffe scharf auseinanderhalten muß."

Daß es sich bei der Normalleistung keinesfalls um einen absoluten Wert handelt, geht eindeutig aus der Äußerung BRAMESFELDS [*41*] hervor, der sagt:

„Ein exaktes Absolutmaß für menschliche Leistung gibt es bisher nicht; sie ist bestimmbar nur in Relation zu Normwerten, die wissenschaftlich vertretbar, praktisch begründet und übereinkunftmäßig anerkannt sind."

Die von ZIERENHOLD [*269*] zitierte Äußerung MÜLLERS:

„Jede geleistete Arbeit ist meßbar, auch die des Menschen, sei sie körperlicher oder geistiger Art."

muß als in zweifacher Hinsicht irrig abgelehnt werden, weil sich weder die körperliche Arbeit exakt, noch die geistige Arbeit überhaupt messen läßt.

Der Informationsdienst „Arbeitskreis für Arbeitsstudien" des DGB (lohnpolitischer Ausschuß) Nr. 2 vom 23. September 1950 legt als Fassung der „Normalleistung" für alle Tarifverträge folgenden Wortlaut fest:

„Als Normalleistung gilt die Leistung, die von *jedem* hinreichend geeigneten Arbeiter bei voller Übung und Einarbeitung ohne Gesundheitsschädigung auf die Dauer im Durchschnitt *mindestens* erreicht und erwartet werden kann, wenn er die in der Vorgabezeit enthaltenen richtigen Verlust- und Erholungszeiten einhält. Minderleistungen, die auf unzureichender Ernährung beruhen, bleiben außer Ansatz."[1]

Interessant sind in diesem Zusammenhang die Ausführungen von MÜLLER [*163*], die das Problem von einer gänzlich anderen Warte beleuchten:

„Der Begriff der Ganzheit hat u. a. auch entscheidend auf die Fassung des Norm-Begriffes eingewirkt, der für eine Medizin, die auf die klare Erfassung auch ihrer theoretischen Grundlagen bedacht ist, zu einer Art Achsenbegriff geworden ist, der auch für rein praktische Fragen sich als ganz unentbehrlich erweist . . ."

„So wurde unter Absehung von einem eigentlich „normativen" Charakter dem Normbegriff für Lebensgestalten und -abläufe deren durchschnittliches Vorkommen im Sinne des arithmetischen Mittels zugrunde gelegt. So wird von H. RAUTMANN, einem hervorragenden Vertreter der Kollektivmaßlehre, das, „was in der Regel vorkommt" — ganz entsprechend bei W. ROUX „das in der Mehrzahl der Fälle Vorkommende" als normal erklärt . . ."

Ende 1951 nahm BÖHRS [*33*] erneut und von einzelnen bisher vertretenen Auffassungen abrückend Stellung zum Problem der Bestimmung und Umgrenzung des Begriffes „Normalleistung". Da in dieser Arbeit fast alle zur Zeit erörterten Einzelfragen behandelt werden, seien die wichtigsten Sätze nachstehend wiedergegeben:

Zum Vorwurf der Abwertung des Begriffes der Normalleistung (MAUCHER, [*148*]) bemerkt BÖHRS:

„Von einer derartigen Abwertung kann aber keine Rede sein, wenigstens generell nicht und soweit nicht, wie der Begriff der Normalleistung auf Vorgabezeiten angewendet wird, die mit Hilfe von Zeitstudien in Verbindung mit dem Leistungsgradschätzen ermittelt werden."

Über Leistungsstatistiken urteilt BÖHRS wie folgt:

„Leistungsstatistiken können zur Ermittlung der Vorgabezeit nur herangezogen werden, wenn sehr viele Arbeiter den gleichen Arbeitsvorgang an gleichen Gegenständen ausführen. Leistungsstatistiken sind jedoch als Unterlage zur Beobachtung und Kontrolle der herausgegebenen Vorgabezeiten und der Arbeiterleistungen sehr wertvoll."

Sodann stellt BÖHRS die Normalleistung in Vergleich zur „Durchschnittsleistung" und zur „mittleren Leistung":

„Die Normalleistung ergibt sich aus einer normalen Intensität bei zugleich normaler Wirksamkeit des Arbeitsvollzuges. Die Vernunft gebietet es, daß der Zeitstudienmann weder eine hohe, noch eine mäßige, sondern eine nach arbeitskundigem Ermessen vollauf befriedigende Leistung als normal ansieht. Diese befriedigende Leistung wurde früher und auch manchmal heute noch landläufig als „Durchschnittsleistung" oder „Leistung eines Durchschnittsarbeiters" oder auch „mittlere Leistung" bezeichnet, aber diese Bezeichnungen sind doch zu unklar und zu vieldeutig, um zur Kennzeichnung derjenigen Leistung angewendet werden zu können, die einer Vorgabezeit zugrunde gelegt werden soll. Die Durchschnittsleistung einer Belegschaft oder einer Gruppe von Arbeitern ist nämlich je nach Zusammensetzung des Kollektivs aus mehr oder minder geeigneten und geübten Arbeitern sowie aus verschiedenen anderen Gründen durchaus keine stabile, sondern eine durchaus veränderliche Größe, die deshalb nicht zur Kennzeichnung einer ganz bestimmten Leistung, die ja die Normalleistung sein soll und muß, verwendet werden kann. Wenn man landläufig von einer durchschnittlichen Leistung oder von einem Durchschnittsarbeiter spricht, meint man auch sicherlich nicht einen statistisch genau errechneten Durchschnittswert, sondern man will lediglich zum Ausdruck bringen, daß man weder eine mäßige noch eine hohe, sondern eine Leistung auf mittelmäßiger Höhenlage meint."

Er hält auch dann, wenn die durchschnittliche Leistung einer großen Zahl von Menschen vorliegt, die Gleichsetzung dieser mit der Normalleistung für unmöglich.

„Die Durchschnittsleistung einer Großzahl von Menschen kann vielmehr auch über oder unter der Normalleistung liegen."

Weiter weist er darauf hin,

„daß man die Normalleistung nicht einfach mit der „unteren Grenze der betrieblich tragbaren Leistung" gleichsetzen oder gar die Leistung des „Leistungsschwächsten" als der Normalleistung entsprechend ansehen kann."

---

[1] Zitiert nach P. MEUSS: Die Normalleistung. Bergbau-Rdsch., Bd. 3 (1951), S. 305.

Zur Frage, wieweit die Normalleistung vom einzelnen Arbeiter überboten werden kann, sagt Böhrs folgendes:

„Der anzustrebende optimale Leistungsbereich liegt bei Akkordarbeit etwa zwischen 60 und 75 VM/std. Er umschließt also eine gewisse Spannweite, die von der Normalleistung bis zu 25% über der Normalleistung reicht. In diesem Bereich liegen in gut geleiteten Betrieben unter normalen Verhältnissen auch weitaus die meisten Einzelleistungen. Bei Leistungen von 75 bis 90 VM/std und mehr bleibt zweifelhaft, ob sie von allen Arbeitern dieser Leistungshöhe auch auf die Dauer ohne Schädigung der Gesundheit durchgehalten werden können. Es gibt natürlich auch Arbeiter mit außergewöhnlicher Konstitution, die auch Leistungen von dieser Höhe dauernd durchhalten können.“

Den Begriff der „befriedigenden Leistung“ engt er im übrigen wie folgt ein:

„Die Normalleistung ist stets eine befriedigende Leistung, aber nicht jede befriedigende Leistung ist eine Normalleistung. Normal ist nur der Mittelwert aller befriedigenden Leistungen (wobei die weniger und mehr als befriedigenden Leistungen außer Betracht bleiben).“

Und schließlich bringt Böhrs eine neue Begriffsbestimmung mit folgenden Worten:

„Da alle bisherigen Definitionen der Normalleistung zu Mißverständnissen oder einseitigen Auslegungen geführt haben, sei im folgenden eine neue Definition vorgeschlagen:
Die Normalleistung ist eine nach arbeitskundigem Ermessen vollauf befriedigende Leistung, die weder als schwache noch als hohe oder gute Leistung anzusehen ist. Sie setzt ausreichende Eignung, volle Übung und Einarbeitung des Arbeitenden voraus. Die Normalleistung ergibt sich somit aus befriedigender Intensität und befriedigender Wirksamkeit des Arbeitsvollzuges.
Unter „Arbeitskundigem Ermessen“ ist die durch Ausbildung und Erfahrung erworbene Fähigkeit zu verstehen, menschliche Leistungen richtig zu beurteilen oder einzuschätzen.
Man muß sich jedoch darüber klar sein, daß es eine Patentlösung zur Definition der Normalleistung und zur Verhütung etwaiger Mißverständnisse und einseitiger Auslegungen *nicht* gibt.“

Der Arbeitskreis für Arbeitsstudien des arbeitswissenschaftlichen Ausschusses des ÖKW [*170,* S. 74] hat folgende Definition der „Normalleistung“ vorgeschlagen:

„Die Normalleistung ist jene Leistung, welche von einem für die subjektiv nicht gehemmte Arbeitsverrichtung geeigneten und geübten Menschen bei bestem Wollen mit einem so weit begrenzten körperlichen und geistigen Arbeitsaufwand erbracht werden kann, daß auch nach einer vollen Arbeitsschicht in der Freizeit ein der Entspannung und Erholung dienendes Verhalten möglich ist.“

Abschließend können wir feststellen, daß das arbeitswissenschaftliche Schrifttum längst noch nicht die wünschenswerte Einheitlichkeit der Auffassungen erkennen läßt.

Wenden wir uns nunmehr unserem engeren Betrachtungskreise, dem Bergbau, wieder zu, so müssen wir zunächst eine Tatsache feststellen, die von grundlegender Bedeutung ist: Für den Bergbau gilt bis heute, daß bei der Gedingesetzung die „normale Arbeitsleistung“ dem „tariflichen Hauerdurchschnittslohn“ gegenüberzustellen ist (§ 33 Abs. 1 der ab 1. November 1950 geltenden AO). Es trifft hier das Wort Heitbaums [*106*] zu:

„Auch in den Tarifverträgen, soweit sie Bestimmungen über die Akkordentlohnung enthalten, ist die durchschnittliche Leistung oft noch aus alter Gewohnheit als normale Leistung verankert und als Akkordbasis (Akkordrichtsatz) festgelegt.“

Solange sich an dieser Tatsache nichts ändert, kann und muß der bergmännische Betriebsbeamte bei seiner Gedingestellung von Durchschnittsleistungen ausgehen, auch wenn die Durchschnittsleistung nicht als „Normalleistung“ angesehen wird. Um nun aber Verwechselungen der Begriffe vorzubeugen, dürfte es sich empfehlen, bei der bergmännischen Gedingesetzung von einer „Gedingeleistung“ zu sprechen. Unter „Gedingeleistung“ wird die Leistung verstanden, die im Gedingevertrag vereinbart wird oder ist, d. h. also die Soll-Schichtleistung. In dem Falle, daß sich der Bergbau in seinen tariflichen Bestimmungen einer allgemein verbindlichen Regelung anschließt, die die „Normalleistung“ als Gedinge- bzw. Akkordgrundlage anspricht, wird die „Gedingeleistung“ zur „Normalleistung“.

Bezüglich der Festlegung des Begriffes „Normalleistung“ für die bergbauliche Praxis sind z. Z. lediglich zwei Versuche erwähnenswert:

1. In seiner Stellungnahme zur Gedingeregelung vom 10. Juli 1948 äußert sich der Tarifausschuß zum Begriff der „Normalleistung“ wie folgt:

„Unter normaler Leistung ist jene Leistung zu verstehen, die unter Berücksichtigung der geologischen und betrieblichen Verhältnisse, der Sicherheitsvorschriften, der durch die Zeitverhältnisse bedingten natürlichen Erschwernisse sowie der im Bergbau üblichen Arbeitsweise billigerweise erwartet werden kann.“

Nach der im Bergbau bislang üblichen Regelung der Gegenüberstellung von Gedingeleistung und Tarifhauerdurchschnittslohn kann der Tarifausschuß genau besehen als „Normalleistung" nur eine Durchschnittsleistung im Auge gehabt haben und nicht die „Normalleistung" etwa im Sinne von BARNES oder BÖHRS.

2. Eine Gemeinschaft von Bergbausachverständigen hat für die „Normalleistung" folgende Begriffsbestimmung vorgeschlagen, der allerdings die allgemeine Anerkenntnis noch fehlt:

„Die Normalleistung (feste Ziffer entsprechend 100% Leistungsgrad) ist diejenige Leistung jedes arbeitenden Menschen, die ohne Gesundheitsschädigung auf die Dauer bei Berücksichtigung der folgenden Voraussetzungen mindestens erwartet und erreicht werden kann, wenn er die richtigen Neben-, Verlust- und Erholungszeiten einhält:

a) Ausreichende Eignung: Der Arbeiter muß gemäß ärztlichem Attest in ausreichendem Maße diejenigen körperlich-geistig-seelischen Anlagen besitzen, die zur wirksamen Ausführung der ihm übertragenen Arbeit erforderlich sind.

b) Volle Übung: Der Arbeiter muß auf Grund seiner Berufsausbildung die Ausführung der von ihm verlangten Arbeit voll beherrschen.

c) Vollzogene Einarbeitung: Der Arbeiter muß mit den Verhältnissen seines Arbeitsplatzes und mit den ihn berührenden Arbeitsabläufen voll vertraut und eingearbeitet sein.

d) Wirksamer Kräfteeinsatz: Körperliche und geistige Arbeitshingabe im Mittelwert der natürlichen Leistungsschwankungen des einzelnen Arbeiters während der von ihm beeinflußbaren Zeit in einer größeren Anzahl aufeinanderfolgender Schichten.

e) Als *Zeitbezug* gilt die Arbeitszeit vor Ort bzw. die reine Arbeitszeit."

Am Rande vermerkt sei sodann noch eine Begriffsbestimmung der „Normalleistung", die die Saargrubenverwaltung ihrer Arbeit nach BEDAUX zugrunde legt:

„Der ›Punkt‹ ist eine allgemein gültige Arbeitseinheit, die sich folgendermaßen bestimmen läßt:

1. Ein europäischer Arbeiter von mittlerer Körperkonstitution, der sein Handwerk versteht und in normalem Tempo arbeitet — d. h. ohne zu bummeln, aber auch ohne besondere Geschwindigkeit anzustreben —, muß in einer Stunde 60 Punkte erreichen;

2. ist der gleiche Arbeiter bestrebt, eine höhere Aktivität zu entfalten, so kann er, ohne dabei Raubbau an seiner Gesundheit zu treiben, jahrelang ein höheres Arbeitstempo innehalten.
Das praktisch mögliche Optimum liegt für einen Arbeiter von durchschnittlicher Körperkraft und -konstitution bei etwa 80 Punkten pro Stunde."

Der Bergbau wird, solange keine anderweitige Regelung getroffen wird, seine Gedingeberechnungen auf Durchschnittsleistungswerten aufbauen. Er muß sich dabei zunächst vor Augen halten, daß Durchschnittswerte Ziffern darstellen, die aus einer Anzahl von Werten *mehrerer* Subjekte oder Objekte errechnet werden. Wenn man aus einer genügend großen Zahl von Leistungswerten einer genügend großen Zahl von Arbeitern einer Kategorie nach den Methoden der Häufigkeitsforschung den durchschnittlichen Wert bestimmt, so muß ein für die Gedingesetzung brauchbarer Wert anfallen. Zu einer solchen Untersuchung können zweierlei Grundziffern verwandt werden: 1. tatsächlich erreichte oder Ist-Leistungen, 2. vertraglich vereinbarte oder Soll-Leistungen. Gegen die Verwendung von statistischen Durchschnitts-Ist-Werten werden vielfach Bedenken erhoben, ja es wird sogar angezweifelt, daß man überhaupt statistische Ziffern bei der Gedingesetzung verwenden dürfe. Der Streit, ob ein statistischer Mittelwert als Gedingeleistungswert angesprochen werden darf, müßte aber völlig verstummen, wenn es sich um Durchschnittswerte handelt, die aus *vertraglich vereinbarten Soll-Werten* errechnet sind, denn es muß, vom Standpunkt der Vertragstreue aus gesehen, erwartet werden, daß die Vertragspartner beim Gedingeabschluß nach bestem Wissen gehandelt haben. Es ist nicht einzusehen, warum man den Durchschnittswert aus einer großen Zahl von Leistungsziffern, die durchgeführten und arbeiterseitig anerkannten Gedingekalkulationen zugrunde liegen, nicht als durchschnittlich erreichbare Leistung und damit als Gedingeleistung ansprechen sollte. Gewiß werden die Werte streuen. Aber aus diesen Werten läßt sich ein Durchschnittswert berechnen, dessen Genauigkeit mathematisch bestimmt werden kann.

Je weiter man bei der Feststellung von Durchschnittswerten in der Aufgliederung des Leistungskomplexes in Teil-Leistungen geht, desto genauer werden die Mittelwerte für diese Teil-Leistungen sein.

Die Schichtleistung ist abhängig von der „Arbeitszeit vor Ort". Deren Feststellung ist für einen Betriebspunkt verhältnismäßig leicht durchzuführen. Sie kann durch Zeitstudien am

Betriebspunkt oder durch Rechnungen erfolgen, die auf Zeitstudienergebnissen basieren. Ebenso lassen sich auch die Arbeitsverlustzeiten durch Zeitstudien festlegen. Größeren Schwierigkeiten begegnet dagegen die Bestimmung der Erholungszeit. Gewiß sind in dieser Hinsicht bereits Vorschläge entwickelt worden [76], doch muß für den Bergbau die Frage des Erholungszuschlages als völliges Neuland betrachtet werden, dessen Durchforschung geraume Zeit in Anspruch nehmen dürfte.

Bei der Bestimmung der Gedingeleistung sind sodann in Rechnung zu ziehen die normalen Arbeitsbedingungen (so z. B. das Klima, die Staubbelästigung usw.), die für die Mehrzahl der Einflußgrößen zahlenmäßig möglich und daher einfach festzulegen ist.

Schwieriger dagegen ist wieder die Bestimmung der normalen Lagerungsverhältnisse, die gleichfalls für die Kalkulation der Gedingeleistung von ausschlaggebender Bedeutung ist. Es ist jedem Bergmann bekannt, daß selbst bei sogenannter normaler Flözausbildung die Lagerungs- und Gebirgsverhältnisse an den einzelnen Punkten einer Abbaufront niemals mathematisch genau gleich sind. Die sich hieraus ergebenden Unebenheiten in den Ziffern der Gedingeleistung glätten sich aber automatisch aus, wenn man die Gedingeleistung aus einer großen Zahl von erreichten oder veranschlagten bergmännischen Leistungswerten bestimmt. Beim Einzelvorgehen hätte man dagegen einen Korrekturfaktor zu berücksichtigen, der Abweichungen der Lagerungsverhältnisse vom normalen Stand auszudrücken hätte. Dies würde ein äußerst schwieriges Unterfangen darstellen, zumal sich dabei wiederum die Frage nach einem Vergleichspunkt erhebt, da ja zunächst festliegen bzw. festgelegt werden müßte, was als Norm der Lagerungsverhältnisse angesehen werden soll.

Den Weg, den der Betriebsbeamte bei der Gedingesetzung zweckmäßig einschlagen wird, könnte man bei der gegenwärtigen Lage etwa folgendermaßen kennzeichnen:

Als dem Gedinge zugrunde zu legende, d. h. dem Gedingerichtlohn gegenüberzustellende Leistung dürfte in erster Linie für einen bestimmten Betriebspunkt oder einen bestimmten Arbeitsvorgang die Leistungsziffer zu wählen sein, die bei den gegebenen Lagerungs- und Betriebsvorgängen eine große Zahl von Bergleuten als in der normalen Arbeitszeit vor Ort im Durchschnitt erreichbar angesehen und in Gedingeverträgen zusammen mit Betriebsbeamten festgelegt hat. In zweiter Linie könnte auf die unter den genannten Voraussetzungen tatsächlich erreichten Leistungen, d. h. auf ihren Durchschnittswert, zurückgegriffen werden.

122 Ziffernmäßige Bestimmung.

Der ziffernmäßigen Bestimmung der bergmännischen Gedingeleistung stehen folgende Wege offen:

1. Die Schätzung. — 2. Die Zeitstudie. — 3. Die Entnahme aus vorliegenden Tafeln. — 4. Die Berechnung aus statistischen Werten.

122.1 Das Schätzen der Gedingeleistung. Die Methode, die Gedingeleistung durch Schätzung zu bestimmen, dürfte die auch heute noch am weitesten verbreitete sein. Ihr haftet grundsätzlich die allen Schätzungen eigene, aus der Subjektivität fließende Fehlermöglichkeit an. Der Fehler ist um so größer, je weniger man den Arbeitsvorgang in Einzel- und Teilvorgänge aufgliedert und für diese die Leistungsziffern schätzend bestimmt. Hieraus ergibt sich die gewichtige Forderung, die unter allen Umständen an jeden gedingesetzenden Betriebsbeamten gestellt werden muß, die Forderung nämlich, in jedem Fall die Aufgliederung in die die Gedingeleistung bestimmenden Einzelkomponenten so weit wie eben möglich zu treiben[1] und eine Gedingekalkulation auf den — wenn auch geschätzten[2] — Leistungswerten für die Einzelvorgänge aufzubauen. Hat man die Gedingekalkulation erst einmal in den Betrieb allgemein eingeführt, so schreitet die Entwicklung wie von selbst weiter fort, indem häufig wiederkehrende Werte für Teilleistungen — Beispiel: Beladen eines Förderwagens — bald normalisiert werden. Die Gedingekalkulation hat schließlich

---

[1] Dabei wird man, da nach einem Wort Taylors, daß die Zerlegung einer Arbeit in ihre Elemente fast immer erkennen läßt, daß „die Arbeitsverhältnisse und -bedingungen mangelhaft sind", wesentliche Aufschlüsse über Betriebshemmnisse und Anregungen zu deren Beseitigung erhalten.

[2] Die Treffsicherheit der Schätzung kann durch methodische Schulung des Schätzenden erheblich gesteigert werden!

den nicht zu unterschätzenden arbeitspsychologischen Wert, daß sie einmal den Arbeiter vom Geld- auf das Leistungsdenken umerzieht und zweitens in ihm das Gefühl des Korrektbehandelt-werdens auslöst bzw. vertieft und endlich ihn zur aktiven Mitarbeit beim Durchdenken der Betriebsvorgänge anregt. Man sollte daher die Kalkulation sämtlicher Gedinge grundsätzlich fordern.

122.2 Die Zeitstudie. Eine Zeitstudie ist ohne Aufgliederung in Einzelvorgänge nicht denkbar. Insofern erfüllt sie von Hause aus eine gedingetechnische Grundforderung. Auf der anderen Seite haftet ihr aber selbst dann, wenn sie mittels Arbeitsschauuhr sehr genau gemacht ist, der für untertägige Zeitstudien typische Mangel an, daß nur die hic et nunc vorliegenden Verhältnisse. aber nicht deren Wechsel erfaßt sind. Das einmal vorgeschlagene Verfahren, das Gedinge auf Zeitstudien aufzubauen und dabei einen Korrektionskoeffizienten für den Wechsel der Verhält-nisse anzuwenden, muß stärksten Bedenken begegnen, denn dann wird das Schätzen nur ver-lagert, und zwar von den Arbeitsvorgängen auf die Einflüsse der sogenannten Verhältnisse, wo-mit nichts gewonnen wäre. Zeitstudienergebnisse sind im Bergbau nur dann eine zuverlässige Grundlage, wenn sie in großer Zahl und nach einwandfreien Meßverfahren gewonnen vorliegen und die Endziffern unter Anwendung mathematisch exakter Mittelungsmethoden errechnet sind. Messungen mittels Stoppuhr sind ungenau, da bei ihnen durch Ablenkung des Beobachters ent-standene Fehler in einer Höhe von bis zu 30% der Beobachtungszeit festgestellt sind.[1] Genaue Ermittlungen können daher nur mittels besonderer Geräte, z. B. Arbeitsschauuhr, getroffen werden. Zeitstudien im großen Umfange durchzuführen, kostet viel Arbeit, einen umfangreichen Stab von Mitarbeitern besonderer Eignung und Erfahrung und erhebliche Geldsummen.

122.3 Die Normtafel. Die Zeitstudie dient bei der Verwendung von Tafelwerten zur Gedinge-kalkulation hier und da als Ergänzung des Verfahrens. So sollen z. B. nach der *holländischen* „Anweisung für die Kalkulation von Gedingen" besondere Einzelvorgänge am Betriebspunkt hin-sichtlich des für diesen Vorgang erforderlichen Arbeitsaufwandes durch Zeitstudien untersucht werden. Damit bliebe dem holländischen Bergbetriebsbeamten die Aufgabe, für besondere Vor-gänge den Zeitaufwand durch Zeitstudien festzustellen, während für deren Mehrzahl in den ihm zur Verfügung stehenden Tafeln fertige Werte vorliegen. Allerdings läßt auch das Tafelwerk dem holländischen Betriebsbeamten bei der Mehrzahl der Tafelwerte einen gewissen Variationsspiel-raum, innerhalb dessen er sich beim Einsatz der Werte in die Gedingekalkulation bewegen kann, weil eben Von-bis-Werte angegeben sind. Für andere Vorgänge sind dagegen in der Tafel feste unabänderliche Werte aufgeführt. Hier bleibt keine Ausweichmöglichkeit. Die Ziffern müssen als Festwerte in die Gedingekalkulation übernommen werden. Bei der Anleitung zur Gedinge-setzung des holländischen Bergbaus hat man es demnach mit 3 Arten von Werten zu tun:

1. variable, von Fall zu Fall durch Zeitstudien festzustellende Werte, 2. Tafel-Spielraumwerte und 3. Tafel-Festwerte.

Die Starrheit der Fixierung findet sich im *russischen* Normenbuch bei allen Tafelwerten. Ab-weichungen von den Verhältnissen, die den einzelnen Zahlenkolonnen als Ausgangsbasis unter-stellt sind, werden durch besondere Berichtigungsbeiwerte, die als Koeffizienten anzuwenden sind, berücksichtigt. Die einzige Aufgabe, die dem mit dieser Tafel arbeitenden Betriebsbeamten verbleibt, ist deren richtige Anwendung auf den vorliegenden Gedingefall. Angeblich sollen die Tafelwerte auf einer großen Zahl von Zeitstudien basieren.

122.4 Berechnung aus statistischen Werten. Wie schon gesagt, können Werte für die berg-männische Gedingeleistung auf dem Wege der Statistik bestimmt werden, indem man entweder die erreichten Ist-Werte oder die in den Gedingeverträgen festgelegten Soll-Werte aufsammelt und auswertet. Grundvoraussetzung eines solchen Beginnens ist daher die Führung einer Ge-dingekartei bzw. die planmäßige Aufbewahrung der Gedingeverträge und -kalkulationen. Die erreichten Leistungsziffern *oder* die Soll-Werte bzw. ihre Durchschnittswerte können als Einheit dann zur Gedingesetzung herangezogen werden, wenn es sich um Gedinge für festumrissene

---

[1] Schon der Schöpfer der „Bewegungsstudie" (motion study) FRANK BUNKER GILBRETH (1869—1924) lehnte das Stoppuhr-Verfahren ab, weil es seiner Meinung nach keine genügend exakte Darstellung des Arbeits-ablaufes liefern kann.

Arbeitsvorgänge handelt, bei denen eine Gliederung nicht erforderlich erscheint. Besteht aber der Arbeitskomplex aus einer Reihe von Arbeitsvorgängen, die sich in zyklischem Turnus wiederholen, so gliedert man den Komplex auf und kalkuliert das Gedinge unter Wertung der Einzelvorgänge. Hierzu bedient man sich zweckmäßig der Durchschnittswerte, die aus einer großen Zahl von Gedingeverträgen bzw. -kalkulationen oder auch aus einer großen Zahl von Zeitstudien gefunden sind. Ein typischer Vertreter dieses Falles ist der Streckenvortrieb, der sich in die Arbeitsvorgänge „Hereingewinnung der Massen", „Wegräumen bzw. Laden des Haufwerks", „Einbringen des Ausbaus" und „Nebenarbeiten" gliedert.

Voraussetzung für die Gewinnung von Gedingerichtwerten, d. h. von Leistungsziffern, auf die die Gedinge aus„gerichtet" werden können bzw. nach denen sich die Gedingeverhandler „richten" sollen, aus Ist-Leistungen, ist die planmäßige Aufsammlung von im Betriebe angefallenen Leistungsziffern. Die erreichten Ist-Leistungsziffern werden zweckmäßig in Gedingekarteiblättern erfaßt. Die Gedingevertrags-Sollwerte dagegen werden den Gedingekalkulationen unmittelbar entnommen, vorausgesetzt natürlich, daß die Kalkulation schriftlich niedergelegt ist. Um diesen Kalkulationen ein einheitliches Gepräge zu geben sowie ihre Aufsammlung und Auswertung zu erleichtern, empfiehlt sich die Verwendung von Vordrucken. Bei diesen muß man unterscheiden zwischen allgemein brauchbaren und auf einen speziellen Verwendungszweck zugeschnittenen Arten.

Hier möge ein kleiner Ausblick in die Weite gestattet sein: Wenn der Ruhrbergbau, der Monat für Monat eine große Zahl von Gedingen setzt, die dazugehörigen Kalkulationen für einen längeren Zeitraum auswerten wollte, würden sich für die häufig vorkommenden und bei der Gedingesetzung immer wieder benutzten Grundwerte brauchbare Gedingerichtwerte ermitteln lassen. Diese könnten in Tafelwerten nach Art der holländischen Anleitung oder auch des russischen Normenbuches gesammelt und den Werken zur Verfügung gestellt werden. Es ist als sicher anzunehmen, daß damit bereits eine gewisse Einheitlichkeit der Ausgangsstellung gewonnen werden könnte, die eine erhebliche Beruhigung in das Gedingewesen bringen würde. Niemand wird sich doch wohl, um einmal konkret zu sprechen, der Ansicht verschließen wollen, daß das Beladen eines Förderwagens von 1000 l Inhalt, von Sonderfällen natürlich abgesehen, eigentlich überall mit dem gleichen Zeitaufwand in die Gedingeberechnung eingehen müßte. Daß dies leider nicht der Fall ist, sollte Veranlassung sein, aus den Streuwerten der Praxis bald möglichst zu mittleren Richtwerten zu kommen zu versuchen, die für die weitere Gedingesetzung verbindlich sein müßten. Aus diesen Richtwerten würden sich dann im Laufe der Zeit, wie bereits angedeutet, Richtwerttafeln entwickeln, wie sie das Ausland bereits kennt. Die Erkenntnis, daß der neuzeitliche Bergbau ohne solche Richtwerte nicht auskommt, hat sich selbst im als konservativ bekannten England Bahn gebrochen. So bezeichnet der Jahresbericht 1948 des Britischen Kohlenamtes die Aufstellung von Gedingerichtsätzen als wichtige Zukunftsaufgabe.

13 Die Gedingekalkulation.

Unter Gedingekalkulation sollte man grundsätzlich nur die auf Ziffern für die einzelnen Teilarbeitsvorgänge aufbauende, rechnungsmäßige Bestimmung der Gedingeleistung verstehen. Eine Gedingekalkulation liegt also nur dann vor, wenn der Betriebsvorgang aufgegliedert wurde und die Vertragspartner bei ihrer Berechnung der Gedingeleistung die Teilarbeiten einzeln eingewertet haben. Die für die Teilarbeitsvorgänge angesetzten Zeitaufwandsziffern werden durch Addition zur Ziffer des Gesamtzeitaufwandes für den Arbeitsvorgang vereinigt, woraus sich sodann unter Ansatz der zur Verfügung stehenden „Arbeitszeit vor Ort" die Gedingeleistung errechnen läßt

Ein besonderes Wort sei dem Verfahren gewidmet, Gedingekalkulationen unter Benutzung von Normtafeln vorzunehmen, wie sie aus dem holländischen und russischen Bergbau bekannt geworden sind. Eine kritische Betrachtung der beiden genannten Verfahren wird trotz einiger in der einen oder anderen Hinsicht auftauchenden Bedenken gerechterweise zugeben müssen, daß eine Gedingekalkulation unter Benutzung allgemein verbindlicher Tafelwerte schon ihre großen Vorteile hat und sicher um ein Bedeutendes besser ist als das an der Ruhr noch meist geübte Verfahren, die Gedingesetzung lediglich der mehr oder minder gefühlsmäßigen Schätzung des einzelnen Betriebsbeamten anzuvertrauen. Gewiß wird die Gesamtheit der Betriebsbeamten *im Mittel* mit zutreffenden oder wenigstens angenähert zutreffenden Ziffern arbeiten. Daß aber dem einzelnen Betriebsbeamten die Möglichkeit der unbegrenzten und willkürlichen Abweichung von diesem Mittelwert der Gesamtheit praktisch offen steht, wird gewiß niemand leugnen. Man sollte Gedingerichtwerte bzw. diese enthaltenden Tafeln nicht einfach mit der Begründung beiseite schieben, sie nähmen dem Betriebsbeamten mit dem Recht der Schätzung auch die Verantwortung. Gedingerichtwerte sollten als Stützen, nicht als Fesseln betrachtet werden. Sie wollen, wie ihr Name sagt, Richtschnur sein und damit dem Betriebsbeamten helfen, sich und seine Gedingekalkulationen nach allgemeinen Erfahrungen auszurichten, wollen aber auch dazu beitragen, daß richtige, d. h. gerechte Gedinge gesetzt werden, die dem Arbeiter den wirklich leistungsentsprechenden Lohn auswerfen. Mit dem Zwang der Anwendung festliegender Richtwerte würde man auch dem Gedanken, daß jedes Gedinge kalkuliert werden muß und nicht über den Endleistungswert geschätzt werden darf, freie Bahn in die Betriebe geben und damit eine solide Grundlage für die Gedingeverträge schaffen.

Noch ein offenes Wort: Wenig geschätzt bei der Werksleitung und wenig beliebt bei den Arbeitern ist der Betriebsbeamte, der nach einem geflügelten Wort des Bergbaus „hinter dem Kohlenwagen herläuft" und darüber alles andere vergißt. Dies Wort müßte Mahnweis sein auch in der Behandlung der Frage der Ermittlung und Festlegung von Gedingerichtwerten. Warum bei der Kohlengewinnung den Anfang machen? Es ist bekannt, daß viele Schachtanlagen ihre Vorkriegsleistungen in der Gewinnung längst wieder erreicht haben, dagegen ist der Schichtenaufwand beim Abbaustreckenvortrieb, beim Bergeversatz und bei anderen Betriebsvorgängen ungleich höher als früher. Man müßte also *dort* mit der Festlegung von Gedingerichtwerten beginnen. Und zweitens, warum fängt man nicht bei den Betriebsvorgängen an, bei deren Untersuchung sichere Angaben schnellstens und mit wenig Mühe zu erhalten sind, weil sich die Vorgänge einfacher gliedern lassen, die Teilvorgänge genauer zu umreißen sind und· der Einfluß der Verhältnisse weniger wechselt? Es mögen einige Betriebsvorgänge aufgezählt werden, für die Gedingerichtwerte leicht zu finden wären: Herstellung von Bohrlöchern im Gestein; Beladen von Förderwagen von Hand; Ausbauen von Strecken in Türstöcken oder Stahlbogen; Umsetzen von Wanderpfeilern; Umlegen von Schüttelrutschen, Bremsförderern und Stauscheibenförderern.

14 Die Gedingebezugsgröße und die Gedingelaufzeit.

141 Die Gedingebezugsgröße.

Der Gedingesatz wird gemeinhin auf eine Einheit der Leistung bezogen. Als Bezugsgrößen kommen in Betracht

1. Metrische Maße

a) für die Länge das Meter, — b) für die Fläche das Quadratmeter, — c) für den Raum das Kubikmeter, — d) für das Gewicht das Kilogramm oder die Tonne;

2. Bergmännische Maße

a) Längenmaße, z. B. Schalholz, Unterzug, Rutschenschuß, — b) Raummaße, z. B. Wagen;

3. Sonstige Bezugsgrößen

a) Stückzahl, — b) Zeit, d. s. Stunde, Schicht, Tag.

In der Praxis finden sich aber nicht nur Gedinge, die auf eine oder mehrere Einzelbezugsgrößen abgestellt sind, sondern auch solche, denen eine Kombination zweier Größen zugrunde liegt. Typische Vertreter der letzteren Art sind z. B. die sogenannten Anteilgedinge, bei denen die Leistung des einzelnen Hauers, in Metern, Quadratmetern oder Kubikmetern gemessen, nicht allein den Lohn bestimmt, sondern auch die Förderung des gesamten Betriebspunktes auf den Lohn des einzelnen Hauers von Einfluß ist.

In Abb. 2 wird ein Überblick über die nach den Erhebungen der DKBL (Deutsche Kohlenbergbau-Leitung) zu Ende März 1949 in der Kohlengewinnung (einschl. Schräm- bzw. Hobelgedinge, Gedinge für Vorlüfter, Bohrer in der Kohle, Stempelsetzer) angewandten Gedinge geboten. Und zwar ist die Aufgliederung nach der Zahl der in den Gedingen Beschäftigten in Vomhundertteilen erfolgt.

Es ergaben sich als vornehmlich angewandte Gedinge:

in Niedersachsen das reine Wagengedinge mit einem Anteil von 65,1% und das Quadratmetergedinge mit 26,9%,

an der Ruhr das Meteranteilgedinge mit 38,4%, das reine Wagengedinge mit 27,2% und das Metergedinge mit 10,1%,

in Aachen das Quadratmetergedinge mit 50,8%, das Quadratmeteranteilgedinge mit 14,9% und das reine Wagengedinge mit 11,8%.

Schon in diesen Ziffern wird ein gewisses Gefälle in ost-westlicher Richtung erkennbar, auf das noch einmal hinzuweisen sein wird. Niedersachsen hält bei fast $^2/_3$ aller Gedingearbeiter in der Kohlengewinnung noch sehr stark an dem aus früheren Zeiten übernommenen Wagengedinge fest, während in Aachen das neuzeitliche Quadratmetergedinge fast $^2/_3$ aller Fälle umfaßt. Der Ruhrbezirk steht mit seinen Ziffern zwischen diesen Werten.

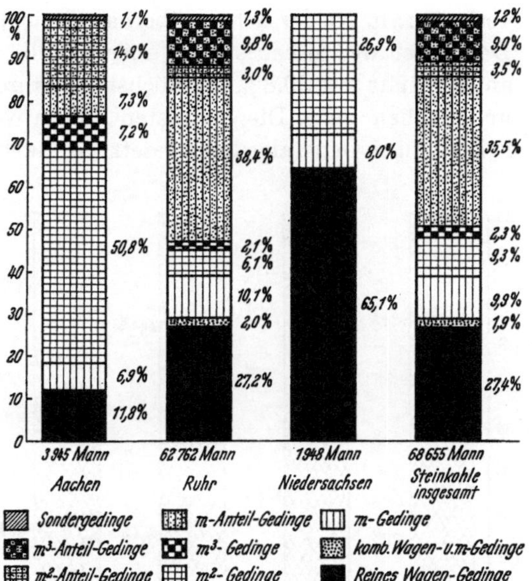

Abb. 2. Gedinge in der Kohlengewinnung Ende März 1949. (Nur Kohlengedinge einschl. Schräm- bzw. Hobelgedinge, Gedinge für Vorlüfter, Bohrer in der Kohle, Stempelsetzer.) Bezug: Gedingearbeiter; Grundlage: Statistik DKBL.

142 Die Gedingelaufzeit.

Man zielt schon lange darauf ab, durch Setzung von langfristigen Gedingen eine Beruhigung in die Gedingewirtschaft hineinzutragen und damit eine Steigerung der Leistung zu erzielen. Grundsätzlich müßten bezüglich der Laufzeit unterschieden werden:

a) kurzfristig kündbare Gedinge; — b) langfristig kündbare Gedinge; — c) langfristig unkündbare Gedinge.

Zu den kurzfristig kündbaren wären zunächst Einmonatsgedinge zu zählen. Weiter gehören zu ihnen die bereits beim Abschluß befristeten Gedinge. Die langfristig kündbaren Gedinge sind meist durch die Bezeichnung der Laufzeit „bis auf weiteres" charakterisiert. Die langfristig unkündbaren Gedinge sind als die Generalgedinge im wahren Wortsinne anzusprechen.

Grundsätzlich sollte man auf die kurzfristig kündbaren Gedinge nach Möglichkeit ganz verzichten. Wo langfristig kündbare oder Generalgedinge noch nicht zu setzen sind, sollte man Anlaufgedinge wählen, die in ein langfristig kündbares oder besser noch in ein langfristig unkündbares Gedinge übergehen. Wenn dem entgegengehalten wird, daß die Unübersichtlichkeit der bergbaulichen Verhältnisse langfristige Gedingeverträge in großem Umfange unmöglich mache, so muß dazu gesagt werden, daß die langfristigen Verträge grundsätzlich auf normale Betriebsverhältnisse abgestellt werden sollten, wobei dann die Möglichkeit offen bliebe, Änderungen der geologisch-tektonischen Verhältnisse durch Zusatzgedinge oder durch Zwischengedinge abzuändern. Unter Zusatzgedinge wäre ein Gedinge zu verstehen, das als Ausgleich der Änderung der Verhältnisse auf den bestehenden Gedingesatz einen Erschwerniszuschlag zahlt. Ein Zwischengedinge würde dagegen das bestehende Gedinge auf eine gewisse Zeit unterbrechen und an dessen Stelle treten, aber immer mit der Maßgabe, daß nach Wegfall der Störung das Zwischengedinge erlischt und das alte Gedinge unverändert wieder auflebt.

Die Abb. 3 und 4 geben einen Überblick über die Laufzeit der Ende März 1949 in den westdeutschen Steinkohlenbezirken gültigen Gedinge. In diesen Bildern ist die Aufgliederung nach den im Gedinge Beschäftigten in Vomhundertteilen erfolgt.

Abb. 3 bezieht sich auf sämtliche im angegebenen Zeitpunkt in Kraft befindliche Gedinge.

Die Einmonatsgedinge sind am meisten in Niedersachsen (mit 54,4%) zu finden, während die Ruhr mit 32,3% den niedrigsten Anteil aufzuweisen hat. Befristete Gedinge sind nur spärlich vertreten: in Niedersachsen überhaupt nicht, an der Ruhr mit 10,3% und in Aachen mit 7,5%. Der Anteil der unbefristeten, aber kündbaren Gedinge ist mit 40,3% in Aachen am kleinsten, an der Ruhr mit 50,8% am höchsten, während Niedersachsen etwa in der Mitte zwischen Ruhr und Aachen steht. Die geringsten Ziffern weisen die Generalgedinge auf. In Niedersachsen war kein einziges Generalgedinge gesetzt, in Aachen beträgt der Anteil 2,6%, an der Ruhr 6,6%.

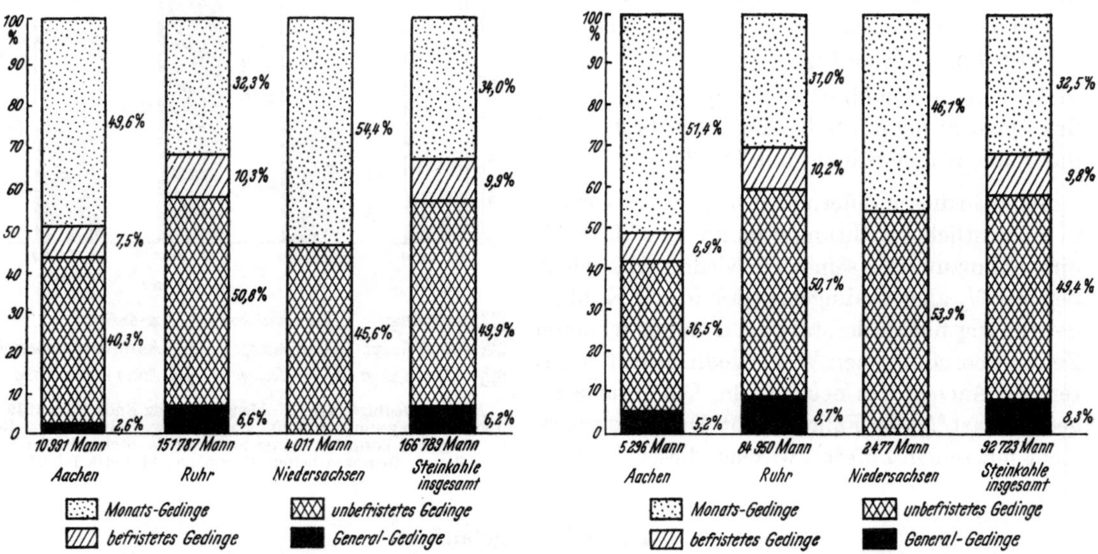

Abb. 3. Gedinge im Gesamtbetrieb Ende März 1949. Bezug: Gedingearbeiter; Grundlage: Statistik DKBL.

Abb. 4. Gedingearten in der Gewinnung Ende März 1949. (Kohlen- und Bergeversatzgedinge.) Bezug: Gedingearbeiter; Grundlage: Statistik DKBL.

In Abb. 4 ist die Laufzeit der Gedinge angegeben, die für die Kohlengewinnung und den Bergeversatz vereinbart waren.

Das Einmonatsgedinge ist am häufigsten in Aachen zu finden (51,4%). Auch Niedersachsen hat mit 46,1% einen gewichtigen Anteil aufzuweisen, während an der Ruhr noch nicht $^1/_3$ (31,0%) Einmonatsgedinge sind. Die befristeten Gedinge finden sich in Niedersachsen nicht, sind aber in Aachen mit 6,9% und an der Ruhr mit 10,2% vertreten. Unbefristete, aber kündbare Gedinge nehmen im Gesamtdurchschnitt fast die Hälfte aller Gedinge ein. Ihr Anteil in den Bezirken ist allerdings unterschiedlich. Niedersachsen und die Ruhr liegen mit 53,9% und 50,1% fast gleich hoch. In Aachen ist mit 36,5% der Anteil wesentlich geringer. Generalgedinge sind in Niedersachsen nicht vertreten, an der Ruhr machen sie 8,7%, in Aachen 5,2% aus.

Wenn auch der verhältnismäßig große Anteil der unbefristeten, aber kündbaren Gedinge gegenüber dem früher fast durchweg gesetzten Einmonatsgedinge bereits einen sehr beachtlichen Fortschritt darstellt, so muß auf der anderen Seite doch wohl gesagt werden, daß der Anteil der echten Generalgedinge zu klein ist. Wenn man die unbefristeten, d. h. die langfristig kündbaren Gedinge auf Gedingerichtleistungen abstellen könnte, so dürfte nichts mehr im Wege stehen, sie in echte Generalgedinge zu überführen. Man kann diese These auch so formulieren: Generalgedinge werden solange nicht in größerem Umfange gesetzt, solange man für die den Gedingen zugrunde zu legenden Leistungen keine genügend sicheren Anhaltsziffern zur Hand hat, so daß die Betriebe sich immer noch das Sicherheitsventil der Gedingekündigung offenhalten zu müssen glauben. Es kann daher nicht erwartet werden, daß die Forderung nach weitgehender Setzung von Generalgedingen erfüllt werden wird, solange nicht möglichst einwandfreie Unterlagen für die Gedingesetzung geschaffen sind. *Das Problem des Generalgedinges ist nicht zu lösen, wenn nicht vorher das Problem der Bestimmung der Gedingeleistung gelöst wird.*

15 Die Gestaltung der Gedingekurve.

Wenn bislang nur auf die Bestimmungsgrößen des charakteristischen Punktes der Gedingekurve, die Gedingeleistung einerseits und den Gedingerichtlohn andererseits, eingegangen wurde, so muß nunmehr eines weiteren Umstandes gedacht werden, der Bestandteil des Gedingevertrages sein muß, nämlich der Art der funktionalen Verknüpfung zwischen Lohn und Leistung, der Gedingekennkurve, kurz Gedingekurve genannt. Eine Systematik der gegebenen Möglichkeiten ihrer Gestaltung, die die Erweiterung einer von Rummel [196] angegebenen Gliederung darstellt, zeigt Abb. 5.

Einteilung	Gleichbleibende Neigung				Veränderliche Neigung			
	Lohnlinie				Lohnkurve		einfach gebrochene Lohnlinie	mehrfach gebrochene Lohnlinie
			Gemischte Entlohnung		überhöhend	unterhöhend		
Schaubild ($Lohn \rightarrow O$; $Leistung \rightarrow E$)	S=Schichtlohn	N=Neigung= Gedingesatz	G=Grundlohn	G	B = Basis	B = Basis	S= hier Mindestlohn	1 2 3
Mathematische Gleichung	$O=S$	$N=tg\alpha$ $O=N \cdot E$	$O=N \cdot E+G$	$O=N \cdot E-G$	$Bf\alpha$ $O=tg\alpha \cdot E+B$	$Bf\alpha$ $O=tg\alpha \cdot E+B$	$O=S$ $O=N \cdot E \gtreqless S$	$O=N_1 \cdot E+B_1$ $O=N_2 \cdot E+B_2$ $O=N_3 \cdot E+B_3$
Bezeichnung	Kein Gedinge i.e.S.! Zeitlohn Festlohn Tariflohn Schichtlohn	Proportionales Gedinge Vollgedinge Reines Ged. Einfaches Gedinge	Prämienged. f. alle Lstgn. Unterproportionales Ged. Flachgedinge Mischgedinge / gemischtes Gedinge / Teilgedinge	Mindestleistungsged. Überproportionales Ged.	Beschleunigtes Gedinge zunehmend steigend. Ged. Steigendes Kurvenged.	Verzögertes Gedinge abnehmend steigend. Ged. Abnehmendes Kurvenged.	Gebrochenes Gedinge Prämiengedinge Mindestlohngedinge	Gestuftes Gedinge Stufengedinge Treppengedinge

Abb. 5. Systematik der Beziehungen zwischen Lohn und Leistung.
(Umgearbeitete und erweiterte Zusammenstellung nach Rummel.)

Zunächst ist festzustellen, daß es leider keine einheitliche Nomenklatur gibt und teilweise gänzlich verschiedene Arten von Gedingekurven mit dem gleichen Namen belegt werden. Es erscheint daher die Anregung angebracht, diesem Schrifttum und Praxis durchsetzenden Mangel durch Einführung einheitlicher Bezeichnungen abzuhelfen.

Sodann, ohne auf die verschiedenen Gestaltungsmöglichkeiten näher einzugehen, ein Wort zu der heute durchweg angewandten Gedingespielart, dem proportionalen Mindestlohngedinge. Es ist, wie schon sein Name sagt, dadurch gekennzeichnet, daß jenseits des Mindestlohnbereichs die Lohnhöhe der Leistung proportional ist, und dadurch, daß im Mindestlohnbereich der Lohn unabhängig von der Höhe der Leistung ist. Hieraus ergibt sich die wichtige Schlußfolgerung, daß im Bereich oberhalb des Mindestlohnes die Lohnbelastung der Leistungseinheit eine konstante Größe und zahlenmäßig gleich dem Gedingesatz ist. Innerhalb des Mindestlohnbereichs steigt aber die Lohnbelastung der Leistungseinheit mit sinkender Leistung hyperbolisch an.

Als weitere schwerwiegende Frage erhebt sich die, ob der Mindestlohn im rechten Verhältnis zum Soll-Lohn, d. h. dem tariflichen Hauerdurchschnittslohn steht. Es ist eine jedem Betriebsbeamten bekannte Tatsache, daß bereits bei Annäherung des Lohnes an den Mindestlohn der Leistungswille des Arbeiters stark zurückgeht, und weiter, daß sich in der Gedankenwelt vieler Bergleute mit der Zahlung des Mindestlohnes die Idee verbindet, zum Leistungsuntüchtigen oder Leistungsunwilligen gestempelt zu sein. Die in der Tarifordnung zum Ausdruck kommende Ansicht, daß der Gedingearbeiter mindestens so viel an Lohn erhalten müsse wie der höchstbezahlte Reparaturhauer, geht von völlig falschen Voraussetzungen aus, indem sie eine Wertrangigkeitsskala der Arbeiten zum alleinigen Maßstab wählt und auf den Leistungsgrad des Menschen keine Rücksicht nimmt. Vergleicht man die Arbeit eines leistungsunwilligen Gedingearbeiters mit der eines pflichtgetreuen und gute Leistungen erbringenden Zimmerhauers, so ist nicht einzusehen, warum beide den gleichen Lohn erhalten müssen. Wenn man die Frage der Existenzsicherung in die Debatte wirft, so kann nicht mit Recht behauptet werden, daß der Hauer zur Sicherung seiner Existenz den Lohn des ersten Zimmerhauers erhalten müsse, da ja dann alle Löhne der Tarifordnung, die unterhalb des Lohnes des ersten Zimmerhauers liegen, die Existenz nicht mehr sichern würden.

Es könnten noch andere Gesichtspunkte gegen die heutige Mindestlohnregelung ins Feld geführt werden. Was gesagt wurde, dürfte bereits den Nachweis erbracht haben, daß das proportionale Mindestlohngedinge gewichtigen Bedenken begegnet, die es als eine nicht gerade glückliche Lösung erscheinen lassen. Zum proportionalen Kurvenast wäre dabei noch zu bemerken, daß in ihm folgender Gedanke keinen Ausdruck findet: Je höher die Leistung relativ liegt, desto größer wird der Einsatz an körperlichen und geistigen Kräften. Es sei vergleichsweise nur an den Kräfteaufwand erinnert, der zur Erreichung von sportlichen Höchstleistungen erforderlich ist. Wie beim Sport, so verlangt auch bei der Leistungssteigerung im Bergbau die sogenannte „letzte Schaufel Kohle" den stärksten Einsatz. Es wäre demnach richtig, das Mehr an Leistung, das durch einen außerordentlichen Kräfteeinsatz erzielt wird, überproportional zu entlohnen. Dieser Gedanke war dem Bergmann früherer Zeiten geläufig und fand seinen Ausdruck in der Anwendung überproportionaler Gedinge. Die seinerzeitige 200%-Verordnung wollte diesen Gedanken fördern, schoß aber weit über das Ziel hinaus und mit ihr verfiel der gesunde Kern der Ächtung. Gewiß ist es heute auch nicht mehr zweckmäßig, den einzelnen Betrieben in der Gestaltung einer überproportionalen Lohnkurve völlig freie Hand zu lassen. Die Festlegung müßte von übergeordneter Stelle erfolgen.

In diesem Zusammenhang möge darauf hingewiesen werden, daß die Frage nach der zweckmäßigsten Gedingekurve nicht den Deutschen Bergbau allein bewegt. Der Bericht des Britischen Kohlenamtes für das Jahr 1948 bemerkt, das Lohnsystem gewährleiste keine volle Wirtschaftlichkeit und das ganze Tarifsystem trage nicht dazu bei, den Leistungswillen und den Leistungseinsatz der Arbeiter zur vollen Entfaltung zu bringen. Es sei eine wichtige Aufgabe, leistungssteigernde Gedingesysteme zu finden.

16 Der Gedingeträger.

Bei einer systematischen Behandlung des Gedingewesens kann man an einer Betrachtung der Frage der Gedingeträger nicht vorübergehen. Als solche hätte man zu unterscheiden: Kameradschaften, Kolonnen, Gruppen und einzelne Arbeiter.

Auch hier ist festzustellen, daß die Begriffsbezeichnungen nicht klar und ihre Umgrenzung nicht genau genug sind. Eine Klärung der Begriffsinhalte erscheint daher erforderlich.

Das Kameradschaftsgedinge hat als Träger des Gedinges die Kameradschaft. Der geschichtlichen Entwicklung Rechnung tragend, sollte man unter Kameradschaft nur eine Mannschaft verstehen, die als Gesamtheit verschiedene Arbeitsvorgänge verrichtet. Entsprechend würde dann auch das Kameradschaftsgedinge dadurch gekennzeichnet sein, daß es die Entlohnung einer Summe verschiedenartiger Arbeiten regelt.

Die Entwicklung zum Großbetriebe hat zur Aufspaltung der früheren Kameradschaften in Kolonnen geführt. So spricht man beispielsweise von der Kohlenhauer-, der Bergeversatz- und der Umlegerkolonne. Hieraus ergibt sich zwangsläufig, daß ein Gedinge, das z. B. nur für die Umleger gilt, nicht mehr als Kameradschafts-, sondern als Kolonnengedinge anzusehen ist. Gewiß erfolgt die Schlüsselung der von der Kolonne verdienten Lohnsume ebenso wie die der Kameradschaft über Lohnrechenschichten zu gleichen Teilen. Man kann aber, von der Lohnberechnungsart des Kameradschaftsgedinges ausgehend, das Kolonnengedinge nicht lediglich deswegen gleichfalls als Kameradschaftsgedinge bezeichnen, weil es die gleiche Lohnverteilungsweise aufweist.

Das Gruppengedinge bezieht sich auf eine geringe Anzahl von Arbeitern, wobei kennzeichnend ist, daß diese Arbeiter am gleichen Punkt einer Betriebsfront zusammenarbeiten. Auch innerhalb der Gruppe erfolgt die Lohnverteilung nach dem gleichen Prinzip wie beim Kameradschaftsgedinge, nämlich zu gleichen Teilen. Doch wird in diesem Falle niemand von Kleinkameradschaftsgedinge sprechen.

Ein Kreis von Sachverständigen des Bergbaus hat folgende Begriffsbestimmungen vorgeschlagen, deren allgemeine Anerkennung man nur wünschen kann, weil durch Anwendung dieser klaren Definitionen die Gedingestatistik sicherlich an Genauigkeit gewinnen wird.

a) Das Kameradschaftsgedinge gilt für eine Gesamtheit von Bergleuten, die den gesamten Arbeitsauftrag an einem bestimmten Arbeitsort ausführen.

b) Das Kolonnengedinge (= Kameradschaftsgedinge im weiteren Sinne) gilt für eine Gesamtheit von Bergleuten, die einen einzelnen Arbeitsauftrag an einem bestimmten Arbeitsort ausführen.

c) Das Gruppengedinge gilt für eine Mehrzahl von Bergleuten, die Teilaufgaben eines Arbeitsauftrages an einem bestimmten Arbeitsort ausführen.

d) Das Einmanngedinge gilt für den einzelnen Bergmann.

Der Meinungsstreit, ob Kameradschaftsgedinge oder Einmanngedinge das rechte sei, entbrennt immer wieder aufs neue. Dabei ist unter Kameradschaftsgedinge das Kolonnengedinge meist mitgemeint. Denen, die das Kameradschaftsgedinge ablehnen, sei an dieser Stelle nur das Wort von BRAMESFELD [34, S. 69] entgegengehalten: „Viele Menschen erreichen ihren Leistungswert vorzugsweise am Einzelplatz, andere dagegen in der Arbeitsgruppe." Im übrigen sei auf die Ausführungen des Abschn. 79 verwiesen, der sich eingehend mit der Frage „Einmann- oder Kameradschaftsgedinge" befaßt.

Inwieweit in unseren westdeutschen Steinkohlenbezirken sich die Erkenntnis Bahn gebrochen hat, daß das Einmanngedinge *das* Gedinge unserer Zeit ist, geht aus den Angaben der Abb. 6 hervor.

Auch dieses stützt sich auf die Erhebungen der DKBL für den Monat März 1949. In dem Bilde wird das oben bereits einmal erwähnte Ost-West-Gefälle sehr deutlich erkennbar. In Niedersachsen sind sämtliche Gedinge der Kohlengewinnung noch Kameradschaftsgedinge. An der Ruhr beträgt ihr Anteil nur 29,2% und in Aachen ist er bereits auf 13,5% zurückgegangen. Ein ähnliches Gefälle zeigt sich zwischen der Ruhr und Aachen beim Gruppengedinge. An der Ruhr sind noch 34,8% aller in der Kohlengewinnung Tätigen aus Gruppengedingen entlohnt, während in Aachen deren Anteil nur 27,4% beträgt. In Aachen ist das Einmanngedinge der Hauptvertreter, in ihm arbeiten 59,1% aller Kohlenhauer, an der Ruhr sind es 36,0%. Man könnte das Gefälle, das sich in diesen Zahlen kundtut, auch so deuten, daß in Niedersachsen das Kollektivgedinge am stärksten zum Ausdruck kommt, während im Westen, in Aachen, das Hauptkontingent vom individuellen Einzelgedinge gestellt wird.

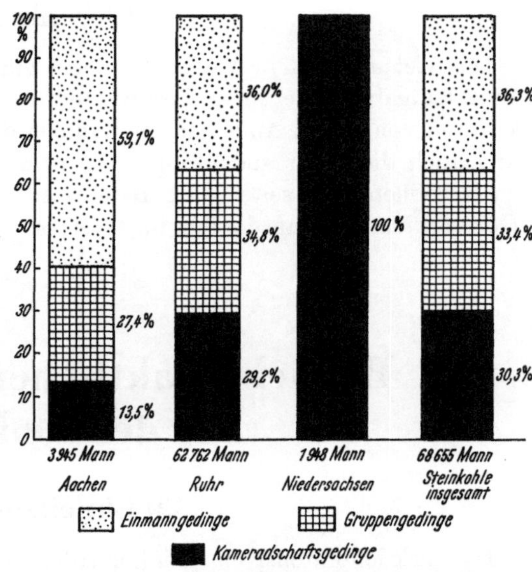

Abb.6. Gedingeformen in der Kohlengewinnung Ende März 1949. Bezug: Gedingearbeiter; Grundlage: Statistik DKBL.

17 Abnahme und Abrechnung.

Zur Abnahme und Abrechnung der geleisteten Arbeiten wäre folgendes zu sagen:

Der Gedingevertrag entspricht dem Liefervertrag des kaufmännischen Lebens. Wie nun der Kaufmann bei erfolgter Lieferung seinen Lieferschein als Quittung verlangt, so muß dem Bergmann nach Abschluß der Arbeiten oder zu Ende des Rechnungszeitraumes ein Abnahmeschein über die geleisteten Arbeiten ausgehändigt werden. Dieser Abnahmeschein muß alle Angaben enthalten, die zur Durchführung der Lohnrechnung erforderlich sind.

Der bestausgearbeitete Gedingevertrag und die korrekteste Abnahme können aber nicht zum gerechten Lohn führen, wenn nicht auch in der Lohnrechnung genauestens verfahren wird. Es sei hier nur auf einige Punkte hingewiesen, die schärfstens beachtet werden müssen:

Richtige Berechnung des Vollhauerlohnes über Lohnrechen-Schichten,
Saubere Trennung zwischen reiner Gedingelohnsumme und Vergütungen oder, anders ausgedrückt, zwischen leistungsabhängigen und leistungsunabhängigen Beträgen,
Gesonderte Behandlung von Gedingelohn und Sprengstoffverrechnung.

Eine einwandfreie Berücksichtigung dieser Gesichtspunkte bei der Lohnrechnung setzt zunächst voraus, daß der für eine exakte Durchführung der Rechnung notwendige Platz im Schichtenzettel vorgesehen wird. Darüber hinaus ist es zweckmäßig, auch die Genaurechnung durch eine entsprechende Gestaltung des Abrechnungsvordruckes nach Möglichkeit zwangsläufig zu gestalten zu suchen.

18 Überwachung.

Die wichtigste und aufschlußreichste Maßnahme in der Überwachung ist die Aufgliederung der Gedingeschichten nach Lohngruppen, etwa nach einer um je 0,25 DM fortschreitenden Staffelung. Diese gestattet die Entwicklung eines Bildes der Lohnstreuung. Theoretisch müßte das Häufigkeitsbild vollkommen symmetrisch gebaut sein, da jeder Lohnschicht *unter* dem Durchschnittslohn eine im gleichen Abstand *über* dem Durchschnittslohn liegende gegenüberstehen müßte. Nimmt man nun an, daß ein gewisser Teil aller Löhne in einem Bereich liegt, der begrenzt wird nach unten durch den Mindestlohn und nach oben durch den Spiegellohn des Mindestlohnes, d. h. eines Lohnes, der in der Entfernung des Mindestlohnes über dem Durchschnittslohn liegt, so läßt sich nach mathematischen Regeln die Idealkurve der Lohnverteilung berechnen. Vergleicht man hiermit die wirkliche Verteilung, so ergeben sich bedeutungsvolle Schlüsse.

19 Schlußbemerkungen.

Das viel umstrittene Gedingeproblem gliedert sich bei näherem Zusehen in eine Reihe von Einzelaufgaben, die ihrer Lösung teilweise beachtliche Schwierigkeiten entgegensetzen. Es konnten von diesen Aufgaben im Rahmen dieses Abschnittes nur die wichtigsten herausgestellt und auch diese nur andeutungsweise behandelt werden. Es wird noch vieler Arbeit und viel guten Willens von seiten aller Beteiligten bedürfen, ehe das bergmännische Gedingewesen die Höhe erklommen hat, die ihm im Interesse des Bergmanns und des Bergbaus zu wünschen wäre.

2 Betriebspraktischer Versuch einer Ordnung des Gedingewesens.

20 Einleitende Bemerkungen.

Im stark lohnintensiven Steinkohlenbergbau entfallen von den Betriebskosten z. Z. etwa 50% auf Löhne und von ihnen abhängige Beträge. Von den Lohnschichten sind aber etwa 45 bis 50% durch Gedinge bestimmt, so daß die Betriebskosten zu etwa 23 bis 25% von der Gestaltung des Gedingewesens beeinflußt werden. Vor einigen Jahren lag der Anteil der Lohn- und Lohnnebenkosten noch erheblich über dem genannten Satz. Es lohnt sich daher, diesem Gebiet des Betriebslebens besondere Beachtung zu schenken, und es ist unverständlich, warum — im Gegensatz zu anderen Industrien — das bergmännische Akkordwesen vielfach stiefmütterlich behandelt worden ist und auch heute noch wird.

Das Gedingewesen hat aber nicht nur einen erheblichen Einfluß auf die Kostenlage eines Bergwerksbetriebes, sondern wirkt sich gewichtig auf die menschliche Betriebsatmosphäre, auf das Verhältnis zwischen den im Betriebe Tätigen aus, woraus sich dann wieder psychologische Ausstrahlungen auf den Leistungsstand und die Leistungsentwicklung ergeben. Wenn diese Tatsachen dem Tieferblickenden schon lange bekannt waren, so fehlte doch der zahlenmäßige Ausdruck für die Beurteilung der Einstellung der Bergleute zum Gedinge. Durch eine Repräsentativerhebung, die das EMNID-Institut für Marktforschung und Meinungsforschung in Bielefeld im Spätsommer 1951 durchführte [*268*], haben wir einen guten Überblick über gedingepsychologische Momente gewonnen. An insgesamt 37 Orten des Ruhrgebietes wurden insgesamt 1032 Bergleute u. a. über ihre Meinung zum Gedinge befragt. 14% beantworteten die gestellte Frage nicht, die übrigen gaben die in Tafel 1 in der Reihenfolge ihrer Häufigkeit aufgeführten Auskünfte.

Tafel 1. *Ergebnis einer EMNID-Umfrage über das heutige Gedinge.*

Stellungnahme	v. H.-Anteile[1]	
	der Antworten	der Befragten
„das Gedinge ist im allgemeinen gerecht"	21	18
„das Gedinge ist gerecht"	16½	14
„das Gedinge ist unsozial"	13	11
„das Gedinge ist eine Ausbeutungsmethode"	10½	9
„das Gedinge muß sein"	10½	9
„das Gedinge stellt zu hohe Anforderungen"	8	7
„das Gedinge ist manchmal zu hoch"	3½	3
„das Gedinge könnte besser sein"	3½	3
„Gedingeschere"	3½	3
„das Gedinge ist nicht immer gerecht"	2½	2
„der Gedingelohn ist zu gering"	2½	2
„das Gedinge muß geändert werden"	1	1
„das Gedinge entspricht nicht den Erfordernissen"	1	1
„das Generalgedinge wäre besser"	1	1
„das Gedinge ist gesundheitsschädigend"	1	1
„das Gedinge ist ein guter Verdienst"	1	1
Insgesamt	100	86
ohne Angaben		14
Insgesamt		100

In Tafel 2 ist versucht, die Urteile nach ihrem Bezug und nach ihrer Art zusammenzustellen. Die abgegebenen Urteile sind zu etwas mehr als zur Hälfte als zustimmend (46 von 86% der Befragten) und zu etwas weniger als zur Hälfte (40 von 86% der Befragten) als ablehnend zu betrachten. $^{7}/_{12}$ der Urteile bezogen sich auf die Gedingestellung (davon etwas mehr als ¾ auf den Gedingevertrag im allgemeinen oder im besonderen und nicht ganz ¼ auf den Gedingesatz bzw. die Leistungsforderung), während nur einige wenige den Gedingelohn zum Gegenstand ihrer Beurteilung machten und etwa $^{5}/_{13}$ allgemeine Urteile abgaben. Zu bemerken wäre noch, daß eine Aufgliederung nach Alters-, Berufs- und Einkommensgruppen zeigte, daß der Anteil der positiven Stimmen mit höherem Alter und höherem Einkommen ständig zunimmt. Die Umfrage hat im ganzen gesehen mit nicht zu verkennender Deutlichkeit nachgewiesen, daß dem Betriebsbeamten die hohe Aufgabe gestellt ist, das Gedingewesen von den Fehlern und Schwächen zu befreien, die dem Bergmann Grund und Veranlassung zur Kritik geben.

Es dürfte daher angebracht sein, einen Überblick über eine langjährige Entwicklungsarbeit auf diesem Gebiete zu vermitteln, wobei, da sich Wissenschaft und Praxis nicht voneinander isolieren lassen, die Darlegungen teilweise auch grundsätzlicher Natur sein müssen.

21 Die Gedingesetzung.

Wie jedem Bergbaubetriebsbeamten bekannt und aus dem Ergebnis der im vorhergehenden aufgezeigten Umfrage deutlich ersichtlich, ist Hauptanliegen des Bergmanns eine gerechte und ordnungsgemäße Setzung des Gedinges. Bei einer betrieblichen Neuordnung des Gedingewesens muß man sich daher diesem Punkt als erstem zuwenden.

---

[1] Die v. H.-Anteile der Antworten sind aus den v. H.-Anteilen der Befragten berechnet!

211 Gedingegrundlagen.

Der Lohn des Gedingearbeiters errechnet sich aus dem Gedingesatz, kurzweg auch einfach „Gedinge" genannt, und der erbrachten Leistung. Diese ist ihrerseits abhängig vom Einsatzwillen und vom Einsatzgrad des betreffenden Arbeiters (vgl. Abb. 7). Der Gedingesatz, der Lohn je Leistungseinheit, ist dagegen eine vom Habitus des einzelnen Arbeiters unabhängige Größe. Sie wird bestimmt durch die Gedingeleistung einerseits und den Gedingerichtlohn andererseits.

Tafel 2.   *Zusammenstellung der Ergebnisse einer EMNID-Umfrage über das heutige Gedinge nach Urteilsbezug und Urteilsart.*

Urteil	Gedingestellung		Gedingelohn	Allgemein	Ziffern-summe %
	Vertragsschluß	Gedingesatz und Leistungsforderung			
voll-zustimmend	„Das Gedinge ist gerecht" 14%		„Gedinge ist ein guter Verdienst" 1%	„Das Gedinge muß sein" 9%	24
teil-zustimmend	„Das Gedinge ist im allgemeinen gerecht" 18%	„Das Gedinge könnte besser sein" 3%		„Generalgedinge wäre besser" 1%	22
teil-ablehnend	„Das Gedinge ist nicht immer gerecht" 2%	„Das Gedinge ist manchmal zu hoch" 3%	„Der Gedingelohn ist zu gering" 2%	„Das Gedinge muß geändert werden 1% entspricht nicht den Erfordernissen" 1%	9
voll-ablehnend	„Gedingeschere" 3%	„Das Gedinge stellt zu hohe Anforderungen" 7%		„Das Gedinge ist unsozial 11% eine Ausbeutungs-methode 9% gesundheits-schädigend" 1%	31
Ziffernsumme %	37	13	3	33	86
	50				
				ohne Angaben	14
				Gesamtsumme	100

211.1 Gedingerichtlohn. Die Festlegung des Gedingerichtlohnes war und ist keine Angelegenheit des Betriebes. Er wird in freier Vereinbarung zwischen den Tarifpartnern bestimmt, ggfls. auch durch Schiedsspruch oder, wie es in den Jahren 1933 bis 1945 der Fall war, durch staatliche Anordnung dem Bergbau aufgegeben, jedenfalls also dem Betriebe von außerbetrieblichen Instanzen vorgeschrieben. Für den Betrieb galt und gilt noch heute, daß die Gedinge auf dem Tarifhauerdurchschnittslohn als Richtlohn aufzubauen sind, doch wird von diesem Verfahren hier und da abgewichen und ein höherer Lohn als Gedingerichtlohn gewählt. Erste Aufgabe war es daher, den tariflich vorgesehenen Zustand wieder herzustellen, wo er nicht mehr vorhanden war.

211.2 Gedingeleistung. Ganz anders verhält es sich mit der Gedingeleistung. Sie zu beziffern, ist grundsätzlich Aufgabe des Betriebes. Über die Methodik, die bei der Feststellung dieser Ziffer anzuwenden ist, hat man sich im Bergbau bis in die jüngste Zeit hinein wenig Gedanken gemacht und diese Aufgabe gänzlich dem persönlichen Befinden des Betriebsbeamten überlassen. Dieser hat sich nun seinerseits voll auf seine „Erfahrung" verlassen und die Ziffern in der Regel gleich für einen ganzen Betriebsvorgang (so z. B. für die Streckenauffahrung in cm/M/Sch) schätzend bestimmt, wobei allerdings von der Seite des anderen Gedingepartners ebenso auf

Grund von „Erfahrungen" Schätzwerte entgegenstanden, so daß eine Angleichung in der einen oder anderen Richtung meist unvermeidlich war. Er erschien daher beim Versuch, das Gedingewesen auf eine höhere Stufe zu bringen, zweckmäßig, die Gedingeleistung auf anderen Wegen festzulegen und dabei darauf zu achten, daß die subjektive Schätzmethode durch möglichst objektive abgelöst würde. Hierzu bot die Methode der großen Zahlen mit ihren Häufigkeitswerten eine schätzenswerte Hilfe, wenn man sich auf unmittelbar betriebsbekannte Zahlen zu stützen vermochte. Die betrieblich getroffenen Maßnahmen zielten zunächst darauf ab, Leistungsrichtziffern zu erhalten, die von einer großen Zahl von Hauern in einer großen Zahl von Schichten bei den vorliegenden Verhältnissen als häufigste Werte erreicht worden waren, und später nach Ausgestaltung des Gedingekalkulationsverfahrens darauf, Leistungsrichtziffern zu gewinnen, die sich aus einer großen Zahl von Gedingeverträgen bzw. -kalkulationen als häufigst eingesetzte Werte ergaben.

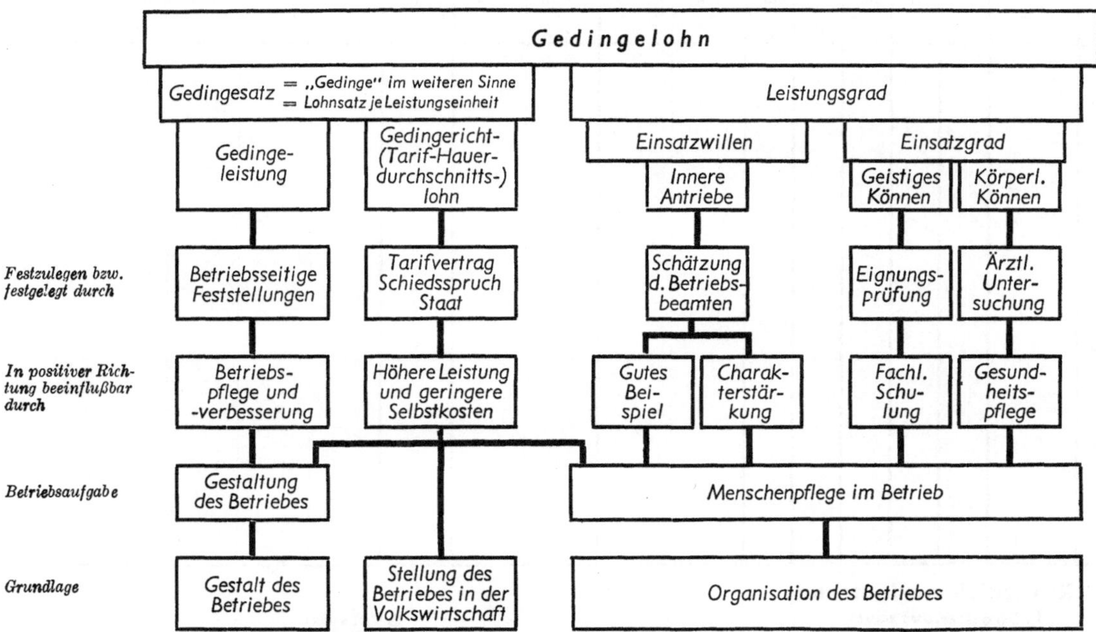

Abb. 7. Die Gedingelohn-Einflußgrößen.

Als eine der ersten Maßnahmen erschien daher bei einer Neuordnung des betrieblichen Gedingewesens die Entwicklung einer Gedingestatistik geboten. Bei deren Formgebung ließ man sich von den Gesichtspunkten der Ergänzungsordnung und der Entnahmewahl leiten und griff zur Kartei, in der jedem Betriebspunkt ein Blatt zugeordnet wurde. Die Karteiblätter wurden so eingerichtet, daß auf der Vorderseite neben den Eintragungen der Betriebsgegebenheiten und des Betriebszuschnittes ein hinreichend großes Feld zur Unterbringung der monatlich anfallenden Ziffern zur Verfügung stand. Angaben über die in Betracht kommenden Seiten des Schichtenzettels, die Nummern der Gedingeverträge und der Abnahmen sollten die Querverbindung zu den übrigen gedingetechnischen Betriebsunterlagen herstellen. Die Unterlage für die Führung der Vorderseite des Gedingeblattes bildete der Schichtenzettel, der seinerseits so umgestaltet wurde, daß alle für die Gedingekartei benötigten Angaben in ihm zu finden waren. Auf der Rückseite der Karten wurde sodann die Eintragung der einzelnen für den Betriebspunkt gültigen Gedingeverträge vorgesehen. Abbn. 8 und 9 zeigen die Vorderseiten einer für Kohlenbetriebe und einer für Gesteinsbetriebe entwickelten Gedingekarte, wobei darauf aufmerksam gemacht sei, daß diese Vordrucke vor Herausgabe des Kostenstandard-Systems entwickelt wurden. Bezüglich Einzelheiten sei auf Abschn. 641 hingewiesen.

In der ersten Zeit der Führung der Gedingekartei wurde diese ausschließlich zu Überwachungszwecken benutzt, erst späterhin konnte sie, nachdem eine genügend große Zahl von Aufzeichnungen vorlagen, ausgewertet werden.

2*

| 1 | 2 | 3 | 4 | 5 | 6 | 7 | 8 | 9 | 10 | 11 | 12 | 13 | 14 | 15 | 16 | 17 | 18 | 19 | 20 | 21 | 22 |

Bergbau Aktiengesellschaft Ida | Anlage: .... | Betriebsführer Abtlg.: ....

.... **Sohle,** .... westl./östl. **Abtlg.,** .... Sattel-/Mulden- .... **flügel**

Betriebspunkt: ....

Ausbau: ....

Ausbauentfernung ⤳ .... m   ⤳ .... m

Streb-Fördermittel: ....

Lfd. Nr.	Zeitraum Monat Jahr	Schichtzeit	Schichtenzettelseite	Gedingeschein Nr.	Abnahmeschein Nr.	Arbeitstage im Monat	Förderung bzw. Auffahrung im Monat		Belegung		Abbaufortschritt	Schichten des					
									Drittel × Mann	Mittlere Tagesschichten		Hacke	Orts-ältester	Lader	Versatz	Um-leger	Abbaustreckenvortrieb
		h	Nr.	Nr.	Nr.	Tage	Wg	t od. m	Mann	M/Tag	m/Tag fortges.	Scht.	Scht.	Scht.	Scht.	Scht.	Scht.
1	2	3	4	5	6	7	8	9	10	11	12	13	14	15	16	17	18
1																	
2																	
3																	
4																	
5																	
6																	
7																	
8																	
9																	
10																	
11																	
12																	
13																	
14																	
15																	

Kurzzeichenerläuterung:

1. Streckenausbau:

St	= Firstenstempel
Th(v)	= Türstock am Hangenden, v = mit Verzug
Tl(v)	= Türstock am Liegenden, v = mit Verzug
Thl	= Türstock am Hangenden und Liegenden
S	= Sprengwerk, durch Zusetzen des Buchstaben „S" zu bezeichnen

2. Strebausbau:

I	= Stempel mit Anpfahl am Hangenden
I a	= Stempel mit Anpfahl am Liegenden
II	= Stempel mit Schalholz am Hangenden
II a	= Stempel mit Schalholz am Liegenden
II b	= Stempel mit Schalholz am Hangenden und Liegenden
III	= Stempel mit Schalholz und Verzug am Hangenden
III a	= Stempel mit Schalholz und Verzug am Liegenden
III b	= Stempel mit Schalholz und Verzug am Hangenden und Liegenden
IV	= Vortreibepfähle

3. Versatz:

V	= Vollversatz
BlH	= Blindortversatz mit Örtern im Hangenden
BlL	= Blindortversatz mit Örtern im Liegenden
BrH	= Bruchbau mit Holz-Wanderpfeilern
BrE	= Bruchbau mit Eisen-Wanderpfeilern
BrR	= Bruchbau mit Reihenstempeln
Pf	= Pfeilerbau mit feststehenden Holzpfeilern

4. Fördermittel im Streb:

FR	= Feststehende Rutsche
FRe	= Feststehende emaillierte Rutsche
FRw	= Feststehende Winkelrutsche
SR	= Schüttelrutsche
Stgf	= Stegkettenförderer
Staf	= Stauscheibenförderer
Bf	= Bandförderer aus Gummi
Kr	= Kratzbandförderer

Abb. 8. Vorderseite des Gedinge-

Daß die Auswertung der erreichten Leistungen, der Ist-Werte, zu Gedingerichtwerten führte, die den bisher gebräuchlichen Schätzwerten turmhoch überlegen waren, verdeutlichen die Abbn. 10 und 11 (s. S. 24). In der ersten dieser Abbn. (10) ist aus den Ziffern der Hackenleistung, die sich bei einer Gesamtförderung von 462 480 t und einer Gesamtschichtenzahl von 49 980 ergaben, über ein Häufigkeitsbild der Durchschnittswert zu 8,9 t/M/Sch bestimmt. Ein ähnlich ideales Verteilungsbild weist Abb. 11 auf, aus dem auf einer Grundlage von 4109 Schichtleistungsziffern eine mittlere Gewinnungsleistung von 9,075 m³/M/Sch errechnet wurde. Diese Leistung ist einem Generalgedinge zugrunde gelegt worden, das ohne Einwendungen

23	24	25	26	27	28	29	30	31	32	1	2	3	4	5	6	7	8	9	10	A	B

Revier: .... | Flöz: .... | Register Nr.: ——— /

Flözprofil:
(K./B.) .... cm
Einfallen: .... °
Knappbreite: .... m
fl. Bauhöhe: .... m
Streblänge: .... m
Str. Baulänge: .... m

Sonstige Angaben:
(Abbauart, Versatzart und dergl.)

Bei Örtern:

	licht	Ausbruch
Sohlenbreite — m		
Kappe — m		
Höhe ü. S. O. — m		
Querschnitt — m²		
Kohlenanfall: .... Wg./m		

Monats			Leistung / M/Schicht				Lohnsumme				Lohn / Scht.		Lohn-belastung je Gedinge-einheit
Störungen	Sonstige	Insgesamt	Soll		Ist			Vergütungen		Insgesamt	Reiner Leistungslohn	Gesamtlohn	
			Hacke	Gesamt	Hacke	Gesamt		Sprengstoff	Sonstige				insgesamt
Scht.	Scht.	Scht.	Wg.	Wg.od.m	Wg.	Wg.od.m	RM	RM	RM	RM	RM/Scht.	RM/Scht.	RM/Wg./m
19	20	21	22	23	24	25	26	27	28	29	30	31	32

Kennummern

1. Ziffer

1 Hugo	12 Röttgersbank	23 Girondelle
2 Robert	13 Wilhelm	24 U.-Girondelle
3 Wellington	14 Johann	25 Finefrau
4 Karl	15 Präsident	26 Finefrau u. Nbk.
5 Blücher (Leonhard)	16 Helene	27 Kreftenscheer
6 August	17 Luise	28 Mausegatt-Ulbk.
7 Bertha	18 Karoline	29 Mausegatt
8 Clemens	19 Dickebank	30 Geitling 2.
9 Hermann	20 Wasserfall	31 Hauptflöz
10 Ernestine	21 Sonnenschein	32 Wasserbank
11 Ernestine II	22 Sonnenschein Nbk.	

2. Ziffer

1 Örter
2 Aufhauen
3 Abhauen
4 Gesamtabbaubetr.
5 Kohlenhauer
6 „ „ lader
7 Lader
8 Bergeversetzer
9 Umleger
10 Sonstige

karteiblattes für Kohlenbetriebe.

sofort angenommen wurde und zu schönen Leistungen und guten Löhnen führte. Weitere Einzelheiten finden sich in Abschn. 644.

Nachdem das Gedingekalkulationsverfahren, auf das anschließend noch näher eingegangen wird, entwickelt und im Betriebe durchgeführt war, waren Unterlagen gewonnen, die zur Ermittlung von Gedingerichtwerten herangezogen werden konnten. Den Häufigkeitsbildern der Abbn. 12 u. 13 (s. S. 24) liegen Kalkulationswerte zugrunde, die abgeschlossenen Gedingeverträgen entnommen wurden. Sie erweisen ebenfalls, daß man, sofern man eine genügend große Anzahl von Ausgangswerten zur Verfügung hat, aus jederzeit belegbaren und darum dem Meinungsstreit

1 | 2 | 3 | 4 | 5 | 6 | 7 | 8 | 9 | 10 | 11 |

Bergbau Aktiengesellschaft Ida | Anlage: .... | Betriebsführer Abt.: ....

Sohle, ... westl./östl. **Abtlg.,** .... Sattel-/Mulden- .... **flügel**

Betriebspunkt: ....

Lfd. Nr.	Zeitraum Monat Jahr	Schichtzeit	Schichten-zettelseite	Gedinge-schein Nr.	Annahme-schein Nr.	Arbeitstage im Monat	Belegung		Auffahrung				Gebirgsschicht		Ausbauart (KZ)	Sprengstoff			Leistung je Mann und Schicht	
							Drittel × Mann	Mittlere Tages-schichten	Soll		Ist		Art 2)	Einfallen		Art (KZ)	Verbrauch je			
		h	Nr.	Nr.	Nr.	Tage	Mann	M/Tag	m	m³	m	m³		0°			m kg	m³ kg	m	m³
1	2	3	4	5	6	7	8	9	10	11	12	13	14	15	16	17	18	19	20	21
1											1)									
2																				
3																				
4																				
5																				
6																				
7																				
8																				
9																				
10																				
11																				
12																				
13																				
14																				
15																				
Insgesamt oder Durchschnitt																				

1) Fortgeschrieben.   2) Siehe Kurzzeichenerläuterungen.

Kurzzeichenerläuterungen:

1. Ausbauarten:

TH = Türstock aus Holz
TE = Türstock aus Eisen
TEK = Türstock aus eisernen Kappen und Holzstempeln
Bo = Bogenausbau
P = Pokaleisenausbau
M = Mollausbau
Z = Ziegelsteine
B = Betonsteine
T-He = Toussaint-Heintzmann
oA = ohne Ausbau

2. Sprengstoffarten:

WNA = Wetter-Nobelit A
GD = Gelatine Donarit
BMI = Wetter-Nobelit B

3. Gebirgsschichten:

Sch = Schiefer
S-Sch = Sand-Schiefer
S = Sand
K = Konglomerat

Abb. 9. Vorderseite des Gedinge-

entzogenen Betriebsziffern Gedingerichtwerte entwickeln kann, die jedenfalls darauf Anspruch erheben können, gerechter zu sein als einfache Schätzwerte.

Bei der Feststellung der Gedingeleistung, auf der der Gedingevertrag aufbaut, kann man dann, wenn es sich um einen geschlossenen Betriebsvorgang handelt — typische Beispiele sind die Gedinge der Wanderpfeilerumsetzer, der Rutschenumleger —, den Betriebsvorgang als ein Ganzes ansehen und braucht keine Aufgliederung in Einzelvorgänge vorzunehmen.

Anders dagegen, wenn es sich darum handelt, das Gedinge für einen Betriebspunkt zu setzen, an dem sich ganz verschiedenartige, längere Zeit in Anspruch nehmende Teilarbeitsvorgänge in zyklischem Wechsel wiederholen. Als Prototyp kann der Streckenvortrieb gelten, der sich gliedert in die Arbeitsvorgänge: Bohren und Sprengen / Wegräumen des Haufwerks / Einbringen des

| A | B | C | D | E |

.... | Revier: .... | Register Nr.: — / ....

Maße	Sohlenbreite	Höhe	Querschnitt
Licht:	.... m	.... m	.... m²
Im Ausbruch:	.... m	.... m	.... m²

Lohnsumme				Lohn				Leistungslohn-kosten je		Sprengstoff-kosten je		Gesamt-kosten je		Bemerkungen
	Vergütungen		Ins-gesamt	Reiner Leistgs.-lohn	Sprengstoff-vergütungen	Sonstige vergütungen	Gesamt-lohn	m	m³	m	m³	m	m³	
	Sprengstoff	Sonstige												
RM	RM	RM	RM	RM/Scht.	RM/Scht.	RM/Scht.	RM/Scht.	RM	RM	RM	RM	RM	RM	
22	23	24	25	26	27	28	29	30	31	32	33	34	35	36

Kennummern

1 = 1. Sohle
2 = 2. „
3 = 3. „
4 = 4. „
5 = 5. „
6 = 6. „
7 = 7. „
8 = 8. „
9 = 9. „
10 = 10. „
11 = 11. „

karteiblattes für Gesteinsbetriebe.

Ausbaus / Nebenarbeiten. Bei der althergebrachten Schätzmethode haben die meisten Betriebsbeamten auch in diesen Fällen keine Aufgliederung vorgenommen, so z. B. im angezogenen Falle einfach die Auffahrleistung in cm/M/Sch geschätzt und hierauf das Gedinge aufgebaut. Da nun aber die Genauigkeit einer Summenziffer um so mehr zunimmt, je genauer man die einzelnen Summanden zu erfassen sich bemüht, erhielten die Betriebsbeamten Anweisung, für die einzelnen Teilvorgänge Leistungsziffern bzw. deren Kehrwerte, das sind die des Schichtenaufwandes, einzeln festzulegen und aus ihnen den Endwert der dem Gedinge zugrunde zu legenden Leistung in einer „Kalkulation" aufzubauen. Sie sollten möglichst tief ins einzelne zu gehen versuchen, weil sich so am ehesten Kalkulationsfehler vermeiden oder doch in ihren Auswirkungen auf das Endergebnis einschränken lassen. Damit die Kalkulationen als solche bzw. die in ihnen enthaltenen

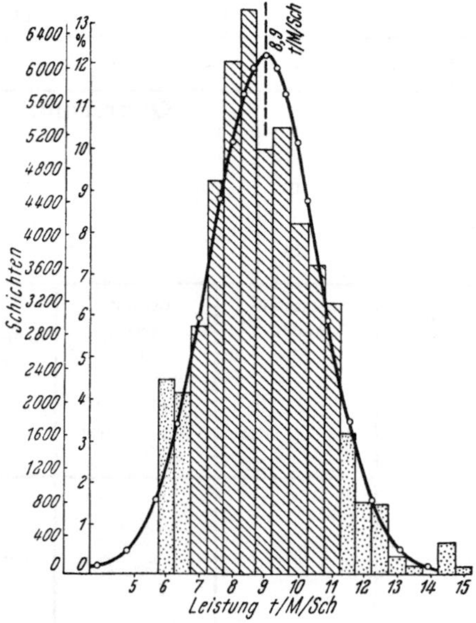

Abb. 10. Häufigkeitsbild von Hackenleistungen
in Flöz Dickebank.

Bildgrundlage: 49 980 Schichten / Zeitraum Januar 1939
bis Juli 1944 / Förderung 462 480 t. — *Kennzeichnung
der Abbaubetriebe:* Flözmächtigkeit 2,50 m / Einfallen
26—35° / Gewinnung mittels Abbauhammer / Streb-
fördermittel: Feste Rutsche / Ausbau: Rundholz mit
Spitzenverzug am Hangenden auf Holzstempeln. —
Ergebnis: Aus der Gesamtzahl der Werte des geschrafften Mittelfeldes errechnet sich eine Durchschnittsleistung (L_{mi}) von 8,912 t/M/Sch, aus der Gesamtzahl aller Werte einschl. der punktierten Extremwerte von 8,915 t/M/Sch. Nach der statistischen Wahrscheinlichkeitsrechnung bestimmt sich

1. die mittlere Abweichung

$$\sigma_x = \frac{\sqrt{(x_1 - L_{mi})^2 + (x_2 - L_{mi})^2 + \ldots + (x_n - L_{mi})^2}}{n - 1}$$

$$= \sim 1,62 \text{ t/M/Sch} = \sim \pm 18,2\%.$$

2. der mittlere Fehler

$$s_{Lmi} = \pm t \cdot \frac{\sigma_x}{\sqrt{n}} = \pm 0,0217 \text{ t/M/Sch} = \pm 0,24\%.$$

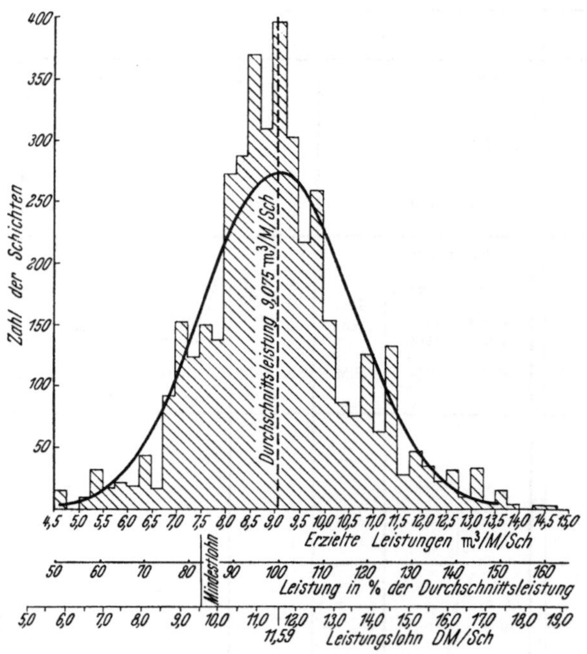

Abb. 11. Häufigkeitsbild von Gewinnungsleistungen in einem Abbaubetrieb des Flözes Präsident-Helene.

Bildgrundlage: 4109 Schichten / Zeitraum Mai, Juni, Juli 1949 / Förderung 37 600 t. — *Kennzeichnung des Abbaubetriebspunktes Streb 2 bis
6. S. Westen:* Flözmächtigkeit 2,10—2,40 m / Einfallen 27—28° / Gewinnung mittels Abbauhammer / Strebfördermittel: Bremsförderer /
Ausbau: Rundholz mit Spitzenverzug am Hangenden auf Holzstempeln. — *Ergebnis:* Durchschnittliche Leistung 12,71 Wg/M/Sch =
9,075 m³/M/Sch; bei Umrechnung auf die verschiedenen Flözmächtigkeiten ergibt sich

für 2,10 m Mächtigkeit eine durchschn. Leistung von 4,322 m³/M/Sch
für 2,20 m Mächtigkeit eine durchschn. Leistung von 4,125 m³/M/Sch
für 2,30 m Mächtigkeit eine durchschn. Leistung von 3,946 m³/M/Sch
für 2,40 m Mächtigkeit eine durchschn. Leistung von 3,782 m³/M/Sch

Mittlere Abweichung vom Mittelwert: ± 1,507 m³/M/Sch = ± 16,6%
Mittlerer Fehler: ± 0,0705 m³/M/Sch = ± 0,777%.

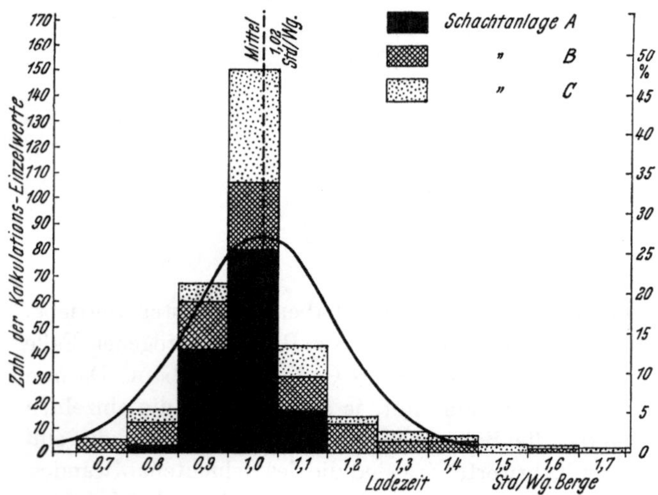

Abb. 12. Häufigkeitsbild von Kalkulationswerten für das Beladen eines Förderwagens mit Bergen mittels Schaufel.

Bildgrundlage: 316 Gedingekalkulationen. — *Kennzeichnung des Förderwagens:*
Inhalt 0,900 m³ / Höhe über Schienenoberkante 1,17 m. — *Ergebnis:* Mittelwert:
1,02 Std/Wagen. Mittlere Abweichung: ± 0,152 Std/Wagen = ± 14,9%.
Mittlerer Fehler: ± 0,0258 Std/Wagen = ± 2,53%.

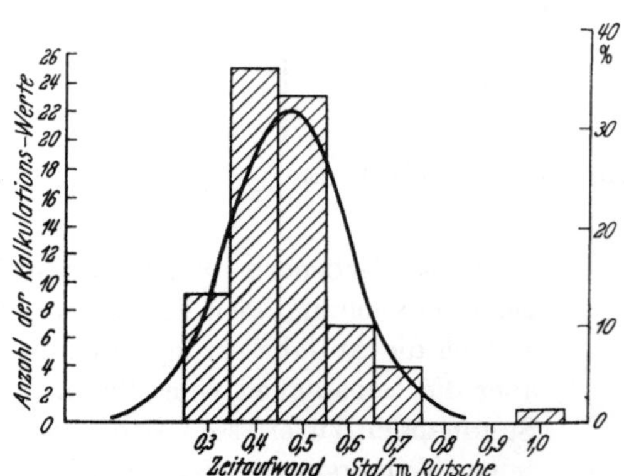

Abb. 13. Häufigkeitsbild von Kalkulationswerten für das
Umlegen von Schüttelrutschen einschließlich Druckluftleitung und Antriebsmotor.

Bildgrundlage: 69 Gedingekalkulationen. — *Ergebnis:*
Mittelwert: 0,46 Std/m. Mittlere Abweichung: ± 0,0766
Std/m = ± 16,6%. Mittlerer Fehler: ± 0,0287 Std/m
= ± 6,24%.

Grundziffern nicht verlorengehen und für Betriebsanalysen jederzeit greifbar vorliegen, sollten sie auf der Rückseite des Gedingescheines oder auf einem besonderen Formblatt schriftlich festgelegt werden, das einen Bestandteil des Gedingevertrages bildet und mit diesem zusammen aufbewahrt wird.

Wenn die Einführung der Gedingekalkulation weder bei den Betriebsbeamten noch auch bei den Bergleuten auf Schwierigkeiten stieß, so im letzten nur deshalb, weil ihnen in der Gestaltung des Rechenvorganges zunächst freie Hand gelassen wurde. Es war ihnen lediglich vorgeschrieben worden, den Betriebsvorgang in seine Elemente aufzugliedern und jeden aufgeführten Teilvorgang im beiderseitigen Einvernehmen mit Zahlen zu belegen. Die hieraus sich ergebenden Kalkulationen konnten, wie die aus dem Jahre 1942 stammende der Abb. 14 beispielhaft beweist, an sich wenig befriedigen, doch ist das mit ihrer Anwendung erstrebte Ziel der psychologischen Vorbereitung der Belegschaft auf genauere und eingehendere Gedingeberechnungen in kürzester Zeit erreicht worden.

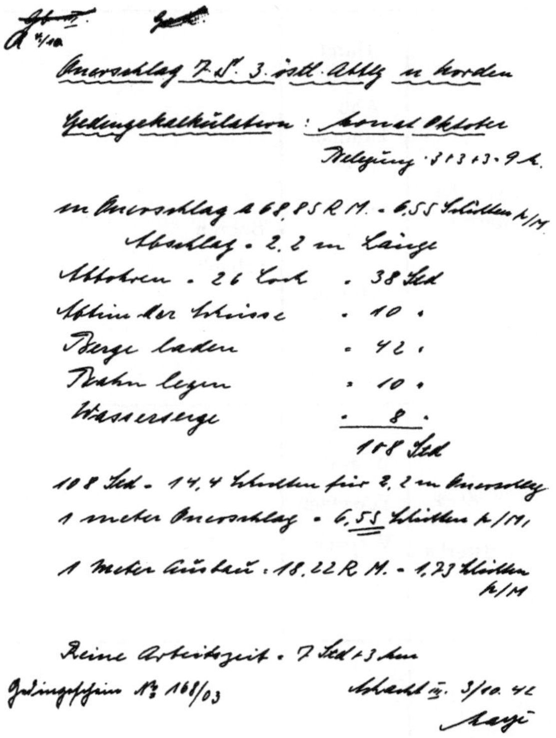

Nachdem sich der Gedanke der Zweckmäßigkeit und Notwendigkeit der Gedingekalkulation im Betriebe festgesetzt hatte, wurde der zweite Schritt getan und ein allgemein gehaltener Vordruck (Abb. 15) geschaffen, der mittels Gummistempel auf die Rückseite des Gedingescheines aufgedruckt wurde. Während die bisherigen, nicht an ein Muster gebundenen Kalkulationen vielfach die Schicht und Bruchteile davon als Zeiteinheit benutzten, wurde nunmehr die Stunde als Maßstab für den Zeitaufwand gefordert. Der Vordruck verlangte im übrigen erstmalig die Hauptangaben zur Kennzeichnung der Betriebsgegebenheiten und des Betriebszuschnittes.

Im Laufe der Zeit entwickelte der Betrieb aus sich heraus Vorschläge für weiter ins einzelne gehende Vordrucke, wie sie in den Abbn. 16, 17 und 18 gezeigt werden. Diese haben, wie sich durch Vergleich unschwer feststellen läßt, den neuerdings von der DKBL empfohlenen Kalkulationsvordruck (Rückseite des Einheitsgedingescheines) (Abb. 19) maßgeblich beeinflußt.

Für den Gebrauch im Untertagebetrieb erschien jedoch das Format des Vordruckes der DKBL (DIN A 6) weniger geeignet. Man entschloß sich, ein Blatt der doppelten Größe zu verwenden, wie es sich bereits seit Jahren bewährt hatte. Beim Druck konnten dann auch einige wünschenswerte Abweichungen vom DKBL-Vordruck Berücksichtigung finden (Abb. 20).

Der Erlaß der betrieblichen Vorschrift, sämtliche Gedinge zu kalkulieren, hat viel zur Befriedung des Betriebslebens und nicht unwesentlich zur Hebung der Gedingemoral beigetragen. Durch schriftliche Fixierung der gemeinsam von Betriebsbeamten und Arbeitern durchgeführten Gedingekalkulationen und deren Aufbewahrung gewann man im übrigen nebenher die Möglichkeit der Kalkulationsüberprüfung, wenn ein niedrigerer Lohn auf einen Kalkulationsfehler zurückgeführt oder unter Berufung auf einen solchen Fehler eine Heraufsetzung des Gedinges durch den Arbeiter beantragt wurde. Schließlich eröffnete dieses Verfahren die Möglichkeit einer einwandfreien Rechnungslage in dem Fall, daß betriebsfremden Instanzen die Richtigkeit der Gedingesetzung nachzuweisen war.

Abb. 14. Grobkalkulation eines Gedinges aus dem Jahre 1942.

Gedingekalkulation

Betriebspunkt: ____________________________　　　Tag:

Flöz: __________　Fl.-Profil: __________　Einfallen: ______°　Gesteinsart: Hgd. / Lgd.

Ausbau: __________　Streckenmaße: __________

lichter Querschnitt: __________　Ausbr.-Querschn.: __________　Abschlaglänge: __________

Kohlenanfall: __________　Bergeanfall: __________

Art der Mechanisierung: __________

			Stundenaufwand	
			Insgesamt	je Einheit
Lösen der Massen	Hand- und Abbauhammerarbeit			
	Sprengarbeit	Bohren		
		Schießen		
Bewegung des Haufwerks	Laden			
	Wegräum.			
	Versetzen			
	Verpacken			
Ausbau				
Sonstige und Nebenarbeiten				
		Summe		

Reine Arbeitszeit Std./Scht. __________

Schichtenaufwand je __________ = $\dfrac{\text{Ges.-Std.-Aufwand}}{\text{Reine Arbeitszeit}}$ = __________ = __________

Gedingerichtlohn __________ DM/Sch.

Gedingesatz = Schichtaufwand × Gedingerichtlohn __________

Schacht-Anlage __________

Unterschriften

Abb. 15. Allgemein gehaltener Gedingekalkulationsvordruck.

<table>
<tr>
<td rowspan="2">Gedinge-
kalkulation</td>
<td rowspan="2">Streckenauffahrung</td>
<td>Schachtanlage
..............................</td>
<td>Kalkuliert
.... (Name)
Geprüft</td>
<td>Erl. Verm.</td>
</tr>
<tr>
<td>Tag: ....</td>
<td>.......................... (Name)</td>
<td></td>
</tr>
<tr>
<td>All-
gemeines</td>
<td colspan="4">Schichtzeit .... Std.   Reine Ar-/beitszeit .... $\frac{\text{min}}{\text{Sch}}$ Gedinge-/richtlohn .... $\frac{\text{DM}}{\text{Sch}}$</td>
</tr>
<tr>
<td>Örtliche
Gegeben-
heiten</td>
<td colspan="4">Betriebs-punkt } .... Sohle .... Ort .... Abteilung ....
Flöz .... Flözprofil .... Einfallen .... °
Art des Gesteins .... | Hangendes .... | Liegendes ....</td>
</tr>
<tr>
<td>Betriebs-
zuschnitt</td>
<td colspan="4">Streckenquerschnitt   licht .... m²   im Ausbruch .... m²
Haufwerksanfall je m   Kohle .... Wg   Berge .... Wg
Abschlaglänge .... m
Ausbau { Art ....
           { Abmessungen .... Abstand .... m
Anzahl der Bohrlöcher { im Einbruch .... d. Hilfslöcher .... in der Firste ....
                    { in der Sohle .... in den Stößen .... im Hangenden ....
                    { im Liegenden: Abdecker .... Sohlenbohrlöcher ....
Zahl der Sprengpatronen je Abschlag } .... | Strecke wird .... spurig aufgefahren</td>
</tr>
<tr>
<td rowspan="3">Schichten-
aufwand</td>
<td colspan="4" align="center">Zeitaufwand an reiner Arbeitszeit in Std. für 1 Abschlag</td>
</tr>
<tr>
<td colspan="4">Hereingew. der Kohle ....   Übertrag: ....
Weglad. d. Kohlenhaufwerks ....   Herstell. d. { Abdecker } im ....
Herstellung der Bohrlöcher { im Einbruch ....   Bohrlöcher { i. d. Sohle } Liegenden ....
               { der Hilfslöcher ....   Wegladen d. Bergehaufw. ....
               { in der Firste ....   Einbringen des Ausbaus ....
               { in der Sohle ....   Nebenarbeiten: ....
               { in den Stößen ....
               { im Hangenden ....
Übertrag: ....   Summe Zeitaufwand ....</td>
</tr>
<tr>
<td colspan="4">Schichtenaufwand je Abschl. = $\dfrac{\text{Summe Zeitaufwand}}{\text{reine Arbeitszeit}}$ = ... = ... Sch</td>
</tr>
<tr>
<td rowspan="2">Gedinge-
berech-
nung</td>
<td colspan="3">Schichtenaufwand je Abschl.   DM/Abschl.
× Gedingerichtlohn = ... × .... =</td>
<td>Gedingesätze</td>
</tr>
<tr>
<td colspan="3">Kohlenanfall je Abschlag
× Gedingesatz je Wagen = ... × .... =
Unterschied = Gedingelohnsumme f. d. Längenauffahr. = ...
Sprengstoffverrechnung (.......... Patronen/Abschl.) = ...
Gesamtgedingelohnsumme für die Längenauffahrung = ...
$\dfrac{\text{Gesamtgedingelohnsumme für die Auffahrung} = ... \text{ DM/Abschl.}}{\text{Abschlaglänge} = ... \text{ m/Abschl.}}$</td>
<td>DM/Wg

DM/m</td>
</tr>
<tr>
<td>Bemer-
kungen</td>
<td colspan="4">Das auf Grund vorstehender Kalkulation angebotene Gedinge wurde von der Betriebspunktbelegschaft — nicht — angenommen.

....
(Datum)

....
(Unterschrift)</td>
</tr>
</table>

Abb. 16. Spezieller Gedingekalkulationsvordruck für die Streckenauffahrung.

Gedinge-kalkulation	Auf- und Abhauen	Schachtanlage	Kalkuliert	Erl. Verm.
			.... (Name)	
			Geprüft	
		Tag:	.... (Name)	

Allgemeines · Schichtzeit .... Std. | Reine Arbeitszeit .... min/Sch | Gedingerichtlohn .... DM/Sch

Örtliche Gegebenheiten
Betriebspunkt ⎱ .... Sohle .... Abteilung ....
Ort ....
Flöz .... Flözprofil .... Einfallen ....°
Art des Gesteins .... Hangendes .... Liegendes ....

Betriebszuschnitt
Querschnitt des Auf- bzw. Abhauens licht .... m² im Ausbruch .... m²
Haufwerksanfall je m Kohle .... Wg | Berge .... Wg
Abschlaglänge .... m
Ausbau ⎰ Art ....
      ⎱ Abmessungen .... Abstand .... m
Das Auf- bzw. Abhauen wird hergestellt
  in der Oberbank   in einer Mächtigkeit von .... m
  in der Mittelbank   in einer Mächtigkeit von .... m
  in der Unterbank   in einer Mächtigkeit von .... m
  im vollen Flözquerschn. in einer Mächtigkeit von .... m
  unter Nachreißen ⎰ d. Hangend. in einer Mächtigkeit von .... m
            ⎱ d. Liegend. in einer Mächtigkeit von .... m

Schichtenaufwand

Zeitaufwand an reiner Arbeitszeit in Std. für 1 Abschlag

Hereingew. u. Wegschaufeln ⎰ der Kohle	....
⎱ der Berge	....
Einbringen des Ausbaus	....
Herstellung des Kohlenbunkers	....
Heranschaffen und Einbauen der ⎰ Lutten	....
⎪ Rutschen	....
⎪ Rohre	....
⎱ Fahrten	....
Insgesamt	....

Schichtenaufwand je Abschl. = $\dfrac{\text{Summe Zeitaufwand}}{\text{reine Arbeitszeit}}$ = ... = ... Sch

Gedingeberechnung

Schichtenaufwand je Abschl. × Gedingerichtlohn   = ... × .... = ... DM/Abschl.

Kohlenanfall je Abschlag × Gedingesatz je Wagen   = ... × .... = ...

Untersch. = Gedingelohnsumme f. die Längenauffahrg. = ...

Sprengstoffverrechnung (.................... Patronen/Abschl.) = ...

Gesamtgedingelohnsumme für die Längenauffahrung = ...

$\dfrac{\text{Gesamtgedingelohnsumme für die Auffahrung}}{\text{Abschlaglänge}} = \dfrac{\text{.................... DM/Abschl.}}{\text{.................... m/Abschl.}}$

Gedingesätze
.... DM/Wg
.... DM/m

Bemerkungen

Das auf Grund vorstehender Kalkulation angebotene Gedinge wurde von der Betriebspunktbelegschaft — nicht — angenommen.

.... (Datum)

(Unterschrift)

Abb. 17. Spezieller Gedingekalkulationsvordruck für Auf- und Abhauen.

Gedinge-kalkulation	Gewinnung	Schachtanlage .... Tag:	Kalkuliert .... (Name) Geprüft .... (Name)	Erl. Verm.

All-gemeines	Schichtzeit .... Std.	Reine Ar-beitszeit .... $\dfrac{min}{Sch}$	Gedinge-richtlohn .... $\dfrac{DM}{Sch}$

Örtliche Gegeben-heiten

Betriebs-punkt .... Sohle .... Abteilung ....
Ort ....
Flöz .... Flözprofil .... Einfallen .... °
Art des Gesteins .... | Hangendes .... | Liegendes ....

Betriebs-zuschnitt

Streblänge .... m   Abbaufortschritt .... m/Tag
Feldesbreite .... m   Belegung .... Drittel .... Mann
Versatzart ....   Fördermittel ....
Aus-bau } Art ....   Abmessungen ....
Stempelabstand im Einfallen .... m | im Streichen .... m
Wagenfüllziffer: .... Wg entfallen auf 1 m³ anstehende Kohle

Leistungs-berech-nung

Zugrunde gelegte Gewinnungsleistung .... t/M/Sch = ... Wg/M/Sch

$$\left.\begin{array}{l}\text{Um-rechnung} \\ \text{der} \\ \text{Wagen-leistung}\end{array}\right\} \begin{array}{l}\text{in lfd. m} \\[1em] \text{in m}^2\end{array}$$

$$\text{in lfd. m} = \frac{\text{Leistg. in Wg/M/Sch}}{\text{Füllziffer} \times \text{Mächtigk.} \times \text{Feldesbr.}} = \frac{\text{........}}{\text{....} \times \text{....} \times \text{....}} = \text{.....} \ m/M/Sch$$

$$\text{in m}^2 = \frac{\text{Leistg. in Wg/M/Sch}}{\text{Füllziffer} \times \text{Mächtigkeit}} = \frac{\text{........}}{\text{....} \times \text{....}} = \text{.....} \ m^2/M/Sch$$

Gedinge-berech-nung

1. bei Wagengedinge $\dfrac{\text{Gedingerichtlohn DM/Sch}}{\text{Gew. Leistung Wg/M/Sch}} = \text{........ DM/Wg}$

2. bei m-Gedinge $\dfrac{\text{Gedingerichtlohn DM/Sch}}{\text{Gew. Leistung m/M/Sch}} = \text{........ DM/m}$

3. bei m²-Gedinge $\dfrac{\text{Gedingerichtlohn DM/Sch}}{\text{Gew. Leistung m}^2\text{/M/Sch}} =$

Gedingesätze

.... DM/Wg

.... DM/m

Mächtigkeit	
.... m	.... DM/m²
.... m	.... DM/m²
.... m	.... DM/m²
.... m	.... DM/m²
.... m	.... DM/m²

Bemer-kungen

Das auf Grund vorstehender Kalkulation angebotene Gedinge wurde von der Be-triebspunktbelegschaft — nicht — ange-nommen.

....
(Datum)

....
(Unterschrift)

Abb. 18. Spezieller Gedingekalkulationsvordruck für die Kohlengewinnung.

Gedingekalkulation

			Hangendes	Liegendes
cm	cm	°		
Flözmächtigkeit ⌀	davon Bergemittel	Einfallen	Gesteinsart	
Quer- schnitt m²	m²	cm		
Ausbruch	licht	Abschlagslänge	Art der Mechanisierung	

Arbeitszeit vor Ort .... Min.

Sollbelegung .... Drittel je .... Mann   Wg. = ... Ltr.

	Zeitaufwand in Min.	
	insgesamt	je Einheit
Wg. K., m, m², m³, lösen . .		
.... Wg. K., m, m², m³, laden . .		
Anzahl { .... in der Kohle . .		
der { .... im Hangenden .		
Bohrlöcher { .... im Liegenden .		
Laden und Besetzen der Bohrlöcher .		
Abtun und Wartezeit beim Schießen		
.... Wg. Berge laden		
.... Wg. Berge und Kohle ab- schleppen auf .... m		
Bergeversatz m, m², m³, Stpl. . .		
Ausbau { (Art ....)		
einbringen { (Abstand .... m)		
Schienen legen		
Lutten einbauen		
Rohre vorbauen		
Sonstige {		
Arbeiten {		

(Nichtzutreffendes streichen)

Sollzeitaufw. je Abschlag m, m², m³, Wg., Stpl.

.... : .... = ... Schichten (Schichtenaufwand)
Sollzeitaufwand   Arbeitszeit vor Ort

.... : .... = ... je Mann/Schicht
Ges. Wg., m, m² usw.   Schichtenaufwand

Solleistung je M/Schi. in cm, m, m², m³, Wg., Stpl. ....

Abb. 19. Kalkulationsvordruck des „Einheitsgedingescheines" der DKBL.

212 Gedingespielarten.

Die Gedingegestaltung läßt an sich, d. h. unabhängig von den Eigenarten eines Wirtschaftszweiges, eine Vielzahl von Möglichkeiten offen. Im Bergbau kommt nun noch eine größere Zahl von Variationsmöglichkeiten hinzu, die typisch bergmännisch sind und in ihrer Zahl die bei anderen Industrien zu findenden wahrscheinlich überragen. Bereits durch Kombination der in Abb. 21 (s. S. 32) aufgezeigten Gestaltungsmöglichkeiten, die aber durchaus keinen Anspruch auf Vollzähligkeit erheben wollen und können, ergeben sich 2520 Spielarten. Die Besprechung der zur betrieblichen Weiterentwicklung des Gedingewesens hinsichtlich der Gedingespielarten unternommenen Versuche und getroffenen Maßnahmen wird daher aus Gründen der Übersichtlichkeit an Hand der Systematik der Abb. 21 durchgeführt.

212.1 Gedingegattung. Vor Inangriffnahme der Neuregelung war das *kurzfristig* kündbare oder kurzfristig termingebundene Gedinge in der Form des Monatsgedinges das vornehmlich angewandte. Das *langfristig kündbare* Gedinge, das im Vertrage meist durch die Terminbezeichnung „gültig bis auf weiteres" gekennzeichnet ist, war nahezu unbekannt. Das *langfristig unkündbare* Gedinge, das den althergebrachten Namen „Generalgedinge" zu recht trägt, war ganz vereinzelt zu finden.

Den Betriebsbeamten, die die Gedinge zu setzen hatten, wurde aufgegeben, dort, wo es sich eben ermöglichen ließe, langfristige Gedinge, und zwar möglichst Generalgedinge zu vereinbaren und Monatsgedinge zu vermeiden. Damit wurde zu erreichen bezweckt, daß der Arbeiter ohne Furcht vor dauernden Gedingeänderungen auf Monate hinaus eine gleichbleibende gute Leistung aufweisen und mit einem gleichbleibend guten Einkommen rechnen könne. In welchem Umfange auch bei Schachtanlagen mit stark gestörten Lagerungsverhältnissen der Abschluß langfristiger Gedingeverträge möglich war, zeigen die Beispiele der Abb. 22. Damit ist zugleich erwiesen, daß der Anwendung langfristiger Gedinge die sog. „wechselnden Verhältnisse" des Bergbaus nicht entgegenstehen. Diese zwingen allerdings den Betriebsbeamten zu folgenden Ausgleichsgedingen: Das *Zwischengedinge* wird in langfristige Gedinge, deren Geltung lediglich ausgesetzt wird, auf bestimmte Zeit eingeschoben zur Berücksichtigung bzw. Überbrückung vorübergehender Störungen oder Schwierigkeiten. Das Zwischengedinge ersetzt also für eine bestimmte Zeit ein anderes Gedinge, das nach Ablauf des Zwischengedinges wieder auflebt. Das *Zusatz-* oder *Ergänzungsgedinge* regelt für eine bestimmte Zeit vorübergehende Schwierigkeiten

Gedingekalkulation

	Hangendes	Liegendes

.... cm   .... cm   .... °

mittl. Flözmächtigkeit   davon Bergemittel   Einfallen   Gesteinsart

Art der Mechanisierung

Querschnitt   .... m²   .... m²   .... cm

Ausbruch   licht   Abschlaglänge

Arbeitszeit vor Ort   .... min

Sollbelegung   .... Drittel je .... Mann   Wageninhalt: l

Zeitaufwand in min

insgesamt   je Einheit

.... Wagen Kohlen, m, m², m³, lösen

.... „   „   m, m², m³, laden

Anzahl der Bohrlöcher
.... in der Kohle
.... im Hangenden
.... im Liegenden

(Nichtzutreffendes streichen)

Laden und Besetzen der Bohrlöcher

Abtun der Schüsse und Wartezeit beim Schießen

.... Wagen Berge laden

.... „   Berge und Kohle abschleppen

auf .... m

Bergeversatz m, m², m³, Stempel

Ausbau einbringen
(Art ....)
(Abstand .... m)

Schienen legen

Lutten einbauen

Rohre vorbauen

Sonstige Arbeiten

Sollzeitaufwand je Abschlag, m, m², m³, Wagen, Stempel

.... : .... = ... Schichten

Sollzeitaufwand   Arbeitszeit vor Ort

.... : .... = ... **Solleistung** / Mann / Schicht

Summe: Wagen, m, m²   Schichten
m³ ....

Abb. 20. Kalkulationsvordruck des Gedingescheines einer Bergwerksgesellschaft.

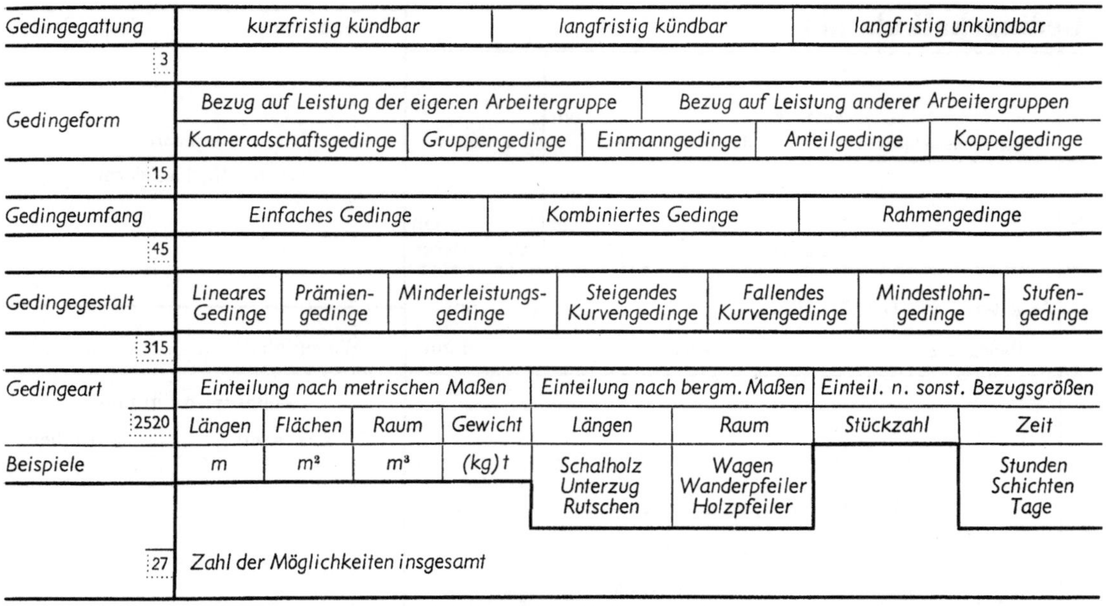

Gedingegattung	kurzfristig kündbar		langfristig kündbar		langfristig unkündbar	
3						
Gedingeform	Bezug auf Leistung der eigenen Arbeitergruppe			Bezug auf Leistung anderer Arbeitergruppen		
	Kameradschaftsgedinge	Gruppengedinge	Einmanngedinge	Anteilgedinge	Koppelgedinge	
15						
Gedingeumfang	Einfaches Gedinge		Kombiniertes Gedinge		Rahmengedinge	
45						

Gedingegestalt	Lineares Gedinge	Prämien-gedinge	Minderleistungs-gedinge	Steigendes Kurvengedinge	Fallendes Kurvengedinge	Mindestlohn-gedinge	Stufen-gedinge
315							

Gedingeart	Einteilung nach metrischen Maßen				Einteilung nach bergm. Maßen		Einteil. n. sonst. Bezugsgrößen	
2520	Längen	Flächen	Raum	Gewicht	Längen	Raum	Stückzahl	Zeit
Beispiele	m	m²	m³	(kg) t	Schalholz Unterzug Rutschen	Wagen Wanderpfeiler Holzpfeiler		Stunden Schichten Tage

  27   Zahl der Möglichkeiten insgesamt

Abb. 21. Systematik der Gedingespielarten.

unter Fortbestand des langfristigen Gedinges, tritt also in seinen Bestimmungen zu denen des bestehenden Gedinges hinzu. Das *Anlaufgedinge*, selbst kurzfristig — dem Betriebe wurde vorgeschrieben, es höchstens für die ersten drei Monate zu setzen —, führt in ein langfristiges über und bezweckt, die bei neuen bzw. bei neuartigen Betrieben auftretenden Einarbeitungs- und Anlaufschwierigkeiten der ersten Zeit auszugleichen.

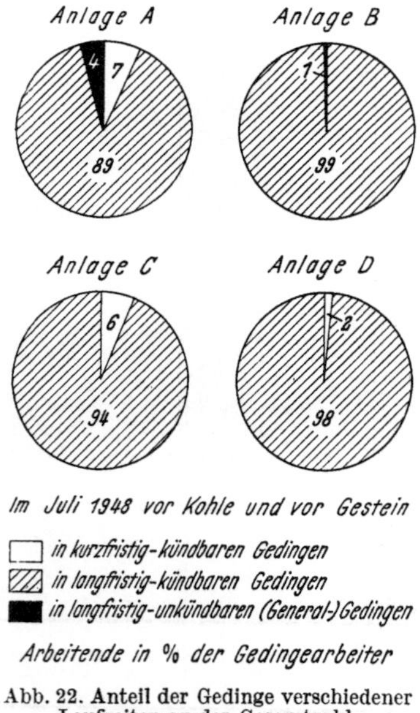

Trotz schwieriger betrieblicher Verhältnisse ist es gelungen, durch Anwendung der vorgenannten Ausweichmöglichkeiten den Anteil der kurzfristigen Gedinge auf ein Mindestmaß zu beschränken (Abb. 22).

212.2 Gedingeform. Eine zweite Variationsmöglichkeit liegt in der Verschiedenheit der Gedingeformen. Die Gedingeform kennzeichnet die Bezogenheit auf den Kreis der in dem betreffenden Gedinge Arbeitenden.

Vor Beginn der im vorliegenden Abschnitt zu schildernden Entwicklung herrschte in dem beschriebenen Betrieb auf der ganzen Linie das *Kameradschaftsgedinge* vor. Das Kameradschaftsgedinge gilt für eine ganze Kameradschaft, d. h. umfaßt, wenn man den Begriff Kameradschaft mit dem geschichtlich Gewordenen weiter beinhaltet, die Gesamtheit aller in einer Betriebseinheit sich abspielenden Arbeitsvorgänge. Es verteilt die von der Gesamtheit der im Kameradschaftsgedinge Arbeitenden verdiente Lohnsumme zu gleichen Teilen unter die Mitglieder der Kameradschaft, und zwar entsprechend den von den einzelnen verfahrenen Gedingeschichten.

Abb. 22. Anteil der Gedinge verschiedener Laufzeiten an der Gesamtzahl.

Da aber mit der Zusammenfassung und Mechanisierung der Betriebe die Betriebseinheiten gegenüber früher an Umfang gewachsen waren, hatte man sich hier und da schon allein aus Gründen der Betriebsorganisation genötigt gesehen, die Belegschaften der größeren Betriebseinheiten aufzugliedern. Dies gilt in erster Linie für die Gewinnungsbetriebe, die sowohl die Hauptträger der Betriebszusammenfassung waren, wie auch in ihnen der Schwerpunkt der Mechanisierung lag. So wurden denn Blindortbohrer, Blindortverpacker, Umleger usw. in Kolonnen zusammengefaßt und die von diesen zu leistenden Arbeiten im Gedinge vergeben, das man folgerichtig als *Kolonnengedinge* bezeichnen könnte. Diese Bezeichnung hat aber keinen Eingang in die Betriebspraxis gefunden. Man benannte unter einer gewissen Vernachlässigung des dem Wort „Kameradschaftsgedinge" aus seiner Geschichte einhaftenden Sinnes (s. o.) die Kolonnengedinge gleichfalls als Kameradschaftsgedinge. Dies hat wohl den Grund, daß das Kolonnengedinge die von der Kolonne verdiente Lohnsumme ebenso wie das Kameradschaftsgedinge nach den verfahrenen Schichten über Lohnrechenschichten zu gleichen Schichtlöhnen aufteilt.

Der gedingetechnische Aufgliederungsprozeß ging aber noch weiter, indem man z. B. für jeden Gewinnungs*punkt* einer Abbaufront ein besonderes Gedinge setzte und damit das Gruppen- und Einmanngedinge schuf. *Gruppengedinge* liegt dann vor, wenn an dem Gewinnungspunkt mehrere Arbeiter tätig sind und daher als Gruppe aus der Gruppenleistung ihren Gruppenlohn beziehen, der unter die einzelnen Glieder der Gruppe gleichmäßig aufgeteilt wird, und *Einmann-* oder *Einzelgedinge*, wenn jeder Arbeiter für sich schafft und nach seiner persönlichen Leistung seinen Lohn erhält. Die Umstellung vom Kameradschaftsgedinge auf das reine Gruppen- oder Einzelgedinge wurde in den wenigsten Fällen in einem Zuge durchgeführt. Eine Zwischenstellung nimmt das *Anteilgedinge* ein. Bei ihm tritt die Kolonne als Gedingeträger auf und vereinnahmt gewissermaßen zunächst als Kolonne ihre Lohnsumme. Diese wird dann aber nicht in gleiche Entgelte je verfahrene Gedingeschicht aufgeteilt, sondern nach der vom einzelnen Arbeiter oder von der einzelnen Gruppe erbrachten Leistung auf diese geschlüsselt, so daß noch weiter unterschieden wurde zwischen *Einzelanteil-* und *Gruppenanteil-Gedingen*. Schließlich wurde auch noch eine besondere Gedingeform angewandt, das *Koppelgedinge*. Diese liegt dann vor, wenn man das Gedinge an die Leistung einer anderen Arbeitergruppe koppelt. Am eindeutigsten klärt die Frage ein Beispiel. Bei Handvollversatz betrage der Schichtenaufwand der Versatzarbeit *x* Prozent vom Schichtenaufwand in der Gewinnung. Die Bergeversetzer erhalten dann *x* Prozent vom auf die Fördereinheit abgestellten Gedingesatz der Gewinnungshauer.

Zusammenfassend kann man die Weiterentwicklung der im Betriebe angewandten Gedingeformen dahingehend kennzeichnen, daß einmal dem Zuge der technischen Entwicklung entsprechend das Kameradschaftsgedinge durch neue Gedingeformen ersetzt und zweitens dabei möglichst das Einzelgedinge angestrebt wurde aus Gründen, die in Abschn. 79 besonders behandelt sind. In welchem Umfange eine Umstellung auf Einzelgedinge auch in den Jahren kurz nach 1945 bei entsprechender Belehrung der Belegschaft möglich war, zeigt augenfällig Abb. 23.

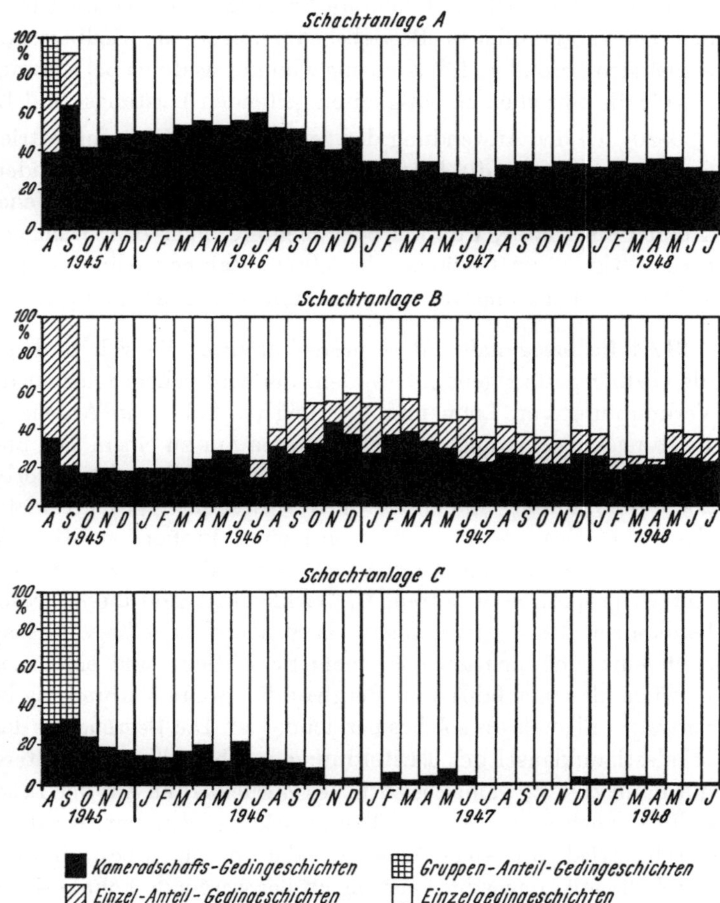

Abb. 23. Entwicklung der Gedinge der Strebkohlenhauer.

212.3 Gedingeumfang. Als dritte Variante trägt der Gedingeumfang zur Vielfalt der Gedingespielarten bei. Der Umfang eines Gedinges wird durch die Zahl der Bezugsgrößen bestimmt.

Einfaches Gedinge liegt dann vor, wenn für die Beziehung zwischen Lohn und Leistung nur eine einzige Leistungsgröße maßgeblich ist. In der Form des reinen Wagengedinges und des reinen Metergedinges wird dieses Gedinge oft angewandt. Ein *kombiniertes* oder *Mischgedinge* baut auf zwei oder mehreren Bezugsgrößen auf. Beispiele sind die meist auf die Längenauffahrung und die Zahl der geladenen Kohlenwagen abgestellten Gedinge für Aufhauen und Abbaustreckenvortriebe. Bei Mischgedingen wurde immer besonders darauf geachtet, daß die Bezugsgrößen im rechten Wertverhältnis zueinander stehen. Das *Rahmengedinge* unterscheidet sich vom Mischgedinge dadurch, daß es nicht auf mehrere Bezugsgrößen abgestellt ist, sondern für eine Reihe von Ständen bei veränderlichen Betriebsbedingungen die Gedingesätze angibt. Diese Gedingespielart eignet sich besonders für Kohlengewinnungsgedinge bei schwankenden Flözmächtigkeiten, da es die für die einzelnen Mächtigkeiten geltenden Leistungs- und Lohnsätze aufführt.

Bezüglich der Anwendung der genannten Gedinge im Betriebe ging man von dem Grundsatz aus, daß einerseits die betrieblichen Gegebenheiten und andererseits der Betriebszuschnitt für die Wahl ausschlaggebend sein müssen. Mischgedinge erschienen z. B. in allen den Fällen grundsätzlich am Platze, wo zwei oder mehrere mehr oder weniger gleichrangige Einflußgrößen Berücksichtigung im Gedinge erheischten. Rahmengedinge wurden bei wechselnden oder unübersichtlichen Lagerungsverhältnissen mit Erfolg angewandt.

212.4 Gedingegestalt. Als weitere Variante, die sich in den Gedingespielarten auswirkt, muß die Gedingegestalt genannt werden. Sie wird gekennzeichnet durch die Art der mathematischen Verknüpfung von Lohn und Leistung (s. Abb. 5 in Abschn. 15). Die Bestimmung der Lohn-Leistungskurve ist dem Betriebsbeamten nur zu einem Teil und zu verschiedenen Zeiten in verschiedenem Ausmaße freigestellt, wobei zunächst nur stichwortartig auf den Mindestlohn und die 200%-Verordnung hingewiesen sei. Das einfach proportionale, kurz auch wohl einfaches oder *lineares Gedinge* genannt, baut auf einer Proportionalität zwischen Lohn und Leistung auf. Grundsätzlich wird im Bergbau seit langem die Mehrzahl der Gedinge so abgeschlossen, als ob sie einfach proportionale wären. In Wirklichkeit sind diese Gedinge aber alle infolge der Mindestlohnklausel des Tarifvertrages als Mindestlohngedinge anzusprechen. Das *Mindestlohngedinge* stellt eine Kombination aus einem Schichtlohn und einem einfachen Gedinge dar. Es ist das Gedinge, das seit Jahren im Bergbau die größte Verbreitung hat, wenn es auch in den Gedingeverträgen niemals als solches bezeichnet ist. Die Begrenzung des Lohnes nach unten ist durch die Mindestlohnklausel der Tarifordnung gegeben, die eine Unterschreitung des Mindestlohnsatzes nur dann zuläßt, wenn absichtliches Zurückhalten mit der Leistung nachweisbar ist. Das *Stufengedinge*, auch gestuftes oder Treppengedinge genannt, wurde vielfach angewandt, wenn es sich um die Erledigung einer Arbeit zu oder vor einem bestimmten Termin handelte. Es ist typisiert durch die mit steigender Leistung größer werdende Lohnbasis und mit steigender Leistung gleichfalls anwachsende Steigung der Lohnkennlinie. Als ein Stufengedinge ist auch jenes anzusprechen, das während der Geltungsdauer der 200%-Verordnung allgemein gesetzt werden mußte. Im übrigen sei bezüglich Einzelheiten auf den Abschn. 7 verwiesen.

212.5 Gedingeart. Als letzte Variante, die zu der großen Vielfalt der Gedingespielarten führt, ist die Gedingeart zu nennen. Sie ist abhängig von der Größenordnung der Bezugsgrößen. Man kann eine Einteilung in Gruppen vornehmen, von denen die erste die metrischen Maße, die zweite bergmännische Maße und die dritte sonstige Größen umfassen würde. Es ist aber üblich, die Einteilung bis ins einzelne gehend vorzunehmen, so daß sich folgendes Bild ergibt:

Abstellung des Gedinges auf *Längenmaße* findet sich sowohl bei der Auffahrung von Strecken als auch im Abbau. Bei der Auffahrung wird das Meter als Einheit bevorzugt, während bei der Kohlengewinnung daneben auch noch das bergmännische Maß der Schalholzlänge eine Zeitlang angewendet wurde. Das *Flächenmaß* findet in der Einheit des Quadratmeters bei Gedingen der Kohlengewinnung und für die Herstellung von Mauerwerk Anwendung. Als *Raummaß* wird sowohl das Kubikmeter benutzt als auch die Einheit des Förderwagens. Die

Stückzahl spielt als Gedingebezugsgröße eine gewisse Rolle. So werden beispielsweise Gedinge je Stempel oder je Ausbau häufiger gesetzt. In gewissen Fällen wird vom sog. *Zeitgedinge* gern Gebrauch gemacht, wobei für die zu bewältigende Arbeit eine gewisse Zeitspanne vorgegeben wird. Bei deren Unterschreitung erhöht sich der Lohn um gewisse festgelegte Beträge, wie er sich auch bei Überschreitung der vorgegebenen Zeit vermindert. Abschließend wären dann noch die Gedinge zu erwähnen, die eine größere Arbeit in *Pauschale*, also unter Nennung eines Gesamtbetrages in Geld, vergeben. Ein solches Gedinge wird beispielsweise bei der Herstellung von Kleinbahnhöfen an Blindschächten gern angewandt, da bei Abstellung auf das laufende Meter für jedes Meter Strecke ein anderes Gedinge gesetzt werden müßte.

Bei der Wahl der zweckmäßigsten Bezugsgröße geht man gewöhnlich so vor, daß man das Gedinge auf *die* Größe abstellt, die das Arbeitsergebnis am treffendsten kennzeichnet und am einfachsten zu erfassen gestattet.

213 Gedingevertrag.

213.0 Allgemeines. Der Fassung des Gedingevertrages, einer Aufgabe, die dem Betriebsbeamten obliegt, war vor der Inangriffnahme der betrieblichen Neuregelung wenig Beachtung geschenkt worden. Die in den Verträgen enthaltenen Angaben waren sehr dürftig, so daß die Forderung erhoben werden mußte, sie sollten so umfassend sein, daß nachträgliche Auffassungsverschiedenheiten nicht auftreten können. Auch ist die frühere Freiheit in der Abfassung der Verträge durch die „Tarifvereinbarung über eine neue Arbeitsordnung" mit Wirkung vom 1. November 1950 insofern eingeschränkt, als der Gedingevertrag Angaben enthalten muß bezüglich des Betriebspunktes, des Kreises der im Gedinge Arbeitenden und der Bezugsgrößen, sowie den Gedingesatz, die Geltungsdauer, das Vertragsabschlußdatum und die Unterschriften der Vertragsabschließenden (§ 30). Damit ist auch das Urteil des Landesarbeitsgerichtes Hamm vom 3. Januar 1949 (1 Sa 322/48) überholt, das den früheren Zustand noch deckte. Es besagte, daß, wenn die Betriebsordnung eines Bergbaubetriebes bestimmt, daß der Gedingeabschluß vor Ort schriftlich in Beachtung aller für die Gedingefestsetzung maßgeblichen Faktoren zu erfolgen habe, so danach doch nicht erforderlich sei, daß alle Einzelheiten, die für die Festsetzung des Grundgedinges maßgebend waren, im Gedingeschein mit angeführt werden. In der klaren Erkenntnis, daß man auf dem beschrittenen Wege weitergehen und zu einheitlichen Gedingevertragsmustern gelangen wird, hat man schon während des zweiten Weltkrieges eine betriebliche Vertragsmustersammlung ausgearbeitet, die aber vorerst noch keine Verwendung im Betriebe fand, weil eine Lösung auf überbetrieblicher Ebene nähergerückt erschien. Auf den damals entwickelten Vertragsmustern bauen die in Abschn. 8 wiedergegebenen auf.

213.1 Form des Vertrages. Wenn auch ein mündlich abgeschlossener Gedingevertrag rechtlich bindende Kraft hat, so ist doch die schriftliche Form vorzuziehen, da bei ihr viel weniger die Gefahr von Auslegungsstreitigkeiten besteht. Es wurde daher von Anfang der Neuordnung an betrieblich vorgeschrieben, daß alle Gedingevereinbarungen schriftlich niederzulegen seien. Im übrigen ist die schriftliche Fixierung durch die ab 1. November 1950 als Arbeitsordnung geltende Tarifvereinbarung heute zwingend vorgeschrieben (§ 29). Bewährt hat sich eine dreifache Ausfertigung des Vertrages. Eine erhalten die an dem Gedinge beteiligten Arbeiter bzw. deren Vertreter [Vorschrift der ab 1. November 1950 als Arbeitsordnung geltenden Tarifvereinbarung (§ 29)]. Die zweite wird der Gedingevertragssammlung des Betriebsführers eingegliedert, während die dritte zur Sammlung bei einer neutralen Stelle, z.B. im Lohnbüro, bestimmt ist. Die im Los-Blatt-Verfahren hergestellten Vertragsniederschriften enthalten in allen drei Ausfertigungen die gleiche Nummer. Um die Verträge leicht greifbar zu haben, werden sie nach diesen Nummern geordnet in Stehmappen aufbewahrt. Die Nummer des Gedingescheines wird außerdem vermerkt bei der Gedingeeintragung im Schichtenzettel, auf dem Abnahmeschein und in den Gedingekarteikarten. Die schriftliche Form ist ab 1. November 1950 auch für sog. Lohnabkommen und für Vergütungen, auf die noch zurückzukommen sein wird, vorgeschrieben (§ 20, Ziff. 1a/§ 33 Abs. 3/§ 37 Abs. 2 der als Arbeitsordnung geltenden Tarifvereinbarung).

213.2 Inhalt des Vertrages. Der Gedingevertrag sollte bzw. muß enthalten:

den Betriebspunkt, für den das Gedinge abgeschlossen wird (§ 30, Ziff. 1 obengenannter Arbeitsordnung);

die betrieblichen Gegebenheiten, soweit sie nicht in der dem Gedingevertrag zuzufügenden Gedingekalkulation aufgeführt sind;

die zu leistenden Arbeiten, wobei diese genauestens umgrenzt werden müssen, um Auffassungsirrtümern von vornherein zu begegnen;

des Kreis der im Gedinge Arbeitenden (§ 30, Ziff. 2 AO);

die Gedingebezugsgrößen (§ 30, Ziff. 3 AO);

das für die Leistungseinheit vereinbarte Entgelt, den Gedingesatz (§ 30, Ziff. 4 AO);

die Laufzeit des Vertrages (§ 30, Ziff. 5 AO);

die vereinbarte Regelung der Aufrechnung der verbrauchten Betriebsstoffe, so z.B. des Sprengstoffes;

Ort und Tag des Vertragsabschlusses (§ 30, Ziff. 6 AO);

die Unterschrift der Vertragspartner (§ 30, Ziff. 7 AO).

Es hat sich als zweckmäßig erwiesen, in Aussicht stehende Einflüsse, die zu einer Ergänzung des Vertrages Veranlassung geben könnten, schon beim Vertragsabschluß zu berücksichtigen, so z.B. Zuschläge für das Auftreten größerer Wasserzuflüsse, wie es auch bei der Vergebung von Arbeiten an betriebsfremde Unternehmer üblich ist.

213.3 Zeitpunkt des Vertragsabschlusses. In den Tarif- bzw. Arbeitsordnungen wird im allgemeinen gefordert, daß Gedingeverträge spätestens am 6. Arbeitstage nach Beginn der Arbeit abgeschlossen werden (so auch in der seit dem 1. November 1950 als Arbeitsordnung gültigen Tarifvereinbarung [§ 28 Abs. 1]). Darüber hinaus wurde die betriebliche Vorschrift erlassen, bei laufenden Betrieben das neue Gedinge, um überhaupt keinerlei vertragslose Zeit aufkommen zu lassen, tunlichst vor Ablauf des noch gültigen abzuschließen. Aus Gründen der Betriebsüberwachung hat sich die Vorschrift als gut erwiesen, daß der Gedingevertrag innerhalb 5 Tagen nach Abschluß durch den Steiger in den Schichtenzettel übertragen sein muß.

213.4 Vertragsänderungen. Vertragsänderungen ließen und lassen sich bei den wechselnden und unübersichtlichen natürlichen Gegebenheiten des untertägigen Bergbaubetriebes niemals ganz vermeiden. Man kann bei den Vertragsänderungen grundsätzlich unterscheiden zwischen solchen, die erforderlich sind oder zweckmäßig erscheinen

a) vor dem Auftreten einer Schwierigkeit oder einer Störung; — b) bei oder — c) nach deren Auftreten.

Es hat sich als allgemein richtig erwiesen, die Vertragsänderung spätestens beim Auftreten der Störung vorzunehmen, weil Schwebezustände, bei denen der Arbeiter nicht weiß, was er verdient, in jedem Fall inopportun und daher zu verwerfen sind. Je früher Änderungen der dem ursprünglichen Vertrag zugrunde liegenden Betriebsbedingungen in einer vertraglichen Regelung Berücksichtigung finden, desto überzeugender wirkt auf den Arbeiter die vom Betriebsbeamten unbedingt zu vertretende Haltung der Vertragstreue.

Sofern ein Vertrag nicht von vornherein als unkündbar abgeschlossen ist, kann er zu den festliegenden Fristen gekündigt werden und damit Raum für einen neuen Vertragsabschluß geben (§§ 35 und 36 der ab 1. November 1950 als Arbeitsordnung geltenden Tarifvereinbarung). Hiervon wird jedoch werksseitig nur im äußersten Falle Gebrauch gemacht, da häufigere Vertragskündigungen im Arbeiter das an sich schon vorhandene Gefühl der Unsicherheit unnötig verstärken. Der Betrieb soll sich daher, anstatt Gedinge zu kündigen, grundsätzlich folgender Möglichkeiten bedienen:

Beim Auftreten vorübergehender Störungen kann man das Hauptgedinge in gemeinsamer Vereinbarung für eine befristete Zeit außer Kraft setzen und für diesen Zeitraum ein sog. *Zwischengedinge* abschließen. Das Zwischengedinge ist gekennzeichnet einmal dadurch, daß es ein selbständiges Gedinge darstellt, das wie jedes andere berechnet und vertraglich vereinbart wird, und zweitens dadurch, daß es ein noch laufendes Gedinge für eine gewisse Zeit ersetzt, also zwischen zwei Geltungsperioden des ursprünglichen Gedinges eingeschoben wird.

Wenn die Betriebsgegebenheiten erfahrungsgemäß wechseln, beispielsweise die Flözmächtigkeit, so lassen sich diese Änderungen durch Abschluß eines *Rahmengedinges*, das alle betriebspraktisch vorkommenden Möglichkeiten umfaßt, im Gedinge von vornherein berücksichtigen. Das Rahmengedinge umschließt also eine Reihe von einzelnen Gedingen, die für die verschiedenen erwarteten oder vermuteten Gegebenheiten kalkuliert und in *einem* Vertrage insgesamt auf einmal vereinbart werden.

Bei laufendem Gedinge läßt sich gewissermaßen als Nachtrag zum Hauptgedinge ein *Zusatzgedinge* abschließen, das dazu dient, aufgetretene Änderungen in den Gegebenheiten, insbesondere Störungen des Gebirges zu berücksichtigen. Kennzeichnend ist, daß das ursprüngliche Gedinge während der Laufzeit des Zusatzgedinges in Kraft bleibt, die neue Vereinbarung also lediglich eine zeitweilige Abänderung der Gedingeleistung bzw. des Gedingesatzes festlegt.

Den gleichen Zweck wie die Zusatzgedinge verfolgen die sog. *Vergütungen*. Diese sind aber im Gegensatz zum Zusatzgedinge, das leistungsbezogen ist, leistungs*un*abhängig und bestehen in einer festen Ausgleichssumme.

In den Fällen, in denen die Betriebsverhältnisse so schwierig gelagert sind, daß die Kalkulation eines Gedinges nicht mit genügender oder gar keiner Sicherheit erfolgen kann, bietet das sog. *Lohnabkommen* einen Ausweg. Es besteht darin, daß ein fester Lohn vereinbart wird, der, da es sich der Schwierigkeit der Arbeiten entsprechend meist um den Einsatz hochwertiger Fachkräfte handelt, über den Löhnen der Tariflohnskala liegt und daher durch die Lohnordnung nicht festgelegt ist. Das Lohnabkommen stellt für den betreffenden Fall eine Art Ergänzung der Bestimmungen der Tarifordnung über Schichtlöhne dar, da es einen festen Lohn je Schicht für die betreffende Arbeit festlegt.

Als wichtig ist noch zu erwähnen, daß es sich bei Zwischengedingen, Lohnabkommen und dergleichen, die unter der Maßgabe einer Stundung des Hauptgedinges abgeschlossen sind, als nötig erwiesen hat, die zugehörigen Schichten im Schichtenzettel abzusetzen und gesondert zu erfassen, damit eine korrekte Abrechnung ermöglicht wird. Außerdem hat es sich als zweckmäßig herausgestellt, in den Schichtenzetteln unter „Bemerkungen über den Betriebsablauf" die auftretenden bzw. aufgetretenen Störungen kurz, aber erschöpfend darzulegen, damit bei Streitigkeiten über die Höhe gewährter Vergütungen eine einwandfreie Unterlage für die Nachprüfung vorliegt.

213.5 Vertragsbeauftragte. Als zum Abschluß eines Gedingevertrages befugt gelten von seiten der Zeche der Betriebsführer oder sein Beauftragter, von seiten der Arbeiter der Ortsälteste zusammen mit mindestens einem von der Gedingebelegschaft benannten Angehörigen der Gedingebelegschaft. Gewöhnlich schloß bislang ein Fahr- oder Obersteiger das Gedinge ab, doch wird in der ab 1. November 1950 gültigen Arbeitsordnung mit Recht gefordert, daß auch der Steiger an der Verhandlung teilnimmt (§ 27 AO). Man verlangt im Betriebe, daß diese Teilnahme des Steigers aktiver Natur ist und daß er den Vertrag mit unterzeichnet, einmal, weil ihm in der Regel die Abnahme obliegt, zweitens aber auch, weil er für die Durchführung des Vertrages der betriebsseitig Erstverantwortliche ist. Der Ortsälteste kann verständlicherweise nur dann als Beauftragter seiner Kameraden handeln, wenn er selbst an dem Gedinge beteiligt ist. Mit Rutschenältesten, die für sich selbst ein Sondergedinge haben, kann daher nicht das Gedinge für die Kohlenhauer abgeschlossen werden (§ 27 AO). Auch müssen in dem Falle, daß die Zahl der von dem Gedinge betroffenen Arbeiter größer ist, dem Ortsältesten weitere Hauer zur Seite stehen, die den Vertrag mit vereinbaren (§ 27 AO) und die Niederschrift mit unterzeichnen. Diese Vorschriften erscheinen so zwingend, daß bei ihrer Nichtinnehaltung der Einrede der Vertragsungültigkeit stattgegeben werden muß.

22 Die Abnahme.

220 Allgemeines.

Wie zu jedem Liefervertrag eine Lieferbestätigung gehört, so zum Gedingevertrag die Abnahme der geleisteten Arbeit. Es müßte an sich eine Selbstverständlichkeit sein, muß aber immer wieder betont werden, daß die Abnahme nur durch Messung erfolgen darf, und daß Schätzungen keinesfalls zulässig sind. Es soll nichts mehr und nichts weniger, als tatsächlich geleistet ist, abgenommen werden, weil sonst der Glaube an die Gedingetreue empfindlich verletzt wird.

221 Zeitpunkt der Abnahme.

Grundsätzlich soll die Abnahme unmittelbar nach Erledigung des Arbeitsauftrages erfolgen. Bei länger dauernden Arbeiten führt die im Bergbau übliche monatliche Lohnabrechnung zwangsläufig dazu, daß, wenn nicht zu einem früheren Zeitpunkt, so jedenfalls im letzten Arbeitsdrittel des Monatsletzten eine Abnahme erfolgen muß (§ 37 Abs. 1 der ab 1. November 1950 als Arbeitsordnung geltenden Tarifvereinbarung).

Als Zeitpunkte der Abnahme sind weiterhin zu nennen:

a) bei Quadratmeter-, Anteil- und anderen Einmann- und Gruppengedingen täglich;

b) bei periodisch wiederkehrenden Arbeitsvorgängen zu Ende einer jeden Periode (beispielsweise bei Umlegung von Rutschensträngen nach erfolgter Umlegung des ganzen Stranges);

c) bei kurzfristigen Arbeiten, insbesondere bei den sog. Nebenarbeiten, die nicht im Gedinge erfaßt sind, sofort nach deren Erledigung (§ 37 Abs. 2 obiger Arbeitsordnung). Hierdurch soll vermieden werden: einmal, daß der Arbeiter über den verdienten Lohn länger als notwendig im unklaren bleibt, und zweitens, daß dem die Abnahme tätigenden Betriebsbeamten Möglichkeiten bewußter oder unbewußter Fehler offenbleiben;

d) nach der ab 1. November 1950 gültigen Arbeitsordnung *kann* bei Kameradschafts-, Gruppen- und Einmanngedinge im halben Monat eine Zwischenabnahme „verlangt" werden.

222 Form der Abnahme.

Wie der Gedingevertrag und die ihm zugrunde liegende Kalkulation schriftlich niedergelegt werden, so wird auch für die Abnahme die schriftliche Form betrieblich gefordert. Die als Arbeitsordnung ab 1. November 1950 geltende Tarifvereinbarung schreibt allerdings die schriftliche Form nicht für alle Fälle zwingend vor (§ 37).

Es heißt dort: „*Auf Wunsch* ist das Ergebnis der monatlichen Abnahme bei Kameradschafts- und Gruppengedinge der Kameradschaft bzw. der Gruppe, beim Einmanngedinge dem einzelnen Gedingearbeiter schriftlich mitzuteilen" (§ 37 Abs. 1). Dagegen gilt für Nebenarbeiten: „Die Abnahme von Nebenarbeiten, die nicht unter das Hauptgedinge fallen, sowie von Arbeiten, die im Laufe des Monates abgeschlossen werden, erfolgt sofort nach ihrer Fertigstellung. Hierüber *ist* unverzüglich, spätestens nach Beendigung der Arbeit, *eine Bescheinigung* mit Angaben über die Dauer der Arbeit und über die Höhe des Verdienstes für die außerhalb des Gedinges verfahrenen Schichten auszustellen" (§ 37 Abs. 2).

Der betriebsseitig entwickelte Abnahmeschein geht in folgenden Angaben über die tariflichen Vorschriften hinaus in: der Nummer des Gedingescheines, auf den sich die Abnahme bezieht; der Nummer der Steigerabteilung und der Seite des Schichtenzettels, auf der die für die Durchführung der Arbeiten aufgewandten Schichten verzeichnet sind, und schließlich im Zeitpunkt der Beendigung der Arbeiten. Selbstverständlich enthält er alles das, was der Tarifvertrag fordert: die abgenommenen Arbeiten, und zwar derart formuliert, daß Unklarheiten ausgeschlossen sind, bei Nebenarbeiten auch die Dauer der Arbeiten und die Höhe des Verdienstes je Schicht (§ 37 Abs. 2 AO), Ort und Tag der Abnahme sowie die Unterschriften der beiderseitig für die Abnahme Zuständigen.

Ebenso wie die Gedingeverträge werden die Abnahmescheine dreifach ausgefertigt. Ein Druckstück erhalten die Arbeiter, deren Arbeit abgenommen wurde, ein Druckstück wird der Sammlung des Betriebsführers eingegliedert, während das dritte einer neutralen Stelle, dem Lohnbüro, zur Aufbewahrung übergeben wird. Die Losblätter werden in Stehmappen, geordnet nach laufenden Nummern, zur Verfügung gehalten, so daß sich bei Bedarf jeder Abnahmeschein mit Leichtigkeit finden läßt. Die Nummern der Abnahmescheine werden sowohl in den Lohnabrechnungen der Schichtenzettel als auch auf den geführten Gedingekarteikarten vermerkt.

223 Umfang der Abnahme.

Dem Abnahmebeauftragten ist grundsätzlich aufgegeben, alle Arbeiten abzunehmen, die nicht anderweitig urkundlich erfaßt werden. Die mündliche Mitteilung des Abnahmeergebnisses an den Arbeiter wird auch dann nicht als genügend angesehen, wenn es durch Eintragung in den Schichtenzettel beurkundet wird, da diese Eintragung eine nur einseitige Handlung bedeutet und das Einverständnis der Arbeiter nicht schriftlich fixiert ist. Soweit Leistungen anderweitig festgestellt und festgelegt werden — hingewiesen sei auf die Erfassung der Förderung über Kohlennummern, Pinntafel und Förderliste —, werden diese Leistungen der Belegschaft täglich zur Kenntnis gebracht. Dies geschieht in dem angezogenen Beispiel durch Aushang einer nach Kohlennummern geordneten Förderliste.

224 Abnahmebeauftragte.

Mit der Abnahme beauftragt werden im allgemeinen die Abteilungssteiger. Die ab 1. November 1950 als Arbeitsordnung geltende Tarifvereinbarung sagt hierzu folgendes: „Die Gedingeabnahme erfolgt grundsätzlich am Monatsschluß durch den Betriebsführer oder dessen Beauftragten möglichst unter Hinzuziehung des zuständigen Steigers" (§ 37 Abs. 1). Hinzu treten von der anderen Vertragsseite, d. h. von der Seite der Arbeiter, der Ortsälteste und ein Vertrauensmann der Gedingebelegschaft bzw. in dem Falle, daß die Arbeit von einer größeren Anzahl von Arbeitern geleistet worden ist, noch weitere Vertrauensmänner. Bei der Auswahl dieser Männer soll der Betriebsbeamte nach Person und Anzahl möglichst auf diejenigen zurückgreifen, die bei der Gedingesetzung herangezogen wurden. § 37 Abs. 3 der ab 1. November 1950 als Arbeitsordnung geltenden Tarifvereinbarung spricht allerdings nur von einem „Beisein des Ortsältesten bzw. des beauftragten Hauers". Hierbei ist unter „beauftragtem Hauer" derjenige zu verstehen, der das Gedinge mit abgeschlossen hat. Nach den vorliegenden Erfahrungen ist die Mitunterschrift des Arbeiters von erheblichem psychologischen Wert und kann u. U. bei gerichtlichen Streitigkeiten von ausschlaggebender Bedeutung sein.

225 Vermarkung der Abnahme in den Grubenbauen.

Bei einzelnen Arbeiten, vornehmlich bei der Auffahrung von Strecken, werden die einzelnen Monatsergebnisse in den betr. Grubenbauen vermarkt. Entweder wird ein Holzpflock in ein kurzes Bohrloch getrieben oder an einer Zimmerung ein Kennzeichen angebracht, beides unter zusätzlicher Anheftung einer Monatsmarke. Um Meßfehler auszuschließen und um Betrügereien durch Versetzen der Monatsstufen vorzubeugen, sind die Betriebsbeamten angewiesen, allmonatlich eine Kontrollmessung dergestalt durchzuführen, daß man die Gesamtauffahrungslänge von einem festliegenden Punkt, d. h. vom Streckenansatzpunkt oder von einer Markscheiderstufe beginnend aufmißt und vom Gesamtergebnis die bislang verrechneten Auffahrungsmeter abzieht. Die rechnerische Differenz muß dann mit dem Aufmaß des Monates übereinstimmen.

23 Gedinge-Lohn-Abrechnung.

231 Grundlagen der Abrechnung.

Grundlagen der Gedinge-Lohn-Abrechnung sind Gedingevertrag, Abnahme und Schichten, mit anderen Worten, zur Durchführung der Lohnabrechnung sind erforderlich Gedingeschein, Abnahmeschein und Schichtenzettel. Für eine ordnungsmäßige Abrechnung ist die genaue Aufführung der in dem betreffenden Gedinge verfahrenen Schichten ebenso wichtig wie eine korrekte Abnahme. Das bestens kalkulierte Gedinge und die genauestens durchgeführte Abnahme allein können nicht zu einem gerechten Lohn führen, wenn in den Schichtenzetteln beim Anschreiben der Schichten mit oder ohne Absicht Fehler gemacht wurden. Die Steiger werden daher zu einer ordentlichen Schichtenzettelführung besonders angehalten.

232 Durchführung der Abrechnung.

Es erwies sich als zweckmäßig, im Schichtenzettel für jedes Gedinge ein besonderes Blatt bzw. eine besondere Blattgruppe einzurichten, um die Abrechnung übersichtlich halten zu können. Gewiß wurde dem entgegengehalten, daß eine Papierverschwendung die Folge dieser Maßnahme sei. Allein der Geldaufwand für den zuzugebenden Mehrverbrauch an Papier steht in keinem Verhältnis zu den Vorteilen, die eine übersichtliche und daher weniger fehlerhäufige Gedingeabrechnung mit sich bringt. Weiter wird bei der Abrechnung genau unterschieden zwischen leistungsabhängigen und Festbeträgen. Schließlich wird auch ein evtl. Sprengstoffverbrauch in seinen Auswirkungen auf die Lohnsumme gesondert erfaßt.

Bei der Lohnrechnung von Kameradschafts- oder Gruppengedingen muß in dem Fall, daß von der Abrechnung nicht ausschließlich Arbeiter der gleichen Kategorie, z. B. nur Hauer betroffen werden, über Lohnrechenschichten gerechnet werden. Beim Einmanngedinge läßt sich die Abrechnung am einfachsten in der Art durchführen, daß im Schichtenzettel Namen und die verfahrenen Schichten für jeden Arbeiter in einer Zeile angeordnet und über den Schichten die erbrachten Schichtleistungen eingetragen werden. In der Summenspalte werden in den entsprechenden Zeilen die Summen der Schichten und der erbrachten Leistungen aufgeführt. Die Summe der Leistungen vervielfacht mit dem Gedingesatz ergibt die Gesamtlohnsumme, aus der sich durch Teilung durch die Schichtenzahl der Lohn je Schicht errechnet.

Die Durchführung der Lohnabrechnung oblag bis kurz vor dem zweiten Weltkrieg dem Steiger. Das Lohnbüro nahm lediglich eine Überprüfung auf rechnerische Richtigkeit vor. Dann entschloß man sich aber, die Lohnabrechnung durch das Lohnbüro allein durchführen zu lassen, ohne Inanspruchnahme des Steigers, und zwar aus folgenden Gründen: Einmal, weil die Durchführung der Abrechnung bei Zuhilfenahme von neuzeitlichen Rechenmaschinen einen wesentlich geringeren Arbeitsaufwand erheischt, und zweitens, weil bei dieser Ordnung der Steiger vor der Versuchung, Löhne irgendwie abzuändern oder zu beeinflussen, bewahrt bleibt. Die Schichtenzettel wurden am ersten des nachfolgenden Monats mit den zugehörigen Abnahmescheinen vom Betriebe dem Lohnbüro übergeben, das alles weitere veranlaßte. Eine Ausfertigung der Gedinge- und Abnahmescheine lag dem Lohnbüro (s. Abschn. 213.1 bzw. 222) vor. Nach dem zweiten Weltkrieg wählte man die Zwischenlösung, zur Durchführung der Lohnabrechnung eine Art Arbeitsgemeinschaft zu bilden, die aus dem Steiger und einer mit einer neuzeitlichen Rechenmaschine vertrauten und ausgerüsteten kaufmännischen Hilfskraft besteht. Zur Zeit ist geplant, die Schichtenzettelabrechnung einem Zentral-Lohnbüro zu übergeben, das nach dem während des Krieges erprobten Verfahren die Lohnabrechnung für sämtliche Schachtanlagen der Bergwerksgesellschaft durchführen soll.

24 Überwachung.

240 Allgemeines.

Die Überwachung der Gedingewirtschaft hat sich entsprechend ihren drei im Vorhergehenden behandelten Sektoren auf die Gedingesetzung und -berechnung, auf die Abnahme sowie auf die Lohnabrechnung zu erstrecken. Bei der Erörterung dieser Betriebsaufgabe wären einmal die personelle Organisation zu beleuchten und sodann zweitens die sachlichen Aufgaben aufzuzeigen, die den einzelnen in der Überprüfung tätigen Dienststellen gegeben sind. Bei letzteren wäre zu unterscheiden zwischen Betriebs- und Verwaltungsorganen. Die im nachfolgenden skizzierte diesbezügliche betriebsorganisatorische Regelung ist in Jahren entwickelt worden und hat sich bewährt. Allerdings soll damit nicht der Anspruch erhoben werden, diese Regelung sei die einzig mögliche oder gar die absolut vollkommene.

241 Überprüfung der Gedingesetzung und -berechnung.

Während *Betriebsführer* und *Werksleiter* die eigentliche Gedingesetzung und -berechnung überwachen, d. h. die Gedinge auf richtige Kalkulation und Gestaltung prüfen, hat der das Gedinge setzende Fahr- oder Obersteiger darauf zu achten, daß die abgeschlossenen Verträge vom Steiger vollständig und im mit dem Vertrag übereinstimmenden Wortlaut in die Schichtenzettel übertragen werden.

Zur Unterstützung der Betriebsbeamten auf dem Gebiete des Gedingewesens wurde ein besonderer *Gedingesteiger* eingesetzt, an den hinsichtlich seiner Fähigkeiten und Charaktereigenschaften folgende Anforderungen gestellt werden: Er muß über eine möglichst langjährige Betriebserfahrung verfügen und mit der Gedingetechnik bestens vertraut sein. Unbestechlichkeit und Redlichkeit, klares und objektives Denken müssen ihn auszeichnen. Sein Aufgabengebiet läßt sich etwa wie folgt umreißen: Er hat die Gedingekalkulationen auf richtigen Aufbau und auf die Beachtung bestehender Gedingerichtwerte zu überprüfen. Die Gedingeverträge soll er auf formale Richtigkeit, Vollständigkeit und Einhaltung der geltenden Vorschriften kritisch beleuchten. Auch soll er sich davon überzeugen, daß der Vertragsinhalt ordnungsmäßig in den Schichtenzettel übernommen ist. Die Führung der Gedingekartei wurde ihm übertragen.

Weiter wurde in einer technisch-betriebswirtschaftlichen Verwaltungsabteilung ein *Sachbearbeiter für das Gedingewesen* eingesetzt, der alle der Gesellschaft angehörigen Zechen betreut. Zu den Anforderungen, die an den Gedingesteiger gestellt werden (s. o.) treten bei dem Sachbearbeiter der Verwaltung noch hinzu: klarer Blick für Zusammenhänge, Gewandtheit in der schriftlichen Fixierung von Feststellungen und Vorschlägen sowie juristisches Fingerspitzengefühl. Seine Aufgaben bestehen in der Ausarbeitung allgemeiner Richtlinien und Anweisungen, in der Klärung strittiger Gedingefälle und auftauchender Schwierigkeiten sowie in der statistischen Verfolgung der angewandten Gedingespielarten.

242 Überprüfung der Abnahme.

Die *Fahr- und Obersteiger* haben die täglichen Abnahmen der Einzel- und Gruppengedinge sowie die turnusmäßigen, z.B. die des Umlegens von Fördermitteln, auf rechnerischem Wege zu kontrollieren. Bei Quadratmeter-Gedinge muß die Summe der im Monat abgenommenen Quadratmeter gleich dem Produkt aus der flachen Länge des Strebs und dem monatlichen Abbaufortschritt sein. Beim Umlegen von Fördermitteln ergibt sich die Zahl der Umlegefälle aus dem monatlichen Abbaufortschritt bei Division durch die Feldesbreite. Das Produkt aus Anzahl der Fälle und Länge des Fördermittels muß gleich der Summe der im Monat abgenommenen Längen sein. Die Fahr- und Obersteiger sollen weiter die Abnahme der Streckenauffahrung durch stichprobenmäßige Nachmessungen an Ort und Stelle auf richtige Vermessung und Vermarkung prüfen. *Betriebsführer und Werksleiter* überzeugen sich durch Stichproben davon, daß die Fahr- und Obersteiger ihren Aufgaben nachgekommen sind. Von der *Markscheiderei* werden unabhängig von den Angaben des Betriebes die Auffahrungslängen und die Abbaufortschrittsziffern durch Messung ermittelt und die Meßergebnisse mit den Abnahmen verglichen. Dem *Schichtmeister* über Tage obliegt die Überwachung der Pinntafelwärter. Er hat die Pinntafelangaben mit den Eintragungen der Förderliste abzustimmen. Der *Gedingesteiger* prüft die Abnahmen darauf nach, ob sie mit den gesetzten Gedingen in Einklang stehen. Auch führt er neben den Fahr- und Obersteigern Kontrollrechnungen bei Einzel- und Gruppengedingen durch. Schließlich ist es noch seine Aufgabe, gezahlte Vergütungen hinsichtlich Höhe und Begründung zu überprüfen.

243 Überprüfung der Löhne und deren Abrechnung.

Um das Aufkommen von Unzuträglichkeiten nach erfolgter Abrechnung weitgehend auszuschalten, werden die bis zum 15. des Monats verdienten Löhne vom *Steiger* bis zum 17. ausgerechnet und in die Schichtenzettel eingetragen. Die Löhne, die unter dem Mindestlohn oder nur wenig über ihm liegen, hat der Steiger unter Angabe des Betriebspunktes, der Gedingebelegschaft, des Gedinges, der erbrachten Leistung sowie aufgetretener Störungen und Schwierigkeiten dem Betriebsführer schriftlich anzuzeigen. Dieses Verfahren hat nicht nur insofern Bedeutung, als es den Steiger zwangsläufig mit dem Stand der Löhne seiner Leute vertraut macht, sondern es schafft auch ein gewisses Barometer dafür, ob das Gedinge richtig steht bzw. ob die Leistung der Mannschaft normal ist. In jedem Falle, wo der Lohn zur Monatsmitte ausweist, daß der Betriebspunkt nicht die erwartete Leistung erreicht hat, hat der Steiger Rechenschaft zu legen, auf welche Umstände er dies zurückführt. Dann ist es noch Zeit einzugreifen, indem bei unrichtig stehendem Gedinge dieses abgeändert wird oder aber, wenn andere Gründe vorliegen, diese beseitigt werden. Liegt offenbare Minderleistung der Mannschaft vor, dann müssen die Arbeiter darauf aufmerksam gemacht und ihnen die Folgen deutlich vor Augen geführt werden. Der Sachverhalt und die ergriffenen Maßnahmen sind in jedem Falle im Schichtenzettel schriftlich festzulegen und mit Datum und Unterschrift zu versehen. Im übrigen sieht die ab 1. November 1950 als Arbeitsordnung geltende Tarifvereinbarung vor, daß seitens der Arbeiter „zur Orientierung im halben Monat eine Zwischenabnahme verlangt werden kann" (§ 37 Abs. 1).

Die Löhne — sowohl die für die Monatsmitte berechneten als auch die des Monatsergebnisses — überprüfen die *Fahr- und Obersteiger*, der *Betriebsführer* und der *Werksleiter*. Ihnen obliegt vor allem die gutachtliche Stellungnahme bzw. der Entscheid darüber, ob bei Minderleistungen der verdiente Lohn auf den Mindestlohn aufgebessert werden soll oder nicht.

Die Lohnüberprüfung im *Lohnbüro* erstreckt sich in der Hauptsache auf die rechnerische Richtigkeit. Die Nachrechnung bezweckt eine möglichst umfassende Ausschaltung von Rechenfehlern.

Wenn sich auch der *Gedingesteiger* durch Stichproben von der rechnerischen Richtigkeit der Lohnabrechnung überzeugen soll, so liegt doch das Schwergewicht seiner Kontrolltätigkeit bei der Lohnrechnung in der Aufgabe, nachzusehen, ob Gedinge- und Abnahmetreue gewahrt sind, d. h. ob der Abrechnung die Ziffern des Gedinges und der Abnahme zugrunde gelegt sind. Auch hat er sich davon zu überzeugen, daß die Schichten richtig in Ansatz gebracht wurden.

Die Prüfarbeit des *Sachbearbeiters für Gedingewesen* wird sich zum Teil auf eigengefertigten Auszügen und Zusammenstellungen gründen, zum anderen sich aber auch auf Ziffernergebnisse stützen, die in den Lohnbüros anfallen.

Er arbeitet allmonatlich die auf den ihm zugewiesenen Schachtanlagen geführten Schichtenzettel nach erfolgtem Abschluß eingehend durch und legt die Ergebnisse der Prüfung in Berichten nieder, die den einzelnen Schachtanlgen zur evtl. Stellungnahme zugeleitet werden. Diese Niederschriften umfassen folgende Punkte:

a) Zusammenstellung der Mindest- und der darunter liegenden Löhne unter Anführung der hierzu werksseitig gegebenen Begründungen und unter Beifügung der Stellungnahme, ob die einschlägigen Vorschriften eingehalten worden sind. Bei dieser Untersuchung werden die Ziffern der zur Monatsmitte festgestellten Lohnhöhe mit in Betracht gezogen.

b) Verfolgung der Bezahlung der Gedingearbeiter, die mit Nebenarbeiten beschäftigt wurden.

c) Vergleich der Planzahlen der Sollaufstellung mit den erreichten, den Ist-Zahlen, für jede Steigerabteilung zwecks Feststellung der Abweichungen zwischen dem nach der erreichten Leistung zu erwartenden Durchschnittslohn und dem tatsächlich gezahlten.

d) Schaubildliche Verfolgung der Anwendungsintensität der einzelnen Gedingespielarten.

e) Lohnstreuung bei Einmann-Gedinge, wobei die schaubildliche Darstellung als Berichtsform gewählt wird.

Vom Lohnbüro werden dem Sachbearbeiter für Gedingewesen allmonatlich an Unterlagen zur Verfügung gestellt:

a) der von der Schachtanlage erreichte Hauerdurchschnittslohn;

b) eine Schichtenaufgliederung, nach einer um je 0,25 DM fortschreitenden Lohnstaffel, wobei allerdings die charakteristischen Lohngruppen, wie die des Tarifhauerdurchschnittslohnes und des Hauermindestlohnes, besonders erfaßt sind.

Schließlich obliegt dem Sachbearbeiter für Gedingewesen noch die Aufgabe, die Korrelation zwischen Lohn und Leistung näher zu beleuchten. Die Untersuchungen beziehen sich einmal auf den Monat und dann zweitens auf die Entwicklung in einem längeren Zeitraum. Im Vorhergehenden wurde bereits darauf hingewiesen, daß man die in jeder Steigerabteilung zu erwartende Lohnhöhe aus der erreichten Leistung berechnen kann. Das gleiche Verfahren läßt sich selbstverständlich auch auf die Durchschnittsziffern einer Schachtanlage anwenden.

Um den Stand der einzelnen Schachtanlagen des Bezirks in Lohn und Leistung erkennen zu können, wird ein regionales Übersichtsbild für jeden Monat angefertigt.

29 Schlußbemerkungen.

In vorstehenden Darlegungen ist manches nur angedeutet, was insbesondere hinsichtlich der praktischen Durchführung des Gedankens noch ins einzelne gehender Erläuterungen und vor allem der Aufzeigung von Beispielen bedarf. Hierzu sei auf die jeweils in Betracht kommenden Abschnitte verwiesen.

Immerhin dürfte zweierlei aus dem Gesagten deutlich geworden sein: 1. Es ist notwendig, aber auch möglich, eine allgemeine Weiter- und Breitenentwicklung des Gedingewesens zu einer geordneten und den neuzeitlichen Forderungen entsprechenden Gedingewirtschaft ins Auge zu fassen. 2. Nicht wegzuleugnen ist die Tatsache, daß keine bergmännische Betriebsaufgabe soviel Unannehmlichkeiten mit sich bringt wie die, das Gedingewesen weiter zu entwickeln, aber — sie muß beherzt angefaßt werden, damit dem Bergmann und unserem Bergbau und unserem auf die Arbeit des Bergmanns angewiesenen deutschen Volke Segen daraus erwachse.

3 Das Gedinge in den gesetzlichen Bestimmungen und in den Tarif- und Arbeitsordnungen.

30 Vorbemerkungen.

Im betrieblichen Gedingewesen wirken neben den Einflußgrößen, die aus dem Betriebe selbst stammen, auch solche mit, die man als *außer-* oder besser noch als *über*betriebliche bezeichnen kann. Ihre genetischen Wurzeln liegen zwar im Betriebe, doch sind sie über den Einzelbetrieb hinausgewachsen und schon in ihrem Gültigkeitsbereich für mehrere oder sogar für alle Bergwerksbetriebe als überbetriebliche Faktoren gekennzeichnet.

Nach Art ihrer Entstehung kann man bei diesen Faktoren, die für den einzelnen Betrieb in der Regel bindender Art sind, erstens gesetzliche Vorschriften und zweitens vertraglich vereinbarte Bestimmungen unterscheiden. Für das betriebliche Gedingewesen haben beide etwa gleiches Gewicht, da im Streitfalle die Rechtsprechung aus einer Verletzung von Gesetzesvorschriften dem Kläger ebenso sein Recht zuerkennt wie bei nachgewiesener Nichteinhaltung einer vertraglichen Vereinbarung. Für den auf dem Gebiete des Gedingewesens Tätigen ist daher das Vertrautsein mit den einschlägigen gesetzlichen Vorschriften und mit den vertraglichen Bestimmungen ein unabweisbares Grunderfordernis. Daneben lassen sich aber auch aus deren geschichtlicher Entwicklung wesentliche Erkenntnisse gewinnen, so daß es angezeigt erscheint, auch hierauf näher einzugehen.

31 Gesetzliche Vorschriften.

311 Das Allgemeine Preußische Berggesetz.

Unter den gesetzlichen Vorschriften über die Lohnregelung im Bergbau nahm in früheren Jahrzehnten das Allgemeine Berggesetz für die Preußischen Staaten vom 24. Juni 1865 den ersten Platz ein. Dies gilt nicht nur für die Tragweite der darin enthaltenen Vorschriften, sondern vor allem auch bezüglich der Zeitdauer, in der diese gültig geblieben sind. Auch heute noch ist eine ganze Reihe von ihnen in Geltung. Bezüglich der Rechtsverhältnisse der Bergarbeiter sind Abänderungen erfolgt durch die Gesetze vom 24. Juni 1892, 14. Juli 1905 und 28. Juli 1909.

Die Bestimmungen des ABG., die die Löhne und Gedinge betreffen, finden sich in § 80. § 80a — Artikel I des Gesetzes vom 24. Juni 1892 — schreibt vor, daß für jedes Bergwerk eine „Arbeitsordnung" erlassen werden muß. Nach den Ausführungen des § 80b, der an sich auf Artikel I des Gesetzes vom 24. Juni 1892 beruht, durch die Novelle vom 14. Juli 1905 aber abgeändert worden ist, muß die Arbeitsordnung Bestimmungen enthalten:

„2. (a) über die Festsetzung des Schichtlohnes und die zum Abschlusse sowie zur Abnahme des Gedinges (b) ermächtigten Personen (c), über den Zeitpunkt, bis zu welchen nach Übernahme der Arbeit gegen Gedingelohn das Gedinge abgeschlossen sein muß (d), über die Beurkundung des abgeschlossenen Gedinges und die Bekanntmachung an die Beteiligten (e), über die Voraussetzungen, unter welchen der Bergwerksbesitzer oder der Arbeiter eine Veränderung oder Aufhebung des Gedinges zu verlangen berechtigt ist (f), sowie über die Art der Bemessung des Lohnes für den Fall, daß eine Vereinbarung über das Gedinge nicht zustande kommt (g);

3. über Zeit und Art der Abrechnung und Lohnzahlung . . ."

Zu a). Die in Ziffer 2 bezeichneten Dinge sind sämtlich dem bergmännischen Arbeitsvertrage eigentümlich und haben keine Parallele in der Gewerbeordnung. Der Inhalt dieser Nummer hat bei der Beratung des Entwurfes zu dem Gesetze mannigfache Veränderungen erfahren, die schließlich zur Wiederherstellung des größten Teils, unter Zufügung einiger Sätze, geführt haben. Der Regierungsentwurf sah die Regelung folgender Punkte durch die Arbeitsordnung vor, die aber im Gesetze selbst weggeblieben sind:

1. Art der Entlohnung der Arbeiter (Schichtlohn oder Gedingelohn), — 2. Art der Gedingestellung, — 3. Maß oder Gewichtseinheit, welche dem Gedinge zugrunde gelegt werden, — 4. Grundsätze der Gedingeabnahme.

Man berücksichtigte diese Punkte nicht, weil die Mehrheit der Kommission der Ansicht war, daß eine so weit ins einzelne gehende Regelung auch von der Gewerbeordnung nicht vorgeschrieben werde, obgleich der Akkord in anderen Industrien häufig bei noch viel verwickelteren Verhältnissen zu vereinbaren sei als das Gedinge in den Bergwerken.

Für uns ist heute interessant, daß die Entwicklung schließlich doch dazu führte, daß bezüglich der nicht durch Gesetz geregelten Punkte späterhin, und zwar während des zweiten Weltkrieges, gesetzliche Bestimmungen getroffen wurden (s. Abschn. 314).

Weiter ist die Beurteilung der Schwierigkeit der bergmännischen Gedingesetzung durch die Kommission von Bedeutung, nach deren Ansicht damals die Akkordsetzung in den übrigen Industrien viel schwieriger gewesen sein muß als bei den Gedingeabschlüssen im Bergbau. Heute hört man meist die umgekehrte Meinung. Wenn dies nun in Wirklichkeit so gewesen sein sollte, dann könnte man heute den Schluß ziehen, daß durch die systematische Bearbeitung der Akkordfragen in der übrigen Industrie eine solche Erleichterung und Vereinfachung eingetreten ist, daß der früher als einfacher zu bearbeiten angesehene Bergbau heute als der schwierigere gilt.

Zu b). Unter Gedinge wird vom Gesetz jegliche Art des Dienstvertrages verstanden, sofern der Arbeitslohn nicht in einem festen Satze für Zeitabschnitte bedungen, sondern von der Leistung des Arbeiters mehr oder weniger abhängig gemacht ist. Hierbei ist an folgende Faktoren gedacht: Zahl und Rauminhalt der Fördergefäße, Gewicht der geförderten Mineralien, Länge, Breite und Höhe aufgefahrener Strecken u. a. m. Dem Gedinge entspricht im sonstigen industriellen Leben mit den sich aus der Eigentümlichkeit der einzelnen Gewerbearten ergebenden Unterschieden die Akkord- und Stückarbeit. Rechtlich gesehen ist das Gedingevertragsverhältnis ein Dienstvertrag. Dies gilt auch für Arbeiter im Schichtlohn. Selbst wenn ein Generalgedinge vereinbart ist, wird man für den Bergbau rechtlich einen Dienstvertrag und nicht einen Werkvertrag annehmen.

Zu c). Die Bestimmung, daß die zur Festsetzung des Schichtlohnes und zum Abschluß des Gedinges sowie zur Abnahme ermächtigten Personen bekanntgemacht werden müssen, findet ihre Erklärung darin, daß der Bergmann von vornherein wissen muß, wer vom Bergwerkseigentümer zum Abschluß des Gedinges und zur Abnahme ermächtigt ist.

Ein Schlaglicht auf die damaligen Verhältnisse in der Gedingewirtschaft werfen die nachstehenden Ausführungen der „Denkschrift über die Untersuchung der Arbeiter- usw. Verhältnisse" (S. 11), die in der Begründung des Gesetzes vom 24. Juni 1892 angezogen wurde.

„In Wirklichkeit erfolgt bei den kleineren Zechen die Gedingestellung mündlich durch den verantwortlichen Betriebsführer, bei größeren Zechen dagegen — und das ist die bei weitem überwiegende Mehrzahl der Fälle — wird es dem Betriebsführer unmöglich, in den ersten Tagen des Monats sämtliche Gedingearbeiten zu befahren und das Erforderliche zu veranlassen, und es bleibt ihm nur übrig, seine Untergebenen, die Abteilungssteiger, mit der Gedingestellung zu beauftragen. Er selbst befährt nach und nach im Laufe des Monats — was sich weit hinausziehen kann — die einzelnen Arbeitspunkte, um die Gedingestellung zu prüfen, und nimmt, wie die Beschwerden ergeben und woran zu zweifeln kein Anlaß vorliegt, keinen Anstand, da, wo ihm die Vereinbarung mit dem Abteilungssteiger zu hoch dünkt, das Gedinge herabzusetzen.

Der Betriebsführer und mit ihm die Werksbesitzer gehen also von der Grundanschauung aus, daß ersterer allein zur Vertretung des Bergwerksbesitzers bevollmächtigt sei und daß die Vereinbarungen der Abteilungssteiger mit den Bergleuten nur eine *vorläufge* Regelung des Gedinges bezwecken . . .

Das Gedinge ist mangels grundlegender Bestimmungen einer Arbeitsordnung, deren Inhalt der Arbeiter ein für allemal anerkannt hat, als ein besonderer, auf Grund freier Vereinbarung zustande gekommener Dienstmietevertrag aufzufassen, als dessen Essentiale eine im *voraus* feststehende Vergütung zu betrachten ist (§ 870 T. I. Tit. 11 ALR.) — jetzt Dienstvertrag, zu dessen Wesen gleichfalls die Vereinbarung einer Vergütung gehört, § 611 BGB. — Daß diese Vergütung allein von dem Willen *einer* Partei abhängen solle, würde den Grundregeln der Vertragslehre zuwiderlaufen; nicht minder würde auch eine nachträgliche Herabsetzung des Gedinges, ohne daß eine wesentliche Veränderung in den Verhältnissen eingetreten ist und ohne Einwilligung des Arbeiters rechtlich als unzulässig zu bezeichnen sein . . .

Die aus den bisherigen Gepflogenheiten entstandenen Schwierigkeiten könnten vielleicht beseitigt werden, wenn überall feststünde, *wem* die Vollmacht zum Gedingeabschluß erteilt ist, und wenn die Zahl der Bevollmächtigten genügend groß genommen würde, um den Vertragsabschluß vor allen Arbeitspunkten wirklich beim Beginn des Monats vorzunehmen."

Wenn wir heute solche Schilderungen, die den Bergbau in der Zeit vor 50 Jahren betreffen, lesen, dann müssen wir einmal anerkennen, daß sich leider in den Köpfen einzelner Betriebsbeamter immer noch keine grundlegende Wandlung vollzogen hat und daß der Schrei der Arbeiterschaft nach Lohn- und Gedingegerechtigkeit hier und da immer noch seinen berechtigten Grund hat, wenn auch nicht verkannt werden darf, daß der Betriebsbeamte im allgemeinen heute den Standpunkt der Lohngerechtigkeit vertritt und es sich bei den heute noch zu beanstandenden Fällen um Außenseiter handelt, die in falsch verstandenem Konservatismus mit der Entwicklung nicht Schritt gehalten haben.

Der Kommissionsbericht zur Regierungsvorlage sagte damals auf S. 9: „Es dürfe über die Befugnis der Grubenbeamten zum Gedingeabschluß kein Zweifel bestehen, damit dieser selbst für den Bergarbeiter unumstößliche Sicherheit erlange und nachträgliche Abänderungen, welche naturgemäß die Unzufriedenheit der Arbeiter wachrufen müßten, ausgeschlossen bleiben."

Die Ausdehnung der Vorschrift auf die zur Abnahme ermächtigten Personen ist durch das Abgeordnetenhaus erfolgt.

Zu d). Die gesetzlich verlangte Festlegung des Zeitpunktes, bis zu welchem das Gedinge abgeschlossen sein muß, bezweckte nach den Ausführungen der Regierungsvertreter in der Kommission des Abgeordnetenhauses, „der Gedingeschluß solle nicht der Willkür des Arbeitgebers überantwortet werden". Verstreicht der Zeitpunkt ohne Einigung, so tritt als Rechtsfolge ein, daß der Bergmann die Bemessung seines Lohnes nach Maßgabe des in der vorausgegangenen Lohnperiode gültig gewesenen Gedinges verlangen kann (gem. § 80 c Ziffer I).

Der Artikel 86 Abs. 1 des bayerischen Berggesetzes bestimmte: „Sofern der Lohn sich nach Geding bemessen soll, ist das Geding in der Regel vor Ort und spätestens 10 Tage nach Belegung des Ortes (Übernahme der Arbeit) abzuschließen." Hierauf fußend hat man bei der Lesung des Entwurfes der preußischen Novelle von 1905 den Antrag gestellt, diese Bestimmung in das preußische ABG. aufzunehmen; die Mehrheit war jedoch der Auffassung, daß derartige Vorschriften in die Arbeitsordnung gehören.

Zu e). Im Regierungsentwurf war nicht von Beurkundung *und* Bekanntmachung an die Beteiligten gesprochen, sondern von Beurkundung *oder* Bekanntmachung des abgeschlossenen Gedinges. Hierzu wurde bemerkt, daß aus dieser alternativen Vorschrift nicht die Verpflichtung zur schriftlichen Abschließung vollständiger Verträge folge, vielmehr werde es genügen, den Abschluß in irgendwelcher Art durch Eintragung in Gedingebücher oder Protokolle mit der Unterschrift der zum Abschluß für den Bergwerksbesitzer ermächtigten Person in der Weise zu verlautbaren, daß Streitigkeiten über den Inhalt der Vereinbarung tunlichst ausgeschlossen werden. Bei der Beratung des Regierungsentwurfes wurde der Antrag auf Einfügung eines neuen Absatzes in § 80 c folgenden Inhaltes: „Das festgesetzte Gedinge muß in ein den beteiligten Arbeitern zur Einsicht offen liegendes Gedingebuch eingetragen und abschriftlich der beteiligten Kameradschaft mitgeteilt werden" abgelehnt. Bei der letzten Lesung wurde der Antrag, es solle die Bekanntmachung bei längerem als vierzehntägigem Gedinge durch Aushang oder durch Abschrift an die beteiligte Kameradschaft erfolgen, gleichfalls abgelehnt und der Antrag auf die Fassung „Beurkundung *und* Bekanntmachung" angenommen. Bei den erwähnten Anträgen wird wohl mitbestimmend gewesen sein Artikel 86 Abs. 3 des bayerischen Berggesetzes, welches bestimmt: „Das Gedinge ist in dem Gedingebuch zu beurkunden, und wenn es länger als 14 Tage dauert, den Arbeitern entweder durch einen Gedingezettel für die Kameradschaft oder durch öffentlichen Anschlag bekanntzumachen." Nach der Fassung muß angenommen werden, daß die außer der Beurkundung stattfindende Bekanntmachung sich an die schriftliche Feststellung anschließen und in jeder beliebigen Form (Verlesung, Aushang usw.) erfolgen kann. Üblich ist heute noch im Bergbau die Verlesung vor Ort, meist jedoch nicht nach Unterzeichnung, sondern der Unterschriftsleistung unmittelbar vorangehend.

Zu f). Die „Voraussetzungen", unter welchen der Bergwerksbesitzer oder der Arbeiter eine Änderung oder Aufhebung des Gedinges zu verlangen berechtigt ist, festzulegen, ist bis heute noch nicht vollständig gelungen. Dies wird auch niemals möglich sein, weil zu viele Einflußfaktoren hierbei eine Rolle spielen und in verschiedener Intensität und Überlagerung auftreten können. Es ist daher bis zum heutigen Tage die an sich dehnbare Bestimmung geblieben, daß der Gedingevertrag nur dann abgeändert werden kann, wenn „die Verhältnisse sich wesentlich ändern". Man war sich damals ebenso wie heute darüber klar, daß bei dieser Begriffsbestimmung immer wieder Meinungsverschiedenheiten und Streitigkeiten auftreten werden, und hat dementsprechend gesetzliche und vertragliche Ergänzungen getroffen, um das Fragengebiet wenigstens einzuengen.

Zu g). Von großer Wichtigkeit für die Praxis ist schließlich der letzte Punkt, der sich mit der Bemessung des Lohnes beschäftigt in dem Falle, daß eine Gedingevereinbarung nicht zustande kommt.

Die Begründung besagt hierzu:

„Über die Art der Bemessung des Lohnes in dem Zeitraum von der Geltendmachung des Anspruches auf Erhöhung oder Herabsetzung des Gedingesatzes bis zum Ablauf der Kündigungsfrist muß gleichfalls in der Arbeitsordnung Bestimmung getroffen werden, weil anderenfalls der Mangel einer Vereinbarung über den weiter geltenden Gedingesatz mit der sofortigen Lösung des Arbeitsverhältnisses für gleichbedeutend erachtet werden könnte."

Die Begründung setzt hierbei nur den einen Fall voraus, daß der Bergmann schon im voraufgehenden Monat im Gedinge gearbeitet hat. Denkbar ist aber auch der Fall, daß es sich um einen neu angenommenen Arbeiter oder um einen solchen handelt, welcher vorher im Schichtlohn gearbeitet hat. In beiden Fällen kann der Mangel der Einigung über den Gedingesatz für die laufende Periode zu dem Zustande führen, daß die Arbeit ohne Vereinbarung über den Lohn — längstens bis zum Ablauf der Kündigungsfrist von dem Zeitpunkte ab, wo dieser Mangel sich herausstellte — geleistet werden muß. Für diese Fälle will das Gesetz eine Ergänzung der fehlenden Einigung zur Vermeidung weitläufiger prozessualer Streitigkeiten in der Weise schaffen, daß an Stelle des Gedingelohnes, über dessen Höhe eine Einigung nicht zustande gekommen ist, ein ein für allemal vorgesehener Schichtlohn tritt. In der Kommission des Abgeordnetenhauses 1892 war die Streichung der Vorschrift erfolgt, weil „sich gar nicht bestimmen lasse, welcher Lohn im Einzelfalle der angemessene wäre, da die Verschiedenartigkeit der Arbeitsbedingungen zu groß sei". Regierungsseitig war demgegenüber darauf hingewiesen worden, daß die Schwierigkeit, den Lohn für diese Fälle vorauszubestimmen, überschätzt werde. Man könne den in der voraufgegangenen Lohnperiode verdienten Lohn des Arbeiters, den ortsüblichen Lohn des Arbeiters oder ein Vielfaches desselben, den durchschnittlichen Lohn der betreffenden Arbeiterkategorie im letzten Vierteljahre, den für die Festsetzung des Krankengeldes maßgebenden Durchschnittslohn der einzelnen Lohnklassen zum Anhalt nehmen.

Für den Fall der Fortsetzung der Arbeit vor demselben Arbeitsort kann der Arbeiter die Feststellung des Lohnes nach Maßgabe des in der voraufgegangenen Lohnperiode für dieselbe Arbeitsstelle gültig gewesenen Gedinges verlangen (vgl. weiter unten die Ausführungen zu § 80 c Abs. I).

Ziffer 3 der Bestimmung über die Zeit und Art der Abrechnung war nach der Gesetzesbegründung nötig, „damit der eintretende Arbeiter sich . . . darüber unterrichten kann, ob bei Gedingearbeiten kameradschaftsweise oder für den einzelnen Arbeiter besonders die Mitteilung der Lohnergebnisse und die Auszahlung des Lohnes erfolgt". Man hat demnach damals schon das Einzelgedinge gekannt und bei der Fassung des Gesetzes berücksichtigt.

§ 80 c Abs. I beruht auf Artikel 1 des Gesetzes vom 24. Juni 1892.

Er lautet:

„Ist im Falle der Fortsetzung der Arbeit vor demselben Arbeitsort das Gedinge nicht bis zu dem nach § 80 b Nr. 2 in der Arbeitsordnung zu bestimmenden Zeitpunkte abgeschlossen, so ist der Arbeiter berechtigt, die Feststellung seines Lohnes nach Maßgabe des in der vorausgegangenen Lohnperiode für dieselbe Arbeitsstelle gültig gewesenen Gedinges zu verlangen.“

Die Einigung über den Gedingesatz hängt von dem freien Willen der Vertragschließenden ab. Es ist daher möglich, daß das Gedinge bis zu dem gem. § 80 b zu bestimmenden Zeitpunkt nicht zustande gekommen ist. Dann soll die Feststellung des Lohnes nach Maßgabe des gültig gewesenen Gedinges erfolgen. Dies ist aber nur möglich, wenn für dieselbe Arbeitsstelle bereits in der vorausgegangenen Lohnperiode ein Gedinge vereinbart gewesen ist und wenn die Fortsetzung der Arbeit vor demselben Orte erfolgt. Diese Umstände bezeichnet das Gesetz als Voraussetzung der Anwendung. Der Wechsel einzelner Kameradschaftsmitglieder wird die Anwendbarkeit daher nicht ausschließen, wohl aber kann sich der Arbeiter nicht auf die gesetzliche Bestimmung berufen:

1. wenn eine neu gebildete Kameradschaft die Arbeit vor einem schon belegt gewesenen Betriebspunkte beginnt — 2. wenn eine bestehende Kameradschaft die Arbeit an einem neuen Betriebspunkt aufnimmt.

Der Arbeiter wird sich nie auf die Bestimmungen des § 80 c berufen, wenn ihm der Gedingesatz der vorausgegangenen Lohnperiode zu klein erscheint oder — mit anderen Worten — eine verlangte *Aufbesserung* des Gedingevertrages den Vertragsabschluß verhinderte. In diesen Fällen tritt § 80 b Nr. 2 in Funktion, d. h. der in Frage kommende Lohn muß durch die Arbeitsordnung geregelt sein. Hierauf wird noch zurückzukommen sein.

Ein in der Kommission des Abgeordnetenhauses 1892 gestellter Antrag auf Streichung des Abs. 1 wurde damit begründet, die Feststellung des Lohnes nach Maßgabe des früher gültig gewesenen Gedinges könne auch zum Nachteil des Arbeiters ausschlagen, nämlich dann, wenn die Arbeitsbedingungen ungünstigere geworden seien, z. B. das Flöz sich verschmälert habe oder die Arbeitsstelle nässer geworden sei, und auf der anderen Seite gäbe die angegriffene Bestimmung dem Arbeiter ein Mittel in die Hand, wenn die Arbeitsbedingungen sich günstiger gestalteten, durch Verzögerung des Gedingeabschlusses eine Erniedrigung der zu hoch gewordenen Gedingesätze zu verhüten; die hier in Frage kommenden Fälle seien praktisch unerheblich, da, wenn bis zu dem für den Gedingeabschluß bestimmten äußersten Zeitpunkt das Gedinge nicht zustande gekommen sei, die Arbeit von denselben Arbeitern überhaupt nicht fortgesetzt zu werden pflege. Der Antrag wurde abgelehnt, nachdem regierungsseitig ausgeführt worden war, daß die Fälle ungebührlich verzögerten Gedingeabschlusses doch nicht so selten seien, um im Bergbau gesetzliche Bestimmungen entbehren zu können, welche die mit jenen verknüpften Nachteile von dem Arbeiter abwehren. Dieser wäre sonst auf das gerichtliche Feststellungsverfahren angewiesen, welches wenigstens bei den ordentlichen Gerichten für den Arbeiter zu umständlich und kostspielig wäre. Es empfehle sich daher die in den Gesetzentwurf aufgenommene einfache und jede Schwierigkeit ausschließende Bestimmung.

Die Bestimmung des § 80 c Abs. 1, kann durch die Arbeitsordnung nicht abgeändert werden und gilt heute noch, was im Betrieb wohl zu beachten ist. Die bei der Beratung des Gesetzes von 1905 gestellten Anträge, die darauf abzielten, eine Festsetzung des Arbeitslohnes auch für den Fall herbeizuführen, daß die Arbeit nicht vor dem gleichen Betriebspunkt fortgesetzt wird, fanden nicht die Billigung der Mehrheit, weil nach ihrer Auffassung derartige Vorschriften in die Arbeitsordnung gehören.

Das bayerische Berggesetz, Artikel 86 (s. o.), bestimmt:

„Sofern der Lohn sich nach Geding bemessen soll, ist das Geding in der Regel vor Ort und spätestens zehn Tage nach Belegung des Ortes (Übernahme der Arbeit) abzuschließen. Wird diese Frist nicht innegehalten, so hat der Arbeiter Anspruch auf den durchschnittlichen Tagesverdienst gleichartiger Arbeiter.“

312 Betriebsrätegesetz und andere nach dem ersten Weltkrieg herausgegebene staatliche Bestimmungen.

Die Staatsumwälzung nach dem ersten Weltkriege brachte auch dem Wirtschaftsleben tiefreichende Strukturänderungen. Eine der ersten Verordnungen, die sich u. a. mit der Neuregelung des Lohnwesens beschäftigten, war die über Tarifverträge, Arbeiter- und Angestelltenausschüsse und Schlichtung von Arbeitsstreitigkeiten vom 23. Dezember 1918.

§ 1 der Verordnung stellt den Tarifvertrag, der zwischen Vereinigungen von Arbeitnehmern und Vereinigungen von Arbeitgebern abgeschlossen wird, in den Vordergrund und erklärt *einzelne* Arbeitsverträge insoweit für unwirksam, als sie von der tariflichen Regelung abweichen, es sei denn, daß letztere zugunsten des Arbeitnehmers sprechen und im Tarifvertrag nicht ausdrücklich ausgeschlossen sind. Nach § 2 der Verordnung kann das Reichsarbeitsamt Tarifverträge für allgemeinverbindlich erklären. Es entscheidet auch endgültig über etwa erhobene Einsprüche. Nach § 20 können Schlichtungsausschüsse angerufen werden, wenn bei Streitigkeiten über Löhne eine Einigung nicht zustande gekommen ist und kein anderer Rechtsweg beschritten wird wie z. B. Anruf des Berggewerbegerichtes u. ä. Neben den Schlichtungsausschüssen sind Schlichteinigungs- oder Schlichtungsstellen vorgesehen für die Bearbeitung und Beilegung von Streitigkeiten, die aus der verschiedenen Auslegung eines Tarifvertrages entstehen. Kommt eine Vereinbarung nicht zustande, so ist nach § 27 ein Schiedsspruch zu fällen. Diese Schiedssprüche erlangen auf Grund der Verordnung Gesetzeskraft.

Das Schlichtungsverfahren betraf weiter die Verordnung vom 3. September 1919, und zwar das Verfahren vor dem Demobilmachungskommissar. Auch hier handelt es sich u. a. um Streitigkeiten, die aus Meinungsverschiedenheiten über die Regelung der Löhne oder über tarifliche Bestimmungen entstehen.

Die beiden genannten Verordnungen sind als Vorläufer bzw. Teilregelung des Fragengebietes zu betrachten, mit dem sich u. a. das Betriebsrätegesetz vom 4. Februar 1920 befaßte. In diesem Gesetz kommt erstmalig zum Ausdruck, daß der Arbeiter nur als Glied einer größeren Gemeinschaft Einfluß und tatsächliche Gleichstellung gewinnen könne und daß diese Gemeinschaft und ihre Auswirkungen nicht nur tatsächlicher, sondern auch rechtlicher Anerkennung bedürften.

§ 78 umschreibt die Aufgaben des Arbeiter- bzw. Angestellten- bzw. Betriebsrates.

Von diesen Bestimmungen interessieren hier: „. . . hat die Aufgabe·

1. darüber zu wachen, daß in dem Betriebe die zugunsten der Arbeitnehmer gegebenen gesetzlichen Vorschriften und die maßgebenden Tarifverträge sowie die von den Beteiligten anerkannten Schiedssprüche . . . durchgeführt werden,

2. soweit eine tarifvertragliche Regelung nicht besteht . . . bei der Regelung der Löhne . . . mitzuwirken, namentlich auch bei der Festsetzung der Akkord- und Stücklohnsätze oder der für ihre Festsetzung maßgebenden Grundsätze, bei der Einführung neuer Löhnungsmethoden . . .

3. die Arbeitsordnung . . . nach Maßgabe des § 80 mit dem Arbeitgeber zu vereinbaren."

Zu 3. Gemeint ist nur die Regelung der Arbeitsverhältnisse im allgemeinen, also die Aufstellung von Grundsätzen, die für alle Arbeiter oder Angestellten oder bestimmte Gruppen von ihnen maßgebend sein sollen. Auch die Festsetzung der Akkord- und Stücklohnsätze ist nicht als Einzelvereinbarung für eine bestimmte Arbeit, sondern als eine für alle gleich geltende grundsätzliche Vereinbarung gedacht.

In § 80 ist in Abs. 3 gesetzlich gefordert, daß dort, wo eine geltende Arbeitsordnung vor dem 1. Januar 1919 erlassen war, binnen 3 Monaten nach Inkrafttreten des Betriebsrätegesetzes eine neue Arbeitsordnung festgelegt sein muß.

Die aus den vorstehend kurz gekennzeichneten gesetzlichen Bestimmungen sich ergebenden Regelungen, wie sie in Tarifverträgen und Arbeitsordnungen ihren Niederschlag fanden, werden im nachfolgenden noch näher behandelt werden.

313 Gesetz zur Ordnung der nationalen Arbeit.

Die Staatsumwälzung des Jahres 1933 brachte die Dinge erneut in Fluß. Wenn auch mit andersartigen ideologischen Begriffen begründet, so ging doch die tatsächliche Entwicklung den einmal beschrittenen Weg planmäßig weiter. Von einem „Umbruch" in dem Sinne einer Änderung der Wegrichtung kann ebenso wenig die Rede sein wie davon, daß das Ziel ein anderes geworden wäre.

Das Gesetz zur Ordnung der nationalen Arbeit vom 20. Januar 1934 schaffte die Arbeitsordnung ab und setzte an ihre Stelle die Betriebsordnung. Das Gesetz enthält folgende Bestimmungen, die für das Fragengebiet des Gedingewesens von Bedeutung sind: In jedem Betrieb muß vom Führer des Betriebes eine Betriebsordnung schriftlich erlassen werden (§ 26). Gegen den Inhalt der Betriebsordnung kann die Mehrheit des Vertrauensrates den Treuhänder der Arbeit anrufen (§ 16). In die Betriebsordnung müssen aufgenommen werden „Zeit und Art der Gewährung des Arbeitsentgeltes" (§ 27 Abs. 1 Ziff. 2), „die Grundsätze für die Berechnung der Akkord- oder Gedingearbeit, soweit im Betriebe im Akkord- oder Gedinge gearbeitet wird" (§ 27 Abs. 1 Ziff. 3). „In die Betriebsordnung können neben den gesetzlich vorgeschriebenen Bestimmungen auch solche über die Höhe des Arbeitsentgeltes aufgenommen werden" (§ 27 Abs. 3). In letzterem Fall „sind Mindestsätze" für das Arbeitsentgelt „mit der Maßgabe aufzunehmen, daß für die seinen Leistungen entsprechende Vergütung des einzelnen Betriebsangehörigen Raum bleibt. Auch im übrigen ist auf die Möglichkeit einer angemessenen Belohnung besonderer Leistungen Bedacht zu nehmen" (§ 29). Für den Inhalt von Betriebsordnungen kann der Treuhänder der Arbeit Richtlinien festsetzen (§ 32 Abs. 1). Derselbe kann auch unter Umständen eine Tarifordnung schriftlich erlassen (§ 32 Abs. 2).

Die Bestimmungen des § 27 Ziffer 3 über die Grundsätze für die Berechnung der Akkord- und Gedingearbeit sind keine Neuerungen, sondern aus § 78 Ziffer 2 des Betriebsrätegesetzes übernommen. Es sind demnach auch nur die allgemeinen Grundsätze der Gedingeberechnung aufzunehmen. Enthält die Betriebsordnung diese Grundsätze nicht, obgleich im Betriebe im Gedinge gearbeitet wird, dann ist sie vom Treuhänder der Arbeit zu beanstanden und vom Führer des Betriebes zu ergänzen. Das Fehlen der Akkordgrundsätze in der Betriebsordnung macht jedoch die einzelvertragliche Akkordabrede nicht unwirksam, weil im Leistungslohn der Arbeiter in der Regel besser gestellt ist als im Zeitlohn.

Aus dem Gesetz schien sich zunächst kein wesentlicher Fortschritt in der Weiterentwicklung des Gedingewesens zu ergeben; man hätte eher annehmen können, die ruhige und stetige Entwicklung der letzten Jahre würde sich fortsetzen. In den Betrieben war die Lage jedoch eine völlig andere. Die mit dem Gedinge zusammenhängenden Probleme traten im Betriebsleben immer schärfer in Erscheinung und zeitigten immer mehr an Zahl zunehmende Lösungsversuche. Dabei mag eine größere Rolle, als es im allgemeinen angenommen wird, die absolute Lohnhöhe gespielt haben. Der Gedingerichtlohn hatte vom 1. Mai 1928 bis zum 30. April 1929 RM 9,60, vom 1. Mai 1929 bis zum 31. Dezember 1930 sogar RM 9,80 (im Ruhrbezirk) betragen und war ab 1. Januar 1932 auf RM 7,71, d. h. noch unter den Stand vor 1925, zurückgefallen. Er blieb auf RM 7,71 bis zum 1. April 1939 trotz Besserung der Wirtschaftslage stehen und wurde auch von diesem Zeitpunkt ab nur der Schichtzeitverlängerung entsprechend erhöht (auf RM 8,64) (Abb. 24). Es dürfte verständlich sein, daß der Arbeiter sich durch den staatlich angeordneten Lohnstop in der Höhe seines Lohnes betrogen fühlte und nun darauf drängte, daß wenigstens die auf dem Gebiete der allgemeinen Gedingegestaltung vorhandenen Probleme einer Lösung entgegengeführt würden. Diese Lösungsversuche erfolgten dann auch schließlich durch Gesetze, Verordnungen und Anweisungen.

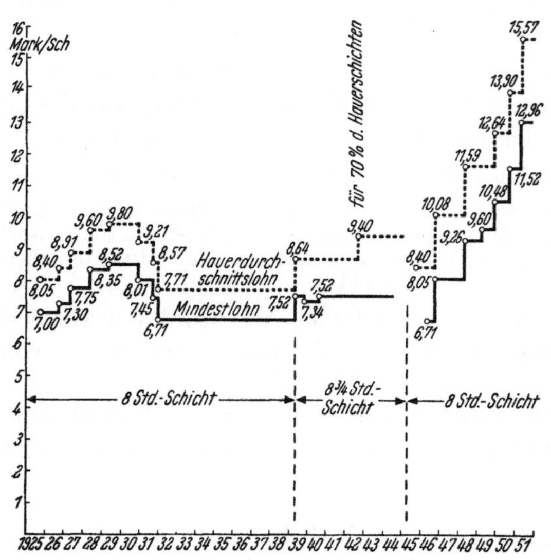

Abb. 24. Entwicklung der Tariflöhne im Ruhrkohlenbergbau unter Tage.

314 Staatliche Bestimmungen und Anordnungen
in der Zeit vor dem und während des zweiten Weltkrieges.

314.1 Generalgedinge und Gedingeschere. Die ersten Anordnungen griffen in die Betriebsordnung ein. Am 19. November 1938 veröffentlichte der Sondertreuhänder für den Bergbau folgendes:

Die Bestimmungen über die Lohnberechnung in den Betriebsordnungen sind wie folgt zu ändern bzw. zu ergänzen:

1. Sobald in einem Betriebspunkt ein hinreichender Überblick über die Betriebs-, Gesteinsoder Flözverhältnisse sowie über die zu erreichende Leistung vorhanden ist, ist nach Möglichkeit Generalgedinge (Abschluß des Gedinges für einen längeren Zeitraum als einen Monat) anzustreben.

(Zu bemerken ist, daß die damit gegebene Begriffsbestimmung des „Generalgedinges" insofern irreführend ist, als die Unkündbarkeit nicht verlangt wird.)

2. Eine Herabsetzung oder Änderung des Gedinges, die nicht durch eine wesentliche Änderung in den Gesteins-, Flöz- oder sonstigen Betriebsverhältnissen bedingt ist und ausschließlich erfolgt, um bei gleichbleibenden Verhältnissen eine Mehrleistung zu erreichen und den Verdienst zu kürzen (Gedingeschere), ist unzulässig.

Gründe für eine ordnungsmäßige Herabsetzung oder Änderung des Gedinges können sein:

a) wesentliche Verbesserung der Flöz-, Gesteins- oder Betriebsverhältnisse, — b) ein Gedinge, das für einen anlaufenden Betriebspunkt gesetzt war.

314.2 200%-Verordnung. Am 2. März 1939 wurde die Verordnung zur Erhöhung der Förderleistung und des Leistungslohnes im Bergbau erlassen, die ab 1. April 1939 in Kraft trat. Sie sah eine Erhöhung der Schichtzeit von 8 auf 8³/₄ Stunden vor, woraus eine entsprechende Erhöhung des seit dem 1. Januar 1932 auf gleicher Höhe beharrenden Schichtlohnes sich ableitete. Wichtiger aber noch war die Vorschrift, daß die über die im Januar/Februar 1939 im Durchschnitt erreichte Leistung hinausgehende mit 200% Lohnzuschlag bezahlt werden sollte. Wenn damals insbesondere die letzte Maßnahme als einzig dastehender Fortschritt gepriesen wurde, so muß dem entgegengehalten werden, daß gleichartige Zuschläge aus dem russischen Bergbau bereits, wenn auch nicht allgemein, bekannt waren[1]. Einen ähnlichen Weg hat 1941 der französische Kohlenbergbau beschritten, der aber nur 3 bis 10% Zuschlag ab 1. Juni 1941 für vermehrte Arbeitsleistung gewährte [253]. Auch darf nicht daran vorbeigesehen werden, daß der Gedingerichtlohn von 1932, dem schlechtesten Wirtschaftsjahr, als Grundlage der Gedingesetzung beibehalten wurde.

Mit dieser Verordnung ist sehr viel Unruhe in die Betriebe und in die Entwicklung des Gedingewesens hineingetragen worden. Hier mögen nur Fragen behandelt werden, soweit sie infolge auftretender neuer Schwierigkeiten neue staatliche Anordnungen erforderlich machten. Am 14. Juli 1939 erklärte der Reichsarbeitsminister in einem Rundschreiben an die Reichstreuhänder, daß die Verordnung aufrechterhalten bleibe und ihrem Wortlaut und ihrem Sinne entsprechend durchzuführen sei. Es hatten sich nämlich schon in den ersten drei Monaten solche Schwierigkeiten gezeigt, daß die Möglichkeit einer weiteren Durchführung der Verordnung fraglich erschien. Auch wies in dem erwähnten Rundschreiben vom Juli 1939 der Reichsarbeitsminister die Reichstreuhänder an, sie hätten „künftig vor allem darauf hinzuwirken, daß das Verhältnis zwischen Leistung und Lohn gewahrt wird und daß insbesondere *nur echte Mehrleistungen*, d. h. Leistungen, die über die schon nach der verlängerten Arbeitszeit hinaus zu erwartenden Leistungen erbracht werden, mit dem Zuschlag von 200% belegt werden".

Es wurde sodann weiter darauf hingewiesen, daß die Ausgewogenheit zwischen Lohn und Leistung lediglich von der richtigen Gedingestellung abhänge. Die menschliche Unzulänglichkeit der Gedingeabschließenden habe zu unbefriedigenden Gedingevereinbarungen und zu auf die Dauer untragbaren Belastungen der Betriebe geführt. Deswegen sei die Einrichtung von außerbetrieblichen Gedingeschlichtungsstellen notwendig geworden.

314.3 Gedingekommissionen. Mit dem 1. August 1939 trat die Anordnung über die Schaffung von Gedingekommissionen in Kraft. Nach dieser Anordnung kann man zwei Arten von „Gedingekommissionen" unterscheiden, die betriebliche und die außerbetriebliche. Abs. 1 der Anordnung befaßt sich mit der innerbetrieblichen Gedingekommission, die allerdings als solche nicht besonders bezeichnet ist, und lautet wie folgt:

„Kommt eine Gedingevereinbarung binnen 6 Tagen nicht zustande, so ist das Gedinge von dem Führer des Betriebes unverzüglich festzusetzen. Der Festsetzung muß eine Beratung mit dem Betriebsobmann und einem weiteren durch den Vertrauensrat beauftragten Vertrauensmann voraufgehen.

Erfolgt die Festsetzung im Einverständnis mit den Vertrauensmännern, so ist sie endgültig."

Die außerbetriebliche Gedingekommission sollte dann in Tätigkeit treten, wenn innerhalb des Betriebes eine Einigung über das Gedinge nicht erreicht werden konnte und auch in der betrieblichen Gedingekommission keine Einmütigkeit in der Beurteilung des Streitfalles zu erzielen war.

Abs. 2 der Anordnung bestimmt daher:

„Erfolgt die Festsetzung des Gedinges durch den Führer des Betriebes *nicht* im Einverständnis mit den beiden Vertrauensmännern, so kann, unbeschadet der Wirksamkeit der vom Führer des Betriebes erfolgten Festsetzung, binnen einer Woche die Gedingekommission zur Entscheidung des Streitfalles angerufen werden.

Zur Anrufung der Gedingekommission ist das zum Gedingeabschluß berechtigte Gefolgschaftsmitglied befugt.

Bei der Anrufung ist eine Bescheinigung des Betriebsobmannes beizubringen, aus der sich ergibt, daß die Gedingefestsetzung nicht im Einverständnis mit den beiden Vertrauensmännern erfolgte."

Die Anrufung der außerbetrieblichen Gedingekommission hatte durch Ausfüllung eines Formblattes zu erfolgen.

Abs. 3 befaßt sich mit der Zusammensetzung und der Tätigkeit der (außerbetrieblichen) Gedingekommission. Er lautet:

---

[1] „Es wurden ab 1931 die Spannen zwischen den untersten und obersten Lohnstufen erheblich erhöht, außerdem wurden teilweise gesonderte Tarifskalen für Zeitlohn- und Akkordarbeiten aufgestellt, wodurch das Verhältnis vom untersten zum obersten Lohn auf 1:5,5 erhöht wurde.". . . „Charakteristisch für die neue Lohndifferenzierung ist, daß sie neben einer außerordentlichen Ausdehnung der Akkordentlohnung den Akkordlohn selbst *stark progressiv* steigert, um mit den raffiniertesten Staffelungsmethoden ein Maximum an Leistung . . . herauszuholen." Aus „Gewerkschaften und Sozialpolitik in Sowjet-Rußland" im Verlag „Die Neue Zeitung".

„Die Gedingekommissionen werden vom Reichstreuhänder der Arbeit in der erforderlichen Anzahl berufen. Sie setzen sich zusammen aus einem Beauftragten des Reichstreuhänders der Arbeit und zwei von der Deutschen Arbeitsfront vorgeschlagenen sachkundigen Beisitzern.

... als Beisitzer kann nur berufen werden, wer aus dem Bergmannsberuf hervorgegangen ist, d. h. wer als bergmännischer Facharbeiter (Hauer oder dgl.), Grubensteiger usw. im Grubenbetrieb tätig war oder ist. Einer der Beisitzer muß Führer eines Bergbaubetriebes oder technischer Leiter einer Schachtanlage oder eines Grubenbetriebes sein.

Die Beisitzer haben die Aufgabe, den Vorsitzenden bei seiner Entscheidung zu beraten.

Die Gedingekommission kann Zeugen und Sachverständige laden.

Die Entscheidung des Vorsitzenden ist unanfechtbar, ihr kann rückwirkende Kraft beigelegt werden.“

Wenn einige Worte der Kritik angeführt werden sollen, so ist zunächst zu bemerken, daß über den Umfang des Einsatzes dieser Kommissionen kein genaues Bild zu erhalten ist, weil die s. Z. veröffentlichten Zahlen aus bekannten Gründen nicht ohne weiteres als objektiv richtig angesehen werden können. Fest steht, daß auf einzelnen Schachtanlagen die Gedingekommissionen häufige Gäste des Betriebes waren, während andere ganz oder nahezu vollständig auf ihre Mitwirkung bei der Gedingesetzung verzichten konnten. Da der Bergbau in der Gedingesetzung auch heute noch weitgehend auf Schätzungen angewiesen ist, mußte bei einem Streit um die zur Berechnung des 200%-Zuschlages notwendige Regelleistung der Achtstundenschicht selbst ein wirklicher Sachverständiger vor einer unlösbaren Aufgabe stehen. Es hat sich infolgedessen in der Folge gezeigt, daß auch der Einsatz von außerbetrieblichen Gedingekommissionen bei der damaligen Sachlage nicht zu einer Befriedung führen konnte.

314.4 „Gedingearten“, Gedingeabschluß, Nebenarbeiten. So wurde denn am 11. Oktober 1940 vom Sondertreuhänder für den Bergbau eine weitere Anordnung erlassen, die am 1. November 1940 in Kraft trat. Sie bestimmte folgendes:

„Es werden folgende Gedingearten festgesetzt:

a) Wagen-Gedinge, — b) Meter-Gedinge bzw. Zentimeter-, Quadratmeter-, Kubikmeter-Gedinge, Gedinge für bergmännische Spezialwerte (Stempel, Baue, Kappen usw.), — c) Zeit-Gedinge, — d) Gemischtgedinge.

Unter Gemischtgedinge ist nur eine Kombination der unter a) bis b) angeführten Gedingearten zu verstehen.

Das Gedinge ist abzuschließen

beim Kameradschaftsgedinge mit der Kameradschaft, d. h. dem Ortsältesten unter entsprechender Zulassung von Hauern nach den jeweiligen Bestimmungen der Betriebsordnung,

beim Gruppengedinge mit jeweils einem von der Gruppe benannten Gefolgschaftsmitglied,

beim Eimanngedinge, d. h. bei jedem Gedinge, wo sich die Bezahlung überwiegend nach der Leistung des einzelnen richtet, mit dem einzelnen Bergmann.

Das Gedinge gilt für unbestimmte Zeit abgeschlossen, mindestens aber für 1 Monat. Abschlüsse von Gedingen auf einen längeren Zeitabschnitt als 1 Monat (Generalgedinge) sind anzustreben.

Der Gedingeabschluß hat vor Ort unter Mitwirkung des verantwortlichen Abteilungssteigers zu erfolgen.

Bei jeder der genannten Gedingearten sind die geforderten Leistungseinheiten bezogen auf Wagen, Zentimeter, Meter, Quadratmeter, Kubikmeter oder bergmännische Spezialwerte (Stempel, Baue, Kappen usw.) im Gedingeschein in Geld auszudrücken, damit der Bergmann weiß, wie die Leistungseinheit bei Überschreiten der für $8\frac{3}{4}$ Stunden vereinbarten Leistung unter Berücksichtigung der 200%igen Zuschläge bewertet werden muß. Gleichfalls sind Sonderprämien, die vereinbart sind, mit 200% Zuschlag zu bezahlen, soweit die Leistung über die für $8\frac{3}{4}$ Stunden vereinbarte Leistung hinausgeht.

Nach Abschluß jeder Nebenarbeit, die nicht durch das Hauptgedinge geregelt ist, muß dem betreffenden Arbeitskameraden eine Bescheinigung über die Dauer oder den Umfang der Arbeit ausgehändigt werden. Die aufgewendete Zeit darf nicht im Hauptgedinge bzw. bei der Berechnung der Istleistung verrechnet werden.

Aus dem Gedingeschein muß folgendes ersichtlich sein:

a) der für die Leistungseinheit zu bezahlende Geldbetrag — Unter Leistungseinheit ist zu verstehen: Wagen, Zentimeter, Meter, Quadratmeter, Kubikmeter oder bergmännische Spezialwerte (Stempel, Baue, Kappen usw.) —, b) die für 8 Stunden vereinbarte Leistung, c) die für $8\frac{3}{4}$ Stunden vereinbarte Leistung, bei deren Überschreiten die 200%ige Mehrbezahlung zu erfolgen hat.

In Betrieben, in denen Gruppenlohn (Regellohn) die Gedingegrundlage bildet, finden die Ziffern b und c keine Anwendung.

Alle anderen Arten der Gedingefestsetzung sind verboten.“

Hierzu gab der Sondertreuhänder in einem Anschreiben u. a. folgendes bekannt:

„Die Gründe, die zum Erlaß der Anordnung geführt haben, sind Ihnen bekannt. Vor allem sind mir wiederholt Klagen vorgetragen worden, daß Gedingeabschlüsse erfolgt sind, bei denen die Mehrleistungen nur in einem im Verhältnis zur Bezahlung der Normalleistung zu geringen Maße vergütet werden. Insbesondere wurde hierbei über das sog. Grundlohn- und das Risikogedinge geklagt, da diese Entlohnungsart tatsächlich nicht dem Leistungsgedanken entspricht und eine Benachteiligung des Bergmanns bei der Entlohnung seiner Mehrleistung, insbesondere auch hinsichtlich des 200%igen Leistungszuschlages, mit sich bringt.“

Diesen Eingriff in die Gestaltung des Gedingewesens nahm der Bergbau nicht widerspruchslos hin, da insbesondere die vorgeschriebene Art des Abschlusses beim Einmann- und Gruppengedinge zu Belastungen der Betriebsbeamten zwangsläufig führen mußte. Ein Grundlohn- oder Risikogedinge war nach der Anordnung überhaupt nicht mehr zulässig. Man war sich auch nicht darüber klar, welche Bedeutung der Absatz hatte:

„In Betrieben, in denen Gruppenlohn (Regellohn) die Grundlage bildet, finden die Ziffern b und c keine Anwendung."

Zudem war unter den als zulässig festgesetzten Gedingearten das auf Tonnen abzuschließende Gedinge im Wortlaut der Anordnung nicht enthalten.

Die Erörterung der angeschnittenen Fragen erbrachte zunächst, daß die Angabe der für acht Stunden vereinbarten Leistung auf dem Gedingeschein nicht mehr verlangt wurde (Sondertreuhänder für den Bergbau am 18. Dezember 1940). Des weiteren konnten vorerst die Gedingeabschlüsse beim Einmann- und Gruppengedinge in der bisherigen Weise erfolgen, sofern die Arbeitsplätze in einem gewissen Turnus innerhalb des Monats gewechselt wurden. In diesem Fall konnte von dem Abschluß des Gedinges mit dem einzelnen Bergmann bzw. der einzelnen Gruppe Abstand genommen werden. Mit dem Gruppenlohn (Regellohn) hatte es folgende Bewandtnis: Eine Reihe von Schachtanlagen, insbesondere im Aachener Bezirk, war dazu übergegangen, die 200%-Zuschlag-Grenze nicht mehr leistungs-, sondern lohnseitig festzusetzen, weil bei neu anlaufenden Betrieben und bei gestörten Verhältnissen der Bestimmung der 200%-Verordnung nicht mehr wörtlich Folge geleistet werden konnte.

314.5 Gedingeprüfer. Der Reichstreuhänder der Arbeit hatte zur Prüfung der Durchführung der gesetzlichen Anordnungen Gedingeprüfer ernannt. Für deren Tätigkeit gab der Sondertreuhänder für den Bergbau Anfang November 1940 folgende Richtlinien:

1. Die Gedingeprüfungen seien von Amts wegen vorzunehmen, also auch ohne besondere Anzeige. Es sei jedoch bei der Überprüfung in jedem Fall, wo eine Streitigkeit oder Unkorrektheit aufgedeckt würde, festzustellen, ob eine Bereinigung der Angelegenheit innerhalb der Zeche versucht worden sei.

2. Das Ergebnis der Überprüfung sei möglichst unter Hinzuziehung der Betriebsführung sofort an Ort und Stelle niederzulegen und dann von den Beteiligten zu unterzeichnen. Diese Bestimmung erfolgte auf Wunsch des Bergbaus, da so irgendwelche nachträglichen Meinungsverschiedenheiten über die tatsächlichen Feststellungen von vornherein ausgeschlossen würden.

3. Der Gedingeprüfer solle nur Gedinge beanstanden, die auf Grund der neuen Gedingeordnung unzulässig seien, jedoch nicht die, die ihm vielleicht unangebracht erschienen, aber grundsätzlich zugelassen seien. Auch diese Anweisung erfolgte auf Wunsch des Bergbaus, der darauf hinwies, daß die Bergrevierbeamten bei ihren Feststellungen ebenfalls nur das Verbotene beanstanden dürften.

Von den Gedingeprüfern wurden die Betriebe nicht nur an Hand der vorliegenden Unterlagen, wie Gedinge- und Abnahmescheine, Schichtenzettel usw., überprüft, sondern die Prüfer befuhren teilweise auch die Betriebe, um die Stellungnahme der Belegschaft zur Art der auf der betreffenden Schachtanlage üblichen Behandlung der Gedingefragen kennenzulernen.

314.6 Der Streit um das Einmanngedinge. Unter dem 11. Dezember 1940 wurde vom Sondertreuhänder für den Bergbau eine neue Anordnung erlassen, die die Verordnung vom 11. Oktober 1940 wie folgt ergänzte:

„Auf Schachtanlagen, wo bisher das Kameradschafts- oder Gruppengedinge bestand, darf aus Anlaß dieser Anordnung das Einmanngedinge nicht eingeführt werden. Auf Schachtanlagen, wo neben dem Kameradschafts- und Gruppengedinge auch das Einmanngedinge bestand, darf eine Ausweitung des Einmanngedinges nicht erfolgen."

Diese Anordnung trat am 1. Januar 1941 in Kraft. Damit hatte man sich von dem zunächst vertretenen Prinzip („Leistungsprinzip") endgültig abgewandt und schob nunmehr das Prinzip der sogenannten Kameradschaft in den Vordergrund. Gedingearten, die den einzelnen Arbeiter nach seiner Einzelleistung entlohnten, sollten mit der Zeit aussterben.

4*

Im Mai 1942 wurde vom Sondertreuhänder eine Ausnahme von der Anordnung vom 11. Dezember 1940 genehmigt dergestalt, daß an Betriebspunkten mit gemischter Belegung von deutschen und ausländischen Arbeitskräften das Einmanngedinge neu eingeführt bzw. dort, wo es bestand, in verstärktem Umfang angewandt werden dürfe.

314.7 Das „Generalgedinge". Im Herbst 1941 bemerkte der Sondertreuhänder für den Bergbau, nach den Feststellungen des Gedingeprüfers würden Gedinge sehr häufig nur kurzfristig, und zwar jeweils auf einen Monat abgeschlossen und ohne jede Änderung immer wieder erneut um einen Monat verlängert. Er sei der Ansicht, ein solcher kurzfristiger Gedingeabschluß wirke leistungshemmend, da die Arbeiter stets in einem „gekündigten Gedingezustand" arbeiteten. Der kurzfristige Gedingeabschluß führe stets zu neuen Reibereien und unnötigen Streitigkeiten, die vermieden werden könnten, wenn die Gedinge für einen unbestimmten Zeitraum vereinbart würden. Auch würde dadurch das Vertrauen zu einer gerechten Gedingesetzung gehoben und der mit dem Gedingeabschluß beauftragte Beamte erheblich entlastet.

314.8 Abschaffung des 200%-Zuschlages. Durch Verordnung vom 25. September 1942, die am 1. Oktober 1942 in Kraft trat, wurde der 200%-Zuschlag abgeschafft. Bei Beibehaltung der $8\frac{3}{4}$-Stunden-Schicht wurde die Lohnordnung vom 1. April 1939 dahingehend geändert, daß ein Mindestlohn von RM 7,52 bestimmt und als Richtlohn für die Gedingesetzung bei betriebsüblicher (Normal-)Leistung RM 9,40 angesetzt wurden.

Es heißt weiter:

„II. Arbeiten, die im Gedinge vergeben werden können, sollen im Gedinge vergeben werden.

Die Gedinge sind als richtig gesetzt anzusehen, wenn im Vierteljahresdurchschnitt mindestens bei 70 v.H. der auf der Schachtanlage verfahrenen Hauerschichten der Leistungslohn nach Ziffer I Abs. 2 (RM 9,40) erreicht wird. Ziffer III wird dadurch nicht berührt.

Übersteigt der Durchschnittslohn sämtlicher Hauer der Schachtanlage den in Ziffer I Abs. 2 (RM 9,40) festgesetzten Lohn um mehr als 15 v.H., kann in eine Überprüfung der Gedinge eingetreten werden, und zwar bei den Betriebspunkten, in denen Leistung und Lohn nicht mehr in einem angemessenen Verhältnis zueinander stehen. Im Einzelbetriebspunkt kann unabhängig hiervon in eine Überprüfung des Gedinges eingetreten werden, wenn der in diesem Betriebspunkt erreichte Hauerlohn den in Ziffer I Abs. 2 (RM 9,40) angegebenen Lohnsatz um mehr als 25 v.H. übersteigt.

III. Eine Herabsetzung oder Änderung des Gedinges kann nur erfolgen,

a) wenn bei der Gedingefestsetzung offensichtliche Irrtümer, wie Rechenfehler usw., vorgekommen sind,

b) wenn wesentliche Veränderungen der Flöz-, Gesteins- oder Betriebsverhältnisse eingetreten sind,

c) wenn ein Gedinge für einen anlaufenden Betriebspunkt gesetzt war,

d) auf Grund der Überprüfung des Gedinges gemäß Ziffer II Abs. 2.

Die Aufhebung des Gedinges kann erfolgen:

zu a) sofort bei der Feststellung, und zwar mit Wirkung vom Beginn der Laufzeit des Gedinges, jedoch nicht rückwirkend über den 1. des laufenden Monats,

zu b) auf Verlangen der Zeche am Monatsschluß, auf Verlangen der Kameradschaft sofort,

zu d) am Monatsschluß des der betreffenden Lohnperiode folgenden Monats, nach vorheriger Kündigung bis spätestens zum 13. d. M.

Eine Änderung von Generalgedingen ist auch bei wesentlicher Veränderung in den Flöz-, Gesteins- und sonstigen Betriebsverhältnissen nur in besonderen Fällen nach Maßgabe der Bestimmungen über die Schaffung von Gedingekommissionen möglich.

IV. Die Bezirksgruppe Steinkohlenbergbau Ruhr verpflichtet sich, daß vom Zeitpunkt des Inkrafttretens dieser neuen Regelung ab *unter Findung eines gerechten Lohnes* die in den letzten 12 Monaten vor Inkrafttreten dieser Verordnung im Gesamtdurchschnitt aller Zechen des Ruhrbergbaues unter Einschluß des 200%-Zuschlages erreichte Lohnhöhe (Hauerleistungslohn je Schicht) mindestens beibehalten wird. Die über das Normale hinausgehende echte Mehrleistung muß hierbei auch in Zukunft eine ihr entsprechende Wertung finden. Dies kann durch Gewährung eines Mehrleistungszuschlages jeglicher Art geschehen, gegebenenfalls auch durch Erhöhung der Gedingegrundlage.

Die Bezirksgruppe Steinkohlenbergbau Ruhr hat allmonatlich den Reichstreuhänder der Arbeit über die im Gesamtdurchschnitt aller Zechen des Ruhrbergbaues erreichten Leistungslöhne der Hauer je Schicht zu unterrichten."

314.9 Wegfall des Mindestlohnes. Die letzte Änderung vor der Besetzung erfolgte am 2. September 1944 durch eine Anordnung, die ab 1. Oktober 1944 in Kraft trat. In ihr ist von Bedeutung, daß der Mindestlohn in Wegfall kam.

315 Die Verhältnisse nach der Besetzung.

Nach der Besetzung trat zunächst keine wesentliche Änderung ein. Die von den Präsidenten der Landesarbeitsämter Westfalen-Lippe und Nordrheinprovinz unter dem 5. September 1945 erlassene Tarifordnung, mit der die Arbeitszeit auf die Achtstundenschicht zurückgeführt wurde, besagt in Abs. IV Ziffer 2 lediglich, daß neue Gedinge auf der Grundlage der Achtstundenschicht nach der bisherigen Übung abzuschließen seien.

Am 1. Februar 1946 gab der Präsident des Landesarbeitsamtes Westfalen-Lippe bekannt, daß die Militärregierung entschieden habe, daß die Anordnung vom 2. September 1944 über den Wegfall des Mindestlohnes weiter in Kraft sei.

In der Verlautbarung heißt es weiter:

„Mit dieser Entscheidung ist jedoch das Problem der Entlohnung des Bergmannes bei Nichterreichen des Leistungssolls nicht aus der Welt geschafft. Es ist vor allem notwendig, daß die Zechen frühzeitig dafür sorgen, daß eine solche Minderleistung nicht eintritt. Liegt es an der Leistung des Bergmanns, so muß der Bergmann, gegebenenfalls unter Einschaltung des Betriebsrates, auf seine Minderleistung hingewiesen werden. Liegt es an der zu hohen Festsetzung des Leistungssolls, so muß das Gedinge geändert werden. Ich bin der Meinung, daß durch derartige frühzeitige vorsorgliche Maßnahmen die Fälle, in denen das Leistungssoll nicht erreicht wird, auf ein Mindestmaß beschränkt werden."

Die weitere Entwicklung auf dem Gebiete des Gedingewesens ist durch vertragliche Vereinbarungen zwischen den Vertretern der Zechenleitungen und der Industrie-Gewerkschaft Bergbau erfolgt und wird daher im nachfolgenden Abschnitt mit behandelt, der sich mit der Geschichte der vertraglichen Bestimmungen befaßt, die das Gedingewesen betreffen.

32 Vertragliche Bindungen.

321 Tarifverträge.

Während die Festsetzung des Arbeitsentgeltes früher wohl allgemein der Regelung durch Einzelarbeitsvertrag anheim gestellt war, traten mit dem immer mehr wachsenden Zusammenschluß der Bergarbeiter zu Vereinigungen, Gewerkschaften und dergleichen diese immer mehr als Vertragspartner in die Erscheinung, denen auf der Arbeitgeberseite entsprechend die Verbände der Zechenbesitzer gegenüberstanden. Nachdem nach der Staatsumwälzung von 1918 der Tarifvertrag vor dem Einzelvertrag rechtlich in den Vordergrund getreten war, ist dieser von da ab der bestimmende Faktor des Lohn- und Gedingewesens gewesen.

In dem Tarifvertragsentwurf für das rheinisch-westfälische Kohlenrevier von 1919 befassen sich die Ausführungen des § 6 mit dem Lohnwesen. In Ziffer 1 ist vorgesehen, daß sowohl in den Unter- als auch in den Übertagebetrieben Mindestlöhne gezahlt werden sollen.

Nach Ziffer 3 unterliegt die Festsetzung der Gedingesätze der freien Vereinbarung. Sie sollen jedoch so bemessen werden, „daß der Durchschnittsarbeiter bei normaler Leistung den Tarifsatz seiner Berufsklasse um mindestens 20% überschreitet".

Die Gedinge mußten demzufolge damals auf einen Gedingerichtlohn abgestellt werden, der 120% des höchsten Schichtlohnes betrug. Oder anders ausgedrückt: Der Unterschied zwischen dem höchsten Schichtlohn als Mindestlohn und dem Gedingerichtlohn ($=$ tarifl. Hauerdurchschnittslohn) belief sich, wenn der Tarifhauerdurchschnittslohn $= 100\%$ gesetzt wird, auf $16\frac{2}{3}\%$.

In Ziffer 3 wird sodann eine Regelung vorgesehen für den Fall, daß sich bezüglich der Bestimmung der Gedingeleistung Streitigkeiten ergeben sollten. In diesem Fall soll die Gedingeleistung „durch die Betriebsleitung und den Betriebsrat an der Arbeitsstätte festgestellt" werden.

In Ziffer 4 war folgendes gesagt:

„Müssen Arbeiter vorübergehend andere Arbeit verrichten, für welche ein niedrigerer Tariflohn festgesetzt ist, so erhalten sie auch für diese Arbeit den Tariflohn ihrer bisherigen Berufsklasse. Gedingearbeiter erhalten in solchen Fällen ihren bisher erzielten Gedingelohn.

Umgekehrt erhalten Arbeiter, welche vorübergehend eine andere Arbeit verrichten müssen, für welche ein höherer Tariflohn maßgebend ist, für diese vorübergehende Arbeitsleistung den hierfür festgesetzten höheren Tariflohn."

Schließlich ist auch noch Ziffer 5 von Interesse:

„Jeder Arbeiter, welcher 20 Jahre alt ist und 2 Jahre unterirdisch als Schlepper tätig war, erhält auch dann, wenn eine Beschäftigung als Lehrhauer noch nicht erfolgt ist, den Mindestschichtlohn der Hauerklasse."

Schon aus diesen kurzen Ausführungen erhellt, daß die Tarifverträge bzw. später die Tarif-ordnungen teilweise Bestimmungen enthalten, die an sich schon durch Gesetz festgelegt sind. Dasselbe gilt, um es hier schon vorwegzunehmen, für die Arbeits- bzw. Betriebsordnungen, wobei zu letzteren noch zu bemerken ist, daß sie neben gesetzlich schon festliegenden Bestimmungen auch noch tarifliche Vereinbarungen enthalten. Es ergibt sich daher das merkwürdige Bild, daß vertragliche Vereinbarungen, die für einen Bezirk gelten sollen, allgemeingültige Gesetzes-bestimmungen nochmals aufführen, und weiter, daß Arbeits- bzw. Betriebsordnungen einen Teil ihres Inhaltes sowohl dem allgemeingültigen Gesetz als auch für einen Bezirk geltenden Ordnungen bzw. Verträgen entnehmen. Ihren Grund wird diese an sich unverständliche Maß-nahme darin haben, daß man dem Arbeiter sowohl im Tarifvertrag als auch in der Arbeits- bzw. Betriebsordnung ein gerundetes Gesamtbild zu geben bemüht ist. Bei einer Analysierung der Bestimmungen findet man daher dauernd Parallelen, auf die hinzuweisen jedoch im Rahmen der vorliegenden Untersuchung bewußt verzichtet wurde, um die Übersichtlichkeit nicht un-nötig zu erschweren.

Bis zum Jahre 1927 sind die Ausführungen der Tarifverträge über das Lohnwesen einem ge-wissen Wechsel unterworfen gewesen, von da ab hat sich bis nach der Staatsumwälzung von 1933 im bergmännischen Lohnwesen nichts mehr geändert, so daß die Tarifverträge vom 20. Juni 1929, 6. Mai 1931 und 30. Mai 1932 keiner besonderen Beleuchtung bedürfen.

Der Tarifvertrag vom 16./27. Mai 1924 trifft in § 5 Ziffer 2 die Bestimmung, daß Gedinge-arbeiter als Mindestlohn „den tariflichen Schichtlohn des höchstbezahlten Reparaturhauers ein-schließlich der Untertagezulage abzüglich eines Betrages von 5%" erhalten sollen. In dem Vertrag vom 18. März 1927 ist sowohl die Berücksichtigung der Zulage als auch der Abzug von 5% fallen gelassen worden, so daß von da ab der Mindestlohn dem Schichtlohn des höchstbezahlten Reparaturhauers gleichzusetzen war.

Die weitere Bestimmung der Ziffer 2

„Die Gedinge sind so zu vereinbaren, daß bei normaler Arbeitsleistung wenigstens 15% über diesen tarif-lichen Schichtlohn hinaus verdient werden können und der Durchschnitt aller Gedingearbeiter der Schacht-anlage mindestens diesen Satz erreicht. Eine Änderung der vereinbarten Gedinge ist, abgesehen von Änderungen des obengenannten Tarifschichtlohnes, nur gemäß § 12 der Arbeitsordnung zulässig."

ist seit dem Vertrag vom 16./27. Mai 1924 in den nachfolgenden Verträgen wörtlich weiter auf-geführt.

Das gleiche gilt für die protokollarischen Erklärungen zu Ziffer 2 und die Ausführungen zu den Ziffern 4 und 11.

Protokollarische Erklärungen

Zu 2. „Die Bestimmungen über den Mindestlohn sollen auch dann Anwendung finden, wenn eine Verein-barung über das Gedinge nicht zustande kommt; sie sind dagegen nicht anzuwenden im Falle offenbar absicht-licher Zurückhaltung der Arbeitsleistung (passiver Resistenz)."

Zu 4. „Sofern in größeren Kameradschaften, z. B. beim Abteufen von Schächten, in Aufbrüchen, vor Quer-schlägen und Richtstrecken, Arbeiter nicht lediglich mit Schlepperarbeiten beschäftigt werden, gelten sie gemäß den Bestimmungen der Lohnordnung unter A Ziffer 1 als Schlepper im Gedinge einer Kameradschaft und sind dementsprechend zu entlohnen."

Zu 11. „Müssen Arbeiter aus betrieblichen Gründen vorübergehend andere Arbeit verrichten, für welche ein niedrigerer Lohn festgesetzt ist, so erhalten sie ihren bisherigen Lohn für die Dauer von längstens 18 Arbeits-tagen, jedoch nicht über den Ablauf der nächstmöglichen Kündigungsfrist hinaus. Das gleiche gilt auch für Gedingearbeiter, die vorübergehend mit Schichtlohnarbeiten beschäftigt werden. Arbeiter, die vorübergehend eine tarifmäßig höher bezahlte Arbeit verrichten, erhalten hierfür den festgesetzten höheren Tariflohn."

Der Tarifvertrag vom 30. Mai 1932 hat nach der Staatsumwälzung von 1933 bis zur Besetzung als Tarifordnung weiter gegolten, wobei Änderungen durch Gesetze, Anordnungen, Verfügungen usw. vorgenommen wurden. Diese sind bereits behandelt (Abschn. 314).

Die am 5. September 1945 herausgegebene, ab 20. September 1945 gültige neue Tarifordnung besagt in Artikel 4 Ziffer 2 lediglich, daß neue Gedinge auf der Grundlage der Achtstundenschicht „nach der bisherigen Übung" abzuschließen seien.

Mit dem Jahre 1946 gerieten die Dinge um das bergmännische Gedingewesen wieder in Fluß.

In der Vereinbarung der Tarifparteien vom 17. Mai 1946 wurde die Wiedereinführung des Mindestlohnes für Gedingearbeiter festgelegt. Die Vereinbarung hatte folgenden Wortlaut:

§ 1. Gedingearbeiter erhalten als Mindestlohn den tariflichen Schichtlohn des höchstbezahlten Reparaturhauers. Für die Bergumschüler gilt im ersten Jahr ihrer Beschäftigung im Gedinge der Mindestlohn nicht.

§ 2. Diese Bestimmungen über den Mindestlohn sollen auch dann Anwendung finden, wenn eine Vereinbarung über das Gedinge nicht zustande kommt, sie sind dagegen nicht anzuwenden, wenn das Minderleistungsergebnis nachweislich auf einem Verschulden der Gedingearbeiter beruht.

§ 3. Diese Vereinbarung gilt mit Wirkung ab 1. Juni 1946.

Die Arbeitseinsatzabteilung des britischen Hauptquartiers, Bad Oeynhausen, erließ hierzu folgende Anordnung:

„Der Mindestlohn wird nicht gezahlt in Fällen von vorsätzlicher Zurückhaltung der Leistung oder, wenn der Arbeitsrückgang nachweislich auf Nachlässigkeit des Gedingearbeiters zurückzuführen ist."

Etwa in die gleiche Zeit fällt die Anstellung eines Lohnprüfers beim Landesarbeitsamt, dessen Hauptaufgabe es war, die Gedinge und die sich daraus ergebenden Löhne zu kontrollieren.

Mit dem 1. November 1946 trat eine neue Lohnordnung in Kraft, die u. a. besagte:

„Der Leistungslohn der Vollhauer im Gedinge soll im Durchschnitt auf jeder einzelnen Schachtanlage bei normaler Arbeitsleistung mindestens RM 10,08/Schicht betragen."

Damit betrug nach der bisherigen Übung auch der Gedingerichtlohn RM 10,08.

Die Entwicklung erbrachte sodann im Jahre 1948 wieder wesentliche Neuerungen:

Am 27. April 1948 wurde vom Tarifausschuß für den Ruhrbergbau „festgestellt, daß alle Gedingearbeiter — also auch Knappen bzw. Lehrhauer und Schlepper im Gedinge — als Mindestlohn den tariflichen Schichtlohn des höchstbezahlten Reparaturhauers erhalten".

Am 21. Juni 1948 trafen die Vertreter der Zechenleitungen und des Industrieverbandes Bergbau eine Vereinbarung über die Einführung von Gedingeprüfern und die Errichtung einer Gedingekommission im Ruhrbergbau, die am 1. Juli 1948 in Kraft trat. §§ 1—3 befassen sich mit den Gedingeprüfern und §§ 4—6 mit der Gedingekommission, während §§ 7—9 allgemeine Bestimmungen enthalten.

§ 1 umreißt die Aufgaben der Gedingeprüfer wie folgt:

„a) die Beratung beim Abschluß von Gedingen, — b) die Überprüfung abgeschlossener Gedinge, — c) die Schlichtung von Gedingestreitigkeiten."

§ 2 regelt die Bestallung der Gedingeprüfer und benennt die an sie zu stellenden Anforderungen. Sie sollen mindestens 35 Jahre alt sein und bei mindestens 10jähriger praktischer Tätigkeit im untertägigen Kohlenbergbau über besondere Erfahrungen auf dem Gebiete des Gedingewesens verfügen.

§ 3 behandelt die Tätigkeit der Gedingeprüfer. Den Gedingeprüfer können anrufen die zum Abschluß eines Gedinges berechtigten Parteien, d. h. also die Kameradschaft und die Zechenleitung, und der Betriebsrat. Der angerufene Gedingeprüfer soll möglichst umgehend die Gedingeverhältnisse an Ort und Stelle überprüfen und den Parteien Vorschläge zur Beilegung des Meinungsstreites unterbreiten. Über die Verhandlung hat der Gedingeprüfer eine Niederschrift anzufertigen, die er den Parteien zur Kenntnis und Unterschrift vorlegen muß.

§ 4 bestimmt den Sitz und die Zusammensetzung der Gedingekommission. Diese soll bestehen aus je zwei Vertretern der Zechenleitungen und des Industrieverbandes Bergbau sowie je zwei Stellvertretern.

In § 5 wird als Aufgabe der Gedingekommission genannt, Gedingestreitigkeiten, deren Beilegung dem Gedingeprüfer nicht gelang, auf Anruf der Parteien oder des Betriebsrates zu schlichten.

Nach § 6 soll sich die Gedingekommission selbst eine Geschäftsordnung geben, die allerdings der Zustimmung der Vereinbarungspartner bedarf.

Von den allgemeinen Bestimmungen der §§ 7—9 interessiert hier vor allem, daß vor Abschluß der in der Vereinbarung festgelegten Verfahren die Anrufung der Arbeitsgerichte unterbleiben soll.

Am 31. Juli 1948 gab sich die Gedingekommission eine acht Punkte umfassende Geschäftsordnung.

Ziffer 1 und 2 erläutern Zusammensetzung und Aufgaben der Gedingekommission gemäß den §§ 4 und 5 der Vereinbarung vom 21. Juni 1948.

Nach Ziffer 3 wählt die Gedingekommission zwei Vorsitzende, die sich monatlich in der Geschäftsführung abwechseln. Während der eine Vorsitzende „Arbeitgeber" sein soll, soll der andere dem Kreise der „Arbeitnehmer" entstammen.

Ziffer 4 und 5 regeln das Anrufungs- und Einberufungsverfahren.

Gemäß Ziffer 6 wird den Gedingeparteien der Verhandlungstermin schriftlich bekanntgegeben.

Ziffer 7 und 8 beziehen sich auf das Verhandlungsverfahren und besagen u. a. folgendes:

Die Gedingekommission kann nur mit einfacher Stimmenmehrheit beschließen. Sie kann Zeugen und Sachverständige laden. Nach Prüfung und Schlichtung des Streitfalles an Ort und Stelle wird das Ergebnis der Verhandlung schriftlich festgelegt, von den Mitgliedern der Kommission unterschrieben und den Parteien bekanntgegeben.

Die Währungsunsicherheit hatte nach dem zweiten Weltkriege in Verbindung mit der schlechten Ernährungslage dazu geführt, daß dem leistungsabhängigen Gedingelohn kein Leistungsanreiz mehr innewohnte und daß die Leistungsforderungen geringer bemessen wurden. Nach der Währungsreform änderten sich die Verhältnisse fast schlagartig, so daß sich bereits unter dem 10. Juli 1948 der Tarifausschuß zu einer „Stellungnahme des Tarifausschusses zur Gedingeregelung" veranlaßt sah. Diese hat u. a. schon deswegen besondere Bedeutung, weil sich in ihr die Tarifpartner des Bergbaus erstmalig zum Normalleistungsbegriff äußerten. Die Verlautbarung hat folgenden Wortlaut:

„Es erscheint ausgeschlossen, eine für alle Verhältnisse geltende Anweisung darüber zu geben, was als normale Leistung anzusehen ist. Es sind deshalb beim Gedingeabschluß für jeden Arbeitspunkt unter Beachtung der besonderen Verhältnisse gerade dieses Betriebspunktes Ermittlungen darüber anzustellen, was als normale Leistung anzusehen und welches Gedinge im Hinblick auf das zu erwartende Arbeitsergebnis zu vereinbaren ist.

Um aber zu einer möglichst einheitlichen Meinungsbildung zu kommen und Mißverständnissen vorzubeugen, bringt der Tarifausschuß seine einmütige Auffassung wie folgt zum Ausdruck:

1. Unter normaler Leistung ist jene Leistung zu verstehen, die unter Berücksichtigung der geologischen und betrieblichen Verhältnisse, der Sicherheitsvorschriften, der durch die Zeitverhältnisse bedingten natürlichen Erschwernisse sowie der im Bergbau üblichen Arbeitsweise billigerweise erwartet werden kann.

2. Wird zum Zwecke der Ermittlung der normalen Leistung auf die Zeit einer normalen Förderung zurückgegriffen, so ist unter Beachtung der zur Besserung oder Verschlechterung eingetretenen Verhältnisse sowie der in Rechnung zu stellenden zeitlichen Erschwernisse ein zu erwartendes Arbeitsergebnis zu ermitteln, das in einem bestimmten Verhältnis zu dem als Grundlage genommenen Zeitraum liegt.

3. Für den Gedingeabschluß gilt das hierfür vorgesehene Verfahren. Hiernach bietet die Betriebsleitung ein Gedinge an, das geeignet ist, eine Gedingevereinbarung herbeizuführen. Kommt — auch unter Mitwirkung der Betriebsvertretung — eine Einigung nicht zustande, kann bei der DKBL der vom Tarifausschuß eingesetzte Gedingeinspektor angefordert werden. Gelingt die Vermittlung des Gedingeinspektors nicht, besteht die weitere Möglichkeit, die Gedingekommission zur Schlichtung anzurufen."

Ab 1. Mai 1949 wurde bei gleichbleibender Höhe des tariflichen Hauerdurchschnittslohnes (11,59 DM/Sch) der Hauermindestlohn von 9,26 auf 9,60 DM je Schicht erhöht, wodurch der Abstand zwischen tariflichem Durchschnittslohn und Mindestlohn wieder auf 17% zurückging (Durchschnittslohn = 100% gesetzt).

Am 1. Januar 1950 sind die Löhne um 9% erhöht worden, so daß von da ab ein tariflicher Hauerdurchschnittslohn von 12,64 DM/Sch und ein Mindestlohn von 10,48 DM/Sch Gültigkeit besaßen.

Die ab 1. November 1950 wirksam gewordene Lohnvereinbarung erhöhte den tariflichen Hauerdurchschnittslohn auf 13,90 DM/Sch und den Mindestlohn auf 11,52 DM/Sch.

Eine weitere Lohnerhöhung um 12% folgte mit Wirkung vom 1. Mai 1951. Diese setzte den tariflichen Hauerdurchschnittslohn auf 15,57 DM/Sch und den Hauermindestlohn auf 12,96 DM/Sch fest.

Anschließend möge eine Zahlentafel (Tafel 3) über die Entwicklung der Hauerlöhne im Ruhrbezirk (Gedingerichtlohn = tariflicher Hauerdurchschnittslohn und Mindestlohn) unter Angabe der Schichtzeiten Platz finden. Die darin enthaltenen Ziffern liegen den Kurven der Abb. 24 zugrunde.

Tafel 3. *Übersicht über die Entwicklung der Tariflöhne (Gedingerichtlohn, Hauerdurchschnitts- und Mindestlohn) und der Schichtzeit.*

Gültig ab	Schichtzeit	Hauerdurchschnitts- (bzw. Gedingericht-) lohn	Hauermindestlohn	Bemerkungen
	Std.	Mark	Mark	
1. 11. 1925	8	8,05	7,00	
1. 9. 1926	8	8,40	7,30	
1. 5. 1927	8	8,91	7,75	
1. 5. 1928	8	9,60	8,35	
1. 5. 1929	8	9,80	8,52	
1. 1. 1931	8	9,21	8,01	
1. 10. 1931	8	8,57	7,45	
1. 1. 1932	8	7,71	6,71	
1. 4. 1939	8¾	8,64	7,52	200% Zuschl.
4. 9. 1939	Mindestlohn herabgesetzt durch Fortfall von Zuschlägen		7,34	
8. 9. 1940	Mindestlohn wieder erhöht durch Weitergewährung von Zuschlägen		7,52	
1. 10. 1942	8¾	70% der Hauer müssen im Durchschnitt RM 9,40 erreichen	7,52	
1. 10. 1944	Wegfall des Mindestlohnes		—	
20. 9. 1945	8	8,40	—	
1. 6. 1946	Wiedereinführung des Mindestlohnes		6,71	
1. 11. 1946	8	10,08	8,05	
1. 6. 1948	8	11,59	9,26	
1. 5. 1949	8	11,59	9,60	
1. 1. 1950	8	12,64	10,48	
1. 11. 1950	8	13,90	11,52	
1. 5. 1951	8	15,57	12,96	

322 Arbeits- bzw. Betriebsordnung.

Die Arbeits- bzw. Betriebsordnung gibt vielleicht das beste Gesamtspiegelbild der Entwicklung des Gedingewesens, da in ihr, wie schon oben erwähnt, weitgehend gesetzliche Bestimmungen und vertragliche Vereinbarungen nicht nur ihren Niederschlag gefunden haben, sondern teilweise fast wörtlich übernommen sind. Zum Vergleich herangezogen werden die Arbeitsordnung einer Zeche vom 11. Juni 1921 und deren Betriebsordnungen vom 1. April 1935 und 1. Januar 1937 sowie die ab 1. November 1950 im Bereich des Aachener, Niedersächsischen und Rheinisch-Westfälischen Steinkohlenreviers als Arbeitsordnung geltende Tarifvereinbarung. Zur Vereinfachung sind in den nachstehenden Darlegungen jeweils nur die Jahreszahlen angegeben.

1935 wurde neu aufgenommen und 1937 wörtlich beibehalten die Erklärung, daß „für die Entlohnung die Leistung maßgebend" ist, „und zwar die Leistung des einzelnen Arbeitskameraden oder der Kameradschaft". Hiernach könnte man der Meinung sein, daß es sich um eine freie Alternativbestimmung handelte. Daß diese späterhin durch staatliche Anordnung zugunsten der Kameradschaftsentlohnung eingeschränkt wurde, wurde bereits (Abschn. 314.6) näher ausgeführt. 1950 formuliert: „Lohnanspruch besteht, soweit in folgenden Bestimmungen nichts anderes gesagt wird, nur für geleistete Arbeit."

Geblieben ist: Der Lohn wird nach Monatsschluß auf Grund der verfahrenen Schichten nach Schichtlohn oder Gedinge berechnet.

Die allgemeine Bestimmung von 1921,

„dem Arbeiter gegenüber wird die Zeche durch den Betriebsführer oder seinen Stellvertreter vertreten, welcher im Rahmen der gesetzlichen und tariflichen Bestimmungen ... die Löhne und Gedinge festzusetzen ... hat", wurde 1935 durch folgende ersetzt:

„Die Schichtlöhne werden durch den Führer des Betriebes oder dessen Beauftragten nach den tariflichen Bestimmungen festgesetzt, den Arbeitskameraden binnen 6 Arbeitstagen nach Übertragung der Arbeit mitgeteilt und in dem Schichtenzettel beurkundet."

1937 ist dies wörtlich übernommen worden. 1950 heißt es dagegen kurz:

„Die Schichtlöhne werden durch die Werksleitung oder deren Beauftragte nach den tariflichen Bestimmungen festgesetzt."

Bezüglich des Gedingeabschlusses haben die Bestimmungen ungleich stärker gewechselt. Die Arbeitsordnung von 1921 enthielt noch die Bestimmung, daß bei Fehlen einer tariflichen Bestimmung über die Höhe des Mindestlohnes dieser im gegebenen Fall auf $^4/_5$ des Durchschnittslohnes der Gedingearbeiter der betreffenden Schachtanlage im Vormonat zu beziffern sei. Diese Bestimmung ist ab 1935 fallen gelassen worden.

1937 wird betont herausgestellt, daß der Gedingeabschluß „im Wege freier Vereinbarung" erfolge sowie „unter Hinzuziehung des zuständigen Abteilungssteigers". Des weiteren wird 1937 festgelegt, daß für die Hinzuziehung weiterer Hauer zur Gedingefestsetzung bei Belegung in mehreren Schichten jedes Drittel zu berücksichtigen sei. Es heißt 1937 auch, daß nicht mehr die „Personen", sondern die „Hauer", die hinzugezogen werden sollen, durch die Kameradschaft zu benennen sind. Weiter wird 1937 gesagt:

„Bei der Auswahl der Ortsältesten ist Sorge zu tragen, daß nur vertrauenswürdige Hauer ernannt werden, die im Gedingewesen besonders erfahren sind; Ortsälteste, die nicht unter das Gedinge fallen, sollen nicht zum Gedingeabschluß hinzugezogen werden."

Seit 1921 bis 1937 ist beibehalten, daß die Gedinge zwischen dem Betriebsführer oder dem durch Anschlag bekanntgegebenen beauftragten Betriebsbeamten und dem Ortsältesten, bei Belegung in mehreren Schichten mit dem Ortsältesten der Morgenschicht, zu vereinbaren sei. Bei Gesamtbelegung mit mehr als fünf Mann muß ein weiterer, bei Belegung mit mehr als zehn Mann ein zweiter und bei Belegung mit mehr als zwanzig Mann ein dritter Hauer zugelassen werden.

1950 werden diese Bestimmungen teils wiederholt, teils ergänzt, teils zahlenmäßig genauer fixiert. Sie lauten:

„Der Abschluß der Gedinge erfolgt grundsätzlich vor Ort in freier Vereinbarung unter Hinzuziehung des Abteilungssteigers zwischen dem Betriebsführer oder dessen Beauftragten sowie dem Ortsältesten und mindestens einem Beauftragten der Gedingebelegschaft für die betroffene Gedingebelegschaft.
Ortsälteste, die nicht unter das Gedinge fallen, sind nicht zum Gedingeabschluß berechtigt. In diesen Fällen tritt an die Stelle des Ortsältesten ein von der Belegschaft beauftragter Hauer.
Ist die Arbeit mit mehr als 5 Mann belegt, so werden neben dem Beauftragten ein weiterer Hauer, bei einer Belegung mit mehr als 10 Mann ein zweiter Hauer, bei einer Belegung mit mehr als 20 Mann ein dritter Hauer beteiligt, die von der Gedingebelegschaft benannt werden. Bei Belegung der Arbeit in mehreren Schichten ist möglichst jede Schicht zu berücksichtigen.
Die Ortsältesten und Beauftragten sollen geeignete, im Gedingewesen erfahrene Hauer sein."

Das Gedinge wird schriftlich abgeschlossen, wobei die Kameradschaft eine Abschrift erhält. 1950 spricht nicht von einer „Abschrift", sondern von einer „Durchschrift", die „der Ortsälteste bzw. beauftragte Hauer für die gesamte Belegschaft eines Betriebspunktes" erhält. 1937 wurde angefügt und 1950 beibehalten, daß die Berechnungsart allgemeinverständlich und durch den Hauer nachprüfbar sein müsse. Als letzter Termin für die Gedingesetzung ist seit 1921 unverändert der 6. Arbeitstag des Monats bzw. der 6. Arbeitstag nach Übertragung der Arbeit genannt.

1950 trifft erstmalig Bestimmungen über den Inhalt des Gedingevertrages. Er muß enthalten:

1. Die Bezeichnung des Betriebspunktes; — 2. die Gedingeform; — 3. die Gedingeart; — 4. den Gedingesatz; — 5. die Geltungsdauer; — 6. das Abschlußdatum; — 7. die Unterschriften der Vertragabschließenden.

Über die Verfahren, die anzuwenden sind, wenn eine Einigung über das Gedinge bis zum gesetzten Termin nicht erreicht ist, gehen die Bestimmungen auseinander. 1921 sieht für diesen Fall die Zahlung des Mindestlohnes bei normaler Leistung vor, 1935 bei ausreichender Arbeitsleistung. 1935 spricht außerdem nicht von einer Einigung über das Gedinge, sondern von einer Einigung über die Bemessung des Entgelts, während 1937 wieder einen neuen Ausdruck, nämlich Bemessung des Gedingelohnes, bringt. 1950 gibt dagegen folgende Vorschrift:

„Kommt eine Vereinbarung nicht zustande, so hat jeder Arbeiter Anspruch auf den tariflichen Hauermindestlohn. Dies gilt nicht, wenn das Minderleistungsergebnis nachweislich auf einem Verschulden der Gedingearbeiter beruht und die Betroffenen zuvor darauf aufmerksam gemacht worden sind. Darüber hinaus kann die Zeche den auf das angebotene Gedinge verdienten Lohn zahlen.

Im Falle der Fortsetzung der Arbeit vor demselben Arbeitsort sind die Arbeiter gemäß § 80 c des Allgemeinen Berggesetzes berechtigt, die Feststellung ihres Lohnes nach Maßgabe des in der vorausgegangenen Lohnperiode für dieselbe Arbeitsstelle gültig gewesenen Gedinges zu verlangen, falls das Gedinge nicht bis zu dem festgesetzten Zeitpunkt abgeschlossen ist."

1935 schreibt vor, daß bei Meinungsverschiedenheiten über die Arbeitsleistung der Führer des Betriebes nach Anhörung des Vertrauensrates entscheidet. 1937 sieht ein ganz anderes Verfahren vor. Ist eine Einigung über die Gedingesätze nicht erreicht, auch durch Hinzuziehung von Mitgliedern des Vertrauensrates eine Beseitigung der Meinungsverschiedenheiten nicht zu erzielen gewesen, so hat der Führer des Betriebes bzw. sein Stellvertreter unter Würdigung der jeweiligen Abbauverhältnisse das Gedinge selbst festzusetzen. Die damit mögliche Diktatur im Gedingewesen mußte zwangsläufig zu Unstimmigkeiten führen, die dann in weiterer Konsequenz die Diktatur durch staatlich eingesetzte außerbetriebliche Gedingekommissionen nach sich zog. Warum man 1937 im ersten Absatz des § 19 ausdrücklich einfügte, daß die Gedinge im Wege freier Vereinbarung abzuschließen seien und im letzten Satz der gleichen Ziffer das diktatorische Verfahren angibt, ist unerfindlich, wenn man nicht annehmen will, daß mit der Einleitung nur ein gewisser Grundsatz aufgestellt ist.

1950 verweist „für den Fall, daß eine Einigung über das Gedinge im Betriebe nicht zustande kommt", auf die „Vereinbarung über die Einführung von Gedingeprüfern und die Errichtung einer Gedingekommission im Ruhrbergbau" vom 21. Juni 1948 bzw. die entsprechende Aachener Tarifvereinbarung vom 19. Juli 1948 (Abschn. 315).

Seit 1921 gilt für das Gedinge, daß es für unbestimmte Zeit, mindestens aber für einen Monat abzuschließen ist. Eine bei gleichen Arbeitsverhältnissen beabsichtigte Änderung muß dem Arbeiter bis zum 13. d. M. mitgeteilt werden (Kündigung). 1935 erklärt man Abschlüsse von Gedingen auf einen längeren Zeitabschnitt als einen Monat (Generalgedinge) für zulässig, hält dies auch 1937 wörtlich bei, um später durch Anordnung auf den Abschluß solcher Gedinge zu drängen. Hier möge nochmals erwähnt werden, daß durch diese Nomenklatur eine gewisse Unsicherheit in die Begriffe des Gedingewesens hineingebracht worden ist. Man sollte grundsätzlich zwischen kurzfristigen und langfristigen sowie zwischen kündbaren und unkündbaren Gedingen unterscheiden und als Generalgedinge nur langfristige unkündbare bezeichnen.

1950 bringt endlich die Klarstellung des Begriffes „Generalgedinge", als welche Gedinge angesehen werden, „bei denen eine Kündigung ausdrücklich ausgeschlossen ist". Sie müssen im Gedingeschein ausdrücklich als „Generalgedinge" bezeichnet werden.

1935 spricht erstmalig davon, daß die Gedinge im allgemeinen nicht gleich gekürzt werden sollen, wenn der Hauerdurchschnittslohn überschritten wird. Hier wird erstmalig offen zugegeben, daß der von der Arbeiterseite erkämpfte Hauerdurchschnittslohn, der vielfach vom Arbeiter und seinen Vertretern sogar als Mindestlohn im weiteren Sinne angesprochen wurde, von der Arbeitgeberseite her als Höchstlohn einer Schachtanlage betrachtet worden war, bei dessen Überschreitung folgerichtig eine Kürzung der Gedingesätze ins Auge gefaßt wurde.

1937 geht noch weiter und fügt ein, daß die Kürzung nicht sofort infolge vorübergehender Besserung der Abbauverhältnisse und dadurch gegebener Überschreitung des Hauerdurchschnittslohnes vorgenommen werden soll. Hier wird das Bestreben sichtbar, die Leistung des Arbeiters als nicht mehr steigerbar anzusprechen und jede Leistungsverbesserung auf günstigere Betriebsverhältnisse zurückzuführen. 1950 trifft eine andersartige Bestimmung:

„Bei gleichbleibenden Verhältnissen ist eine Kündigung unwirksam, wenn sie ausschließlich erfolgt, um eine Mehrleistung zu erreichen und den Verdienst zu kürzen, es sei denn, daß Lohn und Leistung nachweisbar in einem offensichtlichen Mißverhältnis zu einander stehen."

Seit 1935 ist bestimmt, daß ein Arbeiter, der aus der Gedingekameradschaft für die Verrichtung anderweitiger Arbeiten herausgenommen wird, in dieser Kameradschaft nicht verrechnet werden darf. Hierdurch versuchte man, der hier und da geübten Praxis, durch Anlastung von Schichten einen hohen Lohn herabzudrücken, vorzubeugen.

Die Bestimmungen über Änderung des Gedinges bei wesentlicher Änderung in den Gesteins-, Flöz- oder Betriebsverhältnissen sind seit 1921 bis auf kleine redaktionelle Änderungen unverändert geblieben. Die Zeche kann in diesem Falle zum Schluß des Monats, die Kameradschaft sofort eine Änderung bzw. Aufhebung des Gedinges verlangen. Die Bestimmung, daß die neue Vereinbarung binnen 3 Tagen zustande gekommen sein muß, andernfalls die bereits erwähnten Regeln über die Zahlung des Mindestlohnes in Funktion treten, enthält 1950 nicht mehr. Offenbar gelten nunmehr auch in diesem Falle die für den Abschluß von Gedingen allgemein getroffenen Bestimmungen. 1950 bringt dagegen eine neue Bestimmung über Abänderungen von „General"- also an sich unkündbaren Gedingen, die dahingehend lautet, daß die Belegschaft sofort, die Werksleitung zum Ende des Monats Änderung oder Aufhebung des Generalgedinges verlangen kann, wenn derart wesentliche Änderungen in den Verhältnissen eingetreten sind, „daß die Voraussetzungen des Vertragsabschlusses hinfällig geworden sind". Geblieben sind seit 1921 die Bestimmungen, daß das Gedinge mit Beendigung oder Einstellung der Arbeit, bei grundlegender Abänderung in der Ausführung der Arbeit oder einem Gesamtwechsel der Kameradschaft erlischt. In letzterem Falle ist die neue Kameradschaft berechtigt, die Festsetzung des Lohnes nach Maßgabe des in der vorausgegangenen Lohnperiode für dieselbe Arbeitsstelle gültig gewesenen Gedinges zu verlangen, wenn innerhalb der festgesetzten Fristen eine Einigung nicht zustande kommt.

In 1937 sind folgende Bestimmungen neu aufgenommen:

a) Die Bestimmungen über den Mindestlohn finden in den Fällen keine Anwendung, in denen Arbeitskameraden nach voraufgegangener Verwarnung nachweisbar und absichtlich mit ihrer Arbeitsleistung zurückhalten. 1950 spricht von Minderleistungsergebnis, das „nachweislich auf einem Verschulden der Gedingearbeiter beruht", und davon, daß „die Betroffenen zuvor darauf aufmerksam" zu machen sind.

b) Die Zahl der Personen der Kameradschaft darf während der Geltung des Gedingevertrages nur dann erhöht oder herabgesetzt werden, wenn die betrieblichen Verhältnisse es erfordern. Dasselbe gilt für den Austausch ganzer Kameradschaften oder wesentlicher Teile der Kameradschaft. In Streitfällen entscheidet der Führer des Betriebes nach Beratung im Vertrauensrat. Diese Bestimmung hielt 1950 mit Ausnahme des letzten Satzes bei.

c) Kommt bei sogenannten Einzelgedingen (Gedingeverträge mit einem einzelnen Arbeitskameraden, der an einem stark belegten Betriebspunkt arbeitet) drei Monate nach Einführung eine Einigung über das Gedinge nicht zustande, weil der Ortsälteste bzw. die Kameradschaft das Einzelgedinge ablehnt, so hat die Zeche ein Kameradschafts- bzw. ein Gruppengedinge anzubieten. In 1950 findet sich diese Bestimmung nicht mehr.

Die Bestimmung aus 1921 über die Abnahme, die am Monatsschluß durch den Betriebsführer oder dessen Beauftragten erfolgen soll, hat 1935 den Zusatz erfahren, daß das Ergebnis „der Kameradschaft so schnell wie möglich" schriftlich mitzuteilen sei, während 1921 keine Terminierung vorgesehen war. 1937 wurde noch hinzugesetzt, daß die Abnahme im Beisein des Vertreters der Ortsbelegschaft, sofern das betrieblich durchführbar ist, sowie auch nach Möglichkeit des zuständigen Steigers erfolgen soll, und weiter, daß bei Einzelgedingen das Ergebnis dem einzelnen Hauer so schnell wie möglich schriftlich mitzuteilen sei. 1950 traf hierzu insofern eine weitere Ergänzung, als hinter „Ortsältester" eingefügt wurde „bzw. des beauftragten Hauers", dagegen wurde die strenge Muß-Vorschrift der schriftlichen Mitteilung des Abnahmeergebnisses bei Gedingen in eine Vorschrift „auf Wunsch" abgeändert.

Anders dagegen bei Nebenarbeiten. Schon 1921 war festgelegt, daß die Abnahme von Nebenarbeiten sogleich nach ihrer Ausführung erfolgen solle. Diese Bestimmung wurde beibehalten. 1935 wurde zugefügt: „Nach Abschluß jeder Nebenarbeit, die nicht durch das Hauptgedinge geregelt ist, kann der betreffende Arbeitskamerad eine Bescheinigung hierüber verlangen", und weiter 1937: „Die Bescheinigung hat Angaben über die Dauer der Arbeit und über die Höhe des Verdienstes für die außerhalb des Gedinges verfahrenen Schichten zu enthalten." 1950 sind die Vorschriften erweitert und verschärft und haben folgenden Wortlaut:

„Die Abnahme von Nebenarbeiten, die nicht unter das Hauptgedinge fallen, sowie von Arbeiten, die im Laufe des Monats abgeschlossen werden, erfolgt sofort nach ihrer Fertigstellung. Hierüber ist unverzüglich, spätestens nach Beendigung der Arbeit, eine Bescheinigung mit Angaben über die Dauer der Arbeit und über die Höhe des Verdienstes für die außerhalb des Gedinges verfahrenen Schichten auszustellen.“

Die Bestimmung, daß als Einheit bei der Lohnerrechnung aus der Menge der geförderten Kohlen der Inhalt der vorhandenen Förderwagen bei vorschriftsmäßiger Beladung gilt, ist seit 1921 mit geringfügigen redaktionellen Änderungen in Geltung geblieben, bis man sich 1950 zu der einfacheren Fassung entschloß:

„Der Rauminhalt der Förderwagen ist den Betriebsangehörigen bekanntzugeben. Veränderungen müssen ebenfalls bekanntgemacht und bei der Gedingevereinbarung berücksichtigt werden.“

Eine wesentliche Umgestaltung hat die Vorschrift über regel- oder vorschriftswidrig oder unvollständig ausgeführte Arbeiten erfahren. 1921 enthielt sie noch das Wort „unverzüglich“ für die Beseitigung der genannten Mängel. Dieses ist später weggefallen, 1950 aber wiederaufgenommen worden. 1921 hieß es dann weiter, daß bei Nichtbeseitigung der Mängel dies „auf Kosten der Säumigen“ durch andere Arbeiter geschehen könne. Seit 1935 steht statt dessen „auf Kosten der betreffenden Kameradschaft“. 1950 spricht von einer Verrechnung „zu Lasten des Gedinges“. 1935 und 1937 ist zugefügt, daß in Zweifelsfällen der Vertrauensrat gutachtlich gehört werden soll.

Die ab 1. November 1950 als Arbeitsordnung in Kraft getretene Tarifvereinbarung setzte außer Kraft:

1. „Anordnung über die Lohnberechnung“ vom 19. November 1938;

2. „Anordnung über die Festsetzung von Gedingearten für die Betriebe des Steinkohlenbergbaus im Deutschen Reich“ vom 11. Oktober 1940;

3. „Anordnung zur Ergänzung der Anordnung über die Festsetzung von Gedingearten für die Betriebe des Steinkohlenbergbaus im Deutschen Reich vom 11. Oktober 1940“ vom 11. Dezember 1940.

Damit wurde aber nicht der Inhalt dieser Anordnungen fallen gelassen, im Gegenteil, wesentliche Punkte der Anordnungen finden sich in der neuen Arbeitsordnung wieder:

So gelten als Gedingeformen weiterhin:

a) Kameradschaftsgedinge; — b) Gruppengedinge; — c) Einmanngedinge.

Die Möglichkeit, auch andere Gedingeformen anzuwenden, wird offengelassen, doch „unterliegen“ sie „der vorherigen Genehmigung durch den Tarifausschuß“.

Ebenso nimmt die neue Arbeitsordnung zur Frage der Gedingearten Stellung. Sie spricht allerdings nicht von „Festsetzung“ wie die Anordnung vom 11. Oktober 1940, sondern von „Zulassung“, was aber im Endeffekt auf das gleiche hinauslaufen dürfte. Die Liste der Gedingearten wird dagegen nicht geändert, sie lautet 1950:

a) Wagengedinge; — b) Metergedinge bzw. Zentimeter-, Quadratmeter-, Kubikmetergedinge, Gedinge für bergmännische Spezialwerte (Stempel, Baue, Kappen usw.); — c) Gemischtgedinge; — d) Zeitgedinge.

In der Begriffserklärung zu c) weichen die beiden Fassungen allerdings wieder voneinander ab:

1940: „hierunter ist *nur eine Kombination* der unter a) und b) angeführten Gedingearten zu verstehen“.

1950: „hierunter ist *eine Verbindung* der unter a) und b) angeführten Gedingearten zu verstehen“.

Aus 1950 sind noch folgende wichtigen, teilweise neu auftretenden Bestimmungen von besonderem Interesse und erheblicher Bedeutung:

„Die Berechnung des Gedinges muß allgemeinverständlich und durch den Hauer nachprüfbar sein.“ Damit scheiden mathematische Formeln und Fluchtlinientafeln für die Anwendung bei der Gedingeberechnung aus. Die Vorschrift ergibt sich im übrigen zwangsläufig aus dem Prinzip der Verhandlungsgleichgewichtigkeit der Vertragspartner. Die Berechnung des Gedinges kann nur nach Methoden erfolgen, die *beiden* Vertragschließenden geläufig sind.

„Das Gedinge wird so vereinbart, daß der Vollhauer bei normaler Arbeitsleistung den tariflichen Hauerdurchschnittslohn verdienen kann.“ Damit ist klar gesagt, daß der Leistung bei einem Leistungsgrad von 100% in der Gedingeberechnung der tarifliche Hauerdurchschnittslohn als Gedingerichtlohn gegenüberzustellen ist.

„Zusätzliche Arbeiten werden auf Grund schriftlicher Vereinbarung besonders vergütet." Damit wird für alle nicht im Gedingevertrag bereits festgelegten Arbeiten die Vertragsergänzung unter schriftlicher Fixierung des Nachtrages obligatorisch.

Außer den „zusätzlichen Arbeiten" werden 1950 auch die „Arbeitsunterbrechungen" behandelt und für die Gedingearbeiter wie folgt geregelt:

„Arbeitsunterbrechungen sind durch andere im Rahmen des Gedinges zu leistende oder durch sonstige Arbeiten auszugleichen. Soweit Betriebsstörungen nicht auf diese Weise ausgeglichen werden können, ist im Wege der Vereinbarung unverzüglich eine besondere Vergütung außerhalb des Gedinges festzusetzen, wenn die Betriebsstörungen über den Umfang hinausgehen, der im Wesen und der Art des Gedinges begründet ist, und wenn sie sich infolgedessen in einer Gedingeverdienstminderung auswirken. Über die Vereinbarung ist eine schriftliche Bescheinigung zu erteilen.

Muß wegen einer Betriebsstörung die Schicht vorzeitig beendet werden, so entsteht ein Anspruch auf den vollen durchschnittlichen Gedingeschichtverdienst des Vormonats bzw. den Schichtlohn, wenn die Zeit vom Beginn der Seilfahrt bei der Einfahrt bis zum Wiederbeginn bei der Ausfahrt länger als $^{1}/_{2}$ Schicht beträgt. Ist diese Zeit kürzer, so ermäßigt sich der Anspruch auf 50% dieser Beträge."

Am 19. Dezember 1950 hat man mit Rückwirkung ab 1. November 1950 (d. i. ab Inkrafttreten der neuen Arbeitsordnung) festgelegt, daß nicht der durchschnittliche Gedingeschichtverdienst des *Vormonats*, sondern *des Monats* (d. h. des laufenden Monates) maßgeblich sein soll.

„Für anlaufende Betriebspunkte können Anlaufgedinge abgeschlossen werden. Sie enden mit Ablauf der zu vereinbarenden Anlaufzeit." Offenbar hat man sich gescheut, eine Höchstdauer für die Anlaufzeit festzulegen. Der Betriebsbeamte wird aber von sich aus bemüht sein müssen, diese so kurz wie eben möglich zu halten, um baldmöglichst klare und feste Gedingeverhältnisse zu schaffen.

39 Schlußbemerkungen.

Aus vorstehender Gegenüberstellung wird klar ersichtlich, daß die Entwicklung auf dem beschrittenen Wege weiter fortgeschritten ist, und zwar geradlinig. Immer wieder ist versucht worden, Schwierigkeiten, die sich in der Praxis ergaben, durch Bestimmungen vorbeugend auszuräumen. Und doch muß man abschließend sagen, daß das Problem des Gedinges trotz aller gesetzlicher Bestimmungen und sonstiger Bemühungen längst noch nicht gelöst ist. Es bleibt Aufgabe einer vertrauensvollen Zusammenarbeit zwischen Zechenleitungen und Arbeiterverbänden, die noch ausstehenden Fragen und die im Zuge der Entwicklung neu auftauchenden Probleme einer allseitig befriedigenden Lösung entgegenzuführen.

4 Die Gedingelohn-Einflußgrößen
und die betrieblichen Grundlagen der Gedingestellung.

41 Die Gedingelohn-Einflußgrößen.

410 Vorbemerkungen.

Keine der dem untertägigen Betriebsbeamten gestellten Aufgaben setzt ihrer Lösung so große Schwierigkeiten entgegen, aber auch keine ist von so tiefreichendem Einfluß auf die Leistung der Belegschaft wie die Gedingeregelung. Die Hauptforderung, die an die Gedingeentlohnung zu stellen ist, ist die der Lohngerechtigkeit — eine Forderung übrigens, die man gemeinhin aus dem Naturrecht ableitet. Der Lohn soll die persönliche Leistung des den Lohn Empfangenden recht bewerten[1]. Wenn man diese These im Kreise von bergmännischen Betriebsbeamten äußert, dann wird man in den weitaus meisten Fällen als Entgegnung hören können: „Es war von jeher

---

[1] Arbeiter und Arbeitgeber „fassen den Arbeitsvertrag als ein Verhältnis von Leistung und Gegenleistung auf, ähnlich wie Käufer und Verkäufer sich einander nichts schenken, sondern nach Gleichwert Ware und Preis gegeneinander austauschen wollen. Daraus folgt, daß der gerechte Lohn, jedenfalls insoweit es sich um das Verhältnis von Arbeitgeber und Arbeitnehmer handelt, nach den Normen der Verkehrsgerechtigkeit zu bemessen ist ... entspricht es nur der Gerechtigkeit, wenn ein Facharbeiter, der höherwertige Arbeit leistet, auch höher entlohnt wird." J. LOTZ u. J. DE VRIES: Die Welt des Menschen, S. 441. Regensburg 1940.

unser Bestreben, gerechte Löhne zu zahlen!" Ohne die Berechtigung dieser *subjektiven* Meinung irgendwie antasten zu wollen, kommt es doch letztlich darauf an, inwieweit das Streben *objektiv* von Erfolg begleitet war. Und in dieser Sicht dürfte man bei Würdigung der wirklichen Sachlage, ohne sich einer Übertreibung schuldig zu machen, zu der Auffassung kommen, daß der Bergbau zwar immer Gedinge in großem Ausmaße angewandt hat, daß es aber mehr als zweifelhaft ist, ob die Gedinge immer recht gestellt wurden und werden[1]. Man kann sich sogar des Eindrucks nicht erwehren, als ob das Gedingewesen vielerorts als ein noli me tangere angesehen würde und daß von der Aufrollung dieses Betriebsproblems eine gewisse, nicht näher zu beschreibende Furcht zurückhalte; die Furcht des Kranken vielleicht, sein Leiden mit den unbarmherzigen, nichts beschönigenden Augen der Objektivität betrachten zu müssen; vielleicht aber auch die Furcht, aus der Diagnose die Folgerungen ziehen und unter Aufgabe eingefleischter Gewohnheiten den mühe- und dornenvollen Weg einer Neuordnung beschreiten zu müssen.

Es mag gerne zugegeben werden, daß das Gedingeproblem einen Fragenkomplex umschließt, der in der Vielfalt seiner inneren und äußeren Verknüpfungen der streng analytischen Aufgliederung in vielfacher Hinsicht trotzt und sich nur der diskursiven Betrachtung als Gesamtheit erschließt. Nur dem, der das Problem forschenden Auges immerwährend umkreist, wird sich aus den verschiedensten Beleuchtungsaspekten langsam zwar, aber stetig das Bild von Sais entschleiern. Und doch werden unsere Erkenntnisse, weil das Phänomen Mensch in der Problemstellung des Gedinges die Hauptrolle spielt, in mancher Hinsicht der letzten Tiefe entraten müssen und infolgedessen nur vorletzte sein können[2]. Wenn daher der Versuch gemacht wird, die Gedinge-Einflußgrößen in groben Umrissen aufzuzeigen, so möge zu Beginn dieses Wagnisses ausdrücklich auf die Begrenztheit hingewiesen werden, die einem Vorhaben anhaftet, das den Menschen in seinem Arbeitsleben zu werten sich zur Aufgabe gestellt hat.

411 Begriffserläuterungen.

Vor Inangriffnahme der Untersuchung erscheint es angezeigt, einige Grundbegriffe zu klären und ihren Inhalt zu umreißen zu versuchen. Der Gedingelohn wird beeinflußt einmal durch den „Gedingesatz" und zum zweiten durch den „Leistungsgrad" des Arbeiters. Diese Begriffe wären demnach als erste zu erörtern.

411.1 Gedingesatz. Wie jede Bestellung oder jeder Liefervertrag im kaufmännischen Leben den Gegenwert, d. h. den Geldbetrag für die Liefereinheit anzugeben pflegt, so muß in jedem Gedingevertrag der für die zu erbringende Leistungseinheit vereinbarungsgemäß zu zahlende

---

[1] „Die Gedinge werden seit alter Zeit zumeist nur auf Grund von Werten, die auf Erfahrungen und Schätzungen ... beruhen, durch gegenseitiges Aushandeln zwischen den beiden Gedingeparteien abgeschlossen. Eine ins einzelne gehende Kalkulation ... findet äußerst selten statt. Der für die bergmännische Akkordfestsetzung so wichtige lohnpolitische Vorgang baut sich auf verhältnismäßig rohen Schätzungen auf ..." [*231*]. — „Zur Untermauerung des Gedingevertrauens ist noch die Behebung des Mißtrauens zur sog. Gedingeschere notwendig" [*231*, S. 14]. — „Umgekehrt wird auch von seiten der Gedingearbeiter vielfach versucht, sich durch einen günstigen Gedingeabschluß einen Lohn zu sichern, der in keinem Verhältnis zu der billigerweise zu erwartenden normalen Arbeitsleistung steht" [*221*].

[2] „Körperliche und geistige Arbeit und Leistung, Leistungsgradermittlung, Leistungsbewertung und die wissenschaftlichen Grenzen der Beurteilung sind z. T. noch ungelöste Aufgaben" [*24 i*, S. 22]. — „Aus all dem Gesagten ist zu ersehen, daß der menschliche Einfluß für die Gedingesetzung eine durchaus nicht zu unterschätzende Rolle spielt" [*231*]. — „Die menschliche Leistung als Ausdruck der produktiv eingesetzten menschlichen Kräfte kann mit physikalischen oder wirtschaftlichen Bewertungsmaßstäben nicht ausreichend erfaßt werden. Erforderlich sind vielmehr Maßstäbe, die der Lehre von der menschlichen Natur, also der Physiologie und Psychologie, entnommen sind. „Zeit" als Maßwert ist notwendiges, aber nicht ausreichendes Bestimmungsstück für menschliche Leistung, weil im Zeitmaß wohl die Dauer, aber nicht der Inhalt menschlicher Tätigkeit ausdrückbar ist. Physiologische Umsatzmessung ist begrenzt auf körperliche Arbeitsleistung, die isoliert praktisch nicht vorkommt. Statistische Unterlagen — z.B. bisherige Durchschnittsverdienste, Leistungsstreuungen — können als Vergleichswerte nützlich sein, erlauben aber allein noch keine Leistungsbewertung. Durchschnittswerte der Sachleistung (Produktionsmittelwerte) sind technisch mitbedingt und von Zufallseinflüssen (z. B. der Belegschaftszusammensetzung) abhängig, daher als Vergleichswerte für die menschliche Leistung meist nicht geeignet. Ein exaktes Absolutmaß für menschliche Leistung gibt es bisher nicht; sie ist bestimmbar nur in Relation zu Normwerten, die wissenschaftlich vertretbar, praktisch begründet und übereinkunftsmäßig anerkannt sind. Dementsprechend ist menschliche Leistung auch nicht durch Messung zu bestimmen, sondern nur durch schätzenden Vergleich zwischen der Norm und dem vorliegenden Arbeitsfall" [*41*].

Lohnbetrag aufgeführt werden. Diese Ziffer ist der Kerngehalt des Vertrages, der ja die Herstellung einer zahlenmäßigen Beziehung zwischen Leistung und Lohn zum Ziele hat. Der Gedingesatz errechnet sich als Quotient aus einer auf einen bestimmten Zeitraum bezogenen Arbeitsmenge und einer für den gleichen Zeitraum angesetzten Lohnsumme. Der zeitraumgleiche Bezug der Ausgangsgrößen ist erforderlich, um eine zeitunabhängige Verhältniszahl zu erhalten.

Der Gedingesatz wird berechnet aus der Gedingeleistung und dem Gedingerichtlohn. Zu diesen Begriffen ist bereits in den Abschn. 211.2 bzw. 11 und 211.1 Wesentliches gesagt. Auch möge in diesem Zusammenhang auf den die „Normalleistung" behandelnden Abschn. 12 rückverwiesen werden. Somit dürfte an dieser Stelle eine zusammenfassende Betrachtung genügen.

Die Tarifbestimmungen des Bergbaus stellen seit langem und auch heute noch die Forderung, daß das Gedinge so zu vereinbaren sei, „daß der Vollhauer bei normaler Arbeitsleistung den tariflichen Hauerdurchschnittslohn verdienen kann" (§ 33 Abs. 1 der ab 1. November 1950 als Arbeitsordnung gültigen Tarifvereinbarung). Bei vernunftgemäßer Auslegung muß man aus dieser Bestimmung die Folgerung ziehen, daß als Gedingeleistung die durchschnittliche Leistung und als Gedingerichtlohn der tarifliche Soll-Hauerdurchschnittslohn anzusetzen sind. Möglich wäre natürlich auch bei Tieferlegen des Niveaus der Gedingeleistung, eine entsprechende Abwertung auf der Lohnseite, d. h. beim Gedingerichtlohn, vorzunehmen, wobei sich an der Bestimmung, daß der Hauerdurchschnittslohn eine gewisse Höhe haben soll, nichts zu ändern brauchte. Dabei wäre Gelegenheit gegeben, die im Hinblick auf heutige arbeitswissenschaftliche Festlegungen des Begriffes „Normalleistung" inhaltlich sich widersprechende[1] Verbindung von „normaler Arbeitsleistung" und „Hauerdurchschnittslohn" zu lösen und aufzugeben. Man könnte z. B. daran denken, die Normalleistung im arbeitswissenschaftlichen Sinne dem heutigen Hauermindestlohn korrelat zu setzen. Oder allgemein gesagt: Nehmen wir an, eine Lohnordnung schreibe vor, daß im Durchschnitt der Gedingearbeiterschichten ein Lohn verdient werden muß, der einen festen Lohnsatz um x% überschreitet. Dann wird erklärlich, daß man die dem genannten festen Lohnsatz zugeordnete Leistung als „normal" ansetzen kann, dabei aber im Auge behalten muß, daß eine Leistung als „normal" festgelegt wird, die um den Betrag

$$y = \frac{x}{\text{fester Lohnsatz} \cdot \dfrac{100 + x}{100}} \cdot \text{Durchschnittsleistung } [\%]$$

kleiner als die Durchschnittsleistung ist.

Unabhängig davon, welche Leistung wir als „normal" ansprechen, bleibt aber der Normalbergmann eine Fiktion, selbst dann, wenn die ihm koordinierte, d. h. die Normalleistung, durch Anwendung unantastbarer Verfahren aus unanzweifelbaren tatsächlichen Betriebsziffern mit höchster Genauigkeit und Sicherheit theoretisch genau entwickelt werden könnte. Das Wort, das BRAMESFELD [42, S. 40] bezüglich der Auswertung von Arbeitsstudien prägte, gilt auch hier: „Die Auswertung ist als Rechenoperation unschwierig; maßgeblich ist die kritische Sichtung und Ausdeutung der Ergebnisse, wobei die vergleichende Erfahrung eine entscheidende Rolle spielt." Bei der praktischen Bestimmung der Normalleistung im Betriebe tritt uns eben nicht der gedanklich entwickelte Normalhauer, sondern der Bergmann aus Fleisch und Blut mit seinen persönlichen Eigenarten entgegen.

411.2 Leistungsgrad. Die Verbindung zwischen dem hypothetischen Normalbergmann und der individuellen Persönlichkeit des Einzelbergmanns stellt, wenn man sich dem Vorgehen der übrigen Industrie anschließt, der sogenannte „Leistungsgrad" her. Er ist eine unbenannte Ziffer, die meist in Hundertteilen angegeben wird. Grundsätzlich und allgemein gesehen gibt ein Leistungsgrad an, bis zu welchem Grade eine vorgesehene oder üblicherweise zu erwartende oder auch eine theoretische Leistung von einer tatsächlichen Leistung erreicht oder übertroffen wird. Der Begriff des Leistungsgrades ist demnach von Hause aus mit dem der Normalleistung nicht

---

[1] „Es gibt im sozialen Bereich wenig Schlagworte, die häufig gebraucht, noch häufiger mißverstanden und mit so verschiedenartigem Sinngehalt ausgestattet werden, wie das Wort Leistung ... Da der Leistungsbegriff in den verschiedensten Tönungen schillert, ist es so schwer, ihn im konkreten Fall eindeutig festzulegen" [252, S. 2].

gekoppelt. Man kann heute den Begriff im Betriebe anwenden, wenn auch aus den Bestimmungen der Tarifordnung eine Diskrepanz zwischen der heutigen „Gedingeleistung" und der „Normalleistung im arbeitswissenschaftlichen Sinne" besteht. In diesem Fall würde beispielsweise ein Leistungsgrad von 110% besagen, daß die veranschlagte Gedingeleistung durch die erreichte Leistung um 10% überboten würde. Faßt man aber den Begriff „Leistungsgrad" im engeren Sinne, so stellt er den Quotienten aus der Normalleistung und der Leistung des in Betracht gezogenen Arbeiters dar. Die mathematische Formel würde demnach lauten:

$$\frac{L_x}{L_{\text{Norm}}} = \eta_{Lx} \gtrless 100\%$$

worin bedeuten:

  L_x die Leistung des Arbeiters x,
  L_{Norm} die Normalleistung,
  η_{Lx} den Leistungsgrad des Arbeiters x.

Die funktionalen Zusammenhänge benutzt man nun nach Refa zur Feststellung der Normalleistung aus der im Betriebe angefallenen Leistung des Arbeiters und dessen bei der Arbeit von einem Beobachter durch Schätzung[1] bestimmten Leistungsgrad.

$$L_{\text{Norm}} = \frac{L_x}{\eta_{Lx}}$$

„Unter Leistungsgrad-Schätzen wird das freie, aus Anschauung gewonnene und durch Erfahrung gesicherte Urteil eines Zeitstudienmannes über die Leistung eines beobachteten Arbeitenden bei einem bestimmten Arbeitsvorgang und während der Beobachtungsdauer verstanden",

so E. KUPKE [*134*, S. 43] und ferner:

„Der bei Arbeitszeitaufnahmen im Betriebe einzusetzende „Leistungsgrad" des (beobachteten) Menschen ermöglicht die Ermittlung von „Normalzeiten", die mit Recht auch anderen als dem beobachteten Arbeiter für die Durchführung eines bestimmten Arbeitsvorganges „vorgegeben" werden können" [*134*, S. 35].

Daß dieser Weg zu Erfolgen geführt hat, kann nicht bestritten werden, gleichwohl muß der Bergbaubetriebsbeamte sich die Frage vorlegen, ob die Eigenarten der Untertageverhältnisse — vor allem die infolge der geringen Arbeitsplatzbeleuchtung mangelhafte Über- und Einsicht in den Ablauf der Betriebsvorgänge — die aufgezeigte Methode als im Untertagebetrieb in allen Fällen anwendbar erscheinen lassen, zumal sie in sich selbst bereits große Schwierigkeiten birgt, wie aus nachstehenden Schrifttumsangaben hervorgeht:

„ . . . ist es fast unmöglich, die Leistung eines Arbeiters richtig zu bewerten, der einen Kniff oder Trick anwendet, der seinem individuellen Arbeitsvollzug eine praktische Besonderheit verleiht" [*42*, S. 30].
„Aus praktischen Erfahrungen ist bekannt, daß dies (die zutreffende Schätzung des Leistungsgrades) in gewissen Fällen auch geübten Zeitnehmern Schwierigkeiten macht, und zwar besonders bei stark unternormaler Leistung, bei Spitzenleistungen, bei nicht zureichender Eignung und nicht vollendeter Übung oder Einarbeitung oder bei Ermüdung des Beobachteten und bei sachlichen oder persönlichen Hemmungen oder Störungen des geläufigen oder gewohnten Arbeitsvollzuges" [*42*, S. 37].
„Die Bewertung des Leistungsgrades ist der Angelpunkt und gleichzeitig der arbeitspsychologisch schwierigste Teil des Zeitstudiums" [*42*, S. 30].

Man sollte sich jedoch trotz aller zuzugebenden Schwierigkeiten davor hüten, ohne den Versuch der praktischen Erprobung ein für den Bergbau von vornherein verneinendes Urteil abzugeben.

Der „Leistungsgrad" nach Refa als das Verhältnis einer beobachteten individuellen Leistung zur Normalleistung ist von seiten des Arbeitenden bestimmt durch seine Fähigkeiten und seine Eignung einerseits sowie durch seine arbeitszielgerichteten inneren Antriebe, seinen Fleiß andererseits [*34*, S. 54 u. 65]. Vergleiche hierzu Abb. 25, die die Komponenten des Leistungsgrades nach BRAMESFELD zeigt. Volle Übung wird vorausgesetzt, die Einarbeitung aber nicht eingeschlossen, sondern in einer besonderen Ziffer, dem „Einarbeitungsgrad" erfaßt. Man geht von der „Unteilbarkeit" des arbeitenden Menschen aus [*34*, S. 64], dessen „Leib und Seele gleichzeitig in Wirkung treten", und schätzt den Leistungsgrad in der Bezogenheit des ganzen Menschen. Auch hier muß auf Unterschiede zwischen Bergbaubetrieb und anderen Industriezweigen hin-

---

[1] S. Schrifttumverzeichnis: [*25, 28, 30, 35, 36, 37, 38, 39, 52, 84, 89, 91, 109, 131, 132, 133* u. *135*].

gewiesen werden, die eine schematische Übertragung von Begriffen und Methoden, wenn nicht verbieten, so doch immerhin einer eingehenden Prüfung wert erscheinen lassen[1]. Dazu wäre vorab zu erwähnen, daß der Bergmannsberuf besondere körperliche Qualitäten voraussetzt, was in der Vorschrift einer speziellen ärztlichen Untersuchung vor der Anlegung und in einer bergpolizeilichen Vorschrift über die Beschäftigung von Personen mit körperlichen oder geistigen Mängeln (§ 303 der BPV. des OBA. Dortmund vom 1. Mai 1935) sichtbaren Ausdruck findet.

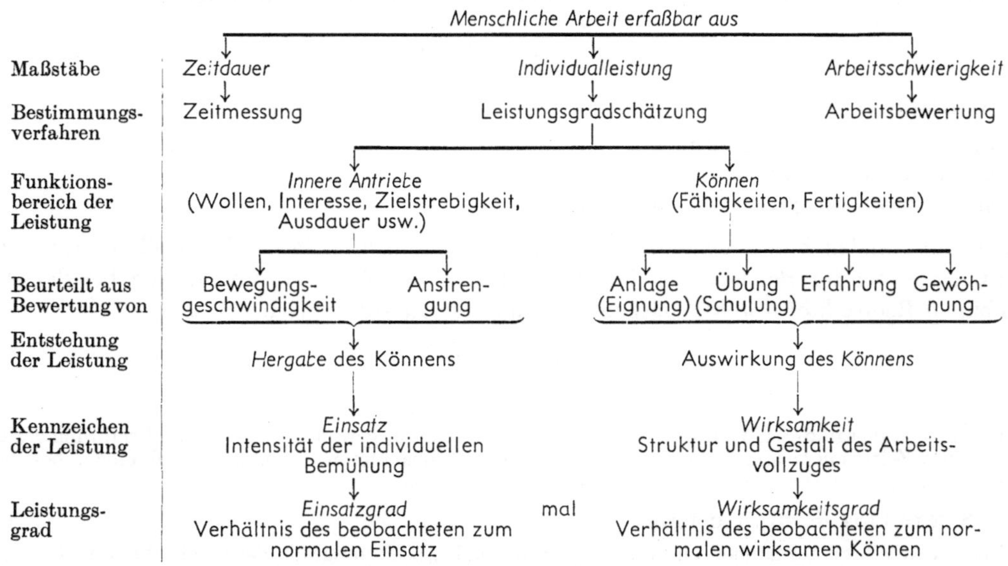

Abb. 25. Die Komponenten des Leistungsgrades nach Bramesfeld. (Nach Winkel.)

Tiefergehende Unterschiede zwischen einer bergmännischen Belegschaft und der anderer Industrien, z. B. einer Maschinenfabrik, bestehen hinsichtlich des spezifischen Berufsethos. Während letztere es hauptsächlich mit dem von Jugendtagen her auf sein Fach hin ausgebildeten Facharbeiter zu tun haben, hat der Bergbau, seitdem die Tage des berufsstolzen Berg„*manns*" vorüber sind, viel Strandgut des Lebens als Berg„*arbeiter*" aufgenommen, ganz abgesehen davon, daß es leider seit einer Reihe von Jahren Übung der Arbeitsämter gewesen ist, vom Nachwuchs vornehmlich den Teil dem Bergbau zuzuleiten, der in anderen Berufen keine Aufnahme finden konnte. Diese historischen Gegebenheiten scheinen auch die Erklärung dafür abgeben zu können, daß der innere Antrieb zur Leistung nicht nur innerhalb einer bergmännischen Belegschaft eine überaus starke Gradation aufweist, sondern auch bei einzelnen Arbeitern größeren zeitlichen Schwankungen unterliegt und auf äußere Einflüsse — oft geringfügigster Art — mit unberechenbaren Ausschlägen reagiert.

Es erscheint daher aus der Blickrichtung des Bergmanns zweckmäßig, nicht summarisch den Begriff des Leistungsgrades anzuwenden[2], sondern sich in jedem besonderen Fall Klarheit über das geistige und körperliche Können und über die den Einsatzwillen beherrschenden inneren Antriebe zu verschaffen bemüht zu sein. Für das geistige und körperliche Können, das den Maßstab für die Schwere der dem einzelnen Arbeiter zumutbaren Arbeit darstellt, somit seine Einsatzmöglichkeit im Betriebsgeschehen kennzeichnet, dürfte sich der Ausdruck „Einsatzgrad" empfehlen, während die inneren Antriebe vielleicht unter dem Begriff „Einsatzwille" gesammelt werden könnten, weil dieser aussagen soll, inwieweit der Werktätige sein geistiges und körperliches Können einzusetzen gewillt ist bzw. hat einsetzen wollen.

---

[1] „Das Arbeitsstudienverfahren, das sich in einem Betriebe, z. B. der Maschinenindustrie, als zweckmäßig erwiesen hat und erweist, kann keinesfalls unverändert für den Bergbau unter Tage geeignet sein; hierfür muß in sorgfältiger und gewissenhafter Arbeit durch geeignete wissenschaftlich vorgebildete und erfahrene Fachleute die besonders geeignete Form entwickelt werden" [*155*, S. 239].

[2] Böhrs wendet sich in seiner Schrift „Probleme der Vorgabezeit" [*32*, S. 65] gegen eine Untergliederung. „Eine Auflösung des Leistungsgradschätzens in das Schätzen der drei Teilgrade Arbeitswille, Geschicklichkeit und Arbeitsgeschwindigkeit muß als problematisch angesehen werden."

Mit einer derartigen Unterteilung würde man auch der Gefahr der Verwässerung der Begriffe einigermaßen begegnen, die insofern gegeben ist, als im Betriebe leicht die Auswirkungen des körperlichen und geistigen Könnens und des Einsatzwillens nicht genügend scharf auseinandergehalten werden. Auf eine saubere Trennung der Leistungseinflüsse ist aber schon deswegen besonderer Wert zu legen, weil der Tarifvertrag (§ 5 Ziff. 14 TV. vom 30. Mai 1932) bei den durch Alter oder Unfall oder sonstige Umstände in ihrer Leistung Beeinträchtigten eine der geringeren Leistung entsprechende Lohnkürzung zuläßt.

Sodann wäre abschließend noch eines besonderen Umstandes zu gedenken, der bei der Anwendung der Kennziffer „Leistungsgrad" eine ausschlaggebende Rolle spielt bzw. spielen kann. Die Bergmannsarbeit gilt vielfach als zwar körperlich schwere, aber wenig geistige Kräfte beanspruchende Arbeit. Wenn dies zuträfe, könnte der Leistungsgrad leichter geschätzt werden. „Bei Arbeiten, deren Ausführung vorwiegend in Form von Bewegungen sich vollzieht, ist die relative Bewegungsgeschwindigkeit ein entscheidendes Merkmal des Leistungsgrades" ... [*42*, S. 31]. „Wenn die Bewegungsgeschwindigkeit keinen zureichenden Aufschluß über den Leistungsgrad geben kann, dann ist er über den beobachteten Anstrengungsgrad zu suchen. Beide Merkmale sind heranzuziehen, wenn die Art der Arbeit — Bewegung unter Anstrengung — es erlaubt oder verlangt" [*42*, S. 32]. Nun aber ist der bergmännischen Arbeit von jeher ein hohes Maß geistiger Anstrengung eigen gewesen, und der Schwerpunkt verschiebt sich durch die Mechanisierung immer mehr ins Geistige, so daß heute bereits die Maschinisten an Bohr- oder Lademaschinen durch die Arbeit körperlich nicht stärker belastet sind als z. B. etwa ein Autofahrer. Um so mehr gelten dann folgende Sätze:

„Soweit menschliche Arbeit außer der körperlichen Leistung Geschicklichkeit, Sinnesleistung, Aufmerksamkeit, Nachdenken verlangt, ist sie weder im Kalorienmaß, noch in einem anderen physikalischen oder physiologischen Maßstab zu fassen" [*42*, S. 27]. „Die bei menschlicher Arbeit aufgewandte Kraft physikalisch in Kilogramm zu bestimmen, also etwa als gehobene Last, führt selbst bei ausgesprochen körperlicher Arbeit nicht zum Ziel, weil der physiologische Vorgang körperlicher Arbeit sich vom mechanischen Kräftespiel wesentlich unterscheidet" [*42*, S. 28]. „Menschliche Arbeit ist nicht in sogenannten absoluten Maßen (cm, g, sec und ihren Abwandlungen) ausdrückbar" [*42*, S. 29].

412 Die Gedingelohn-Einflußgrößen im Zusammenspiel.

Wenden wir uns nunmehr der Betrachtung der Gedingelohn-Einflußgrößen in ihrem Zusammenhang zu, wobei uns das Schema der Abb. 7 (Abschn. 211) eine Stütze bieten soll.

Der Gedingelohn gründet sich auf dem „Gedinge" selbst und dem Leistungsgrad des Schaffenden. Das „Gedinge" oder besser gesagt der „Gedingesatz" legt die zahlenmäßige Beziehung zwischen der „Gedingeleistung" und dem „Gedingerichtlohn" fest[1] und beziffert — aus den genannten Grundwerten errechnet — den Lohnsatz je Leistungseinheit. Der *Leistungsgrad* kennzeichnet die Leistung der einzelnen Menschen in ihrem Verhältnis zu der des gedachten Normalarbeiters. Der Leistungsgrad ist eine Funktion des Einsatzwillens und des Einsatzgrades. Der *Einsatzwille* ist das Kompositum aus inneren Antrieben und deren verstandesmäßigen Organisation. Der *Einsatzgrad* gründet sich einmal auf die körperliche Konstitution und wird zweitens in seiner Höhe durch das geistige *Können* beeinflußt.

Wenn man sich nunmehr fragt, wie bzw. durch wen die bisher betrachteten Grundelemente des Gedingelohnes festzustellen sind, dann ergibt sich folgendes Bild:

Die Leistung, die dem Gedinge zugrunde zu legen ist, ist ein Ausfluß der vorliegenden Betriebsverhältnisse. Dem Betriebsbeamten erwächst die Aufgabe festzustellen, welche Leistung bei den gegebenen Betriebsverhältnissen der sogenannte „Normalarbeiter" erbringen kann.

Die zweite Grundlage des Gedinges, der Gedingerichtlohn, ist für den Betrieb eine wenigstens für längere Zeiträume starre Größe, die zwischen Arbeitnehmer- und Arbeitgeberverbänden vereinbart, in den sogenannten Tarifverträgen bzw. -ordnungen fixiert oder vom Staat als dem Wahrer der Belange der Gesamtvolkswirtschaft für den Betrieb bindend festgelegt wird, jedenfalls aber sich der Bestimmung durch den Betrieb entzieht.

---

[1] Entsprechend § 33 Abs. 1 der ab 1. November 1950 als Arbeitsordnung geltenden Tarifvereinbarung, worin bestimmt ist: „Das Gedinge wird so vereinbart, daß der ›Vollhauer‹ bei normaler Arbeitsleistung den tariflichen Hauerdurchschnittslohn verdienen kann."

Der Einsatzwille kann nur im Betriebe, und zwar vorläufig nur auf dem Wege der Schätzung durch Beobachtung des Menschen durch einen Menschen festgelegt werden. Es handelt sich hierbei um eine Aufgabe, die man mit exakten *Meß*methoden niemals wird lösen können, so daß man darauf angewiesen bleiben wird, den Betriebsbeamten zu einem exakten *Schätzen* des Einsatzwillens anzuleiten und anzuhalten.

Einfacher sind dagegen die Grundlagen des Einsatzgrades, das geistige und körperliche Können zu beurteilen. Über das geistige Können wird eine Eignungsprüfung, über das körperliche eine Untersuchung durch den Arzt Aufschluß geben, wobei man sich jedoch vor Augen halten muß, daß es sich auch hier nur um mehr oder weniger ungenaue Schätzungen handeln kann.

Wenn man nun im Bergbau in der gleichen Weise, wie es sonst gebräuchlich ist, den Leistungsgrad als die Einsatzwillen und Einsatzgrad zusammenfassende Ziffer aus Gründen der einfacheren Handhabung bevorzugen sollte, dann sollte man aber in jedem Falle sich wenigstens über den Einsatzgrad Gewißheit zu verschaffen versuchen, um aus den vorher genannten Gründen mögliche Fehlerquellen tunlichst zu verstopfen.

Nicht unerwähnt bleiben darf, daß auch die Auswahl der anzuwendenden Gedingearten und -formen sowie der Gedingelaufzeit unter Berücksichtigung der in der Arbeitsordnung festgelegten Möglichkeiten (§§ 27 und 34 der als AO ab 1. November 1950 geltenden Tarifvereinbarung) Sache des Betriebsbeamten ist. Schließlich hätte er sich auch noch zu überlegen, welche Art der mathematischen Verknüpfung zwischen Lohn und Leistung für den gegebenen Fall die zweckmäßigste wäre.

Zusammenfassend seien nochmals die Aufgaben des Betriebsbeamten zusammengestellt, die sich bisher ergeben haben. Ihm obliegt es einmal, die bei den gegebenen Verhältnissen anzusetzende Gedingeleistung festzulegen und zweitens den Einsatzwillen und den Einsatzgrad bzw. den Leistungsgrad des Schaffenden abzuschätzen. Dabei soll an dieser Stelle kurz darauf hingewiesen sein, daß sich die Lösungen dieser beiden Aufgaben über den erzielten Gedingelohn gegenseitig kontrollieren. Liegt nämlich bei höherem Leistungsgrad der Gedingelohn niedrig, so kann man schlußfolgern, daß wahrscheinlich die Gedingeleistung zu hoch angesetzt wurde und umgekehrt. Es würde jedoch zu weit führen, wenn an dieser Stelle weitere Erörterungen angeschlossen würden. Weiter hätte er über die anzuwendende Gedingeart und -form sowie über die Gedingelaufzeit und die Art der Lohnkurve zu urteilen bzw. diese in der Verhandlung mit dem Gedingepartner festzulegen.

Nachdem dargelegt wurde, auf welchen Grundsäulen der Gedingelohn aufruht und wodurch die ziffernmäßige Bestimmung erfolgen kann, erhebt sich die Frage, ob und wodurch diese Grundlagen in positiver Richtung beeinflußbar sind. Hierzu folgendes:

Wenn die Gedingeleistung eine Funktion der gegebenen Betriebsverhältnisse darstellt, so kann sie dadurch heraufgesetzt werden, daß man den Betrieb verbessert, d. h. ihn pflegt, Verlustzeiten ausschaltet, Betriebsstörungen verhindert, das Zusammenspiel der Betriebsvorgänge richtig organisiert usw. Wenn auch gerade im Bergbau viele Betriebsgegebenheiten unabänderliche und unbeeinflußbare Größen darstellen, so kann doch auf dem Betriebsaufgabengebiet des Zuschnittes und der technischen Gestaltung des Betriebes noch viel getan werden, um den Ansatz einer höheren Gedingeleistung zu rechtfertigen.

Es wurde bereits gesagt, daß der Gedingerichtlohn dem Betriebe vorgeschrieben wird. Man könnte hieraus fälschlicherweise den Schluß ziehen, daß der Betrieb ohne jeden Einfluß auf seine Höhe wäre; dem ist aber durchaus nicht so. Wenn der Betrieb im Rahmen der Gesamtvolkswirtschaft infolge höherer Leistungen billiger arbeitet, d. h. geringere Selbstkosten aufweist, dann ist es eine selbstverständliche Folgerung, daß die arbeitende Mannschaft an den Erfolgen der höheren Leistung und den Einsparungen beteiligt werden kann, d. h. entweder daß der Staat den Gedingerichtlohn bei höherer Leistung höher ansetzen oder daß bei den Tarifverhandlungen ein höherer Gedingerichtlohn erzielt werden kann. Die Grundlage für den Gedingerichtlohn ist und bleibt die Bedeutung und die Stellung des Betriebes in der Volkswirtschaft.

Der Einsatzwille des einzelnen kann gestärkt werden von innen und von außen her. Er erfährt eine innerliche Hebung durch eine Stärkung des Charakters, einen äußeren Antrieb durch das mitreißende gute Beispiel anderer. Das geistige Können ist zu heben durch entsprechende fachliche Schulung, während das körperliche Können durch die Pflege der Gesundheit der Belegschaft günstig beeinflußt werden kann. Alles das läßt sich als Betriebsaufgabe zusammenfassen unter dem Sammelbegriff „Menschenpflege im Betrieb".

Abschließend möge noch erwähnt sein, daß die Menschenpflege genau so wie der Zuschnitt und die technische Gestaltung des Betriebes über die größere Leistung und die geringeren Selbstkosten auf den Gedingerichtlohn von Einfluß werden können. Hier werden Querverbindungen erkennbar, die wieder einmal mit aller Deutlichkeit den Gedanken unterstreichen, daß *eine* Betriebsfrage nicht vollkommen zu lösen ist, wenn man nicht alle anderen möglichst gut zu lösen bestrebt ist. Der Betrieb stellt eben einen Organismus dar, der nur dann gesund ist und nur dann die höchsten Leistungen erbringt, wenn alle einzelnen Glieder, im sinnvollen und ausgewogenen Zusammenspiel aller Kräfte aufeinander abgestimmt, sich einsetzen, das Höchstmögliche zu erreichen.

42 Die betrieblichen Grundlagen der Gedingestellung.

420 Vorbemerkungen.

Dem Betriebsbeamten sind auf dem Gebiete des Gedingewesens zwei Aufgaben gestellt: die Schätzung des Leistungsgrades bzw. des Einsatzwillens des Bergmanns und die Festlegung der bei den gegebenen Verhältnissen anzusetzenden Gedingeleistung. Wenn er vor Ort ein Gedinge stellen soll, dann muß er es aufbauen einerseits auf dem durch die Tarifbestimmungen festgelegten Gedingerichtlohn (dem Tarif-Hauerdurchschnittslohn entsprechend § 33 Abs. 1 der ab 1. November 1950 als Arbeitsordnung geltenden Tarifvereinbarung) und andererseits auf den betrieblichen Grundlagen für die Bestimmung der Gedingeleistung. Soweit bergbaufremde Erfahrungen und wissenschaftliche Untersuchungen im gegebenen Falle von Wichtigkeit sein könnten, wird er auch diese berücksichtigen. Nachfolgend sollen die betrieblichen Grundlagen der Gedingestellung, d. h. die Wege, die zur Bezifferung der Gedingeleistung führen, im einzelnen erörtert werden.

421 Reiner Geldwert oder Leistungswerte?

Bei der Aufgliederung sind zunächst schärfstens zu unterscheiden: reiner Geldwert und Leistungswert (Abb. 26).

Wenn man bei der Gedingesetzung vom reinen Geldwert ausgeht, dann bewegt sich die „Gedingeverhandlung", auf eine Kurzformel gebracht, etwa in folgendem Rahmen:

„Was ist im Vormonat verdient? Wie hoch stand im Vormonat das Gedinge?" Aus der Proportion: Der neue Gedingesatz verhält sich zum alten wie der Gedingerichtlohn zum verdienten Lohn, errechnet man den neuen Gedingesatz. Diese Methode, die früher gewiß angewandt und u. a. als das geeigneteste Mittel angesehen wurde, um den Hauerdurchschnittslohn in möglichster Übereinstimmung mit dem durch den Tarif festgelegten Soll zu bringen bzw. zu halten, hat sehr viel zu der Entstehung des Begriffes „Gedingeschere" beigetragen. Sie ist aber unserem heutigen Leistungsempfinden so fremd und widerstrebend, daß sie für endgültig abgetan gelten und angesehen werden müßte. Wer sich ihrer heute noch bedienen sollte, hat weder die Zeichen der Zeit noch die heute jedem Einsichtigen geläufige Korrelation von Lohngerechtigkeit und Leistungssteigerung erkannt, ganz zu schweigen davon, daß ihm die zwischen Lohn und Leistung, zwischen Mensch und Betrieb, zwischen Betrieb und Volkswirtschaft bestehenden inneren Zusammenhänge ein Buch mit sieben Siegeln geblieben sind. Betriebliche Grundlage für die Gedingestellung würden somit nur Leistungswerte sein können und dürfen. Reine Geldwerte müssen gänzlich ausscheiden. Man sollte sich sogar in der ganzen Behandlung des Gedingewesens im praktischen Betrieb davor hüten, unnötig mit Geldwerten zu arbeiten, im Gegenteil, sich bemühen, wo es möglich ist, die Leistungswerte in den Vordergrund der Erörterungen zu stellen.

422 Leistungswerte.

Bei den Leistungswerten für eine Gedingestellung muß man unterscheiden zwischen

a) einem Gedingerichtwert für den ganzen Arbeitskomplex; — b) einem Gedingerichtwert, der aufbaut auf Richtwerten für die einzelnen Arbeitsvorgänge, die in ihrer Gesamtheit den Arbeitskomplex ausmachen; — c) einem Gedingeendwert, der sich bei der Auswertung von ins einzelne gehenden Arbeits- und Zeitstudien für den gesamten Arbeitskomplex ergibt.

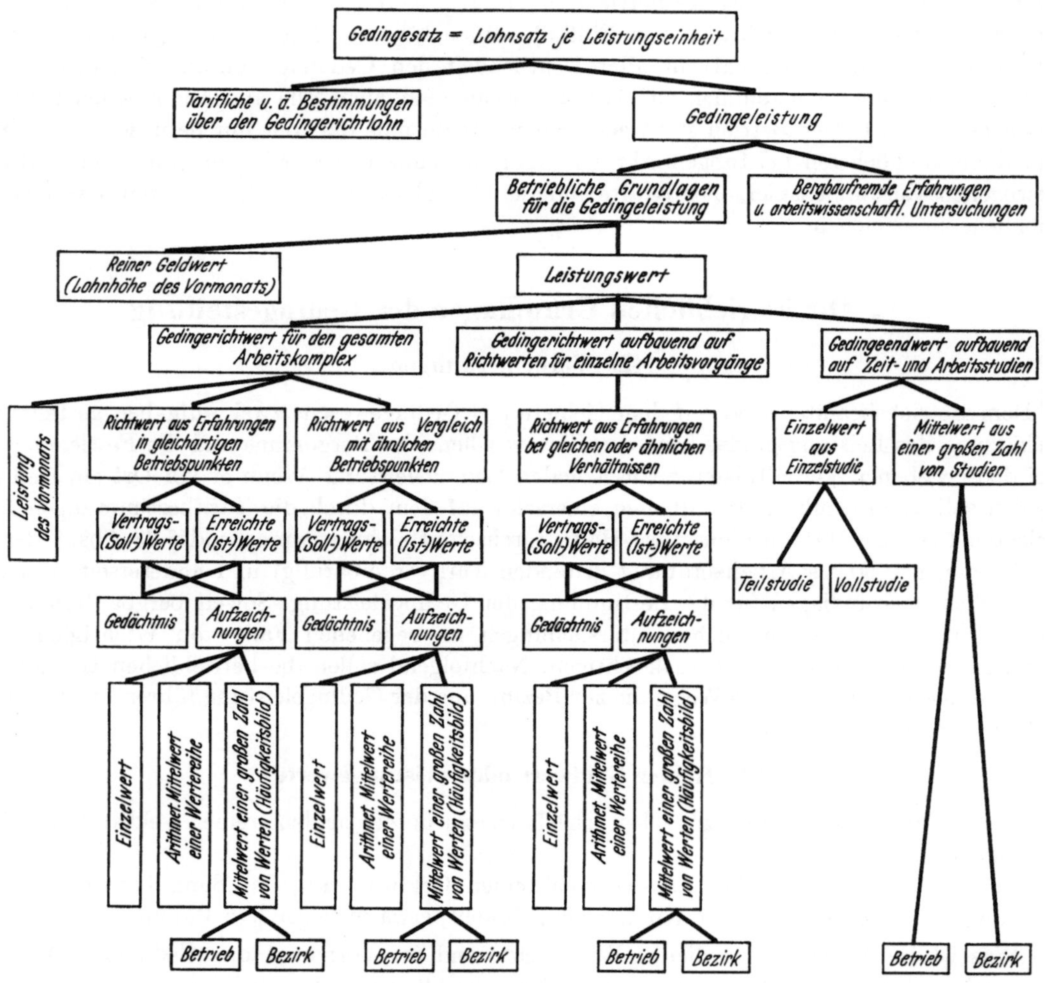

Abb. 26. Grundlagen der Gedingestellung.

Den beiden letztgenannten Bestimmungsmethoden ist demnach gemeinsam, daß sie Teilleistungswerte berücksichtigen und aus diesen die Ziffer für den Arbeitskomplex entwickeln. Hierzu wäre zunächst grundsätzlich zu sagen, daß der Gedingerichtwert, der unter Berücksichtigung von Teilleistungswerten ermittelt ist, um so genauer werden muß, je mehr Teilarbeiten in ihm enthalten sind und Berücksichtigung finden. Bei der Mehrzahl der bergmännischen Gedinge wird es sich um die Vergebung von Arbeiten handeln, die sich aus einer mehr oder weniger großen Zahl von Teil- oder Einzelarbeiten zusammensetzen. Richtig ist daher in den meisten Fällen, bei der Bestimmung der „Gedingeleistung" auf Teilleistungswerte zurückzugreifen.

422.1 Werte ohne Berücksichtigung von Teilleistungswerten. Vorab seien jedoch die Möglichkeiten der Bestimmung von Gedingerichtwerten *ohne* Berücksichtigung von Teilleistungswerten, d. h. solcher, die für den gesamten Arbeitskomplex in Summe festgelegt werden, einer näheren

Untersuchung unterzogen, weil es sich nicht in *allen* Fällen notwendig oder zweckmäßig erweist, den Arbeitskomplex in einzelne Arbeitsvorgänge aufzugliedern und diese leistungsanalytisch einzeln zu werten. Dies gilt z. B. für den Arbeitsbereich, der sich mit dem Begriff „Umlegen des Fördermittels" verbindet.

Die einfachste Methode ist die Heranziehung der Leistungsziffer des Vormonates, wobei der auf Grund dieser Leistung verdiente Lohn, selbst dann, wenn er nicht ziffernmäßig genannt oder in der Gedingeverhandlung erwähnt wird, doch als der im Hintergrund agierende Stimulus angesprochen werden muß. Gewiß ist dieses Verfahren besser als das der oben behandelten reinen Geldwertmethode, insofern wenigstens, als nicht ausschließlich von Geld, sondern auch von Leistung gesprochen wird. Doch sind der Enderfolg und die Endziffer die gleichen wie bei der oben geschilderten Bestimmung des Gedingerichtwertes aus dem reinen Geldwert. Die gleichen Schlußfolgerungen gelten auch hier. Diese Art ist also gleichfalls für einen nach neuzeitlichen Erkenntnissen und Gedankengängen geführten Betrieb untragbar und strikt abzulehnen.

Weitere Möglichkeiten der Gewinnung von Gedingerichtwerten für die Gesamtheit eines Arbeitskomplexes ohne Berücksichtigung von Teilleistungswerten stellen die Heranziehung von Erfahrungswerten aus gleichartigen Betriebspunkten und der Vergleich mit an ähnlichen Betriebspunkten beobachteten Leistungen dar. Wenn es sich darum handelt, eine Arbeit mit wenig Teilarbeiten, z. B. eine reine Gewinnungsleistung zu beziffern, so kann dieser Weg gegebenenfalls durchaus gangbar sein. Dabei muß jedoch darauf hingewiesen werden, daß erhebliche Unterschiede des gegebenen zum verglichenen Fall bzw. zum Erfahrungswert immer möglich sind und daß damit die Gefahr einer größeren Ungenauigkeit gegeben ist.

Die betrieblichen Erfahrungs- oder statistischen Werte lassen sich in zwei große Gruppen einteilen: die Soll- und die Ist-Werte.

Die Soll- oder Vertragswerte werden den abgeschlossenen Gedingeverträgen entnommen. Man unterstellt dabei, daß die Verträge der Vergangenheit auf genau zutreffenden, erreichbaren Ziffern aufgebaut wurden, was sicherlich nicht bei allen Verträgen der Fall ist. Daraus ergibt sich zwangsläufig die Notwendigkeit, bei der Auswertung von Sollziffern vorsichtig zu Werke gehen zu müssen. Bei der zweiten Gruppe, den Ist- oder tatsächlich erreichten Werten, fällt zwar das Bedenken fort, daß es sich um nicht realisierbare Leistungsforderungen gehandelt haben könnte, da die Leistungswerte als tatsächlich erreicht in der Statistik ausgewiesen werden. Stattdessen erhebt sich hier eine andere Schwierigkeit. Bei den Soll-Leistungen handelt es sich um Leistungen, die auf einen Arbeiter mit einem Leistungsgrad von genau 100% bezogen sind, während in den nunmehr zur Debatte stehenden Ist- oder erreichten Leistungen der Leistungsgrad des oder der an der Erbringung dieser Leistung Beteiligten impliziert ist. Den Leistungsgrad selbst wird man nicht mehr feststellen können, so daß auch bei der Entwicklung von Ziffern für die Gedingeleistung aus Ist-Werten besondere Auswertungsverfahren angewandt werden müssen, um zu tragenden Werten zu kommen.

Die Erfahrungs-, und zwar sowohl die Ist- als auch die Soll-Werte, können nun einmal dem Gedächtnis des Betriebsbeamten bzw. des Arbeiters oder zweitens schriftlichen Aufzeichnungen entnommen werden. Es versteht sich von selbst, daß den schriftlichen Aufzeichnungen an sich schon der Vorrang einzuräumen ist, da das Gedächtnis bei der Vielzahl der zu behaltenden Werte sehr leicht trügen kann.

Die Grundlage eines Gedingerichtwertes ist vor allem dann schwach, wenn man — auch bei Verwendung schriftlicher Aufzeichnungen — nur Einzelwerte herausnimmt und zur Beurteilung eines vorliegenden neuen Gedingefalles heranzieht, wobei eben hier die Gefahr besonders groß ist, daß Verschiedenheiten zwischen dem zugrunde gelegten Erfahrungs- oder Vergleichswert und dem zur Beurteilung stehenden Fall nicht erkannt werden und infolgedessen der Bewertung entgehen.

Dieser Gefahr kann man dadurch vorbeugen, daß man eine größere Zahl von Vergleichswerten heranzieht. In manchen Fällen, insbesondere dann, wenn die Werte nur unwesentlich streuen, wird der aus einer Wertereihe errechnete arithmetische Mittelwert hinreichende Genauigkeit besitzen. Bei der Bestimmung des arithmetischen Mittels werden nämlich die Werte des unteren und oberen Streubereiches den mittleren Werten gleichwertig angesehen und in den Mittelwert eingerechnet. Ist aber ein größerer Streubereich der Werte festgestellt, oder steht er zu erwarten, so tut man gut daran, eine große Zahl von Ausgangswerten zu nehmen und aus ihnen den Gedingerichtwert nach den Gesetzen der Großzahlforschung zu ermitteln, wobei die Verwendung von Häufigkeitsbildern zur Veranschaulichung der Verhältnisse sehr beiträgt. Letztere Methode der Bestimmung von Gedingerichtwerten aus Erfahrungsziffern ist daher die beste.

Zusammenfassend sei nochmals herausgestellt, daß die Methode der Gedingerichtwertbestimmung aus schriftlichen Aufzeichnungen und bei Auswertung in Häufigkeitsbildern im Einzelfalle schon zu brauchbaren Ergebnissen führen kann, auch wenn keine Teilleistungswerte berücksichtigt werden, aber nur dann, wenn es sich um die Wertung von Arbeiten handelt, die aus einer einzigen oder nur sehr wenigen Teilarbeiten bestehen.

422.2 Auf Teilleistungswerten aufgebaute Werte. Sobald es sich bei dem in dem Gedinge zu erfassenden Arbeitskomplex um eine Reihe von Arbeitsvorgängen handelt, die in ihrer Summe von dem einen Gedinge erfaßt und umfaßt werden, muß der Gedingerichtwert auf Teilleistungswerten aufgebaut werden. Die Aufgabe besteht demnach in diesem Falle darin, zunächst Teilleistungswerte festzustellen und dann aus diesen den Gedingerichtwert aufzubauen.

Bei den gleichen oder ähnlichen Verhältnissen entstammenden Erfahrungseinzelwerten kann es sich wiederum um Vertrags- (Soll-) Werte oder um erreichte Ist-Leistungsziffern handeln, die im Gedächtnis des Betriebsbeamten bzw. des Arbeiters ruhen, oder um solche, die schriftlichen Aufzeichnungen entnommen werden. Hier gilt das gleiche, was oben schon gesagt wurde, insbesondere: Das Gedächtnis kann trügen. Besser sind also schriftliche Aufzeichnungen. Die diesen entnommenen Ziffern kann man als Einzelwerte, als arithmetische Mittelwerte einer Wertereihe oder als nach den Methoden der Großzahlforschung geprüfte Mittelwerte in Anwendung bringen, wobei den Einzelwerten nur ein geringer, dem arithmetischen Reihenmittel ein größerer und dem aus einer großen Anzahl bestimmten der höchste Wert beigemessen werden muß[1].

422.3 Auf Arbeits- und Zeitstudien fußende Werte. Den Erfahrungswerten haftet immer das Odium an, daß sie Unzulänglichkeiten, beispielsweise den Einschluß geringerer oder auch höherer Leistungsgrade, bereits von Hause aus mitbringen. Den Verfechtern der exakten Meßmethode, die als alleinige Grundlage die Arbeits- und Zeitstudie ansehen möchten, muß zwar zugegeben werden, daß sie genaue Zeitmessungen für die einzelnen Arbeitsvorgänge vorlegen können. Ihnen ist aber auf der anderen Seite entgegenzuhalten, daß auch in ihren Meßziffern *eine* Ungenauigkeit immer einbegriffen ist, nämlich die, daß auch sie den Leistungsgrad nicht messen, sondern nur schätzen können.

Aus der einzelnen Arbeits- und Zeitstudie wird man einen Endwert für die dem Gedinge zugrunde zu legende Leistung ableiten können, der — zumal die Eigenart der Untertageverhältnisse die Durchführung solcher Studien nicht gerade günstig beeinflußt —, sehr verschiedenes Gewicht haben kann. Räumlich, zeitlich oder sachlich stark begrenzte Teilstudien können erklärlicherweise nur zu Werten bescheidener Genauigkeit führen. Diese wächst, je umfangreicher das Zahlenmaterial wird. Von einer Vollstudie wird man daher erwarten müssen, daß ihr Ergebnis einen treffenden Gedingeendwert darstellt. Auch bei Zeit- und Arbeitsstudien ist es möglich und zweckmäßig, aus einer großen Zahl von Studien[2] einen Mittelwert zu bilden, der damit eine besonders hohe Genauigkeit für sich beanspruchen könnte.

---

[1] „Ob und inwieweit feinere Methoden der mathematischen Statistik, wie sie ... auf vielen wissenschaftlichen und technischen Gebieten bereits bekannt sind, für das Arbeits- und Zeitstudium wirklich von Nutzen sein werden, wird sich aus einer weiteren Zusammenarbeit zwischen Mathematikern und fortschrittlich eingestellten Zeitstudieningenieuren erst noch ergeben müssen" [*32*, S. 65].

[2] „Soll die Normalleistung ermittelt werden, so müssen diese in der Natur des Menschen liegenden Leistungsschwankungen berücksichtigt werden. Das geht aber nur, wenn für die Festlegung einer Normalleistung die Arbeitsleistung in einer entsprechend größeren Zahl aufeinanderfolgender Schichten als Grundlage genommen wird. Darüber hinaus genügt es nicht, die natürlichen Leistungsschwankungen *eines* Arbeiters zu ermitteln. Vielmehr muß unter vergleichbaren Arbeitsverhältnissen eine entsprechende große Anzahl von Arbeitern durch einwandfreie Arbeitsstudien erfaßt und deren Ergebnisse sach- und fachgemäß ausgewertet werden. Aus diesen Überlegungen ergibt sich eindeutig, daß die Normalleistung sich nicht auf irgendeinen einzelnen Arbeiter bezieht, sondern auf *den Arbeiter an sich* (Normalarbeiter) unter ganz bestimmten, eindeutig festgelegten Arbeitsverhältnissen" [*157*, S. 307/308].

Für diese gilt ebenso wie für die vorher behandelten Mittelwerte aus einer Großzahl von Erfahrungsziffern, daß sie in einem einzelnen Betrieb gewonnen sein oder die Sammlung eines ganzen Bezirks darstellen können. In letzterem Falle erhalten sie eine Bedeutung, die über den engen Rahmen eines einzelnen Bergwerks hinausgeht und regionalen Charakter hat.

422.4 Erfahrungswerte oder Zeitstudien? Wenn man sich darüber klar geworden ist, daß in der Mehrzahl der Fälle der Aufbau eines Gedinges nur unter Ansatz von Teilleistungswerten als den heutigen Forderungen gerecht werdend angesehen werden kann, dann bleibt zu überlegen, ob man sich zu dem Weg der Sammlung von Betriebserfahrungen und deren Auswertung entschließen oder ob man die Methode der Zeit- und Arbeitsstudie bevorzugen will.

Man hat im Bergbau, angeregt durch die Erfolge der übrigen Industrien, vor Jahrzehnten bereits einmal einen Anlauf gemacht, das Gedinge auf Meßwerten aufzubauen, ist aber in den Anfängen steckengeblieben. Wenn auch nicht verkannt werden soll, daß dieses Versagen wenigstens zum Teil auf den Widerstand der damaligen Gewerkschaften und späterhin auf den mächtigen Druck der Deutschen Arbeitsfront zurückzuführen ist, die die „Stoppuhr" und alles, was damit zusammenhing, grundsätzlich ablehnten, so soll man aber auch nicht an der Frage vorübergehen, wieweit der Bergbau selbst Schuld trägt, zumal die Arbeits- und Zeitstudie in den übrigen Industrien immer mehr Eingang und Anklang fand. Waren die damaligen Meß- methoden für den Bergbau arbeitspsychologisch überhaupt geeignet? Von den Gegnern der Meßmethoden wird immer wieder eingewandt, daß das Arbeitsgebiet des Bergbaus zu viel- gestaltig und zu wechselnd sei, als daß Methoden, die sich in der übrigen Industrie durchaus bewährt haben mögen, auf den Bergbau anwendbar seien. Dieser Einwand geht jedoch fehl. Für jeden Arbeitskomplex oder -vorgang ist eine Meßmethode möglich, wenn es auch im Einzel- fall schwierig sein mag, sie zu entwickeln. Diese Schwierigkeit ist aber niemals gleichzusetzen mit der Unmöglichkeit. Für und mit dem Bergbau müßten eben besondere Methoden gefunden werden, was bis heute zwar noch nicht geschehen ist, aber nachgeholt[1] werden könnte. Gewiß ist der Widerstand der Arbeiterschaft auch heute noch vorhanden — nicht nur in Deutschland, ebenso anderswo, so in England. Aber die Haltung der Gewerkschaft, die z. B. an der Weiter- entwicklung des Refa-Verfahrens aktiv mitarbeitet, ist heute durchaus positiv[2], wenn sie auch ängstlich darüber wacht, daß die Zielsetzung — gerechter Lohn — nicht umgebogen oder ver- fälscht wird.

Schwerwiegender ist jedoch folgender Umstand: Die Vielgestaltigkeit der bergbaulichen Arbeiten wird, wenn man jedes einzelne Gedinge auf Zeit- und Arbeitsstudien aufbauen wollte, eine Unzahl von Messungen und damit einen größeren Stab von messenden Männern[3] erfordern, die heute und wahrscheinlich auch in absehbarer Zeit dem Bergbau nicht zur Verfügung stehen werden, ganz zu schweigen davon, daß es heute kaum einschlägige Fachleute des Arbeitsstudien- wesens gibt, die auf dem Gebiete des Bergbaus zu Hause sind. Auch dürften nicht unerhebliche Schwierigkeiten bei der Bereitstellung der erforderlichen Geldmittel zu überwinden sein.

Aus all dem ergibt sich als Schlußfolgerung: Der Vorsprung, den die übrige, vor allem aber die eisenschaffende und -verarbeitende Industrie im Gedingewesen vor dem Bergbau hat, ist

---

[1] Die ersten vorbereitenden Schritte hat der Bergbau in den letzten drei Jahren getan.

[2] Z. B. „Wenn Leute mit der Durchführung dieser Zeitstudien betraut werden, die das Vertrauen des Kumpels genießen und in keinem Abhängigkeitsverhältnis zur Zeche stehen, wenn dies außerdem mit Beteiligung der Gewerkschaften geschieht, werden sich diese Arbeitsstudien zum Segen der Bergleute auswirken" [55]. — „ . . . Erkenntnis Platz greifen, daß richtig angewandte Arbeitsstudien die einzige Möglichkeit sind, um zu einer gerechten Lohngestaltung zu kommen" [19]. — „Bemerkenswert ist, daß alle eingegangenen Zuschriften positiv zu diesem Problem stehen" [20]. — S. a.: Gewerkschaft und Arbeitsstudie. Bund-Verlag Köln.

[3] Nach den Ausführungen in einem Sonderdruck der Industrie- und Handelskammer Augsburg, betitelt „Arbeits- und Zeitstudienwesen in USA", rechnet man in USA
bei einer Belegschaft bis zu 500 Arbeitern mit 15 bis 18 Zeitstudienleuten je 1000 Arbeiter; — bei einer Beleg- schaft von 500 bis 2000 Arbeitern mit 6 bis 14 Zeitstudienmännern je 1000 Arbeiter; — bei einer Belegschaft zwischen 2000 und 15000 Mann mit 9 bis 13 Zeitstudienleuten je 1000 Arbeiter.
Der große Durchschnitt liegt in den USA bei 9 bis 14 Zeitstudienmännern je 1000 Betriebsangehörige.
Rechnet man nun mit nur 10 Mann je 1000 Mann Belegschaft, so ergäbe sich für den westdeutschen Stein- kohlenbergbau die ansehnliche Zahl von etwa 4400 Zeitstudienmännern!

in absehbarer Zeit nicht aufzuholen, weil das hierzu notwendige Personal an Zahl und Ausbildung nicht zur Verfügung steht und überdies die Methoden erst entwickelt, versucht und gegebenenfalls verbessert werden müßten.

Der Bergbau ist dazu, wie allgemein bekannt, stark konservativ und befreundet sich nur langsam mit neuen Gedanken und Methoden. Dies gilt nicht nur für die Führenden im Bergbau, sondern im gleichen Maße, wenn nicht gar verschärft, für den praktischen Bergmann an der Hacke. Neue Dinge werden leicht abgelehnt, finden vor allem bei ihrer Durchführung nicht nur keine Unterstützung, sondern eher Widerstand.

Auf der anderen Seite drängt das Gedingeproblem im Bergbau heute mehr denn je zu einer allseitig befriedigenden Lösung. Der Bergbau kann auf die Dauer der übrigen Industrie gegenüber nicht zurückstehen, sondern muß sich seinerseits bemühen, die ihm erwachsene Aufgabe selbst zu lösen. Und diese Lösung duldet keinen Aufschub, wenn nicht der Bergbau selbst den Schaden tragen soll. Wenn ein Weg, der schnell und ohne viel Reibung zu einem Nahziel führt, vorhanden ist, sollte er unverzüglich beschritten werden. Und dieser Weg ist der, daß man die gesamte Beamtenschaft des Bezirks, die sich mit dem Setzen von Gedingen beschäftigt, zur Lösung des Problems heranzieht, ja, alle mit dem Gedinge in berufliche Berührung kommenden Kräfte des Bergbaus daran mitarbeiten läßt.

Diese Forderung erscheint unerfüllbar, und doch ist die Aufgabe verhältnismäßig leicht zu bewältigen. Wenn das Erfahrungsgut, das in den tausend und aber tausend Gedingeabschlüssen im stillen praktisch angewandt wird, planmäßig zusammengetragen, gesichtet, geordnet und nach Verarbeitung den Betrieben in übersichtlicher Form wieder zur Verfügung gestellt wird, die nun ihrerseits hierauf weiterbauen, so ist damit eine erste Lösung des Problems gefunden. Es ist durchaus nicht einzusehen, warum der Bergbau das Erfahrungsgut, das zu einem Teil im Gedächtnis seiner Betriebsbeamten und seiner Arbeiter unaufgeschlossen ruht und zum anderen Teil in den schriftlichen Aufzeichnungen der Gedingeverträge und der Gedingelohnabrechnungen in tiefem Aktenschlaf versunken liegt, nicht an das Licht des Tages fördern, aufbereiten und als wichtiges Gut dem Betriebe wieder zuführen könnte. Wer möchte bezweifeln, daß der Bergbau damit einen gewaltigen Schritt auf dem Wege zur gerechten Leistungsentlohnung vorwärts kommen würde, wenn man sich folgendes vor Augen führt:

Tausende von Gedingen werden allmonatlich in einem Bergbaubezirk gesetzt und abgerechnet. Die Auswertung der diesem Gedinge zugrunde liegenden Ziffern bzw. der Ergebnisse in Häufigkeitsbildern müßte schon in verhältnismäßig kurzer Zeit zu Mittelwerten führen, die für durchschnittliche Verhältnisse als allgemeinverbindlich[1] anerkannt werden könnten. Von keiner Seite, weder von dem das Gedinge setzenden Betriebsbeamten noch von dem es abschließenden Arbeiter, könnte der Einwand erhoben werden, es handele sich um theoretische Werte, die nicht zu erreichen wären, da ja die Grundziffern der unmittelbaren Praxis entstammen, sogar als Vertrags- oder Ergebniswerte einer gewissen juristischen Sanktionierung nicht entbehren. Man wird selbstverständlich bei den einfachsten Vorgängen beginnen, so z. B. feststellen, welchen Zeitaufwand das Beladen eines Förderwagens mit Kohle oder Bergen von Hand erfordert. Warum sollten der Feststellung, wieviel Zeit für das Setzen eines Türstockes oder eines Stahlbogens in den Gedingekalkulationen angesetzt wird, Schwierigkeiten begegnen ? Personalaufwand und Kosten würden kaum ins Gewicht fallen, wenn man von allen Gedingeverträgen und -kalkulationen besondere Durchschriften anfertigen ließe, deren Auswertung einem erfahrenen, älteren Reviersteiger zu übertragen wäre, der bei einer Schachtanlage von 2500 bis 3000 t Tagesförderung auch noch andere Fragen der Gedingewirtschaft als sogenannter Gedingesteiger zu bearbeiten durchaus in der Lage wäre.

Für die praktische Durchführung dieses Gedankens wird im Vergleich zu einer Beschaffung von Gedingeunterlagen über Meßwerte verhältnismäßig sehr wenig Zeit erforderlich sein, so daß nach Inangriffnahme der Arbeit schon in Kürze mit der Abgabe von Werten an die Betriebe gerechnet werden könnte.

---

[1] Allerdings sagt WINKEL [245]: „die Frage, ob es eine überbetriebliche allgemeingültige menschliche Leistungsnorm gibt, wird bei uns noch diskutiert.“

Einen beachtenswerten Versuch in dieser Richtung hat WALTHER unternommen, indem er von den Gedinge-Inspektoren durchgeführte Kalkulationen und von ebendiesen nachgeprüfte zechenseitige Gedingeberechnungen planmäßig aufsammelte und auswertete. Wenn WALTHER den veröffentlichten[1] Ergebnissen seiner Arbeit selbst noch sehr kritisch gegenübersteht und die erarbeiteten Ziffern noch nicht für ausreichend fundamentiert anspricht, um als Richtwerte ohne weiteres Verwendung bei neuen Gedingestellungen finden zu können[2], so ist dies angesichts der beschränkten Zahl der ihm zur Verfügung stehenden Werte zwar durchaus verständlich, spricht aber keinesfalls für einen Fehlgriff in der Methode. Im Gegenteil — die Arbeit WALTHERS setzt einen begrüßenswerten Anfang, und es ist nur zu wünschen und zu hoffen, daß der Weg weitergegangen wird und durch Ausdehnung der Grundlagensammlung in die regionale und die sachliche Breite sowie durch Einschaltung einer möglichst großen Zahl von Beiträgen in naher Zukunft dem Bergbau gut fundierte Gedingeleistungs-Richtwerte zur Hand gegeben werden können.

Arbeiten in dieser Richtung schließen selbstverständlich die Einführung und Weiterentwicklung auf Zeitstudien beruhender Gedingekalkulationen nicht aus. Ehe diese aber weitläufige praktische Bedeutung erlangen, wird es notwendig sein,

1. eine Begriffssystematik des typisch bergmännischen Arbeitsstudiums zu entwickeln,

2. die Methodik des bergmännischen Arbeitsstudiums zu erarbeiten,

3. geeignete Fachkräfte heranzubilden,

4. die Betriebe des Bergbaus durch Arbeitsablaufstudien zu untersuchen, zu „entstören" und dadurch „gedingereif" zu machen.

Man sollte also weder wegen des anzustrebenden Endzieles (Gedinge auf Zeitstudienbasis) das leichter erreichbare Nahziel (Gedingerichtwerte aus dem Erfahrungsschatz) übersehen, verachten oder gar verneinen noch auch sich ausschließlich der Auswertung des Erfahrungsgutes widmen. Es handelt sich um zwei Straßen, die die gleiche Zielrichtung, nämlich die Objektivierung der Gedingestellung aufweisen, von denen eine, und zwar die leichter befahrbare, zu einem Nahziel führt, deren zweite aber, wenn auch mit einem Mehr an zu überwindenden Schwierigkeiten, den Bergbau zu der arbeitswissenschaftlichen Höhe führen wird, von der andere Industriezweige heute auf ihn herabblicken.

Und diese beiden Straßen sind durchaus nicht durch eine chinesische Mauer voneinander getrennt. Es bestehen sogar Übergänge von der einen Fahrbahn auf die andere. Zeitstudien können als willkommene Ergänzung und Kontrolle der Richtwerte dienen, die aus dem Erfahrungsgut erarbeitet werden. Man wird da, wo die Werte der Erfahrung bei etwa gleichen Verhältnissen stark streuen, zur Zeitstudie greifen, um zu untersuchen, ob man mit Hilfe der Zeitstudie nicht den Grund des starken Streuens ausfindig machen kann. Darüber hinaus liegt aber auch bei Meinungsverschiedenheiten über die Anwendbarkeit aus der Vergangenheit dedu-zierter Mittelwerte auf den vorliegenden Fall nichts näher, als die Zeit- und Arbeitsstudie zu Hilfe zu nehmen. Diese würde in einem solchen Falle die ultima ratio darstellen. Sie würde in beiderseitigem Einvernehmen, d. h. mit Einverständnis der Betriebsbeamten und des Arbeiters, einem unabhängigen und unbeteiligten Dritten zur Ausführung und Auswertung übertragen, den endgültigen Entscheid ermöglichen.

429 Abschließende Bemerkungen.

Es kann kein Zweifel darüber bestehen, daß die Vielfalt der Einflußgrößen das bergmännische Gedinge zu einem Betriebsproblem ersten Ranges auswachsen läßt, das seiner Lösung um so mehr Schwierigkeiten entgegensetzt, als die derzeitigen Grundlagen der Gedingestellung keinen festen Tragboden abgeben. Es wird noch vieler Mühe sowie der freudigen und uneigennützigen Mit-arbeit vieler Fachleute bedürfen, um den Vorsprung aufzuholen, den die übrige Industrie auf dem Gebiete des Gedingewesens hat.

---

[1] Siehe Schrifttumverzeichnis [230, 231, 233, 235, 236, 237].

[2] „. . . Mittelwerte, die nur Richtwerte sein können, wie schon aus den sehr starken Streuungen der einzelnen Werte hervorgeht, zeigen aber zumindest, daß sie ein guter Anhalt für die Gedingesetzung sein können" [236, S. 69].

5 Die Gedingekalkulation.

50 Einleitende Bemerkungen.

Das Wort „Gedinge" ist uns aus Urtagen des Bergbaus überliefert, ebenso aber auch die vielfach heute noch geübte Methode[1] der Setzung der Gedinge, die „zumeist nur auf Grund von Werten, die auf Erfahrungen und Schätzungen ... beruhen, durch gegenseitiges Aushandeln zwischen den beiden Gedingeparteien abgeschlossen" [231] werden. „Eine ins einzelne gehende Kalkulation unter Zugrundelegung der üblichen, d. h. normalen Zeitaufwendungen für die die Gesamtarbeit ausmachenden Betriebsvorgänge findet äußerst selten statt" [231].

Wenn man einmal der Frage nachgeht, warum im Bergbau heute noch im Gegensatz zu den neuzeitlichen Akkordverfahren anderer Industriezweige an uralten Verfahren festgehalten wird, so stößt man auf folgende Gesichtspunkte: Die bergmännische Gedingesetzung hat neben einer Unzahl von geologisch-tektonischen, allgemein-technischen und spezifisch-bergbautechnischen auch besondere arbeitsphysiologische und arbeitspsychologische Einflußgrößen zu berücksichtigen, die zu einem beachtlichen Teil als variable Größen anzusehen und in der überwiegenden Mehrzahl in ihren Auswirkungen auf das Gedinge nach dem heutigen Stand der Erkenntnisse nicht mit Ziffern zu belegen sind. Es bleibt daher nur der Weg der Schätzung. Diese kann aber nur, wenn sie von sehr erfahrenen Betriebspraktikern durchgeführt wird, zu einem gerechten Gedinge führen. Und diese Erfahrung fehlt leider z. Z. sowohl einem Teil der Betriebsbeamten [233] als auch einem Teil der Hauer, was in beiden Fällen mit den Nachwuchsschwierigkeiten des Bergbaus in einem gewissen ursächlichen Zusammenhange stehen dürfte.

Allein — der Bergbau kann sich im Interesse der Leistungs- und Fördersteigerung gerade im Hinblick auf die erwähnten Nachwuchsschwierigkeiten mit dem heutigen Stand der Gedingetechnik nicht bescheiden und wird sich immer mehr in die Notwendigkeit versetzt sehen, nach neuen Verfahren Ausschau zu halten, die die in der Gedingewirtschaft noch ruhenden Leistungsreserven [233] mobilisiert. Eines der Mittel, das Gedingewesen auf einer besseren Grundlage aufzubauen, ist die Gedingekalkulation [221, 230, 231, 233].

Im Erfahrungsschatz [233] der praktischen Bergleute, der Arbeiter sowohl als auch der Betriebsbeamten, liegen Unterlagen in genügender Zahl vor, um bei der Gedingesetzung statt der dunklen und undurchsichtigen Schätzung [232] eine klare und nachprüfbare Kalkulation durchzuführen. Der Schatz muß nur gehoben, von Schlacken befreit und geläutert werden.

Die Gedinge werden kalkuliert [231], indem zunächst der Arbeitskomplex zergliedert [221, 232] und darauf in gemeinsamer [231] Besprechung vor Ort [231] zwischen Betriebsbeamten und Betriebspunktbelegschaft jedem Teilvorgang der aus beiderseitiger Erfahrung stammende Zeitwert [231, 232] beigelegt wird [233]. Die Kalkulation sollte schriftlich festgelegt und von beiden Vertragspartnern durch Unterschrift anerkannt werden. Sie würde damit zu einem integrierenden Bestandteil des Gedingevertrages.

Mit der Kalkulation des Gedinges wäre zu erreichen:

1. Durch die gemeinsam [231] durchgeführte, vollkommen offene [231] und jederzeit nachprüfbare Kalkulation werden das Vertrauen [231] des Arbeiters zum Gedinge [230, 233] gestärkt[2] und Zweifel an der Gedingeehrlichkeit beseitigt [233].

2. Die gemeinsame Kalkulation, bei der der Arbeiter als gleichberechtigter Partner mitwirkt, hebt das Standesbewußtsein des Bergmanns.

3. Die unter Hinzuziehung des Arbeiters und mit seiner Zustimmung erfolgende Festlegung der Soll-Leistung stärkt in ihm den Trieb, das selbst miterrechnete Ziel zu erreichen [230, 231, 233] bzw. es sogar zu überschreiten.

4. Die genaue Kalkulation läßt die Setzung langfristiger Gedinge [231, 233] zu, so daß der Arbeiter auch bei hoher Leistung nicht mit einer Reduktion des Gedinges [233] und damit einer Lohnschmälerung zu rechnen braucht[3].

---

[1] „Das Gedinge wird auch heute noch nach alter Väter Weise geregelt" [65].

[2] „Mit Recht wird das Gedinge als Glückssache betrachtet" [65].

[3] „Gerade die Einmonats- und unbefristeten Gedinge sind es, die den Gedingearbeiter ständig beunruhigen und als Ursache eines nicht unberechtigten Mißtrauens angesehen werden müssen" [65].

5. Bei eintretenden Schwierigkeiten oder Kalkulationsfehlern ist eine Berichtigung der Ziffer, die geändert werden muß, leicht möglich, was wiederum das Vertrauen des Arbeiters nur vergrößern kann [231].

6. Gedingestreitigkeiten werden vermieden, was wesentlich zur Beruhigung des Betriebslebens beiträgt [231].

7. Die Kalkulation kann u. U. zur Aufdeckung von Mängeln in der Betriebsorganisation [231, 233] führen. Dieses wird dann vornehmlich der Fall sein, wenn der Arbeiter bei der Durchsprache der Kalkulation[1] eine Abweichung von üblichen Werten damit begründet, daß dieser oder jener Mangel vorliege.

51 Grundlagen der Gedingekalkulation.

510 Vorbemerkungen.

Die bergmännischen Gedinge sind in ihrer überwiegenden Mehrzahl dadurch gekennzeichnet, daß sie Arbeitskomplexe betreffen, die sich aus einer mehr oder weniger großen Anzahl von Arbeitsvorgängen zusammensetzen, die sich ihrerseits wiederum in eine Reihe von Teilvorgängen aufgliedern lassen. Als Beispiel sei die Auffahrung einer Abbaustrecke herangezogen. Der Stammbaum der Abb. 27 vermittelt einen Einblick in die sich dabei abspielenden Vorgänge, wobei ausdrücklich darauf hingewiesen sei, daß es sich um eine Prinzipdarstellung handelt, die keinen Anspruch auf Vollständigkeit erheben will.

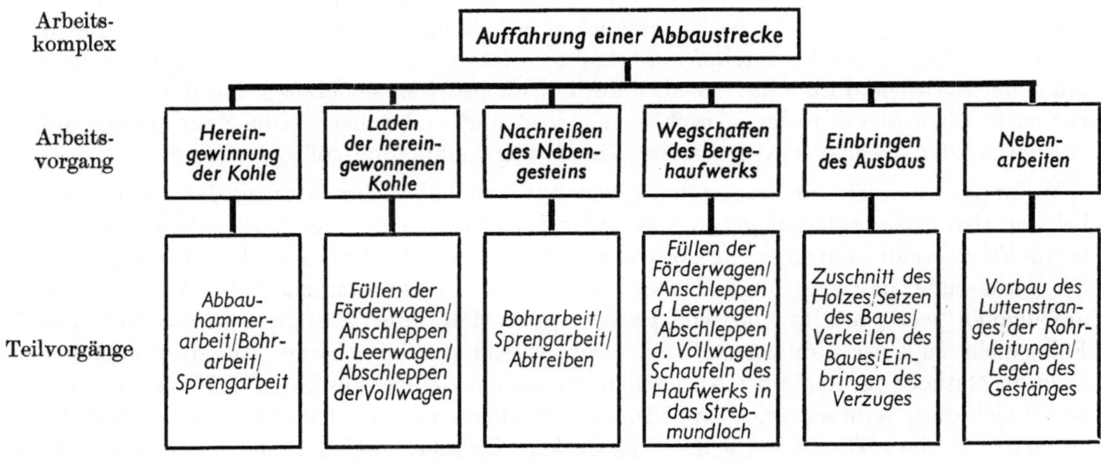

Abb. 27. Stammbaum einer Abbaustreckenauffahrung.

Es ist verständlich, daß der Aufbau des Gedinges auf einer den gesamten Arbeitskomplex umfassenden einzigen Leistungszahl — im angezogenen Beispiel etwa auf der Auffahrleistung in cm/M/Sch — der im Bergbau anerkanntermaßen vorhandenen Inkonstanz der Einflußgrößen nicht Rechnung tragen und infolgedessen nicht zu einem gerechten Gedinge führen kann. Es ist demnach nicht daran zu zweifeln, daß man bei der Gedingekalkulation auf Einzelheiten eingehen muß [230, S. 13; 231, S. 14; 233, S. 13][2]. Dann erhebt sich aber sofort die Frage, wieweit man bei der Einzelgliederung vorstoßen soll.

---

[1] Die Zerlegung einer Arbeit in ihre Elemente läßt nach TAYLOR fast immer erkennen, daß „die Arbeitsverhältnisse und -bedingungen mangelhaft sind". — Vgl. TAYLOR: Transactions of the American Society of Mechanical Engineers, S. 1191. 1912.

[2] „Nur wenn man eine Arbeit in ihre einzelnen Arbeitsvorgänge zergliedert und ein Gedinge durchkalkuliert, kann man zu einer annähernd gerechten Beurteilung einer Leistung kommen, und das Gedinge kann nicht mehr als Glückssache betrachtet werden. Das Gefühl der ungerechten Arbeitsbewertung durch einfaches Abschätzen der Arbeit dürfte bei gegenseitiger Kalkulation der beiden Gedingeparteien, zumal wenn ... die kalkulierten Werte auf der Rückseite des Gedingescheines festgehalten werden, nicht mehr aufkommen" [237, S. 61].

511 Aufgliederung nach Betriebsvorgängen und Gedingegrundwerte.

Die Antworten der Praxis auf diese Frage fallen sehr verschieden aus und spiegeln den jeweiligen Stand der Gedingetechnik wider. Allerdings darf man bei einem Vergleich des Standes der Gedingetechnik in verschiedenen Industriezweigen nicht mit absoluten Maßstäben messen, sondern muß sich immer vor Augen halten, wie vielgestaltig die Arbeitsvorgänge bzw. -komplexe in den verglichenen Betrieben sind, für die die Gedinge zu setzen sind. Wenn der Maschinenmann z. B. für das Abdrehen einer Welle auf der Drehbank seinen Akkord auf Zeitaufwandsziffern aufbaut, die er sozusagen für jeden Handgriff vorliegen bzw. durch Auswertung von Zeitmessungen bestimmt hat, so kann vom gedingekalkulierenden Bergmann nicht erwartet werden, daß er z. B. für einen Streckenvortrieb in der Aufgliederung der Arbeiten entsprechend weit gehen wird. Auch darf — um bei den angezogenen Beispielen zu bleiben — nicht unerwähnt bleiben, daß der Maschinenmann an der Drehbank mit gleichbleibenden, der Bergmann vor Ort aber mit in ihrer Größenordnung schwankenden Einflußgrößen rechnen kann bzw. muß.

Sodann wäre weiterhin darauf hinzuweisen, daß die Grenzen der Gliederung von Arbeitsvorgängen nicht allein unter dem Subspekt der Gesetze der Mechanik gesehen werden dürfen. Träger der Arbeit ist, was im Bergbau besonders scharf zum Ausdruck kommt, der Mensch, und er will auch in seiner Arbeit ganzheitlich, d. h. als Seele-Geist-Körper-Wesen, angesprochen und angesehen werden. Es dürfte daher verständlich sein, daß man die menschliche Arbeit nicht mit den Maßen der Maschinenarbeit messen kann und darf. Die Unterschiede bedingen aber nicht nur eine Verschiedenheit der Maße, sondern wirken sich auch auf die Gliederung der Arbeitsvorgänge aus. Bei der Zergliederung der menschlichen Arbeit stößt man nämlich auf Endglieder, die ganzheitlich und nicht weiter auflösbar sind, wenn man die Grenzen der Gesetzlichkeiten nicht überschreiten will, die der menschlichen Arbeit eigentümlich sind. Tut man dies doch, indem man künstliche Unterteilungen schafft, so lassen sich die so entstehenden Glieder zwar mit Ziffern belegen, doch haben sie aus ihrer künstlichen Genese heraus keine Beziehungen mehr zur natürlichen Struktur der menschlichen Arbeit und sind daher für die Zwecke einer auf der Gliederung der Arbeitsvorgänge basierenden Gedingekalkulation völlig wertlos.

Wenn man nunmehr die Fragestellung, wie weit man in der Einzelwertung der Arbeitsvorgänge bei der Gedingekalkulation gehen soll, auf die Antworten aus der bergbaulichen Praxis beschränkt, so erhält man trotzdem noch kein einheitliches Bild. Immer noch finden sich Vertreter der Auffassung, daß es genüge, das Gedinge auf der Endleistungsziffer des Arbeitskomplexes aufzubauen, wozu bereits einleitend gesagt wurde, daß dieses Verfahren in der Mehrzahl der Fälle nicht zu einer ordnungsmäßigen Gedingestellung führen kann[1]. Auf der anderen Seite steht die Methode des russischen Normenbuches, das das Gedinge aus festen Tafelwerten berechnet, wobei sich diese teilweise selbst auf kleinste Einzelheiten — wie Herstellung eines Bühnloches, Verblattung eines Türstockes u. a. — erstrecken. Zwischen diesen beiden Extremen steht die Verfahrensart, nach mehr oder weniger weitgehender Aufgliederung des Arbeitskomplexes in Zusammenarbeit zwischen Betriebsbeamten und Bergmann den Zeitaufwand für die einzelnen Arbeitsvorgänge festzulegen und hierauf die Gedingekalkulation aufzubauen. Als Unterlage der Verhandlung dient dabei meist die beiderseitige Erfahrung. Unbestritten hat die Abstellung auf rein subjektive Erfahrungsziffern gewichtige Mängel, die man durch Heranziehung von objektiv fundierten Richtwerten ausgleichen sollte[2]. Andererseits sind diese Mängel aber auch nicht so schwerwiegend, daß man jenen Übereiferern folgen kann, die die Schätzmethode rundweg

---

[1] „Obwohl oft der Standpunkt vertreten wird, daß eine weitgehende Aufteilung der bergmännischen Gedingearbeit nicht erwünscht ist, kann die Arbeitseinteilung im Abbaustreckenvortrieb nicht bei den Teilarbeitsvorgängen stehenbleiben, sondern sie muß sich bereits mit ihren jeweiligen Gedingegrundwerten befassen" [*236*, S. 13].

[2] „Die Gedingekalkulationen haben eindeutig gezeigt, daß bei normalen betrieblichen und geologischen Verhältnissen bestimmte mittlere Werte vorhanden sind und für die Gedingesetzung ... verwandt werden können" [*237*, S. 61]. — „Die aus der Häufigkeit der verschiedensten Gedingegrundwerte sich ergebenden Mittelwerte, die nur Richtwerte sein können ..., zeigen aber zumindest, daß sie ein guter Anhalt für die Gedingesetzung sein können" [*236*, S. 69]. — „Durch Überprüfung der einzelnen Arbeitsvorgänge können Häufigkeitswerte ermittelt werden, die dann als Richtwerte zu verwenden sind" [*65*, S. 201].

und in jedem Fall ablehnen zu müssen glauben. Ihnen seien hier nur die Worte BRAMESFELDS [*34*, S. 97] entgegengehalten:

„Eingehende Versuche haben erwiesen, daß auf dem Wege des nicht erlebnis- und vorstellungsmäßigen, sondern des erfahrungs- und kenntnisbegründeten Schätzens Arbeitszeiten sich mit durchaus zureichender Sicherheit vorausbestimmen lassen. Die Schätzung gewinnt außerordentlich an Sicherheit, wenn ihr Gegenstand — hier also die Arbeitszeit — nicht im Ganzen, sondern nach Teilen aufgegliedert geschätzt wird, wonach dann die geschätzten Teile wieder aneinandergereiht werden.“

Weiter auf die Feststellung von Gedingegrundwerten einzugehen, ist hier nicht der Platz.

512 Ausgangsbasis der Gedingekalkulation.

Die Gedingegrundwerte sind abhängig von den örtlichen Gegebenheiten und dem Betriebszuschnitt. Ehe man daher an die Kalkulation selbst bzw. an die Festlegung der ihr zugrunde zu legenden Leistungs- bzw. Schichtenaufwandsziffern herangeht, muß Klarheit über diese beiden Punkte herrschen.

512.1 Örtliche Gegebenheiten. Zu den örtlichen Gegebenheiten wären alle die Umstände zu zählen, die der Bergmann als naturgegeben an seiner Arbeitsstelle vorfindet. Von ihnen wären, da sie Einflüsse auf die Arbeitsvorgänge ausstrahlen, für die Gedingekalkulation von besonderer Bedeutung:

Ausbildung der Lagerstätte

(Einfallen, Mächtigkeit, Struktur der Kohle, Bergemitteleinlagerung, Festigkeit des Nebengesteins, Sprünge, Überschiebungen usw.)

Beschaffenheit der Gesteinsschichten

(Schiefer, Sandschiefer, Sandstein, Konglomerat, Klüfte, Schnitte, Wechsellagerung usf.)

Sonstige Gegebenheiten

(Lage des Betriebspunktes im Grubengebäude, Weg vom Schacht bis zum Betriebspunkt und hiervon abhängig die zu dessen Zurücklegung erforderliche Zeit, Teufe, Wasserzuflüsse, Ausgasung, Temperatur, Staub usw.)

Da die Gedinge gemeinhin vor Ort gesetzt zu werden pflegen[1], wo die örtlichen Gegebenheiten den beiden Vertragspartnern offen vor Augen liegen, könnte man zu der Auffassung kommen, daß sich ein näheres Eingehen auf die örtlichen Gegebenheiten erübrige. Dem muß aber folgendes entgegengehalten werden:

Die zur Stunde der Gedingekalkulation angetroffenen örtlichen Verhältnisse sind in mehr oder weniger großem Umfang *nur* für diesen Zeitpunkt und Ort gültig. Bei der Gedingekalkulation muß man wegen des Wechsels der Verhältnisse mittlere Werte zugrunde legen, wenn nicht gar für die Fälle weitergehender Änderung der Gegebenheiten besondere Kalkulationen durchführen. Wer wird z. B. bei der Gedingesetzung für einen Querschlagsvortrieb das Gedinge ausschließlich auf Schiefer abstellen, wenn am Tage der Gedingesetzung die Ortsbrust zufällig im Schiefer steht? Man ist also gezwungen, bei den hic et nunc vorliegenden Gegebenheiten deren Schwankungsbereich bei der Gedingekalkulation zu berücksichtigen.

Die Gedingekalkulation kann Schwankungen der Verhältnisse jedoch nur in einem solchen Umfange einschließen, als diese sich nicht in einer unzulässigen Breite im Gedinge selbst bemerkbar machen können. Welcher Streubereich noch zulässig ist, muß von Fall zu Fall festgestellt werden. Damit aber von vornherein und für alle vorkommenden Fälle Klarheit darüber besteht, welche Gegebenheiten bei der Gedingekalkulation unterstellt und welche Schwankungsbereiche einkalkuliert wurden, ist deren möglichst genaue Umreißung und Festlegung erforderlich. Eine schriftlich fixierte Gedingekalkulation würde sich somit zunächst mit der Schilderung der örtlichen Gegebenheiten zu befassen haben.

512.2 Betriebszuschnitt. Von ebenso großem, wenn nicht noch bedeutenderem Einfluß auf die Leistung des Bergmanns ist der Betriebszuschnitt. Hierunter sollen alle Maßnahmen verstanden werden, die Menschenhirn und -hand in die sich im Bergwerk vorfindenden Naturgegebenheiten hineintragen, wie z. B.

---

[1] In der als Arbeitsordnung ab 1. November 1950 geltenden Tarifvereinbarung in § 27 Abs. 3 zwingend vorgeschrieben!

Abbau- und Gewinnungsverfahren (Abbauhammer-, Bohr- und Sprengarbeit u. a.)
Gestaltung des Ladevorganges (Schaufel, Ladegerät usw.)
Fördermittel (Wagen, Rutschen, Bänder usw.)
Art des Ausbaus (Holz, Stahl, Mauerwerk u. a.).

Es ist eine Selbstverständlichkeit, daß der vorgesehene Betriebszuschnitt bei der Gedingekalkulation in Rechnung zu setzen ist, stellt er doch gewissermaßen die Hauptsäule dar, auf der
das bergmännische Schaffen aufruht. Wenn nun auch der Betriebszuschnitt im großen und
ganzen nicht so starke Variierungsbereiche aufweist wie die örtlichen Gegebenheiten, so darf
doch nicht übersehen werden, daß er sich den wechselnden Verhältnissen anpassen muß. Erinnert
sei nur an die Abhängigkeit des Ausbaus von den Gesteins- und Gebirgsdruckverhältnissen.
Hieraus leitet sich dann aber die Forderung ab, daß auch der normale Betriebszuschnitt bei der
Gedingekalkulation festgelegt werden muß, damit im Ablauf des Betriebes sich ergebende Abweichungen vom Plan erkennbar und nachweisbar werden, um in einer Nach- oder Neukalkulation
des Gedinges rechte Würdigung finden zu können. Bei der schriftlichen Festlegung der Gedingekalkulation hätte demnach zu der Schilderung der Gegebenheiten die des geplanten Betriebszuschnittes als Grundlage der Kalkulation hinzuzutreten.

513 Gedingerichtlohn.

Das Gedinge als Regulativ des Arbeitsentgeltes kann nur als in zwiefacher Hinsicht gebunden
bestehen. Es ist auf der einen Seite abhängig von der bei den örtlichen Gegebenheiten und dem
vorliegenden Betriebszuschnitt als möglich erachteten Leistung des Bergmanns. Auf der anderen
Seite wird es bestimmt durch den Geldbetrag je Schicht, der äquivalent zu setzen ist der in einer
Schicht zu erbringenden Leistung. Es ist üblich, den sogenannten Hauerdurchschnittslohn hierfür
zu wählen[1], obgleich dieser nach den Bestimmungen als Soll-Durchschnittslohn aller Hauer einer
Schachtanlage für den Zeitraum eines Monats zu definieren ist. Zweckmäßiger spricht man
von dem „Gedingerichtlohn", d. h. einem Lohn je Schicht, auf den die Gedinge auszurichten
sind. Daß in der Praxis nicht immer der Gedingerichtlohn mit dem tariflichen Hauerdurchschnittslohn identisch ist, geht schon allein daraus hervor, daß vielerorts den Gesteinshauern bei der
Gedingekalkulation ein höherer Lohnsatz vorgegeben wird. Es ist demnach, um jederzeit einen
klaren Einblick in die Gedingekalkulation gewinnen zu können, unbedingt erforderlich, daß der
bei der Kalkulation angesetzte Gedingerichtlohn schriftlich festgehalten wird. Dies empfiehlt
sich auch noch aus dem Grunde, weil der tarifliche Hauerdurchschnittslohn keine auf längere
Zeit gesehen absolut starre Größe darstellt, sondern Entwicklungsschwankungen unterliegt. Ist
der Gedingerichtlohn bei der Festlegung der Kalkulation mit vermerkt, so sind bei späterem
Rückgriff auf die Berechnung Zweifel oder Meinungsverschiedenheiten über die geldmäßigen
Grundlagen der Kalkulation nicht möglich.

Damit wäre über die Präambel der Gedingekalkulation Klarheit gewonnen. Festzustellen bzw.
festzulegen sind demnach vor Inangriffnahme der eigentlichen Rechnung:

1. Die örtlichen Gegebenheiten, darunter insbesondere auch die Soll-„Arbeitszeit vor Ort"
[*221*, S. 27]. — 2. Der Betriebszuschnitt. — 3. Der anzusetzende Gedingerichtlohn.

52 Aufbau der Gedingekalkulation.

520 Allgemeines.

Grundprinzip einer jeden Gedingekalkulation muß die Aufgliederung des Arbeitskomplexes
und die Zuordnung der Zeitaufwandsziffern zu den einzelnen Arbeitsvorgängen bzw. Teilarbeitsvorgängen sein. Bei in sich geschlossenen Betriebsvorgängen — typische Beispiele sind die
Arbeiten des Umsetzens von Wanderpfeilern und des Umlegens von Fördermitteln — wird man
auf eine Aufgliederung des Betriebsvorganges verzichten können. Anders dagegen, wenn es sich
um Betriebsvorgänge handelt, bei deren Ablauf sich ganz verschiedenartige, längere Zeit in

---

[1] § 33 Abs. 1 der ab 1. November 1950 als Arbeitsordnung geltenden Tarifvereinbarung besagt: „Das Gedinge
wird so vereinbart, daß der Vollhauer bei normaler Arbeitsleistung den Tarifhauerdurchschnittslohn verdienen
kann."

Anspruch nehmende Teilarbeitsvorgänge im zyklischen Turnus wiederholen. Als Prototyp kann der Streckenvortrieb gelten, der sich gliedert in die Arbeitsvorgänge: Bohren und Sprengen / Wegräumen des Haufwerks / Einbringen des Ausbaus / Nebenarbeiten. In derartigen Fällen *muß* man die Zeitaufwendungen für die einzelnen Teilvorgänge getrennt ermitteln. Grundsätzlich bleibt für *alle* Fälle die Forderung bestehen, daß man möglichst tief ins einzelne zu gehen versuchen sollte, weil dann die Gefahr von Kalkulationsfehlern am geringsten ist[1]. Wenn sich auch Fehler auf diesem Wege nicht völlig vermeiden lassen, so sind sie doch in ihren Auswirkungen auf das Endergebnis weitgehend eingeschränkt. Und zwar ergibt sich diese Fehlerminderung aus den Tatsachen, daß bei genauem Durchdenken und Prüfen des Gesamtvorganges, wie es die Aufgliederung erforderlich macht, Einzelheiten und Sonderumstände des vorliegenden Falles nicht so leicht übersehen werden, daß es zweitens leichter ist, einfache Vorgänge im Gedächtnis festzuhalten bzw. wiederzufinden und mit Zeitaufwandsziffern zu belegen als verwickelte Arbeitskomplexe, und daß drittens bei der Kalkulation unter Ansatz von Einzelwerten festliegende oder betriebsübliche Ziffern übernommen werden können und nur Teile des Gesamtvorganges neu geschätzt werden müssen[2].

Der Aufbau einer Gedingekalkulation wird durch 3 Umstände bestimmt bzw. beeinflußt:

1. Durch die Art des Betriebsvorganges, der in ihr erfaßt werden soll; — 2. durch die Feinheit der Aufgliederung, die man anzuwenden beabsichtigt; — 3. durch die Art des Kalkulationsvorganges selbst.

Auf den letztgenannten Gesichtspunkt sei nachstehend näher eingegangen.

Bei der Entwicklung des Gedinge-Kalkulationsverfahrens hat eine Bergwerksgesellschaft in den ersten Jahren des zweiten Weltkrieges den Weg gewählt, ihren gedingesetzenden Betriebsbeamten zunächst nur das Ziel aufzuzeigen und ihnen im übrigen in der Gestaltung der Kalkulation völlig freie Hand zu lassen. Abb. 14 (Abschn. 2) zeigt eine solche Gedingeberechnung aus dem Jahre 1942. Mit diesem Verfahren wurde bezweckt und auch erreicht, daß der generellen Einführung der Kalkulation nach Vordrucken der Boden geebnet wurde. Die Belegschaft mußte und sollte auf das neue Verfahren psychologisch vorbereitet und langsam mit ihm vertraut gemacht werden. Nachdem dies gelungen war, konnte der zweite Schritt getan und an die Schaffung einheitlicher Rechenvordrucke herangegangen werden.

521 Allgemein brauchbarer Vordruck.

Als typisch bergmännische Arbeitsvorgänge, die sich bei vielen Arbeitskomplexen vorfinden, können angesprochen werden:

a) Das Lösen von Massen, wobei zwischen Hand- und Abbauhammerarbeit einerseits und Sprengarbeit andererseits zu unterscheiden wäre; — b) die Bewegung des Haufwerks, sei es nun, daß es sich um dessen Laden oder Wegräumen handelt, sei es, daß das Bergehaufwerk als Bergeversatz eingebracht und verpackt wird; — c) das Einbringen des Ausbaus.

Hierzu kämen noch

d) sonstige und Nebenarbeiten, wie Schienenlegen, Vorbauen von Lutten und Rohren, Einbauen von Fahrten oder Sprachrohren usw.

Hierauf baut der allgemein gehaltene und in einer ganzen Reihe von Fällen brauchbare Vordruck der Abb. 15 (Abschn. 2) auf.

Das oberste Feld ist für die Eintragung folgender Grundlagenangaben bestimmt: Kennzeichnung des Betriebspunktes; Tag der Kalkulation; Name des Flözes; Angabe des Flözprofils in der Art, wie dieses im Grubenbild zu geschehen pflegt; des Einfallens des Flözes oder der Gebirgsschichten; der Art des Gesteins, wobei gegebenenfalls für das Hangende und Liegende die Eintragung gesondert erfolgen kann; der Art des Ausbaus, der Abmessungen der Strecke und der Streckenquerschnitte für lichte und Ausbruchmaße; Bezifferung des Kohlen- und Bergeanfalls sowie Beschreibung der Mechanisierung.

---

[1] „Arbeitszeitschätzung sollte ausnahmslos als unterteilendes Schätzen durchgeführt werden" [*34*, S. 97].

[2] „Die Anzahl der noch nicht genau erfaßbaren Gedingegrundwerte wird durch als Richtwerte festliegende Mittelwerte wesentlich eingeschränkt" [*237*, S. 61].

Im Mittelfeld der Abb. erfolgt die Aufgliederung des Arbeitskomplexes nach Arbeitsvorgängen und deren Teilvorgängen sowie die Festlegung des Zeitaufwandes für diese einzelnen Vorgänge. Dabei ist eine Spalte für die Eintragung der Gesamtzeit und eine für die der Zeit je Einheit vorgesehen. Die Hauptgliederung ist in die bereits obengenannten 4 Gruppen:

<table>
<tr><td>a) Lösen der Massen;</td><td>c) Ausbau;</td></tr>
<tr><td>b) Bewegung des Haufwerks;</td><td>d) sonstige und Nebenarbeiten</td></tr>
</table>

vorgenommen. Die Gruppen a) und b) sind weiter unterteilt, und zwar:

a) in Hand-, Abbauhammer- und Sprengarbeit; — b) in Laden, Wegräumen, Versetzen, Verpacken.

Die Sprengarbeit ist sodann in Bohren und Schießen gegliedert. Die freien Zeilen dienen der Eintragung der für den betreffenden Betriebspunkt in Betracht kommenden Einzelheiten.

Im unteren Feld des Vordruckes erfolgt die Errechnung des Gedingesatzes. Der Schichtenaufwand je Gedingeeinheit ergibt sich als Quotient aus dem Gesamtaufwand an Arbeitsstunden und der „reinen Arbeitszeit" (heute „Arbeitszeit vor Ort" genannt!) in Stunden. Der Gedingesatz je Gedingeeinheit errechnet sich dann als Produkt aus Schichtenaufwand je Gedingeeinheit und Gedingerichtlohn.

Schließlich enthält der Vordruck noch am Fuße Raum für die Eintragung des Namens der Schachtanlage und für die Unterbringung der Unterschriften derjenigen, die das Gedinge kalkuliert haben.

522 Gesonderte Vordrucke für einzelne Kalkulationsgruppen.

522.0 Vorbemerkungen. Es bedarf keines besonderen Nachweises für die Feststellung, daß beim allgemein gehaltenen, auf alle Kalkulationsfälle anwendbaren Kalkulationsvordruck dem Vorteil der universellen Verwendbarkeit der gewichtige Nachteil gegenübersteht, daß die in ihm enthaltenen Angaben den wirklichen Sachverhalt nur umreißen, aber niemals vollständig und genauestens widerspiegeln können. Dies hat seinen Grund darin, daß die bergmännischen Gedinge von allzu verschiedenen Grundtatsachen ausgehen und allzu verschiedenartig aufgebaut werden. Für die erste Einführung der Gedingekalkulation in einem Betrieb, der bislang diese noch nicht durchgeführt hat, mag der allgemeine Rahmenvordruck genügen. Im Zuge der Verfeinerung des Verfahrens wird der fortgeschrittene Betrieb zwangsläufig zu besonderen Vordrucken für jede Gruppe von Gedingekalkulationen kommen, von denen nachstehend 4 als Beispiele beschrieben werden sollen.

Es handelt sich dabei um z. T. bereits in Abschn. 2 bildlich wiedergegebene Kalkulationsmuster für

<table>
<tr><td>a) eine Streckenauffahrung (Abb. 16),</td><td>c) die Hereingewinnung der Kohle (Abb. 18),</td></tr>
<tr><td>b) eine Abbaustreckenauffahrung (Abb. 28),</td><td>d) die Herstellung von Auf- oder Abhauen</td></tr>
<tr><td></td><td>(Abb. 17).</td></tr>
</table>

Den Vordrucken a), c) und d) gemeinsam ist zunächst die Gestaltung des Kopfes bis auf das Feld, das die Bezeichnung des Kalkulationsmusters enthält. Auch die Abschnitte „Allgemeines" und „örtliche Gegebenheiten" sind kongruent.

Im Blattkopf sind aufgeführt:
a) Die Grundbezeichnung des Vordruckes durch das stark umrahmte Wort „Gedingekalkulation"; — b) dann anschließend im zweiten Feld die Einzelbezeichnung des Musters durch die Worte „Streckenauffahrung", „Gewinnung" oder „Auf- und Abhauen"; — c) Name der Schachtanlage, auf der die Kalkulation ausgeführt wurde; — d) Tag der Kalkulation; — e) Name des Betriebsbeamten, der die Kalkulation vornahm; — f) Name des Betriebsbeamten, der sie überprüft hat; — g) Erledigungsvermerke, so z. B. für die Aktenablage u. dgl. mehr.

In der nächsten schmalen Zeile sind unter „Allgemeines" die Schichtzeit, die Arbeitszeit vor Ort und der Gedingerichtlohn anzugeben.

Im nachfolgenden Vordruckfeld, das die „örtlichen Gegebenheiten" enthält, sind aufzuführen:
a) Der Betriebspunkt nach Sohle, Abteilung und Ort; — b) Name und Profil des Flözes; — c) das Einfallen der Schichten; — d) die Art des Gesteins, gegebenenfalls die Gesteinsart des Hangenden und Liegenden.

Einheitlich ist auch die vorgedruckte Eintragung im Abschnitt „Bemerkungen": „Das auf Grund vorstehender Kalkulation angebotene Gedinge wurde von der Betriebspunktbelegschaft — nicht — angenommen." Das Wort „nicht" ist gegebenenfalls zu streichen. Die Anmerkung ist unter Angabe des Datums von dem dafür in Betracht kommenden Betriebsbeamten durch Unterschrift zu testieren.

Die Vordruckfelder „Betriebszuschnitt", „Schichtenaufwand" und „Gedingeberechnung" erhalten in den 3 Vordrucken der Abbn. 16, 17 und 18 wegen der betrieblichen und gedingetechnischen Unterschiede verschiedene Prägungen.

Gedingekalkulation	Abbaustrecken-auffahrung	Schachtanlage	Kalkuliert	Erl. Vermerk
			...... (Name)	
		Tag	Zum Gedinge Nr.	

Allgemeines	Schichtzeit ...... Std.	Reine Arbeitszeit ...... min/Sch	Soll-Zeitaufwand an reiner Arbeitszeit für 1 Abschlag	min

Örtliche Gegebenheiten

- Betriebspunkt ...... Sohle ...... Abtlg.
- Ort ...... Flöz
- Flözprofil[1] (Skizze umst.) Einfallen ...... Grad
- Art des Gesteins { Hangendes ...... / Liegendes ......

Betriebszuschnitt

- Streckenquerschnitt { licht ...... m² / im Ausbruch ...... m²
- Haufwerkanfall { Kohle ...... Wg/m / Berge ...... Wg/m
- Abschlaglänge ...... m
- Wagenrauminhalt ...... m³
- Preßluftdruck ...... atü
- Bohrhammertyp ......
- Bohrkrone ......
- Bohrstütze ......
- Vorschubgerät ......

(Skizze umstehend)

- Zahl der Bohrlöcher {
  - a) in der Kohle ......
  - b) im Gestein
    - im Einbruch ......
    - der Hilfslöcher ......
    - in der Firste ......
    - in der Sohle ......
    - in den Stößen ......
    - im Hangenden ......
    - im Liegenden { Abdecker ...... / Sohle ......
- Schießstufe ...... Zündgänge ......
- Zahl der Sprengpatronen je Abschlag ......
- Strecke wird ...... -spurig aufgefahren
- Vorläufiger Ausbau; Art ......
- Ausbau { Art ...... / Sohlenbreite ...... m Scheitelhöhe ...... m / Abstand ...... m
- Sollbelegung ...... Drittel je ...... Mann
- davon ...... Hauer ...... Lehrhauer
- ...... Gedingeschlepper

Soll-Zeitaufwand an reiner Arbeitszeit für 1 Abschlag | min

- ...... Wg Kohle lösen
- ...... Wg Kohlenhaufwerk laden
  - a) in Förderwagen von Hand
  - b) in Förderwagen maschinell mit ...... Maschine
  - c) aufs Band für ...... m³ Haufwerk (je m³ ...... min)
- ...... Wg Kohlen abschleppen auf ...... m
- Herstellung der Bohrlöcher {
  - a) in der Kohle
  - b) im Gestein
    - im Einbruch
    - der Hilfslöcher
    - in der Firste
    - in der Sohle
    - in den Stößen
    - im Hangenden
    - im Liegenden { Abdecker / in der Sohle
- Bedienung des Bohrwasserwagens
- Laden und Besetzen der Bohrlöcher
- Abtun der Schüsse
- Wartezeit während des Besetzens und nach dem Schießen
- ...... Wg Bergehaufwerk laden
  - a) in Förderwagen von Hand
  - b) in Förderwagen maschinell mit ...... Maschine
  - c) aufs Band für ...... m³ Haufwerk (je m³ ...... min)
- ...... Wg Berge abschleppen auf ...... m
- ...... m³ Hohlraum versetzen im Damm[2]
- ...... m³ Hohlraum versetzen im Streb[2]
- Einbringen des Ausbaus
- Schienenlegen (vorl. Schienenlegen unter „Sonstige Nebenarbeiten")
- Lutten vorbauen
- Rohre vorbauen
- Sonst. Nebenarbeiten (Materialtransport usw.)

Sonstige Bemerkungen:

Soll-Zeitaufw. je Abschlag } i. Arbeitsminuten
Soll-Zeitaufwand je m }

Leistungsziffern

Soll-Leistung ...... cm/M/Sch

Erreichte Leistung { Vormonat ...... cm/M/Sch / laufender Monat ...... cm/M/Sch

---

[1] Die Hauptmaße, insbesondere die des Flözes, sind anzugeben. [2] Die Raummaße sind in der Skizze anzugeben.

Abb. 28. Gedingekalkulationsvordruck für die Abbaustreckenauffahrung.

522.1 Gedingekalkulationsmuster für eine Streckenauffahrung (Abb. 16). Bei der Streckenauffahrung ist der „Betriebszuschnitt" durch Angabe folgender Ziffern zu kennzeichnen:

a) Lichter Streckenquerschnitt und Ausbruchquerschnitt; — b) Menge des bei 1 m Vortrieb anfallenden Haufwerks an Kohle und an Bergen; — c) Länge des Abschlages; — d) Art des Ausbaus, Längen- und Stärkeabmessungen der Ausbauteile, Abstand der einzelnen Zimmerungen von Mitte bis Mitte; — e) Anzahl der herzustellenden Bohrlöcher

1. für den eigentlichen Einbruch,	4. in der Sohle,
2. an Einbruchhilfslöchern,	5. in den Stößen.
3. in der Firste,	

bzw. bei der Auffahrung von Abbaustrecken

1a) im Hangenden,   2b) im Liegenden, wobei noch zwischen Abdecker und Sohlenbohrlöchern unterschieden ist.

Der „Schichtenaufwand" für einen Abschlag wird aus der Summe der für die einzelnen Arbeitsvorgänge erforderlichen Zeitaufwandsziffern berechnet, die in Stunden reiner Arbeitszeit anzugeben sind. Der Gesamtzeitaufwand je Abschlag wird zusammengestellt aus den Einzelwerten für

a) Hereingewinnung der Kohle; — b) Wegladen des Kohlenhaufwerks; — c) Herstellung der Bohrlöcher

1. für den eigentlichen Einbruch,	4. in der Sohle,
2. als Einbruchshilfslöcher,	5. in den Stößen.
3. in der Firste,	

1a) im Hangenden,   2b) als Abdecker bzw. als Sohlenbohrlöcher im Liegenden

d) Wegladen des Bergehaufwerks; — e) Einbringen des Ausbaus; — f) Nebenarbeiten, die im einzelnen aufzuzählen sind.

Aus der Summenziffer des Gesamtzeitaufwandes erhält man bei Division durch die Ziffer der Arbeitszeit vor Ort den Schichtenaufwand je Abschlag.

Die „Gedingeberechnung" spielt sich nunmehr folgendermaßen ab:

Aus dem Schichtenaufwand je Abschlag bestimmt man durch Multiplikation mit dem Gedingerichtlohn zunächst den Geldbetrag, der für einen Abschlag auszuwerfen ist. Dieser Betrag wird meist, wenn im Streckenquerschnitt Kohle ansteht, in 2 Beträge gegliedert, den für geförderte Kohle und den für die Längenauffahrung. Eine dieser beiden Größen kann man beliebig annehmen, während sich die zweite dann zwangsläufig von selbst ergibt. Gewöhnlich legt man zunächst den Gedingesatz je Wagen geförderte Kohle fest. Aus diesem und der Ziffer „Kohlenanfall je Abschlag" errechnet sich der Betrag, der von dem für den Abschlag errechneten Gesamtbetrag auf die Kohle entfällt. Durch Subtraktion des Betrages für Kohle vom Gesamtbetrag ergibt sich die Gedingelohnsumme für die Längenauffahrung. Hierzu tritt nun weiter die Sprengstoffverrechnung, soweit diese in Frage kommt bzw. eingesetzt werden soll, nach deren Berücksichtigung nunmehr die Gesamtgedingelohnsumme für die Längenauffahrung in DM/Abschlag zahlenmäßig vorliegt.

Dieser Betrag wird auf die Einheit der Längenauffahrung reduziert, indem man ihn durch die Abschlaglänge dividiert. Auf diese Weise erhält man den Gedingesatz für das lfd. Meter Auffahrung.

Die Gedingesätze selbst sind im Vordruck rechts herausgeschrieben und durch stärkere Umrahmung besonders hervorgehoben.

Auf dem vorstehend erläuterten Vordruck für Kalkulationen von Gedingen im Streckenvortrieb baut der der Abb. 28 auf. Er ist im Jahre 1950 als Ergebnis der Zusammenarbeit einer Reihe von Fachleuten des Ruhrbergbaus entstanden und von der Deutschen Kohlenbergbau-Leitung bei einer ausgedehnten Rundfrage benutzt worden, die zum Ziele hatte, aus den eingehenden praktischen Beispielen Richtzahlen für die einzelnen Arbeitsvorgänge zu bestimmen zu versuchen. Wie ein Vergleich der beiden Vordrucke unmittelbar zeigt, sind die im Abschnitt „Betriebszuschnitt" verlangten Angaben zahlreicher und umfassender, so daß eine vollkommenere Charakteristik des Betriebsablaufes erreicht wird. Auch geht die Gliederung des Zeitaufwandes für einen Abschlag noch mehr ins einzelne, womit eine größere Genauigkeit der Kalkulation erzielt wird. Ein weiterer, grundlegender Unterschied und zugleich Fortschritt besteht darin, daß der erweiterte Vordruck den Zeitaufwand in Arbeiterminuten erfaßt, während im Vordruck der Abb. 16 die Angabe in Stunden vorgesehen ist. Auf weitere Einzelheiten einzugehen, dürfte sich angesichts der Durchsichtigkeit der Aufgliederung erübrigen.

522.2 Gedingekalkulationsmuster für die Hereingewinnung der Kohle (Abb. 18). Zur Charakterisierung des „Betriebszuschnittes" dienen folgende Angaben:

a) Streblänge; — b) täglicher Abbaufortschritt; — c) Feldesbreite; — d) Belegungsstärke des Betriebspunktes in Gewinnungsdritteln und Mann; — e) Art des Versatzes; — f) Art des Fördermittels; — g) Art des Ausbaus, Längen- und Stärkeabmessungen der Ausbauteile, Abstand der Stempel im Einfallen und im Streichen; — h) Wagenfüllziffer, d. h. die Zahl der mit 1 m³ anstehender Kohle gefüllten Kohlenwagen.

Die Gedingekalkulation baut auf einer einzigen Kennziffer, der „Gewinnungsleistung", auf. Diese wird gemeinhin in Wagen/M/Sch, hier und da auch in t verwertbare Förderung je Mann und Schicht angegeben.

Diese Leistungsziffer muß je nach der Spielart des in Aussicht genommenen Gedinges umgerechnet werden.

Bei Abstellung des Gedinges auf das lfd. Meter flache Länge errechnet sich die auf die Längeneinheit bezogene Leistung aus der in Wg/M/Sch angegebenen Leistung, indem man diese Zahl durch das Produkt aus der oben näher gekennzeichneten Wagenfüllziffer, der Mächtigkeit und der Feldesbreite dividiert. Man erhält dann die Leistung in m/M/Sch.

Soll das Gedinge auf das Quadratmeter verhauene Flözfläche bezogen werden, so tritt als Divisor das Produkt aus Wagenfüllziffer und Mächtigkeit in obiger Rechnung auf, deren Ergebnis dann die Leistung in m²/M/Sch darstellt.

Die Gedingesätze errechnen sich auf dem Wege, daß man den Gedingerichtlohn durch die Leistungsziffern teilt. Auch im besprochenen Vordruck sind die Gedingesätze rechts herausgeschrieben und durch Einrahmung des Ziffernfeldes durch starke Striche hervorgehoben.

Setzt man Quadratmeter-Gedinge bei wechselnden Mächtigkeiten, so empfiehlt es sich, die Gedingesätze für die verschiedenen Mächtigkeitsbereiche zu berechnen und einzutragen, was an Hand der angegebenen Formeln eicht möglich ist bzw. wozu im Vordruck entsprechende Spalten und Zeilen vorgesehen sind.

522.3 Gedingekalkulationsmuster für Auf- und Abhauen (Abb. 17). Die Angaben des „Betriebszuschnittes" stimmen zum Teil mit denen des Vordruckes für die Streckenauffahrung überein, und doch geben sie in ihrer Gesamtheit entsprechend den betrieblichen Unterschieden ein ganz anderes Bild.

Die Angaben betreffen:

a) Den lichten Querschnitt und den Ausbruchquerschnitt des Grubenbaues; — b) den Anfall an Kohle- bzw. Bergehaufwerk je m; — c) die Abschlaglänge; — d) die Art des Ausbaus, Längen- und Stärkeabmessungen der Ausbauteile, den Abstand der Baue; — e) den Querschnitt, in dem das Auf- bzw. Abhauen im Gebirgskörper hergestellt wird, wobei die betr. Mächtigkeit angegeben und wie folgt unterschieden wird:

<table>
<tr><td>1. Herstellung in der Oberbank,</td><td>4. Herstellung im vollen Flözquerschnitt,</td></tr>
<tr><td>2. Herstellung in der Mittelbank,</td><td>5. Herstellung unter Nachreißen des Hangenden oder</td></tr>
<tr><td>3. Herstellung in der Unterbank,</td><td>Liegenden.</td></tr>
</table>

Die Errechnung des Schichtenaufwandes basiert auf der Zusammenstellung der Zeitaufwandsziffern, die für die Auffahrung eines Abschlages bei den einzelnen Arbeitsvorgängen zu verzeichnen sind. Sie werden in reiner Arbeitszeit angegeben und gliedern sich wie folgt:

a) Hereingewinnung und Wegschaufeln der Kohle; — b) Hereingewinnung und Wegschaufeln der Berge; — c) Einbringen des Ausbaus; — d) Herstellung des Kohlenbunkers; — e) Heranschaffen und Einbauen von Lutten, Rutschen, Rohren, Fahrten.

Die Umrechnung in Schichtenaufwandsziffern und die Ermittlung der Gedingesätze erfolgt in gleicher Weise wie im ersten Beispiel der Streckenauffahrung, worauf verwiesen sei.

523 Gedingekalkulation bei Heranziehung von Ziffern,
wie sie im russischen Normenbuch enthalten sind.

Ganz andersartig wird der Kalkulationsgang, wenn man die Gedingeberechnung auf Ziffern aufbaut, wie sie das russische Normenbuch enthält (s. auch Abschn. 67). Das Normenbuch arbeitet mit zwei grundsätzlich verschiedenen Ziffern:

a) mit der des Schichtenaufwandes für einen bestimmten Arbeitsvorgang bzw. mit dessen Umkehrwert; — b) mit sogenannten Berichtigungsbeiwerten.

Die Schichtenaufwands- bzw. die Leistungsziffern sind für ganz bestimmte Verhältnisse festgelegt. Weichen nun die tatsächlichen Verhältnisse von den angenommenen ab, so sollen die Unterschiede durch Berichtigungsbeiwerte Berücksichtigung finden. Bei einer auf solchen Ziffern aufbauenden Gedingekalkulation würde man demnach zweckmäßig 3 Ziffernspalten vorsehen, in deren ersten die Tafelwerte aufzuführen wären, während die zweite Spalte die Berichtigungsbeiwerte enthalten würde und die dritte die aus dem Tafelwert und dem Berichtigungswert errechneten Endziffern aufzunehmen hätte.

Das russische Normenbuch zerfasert die Betriebsvorgänge bis in die feinsten Einzelheiten und belegt diese mit Zahlen, wofür als Beispiel angegeben sei, daß für die Herstellung einer Verblattung und für das Einbringen von Verzugsspitzen Normwerte aufgeführt sind.

Als Muster einer solchen Gedingekalkulation sei nachstehend die eines Abbaustreckenvortriebes aufgezeigt, die allerdings einen relativ einfachen Fall schildert.

An sich sieht die Zusammenstellung sehr ansprechend aus, doch würde sich dieser Eindruck bald verlieren, wenn man versuchte, alle bei *einem* Gedingefall in der Praxis möglichen Berichtigungsbeiwerte in dem Schema unterzubringen. Auf der anderen Seite ist aber nicht darüber hinwegzusehen, daß die ziffernmäßige Genauerfassung manches für sich hat, wobei allerdings immer noch der Unsicherheitsfaktor bestehen bleibt, der darin liegt, daß die Schilderung der Verhältnisse, für die ein bestimmter Leistungs- oder Berichtigungsbeiwert Gültigkeit haben soll, niemals erschöpfend und ganz eindeutig sein kann. Es bleiben insoweit also auch bei diesem Verfahren Lücken offen.

Anzahl	Art und Kennzeichnung der Arbeitsvorgänge	Tafelwert des Schichtenaufwandes	Berichtigungsbeiwert	Endwert
	Kohlengewinnung:			
	Flözmächtigkeit a m Neigung der Strecke b⁰			
	Festigkeitskategorie c Kohlenmenge d m³ ..	e		
	Anwendung von Sprengstoff Beiwert		f	
	Beiwert für Raumbeengung		g	h
	Bergegewinnung:			
	Festigkeitskategorie i Gesteinsmenge k m³	l	m	
	Verwendung von Abbauhämmern Beiwert ..		n	o
	Laden der Kohle in Förderwagen:			
	Wagenhöhe über SO p m	q		r
	Laden des Gesteins in Förderwagen	s		t
	Schleppen der Kohlenwagen:			
	Schlepplänge u m	v		w
	Überfahren von x Weichen	y		z
	Schleppen der Bergewagen:			
	Schlepplänge A m	B		C
	Überfahren von D Weichen	E		F
	Einbringen des Türstockes:			
	Holzstärke G cm	H		
	Berichtigungsbeiwert für Holzstärke		J	K
	Einbringen des Verzuges und der Bolzen:			
	Verzugspitzen einbringen	M		N
	Bolzen einbringen	P		Q
	Gesamtschichtenaufwand für das lfd. Meter			R

Abb. 29. Muster einer Gedingekalkulation nach dem russischen Normenbuch.

524 Gedingekalkulation nach holländischem Verfahren.

In einer „Anleitung für die Berechnung von Gedingen" hat man im holländischen Bergbau Grundlagen für Gedingekalkulationen geschaffen. Für die Mehrzahl der aufgeführten Arbeitsvorgänge sind Ziffern oder Ziffernbereiche angegeben, wobei allerdings letztere teilweise um ± 50% um den Mittelwert schwanken. Ein Teil der Arbeitsvorgänge, so z. B. die eigentliche Hereingewinnung der Kohle, ist nicht mit festen Ziffern belegt, da der Zeitaufwand für diese Vorgänge als „variabel" angesprochen und für jeden Einzelfall besonders festgelegt wird. Im übrigen geht die Gliederung der Vorgänge bis ins kleinste. So werden z. B. für das Ausladen von Kleinmaterial einschließlich Gesteinstaub je Meter Streckenvortrieb ein Zeitaufwand von 1½ min vorgegeben und für das An- und Abkuppeln sowie Schmieren eines Bohrhammers 6 min angesetzt.

Für die Kalkulation selbst sind Vordrucke geschaffen, die im generellen Aufbau den im vorstehenden beschriebenen deutschen Mustern ähneln. Zunächst werden die örtlichen Gegebenheiten und der Betriebszuschnitt durch kennzeichnende Ziffern skizziert. Das Hauptfeld der Vordrucke nimmt die Zergliederung des Arbeitskomplexes in Arbeitsvorgänge und Arbeitsteilvorgänge ein. Für jeden Teilvorgang werden die Ausgangs- und die Grundziffern angegeben und aus ihnen der Zeitaufwand für die Durchführung berechnet. Für die Eintragung der Zeitaufwandsziffern sind 3 Ziffernspalten vorgesehen, von denen je eine sich auf eine der 3 Schichten bezieht. Durch letztere Anordnung gewinnt man folgende Vorteile:

a) Die Betriebspunktorganisation wird aus der Gedingekalkulation insoweit erkennbar, als diese festlegt, welche Arbeitsvorgänge den einzelnen Dritteln zugewiesen sind.

b) Durch entsprechende Verteilung der einzelnen Vorgänge auf die verschiedenen Schichten wird jeder Drittelbelegung ein ihrer Stärke entsprechender Anteil am Gesamtarbeitsauftrag angelastet und somit der jedem Drittel vorgegebene Zeitaufwand in Übereinstimmung mit der zur Verfügung stehenden Zeit gebracht.

Die Umrechnung in Schichten erfolgt über die Arbeitszeit vor Ort, die als „nuttige werktijd" im Vordruck gesondert berechnet und aufgeführt wird. Aus Schichtenaufwand je Leistungseinheit und Lohnsatz je Schicht wird sodann die Lohnsumme je Leistungseinheit, der Gedinge-satz, bestimmt. Außerdem finden sich Angaben über die Leistung je Tag und je Mann und Schicht.

53 Praktische Durchführung von Gedingekalkulationen in Beispielen.

530 Vorbemerkungen.

Die Vielfalt der bergmännischen Arbeiten, die Mannigfaltigkeit der örtlichen Gegebenheiten, die Verschiedenartigkeit des Betriebszuschnittes und die Weite der Gestaltungsmöglichkeiten des Gedinges ergeben in ihrer Kombination eine derartige Fülle von Möglichkeiten der Gedinge-kalkulation, daß eine auch nur annähernd erschöpfende Darstellung schlechthin unmöglich ist. Es bleibt demnach nichts anderes übrig, als sich mit der Wiedergabe einer Auswahl zu bescheiden.

531 Ungebundene Kalkulationen.

Als erste Gruppe von aus der Praxis entnommenen Beispielen soll eine Reihe von Gedinge-kalkulationen aufgezeigt werden, die frei gestaltet, d. h. an Schemata und Vordrucke nicht gebunden sind.

Tafel 4. *Auffahrung eines Abteilungsquerschlages*
(Zahlenbeispiel einer vordruck-ungebundenen Gedingekalkulation).

A. Lage des Betriebspunktes im Grubengebäude.
Anlage Glückauf I/II. 7. Sohle, 3. westl. Abteilung nach Süden.

B. Technische Kennzeichnung des Betriebspunktes.

1. Art .... Abteilungsquerschlag
2. Gesteinsausbildung .... Sandstein
3. Einfallen .... 20° nach Süden
4. Ausmaße:

	Sohlenbreite	Firstbreite	Höhe	Querschnitt
Ausbruch	4,50 m	3,30 m	2,80 m	10,9 m²
Ausbau licht	3,90 m	2,70 m	2,30 m ü. SO	7,6 m²

5. Ausbauart .... Türstock/Stoßstempel: Holz/Kappe: Eisen/Knüppelverzug
6. Ausbau-Abstand .... 1,40 m
7. Sprengstoff-Art .... Gelatine-Donarit
8. Wassersaige .... Tiefe 0,40 m
9. Abschlaglänge .... 1,80 m
10. Normalbelegung .... 3 × 3 Mann
11. Reine Arbeitszeit 6¾-Std.-/8-Std.-Schicht

C. Kalkulation des Gedinges.
1. Allgemeine Grundlagen.
   a) Bohrleistung 1 Loch/Mann/Std.
   b) Ladeleistung 1 Wg/Mann/Std.
   c) Richtlohn 9,40 RM/Schicht
   d) Sprengstoff-Normalverbrauch 30,— RM/m
   e) Bergewagentransport bis zu 50 m von der Ortsbrust entfernt.

2. Zeitaufwand der Einzelarbeiten.
   a) Bohr- und Schießarbeit
   >   I. Für Schwierigkeiten beim Bohren (klüftiges Gebirge) wird ein Zuschlag von 20% zur nor-malen Bohrarbeit gewährt.
   >   II. Berechnung des Zeitaufwandes je Abschlag.

α) Bohrarbeit

	Zahl der Bohrlöcher	Zeitaufwand min		
		Normal	Zuschlag 20%	Insgesamt
Einbruch	8	480	96	576
Kranz	16	960	192	1152
Sohle	6	360	72	432

Gesamtsumme   min   2160
Std   36

β) Schießarbeit

	Zahl der Schüsse	Zeitaufwand Std.
Einbruch	8	3
Kranz	16	$4\frac{1}{2}$
Sohle	6	$2\frac{1}{2}$

Gesamtsumme   10

b) Ladearbeit

I. Zahl der je Abschlag zu ladenden Wagen

$$= \frac{\text{Ausbruchquerschnitt} \times \text{Abschlaglänge} \times \text{Schüttungsziffer}}{\text{Wageninhalt}}$$

(Wagen 1 Handbreit unter Rand beladen = 0,8 m³)

$$\frac{10,9 \cdot 1,80 \cdot 1,6}{0,8} = 39 \text{ Wagen}$$

II. Zeitaufwand Std.   39

c) Einbringen des Ausbaus

Zeitaufwand Std. .... $9\frac{1}{4}$

d) Sonstige Arbeiten

Zeitaufwand Std.   3

Gesamtzeitaufwand je Abschlag Std. $97\frac{1}{2}$

3. Lohn und Leistung

a) Schichtenaufwand je m Auffahrung

$$\frac{97,5}{6,75 \cdot 1,80} = 8,00 \text{ Schichten/m}$$

b) Leistung $= \dfrac{100}{8} = 12,5$ cm/Mann/Schicht

c) Gedingesatz $= \dfrac{9,40}{0,125} = 75,20$ RM/m

4. Sprengstoff

Normalverbrauch 30,— RM/m
Mehrverbrauch zu $\frac{1}{3}$ zu Lasten der Kameradschaft
Wenigerverbrauch zu $\frac{1}{3}$ der Kameradschaft zu vergüten.

D. Text des Gedingevertrages.

Je m Querschlag der lichten Maße
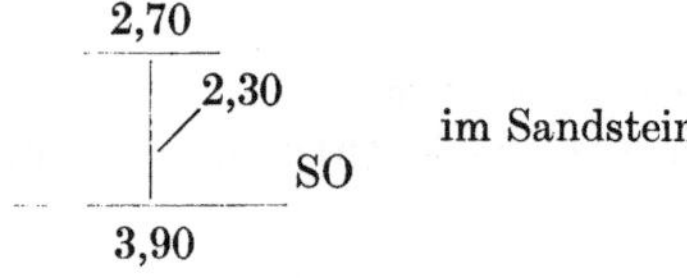

im Sandstein

RM 75,—

Wassersaige 0,40 m tief und Ausbau (Holzstempel mit Eisenkappe) sind mitzuführen.
Sprengstoff 30,— RM/m frei. Mehrverbrauch von der Kameradschaft zu $\frac{1}{3}$ zu bezahlen. Wenigerverbrauch wird zu $\frac{1}{3}$ vergütet.

Tafel 5. *Auffahrung einer Abbaustrecke* (Zahlenbeispiel einer vordruck-ungebundenen Gedingekalkulation).
Schachtanlage VII. 1. westl. Abt. Nordflügel. Flöz Luise. Ort 3 Westen.

Örtliche Gegebenheiten.

1. Gebirgsschicht .... Schiefer
2. Einfallen .... 86°
3. Maße, licht .... Kappe 1,80 m
   Sohle 3,00 m
   Höhe 2,50 m (über Schienenoberkante)
4. Flözmächtigkeit .... 0,80 m
5. Querschnitt .... 6 m²
6. Ausbruch .... 8,4 m²
7. Ausbau .... Türstock mit Spitzenverzug
8. Abstand der Zimmerungen .... 1,40 m
9. Abschlaglänge .... 2,20 m
10. Belegung .... 3×2 Mann

Gedingekalkulation (reine Arbeitszeit 7½ Std.)

Herausnehmen und Laden der Kohlen, Schlagen der Brechhölzer

$$\frac{0,8 \cdot 2,2 \cdot 3 \cdot 1,3}{0,8} = 8,5\,\text{Wg} = 22^2/_4\,\text{Std.}$$

Bohrarbeit 6 Loch .... = $7^2/_4$ Std.

Schießarbeit .... = 2 Std.

Bergeladen = 1 Wg/M/Std. $\dfrac{(8,4-2,4) \cdot 2,2 \cdot 1,5}{0,8} = 25\,\text{Wg} = 25$ Std.

Einbringen des Ausbaues .... = 15 Std.

Sonstige Arbeiten .... = 3 Std.

$$\overline{}\ 75\ \text{Std.} = 10\ \text{Sch.}$$

Leistung $\dfrac{2,2}{10} = 0,22$ m   Lohn = 9,60 RM

Meterpreis $\dfrac{9,60}{0,22} = 43,65 - 1,65$ RM für Kohlen = 42,— RM

Wg K. 0,40/0,60 RM   10% Stückwagen

Sprengstoff 5,— RM/m frei — Mehrverbrauch ist zu $^1/_5$ zu bezahlen — Wenigerverbrauch wird zu $^1/_5$ vergütet.

Tafel 6. *Ausmauern eines Blindschachtes und Einbringen der Einbauten*
(Zahlenbeispiel einer vordruck-ungebundenen Gedingekalkulation).
Schachtanlage Tiefbau I/III. 2. östl. Abt. Nordflügel 6.—7. Sohle.

Kalkulation für Mauerung.

Reine Arbeitszeit... = $7^3/_4$ Std./Schicht

Zeitaufwand für 1 m³ Mauerwerk a) Maurer .... = $6^3/_4$ Std.

b) Handlanger .... = $2^3/_4$ Std.

Su. Zeitaufwand je m³ .... = $8^3/_4$ Std.

Blindschachtdurchmesser 3,2 m licht

Mauerstärke .... 0,4 m licht

m³ je m Blindschacht $= (D^2 - d^2) \cdot \dfrac{\pi}{4}$

$$= (4^2 - 3,2^2) \cdot \frac{\pi}{4}$$

$$= (16 - 10,2) \cdot \frac{\pi}{4} = 4,5\ \text{m}^3$$

Arbeitszeitaufwand je m Mauerung = $4,5 \cdot 8,75$ .... = 39,3 Std.

Gedingesatz-Metergeld $= \dfrac{9,0}{7,75} \cdot 39,3 = 48,$— RM.

Kalkulation für die Einrichtungsarbeiten.

Einbauen einer Länge Spurlatten (2 Stck. je 5 m) .... = 3 × 2 = 6 Std.

Einrichten des Fahrschachtes (5 m) .... = 3 × 2 = 6 Std.

Einbauen der Lutten (5 m) .... = 3 × 1 = 3 Std.

Einbauen der Luft-, Wasser- und Sprachrohre .... = 11 Std.

Für 5 m Blindschachteinrichtung .... = 26 Std.

je m .... = 5,2 Std.

$$\text{Gedingesatz je m} = \frac{9{,}6 \cdot 5{,}2}{7{,}75} = 6{,}50 \text{ RM.}$$

Tafel 7. *Aufwältigung eines Abteilungsquerschlages*
(Zahlenbeispiel einer vordruck-ungebundenen Gedingekalkulation).
Schacht Luise. 3. westl. Abteilung. Querschlag nach Norden 6. Sohle.

Ausmaße der Strecke: Firstenweite 2,30 m
Sohlenweite 3,50 m
Höhe ...... 2,30 m

Gedingekalkulation für 1 m Querschlag.

Reine Arbeitszeit .... = 7¾ Std.

Vorpfänden der Firste. 2 Wg Berge .... = 2 · 4 = 8 Std.

Nachreißen der Stöße. 3 Wg Berge .... = 2 · 3 = 6 Std.

Nacharbeiten der Sohle. 4½ Wg Berge .... = 2 · 7 = 14 Std.

Einbringen des Ausbaus .... = 2 · 3½ = 7 Std.

                                                                 35 Std.

$$\text{Gedingesatz je m} \frac{9{,}6}{7{,}75} \cdot 35 = 43{,}- \text{ RM.}$$

Tafel 8. *Erweiterung eines Blindschachtanschlages*
(Zahlenbeispiel einer vordruck-ungebundenen Gedingekalkulation).
Schachtanlage Sonnenschein. 1. westl. Abt. 8. Sohle, Querschlag Ort 6 nach Flöz Dickebank.

Länge der Erweiterung 15 m.
Anfangsquerschnitt 12,75 m², Endquerschnitt 7,5 m².

Gedingekalkulation bei einer Abschlaglänge von 2 m.

a) *Querschnitt 12,75 m² (erschwerende Umstände Blindschachtnähe)*

Bohrarbeit 35 Loch .... = 9 Schichten

Schießarbeit .... = 4 Schichten

Bergeladen .... = 10 Schichten

Einbringen des Ausbaus .... = 5 Schichten

Sonstige Arbeiten .... = 1 Schicht

                                                29 Schichten = 2 m, je Schicht = 7 cm

b) *Querschnitt 7,5 m²*

Bohrarbeit 20 Loch .... = 4 Schichten

Schießarbeit .... = 2 Schichten

Bergeladen .... = 4½ Schichten

Einbringen des Ausbaus .... = 1½ Schicht

Sonstige Arbeiten .... = ½ Schicht

                                                12½ Schichten = 2 m, je Schicht = 16 cm

$$\text{Durchschnittliche Leistung} = \frac{7 + 16}{2} = 11{,}5 \text{ cm/HSch}$$

Beispiel für Errechnung der Solleistung bei vorzeitiger Abnahme: d. h. für weniger als 15 m Auffahrung

$$\text{Abnahme } 5 \text{ m} = \frac{2 \cdot 7 \text{ cm} + 5 \cdot 0{,}6}{2} = 8½ \text{ cm/HSch}$$

$$\text{Abnahme } 10 \text{ m} = \frac{2 \cdot 7 \text{ cm} + 10 \cdot 0{,}6}{2} = 10 \text{ cm/HSch}$$

$$\text{Abnahme } 13 \text{ m} = \frac{2 \cdot 7 \text{ cm} + 13 \cdot 0{,}6}{2} = 10{,}9 \text{ cm/HSch}$$

Gedingesatz: Bei einer Leistung von 12 cm/M/Sch im mittleren Querschnitt 9,60 RM/M/Sch.

Tafel 9. *Umlegen einer Schüttelrutsche*

(Zahlenbeispiel einer vordruck-ungebundenen Gedingekalkulation).

Schachtanlage Angelika. 3. westl. Abt. Revier 1, Flöz Ernestine Streb 3—4 Osten. Länge des Rutschenstranges 106 m.

Arbeitsvorgänge: Umlegen der Schüttelrutsche, Umbauen des Rutschenmotors, Umlegen der Druckluftleitung, Umbau des Ladekastens.

Gestörte Lagerungsverhältnisse, teilweise Flözverschmälerungen

Gedingekalkulation.

Rutschen ausbauen	2 Schichten
Rutschen einbauen	2 Schichten
Rutschenmotor und Gestänge losmachen, rücken und einbauen	$1\frac{1}{2}$ Schicht
Ladekasten umbauen	$\frac{1}{2}$ Schicht
Rohre umbauen	$\frac{1}{2}$ Schicht
Rutschenbolzen anziehen	$\frac{1}{2}$ Schicht
	7 Schichten

Gedingesatz $\dfrac{7 \cdot 9{,}60}{106} = 0{,}634$ RM/m Rutsche.

532 Beispiele von Gedingekalkulationen, die nach einem allgemein verwendbaren Vordruck gestaltet sind.

Die Tafeln 10—14 bringen Beispiele von Gedingekalkulationen, die an Hand einer allgemeinen Gliederung und in einem Vordruck durchgeführt wurden, der so gestaltet ist, daß er den verschiedensten Möglichkeiten Rechnung tragen kann. Die gewählten Beispiele sind auf die Aus- und Vorrichtung und den Abbaustreckenvortrieb bezogen.

533 Beispiele von Gedingekalkulationen, die auf Sonderformblättern durchgeführt wurden.

Wenn man sich bei Gedingekalkulationen eines Vordruckes bedient, der auf alle vorkommenden Fälle anwendbar sein soll, so muß unter dem Vorteil der universellen Verwendbarkeit die Präzision der Grundlagen leiden.

Bei Aufführung aller und jeder Möglichkeit in einem Einheitsvordruck würde man zu einem Format gelangen, das für die Verwendung im untertägigen Bergwerksbetrieb zu unhandlich sein würde. Wenn aber die Entwicklung der Gedingekalkulationstechnik von selbst zu einer Verfeinerung des Verfahrens drängt, so ist damit die Forderung nach einer bis ins einzelne gehenden Unterteilung der Arbeitsvorgänge und Schilderung der Kalkulationsgrundlagen gegeben. Zu welchen Ergebnissen derartige Überlegungen in der Praxis geführt haben, dafür nachstehend einige Beispiele.

Die Tafeln 15 bis 18 bringen Gedingekalkulationen für Abbaustreckenauffahrungen, bei denen man sich der oben bereits besprochenen Sondervordrucke bedient hat, die alle Einzelheiten der Kalkulation und ihrer Grundlagen enthalten. Der gleiche Vordruck, wie er in Tafel 15 zur Kalkulation einer Abbaustreckenauffahrung benutzt wurde, ist in Tafel 19 bei der Berechnung einer Gesteinsstrecke verwandt. In Tafel 20 ist ein Gewinnungsgedinge kalkuliert. Tafel 21 bringt ein Beispiel für die Gedingekalkulation eines Aufhauens.

Kein Einsichtiger wird sich der Erkenntnis verschließen können, daß die allgemeine Durchführung derartiger Gedingekalkulationen den deutschen Bergbau um einen gewaltigen Schritt weiterbringen und Wesentliches zur Lösung des sogenannten „Gedingeproblems" beitragen würde.

Tafel 10. *Ausbau einer Gesteinsstrecke in Betonformsteinen*
(Zahlenbeispiel einer Gedingekalkulation an Hand eines allgemein verwendbaren Vordrucks).

Gedingekalkulation

Betriebspunkt: *Umtrieb Füllort 7. Sohle*   Tag: *2. 4. 1943*

Flöz: —   Fl. Profil: —   Einfallen: — °   Gesteinsart: Hgd. *Sandstein*   Lgd. *Sandstein*

Ausbau: *Betonsteingewölbe*   Streckenmaße: *3,00 m Höhe l. u. 3,50 m Sohle l.*

lichter Querschnitt: *8,2 m²*   ~~Ausbr. Querschn.~~: *Wandst. 0,35 m*   Ausbau-~~Abschlag~~länge: *3,00 m*

Kohlenanfall: —   Bergeanfall: —

Art der Mechanisierung: —

1 m Gewölbe benötigt 120 Formsteine in 3 Ringen			Stundenaufwand	
			Insges.	je ~~Einheit~~ *m*
Lösen der Massen	Hand- und Abbau- hammer- arbeit			
	Spreng- arbeit	Bohren		
		Schießen		
Bewegung des Haufwerks	Laden			
	Wegräum.			
	Versetzen			
	Verpacken			
Ausbau	*Fundamentlegen und Aufstellen der Lehrbögen*		*22,5*	*1,5*
	Legen der Betonformsteine (einschl. Handlangern)		*67,5*	*22,5*
	Verfüllen der Stöße und Firste mit Bergen		*9,—*	*3,0*
Sonstige und Neben- arbeiten				

Reine Arbeitszeit Std./Sch.   *7,5*   Summe   *99,—*   *33,—*

Schichtenaufwand je ..... *m Gewölbe* ..... $= \dfrac{\text{Ges.-Std.-Aufwand}}{\text{Reine Arbeitszeit}} = \dfrac{33}{7,5} =$ *4,4*

Gedingerichtlohn ..... *8,64* ..... RM/Sch.

Gedingesatz = Schichtenaufwand × Gedingerichtlohn   *4,4 · 8,64 = rd. 38,— RM*

Scht.-Anlage ..... *Tiefbau*   *gez. Meier*
                                                  Unterschriften

Tafel 11. *Herstellung eines Aufhauens in einem mächtigen Flöz*
(Zahlenbeispiel einer Gedingekalkulation an Hand eines allgemein verwendbaren Vordrucks).

Gedingekalkulation

Betriebspunkt: *Aufhauen (in der Ober- und Mittelbank)*   Tag: *28. 9. 1940*

Flöz: *Dickebank*   Flöz-Profil: *2,50 K*   Einfallen: *22°*   Gesteinsart: Hgd. *Schiefer*   Lgd. *Schiefer*

Ausbau: *7— Kappen u. Knüppelverzug*   Streckenmaße: *2 Rahmen untereinander*

lichter Querschnitt: *5,0 m²*   Ausbr.-Querschnitt: *7,10 m²*   Abschlaglänge: *1 m*

Kohlenanfall: *14,8 Wg*   Bergeanfall: —

Art der Mechanisierung: —

			Stundenaufwand	
			Insgesamt	je Einheit
Lösen der Massen	Hand- und Abbauhammerarbeit	*Abbauhammerarbeit (14,8 Wg Kohlen)*	*7,00*	*0,47*
	Sprengarbeit	Bohren		
		Schießen		
Bewegung des Haufwerks	Laden	*Schaufelarbeit im Aufhauen*	*5,00*	*0,34*
	Wegräum.			
	Versetzen			
	Verpacken	*Laden u. Transport in d. Strecke*	*2,50*	*0,17*
Ausbau		*2 Baue 7— u. Knüppelverzug an den Stößen*	*3,30*	*1,65*
Sonstige und Nebenarbeiten		*Rutschen- u. Luttentransport u. Einbau*	*2,00*	
		Holztransport	*0,70*	
		Sprachrohreinbau	*0,17*	
		Luttenverschmieren	*0,25*	
		Hilfeleistungen im Aufh. durch d. Lader	*2,33*	
		Summe	*23,25*	

Reine Arbeitszeit Std./Scht *7¾*

Schichtenaufwand je *m Aufhauen* $= \dfrac{\text{Ges.-Std.-Aufwand}}{\text{Reine Arbeitszeit}} = \dfrac{23,25}{7,75} = 3$

Gedingerichtlohn .... *8,64* .... RM/Sch.

Gedingesatz = Schichtenaufwand × Gedingerichtlohn = ... *25,92 RM*

Scht.-Anlage .... *Glückauf* ....   *gez. Schulze*
Unterschriften

Tafel 12. *Herstellung eines Grenzaufhauens an einer Gebirgsstörung*
(Zahlenbeispiel einer Gedingekalkulation an Hand eines allgemein verwendbaren Vordrucks).

Gedingekalkulation

Betriebspunkt: *Aufhauen Fl. Johann 2. östl. Abt.*   Tag: *8. 10. 1942*

Flöz: *Johann*   Fl. Profil: *0,7 K 0,5 B 0,6 K*   Einfallen: *26 °*   Gesteinsart: Hgd.   *sd. Schiefer*   Lgd.   *Schiefer*

Ausbau: *Kappen 2,50 m auf 3 Stempeln*   Streckenmaße: —

lichter Querschnitt: *3,4 m²*   Ausbr.-Querschn.:   *5,0 m²*   Abschlaglänge: *1 m*

Kohlenanfall: *5,07 Wg/m*   Bergeanfall: *3,6 Wg/m*

Art der Mechanisierung:

			Stundenaufwand	
			Insgesamt	je Einheit
Lösen der Massen	Hand- und Abbauhammerarbeit	*Abbauhammerarbeit*	*7,00*	*0,81*
		(5,07 Wg Kohle + 3,6 Wg Berge)		
	Sprengarbeit	*Bohren*		
		Schießen		
Bewegung des Haufwerks	Laden	*Schaufelarbeit im Aufhauen*	*4,00*	*0,46*
	Wegräum.			
	Versetzen			
	Verpacken			
		Laden und Transport in der Strecke	*4,00*	*0,46*
Ausbau		*Einbringen der Rahmen, Vorpfänden, Verbauen der Störungskluft,*	*4,50*	*4,50*
		Setzen der Unterzüge		
Sonstige und Nebenarbeiten		*Holztransport*	*1,25*	
		Luttentransport (einschl. Einbau und Verschmieren)	*1,50*	
		Rohr- und Rutschentransport (einschl. Einbau)	*1,00*	
		Summe	*23,25*	

Reine Arbeitszeit Std./Sch.   *7³,₄*

Schichtenaufwand je   *m Aufhauen*   = $\dfrac{\text{Ges.-Std.-Aufwand}}{\text{Reine Arbeitszeit}}$ = $\dfrac{23,25}{7,75}$ =   *3*

Gedingerichtlohn   *9,60*   RM/Sch.

Gedingesatz = Schichtenaufwand × Gedingerichtlohn =   *28,80 RM*

Scht.-Anlage   *Tiefbau*   *gez. Schmidt*

                                        Unterschriften

Tafel 13. *Auffahrung einer Abbaustrecke in Türstockausbau*
(Zahlenbeispiel einer Gedingekalkulation an Hand eines allgemein verwendbaren Vordrucks).

Gesamtausbruch 5,75 m²
— Kohle 1,80 m²
anstehendes Gebirge ~ 4,0 m²

Gedingekalkulation

Betriebspunkt: *3. Sohle 2. östl. Abt. Norden Ort 1 West*   Tag: *6. 7. 1948*

Flöz: *Wasserbank-Untbk.*   Flöz-Profil: *60 K*   Einfallen: *60°*   Gesteinsart: Hgd. *Sandschiefer* / Lgd. *Sand*

Ausbau: *Türstock* Streckenmaße: *licht. Sohle 2,60 m, Firste 0,95 m, Höhe 2,20 m*

lichter Querschnitt: *3,9 m²*   Ausbr.-Querschnitt: *5,75 m²*   Abschlaglänge: *2,20 m*

Kohlenanfall: *6 Wagen/Abschlag*   Bergeanfall: *22 Wagen/Abschlag*

Art der Mechanisierung:

			Stundenaufwand	
			Insgesamt	je Einheit
Lösen der Massen	Hand- und Abbau-hammer-arbeit	*Ort auskohlen (6 Wagen Kohle)*	*12*	*2*
	Spreng-arbeit	*Bohren 7 Loch*	*9*	*1¹/₄*
		Schießen	*3*	
Bewegung des Haufwerks	Laden	*22 Wagen Berge*	*18*	*0,8*
	Wegräum.			
	Versetzen			
	Verpacken			
Ausbau		*2 Zimmerungen setzen*	*15*	*7,5*
Sonstige und Neben-arbeiten		*(Bahn legen, Berge schleppen)*	*6*	
		Summe	*63*	

Reine Arbeitszeit Std./Sch. *6*

Schichtenaufwand je *Abschlag* $= \dfrac{\text{Ges.-Std.-Aufwand}}{\text{Reine Arbeitszeit}} = \dfrac{63}{6} = $ *10,5*

Gedingerichtlohn *11,59* DM/Sch.

Gedingesatz = Schichtenaufwand × Gedingerichtlohn *121,69 DM*

Scht.-Anlage *Tiefbau*   *gez. M ü l l e r*
Unterschriften

Tafel 14. *Auffahrung einer Abbaustrecke in doppelter Polygonzimmerung*
(Zahlenbeispiel einer Gedingekalkulation an Hand eines allgemein verwendbaren Vordruckes).

Gedingekalkulation

Betriebspunkt: *4. Sohle Schachtabt. Flözstr. Ort 1 Ost*   Tag: *14. 7. 1948*

Flöz: *Hauptflöz*   Fl. Profil: *55 K*   Einfallen: *55°*   Gesteinsart: Hgd. *Schiefer* / Lgd. *Schiefer*

Ausbau: *doppeltes Holzpolygon*   Streckenmaße: *licht Sohle 1,70 m, Firste 0,95 m, Höhe 2,20 m zwischen den Läufern 1,90 m*

lichter Querschnitt: *3,58 m²*   Ausbr.-Querschn.: *5,26 m²*   Abschlaglänge: *2,20 m*

Kohlenanfall: *5 Wagen/Abschlag*   Bergeanfall: *22 Wagen/Abschlag*

Art der Mechanisierung:

			Stundenaufwand	
			Insgesamt	je Einheit
Lösen der der Massen	Hand- und Abbau- hammer arbeit	*Ort auskohlen (5 Wagen)*	*12*	*2,4*
	Spreng- arbeit	Bohren *7 Loch* Schießen	*7*	*1,0*
Bewegung des Haufwerks	Laden Wegräum. Versetzen Verpacken	*22 Wagen Berge*	*17*	*0,775*
Ausbau		*2 Baue setzen*	*18*	*9,—*
Sonstige und Neben- arbeiten		*Schießen, Bahnlegen*	*6*	
		Summe	*60*	

Reine Arbeitszeit Std./Sch. *6*

Schichtenaufwand je *Abschlag* $=\dfrac{\text{Ges.-Std.-Aufwand}}{\text{Reine Arbeitszeit}}=\dfrac{60}{6}=10$

Gedingerichtlohn .... *11,59* .... DM/Sch.

Gedingesatz = Schichtenaufwand × Gedingerichtlohn .... *115,90 DM*

Scht.-Anlage .... *Tiefbau*   *gez. Müller*

Unterschriften

Tafel 15. *Auffahrung einer Abbaustrecke in Flöz Präsident-Helene*
(Zahlenbeispiel einer Gedingekalkulation an Hand eines Sondervordrucks).

Gedinge-kalkulation	Abbaustrecken-auffahrung	Schachtanlage *Glückauf* Tag: 8. 7. 1948	Kalkuliert *Köster* (Name) geprüft *Meier* (Name)	Erl. Verm.

All-gemeines	Schichtzeit 8 Std.	Reine Arbeitszeit 405 $\frac{min}{Sch}$	Gedinge-richtlohn 11,59 $\frac{DM}{Sch}$

Örtliche Gegebenheiten

Betriebspunkt 6. Sohle 5. östliche Ort 2 Westen Abteilung Norden

Flöz *Präsident-Helene* Flözprofil 130 K 40 B 100 K Einfallen 30 °

Art des Gesteins — | Hangendes *Sandschiefer* | Liegendes *Sandschiefer*

Betriebszuschnitt

Streckenquerschnitt licht 7,60 m² im Ausbruch 9,00 m²

Haufwerkanfall je m Kohle 9,2 Wg | Berge 10,00 Wg

Abschlaglänge 2,40 m

Ausbau { Art *Mollausbau*

Abmessungen *Sohle 3,65, Höhe 2,50* Abstand 1,20 m

Anzahl der Bohrlöcher { im Einbruch — | d. Hilfslöcher — | in der Firste —

in der Sohle — | in den Stößen — | i. Hangenden 1

im Liegenden: Abdecker 4 Sohlenbohrlöcher 5

Zahl der Sprengpatronen je Abschlag 96 | Strecke wird *zwei*-spurig aufgefahren

Schichtenaufwand

Zeitaufwand an reiner Arbeitszeit in Std. für 1 Abschlag

Hereingew. der Kohle	12,625	Übertrag: 24,570
Weglad. des Kohlehaufwerks	11,000	Herstell. d. { Abdecker } im 3,780
Herstellung der Bohrlöcher { im Einbruch	—	Bohrlöcher { i. d. Sohle } Liegenden 4,725
d. Hilfslöcher	—	Wegladen d. Bergehaufwerks 24,300
i. d. Firste	—	Einbringen des Ausbaus 13,500
i. d. Sohle	—	Nebenarbeiten:
i. d. Stößen		*Abschießen, Legen der Bahn,*
i. Hangenden	0,945	*Umbau von Lutten, Einstauben* 6,750
Übertrag	24,570	Summe Zeitaufwand 77,625

$$\text{Schichtenaufwand je Abschl.} = \frac{\text{Summe Zeitaufwand}}{\text{reine Arbeitszeit}} = \frac{77,625}{6,75} = 11,5 \text{ Sch.}$$

Gedingeberechnung

	Gedingesätze
Schichtenaufwand je Abschl. × Gedingerichtlohn = 11,5 × 11,59 = 133,28 DM/Abschl.	
Kohlenanfall je Abschlag × Gedingesatz je Wagen = 22 × 0,69 = 15,18	0,69 DM/Wg
Unterschied = Gedingelohnsumme f. d. Längenauffahr. = 118,10	
Sprengstoffverrechnung (96 Patronen/Abschl.) = frei	
Gesamtgedingelohnsumme für die Längenauffahrung = 118,10	
Gesamtgedingelohnsumme für die Auffahrung $= \frac{118,10 \text{ DM/Abschl.}}{2,40 \text{ m/Abschl.}}$	49,20 DM/m

Bemerkungen

Das auf Grund vorstehender Kalkulation angebotene Gedinge wurde von der Betriebspunktbelegschaft — ~~nicht~~ — angenommen.

8. 7. 1948
(Datum)

gez. Jedanzik
(Unterschrift)

7 Dohmen, Gedingewesen.

Tafel 16. *Auffahrung einer Abbaustrecke in Flöz Dickebank*
(Zahlenbeispiel einer Gedingekalkulation an Hand eines Sondervordrucks).

Gedingekalkulation	Abbaustreckenauffahrung	Schachtanlage *Glückauf* Tag *13. 3. 50*	Kalkuliert *Oepring* (Name) Zum Gedinge Nr. *2517*	Erl. Verm.

Allgemeines	Schichtzeit *8* Std.	Reine Arbeitszeit *360* min/Sch	Soll-Zeitaufwand an reiner Arbeitszeit für 1 Abschlag	min

Örtliche Gegebenheiten

Betriebspunkt *7.* Sohle *2. östl. Norden* Abtlg.
Ort *5 Westen* Flöz *Dickebank*
Flözprofil[1] (Skizze umsteh.) Einfallen *80* Grad
Art des Gesteins { Hangendes *Schiefer* / Liegendes *Sandschiefer*

Betriebszuschnitt

Streckenquerschnitt { licht *7,5* m² / im Ausbruch *10,0* m²
Haufwerkanfall { Kohle *11* Wg/m / Berge *5* Wg/m
Abschlaglänge *1,3* m
Wagenrauminhalt *0,9* m³
Preßluftdruck *4* atü
Bohrhammertyp *Flottmann AT 18*
Bohrkrone *Hartmetall, Kreuzschn.*
Bohrstütze *Flottmann*
Vorschubgerät

(Skizze umstehend)

Zahl der Bohrlöcher {
a) in der Kohle
b) im Gestein
   im Einbruch
   der Hilfslöcher
   in der Firste
   in der Sohle
   in den Stößen
   im Hangenden *1*
   im Liegenden { Abdecker / Sohle *2*

Schießstufe *3* Zündgänge *1*
Zahl der Sprengpatronen je Abschlag *20*
Strecke wird *2* -spurig aufgefahren
Vorläufiger Ausbau: Art
Ausbau { Art *Türstock m. StK* / Sohlenbreite *3,5* m Scheitelhöhe *2,7* m / Abstand *1,3* m
Sollbelegung *2* Drittel je *2* Mann
davon *2* Hauer *1* Lehrhauer
1 Gedingeschlepper

Sonstige Bemerkungen
Flözmächtigkeit 2,5 m

Soll-Zeitaufwand an reiner Arbeitszeit für 1 Abschlag — min

Position	min
15 Wg Kohle lösen	600
15 Wg Kohlenhaufwerk laden	450
a) in Förderwagen von Hand	
b) in Förderwagen maschinell mit .... Maschine	
c) aufs Band für .... m³ Haufwerk (je m³ .... min)	
15 Wg Kohlen abschleppen auf *20* m	30
Herstellung der Bohrlöcher: a) in der Kohle	
b) im Gestein im Einbruch	
der Hilfslöcher	
in der Firste	
in der Sohle	
in den Stößen	
im Hangenden	40
im Liegenden { Abdecker	
in der Sohle	100
Bedienung des Bohrwasserwagens	
Laden und Besetzen der Bohrlöcher	15
Abtun der Schüsse	10
Wartezeit während des Besetzens und nach dem Schießen	30
7 Wg Bergehaufwerk laden	325
a) in Förderwagen von Hand	
b) in Förderwagen maschinell mit .... Maschine	
c) aufs Band für .... m³ Haufwerk (je m³ .... min)	
7 Wg Berge abschleppen auf *20* m	20
.... m³ Hohlraum versetzen im Damm[2]	
.... m³ Hohlraum versetzen im Streb[2]	
Einbringen des Ausbaus	360
Schienenlegen (vorl. Schienenlegen unter „Sonstige Nebenarbeiten")	70
Lutten vorbauen	10
Rohre vorbauen	10
Sonst. Nebenarbeiten (Materialtransport usw.)	

	in Arbeitsminuten	
Soll-Zeitaufwand j. Abschl.		2070
Soll-Zeitaufwand je m		1592

Leistungsziffern

Soll-Leistung	*22,6*	cm/M/Sch
Erreichte Leistung { Vormonat		cm/M/Sch
laufender Monat		cm/M/Sch

[1] Die Hauptmaße, insbesondere die des Flözes, sind anzugeben.   [2] Die Raummaße sind in der Skizze anzugeben.

Tafel 17. *Auffahrung einer Abbaustrecke in Flöz Sonnenschein*
(Zahlenbeispiel einer Gedingekalkulation an Hand eines Sondervordrucks).

Gedinge-kalkulation	Abbaustrecken-auffahrung	Schachtanlage *Glückauf* Tag: 18. 3. 50	Kalkuliert *Meier* (Name) zum Gedinge Nr. 2855	Erl. Vermerk

Allgemeines	Schichtzeit 8 Std.	Reine Arbeitszeit 360 min/Sch	Soll-Zeitaufwand an reiner Arbeitszeit für 1 Abschlag	min

Örtliche Gegebenheiten

Betriebspunkt 7. Sohle　2. östl.　Abtlg.
Ort　3 Osten　Flöz　Sonnenschein
Flözprofil[1] (Skizze umst.)　Einfallen 20 Grad
Art des Gesteins { Hangendes　Sandstein
　　　　　　　　{ Liegendes　Sandstein

Betriebszuschnitt (Skizze umstehend)

Streckenquerschnitt { licht　7 m²
　　　　　　　　　{ im Ausbruch　10 m²
Haufwerkanfall { Kohle　4 Wg/m
　　　　　　　 { Berge　15 Wg/m
Abschlaglänge　2,40 m
Wagenrauminhalt　0,9 m³
Preßluftdruck　4 atü
Bohrhammertyp　Flottmann AT 18
Bohrkrone　Hartmetall, Kreuzschn.
Bohrstütze　Flottmann
Vorschubgerät

Zahl der Bohrlöcher {
　a) in der Kohle
　b) im Gestein
　　im Einbruch
　　der Hilfslöcher
　　in der Firste
　　in der Sohle
　　in den Stößen
　　im Hangenden　3
　　im Liegenden { Abdecker　3
　　　　　　　　{ Sohle　6

Schießstufe　3　Zündgänge　2
Zahl der Sprengpatronen je Abschlag　120
Strecke wird　2-spurig aufgefahren
Vorläufiger Ausbau: Art
Ausbau { Art　Stahlbögen/Reppel
　　　　{ Sohlenbreite 3,3 m　Scheitelhöhe 2,6 m
　　　　{ Abstand 1,2 m
Sollbelegung　2　Drittel je　2　Mann
davon　2　Hauer　2　Lehrhauer
　　　　　　　　　Gedingeschlepper

Soll-Zeitaufwand an reiner Arbeitszeit für 1 Abschlag (min)

	min
10 Wg Kohle lösen	480
10 Wg Kohlenhaufwerk laden	280
a) in Förderwagen von Hand	
b) in Förderwagen maschinell	
mit　Maschine	
c) aufs Band für　m³ Haufwerk	
(je m³　min)	
10 Wg Kohlen abschleppen auf 40 m	40
Herstellung der Bohrlöcher { a) in der Kohle	
b) im Gestein	
im Einbruch	
der Hilfslöcher	
in der Firste	
in der Sohle	
in den Stößen	
im Hangenden	180
im Liegenden { Abdecker	180
{ in der Sohle	360
Bedienung des Bohrwasserwagens	
Laden und Besetzen der Bohrlöcher	60
Abtun der Schüsse	20
Wartezeit während des Besetzens und nach dem Schießen	60
36 Wg Bergehaufwerk laden	1950
a) in Förderwagen von Hand	
b) in Förderwagen maschinell	
mit　Maschine	
c) aufs Band für　m³ Haufwerk	
(je m³　min)	
36 Wg Berge abschleppen auf 40 m	180
m³ Hohlraum versetzen im Damm[2]	
m³ Hohlraum versetzen im Streb[2]	
Einbringen des Ausbaus	720
Schienenlegen (vorl. Schienenlegen unter „Sonstige Nebenarbeiten")	120
Lutten vorbauen	20
Rohre vorbauen	30
Sonst. Nebenarbeiten (Materialtransport usw.)	35

| Sonstige Bemerkungen *Flözmächtigkeit 1 m* | Soll-Zeitaufw. je Abschlag } in Arbeitsminuten | 4715 |
| | Soll-Zeitaufwand je m } | 1965 |

Leistungsziffern

Soll-Leistung　18.3　cm/M/Sch
Erreichte Leistung { Vormonat　cm/M/Sch
　　　　　　　　　{ laufender Monat　cm/M/Sch

[1] Die Hauptmaße, insbesondere die des Flözes, sind anzugeben.　[2] Die Raummaße sind in der Skizze anzugeben.

Tafel 18. *Auffahrung einer Abbaustrecke in Flöz Luise*
(Zahlenbeispiel einer Gedingekalkulation an Hand eines Sondervordrucks).

Gedinge-kalkulation	Abbaustrecken-auffahrung	Schachtanlage *Glückauf*	Kalkuliert *Schulte* (Name)	Erl. Vermerk
		Tag: *17. 5. 50*	Zum Gedinge Nr. *8234*	

Allgemeines	Schichtzeit *8* Std.	Reine Arbeitszeit *360* min/Sch	Soll-Zeitaufwand an reiner Arbeitszeit für 1 Abschlag	min

Örtliche Gegebenheiten

- Betriebspunkt *7.* Sohle *3. östl. Südflügel* Abtlg.
- Ort: *1 Westen*　Flöz: *Luise*
- Flözprofil[1] (Skizze umsteh.) Einfallen: *15* Grad
- Art des Gesteins { Hangendes *Schiefer* / Liegendes *Schiefer*

	min
12 Wg Kohle lösen	440
12 Wg Kohlenhaufwerk laden	360
a) in Förderwagen von Hand	
b) in Förderwagen maschinell mit ... Maschine	
c) aufs Band für ... m³ Haufwerk (je m³ ... min)	
12 Wg Kohlen abschleppen auf *10* m	15

Betriebszuschnitt (Skizze umstehend)

- Streckenquerschnitt { licht *6,0* m² / im Ausbruch *8,0* m²
- Haufwerkanfall { Kohle *5,0* Wg/m / Berge *12,0* Wg/m
- Abschlaglänge *2,3* m
- Wagenrauminhalt *0,9* m³
- Preßluftdruck *4,5* atü
- Bohrhammertyp *Flottmann AT 18*
- Bohrkrone *Hartmetall, Kreuzschn.*
- Bohrstütze *Flottmann*
- Vorschubgerät ...

Zahl der Bohrlöcher:
- a) in der Kohle
- b) im Gestein
  - im Einbruch
  - der Hilfslöcher
  - in der First
  - in der Sohle
  - in den Stößen
  - im Hangenden *3*
  - im Liegenden { Abdecker / Sohle } *7*
- Schießstufe *3*　Zündgänge *1*
- Zahl der Sprengpatronen je Abschlag *100*
- Strecke wird *2* -spurig aufgefahren
- Vorläufiger Ausbau: Art ...
- Ausbau { Art *Türstock mit EK* / Sohlenbreite *3,2* m Scheitelhöhe *2,3* m / Abstand *1,4* m
- Sollbelegung *2* Drittel je *2* Mann
- davon *2* Hauer *1* Lehrhauer *1* Gedingeschlepper

Herstellung der Bohrlöcher

	min
a) in der Kohle	
b) im Gestein	
im Einbruch	
der Hilfslöcher	
in der First	
in der Sohle	
in den Stößen	
im Hangenden	180
im Liegenden { Abdecker / in der Sohle }	405
Bedienung des Bohrwasserwagens	
Laden und Besetzen der Bohrlöcher	50
Abtun der Schüsse	10
Wartezeit während des Besetzens und nach dem Schießen	30
27 Wg Bergehaufwerk laden	
a) in Förderwagen von Hand	1640
b) in Förderwagen maschinell mit ... Maschine	
c) aufs Band für ... m³ Haufwerk (je m³ ... min)	
27 Wg Berge abschleppen auf *10* m	70
... m³ Hohlraum versetzen im Damm[2]	
... m³ Hohlraum versetzen im Streb[2]	
Einbringen des Ausbaus	1120
Schienenlegen (vorl. Schienenlegen unter „Sonstige Nebenarbeiten")	140
Lutten vorbauen	20
Rohre vorbauen	20
Sonst. Nebenarbeiten (Materialtransport usw.)	100

Sonstige Bemerkungen:
Flözmächtigkeit 0,90 m

Soll-Zeitaufw. je Abschlag } in Arbeitsminuten	4600
Soll-Zeitaufwand je m }	2000

Leistungsziffern

Soll-Leistung	*18,0* cm/M/Sch
Erreichte Leistung { Vormon. *neuer Betrieb*	cm/M/Sch
laufender Monat ...	cm/M/Sch

[1] Die Hauptmaße, insbesondere die des Flözes, sind anzugeben.　[2] Die Raummaße sind in der Skizze anzugeben.

Tafel 19. *Auffahrung einer Gesteinsstrecke*
(Zahlenbeispiel einer Gedingekalkulation an Hand eines Sondervordrucks).

Gedinge-kalkulation	Gesteinstrecken-auffahrung	Schachtanlage *Glückauf* Tag: *15. 1. 1948*	Kalkuliert *Schulte* (Name) Geprüft *Meier* (Name)	Erl. Verm.

Allgemeines

Schichtzeit *8* Std. | Reine Arbeitszeit *405* min/Sch | Gedingerichtlohn *10,08* RM/Sch

Örtliche Gegebenheiten

Betriebspunkt *6.* Sohle — *westl. Richtstrecke* Ort — | Abteilung —

Flöz — | Flözprofil — | Einfallen — °

Art des Gesteins *Schiefer* | Hangendes — | Liegendes —

Betriebszuschnitt

Streckenquerschnitt licht *6,16* m² | im Ausbruch *8,5* m²

Haufwerkanfall je m Kohle — Wg | Berge *~ 20* Wg

Abschlaglänge *2,20* m

Ausbau { Art *Türstock*

Abmessungen *H = 2,2 K = 2,2 m* Abstand *1,10* m

Anzahl der Bohrlöcher { im Einbruch *10* | d. Hilfslöcher *3* | in der Firste *3*

in der Sohle *5* | in den Stößen *4* | i. Hangenden —

im Liegenden: Abdecker — Sohlenbohrlöcher —

Zahl der Sprengpatronen je Abschlag *115* | Strecke wird *zwei* -spurig aufgefahren

Schichtenaufwand

Zeitaufwand an reiner Arbeitszeit in Std. für 1 Abschlag

				Übertrag:	*23,625*
Hereingew. der Kohle	—				
Weglad. d. Kohlehaufwerks	—	Herstell. d. { Abdecker } im Liegenden			—
Herstellung der Bohrlöcher { im Einbruch	*9,450*	Bohrlöcher { i. d. Sohle }			—
der Hilfslöcher	*2,835*	Wegladen des Bergehaufwerks			*43,200*
in der Firste	*2,835*	Einbringen des Ausbaus			*14,850*
in der Sohle	*4,725*	Nebenarbeiten:			
in den Stößen	*3,780*	*Abschießen, Legen der Bahn*			
im Hangenden	—	*Vorbau von Lutten usw.*			*6,750*
Übertrag:	*23,625*	Summe Zeitaufwand			*88,425*

$$\text{Schichtenaufwand je Abschl.} = \frac{\text{Summe Zeitaufwand}}{\text{reine Arbeitszeit}} = \frac{88,425}{6,75} = 13,1 \text{ Sch.}$$

Gedingeberechnung

Gedingesätze

Schichtenaufwand je Abschlag × Gedingerichtlohn = *13,1* × *10,08* = *132,05* RM/Abschl.

Kohlenanfall je Abschlag × Gedingesatz je Wagen = — × — = — | — RM/Wg

Unterschied = Gedingelohnsumme f. d. Längenauffahr. = *132,05*

Sprengstoffverrechnung (*115* Patronen/Abschl.) = *frei*

Gesamtgedingelohnsumme für die Längenauffahrung = *132,05*

$$\frac{\text{Gesamtgedingelohnsumme für die Auffahrung}}{\text{Abschlaglänge}} = \frac{132,05 \; \text{RM/Abschl.}}{2,20 \; \text{m/Abschl.}} \qquad 60,— \text{ RM/m}$$

Bemerkungen

Das auf Grund vorstehender Kalkulation angebotene Geainge wurde von der Betriebspunktbelegschaft — ~~nicht~~ — angenommen.

15. 1. 1948
(Datum)

gez. Witt
(Unterschrift)

Tafel 20. *Gewinnungsgedinge*
(Zahlenbeispiel einer Gedingekalkulation an Hand eines Sondervordrucks).

Gedinge-kalkulation	Gewinnung	Schachtanlage *Glückauf*	Kalkuliert *Schulte* (Name)	Erl. Verm.
		Tag: *1. 11. 1947*	Geprüft *Meier* (Name)	

Allgemeines

Schichtzeit *8* Std. | Reine Arbeitszeit *360* $\frac{\text{min}}{\text{Sch}}$ | Gedingerichtlohn *10,08* $\frac{\text{RM}}{\text{Sch}}$

Örtliche Gegebenheiten

Betriebspunkt *6.* Sohle *3. östliche* Abteilung *Süden*
— ~~Ort~~ *Streb 1—2 Osten und Westen*
Flöz *Finefrau-Nebenbank* Flözprofil *40—60 K* Einfallen *50,* °
Art des Gesteins *—* | Hangendes *Sandschiefer* | Liegendes *Sandstein*

Betriebszuschnitt

Streblänge *72,00* m　Abbaufortschritt *0,5* m/Tag
Feldesbreite *1,50* m　Belegung *1* Drittel *7* Mann
Versatzart *Vollversatz*　Fördermittel *Bergeböschung*
Ausbau { Art *Schalholz*　Abmessungen *2,5 m lang*
Stempelabstand im Einfallen *1,20* m | im Streichen *1,50* m
Wagenfüllziffer: *1,4* Wg entfallen auf 1 m³ anstehende Kohle

Leistungsberechnung

Zugrunde gelegte Gewinnungsleistung *4,08* t/M/Sch = *5,1* Wg/M/Sch

Umrechnung der Wagenleistung

$$\text{in lfd. m} = \frac{\text{Leistg. in Wg/M/Sch}}{\text{Füllziffer} \times \text{Mächtigk.} \times \text{Feldesbr.}} = \frac{5{,}1}{1{,}4 \times 0{,}4 \times 1{,}5} = 6{,}07 \ \text{m/M/Sch}$$

$$\text{in m}^2 = \frac{\text{Leistg. in Wg/M/Sch}}{\text{Füllziffer} \times \text{Mächtigkeit}} = \frac{5{,}1}{1{,}4 \times 0{,}4} = 9{,}1 \ \text{m}^2\text{/M/Sch}$$

Gedingeberechnung

			Gedingesätze
1. bei Wagengedinge	$\dfrac{\text{Gedingerichtlohn RM/Sch}}{\text{Gew. Leistg. Wg/M/Sch}} = \dfrac{10{,}08}{5{,}1}$ RM/Wg		*1,98* RM/Wg
2. bei m-Gedinge	$\dfrac{\text{Gedingerichtlohn RM/Sch}}{\text{Gew. Leistg. m/M/Sch}} = \dfrac{10{,}08}{6{,}07}$ RM/m		*1,66* RM/m
3. bei m²-Gedinge	$\dfrac{\text{Gedingerichtlohn RM/Sch}}{\text{Gew. Leistg. m}^2\text{/M/Sch}} =$	Mächtigkeit *0,4* m	*1,11* RM/m²
		0,5 m	*1,38* RM/m²
		0,6 m	*1,66* RM/m²
		m	RM/m²
		m	RM/m²

Bemerkungen

Das auf Grund vorstehender Kalkulation angebotene Gedinge wurde von der Betriebspunktbelegschaft — ~~nicht~~ — angenommen.

1. 11. 1947
(Datum)

gez. Ostermann, Kahl
(Unterschrift)

Tafel 21. *Herstellung eines Aufhauens*
(Zahlenbeispiel einer Gedingekalkulation an Hand eines Sondervordrucks).

<table>
<tr><td rowspan="2">Gedinge-
kalkulation</td><td rowspan="2">Auf- und Abhauen</td><td>Schachtanlage

Glückauf</td><td>Kalkuliert

Schulte (Name)</td><td>Erl. Verm.</td></tr>
<tr><td>Tag: 10. 1. 1948</td><td>Geprüft
Meier (Name)</td><td></td></tr>
</table>

Allgemeines	Schichtzeit **8** Std.	Reine Arbeitszeit **390** min	Gedingerichtlohn **10,08** $\frac{RM}{Sch}$

Örtliche Gegebenheiten

Betriebspunkt   **7.**   Sohle   **3. östliche**   Abteilung   **Süden**
   Aufhauen   Ort   **7. Sohle — 2 Westen**
Flöz   **Finefrau**   Flözprofil   **100 K**   Einfallen   **50** °
Art des Gesteins   **—**   Hangendes   **Schiefer**   Liegendes   **Sandstein**

Betriebszuschnitt

Querschnitt des Auf- bzw. Abhauens licht   **4**   m²   im Ausbruch   **4,6**   m²
Haufwerkanfall je m   Kohle   **5,7**   Wg   Berge   **—**   Wg
Abschlaglänge   **1,7**   m
Ausbau { Art   **Schalholz am Hangenden und Spitzenverzug**
{ Abmessungen   **3 Reihen im Einfallen**   Abstand   **1,40**   m

Das Auf- bzw. Abhauen wird hergestellt {

in der Oberbank   in einer Mächtigkeit von   **—**   m
in der Mittelbank   in einer Mächtigkeit von   **—**   m
in der Unterbank   in einer Mächtigkeit von   **—**   m
im vollen Flözquerschnitt   in einer Mächtigkeit von   **1,00**   m
unter Nachreißen { d. Hangend. in einer Mächtigkeit von   **—**   m
{ d. Liegend. in einer Mächtigkeit von   **—**   m

Schichtenaufwand

Zeitaufwand an reiner Arbeitszeit in Std. für 1 Abschlag

Hereingew. u. { der Kohle	22,75
Wegschaufeln { der Berge	—
Einbringen des Ausbaus	6,50
Herstellung des Kohlenbunkers	0,65
Heranschaffen und Einbauen der { Lutten	1,30
{ Rutschen	—
{ Rohre	0,50
{ Fahrten	—
Insgesamt	31,70

Schichtenaufwand je Abschl. = $\dfrac{\text{Summe Zeitaufwand}}{\text{reine Arbeitszeit}}$ = $\dfrac{31,70}{6,50}$ = **4,876** Sch.

Gedingeberechnung

Schichtenaufwand je Abschl. × Gedingerichtlohn = **4.876** × **10,08** = **49,15** RM/Abschl.

Kohlenanfall je Abschlag × Gedingesatz je Wagen = **10** × **0,60** = **6,—**   Gedingesätze   **0,60** RM/Wg

Unterschied = Gedingelohnsumme f. d. Längenauffahr. = **43,15**

Sprengstoffverrechnung (**—** Patronen/Abschl.) = **—**

Gesamtgedingelohnsumme für die Längenauffahrung = **43,15**

$\dfrac{\text{Gesamtgedingelohnsumme für die Auffahrung}}{\text{Abschlaglänge}}$ = $\dfrac{43,15 \ \text{RM/Abschl.}}{1,70 \ \text{m/Abschl.}}$ **25,38** RM/m

Bemerkungen

Das auf Grund vorstehender Kalkulation angebotene Gedinge wurde von der Betriebspunktbelegschaft — ~~nicht~~ — angenommen.

10. 1. 1948
(Datum)

gez. Marks
(Unterschrift)

534 Beispiel einer Gedingekalkulation nach dem russischen Normenbuch.

Nachstehend soll das in Abschn. 523 skizzierte Rahmenbeispiel der Gedingekalkulation eines Abbaustreckenvortriebes nach dem russischen Normenbuch mit Ziffern gefüllt einen eindeutigen Einblick in dieses Kalkulationsverfahren vermitteln.

Zugrunde gelegt sind die in Abb. 30 skizzierten Annahmen.

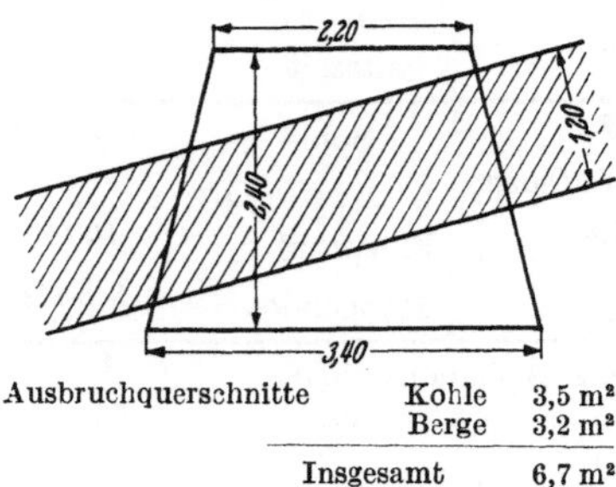

Ausbruchquerschnitte   Kohle   3,5 m²
                         Berge   3,2 m²

Insgesamt   6,7 m²

Abb. 30. Schematische Darstellung eines Abbaustreckenquerschnittes.

Die Kalkulation selbst gestaltet sich dann wie folgt:

Tafel 22. *Berechnung des Zeitaufwandes für den Vortrieb einer Abbaustrecke nach dem russischen „Normenbuch".*

Anzahl	Art und Kennzeichnung der Arbeitsvorgänge	Tafelwert des Schichtenaufwandes	Berichtigungsbeiwert	Endwert
3,5 m³	*Kohlengewinnung:* Flözmächtigkeit 1,20 m, Neigung der Strecke + 3° Festigkeitskategorie III ½, Kohlenmenge 3,5 m³, Anwendung von Sprengstoff, Beiwert .... Beiwert für Raumbeengung	0,851	0,75 1,265	0,817
3,2 m³	*Bergegewinnung:* Festigkeitskategorie III ½, Gesteinsmenge 3,2 m³, Verwendung von Abbauhämmern, Beiwert	1,472	1,25 0,6	1,105
3,5 m³	*Laden der Kohle in Förderwagen:* Wagenhöhe über SO 1,02 m	0,2485		0,2485
3,7 m³	*Laden des Gesteins in Förderwagen*	0,680		0,680
3,5 m³	*Schleppen der Kohlenwagen:* Schlepplänge 200 m .... Überfahren von 3 Weichen	0,350 0,016		0,350 0,016
3,2 m³	*Schleppen der Bergewagen:* Schlepplänge 200 m .... Überfahren von 3 Weichen	0,589 0,0148		0,589 0,0148
1	*Einbringen des Türstockes:* Holzstärke 17 cm .... Berichtigungsbeiwert für Holzstärke	0,187	0,93	0,174
25 5	*Einbringen des Verzuges und der Bolzen:* Verzugspitzen einbringen .... Bolzen einbringen	0,180 0,115		0,180 0,115
	Gesamtschichtenaufwand für das lfd. Meter			4,2893

535 Gedingekalkulationsbeispiele aus dem holländischen Bergbau.

In den Abbn. 31 bis 36 sind sechs verschiedene Gedingekalkulationen eines holländischen Bergwerksbetriebes im Original wiedergegeben.

Die Gedingekalkulation der Abb. 31 bezieht sich auf die Auffahrung eines doppelspurigen Querschlages. Das Gedinge entstammt dem Jahre 1944. Es gilt für die Durchfahrung von

STEENGANG Postno. *1110* ~~Zandsteen.~~
Afd. *19* Type: *Dubb. hg* Leisteen. Maand *Juni* 19*44*
Plaats: *Z.H.hlg 391*

Bezetting:	1	1	1	Totaal	Hrs.	h.hrs.	sl.	
	3	*3*	*3*	*9*	*6*	*3*		*87*

Schets met maten :

Te gebruiken persluchtleiding *200* m/m
„ „ rails *115 m/m + 75 m/m* „
IJzeren ondersteuningen (afm.) *25° x 2·0 x 2·0*
Afstand der ondersteuning *1·* M.
Elke afslag (basis) *2·40* „
Stijging op *moetlijn*

Accoordberekening.

2· M. vooruitgang X *3·50* M. breedte X *2·90* M. hoogte = *20·3* M³ X *2·* = *4·66* wagens — *0·21* wagens uitvulling spoor enz. = *4·45* wagens.

		MINUTEN		
		I	I	I
1	*9* gaten boren inbraak incl. aanzetten (*○* gaten *15* M., *6* gaten à M., gaten à M.), per M. *11* min. ; aantal M. *17·3 x 11*		195	
2	*9* „ inbraak afschieten (*2* X schieten)		255	
3	„ „ „ naboren incl. aanzetten, per M. min. ; aantal M.			
4	„ „ „ (X schieten)			
5	*19* „ boren afslag incl. aanzetten, per M. *11* min. ; aantal M. *41·9 x 11*		460	
6	*19* „ afslag afschieten (*2* X schieten) *1813 + 146*		398	
7	*4·45* wagens steenen laden, per wagen *195* min.		868	
8	*4·45* „ „ sleepen, *60* M. (totale lengte) *70 M.*		134	
9	afdrijven gesteente per M. *30* min.		60	
10	ijzeren ondersteuningen plaatsen, *2* stuks, per stuk *175* min.		350	
11	bekleeding in orde maken na het schieten per M. *30* min. zuidelijke ~~noordelijke~~ richting ~~strijk~~		60	
12	schietnet omhangen voor luchtkokers		4	
13	richting en moetlijn doortrekken en controleeren, per M. *13* min.		26	
14	materiaal uitladen en bijslepen, per M. *27* min.		54	
15	aanleggen *2·* M. spoor *115* m/m met verbindingsdwarsliggers / zonder deze per M. *30* min. ;		60	
	2· M. spoor *75* m/m per M. *12* min.		24	
16	aanleggen *2·* M. hulpspoor per M. *5* min.		10	
17	*2·* M. persluchtbuis aanbouwen. *200* m/m per M. *12* min.		24	
18	*2·* „ luchtkokers *500* „ „ „ *6* „		12	
19	*2·* „ watergoot bijmaken. per M. *10* min.		20	
20	afbouwhamers: *3* st. aanbouwen; *3* st. afbouwen; *3* st. smeren. } *7x7 = 49*		49	
21	boorhamers: *4* st. aanbouwen; *4* st. afbouwen; *4* st. smeren. }			
22	*6* vloerplaten 2 X 1 M. leggen, à *5* min., *6* st. 2 X ½ M., à *25* min. ;		45	
	uitwisselplaten à *3* min.		3	
23	uitwisselplaat omleggen, per afslag min.			
24	minutie halen aan en wegbrengen naar het dynamietmagazijn, per afslag *2 x 9* min.		18	
25	leege wagens bestellen en machine weghelpen		20	
26	luchtlamp ombouwen *2 st.* *2 x 5*		10	
27	stuks strekijzers afbouwen à min. per stuk			
28	*Bouwwerk afwiggen*		20	
29	*IJzeren schoren verwisselen*		28	
30	*Nitor sanden + sproeien*		60	
31	*Sanden terugzetten en naar front brengen*			
32	*waterslang of tanks aanb. en hieruit aanb. per then al ...*		47	
	269 %m p. m. d			
		Totaal *3304* min.		

Aankomst trein Vertrek trein
I Looptijd van schacht naar werkpunt min.
II „ „ trein „ „
I *1·* man. II man.
Begin werk *6·* uur *57* min. Begin werk uur min.
Einde werk *14* uur *40* min. Einde werk uur min.
Af voor schafttijd en tijdverlies *25* min.
Gemiddelde nuttige werktijd *446* min.
Bij man bezetting M. vooruitgang per dag.
c.M. prestatie per man dienst.

Totaal *3304* : *446* = *7.41* diensten
Gemiddeld loon f
Te verdienen loon X f = f
Toeslag voor steenwerk % „

Totaal f
Accoord wordt f : = f per meter
De diensten op Zaterdag worden gerekend à %

Bij een Accoord wordt gezet op f per Meter, ingaande *1 Juni* 19*44*
ber. van 22 %m p. m. d. C.A.O. loon + 5%
Bij meer of minder prest. in verhouding
loon meer of minder.
Staatsmijn , den 19
Paraaf : Mr. Opz. Hoofdopz. De Afdeelingsopzichter.

.329 D 30 à 100 -3-'38

Abb. 31. Beispiel einer holländischen Gedingekalkulation. Gedinge für einen Gesteinsstreckenvortrieb.

OPBRAAK No. *177*   Postno. *1008*   ~~Zandsteen~~   Maand *Juni* 19*44*
Afd. *S5*   Type *Wentel opbr* Leisteen.

6· Noord no 548 m/r

Bezetting :	1	1	1		Totaal	Hrs.	h.hrs	sl.	
	3	*3*	*3*		*9*	*6*	*3*		*0.7*

Te gebruiken persluchtleiding ..... *100* ..... m m
Afstand der ramen ..... *1·* ..... M.
Elke afslag (basis) ..... *2·* ..... „

Schets met maten :

wentel opbr volgens
Sch 3 M. 1436

Accoordberekening.

Minuten: | | |

1   *2·* M afslag × *3.95* M breedte × *240* M lengte = *1896* M³ × *2²* = *41.71* Wagens

2   *9* gaten boren inbraak *3* gaten à *1·* M; *3* gaten à *1·* M; *3* gaten à *2·* M, sa *16·* M à *12* min. p. M.   *190*

3   *9* „ inbraak afschieten (*3* × schieten) . . *3×99* .   *297*

4   „ „ naboren ..... diep ..... M. samen ..... M. à ..... min. p. M.

5   „ afschieten (..... × schieten) . .

6   *19* „ boren afslag *2·* diep ..... M. samen *41.8* M. à *10* min. per M.   *418*

7   *19* „ afslag afschieten (*5* × schieten)   *513*

8   *3* × schietvloer open en dicht maken (per man *27* min.) . *3×9* .   *81*

9   *42* wagens steenen laden en *60* M. sleepen (totale lengte) . *4.2×6.5* min .   *273*

10   schietvloer afruimen en opbreken, per M. *110* min.   *220*

11   werkvloer maken en afbreken voor boren inbraak . *2 × 23 min*   *46*

12   *2* ramen leggen, per raam *360* min.   *720*

13   *2* M. steenkast maken incl. transport, per M. *50* min.   *100*

14   Schietvloer leggen en afschoren, per M. *123* min.   *246*

15   afdrijven los gesteente *2* M. à *135* min. per M.   *270*

16   *2* M. luchtkoker inbouwen en transporteeren, per M. *23* min.   *46*

17   *2* „ persluchtleiding *100* m m, inbouwen en transporteeren, per M. *20* min.   *40*

18   *2* „ spreekbuis inbouwen en transporteeren, per M. *15* min.   *30*

19   *2* „ laddervloer en hekken inbouwen en transporteeren, per M. *36* min.   *72*

20   *2* „ ladder   „   „   „   *10*   *20*

21   *2* „ geleidingsboomen   „   „   *37*   *74*

22   *2* „ trekschacht bekleeden incl. transport *schietkabel opzt* . *2×11+2×5*   *32*

23   *2* verplaatsen ophaalinrichting   „   *11*   *22*

24   ..... reinigen ladderafdeeling   „   *15*   „   *30*

25   bijsleepen materiaal en transporteeren $\frac{met}{zonder}$ ton incl. afladen   „   *110*   „   *220*

26   inspitsen draagbalken (elke 10 M.)   „   „   „

27   Afbouwhamers *4* st. aanbouwen ; *2* st. afbouwen ; ..... st. smeren } *32*   *64*

28   Boorhamers *4* st. aanbouwen ; *2* st. afbouwen ; ..... st. smeren]

29   seinhamerdraad verlengen . . *2 × 3* ..... per M. min.   *6*

30   controleeren loodrichting per M. *13* min.   *26*

31   turbine smeren ..... min, lier smeren *6* min   *6*

32   munitie halen, aan en wegbrengen naar het dynamietmagazijn per afslag *2.112* min. .   *24*

33   veiligheidsraam leggen voor het schieten

34   *Gereedschap opruimen voor het schieten*   *8*

35   *Trekinrichting hooger hangen a 25 Mw per M.*   *50*

36   *10 wgs sleghen Anscheppen op schietvloer à 12 min*   *120*

37   *1 Luchtlamp*   *5*

38   *Ladderafd + schacht affollen a 25 min per m.*   *50*

39

Totaal ..... *4327* ..... min.

Looptijd van schacht naar werkpunt ..... min.
Begin werk *7* uur *17* min.
Einde „ *12* „ *34* „
Af voor schafttijd en tijdverlies *15* min.
Nuttige werktijd *412* min.
Bij ..... man bezetting ..... M. vooruitgang per dag
..... c.M. prestatie per man dienst

Totaal *4327* : *4.12* = diensten *1050*
Gemiddeld loon f *7.05*
Te verdienen loon *1050* × f *7.05* = f *7403*
Toeslag voor steenwerk ..... % . . . = f

Totaal f .....
Accoord wordt f *7403* : *2* = f *3701* p. Meter
De diensten op Zaterdag worden gerekend a ..... %

19 m/m t/m dienst.

Accoord wordt gezet op f *3701* per Meter ingaande ..... *1 - 6* 19*44*

Staatsmijn ..... , den ..... 19 .....

Paraaf :
   Mr. Opz.   *De Afdeelingsopzichter,*
   Hoofdopz.

329 E-10-7-'40

Abb. 32. Beispiel einer holländischen Gedingekalkulation. Gedinge für die Herstellung eines Aufbruches.

VOORBEREIDING

Afd. _C II_   Laag _XII_   Post No. _680_   Type _Doortocht_   Maand _Mei_   19_44_

| Bezetting: | 3 | 3 | 3 | Totaal | hrs | hhrs. | sl. | | | | Binnenwerk | Buitenwerk |

Toegestane hoeveelheid steenen .... K.G.

Te gebruiken hout ....

Te gebruiken rails .... m.m.
Te gebruiken persluchtbuizen ... _50_ ... m.m.
Te gebruiken goten breede U goten / smalle L goten

Br. kop ... _1.60_ ... _2.05_
Br. vloer ... _2.40_ ... _2.05_
Hoogte ... _2._ ... _2.25_

Schets met maten

Werktijden waarop het Accoord gebasseerd is

~~Weg te schieten gesteente~~ _3_ x _2.45_ x _2.25_ = _16.54_ M³ − _9_ M³ = _7.54_ M³ x .... = ... wagens
Weg te breken gesteente
  (vooruitgang x breedte x hoogte = ... M³ verminderd met inhoud kolen)
Weg te schieten gesteente boven de kap .... x .... = ... M³ x .... = ... wagens
Weg te breken gesteente

1 Frontontkolen ... _3_ ... M. lengte _2.50_ M. breedte _1.20_ M. dikte = _9_ M³ = _14_ wagens à _70_ min p. M³ ... **630**

2 Steenmiddel .... " " " " " = ... = ... " " " "

3 Steenzak .... " " " " " = ... = ... " " " "

4 " _9 M³ kolen laden_ .... " " " " = ... = ... " " " " ... **10.8**

5 ... _9_ M³ kolen in goot of op band scheppen / laden van vloer van platen per M³ _12_ min. .... wgs. .... M. sleepen à .... min. p wagen ... **108**

6 Kolen omscheppen van front .... M³ 1 x : .... M³ 2 x : .... M³ 3 x : à .... min/M³
  Kolen omscheppen van simpel .... M³ 1 x : .... M³ 2 x : .... M³ 3 x : à .... min M³

7 Bij doortocht, helling of daling .... min sleeper(s) onder de goot / op de lier ... **108** **636**

8 _3_ M. materiaal afladen, per M. _13_ min; _3_ wgs. hout p. M. _2_ min; .... wgs. takkenbossen p. M. .... min. ... **57**

9 Materiaaltransport met de hand ... **150** **150**

10 Materiaalbak laden .... x à .... min. Materiaalbak omladen .... x à .... min.
  Materiaalbak afladen .... x à .... min. Materiaalbak op- en aflaten M .... x à .... min.

11 Lier en rol van lier verplaatsen .... x à .... min. per keer

12 _6_ voorl. betimmeringen à _14_ min. per stuk ; _6_ voorl. betimmeringen rooven à _5_ min. per stuk ... **84** **30**

13 _3_ breekhouten zetten à _20_ min. per stuk ... **60**

14 _3_ def. betimmeringen, per stuk _90_ min. + ... x 20 min. per stempelgat (zandsteen) zonder zijwand bekleeding ... **270**

15 _3_ betimmeringen, bekleeden met steenen à _25_ min. ; met gaas à .... min. ... **75**

16 .... vloerplaten 2 x 1 M. à .... min. per stuk ; .... vloerpl. 2 x 0,5 M. à .... min. p. st.;
  Wisselpl. omleggen à .... min per M.

17 Boren van .... gaten van .... M. (incl. aanzetten) per M. .... min. _nabreken 2 x 373_ ... **746**
  Boren van .... gaten van .... M. (incl. aanzetten) per M. .... min.

18 Steenstof strooien .... x .... min. per keer schieten

19 Schieten door post / schietmr. .... x .... gaten voor .... man; .... x .... gaten v. .... man; .... x .... gaten v. .... man

20 Laden _7.54_ M³ steen à _25_ min. per M³ ; .... M³ steenmiddel à .... min. per M³ ... **189** **189**

21 .... wagens .... M. sleepen à min. per wg.

22 In steenzak/ in pijler scheppen .... M³ steen à .... min ; .... M³ steenmiddel à .... min. p. M³

23 In de ~~goot of op band~~ scheppen _7.54_ M³ steen à _25_ min. ; .... M³ steenmiddel à .... min. p. M³ ... **189**

24 Steen omscheppen in steenzak/pijler .... M³ 1 x ; .... M³ 2 x ; .... M³ 3 x à .... min. per M³

25 .... M³ steenen omscheppen aan het front à .... min. per M³

26 .... houtpijlers van .... x .... x .... per houtpijler .... min.

27 _3_ ~~def spoor~~ / goten m m. per M. _4_ min. en _1_ M. hulpspoor / pasgoot à _5_ min. p. M.; pomp verpl. p. afslag .... min ... **17**

28 _3_ M. luchtbuis _50_ m.m. per M. _5_ min.; _3_ M. luchtkoker _30_ m.m. per M. _5_ min ; .... M. waterbuis p. M. .... min. ... **30**

29 _4_ afb. hamers aan- en afbouwen en smeeren per stuk _9_ min. ... **18** **18**

30 .... boorhamers aan- en afbouwen en smeeren per stuk .... min.

31 Steen muur zetten .... x .... = ... M³ à .... min. per M³

32 Richting doortrekken of controleeren _9_ x _5_ min. per man ... **15** **30**

33 Turbine smeeren .... min.; turbine omhangen .... min. per afslag

34 Dak afdrijven _30_ min.; dak opvangen voor het ontkolen _30_ min. ... **30** **30**

35 Goot af- en aanbouwen voor het schieten ; band of schrapergoot beveiligen, incl. reinscheppen

36 Betimmering in orde maken na het schieten ....

37 Munitie halen .... min.; toezicht .... min.; houttransport op kooldienst .... min ; machines onderhoud en smeeren .... min. _op band bedienen_ ... **80** **80**

38 .... ijzeren stijlen rooven à .... min.; .... houten stijlen rooven à .... min.; .... railbokken omzetten à .... min.

39 Omleggen : schrapermotor 6/15 PK + motorgoot .... min. .... sts. schrapergoten .... PK à .... min.

40 Proefloopen .... min.; schrapergoot/band verlengen à .... min.; .... M. verlichting ombouwen à _15_ min. ... **5**

41 .... sts. luchtkokers ombouwen à .... min.; .... luchtbuizen ombouwen à .... min.

42 ....

43 .... _8e Id in Ned richting 4e bandgat._ ... **1058** **519** **2655**

Ligging van Post
Aankomst trein _6.51_   Vertrek trein _14.07_   Totaal ... _3613_ ... min.
Looptijd van schacht naar werkpunt .... min.
  trein ... _15_
Begin werk _7_ uur _10_ min. Einde werk _13_ uur _40_ min.
Begin werk .... uur .... min. Einde werk .... uur .... min.
Af voor schafttijd en tijdverlies ... _20_ ... min.
Nuttige werktijd _329_ min.
Bij .... man bezetting .... M. wgs. kolen per dag
Diensten op Zaterdag worden gerekend à .... %

Totaal _3613_ : _373_ = _9.69_ diensten
Gemiddeld loon f. ....
Te verdienen loon .... x f. .... = f. ....
Af voor .... wgs. kolen .... = f. ....
Blijft f. ....
Prijs per meter f. ....

Accoord per M. vooruitgang f. .... per M. ingaande
  " wagen kolen f. ....

Bij een prestatie van _30.9_ c.m./M² per man/dienst C.A.O. loon ingaande _1.5.44_
elke c.m. meer/minder per man/dienst f. .... meer/minder dan C. A. O. loon
Bij meerdere of mindere prestatie loon in verhouding meer of minder.

Paraaf: Mr Opz ....
  Hoofdopz. ....

STAATSMIJN ...., den .... 19—
De Afdeelingsopzichter,

329h-150-8-'40

Abb. 33. Beispiel einer holländischen Gedingekalkulation. Gedinge für die Herstellung eines Aufhauens.

Ontkoolaccoord.

Afd: *O 1* Postno.: *151*
Laag: *B* Type: *L.9.bl. vullen* Maand *Juni* 19*43*

Bezetting	I	I	I	Totaal	hrs.	h. hrs.	sl.

Profiel van de laag of schets met maten.

Toegestane hoeveelheid steenen .... K.G.

Uitbouw: ....

Totale pijlerlengte *26.6* M. Afbouwlengte p. volle werkdag *128* M.

Pandbreedte *2.5* M. Afstand betimmering .... M.

„ op Zat .... M. „ bokken .... M. } hart/hart.

„ steendammen........ M. }

Dak

Vloer

155 M.

Helling ....° *Binnen III - IV*

Ontkooleffect............*14 mgs* Afbouweffect............................

Specificatie diensten accoord berekening.

	I	I	I
Voorlieden pijlers			
Ontkolen			
Motorgaten stokken			
Bediening pijlerbanden			
Omleggen totaal			
Vullen			
Steenkiepers			
Totaal			

Rest improductieve diensten

	I	I	I
Laders			
Vullen kop of voet pijler			
Doorpakken simpel			
Storing doormaken			
Totaal			

Aankomst trein *706 / 702* Vertrek trein *1436 / 14 31*

Looptijd van schacht naar werkpunt .... min.

„ „ trein „ „ *19/25* min.

Begin werk: boven *7* uur *29* min.; beneden *7* uur *31* min.

Einde werk: boven *14* uur *13* min.; beneden *14* uur *01* min.

Af voor schafttijd en tijdverlies .... min.

Nuttige werktijd *372* min. *378 / 366*

Totaal *21.616* : *372* = *58.11* diensten

Gemiddeld loon f ....

Te verdienen loon .... × f .... = f

Aantal wagens kolen .... Prijs per wagen kolen f ....

De diensten op Zaterdag worden gerekend à .... %

Accoord wordt gezet op f .... per wagen kolen ingaande 19

bij een prestatie van *11.75* wagens/M per man dienst C.A.O. loon ing. ....*1 - 6* 19*43*

Paraaf: { Mr. Opz.

{ Hoofdopz.

Staatsmijn ...., den 19

De Afdeelingsopzichter,

*Duuracc. ing 1/6-43
voor 't geheele stuk*

*Bij wijziging C.A.O. loon wordt
accoord in gelijke mate gewijzigd.*

*Steengewicht wordt maandelijks
opnieuw bepaald.*

329B-60x25-1-'38

Abb. 34. Beispiel einer holländischen Gedingekalkulation. Gewinnungsgedinge (Vorderseite).

Werktijden waar het accoord op gebaseerd is:

		Minuten	
	I	I	I

1 Ontkolen vak I ...256/2 M. lengte 2.15 M. breedte 1.55 M. dikte = 4.26 M²/³ = 62.6 wgs p. M²/³ ... min. | 12790 | |

2 „ „ II ...... „ „ ...... „ „ = ... „ = ... „ „ „ ... „ | | |

3 „ „ III ...... „ „ ...... „ „ = ... „ = ... „ „ „ ... „ | | |

4 .... | | |

5 .... | | |

6 Afdekken ...... M. lengte, ... M. breedte, ... M. dikte = ... M²/³. per M²/³ ...... min. | | |

   „ ...... „ „ ...... „ „ ...... „ „ = ... „ „ „ ...... „ | | |

7 128 ondersteuningen met 7.44 spitsen à 20 min; ...... ondersteuningen met ...... spitsen à ...... min. | 2584 | |

   ...... „ ...... „ à ...... „ ; ...... „ „ ...... „ à ...... „ | | |

8 .... | | |

9 128 voorl. betimmeringen à 7 min. op 1 stijl; voorl. betimmeringen à ...... min. op 2 stijlen | 896 | |

10 ...... ijzeren middenstijlen plaatsen à ...... min. per stuk | | |

11 Aan motoren/galerijen ...4... dwarsbouwen à 30 min.; ...... houtbokken à ...... min. | 120 | |

12 ...... houtpijlers à ...... min.; ...... houtpijlers à ...... min.; ...... houtpijlers à ...... min. | | |

13 Voorman pijler ontkooldienst . 2 × 3.72 . . . . | 744 | |

14 ...2... man onder de goot . . . . | 744 | |

15 Bediening: ...3... motoren à 50 min.; ...2... verbindingen à 30 (2×) min.; ...... kolenremmen à ...... min. | 420 | |

16 ...50 afbouwhamers aanbouwen; 50 afb.h. afbouwen 50 afb.h. smeren . . | 450 | |

17 ...... man afb.h. en gereedschap transporteeren per dienst/per korten dienst per man ...... min. . | | |

18 Houttransport . . . . | | |

19 Richting trekken in pijler ½ d . . . . . . | 186 | |

20 Toezicht pijlerbanden | | |

21 ...1... motorgaten stokken à 186 min.; ...... motorgaten stokken à ...... min. . . . | 186 | |

22 ...... M. storing doormaken à ...... min. . . . . | | |

23 ...... M. vullen kop pijler à ...... min. . . . . | | |

   ...... „ „ voet „ à ...... „ Doorpakken + voorwerken . . | 372 | |

24 Kolen omscheppen bij aandrijfinrichting ...... min. . . . . | | |

25 Pand reinscheppen . . . . | | |

26 .... 2 d bed band .... | 744 | |

27 .... Yzertransp. + houtencontrole .... | 372 | |

28 .... | | |

29 .... | | |

30 .... | | |

31 .... | | |

32 .... | | |

33 .... | | |

34 .... | | |

35 .... | | |

36 .... | | |

37 .... | | |

38 .... | | |

39 .... | | |

40 .... | | |

41 .... | | |

42 .... | | |

43 .... | | |

44 .... | | |

45 .... | | |

46 .... | | |

47 .... | | |

48 .... | | |

49 .... | | |

50 .... | | |

51 .... | | |

52 .... | | |

| Totaal minuten | 21616 | | |

Abb. 34. Beispiel einer holländischen Gedingekalkulation. Gewinnungsgedinge (Rückseite).

110

Afd. : _J II_ Postno. : _027_ Maand _Maart_ 19 44

Laag . _XVI_ Type : _29_

Bezetting	I	I	I	Totaal	hrs.	h. hrs.	sl.		Profiel van de laag of schets met maten.

Toegestane hoeveelheid steenen .... K.G.

Uitbouw : ....

Totale pijlerlengte _150_ M. Afbouwlengte p. volle werkdag _75_ M.

Pandbreedte _2_ M. Afstand betimmering _1_ M.

Ontk. effect 12 wgs. bokken .... M. } hart hart.

„ steendammen .... M.

Dak

_205 M_

Vloer

Helling .... ° _Panne III . IV_

Werktijden waarop het accoord gebaseerd is

Minuten

	I	I	I

1 Ontkolen vak I _150_ M. lengte _2_ M. breedte _205_ M. dikte = _615_ M³ = _984_ wgs p. M² _82_ min. | 46600 | | |

2 „ . „ II .... „ „ .... „ „ .... „ „ = ... M³ = ... „ „ „ „ .... „

3 „ . „

4 Afdekken .... „ „ .... „ „ .... „ „ = ... M³ = ... „ „ „ „ .... „

5 _150_ ondersteuningen met _7_ spitsen à _40_ min., ... onderst. met .... spitsen à .... min. | 6000 | | |

6 ....

7 _150_ kophouten à _12_ min. per stuk | 1800 | | |

8 Aan motoren : _4_ dwarsbouwen à _40_ min. ; .... houtblokken à .... min. | 160 | | |
.... houtpijlers à .... min. ; .... steendammen à .... min.

9 _2_ schudgootmeester(s) ontkooldienst _2x inclusief onderhoud toiren om de andere dag_ | 1636 | | |

10 Omlegdienst _409_ min. ; vuldienst _1_ min. werk controleeren | | 918 | |

11 .... man onder de goot ; .... man op steenkiep

12 Bediening _1_ motoren à _50_ min. ; _2x2_ .... verbindingen à .... min. | 200 | | |

13 Goten omleggen .... min. p. st. ; .... U goten à .... min. p. st. Din III goten à .... min. p. st. | 1875 | | |
_75_ breede à _25_ min. p. st. ; .... L goten à .... min. p. st. Din IIIª goten à .... min. p. st.

14 _150_ M. luchtbuis ombouwen $\frac{50}{70}$ m/m, per buis _17_ min. (incl. aansluitingen) _28×17_ | 476 | | |

15 .... st. vangvoorrichtingen, per stuk .... min. ; .... st. opzetplaten, per stuk .... min.

16 _1_ motoren à _300_ min. p. st en .... tegencylinders à .... min. incl. motorgaten _60 min_ stokken en leggen aandrijfgoten | 360 | | |

17 _170_ M. seindraad omhangen à _½_ min. per M. ; _1_ toeren proefloopen à _40_ min. per toer | 110 | | |

18 Ombouwen .... remplaten à .... min. p. st. ; .... remmen in U goten à .... min. p. st. _1 heirol à 60 min_ | 60 | | |

19 Laadbakomleggen à .... min., laadbak-stokken à .... min. ; .... verbindingen à .... min. p. st. _onders. stemteuren_ | 120 | | |

20 Ontk. ruimte .... M³ — .... M³ verlies door drukken, poffen, eigen steen, hout, niet te vullen
ruimte = ... M³ steenplaats × 1.25 = ... wagens te vullen steenen

21 .... wagens steen leeg te maken, per wg .... min. kopvulling / zijvulling Aantal toeren

22 Reinigen na 't vullen .... man à .... min. per man _kolen omleggen bij aandrijf_ 60 | | | |

23 .... houtpijlers zetten .... × .... × .... à .... min. p. st. | | | |

24 .... houtbokken zetten en rooven .... × .... × .... à .... min. p. st. Instocken .... min. p. st.

25 .... ijzerbokken zetten en rooven .... × .... × .... à .... min. p. st. Instocken .... min. p. st.

26 Steendammen (excl. aan motor) .... st. lang .... M à .... min. p. st. ; .... st. lang .... M. à .... min. p. st.
Plaatsen steendammen à .... M. lengte × .... M. breedte × .... M. hoogte = ... M³ à M³ .... min.

27 .... betimmeringen rooven per stuk .... min. ; bet. rooven per stuk _409_ min. | | | 409 |

28 Afb. hamers _02_ st. aanbouwen ; _02_ st. afbouwen ; _02_ st. smeren | 738 | | |

29 .... man afb. hamers en gereedschap transporteeren per dienst / op korten dienst p. man .... min.

30 _1_ luchtaansluitingen kop pijler à _30_ min. p. st. ; _1_ luchtaansl. voet pijler à _30_ min. p. st. | | | 60 |

31 Houttransport | 100 | | |

32 IJzertransport _2×12d_ _409_ min. ; Boutencontrôles .... min. | 409 | | |

33 Blaasvulling: bedienen machines .... min. ; vullen onder leiding .... min. ; blaasleiding omb. .... min.

34 Electrische verlichting ombouwen _150×1½_ _15×2_ | | | 255 |

35 Richting trekken in pijler _½_ | 205 | | |

36 Toezicht pijler banden _Bed. heirol 2 man 2×_ | 1636 | | |

37 _Vullen onder leiding 2×409 Leiding omb 2×409_ | 918 | 918 | |

38 _Goten rooven 2×409 Sep. ball 2×409_ | 409 | 409 | 918 |

39

Aankomst trein _712_ Vertrek trein _1450_ | 30771 | 1222 | 5361 |

Looptijd van schacht naar werkpunt .... min. Totaal _45359_ min.

„ „ trein „ _12_ „ Totaal _45359_ : _409_ = _110.90_ diensten

Begin werk: boven .... uur .... min. ; beneden _7_ uur _20_ min. Gemiddeld loon f ....

Einde werk: boven .... uur .... min. ; beneden _14_ uur _42_ min. Te verdienen loon .... × f .... = f ....

Af voor schafttijd en tijdverlies _25_ min. Aantal wagens kolen .... Prijs per wagen kolen f ....

Nuttige werktijd _409_ min. De diensten op Zaterdag worden gerekend à .... %

Accoord wordt gezet op f .... per wagen kolen ingaande 19

Bij een prestatie van _2.74_ wagens / M³ per man dienst C.A.O. loon ing. _1-III-_ 19 44

Sumace 1/III t/m 31/VIII-44

Paraaf : Mr. Opz. / Hoofdopz. Staatsmijn .... den 19

Bijwijziging C.A.O loon wordt acc. op gelijke wijze gewijzigd.
A. elingsopzichter

329B-50x25-9-'37 _Steengewicht wordt maandelijks opnieuw bepaald._

Abb. 35. Beispiel einer holländischen Gedingekalkulation. Gedinge für einen Abbaubetriebspunkt.

Afd.: *P.*   Postno.: *351*   Maand *Mei* 19*44*

Laag: *I*   Type: *R.P.*

Bezetting	I	1	1	Totaal	hrs.	h. hrs.	sl.

Toegestane hoeveelheid steenen .... K.G.

Uitbouw: ....

Totale pijlerlengte *155* M. Afbouwlengte p. volle werkdag ....M.

Pandbreedte *2* M. Afstand betimmering ...*1*... M.

„ bokken ...*2*... M. } hart/hart.

„ steendammen....... M.

Profiel van de laag of schets met maten.
Nevenwerk accoord

Dak

Vloer

Helling ....°

Werktijden waarop het accoord gebaseerd is

Minuten | I | 1 | 1

1 Ontkolen vak I ....M. lengte ....M. breedte ....M. dikte = ...M³ = ...wgs p. M³ ....min.

2 „ „ II .... „ „ .... „ „ .... „ „ = ...M³ = ... „ „ „ „ .... „

3 „ „

4 Afdekken .... „ „ .... „ „ .... „ „ = ...M³ = ... „ „ „ „

5 ....ondersteuningen met .... spitsen à .... min., ... onderst. met .... spitsen à .... min.

6

7 ....kophouten à .... min. per stuk

8 Aan motoren: .... dwarsbouwen à .... min.; .... houtblokken à .... min.

.... houtpijlers à .... min.; .... steendammen à .... min.

9 ....schudgootmeester(s) ontkooldienst . . . . | 365

10 Omlegdienst *365* min.; vuldienst .... min. werk controleeren. | 365

11 .... man onder de goot; .... man op steenkiep

12 Bediening .... motoren à .... min.; .... verbindingen à .... min.

13 Goten omleggen ....smalle à ....min. p. st.; .... U goten à ......min. p. st. Din. III goten à ...... min. p. st | 3190

.......breede à ....min. p. st.; .... L goten à ......min. p. st. Din. IIIa goten a ...... min. p. st.

14 *155* M. luchtbuis ombouwen $\frac{50}{70}$ m/m per buis *11* min. (incl. aansluitingen) . . . | 495

15 *4* st. vangvoorrichtingen, per stuk *30* min.; .... st. opzetplaten, per stuk .... min. | 120

16 *4* motoren à *3* min. p.st. en *4* tegencylinders à *15* min. incl. motorgaten stokken en leggen aandrijfgoten | 660

17 *240* M. seindraad omhangen à *05* min. per M.; *4* toeren proefloopen à *14* min. per toer | 216

18 Ombouwen .... remplaten à .... min. p. st.; .... remmen in U goten à min. p. st.

19 *250* M. lichtleiding à *5* min controle en poetsen lampen *25-12* Laadbak omleggen à .... min., laadbak-stokken à .... min.; .... verbindingen à .... min. p. st. | 425

20 Ontk. ruimte ....M³ — ....M³ verlies door drukken, poffen, eigen steen, hout, niet te vullen *50 m remkitting inb à 1 min* | 50

ruimte = ...M³ steenplaats × 1.25 = ... wagens te vullen steenen

21 .... wagens steen leeg te maken, per wg .... min. kopvulling zijvulling Aantal toeren ......

22 Reinigen na 't vullen .... man à .... min. per man

23 .... houtpijlers zetten .... × .... × à .... min. p. st.

24 .... houtblokken zetten en rooven .... × ....× à .... min. p.st. Instocken ....min. p.st.

25 *126* ijzerbokken zetten en rooven *70* × *70* × *115* à *37* min. p.st. Instocken ....min. p.st. | 4662

26 Steendammen (excl. aan motor) ....st. lang ....M. à ......min. p.st.; ......st. lang ....M. à ......min. p.st.

Plaatsen steendammen à ....M. lengte × ....M. breedte × .... M. hoogte = ...M³ p. M³ .... min.

27 *120* stijlen betimmeringen rooven per stuk *7* min.; *18* stijlen rooven per stuk *10* min. | 520

28 Afb. hamers ....*2* st. aanbouwen; ....*2* st. afbouwen; ....*2* st. smeren | 18

29 .... man afb. hamers en gereedschap transporteeren $\frac{\text{per dienst}}{\text{op korten dienst}}$ p. man .... min.

30 ....*1* luchtaansluitingen kop pijler à *25* min. p.st.; *1* luchtaansl. voet pijler à *25* min. p.st. | 50

31 Houttransport

32 IJzertransport .... min.; Boutencontrôles .... min.

33 Blaasvulling: bedienen machines ....min.; vullen onder leiding .... min.; blaasleiding omb. ....min.

34 Electrische verlichting ombouwen . . . .

35 Richting trekken in pijler *14 man te voet à 40 min* | 560

36 Toezicht pijler banden *3 el verbindingen à 30 2 luchth à 10* | 110

37 *Vullen koppijler* | 365

38 *Gas teller 2×* | 730

39 *Uitmonding pijler à 60 min* | 60

| | 17298

Aankomst trein *22.10* Vertrek trein *5.42*

Looptijd van schacht naar werkpunt *10/7* min.

„ „ trein „ .... min.

Begin werk: boven *22* uur *49* min.; beneden *11* uur *19* min.

Einde werk: boven *5* uur *19* min.; beneden *5* uur *19* min.

Af voor schaftijd en tijdverlies *15* min.

Nuttige werktijd *365* min.

Totaal .... min.

Totaal *17298* : *365* = *47.39* diensten

Gemiddeld loon f ....

Te verdienen loon .... × f .... = f

Aantal wagens kolen .... Prijs per wagen kolen f

De diensten op Zaterdag worden gerekend à .... %

Accoord wordt gezet op f.......................... per wagen kolen ingaande ....*15 - 5*...... 19*44*

bij een prestatie van .... $\frac{\text{wagens}}{\text{M}^3}$ per man dienst C.A.O. loon ing. .... 19.......

Paraaf: { Mr. Opz.

{ Hoofdopz.   *Met 47 man pijler klaar hul f6.94.*

Staatsmijn ...., den .... 19.......

De Afdeelingsopzichter,

329B-60x25-1-'38

Abb. 36. Beispiel einer holländischen Gedingekalkulation. Gedinge für „Nebenarbeiten" im Streb.

Schieferschichten. Der Ausbruchquerschnitt des Querschlages beläuft sich auf rd. 10 m². Der Ausbau besteht in stählernen Türstöcken, die auf 1 m Abstand gesetzt werden. Für einen Abschlag von 2 m sind insgesamt angesetzt 3304 Arbeiterminuten oder bei einer Arbeitszeit vor Ort von 446 min/Sch ein Schichtenaufwand von 7,41 je Abschlag. Bei Umrechnung auf das laufende Meter ergibt sich ein Schichtenaufwand von 3,705 je m oder, anders ausgedrückt, eine Leistung von rd. 26,9 cm/M/Sch. Diese Kalkulation gilt nach einer Notiz für die Leistung einer eingearbeiteten Mannschaft. Für die neu zusammengestellte Kolonne, mit der das Gedinge vereinbart wurde, ist in einer Fußnote ein Anlaufgedinge auf 22 cm Leistung/M/Sch festgelegt.

Einen weiteren Ausrichtungsbetriebspunkt behandelt die in Abb. 32 im Original wiedergegebene Gedingekalkulation. Sie bezieht sich auf die Herstellung eines Aufbruches. Der Aufbruch steht im Schiefer und hat einen Ausbruchquerschnitt von rd. 9,5 m². Die Rahmen werden in einem Abstand von 1 m gelegt. Der Vortrieb erfolgt auf drei Dritteln. Jedes Drittel ist mit drei Mann belegt, von denen zwei Hauer und einer Lehrhauer sind. Für einen Abschlag von 2 m wird eine Gesamtarbeitszeit von 4327 Arbeiterminuten vorgegeben. Bei einer Arbeitszeit vor Ort von 412 min sind für die Fertigstellung von 2 m Aufbruchlänge 10,5 Schichten erforderlich. Bei einem Gedingerichtlohn von hfl. 7,05 wird demnach für den Abschlag eine Lohnsumme von hfl. 74,03 angesetzt. Der Gedingesatz, d. h. die Lohnsumme je Leistungseinheit, beläuft sich auf hfl. 37,01 je m. Die angesetzte Leistung wird mit 19 cm/M/Sch beziffert. Das Gedinge wurde am 1. Juni 1944 abgeschlossen.

Der Vorrichtung ist die Gedingekalkulation der Abb. 33 entnommen. Es handelt sich um die Herstellung eines Aufhauens, das auf drei Dritteln belegt ist. Der Ausbau erfolgt in Türstöcken. Der lichte Querschnitt des Aufhauens beläuft sich auf 4 m², der Ausbruchquerschnitt auf rd. 5,5 m². Für einen Abschlag von 3 m Länge werden 3613 Arbeiterminuten berechnet. Bei einer Arbeitszeit vor Ort von 376 min ergibt sich ein Schichtenaufwand von 9,69 je Abschlag von 3 m Länge. Hieraus errechnet sich die Leistung von 30,9 cm/M/Sch, der der Gedingerichtlohn gegenübergestellt wird. Das Gedinge wurde am 1. Mai 1944 gesetzt.

Abb. 34 gibt die Kalkulation eines reinen Gewinnungsgedinges wieder, das am 1. Juni 1943 als Generalgedinge in einem Abbaubetriebspunkt vereinbart wurde. Bei einer Flözmächtigkeit von 1,55 m beläuft sich die Streblänge auf 256 m. Diese wird zweitägig verhauen, und zwar in einer Feldesbreite von 2,15 m. An einem Fördertage müssen 426,6 m³ Kohle hereingewonnen werden, die 682,6 Förderwagen füllen. Aus dem Zeitaufwand für die einzelnen Arbeitsvorgänge ist ein Gesamtaufwand von 21 616 Arbeiterminuten berechnet. Bei einer mittleren Arbeitszeit vor Ort von 377 min werden 58,11 Schichten für einen Fördertag errechnet. Die Soll-Leistung, die dem Gedingerichtlohn gegenübergestellt wird, beträgt 11,75 Wagen/M/Sch. Der Lohn erhöht bzw. vermindert sich proportional der Über- bzw. Unterschreitung dieser Leistung.

Die in Abb. 35 wiedergegebene Gedingekalkulation umfaßt einen Abbaubetriebspunkt in seiner Gesamtheit. Das Gedinge wurde am 1. März 1944 für einen Streb von 150 m Länge abgeschlossen. Die Flözmächtigkeit beträgt 2,05 m. Der Streb wird zweitägig verhauen. Die Feldesbreite beläuft sich auf 2 m. Die Zimmerungen werden in einem Abstand von 1 m gesetzt. Ein Verhiebfeld weist einen Kohleninhalt von 615 m³ auf. Das Haufwerk würde 984 Wagen füllen, so daß täglich 492 Wagen gefördert werden sollen. Für das Abkohlen eines Quadratmeters Flözfläche werden 82 min angesetzt. Für die Gesamtheit der im Streb anfallenden Arbeiten werden 45 359 Arbeiterminuten berechnet. Die Arbeitszeit vor Ort beläuft sich auf 409 min, so daß die mit dem Abkohlen einer Feldesbreite verbundenen Strebarbeitsvorgänge 110,9 Schichten erfordern. Bei dieser Arbeit werden 300 m² Flözfläche freigelegt, woraus sich die Leistung zu 2,71 m²/M/Sch bestimmt. Dieser Leistung wird der Gedingerichtlohn gegenübergestellt. Bei steigender oder fallender Leistung erhöht bzw. ermäßigt sich der Lohn proportional.

Die Gedingekalkulation der Abb. 36 betrifft die sogenannten „Nebenarbeiten" in einem Streb. Der Streb hat eine Gesamtlänge von 255 m. Die Feldesbreite beläuft sich auf 2,15 m. Die Zimmerungen weisen einen Abstand von 1 m und die stählernen Pfeiler im Versatzfelde einen solchen von 2 m auf. Unter „Nebenarbeiten" sind erfaßt: das Umlegen der Strebförderer einschließlich Motoren, der Luft- und Lichtleitungen, des Signaldrahtes, das Umsetzen der Wanderpfeiler und noch andere kleinere Arbeiten wie Zählen der Baue usw. Für diese Arbeiten werden insgesamt 17 298 Arbeiterminuten vorgegeben. Die Arbeitszeit vor Ort beläuft sich auf 365 min, so daß der Schichtenaufwand sich zu 47,39 bestimmt. Das Gedinge besagt, daß, wenn unter Einsatz von 47 Mann der Streb „klaar" ist, ein Lohn von hfl. 6,94 gezahlt wird.

Die vorstehend kurz skizzierten, in den Abbildungen bis ins einzelne zu verfolgenden holländischen Gedingekalkulationen bringen den unbestreitbaren Nachweis, daß

1. eine Aufgliederung der bergmännischen Arbeiten in einzelne Teilvorgänge verhältnismäßig weit getrieben werden kann, und daß

2. bei einer gut entwickelten Gedingewirtschaft die Benutzung von Vordrucken für verschiedene Gedingefälle zweckmäßig ist.

Bezüglich weiterer Einzelheiten sei auf Abschn. 68 verwiesen.

54 Vergleichende Gegenüberstellung von Gedingekalkulationen.

540 Vorbemerkungen.

Wenn im vorstehenden die verschiedensten Kalkulationsverfahren erörtert und an Beispielen erläutert wurden, so dürfte es nunmehr nicht ohne Reiz sein, einige Beispiele zu zeigen, in denen der gleiche Gedingefall nach verschiedenen Methoden behandelt wird [225]. Die auf diese Weise anfallenden Vergleiche lassen nicht nur gewisse Rückschlüsse auf die angewandten Berechnungsarten selbst erwarten, sondern werden auch aufzuzeigen vermögen, ob und inwieweit die verwendeten Methoden zu übereinstimmenden Ergebnissen führen.

541 Beim Vergleich angewandte Methoden.

Im ersten Halbjahr 1950 hat die Deutsche Kohlenbergbau-Leitung eine Umfrage betreffend die Kalkulation von Abbaustreckenauffahrungen durchgeführt und hierzu einen besonderen Vordruck entwickelt (Abb. 28). Aus den Meldungen einer Bergwerksgesellschaft wurden 2 Fälle ausgewählt, die sodann einmal nach dem russischen „Normenbuch" und zweitens nach der holländischen „Anleitung" durchgerechnet wurden. Da die Kalkulationen an der Ruhr bis heute lediglich Erfahrungsschätzwerte verwenden, ergibt sich für den Vergleich die Folge:

Ruhrzeche	Russisches Normenbuch	Holländische Anleitung
Erfahrungsschätzwerte	starre Tafelwerte	bewegliche Tafelwerte

542 Kennzeichnung der verglichenen Gedingefälle.

Beide Kalkulationsfälle, die nach den genannten Methoden bearbeitet wurden, beziehen sich auf die Auffahrung von Abbaustrecken, wobei jedoch dadurch wesentliche Unterschiede gegeben sind, daß der eine Fall sich auf ein flachgelagertes, geringmächtiges Flöz bezieht, während der andere ein steilgelagertes, mächtiges Flöz behandelt.

543 Durchführung des Vergleiches.

In den Tafeln 23 und 24, in denen die Vergleiche durchgeführt werden, finden sich im oberen Tafelfeld die der Kennzeichnung der örtlichen Gegebenheiten und des Betriebszuschnittes dienenden Angaben sowie eine den Streckenquerschnitt erläuternde maßstäbliche Skizze. Die gleichfalls im oberen Tafelfeld aufgeführte „Sollarbeitszeit" ist für die Spalte „Ruhrzeche" der betriebsseitig durchgeführten Kalkulation entnommen. Die Ziffer der Spalte „holl." ist für den betreffenden Betriebspunkt nach der „Anleitung" berechnet. Näheres ergibt sich aus den Tafeln 25 und 26. Für die Berechnung nach dem russischen Normenbuch wird die „Soll-Arbeitszeit" nicht benötigt, da in dessen Ziffern die Wegzeit enthalten ist und Abweichungen vom Normalfall durch Umrechnung über Beiwerte berücksichtigt werden.

Das untere Tafelfeld enthält in seinem linken Teil Raum zur Kennzeichnung der Arbeitsvorgänge, die in den Spalten der rechten Feldhälfte mit Ziffern belegt werden. Diese Ziffernwerte müssen aus Vergleichsgründen die gleiche Dimension aufweisen. Die Gedingekalkulation der Ruhrzeche und die nach der holländischen Anleitung sind von Natur aus auf Arbeiterminuten abgestellt und daher in ihren Ziffernwerten unmittelbar miteinander vergleichbar. Das russische Normenbuch arbeitet mit Schichtwerten, wobei eine Arbeitszeit vor Ort von 360 min angesetzt

Tafel 23. *Gedinge-Kalkulations-Vergleich* (Abbaustrecke in der flachen Lagerung).

Kennzeichnung des Betriebspunktes

Betriebspunkt	7. Sohle
Abteilung	3. östl. Südflügel
Ort	1 Osten
Flöz	Präsident
Einfallen	20 Grad
Festigkeit der Kohle	3½
Art des Gesteins { Hangendes	Sandstein
Art des Gesteins { Liegendes	Sandstein

Sollbelegung	2 Drittel je 2 Mann
Streckenquerschnitt { licht	6,0 m²
Streckenquerschnitt { Ausbr.	8,0 m²
Haufwerkanfall { Kohle	2,5 Wg/m
Haufwerkanfall { Berge	12,5 Wg/m
Abschlaglänge	2 m
Wagenrauminhalt	0,9 m³
Preßluftdruck	4—4,5 atü
Bohrhammertyp	Flottmann AT 18
Bohrkrone	Hartmetall, Kreuzschneide
Bohrstütze	Flottmann
Vorschubgerät	—

Betriebszuschnitt

Zahl der Bohrlöcher

a) in der Kohle	
b) im Gestein	
im Einbruch	
der Hilfslöcher	
in der Firste	
in der Sohle	
in den Stößen	
im Hangenden	5
im Liegenden { Abdecker	
im Liegenden { Sohle	9

Vorläufiger Ausbau: Art *Schalholz mit 2 Stempeln*

Ausbau { Art	Türstock mit Stahlkappe
Sohlenbreite	3,2 m
Scheitelhöhe	2,3 m
Abstand	1,4 m

Strecke wird	2 -spurig aufgefahr.
Schießstufe	3
Zündgänge	2
Zahl der Patronen je Abschlag	140

Skizze

Gedinge-Nr. **8235**

Blatt-Nr.

Zeiten — Schichtzeit 8 Std.

Sollarbeitsz. | Ruhrz. 360 min | holl. 421 min

Kenn-Nr.	Kennzeichnung der Arbeitsvorgänge			Ruhrzeche	Russisches „Normenbuch"				Holländische „Anleitung"	
	Art	Anzahl	Einheit	Gedinge-richtwert	Tafelwert des Schichtenaufwandes	Berichtigungs-beiwert	Endwert	Umgerechneter Wert	Tafelwert	Gedingericht-wert
—	—	—	—	Arbeiter-min	Schichten/Einh.	—	Schichten	Arbeiter-min	Arb.-min/Einh.	Arbeiter-min
a	b	c	d	e	f	g	h	i	k	l
10	Lösen von 3,3 m³ gew. Kohle	3,3 m³	1 m³		0,332		1,096		variabel	
11	Beiwert für Abbauhammer					0,6	0,658			
12	Beiwert für Enge und 2 Stöße			300		1,28	0,842	303		
13	Vorläufiger Ausbau beim Auskohlen	2 Baue	je Bau						8—14	16
14	Rauben dieses Ausbaues vor dem Schießen	2 Baue	je Bau						3— 5	6 } 31
15	Abbauhammer an- und abschließen und schmieren	1 Hammer	je Hammer						9	9
20	Laden der Kohle in Wg mit h = 1,17 m über SO	¹3,3 m³/²4,5 m³	¹1 m³/²1 m³	150	0,076		0,215	90	16—18	81
21	Schleppen von 5 Wg Kohle über 30 m Entfernung	¹3,3 m³/5 Wg	¹1 m³/1 Wg	20	0,0121		0,040	14	1,99	10
30	Herstellen von 5 Bohrlöchern je 2,1 m im Hangenden	10,5 m	1 m		0,074		0,777		12—15	147
31	Beiwert für Preßluftdruck			300		1,25	0,971	350		
32	Herstellen von 9 Bohrlöchern je 2,1 m im Liegenden	18,9 m	1 m	750	0,074		1,399	980	12—15	418
33	Beiwert für Preßluftdruck			450		1,25	1,749	630	265	
34	Bohrhammer an- und abschließen und schmieren	1 Hammer	je Hammer						6	6
40	Gesteinstaub streuen vor dem Schießen								5	5
41	Laden und Besetzen der Bohrlöcher	14 Bohrlöcher		70						
42	Abtun der Schüsse	14 Schüsse	erster Schuß	20					27/M/Sch	
			je weit. Schuß	150					3/M/Sch	180 } 185
43	Wartezeit nach dem Schießen			60						
50	Abtreiben des Hangenden	2 m	je m Strecke						5—10	20
51	Laden der Berge in Wg mit h = 1,17 m über SO	¹12,5 m³/²22,5 m³	¹1 m³/²1 m³	1350	0,226		2,825	1017	35—40	900 } 920

Nr.	Arbeit	Menge	Einheit		(Zmin)		(Amin)	∑		Endwert
52	Schleppen von 25 Wg Berge über 30 m Entfernung	25 Wg	je Wg	150	0,0197		0,493	177	1,99	50
60	Setzen des Türstockes (8,0 m² Ausbruch)	1,43 Baue	je Bau		0,237		0,340	122		
61	Herstellen der Bühnlöcher (20×20×20 cm)	2,88 Löcher	je Loch	1060	0,027		0,078	28 }386	20	58
62	Verziehen der Firste und der Stöße	59 Hölzer	10 Hölzer		0,072		0,425	153		
63	Anbringen der Bolzen	10 Bolzen	je Bolzen		0,023		0,230	83		
70	Gestänge verlegen (93 mm und mehr)	4 m	1 lfd. m Bahn	100	0,24		0,96	346	30	120
71	Lutten vorbauen (500 mm)	2 m	je m Lutte	20					6	12
72	Rohre vorbauen (100 mm)	2 m	je m Rohr	20					6,5	13
73	Ausbau abladen	1,43 Baue	je Bau						5—8	11
74	Gestänge abladen	4 m	je lfd. m Bahn						1	4
75	Holz abladen	1 Wg	je Wg	70					6—8	8 }37
76	Lutten abbauen und transportieren	2 m	je m Lutte						2	4
77	Rohre abladen	2 m	je m Rohr						0,5	1
78	Kleinmaterial und Gesteinstaub abladen	2 m	je m Strecke						1,5	3
	E n d w e r t			4140				3313		1929
	Nachträge zwecks Herstellung der Vergleichsmöglichkeit									
90	Lösen von 3,3 m³ Kohle				Mittelwert zwischen Ruhrzeche und russischem „Normenbuch" minus ∑ über Kenn-Nr. 13, 14 und 15					270
91	Setzen des Türstockes einschl. aller Nebenarbeiten				Tafelwert für stählernen Türstock plus 20⁰/₀ für Holzstempel ohne Kenn-Nr. 61				140	242
92	Schießarbeit einschl. aller Nebenarbeiten und der Wartezeit				Werte von der Ruhrzeche ∑ der Kenn-Nr. 41, 42 und 43			150		
	V e r g l e i c h s s u m m e Abschlag			4140				3463		2441
	m			2070				1732		1221

$$\text{Leistung} = \frac{\text{Soll-Arbeitszeit (Zmin)} \cdot 100}{\text{Zeitaufwand} \frac{\text{(Amin)}}{\text{(m)}}} \; [\text{cm/M/Sch}]$$

	17,4		20,8		34,4

[1] m³ gew. Kohle o. Gestein; [2] m³ Haufwerk.

Tafel 24. *Gedinge-Kalkulations-Vergleich* (Abbaustrecke in der steilen Lagerung).

Kennzeichnung des Betriebspunktes

Betriebspunkt ... 7. ... Sohle

Abteilung ... 2. östl. Nordflügel

Ort ... 5 Osten

Flöz ... Dickebank

Einfallen ... 85 ... Grad

Festigkeit der Kohle ... 3

Art des Gesteins { Hangendes ... Sandstein / Liegendes ... Sandschiefer

Betriebszuschnitt

Sollbelegung 3 Drittel je 2 Mann

Streckenquerschnitt { licht 6,2 m² / Ausbr. 10,4 m²

Haufwerkanfall { Kohle 12 Wg/m / Berge 4,6 Wg/m

Abschlaglänge ... 1,3 ... m

Wagenrauminhalt ... 0,9 ... m³

Preßluftdruck ... 4—4,5 ... atü

Bohrhammertyp ... Flottmann AT 18

Bohrkrone ... Hartmetall eig. Herstellung

Bohrstütze ... Flottmann

Vorschubgerät ... —

Zahl der Bohrlöcher

a) in der Kohle ....

b) im Gestein ....

im Einbruch ....

der Hilfslöcher ....

in der Firste ....

in der Sohle ....

in den Stößen ....

im Hangenden ... 2

im Liegenden { Abdecker / Sohle } 3

Vorläufiger Ausbau: Art mit 2 Stempeln Schalholz

Ausbau { Art Türstock mit Stahlkappe m / Sohlenbreite 3,2 m / Scheitelhöhe 2,5 m / Abstand 1,3 m

Dachzimmerung

Strecke wird 2 -spurig aufgefahr.

Schießstufe 5

Zündgänge 1

Zahl der Patronen je Abschlag ... 35

Skizze

Gedinge-Nr. 7215

Blatt-Nr.

Zeiten

Schichtzeit 8 Std.

Sollarbeitsz.

Ruhrz.	holl.
420	374
min	min

Kenn-Nr.	Kennzeichnung der Arbeitsvorgänge			Ruhrzeche		Russisches „Normenbuch"				Holländische „Anleitung"	
	Art	Anzahl	Einheit	Gedinge-richtwert	Tafelwert des Schichten-aufwandes	Berichtigungs-beiwert	Endwert	Umgerechneter Wert	Tafelwert	Gedinge-richtwert
—	—	—	—	Arbeiter-min	Schichten/Einh.	—	Schichten	Arbeiter-min	Arb.-min/Einh.	Arbeiter-min
a	b	c	d	e	f	g	h	i	k	l
10	Lösen von 10,4 m³ Kohle	10,4 m³	1 m³		0,160		1,664		variabel	
11	Beiwert für Abbauhammer					0,6	0,998			
12	Beiwert für Enge und 2 Stöße			600		1,29	1,287	463		
13	Vorläufiger Ausbau beim Auskohlen	1 Bau	1 Bau						13—15	15
14	Rauben dieses Ausbaues vor dem Schießen	1 Bau	1 Bau						3—5	5 } 29
15	Abbauhammer an- und abschließen und schmieren	1 Hammer	je Hammer						9	9
20	Laden der Kohle in Wg mit h = 1,17 m über SO	¹10,4 m³ /²14,1 m³	¹1 m³ /²1 m³	480	0,076		0,790	284	16—18	254
21	Schleppen von 16 Wg Kohle über 90 m Entfernung	¹10,4 m³ / 16 Wg	¹1 m³ / 1 Wg	64	0,0248		0,258	93	3,97	64
30	Herstellen von 2 Bohrlöchern je 1,4 m im Hangenden	2,8 m	1 m		0,074		0,207		12—15	
31	Beiwert für Preßluftdruck			90		1,25	0,259	93		39
32	Herstellen von 3 Bohrlöchern je 1,4 m im Liegenden	4,2 m	1 m	225	0,062		0,264	212	8—10	83
33	Beiwert für Preßluftdruck			135		1,25	0,330	119		38
34	Bohrhammer an- und abschließen und schmieren	1 Hammer	je Hammer						6	6
40	Gesteinstaub streuen vor dem Schießen								5	5
41	Laden und Besetzen der Bohrlöcher	5 Bohrlöcher		15						
42	Abtun der Schüsse	5 Schüsse	erster Schuß	10					27 /M/Sch	
			je weit. Schuß	55					3 /M/Sch	78 } 83
43	Wartezeit nach dem Schießen			30						
50	Abtreiben des Liegenden	1,3 m	je m Strecke						5—10	13
51	Laden der Berge in Wg mit h = 1,17 m über SO	¹3,1m³ /²5,4m³	¹1 m³ /²1 m³	330	0,226		0,701	252	35—40	216 } 229

Nr.	Arbeit	Menge	Einheit							
52	Schleppen von 6 Wg Berge über 90 m Entfernung	6 Wg	1 Wg	48	0,031		0,186	67	3,97	24
60	Setzen des Türstockes	1 Bau	je Bau		0,295		0,295	106		
61	Herstellen der Bühnlöcher (20×20×20 cm)	2 Löcher	je Loch		0.027		0,054	19	20	20
62	Verziehen der Firste und der Stöße	43 Hölzer	10 Hölzer		0,072		0,310	122		
63	Anbringen der Bolzen	7 Bolzen	je Bolzen	590	0,023		0,161	58		350
64	Setzen eines Stempels	1 Stempel	je Stempel		0,048		0,048	17		
65	Einhängen des Läufers	1 Läufer								
66	Setzen zweier Stempel	2 Stempel	je Stempel		0,033		0,066	28		
70	Gestänge verlegen (93 mm und mehr)	2,6 m	je lfd. m Bahn	70	0,24		0,624	225	30	78
71	Lutten vorbauen (500 mm)	1,3 m	je m Lutte	20					6	8
72	Rohre vorbauen (100 mm)	1,3 m	je m Rohr						6,5	8
73	Ausbau abladen	1 Bau	je Bau						5—8	8
74	Gestänge abladen	2,6 m	je lfd. m Bahn						1	3
75	Holz abladen	1 Wg	je Wg	40					6—8	8 33
76	Lutten abbauen und transportieren	1,3 m	je m Lutte						2	3
77	Rohre abladen	1,3 m	je m Rohr						0,5	1
78	Kleinmaterial und Gesteinstaub abladen	1,3 m	je m Strecke						1,5	2
80	Zwischensumme für russische „Normen"						5,369	1946		
81	Berichtigungsbeiwert für Weg					1,07	5,745	2068		
	E n d w e r t			2522				2068		905
	Nachträge zwecks Herstellung der Vergleichsmöglichkeit									
90	Lösen von 10,4 m³ Kohle				Mittelwert zwischen Ruhrzeche und russischem „Normenbuch" minus Σ über Kenn-Nr. 13, 14 und 15					503
91	Setzen des Türstockes einschl. der Dachzimmerung				Tafelwert für stählernen Türstock plus 60 % für Holzstempel und Dachzimmerung ohne Kenn-Nr. 61				140	224
92	Schießarbeit einschl. aller Nebenarbeiten und der Wartezeit				Werte von der Ruhrzeche Σ der Kenn-Nr. 41, 42 und 43			55		
93	Einhängen eines Läufers				Geschätzter Wert			5		
	V e r g l e i c h s s u m m e Abschlag			2522				2128		1632
	m			1940				1637		1255

$$\text{Leistung} = \frac{\text{Soll-Arbeitszeit (Zmin)} \cdot 100}{\text{Zeitaufwand} \dfrac{\text{(Amin)}}{\text{(m)}}} \quad [\text{cm/M/Sch}]$$

				21,6				22,0		29,8

[1] m³ gewachsene Kohle o. Gestein; [2] m³ Haufwerk.

Tafel 25. *Berechnung der Arbeitszeit vor Ort nach holländischer Anleitung*
für die Abbaustrecke in der flachen Lagerung (Tafel 23).

Berechnung der *Arbeitszeit vor Ort* für Kalkulation zum Gedinge-Nr. *8235*	Entfernung m	Tafelwert	Gesamtwert min
1 Zeitaufwand bis zur Arbeitsaufnahme			
11 Seilfahrt im Hauptschacht	813	*variabel*	6
12 Anmarschweg in söhligen Strecken	338+30	*70 m/min*	4,8
13 Seilfahrt im Blindschacht			
14			
15			
16 Ruhezeit bei Schichtbeginn		*5 min*	5
17 Gezähenehmen und Umziehen vor Ort		*4 min*	4
18			
19 Insgesamt			19,8
2 Zeitaufwand nach Beendigung der Arbeit bis zum Schichtende			
21 Gezähe wegbringen und Umziehen vor Ort		*4 min*	4
22 Seilfahrt im Blindschacht			
23 Abmarschweg in söhligen Strecken	368	*70 m/min*	4,8
24			
25			
26 Wartezeit am Schacht		*variabel*	5
27			
28 Insgesamt			13,8
3 Berechnung der Arbeitszeit vor Ort			
31 Schichtbeginn *06.00 h*			
32 Schichtende *14.00 h*			
33 Schichtdauer			480,0
34 Erholungszeit		*25 min*	25,0
35 Zeitaufwand vor der Arbeit (Zeile 19)			19,8
36 Zeitaufwand nach der Arbeit (Zeile 28)			13,8
37 Insgesamt			58,6
Arbeitszeit vor Ort (Zeilen 33 minus 37)			421,4

wird. Bei der Kalkulation nach dem russischen Normenbuch ist daher eine Umrechnung in Arbeiterminuten erforderlich.

Die Zusammenstellung der Rechenwerte ergibt nicht ohne weiteres die vollständige Kalkulation, weil z. B. das russische Normenbuch keine Angaben für die Schießarbeit enthält, die durch besondere Schießmeister ausgeführt wird. Ebenso entstehen in der Aufstellung beim „Streckenausbau" gewisse Lücken, weil im russischen Normenbuch kein Stahlausbau, in der holländischen Anleitung kein Holzausbau behandelt ist. Auch darf nicht unerwähnt bleiben, daß der Wert für die Hereingewinnung der Kohle in der holländischen Anleitung als variabel bezeichnet ist. Zur Erzielung eines vollständigen Vergleichs ist daher die Anfügung eines ergänzenden Nachtrages unumgänglich. In diesem sind unter Angabe der Grundlage und Art der Bestimmung die Ziffern angegeben, die die Vergleichslücken schließen und damit einen Vergleich der Zeitaufwandsziffern bzw. der daraus sich ergebenden Leistungsziffern untereinander ermöglichen.

544 Ergebnis des Vergleiches.

Bei einer Betrachtung der Einzelergebnisse stellt man folgendes fest:

a) In der Kohlengewinnung liegt im Beispiel der Tafel 23 die von der Ruhrzeche angesetzte Zeitaufwandsziffer in nahezu gleicher Höhe mit der aus dem russischen Normenbuch berechneten.

Tafel 26. *Berechnung der Arbeitszeit vor Ort nach holländischer Anleitung für die Abbaustrecke in der steilen Lagerung* (Tafel 24).

Berechnung der *Arbeitszeit vor Ort* für Kalkulation zum Gedinge Nr. *7215*	Entfernung m	Tafelwert	Gesamtwert min
1 Zeitaufwand bis zur Arbeitsaufnahme			
11 Seilfahrt im Hauptschacht	813	variabel	5
12 Anmarschweg in söhligen Strecken	1400 + 250	70 m/min	23,6
13 Seilfahrt im Blindschacht	100	variabel	5
14			
15			
16 Ruhezeit bei Schichtbeginn		5 min	5
17 Gezähenehmen und Umziehen vor Ort		4 min	4
18			
19 Insgesamt			43,6
2 Zeitaufwand nach Beendigung der Arbeit bis zum Schichtende			
21 Gezähe wegbringen und Umziehen vor Ort		4 min	4
22 Seilfahrt im Blindschacht	100	variabel	5
23 Abmarschweg in söhligen Strecken	1650	70 m/min	23,6
24			
25			
26 Wartezeit im Schacht		variabel	5
27			
28 Insgesamt			37,6
3 Berechnung der Arbeitszeit vor Ort			
31 Schichtbeginn 06.00 h			
32 Schichtende 14.00 h			
33 Schichtdauer			480,0
34 Erholungszeit		25 min	25,0
35 Zeitaufwand vor der Arbeit (Zeile 19)			43,6
36 Zeitaufwand nach der Arbeit (Zeile 28)			37,6
37 Insgesamt			106,2
Arbeitszeit vor Ort (Zeilen 33 minus 37)			373,8

Inwieweit diese Übereinstimmung zufälliger Natur ist, kann nicht entschieden werden. Im Beispiel der Tafel 24 ist der von der Ruhrzeche angegebene Wert um fast ein Drittel höher als der nach dem russischen Normenbuch entwickelte.

b) Für das Laden des Kohlehaufwerks in Förderwagen ergeben die Berechnungen nach russischem und holländischem Muster in beiden Fällen nicht allzu weit auseinanderliegende Werte, die von denen der Ruhrzeche im Beispiel der Tafel 23 wesentlich übertroffen werden. Im Beispiel der Tafel 24 ist der Ruhrzechenwert nicht ganz doppelt so hoch.

c) Bei der Abschlepparbeit (Kohlenwagen) besteht im Beispiel der Tafel 24 volle Übereinstimmung zwischen dem Werte der Ruhrzeche und dem nach der holländischen Anleitung ermittelten. Im Beispiel der Tafel 23 ist dagegen der Ruhrzechenwert doppelt so hoch. Die nach dem russischen Normenbuch errechnete Ziffer liegt im Beispiel der Tafel 23 fast genau in der Mitte zwischen denen der Ruhrzeche und der holländischen Anleitung. In Tafel 24 ist der russische Wert um fast die Hälfte größer. Der Grund liegt wahrscheinlich in der verschiedenen Gewichtung der Entfernung (Tafel 23: 30 m, Tafel 24: 90 m).

d) Beim Zeitaufwand für die Herstellung der Bohrlöcher sind in beiden Fällen die Unterschiede der Ruhrzechenschätzung und der Berechnung nach dem russischen Normenbuch mehr oder weniger unerheblich, wenn man bedenkt, daß die nach holländischem Muster errechneten Ziffern im Mittel nur etwa halb so hoch liegen.

e) In der Schießarbeit lassen sich die Angaben der Ruhrzeche nur mit den nach der holländischen Anleitung berechneten Werten vergleichen. In Tafel 23 liegt die Ruhrzeche um etwa $^1/_6$, in Tafel 24 um etwa $^1/_3$ niedriger.

f) Für das Bergeladen ergibt sich folgende Rangfolge:

	Ruhrzechen-angabe	Berechnung nach russ. Normenbuch	Berechnung nach holl. Anleitung
Tafel 23	1,47	1,11	1,00
Tafel 24	1,48	1,10	1,00

d. h. fast völlig gleiche Graduierung.

g) Große Unterschiede bestehen jedoch in der Zeitwertung der Schlepparbeit. Die Ziffern der Ruhrzeche sind dreifach bzw. doppelt so hoch wie die nach der holländischen Anleitung errechneten. Die aus den Tafeln des russischen Normenbuches entwickelten übertreffen die aus der holländischen Anleitung abgeleiteten um das 2½fache.

h) Bei der Wertung des Ausbaus scheidet die holländische Anleitung aus, da sie für hölzerne Türstöcke keine Angaben enthält. Die Ruhrzechenangaben liegen um 1¾ in Tafel 23 und um $^2/_3$ in Tafel 24 über den aus dem Normenbuch entwickelten.

i) Für das Gestängeverlegen ergeben sich folgende Abstufungen des Zeitaufwandes:

	Ruhrzechen-angabe	Berechnung nach russ. Normenbuch	Berechnung nach holl. Anleitung
Tafel 23	1,00	3,46	1,20
Tafel 24	1,00	3,22	1,12

Das Gesamtergebnis des Vergleiches läßt sich durch nachstehende Kennziffernreihe zusammenfassend darstellen:

Tafel	Ruhrzechenangaben		Berechnung nach russ. Normenbuch		Berechnung nach holländ. Anleitung	
	Zeitaufwand	Leistung	Zeitaufwand	Leistung	Zeitaufwand	Leistung
23	1,70	1,00	1,42	1,20	1,00	1,98
24	1,55	1,00	1,30	1,02	1,00	1,38

Zusammenfassend ist zu sagen, daß der Vergleich mit Sicherheit erkennen läßt, daß das Schätzverfahren der Ruhrzeche zu grob ist und zu überhöhten Werten führt, womit wieder einmal die Richtigkeit der Behauptung von BRAMESFELD erwiesen wird, daß der Mensch geneigt ist, den Zeitaufwand für eine Arbeit zu überschätzen. Man wird aber weiterhin nicht verkennen dürfen, daß die Größe der Abweichungen der Ruhrzeche von den anderen Werten wenigstens zum Teil auch auf zeitbedingte Umstände zurückzuführen sein wird.

Schließlich zeigt der Vergleich auch mit Deutlichkeit auf, daß das Verfahren des russischen Normenbuches für die wechselnden Verhältnisse und die vielen Varianten des Zuschnittes zu starr ist. Das Verfahren der Ruhrzeche ist dagegen noch viel zu ungenau, so daß man die Forderung erheben muß, daß das Schätzen planmäßig geübt werden muß. Das Verfahren der Holländer mit seiner Einrichtung der Von-bis-Werte, zwischen denen sich der Betriebsbeamte schätzend bewegen kann, dürfte beim Vergleich wohl als das ansprechendste befunden werden.

59 Schlußbetrachtung.

Die Gedingekalkulation ist die Grundlage des Gedingevertrages; allerdings wird heute vielfach, und zwar zu Unrecht bestritten, daß sie als ein notwendiger Bestandteil des Gedingevertrages angesprochen werden muß. Demgegenüber kann mit großer Sicherheit behauptet werden, daß die Entwicklung über kurz oder lang dazu führen wird, die Gedingekalkulation zu fordern. Und dieser Entwicklung sollte man sich im Interesse des Bergbaus selbst nicht hindernd in den Weg stellen.

Wenn aber die Gedingekalkulation als integrierender Bestandteil des Gedingevertrages zu gelten hat, dann ergibt sich von selbst die Schlußfolgerung, daß diese ebenso wie der Vertragstext schriftlich zu fixieren ist. Ob man sich dabei irgendwelcher Formblätter bedienen will, ist eine Frage der Zweckmäßigkeit. Die schriftliche Festlegung hat jedenfalls folgende Vorteile: 1. Die Kalkulation und die in ihr enthaltenen Grundziffern gehen nicht verloren. — 2. Die Ziffern liegen für Betriebsanalysen jederzeit greifbar vor. — 3. Die Kalkulation ist nachprüfbar, was insbesondere wichtig ist, wenn ein niedriger Lohn auf einen Kalkulationsfehler zurückgeführt wird oder unter Berufung auf einen solchen Fehler eine Neufestsetzung des Gedingesatzes durch den Arbeiter beantragt wird. — 4. Die schriftlich festgelegte Gedingekalkulation eröffnet die Möglichkeit einer einwandfreien Rechnungslegung in dem Fall, daß betriebsfremden Instanzen (so z. B. dem Arbeitsgericht) die Richtigkeit der Gedingesetzung nachgewiesen werden muß.

6 Methoden der Ermittlung von Gedingegrundwerten und ihre praktische Erprobung.

60 Grundsätzliches und Allgemeines.

Unter *Gedingegrundwerten* (Abb. 37) sollen allgemein Leistungsziffern verstanden werden, die Gedingekalkulationen bzw. Gedingeverträgen zugrunde liegen bzw. gelegt werden. Man gliedert sie zweckmäßig in Gedingerichtwerte und Gedingeendwerte.

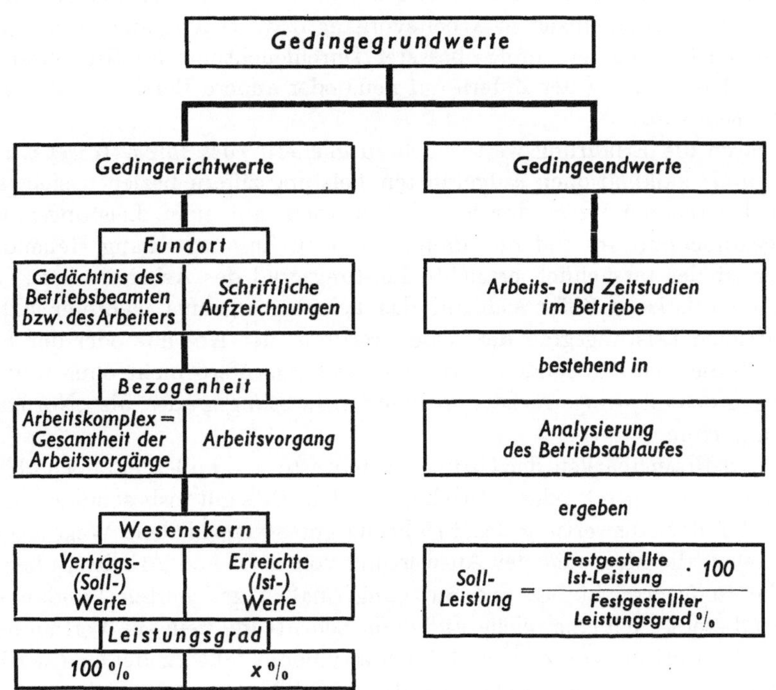

Abb. 37. Systematik der Gedingegrundwerte.

Die *Gedingerichtwerte* stellen eine gewisse Richtschnur dar, d. h. sie sind nicht als absolut starre Werte anzusprechen, sondern können bei der Anwendung auf den praktischen Fall innerhalb eines gewissen Bereiches, der tunlichst vorweg festzulegen ist, unter- bzw. überschritten werden. Da unter die Gedingerichtwerte die aus der Vergangenheit geschöpften „Erfahrungswerte" fallen, ist in der zuzugestehenden Toleranz die Möglichkeit zu eröffnen, etwaige Besonderheiten des zu bearbeitenden Falles bei der Gedingesetzung zu berücksichtigen.

Zu den Gedingerichtwerten gehören auch diejenigen aus Tafeln zu entnehmenden Werte, die Spielraumwerte sind, d. h. solche, die innerhalb einer gewissen Zahlenbreite dem Gedingesetzenden Freiheit der Ziffernwahl einräumen.

Anders dagegen bei den *Gedingeendwerten*, die sich als Ergebnisse von Arbeits- und Zeitstudien darbieten, die in einem Betriebspunkt, für den das Gedinge gesetzt werden soll, durchgeführt werden. Sofern in diesem Fall den vorliegenden Verhältnissen und allen Einflußgrößen Rechnung getragen ist, muß dem Gedingeendwert unverrückbare Gültigkeit und Anwendbarkeit auf den in Betracht stehenden Betriebspunkt zugesprochen werden. Dies wird man auch dann tun dürfen, wenn zwar eine Übertragung von einem beobachteten Betriebspunkt oder von einem aus mehreren oder vielen Betriebspunkten gewonnenen Mittelwert auf einen anderen Betriebspunkt stattfindet, aber durch Zufügung von Koeffizienten, die Abweichungen in den Verhältnissen berücksichtigen, eine neigungsfreie Vergleichsebene hergestellt ist.

Somit wären zu den Endwerten auch alle fixen Tafelwerte zu zählen, ob es sich nun um unmittelbare Leistungs- bzw. Zeitaufwandsziffern oder um Berichtigungsziffern handelt.

Bei den *Erfahrungswerten*, die als Gedingerichtwerte benutzt werden, hätte man *nach dem Fundorte* zu unterscheiden in solche, die dem Gedächtnis des Betriebsbeamten bzw. des Arbeiters entstammen, und in solche, die schriftlichen Aufzeichnungen entnommen sind.

Eine zweite Unterscheidung wäre zu treffen *nach der Bezogenheit*. Man kann die Leistungsziffer für den ganzen Arbeitskomplex, d. h. für die Summe der einzelnen Arbeitsvorgänge angeben, so z. B. die Leistung bei der Gesteinsstreckenauffahrung in einer Ziffer x cm/M/Sch darstellen und alle anfallenden Arbeiten wie Bohren, Sprengen, Wegladen des Haufwerks, Einbringen des Ausbaus, Nachführen des Gestänges, der Rohrleitungen, der Bewetterungseinrichtungen usw. in dieser einzigen Ziffer summarisch erfassen. Zweckdienlicher ist es aber, den Arbeitsaufwand und damit die Leistung für jeden einzelnen Arbeitsvorgang bzw. -teilvorgang zu bestimmen, da hierdurch nicht nur die Genauigkeit infolge besserer Durchleuchtung des Betriebsablaufes wächst, sondern auch die Übertragung der Ziffern auf neue oder andere Betriebspunkte mit geringeren Fehlern behaftet sein wird.

Schließlich wären die Erfahrungswerte noch zu gliedern *nach ihrem Wesenskern*. Die in Gedingeverträgen und -kalkulationen aufgeführten Leistungsziffern beziehen sich, sofern die Berechnungen in der rechten Weise durchgeführt wurden, auf einen Leistungsgrad von 100 %. In den Gedingeabrechnungen und den damit meist in Zusammenhang stehenden Leistungsstatistiken aber ist der tatsächlich erreichte Leistungsgrad des Arbeiters bzw., wenn die Abrechnungs- oder statistische Ziffer sich auf das Leistungsergebnis mehrerer Arbeiter bezieht, der durchschnittliche Leistungsgrad der Arbeitergruppe, der Kolonne oder der Kameradschaft impliziert, so daß die sich ergebenden mittleren Leistungsziffern nicht ohne weiteres, d. h. nur nach Eliminierung des allerdings meist unbekannten Leistungsgrades, als „Normalleistung" betrachtet werden dürften.

Genauigkeit und Brauchbarkeit der Gedingegrundwerte sind außerdem noch abhängig von der Art und Weise, wie sie ermittelt oder entwickelt wurden. Dies gilt insbesondere von den Gedingerichtwerten, da bei der Auswertung des Erfahrungsgutes verschiedene Wege gegangen werden können, wohingegen die Methodik der Auswertung von Zeit- und Arbeitsstudien bereits heute eine beachtliche Reife erreicht hat und auf einigermaßen gesicherten Fundamenten aufruht. Dementsprechend steht auch eine reiche Fülle von Schrifttum[1] dem zur Verfügung, der sich mit der Aufgabe der Auswertung von Zeit- und Arbeitsstudien befaßt. Leider sind wir bei der Sammlung und Sichtung der bergmännischen Leistungs-Erfahrungswerte nicht in einer so glücklichen Lage und darum gezwungen, uns einen Weg, der zum angestrebten Ziele führt, selbst zu erarbeiten.

Das Herausgreifen eines *Stichwertes* aus dem Erfahrungsschatz ist immer bedenklich, auch wenn man der Ansicht ist, daß sich der gewählte Wert bei Verhältnissen ergeben habe, die den vorliegenden „absolut gleich" seien. Selbst in schriftlichen Aufzeichnungen können die untertägigen Betriebsverhältnisse und -umstände niemals erschöpfend dargestellt werden, ganz ab-

---

[1] Z. B. [29], [42], [68], [72], [88], [136], [137] und [246].

gesehen davon, daß bei der Begutachtung sowohl des vergangenen wie des gegenwärtigen Falles das durch den Beobachter in die Beurteilung hineingetragene subjektive Moment nicht auszuschalten ist. Aus dem reinen Gedächtnis heraus die vollkommene Gleichartigkeit zweier Betriebe oder Betriebspunkte behaupten zu wollen, wäre ein von vornherein abwegiges Unterfangen.

Das aus einer Reihe von Werten gebildete *arithmetische Mittel* ergibt einen schon besseren Anhalt und mehr Aussicht auf Brauchbarkeit, da es einen gewissen Ausgleich zwischen den Werten schafft, die nach oben und unten streuen.

Die unstreitig beste Methode ist aber die Anwendung der Gesetze der Großzahlforschung, insbesondere die Feststellung der Leistung aus *Häufigkeitsbildern*. Diese eröffnen die tiefsten Einblicke in die Gewichtigkeit der einzelnen Erfahrungswerte, lassen dabei erkennen, ob und welche Werte als Extremwerte ausgeschieden werden müssen, welcher mittlere Fehler dem Mittelwert anhaftet, und bei vorgegebenem Genauigkeitsgrad bestimmen, ob die Zahl der einbezogenen Einzelwerte zur Erzielung eines tragfähigen Mittels ausreicht. Auch lassen sich aus einem solchen Verteilungsbild hier und da spezielle Schlüsse[1] ziehen, die nicht nur für den zu bestimmenden Gedingegrundwert von Bedeutung sind, sondern darüber hinaus allgemeine betriebliche Tendenzen erkennen lassen. Um die Richtigkeit dieser These durch Erfahrungen aus dem praktischen Betrieb zu belegen, möge nachfolgend eine kleine Studie am Rande gebracht werden, die sich mit dem Einfluß von Flözstörungen und Nebengesteins- sowie Strukturänderungen der Kohle auf die Gedingesetzung beschäftigt.

Bei der Zusammenstellung der auf einer Schachtanlage in der Gewinnung erzielten Leistungen in Häufigkeitsbildern fielen einige dieser Bilder durch einen eigenartigen Habitus auf, der auf besondere Verhältnisse schließen ließ. Die Abbn. 38—41 stellen besonders gut ausgebildete Muster

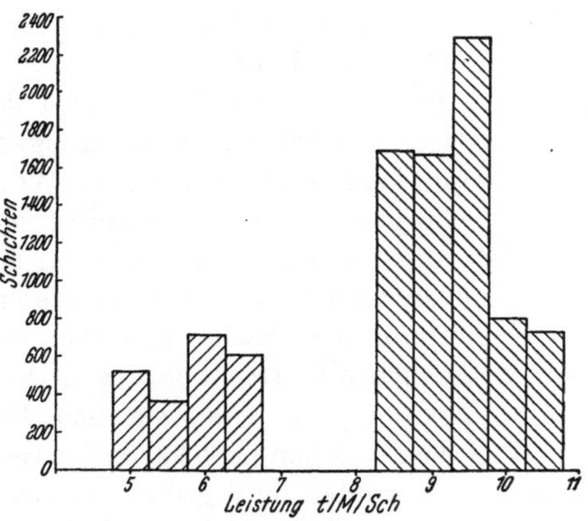

Abb. 38. Leistung in der Gewinnung Fl. Präsident.
Einfallen 0—25°. Flözquerschnitt 20 K 10 B 50 K.
Gesamtzahl der Schichten 9489. Zeitraum von April
1940 bis Juli 1941.

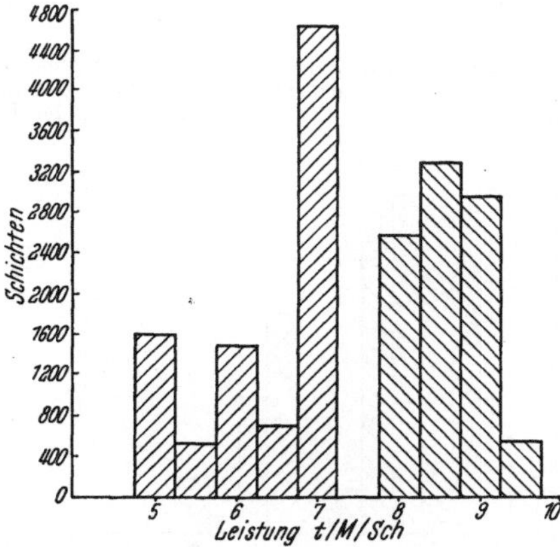

Abb. 39. Leistung in der Gewinnung Fl. Wilhelm.
Einfallen 0—25°. Flözquerschnitt 120—150 K.
Gesamtzahl der Schichten 18 460. Zeitraum von
Oktober 1943 bis Juli 1944.

dar. Die Eigentümlichkeit besteht darin, daß sich die Häufigkeitsbilder, wenn man von den oberen Streuwerten absieht, in zwei deutlich getrennte Wertefelder aufgliedern. Das Wertefeld mit den höheren Leistungsziffern ist unstreitig als dasjenige zu bezeichnen, welches die bei normalen Verhältnissen erreichten Leistungsziffern enthält. Das Wertefeld mit den niedrigen Ziffern resultiert aus den Leistungszahlen, die bei gestörten Verhältnissen erzielt worden sind.

Ebensowenig, wie die Natur sprunghafte Übergänge in ihrem allgemeinen Erscheinungsbilde zeigt — natura non facit saltus —, kann ernsthaft behauptet werden, daß dies bei den tektonischen und geologischen Gegebenheiten des untertägigen Betriebes der Fall sei. Auch hier treten, wie

---

[1] *Bemerkung:* Z. Z. der Drucklegung hat der Verfasser eine Arbeit unter der Feder, die sich mit der Anwendung des von DAEVES-BECKEL entwickelten Verfahrens auf den Bergbau beschäftigt. Sie behandelt u. a. auch die Analyse von Zeitstudienergebnissen und statistischen Gedingewerten nach dem genannten Verfahren. Der von DAEVES-BECKEL aufgezeigte Weg ermöglicht die Auflösung in nach dem GAUSS-Gesetz streuende Teilkollektive, wenn im behandelten Zahlenkollektiv mehrere Einflußgrößen wirksam sind. Die Erkenntnis dieser Teilkollektive und der sie bestimmenden Einflußgrößen ist für das Gedingewesen von großer Bedeutung. Bezüglich Einzelheiten sei auf die später erfolgende Veröffentlichung verwiesen.

jeder Bergmann aus Erfahrung weiß, fließende Übergänge auf, d. h. das Ausmaß der Naturerscheinungen kann jede beliebige Größe annehmen. Wir kennen Gebirgssprünge von wenigen Millimetern bis zu mehreren 100 m Verwurfshöhe. Wir beobachten Schwankungen in der Flözmächtigkeit von Bruchteilen von % bis zur völligen Unausgeprägtheit des Flözes. Wir wissen von mikroskopisch feinen Bergeeinlagerungen in Flözen bis zur völligen Vertaubung. Wir verzeichnen Nebengesteinsveränderungen in einer Übergangsfeinheit, daß sie nur das Mikroskop oder die chemische Analyse erschließt, bis zum schnittartigen, mit bloßem Auge zu beobachtenden scharfen Wechsel der Gesteinsfazies. Es kann daher nicht gesagt werden, daß die Aufteilung der Leistungsbilder in zwei Wertefelder durch die gegebenen natürlichen Verhältnisse bedingt sei. Im Gegenteil — bei Heranziehung einer genügend großen Anzahl von Werten müßten die Häufigkeitsbilder einen ausgeglichenen Charakter aufweisen.

Der Einwand der zu schmalen Wertebasis scheidet aber ebenso aus wie der, es handele sich um einen Einzelfall. Erfaßt sind nämlich in den vier Bildern zusammen 58071 Gewinnungsschichten. Dies ist eine Zahl von Schichten, die auf der betreffenden Schachtanlage in 210 Tagen = rd. 8½ Monaten verfahren wurden. Es muß sich demnach um eine Erscheinung handeln, die im Betriebe des öfteren auftritt.

Die Frage nach der Ursache der eigenartigen Ausprägung der Häufigkeitsbilder kann auch nicht mit einem Wechsel des technischen Zuschnittes beantwortet werden, da die technischen Einrichtungen der einzelnen Betriebe in dem in Frage kommenden Zeitraum die gleichen geblieben und in der räumlichen Erstreckung, d. h. in der gleichen Lagerungsgruppe des gleichen Flözes, im großen gesehen gleichartig gewesen sind. Im Gegenteil muß gerade daraus, daß die Zweiteilung sowohl in der flachen Lagerung mit mechanisierter Kohlenabfuhr und großem Anfall an Schaufelarbeit (Abbn. 38 bis 40) wie auch in der betriebstechnisch

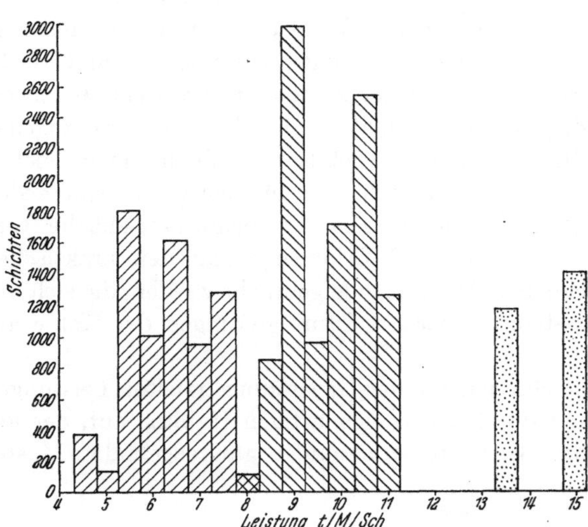

Abb. 40. Leistung in der Gewinnung Fl. Röttgersbank. Einfallen 0—25°. Flözquerschnitt 150—200 K. Gesamtzahl der Schichten 20156. Zeitraum von November 1941 bis Juli 1944.

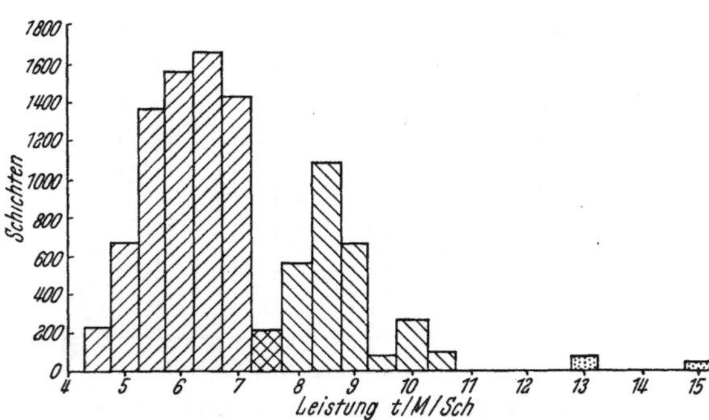

Abb. 41. Leistung in der Gewinnung Fl. Rötttgersbank. Einfallen 56—90°. Flözquerschnitt 110—150 K. Gesamtzahl der Schichten 9966. Zeitraum von Januar 1939 bis November 1942.

gänzlich andersgearteten steilen Lagerung, bei der die Schaufelarbeit ganz wegfällt und das Einbringen der Baue schwieriger ist (Abb. 41), und aus dem Umstand, daß die Erscheinungen in drei gänzlich verschiedenen Flözen durch die Bilder nachgewiesen werden, gefolgert werden, daß die Erklärung nur in Ursachen zu finden sein wird, die den betrieblichen Gegebenheiten übergeordnet sind und Allgemeingültigkeit besitzen.

Über und in den Betriebsgegebenheiten aber steht der Mensch, der im Betrieb ebenso wie auch sonstwo die Umwelt beobachtend die seinen Kräften und Mitteln adäquaten Möglichkeiten abwägt und dem Ergebnis seiner Überlegungen gemäß sein Handeln einrichtet. Im Verhalten des Menschen wird die Lösung des Problems gefunden, wenn man sich folgendes vor Augen hält: Abweichungen von den normalen Flöz- und Nebengesteinsverhältnissen werden in ihren Auswirkungen auf die Höhe der Gewinnungsleistung vom Bergmann leicht *über*schätzt[1], was psycho-

---

[1] „. . . neigen fast alle Menschen zum „Verschätzen" in einer Richtung, und zwar meist zum „Überschätzen" der erforderlichen Arbeitszeiten" [*34*, S. 98].

logisch durchaus verständlich ist. Hingewiesen sei nur auf die allgemein bekannte Verschiedenheit der Steigungsschätzung einer Straße, je nachdem, ob sie am Fuße oder von der Höhe eines Berges aus erfolgt. Aufgabe des das Gedinge setzenden Betriebsbeamten wäre nun, seinerseits korrigierend einzuwirken. Offenbar hat aber der Einfluß des Betriebsbeamten beim gemeinsamen Schätzen der Beeinträchtigung der Leistung durch ihn und den Hauer die Nadel nicht zum Einspielen auf den richtigen Wert gebracht, sei es, daß er selbst die Störungseinflüsse überschätzt oder den Angaben des Bergmanns zu weitgehende Bedeutung beigemessen hat oder gar der — manchmal sehr geschickten — Argumentation des Bergmanns psychologisch erlegen ist. Wie dem aber auch sei, *die Überschätzung der Störungsauswirkungen führte zu einer Unterschätzung der möglichen Leistung und damit zu einem objektiv nicht gerechtfertigten höheren Gedingesatz.* Dieser überhöhte Gedingesatz bestärkte nun seinerseits den Bergmann wieder psychologisch in der Ansicht, daß *seine* Leistungseinschätzung durchaus richtig sei, da sie doch nunmehr durch Einsetzen in die Gedingekalkulation bzw. in den Gedingevertrag gewissermaßen amtlich sanktioniert wurde. Hieraus resultiert aber das weitere psychologische Moment, daß der Bergmann seine effektive Leistung auf die im Gedinge festgelegte Solleistung einstellte. So mußte denn zum Schluß die tatsächliche Leistung um einen von der Überschätzung der Störungen abhängigen Betrag geringer sein als die mögliche. Weil nun aber gerade bei weniger mächtigen Gebirgsstörungen die Gefahr der Überschätzung am größten, dabei auf der anderen Seite die Schätzung selbst die schwierigste ist, muß in der Randzone zwischen normalen und gestörten Verhältnissen die oben geschilderte Situation am ehesten auftreten und damit im Leistungsbild am augenfälligsten sichtbar werden.

Somit hat die Aufgliederung der gezeigten Leistungs-Häufigkeitsbilder in zwei scharf aufgetrennte Wertefelder eine bündige Erklärung gefunden. Die gewonnene Erkenntnis zwingt aber zu folgenden Forderungen:

1. Jeder Betriebsbeamte muß sich bei der Gedingesetzung streng davor hüten, Störungseinflüsse zu überschätzen oder Überschätzungen durch den Bergmann zuzustimmen.

2. Ganz besondere Sorgfalt ist anzuwenden, wenn es sich um kleinere geologische Störungen oder sonstige Unterschiede gegen die gewöhnlich auftretenden Betriebsgegebenheiten handelt.

Der Ausflug auf das Sondergebiet der schaubildlichen Darstellung von Leistungsziffern in Häufigkeitsbildern dürfte zur Genüge gezeigt haben, daß der mit der Anfertigung solcher Bilder verbundene Arbeitsaufwand u. U. schon allein wegen der nebenher gewonnenen Einsichten lohnend sein kann.

Wenden wir uns nunmehr wieder der Aufgabe zu, die wir uns gestellt haben, der Einzelerörterung von Methoden, die im praktischen Betriebe angewandt oder versucht wurden, um aus betriebsbekannten bzw. im Betrieb festgestellten oder festzustellenden Leistungsziffern zu Gedingegrundwerten zu kommen.

61 Erstversuche der Aufstellung von Gedingerichtwerten aus erreichten Leistungsziffern.

Von vielen Bergwerksgesellschaften ist bereits in den zurückliegenden Jahrzehnten der Versuch gemacht worden, eine „Gedingefibel" aus erreichten Leistungsziffern aufzubauen. Dabei ging man meist so vor, daß man aus einer Reihe von Schichtenzetteln die erzielten Leistungszahlen auszog, aus zueinandergehörigen Werten die arithmetischen Mittel berechnete und in einer Liste zusammenstellte. Teile einer solchen „Gedingefibel" sind in den Tafeln 27 und 28 wiedergegeben. Aus ihnen geht ein Teil der dem Verfahren anhaftenden Mängel deutlich hervor, obwohl die Zahlen trotz allem einen gewissen, wenn auch bescheidenen Wert für den Betriebsbeamten gehabt haben mögen. Die für die Gesteinsbetriebe entwickelten, in Tafel 27 aufgeführten Ziffern weisen im allgemeinen nicht allzu starke Unterschiede auf, so daß man — allerdings nur unter dem Gesichtswinkel, daß es sich um erste Näherungswerte handelt — wohl von einem positiven Ergebnis des Versuches sprechen könnte. Bei den Ziffern für die Flözstreckenauffahrung, wieder-

Tafel 27. *Ausschnitt aus einer „Gedingefibel". Gesteinsstreckenvortrieb.*

Nutz-	Ausbruch-	Gesteinsart	A cm	A m³	B cm	B m³	C cm	C m³	D cm	D m³	E cm	E m³
* *Querschlagsvortrieb* ** *Ausbau in Türstöcken* — Querschnitt m²												
3,85	5,16	Schiefer									25,6	1,32
		Sandschiefer									23,6	1,22
		Sandstein									21,2	1,09
4,95	6,36	Schiefer									22,0	1,40
		Sandschiefer									20,2	1,29
		Sandstein									17,5	1,11
5,52	7,00	Schiefer							23,3	1,64		
		Sandschiefer							19,8	1,39		
		Sandstein							18,2	1,28		
5,76	7,30	Schiefer	22,5	1,64								
		Sandstein	18,5	1,35								
6,25	7,50	Schiefer	20,3	1,58	18,3	1,43						
		Sandstein	17,0	1,33	15,2	1,19						
6,65	7,60	Schiefer									18,0	1,36
		Sandschiefer									16,6	1,26
		Sandstein									14,2	1,08
6,70	8,30	Schiefer									17,0	1,41
		Sandschiefer	18,2	1,51					19,6	1,63	15,2	1,26
		Sandstein	15,5	1,29					16,3	1,35	13,5	1,12
		Konglomerat							15,1	1,25	10,5	0,87
7,00	8,65	Schiefer					18,8	1,63				
		Sandschiefer					17,4	1,50				
		Sandstein					15,9	1,37				
7,50	9,20	Schiefer							16,3	1,49		
		Sandschiefer	15,5	1,42					13,6	1,25		
		Sandstein	13,6	1,25					12,6	1,16		
8,00	9,70	Sandschiefer	13,8	1,34								
		Sandstein	12,3	1,20								
10,80	12,50	Schiefer					13,6	1,70				
		Sandschiefer			11,4	1,43	12,6	1,58				
		Sandstein			9,2	1,14	11,4	1,43				
		Konglomerat			8,3	1,04	10,3	1,28				
* *Blindschacht aufbrechen* ** *Ausbau in Holzrahmen*												
7,68	10,0	Schiefer									17,6	1,77
		Sandschiefer									15,4	1,54
		Sandstein									13,3	1,34
* *Blindschacht abteufen* ** *Ausbau in Holzrahmen*												
6,50	8,70	Schiefer					13,0	1,13				
7,00	9,30	Sandschiefer	10,9	1,01								
		Sandstein	9,6	0,89								
11,20	14,10	Schiefer					10,2	1,45				
		Fester Sandstein					8,4	1,18				

Leistung/Mann/Schicht (Überschrift über den Spalten A–E).

gegeben in Tafel 28, ist das Ergebnis schon ungleich schlechter. Bei diesem Arbeitskomplex zu einwandfreien Gedingerichtwerten zu kommen, ist eine Aufgabe, die nur über die Großzahl und nur durch Aufgliederung des Arbeitskomplexes in seine einzelnen Arbeitsvorgänge gelöst werden kann: einmal, weil die Einflüsse des Wechsels der Verhältnisse sich beim Flözstreckenvortrieb schon stärker bemerkbar machen, und zweitens, weil der Zuschnitt der Flözstrecken bedeutend formenreicher ist als der der Gesteinsstrecken.

Bei einer kritischen Betrachtung der Methode und der Ergebnisse dieser Versuche kommt man zu folgenden Schlußfolgerungen:

1. Die Zahl der aus den Schichtenzetteln entnommenen Leistungswerte war für die Bildung von Mittelwerten, die Anspruch auf einige Genauigkeit erheben können, zu klein.

2. Die Methode, Gedingerichtwerte als arithmetische Mittelwerte zu bestimmen, ohne das Gewicht der Schichten zu berücksichtigen, war zu grob.

3. Die Außerachtlassung der Unterschiede in den geologisch-tektonischen und in den betrieblichen Verhältnissen mußte zwangsläufig zu Ungenauigkeiten der Wertbezifferung führen, die die praktische Brauchbarkeit des weitaus größten Teiles der Richtwerte von vornherein ausschlossen.

4. Im ganzen gesehen liegt der Versuch der Methode, einen einzelnen Ist-Wert als Gedingerichtwert zu verwenden, näher als der der Gedingerichtwertbestimmung aus Wertereihen.

5. Bei aus einer Anzahl von Arbeitsvorgängen sich zusammensetzenden Arbeitskomplexen ist die Gedingerichtwertbestimmung für den Komplex unter Außerachtlassung der Einzelvorgänge schon aus der ganzen Anlage der Untersuchung heraus als fehlerhaft zu erkennen.

Die Darlegungen sollten daher als Warnung vor Wiederholung der gleichen und vor Vornahme ähnlicher Versuche aufgefaßt werden.

Tafel 28. *Ausschnitt aus einer „Gedingefibel". Flözstreckenvortrieb.*

Ortsvortrieb in Flöz	Leistung in cm/Mann/Schicht			
	A	B	C	D
Clemens				28,0
Hermann		25,7		
Ernestine	22,5		28,0	24,9
Röttgersbank	20,6	29,4		24,8
Wilhelm	31,0	31,2		24,8
Johann	28,6			29,9
Präsident	22,0	28,0		33,0
Helene	20,8	29,0		
Dickebank				26,4
Sonnenschein	28,0	31,2	34,5	23,3
Finefrau				24,1
Hauptflöz				24,0
Wasserbank				24,1
Wasserbank-Unterbank				24,0

62 Nebeneinanderstellung von Erfahrungswerten einer Bergwerksgesellschaft in einer „Gedingetafel".

Eine Schachtanlage hatte in einer Zusammenstellung eine Anzahl von Leistungs- bzw. Schichtenaufwandsziffern zusammengetragen, die von ihren Betriebsbeamten als Richtwerte bei der Gedingesetzung benutzt wurden. Dies gab Veranlassung, die Angaben systematisch zu ordnen und drei anderen Schachtanlagen der gleichen Bergwerksgesellschaft vorzulegen mit der Bitte, die in ihren Betrieben bei der Gedingesetzung gebräuchlichen Leistungsziffern nachzutragen. Dabei wurde ausdrücklich darauf aufmerksam gemacht, es möchte das Erfahrungsgut *sämtlicher* bei der Gedingesetzung tätiger Betriebsbeamten bei der Aufstellung der Ziffern berücksichtigt werden.

Wie Tafel 29 erkennen läßt, bestehen zwischen den auf den einzelnen Schachtanlagen der Gedingesetzung zugrunde gelegten Leistungsziffern teilweise sehr erhebliche Unterschiede und nur in vereinzelten Fällen Übereinstimmung, so daß im ganzen gesehen eine derartige Tafel keinen Anspruch auf objektive Richtigkeit erheben kann, wenn auch die Aufstellungen bei Betrachtung nur einer Schachtanlage in Unabhängigkeit von den übrigen einen bestechenden Eindruck machen.

Der tiefere Grund für die Angreifbarkeit des Verfahrens liegt einmal darin, daß die Ziffern keine gewogenen Mittelwerte darstellen, sondern dem subjektiven Täuschungen unterworfenen Gedächtnis verhältnismäßig weniger Betriebsbeamten entstammen. Sodann ist zweitens die Basis der Ermittlung zu schmal, um durch Ansetzen besonderer mathematischer Methoden zu brauchbaren Mittelwerten zu gelangen. Immerhin ist aber festzustellen, daß die Werte um so besser übereinstimmen, als es sich um solche handelt, die öfter sich wiederholende Einzelarbeiten oder solche Arbeitsvorgänge betreffen, die leistungstechnisch keinen besonderen Schwankungen unterliegen.

Daraus läßt sich für die allgemeine Brauchbarkeit des angewandten Verfahrens etwa folgendes ableiten:

1. Genau umrissene und oft vorkommende Einzelarbeitsvorgänge werden sich durch Befragung einer genügend großen Zahl von Betriebsbeamten hinsichtlich der anzusetzenden Leistung mit einiger Sicherheit einwerten lassen.

2. Auch die für ganze Arbeitskomplexe zu veranschlagende Leistung wird sich mit einiger Sicherheit nach der geschilderten Methode ausfindig machen lassen, wenn man

a) sich auf Arbeitskomplexe beschränkt, die eine nicht zu große Variationsbreite aufweisen, weil die Zahl der Arbeitsvorgänge klein und/oder keinen besonderen Schwankungen infolge geringeren Wechsels der Verhältnisse unterworfen ist,

b) die Zahl der Befragten hinreichend groß wählt und auf eine gute regionale Verteilung zwecks Ausschaltung einseitiger Überbetonung örtlicher Erfahrungen achtet,

c) die Auswertung der Angaben unter Anwendung besonderer mathematischer Methoden vornimmt und sich nicht mit dem einfachen arithmetischen Mittel begnügt.

Wenn diese Bedingungen nicht erfüllt sind, können kaum brauchbare Gedingerichtwerte erwartet werden, so daß bei der Anwendung des Verfahrens immer genaue Überlegungen und Vorsicht am Platze sind.

Tafel 29. Gedingetafel.

---

0 Technische Daten allgemeiner Art.

01   Gewicht 1 m³ anstehende Kohle 1,2—1,5 t.

a)	Magerkohle	1,35 t
b)	Kokskohle	1,30 t
c)	Flammkohle	1,25 t

02   Gewicht 1 m³ anstehenden Gesteins.

a)	Schiefer	2,77—2,84 t	(Mittel 2,80 t)
b)	Sandstein	2,59—2,71 t	(Mittel 2,65 t)

03   Auflockerungsziffer.

a)	Tonschiefer	1,5
b)	Sandschiefer	1,5—2,0
c)	Sandstein u. Konglomerat	2,0—2,5
d)	Förderkohle im Mittel	1,5

04   Schüttgewicht.

1 m³ geschütteter Ruhr-Kohle 800—860 kg

05   Füllziffer.

1 m³ anstehende Kohle füllt	auf der Anlage A	1,5 Wagen
	auf der Anlage B	1,5 Wagen
	auf der Anlage C	1,4 Wagen
	auf der Anlage D	1,7 Wagen

06   Natürlicher Böschungswinkel.

a) bei loser Schüttung

  Kohle = 45°

b) bei festgedrückter Schüttung

  a′) Förderkohle 30—45°

  b′) grobe Gesteinsstücke (Haldensturz) 38°.

1 Abbau.
11 Leistung in der Gewinnung.

Flöz	Einfallen	Flözprofil Ziffer = cm	Leistung t/M/Sch
111 Schachtanlage A.			
Ida	56—90	60 K	5,6
Ernestine	56—90	90 K 18 B 10 K	6,4
Röttgersbank	0—25	150—200 K	9,9
	56—90	120—150 K	8,5
Wilhelm	0—25	120—150 K	8,5
	56—90	100—140 K	7,1
Johann I/II	0—25	70 K 70 B 60 K	5,75
	0—25	80 K 70 B 60 K	5,96
Johann II	56—90	50—60 K	6,0
Präsident	56—90	30 K 10 B 45 K	6,8
			Abbauhammer Schießen
Dickebank	0—25	230—290 K	9,1 12,1
	26—35	250 K	8,9
Girondelle	36—55	110 K	9,0
	56—90	110 K	8,5
112 Schachtanlage B.			
Bertha.........................	26—35	70 K	5,45
	36—55	70 K	5,29
Ernestine	26—35	60 K 45 B 85 K	6,6
Röttgersbank	26—35	120—160 K	10,4
	36—55	120—160 K	10,8
Wilhelm	26—35	100 K	10,0
	36—55	100 K	8,1
Präsident	26—35	90 K	12,5
	36—55	90 K	9,7
113 Schachtanlage C.			
Röttgersbank	0—25	150—160 K	11,0
Präsident—Helene	0—25	90 u. 90 K	11,4
	36—55	90 u. 90 K	9,9
	56—90	50 K 20 B 55 K 30 B 125 K	9,7
Sonnenschein	36—55	95 K	8,5
Finefrau	56—90	90—100 K	6,3

12 Schichtenaufwand im Versatz.

Flöz	Einfallen	Flözprofil Ziffer = cm	Versatz-art	Arbeits-vorgänge	Schichten-aufwand je 100 t
121 Schachtanlage A.					
Leonhard	56—90	60 K 30 B 70 K	Voll-versatz	Kippen	4,2
Röttgersbank	0—25	160—200 K	,,	Kippen u. Verpacken	6,5
Johann I	56—90	70 K	,,	Kippen	4,2
Dickebank	26—35	250—300 K	,,	Kippen u. Verpacken	7,6
	0—25	250—300 K	,,	,,	6,6
	56—90	230—240 K	,,	Kippen	2,4
Girondelle	56—90	110 K	,,	,,	4,2
122 Schachtanlage B.					
Leonhard	26—35	70 K	,,	Kippen u. Verpacken	10,2
Bertha........................	26—35	70 K	,,	,,	10,2
Hermann	26—35	70 K	,,	,,	10,2
Ernestine	26—35	75 K 13 B 20 K	,,	,,	10,2
Präsident	26—35	90 K	,,	,,	10,2
Röttgersbank	26—35	250—280 K	,,	,,	9,4
Wilhelm	26—35	250—280 K	,,	,,	9,4

Flöz	Einfallen ×	Flözprofil Ziffer = cm	Versatz- art	Arbeits- vorgänge	Schichten- aufwand je 100 t
Noch: 122 Schachtanlage B.					
Röttgersbank	36—55	120—160 K	Voll- versatz	Kippen	9,2
Wilhelm	36—55	100—115 K	,,	,,	9,2
Helene	36—55	65—70 K	,,	,,	11,5
Sonnenschein	36—55	90 K	,,	,,	11,5
Dickebank	26—35	250—280 K	,,	Kippen u. Verpacken	8,7
123 Schachtanlage C.					
Präsident—Helene	36—55	50 K 10 B 45 K 28 B 97 K	,,	Kippen	4,6

13 Abbaustreckenvortrieb.

Flöz	Einfallen	Flözprofil cm	Streckenquerschnitt licht	Streckenquerschnitt Ausbruch m²	Leistung cm/M/Sch
131 Schachtanlage A.					
Ernestine	0—25	60	5,3	7,8	18,9
Röttgersbank	0—25	180	5,8	8,4	14,3
	0—25	180	7,3	10,2	19,9
	56—90	140	4,8	7,3	27,7
Wilhelm	0—25	130	5,5	8,1	16,5
	56—90	130	4,6	6,8	28,2
Johann I/II	0—25	70 K 50 B 60 K	6,0	8,5	20,5
Johann I	56—90	60	4,8	6,7	29,6
	56—90	60	4,8	6,7	51,6[1]
Präsident	0—25	20 K 10 B 50 K	5,7	7,7	22,1
Helene	0—25	70	5,8	8,1	18,6
	56—90	70	5,0	7,1	24,0
Luise	56—90	70	5,5	7,8	18,3
Dickebank	0—25	250	5,7	8,4	28,2
	0—25	290	6,5	9,15	27,2
	56—90	250	5,7	8,1	21,0
	56—90	250	5,6	7,75	(4,5)[2]
Girondelle	36—55	110	5,2	7,4	29,2
	56—90	110	4,8	6,1	27,0

[1] Bahnbruch nachschießen. — [2] Leistung in t/M/Sch.

Abt.	Flöz	Betriebspunkt	Mächtigkeit m	Gedingeleistung cm/M/Sch Holzkappe 1,85 m	Gedingeleistung cm/M/Sch Stahlkappe 2,50 m
132 Ab Mai 1942 in Örtern mit Einheitsausbau auf der *Anlage B* vereinbarte Gedingevertragsleistungen.					
2. westl.	Bertha	Ort 5 Osten	0,60	27	—
	Bertha	Ort 3 Osten	0,60	31	—
	Hermann	Ort 5 Osten	0,60	31	—
	Hermann	Ort 5 Westen	0,60	31	—
	Hermann	Ort 3 Osten	0,60	29	—
	Hermann	Ort 1 Osten	0,60	26	—
	Wilhelm	Ort 3 Westen	1,00	48	—
	Wilhelm	Ort 1 Westen	1,00	33	—
	Wilhelm	Ort 1 Osten	1,00	33	—
1. östl.	Wilhelm	Ort 1 Osten	1,00	33	—
	Wilhelm	Ort 3 Osten	1,00	33	—
	Präsident	Ort 1 Osten	0,90	29	—
	Präsident	Ort 3 Osten	0,90	29	—
2. östl.	Ernestine	Ort 2 Osten	1,00	—	27
	Wilhelm	Ort 2 Westen	1,00	—	25
	Röttgersbank	Ort 1 Osten	1,50	—	32
Schacht	Sonnenschein	Ort 2 Osten	0,90	23	—
	Sonnenschein	Ort 1 Osten	0,90	33	—

2 Abbaustreckenförderung.

21 Wagenladen.

Flöz	Einfallen °	Wageninhalt l	Leistung Wg/M/Sch
211 Schachtanlage A.			
Wanderlader	56—90	900	65
Ortsfeste Lader	0—25	900	48
	26—35	900	37
	36—55	900	39
	56—90	900	39
212 Schachtanlage B.			
Ortsfeste Lader	26—35	900	36
213 Schachtanlage C.			
Ortsfeste Lader	0—25	900	58
	36—55	900	42
	56—90	900	33

3 Gesteinsarbeiten.

		Schachtanlage			
		A	B	C	D
31 Allgemeine Durchschnittswerte für den reinen Ausbruch.					
311 Schiefer	m³/M/Sch	1,75	1,60	1,92	1,86
312 Sandschiefer	m³/M/Sch	1,60	1,20	1,73	1,53
313 Sandstein	m³/M/Sch	1,40	1,20	1,53	1,20
314 Konglomerat	m³/M/Sch	—	—	—	1,00
32 Reine Ausbruchleistung beim Ansetzen eines Ortes im Blindschacht durchschnittlich	m³/M/Sch	1,25	1,31	1,24	1,20

33 Leistung bei der Auffahrung von *Querschlägen* einschl. Einbringen des Ausbaus und sämtlicher Nebenarbeiten.

331 Lichter Querschnitt 10,5 m² bei 4,3 m Sohlenbreite und 2,90 m lichter Höhe, Ausbau in halbelliptischen Stahlbogen, Ladearbeit mittels Schrapper bzw. Ladewagen bzw. Salzgitterlader.

331.1 Schiefer	cm/M/Sch	16,0	16,0	12,0	—
331.2 Sandschiefer	cm/M/Sch	16,0	16,0	11,2	—
331.3 Sandstein	cm/M/Sch	15,0	16,0	10,5	—

332 Lichter Querschnitt 10,5 m² bei 4,3 m Sohlenbreite und 2,90 m lichter Höhe, Ausbau in halbelliptischen Stahlbogen, ohne maschinelle Ladeeinrichtung, Ladearbeit von Hand.

332.1 Schiefer	cm/M/Sch	12,0	12,2	10,5	10,4
332.2 Sandschiefer	cm/M/Sch	11,0	10,6	9,9	9,8
332.3 Sandstein	cm/M/Sch	10,0	10,2	9,3	9,0

333 Lichter Querschnitt 6,7 m² bei einer Sohlenbreite von 3,40 m, einer lichten Höhe von 2,40 m und einer lichten Kappenlänge von 2,20 m, Ausbau in Türstöcken (Holzstempel und Stahlkappen), Ladearbeit von Hand.

333.1 Schiefer	cm/M/Sch	14,0	15,0	14,0	15,0
333.2 Sandschiefer	cm/M/Sch	13,0	13,1	12,9	13,5
333.3 Sandstein	cm/M/Sch	12,0	11,0	12,0	11,8

34 Leistung bei der Auffahrung von *Richtstrecken* einschl. Einbringen des Ausbaus und sämtlicher Nebenarbeiten.

341 Lichter Querschnitt 10,5 m² bei 4,3 m Sohlenbreite und 2,90 m lichter Höhe, Ausbau in halbelliptischen Stahlbogen, Ladearbeit mittels Schrapper.

341.1 Schiefer	cm/M/Sch	—	—	11,3	—
341.2 Sandschiefer	cm/M/Sch	—	—	10,6	—
341.3 Sandstein	cm/M/Sch	—	—	10,0	—

9*

	Schachtanlage			
	A	B	C	D

342 Lichter Querschnitt 10,5 m² bei 4,3 m Sohlenbreite und 2,90 m lichter Höhe, Ausbau in halbelliptischen Stahlbogen, ohne maschinelle Ladeeinrichtung, Ladearbeit von Hand.

		A	B	C	D
342.1 Schiefer	cm/M/Sch	12,0	11,8	10,0	10,4
342.2 Sandschiefer	cm/M/Sch	10,0	9,6	9,4	9,8
342.3 Sandstein	cm/M/Sch	9,0	9,1	8,9	9,0

343 Lichter Querschnitt 6,7 m² bei einer Sohlenbreite von 3,40 m, einer lichten Höhe von 2,40 m und einer lichten Kappenlänge von 2,20 m, Ausbau in Türstöcken (Holzstoßstempel und Stahlkappen), Ladearbeit von Hand.

		A	B	C	D
343.1 Schiefer	cm/M/Sch	13,0	13,5	13,1	15,0
343.2 Sandschiefer	cm/M/Sch	12,0	10,9	12,1	13,5
343.3 Sandstein	cm/M/Sch	11,0	11,0	11,3	11,8

35 Leistung bei der Auffahrung von *Kurven*, deren Halbmesser mehr als 3 m beträgt.

351 Lichter Querschnitt 10,5 m² bei 4,3 m Sohlenbreite und 2,90 m lichter Höhe, Ausbau in halbelliptischen Stahlbogen, ohne maschinelle Ladeeinrichtungen, Ladearbeit von Hand.

		A	B	C	D
351.1 Schiefer	cm/M/Sch	9,5	9,6	9,5	9,7
351.2 Sandschiefer	cm/M/Sch	9,0	9,2	9,0	9,4
351.3 Sandstein	cm/M/Sch	9,5	8,4	8,5	8,7

352 Lichter Querschnitt 6,7 m² bei einer Sohlenbreite von 3,40 m, einer lichten Höhe von 2,40 m und einer lichten Kappenlänge von 2,20 m, Ausbau in Türstöcken (Holzstoßstempel und Stahlkappen), Ladearbeit von Hand.

		A	B	C	D
352.1 Schiefer	cm/M/Sch	12,5	14,0	12,7	—
352.2 Sandschiefer	cm/M/Sch	11,5	12,0	11,7	—
352.3 Sandstein	cm/M/Sch	11,0	11,7	10,9	—

36 Leistung bei der Auffahrung von *Blindschächten.*

361 Aufbrüche.

361.1 1 Wagen je Tragboden und Gegengewicht.

		A	B	C	D
361.11 Schiefer	cm/M/Sch	—	}	—	15,4
361.12 Sandschiefer	cm/M/Sch	—	} 11,2	—	13,3
361.13 Sandstein	cm/M/Sch	—	}	—	11,5

362 Gesenke.

362.1 1 Wagen je Tragboden und Gegengewicht.

		A	B	C	D
362.11 Schiefer	cm/M/Sch	}	}	}	11,2
362.12 Sandschiefer	cm/M/Sch	} 8—10	} 10	} 9,9	10,0
362.13 Sandstein	cm/M/Sch	}	}	}	8,8
362.14 Konglomerat	cm/M/Sch	—	—	—	7,5

4 Grubenausbau.

41 *Leistungswerte allgemeiner Art.*

411 Reine Maurerleistung beim Einbringen von Ziegelmauerwerk in 51 cm Stärke.

		A	B	C	D
411.1 bei Stoßmauern	m³/M/Sch	1,5	1,1	1,05	1,0
411.2 bei Gewölben	m³/M/Sch	1,0	0,75	0,7	1,1

412 Leistung bei der Herstellung einer Wassersaige in Stampfbeton in den Ausmaßen 400 × 350 × 3000 mm.

	A	B	C	D
m/M/Sch	3,0	2,8	2,8	—

413 Leistung bei der Einbringung einer Betonsohlenlage von 10 cm Stärke und einem Betonmischungsverhältnis 1 : 3 einschl. Estrichputz.

	A	B	C	D
m²/M/Sch	5,0	4,8	5,6	6,0

414 Leistung bei der Einbringung von Stampfbeton einschl. Herstellung der Betonmischung.

	A	B	C	D
m³/M/Sch	1,5—1,8	1,45	1,68	1,4

415 Auf der Schachtanlage A beim Einbringen von Betonformsteinen erreichte Leistungen.

Ausmaße der Strecke			Wand-stärke des Ausbaus	Zeitraum	Ausgebaute Strecken-länge	Ausbauleistung je Mann/Schicht		
Sohlen-breite	Scheitel-höhe	Quer-schnitt				von bis		von bis
m	m	m²	m		m	m		m³
3,50	3,00	8,2	0,35	April 43	15,5	0,32		0,93
5,50	4,20	18,1	0,40	März 43—Jan. 44	65,5	0,12—0,17		0,56—0,79
6,00	4,25	20,0	0,50	April—Juni 42	25,5	0,14—0,17		0,86—1,06
6,00	4,50	21,2	0,50	Dez. 40—März 41	30,2	0,10—0,16		0,65—0,97
6,50	4,50	23,0	0,50	April—Juni 41	21,0	0,15—0,16		0,99—1,02

		Schachtanlage			
		A	B	C	D
42 Schichtenaufwand beim Einbringen von Ausbau in Gesteinsstrecken.					
421 Türstöcke.					
421.1 Stahlkappe bis 2,10 m ganze Länge, lichte Höhe 2,20 m	Sch/Stück	0,75	0,72	0,75	0,95
421.2 Stahlkappe bis 3,25 m ganze Länge, lichte Höhe 2,40 m	Sch/Stück	1,00	1,30	1,25	1,20
421.3 Stahlkappe bis 4,50 m ganze Länge, lichte Höhe 2,80 m	Sch/Stück	1,50	1,70	1,75	1,60
421.4 Stahlkappe bis 5,00 m ganze Länge, lichte Höhe 2,80 m	Sch/Stück	2,00	2,20	2,25	1,80
422 Vieleckausbau.					
422.1 Stahlkappe bis 2,10 m ganze Länge, 2,20 m lichte Höhe, Läufer an einem Stoß, am andern Stoß-stempel	Sch/Stück	1,00	1,00	0,87	1,10
422.2 Stahlkappe bis 2,10 m ganze Länge, lichte Höhe 2,20 m, Läufer an beiden Stößen	Sch/Stück	1,20	1,30	0,99	1,40
423 Halbelliptischer Stahlbogenaus-bau bei 4,30 m lichter Sohlen-breite und 2,90 m lichter Höhe	Sch/Stück	2,00	2,20	2,00	2,10
424 Mollausbau mit 3 Läufern.					
424.1 Bogenlänge bis 2,20 m ..	Sch/Rahmen	1,00	1,25[1]	1,00	—
424.2 Bogenlänge bis 2,50 m ..	Sch/Rahmen	1,20	1,50[2]	1,25	—
43 Schichtenaufwand bei Arbeiten in Blindschächten.					
431 Einbringen eines Ausbaurahmens einschl. Verziehen, Verbolzen und Hinterpacken.					
431.1 Ausmaß 2,55 × 2,65 m ..	Sch/Rahmen	1,5	2,4[3]	2,0	2,0
431.2 Ausmaß 2,55 × 4,00 m ..	Sch/Rahmen	2,0	—	3,0	—
432 Einbauen von Spurlatten (Ka-meradschaft: 2 Blindschacht-hauer und 1 Bremser)	Sch/m	0,15	0,2	0,1	0,2
433 Ausbauen einer Lutte von 3,0 m Länge und 500 mm ⌀ (Kamerad-schaft: 2 Blindschachthauer, 1 Bremser und 1 Anschläger) ...	Sch/m	0,06	—	0,056	—
44 Schichtenaufwand beim Einbringen von Ausbauen in Flözstrecken.					
441 Türstöcke.					
441.1 Stahlkappe von 1,80 m ganzer Länge	Sch/Stück	0,75	0,75	0,75	1,00
441.2 Stahlkappe von 2,40 m ganzer Länge	Sch/Stück	1,00	1,00	1,00	1,00

[1] h = 3,40 m. — [2] h = 3,60 m. — [3] Gesenk.

	Schachtanlage			
	A	B	C	D

442 Halber Türstock, bestehend aus 1 Stoßstempel und

		A	B	C	D
442.1 einer Stahlkappe von 1,80 m ganzer Länge	Sch/Stück	0,5	0,5	0,5	—
442.2 einer Stahlkappe von 2,40 m ganzer Länge	Sch/Stück	0,8	0,78	0,75	—

443 Sprengwerk einschl. der Heranschaffung des Bauholzes vom Lagerplatz unter Tage.

		A	B	C	D
443.1 1 Läufer	Sch/m	0,160	0,170	0,179	0,2
443.2 2 Läufer	Sch/m	0,240	0,240	0,238	0,3
443.3 3 Läufer	Sch/m	0,320	0,325	0,327	0,4
443.4 4 Läufer	Sch/m	0,400	0,420	0,476	0,5

45 Schichtenaufwand bei Nebenarbeiten im Abbau.

451 Sprengwerk mit 1 Läufer einschl. der Heranschaffung des Bauholzes vom Lagerplatz bei einer Flözmächtigkeit von 1,80 bis 3,00 m.

		A	B	C	D
451.1 Einfallen < 30°	Sch/m	0,2	0,19	0,179	0,2
451.2 Einfallen 30—65°	Sch/m	0,2—0,3	0,19	0,179	0,2
451.3 Einfallen 65—90°	Sch/m	0,3—0,5	—	0,476	0,3

452 Setzen von Holzpfeilern mit Bergeausfüllung bei einem Einfallen bis 35°.

		A	B	C	D
452.1 Mächtigkeit 1,0 m, Holzpfeiler 1,55 × 1,55 m	Sch/Stück	0,5	—	0,75	0,7
452.2 Mächtigkeit 2,0 m, Holzpfeiler 1,85 × 1,85 m	Sch/Stück	1,0	—	1,50	1,0
452.3 Mächtigkeit 2,5 m, Holzpfeiler 2,50 × 2,50 m	Sch/Stück	1,5	—	3,00	—
452.4 Mächtigkeit 3,0 m, Holzpfeiler 2,50 × 2,50 m	Sch/Stück	2,0	5,0	3,50	—

5 Arbeiten in Förderwegen.

51 Schichtenaufwand beim Verlegen geraden Gestänges.

511 bei Befestigung der Schienen durch Schrauben.

		A	B	C	D
511.1 in Hauptstrecken: Schienenprofile 93, 105, 115 mm	Sch/m	0,25	0,2	0,2	0,2

512 bei Befestigung der Schienen durch Schienennägel.

		A	B	C	D
512.1 in Hauptstrecken: Profil 93, 105, 115 mm ...	Sch/m	0,15	0,09	0,1	0,1
512.2 in Abbaustrecken	Sch/m	0,15	—	0,1	0,1

52 Verlegen von Weichen.

		A	B	C	D
521 80 mm Schienenprofil	Sch/Stück	2,5—3,0	2,0	2,0	2,0
522 93 mm Schienenprofil	Sch/Stück	3,0	3,0	2,5	2,5
523 105 bzw. 115 mm Schienenprofil	Sch/Stück	4,0	4,0	4,0	4,0

53 Verlegen von Gleisverbindern.

		A	B	C	D
531 80 mm Schienenprofil	Sch/Stück	5,0	5,0	50—100%	75—100%
532 93 mm Schienenprofil	Sch/Stück	5,0	5,0	Zuschlag zu	
533 105 bzw. 115 mm Schienenprofil	Sch/Stück	6,0	6,2	Posten 52	

6 Sonstige Schichtenaufwandsziffern.

61 Herstellen eines Bohrloches im Gestein von 2,50 m Tiefe.

		A	B	C	D
611 im Schiefer mit Bohrgerät und gewöhnl. Bohrer	Sch/m	0,06	0,10	0,15	0,04
612 im Sandstein mit Bohrgerät und Hartmetallbohrer	Sch/m				0,05
62 Laden von Bergen	Sch/Wg	0,125	0,12	0,143	0,120

63 „Bezirks-Gedingetafel".

Im Jahre 1948 versuchte man in einem Bezirk an der Ruhr Gedingerichtwerte auf dem Wege zu gewinnen, daß von sämtlichen Schachtanlagen des Bezirks Ziffernangaben nach dem Muster der Tafel 29 erbeten und diese Angaben ausgewertet wurden. Man ging dabei von folgenden Grundgedanken aus:

1. Durch Streckung der Untersuchung auf einen Bezirk müßten sich Ziffern in einer dazu ausreichenden Zahl ergeben, daß zu tragenden Mittelwerten führende Häufigkeitsbilder erwartet werden könnten.

2. Wenn einzelne Schachtanlagen auch nicht über großes statistisches Material verfügen, so glaubte man sie doch in der Lage, durch Befragung ihrer die Gedinge setzenden Betriebsbeamten Anhaltsziffern anzugeben.

3. Mit einem gewissen Streuen der Werte mußte gerechnet werden, weil erstens die betrieblichen Verhältnisse verschieden waren, zweitens die Auffassungen der Betriebsbeamten unterschiedlich sein konnten und drittens bei den für Arbeitskomplexe anzugebenden Ziffern auf eine genaue Umschreibung der Arbeitsvorgänge verzichtet wurde.

4. Als Nutzen der Untersuchung wurde erwartet:
a) Gedingerichtwerte würden für eine Reihe von Arbeitsvorgängen bzw. -komplexen anfallen.
b) Den einzelnen Schachtanlagen würde ein Vergleich ihrer Ziffern mit der Gesamtheit möglich sein, auch dann, wenn ein stark streuendes Häufigkeitsbild einen unsicheren Mittelwert ergeben würde.

Dieser Versuch hat zu keinem allseitig befriedigenden Ergebnis geführt, wahrscheinlich deshalb nicht, weil der psychologische Boden für eine derartige Untersuchung nicht genügend vorbereitet war und infolgedessen die Betriebsbeamten nicht mit der erwünschten Sorgfalt an die Beantwortung der ihnen vielleicht völlig neuartig erscheinenden Fragen herangingen. Daß der Versuch nicht deswegen aufgegeben werden mußte, weil ein grundsätzlich falscher Weg eingeschlagen wurde, weisen die beiden folgenden Beispiele aus.

Abb. 42 gibt das Ergebnis der Untersuchung des Schichtenaufwandes beim Handvollversatz in der steilen Lagerung wieder, die sich auf 27 Schachtanlagen bezieht. Die mittlere Abweichung vom Mittelwert (5,87 Sch/100 t) mit 1,298 Sch/100 t und der mittlere Fehler von 0,828 Sch/100 t = ± rd. 14 % dürfte in Anbetracht dessen, daß es sich um die verschiedensten Flöze (Mächtigkeiten von 0,50 bis > 2,00 m) handelt, als tragbar zu bezeichnen sein.

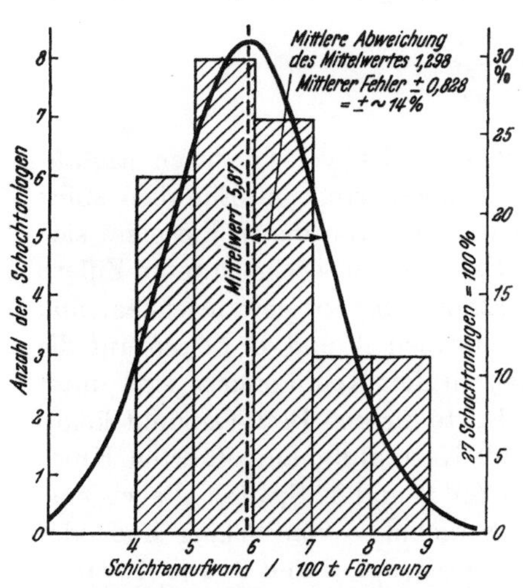

Abb. 42. Schichtenaufwand beim Handvollversatz in der steilen Lagerung bei Flözmächtigkeiten von 0,50 bis > 2,00 m im Bezirk X nach einer Erhebung vom Jahre 1948.

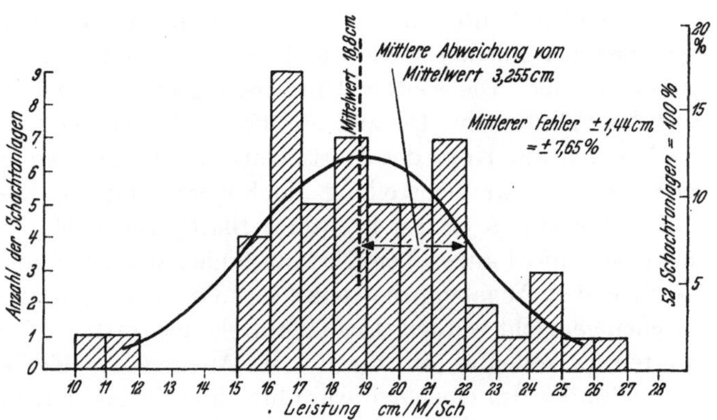

Abb. 43. Leistung beim Abbaustreckenvortrieb in der Fettkohle bei Streckenquerschnitten von 5 bis 8 m² im Bezirk X nach einer Erhebung vom Jahre 1948.

Abb. 43 zeigt die Angaben von 52 Schachtanlagen für die Leistungen beim Abbaustreckenvortrieb in der Fettkohle. Es handelt sich um Strecken mit Querschnitten zwischen 5 und 8 m². Auch dieses Bild dürfte einen beachtenswerten Richtwert ergeben haben, wenn auch der in ihm enthaltene mittlere Fehler von ± 7,65 % dazu zwingt, ihn mit einer gewissen Toleranz zu handhaben, um die Einflüsse des Streckenquerschnittes und der Flözmächtigkeit zu berücksichtigen.

Wenn dieser erste und sicherlich noch mit vielen Fehlern behaftete Versuch bereits zu so ansprechenden Ergebnissen führte, wie sie in den aufgezeigten Beispielen vorliegen, um wieviel genauere Werte wird man erhalten können, wenn man das gesamte Erfahrungsgut der Betriebe genauestens aufarbeitet und sichtet.

64 Auswertung von erreichten Leistungsziffern in Häufigkeitsbildern und Zusammenstellung der Ergebnisse zu einem „Gedingekatalog".

640 Allgemeines zur „Gedingestatistik".

Wenn die Aufgabe gestellt ist, auf erreichten Leistungsziffern Gedingerichtwerte aufzubauen, so ist deren statistische Erfassung unumgängliche Voraussetzung für die Lösung der Aufgabe. Die Grundlagen einer Gedingestatistik werden in jedem Fall die Schichtenzettel (Steigeranschnitte) abgeben. Die in diesen Belegstücken verzeichneten Leistungsziffern wird man ausziehen, sichten und in für die Zwecke der Untersuchung besonders eingerichtete Zusammenstellungen einordnen, um das Zahlenmaterial in übersichtlicher Form und nach einschlägigen Gesichtspunkten geordnet für die Auswertung bereit zu haben. Während die Gedingeergebnisse früher vielfach in Listen zusammengestellt wurden, zieht man heute die karteimäßige Erfassung vor. Auf die Gestaltung einer solchen Gedingekartei soll daher im nachfolgenden näher eingegangen werden.

641   „Gedingekartei".

Eine Gedingekartei wird man zweckmäßig nach Betriebspunkten anlegen, so daß man bei Zusammenstellungen die Karten je nach dem beabsichtigten Zweck zu Gruppen vereinigen kann. Man wird gesonderte Vordrucke für Betriebe in der Kohle und im Gestein schaffen, da die Arbeitsvorgänge zu ungleich sind, als daß man ein für beide Fälle brauchbares Karteiblatt entwickeln könnte.

Die Abbn. 8 u. 9 (Abschn. 2) geben praktische Ausführungen wieder, die sich bei einer größeren Bergwerksgesellschaft in jahrelangem Gebrauch bewährt haben.

Die Karteiblätter für *Betriebe in der Kohle* (Abb. 8) unterscheiden sich zunächst in der Farbe, und zwar nach dem Einfallen:

$$\begin{array}{llll} \text{grau} & 0\text{---}25° & \text{grün} > 35\text{---}55° \\ \text{gelb} > 25\text{---}35° & \text{rot} > 55\text{---}90° \end{array}$$

Diese Haupteinteilung ist gewählt, weil die Abbaumethoden bei den verschiedenen Einfallgruppen verschieden sowie die Leistungen und damit die Gedingewerte vom Einfallen stark abhängig sind. Die weitere Unterteilung erfolgt nach Kennummern, von denen die erste sich auf das Flöz bezieht. Die zweite Ziffer teilt nach der Art der Betriebe ein. Die genannten Ziffern finden sich am Kopf des Karteiblattes, um eine bequeme Einordnung zu gewährleisten, und ergeben in Zusammenstellung die Registernummer. Die Buchstaben A und B weisen auf die Blattfolge hin (A erstes, B zweites Blatt). Die Erläuterungen zu den Kennummern sind unter dem Zahlenfeld angegeben. Sodann finden sich im Kopf der Karte die den Betriebspunkt kennzeichnenden Angaben, die teilweise unter Verwendung der im Kartenfuße aufgeführten Kurzzeichen gemacht werden. Das Hauptfeld der Karte führt in 15 Zeilen und 32 Spalten alle wissenswerten Einzelheiten an, die für die Auswertung der Betriebsergebnisse von Belang sind oder sein könnten. Im einzelnen wäre hierzu zu bemerken: Zu den Spalten 4, 5 und 6: Die Angaben der Schichtenzettelseite, der Gedingeschein- sowie der Abnahmescheinnummer sind sehr zweckmäßig, da sie einen jederzeitigen Rückgriff auf die Unterlagen ermöglichen, ohne daß zeitraubende Sucharbeit entsteht. Zu den Spalten 27—31: Eine Aufgliederung der Gesamtlohnsumme bzw. des Gesamtlohnes nach reinem Gedingelohn, Sprengstoff- und sonstigen Vergütungen ist für eine einwandfreie Statistik unerläßlich.

Auf der Rückseite der Karte (Abb. 44) sind 9 Felder für die Eintragung der Gedingeverträge bestimmt, die in den auf der Vorderseite angegebenen Zeiträumen abgeschlossen wurden oder Gültigkeit besaßen. Im rechten Teil finden sich Spalten für die Unterbringung des für die verschiedenen Monate ermittelten Ist-Wageninhaltes und des Sprengstoffverbrauches sowie eine breite Spalte für Bemerkungen, in der alles, was Lohn und Gedinge beeinflußte, in kurzen Worten schriftlich niedergelegt werden soll. Im Fußteil der Kartenrückseite ist eine Übersicht über den Schichtenaufwand nach Kostenstellen vorgesehen.

Gedinge von …… bis……	Gedinge von ……	Gedinge von …… bis……	Lfd. Nr.	Wageninhalt t	Sprengstoff DM/m oder Wg.	Bemerkungen
			1			
			2			
			3			
Gedinge von …… bis……	Gedinge von ……	Gedinge von …… bis……	4			
			5			
			6			
			7			
			8			
			9			
			10			
Gedinge von …… bis……	Gedinge von ……	Gedinge von …… bis……	11			
			12			
			13			
			14			
			15			

Arbeitsvorgang

	19……				**Schichtenaufwand je 100 t Förderung** 19……												
	J.	F.	M.	A.	J.	F.	M.	A.	M.	J.	J.	A.	S.	O.	N.	D.	J.
Gewinnung																	
Versatz																	
Umleger																	
Lader																	
Abbaust.-Vortrieb																	
Störungen																	

Abb. 44. Rückseite des Gedingekarteiblattes für Kohlenbetriebe.

Die Farben der Karteiblätter für *Betriebe im Gestein* (Abb. 9) kennzeichnen die Art der Betriebe, und zwar:

gelb Richtstrecken
rot Haupt- und Abteilungsquerschläge
grün Blindschächte (Aufbrüche und Gesenke)

blau Ortsquerschläge
braun sonstige Gesteinsstrecken
grau Füllörter, Kammern und Hauptschächte

Nach dieser Haupteinteilung werden die Karten im Karteikasten zu Gruppen zusammengefaßt. Innerhalb einer Gruppe findet eine Unterteilung nach Kennummern statt, die die einzelnen Sohlen bezeichnen. Die Buchstaben A bis E weisen auf die Blattfolge hin (Blatt A erstes Blatt des Betriebspunktes, B zweites Blatt usw.). Die Kennummern und Kennbuchstaben finden sich auch bei diesen Karten am Kopf. Darunter sind die kennzeichnenden Angaben des Betriebspunktes untergebracht. Im Hauptfeld sind in 15 Zeilen, wozu als 16. die für die Summen- bzw. Durchschnittserrechnung bestimmte kommt, und in 36 Spalten alle die die Lohn- und Leistungsentwicklung kennzeichnenden Angaben zu finden, die teilweise unter Verwendung der am Kartenfuß aufgeführten Kurzzeichen gemacht werden sollen. Im einzelnen wäre zu bemerken:

Zu Spalte 9: Die hier anzugebende Ziffer „Mittlere Tagesschichten" soll die tatsächliche Belegungsstärke [berechnet aus Schichtenzahl/Monat : Arbeitstage (Spalte 7)] mit dem Aufschlußplan zu vergleichen gestatten. In den Spalten 10/12 und 11/13 wird die Plan- mit der Ist-Auffahrung verglichen. Der Bezug auf den Streckenraum erfolgt, um bei Querschnittsabweichungen Vergleichsmöglichkeiten zu haben.

Die Rückseite (Abb. 45) enthält 8 Felder zur Aufnahme der Texte der abgeschlossenen Gedinge.

<table>
<tr><td>Gedinge von ..... bis ....</td><td>Gedinge von ..... bis.......</td><td>Gedinge von ..... bis ....</td><td>Gedinge von ..... bis ....</td></tr>
<tr><td>Gedinge von ..... bis ....</td><td>Gedinge von ..... bis.......</td><td>Gedinge von .... bis ....</td><td>Gedinge von ..... bis .....</td></tr>
</table>

Abb. 45. Rückseite des Gedingekarteiblattes für Gesteinsbetriebe.

Welche tiefen Einblicke in die Struktur der Lohn- und Gedingeverhältnisse derartige Karteien zu vermitteln vermögen, weisen die Beispiele der Tafeln 30—34 aus, die einer geführten Gedingekartei entnommen wurden. Sie bedürfen keiner weiteren Erklärung außer der, daß in diesen Tafeln in Abweichung von den in den Abbn. 8 u. 9 gezeigten Mustern der z. Z. der Ausfertigung bestehende 200%-Zuschlag besonders erfaßt ist.

642 Auswertungsmethoden.

Die Angaben einer Gedingekartei können dazu benutzt werden, aus zugehörigen Werten Ziffern zu entwickeln, die als kennzeichnende Zahlen angesprochen werden können, und zwar sind folgende Wege möglich: 1. Bildung des arithmetischen Mittels aus den Monatsdurchschnittswerten, 2. Errechnung des gewogenen Mittels über die Zahl der Schichten, 3. Darstellung der Ziffernstreuung in einem Häufigkeitsbild und Überprüfung des Mittelwertes nach den Regeln der mathematischen Wahrscheinlichkeitsrechnung. Die Güte des Verfahrens steigt von der erst- zur letztgenannten Methode.

Die Bestimmung des *arithmetischen Mittels aus den Monatsdurchschnittswerten* ohne Berücksichtigung der Größe der Betriebspunkte und der angefallenen Schichten ist eine so ungenaue Methode, daß ihre Ergebnisse gegenüber den Gedächtnisziffern der Betriebsbeamten kaum einen Mehrwert beanspruchen dürften. Für eine derartige Berechnung bedarf es im übrigen keiner exakt geführten Gedingekartei.

Die Berechnung des *über die Zahl der Schichten gewogenen Mittels* ergibt schon bessere Werte. Die Rechenmethode selbst kann als bekannt vorausgesetzt werden. Die Ergebnisse können dann als brauchbare Ziffern angesehen werden, wenn die Grundwerte nicht allzu stark streuen und außerdem keine ausgefallenen Ziffern auftreten. Da dieser Fall bei den wechselnden Verhältnissen der Untertagebetriebe aber immer höchst unwahrscheinlich ist, verzichtet man zweckmäßig auf diesen Weg zur Festlegung von Gedingerichtwerten.

Bei der Herstellung der *Häufigkeitsbilder*, für die 3 Muster in den Abbn. 46, 47 u. 48 vorgelegt werden, geht man folgendermaßen vor: Zunächst legt man die gewünschte Leistungsstufung fest (z. B. 0,5 t = 1 cm), wobei man die Frage zu lösen hat, inwieweit eine engere Stufung eine bessere Einsicht vermitteln könnte. Auf einem Registrierbogen (Beisp. in Tafel 35) bezeichnet man die Spalten nach der gewählten Stufung. Man geht von den Kleinst- und Höchstwerten aus und errechnet aus deren Unterschied und der Stufenspanne die Zahl der erforderlichen Spalten. In die Spalten trägt man den Leistungsgruppen entsprechend die in den einzelnen Monaten angefallenen Schichten ein. Diese Ziffern werden summiert und sodann die Summenziffern im Schaubild als Ordinaten über den einzelnen Leistungsstufen aufgetragen. Die Flächensumme der Balken ergibt die Gesamtarbeit (Förderung in t oder Auffahrung in m).

Hier möge eine Zwischenbemerkung eingeschaltet werden, und zwar die Erörterung der

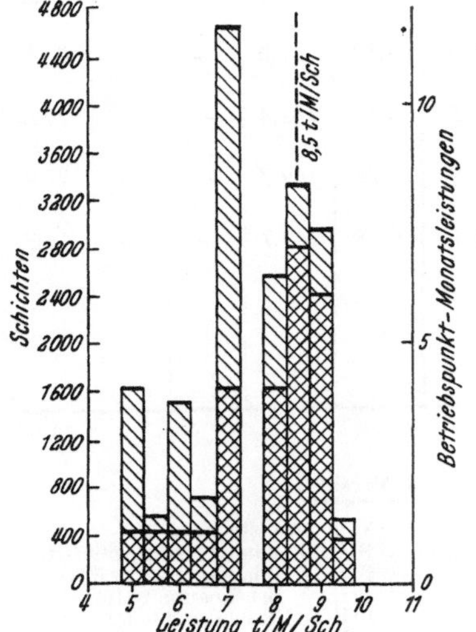

Abb. 46. Gewinnungsleistung in Fl. Dickebank.
Mittlere Leistung 8,9 t/M/Sch. / Grundlage 49 980 Schichten, 462 480 t Kohlen / Flözmächtigkeit 2,50 m / Einfallen 26—35° / Zeitraum Januar 1939 bis Juli 1944.

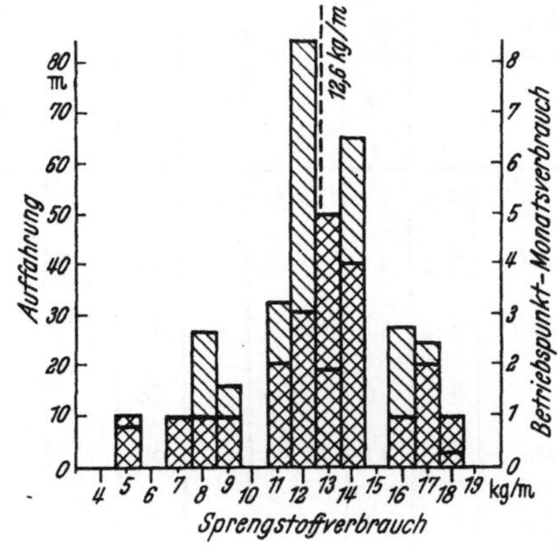

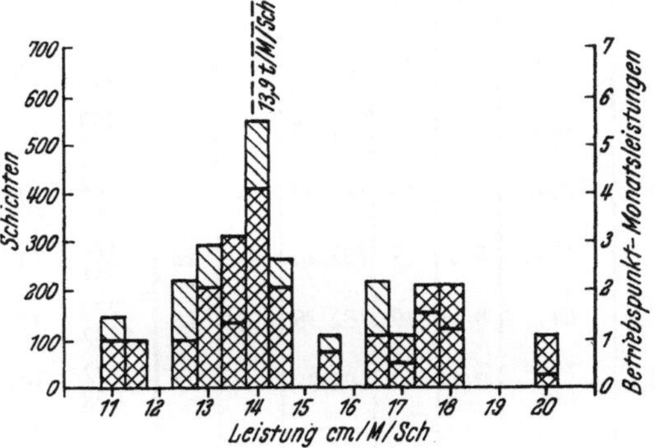

Abb. 48. Leistung und Sprengstoffverbrauch bei der Auffahrung von Ortsquerschlägen.
Mittlere Leistung 13,9 cm/M/Sch. / Grundlage 2341 Schichten, 328 m Auffahrung im Sandstein / Querschnitt im Ausbruch 7,80 m², im Ausbau 5,50 m² / Türstockausbau / Mittlerer Sprengstoffverbrauch 12,6 kg/m / Zeitraum Jan. 1940 bis Jan. 1944.

Abb. 47. Gewinnungsleistung in Fl. Wilhelm.
Mittlere Leistung 8,5 t/M/Sch. / Grundlage 18 460 Schichten, 142 386 t Kohlen / Flözmächtigkeit 1,20—1,50 m / Einfallen 0—25° / Zeitraum Oktober 1943 bis Juli 1944.

Frage, ob nicht ein Häufigkeitsbild der Betriebspunkt-Monatsleistungen[1], das ungleich schneller herzustellen ist, etwa gleichwertige Ergebnisse zeitigen würde. In die Abbn. 46, 47 u. 48 sind die Betriebspunkt-Monatsleistungen zusätzlich eingetragen und durch Kreuzschraffen hervorgehoben. Wenn Abb. 46 die Frage wenigstens teilweise zu bejahen scheint, so zeigen doch die Abbn. 47 u. 48 evident, daß die „Vereinfachung" zu einem schiefen Bilde führt bzw. führen kann.

Aus der Gestalt der Bilder ersieht man ohne weiteres, in welchem Bereich der häufigste Leistungswert zu suchen ist. Zudem wird der Mittelwert im Bilde durch eine starke Linie

---

[1] Hierunter ist die Mann- und Schichtleistung zu verstehen, die im Durchschnitt eines Monats erreicht wurde.

Tafel 30. *Gedingestatistik eines*

| 1 | 2 | 3 | 4 | 5 | 6 | 7 | 8 | 9 | 10 | 11 | 12 | 13 | 14 | 15 | 16 | 17 | 18 | 19 | 20 | 21 | 22 |

Bergbau A.-G. *Otto* | Anlage: *Julius I* | Betriebsführer Abt.: *I/II*

7. Sohle, *1.* $\frac{westl.}{östl.}$ Abtlg., $\frac{Sattel-}{Mulden}$ Nord- flügel

Ausbau: *III*

Ausbauentfernung: 1,40 m / 1,40 m

Betriebspunkt: *Streb 1—2 Westen*

Streb-Fördermittel: —

(Rote Zahlen gelten für Schichtzeit von 8 Std.)

Lfd. Nr.	Zeitraum Monat Jahr	Schichtzeit	Schichtenzettelseite	Gedingeschein Nr.	Abnahmeschein Nr.	Arbeitstage im Monat	Förderung bzw. Auffahrung im Monat		Belegung Drittel Mann	Belegung Mittlere Tagesschichten	Abbaufortschritt	Schichten des Hacke	Ortsältester	Lader	Versatz	Umleger	Abbaustrekkenvortrieb
		h	Nr.	Nr.	Nr.	Tage	Wg.	t od. m	Mann	M/Tag	m/Tag fortges.	Scht.	Scht.	Scht.	Scht.	Scht.	Scht.
1	2	3	4	5	6	7	8	9	10	11	12	13	14	15	16	17	18
1	1943 Jan.	8¾	14	155/41	—	9	115 655	630	1×3 2×2	7,1	1,27	52,5	—	—	12,0	—	—
2	Febr.	8¾	11	82/06	—	26	461 1345	1503	2×2	7,0	1,05	155,3	—	—	26,0	—	—
3	März	8¾	11	82/06	—	29	622 1317	1621	2×2	6,8	1,01	166,9	—	—	29,0	—	—
4	April	8¾	6	82/06	—	28	829 691	1260	2×2	5,3	0,82	128,0	—	—	19,0	—	—
5	Mai	8¾	12	82/06	—	27	718 697	1156	2×2	6,1	0,78	159,0	—	—	6,0	—	—
6	Juni	8¾	15	82/06	—	27	475 743	990	2×2	4,8	0,67	130,4	—	—	—	—	—
7	Juli	8¾	17	182/38	—	28	369 1112	1210	1×3 1×2	5,3	0,78	124,4	—	—	24,0	—	—
8	Aug.	8¾	10	182/38	—	29	599 1348	1573	1×2	6,7	0,98	166,5	—	—	28,9	—	—
9	Sept.	8¾	13	182/38	—	28	553 1103	1325	1×3 2×2	6,1	0,86	154,3	—	—	17,6	—	—
10	Okt.	8¾	15	182/38	—	28	362 1017	1128	2×2	7,0	0,73	167,6	—	—	26,9	—	—
11	Nov.	8¾	19	182/38	—	28	327 1061	1142	2×2	6,8	0,74	163,4	—	—	29,0	—	—
12	Dez.	8¾	19	182/38	—	28	286 1147	1161	2×2	6,8	0,75	162,7	—	—	27,9	—	—
13	1944 Jan.	8¾	2	182/38	—	27	422 823	1012	2×2	6,1	0,68	149,7	—	—	15,9	—	—
14																	
15															Baugrenze		

Kurzzeichenerläuterung:

1. Streckenausbau:

St	=	Firstenstempel
Th (v)	=	Türstock am Hangenden, v = mit Verzug
Tl (v)	=	Türstock am Liegenden, v = mit Verzug
Thl	=	Türstock am Hangenden und Liegenden
S	=	Sprengwerk, durch Zusetzen des Buchstaben „S" zu bezeichnen

2. Strebausbau:

I	=	Stempel mit Anpfahl am Hangenden
I a	=	Stempel mit Anpfahl am Liegenden
II	=	Stempel mit Schalholz am Hangenden
II a	=	Stempel mit Schalholz am Liegenden
II b	=	Stempel mit Schalholz am Hangenden und Liegenden
III	=	Stempel mit Schalholz und Verzug am Hangenden
III a	=	Stempel mit Schalholz und Verzug am Liegenden
III b	=	Stempel mit Schalholz und Verzug am Hangenden und Liegenden
IV	=	Vortreibepfähle

3. Versatz:

V	=	Vollversatz
BIH	=	Blindortversatz mit Örtern im Hangenden
BIL	=	Blindortversatz mit Örtern im Liegenden
BrH	=	Bruchbau mit Holz-Wanderpfeilern
BrE	=	Bruchbau mit Eisen-Wanderpfeilern
BrR	=	Bruchbau mit Reihenstempeln
Pf	=	Pfeilerbau mit feststehenden Holzpfeilern

4. Fördermittel im Streb:

FR	=	Feststehende Rutsche
FRe	=	Feststehende emaillierte Rutsche
FRw	=	Feststehende Winkelrutsche
SR	=	Schüttelrutsche
Stgf	=	Stegkettenförderer
Staf	=	Stauscheibenförderer
Bf	=	Bandförderer aus Gummi
Kr	=	Kratzbandförderer

steilgelagerten Abbaubetriebes.

| 23 | 24 | 25 | 26 | 27 | 28 | 29 | 30 | 31 | 32 | 1 | 2 | 3 | 4 | 5 | 6 | 7 | 8 | 9 | 10 | A | B |

Revier: **4**   Flöz: **Dickebank**   Register Nr.: **19 — 5 / 16**

Flözprofil: (K./B.) **230 K** cm
Einfallen: **88** °
Knappbreite: **6,0** m
fl. Bauhöhe: **24,0** m
Streblänge: **34,0** m
Str. Baulänge: **255,0** m

Sonstige Angaben: (Abbauart, Versatzart und dergl.)
Schrägbau mit Bergeböschung von 39°

Bei Örtern (licht | Ausbruch)
Sohlenbreite — m
Kappe — m
Höhe ü. S. O. — m
Querschnitt — m²
Kohlenanfall: Wg./m

Monats			Leistung M./Schicht					Lohnsumme					Lohn / Scht.			Lohnbelastung je Gedinge-einheit	
			Soll		200% Gren-ze	Ist		ohne 200%	200%	Vergütungen		Ins-gesamt	Reiner Leistungslohn		Ge-samt-lohn	ins-gesamt	d. 200% Verord.
Störun-gen	Son-stige	Ins-gesamt	Hacke	Ge-samt		Hacke	Ge-samt			Spreng-stoff	Son-stige		ohne 200%	200%			
Scht.	Scht.	Scht.	Wg.	Wg. od. m	Wg. od. m	Wg.	Wg. od. m	RM	RM	RM	RM	RM	RM/ Scht.	RM/ Scht.	RM/ Scht.	RM/ Wg./m	RM/ Wg./m
19	20	21	22	23	24	25	26	27	28	29	30	31	32	33	34	35	36
—	—	64,5	13,5	11,6	—	14,6	11,9	600,50	—	—	—	600,50	9,31	—	9,31	0,78	—
—	—	181,3	11,6	10,0	—	11,7	10,0	1804,10	—	—	—	1804,10	9,95	—	9,95	1,00	—
—	—	195,9	11,6	10,0	—	11,6	9,9	1911,55	—	—	—	1911,55	9,75	—	9,75	0,99	—
—	—	147,0	11,6	10,0	—	11,9	10,3	1430,20	—	—	—	1430,20	9,72	—	9,72	0,94	—
—	—	165,0	11,6	10,0	—	8,9	8,58	1612,15	—	—	—	1612,15	9,77	—	9,77	1,14	—
—	—	130,4	—	—	—	9,3	—	1303,90	—	—	—	1303,90	10,05	—	10,05	1,07	—
—	—	148,4	12,5	10,0	—	11,9	10,0	1518,40	—	—	—	1518,40	10,32	—	10,32	1,02	—
—	—	195,4	12,5	10,0	—	11,7	10,0	1962,—	—	—	—	1962,—	10,11	—	10,11	1,01	—
—	—	171,9	12,5	10,0	—	10,7	9,6	1655,70	—	—	—	1655,70	9,63	—	9,63	1,00	—
—	—	194,5	12,5	10,0	—	8,2	7,0	1408,30	—	—	407,00	1815,30	7,29	—	9,40	1,32	—
—	—	192,4	12,5	10,0	—	8,5	7,2	1428,70	—	—	285,00	1713,70	8,90	—	8,90	1,23	—
—	—	190,6	12,5	10,0	—	8,8	7,5	1490,50	—	—	—	1490,50	7,87	—	7,87	1,04	—
—	—	165,6	12,5	10,0	—	8,3	7,5	1261,10	—	—	283,60	1544,70	7,62	—	9,40	1,21	—

erreicht

Kennummern

1. Ziffer

1 Hugo	12 Röttgersbank	23 Girondelle
2 Robert	13 Wilhelm	24 U.-Girondelle
3 Wellington	14 Johann	25 Finefrau
4 Karl	15 Präsident	26 Finefrau-Nbk.
5 Blücher (Leonhard)	16 Helene	27 Kreftenscheer
6 August	17 Luise	28 Mausegatt-Utbk.
7 Bertha	18 Karoline	29 Mausegatt
8 Clemens	19 Dickebank	30 Geitling 2.
9 Hermann	20 Wasserfall	31 Hauptflöz
10 Ernestine	21 Sonnenschein	32 Wasserbank
11 Ernestine II	22 Sonnenschein Nbk.	

2. Ziffer

1 Örter	
2 Aufhauen	
3 Abhauen	
4 Gesamtabbaubetr.	
5 Kohlenhauer	
6 „ „ lader	
7 Lader	
8 Bergeversetzer	
9 Umleger	
10 Sonstige	

Kennfarben

Grau = 0—25° Einf.

Gelb = 26—35° Einf.

Grün = 36—55° Einf.

Rot = 56—90° Einf.

Tafel 30, *Rückseite.*

Gedinge von **22. 1. 43** bis **31. 1. 43**
je Wagen Kohlen 0,75/0,95 RM
Gedinge gilt für Strebhauer und Versetzer.
Sprengstoff frei.

Gedinge von **1. 2. 43** bis **30. 6. 43**
je Wagen Kohlen 1,05/0,85 RM
Gedinge gilt für Strebhauer und Versetzer.
Sprengstoff frei.

Gedinge von **1. 7. 43** bis
je Wagen Kohlen 0,80/1,10 RM
Gedinge gilt für Strebhauer und Versetzer.
Sprengstoff frei.

Gedinge von bis

Gedinge von bis

Gedinge von bis

K.-St.	Arbeitsvorgang	Schichtenaufwand 19 43											
		J.	F.	M.	A.	M.	J.	J.	A.	S.	O.	N.	D.
B 206	Hacke	8,3	10,33	10,2	10,1	13,08	13,2	10,3	10,6	11,6	14,8	14,3	14,0
B 208	Versatz	1,9	1,73	1,8	1,5	0,5	—	2,0	1,9	1,3	2,3	2,5	2,4
B 210	Umleger												
B 210	Lader												
B 203a	Abbaustr.-Vortrieb												
B 203c	Störungen												

Gedinge	Lfd. Nr.	Wageninhalt t	Sprengstoff RM/m od. Wg.	Bemerkungen
Gedinge von 1. 5. 43. bis 30. 6. 43. *Zusatzgedinge* je m Aufhauen 15,00 RM	1	0,818	|	
	2	0,832	|	
	3	0,836	|	
	4	0,829	|	
Gedinge von .... bis	5	0,817	|	
	6	0,813	|	*8 m Aufhauen*
	7	0,817	|	
	8	0,808	|	
	9	0,818	|	*Infolge wechselnder Gebirgsverhältnisse und sehr fester Kohle konnte trotz guten Einsatzwillens die geforderte Leistung nicht erreicht werden. Ein Lohn von 9,40 RM/M/Sch muß gezahlt werden.*
	10	0,822	|	
Gedinge von .... bis	11	0,810	|	
	12	0,813	|	*Herstellen des Wetterweges.*
	13			
	14			
	15			

je 100 t Förderung

	19 **44**											19					
	J.	F.	M.	A.	M.	J.	J.	A.	S.	O.	N.	D.	J.	F.	M.	A.	M.	J.
14																		
1,5																		

Tafel 31. *Gedingestatistik eines flachgelagerten*

| 1 | 2 | 3 | 4 | 5 | 6 | 7 | 8 | 9 | 10 | 11 | 12 | 13 | 14 | 15 | 16 | 17 | 18 | 19 | 20 | 21 | 22 |

Bergbau A.-G. *Otto* | Anlage: *Julius I* | Betriebsführer Abt.: III

7. Sohle, 2. ~~westl.~~ östl. Abtlg., Sattel- ~~Mulden~~ Süd- flügel

Ausbau: III

Ausbauentfernung: 1,40 m ; 1,40 m

Betriebspunkt: *Streb 7. Sohle — Ort 2*

Streb-Fördermittel: SR

(Rote Zahlen gelten für Schichtzeit von 8 Std.)

							Förderung bzw. Auffahrung im Monat		Belegung			Schichten des					
Lfd. Nr.	Zeitraum Monat Jahr	Schichtzeit	Schichtenzettelseite	Gedingeschein Nr.	Abnahmeschein Nr.	Arbeitstage im Monat			Drittel Mann	Mittlere Tagesschichten	Abbaufortschritt	Hacke	Ortsältester	Lader	Versatz	Umleger	Abbaustrekkenvortrieb
		h	Nr.	Nr.	Nr.	Tage	Wg.	~~t od.~~ m	Mann	M/Tag	m/Tag ~~fortges.~~	Scht.	Scht.	Scht.	Scht.	Scht.	Scht.
1	2	3	4	5	6	7	8	9	10	11	12	13	14	15	16	17	18
1	1943 Juni	8¾	6 u. 7	193/22	4371	15	487 736	994	2×3	5,4	0,28	—	—	—	81,4	—	—
2	Juli	8¾	6 u. 7	193/22	4753	29	326 1928	1841	2×3	6,8	0,26	—	—	—	197,8	—	—
3	Aug.	8¾	7	193/22	—	29	128 2252	1923	3×3	8,8	0,28	—	—	—	255,9	—	—
4	Sept.	8¾	6 u. 7	193/22	4797	28	168 2460	2121	3×3	7,3	0,32	—	—	—	203,6	—	—
5	Okt.	8¾	6 u. 7	193/22	—	29	78 2653	2234	3×3	7,5	0,32	—	—	—	215,3	—	—
6	Nov.	8¾	5 u. 6	193/22	—	28	73 2610	2205	2×4	7,5	0,33	—	—	—	210,7	—	—
7	Dez.	8¾	5 u. 6	193/22	—	28	152 2599	2228	2×3	6,2	0,33	—	—	—	173,5	—	—
8	1944 Jan.	8¾	5	193/22	—	27	206 679	720	2×3	4,1	0,11	—	—	—	110,7	—	—
9	Febr.	8¾	7 u. 11	42/49	—	27	149 2493	2188	2×3	6,7	0,34	—	—	—	181,3	—	—
10	März	8¾	5 u. 6	42/49	—	29	187 3060	2656	2×3	7,4	0,38	—	—	—	215,7	—	—
11	April	8¾	5 u. 6	42/49	—	27	283 2773	2469	3×3	8,2	0,38	—	—	—	221,0	—	—
12	Mai	8¾	6 u. 7	42/49	—	28	329 2653	2435	3×3	7,7	0,36	—	—	—	214,3	—	—
13	Juni	8¾	5 u. 6	42/49	—	29	385 1796	1760	2×3	6,9	0,25	—	—	—	200,0	—	—
14	Juli	8¾	16 u. 17	99/14	—	28	Berge 1604	—	2×3	5,8	—	—	—	—	162,0	—	—
15	Aug.	8¾	15 u. 16	99/14	—	29	Berge 1830	—	2×3	5,8	—	—	—	—	166,9	—	—

Kurzzeichenerläuterung:

1. Streckenausbau:

St	=	Firstenstempel
Th (v)	=	Türstock am Hangenden, v = mit Verzug
Tl (v)	=	Türstock am Liegenden, v = mit Verzug
Thl	=	Türstock am Hangenden und Liegenden
S	=	Sprengwerk, durch Zusetzen des Buchstaben „S" zu bezeichnen

2. Strebausbau:

I	=	Stempel mit Anpfahl am Hangenden
Ia	=	Stempel mit Anpfahl am Liegenden
II	=	Stempel mit Schalholz am Hangenden
IIa	=	Stempel mit Schalholz am Liegenden
IIb	=	Stempel mit Schalholz am Hangenden und Liegenden
III	=	Stempel mit Schalholz und Verzug am Hangenden
IIIa	=	Stempel mit Schalholz und Verzug am Liegenden
IIIb	=	Stempel mit Schalholz und Verzug am Hangenden und Liegenden
IV	=	Vortreibepfähle

3. Versatz:

V	=	Vollversatz
BlH	=	Blindortversatz mit Örtern im Hangenden
BlL	=	Blindortversatz mit Örtern im Liegenden
BrH	=	Bruchbau mit Holz-Wanderpfeilern
BrE	=	Bruchbau mit Eisen-Wanderpfeilern
BrR	=	Bruchbau mit Reihenstempeln
Pf	=	Pfeilerbau mit feststehenden Holzpfeilern

4. Fördermittel im Streb:

FR	=	Feststehende Rutsche
FRe	=	Feststehende emaillierte Rutsche
FRw	=	Feststehende Winkelrutsche
SR	=	Schüttelrutsche
Stgf	=	Stegkettenförderer
Staf	=	Stauscheibenförderer
Bf	=	Bandförderer aus Gummi
Kr	=	Kratzbandförderer

Abbaubetriebes.

| 23 | 24 | 25 | 26 | 27 | 28 | 29 | 30 | 31 | 32 | 1 | 2 | 3 | 4 | 5 | 6 | 7 | 8 | 9 | 10 | A | B |

Revier: 13   Flöz: Dickebank   Register Nr.: 19 — 8 / 68

Flözprofil: (K./B.)	300 K cm	Sonstige Angaben: (Abbauart, Versatzart und dgl.)	Bei Örtern:	licht	Ausbruch
Einfallen:	16—26 °				
Knappbreite:	3,45 m		Sohlenbreite — m		
fl. Bauhöhe:	80 m		Kappe — m		
Streblänge:	80 m		Höhe ü. S. O. — m		
Str. Baulänge:	320 m		Querschnitt — m²		
			Kohlenanfall:		Wg/m

Monats			Leistung M./Schicht					Lohnsumme					Lohn / Scht.			Lohnbelastung je Gedinge-einheit	
			Soll		200% Grenze	Ist		ohne 200%	200%	Vergütungen		Ins-gesamt	Reiner Leistungslohn		Ge-samtlohn	ins-gesamt	d. 200% Verord.
Störun-gen	Son-stige	Ins-gesamt	Hacke	Ge-samt		Hacke	Ge-samt			Spreng-stoff	Son-stige		ohne 200%	200%			
Scht.	Scht.	Scht.	Wg.	Wg. od. m	Wg. od. m	Wg.	Wg. od. m	RM	RM	RM	RM	RM	RM/ Scht.	RM/ Scht.	RM/ Scht.	RM/ Wg./m	RM/ Wg./m
19	20	21	22	23	24	25	26	27	28	29	30	31	32	33	34	35	36
—	—	81,4	—	17,1	—	—	15,1	738,29	—	—	—	738,29	10,12	—	10,12	0,60	—
—	—	197,8	—	17,1	—	—	11,4	1492,42	—	—	—	1492,42	8,50	—	8,50	0,66	—
—	—	255,9	—	17,1	—	—	9,3	1361,20	—	—	323,90	1685,10	6,20	—	7,52	0,70	—
—	—	203,6	—	17,1	—	—	12,9	1532,54	—	—	—	1532,54	8,64	—	8,64	0,58	—
—	—	215,3	—	17,1	—	—	12,7	1572,28	—	—	—	1572,28	8,33	—	8,33	0,58	—
—	—	210,7	—	17,1	—	—	12,8	1545,19	—	—	—	1545,19	8,32	—	8,32	0,58	—
—	—	173,5	—	17,1	—	—	15,9	1572,78	—	—	—	1572,78	10,25	—	10,25	0,57	—
—	—	110,7	—	17,1	—	—	8,0	482,40	—	—	281,20	763,60	4,75	—	7,52	0,87	—
—	—	181,3	—	18,4	—	—	14,5	1457,17	—	—	—	1457,17	7,86	—	7,86	0,55	—
—	—	215,7	—	18,4	—	—	15,1	1790,27	—	—	—	1790,27	8,87	—	8,87	0,55	—
—	—	221,0	—	18,4	—	—	13,8	1668,91	—	—	—	1668,91	8,34	—	8,34	0,55	—
—	—	214,3	—	18,4	—	—	14,0	1620,57	—	—	—	1620,57	8,25	—	8,25	0,54	—
—	—	200,0	—	18,4	—	—	10,9	1565,61	—	—	—	1565,61	8,60	—	8,60	0,71	—
—	—	162,0	—	12,8	—	—	9,9	1248,00	—	—	—	1248,00	8,72	—	8,72	0,78	—
—	—	166,9	—	12,8	—	—	10,9	1372,50	—	—	—	1372,50	9,34	—	9,34	0,78	—

Kennummern

1. Ziffer

1 Hugo	12 Röttgersbank	23 Girondelle	
2 Robert	13 Wilhelm	24 U.-Girondelle	
3 Wellington	14 Johann	25 Finefrau	
4 Karl	15 Präsident	26 Finefrau-Nbk.	
5 Blücher (Leonhard)	16 Helene	27 Kreftenscheer	
6 August	17 Luise	28 Mausegatt-Utbk.	
7 Bertha	18 Karoline	29 Mausegatt	
8 Clemens	19 Dickebank	30 Geitling 2.	
9 Hermann	20 Wasserfall	31 Hauptflöz	
10 Ernestine	21 Sonnenschein	32 Wasserbank	
11 Ernestine II	22 Sonnenschein Nbk.		

2. Ziffer

1 Örter
2 Aufhauen
3 Abhauen
4 Gesamtabbaubetr.
5 Kohlenhauer
6 „ „ lader
7 Lader
8 Bergeversetzer
9 Umleger
10 Sonstige

Kennfarben

Grau = 0—25° Einf.

Gelb = 26—35° Einf.

Grün = 36—55° Einf.

Rot = 56—90° Einf.

Tafel 31, *Rückseite.*

Gedinge von ___ 11. 6. 43 ___ bis ___ 31. 1. 44 ___
Für Versetzen des ausgekohlten Raumes werden gezahlt:
je Wagen Kohlen 0,43/0,58 RM
m Störungskluft versetzen 3,00 RM

Gedinge von ___ 1. 2. 44 ___ bis ___ 30. 6 44 ___
je Wagen Kohlen 0,41/0,56 RM

Gedinge von ___ 1. 7. 44 ___ bis ___ 31. 8. 44 ___
je Wagen Berge 0,75 RM
m Bergemauer 5,00 RM

Gedinge von ___ bis ___

Gedinge von ___ bis ___

Gedinge von ___ bis ___

K.-St.	Arbeitsvorgang	Schichtenaufwand 19 43											
		J.	F.	M.	A.	M.	J.	J.	A.	S.	O.	N.	D.
B 206	Hacke												
B 208	Versatz						8,2	10,8	13,3	9,6	9,7	9,5	7,8
B 210	Umleger												
B 210	Lader												
B 203a	Abbaustr.-Vortrieb												
B 203c	Störungen												

Gedinge von 1. 6. 44 bis 30. 6. 44 Zusatzgedinge je m Störungskluft versetzen 6,00 RM	Lfd. Nr.	Wageninhalt t	Sprengstoff RM/m od. Wg.	Bemerkungen
	1	0,813		34 m Störungskluft à 3,00 RM
	2	0,817		78 m Störungskluft à 3,00 RM
	3	0,808		
	4	0,807		6,7 m Bergemauer à 5,00 RM
Gedinge von .... bis	5	0,818		
	6	0,822		
	7	0,810		
	8	0,813		
	9	0,828		
Gedinge von .... bis	10	0,818		
	11	0,808		
	12	0,806		
	13	0,807		67,0 m Störungskluft à 6,00 RM
	14	0,821		9,0 m Bergemauer à 5,00 RM
	15			

je 100 t Förderung

	19 44											19					
J.	F.	M.	A.	M.	J.	J.	A.	S.	O.	N.	D.	J.	F.	M.	A.	M.	J.
15,4	8,3	8,1	9,0	8,8	11,4												

Tafel 32. *Gedingestatistik eines Abbau-*

| 1 | 2 | 3 | 4 | 5 | 6 | 7 | 8 | 9 | 10 | 11 | 12 | 13 | 14 | 15 | 16 | 17 | 18 | 19 | 20 | 21 | 22 |

Bergbau A.-G. *Otto* | Anlage: *Julius I* | Betriebsführer Abt.: *I/II*

7. Sohle, 3. ~~westl.~~ / ~~östl.~~ Abtlg., ~~Sattel-~~ / ~~Mulden-~~ *Süd-* flügel

Ausbau: *S Norm 2*

Ausbauentfernung: → *1,10* m / Y *—* m

Streb-Fördermittel: *—*

Betriebspunkt: *Ort 2 Osten*

(Rote Zahlen gelten für Schichtzeit von 8 Std.)

Lfd. Nr.	Zeitraum Monat Jahr	Schichtzeit	Schichtenzettelseite	Gedingeschein Nr.	Abnahmeschein Nr.	Arbeitstage im Monat	Förderung bzw. Auffahrung im Monat		Belegung Drittel Mann	Belegung Mittlere Tagesschichten	Abbaufortschritt	Schichten des Hacke	Ortsältester	Lader	Versatz	Umleger	Abbaustrekkenvortrieb
		h	Nr.	Nr.	Nr.	Tage	Wg.	~~t od.~~ m	Mann	M/Tag	m/Tag ~~fortges.~~	Scht.	Scht.	Scht.	Scht.	Scht.	Scht.
1	2	3	4	5	6	7	8	9	10	11	12	13	14	15	16	17	18
1	1944 Juli	8¾	1	130/35	2140	28	84 / 57	26,0	2×3	6,1	0,93	—	—	—	—	—	171,0
2	Aug.	8¾	1	130/35	2236	29	54 / 80	29,3	3×3	7,4	1,01	—	—	—	—	—	215,4
3	Sept.	8¾	1	130/35	2289	27	48 / 104	36,6	3×3	7,5	1,36	—	—	—	—	—	203,3
4	Okt.	8¾	1	130/35	2402	6	18 / 14	4,8	3×2	5,1	0,80	—	—	—	—	—	31,0
5																	
6																	
7																	
8																	
9																	
10																	
11																	
12																	
13																	
14																	
15																	

Kurzzeichenerläuterung:

1. Streckenausbau:

St = Firstenstempel
Th (v) = Türstock am Hangenden, v = mit Verzug
Tl (v) = Türstock am Liegenden, v = mit Verzug
Thl = Türstock am Hangenden und Liegenden
S = Sprengwerk, durch Zusetzen des Buchstaben „S" zu bezeichnen

2. Strebausbau:

I = Stempel mit Anpfahl am Hangenden
Ia = Stempel mit Anpfahl am Liegenden
II = Stempel mit Schalholz am Hangenden
IIa = Stempel mit Schalholz am Liegenden
IIb = Stempel mit Schalholz am Hangenden und Liegenden
III = Stempel mit Schalholz und Verzug am Hangenden
IIIa = Stempel mit Schalholz und Verzug am Liegenden
IIIb = Stempel mit Schalholz und Verzug am Hangenden und Liegenden
IV = Vortreibepfähle

3. Versatz:

V = Vollversatz
BIH = Blindortversatz mit Örtern im Hangenden
BIL = Blindortversatz mit Örtern im Liegenden
BrH = Bruchbau mit Holz-Wanderpfeilern
BrE = Bruchbau mit Eisen-Wanderpfeilern
BrR = Bruchbau mit Reihenstempeln
Pf = Pfeilerbau mit feststehenden Holzpfeilern

4. Fördermittel im Streb:

FR = Feststehende Rutsche
FRe = Feststehende emaillierte Rutsche
FRw = Feststehende Winkelrutsche
SR = Schüttelrutsche
Stgf = Stegkettenförderer
Staf = Stauscheibenförderer
Bf = Bandförderer aus Gummi
Kr = Kratzbandförderer

streckenvortriebes.

23	24	25	26	27	28	29	30	31	32	1	2	3	4	5	6	7	8	9	10	A	B

Revier: 3	Flöz: Sonnenschein	Register Nr.: 21 — 1 / 16

Flözprofil: (K./B.)	70 K	cm	Sonstige Angaben: (Abbauart, Versatzart und dgl.)	**Bei Örtern:**		
					licht	Ausbruch
Einfallen:	22	°		Sohlenbreite — m	3,00	3,60
Knappbreite:	—	m		Kappe — m	1,80	2,40
fl. Bauhöhe:	—	m		Höhe ü. S. O. — m	2,40	2,70
Streblänge:	—	m		Querschnitt — m²	5,70	8,10
Str. Baulänge:	280	m		Kohlenanfall:	5,0	Wg/m

Monats			**Leistung** M./Schicht					**Lohnsumme**					**Lohn** / Scht.			Lohnbelastung je Gedinge-einheit	
Störungen	Sonstige	Insgesamt	Soll		200% Grenze	Ist		ohne 200%	200%	Vergütungen		Insgesamt	Reiner Leistungslohn		Gesamtlohn	insgesamt	d. 200% Verord.
			Hacke	Gesamt		Hacke	Gesamt			Sprengstoff	Sonstige		ohne 200%	200%			
Scht.	Scht.	Scht.	Wg.	Wg. od. m	Wg. od. m	Wg.	Wg. od. m	RM	RM	RM	RM	RM	RM/Scht.	RM/Scht.	RM/Scht.	RM/Wg./m	RM/Wg./m
19	20	21	22	23	24	25	26	27	28	29	30	31	32	33	34	35	36
—	—	171,0	—	0,185	—	0,8	0,152	1367,80	—	—	—	1367,80	9,23	—	9,23	52,61	—
—	—	215,4	—	0,185	—	0,6	0,136	1534,60	—	—	10,68	1545,28	8,08	—	8,08	52,74	—
—	—	203,3	—	0,185	—	0,8	0,180	1911,60	—	—	—	1911,60	10,82	—	10,82	52,23	—
—	—	31,0	—	0,185	—	1,0	0,155	255,60	—	—	—	255,60	9,53	—	9,53	53,25	—

<table>
<tr><td colspan="4" align="center">K e n n u m m e r n</td><td rowspan="2" align="center">Kennfarben</td></tr>
<tr><td colspan="3" align="center">1. Ziffer</td><td align="center">2. Ziffer</td></tr>
<tr><td>1 Hugo</td><td>12 Röttgersbank</td><td>23 Girondelle</td><td>1 Örter</td><td>Grau = 0—25° Einf.</td></tr>
<tr><td>2 Robert</td><td>13 Wilhelm</td><td>24 U.-Girondelle</td><td>2 Aufhauen</td><td></td></tr>
<tr><td>3 Wellington</td><td>14 Johann</td><td>25 Finefrau</td><td>3 Abhauen</td><td rowspan="2">Gelb = 26—35° Einf.</td></tr>
<tr><td>4 Karl</td><td>15 Präsident</td><td>26 Finefrau-Nbk.</td><td>4 Gesamtabbaubetr.</td></tr>
<tr><td>5 Blücher (Leonhard)</td><td>16 Helene</td><td>27 Kreftenscheer</td><td>5 Kohlenhauer</td><td></td></tr>
<tr><td>6 August</td><td>17 Luise</td><td>28 Mausegatt-Utbk.</td><td>6 „ „ lader</td><td>Grün = 36—55° Einf.</td></tr>
<tr><td>7 Bertha</td><td>18 Karoline</td><td>29 Mausegatt</td><td>7 Lader</td><td></td></tr>
<tr><td>8 Clemens</td><td>19 Dickebank</td><td>30 Geitling 2.</td><td>8 Bergeversetzer</td><td rowspan="2">Rot = 56—90° Einf.</td></tr>
<tr><td>9 Hermann</td><td>20 Wasserfall</td><td>31 Hauptflöz</td><td>9 Umleger</td></tr>
<tr><td>10 Ernestine</td><td>21 Sonnenschein</td><td>32 Wasserbank</td><td>10 Sonstige</td><td></td></tr>
<tr><td>11 Ernestine II</td><td>22 Sonnenschein Nbk.</td><td></td><td></td><td></td></tr>
</table>

Tafel 33. *Gedingestatistik eines*

| 1 | 2 | 3 | 4 | 5 | 6 | 7 | 8 | 9 | 10 | 11 |

Bergbau Aktiengesellschaft *Otto*   Anlage: .... *Julius I* ....   Betriebsführer Abt.: .... *I / II* ....

.... *7.* **Sohle**, ... *1.* ~~westl.~~ östl. **Abtlg.**, ... Sattel- ~~Mulden~~ .... Nord- **flügel**

Betriebspunkt: *östliche Richtstrecke*

(Rote Zahlen gelten für Schichtzeit von 8 Std.)

Lfd. Nr.	Zeitraum Monat Jahr	Schichtzeit	Schichtenzettelseite Nr.	Gedingeschein Nr.	Abnahmeschein Nr.	Arbeitstage im Monat	Belegung Drittel × Mann	Belegung Mittlere Tagesschichten	Auffahrung Soll		Auffahrung Ist		Gebirgssch. Art [2]	Einfallen	Ausbauart	Sprengstoff Art	Verbrauch je		Leistung je Mann und Schicht	
		h	Nr.	Nr.	Nr.	Tage	Mann	M/Tag	m	m³	m	m³		0°	(KZ)	(KZ)	kg	kg	m	m³
1	2	3	4	5	6	7	8	9	10	11	12	13	14	15	16	17	18	19	20	21
1	1942 Mai	8¾	16	133/48	4621	10	2×3	5,8	6,0	62	7,0 / 7,0 [1]	73	Sch	22	P	GD	6,4	0,62	0,120	1,25
2	Juni	8¾	14	133/48	4638	12	3×3	8,1	10,8	112	11,0 / 18,0	115	Sch	22	P	GD	11,1	1,07	0,110	1,14
3	Juli	8¾	14	133/48	4647	24	3×3	7,8	21,6	225	14,0 / 32,0	146	Sch	22	P	GD	12,4	1,19	0,076	0,79
4	Aug.	8¾	11	152/32	4908	27	3×3	7,5	18,9	197	14,0 / 46,0	146	S	22	P	WNA	27,8	2,67	0,069	0,72
5	Sept.	8¾	13	152/36	4921	28	3×3	8,0	21,9	228	19,0 / 65,0	198	S	22	P	WNA	21,6	2,07	0,091	0,95
6	Okt.	8¾	7	155/08	4925	27	3×3	8,3	25,7	267	22,0 / 87,0	229	S	23	P	WNA	22,8	2,19	0,097	1,01
7	Nov.	8¾	5	155/08	4932	25	3×3	8,7	23,8	248	26,0 / 113,0	271	S	23	P	WNA	21,8	2,10	0,120	1,25
8	Dez.	8¾	6	155/08	4911	25	3×3	8,0	23,8	237	26,0 / 139,0	271	S-Sch	23	P	GD	16,2	1,56	0,130	1,35
9	1943 Jan.	8¾	5	155/46 154/23	4949	27	3×3	7,3	20,9	217	24,0 / 163,0	250	S-Sch	23	P	GD	8,8	0,85	0,124	1,29
10	Febr.	8¾	5	154/23	1709	26	2×3	5,4	17,0	177	18,0 / 181,0	187	S-Sch	24	P	GD	7,3	0,70	0,128	1,33
11	März	8¾	11	154/23	1723	29	2×3	4,4	21,7	226	16,5 / 197,5	172	S-Sch	24	P	GD	13,5	1,30	0,130	1,35
12	April	8¾	9	154/23	1740	28	2×3	5,2	20,0	208	18,5 / 216,0	192	S-Sch	24	P	GD	12,5	1,20	0,126	1,31
13	Mai	8¾	16	154/23	1749	27	2×3	4,4	18,6	194	15,5 / 231,5	161	S-Sch	24	P	GD	14,6	1,40	0,129	1,34
14	Juni	8¾	15	154/23	4609	27	1×3	2,6	9,5	99	7,4 / 238,9	77	S-Sch	24	P	GD	17,2	1,65	0,104	1,08
15																				
Insgesamt od. Durchschnitt		8¾	—	—	—	342	—	6,5	260,2	2697	238,9	2488	—	23	P	—	15,9	1,53	0,108	1,13

[1]) Fortgeschrieben.   [2]) Siehe Kurzzeichenerläuterungen.

Kurzzeichenerläuterungen:

1. Ausbauarten:

TH = Türstock aus Holz
TE = Türstock aus Eisen
TEK = Türstock aus eisernen Kappen und Holzstempeln
Bo = Bogenausbau
P = Pokaleisenausbau
M = Mollausbau
Z = Ziegelsteine
B = Betonsteine
T-He = Tousaint-Heintzmann
oA = ohne Ausbau

2. Sprengstoffarten:

WNA = Wetter-Nobelit A
GD = Gelatine Donarit
BMI = Wetter-Nobelit B

3. Gebirgsschichten:

Sch = Schiefer
S-Sch = Sand-Schiefer
S = Sand
K = Konglomerat

Richtstreckenvortriebes.

			A	B	C	D	E

Revier:	8	Register Nr.:	7 — 20	/	59

Maße	Sohlenbreite	Höhe	Querschnitt
licht:	3,60 m	2,60 m	8,0 m²
Im Ausbruch:	4,20 m	2,90 m	10,4 m²

Lohnsumme					Lohn RM/Schicht					Leistungslohnkosten				Sprengstoffkosten		Gesamtkosten		Bemerkungen
ohne 200%	200%	Vergütungen Sprengstoff	Vergütungen Sonstige	Insgesamt	Reiner Leistungslohn ohne 200%	Reiner Leistungslohn mit 200%	Sprengst.-vergütung	Sonstige Vergütung	Gesamtlohn	je m ohne 200%	je m mit 200%	je m³ ohne 200%	je m³ mit 200%	je m	je m³	je m	je m³	
RM	RM	RM	RM	RM	RM/Sch	RM/Sch	RM/Sch	RM/Sch	RM/Sch	RM	RM	RM	RM	RM	RM	RM	RM	
22	23	24	25	26	27	28	29	30	31	32	33	34	35	36	37	38	39	40
604,80	—	—	—	604,80	10,55	—	—	—	10,55	86,40	—	8,30	—	11,20	1,18	97,60	9,38	
950,40	—	—	—	950,40	9,71	—	—	—	9,71	86,40	—	8,30	—	18,02	1,73	104,42	10,00	[1] s. unten
1209,60	—	—	99,87	1309,47	7,03	—	—	0,49	7,52	93,53	—	8,99	—	21,25	2,04	114,78	11,03	[2] s. unten
1209,60	—	—	199,94	1389,54	6,54	—	—	0,98	7,52	99,25	—	9,54	—	47,48	4,56	146,73	14,11	
1881,00	—	—	—	1881,00	9,07	—	—	—	9,07	99,00	—	9,51	—	38,31	3,68	137,31	13,19	
2178,00	—	—	—	2178,00	10,06	—	—	—	10,06	99,00	—	9,51	—	40,00	3,84	139,00	13,36	
2574,00	—	—	—	2574,00	11,96	—	—	—	11,96	99,00	—	9,51	—	36,77	3,53	135,77	13,05	
2394,00	—	—	—	2394,00	12,28	—	—	—	12,28	92,08	—	8,85	—	26,66	2,56	118,74	11,41	[3] s. unten
2093,00	—	75,50	—	2168,50	11,17	—	0,40	—	11,57	87,21	—	8,38	—	11,81	1,33	102,16	9,82	[4] s. unten
1710,00	—	—	35,00	1745,00	12,22	—	—	0,25	12,47	95,00	—	9,13	—	12,77	1,23	109,77	10,55	[5] s. unten
1386,00	—	46,00	—	1432,00	11,62	—	0,40	—	12,02	84,00	—	8,07	—	21,36	2,05	105,36	10,12	
1554,00	—	53,05	—	1607,05	11,11	—	0,38	—	11,49	84,00	—	8,07	—	21,39	2,05	108,25	10,41	
1302,00	—	43,00	70,00	1415,00	11,67	—	0,38	0,62	12,67	84,00	—	8,07	—	21,68	2,08	102,68	9,87	
621,60	—	8,00	—	629,60	9,55	—	0,10	—	9,65	84,00	—	8,07	—	26,76	2,57	111,84	10,75	
21668,00	—	225,55	404,81	22298,36	9,81	—	0,10	0,18	10,09	92,65	—	8,71	—	26,31	2,52	119,60	11,48	

Kennummern	Kennfarben	Bemerkungen
1 = 1. Sohle	Gelb = Richtstrecken	[1] 16.—30. Nachbauen der zerdrückten Richtstrecke.
2 = 2. „	Rot = Hauptquerschläge	[2] 1.—4. die druckhaften Stellen ausgebessert (8,64).
3 = 3. „	Grün = Aufbrüche und Gesenke	[3] 14 m à RM 99,00
4 = 4. „	Blau = Ortsquerschläge	12 m à RM 84,00
5 = 5. „	Braun = Sonstige Gesteinsstrecken	[4] 17 m à RM 84,00
6 = 6. „	Grau = Füllörter, Kammern und Schächte	7 m à RM 95,00
7 = 7. „		[5] Bahn senken RM 35,00
8 = 8. „		
9 = 9. „		
10 = 10. „		
11 = 11. „		

Tafel 32. *Rückseite, im Auszug.*

Gedinge von 1. 7. 44 bis............ Gedinge von............ bis............ Gedinge von............ bis............
je Wagen Kohlen 0,40/0,60 RM
je m Ort 50,00 RM
Sprengstoff frei.

Lfd. Nr.	Wageninhalt t	Sprengstoff RM/m od. Wg.	Bemerkungen
1	0,800	4,27	
2	0,800	3,00	
3	0,800	6,55	
4	0,800	2,35	
5			
6			

Gedinge von............ bis............ Gedinge von............ bis............ Gedinge von............ bis............

K.-St.	Arbeitsvorgang	Schichtaufwand je 100 t Förderung																																			
		19 44												19......														19......							
		J.	F.	M.	A.	M.	J.	J.	A.	S.	O.	N.	D.	J.	F.	M.	A.	M.	J.	J.	A.	S.	O.	N.	D.	J.	F.	M.	A.	M.	J.
B 206	Hacke																														
B 208	Versatz																														
B 210	Umleger																														
B 210	Lader																														
B 203 a	Abbaustr.-Vortrieb							152	201	167	121																				
B 203 c	Störungen																														

Tafel 33. *Rückseite, im Auszug.*

Gedinge von ...... 19. 5. 42 ...... bis ...... 31. 8. 42 ......
je m Richtstrecke 86,40 RM
200 %-Grenze 0,12 m/M/Sch
Störungsgedinge
Sprengstoff frei.

Gedinge von ...... 1. 9. 42 ...... bis ...... 30. 9. 42 ......
je m Richtstrecke 99,00 RM
200 %-Grenze 0,105 m/M/Sch
Sprengstoff frei.

Gedinge von ...... 1. 10. 42 ...... bis ...... 21. 12. 42 ......
je m Richtstrecke 99,00 RM
Auf Grund des festen Gesteins wird der Sprengstoff frei-
gegeben. Wassergraben ist 0,30 m tief mitzunehmen.
In der Firste doppelter Verzug.

Gedinge von ...... 22. 12. 42 ...... bis ...... zur Fertigstellung ......
je m Richtstrecke 84,00 RM
Sprengstoff je m 30,00 RM frei.
Mehr- bzw. Minderverbrauch wird zu ⅓ ab- bzw.
gutgeschrieben
Generalgedinge

Gedinge von ...... 2. 1. 43 ...... bis ......
Zwischengedinge für 7,00 m Störungszone
je m Richtstrecke (sehr gestört) 95,00 RM

Gedinge von ...... bis ......

Gedinge von ...... bis ......

Gedinge von ...... bis ......

Tafel 34. *Cedingestatistik eines*

| 1 | 2 | 3 | 4 | 5 | 6 | 7 | 8 | 9 | 10 | 11 |

Bergbau Aktiengesellschaft *Otto* | Anlage: *Julius I* | Betriebsführer Abt.: *III*

7. **Sohle,** 2 ~~westl.~~ östl. **Abtlg.,** Sattel- ~~Mulden~~ *Süd-* **flügel**

Betriebspunkt: *Ortsquerschlag Ort 2 nach Süden*

(Rote Zahlen gelten für Schichtzeit von 8 Std.)

Lfd. Nr.	Zeit-raum Monat Jahr	Schichtzeit	Schichtenzettelseite	Gedinge-schein Nr.	Abnahme-schein Nr.	Arbeitstage im Monat	Belegung		Auffahrung				Gebirgssch.		Aus-bau-art	Sprengstoff			Leistung je Mann und Schicht	
							Drittel × Mann	Mitt-lere Tages-schich-ten	Soll		Ist		Art [2]	Einfallen		Art	Verbrauch je			
		h	Nr.	Nr.	Nr.	Tage	Mann	M/Tag	m	m³	m	m³		0°	(KZ)	(KZ)	m	m³	m	m³
1	2	3	4	5	6	7	8	9	10	11	12	13	14	15	16	17	18	19	20	21
1	1941 April	8¾	8	91/23	2607	11	2×2	4,0	6,0	55	7,5 ¹7,5	69	S-Sch	26	TEK	GD	17,9	1,95	0,170	1,56
2	Mai	8¾	7	91/23	2757	26	2×3	5,2	21,2	195	22,5 30,0	207	S-Sch	26	TEK	GD	18,0	1,96	0,167	1,54
3	Juni	8¾	8	91/23	2774	5	2×3	5,6	4,1	38	5,15 35,15	47	S-Sch	28	TEK	WNA	6,8	0,74	0,184	1,69
4																				Arbeit
5																				
6																				
7																				
8																				
9																				
10																				
11																				
12																				
13																				
14																				
15																				
Insgesamt od. Durchschnitt		8¾	—	—	—	42 14	—	4,9	31,3	288	35,15	323	S-Sch	27	TEK	—	15,9	1,78	0,170	1,56

[1]) Fortgeschrieben.   [2]) Siehe Kurzzeichenerläuterungen.

Kurzzeichenerläuterungen:

1. Ausbauarten:

TH = Türstock aus Holz
TE = Türstock aus Eisen
TEK = Türstock aus eisernen Kappen und Holzstempeln
Bo = Bogenausbau
P = Pokaleisenausbau
M = Mollausbau
Z = Ziegelsteine
B = Betonsteine
T-He = Tousaint-Heintzmann
oA = ohne Ausbau

2. Sprengstoffarten:

WNA = Wetter-Nobelit A
GD = Gelatine Donarit
BMI = Wetter-Nobelit B

3. Gebirgsschichten:

Sch = Schiefer
S-Sch = Sand-Schiefer
S = Sand
K = Konglomerat

Ortsquerschlagsvortriebes.

		A	B	C	D	E
Revier: 9			**Register Nr.:** 7 — 42		/	34

Maße	**Sohlenbreite**		**Höhe**		**Querschnitt**	
licht:	3,40	m	2,40	m	6,7	m²
im Ausbruch:	4,00	m	2,70	m	9,2	m²

Lohnsumme					Lohn RM/Schicht					Leistungslohnkosten				Sprengstoff-kosten		Gesamt-kosten		Bemer-kungen
ohne	200%	Vergütungen		Ins-gesamt	Reiner Leistungslohn		Sprengst.-vergütung.	Sonstige Vergütung.	Ge-samt-lohn	je				je		je		
		Spreng-stoff	Son-stige							m		m³						
200%	200%				ohne 200%	mit 200%			lohn	ohne 200%	mit 200%	ohne 200%	mit 200%	m	m³	m	m³	
RM	RM	RM	RM	RM	RM/Scht.	RM/Scht.	RM/Sch	RM/Sch	RM/Scht.	RM	RM	RM	RM	RM	RM	RM	RM	
22	23	24	25	26	27	28	29	30	31	32	33	34	35	36	37	38	39	40
472,50	63,00	—	—	535,50	10,74	12,17	—	—	12,17	63,00	71,40	6,85	7,77	32,25	3,51	103,65	11,28	
1420,40	150,24	—	—	1570,64	10,77	11,91	—	—	11,91	63,00	70,00	6,85	7,58	32,39	3,52	102,20	11,11	
324,45	90,51	—	15,00 8,50	438,46	11,75	3,27	—	0,84	15,86	63,00	80,57	6,85	8,83	11,65	1,27	96,79	10,60	[1] s. unten
beendet!																		
2217,35	303,75	—	23,50	2544,60	10,72	12,19	—	0,11	12,30	63,00	71,70	6,85	7,80	29,30	3,20	101,70	11,05	

Kennummern	**Kennfarben**	**Bemerkungen**
1 = 1. Sohle	Gelb = Richtstrecken	[1] 1 Weiche gelegt = 15,00 RM
2 = 2. „	Rot = Hauptquerschläge	71 Wagen K = 8,50 RM
3 = 3. „	Grün = Aufbrüche und Gesenke	
4 = 4. „	Blau = Ortsquerschläge	
5 = 5. „	Braun = Sonstige Gesteinsstrecken	
6 = 6. „	Grau = Füllörter, Kammern und Schächte	
7 = 7. „		
8 = 8. „		
9 = 9. „		
10 = 10. „		
11 = 11. „		

Tafel 34. *Rückseite, im Auszug.*

Gedinge von ...... *19. 4. 41* ...... bis ......   Gedinge von ...... bis ......

je m Querschlag 63,00 RM
200%-Grenze 0,159 m/M/Sch
Sprengstoff frei.

Gedinge von ...... bis ......   Gedinge von ...... bis ......

besonders markiert und zahlenmäßig festgelegt. Für die Beurteilung der Anwendungsmöglichkeit des gefundenen Leistungswertes sind in den Schaubildern noch angegeben

1. die Betriebsgegebenheiten: wie Mächtigkeit, Einfallen, Gesteinsart, Schichtenhorizont, Streckenquerschnitt u. a.;

2. der Umfang der Schaubildgrundlage: z. B. durch Bezifferung der zur Herstellung des Bildes herangezogenen Schichten oder durch Bezifferung der Förderung, Gesamtauffahrung u. ä.;

Tafel 35. *Muster eines Registrierbogens.*
Gewinnungsleistung in Flöz Röttgersbank, Einfallen 56—90°,
insgesamt erfaßte Schichten 9898, Zeitraum Januar 1939 bis November 1942.

Gewinnungsleistung in t/M/Sch.

	4,5 —4,99	5,0 —5,49	5,5 —5,99	6,0 —6,49	6,5 —7,49	7,0 —7,99	7,5 —8,49	8,0 —8,49	8,5 —8,99	9,0 —9,49	9,5 —9,99	10,0 —10,49	10,5 —10,9
	148	122	142	163	144	112	112	147	128	134	73	101	97
	80	97	151	102	138	148	105	156	115	60		92	
		165	121	119	139	92		103	152	110		78	
		136	107	218	86	102		117	141	102			
Schichten		152	58	80	116	100		50	110	92			
			127	64	102	109			96	107			
			132	223	177	110			134	53			
			103	154	128	181			107				
			151	110	127	194			106				
			141	74	123	169							
			135	112	104	110							
				144	136								
					142								
Summe	228	672	1368	1563	1662	1427	217	573	1089	658	73	271	97

3. der Zeitraum, in dem die erfaßten Werte anfielen, um gegebenenfalls zeitbedingte Einflüsse berücksichtigen zu können.

Im übrigen leitet man aus den Häufigkeitsbildern für die Anwendung im Betriebe zweckmäßig keine festen Ziffern ab, sondern läßt Spannen, in denen sich die Gedingesetzung bewegen kann. Diese Spanne muß in ihrer Größe abhängig gemacht werden

1. objektiv von der Struktur des Schaubildes, indem bei breiter Streuung eine größere Spanne, bei stärkerer Ballung eine kleinere zugegeben wird;

2. subjektiv von dem Verantwortungsbereich des einzelnen Betriebsbeamten, so daß man z. B. dem Betriebsführer eine größere Spanne zugesteht als dem ihm untergeordneten Fahrsteiger.

643 Die aus Häufigkeitsbildern ermittelten Gedingerichtwerte im Lichte der statistischen Wahrscheinlichkeitsrechnung[1].

Die statistischen Ziffern der Gedingekartei unterliegen[2] ebenso den mathematischen Gesetzen der statistischen Wahrscheinlichkeitsrechnung wie andere Vorgänge. Es dürfte daher nicht ohne Wert sein, die Methode, aus statistischen Leistungswerten einen Gedingerichtwert über ein Häufigkeitsbild zu bestimmen, unter dem Blickwinkel der Gesetze der Wahrscheinlichkeitsrechnung kritisch zu durchleuchten.

Die Schwankungen der zahlenmäßigen Ergebnisse eines Arbeitskomplexes oder -vorganges, wie sie in den statistischen Ziffern der Gedingekarteien erkennbar sind, erscheinen in einem andersartigen Licht, wenn man sie als Zufall ansieht. Jede dieser einzelnen Zahlen ist nämlich — auch bei an sich vergleichbaren Vorgängen — stets durch sehr viele Faktoren beeinflußt, die in einer rein zufälligen Mischung sich auswirken. Jeder dieser Faktoren tritt einmal mehr, einmal weniger stark in die Erscheinung und verschiebt das ziffernmäßige Ergebnis über oder unter den gesuchten „wahren" Wert, worunter in unserer Betrachtung der Gedingerichtwert zu verstehen ist. Diese Mischung und Überlagerung der Einflußkomponenten ist eine rein zufällige. Die rechnerische Berücksichtigung des Zufalles kann aber von erheblicher Bedeutung bei der Beurteilung eines Ergebnisses sein, und die Grundlage einer solchen Beurteilung ist die mathematische Wahrscheinlichkeitslehre. Sie gibt die Möglichkeit, den Bereich des Zufalles zu berechnen und aus festgestellten Zahlenwerten jeweils die gesuchten und die praktisch brauchbaren Ziffern zu ermitteln. Handelt es sich bei den Ergebnisziffern um zufällige Schwankungen in der Umgebung eines gesuchten Wertes, so werden die Ergebnisse der einzelnen Feststellungen in der Nähe dieses Wertes sich häufen und bei größerem Unterschied seltener werden.

Der verschiebende Einfluß des Zufalls muß ausschaltbar sein, wenn man alle festgestellten Werte zusammenwirft. In der mathematischen Wahrscheinlichkeitsrechnung bildet man zu diesem Zwecke das arithmetische Mittel aus sämtlichen Beobachtungswerten, das wären im Beispiel der Abb. 49 49980 Schichten. Der Mittelwert aus dieser großen Zahl von Einzelwerten ergibt eine Gedingerichtleistung von 8,915 t/M/Sch.

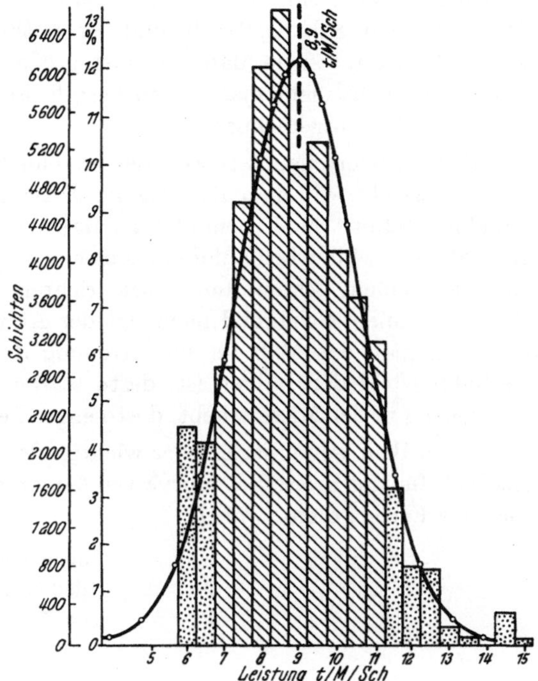

Abb. 49. Gewinnungsleistung in Fl. Dickebank. Fl. Querschnitt 2,50 K. / Einfallen 26—35°. Richtleistung 8,9 t/M/Sch.

Gedingebereich	± %	von	bis
Fahrsteiger	3	8,65	9,18
Betriebsführer	6	8,38	9,45

Grundlage: 49 980 Schichten, 462 480 t Kohlen.
Zeitraum Januar 1939 bis Juli 1944.

Aus der Gesamtzahl der Werte des geschrafften Mittelfeldes errechnet sich eine mittlere Leistung von 8,912 t/M/Sch, aus der Gesamtzahl aller Werte (einschl. der punktierten Extremwerte) von 8,915 t/M/Sch. Nach der statistischen Wahrscheinlichkeitsrechnung bestimmt sich

1. die mittlere Abweichung

$$\sigma_x = \frac{\sqrt{(x_1 - M)^2 + (x_2 - M)^2 + \cdots + (x_n - M)^2}}{n - 1}$$

$$\approx 1{,}62 \text{ t/M/Sch} = \sim \pm 18{,}2\%,$$

2. der mittlere Fehler

$$S_M = \pm t \cdot \frac{\sigma_x}{\sqrt{n}} = \pm 0{,}0217 \text{ t/M/Sch} = \pm 0{,}24\%.$$

diesem Zwecke das arithmetische Mittel aus sämtlichen Beobachtungswerten, das wären im Beispiel der Abb. 49 49980 Schichten. Der Mittelwert aus dieser großen Zahl von Einzelwerten ergibt eine Gedingerichtleistung von 8,915 t/M/Sch.

---

[1] Schrifttum: [12], [58], [59], [60], [61], [64], [92], [119], [120], [137], [141], [142], [187] und [206] (s. a. Fußnote S. 123).

[2] DAEVES [61] erachtet das GAUSS-Gesetz als „Bindeglied alles Werdens und Seins". Nach ihm läßt dieses Gesetz „ahnen, daß Technik und Wirtschaft in ihrem organischen Wachsen nichts Naturfremdes sind". Und weiter: „Auch die Handlungen des sinnenden, schaffenden und wirtschaftenden Menschen müssen in ihren großen Linien diese Gesetze erfüllen."

Man könnte nun der Auffassung sein, daß nur dann ein zutreffendes Spiegelbild erhalten werden kann, wenn sich keine Verzerrungen in das Bild einschleichen. Extremwerte, die in dem Schaubild bzw. in der ziffernmäßigen Zusammenstellung als solche von vornherein erkannt werden, könnte man als „unechte" ansehen und aus der Betrachtung ausscheiden. Dies ist im Schaubild der Abb. 49 versuchsweise dergestalt durchgeführt, daß durch Ausschaltung der punktiert gekennzeichneten Ziffernreihen ein weiterer Mittelwert für die Richtleistung errechnet wurde. Dieser beträgt 8,912 t/M/Sch und ist mithin mit dem Mittelwert aus allen Ziffern nahezu identisch. Man ersieht, daß bei einer großen Zahl von Ausgangswerten die Extremwerte den Mittelwert nicht mehr maßgeblich beeinflussen. Im folgenden ist mit einer abgerundeten Ziffer von 8,91 t/M/Sch gerechnet.

Will man beurteilen, wie weit der errechnete Mittelwert von dem gesuchten „wahren Mittelwert" abweicht, will man also wissen, ob die Untersuchung zu einem für die Praxis brauchbaren Ergebnis geführt hat, so muß man davon ausgehen, daß die Ziffern sich bei einer größeren Anzahl nicht willkürlich auf den Bereich ober- oder unterhalb des Mittelwertes verteilen, sondern sich nach einem bestimmten Gesetz richten. Durch systematische Anordnung der ermittelten Ziffern in einem Schaubild nach Art der Abb. 49 erhält man die „Häufigkeitsverteilung". Aus ihr kann man das Maß für die Streuung der Werte erkennen. Je niedriger und breiter das Verteilungsbild der Balken ist, desto stärker ist die Streuung der Werte. Je steiler sich der Kurvenzug in der Mitte erhebt, desto enger liegen die Werte um den Mittelwert.

Für die Beurteilung ist es aber wichtig, das Maß der Streuung auch ziffernmäßig zu erfassen. Als Maß für die Breite der Kurve wählt man die „mittlere Abweichung", zu deren Berechnung folgende Formel dient, wobei

$$\sigma_x \qquad \text{die mittlere Abweichung,}$$
$$M \qquad \text{den Mittelwert,}$$
$$n \qquad \text{die Anzahl der Beobachtungswerte,}$$
$$x_1, x_2 \ldots x_n \quad \text{die Beobachtungswerte bezeichnen.}$$

$$\sigma_x = \sqrt{\frac{(x_1 - M)^2 + (x_2 - M)^2 + \ldots + (x_n - M)^2}{n - 1}}$$

Im Beispiel der Abb. 49 ergibt die Ziffernrechnung

$$\sigma_x = \sqrt{\frac{\text{rd. } 131\,500}{49\,980 - 1}} = \sqrt{\text{rd. } 2,63} = \text{rd.} \pm 1,62 \text{ t/M/Sch.}$$

Bezogen auf den Mittelwert von 8,91 t/M/Sch beträgt also die mittlere Abweichung $\pm 1,82\%$.

Aus den Größen σ_x und n läßt sich aber auch der Schwankungsbereich des Mittelwertes bestimmen zu $S_M = \pm t \cdot \sigma_x : \sqrt{n}$.

Dieser Wert wird auch wohl als der „mittlere Fehler" bezeichnet. Der Faktor t wächst mit der Abnahme der Zahl der Einzelziffern, um die Unsicherheit zu berücksichtigen, die in einer kleinen Anzahl von Beobachtungen liegt. Er wird jedoch fast stets größer als 3,0 zu wählen sein; denn es ist üblich, bei größten Beobachtungsreihen den Bereich auf den dreifachen Wert abzugrenzen.

Für das angezogene Beispiel der Abb. 49 wird

$$S_M = \frac{\pm 3 \cdot 1,62}{\sqrt{49\,980}} = \frac{\pm 4,86}{223,8} = \pm 0,0217 \text{ t/M/Sch.}$$

Bezogen auf den mittleren Leistungswert von 8,91 t/M/Sch, ergibt sich demnach ein Schwankungsbereich oder mittlerer Fehler von $\pm 0,24\%$.

Ein vereinfachtes Rechenverfahren zur Bestimmung der vorstehend genannten Ziffern ist von CŽUBER [57] entwickelt worden. Auf diesem Verfahren ist das Rechenschema der Abb. 50 aufgebaut, das die Durchführung der Rechenoperationen nicht nur erleichtert, sondern auch die Möglichkeit schafft, sie mathematisch weniger Geübten zu übertragen.

Man kann aus dem sich im Beispiel ergebenden mittleren Fehler des Mittelwertes den Schluß ziehen, daß der als Richtleistung angesetzte Wert mit einer für die Praxis mehr als ausreichenden Sicherheit festgestellt worden ist, da der Schwankungsbereich nur klein ist. Vergleicht man eine derartig geringe Fehlergrenze mit den weitaus höheren, die Gedächtniszahlen von Betriebsbeamten anzuhaften pflegen, so wird die Überlegenheit der statistischen Methode evident.

Arithmetischer Mittelwert:

$$M = d + \frac{\Sigma\,(f + g)}{\Sigma\,b} = \qquad = \boxed{}$$

Mittlere Abweichung:

$$\sigma = \pm \sqrt{\frac{\Sigma\,i}{\Sigma\,b} - \left[\frac{\Sigma\,(f + g)}{\Sigma\,b}\right]^{2}} = \qquad = \boxed{}$$

Mittlerer Fehler:
Faktor für $\Sigma\,b$-Werte nach untenstehender Tafel $s = \text{Faktor} \cdot \sigma = \qquad = \boxed{}$

in % des arithmetischen Mittelwertes

$s_1 = \text{ausgedrückt:}\ \dfrac{100 \cdot s}{M} = \qquad = \boxed{}$

Faktoren-Tafel

0	—	10	1,29	20	0,77	30	0,595	50	0,45	100	0,30
1	∞	11	1,20	21	0,75	32	0,57	55	0,42	120	0,28
2	166,6	12	1,12	22	0,73	34	0,55	60	0,40	140	0,26
3	11,08	13	1,05	23	0,71	36	0,53	65	0,39	160	0,24
4	4,61	14	0,99	24	0,69	38	0,515	70	0,37	180	0,22
5	2,96	15	0,95	25	0,67	40	0,50	75	0,35	200	0,20
6	2,29	16	0,90	26	0,65	42	0,49	80	0,34	300	0,17
7	1,85	17	0,86	27	0,63	44	0,48			400	0,14
8	1,60	18	0,83	28	0,62	46	0,47			500	0,10
9	1,42	19	0,80	29	0,605	48	0,46			1000	0,04

Werte-klasse	Häufigkeit		Gewählter Mittel-wert	Ab-weichung vom gew. Mittel (d—a)	Summen der Abweichungen — | + (b · e)		Quadrat d. Abweich. vom gew. Mittel e^2	b · h
	absolut	relativ %						
a	b	c	d	e	f	g	h	i
Σ		100%	—	—			—	

Abb. 50. Rechenvordruck für die Auswertung eines Häufigkeitsbildes nach CŽUBER.

Des weiteren kann man den nach mathematischen Gesetzen bestimmten Fehler bei der Festlegung des dem Betrieb anzugebenden „Gedingebereiches“ in Rechnung ziehen. Aus der mathematischen Struktur des Phänomens ergibt sich, daß es in der Regel falsch wäre, wenn man in einer Sammlung von Leistungswerten nur den Mittelwert angäbe, denn dieser eine Wert würde nur in Einzelfällen mit der Wirklichkeit übereinstimmen und ist daher auch nur als ungefährer „Richt“wert anzusprechen. Allerdings werden viele Werte in seiner Nähe liegen. Man wird also in einer Sammlung von Gedingerichtwerten angeben müssen, in welchem Bereich der Praxis die Werte über oder unter dem Mittelwert liegen können. Es versteht sich von selbst, daß man bei der Festsetzung einer Spanne, innerhalb der sich der gedingesetzende Beamte bewegen kann — wie schon gesagt —, auf die Betriebsstellung und den Verantwortungskreis des Betreffenden Rücksicht nehmen muß. So ist denn in den nachstehend beschriebenen Beispielen bei den Angaben für den Fahrsteiger eine Spanne von $\pm\,3\%$ und bei denen für den Betriebsführer eine solche von $\pm\,6\%$ belassen worden. Vergleicht man nun diese Sätze mit dem oben berechneten Wert des nach der Wahrscheinlichkeitsrechnung im Beispiel der Abb. 49 aufgetretenen Fehlers von $\pm\,0,24\%$, so kommt man zu der Folgerung, daß die für den Fahrsteiger freigegebene Spanne in Höhe des 12½fachen und für den Betriebsführer in Höhe des 25fachen Betrages des mittleren Fehlers reichlich bemessen ist und alle Fälle erfassen wird, die im großen gesehen als normalerweise vorkommend anzusehen sind. Daß für anomale Verhältnisse die genannten Leistungsbereiche nicht in Ansatz gebracht werden können, versteht sich am Rande.

Um nun aber den Nachweis zu erbringen, daß die statistische Methode der Bestimmung von Richtleistungen aus den erreichten und in den Gedingekarteien niedergelegten Werten zu beachtenswerten Ergebnissen führt, soll noch im angezogenen Beispiel die GAUSSsche Glockenkurve, die dem theoretischen Verteilungsfall entspricht, entwickelt werden.

Die hierzu erforderlichen Grundziffern sind die Abschnittsbreite, auch Klassenbreite genannt, (b) und die im vorstehenden ermittelte mittlere Abweichung (σ_x). Die Klassenbreite ist im Beispiel der Abb. 49, ebenso auch bei den übrigen Häufigkeitsbildern, die auf die Leistungsziffer t/M/Sch abgestellt sind, zu 0,5 t/M/Sch gewählt. Außerdem benötigt man den Mittelwert (M), der für das Beispiel der Abb. 49 zu 8,91 t/M/Sch bestimmt wurde.

In das Bild der Häufigkeitsverteilung trägt man zunächst den Mittelwert als Ordinate ein. Auf einer Hilfsabszisse wird dieser Wert als Nullpunkt gewählt und von ihm aus nach rechts und links die Größe der Abweichung vermarkt. Die Hilfsabszisse wird sodann nach Bruchteilen von σ_x skalenartig eingeteilt, wozu sich u. a. ein Reduktionszirkel vorzüglich eignet. Die Konstruktion der GAUSSschen Verteilungskurve ergibt sich aus den zu den einzelnen Punkten der Hilfsabszisse gehörigen Ordinaten, die nach folgenden Verfahren berechnet werden:

Der Kennwert p ist $= \dfrac{b}{\sigma_x} = \dfrac{0,5}{1,62} = 0,3087$. Die einzelnen Ordinatenwerte bestimmt man sodann durch Multiplikation von p mit einem Faktor (φ), der für die verschiedenen Abstände (t) auf der Hilfsabszisse aus der 14. KOLLERschen Tafel ([121], [137]) entnommen werden kann:

t	φ (t)	t	φ (t)	t	φ (t)
0,0	0,39894	1,0	0,242	2,0	0,054
0,2	0,391	1,2	0,194	2,5	0,0155
0,4	0,368	1,4	0,150	3,0	0,0045
0,6	0,333	1,6	0,112	3,5	0,00058
0,8	0,289	1,8	0,079	4,0	0,00014

Hiernach ergeben sich

bei einem Abstand von	0	$\pm 0,2$	$\pm 0,4$	$\pm 0,6$	$\pm 0,8$	$\pm 1,2$	$\pm 1,6$	$\pm 2,0$	$\pm 2,5$	$\pm 3,0$	$\pm 3,5$	$\pm 4,0$	σ_x
als Ordinaten	12,3	12,05	11,45	10,27	8,92	5,99	3,46	1,67	0,48	0,14	0,02	rd. 0	%

Die nach diesem Verfahren in das Schaubild eingezeichnete GAUSSsche Kurve beweist eine Übereinstimmung mit dem Balkenbild der erfaßten Werte, wie sie besser kaum gedacht werden kann.

Es wird nun weiter interessieren festzustellen, inwieweit die aus der Häufigkeitsverteilung entwickelte Glockenkurve der idealen entspricht, m. a. W. man möchte wissen, ob die Streuung rein zufällig bedingt ist oder ob eine oder mehrere andere Ursachen für die Streuung verantwortlich zu machen sind. Diese Frage läßt sich schnell und einfach klären, wenn man sich des in Abb. 51 wiedergegebenen, auf den Angaben PEARSONS [209] aufbauenden Rechenvordruckes bedient. Die Antwort auf die oben gestellten Fragen ist an Hand der entwickelten Kennziffer und der im Vordruck enthaltenen Bewertungsregeln unschwer zu geben. Die Anwendung dieser Methode wird in Abschn. 65 an mehreren Beispielen aufgezeigt werden.

Die Methoden von CŽUBER und PEARSON haben eine ganze Reihe von Rechenvorgängen gemeinsam, die Anlaß zu einer Verschmelzung der Rechenvordrucke der Abbn. 50 u. 51 zum Vordruck der Abb. 52 gaben. Einer näheren Beschreibung bedarf es nicht, wohl aber des Hinweises, daß der kombinierte Vordruck der Abb. 52 nur dann Arbeit spart, wenn die Prüfung nach PEARSON beabsichtigt ist; im anderen Falle rechnet man einfacher nach dem Schema der Abb. 50. Der Grund liegt darin, daß im Vordruck der Abb. 50 mit einem abgerundeten Mittelwert gerechnet wird.

Schon das im vorstehenden behandelte Einzelbeispiel der Bestimmung von Richtwerten für die Gedingesetzung aus karteimäßig aufgesammelten erreichten Leistungsziffern dürfte gezeigt haben, daß auf diesem Wege zweifellos Gedingegrundlagen gewonnen werden können, die den heute noch verwandten, aus dem Gedächtnis stammenden an Genauigkeit weit überlegen sind.

Zum Abschluß der Darlegungen der angewandten Methodik mögen noch einige Anmerkungen mathematischer Art Platz finden, einerseits zur weiteren Stützung des Verfahrens, andererseits aber auch, um hinsichtlich des Streuungsmaßes, insbesondere bezüglich der Verwendung der mittleren (quadratischen) Abweichung zur Kennzeichnung der Streuung, Fehlauffassungen zu begegnen.

In einem Häufigkeitsbilde finden sich neben dem arithmetischen Mittel der Einzelwerte der „mittelste" und der „häufigste" Wert. Der mittelste Wert ist dadurch gekennzeichnet, daß er bei Ordnung der Einzelwerte nach ihrer Größe links und rechts von sich die gleiche Anzahl Werte aufweist. Der häufigste Wert ist in einer kontinuierlichen Verteilung daran erkennbar, daß ihm die größte Ordinate zugeordnet ist. Nehmen wir nun einmal als Beispiel folgende Zahlenskala:

$$
\begin{array}{r l r l}
 & 1\ \text{Wert} & \text{zu}\ \ 2 = & 2 \\
\Sigma\ 12 \left\{\ \ \ 3\ \text{Werte} & \text{zu}\ \ 5 = & 15 \right. \\
2\quad 6\ \text{Werte} & \text{zu}\ \ 6 = & 36 \\
1\!-\!5\ \text{Werte} & \text{zu}\ \ 7 = & 35 \\
2\quad 4\ \text{Werte} & \text{zu}\ \ 8 = & 32 \\
\Sigma\ 12 \left\{\ \ \ 3\ \text{Werte} & \text{zu}\ \ 9 = & 27 \right. \\
2\ \text{Werte} & \text{zu}\ 10 = & 20 \\
1\ \text{Wert} & \text{zu}\ 13 = & 13 \\
\hline
25\ \text{Werte} & & \Sigma\ 180
\end{array}
$$

Dann ist

a) der mittelste Wert 7, da sich je 12 Werte beiderseits anschließen,
b) der häufigste Wert 6, da dieser in der größten Anzahl, nämlich 6mal vertreten ist,
c) das (gewogene) arithmetische Mittel 5,4; da $180 : 25 = 5,4$ ist.

zur Untersuchung .... gehörig.

Voraussetzung der Anwendbarkeit: gleiche Klassenbreite!

Bewertungsregeln der Kennziffer B:

1. $B = 3$ Es liegt volle Übereinstimmung mit GAUSSscher Normalverteilung vor.
2. $B \neq 3$ Je größer die Abweichung von 3, um so schlechtere Übereinstimmung mit der Normalverteilung.
3. $B = 2,6$ Gerade noch zulässige Abweichung von der Normalverteilung, d. h. die Abweichungen von der normalen Häufigkeitsverteilung sind nicht grundsätzlich bedingt, sondern beruhen auf Zufall; die Streuung um den Durchschnittswert ist rein zufällig.
4. $B < 2,6$ Die Verteilung kann nicht mehr als annähernd normal angesehen werden. Es ist dann anzunehmen, daß irgendeine oder mehrere vorherrschende Ursachen unter den Ursachen der Streuung vorhanden sind.
5. $B > 3$ Die Mehrzahl der Einzelwerte schart sich enger um den Mittelwert als bei einer Normalverteilung.

Ergebnis der vorliegenden Untersuchung:

Stufen-mitte	Anzahl der Werte	$a \cdot b$	$a - M$	d^2	$e \cdot b$	e^2	$g \cdot b$
a	b	c	d	e	f	g	h
—	$\Sigma b =$	$\Sigma (a \cdot b) =$	—	—	$\Sigma (e \cdot b) =$	—	$\Sigma (g \cdot b) =$

$$M = \frac{\Sigma (a \cdot b)}{\Sigma b} = \text{\underline{\hspace{2cm}}} = $$

$$m_2 = \frac{\Sigma (e \cdot b)}{\Sigma b} = \text{\underline{\hspace{1cm}}}$$

$$m_4 = \frac{\Sigma (g \cdot b)}{\Sigma b} = \text{\underline{\hspace{1cm}}}$$

$$m_2^2 = \text{\underline{\hspace{1cm}}}$$

$$B = \frac{m_4}{m_2^2} = \text{\underline{\hspace{2cm}}} = $$

Abb. 51. Rechenvordruck für die Nachprüfung einer Wertereihe auf Vorliegen einer Normalverteilung nach GAUSS. (Nach PEARSON.)

Zur Untersuchung: ....gehörig.

Entwicklung:	Nachprüfung:

Voraussetzung der Anwendbarkeit:
gleiche Klassenbreite

Arithmetischer Mittelwert:

$$M = \frac{\Sigma\,(a \cdot b)}{\Sigma\,b} = \;\text{----} \;\text{----} =$$

Bewertungsregeln der Kennziffer B:

1. $B = 3$ Es liegt volle Übereinstimmung mit GAUSSscher Normalverteilung vor.

Mittlere Abweichung:

$$\sigma = \pm \sqrt{m_2} = \pm \sqrt{} \quad = \pm$$

2. $B \neq 3$ Je größer die Abweichung von 3, um so schlechtere Übereinstimmung mit der Normalverteilung.

Berechnung des mittleren Fehlers:
Faktor für $\Sigma\,b$-Werte nach untenstehender Tafel

Mittlerer Fehler:

$$s = \text{Faktor} \cdot \sigma = \qquad = \pm$$

3. $B = 2{,}6$ Gerade noch zulässige Abweichung von der Normalverteilung, d. h. die Abweichungen von der normalen Häufigkeitsverteilung sind nicht grundsätzlich bedingt, sondern beruhen auf Zufall; die Streuung um den Durchschnittswert ist rein zufällig.

Mittlerer Fehler in % des arithm. Mittelwertes:

$$s_1 = \frac{100 \cdot s}{M} = \text{----------------} = \pm$$

4. $B < 2{,}6$ Die Verteilung kann nicht mehr als annähernd normal angesehen werden. Es ist dann anzunehmen, daß irgendeine oder mehrere vorherrschende Ursachen unter den Ursachen der Streuung vorhanden sind.

5. $B > 3$ Die Mehrzahl der Einzelwerte schart sich enger um den Mittelwert als bei einer Normalverteilung.

Faktoren-Tafel										
0	—	10	1,29	20	0,77	30	0,595	50	0,45	100	0,30
1	∞	11	1,20	21	0,75	32	0,57	55	0,42	120	0,28
2	166,6	12	1,12	22	0,73	34	0,55	60	0,40	140	0,26
3	11,08	13	1,05	23	0,71	36	0,53	65	0,39	160	0,24
4	4,61	14	0,99	24	0,69	38	0,515	70	0,37	180	0,22
5	2,96	15	0,95	25	0,67	40	0,50	75	0,35	200	0,20
6	2,29	16	0,90	26	0,65	42	0,49	80	0,34	300	0,17
7	1,85	17	0,86	27	0,63	44	0,48			400	0,14
8	1,60	18	0,83	28	0,62	46	0,47			500	0,10
9	1,42	19	0,80	29	0,605	48	0,46			1000	0,04

Ergebnis der vorliegenden Untersuchung:

Stufen-mitte	Anzahl der Werte	$a \cdot b$	$a - M$	d^2	$e \cdot b$	e^2	$g \cdot b$
a	b	c	d	e	f	g	h
—	$\Sigma\,b =$	$\Sigma(a \cdot b) =$	—	—	$\Sigma(e \cdot b) =$	—	$\Sigma(g \cdot b) =$

$$M = \frac{\Sigma\,(a \cdot b)}{\Sigma\,b} = \text{----} = \dots\dots\dots\dots$$

$$m_2 = \frac{\Sigma\,(e \cdot b)}{\Sigma\,b} = \text{----} = \dots\dots\dots\dots$$

$$m_4 = \frac{\Sigma\,(g \cdot b)}{\Sigma\,b} = \text{----}$$

$$m_2^2 = \qquad \mathbf{B} = \frac{m_4}{m_2^2} = \text{----} = \dots\dots\dots\dots$$

Benutzungsregel:
Vordruck nur verwenden, wenn Nachprüfung nach PEARSON stattfinden soll. Im anderen Falle Berechnung nach Abb. 50.

Abb. 52. Kombinierter Rechenvordruck für die Auswertung und Nachprüfung von Häufigkeitsbildern.
(Verfahren von CŽUBER und PEARSON.)

Schon aus diesem Zahlenbeispiel ist klar ersichtlich, daß dem (gewogenen) arithmetischen Mittel die größere Bedeutung zukommt.

Das arithmetische Mittel allein gibt aber keine ausreichende Auskunft, wie aus den 3 nachstehenden Zahlenleitern hervorgeht, denen das gleiche arithmetische Mittel 7 eigen ist.

Zum arithmetischen Mittel muß als weitere statistische Maßzahl das Streuungsmaß hinzutreten, wenn die Aussage Anspruch auf Vollständigkeit erheben will.

Das einfachste Maß für die Streuung ist der Unterschied zwischen dem größten und kleinsten Wert, die sogenannte „Variationsbreite". Sie beläuft sich bei den oben angegebenen 3 Wertesammlungen auf Bereiche von 2—12, 5—8 und 5—12 bei — wie gesagt —

1 Wert zu 2 = 2		
2 Werte zu 3 = 6		
3 Werte zu 4 = 12		
4 Werte zu 5 = 20	10 Werte zu 5 = 50	16 Werte zu 5 = 80
5 Werte zu 6 = 30		
6 Werte zu 7 = 42	30 Werte zu 7 = 210	48 Werte zu 7 = 336
5 Werte zu 8 = 40	20 Werte zu 8 = 160	2 Werte zu 8 = 16
4 Werte zu 9 = 36		
3 Werte zu 10 = 30		
2 Werte zu 11 = 22		
1 Wert zu 12 = 12		6 Werte zu 12 = 72
36 Werte 252	**60 Werte 420**	**72 Werte 504**
$\dfrac{252}{36} = 7$	$\dfrac{420}{60} = 7$	$\dfrac{504}{72} = 7$

gleichem arithmetischen Mittel. Wie aus diesen Ziffern ersichtlich, ist die Variationsbreite stark Zufälligkeiten ausgesetzt.

Bei der „durchschnittlichen Abweichung", zu deren Berechnung alle Einzelwerte herangezogen werden, indem die Kennzahl als arithmetisches Mittel der Unterschiede zwischen den Einzelwerten und dem Mittelwert aller Einzelwerte berechnet wird, tritt dieser Mangel nicht auf, weil das zufällige Auftreten eines oder mehrerer Extremwerte nicht ausschlaggebend ist. Für die obigen 3 Wertesammlungen ist die durchschnittliche Abweichung in allen Fällen gleich Null. Die Ungleichförmigkeit der Werteverteilung findet daher in der durchschnittlichen Abweichung kein Spiegelbild.

Anders aber, wenn wir nach dem Schema der Abb. 50 vorgehen und die mittlere (quadratische) Abweichung für die 3 Zahlenskalen bestimmen. Als Zahlenwerte ergeben sich für die erste Wertesammlung $\pm$ 2,42, für die zweite $\pm$ 1 und für die dritte $\pm$ 1,73. Während die Maßzahl „durchschnittliche Abweichung" die Unterschiede im Aufbau der 3 Wertesammlungen nicht erkennen läßt, zeigt die „mittlere quadratische Abweichung" diese eindeutig auf. Wie der bloße Augenschein lehrt, ist die Streuung in der ersten Zahlenskala am größten, in der zweiten am geringsten. Und dieser Erkenntnis entspricht die Rangfolge der Kennzifferwerte.

Die bisherige Untersuchung hat erwiesen, daß das gewogene arithmetische Mittel und die mittlere (quadratische) Abweichung zureichende Maßzahlen der Statistik sind. LINDER [*141*, S. 16] berichtet von 3 Kriterien, die R. A. FISHER mit der Forderung aufstellte, daß ihnen statistische Maßzahlen genügen müssen. Sie sollen passend (konsistent), wirksam (effizient) und erschöpfend (suffizient) sein. Nach LINDER [*141*, S. 16] gehorchen das gewogene arithmetische Mittel und die mittlere quadratische Abweichung diesen 3 Kriterien. Es muß somit festgestellt werden, daß bei Häufigkeitsbildern auch des Gedingewesens neben dem arithmetischen Mittel die mittlere quadratische Abweichung notwendigerweise angegeben werden muß, soll nicht die ganze Untersuchung erheblich an Wert einbüßen. Keinesfalls kann dem Verfahren zugestimmt werden, das WALTHER [236, S. 14] anwandte, der die Beschränkung auf die Angabe der Mittelwerte wie folgt begründet:

„Der bei der Errechnung des Mittelwertes sich ergebende mittlere Fehler als Kennzeichen der mathematischen Genauigkeit soll unberücksichtigt bleiben, da er in erster Linie für die exakte wissenschaftliche Rechnungsmethode wichtig, für die nachstehende überschlägige Ermittlung von praktischen Richtwerten aber weniger von Bedeutung ist."

Bei der Betrachtung der Streubreite geht WALTHER [*237*] ausschließlich von der Variationsbreite aus, eine Auffassung, der nach den obigen Darlegungen widersprochen werden muß. In den nachstehenden Beispielen sind die mittlere quadratische Abweichung und der sich daraus errechnende mittlere Fehler mit aufgeführt.

644 Der „Gedingekatalog“.

Die aus den statistischen Werten der Gedingekartei entwickelten Häufigkeitsbilder einer Bergwerksgesellschaft wurden zu einem „Gedingekatalog“ vereinigt, der den Betrieben als Unterlage für die Gedingesetzung zur Verfügung gestellt wurde. Einen Ausschnitt aus einem solchen Katalog vermitteln die Abbn. 53 bis 61. Zu dieser Auswahl von Häufigkeitsbildern wäre im einzelnen folgendes zu bemerken:

Aus dem Betriebsgebiete der *Ausrichtung* behandelt Abb. 53 die *Richtstreckenauffahrung* im Sandschiefer. In der Auffahrleistung sind alle Betriebsvorgänge (Bohren, Sprengen, Wegräumen des Haufwerks, Einbringen des Ausbaus, Erledigung sämtlicher Nebenarbeiten) erfaßt. Die Abbildung ist in 2 Bildfelder aufgegliedert, von denen das untere der Ermittlung der Auffahrleistung, das obere der des Sprengstoffverbrauches dienen soll. Zugrunde liegen die Leistungen von 6683 Hauerschichten, in denen insgesamt 669 m Richtstrecke aufgefahren wurden. Weitere betriebstechnische Angaben sind dem Schaubild zu entnehmen. Es ergaben sich folgende für die Gedingesetzung wichtigen Werte:

a) Auffahrung.

Mittlere Auffahrleistung   cm/Mann/Schicht
(= Richtleistung)........... 9,91
mittlere Abweichung v. Mittelwert   1,94
mittlerer Fehler des Mittelwertes ± 0,0713
           = ± 0,72%

b) Sprengstoffverbrauch.

Mittlerer Sprengstoffver-   kg/m Auffahrung
brauch (= Normalverbrauch)   16,07
mittl. Abweichung v. Mittelwert   3,22
mittlerer Fehler des Mittelwertes ±   0,374
           = ±   2,33%

Beide Richtwerte haben demnach einen hohen Genauigkeitsgrad. Die den Betriebsbeamten gewährte Toleranz von ± 3 bzw. ± 6% erscheint bei einem mittleren Fehler von ± 0,72% bzw. 2,33% mehr als ausreichend zu sein.

Die Abbn. 54 u. 55 bringen von *Abbaustreckenvortrieben* je ein Beispiel aus der flachen und der steilen Lagerung. In den Leistungsziffern ist der gesamte Arbeitskomplex — bestehend in den Arbeitsvorgängen: Auskohlen des Ortes und Wegladen der gewonnenen Kohlen, Hereingewinnung des Nebengesteins

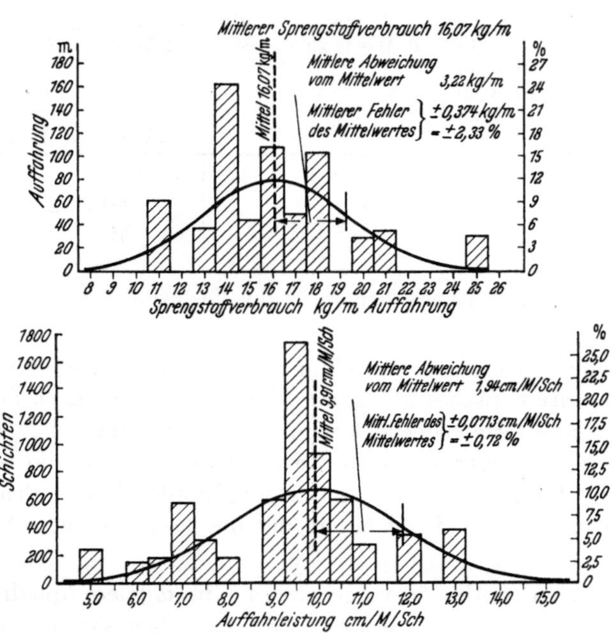

Abb. 53. Gedingekatalog. Leistung und Sprengstoffverbrauch beim Richtstreckenvortrieb.
Gesteinsart Sand-Schiefer / Schichtenhorizont im Liegenden des Flözes Sonnenschein / Ausbau: Pokal- o. Altstahlbogen.

Maße:		Sohle	Höhe	Querschnitt
	Ausbruch	4,90 m	3,30 m	12,70 m²
	Ausbau licht	4,30 m	3,00 m	10,13 m²

Richtleistung 9,91 cm/M/Sch / Grundlage: 6683 Schichten

Gedingebereich	± %	von	bis
Fahrsteiger	3	9,61	10,21
Betriebsführer	6	9,32	10,51

Normalsprengstoffverbrauch 16,0 kg/m. / Grundlage 669 m

Gedingebereich	± %	von	bis
Fahrsteiger	3	15,59	16,55
Betriebsführer	6	15,11	17,04

Zeitraum Januar 1940 bis Januar 1944.

und dessen Wegladen, Einbringen des Ausbaus und Erledigung der Nebenarbeiten — erfaßt.
Im Häufigkeitsbild der Abb. 54 sind die Leistungsergebnisse von 6736 Ortshauerschichten zur Richtwertbildung herangezogen. Für die Gedingesetzung sind folgende Ziffern von Wichtigkeit:

Mittlere Auffahrleistung (= Richtleistung) 17,08   cm/Mann/Schicht
mittlere Abweichung vom Mittelwert 2,79   cm/Mann/Schicht
mittlerer Fehler des Mittelwertes .... ± 0,102   cm/Mann/Schicht
           = ± rd. 0,6%.

Der Mittelwert weist eine große Genauigkeit auf. Die den Betriebsbeamten belassene Spanne von ± 3 bzw. ± 6% ist reichlich bemessen.

Das Häufigkeitsbild der Abb. 55 bezieht sich auf die steile Lagerung. Die in 1919 Schichten erbrachten Leistungen sind in ihm zusammengestellt. Nachstehend die kennzeichnenden Ziffern:

Mittlere Auffahrleistung (= Richtleistung) .... 26,90 cm/Mann/Schicht
mittlere Abweichung vom Mittelwert .... 3,388 cm/Mann/Schicht
mittlerer Fehler des Mittelwertes .... $\pm$ 0,232 cm/Mann/Schicht
$$= \pm\, 0,86\%.$$

Auch dieser Mittelwert ist recht genau. Der dem Betriebsbeamten offengelassene Gedingebereich von $\pm$ 3 bzw. $\pm$ 6% ist genügend weit gehalten.

Die Abbn. 56 u. 57 beschäftigen sich mit der „Leistung in der *Gewinnung*“. Auch in diesem Fall ist eines der Bilder der flachen und eines der steilen Lagerung entnommen.

Abb. 56 baut auf 8756 Hackenschichten auf und liefert die folgenden Kennwerte:

Mittlere Hackenleistung (= Richtleistung) .... 5,95 t/Mann/Schicht
mittlere Abweichung vom Mittelwert .... 0,565 t/Mann/Schicht
mittlerer Fehler des Mittelwertes .... $\pm$ 0,0502 t/Mann/Schicht
$$= \pm\, 0,84\%.$$

Abb. 57 liegen 6157 Schichten zugrunde. Die kennzeichnenden Werte sind:

Mittlere Hackenleistung (= Richtleistung) .... 6,87 t/Mann/Schicht
mittlere Abweichung vom Mittelwert .... 1,477 t/Mann/Schicht
mittlerer Fehler des Mittelwertes .... $\pm$ 0,0564 t/Mann/Schicht
$$= \pm\, 0,82\%.$$

Beide Gedingerichtwerte haben fast die gleiche hohe Genauigkeit. Der den Betriebsbeamten belassene Gedingebereich von $\pm$ 3 bzw. $\pm$ 6% ist hinreichend groß.

Für den Betriebsvorgang „*Versatz*“ werden 3 Beispiele gebracht (Abbn. 58, 59 u. 60). Abb. 58 behandelt den Vollversatz in einem Flöz von 2,50 bis 3,00 m Mächtigkeit bei einem mittleren Einfallen von 26—35°. Die Arbeitsvorgänge des Kippens und Verpackens sowie die dazugehörigen Nebenarbeiten sind in den Leistungsziffern erfaßt. Das Häufigkeitsbild baut auf 27 723 Versatzschichten auf. Die dazugehörige Kohlenfördermenge beträgt 363 434 t. Es ergeben sich folgende Kennziffern:

Mittl. Versatz-Schichtenaufwand (=Richtwert des Schichtenaufwandes)   7,93   Sch/100 t Fdg.
mittlere Abweichung vom Mittelwert .... 1,616 Sch/100 t Fdg.
mittlerer Fehler des Mittelwertes .... $\pm$ 0,0292 Sch/100 t
$$\text{Förderung} = \pm\, 0,37\%.$$

Die Richtwertziffer ist genügend genau, der Gedingebereich von $\pm$ 3 bzw. $\pm$ 6% weit genug gehalten.

Abb. 59 bezieht sich auf die steile Lagerung, bei der der Vorgang des Verpackens wegfällt, und zwar gleichfalls auf ein mächtiges Flöz (2,30—2,40 m Mächtigkeit). Die Schichtenzahl ist allerdings im vorliegenden Fall mit 873 nicht allzu hoch; entsprechend ist auch die zugehörige Förderung mit 35 920 t verhältnismäßig gering. Die relativ schmale Ausgangsbasis führt zwangsläufig zu weniger genauen Kennziffern:

Mittlerer Kipp-Schichtenaufwand (= Richtwert d. Schichtenaufwandes)   2,46   Sch/100 t Fdg.
mittlere Abweichung vom Mittelwert .... 0,894 Sch/100 t Fdg.
mittlerer Fehler des Mittelwertes .... $\pm$ 0,091 Sch/100 t Fdg.
$$= \pm\, 3,05\%.$$

Bei diesem relativ hohen Fehlersatz muß der Gedingebereich entsprechend weiter gesteckt sein; $\pm$ 5 bzw. $\pm$ 10% dürften jedoch genügen.

Abb. 60 beschäftigt sich mit den Leistungen, die beim Umsetzen von Wanderpfeilern beim Bruchbau in 1051 Schichten erzielt wurden. Die zugehörige Förderung beläuft sich auf 4061 t Kohle. Es handelt sich um Betriebe in einem Flöz von 0,80 m Mächtigkeit mit einem Einfallen von 0—25°. Folgende Kennziffern wurden errechnet:

Mittlere Umsetzleistung (= Richtleistung) .... 3,85 Pfeiler/Mann/Schicht
mittlere Abweichung vom Mittelwert .... 0,21 Pfeiler/Mann/Schicht
mittlerer Fehler des Mittelwertes .... $\pm$ 0,194 Pfeiler/Mann/Schicht
$$= \pm\, 5,05\%.$$

Der Fehlersatz liegt so hoch, daß es gerechtfertigt erscheint, den Betriebsbeamten einen Gedingebereich von $\pm$ 10 bzw. $\pm$ 20% einzuräumen. Der Richtwert müßte durch weiteres statistisches Material genauer bestimmt und fester verankert werden.

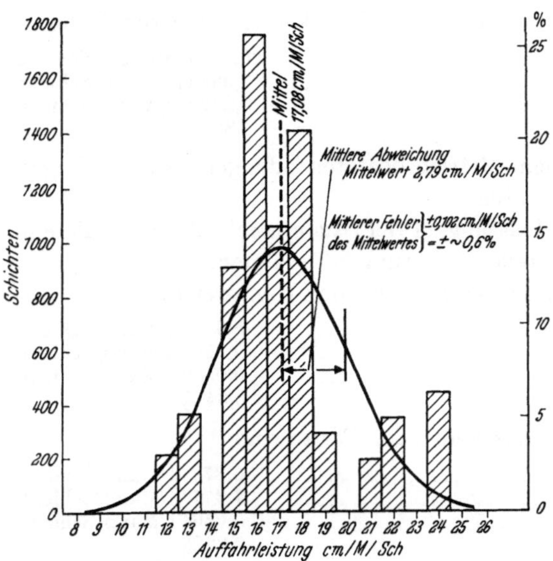

Abb. 54. Gedingekatalog. Leistung beim Abbaustreckenvortrieb in der flachen Lagerung.

Flöz Wilhelm / Querschnitt Ausbau licht 5,5 m², Ausbruch 8,1 m² / Einfallen 0—25°.

Gedingerichtleistung 17,08 cm/M/Sch.

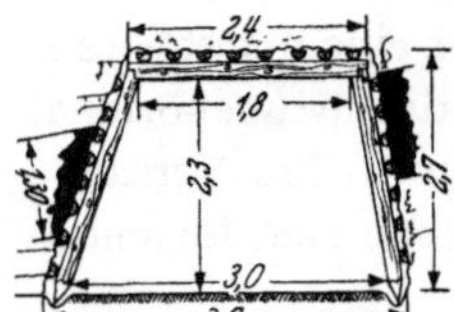

Gedingebereich	± %	von	bis
Fahrsteiger	3	16,6	17,6
Betriebsführer	6	16,0	18,1

Grundlage 6736 Schichten.
Zeitraum Oktober 1942 bis Juni 1944.

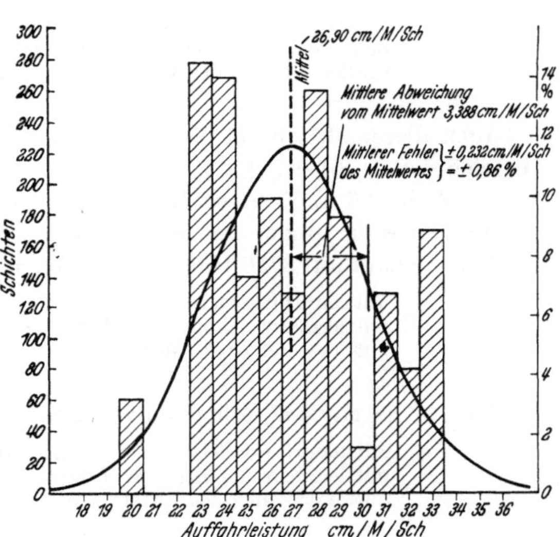

Abb. 55. Gedingekatalog. Leistung beim Abbaustreckenvortrieb in der steilen Lagerung.

Flöz Girondelle / Querschnitt Ausbau licht 4,8 m², Ausbruch 6,1 m² / Einfallen 56—90°.

Gedingerichtleistung 26,90 cm/M/Sch.

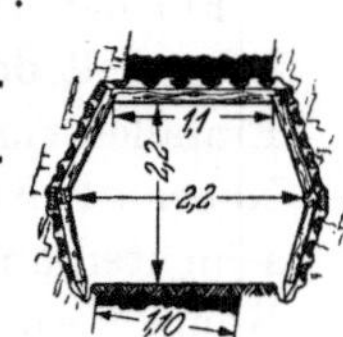

Gedingebereich	± %	von	bis
Fahrsteiger	3	26,1	27,7
Betriebsführer	6	25,3	28,5

Grundlage 1919 Schichten.
Zeitraum Januar 1939 bis Oktober 1941.

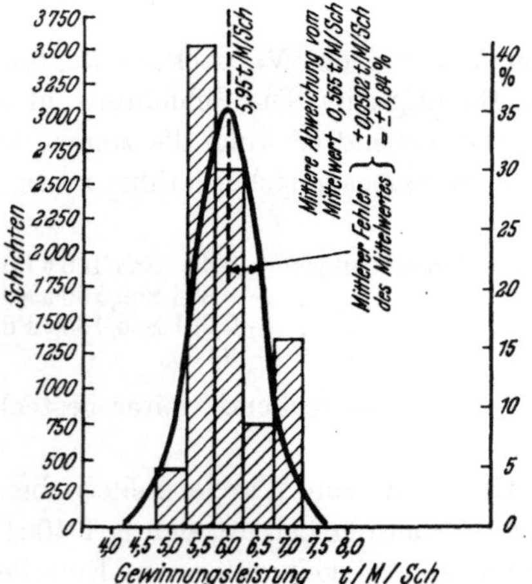

Abb. 56. Gedingekatalog.
Gewinnungsleistung in Flöz Johann I/II.

Flözquerschnitt 80 K 70 B 60 K / Einfallen 0—25°.
Gedingerichtleistung 5,95 t/M/Sch.

Gedingebereich	± %	von	bis
Fahrsteiger	3	5,78	6,14
Betriebsführer	6	5,60	6,30

Grundlage 53612 t Kohlen und 8756 Schichten.
Zeitraum Juni 1941 bis August 1942.

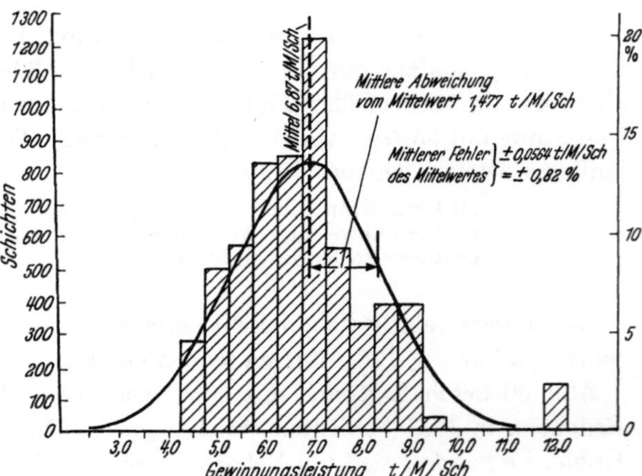

Abb. 57. Gedingekatalog. Gewinnungsleistung in Flöz Präsident.

Flözquerschnitt 30 K 10 B 45 K / Einfallen 56—90°.
Gedingerichtleistung 6,87 t/M/Sch.

Gedingebereich	± %	von	bis
Fahrsteiger	3	6,66	7,08
Betriebsführer	6	6,46	7,28

Grundlage 42702 t Kohlen und 6157 Schichten.
Zeitraum Januar 1939 bis August 1941.

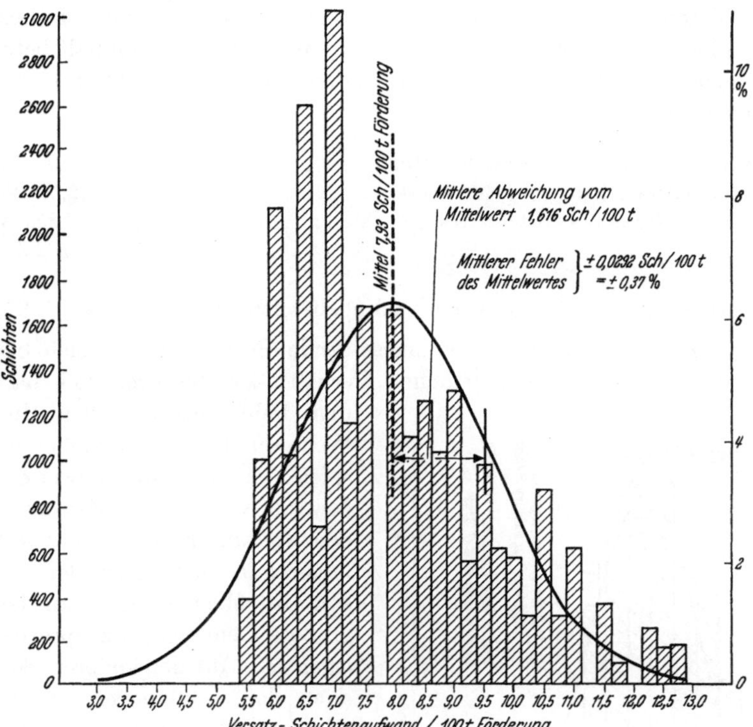

Abb. 58. Gedingekatalog. Schichtenaufwand beim Vollversatz in Flöz Dickebank.
Richtwert des Schichtenaufwandes 7,93 Sch/100 t.

Flözquerschnitt 2,50—3,00 K / Einfallen 26—35° / Versatzart Vollversatz / Arbeitsvorgänge Kippen u. Verpacken / Grundlage 363 434 t Förderung und 27 723 Schichten. Zeitraum April 1939 bis Juli 1944.

Gedingebereich	± %	von	bis
Fahrsteiger	3	7,69	8,17
Betriebsführer	6	7,45	8,41

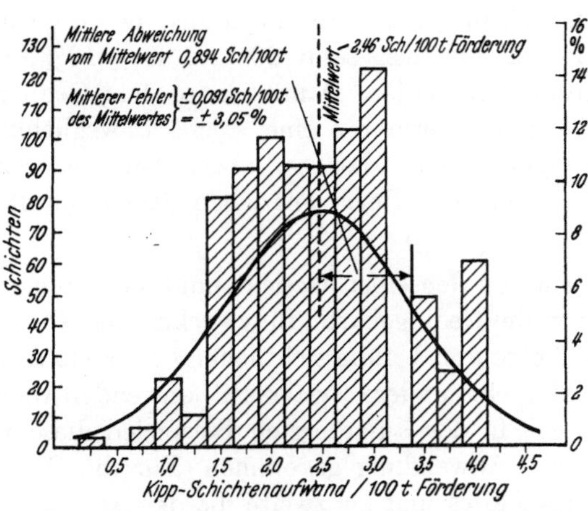

Abb. 59. Gedingekatalog. Schichtenaufwand beim Bergekippen in Flöz Dickebank.

Flözquerschnitt 230—240 K / Einfallen 56—90° / Versatzart Vollversatz / Arbeitsvorgang Kippen.
Richtwert des Schichtenaufwandes 2,46 Sch/100 t

Gedingebereich	± %	von	bis
Fahrsteiger	5	2,34	2,58
Betriebsführer	10	2,21	2,71

Grundlage 873 Schichten, 35 920 t Förderung.
Zeitraum Oktober 1942 bis Juli 1944.

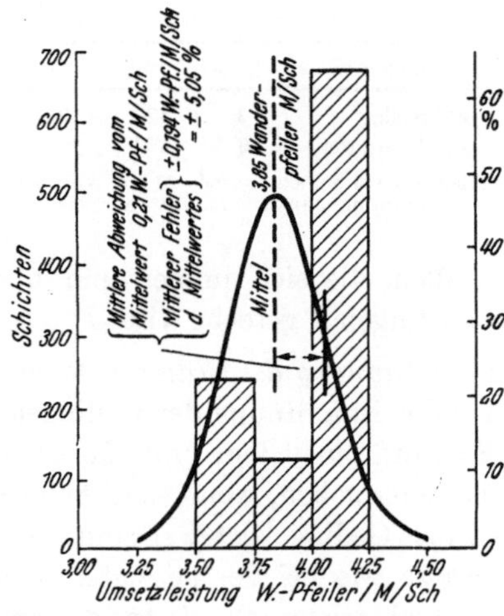

Abb. 60. Gedingekatalog. Schichtenaufwand beim Umsetzen von Wanderpfeilern in Flöz Johann I/II.

Flözquerschnitt 0,80 K / Einfallen 0—25° / Versatzart Bruchbau / Arbeitsvorgang Umsetzen der Wanderpfeiler.
Richtwert des Schichtenaufwandes 3,85 W.-Pf./M/Sch

Gedingebereich	± %	von	bis
Fahrsteiger	10	3,47	4,23
Betriebsführer	20	3,09	4,61

Grundlage 1051 Schichten, 4061 Wanderpfeiler.
Zeitraum Juni 1941 bis März 1942.

Aus dem Gebiete der *Abbaustreckenförderung* berichtet Abb. 61 über die Leistungen der ortsfesten Wagenfüller an Ladestellen der flachen Lagerung. Der Wageninhalt beträgt 900 *l*. Grundlage der Untersuchung bilden die in 11 326 Laderschichten erbrachten Leistungen. Als kennzeichnende Werte sind errechnet:

Mittlere Ladeleistung (= Richtleistung)	48,9 Wagen/Mann/Schicht
mittlere Abweichung vom Mittelwert	12,5 Wagen/Mann/Schicht
mittlerer Fehler des Mittelwertes	± 0,353 Wagen/Mann/Schicht
	= ± 0,72%.

Der Richtwert ist sehr genau und der Gedingebereich von ± 3 bzw. ± 6% genügend weit.

Der „*Gedingebereich*", in dem der gedingesetzende Betriebsbeamte sich bei den gewöhnlich vorliegenden oder zu erwartenden örtlichen Verhältnissen bewegen soll, hängt zunächst von dem Fehler ab, der dem Mittelwert anhaftet. Wenn in den im vorstehenden gezeigten Beispielen die Toleranz teilweise ziemlich reichlich gewählt wurde, so insbesondere deswegen, um den Charakter des „Richtwertes" zu betonen. Keinesfalls darf man den Gedingebereich zu eng abstecken, womit man dem Richtwert eine größere Genauigkeit zusprechen würde, als ihm eigen ist. Auf der anderen Seite darf man aber auch den Gedingebereich nicht über ein bestimmtes Maß ausweiten, wenn man nicht Gefahr laufen will, den Begriff des Richtwertes zu verwässern und seines praktischen Gehaltes zu berauben. Für den Fahrsteiger dürfte man den Gedingebereich zweckmäßig auf höchstens 10% insgesamt, d. i. ± 5% festsetzen. Das würde lohnseitig gesehen etwa 60% der Spanne entsprechen, die heute zwischen Tarif-Gedingerichtlohn und Tarif-Hauermindestlohn liegt. Dem Betriebsführer könnte allenfalls der doppelte Bereich von insgesamt 20%, d. i. ± 10%, zugestanden werden. Damit dürfte dem Gedinge-Richtwert-Verfahren eine solche Beweglichkeit verliehen sein, daß es, abgesehen von Ausnahmefällen, die sich immer und überall einer allgemeinen Regel entziehen, jedem gewöhnlichen Gedingefall gerecht wird.

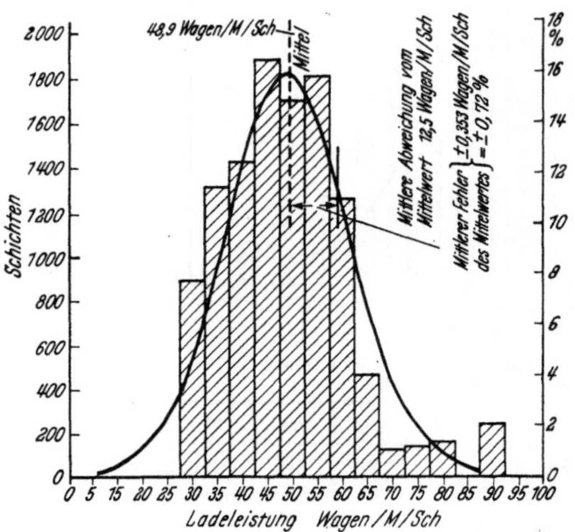

Abb. 61. Gedingekatalog. Ladeleistung in der flachen Lagerung. Ortsfeste Lader / Einfallen 0—25° / Wageninhalt 0,900 m³. Gedingerichtleistung 48,9 Wagen/M/Sch

Gedingebereich	± %	von	bis
Fahrsteiger	3	47,4	50,4
Betriebsführer	6	45,9	51,9

Grundlage 11 326 Schichten und 511 170 Wagen Kohlen. Zeitraum Januar 1939 bis Juli 1944.

Bei der *Ordnung des Gedingekatalogs* ließ man sich von denselben Gesichtspunkten leiten, die man bei der Einordnung der Gedingekarteiblätter in die Gedingekartei für zweckmäßig gehalten hat. Es würde in jedem Falle falsch sein und als Folge von Unübersichtlichkeit zu Mehrarbeit Veranlassung geben, wenn man beim Gedingekatalog eine andere Systematik anwenden wollte als bei der Gedingekartei. Demnach sind denn auch in den aufgezeigten Beispielen dieselben Grundsätze wie bei der gezeigten Gedingekartei zur Anwendung gekommen. Für die Blätter der Kohlenbetriebe gilt als erste Kennziffer die des Flözes und als zweite die der Art des Betriebes. Bei den Gesteinsbetrieben mußte man die erste Kennziffer nach Betriebsarten wählen, da diese in der Kartei durch Farben gekennzeichnet sind und dort die erste Ziffer auf die Sohle bezogen ist. Die zweite Ziffer kennzeichnet die Größe des Querschnittes, da damit innerhalb der einzelnen Streckengruppe von selbst eine systematische Aufgliederung nach Querschnitten eintritt. Eine Kennnummernübersicht nach Art der Abb. 62 wird man einem Gedingekatalog vorheften. Damit zeigt man zugleich dem die Mappe benutzenden und Nachtragsblätter einheftenden Betriebsbeamten eindeutig an, wie die Mappe geordnet sein soll.

649 Zusammenfassung.

Der Weg, aus statistischen Angaben erreichter Leistungsziffern unter Anwendung der Regeln der mathematischen Wahrscheinlichkeitsrechnung zu Gedingerichtwerten zu gelangen, hat sich als durchaus gangbar erwiesen. Die statistische Verfolgung der Gedingeergebnisse und deren Auswertung kann daher als eine das Gedingewesen des Bergbaus fördernde Maßnahme empfohlen werden. Allerdings hat diese Methode auch ihre Bedenken, wobei als erster Nachteil zu nennen wäre, daß die ermittelten Gedingerichtwerte sich nur in vereinzelten Fällen auf Arbeitsvorgänge, im allgemeinen aber auf Arbeitskomplexe beziehen und daher für den Aufbau einer „Gedingekalkulation" im allgemeinen nicht brauchbar sind. Statistische Leistungsziffern von Arbeitskomplexen werden aber um so ungenauer sein, je mehr Arbeitsvorgänge in ihnen eingeschlossen sind. Wenn auch eine aus statistischen Werten errechnete Richtziffer für die Leistung beim Umlegen eines Fördermittels — selbstverständliche Voraussetzung sind gleiche oder ähnliche geologische und betriebliche Verhältnisse — eine ziemliche Bedeutung für den praktischen Betrieb haben wird, so wird man das gleiche für einen Abbaustreckenvortrieb nicht ohne weiteres sagen können.

	1. Ziffer	2. Ziffer
A. Abbau		
0 Allgemeines	18 Karoline	
1 Hugo	19 Dickebank	1 Örter
2 Robert	20 Wasserfall	2 Aufhauen
3 Wellington	21 Sonnenschein	3 Abhauen
4 Karl	22 Sonnenschein-Nbbk.	4 Gesamtabbaubetrieb
5 Blücher I	23 Girondelle	5 Kohlenhauer
6 Blücher II	24 U.-Girondelle	6 Kohlenhauer + Lader
7	25 Finefrau	7 Lader
8	26 Finefrau-Nbbk.	8 Bergeversetzer
9 Ida	27 Kreftenscheer	9 Umleger
10 Ernestine	28 Mausegatt-Utbk.	10 Sonstige
11 Ernestine II	29 Mausegatt	
12 Röttgersbank	30 Geitling 2	
13 Wilhelm	31 Hauptflöz	
14 Johann	32 Wasserbank	
15 Präsident	33	
16 Helene	34	
17 Luise		
B.		
40	43	1 ....
41	44	2 ....
42	45	3 ....
C. Gesteinsbetrieb		
50 Haupt- und Wetterschächte		1 lichter Querschnitt unter 5 m²
51 Richtstrecken		2 lichter Querschnitt 5—6 m²
52 Abteilungsquerschläge		3 lichter Querschnitt 6—7 m²
53 Blindschächte		4 lichter Querschnitt 7—8 m²
54 Ortsquerschläge		5 lichter Querschnitt 8—9 m²
55		6 lichter Querschnitt 9—10 m²
56		7 lichter Querschnitt 10—11 m²
57		8 lichter Querschnitt 11—12 m²
58		9 lichter Querschnitt 12—13 m²
59		10 lichter Querschnitt über 13 m²

Abb. 62. Kennummern-Übersicht zum Gedingekatalog.

Ein zweiter und wohl der gewichtigste Einwand muß darin erblickt werden, daß aus statistischen Werten errechnete Richtzahlen den Leistungsgrad der Menschen, die die Leistungen erbrachten, implizite enthält. Gewiß wird man annehmen dürfen, daß sich bei normaler Belegschaftszusammensetzung die Streuwerte nach oben und unten gegeneinander ausgleichen, so daß tatsächlich die mittlere Leistung auch dem „Mittenmann" zugeordnet ist. Aber wenn nun die Belegschaft nicht normal zusammengesetzt ist, welchen Leistungsrichtwert ergibt dann die Statistik, bezogen auf den „Mittenmann"? Es muß offen zugegeben werden, daß in Zeiten einer Wirtschaftskrise die Belegschaftszusammensetzung eine bessere ist, da ja die weniger Leistungstüchtigen fast immer als erste ausscheiden. Der „Mittenmann" einer solchen Belegschaft steht aber über dem „Mittenmann" einer normalen Belegschaft. Daher müssen die Leistungsziffern der Statistik in Krisenjahren höher liegen als in normalen Zeiten. In Zeiten der Hochkonjunktur ergeben sich die umgekehrten Relationen.

Aus den genannten Gründen lehnen viele die aus statistischen Ziffern ermittelten Richtzahlen ab, schießen damit aber über das Ziel hinaus. Gewiß muß ihnen zugegeben werden, daß mit der Auswertung der Statistik längst nicht die beste Methode gefunden ist; fest dürfte aber auch stehen, daß sie immerhin einen beachtlichen Fortschritt gegenüber den bisherigen — auf gedächtnisgestütztem Schätzen beruhenden — Verfahren darstellt. Gewiß sollte man nicht nach dem ersten Schritt stehenbleiben und über der Freude des ersten Erfolgs das Fortschreiten vergessen, aber sicherlich dürfte es weitaus widersinniger sein, den ersten Schritt zu unterlassen, weil er nicht gleich zum Endziel führt. Und ein solcher Schritt ist und bleibt die Verwendung der Statistik zur Ableitung von Gedingerichtziffern.

65 Vertragswertsammlung.

650 Allgemeines und Grundsätzliches.

Welcher Bergmann kennt nicht das für die Gedingeverhandlung typische Bild des Betriebslebens: Um die Pfannschaufel oder den Förderwagen, die beide dem gleichen Zwecke, nämlich als Schreibtafel dienen, geschart, hocken Betriebsbeamte und Hauer. Zahl um Zahl schreibt die kreidebewehrte Hand des Fahrsteigers auf des Bergmanns „Schiefertafel". Das Gedinge wird durchgerechnet, wird kalkuliert.

Eine solche Berechnung bezweckt, nach Auflösung des gesamten Arbeitskomplexes in die einzelnen Arbeitsvorgänge den Zeitaufwand für letztere in gemeinschaftlich durchgeführten Überlegungen festzustellen und in der sich hierbei ergebenden Summenziffer des Zeitaufwandes die Grundlage für das Gedinge zu ermitteln. Wie man hierbei vorgeht, verdeutlicht das folgende Beispiel:

Auf der Schachtanlage X ist für Ort 1 Westen des Flözes Y, das eine Mächtigkeit von 60 cm reiner Kohle und ein Einfallen von 60° zeigt, das Gedinge für die Auffahrung der Abbaustrecke zu kalkulieren. Das Hangende besteht in Sandschiefer, das Liegende in Sandstein. Als Ausbau sollen hölzerne Türstöcke eingebracht werden. Die lichte Weite der Strecke beträgt in der Sohle 2,60 m, in der Firste 0,95 m und in der Höhe 2,20 m. Hieraus errechnet sich ein lichter Querschnitt von rd. 3,9 m². Der Ausbruchquerschnitt beläuft sich auf rd. 5,8 m², wovon rd. 1,8 m² auf das Flöz und rd. 4 m² auf das Nebengestein entfallen. Als Länge eines Abschlages ist 2,20 m gewählt. Bei einem Wageninhalt von 0,810 m³ fallen je Abschlag 6 Wagen Kohlen und 22 Wagen Berge an.

Es werden als Aufwand an reiner Arbeitszeit veranschlagt:

	Arbeiterstunden/ Abschlag
für das Auskohlen des Ortes und Laden der hereingewonnenen Kohlen	12
für das Bohren von 7 Sprenglöchern einschließlich der zugehörigen Vorarbeiten	9
für die eigentliche Schießarbeit	3
für das Laden von 22 Wagen Berge	18
für das Einbringen von 2 Zimmerungen	15
für Nebenarbeiten, wie Bahnlegen, Abtransport der Bergewagen usw.	6
Insgesamt	63

Die Arbeitszeit vor Ort beträgt 6 Stunden/Schicht. Somit ergibt sich der Schichtenaufwand je Abschlag zu 63 : 6 = 10,5 Schichten. Auf das laufende Meter entfallen bei einer Abschlaglänge von 2,20 m 4,77 Schichten. Bei einem Gedingerichtlohn von 11,59 DM/Schicht errechnet sich daraus ein Gedingesatz von 55,28 DM/m Auffahrung.

Auf das laufende Meter Ort kommen 6 : 2,20 = 2,73 Wagen Kohlen, für die ein Gedingesatz von je 1,00 DM als angemessen erachtet wird.

Dann verbleiben für das „Metergeld" 55,28 — 2,73 = 52,55 DM.

Die Gedingeleistung beziffert sich auf rd. 21 cm/M/Sch.

Bei einer Gedingekalkulation der vorstehenden Art werden die Ziffern des Zeitaufwandes für die einzelnen Arbeitsvorgänge dem Erfahrungsschatz des Betriebsbeamten bzw. des Hauers unmittelbar entnommen oder aus den Erfahrungen, die sie an ähnlichen Betriebspunkten gesammelt haben, abgeleitet. Bei den Zeitaufwands- bzw. Leistungsziffern, die in die Gedingekalkulation aufgenommen und damit dem Gedinge zugrunde gelegt werden, handelt es sich um Ziffern, die man als „vertraglich vereinbart" bezeichnen könnte, da sie ja die Billigung der beiden Vertragspartner gefunden haben. Wenn man nun einmal die Frage stellt, wie viele solcher Kalkulationen wohl im Bergbau bereits durchgeführt sein mögen, so ist deren Zahl auch nicht annähernd genau abzuschätzen, jedenfalls aber muß sie als sehr hoch angesehen werden.

Leider schließt sich aber im allgemeinen an das oben gezeichnete Bild der Gedingeverhandlung das folgende an: Über den Zeitaufwand ist zwischen Betriebsbeamten und Hauer Einigung erzielt; die Umrechnung der damit festgelegten Gedingeleistung in einen Geldbetrag ist eine einfache Rechenoperation, die schnell und reibungslos vonstatten geht; der Gedingevertrag wird ausgefertigt, unterschrieben und — die Pfannschaufel mit der auf ihr notierten Gedingekalkulation stößt wieder in das Haufwerk, oder der Förderwagen, dessen Wandung die Kalkulation trägt, wird ohne Aufhebens wieder seinem Zwecke als Fördergefäß zugeführt, wenn nicht schon vorher ein Rock- oder Hemdärmel die Aufzeichnungen verwischte. Damit ist die Grundlage des Gedingevertrages, die vielfach mit großer Mühe aufgebaut wurde, den Blicken entschwunden. Man fragt sich mit Recht: Warum? Vielleicht bewahrt der gleiche Mann, der die Grundrechnung für den Gedingevertrag, aus dem sich sein Einkommen vielleicht für Monate bestimmt, achtlos beiseite schiebt, eine Bestellabschrift oder eine Quittung über einen geringfügigen Rechnungsbetrag sorgfältig und lange Zeit auf. Die Erklärung für dieses an sich unverständliche Verhalten ist wahrscheinlich in der bekannten Abneigung des Bergmanns gegen das „Papier" zu suchen, die nicht nur dem Bergmann an der Hacke, sondern auch vielen Betriebsbeamten eigen ist.

Und doch! Ging und geht durch die Nichtachtung der Gedingekalkulation dem Bergbau nicht ein Zahlengut verloren, das von eminenter praktischer Bedeutung ist? Man sollte allein schon aus *dem* Grunde die Gedingekalkulationen schriftlich festhalten, um nachträgliche Einwände einer Fehlerhaftigkeit der Gedingeberechnung auf Stichhaltigkeit überprüfen zu können, was aus dem Gedächtnis heraus schlechthin unmöglich ist. Auch ist das psychologische Moment nicht zu unterschätzen, das darin liegt, daß dem Bergmann bei Übergabe einer schriftlichen Ausfertigung der Gedingekalkulation die Möglichkeit einer nachträglichen Durchsicht und einer Wiederverwendung bei späteren — gleichen oder ähnlichen — Fällen eröffnet wird. Die schriftliche Fixierung hat außerdem einen großen betriebs-pädagogischen Wert: nicht nur darin, daß der Vorgesetzte des Betriebsbeamten, der die Kalkulation durchgeführt hat, dessen Tätigkeit im Gedingewesen zu überwachen und gegebenenfalls auf Fehleinstellungen und -entscheidungen hinzuweisen in der Lage ist, sondern auch und vornehmlich darin, daß, ganz allgemein gesagt, die schriftliche Festlegung zu exakterem und genauerem Durchdenken der Arbeiten zwingt. Die Gefahr, daß die Arbeitsvorgänge überhaupt nicht durchgerechnet und durchgeprüft werden, ist, wenn schriftliche Aufzeichnungen verlangt werden, kaum noch vorhanden. Es würde daher schon aus diesen allgemeineren betrieblichen Gründen sehr zweckmäßig sein, wenn man die Gedingekalkulation zum integrierenden Bestandteil des Gedingevertrages erklärte. Dadurch würde auch die Durchsichtigkeit der Gedingeverträge bedeutend gewinnen. Der weitaus größte Schaden aber, der durch das Versäumnis der schriftlichen Festlegung der Gedingekalkulationen hervorgerufen wird, muß darin erblickt werden, daß das in ihnen enthaltene Erfahrungsgut der Sammlung, Auswertung und der betrieblichen Weiter- oder Wiederverwertung entzogen wird.

Ein nicht zu unterschätzender Fortschritt in der Entwicklung des Gedingewesens ist Anfang 1952 erzielt worden. Die Tarifparteien billigten in der Sitzung des Tarifausschusses vom 8. Januar 1952 einen Gedingescheinvordruck[1], auf dessen Rückseite ein Vordruck für die schriftliche Festlegung der Gedingekalkulation enthalten ist. Sie empfahlen dessen allgemeine Einführung. Wenn es sich auch zunächst nur um eine Empfehlung handelt, so steht aber zu erwarten, daß in absehbarer Zeit die Durchführung und schriftliche Fixierung der Gedingekalkulation als Vorschrift ein Bestandteil der Arbeitsordnung werden wird.

In Erkenntnis der im vorstehenden geschilderten Sachlage ist eine Bergwerksgesellschaft schon seit längerer Zeit dazu übergegangen, von ihren gedingesetzenden Betriebsbeamten grundsätzlich die schriftliche Festlegung der Gedingekalkulation zu fordern. Bei der Einführung hat man zunächst bewußt darauf verzichtet, eine Ausfertigung der Kalkulation dem Hauer bzw. der Mannschaft zu übergeben. Es wurde zunächst für ausreichend erachtet, wenn der Gedingescheinsammlung des Betriebsführers die Gedingekalkulation auf einem besonderen Blatt eingeordnet wurde. Nach Ausräumung der Anlaufschwierigkeiten ging man dazu über, die Gedingekalkulation auf der Rückseite des Gedingescheines unterzubringen — wie es heute die DKBL empfiehlt —, womit die Kalkulation zwangsläufig zu einem Bestandteil des Gedingevertrages

---

[1] S. Abb. 19 in Abschn. 2.

und ebenso zwangsläufig auch dem Arbeiter übergeben wurde, da dieser eine Ausfertigung des Gedingescheines erhält. Über die weitere Entwicklung finden sich Angaben in Abschn. 2 (Abbn. 14 bis 20).

Die Aufsammlung der Gedingekalkulationen eröffnete der Bergwerksgesellschaft schon nach verhältnismäßig kurzer Zeit die Möglichkeit, Kalkulationsziffern für einzelne öfter wiederkehrende Arbeitsvorgänge in hinreichender Anzahl der Sammlung zu entnehmen und aus ihnen Richtwerte zu entwickeln, die künftigen Gedingekalkulationen zugrunde gelegt werden bzw. bei ihrer Durchrechnung als Anhalt dienen können. Der Vorteil, der in diesen Richtwerten ruht, besteht einmal in ihrer Unangreifbarkeit. Sie sind aus vertraglich vereinbarten Werten entwickelt und können somit keinerlei willkürlichen Beeinflussungen unterliegen.

Des weiteren kann gegen sie nicht der Einwand erhoben werden, daß die verschieden hohen Leistungsgrade den Ziffern eine unsichere, von den Zeit- und Wirtschaftsverhältnissen beeinflußte Grundlage gäben, die somit nicht verläßlich wäre. Solange man unterstellt, und es liegt kein zwingender Grund zur gegenteiligen Annahme vor, daß die die Gedingeverträge abschließenden Partner, der Betriebsbeamte sowohl wie der Arbeiter, der Vorschrift genügen und ein rechtes, auf einer vernünftigen Kalkulation aufbauendes Gedinge abschließen wollten, daß sie beim Vorliegen von Meinungsverschiedenheiten diese vor Abschluß des Vertrages geklärt haben, so lange können die obengenannten, gegen die statistischen Mittelwerte im allgemeinen erhobenen Vorwürfe nicht mit Berechtigung aufrechterhalten werden. Inwieweit sie auf die aus erreichten (Ist-)Werten berechneten Richtzahlen zutreffen, kann hier dahingestellt bleiben, für die aus Vertrags-(Soll-)Werten berechneten können sie keine Gültigkeit haben.

Sodann darf bei diesen Richtwerten eine größere Genauigkeit erwartet werden, nicht nur, weil sich in ihnen Summen- oder Abrundungsfehler nicht im gleichen Maße vorfinden können wie in Richtwerten für ganze Arbeitskomplexe, sondern auch, weil einzelne Arbeitsvorgänge in ihrem Zeitaufwand sowohl vom Betriebsbeamten wie auch vom Hauer leichter überschaut und außerdem einfacher nachgeprüft werden können. Dabei läßt sich auch hier die Genauigkeit der Ermittlung der Gedingerichtwerte aus einer Anzahl von Einzelangaben durch Anwendung geeigneter Methoden erhöhen, wobei als beste die der Feststellung aus Häufigkeitsbildern erkannt werden muß.

Zu welchen Erfolgen das Beschreiten dieses Weges führt, mögen nachstehende Beispiele aufzeigen. Dabei soll von vornherein darauf hingewiesen werden, daß der Rahmen der Erfassung verhältnismäßig eng gespannt ist und daß die Sicherheit der Werte noch erheblich zunehmen wird, wenn man die Angaben von einer großen Zahl von Schachtanlagen bzw. eines ganzen Bezirks zusammentrüge und auswertete, was allerdings zur Voraussetzung hätte, daß die Gedinge grundsätzlich und überall kalkuliert werden.

651 Praktische Beispiele.

Einer der Betriebsvorgänge, die im Untertagebetriebe häufig vorkommen, ist das *Laden von Bergen in einen Förderwagen mittels Schaufel*, dessen Zeitaufwandsziffer demnach bei vielen Gedingekalkulationen eine Rolle spielen wird. Auf der einen Seite handelt es sich um eine gleichbleibende, von einem Wechsel der Einflußgrößen weitgehend unabhängige Arbeit, deren Zeitaufwandswerte infolgedessen wenig Streuwerte aufweisen und daher schon bei Vorliegen einer verhältnismäßig kleinen Anzahl von Einzelangaben zu einem guten Mittelwert führen dürften. Andererseits ist das Laden von Bergen eine schwere, körperlich sehr anstrengende Arbeit, woraus sich die Neigung des Arbeiters erklärt, bei der Gedingekalkulation für diesen Arbeitsvorgang einen möglichst hohen Zeitaufwandswert anzusetzen. Die Festlegung eines Richtwertes ist daher von großer Bedeutung.

In Abb. 12 (Abschn. 2) ist aus 316 Gedingekalkulationen, die auf drei den gleichen Förderwagentyp benutzenden Schachtanlagen durchgeführt wurden, die Häufigkeit der benutzten Kalkulationswerte dargestellt. Von Bedeutung ist zunächst die Feststellung, daß die Schachtanlage A den geringsten, die Anlage C den größten Streubereich aufweist, was gewisse Rückschlüsse auf die Straffheit der Betriebsführung zuläßt. Dieser ungünstige Eindruck wird noch verstärkt durch die Beobachtung, daß der größer werdenden Streuung eine Verlagerung des Mittelwertes nach oben parallel geht.

Der Mittelwert beträgt

bei der Schachtanlage A 0,971 Std./Wagen,
bei der Schachtanlage B 1,019 Std./Wagen = rd. 5% mehr als bei A,
bei der Schachtanlage C 1,081 Std./Wagen = rd. 11% mehr als bei A.

Hieraus wird verständlich, daß allein schon aus Gründen einer gerechten Einschätzung der Leistung die Festlegung eines Richtwertes empfohlen werden muß. Wenn man sich nun bei der Auswertung entschließt, alle Werte ohne Ausnahme zur Mittelwertbildung heranzuziehen, obgleich den von der Anlage C gestellten Beiträgen ein größerer Fehler sicherlich anhaften wird, so ist damit aber jedem Einwand begegnet, daß das Ergebnis der Mittelwertbildung nicht frei von Einflüssen gewesen sei, die eine Heraufschraubung der Leistungsforderung zum Ziele hatten. Im Gegenteil, wenn das errechnete Gesamtmittel von 1,02 Std./Wagen zur Norm erhoben wird, wird die bisherige Leistungsforderung auf der Anlage A im Durchschnitt um nicht ganz 5% ermäßigt, auf der Anlage B in der bisherigen Höhe verbleiben und nur auf der Anlage C einer Mehrforderung von rd. 6% Platz machen. Niemand wird behaupten können, daß dies ein unbilliges Verlangen darstelle.

Der aus der Gesamtheit der Einzelwerte errechnete Mittelwert von 1,02 Std./Wagen weist eine Fehlergrenze von ± 2,53% auf, so daß man zweckmäßig folgende Gedingebereiche einräumt:

für den Fahrsteiger   1,02 Std./Wg. ± 3% = 0,989 — 1,051 Std./Wg.

für den Betriebsführer   1,02 Std./Wg. ± 6% = 0,959 — 1,091 Std./Wg.

Die *Herstellung von Bohrlöchern* zwecks Sprengung des Gesteins ist ein Betriebsvorgang, der sich nicht nur beim eigentlichen Gesteinsstreckenvortrieb, sondern auch bei der Auffahrung von Abbaustrecken, ja selbst im Abbaubetrieb, und zwar bei der Hereingewinnung von Versatzgut in Blindörtern als wesentlicher Bestandteil des Arbeitskomplexes vorfindet. Daneben tritt er als Einzelerscheinung auf, so z. B. bei der Erweiterung oder Aufwältigung von Strecken, beim Hereinholen hängengebliebener Gesteinspacken im Bruchbau usw. Der Zeitaufwand für die Herstellung von Gesteinsbohrlöchern wird daher in vielen Gedingekalkulationen zu finden und die Festlegung eines Kalkulationsrichtwertes von weitgehender praktischer Bedeutung sein.

Letzterer stehen aber insofern Schwierigkeiten entgegen, als die Zahl der Einflußgrößen groß und deren Auswirkungen auf den Zeitaufwand stark unterschiedlich sind. Der Bohrfortschritt ist funktional abhängig hauptsächlich von der Härte und der Struktur des zu bohrenden Gesteins, vom Bohrverfahren, u. a. von dem Zustand und der Art der Bohrhammers, des Bohrgestänges, der Bohrschneide, vom Druck des Betriebsmittels, vom Andruck der Maschine u. a. m. Man wird daher bei einem Mittelwert für den Zeitaufwand, der für die verschiedensten Verhältnisse Geltung haben soll, in Rücksicht auf die Verschiedenheit der Auswirkungen der vorgenannten Einflußgrößen

a) eine verhältnismäßig große Zahl von Einzelwerten zur Mittelwertbildung heranziehen,

b) einen größeren Fehler in der Bestimmung erwarten und

c) dem Betriebsbeamten einen Gedingebereich einräumen müssen, der ihm die Möglichkeit bietet, die Verschiedenheit der Verhältnisse gebührend zu berücksichtigen.

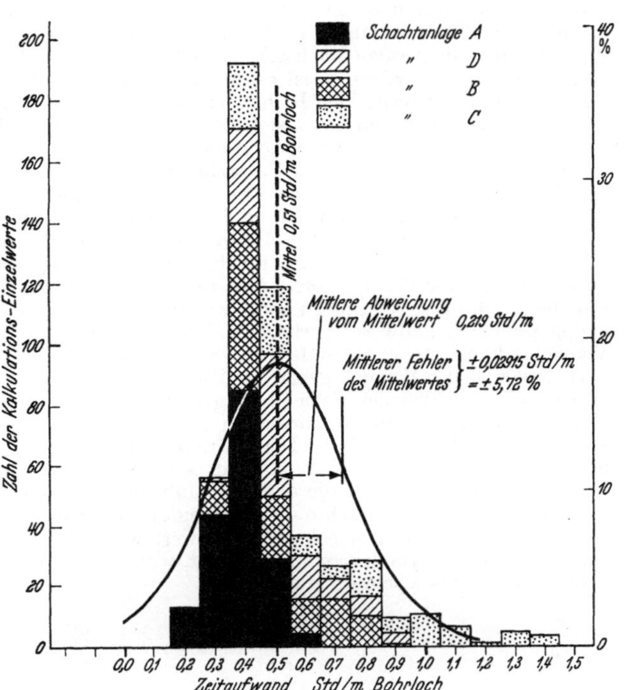

Abb. 63. Häufigkeitsbild von Kalkulationswerten für die Herstellung von Bohrlöchern mittels Bohrhammer auf Bohrstützen. Grundlage: 512 Gedingekalkulationen.

In Abb. 63 ist aus 512 Gedingekalkulationswerten, die vier verschiedenen Schachtanlagen entstammen, ein Häufigkeitsbild entwickelt. Auch hier kommt man zu den gleichen Ergebnissen wie beim vorhin behandelten Beispiel, daß nämlich mit wachsender Streubreite ein Anwachsen des mittleren Zeitaufwandes zu beobachten ist.

Es ist

auf der Schachtanlage A bei einem mittleren Zeitaufwand von 0,382 Std./m Bohrloch der Streubereich *klein,*

auf der Schachtanlage B bei einem mittleren Zeitaufwand von 0,502 Std./m Bohrloch der Streubereich *mittel,*

auf der Schachtanlage D bei einem mittleren Zeitaufwand von 0,527 Std./m Bohrloch der Streubereich *groß,*

auf der Schachtanlage C bei einem mittleren Zeitaufwand von 0,744 Std./m Bohrloch der Streubereich *sehr groß.*

Die Anlagen B, D und C weisen gegenüber der Anlage A einen Mehraufwand an Zeit je m Bohrloch auf, der sich im Mittel beläuft

bei der Anlage B auf rd. 31%,

bei der Anlage D auf rd. 38%,

bei der Anlage C auf rd. 95%.

Dabei ist zu bemerken, daß für D ein höherer Zeitaufwand zu erwarten stand, da der von dieser Anlage durchörterte Gesteinsbereich im allgemeinen einen höheren Anteil an Sandsteinen und Konglomeraten aufweist als die der übrigen.

Die Feststellung der gleichen Gradation wie im ersten Beispiel erhärtet die dort getroffene Feststellung, daß die Betriebsführung der Anlage A straffer erfolgt.

Gleichwohl ist der Mittelwert aus der Gesamtheit der Einzelwerte gebildet und damit ebenso wie im ersten Beispiel einem Einwand der Überspitzung des Richtwertes der Boden entzogen. Der Mittelwert errechnet sich zu 0,51 Std./m Bohrloch, die mittlere Abweichung zu 0,219 Std./m Bohrloch und der mittlere Fehler des Mittelwertes zu ± 5,72%.

Man wird daher bei Gewährung eines Gedingebereiches von ± 6 bzw. ± 12% sowohl dem Fehler der Erfassung wie auch der Möglichkeit der Berücksichtigung des Schwankens der Einflußgrößen genügend Rechnung tragen. Unter diesen Rücksichten sind als Gedingebereich gewählt

für den Fahrsteiger   0,479 — 0,541 Std./m Bohrloch,
für den Betriebsführer   0,449 — 0,571 Std./m Bohrloch.

Das dritte Beispiel Abb. 13 (Abschn. 2) befaßt sich mit einem auf den untersuchten Schachtanlagen infolge steilerer Lagerungsverhältnisse seltener vorkommenden Betriebsvorgang, dem *Umlegen von Schüttelrutschen*, wobei das Umbauen der zugehörigen Druckluftleitung und des Antriebsmotors mit erfaßt sind. Zur Verfügung standen die Einzelwerte von nur 69 Gedingekalkulationen. Bedenkt man weiterhin, daß die Angaben teils·aus mächtigeren Flözen stammen, in denen man sich bequemer bewegen kann, teils aber auch auf Betriebe bezogen sind, in denen die geringe Mächtigkeit des Flözes und die dadurch bedingte Beengung im Raume den Arbeitsvorgang stark erschweren, so ist es um so erstaunlicher, daß der Mittelwert von 0,46 Std./m einen Fehler von nur ± 6,24% aufweist. Der Richtwert ist bei entsprechender Berücksichtigung der örtlichen Verhältnisse durchaus brauchbar, wenn man sich auch eine Streckung auf eine breitere Erfassungsgrundlage zur Erzielung einer höheren Genauigkeit wünschen möchte.

Es ist eine allgemein bekannte Tatsache, daß die Schätzung des Zeitaufwandes, der mit der Hereingewinnung der Kohle in Abbaustrecken verbunden ist, sehr schwierig ist. Diese Erfahrung wird gestützt durch den Umstand, daß die Einflußgrößen sehr zahlreich und teilweise nicht meßbar, teilweise größenmäßig nicht in jedem Einzelfall feststellbar sind. Dem Betriebspraktiker dürfte daher der Versuch, aus Gedingekalkulationen die Schätzwerte für den Zeitaufwand für das *Auskohlen eines vorgesetzten Ortes bei fester Kohle und Laden des* dabei *anfallenden Haufwerks in Förderwagen* auszuziehen und zu einem Mittelwert zu vereinigen, um ihn als Richtwert bei der Gedingesetzung zu benutzen, als ein aussichtsloses Unterfangen gelten. Wenn dazu nur verhältnismäßig wenige Grundwerte vorliegen, dürfte angesichts der erwarteten Streubreite das Wagnis eines solchen Versuches kaum mehr als Kopfschütteln auslösen.

Dennoch ist der Versuch gemacht. Abb. 64 bringt das auf 38 Werten beruhende Häufigkeitsbild, wobei die Werte drei verschiedenen Schachtanlagen entstammen. Der Mittelwert beläuft sich auf 2,57 Stunden/Wagen Kohlen, das arithmetische Mittel bei Ausschluß der Extremwerte auf 2,59 und der häufigste Wert auf 2,70 Stunden/Wagen Kohlen. Der mittlere Fehler des aus allen Einzelwerten gezogenen Mittels belief sich bei der Berechnung nach KÜTTNER auf ± 6,6%, bei der Bestimmung nach CŽUBER auf ± 6,45% (Tafel 36), war also in Rücksicht auf die oben angeführten Bedenken über alles Erwarten gering. Ein noch mehr überraschendes Ergebnis erbrachte die Prüfung auf Vorliegen einer GAUSSschen Normalverteilung nach PEARSON (Tafel 37). Der zu 3,04 errechnete Kennwert wies aus, daß eine nahezu vollständige Übereinstimmung mit der GAUSSschen Normalverteilung vorliegt, womit die Brauchbarkeit der Studie zur Festlegung eines Gedingerichtwertes erwiesen sein dürfte.

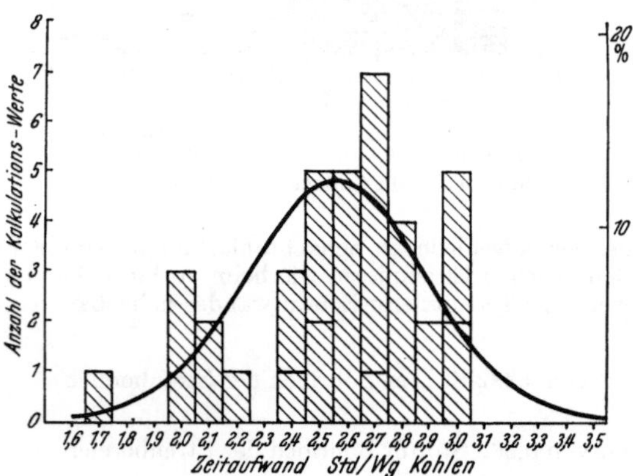

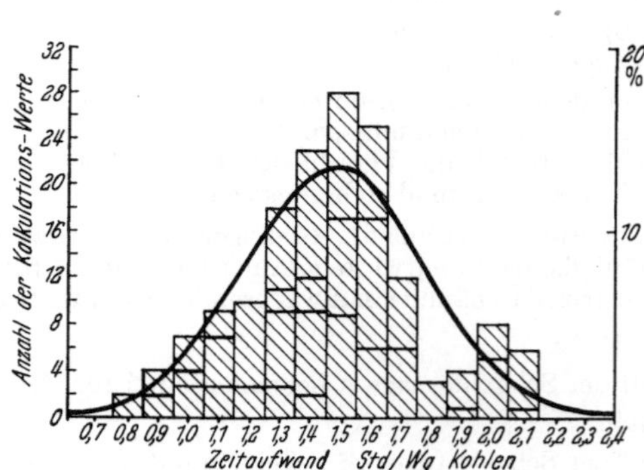

Abb. 64. Häufigkeitsbild von Kalkulationswerten für das Auskohlen eines Ortes bei fester Kohle und Laden des Haufwerks. Grundlage: 38 Gedingekalkulationen.

Abb. 65. Häufigkeitsbild von Kalkulationswerten für das Auskohlen eines Ortes bei mittelfester Kohle und Laden des Haufwerks. Grundlage: 160 Gedingekalkulationen.

Daß es sich bei dem im vorstehenden behandelten Fall der festen Kohle nicht um einen zufälligen Treffer handeln kann, beweist die in Abb. 65 durchgeführte gleichartige Untersuchung für *mittelfeste Kohle*.

Die kennzeichnenden Ziffern sind folgende:

Zahl der beisteuernden Schachtanlagen	4
Zahl der erfaßten Werte	160
arithmetisches Mittel	1,475 Std./Wg.
häufigster Wert	1,5 Std./Wg.
mittlerer Fehler nach KÜTTNER	± 4,5%
mittlerer Fehler nach CŽUBER (Tafel 38)	± 4,78%
Kennwert nach PEARSON (Tafel 39)	3,19

Tafel 36. *Auswertung des Häufigkeitsbildes der Abb. 61.* (Nach CŽUBER.)

Werte-klasse	Häufigkeit		Gewählter Mittelwert	Abweichung vom gew. Mittel (a—d)	Summen der Abweichungen — | + (b · e)		Quadrat d. Abweich. vom gew. Mittel e^2	b · h
	absolut	relativ %						
a	b	c	d	e	f	g	h	i
1,7	1	2,63	2,5	— 0,8	0,8	—	0,64	0,64
1,8	—	—		—	—	—	—	—
1,9	—	—		—	—	—	—	—
2,0	3	7,89		— 0,5	1,5	—	0,25	0,75
2,1	2	5,26		— 0,4	0,8	—	0,16	0,32
2,2	1	2,63		— 0,3	0,3	—	0,09	0,09
2 3	—	—		—	—	—	—	—
2,4	3	7,89		— 0,1	0,3	—	0,01	0,03
2,5	5	13,16		± 0	—	—	—	—
2,6	5	13,16		+ 0,1	—	0,5	0,01	0,05
2,7	7	18,43		+ 0,2	—	1,4	0,04	0,28
2,8	4	10,53		+ 0,3	—	1,2	0,09	0.36
2,9	2	5,26	.	+ 0,4	—	0,8	0,16	0,32
3,0	5	13,16		+ 0,5	—	2,5	0,25	1,25
Σ	38	100	—	—	— 3,7	+ 6,4	—	4,09

Arithmetischer Mittelwert:

$$M = d + \frac{\Sigma (f + g)}{\Sigma b} = 2{,}5 + \frac{2{,}7}{38} = 2{,}5 + 0{,}07 = \boxed{2{,}571}$$

Mittlere Abweichung:

$$\sigma = \pm \sqrt{\frac{\Sigma i}{\Sigma b} - \left[\frac{\Sigma (f + g)}{\Sigma b} \right]^2} = \sqrt{\frac{4{,}09}{38} - \left(\frac{2{,}7}{38} \right)^2} = \boxed{\pm 0{,}322}$$

Mittlerer Fehler:

Faktor für Σb-Werte nach untenstehender Tafel

$$s = \text{Faktor} \cdot \sigma = 0{,}515 \cdot 0{,}322 = \boxed{\pm 0{,}166}$$

in % des arithmetischen Mittelwertes ausgedrückt:

$$s_1 = \frac{100 \cdot s}{M} = \frac{100 \cdot 0{,}166}{2{,}571} = \boxed{\pm 6{,}45 \%}$$

Faktoren-Tafel

0	—	10	1,29	20	0,77	30	0,595	50	0,45	100	0,30	200	0,20
1	∞	11	1,20	21	0,75	32	0,57	55	0,42	120	0,28	300	0,17
2	166,6	12	1,12	22	0,73	34	0,55	60	0,40	140	0,26	400	0,14
3	11,08	13	1,05	23	0,71	36	0,53	65	0,39	160	0,24	500	0,10
4	4,61	14	0,99	24	0,69	38	0,515	70	0,37	180	0,22	1000	0,04
5	2,96	15	0,95	25	0,67	40	0,50	75	0,35				
6	2,29	16	0,90	26	0,65	42	0,49	80	0,34				
7	1,85	17	0,86	27	0,63	44	0,48						
8	1,60	18	0,83	28	0,62	46	0,47						
9	1,42	19	0,80	29	0,605	48	0,46						

Tafel 37. *Auswertung des Häufigkeitsbildes der Abb. 64.* (Nach Pearson.)

Stufen-mitte	Anzahl der Werte	$a \cdot b$	$a - M$	d^2	$e \cdot b$	e^2	$g \cdot b$
a	b	c	d	e	f	g	h
1,7	1	1,70	−0,87	0,7569	0,7569	0,572897	0,572897
1,8	—	—	—	—	—	—	—
1,9	—	—	—	—	—	—	—
2,0	3	6,00	−0,57	0,3249	0,9747	0,105560	0,316680
2,1	2	4,20	−0,47	0,2209	0,4418	0,048796	0,097592
2,2	1	2,20	−0,37	0,1369	0,1369	0,018741	0,018741
2,3	—	—	—	—	—	—	—
2,4	3	7,20	−0,17	0,0289	0,0867	0,000835	0,002505
2,5	5	12,50	−0,07	0,0049	0,0245	0,000024	0,000120
2,6	5	13,00	+0,03	0,0009	0,0045	0,000000	0,000000
2,7	7	18,90	+0,13	0,0169	0,1183	0,000285	0,001995
2,8	4	11,20	+0,23	0,0529	0,2116	0,002798	0,011192
2,9	2	5,80	+0,33	0,1089	0,2178	0,011859	0,023718
3,0	5	15,00	+0,43	0,1849	0,9245	0,034188	0,170940
—	$\Sigma b = 38$	$\Sigma (a \cdot b) = 97{,}70$	—	—	$\Sigma (e \cdot b) = 3{,}8982$	—	$\Sigma (g \cdot b) = 1{,}216380$

$$M = \frac{\Sigma (a \cdot b)}{\Sigma b} = \frac{97{,}70}{38} = 2{,}57$$

$$m_2 = \frac{\Sigma (e \cdot b)}{\Sigma b} = \frac{3{,}8982}{38} = 0{,}10258$$

$$m_4 = \frac{\Sigma (g \cdot b)}{\Sigma b} = \frac{1{,}216380}{38} = 0{,}03201$$

$$m_2^2 = 0{,}01052$$

$$B = \frac{m_4}{m_2^2} = \frac{0{,}03201}{0{,}01052} = 3{,}04$$

Zur Untersuchung *„Gedingerichtwerte, Abbaustrecken-Vortrieb, vorgesetztes Ort, Auskohlen des Ortes und Ladearbeit (flache Lagerung, feste Kohle)"* .... gehörig.

Voraussetzung der Anwendbarkeit: gleiche Klassenbreite!

Bewertungsregeln der Kennziffer B:

1. B = 3 Es liegt volle Übereinstimmung mit Gaussscher Normalverteilung vor.
2. B ⧫ 3 Je größer die Abweichung von 3, um so schlechtere Übereinstimmung mit der Normalverteilung.
3. B = 2,6 Gerade noch zulässige Abweichung von der Normalverteilung, d. h. die Abweichungen von der normalen Häufigkeitsverteilung sind nicht grundsätzlich bedingt, sondern beruhen auf Zufall; die Streuung um den Durchschnittswert ist rein zufällig.
4. B < 2,6 Die Verteilung kann nicht mehr als annähernd normal angesehen werden. Es ist dann anzunehmen, daß irgendeine oder mehrere vorherrschende Ursachen unter den Ursachen der Streuung vorhanden sind.
5. B > 3 Die Mehrzahl der Einzelwerte schart sich enger um den Mittelwert als bei einer Normalverteilung.

Ergebnis der vorliegenden Untersuchung:

Die Verteilung der Werte im Streubereich entspricht nahezu voll der normalen Verteilung. Damit ist die Brauchbarkeit der Studie zur Festsetzung von Gedingerichtleistungen erwiesen.

Tafel 38. *Auswertung des Häufigkeitsbildes der Abb. 65.* (Nach Czuber.)

| Werte-klasse | Häufigkeit | | Gewählter Mittelwert | Abweichung vom gew. Mittel (a—d) | Summen der Abweichungen — (b·e) | + | Quadrat d. Abweich. vom gew. Mittel e^2 | b · h |
	absolut	relativ %						
a	b	c	d	e	f	g	h	i
0,8	2	1,250	1,4	— 0,6	1,2	—	0,36	0,72
0,9	4	2,500		— 0,5	2,0	—	0,25	1,00
1,0	7	4,375		— 0,4	2,8	—	0,16	1,12
1,1	9	5,625		— 0,3	2,7	—	0,09	0,81
1,2	10	6,250		— 0,2	2,0	—	0,04	0,40
1,3	18	11,250		— 0,1	1,8	—	0,01	0,18
1,4	23	14,375		± 0	—	—	—	—
1,5	28	17,500		+ 0,1	—	2,8	0,01	0,28
1,6	25	15,625		+ 0,2	—	5,0	0,04	1,00
1,7	12	7,500		+ 0,3	—	3,6	0,09	1,08
1,8	3	1,875		+ 0,4	—	1,2	0,16	0,48
1,9	4	2,500		+ 0,5	—	2,0	0,25	1,00
2,0	8	5,000		+ 0,6	—	4,8	0,36	2,88
2,1	6	3,750		+ 0,7	—	4,2	0,49	2,94
2,2	—	—		—	—	—	—	—
2,3	1	0,625		+ 0,9	—	0,9	0,81	0,81
Σ	160	100	—	—	— 12,5	+ 24,5	—	14,70

Arithmetischer Mittelwert:

$$M = d + \frac{\Sigma\,(f + g)}{\Sigma\,b} = 1,4 + \frac{12}{160} = 1,4 + 0,075 = \boxed{1,475}$$

Mittlere Abweichung:

$$\sigma = \pm\sqrt{\frac{\Sigma\,i}{\Sigma\,b} - \left[\frac{\Sigma\,(f + g)}{\Sigma\,b}\right]^2} = \sqrt{\frac{14,7}{160} - \left(\frac{12}{160}\right)^2} = \boxed{\pm\,0,294}$$

Mittlerer Fehler:

Faktor für $\Sigma\,b$-Werte nach untenstehender Tafel

$$s = \text{Faktor} \cdot \sigma = 0,24 \cdot 0,294 = \boxed{\pm\,0,0705}$$

in % des arithmetischen Mittelwertes ausgedrückt:

$$s_1 = \frac{100 \cdot s}{M} = \frac{0,0705 \cdot 100}{1,475} = \frac{7,05}{1,475} = \boxed{\pm\,4,78\,\%}$$

Faktoren-Tafel

0	—	10	1,29	20	0,77	30	0,595	50	0,45	100	0,30	200	0,20		
1	∞	11	1,20	21	0,75	32	0,57	55	0,42	120	0,28	300	0,17		
2	166,6	12	1,12	22	0,73	34	0,55	60	0,40	140	0,26	400	0,14		
3	11,08	13	1,05	23	0,71	36	0,53	65	0,39	160	0,24	500	0,10		
4	4,61	14	0,99	24	0,69	38	0,515	70	0,37	180	0,22	1000	0,04		
5	2,96	15	0,95	25	0,67	40	0,50	75	0,35						
6	2,29	16	0,90	26	0,65	42	0,49	80	0,34						
7	1,85	17	0,86	27	0,63	44	0,48								
8	1,60	18	0,83	28	0,62	46	0,47								
9	1,42	19	0,80	29	0,605	48	0,46								

Tafel 39. *Auswertung des Häufigkeitsbildes der Abb. 65. (Nach* PEARSON.)

Stufen-mitte	Anzahl der Werte	$a \cdot b$	$a - M$	d^2	$e \cdot b$	e^2	$g \cdot b$
a	b	c	d	e	f	g	h
0,8	2	1,6	−0,675	0.455625	0,911250	0,207594	0,415188
0,9	4	3,6	−0,575	0,330625	1,322500	0,109313	0,437252
1,0	7	7,0	−0,475	0,225625	1,579375	0,050906	0,356342
1,1	9	9,9	−0,375	0,140625	1,265625	0,019775	0,177975
1,2	10	12,0	−0,275	0,075625	0,756250	0,005719	0,057190
1,3	18	23,4	−0,175	0,030625	0,551250	0,000938	0,016884
1,4	23	32,2	−0,075	0,005625	0,129375	0,000032	0,000736
1,5	28	42,0	+0,025	0,000625	0,017500	0,000000	0,000000
1,6	25	40,0	+0,125	0,015625	0,390625	0,000244	0,006100
1,7	12	20,4	+0,225	0,050625	0,607500	0,002563	0,030756
1,8	3	5,4	+0,325	0,105625	0,316875	0,011157	0,033471
1,9	4	7,6	+0,425	0,180625	0,722500	0,032625	0,130500
2,0	8	16,0	+0,525	0,275625	1,929375	0,075969	0,607752
2,1	6	12,6	+0,625	0,390625	2,343750	0,152588	0,915528
2,2	—	—	—	—	—	—	—
2,3	1	2,3	+0,825	0,680625	0,680625	0,463250	0,463250
—	$\Sigma b =$ 160	$\Sigma(a \cdot b) =$ 236,0	—	—	$\Sigma(e \cdot b) =$ 13,524375	—	$\Sigma(g \cdot b) =$ 3,6489

$$M = \frac{\Sigma(a \cdot b)}{\Sigma b} = \frac{236,0}{160} = 1,475$$

$$m_2 = \frac{\Sigma(e \cdot b)}{\Sigma b} = \frac{13,524375}{160} = 0,0845$$

$$m_4 = \frac{\Sigma(g \cdot b)}{\Sigma b} = \frac{3,6489}{160} = 0,02280$$

$$m_2{}^2 = 0,007140$$

$$B = \frac{m_4}{m_2{}^2} = \frac{0,02280}{0,007140} = 3,19$$

Zur Untersuchung „Gedingerichtwerte, Abbaustrecken-Vortrieb, Auskohlen des Ortes und Ladearbeit (bei mittelfester Kohle)" gehörig.

Voraussetzung der Anwendbarkeit: gleiche Klassenbreite!

Bewertungsregeln der Kennziffer B:

1. B = 3 Es liegt volle Übereinstimmung mit GAUSSscher Normalverteilung vor.

2. B $\neq$ 3 Je größer die Abweichung von 3, um so schlechtere Übereinstimmung mit der Normalverteilung.

3. B = 2,6 Gerade noch zulässige Abweichung von der Normalverteilung, d. h. die Abweichungen von der normalen Häufigkeitsverteilung sind nicht grundsätzlich bedingt, sondern beruhen auf Zufall; die Streuung um den Durchschnittswert ist rein zufällig.

4. B $<$ 2,6 Die Verteilung kann nicht mehr als annähernd normal angesehen werden. Es ist dann anzunehmen, daß irgendeine oder mehrere vorherrschende Ursachen unter den Ursachen der Streuung vorhanden sind.

5. B $>$ 3 Die Mehrzahl der Einzelwerte schart sich enger um den Mittelwert als bei einer Normalverteilung.

Ergebnis der vorliegenden Untersuchung:

Die Mehrzahl der Werte schart sich enger um den Mittelwert als dies bei einer normalen Verteilung der Fall ist. Das Untersuchungsergebnis kann infolgedessen als eine gute Grundlage für die Festsetzung von Gedingerichtleistungen angesprochen werden.

Der Kennwert 3,19 nach PEARSON beweist, daß sich die Mehrzahl der Werte enger um den Mittelwert schart als dies bei einer normalen Verteilung nach GAUSS der Fall sein würde. Das Untersuchungsergebnis kann daher als ein ziemlich verläßlicher Gedingerichtwert angesprochen werden.

Von 4 verschiedenen Schachtanlagen wurden aus insgesamt 106 Gedingekalkulationen die Zeitaufwandsziffern ausgezogen, die für „*Nebenarbeiten" beim Vortrieb eines* einspurigen vorgesetzten *Ortes* angesetzt waren. Unter „Nebenarbeiten" waren dabei verstanden: der Schießvorgang, das Verlegen des Gestänges, der Vorbau des Luttenstranges, das Einstauben des Ortes usw. Schon die Streubreite der Werte (1,0—3,2 Std./m) ließ darauf schließen, daß mit einem guten Ergebnis der Untersuchung nicht zu rechnen sei. Eine stärkere Häufung findet sich im Bereich 2,6—2,8 Std./m, wobei letztere Ziffer den häufigsten Wert repräsentiert (Abb. 66). Der Mittelwert errechnet sich zu 2,42 Std./m. Weiterhin betragen:

der mittl. Fehler nach KÜTTNER $\pm$ 6,8 %

der mittlere Fehler nach CŽUBER $\pm$ 6,78%
(Tafel 40)

die Kennzahl nach PEARSON ...   2,33
(Tafel 41)

Somit war festzustellen: Die Verteilung der Werte im Häufigkeitsbild ist nicht normal. Die Ursache ist wahrscheinlich darin zu finden, daß die summarische Erfassung der „Nebenarbeiten" den an den einzelnen Betriebspunkten herrschenden Verschiedenheiten nicht Rechnung tragen kann. Es muß daher gefolgert werden, daß bei den „Nebenarbeiten" eine mehr ins einzelne gehende Studie erforderlich ist, wenn man zu tragenden Werten kommen will.

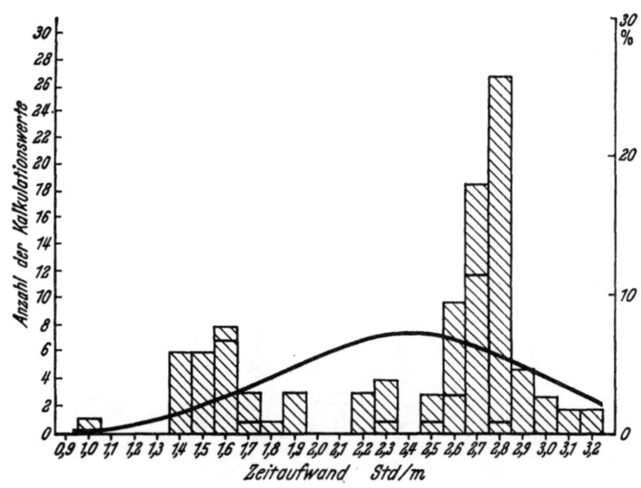

Abb. 66. Häufigkeitsbild von Kalkulationswerten für „Nebenarbeiten" beim Ortsvortrieb.
Grundlage: 106 Gedingekalkulationen.

652 Bemerkungen zur Methode der Bestimmung von Gedingerichtwerten aus den Erfahrungen der Betriebsangehörigen.

Die Gedingekalkulationen und damit die Gedingeverträge bauten bisher und bauen noch heute auf den Erfahrungswerten der Betriebsbeamten einerseits und denen der Arbeiter andererseits auf. Wenn man nun aus der Gesamtheit dieser Erfahrungen Mittelwerte extrahiert, so abstrahiert man zwangsläufig das dem Kalkulationseinzelwert anhaftende subjektive Moment, da man sich nicht mehr auf die unbekannten Einflüssen unterworfene Auffassung des einzelnen Menschen beruft, sondern von einem gewissen „nexus montanorum" ausgehend das Urteil der Gesamtheit als ausgewogene, in sich ausgeglichene und objektivierte Richtschnur wählt. Der Kalkulations*einzel*wert ist — um ein allerdings in einem anderen Zusammenhang geprägtes Wort des Soziologen F. TÖNNIES zu gebrauchen — „ein Akt des Individuums. Er schließt sich gleichsam ab in seinem eigenen Element, oder er ist wenigstens sein eigener Zeuge und sein eigenes Muster." Diese Isoliertheit und Bindungslosigkeit, diese nur auf eigene persönliche Ansicht und Erfahrung bauende, in gewissem Sinne diktatorische Bewertung wird aber aller ihr anhaftenden Schwächen entkleidet, wenn sie in das Gesamtgefüge einer großen Erfahrungssammlung eingebaut wird und bei der Bildung des mittleren Erfahrungswertes nur ihren bescheidenen Einfluß geltend machen kann. Dagegen liegt das Gewicht eines fehlerbehafteten oder eines aus sonstigen Gründen vom Durchschnittswert stark abweichenden Wertes schwer in der Waagschale bei Berechnung des mittleren Fehlers, büßt also von seinem Warnvermögen, daß in der Grundlage des Mittelwertes Außenseiter enthalten sind, nichts ein. Der mittlere Fehler ist in jedem Falle eine Kennzahl dafür, inwieweit der errechnete Mittelwert allgemeine Anerkennung verdient, oder aber auch, wie groß die Toleranz bei seiner Verwendung als Richtwert bemessen sein sollte. Auch läßt sich nach dem von PEARSON angegebenen Verfahren unschwer feststellen, ob und inwieweit der reine Zufall oder andere Ursachen die Streuung hervorgerufen haben, ein weiteres wichtiges Hilfsmittel zur Urteilsfindung der Verläßlichkeit des gefundenen Richt-(Mittel-)Wertes. Jedenfalls besitzt der Mittelwert nicht die Schattenseite des Einzelwertes,

Tafel 40. *Auswertung des Häufigkeitsbildes der Abb. 66.* (Nach CŽUBER.)

Werte-klasse	Häufigkeit		Gewählter Mittelwert	Abweichung vom gew. Mittel (a—d)	Summen der Abweichungen		Quadrat d. Abweich. vom gew. Mittel e²	b · h
	absolut	relativ %			—	+		
a	b	c	d	e	f	g	h	i
1,0	1	0,9	2,4	−1,4	1,4	—	1,96	1,96
1,1	—	—		—	—	—	—	—
1,2	—	—		—	—	—	—	—
1,3	—	—		—	—	—	—	—
1,4	6	5,7		−1,0	6,0	—	1,0	6,0
1,5	6	5,7		−0,9	5,4	—	0,81	4,86
1,6	8	7,6		−0,8	6,4	—	0,64	5,12
1,7	3	2,8		−0,7	2,1	—	0,49	1,47
1,8	1	0,9		−0,6	0,6	—	0,36	0,36
1,9	3	2,8		−0,5	1,5	—	0,25	0,75
2,0	—	—		—	—	—	—	—
2,1	—	—		—	—	—	—	—
2,2	3	2,8		−0,2	0,6	—	0,04	0,12
2,3	4	3,8		−0,1	0,4	—	0,01	0,04
2,4	—	—		± 0	—	—	—	—
2,5	3	2,8		+ 0,1	—	0,3	0,01	0,03
2,6	10	9,4		+ 0,2	—	2,0	0,04	0,40
2,7	19	17,9		+ 0,3	—	5,7	0,09	1,71
2,8	27	25,6		+ 0,4	—	10,8	0,16	4,32
2,9	5	4,7		+ 0,5	—	2,7	0,25	1,25
3,0	3	2,8		+ 0,6	—	1,8	0,36	1,08
3,1	2	1,9		+ 0,7	—	1,4	0,49	0,98
3,2	2	1,9		+ 0,8	—	1,6	0,64	1,28
Σ	106	100	—	—	−24,4	+ 26,1	—	31,73

Arithmetischer Mittelwert:

$$M = d + \frac{\Sigma (f + g)}{\Sigma b} = 2,4 + \frac{1,7}{106} = 2,4 + 0,016 = \boxed{2,416}$$

Mittlere Abweichung:

$$\sigma = \pm \sqrt{\frac{\Sigma i}{\Sigma b} - \left[\frac{\Sigma (f + g)}{\Sigma b}\right]^2} = \sqrt{\frac{31,73}{106} - \left(\frac{0,016}{106}\right)^2} = \boxed{\pm 0,547}$$

Mittlerer Fehler:

Faktor für Σb-Werte nach untenstehender Tafel

$$s = \text{Faktor} \cdot \sigma = 0,30 \cdot 0,547 = \boxed{\pm 0,164}$$

in % des arithmetischen Mittelwertes ausgedrückt:

$$s_1 = \frac{100 \cdot s}{M} = \frac{100 \cdot 0,164}{2,416} = \boxed{\pm 6,78\,\%}$$

Faktoren-Tafel

0	—	10	1,29	20	0,77	30	0,595	50	0,45	100	0,30	200	0,20
1	∞	11	1,20	21	0,75	32	0,57	55	0,42	120	0,28	300	0,17
2	166,6	12	1,12	22	0,73	34	0,55	60	0,40	140	0,26	400	0,14
3	11,08	13	1,05	23	0,71	36	0,53	65	0,39	160	0,24	500	0,10
4	4,61	14	0,99	24	0,69	38	0,515	70	0,37	180	0,22	1000	0,04
5	2,96	15	0,95	25	0,67	40	0,50	75	0,35				
6	2,29	16	0,90	26	0,65	42	0,49	80	0,34				
7	1,85	17	0,86	27	0,63	44	0,48						
8	1,60	18	0,83	28	0,62	46	0,47						
9	1,42	19	0,80	29	0,605	48	0,46						

Tafel 41. *Auswertung des Häufigkeitsbildes der Abb. 66.* (Nach PEARSON.)

Stufen-mitte	Anzahl der Werte	$a \cdot b$	$a - M$	d^2	$e \cdot b$	e^2	$g \cdot b$
a	b	c	d	e	f	g	h
1,0	1	1,00	—1,42	2,0164	2,0164	4,065869	4,065869
1,1	—	—	—	—	—	—	—
1,2	—	—	—	—	—	—	—
1,3	—	—	—	—	—	—	—
1,4	6	8,40	—1,02	1,0404	6,2424	1,082432	6,494592
1,5	6	9,00	—0,92	0,8464	5,0784	0,716392	4,298352
1,6	8	12,80	—0,82	0,6724	5,3792	0,452122	3,616976
1,7	3	5,10	—0,72	0,5184	1,5552	0,268738	0,806214
1,8	1	1,80	—0,62	0,3844	0,3844	0,147763	0,147763
1,9	3	5,70	—0,52	0,2704	0,8112	0,073116	0,219348
2,0	—	—	—	—	—	—	—
2,1	—	—	—	—	—	—	—
2,2	3	6,60	—0,22	0,0484	0,1452	0,002342	0,007026
2,3	4	9,20	—0,12	0,0144	0,0576	0,000207	0,000828
2,4	—	—	—	—	—	—	—
2,5	3	7,50	+0,08	0,0064	0,0192	0,000041	0,000123
2,6	10	26,00	+0,18	0,0324	0,3240	0,001050	0,010500
2,7	19	51,30	+0,28	0,0784	1,4896	0,006146	0,116774
2,8	27	75,60	+0,38	0,1444	3,8988	0,020851	0,562977
2,9	5	14,50	+0,48	0,2304	1,1520	0,053084	0,265420
3,0	3	9,00	+0,58	0,3364	1,0092	0,113165	0,339495
3,1	2	6,20	+0,68	0,4624	0,9248	0,213813	0,427626
3,2	2	6,40	+0,78	0,6084	1,2168	0,370150	0,740300
—	$\Sigma b =$ 106	$\Sigma(a \cdot b) =$ 256,10	—	—	$\Sigma(e \cdot b) =$ 31,7044	—	$\Sigma(g \cdot b) =$ 22,120183

$$M = \frac{\Sigma(a \cdot b)}{\Sigma b} = \frac{256,10}{106} = 2,42$$

$$m_2 = \frac{\Sigma(e \cdot b)}{\Sigma b} = \frac{31,7044}{106} = 0,2991$$

$$m_4 = \frac{\Sigma(g \cdot b)}{\Sigma b} = \frac{22,120183}{106} = 0,20868$$

$$m_2^2 = 0,0895$$

$$B = \frac{m_4}{m_2^2} = \frac{0,20868}{0,0895} = 2,33$$

Zur Untersuchung „*Gedingerichtwerte, Abbaustrecken-Vortrieb, vorgesetztes Ort, Nebenarbeiten*" .... gehörig.

Voraussetzung der Anwendbarkeit: gleiche Klassenbreite!

Bewertungsregeln der Kennziffer B:

1. B = 3 Es liegt volle Übereinstimmung mit GAUSSscher Normalverteilung vor.

2. B ≠ 3 Je größer die Abweichung von 3, um so schlechtere Übereinstimmung mit der Normalverteilung.

3. B = 2,6 Gerade noch zulässige Abweichung von der Normalverteilung, d. h. die Abweichungen von der normalen Häufigkeitsverteilung sind nicht grundsätzlich bedingt, sondern beruhen auf Zufall; die Streuung um den Durchschnittswert ist rein zufällig.

4. B < 2,6 Die Verteilung kann nicht mehr als annähernd normal angesehen werden. Es ist dann anzunehmen, daß irgendeine oder mehrere vorherrschende Ursachen unter den Ursachen der Streuung vorhanden sind.

5. B > 3 Die Mehrzahl der Einzelwerte schart sich enger um den Mittelwert als bei einer Normalverteilung.

Ergebnis der vorliegenden Untersuchung:

Die Verteilung der Werte im Häufigkeitsbild ist nicht normal. Die Ursache ist wahrscheinlich darin zu finden, daß die summarische Erfassung von „Nebenarbeiten" den Verschiedenheiten an den einzelnen Betriebspunkten nicht Rechnung tragen kann. Es muß geschlußfolgert werden, daß bei den „Nebenarbeiten" eine mehr ins einzelne gehende Studie erforderlich ist, wenn man zu tragenden Werten kommen will.

der — um nochmals ein Wort von TÖNNIES zu benutzen — „den Verkehr zwischen Mensch und Mensch eher vereitelt als fördert". Der Mittelwert stellt eben die durchschnittliche Ansicht der Fachleute dar, ist dadurch frei von individuellem Subjektivismus und infolgedessen geeignet, bei Verschiedenheit der Auffassung ein Bindeglied zu sein, m. a. W. einen gemeinsamen Maßstab darzustellen.

653 Gedingerichtwerte
aus den von den Gedingeinspektoren überprüften Gedingekalkulationen.

Wenn man schon annehmen darf, daß sich die Zeitaufwandsziffern, die bei ordnungsmäßigen Gedingekalkulationen für die einzelnen Arbeitsvorgänge von beiden Vertragspartnern als zutreffend anerkannt und einem Gedingevertrag zugrunde gelegt wurden, zu einer statistischen Auswertung durchaus eignen, so um so mehr die Ziffern, die durch einen unbeteiligten Dritten nachgeprüft oder zusammen mit ihm festgelegt wurden. Solche Ziffern fallen bei der Tätigkeit der Gedingeinspektoren an. Über ihre Auswertung hat WALTHER berichtet [236], [237].

Im dritten Jahre ihres Einsatzes (1. August 1950 bis 31. Juli 1951) haben die Gedingeinspektoren neben ihrer Schlichtungstätigkeit auf 28 Eß-, Mager- und Anthrazitkohlenzechen Gedingekalkulationen überprüft. Anlaufgedinge und Gedinge für besondere Verhältnisse wurden in die Auswertung nicht einbezogen. Dagegen sind bei der Errechnung der Mittelwerte die mehr oder weniger weit streuenden „Extremwerte" nicht ausgeschieden worden. Die Anzahl der ausgewerteten Kalkulationen ist verhältnismäßig groß, so wurden beispielsweise allein 294 Abbaustrecken-Gedingekalkulationen bearbeitet. Die von WALTHER veröffentlichten Ergebnisse ([236], [237]) sind in ihren kennzeichnenden Hauptziffern in Tafel 42 zusammengestellt wiedergegeben. WALTHER selbst bezeichnet diese Ziffern als „Anhalts"werte, die u. a. nicht ohne weiteres „aus der Magerkohle auf die anderen Gruppen" übertragen werden sollten. Dies mag für einen Teil der Werte durchaus zutreffen, doch ist z. B. nicht einzusehen, warum man für das Beladen eines Förderwagens von 1000 l Inhalt mit Bergen von Hand in der Fettkohlengruppe eine andere Zeitaufwandsziffer ansetzen sollte als in der Magerkohlengruppe. Jedenfalls hat auch WALTHER den Nachweis erbracht, daß man durch Auswertung von Gedingekalkulationen einen Schritt weiterkommt auf dem Wege zu objektiv fundierten Gedingen, wenn auch mit diesem Fortschritt längst noch nicht das letzte Ziel erreicht ist. Leider hat WALTHER die mittlere Abweichung vom Mittelwert und den mittleren Fehler nicht angegeben, wodurch — wie in Abschn. 643 im einzelnen dargelegt — ein Teil der statistischen Maßzahlen fehlt, wodurch die Kennzeichnung unzureichend wird. Dem wäre jedoch durch entsprechende Zusatzrechnungen abzuhelfen.

66 Untertägige Zeit- und Arbeitsstudien
zur Bestimmung der Gedingeleistung.
660 Vorbemerkungen.

Arbeits- und, wie man früher fast ausschließlich sagte, Zeitstudien sind in der Fertigungsindustrie allgemein bekanntes und anerkanntes Glied der Betriebsorganisation. Mit dem Gebiet der Arbeits- und Zeitstudien haben sich für viele Industriezweige Ausschüsse und Arbeitskreise seit Jahren und sehr weitgehend befaßt. Ein reiches Schrifttum liegt über dieses Sondergebiet vor[1].

---

[1] So enthält beispielsweise die Zusammenstellung der Literatur des Zeitraumes 1909 bis 1946, die H. BÖHRS besorgte [34], über 183 Quellennachweise:

1. Rationalisierung, Organisation, Betriebsführung 66
2. Physiologie und Psychologie der Arbeit.. 22
3. Mathematische und statistische Grundlagen 7
4. Arbeits- und Zeitstudien, Grundsätzliches und Verfahren 46
5. Anwendung der Arbeits- und Zeitstudie in den einzelnen Wirtschaftszweigen 37
6. Arbeitsschulung und Anlernwesen 5

Insgesamt 183

Tafel 42. *Zusammenstellung der von* WALTHER *1952 angegebenen Gedingegrundwerte.*

Lfd. Nr.	Fund-stelle[1]	Betriebsvorgang	Arbeitsvorgang	Bezugs-einheit	Zeitaufwand min Mittel-wert[2]	Streu-bereich	Anzahl der Ausgangs-werte
1	Gl		Bohren im Sandstein	1 m	18,21 +	12—47	120
2	Gl		Bohren im Sandschiefer	1 m	14,46 +	9—47	254
3	Gl		Bohren im Schiefer	1 m	9,87 +	7—35	156
4	BR		Bohren im Sandstein	1 m	18,385+	} 12—47	
5	BR		Bohren im Sandstein	1 m	17,66 —		
6	BR		Bohren im Sandschiefer	1 m	14,495+	} 9—47	} 483
7	BR		Bohren im Sandschiefer	1 m	14,05 —		
8	BR	Bohr- und	Bohren im Schiefer	1 m	9,95 +	} 7—35	
9	BR	Schießarbeit	Bohren im Schiefer	1 m	9,795—		
10	BR		Bohren i. Sd. Finefrau u. Nebenb.	1 m	18,32		30
11	BR		Bohren i. Sdschfr. Finefr. u. Nbk.	1 m	15,08		33
12	BR		Bohren i. Sd. Mausegatt	1 m	18,00		20
13	BR		Bohren i. Sdschfr. Mausegatt	1 m	14,53		57
14	BR		Bohren i. Schiefer Mausegatt	1 m	11,90		25
15	Gl		Laden und Besetzen }	1 Bohrloch	8,04 +	2—18	349
16	BR		von Bohrlöchern }	1 Bohrloch	8,12		294
17	Gl		Beladen von Hand	1000 l Wg.	28,32 +	19—55	234
18	BR	Kohle	Beladen von Hand	1000 l Wg.	28,32	16—56	234
19	Gl	Lade- und Schlepp-arbeit in Strecken	Schleppen 1 Wg. von Hand	10 m	1,12 +	0,4—2,5	236
20	BR		Schleppen 1 Wg. von Hand	10 m	1,12		236
21	Gl		Beladen von Hand	1000 l Wg.	48,49 +	39—64	289
22	BR	Berge	Beladen von Hand	1000 l Wg.	48,51		
23	Gl		Schleppen 1 Wg. von Hand	10 m	1,14 +	0,3—3,0	223
24	BR		Schleppen 1 Wg. von Hand	10 m	1,12		
25	Gl		Schienen legen	1 m	25,57 +	11—107	323
26	BR		Schienen legen	1 m	24,8		270
27	Gl	Neben-arbeiten	Lutten vorbauen	1 m	7,42 +	3—21	300
28	BR		Lutten vorbauen	1 m	6,71		250
29	Gl		Rohre einbauen	1 m	8,18 +	4—25	268
30	BR		Rohre einbauen	1 m	7,87		221
31	Gl		Holz Türstock > 6,5 m² l.	1 Stück	342,04 +	180—450	30
32	BR		Holz Türstock > 6,5 m² l.	1 Stück	343,18		a [3]
33	BR		Holz Türstock ≦ 6,5 m² l.	1 Stück	343,75		a
34	Gl		Holz u. Türstock > 6,5 m² l.	1 Stück	345,25 +	165—450	40
35	BR		Stahl- Türstock > 6,5 m² l.	1 Stück	345,00		a
36	BR		kappe Türstock ≦ 6,5 m² l.	1 Stück	313,48		a
37	Gl	Einbrin-gen des Strecken-ausbaus	Stahl Türstock > 6,5 m² l.	1 Stück	352,96 +	300—450	21
38	BR		Stahl Türstock > 6,5 m² l.	1 Stück	355,00		a
39	BR		Holz halber Türstock > 6,5 m² l.	1 Stück	291,00		a
40	BR		Holz halber Türstock ≦ 6,5 m² l.	1 Stück	243,49		a
41	Gl		Stahl Moll- u. Usspurw.-Ausbau > 6,5 m² l.	1 Stück	418,33	360—450	18
42	Gl		Stahl TH-, Künstler-, Lorenz-, Pokaleisen-ausbau > 6,5 m² l.	1 Stück	381,34	288—500	90
43	BR		Stahl „Gleitbogen" ≦ 6,5 m² l.	1 Stück	368,44		} 93
44	BR			1 Stück	341,88		

[1] Gl = Glückauf Bd. 88 (1952), H. 3/4, S. 56 ff. BR = Bergbau-Rundschau Bd. 4 (1952), H. 1, S. 13 ff. u. H. 2, S. 66 ff.

[2] + unter Einschluß der Extremwerte; — bei Ausschluß der Extremwerte.

[3] $\Sigma\, a = 153$.

Noch: *Tafel 42.*

Lfd. Nr.	Fund-stelle	Betriebsvorgang	Arbeitsvorgang	Bezugs-einheit	Zeitaufwand min Mittel-wert	Streu-bereich	Anzahl der Ausgangs-werte
			Lösen der Kohle				
45	BR		Fl. Finefrau, steil	1000 l Wg.	54,28		$>25<42$
46	BR		Fl. Kreftensch. I, steil	1000 l Wg.	55,75		$>25<42$
47	BR	Abbaustrecken-	Fl. Geitling, steil	1000 l Wg.	47,15		$>25<42$
48	BR	vortrieb	Fl. Mausegatt, steil	1000 l Wg.	56,9		42
49	Gl		Fl. Mausegatt, steil	1000 l Wg.	56,9		
50	Gl		Fl. Mausegatt, flach	1000 l Wg.	43,75		
			Lösen der Kohle				
51	Gl	Gewinnung	Fl. Mausegatt, steil	1000 l Wg.	22,48		
52	Gl		Fl. Mausegatt, flach	1000 l Wg.	27,67		
			Beschickung des Strebfördermittels mit Kohle von Hand				
53	Gl		Schüttelrutsche	1000 l Wg.	13,63		
54	Gl	Strebförderung	Feste Rutsche	1000 l Wg.	11,83		
55	Gl		Bremsförderer	1000 l Wg.	14,2		
			Einbringung hölzernen Strebausbaus				
56	Gl	st[1]	Stempel mit Kopfholz	1 Stück	9,67	5—25	
57	Gl	fl	Schalholz auf 2 Stempeln	1 Stück	15,00	10—27	
58	Gl	hst	Schalholz auf 2 Stempeln	1 Stück	16,56	10—30	
59	Gl	Gewin- st	Schalholz auf 2 Stempeln	1 Stück	19,80	13—42	67
60	Gl	nung st	Schalholz auf 2 Stemp. u. Verzug	1 Stück	24,80	15—37	
61	Gl	fl	Schalholz auf 3 Stempeln	1 Stück	23,20	12—50	
62	Gl	st	Schalholz auf 3 Stempeln	1 Stück	28,09	15—45	
63	Gl	st	Schalholz auf 3 Stemp. u. Verzug	1 Stück	34,73	30—46	

[1] Lagerung st = steil; hst = halbsteil; fl = flach.

Der Bergbau hat sich jedoch bislang, von unbedeutenden Versuchen abgesehen, ablehnend verhalten und ist infolgedessen auch im Schrifttum nicht vertreten. Und zwar wurde diese Ausnahmestellung vom Bergbau selbst hauptsächlich damit begründet, daß die Untertage-verhältnisse eine Anwendung von Studien der in der übrigen Industrie üblichen Art ausschließen. Meist wird hinzugefügt, daß nicht nur die Lagerungsverhältnisse sehr unterschiedlich seien, sondern daß sich ganz allgemein gesehen weder der Betriebsablauf unter Tage in genau erfaßbare Einzelvorgänge auflösen noch auch ähnliche Vorgänge miteinander vergleichen ließen. Es scheint, als ob der bekannte Konservatismus des Bergbaus bei einer derartigen Beurteilung den Blick getrübt habe; denn es kann doch wohl nicht geleugnet werden, daß durch die Rationalisierung, Mechanisierung, Systematisierung und Rhythmisierung der Abbaubetriebe, die heute auch die Aufschlußbetriebe erfaßt hat, die Anwendung von Studien möglich sein muß, weil immer wieder-kehrende Vorgänge vorliegen.

Auf der anderen Seite hat die bislang im allgemeinen ablehnende Stellungnahme des Bergbaus jedoch auch eine gewisse Berechtigung, insofern nämlich, als die Methoden der Fertigungs-betriebe ohne entsprechende Abwandlung nicht auf den Bergbau übertragen werden können. Der Bergbau müßte demnach eigene, auf ihn selbst zugeschnittene Verfahren entwickeln und versuchen, den Vorsprung, den die übrige Industrie seit Jahren innehält, aufzuholen. Mit der Lösung dieser Frage beschäftigt sich seit Ende 1949 ein bei der Deutschen Kohlenbergbau-Leitung in Essen eingerichteter Ausschuß, dem auch Vertreter der Gewerkschaft angehören. Man wird zwar sagen, daß die Zeitverhältnisse einem solchen Beginnen nie ungünstiger gegenüber-gestanden hätten als heute. Im Vordergrund der Begründung wird dabei das Ressentiment der Arbeiter gegen jegliche Zeitbeobachtung stehen. Grundsätzlich ist zunächst darauf zu ent-gegnen, daß die Not des Bergbaus nie größer gewesen ist als heute. Wenn, wie nach dem ersten Weltkriege, der Ruf nach weiterer Rationalisierung der Betriebe ertönt, dann ist es an der Zeit, nunmehr auch beherzt an die Aufgabe der Entwicklung von Verfahren heranzugehen, die die grundsätzliche Anwendung von Arbeits- und Zeitstudien auf den Untertagebetrieb zum Ziele haben. Dabei darf nicht unerwähnt bleiben, daß im Gegensatz zu früher die Gewerkschaft sich für solche Methoden aufgeschlossen zeigt und positiv mitarbeitet — so z. B. im Refa —, da sie deren Wert für die objektive Beurteilung der Leistung und für die gerechte Lohnfindung erkannt hat.

Für Freunde wie auch für Gegner der Arbeits- und Zeitstudien seien nunmehr einige Meinungs-äußerungen aus dem Schrifttum angeführt, die vielleicht helfen könnten, den zu beschreitenden Weg zu ebnen.

Daß die Zeitstudie ein Hilfsmittel zur Arbeiterentlohnung darstellen kann, ist eine schon beachtlich alte menschliche Erfahrung. LAHY [138] berichtet, daß der französische Minister VAUBAN zu Anfang des 18. Jahrhunderts bei Festungsbauten im Elsaß die Entlohnung der bei Erdbewegungen tätigen Arbeiter unter Zuhilfenahme „genauer Zeitstudien" geregelt und daß BÉLIDOR 1750 Zeitstudien beim Eintreiben von Gründungspfählen gemacht habe. Der amerikanische Ingenieur FREDERIC WINSLOW TAYLOR (1856—1915) erklärte 1903 in seinem Buche „Chop Management", daß „das genaue Studium der zur Ausführung einer Arbeit verwendeten Zeit" als „wissenschaftliche Zeitstudie" die Grundlage des Erfolges einer neuzeitlichen Betriebsführung sei und daß „Faustregeln" und „Erfahrungen" nicht zum Ziele führen können.

Dazu folgende Stimmen aus dem heutigen Bergbau:

SPINDLER [220] berichtet aus dem amerikanischen Bergbau:

„Es muß betont werden, daß die Zeitstudien im Kohlenbergbau immer in erster Linie den Zweck und den Erfolg gehabt haben, Mängel im Arbeitsverfahren, in der Arbeitseinteilung und der Betriebsführung aufzudecken und zu beseitigen, erst in zweiter Linie, einen Arbeiter im Vergleich mit anderen zu bewerten, und sicherlich niemals, den Grad der persönlichen Leistung eines einzelnen festzustellen. Die Verantwortung für diese liegt unmittelbar bei der Aufsicht und kann viel genauer durch ständige Beobachtung des Mannes als durch irgendein anderes Mittel gemessen werden. In voller Kenntnis des Zwecks, zu dem die Zeitstudien dienen, und im Vertrauen auf seine Einhaltung haben die Ortsbelegschaften sich nicht gegen ihre Durchführung gespreizt, und es hat wenig Schwierigkeiten gegeben, wenn nur ihr Zweck von vornherein klargemacht worden ist."

Für den deutschen Bergbau sagt MEUSS [155]:

„... jede Arbeit während ihrer Ausführung an ihrem bestimmten Arbeitsort einer sorgfältigen Arbeitsuntersuchung wissenschaftlicher Art, die man als Arbeitsstudie bezeichnet, unterzogen. Aus einer Vielzahl derartiger gewissenhafter Untersuchungen und Ermittlungen werden Mittelwerte errechnet und aus ihnen die Normalleistung entwickelt ... Um die Normalleistung bestimmen zu können, wird mit Hilfe von sorgfältigen Zeitmessungen die Arbeitsstudie in drei Gruppen ausgeführt, und zwar

1. als Arbeitsablaufstudie; — 2. als Arbeitszeitstudie; — 3. als Arbeitswertstudie.

In jedem Falle sind genaue und sorgfältig auszuführende Zeitmessungen vermittels einer Stoppuhr oder entsprechend eingerichteter Arbeitsschauuhr notwendig, die in der richtigen und sachgemäßen Art ausschließlich von hierzu geeigneten, eigens ausgebildeten und erfahrenen Fachleuten vorgenommen werden können und dürfen. Selbstverständlich müssen auch die Auswertungen der Meßergebnisse ausschließlich von derartigen Fachleuten durchgeführt werden."

Zu dieser Meinungsäußerung von MEUSS nimmt WALTHER [232] wie folgt Stellung:

„Wenn auch MEUSS in seinen Ausführungen „Die Arbeit, die Durchschnittsleistung und Normalleistung des Menschen" die Zeitstudien zur Ermittlung der Normalleistung befürwortet und am Schluß seiner Ausführungen darauf hinweist, daß sich die Gewerkschaften zur Verbesserung der Wirtschaftlichkeit einerseits und der besseren Lohngerechtigkeit andererseits sowie einer Verbesserung des Vertrauensverhältnisses in den Dienst der guten Sache gestellt haben, wird sicherlich zu berücksichtigen sein, daß einer Verwirklichung innerhalb der Fertigungsindustrie weniger viel entgegenstehen wird, als das im doch wesentlich schwierigeren Steinkohlenbergbau der Fall sein wird, zumal hier Zeitstudien bisher nur in kaum nennenswertem Umfang betrieben worden sind."

661 Zweck der Arbeits- und Zeitstudien.

Nach BÖHRS [31] dienen Arbeits- und Zeitstudien folgenden fünf Zwecken:

„1. Der betrieblichen *Leistungssteigerung* durch rationelle Arbeitsablaufgestaltung und Setzen von Vorgabezeiten zum Zwecke der Entwicklung optimaler menschlicher Leistungen.

2. Der betrieblichen *Arbeitsplanung* durch Steuerung der Aufträge und der Termine nach Maßgabe der erforderlichen Arbeitszeiten für Mensch und Betriebsmittel.

3. Der gerechten *Leistungsentlohnung* durch Verrechnung richtiger Vorgabezeiten und Vornahme einer zutreffenden Arbeitsbewertung (Lohngruppenbestimmung).

4. Der leistungsgerechten *Selbstkostenermittlung* auf der Grundlage einer genauen Kenntnis der zeitlichen Inanspruchnahme von Mensch und Betriebsmittel für die Herstellung der einzelnen Produkte.

5. Dem eignungsgerechten *Arbeitseinsatz*, indem die Arbeitsstudien ein einwandfreies Arbeitsbild liefern, das die an den Arbeitenden zu stellenden qualitativen Anforderungen genau erkennen läßt.

Die Mittel zur Erreichung dieser fünf Zwecke sind: Rationelle Arbeitsgestaltung, Leistungsvorgabe und Arbeitsbewertung."

Aus dem Gesichtswinkel des Bergbaus muß hierzu folgendes bemerkt werden:

Zu 1: Im Bergbau herrscht weithin, um nicht zu sagen ausschließlich, die empirische Betriebsführung vor. Ehe man an die Lohnbestimmung über Zeitstudien, d. h. an eine auf Zeitstudienbasis aufbauende Gedingesetzung wird denken können, müssen die Betriebe durch Arbeitsablaufstudien auf Störungs- und Verlustquellen[1] untersucht und auf der Grundlage der ratio neu durchorganisiert werden. Die in den Ausführungen von BÖHRS nebeneinanderstehenden Zielpunkte können infolgedessen vom Bergmann nur als hintereinanderliegend gesehen werden.

Zu 2: Die Zeitpläne des Bergbaus (Aus- und Vorrichtungs- sowie Abbaupläne) sind nicht auftragsgebundene und durch Liefertermine nur beschränkt beeinflußte Hilfsmittel der Betriebsorganisation. Für diese Pläne sind daher Zeitstudien nicht von gleicher Bedeutung wie in der Fertigungsindustrie. Damit ist jedoch nicht gesagt, daß Zeitstudien für die genannten Pläne keinerlei Wert besäßen. Sicherlich wird der Bergbaubetriebsbeamte, der die Aufholung zurückgebliebener Aufschlußarbeiten zu planen hat, sich gerne der Zeitstudie bedienen, wenn durch Einsatz von Maschinen oder durch Ausschaltung von Leerläufen die Leistung gesteigert und damit eine Beschleunigung der Vortriebsarbeit erzielt werden soll.

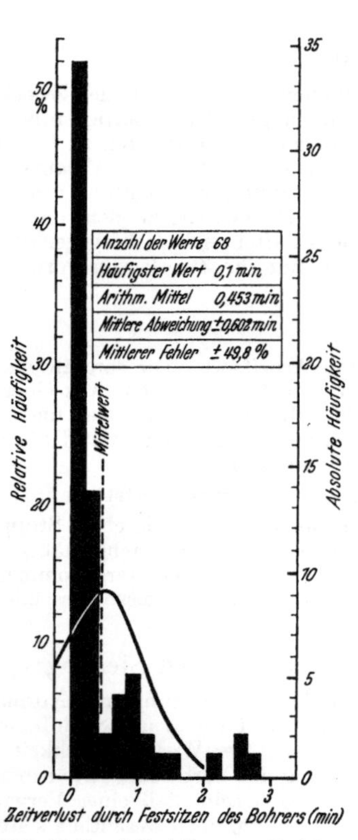

Abb. 67. Durch Festsitzen von Gesteinsbohrern eingetretene Zeitverluste.

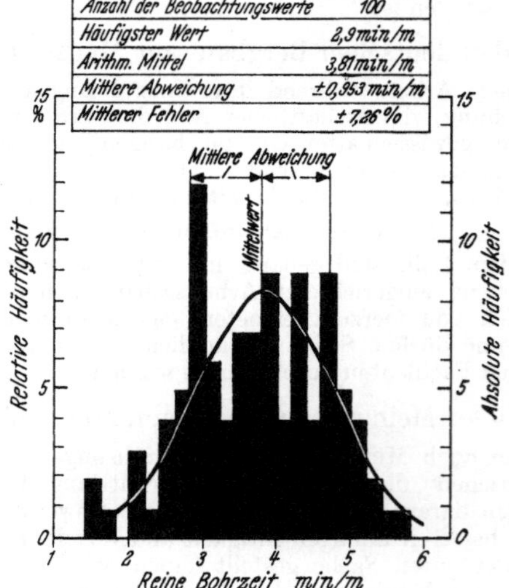

Abb. 68. Streuung der Werte für Bohrzeiten in Sandschiefer und Sandstein.

Zu 3: Eine Leistungsentlohnung auf Zeitstudienbasis setzt unbestritten eine genaue Bestimmung des Leistungsgrades der beobachteten Arbeiter voraus. Diese Aufgabe begegnet jedoch gerade im Bergbau mit seinem dauernden Wechsel der Einflußgrößen[2], insbesondere aber auch wegen der betriebstypischen Beleuchtungsverhältnisse, ungleich größeren Schwierigkeiten, als sie die übertägige Industrie kennt.

---

[1] Ein typisches Beispiel bergmännischer Zeitverluste zeigt Abb. 67.

[2] Wie groß die Streubreite bei untertägigen Zeitstudien sein kann, zeigt eindrucksvoll Abb. 68.

Zu 4 und 5: Die bergmännische Selbstkostenrechnung findet in der übrigen Industrie ebensowenig eine Parallele wie der Untertageeinsatz der Arbeitskräfte, wobei zu letzterem noch zu bemerken wäre, daß der Bergbau infolge der Arbeitseinsatzpolitik der letzten Jahrzehnte und dem im gleichen Zeitraume auftauchenden Widerwillen des Nachwuchses gegen den Bergmannsberuf nicht über den qualitativ hochstehenden Facharbeiternachwuchs verfügt wie andere Industriezweige.

Auf die vorgenannten Eigengesetzlichkeiten und Eigentümlichkeiten des Bergbaus wird man daher Rücksicht nehmen müssen, wenn man der Frage der Anwendung von Zeit- und Arbeitsstudien im Bergbau nähertritt.

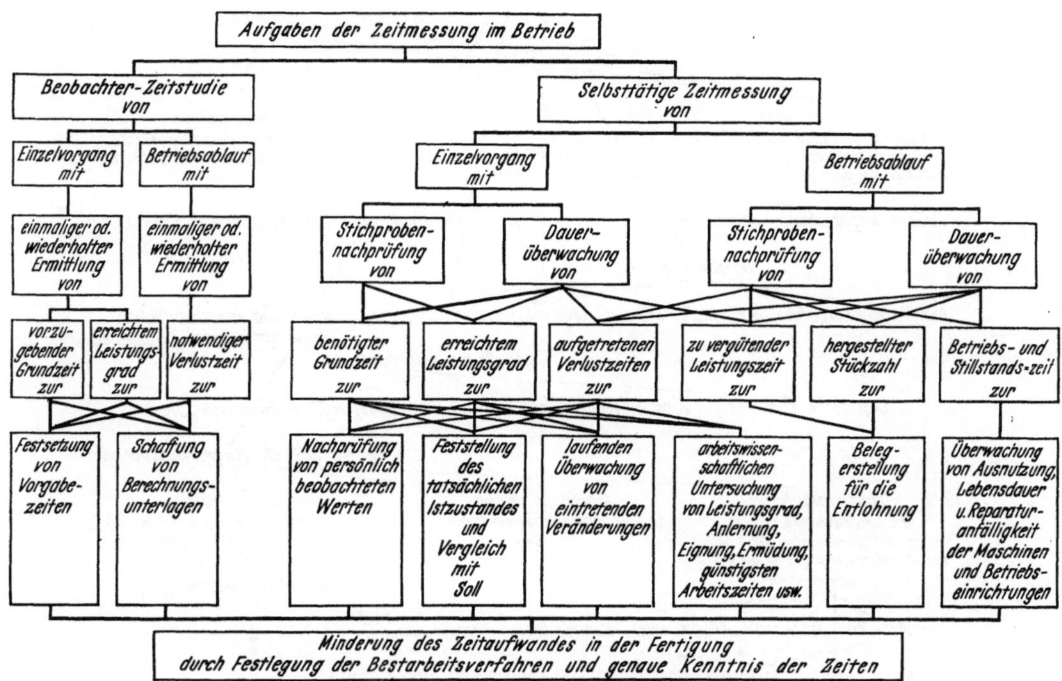

Abb. 69. Aufgaben der Zeitmessung nach Rühl.

Rühl [195] führt in dem in Abb. 69 wiedergegebenen Stammbaum als Aufgaben der Zeitmessung im Betriebe folgende an:

a) Durch Beobachterzeitstudie: Festsetzung von Vorgabezeiten, Schaffung von Berechnungsunterlagen.

b) Durch selbsttätige Zeitmessung: Nachprüfung von persönlich beobachteten Werten, Feststellung des tatsächlichen Ist- und Vergleich mit dem Sollzustand, die laufende Überwachung von eintretenden Veränderungen, arbeitswissenschaftliche Untersuchungen von Leistungsgrad, Anlernung, Eignung, Ermüdung, günstigsten Arbeitszeiten usw.; Belegerstellung für die Entlohnung, Überwachung von Ausnutzung, Lebensdauer und Reparaturanfälligkeit der Maschinen und Betriebseinrichtungen.

Die Systematik der Abb. 70, die nach den Ausführungen Eulers [74] aufgestellt ist, vermittelt einen Überblick über Zwecke und Ziele sowie Aufgaben und Arten der Arbeitsstudie. Unter Hinweis auf ein altes chinesisches Sprichwort, daß ein Bild mehr zu sagen vermag als 1000 Worte, sei auf die Abbildung im einzelnen nicht näher eingegangen.

662 Zur Durchführung von Arbeits- und Zeitstudien zur Verfügung stehende Hilfsmittel.

Rühl [195] hat eine Systematik der zur Durchführung von Zeitmessungen zur Verfügung stehenden Geräte entwickelt, die in Abb. 71 wiedergegeben ist. Im nachstehenden sollen die hauptsächlichsten näher beschrieben und Anwendungsmöglichkeiten aufgezeigt werden.

In den Untertagebetrieben wird hier und da eine Taschenuhr schon recht brauchbare Studienergebnisse bringen. Einfacher und genauer sind die Studien bei Anwendung von Stoppuhren. Diese sind in verschiedenartiger Ausführung auf dem Markte. Als erste sei die Kombination zwischen Taschen- bzw. Armband- und Stoppuhr genannt, die für eine ganze Reihe von Beobachtungsaufgaben des Untertagebetriebes ein gern genommenes Gerät sein dürfte.

Bei den reinen Stoppuhren hat man zu unterscheiden zwischen solchen mit Einfach- und mit Doppelzeiger. Zweckmäßig ist die Verwendung von Doppelzeigeruhren. Sie sind zwar empfind-

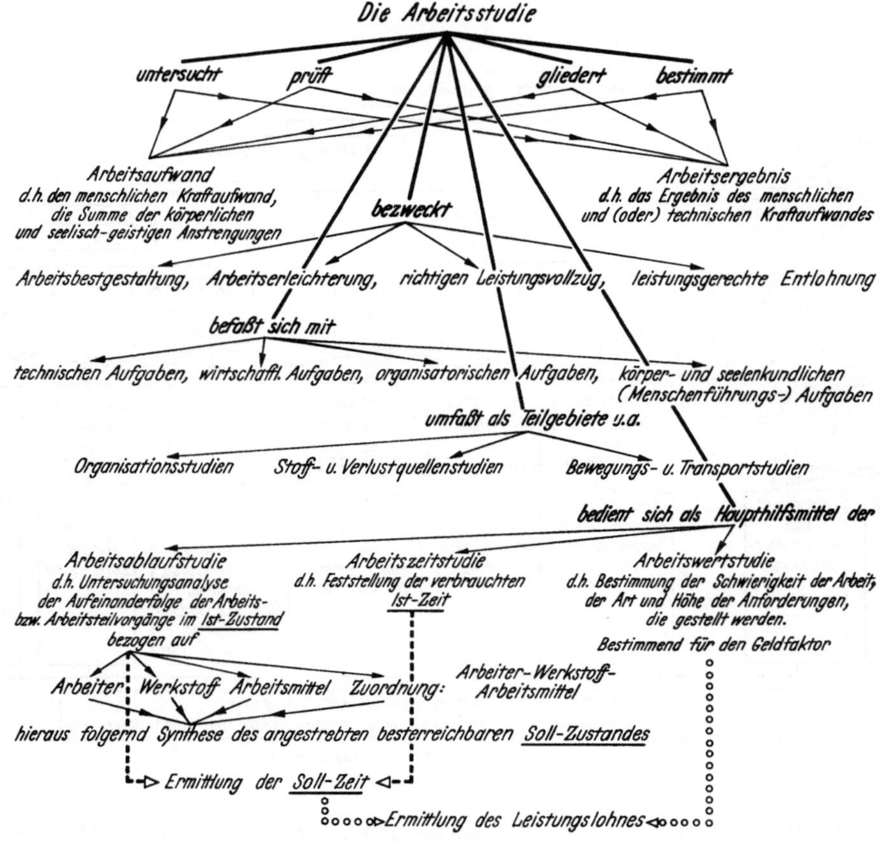

Abb. 70. Die Arbeitsstudie nach EULER.

licher und müssen häufiger instand gesetzt werden als Einzeigeruhren, doch ergeben sie eine erheblich größere Meßgenauigkeit, weil man am stehenden Zeiger selbstverständlich sicherer ablesen kann als am laufenden.

Viele Stoppuhren tragen einen besonderen Knopf oder Schieber, bei dessen Betätigung das Laufwerk angehalten wird, ohne daß der Zeiger in die Nullstellung zurückspringt. Nach Lösen der Arretiervorrichtung läuft der Zeiger vom Hemmungspunkt ab weiter.

Die einfachste Art, eine Studie mittels Taschen- oder Stoppuhr durchzuführen, ist die, daß der Beobachter jeweils den Zeitpunkt des Beginns eines neuen Vorganges aufschreibt. Durch Differenzenrechnung ergibt sich dann bei der Auswertung sehr einfach die Zeitdauer der einzelnen Vorgänge. Niederschriften über die Zeitaufnahmen und Bogen, auf denen Beobachtungen festgehalten sind, sollen als Dokumente betrachtet und behandelt werden. Sie sind wertlos, wenn die Eintragungen unvollständig sind. Der Ablauf der Arbeitsvorgänge muß daher in seiner Gesamtheit aus den Schriftstücken ersichtlich sein.

Ein sehr beachtenswertes Gerät zur Vornahme von Zeitstudien ist die Arbeitsschauuhr (Abb. 72). Mit ihrer Hilfe ist es möglich, ein wirklichkeitstreues Abbild des Arbeitsablaufes auf einem Registrierstreifen schaubildlich darzustellen. Der Beobachter wird weder durch das Ablesen einer Uhr noch durch Eintragung in Tafeln abgelenkt, so daß er den ablaufenden Arbeitsvorgang

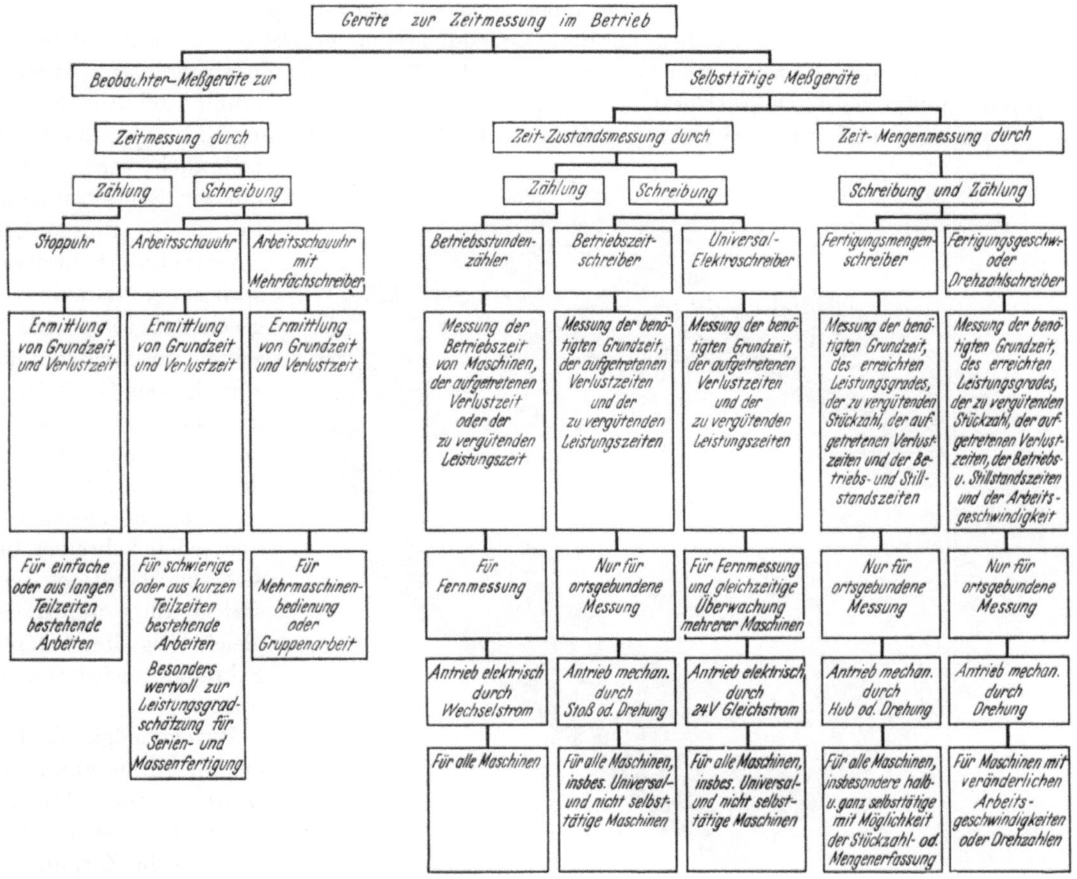

Abb. 71. Geräte zur Zeitmessung nach RÜHL.

dauernd im Blickfeld behalten kann. Diese Ablenkungen werden sehr hoch beziffert, sie können bis zu 30% der Beobachtungszeit ausmachen. Die ununterbrochene Beobachtung der Arbeit ergibt eine höhere Genauigkeit der Studie, die durch die präzise Arbeit der Arbeitsschauuhr noch weiter gesteigert wird. Nicht unwesentlich ist auch, daß der Beobachter weniger schnell ermüdet, was sich gleichfalls auf die Beobachtungsgenauigkeit günstig auswirken wird. Daß der Diagrammstreifen der Forderung, Dokument zu sein, am ehesten nachkommt, braucht nicht näher bewiesen zu werden.

Die Arbeitsschauuhr ist ursprünglich für die Verwendung in übertägigen Werkstätten und Betrieben geschaffen worden und den dort zu erwartenden Beanspruchungen entsprechend gebaut. Das Gehäuse brauchte daher weder staub- und wasserdicht noch auch besonders schlag- und stoßfest gestaltet zu werden. Der Grubenbetrieb unter Tage stellt aber diese Anforderungen an das Gerät. Der Hersteller hat es, gestützt auf bei Untertage-Einsätzen gewonnene Erfahrungen, bereits in

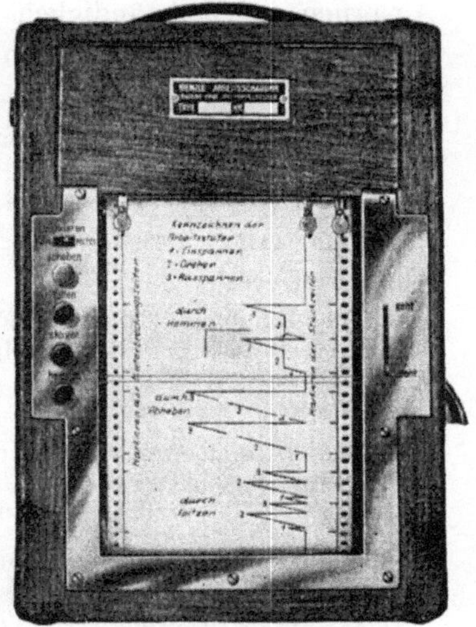

Abb. 72. KIENZLE-Arbeitsschauuhr.

der einen und anderen Hinsicht den im Bergwerksbetrieb auftretenden Sonderbeanspruchungen angepaßt, doch ist die Entwicklungsarbeit noch nicht abgeschlossen.

Die Bestimmung der Einzelheiten aus dem Diagramm erfolgt mit Hilfe eines durchsichtigen Auswertungsmaßstabes, der die Zeitwerte auf $^1/_{100}$ min genau abzulesen gestattet. Bezüglich der Einzelheiten dieser Meßgeräte muß auf das betreffende Schrifttum (z. B. [87], [94], [176] und insbesondere [167]) verwiesen werden. Hier möge nur noch kurz auf eine besondere Einrichtung hingewiesen werden, die für Studien im Bergbau von besonderer Bedeutung sein dürfte. Es handelt sich um den KIENZLE-Mehrfachschreiber (Abb. 73), der als Zusatzgerät zur Arbeitsschauuhr benutzt wird. Dieses Gerät ermöglicht die gleichzeitige Aufnahme und Auswertung von 8 Vorgängen, und zwar nach dem Grundsatz der fortlaufenden Messungen. Bei gewöhnlichem Gebrauch wird jeweils nur ein Schreiber betätigt. Beim Einschalten eines weiteren Schreibers springt der bis dahin eingeschaltete selbsttätig in seine Ausgangsstellung zurück. Das Gerät trägt aber noch einen besonderen Umschalthebel, der die selbsttätige Ausrückung auszuschalten und jeden Schreiber für sich zu betätigen gestattet, ohne daß dabei gleichzeitig die anderen Schreiber zurückgestellt werden.

Welche Möglichkeiten der Zeit-Diagramm-Gestaltung die Arbeitsschauuhr in sich trägt, geht aus der Zusammenstellung der Abb. 74 hervor, die jedoch keinen

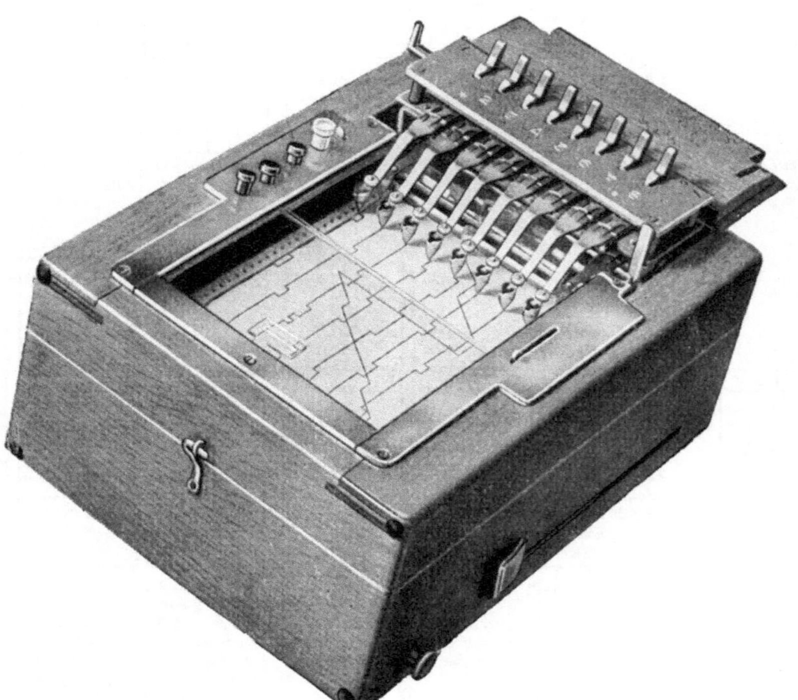

Abb. 73. KIENZLE-Arbeitsschauuhr mit Mehrfachschreiber.

Anspruch auf Vollständigkeit erheben kann und will, da die Arbeitsschauuhr mit Mehrfachschreiber eine Unsumme von Kombinationsmöglichkeiten in der Verwendung der einzelnen Schreiber zuläßt.

An selbsttätigen Zeitmeßgeräten wären für die bergmännischen Arbeiten und Einrichtungen folgende von Bedeutung:

1. KIENZLE-*Fahrtschreiber* (Abb. 75). Der KIENZLE-Fahrtschreiber liefert alle erforderlichen Angaben über

Anfang, Dauer und Ende der Fahrten; — Länge der gefahrenen Strecken; — Zeitdauer der Stillstände und ihre Lage innerhalb der Schichtzeit; — Geschwindigkeiten und Fahrweise.

Das Gerät enthält:

Geschwindigkeitsanzeiger mit einstellbarer Signallampe, die den Fahrer beim Überschreiten der zulässigen Fahrgeschwindigkeit warnt; — Gesamt- und Schichtkilometerzähler, wovon letzterer rückstellbar ist; — Zeituhr; — 3 Schreibvorrichtungen für Geschwindigkeit, Fahr- und Haltezeiten sowie Wegstrecken.

Anwendungsbeispiel: Lokomotivförderung unter Tage.

2. KIENZLE-*Recorder* (Abb. 76). Der KIENZLE-Recorder hält die gesamten Arbeits- und Stillstandszeiten einer Maschine mittels eines schreibenden Rüttelpendels auf einer Diagrammscheibe (Abb. 76) fest. Aus dem Diagramm können entnommen werden

Beginn und Ende der Arbeit auf den verschiedenen Schichten; — Laufzeiten und Stillstandszeiten der Maschine.

Kennzeichnung des Arbeitsablaufes			Gerät	Diagramm
ohne Unterbrechungen durch Pausen oder Störungen	reine Abfolge	Reihenfolge konstant	Hauptschreiber der einfachen Arbeitsschauuhr	
		Reihenfolge wechselnd	Mehrfachschreiber autom. Rückstellung eingeschaltet	
	reine Gleichzeitigkeit		Mehrfachschreiber autom. Rückstellung ausgeschaltet	
	teils Abfolge, teils Gleichzeitigkeit		Hauptschreiber und Mehrfachschr. autom. Rückstell. ausgeschaltet	
mit Unterbrechungen durch Pausen oder Störungen	reine Abfolge	Reihenfolge konstant	Hauptschreiber der einfachen Arbeitsschauuhr	
		Reihenfolge wechselnd	Mehrfachschreiber autom. Rückstellung ausgeschaltet	
	reine Gleichzeitigkeit		Hauptschreiber und Mehrfachschr. autom. Rückstell. ausgeschaltet	
	teils Abfolge, teils Gleichzeitigkeit		Hauptschreiber und Mehrfachschr. autom. Rückstell. ausgeschaltet	

* P = Pausen; S = Störungen.
** Zacken des Hauptschreibers = Störungen; Unterbrechung der Grundlinie des Hauptschreibers = Pause.

Abb. 74. Schema verschiedener Möglichkeiten der Diagrammgestaltung mittels Arbeitsschauuhr und Mehrfachschreiber.

Anwendungsbeispiele: Fördermaschinen und -häspel, Lokomotiven, Untersuchungen des Förderwagenumlaufes, der Betriebszeit von Strebförderern und Bandanlagen.

3. KIENZLE-Autograf (Abb. 77). Der KIENZLE-Autograf kann im Bergbau für das Aufzeichnen zurückgelegter Wege, so z.B. bei der Seigerförderung in Haupt- und Blindschächten eingesetzt werden.

4. Betriebsstundenzähler (Abb. 78). Der KIENZLE-Betriebsstundenzähler bietet die Möglichkeit, eine reine Zählung der gesamten Betriebszeiten vorzunehmen. Da das Gerät als Antrieb einen Synchronmotor besitzt, kann es nur dort Verwendung finden, wo Wechselstrom mit einer Frequenz von 50 Perioden zur Verfügung steht.

Anwendungsbeispiele: Genaue Feststellung der Pumpzeiten in der Wasserhaltung.

Abb. 75. KIENZLE-Fahrtschreiber.

Es steht unzweifelhaft fest, daß die vorstehend genannten Geräte hervorragende Hilfsmittel zur zeitstudienmäßigen Durchleuchtung des Untertagebetriebes darstellen, wobei sie die gerade für den Bergbau wichtige Eigenschaft besitzen, keines Beobachters zu bedürfen, so daß es jedem Bergbaubetrieb möglich ist, durch die Anschaffung einer entsprechenden Zahl von Geräten den der Überwachung vielerlei Schwierigkeiten entgegenstellenden Untertagebetrieb auf Verlust- und Stillstandszeiten genauestens zu durchforschen. Des weiteren wäre ein genaues Bild über die Ausnutzung der eingesetzten Maschinen zu erhalten.

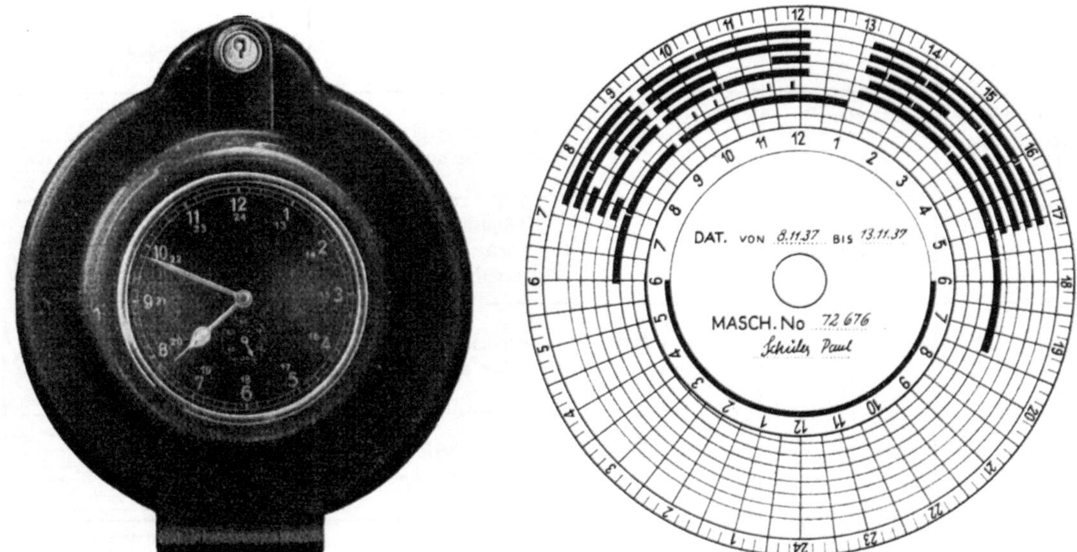

Abb. 76. KIENZLE-Recorder.

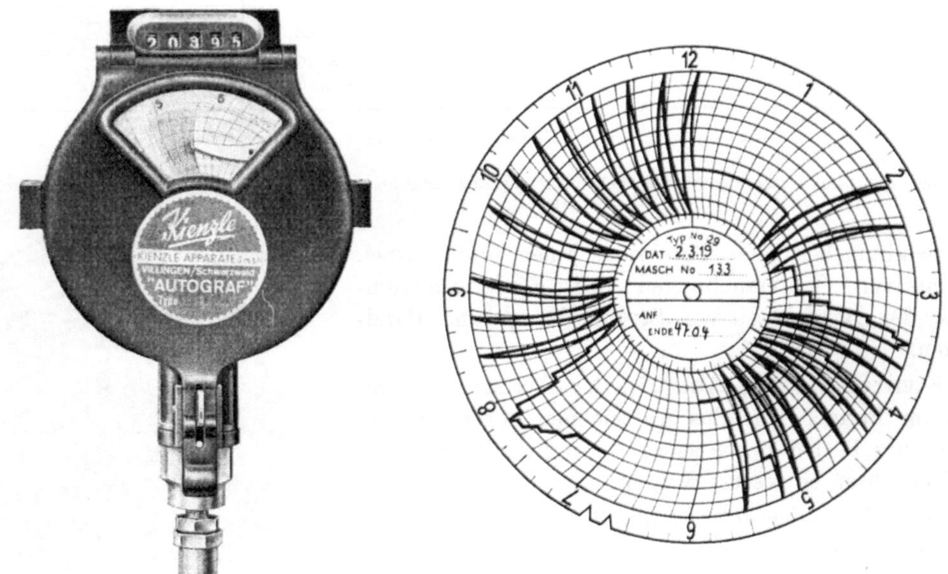

Abb. 77. KIENZLE-Autograf.

663 Die Gliederung der Zeit bei Arbeits- und Zeitstudien.

Ehe man eine Zeitstudie irgendwelcher Art in Angriff nimmt, muß Klarheit darüber herrschen, nach welchen Gesichtspunkten die Zeit aufgegliedert werden soll. Die Art des Beobachtungsobjektes wird auf die Zeitgliederung ebenso von Einfluß sein wie das mit der Studie verfolgte Ziel. So wird beispielsweise eine jeweils andersartige Zeitgliederung erforderlich sein, wenn die Ausnutzung eines Fördermittels oder die menschliche Arbeit untersucht werden sollen, wenn das Ziel die Aufstellung eines Förderplanes oder die Kalkulation eines Gedinges ist. Sodann wird die Gliederung der Zeit in einer gewissen Abhängigkeit von der Art des Betriebes stehen, und dieser Umstand gewinnt gerade im Bergbau infolge der in ihm festzustellenden Unterschiede gegenüber anderen Industriezweigen ein besonderes Gewicht. Der Bergbau kennt z. B. Zeiten für die Seilfahrt und die söhlige Fahrung, behördlich vorgeschriebene Schießpausen u. a., die in anderen Industrien nicht ihresgleichen haben. So muß auch bei jeder Zeitstudie, die irgendwie auf die Tätigkeit des Bergmanns bezogen wird, klar und erstrangig die „Arbeitszeit vor Ort" herausgestellt werden, wobei unter diesem Begriff die Zeit zu verstehen ist, die dem Bergmann an seinem Arbeitsplatz zur Erfüllung seines Auftrages zur Verfügung steht. Dieser Zeitwert ist keine feste, sondern eine jedem Betriebspunkt eigentümliche Größe. Ihre Feststellung ist für jede Gedingekalkulation unabdingbare Voraussetzung. Und schließlich wird man bei der Zeitgliederung darauf zu achten haben, daß die Benennungen dem arteigenen Sprachgebrauch des Betriebes nicht widersprechen. Dieser Gesichtspunkt ist gerade beim Bergbau wohl zu beachten, da die Bergmannssprache ihre besonderen Eigenarten hat. Es geht z. B. nicht an, die Zeit der Fahrung der Mannschaft kurz als „Fahrzeit" zu bezeichnen, sondern man wird von „Fahrungszeit" sprechen im Gegensatz z. B. zur „Fahrzeit" einer Lokomotive. Ebenso wird man im Bergbau alle aus der „Produktion" = „Fertigung" abgeleiteten Ausdrücke wie „Fertigungszeit", „Stückzeit" u. ä. nicht gebrauchen können, da sie betriebsfremd wirken, weil der Bergbau kein Fertigungs-, sondern ein Gewinnungsbetrieb ist. Es dürften somit genügend Gründe vorliegen für die Forderung, daß sich der Bergbau eine bergbaueigene Zeitgliederung schaffen muß, wobei in der Benennung der einzelnen Zeiten der bergmännischen Sprachtradition weitgehend Rechnung

Abb. 78.
KIENZLE-Betriebsstundenzähler

getragen werden muß. Schließlich möge noch darauf hingewiesen werden, daß man bei der Aufstellung einer bergmännischen Zeitgliederung auf das fein ausgebildete Sprachgefühl des Bergmanns sehr Rücksicht nehmen sollte. So würde sich z. B. jeder Bergmann dagegen sperren, wenn man die von ihm für die Fahrung aufgewandte Zeit irgendwie unter der Kategorie „Zeitverlust" einordnen wollte. Worte, die persönlich verletzend sein bzw. als solche aufgefaßt werden können, wie beispielsweise „verschuldet", empfehlen sich schon im Hinblick darauf nicht, daß eine objektive Untersuchungsmethode sich frei von Werturteilen halten sollte. Ebenso sollte man, worauf schon hingewiesen wurde, bei Leistungsbetrachtungen den Blick nicht von der Leistung ab- und auf den Lohn zuwenden, etwa durch Verwendung der Wörter „abzugeltende" oder „zu vergütende" Zeiten.

Die Frage der Verwendung von Zeitstudien zur Festlegung von Leistungsziffern, auf denen die Gedinge aufgebaut werden könnten, kann heute etwa wie folgt beantwortet werden: Zunächst muß eine arteigene Arbeits- und Zeitstudienmethodik für den Bergbau erarbeitet und praktisch erprobt werden. Wichtig ist dabei, daß man mit einheitlichen und allseitig anerkannten Begriffen arbeitet. Diese Arbeiten sind seit einiger Zeit angelaufen. Insbesondere bemüht sich um die Lösung dieser speziellen Bergbauaufgabe ein Arbeitskreis der DKBL. Nachdem die Methode, nach der der Bergbau zweckmäßig seine Studien gestaltet, festliegt, können zwei weitere Schritte gleichzeitig und außerdem auf breiter Ebene getan werden. Man würde die Betriebe durch arbeitswissenschaftliche Studien weitgehend zu entstören und zu rationalisieren trachten und sich daneben der Aufgabe zuwenden, in Sonderlehrgängen Mitarbeiter heranzubilden, die über die notwendigen Kenntnisse auf dem Sondergebiet „Arbeitswissenschaft im Bergbau" verfügen und arbeitswissenschaftliche Methoden in Bergbaubetrieben anzuwenden und durchzusetzen fähig sind. Die Krönung des Ganzen würde schließlich die Ab- bzw. Umstellung des Gedingewesens auf arbeitswissenschaftliche Methoden darstellen, wobei eine Hauptaufgabe die sein würde, auf Arbeits- und Zeitstudien beruhende Leistungswerte für die Gedingesetzung zur Verfügung zu stellen.

Es bedarf wohl kaum einer Begründung, daß die vorstehend aufgezeigten Aufgaben zu ihrer Lösung eine lange Zeit erfordern, wenn man bedenkt, daß die Fertigungsindustrie Jahrzehnte brauchte, um ihre Verfahren bis zum heutigen Stande zu entwickeln. Der Bergbau mit seinen anerkannt unübersichtlichen und in viel größerem Ausmaß wechselnden Verhältnissen wird hierzu sicherlich nicht weniger Zeit benötigen. Er hat allerdings den Vorteil, daß er die von anderen Industriezweigen gesammelten Erfahrungen und Erkenntnisse verwerten kann. Mögen sich Männer finden, die verantwortungsbewußt und unbeirrt die Aufgabe anfassen und zur Lösung bringen. Demjenigen aber, der mit der aufgezeigten Zielsetzung arbeiten möchte, sei geraten, nicht allein den Weg zu gehen, sondern Verbindung aufzunehmen mit den Gremien, die auf diesem Gebiet Gemeinschaftsarbeit leisten, und sich dessen zu bedienen, was von ihnen erarbeitet worden ist.

664 Versuche.

Der Bergbaubetriebsbeamte, der sich mit Zeit- und Arbeitsstudien beschäftigt, betritt ohne Zweifel Neuland des bergmännischen Betriebsgeschehens. Wenn daher im nachfolgenden über einige Versuche berichtet wird, so muß um nachsichtige Beurteilung gebeten werden, weil es sich um erste, noch unsichere Schritte handelt. Im übrigen verfolgen diese Beispiele keinesfalls den Zweck, als Muster dienen zu wollen, sie wollen lediglich aufzeigen, wie man im praktischen Betriebe bereits hier und da versuchsweise vorgegangen ist.

Als erstes Beispiel zeigt Tafel 43 einen Ausschnitt aus einer Zeitstudie, die in einem Abbaubetriebspunkt im Jahre 1945 bei der Kohlengewinnung durchgeführt wurde. Wenn die Aufnahme

Tafel 43. *Ausschnitt aus einer Zeitstudie.*

Zeitaufnahme	Arbeit und Betriebspunkt: Flöz Mausegatt, 3. östl. Abt., Streb 2—3 Westen	Studie Nr.: 1772 vom: 14. 9. 45 Blatt Nr.: 1
Werk: Otto	Betrieb: Untertage Beobachter: Vogel Arbeiter: Mersch	Leistungsgrad: 70—75%

	Aufnahme der Hackenleistung		Auswertung
Nr.	Vorgang	Fortschrittszeit	Einzelheit min
1	Holztransport	7,00	
2	Pause	7,15	15
3	Holztransport	7,17	2
4	Pause	7,24	7
5	Holztransport	7,44	20
6	Abbauhammer schmieren	7,45	1
7	Kohlengewinnung	7,51	6
8	Pause („bin schlapp")	7,53	2
9	Hacke holen	7,54	1
10	Kohlengewinnung	7,57	3
11	verlorenen Stempel geschlagen + 2 Spitzen eingebracht	8,04	7
12	Kohlengewinnung	8,07	3
13	Pause	8,08	1
14	Kohlengewinnung	8,14	6
15	Pause	8,17	3
16	Kohlengewinnung	8,33	16
17	Pause (Schießen vor Ort)	8,37	4
18	Kohlengewinnung	8,38	1
19	1 Spitze vorpfänden	8,39	1
20	Kohlengewinnung	8,51	12
21	Spitze m. verlor. Stempel	8,54	3
22	Pause	8,55	1
23	Kohlengewinnung	9,02	7
24	Pause	9,03	1
	Summe:	123	123

auch nur in vollen Minuten gemacht wurde und der wiedergegebene Ausschnitt sich auf einen Zeitraum von 2 Stunden beschränkt, so wird doch erkennbar, wie tiefe Einblicke in das Betriebsgeschehen und den Arbeitsablauf eine solche Studie vermittelt.

Tafel 44 bringt als zweites Beispiel in Zusammenstellung die Ergebnisse von 5 Studien, die im Jahre 1944 in einem Streb durchgeführt wurden, um ein Bild über die Betriebsverhältnisse

Tafel 44. *Studie: Leistung in der Gewinnung in Flöz Röttgersbank, Streb Ort 2 — Teilsohle Osten.*

Zeitstudie vom — Hauer / Teilarbeit (Knapp) / Schicht — Ausgekohlter Raum m³ / Umgerechnet in Wagen:
- 14. 8. 44: Sebastian, Knapp 1, morgens (10,2 / 15,9) — Kutschinski, Knapp 1, mittags (9,3 / 14,5)
- 15. 8. 44: Dörmann, Knapp 4, morgens (7,2 / 11,3) — Bathke, Knapp 4, mittags (12,8 / 20,0)
- 16. 8. 44: Hocewar, Knapp 8, morgens (5,22 / 8,2) — Möller, Knapp 8, mittags (8,3 / 13,0)
- 17. 8. 44: Soborewski, Knapp 7, morgens (7,5 / 11,7) — Czysti, Knapp 7, mittags (5,4 / 8,4)
- 18. 8. 44: Kißler, Knapp 16, morgens (4,2 / 6,6) — Ladage, Knapp 16, mittags (6,1 / 9,5)
- ⌀ 7,6 / ⌀ 11,9

Teilarbeit	Sebastian morgens min	%	Kutschinski mittags min	%	Dörmann morgens min	%	Bathke mittags min	%	Hocewar morgens min	%	Möller mittags min	%	Soborewski morgens min	%	Czysti mittags min	%	Kißler morgens min	%	Ladage mittags min	%	ges. min	%
Reine Arbeitszeit (A) — Rüstzeit																						
Schlauch anschließen	5				2				2								2		2		13	
Hammer schmieren	2		5		4				1		1				2				5		20	
Gezähetransport			6																		6	
Summe	7		11		6				3		1				2		2		7		39	0,7
Hereingew.																						
Abbauhammerarbeit	206		169		287		178		225		278		223		199		259		122		2146	40,9
Kohlenschaufeln	116		121		74		135		40		99		113		110		64		150		1022	
Kohlenkratzen	22				19												2				43	
Summe	344		290		380		313		265		377		336		309		325		272		3211	61,2
Verbauen																						
Ausbau einbringen			52				46								42				121		261	
Ausbau verkeilen, verbolz.	29		6		4				5												44	
Baue verziehen	3		19						15												37	
Kappe legen	4				2				4				23				6				39	
Stempelschneiden	24				6				15				25				21				91	
Stempelschlagen	17		4		2		1		4				21		39		17				105	
Quetschholz fertigmachen					6								6				4				16	
Bühnloch machen					3				6				5				2				16	
Summe	77		81		23		47		49				80		81		50		121		609	11,6
Nebenarbeit																						
Holz aus der Rutsche							1				2				5		15		4		27	
Holz aus dem Versatzfeld			4														14				18	
Holz umpacken			8																		8	
Ladeblech holen			3																		3	
Stoß abmessen					5		1														6	
Hangendes nachreißen					5		1														6	
Summe			15		10		3				2				5		29		4		68	1,3
Gesamtsumme Arbeitszeit	428	81,5	397	75,6	419	79,8	363	69,1	317	60,4	380	72,4	416	79,2	397	75,6	406	77,3	404	77,0	3927	74,8
Verlustzeiten — betriebl. bedingt (bb)																						
Seilfahrt	3		3		3		3		3		3		3		3		3		3		30	
An- und Abfahrt	30		30		30		30		30		30		30		30		30		30		300	
Umkleiden	12		12		12		12		12		12		12		12		12		12		120	
Butterpause	15		15		15		15		15		15		15		15		15		15		150	
Erholungspausen					3												2				5	
Befahrung u. Unterweis.			1																		3	
Verständig. mit Kamer.																			3		—	
Summe	60	11,4	61	11,6	63	12,0	60	11,4	60	11,4	60	11,4	60	11,4	60	11,4	62	11,8	62	11,8	608	11,6
betriebl. verschuld. (av)																						
Keine leeren Wagen							24		112		25										161	
Betriebliche Störungen			1				24				27				14		13		7		86	
Stempel umsetzen													4								4	
Summe			1	0,2			48	9,2	112	21,3	52	9,9	4	0,8	14	2,7	13	2,5	7	1,3	251	4,8
pers. vschd. — Verbummelte Zeiten (Pv)	37	7,1	66	12,6	43	8,2	54	10,9	36	5,9	33	6,3	45	8,6	54	10,3	44	8,4	52	9,9	464	8,8
Gesamtsumme Verlustzeit	97		128		106		102		208		145		109		128		119		121		1323	
Insgesamt	525	100	525	100	525	100	525	100	525	100	525	100	525	100	525	100	525	100	525	100	5250	100

13

und eine Anhaltsziffer für die nach Beseitigung aller Hemmnisse und Verlustquellen zu erwartende Gewinnungsleistung zu erhalten. Der Bericht enthielt u. a. folgende Betriebspunktkritik:

„1. Bei den Studien wurde beobachtet, daß die Kameradschaft nicht geschlossen anfuhr. Die Männer kamen oft in erheblichen Abständen einzeln an. Die Folge war, daß die Arbeit aufgenommen wurde, wenn der letzte kam, und beendet wurde, wenn der erste ging. Hierdurch erklärt sich z. T. der unter ‚verbummelte Zeiten‘ angegebene erhebliche Verlustzeitanfall. Die Kameradschaft würde tunlichst gemeinsam anfahren, damit die Arbeit um 6.25 Uhr geschlossen aufgenommen werden kann.

2. Holz ist dauernd in genügender Menge und passender Länge anzuliefern. Es wirkt leistungsmindernd, wenn die Mannschaft, wie beobachtet, auf Holz warten bzw. die Stempel passend schneiden muß.

3. Bei der Holzförderung im Streb fiel auf, daß die Mannschaft das Holz nicht restlos aus dem Stauscheibenförderer nahm und dieses in den Ladekasten gehen ließ. Die Folgen waren Förderstörungen.

4. Die Einteilung der Knäppe ist so vorzunehmen, daß nur ein einmaliges Einkerben erforderlich ist und nicht, wie am 18. August in der Morgenschicht, durch nochmaligen Ansatz das Arbeiten erschwert wird.

5. Der Bergeversatz war nicht einwandfrei nachgeführt, wodurch der schlechte Gang der Kohle im mittleren Teil der Strebe erklärlich wird. Darunter leidet die Gewinnungsleistung. Es ist vor allem für genügenden Bergeanfall beim Hereinschießen des Hangenden zu sorgen. Dazu ist erforderlich, daß je Blindort 4 Bohrlöcher gebohrt werden und vor dem Abschießen der Strebausbau an den in Betracht kommenden Stellen entfernt wird. Außerdem muß erreicht werden, daß sämtliche Blindörter in der Nachtschicht abgeschossen werden, damit morgens unverzüglich mit dem Verpacken begonnen werden kann. Zum schnelleren und leichteren Einbringen des Versatzes sind den Verpackern je Blindort 2 Trapezrutschen zur Verfügung zu stellen.“

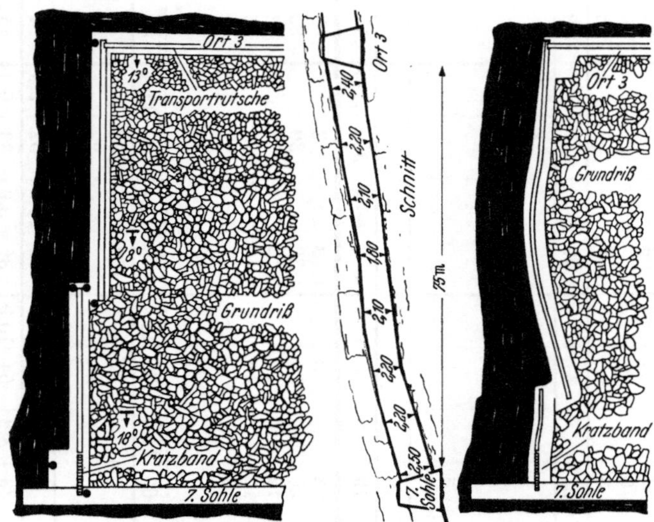

Während betriebsseitig die mögliche Leistung auf 11 Wagen je Mann je Schicht veranschlagt wurde, kam der Auswerter der Studie auf eine um 30% höhere Ziffer, nämlich 14,3 Wagen je Mann/Schicht, allerdings — dies muß besonders betont werden — unter der Voraussetzung, daß sämtliche Betriebs- und Organisationsmängel beseitigt und die Versorgung des Betriebspunktes mit allem Notwendigen gewährleistet würde.

Als drittes Beispiel sei noch folgendes gebracht:

In einem Abbaubetrieb war zwischen Betriebsführung und Belegschaft eine Meinungsverschiedenheit

Abb. 79. Lageplan und Schnitt zum Dickebankstreb.

über die Höhe der in der Gewinnung möglichen Leistung bzw. über die Richtigkeit des bestehenden Gedingesatzes entstanden. Diese Frage sollte durch eine umfassende Arbeitsstudie geklärt werden.

Die in der dritten Septemberdekade 1942 vorgenommene Untersuchung brachte als Ergebnis, daß die Klagen der Betriebspunktbelegschaft über Mängel in der Betriebsorganisation nur allzusehr berechtigt waren. Aus der in Tafel 45 wiedergegebenen Zusammenstellung der Auswertungsergebnisse geht mit aller wünschenswerten Schärfe hervor, daß 10,6% der Gesamtschichtzeit auf vermeidbare Verlustzeiten entfielen, die rein betriebsbedingt waren, während keinerlei persönliche Schichtverlustzeiten festgestellt wurden, die vermeidbar waren. Es galt demnach, den Betriebspunkt zu reorganisieren und den technischen Zuschnitt zu verbessern. Schon ein bloßer Blick auf Abb. 79, die den Stand während der Studie und den 14 Tage nach deren Abschluß festgestellten vermittelt, macht die vorgenommenen Umstellungen deutlich.

Das Schaubild der Abb. 80 zeigt die Auswirkungen der Studie auf die Entwicklung des Betriebspunktes auf. Die Körnung der geförderten Kohle hatte sich außerordentlich verbessert. Der Anteil an Stückwagen betrug vor Abschluß der Studie im Mittel etwa 15%, in der 3. Dekade des Monats Oktober aber nahezu 80%. Mit Beginn der Studie stieg die Leistung sprunghaft an. Sie lag in der 2. Septemberdekade bei 9 Wagen/M/Sch, in der letzten Oktoberdekade aber bei fast 15 Wagen/M/Sch, was einer Leistungssteigerung von $> 60\%$ entspricht. Mit der ansteigenden Leistung und dem höheren Stückkohlenanfall — Stückwagen wurden mit einem Aufpreis bezahlt — besserte sich immer mehr der verdiente Lohn. In der ersten und zweiten Septemberdekade belief er sich auf noch nicht 7,00 RM/M/Sch bei einem etwas über 10,00 RM/M/Sch liegenden Hauerdurchschnittslohn der Schachtanlage. In der letzten Oktoberdekade hatte er dagegen eine Höhe von $> 11{,}50$ RM/M/Sch erreicht.

Ein besseres Beispiel für die leistungssteigernden Auswirkungen einer Arbeitsstudie kann wohl nicht gebracht werden. Auf der anderen Seite schaffte die Studie aber auch in einer sehr unzufriedenen Kameradschaft äußerste Leistungsfreudigkeit und große Lohnzufriedenheit.

Die wenigen im vorhergehenden aufgezeigten Beispiele dürften durchaus genügen, einerseits die Durchführbarkeit und andererseits die Nützlichkeit von untertägigen Arbeits- und Zeitstudien unter Beweis zu stellen. Mögen sie darüber hinaus anregend wirken, auf daß sich immer mehr Bergbaufachleute bereit finden, an der Entwicklung eines bergmännischen Arbeits- und Zeitstudienwesens mitzuarbeiten mit dem Ziele, in möglichst gut organisierten Betrieben objektiv fundierte Gedinge zu setzen, die zu leistungsgerechten Löhnen führen.

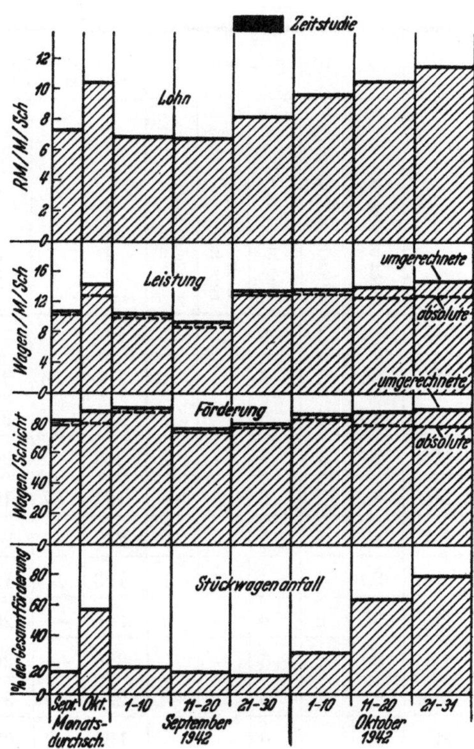

Abb. 80. Entwicklung des Betriebspunktes.

67 „Normenbücher" als Grundlage der Gedingesetzung in der UdSSR.

670 Allgemeines.

Die in den sowjetischen Betrieben angewandten Lohnsysteme gründen alle in folgendem Satz der Sowjetverfassung:

„Die Bürger der UdSSR. haben das Recht auf Arbeit, d. h. das Recht auf garantierte Beschäftigung mit Entlohnung ihrer Arbeit nach Menge und Qualität."

Aus der einheitlichen Lenkung der russischen Wirtschaft ergibt sich als verständliche Folge die Lohngestaltung nach einheitlichen Richtlinien[1].

„Der zentrale Punkt dieser ganzen Lohnpolitik ist die Höhe der gewählten Leistungsnorm, des Pensums, auf dem sich die Grundlöhne aufbauen. Bewegt sich das Pensum in den richtigen Grenzen der durchschnittlichen Leistungskraft eines gutgeschulten Arbeiters, dann ist alles in Ordnung. Ist es aber abnorm hoch gegriffen, kann es also nur bei übermäßiger Beanspruchung der Arbeitskraft gehalten werden, dann wird die lohnpolitisch erstrebte Überschreitung der normalen Leistung nur durch eine schwere Beeinträchtigung der menschlichen Arbeitskraft erzielt werden können. In der Sowjetwirtschaft beherrschen die Akkordlöhne absolut das Feld; in verschiedenen Zweigen der dortigen Industrie werden 70—85% der Arbeiter im einfachen Akkord, durch progressive Leistungs- oder durch Prämienlöhne abgelohnt" [26, S. 154].

So hat denn auch der russische Bergbau ein eigenes Gedingesystem entwickelt, das zu studieren sich immerhin lohnen dürfte, wenn man dabei auch niemals vergessen darf, daß es auf russische Verhältnisse zugeschnitten ist, in der sowjetischen Wirtschaftsauffassung gründet und für den russischen Bergmann gedacht ist. Authentische Unterlagen zu erhalten, ist aus hier nicht zu erörternden Gründen schwierig. Hierin findet sich die Erklärung dafür, daß auf eine ältere Ausgabe des Normenbuches zurückgegriffen ist, die sicherlich längst überholt ist, gleichwohl aber auch heute noch für den von großem Interesse sein dürfte, der an der Fortentwicklung

---

[1] Bezüglich Einzelheiten sei auf die sehr aufschlußreiche Arbeit von WENDT [240] verwiesen.

Tafel 45. *Untersuchung*

Untersuchung des Betriebsablaufs	Anlage: Fritz II	Betriebspunkt: 7. Sohle, 1. östl. Abt.,

| | | Arbeitsangaben | | | | | Arbeitszeit | | | | | | | | | | | | | Betriebs unver | | | |
| | | | | | | | Hereingewinnung | | | Bauen | | | | Nebenarbeiten | | | | | | | | |
Zeitangabe		Anzahl Wagen	Eingebr. Kappen	Geschl. Stempel	Eingebr. Motorrutschen	Eingebr. Flachrutschen	Lösen, Laden	Bohren, Schießen	Summe	Vorpfänden	Kappe mit Verzug	Stempel schlagen	Summe	Rohre vorbauen	Motorrutsche vorb.	Flachrutsche vorb.	Summe	Ges.-Summe	Ausbau Reparatur	Maschinenpflege	Maschinenstörung	Rutschenstörung
42 21. 9.	Mo.	18	1	3	—	—	172	—	172	28	9	54	91	—	—	—	—	263	—	—	—	—
	Mi.	26	1	5	—	1	186	26	212	—	16	50	66	—	—	7	7	285	12	—	—	—
	Na.	26	2	5	—	1	236	—	236	34	20	65	119	—	—	10	10	365	—	—	—	—
22. 9.	Mo.	24	1	3	—	2	200	—	200	28	17	31	76	—	—	22	22	298	—	—	—	—
	Mi.	26	2	6	—	—	131	57	188	—	44	55	99	—	—	—	—	287	—	9	—	—
	Na.	27	2	5	—	3	217	—	217	23	29	47	99	18	—	19	37	353	—	—	—	—
23. 9.	Mo.	25	1	4	—	1	193	—	193	11	26	48	85	—	—	8	8	286	—	—	—	—
	Mi.	31	2	6	—	3	206	—	206	33	36	59	128	12	—	33	45	379	—	—	—	—
	Na.	30	2	5	—	1	266	—	266	26	25	36	87	10	—	14	24	377	—	15	—	—
24. 9.	Mo.	21	1	3	1	—	274	37	311	—	13	38	51	—	15	—	15	377	16	—	—	—
	Mi.	32	2	6	—	—	194	44	238	—	105	36	141	15	—	—	15	394	—	—	—	—
	Na.	30	2	5	1½	—	242	—	242	23	21	42	86	—	25	—	25	353	—	10	—	19
25. 9.	Mo.	28	1	4	1	—	232	35	267	8	9	40	57	—	30	—	30	354	—	—	—	—
	Mi.	28	1	4	—	1	213	—	213	14	20	40	74	5	—	13	18	305	—	12	—	5
	Na.	28	2	4	1	—	205	—	205	22	15	36	73	16	23	—	39	317	26	—	—	10
26. 9.	Mo.	34	1	5	1	1	282	—	282	25	8	52	85	—	12	5	17	384	—	6	12	—
	Mi.	31	2	4	1	—	212	—	212	39	33	23	95	16	42	—	58	365	—	8	—	—
	Na.	27	1	6	1	—	235	—	235	15	20	57	92	—	16	—	16	343	14	10	—	12
27. 9.	Mo.	18	1	3	1	1	177	—	177	45	7	36	88	—	34	5	39	304	—	—	—	19
	Mi.	25	1	4	—	—	265	—	265	23	15	78	116	—	—	—	—	381	—	—	—	—
	Na.	24	1	3	1	—	252	—	252	48	21	43	112	—	—	—	—	364	—	—	—	—
28. 9.	Mo.	28	1	3	1	—	276	—	276	62	7	34	103	—	12	—	12	391	13	14	—	—
	Mi.	24	2	4	1½	—	195	—	195	59	29	39	127	—	36	—	36	358	—	8	—	6
	Na.	25	1	5	1	—	162	—	162	36	43	49	128	12	45	—	57	347	30	—	—	—
Sa.	Mo.	196	8	28	5	5	1806	72	1878	207	96	333	636	—	103	40	143	2657	29	20	12	19
	Mi.	223	13	39	2½	5	1602	127	1729	168	298	380	846	48	78	53	179	2754	12	37	—	11
	Na.	217	13	38	5½	5	1815	—	1815	227	194	375	796	56	109	43	208	2819	70	35	—	41
Ges. Summe		636	34	105	13	15	5223	199	5422	602	588	1088	2278	104	290	136	530	8230	111	92	12	71
Mittelw. je Schicht		26,5	1,4	4,4	0,5	0,6	218	8	226	25	25	45	95	4	12	6	22	343	5	4	1	3
Zeiten									43,4				18,2				4,2	65,8				
in %									65,9				27,7				6,4	100,0				

des Betriebsablaufs.

Nordflügel, Flöz Dickebank, Streb 7. Sohle Westen	Studie-Nr. 42/223—230 vom 21. 9.—28. 9. 42.

bedingte Verlustzeiten – meidbar				bedingte Verlustzeiten – vermeidbar						bedingte Ges.-Summe	Persönliche Schichtverlustzeiten – unvermeidbar							Persönliche Schichtverlustzeiten – vermeidbar				Persönliche Ges.-Summe	Gesamtstudie Zeiten in Z.-min
Schießpausen	Befahrung	Gegens. Behinderung	Summe	Keine Leeren	Kein Holz	Maschinenschaden	Betriebl. Fehldispos.	Warten am Stapel	Summe	Ges.-Summe	Seilfahrt/Weg Anfang	Seilfahrt/Weg Ende	Arbeitsvorbereitung	Arbeitsabrüstung	Butterpause	Persönl. Bedürfnisse	Summe	ohne Arbeit, Scheinarbeit	verspät. Arbeitsbeginn vorz. Arbeitsbeendig.	Sonstiges	Summe	Ges.-Summe	Gesamtstudie Zeiten in Z.-min
—	9	6	15	41	40	—	45	16	142	157	29	33	13	7	21	—	103	—	—	—	—	103	523
—	—	—	12	—	—	—	105	—	105	117	32	40	13	8	26	—	119	—	—	—	—	119	521
—	—	—	—	5	—	—	—	12	17	17	32	35	31	10	30	—	138	—	—	—	—	138	520
—	7	—	7	97	—	—	—	—	99	106	35	34	14	13	22	—	118	—	—	—	—	118	522
—	—	—	9	109	—	—	—	—	109	118	35	45	5	12	17	—	114	—	—	—	—	114	519
—	—	—	—	—	—	—	30	12	42	42	34	33	5	16	32	—	120	—	—	—	—	120	515
—	9	—	9	56	—	46	—	—	102	111	35	40	13	13	23	—	124	—	—	—	—	124	521
—	—	—	—	—	—	—	—	—	—	—	40	40	15	18	24	—	137	—	—	—	—	137	516
—	—	—	15	—	—	—	—	12	12	27	33	34	10	14	31	—	122	—	—	—	—	122	526
—	—	5	21	—	—	—	—	10	10	31	32	30	13	18	22	—	115	—	—	—	—	115	523
—	—	—	—	—	—	—	—	—	—	—	35	40	10	18	25	—	128	—	—	—	—	128	522
—	—	—	29	—	—	—	—	17	17	46	34	37	13	10	27	—	121	—	—	—	—	121	520
—	—	—	—	—	—	45	—	12	57	57	35	34	13	15	13	—	110	—	—	—	—	110	521
—	—	13	30	—	14	—	—	25	39	69	28	40	19	20	30	11	148	—	—	—	—	148	522
—	—	—	36	—	23	—	—	15	38	74	39	32	8	18	32	—	129	—	—	—	—	129	520
—	—	—	18	—	—	—	—	—	—	18	35	34	14	15	22	—	120	—	—	—	—	120	522
—	—	—	8	—	—	28	—	—	28	36	30	30	16	14	29	—	119	—	—	—	—	119	520
—	—	—	36	—	—	—	—	10	10	46	36	38	10	17	30	—	131	—	—	—	—	131	520
—	—	—	19	—	—	67	—	11	78	97	35	37	12	14	23	—	121	—	—	—	—	121	522
—	—	—	—	—	—	—	—	11	11	11	35	33	18	17	26	—	129	—	—	—	—	129	521
—	—	—	—	—	23	—	—	10	33	33	31	32	10	16	29	—	118	—	—	—	—	118	515
—	—	—	27	—	—	—	—	—	—	27	35	40	12	19	—	—	106	—	—	—	—	106	524
—	—	—	14	—	9	—	—	—	9	23	40	40	17	16	26	—	139	—	—	—	—	139	520
—	—	—	30	—	—	—	—	12	12	42	35	38	10	19	29	—	131	—	—	—	—	131	520
—	25	11	116	196	40	158	45	49	488	604	271	282	104	114	146	—	917	—	—	—	—	917	4178
—	—	13	73	109	23	28	105	36	301	374	275	308	113	123	203	11	1033	—	—	—	—	1033	4161
—	—	—	146	5	46	—	30	100	181	327	274	279	97	120	240	—	1010	—	—	—	—	1010	4156
—	25	24	335	310	109	186	180	185	970	1305	820	869	314	357	589	11	2960	—	—	—	—	2960	12495
—	1	1	15	13	4	8	7	8	40	55	34	36	13	15	25	—	123	—	—	—	—	123	521
			2,9						7,7	10,6							23,6				—	23,6	100,0
			4,4						11,7	16,1							35,9				—	35,9	152,0

unseres deutschen Gedingewesens mitarbeiten möchte. Die ältere Normensammlung stellt zumindest einen Meilenstein in der Entwicklung des russischen Bergbaus dar, der der genauen Betrachtung wert ist.

Die nachstehenden Ausführungen stützen sich auf das Normenbuch des Kusnezker Bezirks von G. W. Bykow und W. A. Krasin, das sich mit von Hand ausgeführten bergmännischen Arbeiten befaßt, und zwar auf die 2. geänderte und verbesserte Auflage, die 1933 im wissenschaftlich-technischen bergmännischen Staatsverlag Nowo-Sibirsk erschienen ist.

Aus dem Vorwort der Verfasser zur 1. Auflage wird ersichtlich, daß man sich schon vor 1924 mit der Feststellung von Normwerten beschäftigte; denn für die südlichen Rayons waren zu diesem Zeitpunkt bereits Normen festgelegt. Auch wird in diesem Vorwort als nächste Aufgabe genannt „eine weitere Präzisierung, gegründet auf den Übergang von summarischen Normen auf Normen nach den Arbeitselementen", da „mittlere (summarische) Normen bei weitem noch nicht vollkommen erscheinen". Allerdings ist von einer Erreichung dieses Zieles in der 2. Auflage noch nichts zu erkennen, da diese „nicht das Ergebnis einer grundlegenden Umarbeitung" der 1. ist, sondern „lediglich einige Berichtigungen und Ergänzungen" vorgenommen wurden. Als Grund geben die Verfasser an, daß die rege Nachfrage zu einem Neudrucke Veranlassung gebe.

Das Normenbuch ist nach den Angaben der Verfasser auf Zeitstudien aufgebaut, die sich auf den Arbeitstag erstreckten. Die Zeitaufnahmen wurden „in allen Rayons des Kusbaß" durchgeführt und zusammengestellt. Nach welchen Methoden die Studien durchgeführt und nach welchen sie ausgewertet wurden, darüber sagt das Normenbuch nichts aus. Eine bezeichnende Antwort auf diese Fragen gibt die Äußerung eines in Rußland tätig gewesenen Bergingenieurs, daß sich die Normeningenieure bei der Herausgabe von Normziffern sowohl in der Zahl als auch in der Schnelligkeit gegenseitig zu übertreffen suchten. Wenn weiter die Verfasser im Vorwort zur 1. Auflage folgendes sagen:

„Zur Zeit der Organisation des sibirischen Kohlentrustes (1928) wurden die Normen im Anschero-Südschenka Rayon nach dem Normenbuch der Kusbaß Ausgabe 1927 bestimmt, während in den südlichen Rayonen noch die Normen vom Jahre 1924 in Geltung standen, was Unterschiede in den Normen bei einzelnen Arbeiten im Ausmaße bis 35—40% ergab",

so erscheint eine gewisse Vorsicht in der Beurteilung durchaus am Platze.

Bei den Angaben des Normenbuches kann man 3 Arten unterscheiden:

a) die „Leistungsnorm", — b) die „Normalschichtleistung", — c) die „Berichtigungsbeiwerte".

Zu a. Die Leistungsnorm (im nachfolgenden LN abgekürzt) gibt an, wieviele Arbeitseinheiten in einer normalen Schicht normalerweise geleistet werden sollen bzw. können. Der Kennwert entspricht somit der bei uns üblichen „normalen Arbeitsleistung". Dabei ist aber ausdrücklich darauf hinzuweisen, daß die Begriffsinhalte durchaus nicht kongruent sind. Wir beziehen gemeinhin die normale Arbeitsleistung auf die „Arbeitszeit vor Ort", während nach dem russischen Normenbuch der Bezug auf eine „normale Schichtzeit" erfolgt und — wie wir noch sehen werden — Nebenzeiten, wie z. B. die für länger als normal dauernde Fahrung, in die Leistungsnorm über sogenannte „Berichtigungsbeiwerte" eingerechnet werden.

Der russische Ausdruck für „Leistungsnorm" ist „Uprjaska" und ins Deutsche nicht unmittelbar übertragbar. Das Wort bedeutet eigentlich „Gespann", dann den Arbeitsertrag eines Pferdegespanns je Tag und wurde schließlich auf das Arbeiten des Menschen übertragen. Man versteht also darunter jene normale Anzahl von Arbeitseinheiten, die man vom Arbeiter in einer Schicht verlangen kann.

Zu b. Die „Normalschichtleistung" (im nachstehenden NSL genannt) wird vom Nichteingeweihten leicht mit unserer „normalen Arbeitsleistung" verwechselt. Sie stellt aber im russischen Normenbuch den reziproken Wert der „Leistungsnorm" dar und bedeutet somit die Zahl der „normalen Schichten", die zur Erzielung einer Leistungseinheit notwendig sind. Die Kennziffer entspricht daher unserem „Schichtenaufwand". Dabei muß allerdings hier noch einmal auf den Unterschied aufmerksam gemacht werden, der in den Bezugsgrößen „normale Schichtzeit" und „Arbeitszeit vor Ort" seinen Grund hat und oben bereits näher gekennzeichnet wurde.

Zu c. Die „Berichtigungsbeiwerte" (im nachfolgenden BB abgekürzt) sind Koeffizienten, die besondere Verhältnisse oder Abweichungen vom Normalen zu berücksichtigen gestatten sollen.

Das ganze Normenbuch enthält nur Zahlentafeln, die teilweise erheblichen Umfang annehmen, und keinerlei diagraphische Darstellungen. Das mag zum Teil damit zusammenhängen, daß ein Diagramm nicht die gewünschte Ablesegenauigkeit aufweisen konnte und daher den Verfassern die Zahlentafel richtiger erschien. Auf der anderen Seite haben sie sich damit mehrerer Vorteile begeben:

1. der Möglichkeit, Fehler aus einer Störung des Kurvenverlaufes erkennen zu können; — 2. der Konstatierung mathematisch-funktionaler Zusammenhänge, die es u. U. möglich machen, statt einer umfangreichen Zahlentafel eine mathematische Formel zu bringen, indem man die Kurven des Diagramms rektifiziert; — 3. der einfachen Feststellung von Zwischenwerten, da bei nichtproportionaler Gradation die lineare Interpolation zu dem ganzen Tafelaufbau widersprechenden Ungenauigkeiten führen wird, die nur durch Anwendung besonderer Interpolationsmethoden ausgehalten werden können.

Um die Sachlage klar herauszuarbeiten und die oben aufgestellten Behauptungen zu erhärten, ist nachfolgendes Beispiel durchgearbeitet:

In Zahlentafel 3 des Normenbuches, die in Tafel 46 wiedergegeben ist, wird die für das Durchschreiten von Bauen mit einer Mindesthöhe von 1,40 m erforderliche Zeit in Abhängigkeit vom Einfallen der Baue angegeben.

Tafel 46. *Zeitaufwand für das Durchschreiten von Bauen mit einer Mindesthöhe von 1,40 m in Abhängigkeit vom Einfallen.*

Bewegung	Ein-fallen °	Entfernung m									
		10	20	30	40	50	60	70	80	90	100
horizontal	0	0,155	0,310	0,465	0,620	0,775	0,930	1,085	1,240	1,395	1,550
bergauf	3	0,165	0,330	0,495	0,660	0,825	0,990	1,155	1,320	1,485	1,650
	5	0,178	0,356	0,534	0,712	0,890	1,068	1,246	1,424	1,602	1,780
	8	0,203	0,406	0,609	0,812	1,015	1,218	1,421	1,624	1,827	2,030
	10	0,227	0,474	0,681	0,908	1,135	1,362	1,589	1,816	2,043	2,270
	15	0,297	0,594	0,891	1,180	1,485	1,782	2,079	2,376	2,673	2,970
	20	0,395	0,780	1,185	1,580	1,975	2,370	2,765	3,160	3,555	3,950
	30	0,660	1,320	1,980	2,620	3,300	3,960	4,620	5,280	5,940	6,600
	40	1,020	2,040	3,060	4,080	5,100	6,120	7,140	8,160	9,180	10,200
	50	1,475	2,950	4,425	5,900	7,375	8,850	10,325	11,800	13,275	14,750
	60	2,047	4,054	6,081	8,108	10,135	12,162	14,189	16,216	18,243	20,207
	70	2,673	5,346	8,019	10,6'2	13,365	16,038	18,711	21,384	24,057	26,730
bergab	3	0,151	0,302	0,452	0,604	0,755	0,906	1,057	1,208	1,359	1,510
	5	0,153	0,306	0,459	0,612	0,765	0,918	1,071	1,224	1,377	1,530
	8	0,165	0,330	0,495	0,660	0,825	0,990	1,155	1,320	1,485	1,650
	10	0,178	0,356	0,534	0,712	0,890	1,068	1,246	1,424	1,602	1,780
	15	0,225	0,450	0,675	0,900	1,125	1,350	1,575	1,800	2,020	2,250
	20	0,298	0,596	0,895	1,190	1,490	1,785	2,090	2,383	2,685	2,983
	30	0,513	1,026	1,535	2,025	2,560	3,070	3,590	4,100	4,620	5,130
	40	0,825	1,650	2,475	3,300	4,125	4,950	5,775	6,600	7,425	8,250
	50	1,230	2,460	3,690	4,920	6,150	7,380	8,610	9,840	11,070	12,300
	60	1,730	3,460	5,190	6,920	8,650	10,380	12,110	13,840	15,570	17,300
	70	2,330	4,660	6,990	9,320	11,650	13,980	16,310	18,640	20,970	23,300

Es ist zunächst nicht einzusehen, warum man bei als gleichbleibend angesehenen Geschwindigkeiten den Zeitaufwand für alle Entfernungen von 10 bis 100 m in Abständen von je 10 m angibt, wo doch die Aufführung der Ziffern in einer Spalte mit der Bezeichnung je 10 m vollauf genügen würde.

Sodann sind in Abb. 81 die funktionalen Abhängigkeiten in 2 Kurven dargestellt, die rektifiziert wurden. Dabei ergaben sich folgende Formeln, wobei das Einfallen die Größe x und der Zeitaufwand die Größe y darstellen:

bergauf $y = 0{,}000\ 478\ x^2 + 0{,}00248\ x + 0{,}155$

bergab $y = 0{,}000\ 478\ x^2 - 0{,}00243\ x + 0{,}155.$

Besonders interessant ist dabei die weitgehende Übereinstimmung im Aufbau der beiden Formeln, die sich hauptsächlich im Vorzeichen des zweiten Gliedes unterscheiden, wobei das $+$ Zeichen für die Bewegung bergauf, das $-$ Zeichen für die Bewegung bergab gilt. Wie weit man die Formeln zu einer einzigen, etwa wie folgt:

$$y = 0{,}000\ 478\ x^2 \pm 0{,}00246\ x + 0{,}155,$$

zu vereinigen berechtigt wäre, kann nicht entschieden werden. Jedenfalls kann der dabei entstehende Fehler nicht allzu groß sein.

Wie die eingetragenen Beispielwerte beweisen, genügt die Genauigkeit der Formeln vollauf.

Das Normenbuch (nachstehend auch kurz NB genannt) gliedert sich in folgende — teilweise in Abschnitte untergliederte — acht Kapitel:

I. Allgemeine Leitsätze.

II. Kohlengewinnung.

Abb. 81. Abhängigkeit der Marschgeschwindigkeit in Bauen mit einer Höhe von $> 1{,}40$ m vom Einfallen für den Bereich von 1—100 m Entfernung.

Figur-Formel und Beispiele (bergauf):

$y = 0{,}000478\ x^2 + 0{,}00248\ x + 0{,}155$

Beispiele:

x	nach Formel	nach Tafel	Δ
0	0,155	0,155	0
20	0,395	0,395	0
30	0,660	0,660	0
70	2,643	2,673	0,030

Figur-Formel und Beispiele (bergab):

$y = 0{,}000478\ x^2 - 0{,}002435\ x + 0{,}155$

Beispiele:

x	nach Formel	nach Tafel	Δ
0	0,155	0,155	0
20	0,2973	0,2983	0,0010
30	0,51245	0,5130	0,00055
70	2,3265	2,3300	0,0065

III. Gesteinsgewinnung in horizontalen und geneigten Bauen.
 Bohren mit Drucklufthämmern,
 Schlagbohren von Hand,
 Drehbohren von Hand,
 „Beräumen" des gesprengten Gesteins,
 Gesteinsgewinnung ohne Verwendung von Sprengstoffen,
 Nachreißen des Hangenden und Liegenden ohne Verwendung von Sprengstoffen.

IV. Förderung.
 Förderung der Kohle von Hand (Schlepparbeit),
 Förderung der Berge von Hand (Schlepparbeit),
 Mit der Kohlenförderung verbundene Nebenarbeiten,
 Mit der Bergeförderung verbundene Nebenarbeiten,
 Laden von Kohlen und Bergen mittels Schaufel in Förderwagen,
 Überschaufeln (Versäubern).

V. Zimmerung.
 Zimmerung der Vorrichtungsbaue,
 Verzug der Stöße und der Firste der Vorrichtungsbaue,
 Anbringen von Spreizen zwischen Türstöcken,
 Durchhacken des Zimmerholzes mit dem Beil unter Tage,
 Herstellung von Bühnlöchern und Gräben im Gestein,
 Zimmerung der Abbaue,
 Setzen von Stempeln im Abbau,
 Bau von Holzkästen.

VI. Zustellung des Zimmerholzes und anderer Materialien.

VII. Verschiedene Arbeiten auf den Schächten.

VIII. Anhang.

Diese Einteilung ist jedoch nicht die primäre, sondern scheint aus irgendwelchen Nebenabsichten eingefügt zu sein. Denn die Hauptgliederung stellt offenbar die durchgehende Paragraphierung (§ 1—68) dar. Die einzelnen Paragraphen sind sodann noch nach Ziffern unterteilt.

Für die Darlegung des Inhaltes des Normenbuches dürfte der Bezug auf die Kapitel zweckmäßiger sein, da dabei die Übersichtlichkeit größer ist. Im nachfolgenden ist entsprechend verfahren.

671 Kapitel I: Allgemeine Leitsätze.

Das Kapitel umschließt die §§ 1 und 2. § 1 könnte man „Allgemeine Ziffern" und § 2 „Zeitaufwand der Fahrung" überschreiben.

671.1 „Allgemeine Ziffern" (§ 1 NB). Ziffer 1 besagt, daß die Normen für alle untertägigen Arbeiten auf den sechsstündigen, die für übertägige auf den siebenstündigen *Arbeitstag* bezogen sind.

Ziffer 2 stellt zunächst fest, daß sämtliche Normziffern für normale Vor-Ort-Verhältnisse gelten und gibt für *abnormale Arbeitsbedingungen* Berichtigungsbeiwerte an. Dabei wird vermerkt, daß die Anwendung eines „höheren Beiwertes die Möglichkeit der Anwendung der niedrigeren ausschließt".

Die ersten 4 Beiwerte beziehen sich auf Wasserzuflüsse, die beiden anderen auf klimatologische Verhältnisse. Sie sind aus der Zusammenstellung der Tafel 47 ersichtlich.

Tafel 47. *Beiwerte zur Berücksichtigung von Wasserzuflüssen und Klima.*

	Kennzeichnung	BB zu	
		LN	NSL
Wasserzuflüsse	Stärkster Wasserzufluß von oben, d. h. Wasser fällt in dichten, ununterbrochenen Strömen auf den Arbeiter	0,67	1,49
	Starker Wasserzufluß von oben über den ganzen Arbeitsplatz. Wasser fällt als „dichter Regen" auf den Arbeiter	0,76	1,32
	Wasserzufluß von oben in Strömen auf einen Teil des Arbeitsplatzes oder dichtes Tröpfeln über den ganzen Platz	0,84	1,19
	Schwaches, die Arbeit behinderndes Tröpfeln auf den Arbeiter	0,92	1,09
Klima	Schwache Bewetterung (Wolflampen brennen, aber erlöschen häufig)	0,90	1,11
	Temperatur am Arbeitsplatz untertage $> 30°$ C	0,67	1,49

ZT 1 NB

Schon jetzt erhebt sich die Frage, welchen Sinn die — wie sich noch zeigen wird — Festlegung von Normwerten in einer Genauigkeit von 4 Ziffern, d. h. auf mindestens 1⁰/₀₀ genau haben soll, wenn Berichtigungsbeiwerte benutzt werden, die Sprünge von 8—9% (bezogen auf die Norm) aufweisen. Weiter fragt man sich, ob nicht die großen Unterschiede zwischen den Berichtigungsbeiwerten und das Fehlen einer zahlenmäßigen Kennzeichnung der Bedingungen, was beim Wasserzufluß doch sehr wohl durchführbar sein müßte, dazu führt, daß der Schwerpunkt des „Kampfes um ein gutes Gedinge" auf diese Weise nur verlagert wird, nämlich vom Leistungswert auf den Berichtigungsbeiwert.

In Ziffer 3 NB werden *Gewichte u. ä. Gedingeunterlagen* angesetzt:

1 m³ anstehende Kohle .... = 1,21 t
1 m³ anstehendes Nebengestein (Sandstein und Schiefer) .... = 2,60 t
1 m³ Deckgebirge .... = 1,80 t
1 m³ hereingewonnenes Gestein .... = 1,24 t

$$\frac{\text{Raum des hereingewonnenen Gesteins}}{\text{Raum des anstehenden Gesteins}} = 2,10$$

671.2 Zeitaufwand der Fahrung (§ 2 NB). Da, wie bereits betont, im Gegensatz zur deutschen Übung die Ziffern der Gedingeleistung nicht auf der „Arbeitszeit vor Ort" aufgebaut, sondern auf die Gesamtschichtzeit bezogen sind, mußte bei der Festlegung der Normen ein Mittelwert für den Wegzeitaufwand zum und vom Arbeitsort angesetzt und eingerechnet werden (Ziffer 1 NB). Dabei hat man bei den einzelnen Normen recht verschiedene Zahlen genommen, so z. B.

für den Arbeiter in der Kohlengewinnung .... 30 min,
für den Arbeiter in Gesteinsbetrieben .... 20 min,
für den Schlepper in der Kohlenförderung .... 22, 24 min
usw.

In den Fällen, in denen die Zeit für den Weg zu und von einem bestimmten Betriebspunkt von dem angesetzten Wert abweicht, wird zwangsläufig eine Berichtigung erforderlich. Die hierzu entwickelten Beiwerte sind in einer besonderen Zahlentafel (ZT 2 NB) aufgeführt, aus der die Werte für Schlepper in der Kohlenförderung in Tafel 48 als Beispiel angeführt seien.

Tafel 48. *Berichtigungsbeiwerte zur Berücksichtigung der Fahrung der Schlepper in der Kohlenförderung.*

Wegzeit zum und vom Arbeitsort einschl. Seilfahrt und einem Rastzuschlag von 5% min	BB zu NSL	Wegzeit zum und vom Arbeitsort einschl. Seilfahrt und einem Rastzuschlag von 5% min	BB zu NSL
5	0,94	31—35	1,04
5—10	0,96	36—40	1,07
11—15	0,97	41—45	1,09
16—20	0,99	46—50	1,11
21—25	1,00	51—55	1,13
26—30	1,02	56—60	1,15

ZT 2 NB (Auszug)

Ganz abgesehen davon, daß das Verfahren reichlich kompliziert ist, erscheint das Ganze, wenn man sich den oben auf 2 Stellen hinter dem Komma genau angegebenen Mittelwert und andererseits die hier 0,01, dort 0,02, einmal sogar 0,03 betragenden Sprünge in der BB-Skala ansieht, eine Spielerei mit Zahlen zu sein. Das deutsche Verfahren, auf der „Arbeitszeit vor Ort" aufzubauen, ist einfacher und dazu genauer.

Ziffer 2 NB gibt die Formel zur Berechnung der Zeit für den Weg zum und vom Arbeitsplatz wie folgt an:

$$x = (W + Sf) \times 1{,}05.$$

Darin bedeuten

W   Zeit für den Weg durch die verschiedenen Baue
Sf   Zeit für die Ein- und Ausfahrt am Seil
1,05   Beiwert für Rasten (5% der reinen Fahrzeiten)
x   Gesamtzeit für den Weg einschließlich Rastpausen.

Anschließend bringt das Normenbuch Zahlentafeln zur Bestimmung der Werte für W und Sf.

Die Tafel für den Zeitaufwand beim Durchschreiten von Bauen mit $> 1{,}4$ m Höhe in Abhängigkeit vom Neigungswinkel wurde bereits in Tafel 46 wiedergegeben und anschließend diskutiert, worauf an dieser Stelle verwiesen sei.

Die Tafel für den Zeitaufwand des einzelnen Arbeiters bei der Ein- und Ausfahrt im Korb bezieht sich auf Teufenstufen von 75, 125, 175, 225 und 275 m sowie auf die Seilfahrtseinrichtungen: Korb mit 1 Tragboden besetzt mit $\leq$ 6 Mann und Korb mit 2 Tragböden bei einer Gesamtbesetzung von $\leq$ 20 Mann. Es ist nicht klar ersichtlich, ob die angegebenen Zeiten für die Ein- und Ausfahrt oder für jede von beiden gelten. Im ersten Fall wäre, wie man aus Teufen- und Zeitdifferenzen berechnen kann, mit einer Seilfahrtgeschwindigkeit von rd. 8, im zweiten Fall von rd. 4 m/s gerechnet.

672 Kapitel II: Kohlengewinnung (§§ 3—8 NB).

§ 3 NB umreißt einleitend die bei der Kohlengewinnung auftretenden *Arbeitsvorgänge* und unterscheidet

a) Hauptarbeiten: Loshacken der Kohle; Herstellung von Bohrlöchern; Beräumen nach dem Schießen; Nacharbeiten der Ortsstöße auf den vorgeschriebenen Querschnitt.

b) Nebenarbeiten: Aufbau von Bühnen; Zerkleinern von Kohlenblöcken; Auskratzen der Bohrlöcher; Transport und Aufstellung der Werkzeuge; Besatzzubereitung.

c) Vorbereitende und abschließende Arbeiten: An- und Ablegen von Kleidungsstücken; Zusammenräumen der Werkzeuge u. a.

Dazu wird vermerkt, daß zum Werkzeugtransport auch der der Bohrer bis auf 50 m Entfernung gehört.

Sodann werden als *unvermeidbare Zeitverluste* aufgeführt: Normale Ruhepausen; Weg zum und vom Arbeitsort; Ein- und Ausfahrt; Stillstände von kurzer Dauer, die gemäß Kollektivvertrag einer besonderen Bezahlung *nicht* unterliegen.

In Ziffer 1 NB wird anschließend auf die *Festigkeit der Kohle* als der maßgeblichsten Einflußgröße der Gewinnungsleistung näher eingegangen. Alle Kohlen werden nach dem Grade ihrer Gewinnbarkeit in 7 Kategorien eingeteilt:

Kategorie I. „Sehr hart": Fest verwachsene Kohle, gänzlich ohne Schlechten. Gewinnung mit Hilfe von Sprengstoff. Schüsse ergeben Trichter und keine tiefen Risse.

Kategorie II. „Hart": Kohle mit wenig ausgeprägten Schlechten. Gewinnung mit Hilfe von Sprengstoff. Schüsse reißen besser und geben tiefe Risse.

Kategorie III. „Fest": Kohle mit Schlechten oder feinkörnig-kompakt. Gewinnung von Hand unter teilweiser Anwendung von Sprengstoff. In den Stößen sind schwache Schüsse notwendig.

Kategorie IV. „Übermittelfest": Kohle mit gutausgeprägten Schlechten oder feinkörnig-fest, aber zerteilbar. Gewinnung ausschließlich von Hand mittels Hacke und Keil.

Kategorie V. „Mittelfest": Feinkörnige Kohle ohne Risse, nicht zerlegbar. Gewinnung von Hand mittels Hacke.

Kategorie VI. „Weich": Kohle von weicher Beschaffenheit, gestört, zerdrückt. Kann in großen Stücken gewonnen werden.

Kategorie VII. „Mild": Derartig milde Kohle, daß sie hier und da dichten Verzug verlangt.

Die Beiwerte finden sich in Tafel 49.

Tafel 49. *Beiwerte zur Berücksichtigung der Kohlefestigkeit.*

Kategorie		
Kategorie I	Sehr hart	1,00
Kategorie II	Hart	1,15
Kategorie III	Fest	1,50
Kategorie IV	Übermittelfest	1,80
Kategorie V	Mittelfest	2,20
Kategorie VI	Weich	3,20
Kategorie VII	Mild	4,50

ZT 5 NB

In der *Flözmächtigkeit* erblickt das Normenbuch die zweite Einflußgröße, die bei einer Berechnung der Leistung der Kohlengewinnung in Betracht zu ziehen ist und für die folgende Beiwerte aufgeführt sind:

Tafel 50. *Beiwerte zur Berücksichtigung der Flözmächtigkeit.*

Mächtigkeitsgruppe nach Normenbuch	BB nach Normenbuch	Mächtigkeitsgruppe nach Normenbuch	BB nach Normenbuch
≤ 0,85	0,85	1,51 — 1,70	1,65
0,86 — 1,05	1,00	1,71 — 2,15	1,75
1,06 — 1,30	1,15	2,16 — 2,65	1,65
1,31 — 1,50	1,35	≥ 2,66	1,40

ZT 6 NB

Trägt man die Umkehrwerte der Berichtigungsbeiwerte über der Mächtigkeit auf (Abb. 82), so liegen die Ziffernwerte im Bereiche der Mächtigkeitsgruppen 0,86—1,05; 1,06—1,30; 1,31—1,50 und 1,51—1,70 m mit ihren Mittelwerten auf einer Geraden, die bei Verlängerung in den Bereich ≤ 0,85 m Mächtigkeit einen Mittenwert von rd. 0,65 m Mächtigkeit trifft. Damit erhält die Mächtigkeitsgruppe ≤ 0,85 m einen Umfang von 0,43—0,85 m. Bei Rektifikation der Geraden ergibt sich die Gleichung

$$y = -0,606\,x + 1,5755\,,$$

wobei y den Beiwert und x die Mächtigkeit (m) darstellen. Bei Einsatz der Tafelwerte in die Gleichung ergeben sich Unterschiede in den Beiwerten von maximal 1,85%.

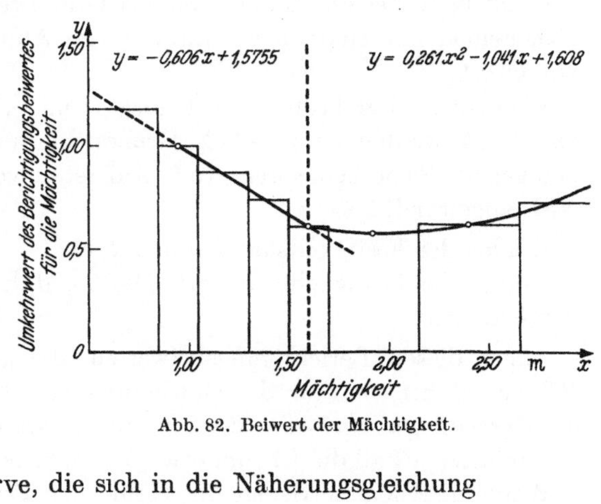

Die Mittenwerte der Gruppen mit > 1,50 m

Abb. 82. Beiwert der Mächtigkeit.

Mächtigkeit liegen auf einer gekrümmten Kurve, die sich in die Näherungsgleichung

$$y = 0,261\,x^2 - 1,041\,x + 1,608$$

fassen läßt. Bei Einsatz der Tafelwerte in die Gleichung erweist sich die maximale Abweichung zwischen Tafel- und Formelwerten zu 0,67%.

Als dritte Einflußgröße der Leistung des Kohlenhauers führt das Normenbuch das Einfallen an. Die Berichtigungsbeiwerte gibt Tafel 51.

In Abb. 83 sind die Ziffern schaubildlich dargestellt.

Nach § 3 Ziffer 4 des Normenbuches wird die *Grundziffer der Gewinnungsleistung* zu 2,158 m³ = 2,62 t/M/Sch angesetzt. Und zwar gründet sich diese Ziffer auf eine Kohlefestigkeit Kategorie I, eine Mächtigkeit der Gruppe 0,86—1,05 m und ein Einfallen von < 20°. Für einen bestimmten Fall wird dann die dem Gedinge zugrunde zu legende LN berechnet nach der Formel

$$LN_H = G_H \cdot C_F \cdot C_M \cdot C_E,$$

worin bedeuten

LN_H Leistungsnorm der Hackenleistung
G_H Grundziffer der Hackenleistung
C_F Berichtigungsbeiwert der Kohlefestigkeit
C_M Berichtigungsbeiwert der Mächtigkeit
C_E Berichtigungsbeiwert des Einfallens.

Tafel 51.
Beiwerte zur Berücksichtigung des Einfallens.

Einfallen °	BB
≤ 20	1,00
21 — 35	1,05
36 — 60	1,15
> 60	1,10

ZT 7 NB

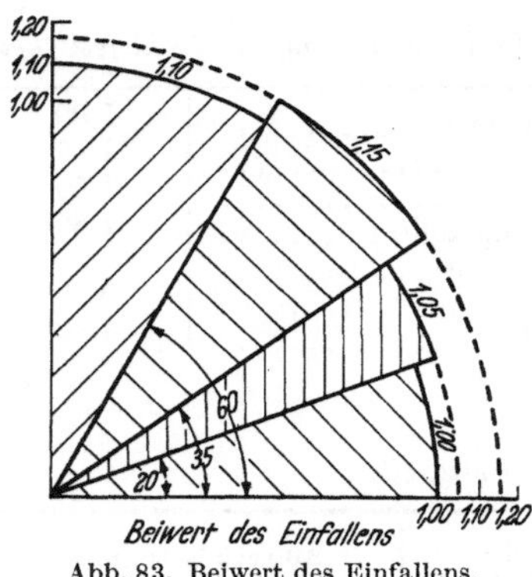

Abb. 83. Beiwert des Einfallens.

Das Normenbuch gibt in einer groß ausgelegten Tafel mit 448 Zahlenwerten die LN und NSL bezogen auf die m³-Einheit wieder. Die Tafel berücksichtigt die BB: Festigkeit, Mächtigkeit, Einfallen und gestattet für jeden vorkommenden Fall, die fertige Ziffer zu entnehmen.

Als Anhang zu dieser Zahlentafel finden sich folgende „Ausführungsbestimmungen", die eine Reihe *weiterer Beiwerte* erkennen lassen.

In den Fällen, in denen die betrieblichen Verhältnisse die Einweisung einer Kohle in eine bestimmte *Festigkeitsklasse* nicht mit genügender Genauigkeit zulassen, ist die Möglichkeit gegeben, *Zwischenkategorien* zu wählen. So würde beispielsweise einer Kohle, bei deren Kategorisierung man zwischen den Klassen III und IV schwankt, die Kategorie III ½ zuzuweisen sein. Die den Zwischenklassen zuzuordnenden Beiwerte sind dabei als arithmetische Mittelwerte zwischen den Ziffern der beiden nächstliegenden Klassen zu bestimmen.

Die Kohlengewinnung unter Anwendung von *Gewinnungsmaschinen*, wozu auch die Abbauhämmer zählen, ist in einem besonderen Normenbuch, dem „Normenbuch für maschinelle bergmännische Arbeiten", leistungsmäßig festgelegt.

Für die Hereingewinnung mittels *Abbauhammer* ist ein genereller Berichtigungsbeiwert von 0,6 üblich, wobei die Handarbeit als Grundwert angesetzt ist. Man rechnet infolgedessen im allgemeinen mit einer durch Einsatz von Abbauhämmern zu erzielenden Leistungssteigerung von 66²/₃%.

Wenn bei „sehr harter" (Kategorie I) und „harter" Kohle (Kategorie II) *Schießarbeit nicht angewandt* werden kann — als Gründe hierfür werden aufgeführt: „Schwache Bewetterung, Mangel an Sicherheitssprengstoff, Auftreten von Gasen" —, so werden folgende BB auf die NSL angewandt:

Kohlen der Festigkeitskategorie I 2,00,

Kohlen der Festigkeitskategorie II 1,60, d. h. die Leistungsnorm wird auf 50 bzw. 62,5% herabgesetzt.

Außer diesen Berichtigungsbeiwerten, die grundsätzlich gelten, wird im Normenbuch ein BB aufgeführt, der für die Gewinnung von Kohlen der Festigkeitskategorie III bei *Wegfall des Sprengstoffeinsatzes in Strecken* angewandt werden soll und zu 1,10 beziffert ist, d. h. also, daß in diesem Fall die LN um etwa 9% reduziert wird.

Wenn in Abbaubetrieben die Kohle der Festigkeitskategorie III und III ½ angehört und *zusätzlich Sprengstoff* zur Gewinnung *eingesetzt* wird, so wird die NSL unter Ansatz eines Beiwertes von 0,85 bzw. 0,75 abgewertet, wodurch sich die Leistungsnorm auf 117,6% bzw. 133,3% erhöht.

Für den Fall, daß beim Abbau von Kohlen der Festigkeitskategorie II ½ Sprengstoff verwandt wird, wird die NSL bzw. LN dergestalt berechnet, daß man zunächst die Ziffer für die Festigkeitskategorie II bestimmt, sodann die entsprechende Ziffer für mittels Sprengstoff zu gewinnende Kohle der Festigkeitskategorie III festlegt und dann aus den festgestellten Werten das arithmetische Mittel bildet.

Das einfache *Schrämen und Schlitzen* der Kohle gilt als in den Normen für die Kohlengewinnung berücksichtigt. Ist aber eine besondere Schramlage, d. h. ein sehr weiches Zwischenmittel, ein Lettenpacken, vorhanden, der die Anlage eines Schrames sehr erleichtert, so wird auf die Normalschichtleistung ein Berichtigungsbeiwert von 0,8 angewendet, d. h. eine Mehrleistung von 25% verlangt.

Wenn die *liegenden Schichten* eines Flözes vorweg hereingewonnen worden sind und damit das Flöz von unten her bloßgelegt ist, so wird bei Kohlen der Festigkeitskategorien I, II und III auf die Normalschichtleistung ein Berichtigungsbeiwert von 0,7 angewandt, d. h. eine Mehrleistung von rd. 43% verlangt. (Im übrigen soll nach Äußerung eines Gewährsmannes derselbe BB auch dann Anwendung finden, wenn der Schram mittels Schrämmaschine hergestellt wurde.)

Wenn die *hangenden Schichten* eines Flözes vorweg hereingewonnen werden, so beispielsweise beim Abbau in zwei Bänken, wobei man das Hangende zu Bruch gehen läßt, so wird auf die NSL für Kohlen der Festigkeitskategorien I, II und III ein Berichtigungsbeiwert von 0,85 angesetzt, d. h. die Leistungsnorm um 17,6% erhöht.

Beim Vorhandensein von *Bänken verschiedener Festigkeiten* läßt das Normenbuch die Festlegung der Festigkeitskategorie durch prozentuale Anteilrechnung zu.

Mit der Auswirkung der *Einlagerung von Bergemitteln* auf die Gewinnungsleistung befaßt sich ein besonderer Abschnitt des Normenbuches (§ 8), auf den unten noch einzugehen sein wird.

Mit der *Kohlengewinnung in Vorrichtungsbauen* beschäftigen sich die §§ 4—7 des Normenbuches. Unter Vorrichtungsbauen sind dabei Strecken und Aufhauen verstanden.

In § 4 und der zugehörigen Zahlentafel 9 des Normenbuches werden Berichtigungsbeiwerte aufgeführt, die die „*Enge des Raumes und das Hauen der Stöße*" berücksichtigen sollen. Die ZT enthält 136 Beiwerte. Diese erstrecken sich auf die Festigkeitskategorien I—VII und auf Ortsbreiten von 0,85—6,40 m,
wobei allerdings die Hauptmasse der Werte sich auf Ortsbreiten zwischen 1,30 und 3,30 m bezieht. Die Ziffern für Breiten von 0,85—4,30 m sind in Abb. 84 schaubildlich dargestellt. Im Bereich über 1,30 m verlaufen die Kurven fast geradlinig, so daß wenige Ziffern zur Darstellung der funktionalen Abhängigkeit genügen. Der Bei-

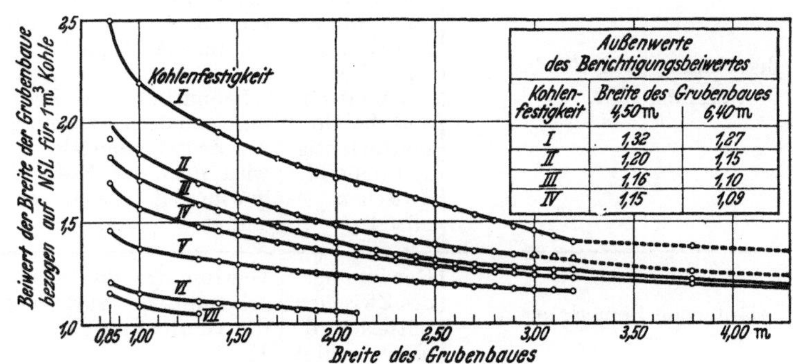

Abb. 84. Beiwert der Breite des Grubenbaues.

wert selbst ist auf die Gewinnung von 1 m³ Kohle abgestellt, und zwar auf die Normalschichtleistung, d. h. auf den Schichtenaufwand. Bei einer Breite über 6,40 m wird ein Beiwert nicht mehr angewendet, was allerdings für die Kategorien I—IV nicht gerade ausreichend begründet erscheint, da bei 6,40 m beispielsweise der Beiwert in der Kategorie I immerhin noch mit 1,27 angegeben ist. Theoretisch hätte man erwarten müssen, daß sämtliche Beiwertkurven bei einer Breite von 6,40 m auf den Beiwert 1,00 auslaufen würden.

Nach § 5 NB ist bei einer Berechnung der NSL für die Kohlengewinnung in Vorrichtungsbauen von der ZT 8 NB auszugehen, die die NSL für die einzelnen Festigkeitskategorien und die verschiedensten *Mächtigkeits*gruppen sowie für die einzelnen *Einfall*gruppen angibt. Als Berichtigungsbeiwert sind die oben angeführten, in ZT 9 des NB wiedergegebenen Werte zu nehmen. Bei Strecken ergeben sich die Ziffern in der ZT 8 des NB aus der Spalte für ein Einfallen bis zu 20°.

Wenn beim Flözstreckenvortrieb das *Nebengestein* mitgenommen wird, so sind nach dem NB zwei Fälle zu unterscheiden: gleichzeitig mit der Kohle erfolgende und ihr nachfolgende Hereingewinnung des Gesteins.

Das Kriterium für die *gleichzeitige Hereingewinnung von Kohle und Gestein* ist eine Entfernung von < 1,00 m zwischen Ortsbrust in der Kohle und Nachriß des Gesteins. Nach § 6 NB wird in diesen Fällen die Leistung dergestalt berechnet, daß für die Gewinnung der Kohle als Mächtigkeit die Höhe des „Kohlenortes" angesetzt wird, während man bei der Gewinnung des Gesteins von den Ziffern ausgeht, die für ein geschlossenes Gesteinsort angegeben sind, und dabei den Gesteinsquerschnitt der Flözstrecke zugrunde legt.

Ist die Entfernung zwischen Kohlenbrust und *Nachriß des Nebengesteins* > 1,00 m, so treten die Bestimmungen des § 7 NB in Geltung: Für die Arbeiten in der Kohle werden Mächtigkeit, Einfallen und Breite des Ortes zur Festlegung der Leistung herangezogen, gleich als ob es sich um ein reines Kohlenort handelt. Für das Nachreißen des Liegenden bzw. Hangenden werden besondere Kennziffern zur Bestimmung der Leistung benutzt, die in § 19 NB festgelegt sind und auf die weiter unten noch zurückzukommen sein wird.

Ein stärker ausgeprägtes *Bergemittel im Flöz* hat einen maßgeblichen Einfluß auf die Arbeitsleistung des Hauers. Die Auswirkungen dieser Gesteinszwischenmittel leistungstechnisch zu erfassen, bezweckt ZT 10 des NB (§ 8 NB), die, weil sie von Bedeutung ist, in Tafel 52 wiedergegeben ist. Die „erläuternden Bemerkungen" sind der Tafel zum besseren Verständnis beigegeben.

Tafel 52. *Berücksichtigung von Gesteinszwischen-(Berge-)mitteln.*

<table>
<tr><td>Art des Zwischenmittels</td><td colspan="14">„Mild", d. h. in ihnen kann geschrämt werden</td><td colspan="7">„Fest", d. h. Schrämen nicht möglich</td></tr>
<tr><td>Mächtigkeit d. Zwischenmittels</td><td colspan="7">< 0,20 m</td><td colspan="7">> 0,20 m</td><td colspan="7">—</td></tr>
<tr><td>Festigkeitskategorie d. Kohle</td><td>I</td><td>II</td><td>III</td><td>IV</td><td>V</td><td>VI</td><td>VII</td><td>I</td><td>II</td><td>III</td><td>IV</td><td>V</td><td>VI</td><td>VII</td><td>I</td><td>II</td><td>III</td><td>IV</td><td>V</td><td>VI</td><td>VII</td></tr>
<tr><td>Berichtigungsbeiwert</td><td></td><td></td><td></td><td></td><td></td><td></td><td></td><td></td><td></td><td></td><td></td><td>1,10</td><td>1,33</td><td>1,50</td><td>1,50</td><td>1,75</td><td>2,00</td><td>2,25</td><td>2,50</td><td>3,00</td><td>3,50</td></tr>
<tr><td>Berechnungsgang für die Bestimmung NSL</td><td colspan="7">Zugrunde gelegt werden der Rauminhalt der reinen Kohle (ohne Zwischenmittel) und die Gesamtmächtigkeit (einschl. Zwischenmittel)</td><td colspan="7">Zugrunde gelegt werden der Gesamtrauminhalt der Kohle und des Zwischenmittels sowie die Gesamtmächtigkeit (reine Kohle + Zwischenmittel). Der Zeitaufwand der Gewinnung des Zwischenmittels wird dem der Kohlengewinnung gleich erachtet.</td><td colspan="7">Der Rauminhalt des Zwischenmittels wird mit dem in Frage kommenden Beiwert vervielfacht. Das Ergebnis wird zum Rauminhalt der Kohle hinzugezählt und die Berechnung auf die Gesamtsumme abgestellt. Dabei wird als Mächtigkeit die Gesamtmächtigkeit (reine Kohle + Zwischenmittel) eingesetzt.</td></tr>
<tr><td>Erläuternde Bemerkungen</td><td colspan="7">Gewinnung des Zwischenmittels wird nicht bezahlt.</td><td colspan="7">Gewinnung des Zwischenmittels wird wie die Gewinnung der Kohle bezahlt.</td><td colspan="7">Gewinnung des Zwischenmittels wird um den Beiwert besser bezahlt als die Gewinnung der Kohle.</td></tr>
</table>

ZT 10 NB

673 Kapitel III: Hereingewinnung von Gestein in horizontalen und geneigten Bauen
(§§ 9—23 NB).

Alle *Gesteine* sind im NB in *Festigkeitsklassen* (Kategorien) eingeteilt, wobei die Festigkeit durch den Grad der Gewinnbarkeit und Bohrbarkeit ausgedrückt wird. Das Gestein wird zunächst hinsichtlich seines petrographischen Habitus und sodann durch Angabe der Gewinnungsmethode charakterisiert, wobei bei den durch Sprengen gelösten Gesteinen Sprengstoffverbrauchszahlen und Kennziffern des Bohrvorganges weitere kennzeichnende Daten liefern. § 9 NB gibt in ZT 11 des NB die Übersicht der Tafel 53, die allerdings in der Anordnung gegenüber der Form des NB etwas umgestellt ist.

§ 10 NB umreißt die Arbeitsvorgänge, die dem Arbeitskomplex „*Bohren mittels Preßlufthammers*" zugerechnet werden und in den Leistungsziffern Berücksichtigung gefunden haben. Hierzu gehören:

1. Heranschaffen des Gezähs
   a) zu Beginn der Schicht auf eine Entfernung von ≤ 50 m; b) auf dem Wege zur Arbeit auch auf größere Entfernungen,
2. Besichtigung und Prüfung des Gezähs und des Arbeitsortes,
3. das eigentliche Bohren, darunter auch das Anzeichnen und Ansetzen sowie das Nachprüfen der Tiefe der Bohrlöcher,
4. die Nebenarbeiten mit Schläuchen und Bohrgestänge,
5. Reinigung bzw. Ausblasen der Bohrlöcher und das Einschlagen der Pfropfen,
6. Standortwechsel während der Arbeitszeit,
7. kurze unvermeidliche Arbeitszeitverluste,
8. Weg zum und vom Arbeitsplatz, Rastpausen,
9. nach dem Kollektivvertrag nicht besonders bezahlte Stillstände.

Tafel 53. *Festigkeitsbeiwerte für Gesteine.*

Gruppe	Kate-gorie	Charakteristik des Gesteins	Festigkeits-beiwert	Mittlerer Sprengstoff-verbrauch (93% Dyna-mit) je m³ anstehendes Gestein kg	Mittlere Zahl der abgestumpf-ten Bohrer je m Bohrloch	Mittlere reine Bohrzeit mit Bohrhammer WM 13 min/m Bohrloch	
						Bohrloch waagerecht	Bohrloch senkrecht nach unten
Neben-gestein der Flöze	I	Feinkörnige Sandsteine monolithisch-massiger Struktur ohne Anzeichen von Schichtung und Gefüge	5	0,50	1,5	16,7	13,3
	II	Grobkörnige Sandsteine mit deutlich ausgeprägter Schichtung, feste Sandschiefer, Tonschiefer und Argilite (Brandschiefer)	4	0,45	1,0	13,3	10,7
	III	Dichte Tonschiefer sowie weniger feste Sandschiefer und Argilite (Brandschiefer)	3	0,40	0,6	10,0	8,0
	IV	Mittelfeste tonige und kohlige Schiefer und Argilite (Brand-schiefer)	2	von Hand, nur hier und da kleine Schüsse in den Stößen			
	V	Milde, tonige und kohlige Schiefer und Argilite (Brandschiefer)	1,5	ausschließlich von Hand, bricht nicht in großen Stücken			
	VI	Weiches Gestein	1,0	ausschließlich mittels Hacke			
Deck-gebirge	VI	Dichter Lehm, zerstörte Argilite und Schiefer, verfestigter Kies	1,0	mittels Hacke			
	VII	Leichter und sandiger Lehm, grober Kies	0,75	mittels Hacke und Schaufel			
	VIII	Humus, Sand, feiner Kies	0,50	mittels Schaufel			

ZT 11 NB

Die Punkte 6 und 9 sind nicht so genau umrissen, daß ein mit den Verhältnissen nicht Vertrauter sich ein zutreffendes Bild machen kann. Im übrigen dürften die damit gemeinten Vorgänge nur eine untergeordnete Rolle spielen.

Die nachfolgenden §§ 11 und 12 NB beziehen sich auf die Einflußgrößen der Bohrarbeit und geben in den ZT 12 und 13 NB Leistungsziffern an. Als Haupteinflußgrößen werden angesprochen:

a) Gesteinsfestigkeit, — b) Bohrhammerbauart, — c) Preßluftdruck.

In ZT 12 NB werden für einen Preßluftdruck von 4,5 bis 5,0 atü und 3 verschiedene Hammertypen Leistungsziffern für die Herstellung von Bohrlöchern in Gesteinen der Festigkeitskategorien I, II und III aufgeführt, von denen in Tafel 54 die Ziffern für den FLOTTMANN-Hammer AN 55 als Beispiele gebracht werden.

Weicht der Preßluftdruck von dem ab, der den Normwerten zugrunde gelegt wurde (4,5 bis 5,0 atü), so müssen Berichtigungsbeiwerte eingefügt werden. Das Normenbuch empfiehlt auf der Grundlage von Zeitaufnahmen im Donbaß und an Hand der Angaben von Prof. PROLODJAKONOW die Berichtigungsbeiwerte der Tafel 55.

Tafel 54.
Leistungsziffern für die Herstellung von Gesteinsbohrlöchern (mittels FLOTTMANN-Bohrhammer Typ AN 55 bei 4,5—5 atü Preßluftdruck).

Festigkeitskategorie des Gesteins	LN Bohrmeter/Sch	NSL Sch/Bohrmeter
I	13,51	0,074
II	16,13	0,062
III	20,00	0,050

ZT 12 NB (Auszug)

Tafel 55. *Berichtigungsbeiwerte zur Berücksichtigung von Schwankungen im Preßluftdruck beim Gesteinsbohren.*

BB	Preßluftdruck atü			
	4,0–4,5	4,5–5,0	5,0–5,5	5,5–6,0
Normalschichtleistung (Sch/m)	1,25	1,00	0,85	0,80
Leistungsnorm (m/Sch) .	0,80	1,00	1,18	1,25

ZT 13 NB

Die §§ 13—14 NB sind dem *Schlagbohren von Hand* gewidmet. Für deutsche Verhältnisse haben die Ausführungen zwar kaum ein unmittelbares Interesse, doch soll aus dem Grunde näher darauf eingegangen werden, weil sich an Hand der Ziffern Vergleiche mit dem maschinellen Bohren anstellen lassen, die abzuwägen ermöglichen, welche Leistungssteigerung der russische Bergbau dem Bohrhammer zuschreibt.

Folgende Arbeitsvorgänge sind bei der Festlegung von Leistungsziffern für den Arbeitskomplex „Schlagbohren von Hand" mit einbezogen worden:

1. Herbeischaffen und Auswahl der Werkzeuge zu Anfang der Schicht, deren Rücktransport nach beendeter Arbeit,
2. Besichtigung des Arbeitsplatzes und dessen Aufräumung zum Ende der Arbeiten,
3. Abgabe abgestumpfter Bohrer über Tage,
4. Bohren nach Festlegung der Bohrlochrichtung und Ansetzen des Bohrloches,
5. Bohrerwechsel beim Bohrvorgang, Prüfung der Bohrlochtiefe,
6. Reinigung der Bohrlöcher, Einschlagen der Pfropfen,
7. Zeit für Unterweisung durch die Aufsicht,
8. Standortwechsel während der Arbeitszeit,
9. unvermeidliche kurze Aufenthalte usw.

Als einzige Einflußgröße auf die Leistung der Handbohrhauer in söhligen und schwachgeneigten Grubenbauen sieht das Normenbuch die Gesteinsfestigkeit an und gibt demnach folgende Leistungstafel:

Leistungsziffern für das *Drehbohren von Hand* werden für Gesteinsfestigkeiten der Kategorien II und III angegeben. § 15 NB führt die in den Leistungsziffern enthaltenen Arbeitsvorgänge auf, während in § 16 die Ziffern selbst enthalten

Tafel 56. *Leistungen beim Schlagbohren von Hand.*

Kategorie der Gesteinsfestigkeit	I	II	III
Leistungsnorm (m/Sch)	2,05	2,48	3,13
Normalschichtleistung (Sch/m) .	0,487	0,403	0,319

sind. Die Leistungsnorm beträgt bei der Festigkeit II 5,18 m/Schicht und bei der Festigkeit III 6,25 m/Schicht.

Der Arbeitskomplex „*Wegräumen des Haufwerkes*" tritt in söhligen und schwachgeneigten Bauen auf und umfaßt nach § 17 NB folgende Arbeitsvorgänge: Herbeischaffen und Wegräumen des Gezähes, Abklopfen des Ortes, Nachreißen der Firste und Stöße, Zerschlagen von Gesteinsbrocken, horizontale Bewegung des Haufwerkes von Hand oder mittels Schaufel, Standortwechsel während der Arbeit, unvermeidliche Zeitverluste, Belehrung durch die Aufsicht usw
§ 18 NB nennt als Einflußgrößen dieses Arbeitskomplexes:

a) die Festigkeit des Gesteins; b) den Streckenquerschnitt (Arbeitsquerschnitt).

In Abhängigkeit von diesen Haupteinflußgrößen sind in der ZT 16 NB des § 19 NB die Leistungsnorm und die Normalschichtleistung auf 1 m³ anstehendes Gestein bezogen angegeben.

Tafel 57. *Leistungsziffern für das Wegräumen des Haufwerks.*

Strecken- (Arbeits-) querschnitt m²	Festigkeitskategorie des Gesteins					
	I	II	III	I	II	III
	Leistungsnorm (m³/Schicht)			Normalschichtleistung (Schichtenaufwand/m³)		
≦ 4,00	3,663	4,198	4,739	0,273	0,244	0,211
4,01— 6,00	4,167	4,651	5,376	0,240	0,215	0,186
6,01— 8,00	4,525	5,051	5,848	0,221	0,198	0,171
8,01—12,00	4,950	5,525	6,410	0,202	0,181	0,156
12,01—16,00	5,376	6,024	6,944	0,186	0,166	0,144
>16,00	5,747	6,410	7,407	0,174	0,156	0,135

ZT 16 NB

§ 20 NB umreißt den Umfang des Arbeitskomplexes *„Hereingewinnung von Gestein ohne Verwendung von Sprengstoffen"* für söhlige und geneigte Baue, wobei neben den schon mehrfach genannten Rand- und Nebenarbeiten, wie Arbeitsvorbereitung, Transport des Gezähs u. ä. als Hauptarbeitsvorgänge aufgeführt sind: das Loshacken und Wegräumen des Gesteins in der Horizontalen von Hand oder mittels Schaufel. Die Leistung des Arbeiters ist nach § 21 NB von den Haupteinflußgrößen: Gesteinsfestigkeit, Strecken- (Arbeits-) Querschnitt und Neigung der Strecke abhängig. Ziffern für diese Abhängigkeiten bringen die Tafeln 17 und 18 NB des § 22 NB, die in Tafel 58 zusammengefaßt sind.

Tafel 58. *Leistungsziffern für die Hereingewinnung von Gestein ohne Verwendung von Sprengstoff.*

Neigung °	Strecken- (Arbeits-) Querschnitt m²	Festigkeitskategorie des Gesteins					
		IV	V	VI	IV	V	VI
		Leistungsnorm (m³/Schicht)			Normalschichtleistung (Schichtenaufwand/m³ anstehendes Gestein)		
0—30	2,00— 4,00	1,379	1,838	2,755	0,725	0,544	0,363
	4,01— 6,00	1,567	2,088	3,135	0,638	0,479	0,319
	6,01— 8,00	1,704	2,273	3,413	0,587	0,440	0,293
	8,01—12,00	1,862	2,488	3,731	0,537	0,402	0,268
	12,01—16,00	2,028	2,703	4,049	0,493	0,370	0,247
	>16,00	2,160	2,882	4,310	0,463	0,347	0,232
30—60	2,00— 4,00	1,623	2,165	3,236	0,616	0,462	0,309
	4,01— 6,00	1,845	2,457	3,690	0,542	0,407	0,271
	6,01— 8,00	2,004	2,674	4,016	0,499	0,374	0,249
	8,01—12,00	2,193	2,924	4,386	0,456	0,342	0,228
	12,0—16,00	2,387	3,175	4,762	0,419	0,315	0,210
	>16,00	2,538	3,390	5,076	0,394	0,295	0,197

ZT 17 + 18 NB

§ 23 NB gibt in Tafel 19 NB die Normalschichtleistung für das *Nachreißen des Hangenden und Liegenden* von Hand (ohne Einsatz von Sprengstoff oder Maschinen), bezogen auf 1 m³ anstehendes Gestein in Abhängigkeit von der Neigung der Strecke, der Gesteinsfestigkeit und dem Streckenquerschnitt an.

Zur Anwendung dieser Zahlentafel führt das NB folgendes aus:

1. Der Anwendungsbereich der Zahlentafel erstreckt sich auf:

a) Streckenerweiterungen; — b) Nachreißen des Nebengesteins beim Einbringen neuen Streckenausbaues; — c) Nachreißen des Nebengesteins in Vorrichtungsstrecken, und zwar in dem Fall, daß der Nachbruch weiter als 1 m von der Ortsbrust in der Kohle entfernt steht.

2. In die Leistungsziffern ist eingeschlossen das Wegräumen des Haufwerks von Hand oder mittels Schaufel auf eine söhlige Entfernung von ≦ 3,50 m (gemessen vom Stoß aus).

3. Bei reiner Handarbeit und Vorliegen einer Gesteinsfestigkeit der Kategorie III ½ sind die für die Kategorie IV in der Zahlentafel angegebenen Ziffern vervielfacht mit einem Berichtigungsbeiwert von 1,25 zu nehmen.

Tafel 59. *Leistungsziffern für das Nachreißen des Hangenden und Liegenden.*

Neigung °	Festigkeitskategorie des Gesteins	Streckenquerschnitt m²			
		$\leq 2,75$	2,76—4,55	4,56—7,00	$> 7,01$
		Normalschichtleistung		(Schichten/m³ anstehendes Gestein)	
0—30	IV	0,54	0,50	0,46	0,43
	V	0,41	0,38	0,34	0,32
	VI	0,28	0,26	0,23	0,21
30—60	IV	0,49	0,46	0,41	0,39
	V	0,37	0,34	0,32	0,29
	VI	0,25	0,23	0,21	0,19

ZT 19 NB

Von einem Gewährsmann wird zum Abschnitt „Gesteinsgewinnung" des NB allgemein folgendes bemerkt:

1. Der Arbeitsvorgang Schießarbeit ist in den Leistungsziffern *nicht* berücksichtigt, da dessen Ausführung durchweg besonderen Schießmeistern obliegt.

2. Wenn zur Gesteinsgewinnung Abbauhämmer herangezogen werden, so werden die vorstehenden, für Handarbeit geltenden Ziffern über einen Beiwert von 0,6 reduziert bzw. heraufgesetzt. Bemerkenswerterweise ist dieser Beiwert für Abbauhammereinsatz gleich hoch bei der Kohlen- und bei der Gesteinshereingewinnung.

674 Kapitel IV: Förderung (§§ 24—39 NB).

Die Angaben beziehen sich lediglich auf Arbeitsvorgänge, die von Hand und von Tieren ausgeführt werden. Dabei wird scharf unterschieden zwischen Fördervorgängen, die sich auf die Kohle, und solche, die sich auf Berge erstrecken.

Grundsätzlich sammelt das Normenbuch beim Arbeitskomplex Förderung die einzelnen Arbeitsvorgänge unter den Begriffen

a) *Hauptarbeit*, d. i. die Bewegung der leeren und gefüllten Fördergefäße;

b) *Nebenarbeit* wie z. B. Wagenwechsel im Bahnhof bzw. am Wagenaufstellungsort;

c) *Vorbereitende und abschließende Arbeiten*, so z. B. An- und Ablegen der Kleidung, Gezähetransport, Schmieren des Förderwagens usw.

Außerdem findet sich noch der Sammelbegriff

d) *unvermeidbare Verluste an Arbeitszeit*. Hierunter werden aufgeführt: normale Rast, Weg zum und vom Arbeitsplatz einschließlich Ein- und Ausfahrt, Stillstände kurzer Dauer, welche nach dem Kollektivvertrag keiner besonderen Bezahlung unterliegen.

§ 24 NB gibt eine Zahlentafel, aus der die Korrelation zwischen Nutzlast des Förderwagens und der *Zahl der Förderwagen*, die aus *1 m³ anstehender Kohle* gefüllt werden können, ersichtlich ist. Eine Aufführung der Ziffern im einzelnen erübrigt sich, da sie bei Nutzlasten von 0,330; 0,425; 0,490; 0,575 und 0,655 t/Wagen durch Division in 1,21 t, dem in § 1 NB aufgeführten Gewicht von 1 m³ anstehende Kohle, gewonnen sind. Der Förderwagen von 0,655 t Kohle Fassungsvermögen wird als Koltschuginsker Typ bezeichnet und hervorgehoben, worauf besonders hingewiesen sei, weil dieser Wagentyp im nachfolgenden eine hervorstechende Rolle spielt.

In § 25 NB wird gesagt, daß *1 m³ Gestein* (Sandstein und Schiefer) 2,9 Wagen des Koltschuginsker Typs *füllt*.

§ 26 NB bringt eine Zahlentafel für die BB, die anzuwenden ist, wenn die *Bahn* nicht söhlig verlegt ist, sondern ein gewisses *Ansteigen* oder *Abfallen* aufzuweisen hat. In der nachstehenden Wiedergabe ist eine ergänzende Zeile eingefügt, die das Steigungsverhältnis 1 : x angibt.

Die Berichtigungsbeiwerte gelten sowohl für Kohle- wie auch für Bergewagen. Sie sind nach den Bestimmungen des NB nur auf die Schlepplängen anzuwenden, die im Gefälle oder im Ansteigen liegen.

Tafel 60. *Berichtigungsbeiwert für das Ansteigen der Bahn.*

Ansteigen der Bahn	%	1—2	> 2	> 3	> 4	> 5	> 6
	1 : x	1 : 100 bis 1 : 50	> 1 : 50	> 1 : 33	> 1 : 25	> 1 : 20	> 1 : 16,7
Lastweg ansteigend		1,25	1,50	1,70	2,00	—	—
Lastweg abfallend		—	1,20	1,40	1,60	1,80	2,00

ZT 21 NB

In Strecken mit stark *quellender Sohle* ist für die Schlepplänge, auf der die Schlepparbeit durch die Quelldruckerscheinungen erschwert ist, ein Berichtigungsbeiwert von 1,40 einzusetzen.

In *„verbrochenen Bauen"*, womit wohl der Fall gemeint sein dürfte, daß der Wagenkasten an den Zimmerungen schleift, ist die Erschwernis der Schlepparbeit durch Einfügung eines Berichtigungsbeiwertes von 1,60 zu berücksichtigen.

Das NB sieht vor, daß in dem Fall, daß das *Fassungsvermögen des Wagens* in den Zahlentafeln nicht aufgeführt ist, die Leistungsziffer zu wählen ist, die dem Wagentyp zugeeignet ist, der dem fraglichen Wagen im Inhalt am nächsten steht.

Der Übersetzer, ein Kenner der Verhältnisse, bemerkt, daß die Wagen mit 0,655 und 0,575 t Kohleinhalt auf 600 mm breiter Bahn laufen, während für die kleineren Typen größtenteils die Spur 370 mm beträgt.

Für das *Schleppen von mit Kohle beladenen Förderwagen* werden in den §§ 27 und 28 NB Leistungsziffern in Abhängigkeit von der Schlepplänge und dem Förderwageninhalt aufgeführt. ZT 22 NB, die in § 27 NB enthalten ist, gibt die Normalschichtleistung bezogen auf 1 m³ anstehende Kohle an, während die Ziffern der Zahlentafel 23 NB des § 28 NB auf 1 Kohlenwagen abgestellt sind. Auf den Werten dieser Tafeln bauen die Schaubilder der Abbildungen 85, 86 u. 87 auf.

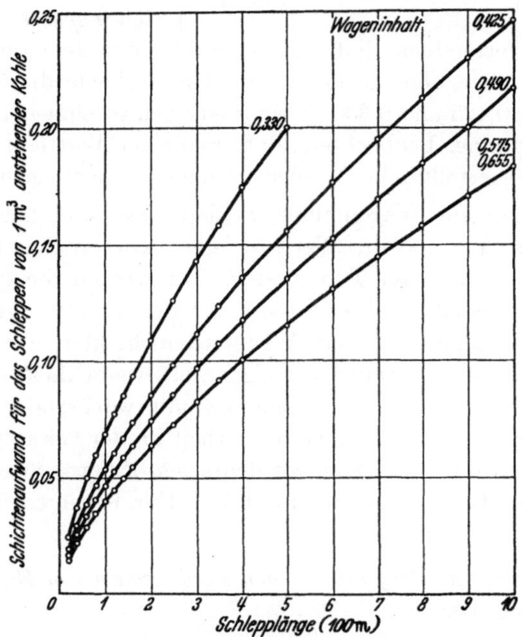

Abb. 85. Schichtenaufwand für das Schleppen von Kohle in Förderwagen in Abhängigkeit von der Schlepplänge.

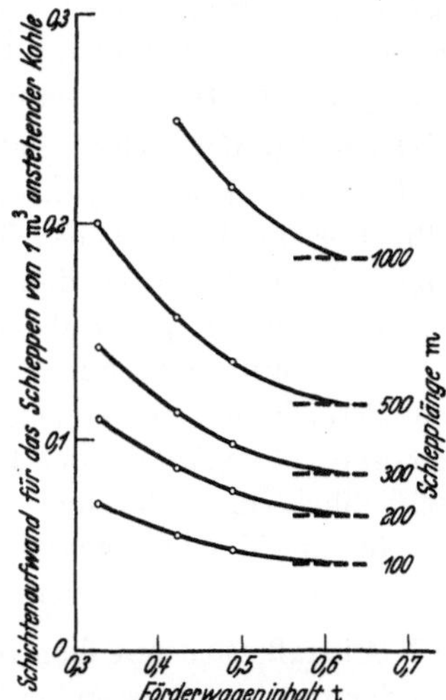

Abb. 86. Schichtenaufwand für das Schleppen von Kohle in Förderwagen in Abhängigkeit vom Förderwageninhalt.

Eine nähere Untersuchung dieser Kurventafeln vermittelt eine Reihe von bedeutungsschweren Einsichten.

Trägt man den Schichtenaufwand für das Schleppen von 1 m³ anstehender Kohle in Förderwagen über der Schlepplänge als Abszisse auf (Abb. 85), so ergeben sich vier Kurvenzüge, von denen der eine für einen Förderwageninhalt von 0,575—0,655 t gilt, da für diese Förderwagentypen das **NB** nur *eine* Ziffernreihe angibt. **M**an legt sich selbstverständlich die Frage vor, inwieweit diese Vereinfachung berechtigt sei. Antwort gibt das Schaubild der Abb. 86. In ihm ist der Schichtenaufwand über dem Förderwageninhalt als Abszisse in Kurven dargestellt. Bei geringen Schlepplängen verläuft die Kurve im Bereiche des Förderwageninhaltes von 0,6 t so flach, daß eine summarische Erfassung der Typen 0,575 und 0,655 t verständlich wird. Anders ist dies aber bei größeren Schlepplängen. Bei diesen wäre eine Einzelerfassung angezeigt gewesen.

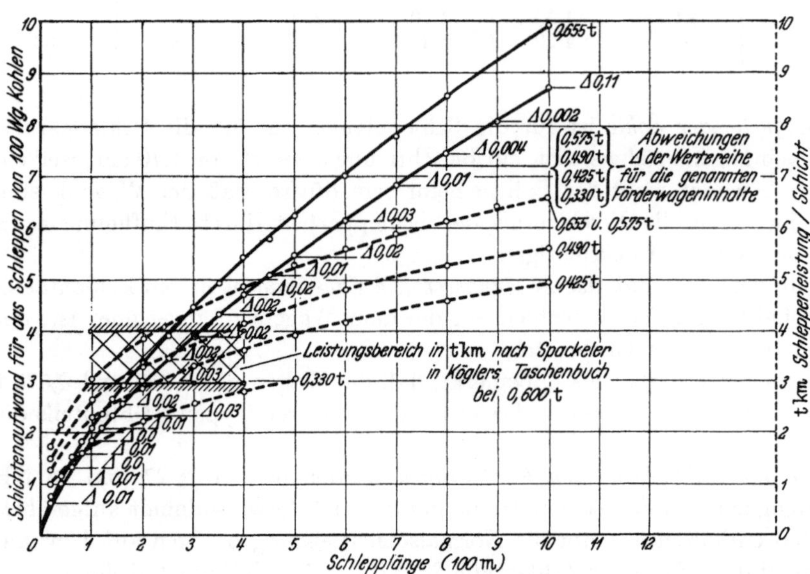

Abb. 87. Schichtenaufwand für das Schleppen von Kohlenwagen und tkm-Leistung.

Weitere Fragen ergeben sich bei kritischer Betrachtung der ZT 23 NB, deren Ziffern in der Abb. 87 in den beiden voll ausgezogenen Kurven in die Erscheinung treten. Die obere Kurve gilt für den Koltschuginsker Wagentyp mit einem Inhalt von 0,655 t, die untere als Sammelkurve für die Wagen mit 0,575; 0,490; 0,425 und 0,330 t Inhalt. Für diese Wagentypen gibt zwar die Zahlentafel Wertereihen an, doch sind die Unterschiede so klein, daß sie praktisch gleich 0 gesetzt werden können. Die größten Abweichungen der Wertereihen sind im Schaubild unter dem Zeichen Δ den Kurvenpunkten beigeschrieben. Man hätte ohne nennenswerte Unterschiede die Zahlenkolumnen für die Wagentypen 0,575; 0,490; 0,425 und 0,330 zu einer einzigen vereinigen können. Daß man es nicht tat, läßt die Bemerkung eines Beobachters, daß man einen Wettlauf um die Erreichung des größten Ziffernausbringens angestellt habe, in einem besonderen Lichte erscheinen.

Ernsthafte Zweifel steigen auf, wenn man aus Wageninhalt, Schlepplänge und Schichtenaufwand die Schichtleistungen in tkm berechnet und die Werte in einer Kurvenschar bildlich darstellt. Für die Wagentypen 0,655 (Koltschuginsker Typ) und 0,575 t werden die gleichen Leistungsanforderungen an den Schlepper gestellt, während diese für den in etwa gleichem Abstand folgenden Typ von 0,490 t bedeutend geringer sind. Weiter ist nicht klar, warum die tkm-Leistung mit wachsender Schlepplänge immer weiter ansteigen soll, wenn dies auch im unteren Bereich der Schleppwege unstreitig der Fall ist wegen des mit wachsender Länge geringer werdenden Anteils der Beschleunigungs- und Verzögerungsarbeit an der Gesamtarbeit. Und schließlich soll nicht unerwähnt bleiben die Diskrepanz zu deutschen Ziffern. SPACKELER gibt in KÖGLERS Taschenbuch[1] die Schleppleistungen von Hand mit 3—4 tkm bei einem Wageninhalt von 0,6 t für den Bereich von 100—400 m an.

§ 29 NB befaßt sich mit dem *Schleppen von mit Bergen beladenen Förderwagen von Hand* und weist in der zusammenfassenden Tafel 24 NB nach

1. Die Leistungsnorm in m^3 anstehenden Gesteins/Schlepperschicht,

2. die Normalschichtleistung

    a) in Schleppschichtenaufwand/m^3 anstehendes Gestein,

    b) in Schleppschichtenaufwand/Bergewagen (Koltschuginsker Typ).

---

[1] KÖGLER: Taschenbuch für Berg- und Hüttenleute, S. 311, Berlin 1924.

Die Ziffern sind in Abb. 88 schaubildlich dargestellt. Der Schleppschichtenaufwand je 1 m³ anstehendes Gestein wächst mit zunehmender Schlepplänge linear an. Die Leistungsziffer „m³ anstehendes Gestein auf 1 Schlepperschicht" nimmt infolgedessen mit größer werdendem Schleppweg nach einer hyperbolischen Funktion ab. Am interessantesten ist der Wert „Schlepperschichten je Wagen Berge". Dieser ist in der Zahlentafel des Normenbuches nur für einen Wagentyp, den Koltschuginsker Typ, aufgeführt. Der Schichtenaufwand für das Schleppen von mit Bergen beladenen Wagen dieses Typus steigt mit zunehmender Schlepplänge linear an.

Dagegen ließen die im Normenbuch für den Wagen Kohlen angegebenen Ziffern eine Abhängigkeit höherer Ordnung erkennen. Die Kurve für den Leistungswert Schlepperschichten je mit Kohle beladenem Wagen des Koltschuginsker Typs ist zu Vergleichszwecken in der Abb. 88 mit aufgezeichnet. Eine Erklärung für den Unterschied in der Art der funktionalen Abhängigkeit kann aus dem Normenbuch nicht erschlossen werden. Verständlich ist, daß der Aufwand an Schichten für das Schleppen von Bergewagen höher sein muß als der für Kohlenwagen, weil die Bergewagen schwerer sind. Unverständlich aber bleibt, warum die beiden Kurven bei geringen Schlepplängen verhältnismäßig nahe zusammen-, bei großen Längen aber sehr weit auseinanderliegen.

Mit den *mit der Förderung der Kohle verbundenen Nebenarbeiten* beschäftigen sich §§ 30 und 31 NB. Die Ziffern sind in den Zahlentafeln 25 und 26 NB enthalten. Die Tafeln

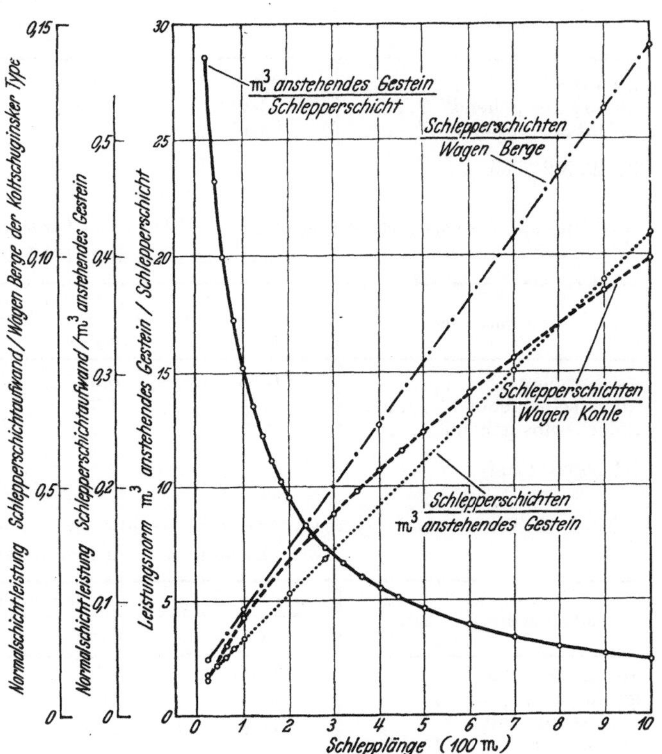

Abb. 88. Leistungsziffern des Bergewagenschleppens in Abhängigkeit von der Schlepplänge.

sind im nachfolgenden in Teilen wiedergegeben, um die Übersicht zu erleichtern.

Zum Arbeitskomplex des *Beladens von Förderwagen aus Rutschen und Rollkästen* zählt das NB folgende Arbeitsvorgänge:

a) Öffnen und Schließen des Verschlusses des Rutschenstranges bzw. Rollkastens; — b) Verteilung des Kohlenstromes auf den Wagenraum; — c) Heranholen des leeren Wagens bis auf eine Entfernung von 5 m; — d) Wegschieben des gefüllten Wagens; — e) Sauberhaltung der Bahn an der Füllstelle; — f) Beseitigung von Verstopfungen der Rutsche bis auf eine Entfernung von 3 m vom Rutschenaustrag; — g) vorbereitende und abschließende Arbeiten; — h) unvermeidbare Zeitverluste und Stillstände (g und h wie bei den Hauptarbeiten).

Die Leistungsziffern werden für 3 verschiedene Fälle angegeben:

1. der Fördervorgang ist „selbstgehend"
2. der Fördervorgang ist „halb selbstgehend"
3. der Fördervorgang ist „nicht selbstgehend"

Sie sind in Tafeln 61 und 62 aufgeführt.

Der Arbeitsvorgang des *Drehens eines Kohlenwagens auf Platten* wird zeitlich begrenzt zu Beginn durch das Aufrollen der Wagenvorderräder auf die Platte und zu Ende durch das Abrollen der Wagenhinterräder von der Platte. Für den Arbeitsvorgang gibt das NB die in den Tafeln 63 und 64 wiedergegebenen Zeitaufwandsziffern an, wobei diese nach der Art der verwendeten Platte differenziert werden. Im übrigen wird aus einer Bemerkung zu § 32 NB erkennbar, daß sich die genannten Ziffern auf den Fall beziehen, daß sowohl der leere wie auch der gefüllte Wagen gedreht werden. Wird lediglich der leere Wagen gedreht, so sind nur 40% der Ziffern anzusetzen. Ebenso gilt für den Fall, daß ausschließlich der gefüllte Wagen gedreht wird, daß 60% der Leistungsziffern vorzugeben sind.

Tafel 61. *Normalschichtleistungen für das Beladen von Förderwagen mit Kohle aus Rutschen und Rollkästen* (Schichtenaufwand für 1 m³ anstehende Kohle).

Fördervorgang	Nutzlast des Förderwagens t Kohle				
	0,655	0,575	0,490	0,425	0,330
„selbstgehend"	0,013	0,013	0,015	0,015	0,020
„halb selbstgehend"	0,028	0,028	0,030	0,030	0,035
„nicht selbstgehend"......	0,046	0,046	0,048	0,048	0,052

ZT 25 NB (Teil)

Tafel 62. *Normalschichtleistungen für das Beladen von Förderwagen mit Kohle aus Rutschen und Rollkästen* (Schichtenaufwand für 100 Wagen Kohlen).

Fördergang	Nutzlast des Förderwagens t Kohle				
	0,655	0,575	0,490	0,425	0,330
„selbstgehend"	0,70	0,62	0,60	0,52	0,54
„halb selbstgehend"	1,51	1,33	1,21	1,05	0,95
„nicht selbstgehend"	2,49	2,18	1,94	1,68	1,41

ZT 26 NB (Teil)

Tafel 63. *Normalschichtleistungen für das Drehen eines mit Kohle beladenen Förderwagens auf einer Stahlplatte* (Schichtenaufwand für 1 m³ anstehende Kohle).

Ausführungsart der Platte	Nutzlast des Förderwagens t Kohle				
	0,655	0,575	0,490	0,425	0,330
aus glattem Stahlblech ...	0,003	0,003	0,004	0,004	0,005
gerundet	0,005	0,005	0,006	0,006	0,007
eingeschnitten ⎱ .... aufwerfbar ⎰	0,006	0,006	0,007	0,007	0,008

ZT 25 NB (Teil)

Tafel 64. *Normalschichtleistungen für das Drehen eines mit Kohle beladenen Förderwagens auf einer Stahlplatte* (Schichtenaufwand für 100 Wagen Kohlen).

Ausführungsart der Platte	Nutzlast des Förderwagens t Kohle				
	0,655	0,575	0,490	0,425	0,330
aus glattem Stahlblech ...	0,16	0,14	0,16	0,14	0,14
gerundet	0,27	0,24	0,24	0,21	0,19
eingeschnitten ⎱ .... aufwerfbar ⎰	0,32	0,28	0,28	0,24	0,22

ZT 26 NB (Teil)

Das Normenbuch unterscheidet das einfache *Kippen des mit Kohle beladenen Förderwagens* zur Seite oder über Kopf und die Wagenentleerung mittels Kipper.

In den Arbeitskomplex des reinen Handkippens sind folgende Arbeitsvorgänge eingerechnet: Kippen des Wagens zur Seite oder über Kopf, Öffnen und Schließen von Klappwänden, Reinigung des Wagens mittels Schaufel, Wiederaufrichten des Wagens u. a. m.

Der Kippvorgang im Kipper wird von dem Augenblick an gerechnet, wo der Wagen im Kipper zum Stillstand gekommen ist, bis zu dem, da der Wagen aus dem Kipper gezogen wird. Die im NB für diese Arbeitskomplexe aufgeführten Leistungsziffern sind in den Tafeln 65 u. 66 enthalten:

Tafel 65. *Normalschichtleistungen für das Kippen von Kohlenwagen*
(Schichtenaufwand für 1 m³ anstehende Kohle).

Kippvorgang	Nutzlast des Förderwagens t Kohle				
	0,655	0,575	0,490	0,425	0,330
seitlich oder kopfüber von Hand	0,009	0,009	0,010	0,010	0,013
mittels Kipper	0,004	0,004	0,005	0,005	0,006

ZT 25 NB (Teil)

Tafel 66. *Normalschichtleistungen für das Kippen von Kohlenwagen*
(Schichtenaufwand für 100 Wagen Kohlen).

Kippvorgang	Nutzlast des Förderwagens t Kohle				
	0,655	0,575	0,490	0,425	0,330
seitlich oder kopfüber von Hand	0,49	0,43	0,40	0,35	0,35
mittels Kipper	0,22	0,19	0,20	0,17	0,16

ZT 25 NB (Teil)

In den Arbeitskomplex „*An- und Abschlagen von mit Kohle beladenen Förderwagen ans bzw. vom
Schleppseil*" sind eingeschlossen: Heranschleppen des Förderwagens bis an das Seil in einer
Höchstentfernung von 5 m, An- und Abkuppeln des Wagens ans bzw. vom Seil u. a. Die in den
Tafeln 67 u. 68 wiedergegebenen Schichtenaufwandsziffern gliedern sich nach der Art der Seil-
fördereinrichtung.

Tafel 67. *Normalschichtleistungen für An- und Abschlagen von Kohlenwagen ans bzw. vom Schleppseil*
(Schichtenaufwand für 1 m³ anstehende Kohle).

Seilfördereinrichtung	Nutzlast des Förderwagens t Kohle				
	0,655	0,575	0,490	0,425	0,330
endloses Seil	0,004	0,004	0,005	0,005	0,007
einfaches Seil	0,002	0,002	0,002	0,003	0,004

ZT 25 NB (Teil)

Tafel 68. *Normalschichtleistungen für An- und Abschlagen von Kohlenwagen ans bzw. vom Schleppseil*
(Schichtenaufwand für 100 Wagen Kohlen).

Seilfördereinrichtung	Nutzlast des Förderwagens t Kohle				
	0,655	0,575	0,490	0,425	0,330
endloses Seil	0,22	0,19	0,20	0,17	0,19
einfaches Seil	0,11	0,09	0,08	0,10	0,11

ZT 26 NB (Teil)

Zur *Beschickung des Korbes* gehört das Abnehmen des Leerwagens und das Aufschieben des
Kohlenwagens. Hierfür gibt das NB die Leistungsziffern der Tafeln 69 u. 70.

Tafel 69. *Normalschichtleistungen für Aufschieben von Kohlenwagen auf den Korb*
(Schichtenaufwand für 1 m³ anstehende Kohle).

Nutzlast des Förderwagens t Kohle				
0,655	0,575	0,490	0,425	0,330
0,005	0,005	0,005	0,006	0,007

ZT 25 NB (Teil)

Tafel 70. *Normalschichtleistungen für Aufschieben von Kohlenwagen auf den Korb*
(Schichtenaufwand für 100 Wagen Kohlen).

Nutzlast des Förderwagens t Kohle				
0,655	0,575	0,490	0,425	0,330
0,27	0,24	0,20	0,21	0,19

ZT 26 NB (Teil)

Für das *Überfahren der Weichen* ist ein besonderer Kraftaufwand erforderlich, den das NB in
den Schichtenaufwandsziffern der Tafeln 71 u. 72 zu berücksichtigen trachtet:

Tafel 71. *Normalschichtleistungen für Überfahren einer Weiche beim Kohlenschleppen*
(Schichtenaufwand für 1 m³ anstehende Kohle).

Nutzlast des Förderwagens t Kohle				
0,655	0,575	0,490	0,425	0,330
0,004	0,004	0,004	0,004	0,004

ZT 25 NB (Teil)

Tafel 72. *Normalschichtleistungen für Überfahren einer Weiche beim Kohlenschleppen*
(Schichtenaufwand für 100 Wagen Kohlen).

Nutzlast des Förderwagens t Kohle				
0,655	0,575	0,490	0,425	0,330
0,22	0,19	0,16	0,14	0,11

ZT 26 NB (Teil)

Mit *Nebenarbeiten*, die *bei der Bergeförderung* anfallen, befaßt sich § 32 NB. In der zugehörigen
ZT 27 NB sind die Leistungswerte für nur einen Wagentyp, nämlich den Koltschuginsker mit
0,655 t Förderinhalt an Kohle, aufgeführt. Die Gliederung der Arbeitskomplexe entspricht der
der Kohlenförderung. Die Ziffern finden sich in Tafel 73.

Tafel 73. *Nebenarbeiten bei der Bergeförderung.*

Betriebsvorgang			Normalschichtleistung	
Bezeichnung		Kennzeichnung	Schichten/ m³ anstehendes Gestein	Schichten/ Bergewagen der Koltschuginsker Type
Beladung von Förder- wagen mit Bergen aus Rutschen und Roll- kasten	Förder- vorgang	selbstgehend	0,026	0,90
		halb selbstgehend	0,056	1,93
		nicht selbstgehend	0,092	3,17
Drehen von Bergewagen auf Stahlplatten	Stahl- platten	aus glattem Blech	0,006	0,21
		rund	0,010	0,34
		eingeschnitten ⎱ aufwerfbar ⎰	0,012	0,41
Kippen von Berge- wagen		seitlich oder kopfüber von Hand	0,018	0,62
		mittels Kipper	0,008	0,28
Überfahren einer Weiche beim Bergeschleppen			0,004	0,14

ZT 27 NB

§ 33 NB, der die *Pferdeförderung* behandelt, ist für die vorliegende Untersuchung ohne Belang. Im übrigen handelt es sich dabei nicht um fest umrissene Werte. Die Endziffern sind von örtlich zu treffenden Feststellungen abhängig.

Mit dem Betriebsvorgang „*Beladung von Förderwagen mittels Schaufel*" beschäftigt sich das NB in den §§ 34—37. Es wird dabei zwischen Laden von Kohle und von Gestein unterschieden. In § 34 und in Anmerkungen zu den §§ 35 und 37 sind Hinweise grundsätzlicher Natur enthalten, die zweckmäßig in ihrer Gesamtheit vorweg behandelt werden.

Das NB schließt in den Arbeitskomplex der Wagenbeladung folgende Arbeitsvorgänge ein, wobei die Art des Ladegutes, ob Kohle oder Gestein, ohne Belang ist: Heran- und Wegschaffen des Gezähes auf 50 m Entfernung bzw. auf weitere, sofern das Gezäh auf dem Wege zum oder vom Arbeitsplatz mitgenommen wird; Auslegen von Ladeblechen; Umschaufeln bis auf eine maximale Entfernung von 2 m; das eigentliche Laden (Kleingut mittels Schaufel, größere Stücke von Hand); Verteilung des Ladegutes auf den Wagenraum; Standortwechsel bei der Arbeit; Belehrung durch Aufsicht; usw.

Wenn das Ladegut nicht auf der Sohle lagert, so ist

a) beim Laden der Kohle aus halber Wagenhöhe und einem Niveau, das $>$ 10 cm unter Schienenoberkante liegt, die tatsächliche Ladehöhe (= Niveaudifferenz zwischen Lagersohle und Wagenoberkante) zugrunde zu legen;

b) beim Laden der Kohle im Niveau der Wagenoberkante die Ziffernreihe der Spalte „bis 0,60 m" gültig;

c) beim Laden von Gestein der vertikale Abstand zwischen Lagerfläche und Wagenoberkante als Ladehöhe zu wählen.

Muß das Ladegut (Kohle oder Gestein) auf eine Entfernung von $>$ 2,00 m geladen, d. h. also vorher umgeschaufelt werden, so soll dieser Arbeitsvorgang nach den ZT 32 und 33 NB gesondert erfaßt werden.

Spielt sich der Ladevorgang in verbrochenen Bauen ab oder beträgt die Spanne zwischen Wagenoberkante und Firste $<$ 20 cm, so wird ein Berichtigungsbeiwert von 2,00 angewandt, d. h. der vorgegebene Schichtenaufwand auf den doppelten Betrag erhöht.

§ 35 NB bringt in ZT 29 NB die Normalschichtleistungsziffern (Schichtenaufwand für das *Laden von* 1 m³ anstehender *Kohle*) in Abhängigkeit von der Wagenhöhe und dem Querschnitt des Grubenbaus, in dem der Ladevorgang stattfindet. Die Ziffern sind in Abb. 89 schaubildlich dargestellt. Der Schichtenaufwand wächst mit der Wagenhöhe linear an.

In § 36 NB sind in ZT 30 NB die Normalschichtleistungen für das Beladen von Förderwagen mit Kohle aufgeführt. Die Ziffern sind in den Kurvenzügen der Abb. 90 graphisch dargestellt. Die Zahlenwertereihen und damit auch die Kurven sind für 4 verschiedene Wagentypen aufgeführt. Die

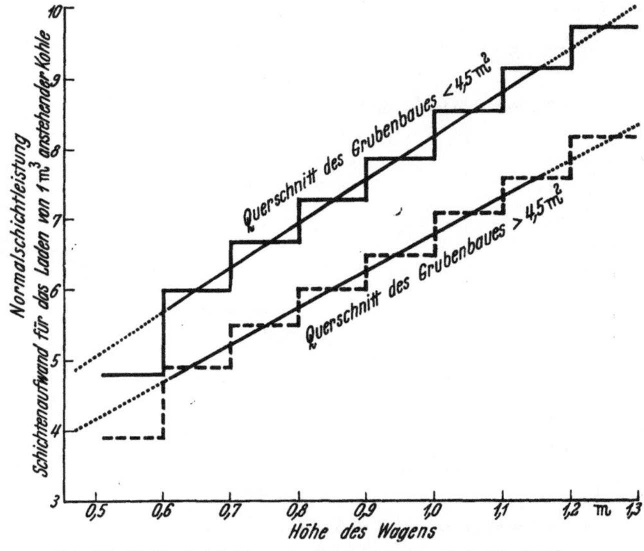

Abb. 89. Kohlenladeleistung in Abhängigkeit von der Ladehöhe.

Werte für den Koltschuginsker Typ sind im Diagramm in vollständigen Treppenlinien wiedergegeben. Es wird ersichtlich, daß der Schichtenaufwand mit anwachsender Wagenhöhe linear ansteigt. Aus diesem Grunde sind die Kurven für die übrigen Wagentypen im Schaubild in Linien angedeutet. Entsprechend der Zwieteilung der ZT des NB sind 2 Kurvenscharen aufgeführt, von denen sich die eine auf einen Querschnitt von $<$ 4,5 m² und die andere auf einen von $>$ 4,5 m² bezieht.

Die Leistungsziffern für das Beladen von Förderwagen mit Bergen enthält ZT 31 NB in § 37 NB. Die Bezugsgröße ist 1 m³ anstehendes Gestein. Die Leistungsziffern sind in Abhängigkeit von der Ladehöhe gesetzt. Die Normalschichtleistungen, d. i. der Schichtenaufwand je m³ anstehendes Gestein, sind in Abb. 91 diagraphisch dargestellt. Die Abhängigkeit von der Ladehöhe ist auch hier linear. Die in der ZT 31 NB mit aufgeführte Leistungsnorm (m³/Schicht) stellt den Umkehrwert der Normalschichtleistung dar.

Die §§ 38—39 NB behandeln das *Schaufeln von Haufwerk.* Diesen Arbeitskomplex gliedert das NB in folgende Arbeitsvorgänge, wobei einzelne zu Gruppen zusammengefaßt werden:

a) Hauptarbeit: Die eigentliche Schaufelarbeit;

b) Nebenarbeiten: Zerschlagen großer Kohlen- bzw. Bergestücke, Werfen größerer Kohlen- und Gesteinsbrocken von Hand, Säubern der Arbeitsstelle, Standortwechsel beim Umschaufeln in mehreren Etappen;

c) Vorbereitungs- und Abschlußarbeiten: An- und Ablegen der Kleidung, Heran- und Wegschaffen des Gezähes usw.

Als „unvermeidliche Verluste" an Arbeitszeit werden angesehen: Zeiten für normale Rast, für auf die Arbeit bezügliche Gespräche, für den Weg vom und zum Arbeitsplatz u. a.

§ 38 NB bringt in der groß ausgelegten ZT 32 NB Ziffern der Normalschichtleistung für das *Schaufeln von Kohle* (Schichtenaufwand/m³ anstehende Kohle) in Abhängigkeit vom Schaufelweg, der Höhe des Grubenbaues und der Neigung des Schaufelweges. Als Schaufelweg wird die Entfernung zwischen dem Mittelpunkt bzw. der Mittellinie des auszukohlenden Raumes und dem Endpunkt (Rolloch) bzw. der Endlinie (Rutsche) des Schaufelweges angesehen. Ein Teil der Ziffern der ZT ist die Grundlage der in den Abbn. 92, 93 und 94 dargestellten Kurvenzüge. Abb. 92 zeigt in 3 für verschiedene Höhen von Grubenbauen ausgefertigten Teilbildern die Abhängigkeit der Leistungsziffern vom Schaufelweg. Es ergibt sich eine lineare Beziehung. In Abb. 93 sind die Zusammenhänge zwischen Leistungsziffern und Neigung des Schaufelweges offengelegt, die sich als Funktionen höherer Ordnung erweisen. Das dritte Bild (Abb. 94) zeigt die Abhängigkeit der Schaufelleistung von der Höhe des Grubenbaues, die sich als fast lineare Funktion herausstellt.

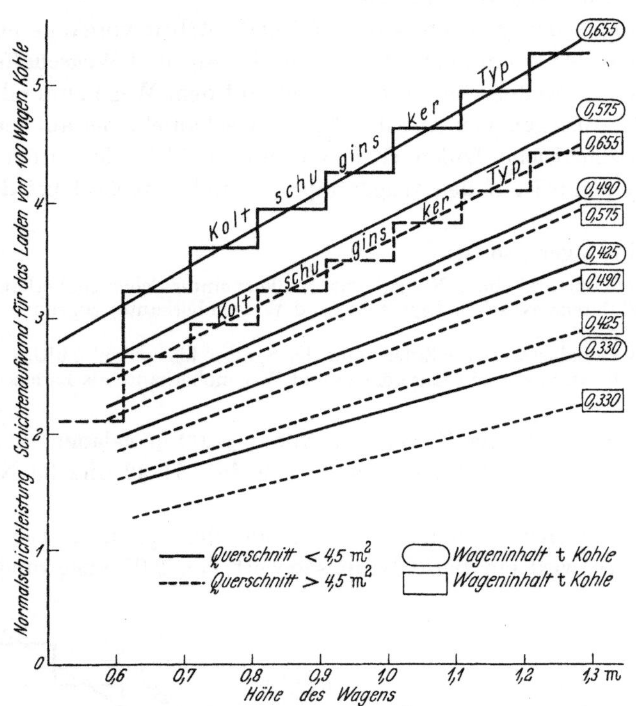

Abb. 90. Schichtenaufwand für das Laden von Kohlen in Förderwagen.

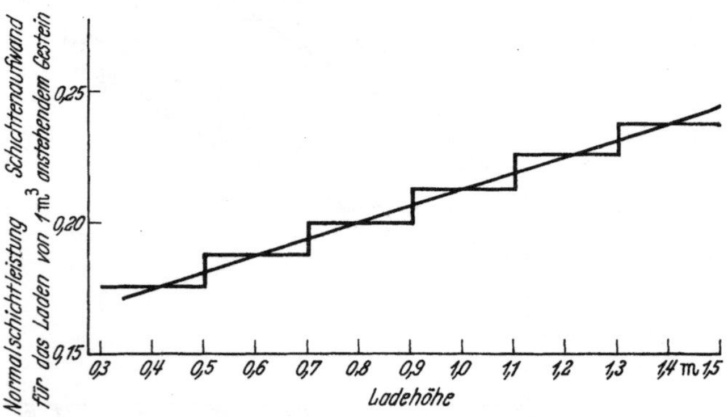

Abb. 91. Schichtenaufwand für das Laden von Bergen in Förderwagen.

§ 32 NB gibt in Anmerkungen noch folgendes an:

1. Sinkt die *Breite* des Grubenbaues unter 1,40 m, so sollen die Schichtenaufwandsziffern über den BB 1,3 erhöht werden;

2. Werden söhlige Strecken unter Verlegung von Schienenenden von 2,5 bis 3,2 m Länge aufgefahren, so wird für das lfd. m Streckenauffahrung die Schaufelarbeit unter Zugrundelegung eines Schaufelweges von 0,85 m aus der Tafel beziffert.

Die Normalschichtleistung für das *Schaufeln der Berge,* die aus 1 m³ anstehendem Gestein anfallen, ist in § 39 NB behandelt und in der zugehörigen ZT 33 NB beziffert. Auch hier sind

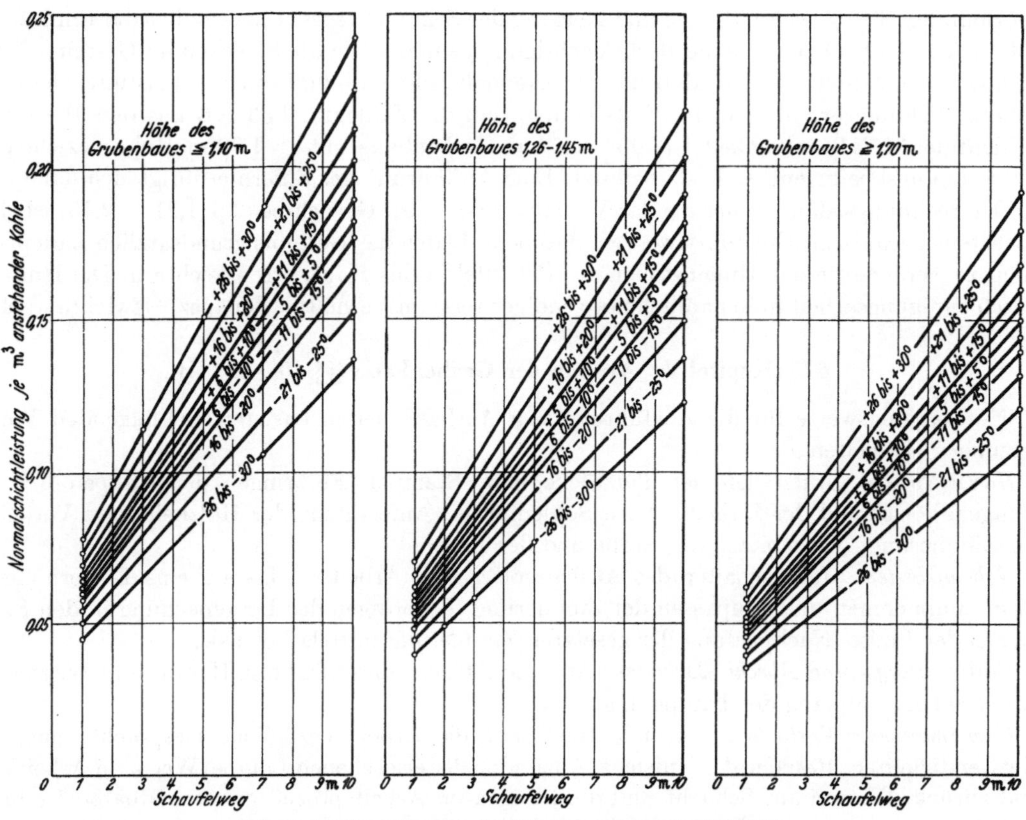

Abb. 92. Leistungsziffern für das Schaufeln von Haufwerk (Kohle).

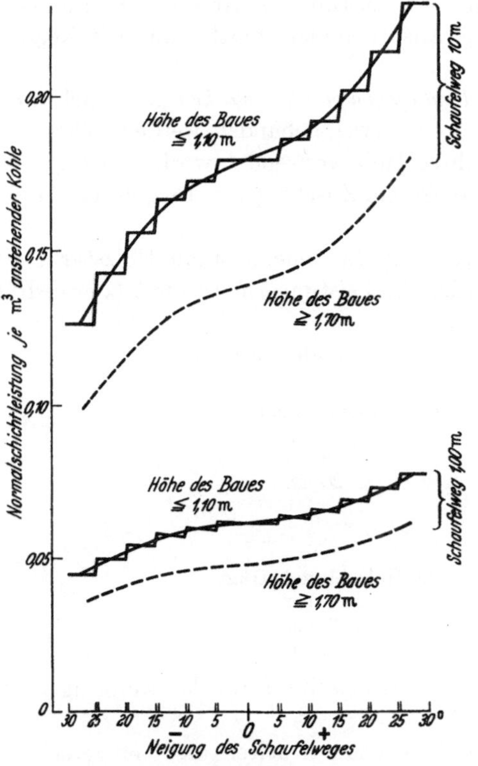

Abb. 93. Leistungsziffern für das Schaufeln von
Haufwerk (Kohle).

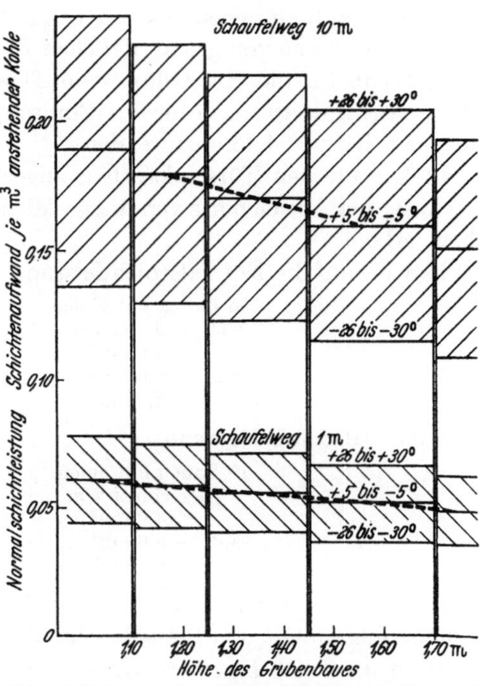

Abb. 94. Leistungsziffern für das Schaufeln von Haufwerk
(Kohle).

als Einflußgrößen gewählt: Länge und Neigung des Schaufelweges. Dagegen hat die Einflußgröße „Höhe des Grubenbaues" keine Berücksichtigung gefunden, da die Strecken im Gestein offenbar so hoch aufgefahren werden, daß die Streckenhöhe ohne Einfluß auf die Leistung bleibt. Bei näherer Prüfung ergibt sich die Feststellung, daß die Zahlentafel 33 NB aus den Werten der Zahlentafel 32 NB entwickelt ist, die sich auf Grubenbaue mit $> 1{,}70$ m Höhe beziehen. Als Umrechnungskoeffizient ist 1,905 benutzt. Eine Aufführung der Ziffern erübrigt sich daher. Daß die Umrechnungsziffer kleiner als das Verhältnis des spez. Gewichtes ($2{,}6 : 1{,}21 = 2{,}15$) ist, kann höchstens darauf zurückgeführt werden, daß beim Laden des Gesteins grundsätzlich Ladeplatten benutzt werden, die das Hineinstoßen der Schaufel in das Haufwerk erleichtern. Die Hub- und Beschleunigungsarbeit muß nämlich notwendigerweise im Verhältnis der spez. Gewichte wachsen

675 Kapitel V: Ausbau der Grubenbaue (§§ 40—52 NB).

Die Leistungswerte für die Ausführung von Ausbauarbeiten basieren auf folgenden Voraussetzungen. Es gelten als

Hauptarbeiten: Aufstellen der Türstöcke bzw. Stempel, Einbringen der Kappen bzw. der Hangendhölzer und der Liegend- bzw. Sohlenhölzer, Anfertigung der Holzkeile und Verkeilung der Zimmerung, Nachspitzen der Stöße und der Firste.

Nebenarbeiten: Heranschaffen des Ausbauholzes zum Arbeitsort bis auf eine Entfernung von 10 m, Maßnehmen und Einpassen der Zimmerung, Einbringen der Bergepackung in den Stößen und in der Firste, Nachprüfung der gesetzten Zimmerung mittels Lot usw.

Vorbereitungs- und Abschlußarbeiten: An- und Ablegen der Kleidung, Heran- und Wegschaffen des Gezähes, Empfang der Lampe u. a.

Unvermeidbare Verluste: „Normale Rast, auf die Arbeit bezügliche Gespräche, natürliche Notwendigkeiten, Besuche der Aufsicht, Anzünden der erloschenen Lampe, Weg zum Arbeitsplatz und zurück, Warten am Schacht und die übrigen im Arbeitsprozeß unvermeidbaren Verluste."

Außerdem sind in den Leistungsziffern „Stillstände von kurzer Dauer (bis 30 Min.), welche gemäß Kollektivvertrag keiner besonderen Bezahlung unterliegen", berücksichtigt.

Als Größen, die beim *Ausbau von Vorrichtungsbauen* die Leistung des Arbeiters beeinflussen, nennt das NB die Art der Zimmerung, die Größe des Ausbruchquerschnittes und die Neigung des betreffenden Grubenbaues.

§ 40 NB enthält neben den Leistungsziffern für das *Einbringen von Türstöcken* in Vorrichtungsbauen eine Reihe von grundsätzlichen Bestimmungen, die vorweg behandelt werden sollen.

a) Wenn für die Herstellung von Türstöcken feuchtes Holz verwendet wird, so ist auf die Normalschichtleistungen für das Einbringen der Türstöcke ein Zuschlag von 15% zu gewähren, d. h. ein BB von 1,15 anzuwenden.

b) Die für den Türstockausbau angegebenen Ziffern sind für eine mittlere Holzstärke berechnet. Bei Abweichung von diesen Mittelwerten werden die Leistungsziffern um 7% erniedrigt bzw. erhöht.

Es wird auf die Normalschichtleistung ein BB von 0,93 angewendet, wenn

<table>
<tr><td>in Bauen mit einem
Querschnitt von</td><td>die Holzstärke beträgt</td></tr>
<tr><td>$\leqq 4{,}00$ m²</td><td>< 15 cm</td></tr>
<tr><td>$4{,}01 — 8{,}00$ m²</td><td>< 18 cm</td></tr>
<tr><td>$> 8{,}00$ m²</td><td>< 20 cm</td></tr>
</table>

und ein BB von 1,07, wenn

<table>
<tr><td>in Bauen mit einem
Querschnitt von</td><td>die Holzstärke beträgt</td></tr>
<tr><td>$\leqq 4{,}00$ m²</td><td>> 18 cm</td></tr>
<tr><td>$4{,}01 — 8{,}00$ m²</td><td>> 20 cm</td></tr>
<tr><td>$> 8{,}00$ m²</td><td>> 22 cm</td></tr>
</table>

c) Bei Strecken mit > 10 m² Querschnitt werden die Leistungsziffern für das Einbringen der Zimmerung an Ort und Stelle bestimmt.

d) In die Leistungsziffern für die Zimmerungen sind folgende Arbeiten nicht eingerechnet: die Bearbeitung der Hölzer, die Herstellung der Bühnlöcher und das Einbringen des Verzuges.

e) Die Leistungsziffern werden für die beiden Fälle angegeben, daß einmal die Türstöcke dicht an dicht stehen oder zweitens diese in Abständen gesetzt werden. Außerdem unterscheidet man Haupt- und Nebenzimmerung, wobei offenbar der Ausdruck „Nebenzimmerung" das gleiche sagt wie der bei uns gebräuchliche „Zwischenzimmerung". Die Zwischenzimmerungen werden im NB mit den gleichen Leistungsziffern angesetzt wie die Türstöcke, die dicht an dicht eingebracht werden.

Die Ziffern der Zahlentafel 34 NB sind in Abb. 95 diagraphisch wiedergegeben. Die durch die Tafelwerte an sich gegebenen Treppenkurven, wie eine im rechten Feld für die obere Kurve

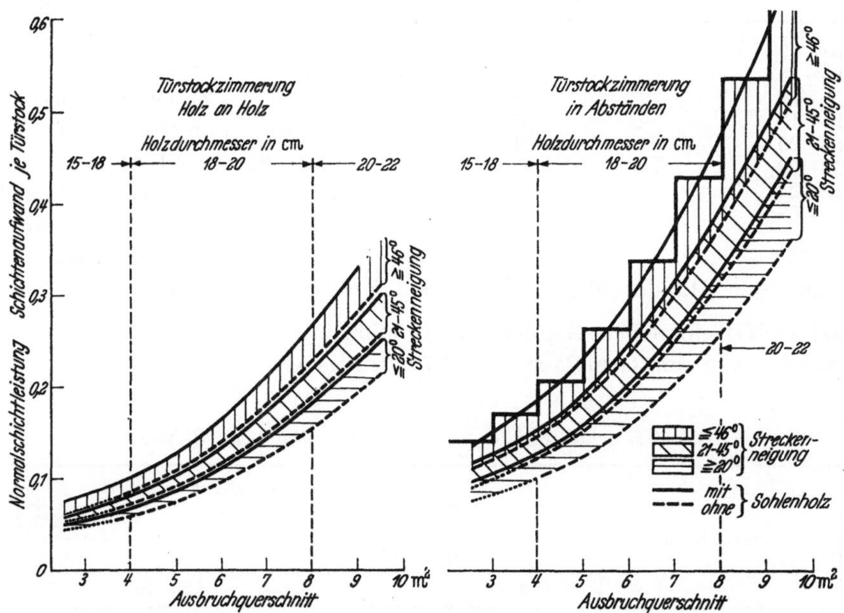

Abb. 95. Schichtenaufwand für das Einbringen von Türstöcken in Vorrichtungsbauen.

eingezeichnet ist, sind unter Ansatz der Mittelwerte zu stetig verlaufenden Kurven ausgeglichen. Es wird ersichtlich, daß der Schichtenaufwand für das Setzen eines Türstockes mit Größerwerden des Ausbruchquerschnittes ansteigt, und zwar nach einer Funktion höherer Ordnung.

Das *Verziehen der Stöße und der Firste in Vorrichtungsbauen* wird in § 41 NB behandelt. Zu den in den Leistungsziffern erfaßten Arbeitsvorgängen zählen: das Herbeischaffen der Verzughölzer auf eine Entfernung von ≦ 10 m, das Zuschneiden der Hölzer (Abschneiden, Abhauen, Behauen), das Nachspitzen der Stöße zum glatten Einbringen des Verzuges, das Einbringen des Verzuges, das Verkeilen desselben usw.

Das NB gibt in Zahlentafel 35 NB den Schichtenaufwand für je 10 Verzughölzer an, und zwar in Abhängigkeit von der Neigung der Strecke (Tafel 74).

Tafel 74. *Schichtenaufwand für das Einbringen des Verzuges in Vorrichtungsbauen.*

Neigung des Grubenbaues	Normalschichtleistung Schichtenaufwand / 10 Verzughölzer
≦ 20°	0,072
21 — 45°	0,087
≧ 46°	0,105

ZT 35 NB

Tafel 75. *Schichtenaufwand für die Verbolzung von Türstöcken.*

Neigung des Grubenbaues	Normalschichtleistung Schichtenaufwand / Bolzen
≦ 20°	0,023
21 — 45°	0,028
≧ 46°	0,033

Mit der Arbeit der *Verbolzung von Türstöcken* beschäftigt sich § 42 NB. In die Leistungsziffern einbezogen sind folgende Arbeitsvorgänge: Herbeischaffen des Holzes bis auf eine Entfernung von 10 m, Zurechtschneiden, Einpassen und Einbringen der Bolzen. Die Normalschichtleistung wird in Abhängigkeit von der Neigung des Grubenbaus und für je 1 Bolzen, wie in Tafel 75 aufgeführt, angegeben:

§ 43 NB bringt in ZT 36 NB Schichtenaufwandsziffern für die Herstellung von *Verblattungen an Türstöcken* für Vorrichtungsbaue mittels Beil, die in Abhängigkeit vom Durchmesser des verwendeten Holzes variieren und in Tafel 76 wiedergegeben sind.

Tafel 76. *Leistungsziffern für die Herstellung von Verblattungen.*

Holzstärke cm ⌀	Normalschichtleistung Schichtenaufwand für das Anblatten von 10 Stempelenden
10—12	0,080
13—14	0,093
15—16	0,101
17—18	0,107
19—20	0,113
21—22	0,117
23—24	0,120
25—28	0,122

ZT 36 NB

§ 46 NB beschäftigt sich mit der *Herstellung von Bühnlöchern*, die gleichzeitig mit der Auffahrung des Ortes durchgeführt wird, und bringt eine umfangreiche Zahlentafel, in deren Leistungsziffern das Wegschaufeln des aus den Bühnlöchern anfallenden Gesteins bis auf eine Entfernung von 3,5 m einbegriffen ist. Die Leistungsziffern, aufgeführt als Normalschichtleistungen, sind spezifiziert nach der Bühnlochtiefe und dem Bühnlochquerschnitt, der Festigkeit des Gesteins und in den Kategorien I—III nach Bohrverfahren (Handschlagbohren, Handdrehbohren und Preßluftbohren).

Die Tafel 38 NB gibt einen Einblick in die minutiöse Genauigkeit des russischen Normenbuches und sei aus diesem Grunde in Tafel 77 wiedergegeben.

Tafel 77. *Schichtenaufwand für die Herstellung von Bühnlöchern.*

Kategorie der Gesteinsfestigkeit	Bohrverfahren	Ausmaße des Bühnloches in cm					
		Tiefe 10			Tiefe 20		
		Querschnitt			Querschnitt		
		20 × 20	25 × 25	30 × 30	20 × 20	25 × 25	30 × 30
I	Handschlagbohren ..	0,044	0,055	0,065	0,062	0,075	0,093
	Preßluftbohren	0,019	0,024	0,028	0,027	0,033	0,040
II	Handschlagbohren ..	0,033	0,041	0,049	0,046	0,057	0,070
	Handdrehbohren ...	0,021	0,026	0,031	0,030	0,036	0,044
	Preßluftbohren	0,016	0,019	0,023	0,022	0,027	0,033
III	Handschlagbohren ..	0,024	0,029	0,035	0,033	0,040	0,050
	Handdrehbohren ...	0,016	0,019	0,023	0,022	0,027	0,033
	Preßluftbohren	0,012	0,015	0,018	0,017	0,021	0,026
IV	—	0,013	0,016	0,019	0,018	0,022	0,027
V	—	0,010	0,012	0,014	0,013	0,017	0,020
VI	—	0,007	0,008	0,010	0,009	0,011	0,013

ZT 38 NB

Nach der Anmerkung zu § 46 NB darf diese Zahlentafel nicht angewendet werden, wenn die Bühnlöcher als „geschlossener Graben" hergestellt werden. In diesem Falle gelten die Werte der Zahlentafel 39 NB, enthalten in § 47 NB.

Die Herstellung sogenannter „*Gräben im Gestein*" im unmittelbaren Anschluß an den Ortsvortrieb behandelt § 47 NB. Anscheinend ist hierunter die Herstellung der *Wassersaige* verstanden. Für diese Arbeit, in die das Wegschaufeln des Gesteins bis auf eine Entfernung von 3,50 m einbezogen ist, bringt das NB in Zahlentafel 39 NB, die der Zahlentafel 38 NB analog aufgebaut ist, die Schichtenaufwandswerte der Tafel 78.

§ 44 NB bezieht sich auf die *Bearbeitung von Zimmerungen in Übertagewerkstätten* und ist daher für die untertägige Gedingesetzung gegenstandslos.

Tafel 78. *Schichtenaufwand für die Herstellung von „Gräben im Gestein".*

Kategorie der Gesteinsfestigkeit	Bohrverfahren	Ausmaße des Grabens in cm					
		Tiefe 10			Tiefe 20		
		Breite			Breite		
		20	25	30	20	25	30
I	Handschlagbohren ..	0,137	0,151	0,165	0,192	0,213	0,237
	Preßluftbohren	0,060	0,066	0,072	0,084	0,093	0,103
II	Handschlagbohren ..	0,103	0,114	0,124	0,144	0,160	0,178
	Handdrehbohren ...	0,066	0,073	0,070	0,092	0,102	0,114
	Preßluftbohren	0,048	0,053	0,058	0,068	0,075	0,083
III	Handschlagbohren ..	0,074	0,081	0,088	0,103	0,114	0,127
	Handdrehbohren ...	0,049	0,054	0,059	0,069	0,076	0,085
	Preßluftbohren	0,038	0,042	0,046	0,053	0,059	0,066
IV	—	0,040	0,044	0,048	0,056	0,062	0,069
V	—	0,030	0,033	0,036	0,042	0,047	0,052
VI	—	0,020	0,022	0,024	0,028	0,031	0,035

ZT 39 NB

§ 45 gibt Ziffern für das *„Durchhacken von Stempeln mittels Beil* im untertägigen Betrieb",
ein Arbeitsvorgang, der mitteleuropäischen Verhältnissen fremd ist. Nach den aufgeführten
Zahlenwerten sollen von *einem* Mann in *einer* Schicht durchgehackt werden:

$$250 \text{ Stempel der Stärke } 11\text{—}12 \text{ cm}$$
$$109 \text{ Stempel der Stärke } 17\text{—}18 \text{ cm}$$
$$72 \text{ Stempel der Stärke } 21\text{—}22 \text{ cm}$$
$$44 \text{ Stempel der Stärke } 27\text{—}28 \text{ cm.}$$

Berechnet man die durchhauene Gesamtquerschnittsfläche, so ergibt sich, daß die Leistungswerte der Zahlentafel alle von einer Schichtleistung von rd. 2,6 m² zu durchhauender Stempelgesamtquerschnittsfläche abgeleitet sind.

Mit den *Ausbauarbeiten in Abbaubetrieben* beschäftigen sich die §§ 48—52 NB. Im einzelnen
werden behandelt: Rahmenausbau, das Setzen einfacher Stempel, Einbringen des Verzuges,
Bau von Arbeitsbühnen und Setzen von Holzkasten.

Der *Ausbau in Rahmen,* dem § 48 NB gewidmet ist, besteht in einer Kappe auf 2 Stempeln.
In die Schichtenaufwandsziffern, die in Zahlentafel 40 NB zusammengestellt sind, sind eingerechnet: Bearbeitung, Einpassung und Einbringung des Ausbaurahmens sowie die Herstellung
der Bühnlöcher. Nicht erfaßt und daher gesondert zu bewerten
sind die Heranschaffung des Holzes, der Verzug des Hangenden
und der Bau von Arbeitsbühnen. Die Leistungsziffern sind in
Abhängigkeit von der Höhe des Grubenbaues und dem Einfallen des Abbaubetriebes angegeben.

Für die Benutzung dieser Tafel gibt das NB in den Anmerkungen zu § 40 noch folgende Hinweise:

1. Ist die Kappe länger als 3,20 m, so ist ein BB von 1,20
anzuwenden, d. h. der Schichtenaufwand um 20% zu erhöhen.

2. Bei geschlossenem Rahmen, d. h. wenn dieser aus einem
Holz am Hangenden *und* Liegenden und 2 Stempeln besteht,
soll durch Ansetzen eines BB von 1,15 ein um 15% höherer
Schichtenaufwand vorgegeben werden.

Tafel 79. *Normalschichtleistungen für Rahmenausbau in Abbaubetrieben* (Schichtenaufwand je Rahmen).

Höhe d. Abbaus m	Einfallen des Abbaus °		
	≦ 20	21—45	> 45
≦ 1,50	0,069	0,083	0,101
1,51—2,00	0,085	0,102	0,124
2,01—2,50	0,112	0,135	0,163
2,51—3,00	0,148	0,178	0,215
3,01—3,50	0,194	0,233	0,281
3,51—4,00	0,249	0,298	0,360
4,01—4,50	0,313	0,376	0,454
4,51—5,00	0,386	0,464	0,560

ZT 40 NB

3. Für das Einbringen von Zwischenzimmerungen im Abbau gelten die gleichen Ziffern wie für das Einbringen der Hauptrahmen.

4. Ist für das Einbringen der Rahmen der Bau von Arbeitsbühnen erforderlich, so wird der
hierfür erforderliche Schichtenaufwand gesondert bestimmt.

Für das in § 49 NB behandelte *Setzen einfacher Stempel* im Abbau gelten bezüglich der in den Leistungsziffern erfaßten Arbeitsvorgänge die gleichen Bestimmungen wie die im vorhergehenden Abschnitt beschriebenen.

Nach § 50 NB wird für das *Einbringen von* je 10 *Verzughölzern* im Abbau *ein*schließlich ihrer Herbeischaffung ein Schichtenaufwand von 0,065 gerechnet.

Tafel 80. *Normalschichtleistungen für Stempelausbau im Abbau* (Schichtenaufwand je Stempel).

| Höhe d. Abbaus | Einfallen des Abbaus ° | | |
m	≦ 20	21—45	> 45
≦ 1,50	0,023	0,028	0,033
1,51—2,00	0,028	0,034	0,041
2,01—2,50	0,033	0,040	0,048
2,51—3,00	0,038	0,046	0,055
3,01—3,50	0,044	0,053	0,064
3,51—4,00	0,055	0,066	0,080
4,01—4,50	0,069	0,083	0,100
4,51—5,00	0,085	0,102	0,123

ZT 41 NB

§ 51 NB gibt als Schichtenaufwand für den *Bau einer Arbeitsbühne* zur Erleichterung des Einbringens des Ausbaus eine Normalschichtleistung von 0,069 an.

Die Bewertung des *Setzens von* vierwandigen *Holzkasten* ist in § 52 NB geregelt. Die Normalschichtleistungen sind angegeben für eine Höhe von je 0,10 m in Abhängigkeit vom Einfallen und getrennt für Kasten mit Höhen bis und über 2,15 m Höhe. Zahlentafel 42 NB gibt folgende Werte:

a) für Holzkasten bis 2,15 m Höhe } bei einem Einfallen von {
bis 30° 0,009
31—60° 0,014
über 60° 0,023

b) für Holzkasten über 2,15 m Höhe } bei einem Einfallen von {
bis 30° 0,014
31—60° 0,023
über 60° 0,038

Wenn die Holzkasten auseinandergenommen und an einer anderen Stelle aufgebaut werden, wobei deren Einzelteile auf eine Entfernung bis zu 25 m transportiert werden, so wird ein BB von 1,5 angesetzt, d. h. auf obige Ziffern ein Zuschlag von 50% gewährt. Bei größeren Entfernungen wird der Transport der Ausbauhölzer gesondert gewertet.

676 Kapitel VI: Transport des Grubenholzes (§§ 53—57 NB).

Auf die in Kapitel VI niedergelegten Leistungsziffern für den Transport des Grubenholzes soll nicht näher eingegangen werden, da es sich um Arbeitsvorgänge handelt, die im deutschen Bergbau gemeinhin von Schichtlöhnern ausgeführt werden und infolgedessen für die vorliegende Fragestellung nicht von Bedeutung sind. Es behandeln im einzelnen:

§ 53 NB Transport des Holzes durch Schleifen,

§ 54 NB Transport des Holzes in Förderwagen, in Holzwagen von Hand und mit Pferd, in Holzwagen mittels elektrischen Haspels,

§ 55 NB Transport des Holzes in Rutschen,

§ 56 NB Nebenarbeiten beim Holztransport,

§ 57 NB Transport des Holzes über Tage und durch Tagesschächte.

677 Kapitel VII: Verschiedene Kleinarbeiten im Untertagebetrieb (§§ 58—60 NB).

§ 58 NB bringt in Tafel 49 NB eine Liste, aus der die Normalschichtleistung (Schichtenaufwand) für kleinere Arbeiten zu entnehmen ist. Die Zusammenstellung der Tafel 81 gibt eine Auswahl.

§ 59 NB beschäftigt sich mit Instandhaltungsarbeiten unter Tage und § 60 NB mit solchen in Hauptschächten. In Deutschland pflegen auch diese Arbeiten von Schichtlöhnern durchgeführt zu werden, so daß sich im Rahmen der vorliegenden Arbeit ein Eingehen darauf erübrigt.

678 Kapitel VIII: Anhang (§§ 61—68 NB).

Der Anhang zum NB führt Ziffernwerte an, die in einzelnen Rayons des Kusbaß in Anwendung stehen und den übrigen Rayons zur Orientierung empfohlen werden.

§ 61 NB behandelt die Beförderung der Kohle in Rutschen durch Menschenkraft, wenn das Fördergut nicht von selbst rutscht, eine Arbeit, die für unseren Bergbau gegenstandslos ist.

Tafel 81. *Schichtenaufwand für verschiedene Kleinarbeiten.*

Schienenlegen	schwerer Typ ($\geqq$90 mm)	ohne mit			0,24 0,32	
	mittlerer Typ (75 mm)	ohne mit	Biegen der Schienen		0,17 0,22	Schichten je lfdm Bahn
	leichter Typ (65 mm)	ohne mit			0,11 0,16	

Schienenrauben	schwerer Typ ($\geqq$ 90 mm)	0,033	Schichten je lfdm Bahn
	mittlerer Typ (75 mm)	0,023	
	leichter Typ (65 mm)	0,017	

Heben und Ausrichten der Bahn	beiderseitig	< 10 cm < 20 cm	0,023 0,047	Schichten je lfdm Bahn
	einseitig	< 10 cm < 20 cm	0,014 0,028	
Ausfüllen der Bahn mit Schlacke			0,023	

*Weichen*legen, ohne Abhauen der Schienen, mit Einbau von Schwellen und Verbinden der Schienenenden bei
Anlieferung frei Füllort,

aus Schienen von	$\geqq$ 90 mm	Länge	> 2,80 m	4,00	Schichten je Weiche
		„	< 2,80 m	2,75	
	75 mm	„	< 2,80 m	2,25	
	65 mm	„	< 2,80 m	1,70	

Rauben von Weichen und Schließen der Schienenenden	$\geqq$ 90 mm	1,10	Schichten je Weiche
	75 mm	0,85	
	65 mm	0,70	

Schienenkreuzungen

Legen	$\geqq$ 90 mm	4,50	Schichten je Kreuzung
	75 mm	2,50	
Rauben mit Schließen der Schienenenden	$\geqq$ 90 mm	1,10	
	75 mm	0,75	

Herstellung von *Fahrten* mit Aufstellung an Ort und Stelle	0,07	Schichten/lfdm
Verlegung fester *Rutschen*	0,037	Schichten/lfdm

Das gleiche gilt für § 63 NB mit Ausführungen über den Transport der Kohle in Schlitten
oder Trögen und für § 64 NB, der sich auf den Kohlentransport in Schubkarren bezieht.

Schließlich enthalten die §§ 65—68 NB noch einige Angaben über Instandsetzungsarbeiten
und Volumen- und Gewichtstafeln für Holz.

679 Abschließende Bemerkungen.

Bei einer kritischen Betrachtung des von den Russen entwickelten Verfahrens kommt man
zu der Schlußfolgerung, daß es an sich ein ordnungsmäßiges Gedinge und einen gerechten Lohn
gewährleisten kann, aber nur unter den Voraussetzungen, daß

1. die im Normenbuch aufgeführten Ziffern als wirkliche Normalwerte ermittelt worden und
anzusehen sind, d. h. den Leistungsmöglichkeiten eines durchschnittlichen Arbeiters entsprechen,
und daß

2. der Betrieb und seine Aufsichtspersonen sich streng an diese Ziffern halten und eine absolut
korrekte und gerechte Gedingewirtschaft treiben.

Zu der ersten Bedingung gehen, wie schon erwähnt, die Informationen dahin, daß sich die
russischen Ingenieure mit einer übergroßen Betriebsamkeit auf ihre Aufgabe gestürzt haben und
gewissermaßen für die Herausbringung von Normziffern eine dauernde „Leistungssteigerung"
nachweisen wollten. Man hat bei der Durchsicht des Ziffernwerkes den Eindruck, daß man bei
der Festlegung der Ziffern dem Bann des alles erfassen wollenden Zahlenspiels erlegen ist und
die „Normung" zum Selbstzweck erhoben hat. Was die Höhe einzelner Leistungsziffern angeht,
so wurde schon bei deren Besprechung darauf hingewiesen, daß sie im Verhältnis zu unseren
deutschen Erfahrungen sehr hoch liegen.

Zur zweiten Bedingung muß man, soweit die Informationen reichen, zunächst feststellen, daß
die Grundwerte jedem Bergmann zugänglich sind, so daß er — entsprechende Schulbildung

vorausgesetzt — in der Lage ist, bei dem verhältnismäßig einfachen Rechenverfahren (es handelt sich um Multiplikationen bzw. Additionen) sein Gedinge selbst zu berechnen. Inwieweit er der Betriebsaufsicht gegenüber seine Berechnung vertreten oder gar durchsetzen kann, bleibt allerdings eine offene Frage. Weiter muß zugegeben werden, daß die bis ins einzelne gehende Teilung der einzelnen Arbeitskomplexe und die gleichfalls bis ins einzelne gehende Aufgliederung nach Faktorengruppen die Gedingesetzung erleichtern.

Im ganzen gesehen kann der eingeschlagene Weg als durchaus gangbar bezeichnet werden. Man kann sich der gewichtigen Erkenntnis nicht verschließen, daß es sehr wohl möglich sein muß, im untertägigen Betriebsablauf Gesetzmäßigkeiten leistungstechnischer Art festzustellen. Fraglos würde der deutsche Bergbau auf einem ähnlichen, den deutschen Verhältnissen angepaßten Wege zu einer Behandlung des Gedingeproblems kommen können, die diese seit langem strittige Aufgabe wenigstens zum Teil lösen könnte. Man kann auch schlußfolgern, daß es dem deutschen Bergbau im Gegensatz zu der so oft aus Bergbaukreisen gehörten Ansicht durchaus möglich sein muß, die Lösung des Gedingeproblems auf dem Wege vorwärts zu bringen, auf dem die übrige deutsche Industrie vorangegangen ist, d. h. über Zeitstudien zu „Normalleistungen" zu kommen. Die Meinung, daß es für den deutschen Bergbau grundsätzlich bei der Altvätersitte bleiben müsse und neue Wege nicht gefunden werden könnten, ist jedenfalls auch durch die russische Praxis als falsch erwiesen, womit natürlich keinesfalls gesagt sein soll, daß der Weg, den der russische Bergbau einschlug, ohne Einschränkung auch dem deutschen Bergbau zu empfehlen sei. Im Gegenteil, die Aufgabe des deutschen Bergbaus muß darin erblickt werden, ein dem deutschen Bergmann arteigenes Gedingesystem zu entwickeln, wobei man allerdings seine Augen nicht vor dem verschließen darf, was der außerdeutsche Bergbau versucht. Aus diesem Grunde sind ausländische Methoden, wie vorstehend das russische Normenbuch und nachfolgend die holländische „Anleitung", in den Kreis der Betrachtung einbezogen worden.

68 Die „Anleitung für die Berechnung von Gedingen" des holländischen Bergbaus.

680 Vorbemerkungen.

In den zwanziger Jahren begann der holländische Bergbau unter Führung der Staatsmijnen in Limburg mit der Weiterentwicklung des Gedingewesens. Ziel war, die althergebrachte gefühlsmäßige Gedingesetzung durch ein „Gedinge-Mosaik" zu ersetzen, das auf Einzelmessungen aufbaut, die nach wissenschaftlichen Methoden durchgeführt und ausgewertet werden. Man begann mit der Beobachtung immer wiederkehrender Einzelarbeiten, wobei man keine Rücksicht darauf nahm, ob sie im Rahmen der bergmännischen Gesamtarbeiten von großer oder geringer Bedeutung waren. Mit diesen Studien gewann man bereits Einsichten, die in Arbeitserleichterungen und Verbesserungen der beobachteten Vorgänge ihren Niederschlag fanden. Man dehnte mit der Zeit die Messungen auf immer mehr Einzelarbeitsvorgänge aus. Die Untersuchungen erstreckten sich bald nicht nur auf Vorgänge bei gleichen Bedingungen, sondern erfaßten diese bei den verschiedensten Verhältnissen. Dadurch, daß die Messungen auf den 4 Schachtanlagen der Staatsmijnen immer wieder miteinander verglichen wurden, gelang es, die Ausführungsmängel nach und nach einzuengen und so zu Werten für ungestörte und beste Abläufe zu gelangen. Man ging weiter dazu über, die Betriebsvorgänge möglichst weitgehend in Einzelarbeitsvorgänge aufzugliedern und deren Zeiten festzustellen und festzulegen. Man gelangte so weit, daß z. B. bei der Gewinnung nur noch die eigentliche Lösearbeit im Einzelfall zeitlich festzustellen verblieb, während alle übrigen Vorgänge in ihrem Zeitaufwand aus bereits vorliegenden Meßergebnissen festgelegt werden konnten. So erreichte man eine Gedingeberechnung, die auf Zeitwerten aufbaut. Die Gedingezettel enthalten die gesamte Kalkulation, d. h. die Angabe aller für die Ausführung der Arbeit erforderlichen Einzelzeiten.

Auch die zweite Zeitkomponente des Gedingevertrages, die dem Bergmann vor Ort zur Verfügung stehende Arbeitszeit, wurde zum Gegenstand meßtechnischer Untersuchungen gemacht und auf den Untersuchungsergebnissen aufbauend rechnerisch bestimmt. Dabei wurden berück-

sichtigt die Zeitaufwendungen für den Hin- und Rückweg zur Arbeitsstelle, für die Butterbrot-
pause und insbesondere ein Zeitbetrag von 25 min/M/Sch für unvorhergesehene Zeitverluste
bzw. für „Erholung".

Die Kalkulation selbst wickelt sich bei Vorliegen der Zeitziffern sehr einfach ab. Aus der
Gesamtzeit für den Arbeitsauftrag errechnet sich bei Teilung durch die Arbeitszeit vor Ort die
Zahl der für die Durchführung der Arbeit benötigten Schichten. Die Schichtenzahl mit dem
Lohn/Schicht multipliziert ergibt die für den Arbeitsauftrag anzusetzende Lohnsumme, die
durch die Zahl der Gedingeeinheiten (Leistungseinheiten) dividiert den Gedingesatz bestimmt.

Die genau ausgearbeiteten Gedingezettel händigte man zunächst sämtlichen Ortsältesten aus.
Späterhin, nachdem sich die Gedingekalkulation eingebürgert hatte, erhielt ihn nur der Ortsälteste der Frühschicht. Schließlich wurde er nur noch auf besonderen Wunsch in einer Ausfertigung der Mannschaft übergeben.

Die Gedingescheine fertigte der Steiger aus; sie wurden an Hand einer für diesen Zweck
hergestellten Durchschrift von einem Betriebsbeamten über Tage nachgeprüft, dem von der
Betriebsleitung als alleinige Aufgabe übertragen war nachzusehen, ob die von den Steigern in
den Kalkulationen aufgeführten Zeitwerte mit den festgelegten übereinstimmten.

Durch jahrelange Übung bildete sich mit der Zeit ein Ingenieur- und Steigerstamm heraus,
der das Verfahren mühelos beherrschte und auf alle vorkommenden Fälle zur Zufriedenheit der
Bergleute und der Betriebsleitungen anzuwenden verstand.

Außerdem wurden besondere Männer eingesetzt, wenn bei der Gedingesetzung Meinungsverschiedenheiten auftraten. Auf jeder Schachtanlage waren 3—4 Zeitmeßkolonnen tätig, deren
jede aus einem tüchtigen Fahrsteiger, einem erfahrenen Steiger und 3 nach strengen Maßstäben
ausgesuchten älteren Bergleuten bestand. Wenn beispielsweise Zweifel darüber auftraten, ob ein
bestimmter Arbeitsauftrag in der vorausberechneten Zeit erledigt werden könne, klärte die vom
Ortsältesten angerufene Meßkolonne den Fall und beseitigte die Meinungsverschiedenheit, indem
sie die vorgebrachten Gründe objektiv auf ihre Stichhaltigkeit prüfte. Auf jeder Schachtanlage
war ein Fahrsteiger allein und ausschließlich dafür abgestellt, die Zeitmeßkolonnen zu betreuen.

Von besonderer Wichtigkeit und scharf hervorzuheben ist, daß die in allen bergmännischen
Arbeiten erfahrenen Zeitmesser vor Beginn ihrer Messungen zunächst den aufzunehmenden
Betrieb entstörten und auf den optimalen Zuschnitt brachten. Anschließend wurden dann die
Aufnahmen ohne jede übertriebene Eile durchgeführt. In regelmäßigem Turnus von einigen
Monaten wurden durch die Zeitstudientrupps Vergleichsmessungen vorgenommen, wobei immer
die die günstigsten Ergebnisse erzielten, die eine absolut einwandfreie Betriebsorganisation zu
schaffen, für den störungsfreien Lauf der Fördermittel zu sorgen und dem arbeitenden Menschen
die Arbeitsbedingungen bestens zu gestalten verstanden.

Das Verfahren hat, wie u. a. auch aus den in Abschn. 535 gebrachten Beispielen hervorgeht,
bis zum Ende des zweiten Weltkrieges in der bis zum Kriegsausbruch entwickelten Form in
Anwendung gestanden. Z. Z. ist man mit der Weiterentwicklung beschäftigt, weil durch die
technische Entwicklung sich vielfach der Betriebszuschnitt gewandelt hat. Mitbestimmend für
die beabsichtigte Änderung soll auch der Umstand der andersartigen Belegschaftszusammensetzung sein. Trotzdem finden sich in neueren Gedingeberechnungen Zeitziffern, die mit den
in den Anleitungen aufgeführten genauestens übereinstimmen, wie ein Beispiel aus jüngerer
Zeit zeigt: Der Vortrieb eines Querschlages von 11,5 m² Ausbruchquerschnitt erfolgte unter
Einsatz eines Jumbo mit 2 Sullivan-Bohrhämmern und eines Eimco-Wurfschaufelladers. Bei
der Gedingeberechnung mußten selbstverständlich für die mechanisierten Vorgänge des Bohrens
und Ladens andere Zeiten angesetzt werden als beim früheren Handbetrieb.

Dagegen finden sich in der Berechnung folgende Ziffern, die in der „Anleitung" enthalten sind:

Laden 1. Schuß 26 min, übrige Schüsse . . . je 5 min		Zimmerung transportieren	8 min
Besetzen 1. Schuß 37 min, übrige Schüsse . je 3 min		Lutte transportieren je m	3 min
Setzen des Türstocks einschl. Verziehen der Kappe	125 min	Druckluftrohr transportieren je m	1 min
Verziehen der Stöße je Bau	45 min	Wasserrohr transportieren je m	½ min
Lutten von 700 mm ⌀ vorbauen je m	9 min	Stunde vorziehen	5 min
Bohrhammer anschließen, schmieren, ab-schlagen	9 min	Niveau vorverlegen	5 min

Die „Anleitungen" haben demnach auch heute noch ihre Bedeutung. Doch selbst dann, wenn dies nur in sehr geringem Umfange der Fall wäre, erscheint eine Beschäftigung mit ihnen durchaus nützlich.

Den derzeitigen Stand der Gedingewirtschaft bei den holländischen Staatsgruben kann man etwa wie folgt umreißen: Beim *Aufbau der neuen Gedingefibel* benutzt man nicht nur Zeitstudien als Unterlagen, sondern greift auch auf Erfahrungswerte zurück, indem man statistische Ziffern auswertet. Man hat demnach auch in Holland klar erkannt, daß das Erfahrungsgut der Betriebe eine schätzenswerte Hilfe bei der Feststellung von Richtwerten für die Gedingesetzung bieten kann. Es ist beabsichtigt, die neue Gedingefibel nicht wie früher allen Steigern auszuhändigen, da diese angeblich zu schematisch vorgegangen sind und auch deshalb, weil ihnen von den Gewerkschaften vorgeworfen wurde, bei den Von-bis-Werten stets den Niedrigstwert eingesetzt zu haben.

Die *Organisation der Gedingewirtschaft* sieht für jede Schachtanlage der Staatsgruben eine besondere Gedingeabteilung vor, die dem Chef des Untertagebetriebes unmittelbar untergeordnet ist. Ihr Leiter ist dem Kreise der Fahrsteiger entnommen, und zwar wählt man grundsätzlich den tüchtigsten Mann aus. Die Abteilung gliedert sich in zwei Unterabteilungen: Instruktion und Zeitaufnahme. Die Unterabteilung „Instruktion" wird von einem Abteilungssteiger geführt, dem für die Aufschlußabteilungen 2—3 und für die Abbauabteilungen 4—6 erfahrene, tüchtige Hauer als Instruktoren beigegeben sind. Die zweite Unterabteilung „Zeitaufnahme" verfügt über je eine Zeitnehmergruppe für die Aus- und Vorrichtung und den Abbau, jede mit einem Reviersteiger an der Spitze. Die Zeitnehmer gehören teils dem Steiger-, teils dem Fahrhauer-, teils dem Hauerstande an.

Dem *Gedingeabschluß* geht eine Vorbesprechung zwischen dem Abteilungsfahrsteiger, dem Ortsältesten des Betriebspunktes und dem Vertrauensmann der Abteilung voraus. Beim Vertragsabschluß wirkt die Gedingeabteilung mit. Den Vertrag selbst unterzeichnet ausschließlich der Obersteiger. Der Ortsälteste erhält lediglich einen vom Obersteiger abgezeichneten Gedingeschein. Die Gedingeabteilung prüft den Gedingeschein, den vorher der Abteilungssteiger und der Fahrsteiger zur Kenntnis nahmen, nach.

Bei *Meinungsverschiedenheiten* tritt zunächst die Unterabteilung „Instruktion" in Tätigkeit. Sie versucht, an Hand von Beobachtungen den Betriebsablauf und die menschliche Arbeit optimal zu gestalten. Sodann erfolgt der Einsatz der Zeitnehmer, die die maßgeblichen Unterlagen für die Gedingesetzung schaffen. Bleiben die Meinungsverschiedenheiten weiterhin bestehen, wird die betriebliche Gedingekommission eingeschaltet. Die jeweils zuständige Unterkommission (für Aufschlußgedinge / für Abbaugedinge / für sonstige Gedinge) besteht aus je 2 auf 2 Jahre benannten Werksvertretern (Angestellten) und Belegschaftsvertretern (Arbeitern). Als letzte Instanz ist ein für jeden Einzelfall vom Mijn-Industrie-Rat zu bestimmender Obergedingerat vorgesehen, dessen Entscheid verbindlich ist.

Im einzelnen wäre noch zu bemerken, daß Generalgedinge nicht ohne vorherige Zeitstudien gesetzt werden. Auch ist die Regelung von Interesse, daß als Mindestlohn der Gedingearbeiter der Grundlohn gilt, zu dem nach den tariflichen Bestimmungen erhalten: die Kohlenhauer 20%, die Gesteinshauer 25% bzw. in Gesenken und Aufbrüchen 30%.

Den nachstehenden Ausführungen liegen die Schriftwerke „Vasgestelde Tarieven Tijdaccoorden" und „Handleidingen voor de Berekening van Accoorden" zugrunde. Von letzterer, als der jüngeren, stammt die gewählte deutsche Bezeichnung „Anleitung".

Das erste Werk behandelt in 6 Abschnitten:

1. Berechnung der Arbeitszeit vor Ort; — 2. Gesteinsstrecken; — 3. Flözstrecken; — 4. Überhauen; — 5. Abhauen; — 6. Abbaubetriebspunkte.

Diese Abschnitte umfassen im einzelnen:

Zu 1. Die Berechnung des Zeitpunktes des Arbeitsbeginns und -endes vor Ort, der eigentlichen Arbeitszeit vor Ort und der Arbeitszeit für den 6-Stunden-Arbeitstag;

Zu 3. Bei den Flözstrecken werden unterschieden Strecken mit und solche ohne Bergedamm. Als Ausbau sind Zimmerungen in Stahl angenommen;

Zu 4. Die Angaben für die Überhauen beziehen sich auf Flöze bis zu 1,50 m Mächtigkeit und auf Einfallen bis zu $\pm 15^0$. Des weiteren sind Aufhauen mit und ohne Berge„sack“ behandelt. Den Abschluß bilden Angaben über den Transport von Betriebsmaterialien in Aufhauen;

Zu 5. Die Bemerkungen zu 4 gelten auch für die Abhauen;

Zu 6. Die Angaben für Abbaubetriebspunkte gliedern sich in Ziffern für Bruchbaustreben und solche für Vollversatzbetriebe.

Das zweite der genannten Schriftwerke ähnelt dem ersten und umfaßt: 1. Berechnung der Arbeitszeit vor Ort; — 2. Abbaubetriebspunkte mit Bruchbau; — 3. Abbaubetriebspunkte mit Vollversatz; — 4. Flözstrecken mit Wagenförderung; — 5. Flözstrecken mit Rutschen- bzw. Bandförderung; — 6. Aufhauen.

Bei einem Vergleich der beiden Schriftwerke wird ersichtlich, daß die jüngere „Anleitung“ gegenüber dem erstgenannten Werk unstreitig einen erheblichen Fortschritt darstellt, der insbesondere aus der noch mehr ins einzelne gehenden Aufgliederung erkennbar ist. Offensichtlich sind auch die Ziffernangaben überarbeitet. Im nachfolgenden ist daher grundsätzlich auf das jüngere Schriftwerk zurückgegriffen mit der einzigen Ausnahme des Gesteinsstreckenvortriebes, der nach dem ersten Schriftwerk geschildert ist, weil entsprechende Angaben im jüngeren Werk fehlten.

Schon die im vorstehenden gemachten kurzen Angaben machen ersichtlich, daß die Ausarbeitung rein auf holländische Verhältnisse bezogen ist. Für die Lagerung und den Betriebszuschnitt an der Ruhr würde eine entsprechend aufgemachte „Anleitung“ nur ein Stückwerk bedeuten, weil sie nicht alle vorkommenden Betriebsfälle erfassen würde.

Die Ziffernangaben der einzelnen Abschnitte sind im Gegensatz zum russischen Normenbuch nicht vollständig. Es sind offenbar mit Bedacht solche, die allzusehr von örtlichen Einflüssen abhängig sind, weggelassen und als „variabel“ bezeichnet worden. Diese wären somit an Ort und Stelle zu bestimmen. Die Feststellung erfolgt durch sogenannte Zeitkontrolleure (siehe oben), die die Arbeitsleistungen an Ort und Stelle aufnehmen. Dabei bedient man sich vielfach des in Holland gebräuchlichen Zeitaufnehmers „Michelin“, der bei entsprechender Einstellung des Uhrwerks jeden Wechsel in der Arbeit kurvenmäßig aufzeichnet, also ähnlich wie unsere „Arbeitsschauuhr“ arbeitet. Der Zeitkontrolleur hat in seinem Bericht aber auch noch zu vermerken: den Ausbau des Betriebspunktes, das Aushalten der Berge, den Zustand des Gezähes, die Beobachtung des Fördermittels durch den Arbeitenden, das Benehmen des Arbeiters gegenüber Kameraden und Vorgesetzten, die persönliche Eignung bzw. den persönlichen Einsatz usw. So würde z. B. eine solche Kritik lauten: „Der Mann arbeitet sehr gut, hält aber die Berge nicht sauber aus.“ Man könnte eine so lautende gutachtliche Stellungnahme als einen Ansatz des „Leistungsgradschätzens“ ansehen, doch kann etwas Derartiges mit dieser Maßnahme nicht gemeint sein, wie sich aus der Art der Auswertung der Zeitstudien ergibt. Diese findet nämlich dergestalt statt, daß man die Leistung der Mehrzahl der Arbeiter gleich der „Normalleistung“ oder gleich 100% setzt und Leistungen von 90% dieser „Normalleistung“ an als „Durchschnittsleistungen“ gelten läßt. Es ist klar, daß die „Normalleistung“ zu hoch liegen muß, wenn man überwiegend Leute in den Kreis der Betrachtung zieht, deren Leistungsgrad über 100% liegt, und umgekehrt zu niedrig, wenn die Mehrzahl leistungsschwache Arbeiter sind. Im übrigen hat man früher das Bedaux-System vorübergehend angewandt, hauptsächlich auf der Domanial-Grube. Angeblich hat sich das Bedaux-System als unzweckmäßig erwiesen.

Die „Anleitungen“ lassen Ziffern als „variabel“ offen, für andere werden feste Zahlen genannt. Daneben werden noch Ziffernbereiche angegeben — wiederum ein grundsätzlicher Gegensatz zum russischen Normenbuch, das ausschließlich feste Ziffern kennt. Die Ziffernbereiche weisen in den holländischen „Anleitungen“ vielfach recht beträchtlichen Umfang auf, teilweise liegt der Bereich mit $\pm 50\%$ um den Mittelwert.

Dagegen hat das holländische Verfahren mit dem russischen das eine gemeinsam, daß die Aufgliederung der Arbeitsvorgänge bis in die kleinsten Einzelheiten erfolgt. Und darin liegt wohl seine große Stärke. Selbst wenn die einzelnen Grundwerte der Kalkulation ziffernmäßig bedeutende Schwankungsbereiche aufweisen, so ist dennoch der in Aussicht stehende Kalkulationsfehler höchstwahrscheinlich viel kleiner als bei den Berechnungen nach heutigem deutschen Brauch, weil die Aufgliederung der Arbeiten bis ins einzelne den Betriebsbeamten zu einer genauen Prüfung der Verhältnisse zwingt und damit wiederum eine ziemlich zuverlässige Unterlage für die Wahl eines zutreffenden Wertes innerhalb des vorgeschriebenen Ziffernbereiches schafft.

Man mag zu der holländischen „Anleitung" stehen wie man will, man mag darauf hinweisen. daß z. Z. an der Weiterentwicklung gearbeitet wird, sicher ist jedenfalls, daß das Verfahren auch heute noch dem Ruhrbergbau etwas zu sagen hat, und wenn es nur das eine wäre, daß es durchaus gangbare Wege gibt, das Gedingewesen aus dem vielfach bei uns noch festzustellenden Zustand der Primitivität herauszuführen und auf einen neuzeitlichen Erkenntnissen besser gerecht werdenden Stand zu heben.

681 Berechnung der Arbeitszeit vor Ort.

Der Begriff der „Arbeitszeit vor Ort" (= „nuttige Werktijd") umschließt im holländischen wie im deutschen Bergbau das gleiche, nämlich die Zeit, die dem Bergmann vor Ort zur Verrichtung seiner Arbeit zur Verfügung steht oder, um sich an das holländische Wort anzulehnen, von ihm genutzt werden kann. Dementsprechend berechnet die „Anleitung" die Arbeitszeit vor Ort wie folgt:

Den *Zeitaufwand*, der vom Beginn der Schicht *bis zur Aufnahme der Arbeit vor Ort* (Z_v) entsteht, gliedert die „Anleitung" etwa entsprechend der zeitlichen Abfolge in die Einzelaufwendungen für

1. Seilfahrt im Hauptschacht; — 2. Aufenthalt unter Tage an der Gezähausgabestelle; — 3. Fahrung im Personenzug; — 4. Fußmarsch in söhligen Strecken; — 5. Fahrung in ansteigenden oder abfallenden Strecken und in Flözen; — 6. Fahrung im Blindschacht: — 7. Ruhezeit vor Schichtbeginn; — 8. Gezähefassen und Umkleiden vor Ort.

Von diesen Einzelaufwendungen an Zeit betrachtet die „Anleitung" als variabel und infolgedessen als für jeden Einzelfall besonders festzustellen die für Seilfahrt, Aufenthalt an der Gezähausgabestelle, Fahrung im Personenzug und in ansteigenden oder abfallenden Strecken und in Flözen. Für die übrigen werden Festwerte angegeben, die den Berechnungen zugrunde zu legen sind. Für den Fußmarsch in söhligen Strecken wird mit einer Marschgeschwindigkeit von 70 m/min = 4,2 km/h gerechnet. Für das Aufwärts- oder Abwärtsklettern in Blindschächten wird, sofern die Kletterhöhe 60 m unterschreitet, eine Geschwindigkeit von 13 m/min angesetzt. Als Ruhezeit vor Schichtbeginn wird ein Betrag von 5 min gewährt, der allerdings außer Ansatz bleibt, wenn Fahrung im Personenzug vorangegangen ist. Das Fassen des Gezähs und das Umkleiden vor Ort geht mit 4 min in die Rechnung ein.

In ähnlicher Weise wird der *Zeitaufwand*, der *nach Beendigung der Arbeit vor Ort* bis zum Schichtende (Z_n) entsteht, gegliedert und berechnet. In der gleichen Größenordnung treten hierbei auf: Fahrung im Blindschacht, Fahrung in ansteigenden oder abfallenden Strecken und in Flözen, Fahrung in söhligen Strecken, Fahrung im Personenzug. Für das Wegschaffen des Gezähs und das Umkleiden vor Ort wird der gleiche Zeitaufwand von 4 min zugestanden wie für das Fassen des Gezähs und das Umkleiden bei Schichtbeginn. Dem Warten an der Gezähausgabestelle zu Schichtbeginn entspricht zum Schichtende das Warten auf die Ausgabe der Fahrmarke. Der Zeitaufwand hierfür gilt als variabel und ist für jeden einzelnen Fall gesondert festzustellen bzw. festzusetzen.

Den Zeitaufwand für die *Imbißpause* und sonstige *persönliche „Verlustzeiten"* während der Arbeit (Z_p) setzt die „Anleitung" einheitlich mit 25 min fest.

Die Schichtzeit (SZ), vermindert um die Summe aus den Zeitaufwendungen bis zur Aufnahme und nach Beendigung der Arbeit vor Ort und für persönliche Bedürfnisse, ergibt die Arbeitszeit vor Ort (AZ)

$$AZ = SZ - (Z_v + Z_n + Z_p) \, .$$

682 Berechnung von Gedingen für Bruchbaustreben.

Der 2. Abschnitt der holländischen „Anleitung" befaßt sich mit der Berechnung von Gedingen in Bruchbaustreben. Soweit für die einzelnen Arbeitsvorgänge Zeitaufwandsziffern angegeben werden, sind diese in 4 Gruppen nach der *Mächtigkeit* unterteilt, und zwar beziehen sie sich auf die Mächtigkeiten von 0,5 — 0,8 m; 0,8 — 1,0 m; 1,0 — 1,4 m und $>$ 1,4 m.

Der 1. Unterabschnitt behandelt das *„Auskohlen“* des Abbaufeldes, wobei diesem Arbeitsvorgang das Einschaufeln der hereingewonnenen Kohle in die Rutsche zugezählt wird. Als Bezugsgröße ist 1 m³ anstehende Kohle gewählt, ebenso wie beim russischen Normenbuch. Die Anzahl der Kohlenwagen wird berechnet nach der Formel

Zahl der Kohlenwagen = Länge des Feldes × Breite des Feldes × Kohlemächtigkeit × Schüttzahl.

Die Zeitaufwandsziffern werden in der „Anleitung“ nicht aufgeführt, sondern als variabel bezeichnet und sind somit für jeden einzelnen Fall besonders festzustellen bzw. festzulegen.

Das gleiche gilt für die beiden in diesem Unterabschnitt gleichfalls behandelten Punkte:

a) Abdecken des Bergemittels oder Bergepackens einschließlich Verpacken dieser Bergemassen, wobei auch hier 1 m³ als Bezugseinheit gilt; b) Aufräumen des Arbeitsfeldes.

Für das *Ausbauen des Strebraumes* gibt die „Anleitung“ eine umfangreiche Zifferndarstellung, die alle betriebsgebräuchlichen Ausbauarten umfaßt. Allerdings bleibt dem Betriebsbeamten ein verhältnismäßig großer Bewegungsspielraum bei der Zubemessung der anzusetzenden Gedingegrundziffern, da die nachstehend im einzelnen aufgeführten Ziffernbereiche einen minimalen Streubereich von $\pm$ 12,5% und einen maximalen Streubereich von $\pm$ 42,9% um den Mittelwert aufweisen, wobei im Durchschnitt aller Ziffernbereiche ein Spielraum von $\pm$ rd. 19% um den Mittelwert festzustellen ist.

Tafel 82. *Zeitaufwand für Strebausbau.*

	Gesamtmächtigkeit von			
	0,5—0,8 m	0,8—1,0 m	1,0—1,4 m	> 1,4 m
	min	min	min	min
a) Hölzerne Kappen 1,20—2,00 m in streichender Richtung auf 2 Holzstempeln, ohne Spitzen oder mit 2 Spitzen	8—12	8—12	10—14	12—18
dasselbe mit 4—8 Spitzen	12—15	10—16	12—16	14—18
dasselbe mit Spitzen vorpfänden	14—20	14—20	14—23	16—25
b) Holzkappe 1,80—2,45 m auf 3 Holzstempeln, ohne Spitzen oder mit 2 Spitzen	9—13	9—14	11—15	14—20
dasselbe mit 4—8 Spitzen	14—17	9—16	13—18	16—25
dasselbe mit Spitzen vorpfänden	16—20	14—20	15—25	—[1])
c) Kopfhölzer mit Stahl- oder Holzstempeln, einschl. Rauben (Kopfhölzer mit 2 Stempeln, wie unter a) zu berechnen)	2—5	3—6	5—8	5—8
d) zusätzlicher Ausbau an Motoren mit Halb- oder Rundholz	15—25	15—25	15—25	15—25
e) Toussaint-Heintzmann-Stempel, 3 Stempel, 4—8 Spitzen, 2 m Holzkappen	—	9—12	—	—
f) Jakob-Stempel mit Stahlkappen 1,05 m, je Kappe 4—8 Spitzen	—	8—11	9—14	—
g) Jakob-Stempel mit Holzkappen, 6—8 Spitzen	—	—	12—16	14—16
h) Mittelstempel aufstellen, T.-H.-Stempel	—	3	3	3
Jakob-Stempel	—	5—7	5—7	6—7
Holzstempel	2	2	3	3—5
i) Hilfs- oder Brechstempel aus Stahl setzen, je Stück	5—8	5—8	8—10	8—10
k) Hilfs- oder Brechstempel aus Holz setzen, je Stück	2—3	2—3	2—4	2—4

[1]) variabel.

Unterabschnitt 3 befaßt sich zunächst mit den *Rutschenmeistern,* für deren Tätigkeit keine festen Ziffern für den Gedingeansatz angegeben sind. Diese müssen demnach von Fall zu Fall besonders festgelegt werden. Dies gilt sowohl für die Rutschenmeister der Förder- wie auch der Umlegeschicht.

Den Ladern unter der Rutsche wird die volle Arbeitszeit vor Ort, unabhängig von jeglicher Betriebsstörung, im Gedinge angerechnet.

In Unterabschnitt 4 wird der Zeitaufwand für die *Bedienung der Fördermittel* näher umrissen.

Die Bedienung von Motoren in der Förderschicht einschließlich ihrer Schmierung und der der Gegenzylinder wird unabhängig von der Mächtigkeit des Flözes zu 40—60 min angenommen.

Für die Bedienung eines Überganges von einem Fördermittel auf ein anderes bzw. von einem Strang auf einen anderen werden für sämtliche Mächtigkeitsgruppen 12—20 min angesetzt.

Mit der vollen Arbeitszeit vor Ort ohne Rücksicht auf den tatsächlichen Betriebsablauf, insbesondere also ohne Ansatz irgendwelcher anfallender Betriebsstörungen und Ausfallzeiten, gehen in die Gedingeberechnung ein die Bandaufseher, und zwar 1 Mann je Bandanlage, und die Haspelbedienung, und zwar auch hier wieder 1 Mann je Haspelanlage.

Für die Bedienung von Stauscheiben- und Kratzbandförderern läßt die „Anleitung" die Ziffern offen, so daß diese für jeden einzelnen Fall besonders bestimmt werden müssen.

Für den *Transport* von Holz und Stahl sowie für das Transportieren und Verteilen von Abbauhämmern im Streb sollen nach den Bestimmungen der „Anleitung" die Zeitaufwandsziffern von Fall zu Fall festgelegt werden.

In den ersten 5 Punkten beschäftigt sich der folgende Unterabschnitt mit dem *Umlegen der Rutschenschüsse*. Es werden für das Umlegen je eines Rutschenschusses die in Tafel 83 wiedergegebenen Ziffern aufgeführt:

Tafel 83. *Zeitaufwand für Umlegen eines Rutschenschusses.*

Rutschenart	Länge	Gesamtmächtigkeit			
		0,5—0,8 m	0,8—1,0 m	1,0—1,4 m	> 1,4 m
Schmalrutschen	3,35 m	15—25 min	15—20 min	12—20 min	entfällt
Breitrutschen	3,35 m	20—30 min	17—22 min	14—22 min	14—20 min
DIN-Rutschen			20—26 min	17—24 min	16—20 min
erhöhte DIN-Rutschen ...					25—30 min
feste Rutschen	2,00 m	5—10 min	5— 8 min	5— 8 min	5— 8 min

Die drei nächsten Punkte behandeln das Umsetzen der Motoren. Für das eigentliche Umsetzen der Antriebsmotoren einschließlich des Kettenrades sowie für das Nachsehen der Ketten und das Schmieren des Motors werden einheitlich für alle Mächtigkeitsgruppen 90—110 min vorgegeben. Auch das Festmachen der Motoren ist von der Mächtigkeit unabhängig, dagegen unterschiedlich nach der Gesteinsbeschaffenheit.

Als Bezugsgröße dient 1 m. Es werden angesetzt:

bei weichem Schiefer	20— 40 min/m
bei Schiefer	40— 60 min/m
bei schwachsandigem Schiefer	60— 80 min/m
bei Sandschiefer	80—100 min/m
bei Sandstein................	100—140 min/m

Holzböcke oder *Holzpfeiler*, die zum Schutze der Motoren eingebracht werden, werden bei einer Größe von 110×150 cm, einer Holzstärke von 8 cm und einer Höhe von 60 cm bei einer Mächtigkeit von 0,5 bis 0,8 m mit 40—50 min, bei allen andern Mächtigkeitsgruppen mit 50 min in Rechnung gesetzt. Für je 10 cm mehr an Höhe werden in allen Fällen 5 min zugegeben. Die Verfüllung mit Bergen ist hierbei eingeschlossen.

Anschließend werden noch einige Sonderarbeiten mit Ziffern belegt:

Das *Umbauen von Gegenzylindern* einschl. Herstellung des Luftanschlusses wird bei einer Mächtigkeit < 0,8 m mit 30—35 min beziffert. Dieser Wert wird für den Mächtigkeitsbereich 0,8—1,4 m auf 25—30 min ermäßigt. Bei Mächtigkeiten > 1,4 m werden nur 20—25 min vorgegeben.

Der Zeitaufwand für das *Umbauen von Gegenmotoren* einschl. Herstellung des Luftanschlusses ist für alle Mächtigkeitsgruppen mit 35—40 min gleichgehalten.

Für die Herstellung eines *Rutschenüberganges* unter Verwendung einer Versteckrutsche ist die obere Begrenzung des Zeitaufwandes bei allen Mächtigkeitsgruppen gleich, nämlich 40 min.

Die untere Grenze ist dagegen unterschiedlich gehalten. Sie beträgt bei Mächtigkeiten < 0,8 m 30 min, von 0,8—1,0 m Mächtigkeit 25 min, von 1,0—1,4 m und > 1,4 m Mächtigkeit nur noch 20 min.

Für das *Festmachen von Rahmen* und deren Ausrichten, für das *Umbauen der Ladekasten* und das *Einziehen der Bremskette* sind keine Ziffern angegeben, diese müssen fallweise besonders bestimmt werden.

Weiter aufgeführte Arbeiten sind in Tafel 84 enthalten.

Tafel 84. *Zeitaufwand für sonstige Arbeiten an Rutschen.*

Arbeitsvorgang	bei einer Gesamtmächtigkeit von			
	0,5—0,8 m	0,8—1,0 m	1,0—1,4 m	> 1,4 m
Herstellung von Fangvorrichtungen (mit je 2 Stempel)	25 min	20 min	15 min	15 min
dasselbe bei Gebrauch von Ketten	25 min	20 min	20 min	20 min
Rauben und Wiedereinbringen von Aufsatzblechen........................	12 min	10 min	8 min	8 min

Außerdem gilt für alle Mächtigkeitsgruppen für das Anbringen von *Bremsplatten* ein Zeitaufwand von je 2 min und für das Einziehen des *Signalkabels* zur Signalhupe je m ein solcher von 0,5 min.

Unterabschnitt 8 gibt für das *Umbauen von Förderbandanlagen* die in Tafel 85 aufgeführten Ziffern.

Tafel 85. *Zeitaufwand für Umbauen von Förderbandanlagen.*

Arbeitsvorgang	bei einer Gesamtmächtigkeit von			
	0,5—0,8 m min	0,8—1,0 m min	1,0—1,4 m min	> 1,4 m min
Umbauen von Förderbändern mit Haspel......................	liegt noch nicht fest	8—10 je m 150—180	8—10 je m 150—180	7—9 je m 100—180
Umbauen der Antriebe				
Umsetzen der Umkehrrolle		50— 60	40— 60	40— 60

Außerdem gelten folgende Werte für alle Mächtigkeitsgruppen:

Probelauf je Band 40 min, *Umsetzen des Bandantriebes* 35—40 min, *Ausrichten des Bandes* 60—120 min, *Umhängen des Ladekastens* 30—50 min.

Das Anschließen der *Strebdruckluftleitung* an die Streckenleitung ist nicht ziffernmäßig festgelegt, sondern muß in jedem einzelnen Fall besonders bestimmt werden.

Das eigentliche *Einbauen von Rohren* wird bezogen auf einen Rohrschuß von 5,40 m Länge und schließt das Einbauen der Lufthähne mit ein. Die anzusetzenden Zeitaufwandsziffern sind aus Tafel 86 zu entnehmen.

Tafel 86. *Zeitaufwand für Umbauen der Druckluftleitung.*

Rohrdurchmesser	Gesamtmächtigkeit von			
	0,5—0,8 m	0,8—1,0 m	1,0—1,4 m	> 1,4 m
50 mm	8—13 min	8—12 min	7—10 min	7—10 min
70 mm	12—14 min	10—14 min	10—12 min	9—12 min

Die Ziffernangaben für das *Umsetzen von stählernen Wanderpfeilern* beziehen sich auf das Ausmaß 0,5—0,8 m Schienenlänge und sind in Abhängigkeit vom Einfallen und von der Gesamtmächtigkeit festgelegt wie Tafel 87 zeigt.

Tafel 87. *Zeitaufwand für das Umsetzen von stählernen Wanderpfeilern.*

Einfallen	Gesamtmächtigkeit von			
	0,5—0,8 m	0,8—1,0 m	1,0—1,4 m	> 1,4 m
≦ 10°	steht noch nicht fest	12—17 min	17—22 min	20—40 min
> 10°	15—25 min	15—25 min	20—30 min	25—40 min

Die Zeitaufwandsziffern für das *Rauben von stählernen Wanderpfeilern* gelten als variabel und sind fallweise gesondert zu bestimmen.

Für das Setzen von *Holzpfeilern* und deren Ausfüllen mit Bergen werden bei Verwendung von Hölzern 110×8 cm bis zu 150×8 cm bis zu einer Pfeilerhöhe von 60 cm bei einer Gesamtmächtigkeit $< 0,8$ m 40—50 min, bei allen übrigen Mächtigkeiten 50 min angesetzt, wobei für jede 10 cm mehr an Höhe 5 min zugeschlagen werden.

Die für das *Rauben des Strebausbaus* gültigen Ziffern gehen aus der Zusammenstellung der Tafel 88 hervor, wobei zu bemerken ist, daß die offenen Ziffernfelder noch der Ausfüllung nach besonderen Feststellungen harren.

Tafel 88. *Zeitaufwand für Raubvorgänge.*

	Gesamtmächtigkeit von			
	0,5—0,8 m min	0,8—1,0 m min	1,0—1,4 m min	> 1,4 m min
Rauben eines Holzstempels	1,5	1,5—2	1,5—2,5	1,5—2,5
Wiedergewinnung eines Ausbaus, bestehend aus Jakob-Stempel u. Stahlkappe	+	7—12	8—16	+
Wiedergewinnung eines Ausbaus, bestehend aus Jakob-Stempel u. Holzkappe	+	+	+	+
Wiedergewinnung eines Toussaint-Heintzmann-Stempels mit Holzkappe.	+	5—7	+	6—10
Wiedergewinnung eines Mittelstempels Toussaint-Heintzmann	+	1—2	1—2	1—2
Jakob	+	4—6	4—6	4—6

+ noch zu bestimmen.

Für die Behandlung eines *Abbauhammers* werden 9 min in die Rechnung eingesetzt, wovon je 3 min auf das An- und Abkuppeln und 3 min auf die Schmierung entfallen. Die Werte gelten unabhängig von der Flözmächtigkeit.

Unterabschnitt 14 gibt für die Errichtung von 1 m³ *Bergemauer* nur eine einzige Ziffer an, nämlich 26—28 min/m³ bei Verwendung von Fremdbergen und einer Mächtigkeit von 1,00—1,40 m. Die Ziffern für die übrigen Mächtigkeitsgruppen müssen nach den Angaben der „Anleitung" noch festgelegt werden. Die Ziffern des Zeitaufwandes für Bergemauern aus Eigenbergen sind in jedem Einzelfall gesondert zu bestimmen.

Für jeden *Rutschenstrang* wird ein *Probelauf* nach erfolgtem Umlegen durchgeführt und dafür ein Zeitaufwand angesetzt, der wie folgt von der Mächtigkeit abhängig ist:

bei 0,5—0,8 m Mächtigkeit 20—40 min
bei 0,8—1,0 m Mächtigkeit 20—30 min
bei 1,0—1,4 m Mächtigkeit 16—24 min
bei > 1,4 m Mächtigkeit 10—20 min.

Der Zeitaufwand für das Versetzen der *Dämme an* den *Streckenrändern* ist von Fall zu Fall gesondert festzustellen.

Für das Umbauen der *Lichtleitung* im Streb werden 1—1,5 min/m, für die Kontrolle und das Putzen der Lampen 2 min je 10 m Streblänge vorgegeben.

683 Berechnung von Gedingen für Vollversatzstreben.

Der 3. Abschnitt der „Anleitung" behandelt die Gedingeberechnung für Vollversatzstreben. Zunächst ist grundsätzlich festzustellen, daß die Mächtigkeitsgruppe 0,5—0,8 m nicht aufgeführt ist, im übrigen sich aber die Mächtigkeitsgruppen 0,8—1,0 m; 1,0—1,4 m und > 1,4 m mit den entsprechenden Angaben des Abschn. 682 weitgehend decken.

Für das *Auskohlen des Feldes* gelten die gleichen Bestimmungen, wie sie in Abschn. 682 wiedergegeben sind, mit den Zusätzen bzw. Abweichungen, daß

a) der Anfall an eigenen Bergen aus Bergemitteln und Bergepacken unter Ansatz einer Schüttzahl $= 2$ wie folgt zu berechnen ist:

Anzahl Wagen eigene Berge = Feldeslänge $\times$ Feldesbreite $\times$ Mächtigkeit $\times$ 2.

b) die Anzahl der Wagen Eigenberge bei der Anzahl der zu kippenden Wagen zu berücksichtigen ist,

c) für das Reinigen des Feldes unter Punkt 19 feste Ziffern angegeben sind.

Die für das *Ausbauen des Strebraumes* aufgeführten Ziffern decken sich — bei Weglassung der Spalte für Mächtigkeiten von 0,5—0,8 m — vollständig mit den in Abschn. 682 aufgeführten.

Die Ziffern, die die *Strebförderung*, die *Bedienung der Förderanlagen*, die *Hilfsarbeiten in der Strebförderung*, das *Umlegen der Fördermittel* und die dazugehörigen Arbeiten betreffen, sind gleich den in Abschn. 682 aufgeführten, wobei die Mächtigkeitsgruppe 0,5—0,8 m weggelassen ist.

Zugefügt ist lediglich, daß der Zeitaufwand für die Herstellung des *Überganges* von der Streb- auf die Bergerutsche sowie für das Vorverlegen des *Bergekippers* und für die Herstellung der Verbindung zwischen Strebrutsche und Bergekipper für jeden Einzelfall besonders festgestellt werden muß.

In dem Unterabschnitt „Einbau einer *Bergerutsche* mit Kopfaustrag“ sind nur 2 Zifferngruppen aufgeführt, und zwar der Zeitaufwand für den Einbau breiter Rutschenschüsse von 3,35 m Länge. Für einen Rutschenschuß werden 8—12 min bei Mächtigkeiten von 1,0—1,4 und > 1,4 m angesetzt. Die Ziffern für andere Rutschentypen stehen nach Angabe der „Anleitung“ noch aus.

Mit den entsprechenden Angaben des Abschn. 682 sind identisch die Ziffern für das *Umbauen* von *Förderbandanlagen* und *Druckluftleitungen*, für das *Umsetzen* von stählernen *Wanderpfeilern* und für das *Setzen* von *Holzpfeilern*. Auch in diesem Falle fehlen die Angaben für die Mächtigkeitsgruppe 0,5—0,8 m.

Unterabschnitt 13 befaßt sich mit der *Versatzarbeit*. Zunächst wird der zu versetzende Raum bestimmt. Er ist gleich dem ausgekohlten Raum vermindert um die Summe aus den Räumen, die

a) durch Absenkung des Hangenden oder Quellen des Liegenden für den Versatz ausscheiden; —
b) durch eigene Berge verfüllt werden; — c) durch im Versatz verbleibenden Holzausbau beansprucht und daher nicht zu versetzen sind.

Für das Versetzen von 1 m³ Hohlraum wird 1 m³ Bergehaufwerk gerechnet, wobei auf 1 m³ Haufwerk 1,2 Wagen Berge veranschlagt werden.

Bei Mächtigkeiten von > 1,00 m wird für 1 m³ einzubringendes Versatzgut, das am Kopf einer Schüttelrutsche ausgetragen wird, ein Zeitaufwand von 14—18 min zugebilligt. Hierbei sind mitberücksichtigt: das Ausbauen der Rutschen und deren Transport in das nächste freie Feld, das Ziehen des Drahtverschlages, die Bedienung der Schüttelmotoren usw. Für die gleiche Arbeit sind bei Seitenaustrag der Rutsche nach Angabe der „Anleitung“ die Ziffern noch nicht festgelegt.

Für die Bedienung der „Bergebremsen“ sind die Zeitaufwandsziffern von Fall zu Fall gesondert festzulegen.

Für das seitliche Versetzen von aus der Rutsche entnommenen Bergen werden angesetzt

<blockquote>
bei einer Gesamtmächtigkeit von 0,8—1,0 m 27—29 min/m³
bei einer Gesamtmächtigkeit von   > 1,0 m 23—25 min/m³.
</blockquote>

Beim Einbringen von *Blasversatz* soll für jeden Einzelfall der Zeitaufwand folgender Arbeiten besonders bestimmt werden:

a) Versetzen am Ende der Blasleitung einschl. Ein- und Ausbau der Blasrohre und Ziehen des Drahtverschlages; — b) Bedienung der Blasversatzmaschine.

Für den Einbau der Blasleitung durch besondere Arbeitskräfte werden bei einer Mächtigkeit von 1,0—1,4 m 14—16 min je Rohr vorgegeben.

Für die Herstellung von Bergemauern gelten die in Abschn. 682 gemachten Ausführungen.

Den Bedienern von Bergekippern wird die volle Arbeitszeit vor Ort angerechnet, wenn die ganze Schicht hindurch gekippt wird. Die Bedienungsmannschaft ist auf 2 Mann je Kipper begrenzt.

Folgende Arbeitsvorgänge sind mit den gleichen Ziffern wie beim Bruchbau (Abschn. 682) belegt, wobei auch hier die Mächtigkeitsgruppe 0,5—0,8 m nicht aufgeführt ist: *Rauben des Strebausbaus*, Behandlung der *Abbauhämmer* und des *Rutschenstranges*, Herstellung des *Bergedammes* und Wartung der *Beleuchtungsanlage*.

Für das *Reinigen des Abbaufeldes* nach beendetem Laden der Kohle in die Rutsche oder auf das Förderband werden jedem Lader zugebilligt

bei einer Mächtigkeit von $\leq$ 1,0 m 12 min,   bei einer Mächtigkeit von $>$ 1,0 m 10 min.

684 Berechnung von Gedingen für den Flözstreckenvortrieb in Strecken mit Wagenförderung

verbunden mit

685 Berechnung von Gedingen für den Flözstreckenvortrieb in Strecken mit Rutschen- oder Bandförderung.

Die „Anleitung für die Berechnung von Gedingen für Flözstreckenvortriebe" ist aufgetrennt in eine für Strecken mit Wagen- und eine mit Rutschen- oder Bandförderung. Die beiden „Anleitungen" unterscheiden sich jedoch nur in einigen Punkten, so daß eine gemeinsame Behandlung zweckmäßig erscheint. Auf die Besonderheiten wird bei jedem in Frage kommenden Punkt näher eingegangen. Die „Anleitungen" gelten für Strecken mit und ohne Bergedamm, wobei der für die Einbringung von Holzpfeilern erforderliche Raum nicht als Bergedamm gerechnet wird.

Der *auszukohlende Raum* wird getrennt bestimmt für das Streckenort, den oberen und den unteren Damm. Die Errechnung des Raumes erfolgt durch Multiplikation von Länge, Breite und Mächtigkeit. Die Umrechnung in die Anzahl der zu füllenden Förderwagen wird über die Schüttzahl vorgenommen.

Das *Abdecken des Bergemittels* kann bei Flözen, die ein solches führen, für sich berechnet oder in den Zeitaufwand für die Hereingewinnung der Kohle eingerechnet werden.

Die „Anleitungen" bezeichnen die Zeitaufwandsziffern für die genannten Arbeiten als variabel, so daß sie für jeden vorkommenden Fall gesondert festgelegt werden müssen.

Für das *Abtreiben und Abfangen des Hangenden* und *Verpacken der* dabei gewonnenen *Berge* als Stoßverfüllung hinter dem letzten Ausbaurahmen sowie für das Einbringen des ersten vorläufigen Ausbaus nennt die „Anleitung" keine Ziffern, sondern gibt an, daß diese als variabel anzusehen und fallweise gesondert zu bestimmen sind.

Der Zeitaufwand für das *Einbringen des vorläufigen Ausbaus* beim Auskohlen und dessen Wiedergewinnung vor dem Schießen wird nach Taf. 89 bestimmt:

Tafel 89. *Zeitaufwand für vorläufigen Ausbau.*

Ausbau		Flözmächtig-keit $\leq$ 1,40 m min	Flözmächtig-keit $>$ 1,40 m min
Rahmen	Verzug		
Kappe von 1,50—3,00 m Länge auf 2 Stempeln	ohne Spitzen	8—14	13—15
	mit 4—8 Spitzen	12—16	15—18
	mit dichtgelegten Spitzen	16—20	18—22
Wiedergewinnung des Ausbaus vor dem Schießen		3—5	3—5
Setzen eines Mittelstempels		3—5	3—5

Beim *Ladevorgang* treten je nach Art des Streckenfördermittels verschiedene Einzelarbeiten auf, wie sich aus der Zusammenstellung der Tafel 90 ergibt.

Für das *Abschleppen* der Kohlen- und Bergewagen auf eine Entfernung von 10 m und für das Umwechseln sowie für das An- und Abkuppeln der Wagen werden insgesamt $1^1/_3$ min/Wagen vorgegeben. Die Ziffer erhöht sich um je $^1/_3$ min für ein Mehr an Schlepplänge von je 10 m.

Für die *Herstellung* von 1 m *Bohrloch* einschl. dessen Ansetzen sehen die „Anleitungen" einen Zeitaufwand vor in Höhe von

6— 8 min im Schiefer
8—10 min im Sandschiefer
12—15 min im Sandstein.

Das Nachführen der Bohrer, die so dicht wie möglich bei der Arbeitsstelle liegen sollen, ist in diese Zeitaufwandsziffern mit eingerechnet.

In die Zeitaufwandsziffern für das *Besetzen und Abtun der Sprengschüsse* sind einbegriffen die Aufwendungen für das Ableuchten auf Anwesenheit von Grubengas, für die Nachprüfung der Zündleitung, für das Wegschaffen des Gezähes einschließlich des Bohrgerätes und für zu treffende Vorkehrungen zum Schutze von Druckluft- und Lichtleitungen.

Es werden angesetzt

a) für Gesteinstaubstreuung vor jedem Sprenggang .... 5 min

b) für den Schießhauer .... { für den ersten Schuß   26 min / für jeden weiteren Schuß   3 min

c) für jedes sonstige Mitglied der Ortsbelegschaft .... { für jeden ersten Schuß   26 min / für jeden weiteren Schuß   3 min

d) dagegen in dem Falle, daß die Sprengarbeit durch einen Schieß- { für den ersten Schuß   27 min / meister ausgeführt wird, für jedes Mitglied der Ortsbelegschaft ... \ für jeden weiteren Schuß   3 min

Beim Vortrieb von mit Förderbändern, -rutschen u. ä. Einrichtungen ausgerüsteten Strecken ist außerdem für das Anbringen einer Schutzverkleidung an den Transportmitteln ein gewisser Zeitaufwand einzurechnen, der von Fall zu Fall gesondert festzulegen ist.

Die Anzahl der für einen Abschlag zu beladenden Bergewagen errechnet sich als Produkt aus Abschlaglänge, Breite, Höhe und Schüttzahl. Für das *Laden* von 1 m³ *Bergehaufwerk* in Förderwagen oder für das Einschaufeln dieser Menge in den Bergedamm werden 35—40 min angesetzt. Für das *Abtreiben*

Tafel 90. *Zeitaufwand für einzelne Arbeiten beim Ladevorgang.*

Einzelarbeit	Wagenförderung	Rutschen- oder Bandförderung
Kohlen laden von der Sohle	16—18 min/m³	
Kohlen laden vom Liegenden	14—16 min/m³	
Berge laden vom Liegenden	14—16 min/m³	
Kohlen auf das Förderband laden	—	15—17 min/m³
Berge auf das Förderband laden	—	15—17 min/m³
Kohlen in die Rutsche schaufeln	—	10—12 min/m³
Berge in die Rutsche schaufeln	—	10—12 min/m³
Für jedes Umschaufeln der Kohle (abhängig von Einfallen und Mächtigkeit)	12—15 min/m³	
Bergemittel auf die Streckensohle werfen ..	Für jeden Einzelfall gesondert zu bestimmen!	
Laden von Kohlen oder Bergen am Band- oder Rutschenaustrag	—	gesondert feststellen![1]

[1] Gewöhnlich wird der am Rutschen- oder Bandaustrag beschäftigte Lader ebenso wie der Wärter an Übergängen mit der vollen Schicht (d. h. mit der gesamten Arbeitszeit vor Ort) in die Berechnung einbezogen.

Falls außer dem Laden und Abschleppen der Wagen noch andere Arbeiten von den Ladern verrichtet werden können, so z. B. das Ausladen von Holz und anderen Betriebsmaterialien, deren Transport zur Arbeitsstelle, die Bedienung der Maschinen und Fördereinrichtungen u. ä., so werden diese Arbeiten bei der Berechnung besonders erfaßt.

des Hangenden nach dem Schießen werden 5—10 min, für das *Inordnungbringen des Verzuges* nach erfolgter Schießarbeit 10 min vorgegeben. Das *Umschaufeln von Bergen* wird für jeden Schaufelgang in Abhängigkeit von Mächtigkeit und Einfallen auf einen Zeitaufwand von 30 bis 35 min/m³ veranschlagt. Für das Ziehen von *Bergemauern* gibt die „Anleitung" eine Ziffer von 20 min/m² an.

Die „Anleitung" führt sowohl für die Streckenauffahrung mit Wagenförderung als auch für die mit Bandförderung Zeitaufwandsziffern für das *Setzen von stählernen Türstöcken* an, die in Tafel 91 zusammengefaßt wiedergegeben sind.

Hierzu gilt die grundsätzliche Anweisung, daß

1. bei teilweiser Hinterfüllung der Stöße eine entsprechende Reduktion der Zeitaufwandsziffern eintritt und daß

2. der Ziffer für das Einbringen des Ausbaus 20 min für jeden Stempel zugeschlagen werden, der im Sandstein steht.

In beiden „Anleitungen für die Flözstreckenauffahrungen" werden an Zeitaufwandsziffern für die Erstellung von Holzpfeilern aus gesägtem Holz die in Tafel 92 wiedergegebenen aufgeführt, wobei allerdings Holzpfeiler für Moll-Ausbauten ausdrücklich ausgeschlossen werden.

Tafel 91. *Zeitaufwand für Streckenausbau.*

Kappenlänge m	Höhe m	Auszuführende Arbeiten	Zeitaufwand min
1,60 bis 2,00	2,70	Ausbau einbringen und Firste verpacken	105
		Stöße hinterfüllen	45
	2,40	Ausbau einbringen und Firste verpacken	105
		Stöße hinterfüllen	35
	2,00	Ausbau einbringen und Firste verpacken	105
		Stöße hinterfüllen	30
2,01 bis 2,60	2,70	Ausbau einbringen und Firste verpacken	125
		Stöße hinterfüllen	45
	2,40	Ausbau einbringen und Firste verpacken	125
		Stöße hinterfüllen	35
	2,00	Ausbau einbringen und Firste verpacken	125
		Stöße hinterfüllen	30

Tafel 92. *Zeitaufwand für das Setzen von Holzpfeilern.*

Länge der Hölzer m	Einfallen °	Auszuführende Arbeiten	Zeitaufwand min
1,00 bis 1,20	$\leqq 15$	für die ersten 50 cm Pfeilerhöhe .... für je 10 cm mehr an Pfeilerhöhe	20—25 6
	> 15	für das Setzen von 2 Abschlußstempeln für jeden Holzpfeiler	15
1,20 bis 1,50	$\leqq 15$	für die ersten 50 cm Pfeilerhöhe .... für je 10 cm mehr an Pfeilerhöhe bei einer Gesamthöhe $\leqq$ 1,80 m .... für je 10 cm mehr an Pfeilerhöhe bei einer Gesamthöhe $>$ 1,80 m	25—30 7 10
	> 15	für das Setzen von 2 Abschlußstempeln für jeden Holzpfeiler	15

In der „Anleitung für die Berechnung von Gedingen in Flözstrecken mit Bandförderung" werden für das Einbringen von Bauen unter Verwendung von *Jakob-Stempeln* folgende Zeitaufwandsziffern angegeben:

a) bei Stahlkappen von 2,0 m Länge 80—85 min/Bau; — b) bei Stahlkappen von 2,4 m Länge 85—90 min/Bau

Werden Kappen aus Holz verwandt, so ist die Ziffer von Fall zu Fall gesondert festzulegen.
Bei Flözstrecken mit Bandförderung werden die in Tafel 93 wiedergegebenen Ziffern für den

Tafel 93. *Zeitaufwand für das Setzen von Holzpfeilern bei Moll-Ausbau.*

Länge der Hölzer m	Einfallen °	Auszuführende Arbeiten	Zeitaufwand min
1,00 bis 1,20	$\leqq 15$	für die ersten 50 cm Pfeilerhöhe .... für je 10 cm mehr an Pfeilerhöhe	35—40 7
	> 15	für das Setzen von 2 Abschlußstempeln für jeden Holzpfeiler	15
1,20 bis 1,50	$\leqq 15$	für die ersten 50 cm Pfeilerhöhe .... für je 10 cm mehr an Pfeilerhöhe bei einer Gesamthöhe $\leqq$ 1,80 m .... für je 10 cm mehr an Pfeilerhöhe bei einer Gesamthöhe $>$ 1,80 m	40—45 7 12
	> 15	für das Setzen von 2 Abschlußstempeln für jeden Holzpfeiler	15

Zeitaufwand für das Setzen von *Holzpfeilern* aus gesägtem Holz aufgeführt, die für solche Holzpfeiler gelten, die bei Moll-Ausbau Verwendung finden.

Beide „Anleitungen" geben für den beim *Legen des Gestänges* eintretenden Zeitaufwand folgende Zahlenwerte:

a) Gestänge von 75 mm .... 10—12 min/m
b) Hilfsgestänge von 75 mm .... 5 min/m

Dazu kommen:

in der Anleitung für Strecken mit Wagenförderung

für Gestänge von 115 mm .... 30 min/m

und in der Anleitung für Strecken mit Band- oder Rutschenförderung

a) für das Vorbauen von Rutschen .... 3—4 min/m
b) für jedes Verlängern eines Sutcliff-Bandes .... 120 min
c) für jedes Verlängern eines Kratzbandes .... 90 min.

Für das Legen von Sohlen-*(Lade-)Platten* werden in beiden „Anleitungen" angegeben:

a) beim Plattenausmaß 2 × 1 m .... 4 min/Stück
b) beim Plattenausmaß 2 × 0,5 m .... 2 min/Stück

Das *Vorverlegen einer Wagenwechselplatte* geschieht gewöhnlich nach 10 m Auffahrung. Der Zeitaufwand ist variabel und daher für jeden Fall besonders zu bestimmen.

Bei den Gedingekalkulationen sind anzusetzen für das Vorbauen von

a) *Wetterlutten* von 700 mm ⌀ .... 9 min/m
b) *Wetterlutten* von 500 mm ⌀ .... 6 min/m
c) *Wetterlutten* von 250 mm ⌀ .... 5 min/m

Für das Einbauen von *Druckluftrohren* gilt folgende Zeitaufwandszifferntafel:

bei 200 mm Rohrdurchmesser 20   min/m
bei 150 mm Rohrdurchmesser 12   min/m
bei 100 mm Rohrdurchmesser .... 6,5 min/m
bei 70 mm Rohrdurchmesser .... 5,5 min/m
bei 50 mm Rohrdurchmesser 5   min/m

Die Ziffern sind aber um einen nicht näher bezeichneten Betrag zu erhöhen, wenn Keil- oder Planzwischenringe eingebaut werden müssen.

Wird eine Leitung auf 200 mm Durchmesser umgebaut, und zwar so, daß 5 Rohre *zugleich* eingebracht werden, so ermäßigt sich die Ziffer von 20 auf 11 min/m, wobei der Ausbau der bestehenden vorläufigen Leitung eingerechnet ist.

Für das Schmieren einer *Drehbohrmaschine* werden angerechnet 6 min/Tag, für das Anschließen, Abkuppeln und Schmieren eines *Bohrhammers* 6 min, eines *Abbauhammers* 9 min.

Das Schmieren der Maschinen während der Schicht wird nicht besonders vergütet.

Betriebsmaterialien müssen in einem Umkreis von 40 m um die Arbeitsstelle ohne jede Vergütung bis vor Ort geschafft werden, da der hierzu erforderliche Zeitaufwand in den übrigen Aufwandsziffern bereits enthalten ist.

Dagegen gelten für das *Abladen von Betriebsstoffen* folgende Werte:

Ausbau .... 5—8   min/Stück
Wetterlutten 700 mm ⌀ 3   min/m
Wetterlutten 500 mm ⌀ 2   min/m
Wetterlutten 250 mm ⌀ 1   min/m
Rohre 200—150—100 mm ⌀ 1   min/m
Rohre 70—50 mm ⌀ .... 0,5 min/m
Schienen 115 mm 1   min/m
Schienen 75 mm .... 0,75 min/m
Holz .... 6—8   min/Wagen
Kleinmaterial einschließlich Gesteinstaub .... 1,5 min/m Strecke

Für das Ein- und Ausbauen einer ortsfesten *Lampe* werden 4,5 min vorgegeben.

Der Zeitaufwand für das *An- und Abschleppen* beladener oder leerer Förderwagen oder Materialschlitten mittels Haspel ist von Fall zu Fall gesondert zu bestimmen.

Die unter Punkt 22 in der „Anleitung für Strecken mit Wagenförderung" zu findenden Ziffern für das *Umlegen von Kratzbändern* decken sich mit denen des Punktes 24 der „Anleitung für Strecken mit Band- oder Rutschenförderung":

a) Umlegen eines Kratzbandmotors von 12 PS einschl. Antriebsrutsche .... 155 min
   Umlegen eines dazugehörenden Rutschenschusses .... 30 min
b) Umlegen eines Kratzbandmotors von 6 PS einschl. Antriebsrutsche .... 50 min
   Umlegen eines dazugehörenden Rutschenschusses .... 50 min
c) Für den Probelauf des umgelegten Kratzbandes werden jedem daran Beteiligten 6 min gutgeschrieben.
d) Für das Höherlegen und Neuverlagern eines Kratzbandrutschenstranges werden je nach Länge 20—50 min im Gedinge angerechnet.

Der für Schmierung und Unterhaltung der *Maschinen* erforderliche Zeitaufwand wird für jeden Einzelfall gesondert festgestellt.

Die „Anleitung für die Berechnung von Gedingen für Streckenvortriebe in Strecken mit Bandanlagen" veranschlagt den Zeitaufwand für jede Kontrolle der *Bandausrichtung* auf 5 min für jeden an dieser Arbeit beteiligten Mann.

686 Berechnung von Gedingen für in der Kohle bei einem Einfallen von $\leqq 15°$ und einer Mächtigkeit von $\leqq 1,50$ m herzustellende Aufhauen.

Die „Anleitung" für die Berechnung von Gedingen für Aufhauen enthält eine Reihe von Ziffernangaben, die mit denen übereinstimmen, die in den vorstehend besprochenen Anleitungen aufgezeigt wurden. Es wird daher bei der nachfolgenden Einzeldarstellung auf vorher bereits Behandeltes Bezug genommen.

Die Arbeitsvorgänge „*Abkohlen des Kohlenstoßes*" und „*Abdecken des Bergemittels*" werden auf 1 m³ bezogen und müssen hinsichtlich des Arbeitsaufwandes in jedem einzelnen Fall besonders untersucht werden. Die Berechnung der zu fördernden Wagen erfolgt auch hier aus dem auszukohlenden Raum und der Schüttungszahl.

Es werden angesetzt für das Ein*schaufeln* von Haufwerk in die Rutsche

bei Kohle   10—12 min/m³
bei Bergemitteln 10—14 min/m³,

für das Beschicken eines Bandes mit Kohle- oder Bergehaufwerk

15—17 min/m³.

Das *Umschaufeln* des Kohle- oder Bergehaufwerks an der Kohlenfront (zum Förderband oder Kratzband hin) wird mit einem Zeitaufwand von 9—11 min/m³ bewertet.

Der Zeitaufwand für das *Laden* eines Wagens Kohlen oder Bergemittel am Rutschenaustrag ist von Fall zu Fall gesondert festzulegen.

Bezüglich der sonstigen bei der Ladearbeit anfallenden Arbeiten sowie der *Schlepparbeit* sei auf die entsprechenden Angaben des Abschn. 685 verwiesen.

Für das Einbringen des *Ausbaus* gibt die „Anleitung" folgende Ziffern an:

Kappe von 1,80—2,60 m Länge auf 2 Stempeln ohne Stoßverzug { bei 6—8 Spitzen auf der Kappe 18—20 min/Bau
{ bei Vorpfändung .... 25—35 min/Bau
Einbringen eines Mittelstempels .... 3—5 min

Für das Ausrichten oder Kontrollieren der *Richtung* (Stunde) werden jedem Beteiligten 5 min angerechnet.

Für das *Vorbauen der Schüttelrutsche* und das *Verlängern des Förder- oder Kratzbandes* gelten auch hier die in Abschn. 685 aufgeführten Werte.

Für das Verlängern der Vorsteckrutsche werden je m Fortschritt 2—3 min vorgegeben.

Für das Vorbauen von *Wetterlutten* gelten folgende Zeitaufwandswerte:

bei 500 und 400 mm ⌀   6 min/m,
bei 250 bis 300 mm ⌀   4 min/m.

Der Zeitaufwand für das Vorbauen von Druckluftrohren geht mit den Zeitaufwandsziffern der Tafel 94 in die Berechnung ein.

Für die *Wartung der Maschinen* werden angegeben:

Turbinen schmieren .... siehe Abschn. 685
Motoren schmieren .... 6 min
Gegenzylinder schmieren .... 3 min
Rolle und Haspel schmieren am Materialtransportschlitten .... 6 min
Abbauhammer schmieren, an- und abkuppeln .... siehe Abschn. 682

Für den Zeitaufwand für *Materialtransport* und *sonstige Arbeiten* enthält die „Anleitung“ folgende Zahlentafel:

Tafel 94. *Zeitaufwand für Vorbauen der Druckluftleitung.*

Rohrdurchmesser mm	Zeitaufwand bei	
	Flanschenverbindung min/m	Kugelkupplung min/m
100	5	6
70	4,5	5,5
50	4	5

a) Material abladen
  Ausbau (Holz oder Stahl)
    abladen .... 3—5 min/Bau
  Wetterlutten
    400—500 mm ∅ ... 2 min/m
  Wetterlutten
    250—300 mm ∅ ... 1 min/m
  Rohr 100 mm ∅ .... 1 min/m
  Rohr 70 oder 50 mm ∅ .... $^1\!/_2$ min/m
  Gestänge 75 mm (2 × 1 m Gestänge mit Zubehör) .... $^3\!/_4$ min
  Holz .... 6—8 min/Wagen
  Kleinmaterial, Gesteinstaub usw. .... 3—4 min/Wagen
  breite Rutsche .... $^2\!/_3$ min/m
  schmale Rutsche .... $^1\!/_2$ min/m
b) Material bis auf eine Entfernung von 10 m heranholen und in Materialtransportschlitten laden (je nachdem Holz oder Stahl abgeladen wird) .... 12—16 min/Schlitten
c) Material abladen (je nachdem Holz oder Stahl abgeladen wird) .... 8—10 min/Schlitten
d) Material umladen bei starker Änderung der Richtung (je nachdem Holz oder Stahl umgeladen wird) .... 12—16 min/Schlitten
e) Herunterlassen und Hochziehen von Schlitten für je 10 m Transportweg ..... 2 min/Schlitten
f) Umsetzen der Haspelrolle .... 12—15 min/Umsetzen
g) Umsetzen des Haspels .... 25—30 min/Umsetzen

Abschließend weist die „Anleitung“ darauf hin, daß auf das Schlittenfassungsvermögen und die Fördergeschwindigkeit des Haspels besonders zu achten ist.

687 Berechnung von Gedingen für Gesteinsstreckenvortriebe.

Die Behandlung des Gesteinsstreckenvortriebes erfolgt im Nachstehenden an Hand des „Tarief II, Steengangen“, der in dem älteren Druckstück enthalten ist. Die Anweisung ist gegenüber den bisher geschilderten, dem jüngeren Druckstück entnommenen wesentlich kürzer gefaßt, geht weniger ins einzelne und läßt mehr Vorgänge unbeziffert. Zum Teil decken sich die Angaben mit denen, die im voraufgegangenen bei der Erörterung anderer Betriebsvorgänge wiedergegeben wurden.

Für die nachgenannten Arbeiten sind keine Ziffern angeführt, sondern es ist dem Betriebsbeamten überlassen, die Werte von Fall zu Fall festzulegen: Heranschaffen der *Sprengmittel* aus dem Lager, Ansetzen und Herstellen der *Bohrlöcher* in Schiefer und Sandstein, Inordnungbringen des *Verzuges* nach dem Schießen und Anbringen des Schießschutzes an der *Lutten*leitung.

Von-bis-Werte finden sich in der Tafel nicht, es sind folgende Festwerte angegeben:
Auslegen der *Ladeplatten* bei einem Ausmaß von 1 × 2 m 5 min/Stück, bei einem solchen von 0,5 × 2 m 2,5 min/Stück. Für das Anschlagen, Schmieren und Abschlagen von *Bohr- und Abbauhämmern* werden je Hammer und Schicht 7 min angesetzt.

Die wichtige *Schießarbeit* wird über die Schußzahl beziffert, wobei in die Zeitaufwandsziffer jeweils eingeschlossen ist: Ableuchten, Laden, Heranschaffen der Lettennudeln, Besetzen, Schießkabelverlegung, Entfernen des Gezähes, Abtun der Schüsse. Es werden in Ansatz gebracht für den ersten Schuß für den Schießhauer 37 min und für jedes sonstige Mitglied der Vortriebskameradschaft 26 min, für jeden weiteren Schuß für den Schießhauer 5 und für die übrigen Männer 3 min/Mann. Besteht die Ortsbelegschaft aus 3 Mann und sollen 20 Schuß abgetan werden, so errechnet sich der Zeitaufwand zu $1 \cdot 37 + 2 \cdot 26 + 19 \cdot 5 + 2 \cdot 19 \cdot 3 = 298$ Arbeiterminuten oder bei 3 Arbeitern auf durchschnittlich 100 Zeitminuten, also auf 1 h 40 min, die für die Schießarbeit im angenommenen Fall zur Verfügung gerechnet werden. Für das Abtreiben nach dem Schießen werden 25 min/m Strecke angesetzt.

Die *Lade- und Schlepparbeit* ist auf den Wagen Berge bezogen. Vorgeschrieben wird, bei 3 m Sohlenbreite vom insgesamt anfallenden Haufwerk 1,7 Wagen je 2 m Vortrieb, d. i. 0,85 Wagen/m abzuziehen, da dieser Teil des Haufwerks für die Bahnausfüllung benötigt und daher nicht zu laden ist. Für das Beladen eines Förderwagens mit Bergen werden 12,5 min vorgegeben, für das An- und Abkuppeln der Wagen und das Abschleppen auf 10 m Entfernung $1^1/_3$ min. Für je 10 m Schleppweg mehr wird $^1/_3$ min mehr verrechnet. Der Wagenwechsel ist in diese Ziffern einbegriffen. Laden und Abschleppen von 40 Wagen Berge auf 30 m würde demnach eine Zeitaufwandsziffer von $40 \cdot [12,5 + 1^1/_3 + 2 \cdot {}^1/_3] = 40 \cdot 14,5 = 580$ Arbeiterminuten erfordern.

Für den *Materialtransport* werden bei einem Bauabstand von 1 m 28 min, von 1,20 m 27 min je Streckenmeter angesetzt. Es handelt sich um das Heranschleppen und Abladen von Betriebsmaterialien, die in einer Entfernung von 60 m vom Arbeitsort stehenbleiben. Hierzu gehören Schienen, Lutten, Holz, Bohrer und Kleinmaterial. Der Transport der Zimmerungen ist unter den Zeiten für den Ausbau einbegriffen.

Für das Einbringen von stählernen *Zimmerungen* des Ausmaßes $1,60 \times 2,80 \times 3,00$ m werden 160 min/Stück vorgegeben. Diese Ziffer erhöht sich bei Zimmerungen der Größen $2,50 \times 2,80 \times 3,00$ m und $2,60 \times 2,80 \times 2,60$ m auf 175 min/Stück. Die Ziffernangaben beziehen sich auf Schiefer. Bei Sandstein werden je Zimmerung 40 min mehr verrechnet.

Das Vorziehen von *Stunde und Steigung* wird mit je 6 min je Streckenmeter, deren Kontrolle mit 1 min/Streckenmeter veranschlagt.

Beim Verlegen des *Gestänges* wird nach dessen Schwere unterschieden. Für die 115-mm-Schienen gilt bei Anbringung von 2 Schienenverbindern ein Zeitaufwand von 35 min/m, bei Fehlen der Verbinder von 30 min/m. Wird ein Gleis aus 75-mm-Schienen endgültig verlegt, so stellt sich der Zeitaufwand auf 12 min/m, für die Hilfsbahn aus den gleichen Schienen auf 5 min/m.

Für das Vorbauen von *Lutten* gilt bei einem Durchmesser von 700 mm ein Zeitaufwand von 9 min/m, bei solchen von 500 mm ein Aufwand von 6 min/m.

Das Vorbauen der *Druckluftleitung* verzeichnet bei 100 mm $\varnothing$ einen Zeitaufwand von 5 min/m, der sich bei 150-mm-Rohren auf 10 min/m und bei 200-mm-Rohren auf 15 min/m erhöht.

Die letzte Angabe betrifft die Nachführung der Wassersaige, für die ein Zeitaufwand von 10 min/m angesetzt wird.

Abschließend wird bemerkt, daß der Zuschlag von 5% für Gesteinsstrecken auf das Metergeld zu verrechnen ist, andernfalls von einer um 5% höheren Lohnbasis ausgegangen werden soll.

689 Schlußbemerkungen.

Wenn man zurückschauend zu den holländischen „Anleitungen für die Gedingeberechnung" kritisch Stellung nimmt, so muß man zunächst grundsätzlich feststellen, daß die Übersicht über die Zahlenwerte dadurch leidet, daß man die „Anleitungen" auf einzelne Arbeitskomplexe abstellte. Hierdurch werden Ziffernwiederholungen unvermeidbar. Man mag geglaubt haben, durch eine solche Gestaltung dem Betriebsbeamten die Durchführung des Verfahrens im Betriebe erleichtern zu können. Selbst wenn dies Ziel erreicht wäre, was aber zu bezweifeln ist, so ist doch der systematischen Aufgliederung, wie sie beispielsweise das russische Normenbuch aufweist, im Interesse der Übersichtlichkeit unbedingt der Vorzug zu geben. Immerhin hat aber auch das holländische Verfahren den Nachweis erbracht, daß der Bergbau bei entsprechender Aufgliederung der Arbeitskomplexe und Festlegung von Gedingerichtwerten für die einzelnen Arbeitsvorgänge imstande ist, Gedingekalkulationen durchzuführen, die sich vor der bisher im deutschen Bergbau angewandten Schätzungsmethode durch eine viel, viel höhere Genauigkeit auszeichnen. Bei einem Vergleich des holländischen mit dem russischen System ergeben sich als Charakteristika, daß das russische bis in die Einzelheiten zahlenmäßig vollkommen starr ist und dem Betriebsbeamten keinerlei Bewegungsspielraum läßt, während das des holländischen Bergbaus durch Angabe von

Ziffernbereichen elastisch gehalten ist und in einzelnen Fragen auf die individuelle Beobachtungsgabe und die Urteilsfähigkeit des Betriebsbeamten zurückgreift. Daß der zweite Weg unserem
Empfinden näherliegt, bedarf keiner besonderen Begründung.

69 Das BEDAUX-System und sonstige Verfahren.

691 Das BEDAUX-System.

691.0 Vorbemerkungen. BEDAUX, ein Franko-Kanadier, ging von dem Grundgedanken aus,
die menschliche Leistung sei eine besondere Energieform. Auch sie sei, wie alle Energieformen,
in einem ihr eigentümlichen Maße meß- und bezifferbar. Auf diesem Prinzip baute er ein System
auf, das er über eine Erwerbsgesellschaft (BEDAUX-Gesellschaft) interessierten Unternehmen
gegen Zahlung eines Anteils an der erzielten Lohnersparnis zur Verfügung stellt.

Das Verfahren nach BEDAUX hat seit 1932 im französischen Bergbau Anwendung gefunden.
Dieser hat allerdings heute seine Verbindungen mit der BEDAUX-Gesellschaft bzw. mit deren
Firmennachfolgerin, der Société Continentale de Mesure et d'Analyse du Travail (Kurzbezeich-
nung SCoMAT) in Paris gelöst und eine eigene Arbeitsstudiengesellschaft ins Leben gerufen, die
Société d'Organisation du Travail Minier. Diese hat gleichfalls ihren Sitz in Paris und bearbeitet
das Gebiet der Zeit- und Arbeitsstudien für den gesamten französischen Kohlenbergbau. Von
Frankreich aus fand das BEDAUX-Verfahren Eingang in den Saarbergbau. Auch hat sich inzwischen in Deutschland mit dem Sitz in Frankfurt eine deutsche BEDAUX-Gesellschaft nieder-
gelassen, die sich für den deutschen Bergbau interessiert. Schließlich sind bereits auf einer Schachtanlage an der Ruhr Versuche, nach BEDAUX vorzugehen, angestellt worden.

Bei der Beschreibung der Verfahren, die sich die Ermittlung von Gedinggrundwerten zum
Ziele setzen, kann daher auf eine Behandlung des BEDAUX-Systems nicht verzichtet werden.

691.1 Grundlagen. Die Methode BEDAUX oder — wie sie jetzt in Frankreich genannt wird —
die der SCoMAT basiert einmal auf einer Aufgliederung und Messung der menschlichen Arbeit
und zweitens auf einer Überprüfung der Aktivität des Arbeiters und der Brauchbarkeit der
Produktionsmittel.

SCoMAT gibt folgende Begriffsbestimmung (freie Übertragung d. V.) für die *Meßgröße der
menschlichen Arbeit:*

„Die Messung der menschlichen Arbeit geschieht mit Hilfe der Einheit SCoMAT (früher „Bx" genannt), die
gleich 1 Punkt gesetzt wird. 1 Punkt entspricht 1 Minute. Er umfaßt einmal einen Bruchteil einer Minute
Arbeit und zum zweiten einen Bruchteil einer Minute Ruhe. Der Anteil der Ruhezeit verändert sich je nach der
Art der Arbeit. Wenn der Zeitteil der Ruhe sich vergrößert, so verkleinert sich der Teil der Arbeit. Das Ganze
(Arbeit + Ruhe) entspricht aber immer einer Minute. Der Punkt stellt also *die* Menge Arbeit dar, die während
einer Minute durch einen geeigneten und eingearbeiteten Arbeiter, der im normalen Rhythmus arbeitet, geleistet
werden kann, wobei die Arbeitsruhe zu beachten ist, die seine Arbeit ausgleicht. Dieser normale Rhythmus
entspricht ¾ des Leistungsgrades, den ein Arbeiter in 8 aufeinanderfolgenden Stunden durchhalten kann und
bei dem er in der Lage bleibt,
nach vollbrachter Arbeit seinen Verpflichtungen in der Familie und in der menschlichen Gemeinschaft nachzu-
kommen,
jeden Tag die gleiche Arbeit zu leisten, ohne daß eine Änderung seines Gesundheitszustandes oder seiner
menschlichen Eigenarten eintritt.
Ein geeigneter Arbeiter, der mit ¾ des optimalen Rhythmus arbeitet, erreicht 60 Punkte in der Stunde;
ein Arbeiter, der im vollen Optimum des Rhythmus schafft, erzielt 80 Punkte in der Stunde."

Aus vorstehender Begriffsbestimmung ergibt sich, daß

a) in der Meßeinheit nicht nur die effektive Arbeitszeit erfaßt, sondern auch ein mehr oder
weniger großer Anteil an Zeit enthalten ist, der nicht mit Arbeit ausgefüllt ist;

b) dem Arbeiter die Möglichkeit eröffnet ist, durch Streben nach dem Optimum seinen Lohn
bis um $\frac{1}{3}$ zu erhöhen.

Aus dem Ansatz, daß bei gleichbleibender Größe der Maßeinheit deren Komponenten „Arbeit"
und „Ruhe" in den verschiedensten Verhältnissen zueinander stehen können, ergibt sich die
wichtige Schlußfolgerung, daß die Maßeinheit bei den verschiedensten Arbeitsvorgängen Anwendung finden kann.

Die *Aufgliederung der Arbeitsvorgänge* wird sehr weit getrieben. Man spricht — ähnlich wie bei REFA — von Arbeits-, Gang-, Stufen- und Griff-,,Elementen". In der Praxis wirkt sich die Feingliederung beispielsweise dahingehend aus, daß man beim Ladevorgang selbst den Zeitaufwand für Wegsetzen der Schaufel bestimmt oder daß man bei der Fahrung in söhligen Strecken Unterschiede nach dem Zustand der Sohle macht.

Gleich wie REFA eine *Entstörung des Betriebsablaufes* verlangt, bevor die menschliche Arbeit in den Kreis der Betrachtung gezogen wird, hat man bei Einsatz des BEDAUX-Verfahrens in Frankreich zunächst die Arbeitsverfahren verbessert und die Produktionsmittel auf Ausschaltung von Leerläufen untersucht, ehe man an die Bewertung der menschlichen Arbeit heranging. Aus dem böhmischen Bergbau ist dagegen ein Fall bekannt, daß BEDAUX den umgekehrten Weg vorgeschlagen hat. Dort hat BEDAUX den Betrieb in seiner bisherigen Organisationsform untersucht. Die Ergebnisse haben dann der Werksleitung Gelegenheit gegeben, Mängel der Betriebsorganisation abzustellen und bessere Gewinnungsmethoden einzuführen, ohne daß BEDAUX an diesem Erfolg finanziell beteiligt gewesen wäre.

Die *Bewertung der menschlichen Arbeitsleistung* nach BEDAUX erfolgt über drei Faktoren, die zu einer Formel vereinigt werden:

1. Dauer der Zeit, in der die Arbeit verrichtet wird (Z);
2. Geschwindigkeit, mit der die Arbeit ausgeführt wird (G);
3. Erholungsfaktor, der die Erholungszeit berücksichtigt (K).

Die Formel lautet:

$$1 \text{ ,,}Bx\text{``-Einheit} = \frac{Z \text{ (sec)}}{60} \cdot \frac{G \text{ (Punkte/h)}}{60} \cdot (1 + K).$$

In den beiden ersten Gliedern der Formel findet sich die Zahl 60 als Divisor, um die Größen auf Minuten zu reduzieren. K wird in % angegeben und erhöht den Faktor 1 entsprechend.

Zu 1: Die *Messung der Zeitdauer* der Arbeit erfolgt mittels Stoppuhr[1], und zwar werden die Zeiten eines jeden einzelnen Vorganges abgestoppt, also keine Fortschrittszeiten aufgenommen. Daher benutzt man auch Stoppuhren, deren Zeiger beim Druck auf den Betätigungsknopf sofort wieder in die Nullstellung zurückspringen. Die abgelesenen Zeitwerte werden in einen vorbereiteten Vordruck eingetragen.

Zu 2: Die *Arbeitsgeschwindigkeit* wird geschätzt und das Ergebnis gleichfalls im Aufnahmebogen vermerkt. Man arbeitet bei der Festlegung der Arbeitsgeschwindigkeit nach folgender Grobskala

sehr langsam	= 40 Punkte/h	schnell	= 70 Punkte/h
langsam	= 50 Punkte/h	sehr schnell	= 80 Punkte/h
normal	= 60 Punkte/h		

Bei der Schätzung selbst wird eine Staffelung von 5 zu 5 Punkten eingehalten.

Vom BEDAUX-Beobachter wird verlangt, daß er für jede aufgenommene Teilzeit die Arbeitsgeschwindigkeit schätzt und niederschreibt. REFA schätzt dagegen den Leistungsgrad summarisch. Die Beanspruchung des BEDAUX-Beobachters ist daher auch bedeutend höher, doch führt die große Zahl der Einzelschätzungen zu einer größeren Sicherheit in der Bestimmung der Leistung. Im übrigen gibt BEDAUX für das Schätzen der Arbeitsgeschwindigkeit als Grundregel mit: ,,Schätze die Arbeitsgeschwindigkeit stets, bevor du die Uhr abliest!" BEDAUX will damit verhindern, daß der Beobachter sich in seinem Urteil durch die Länge der abgelesenen Zeit beeinflussen läßt.

Ein weiterer Unterschied gegen REFA besteht darin, daß BEDAUX nach Punkten, REFA aber nach Prozenten schätzt. Die Leistungsgradskalen nach REFA (R) und BEDAUX (B) können nach folgenden Gleichungen ineinander überführt werden:

$$1 \text{ R} = 0{,}6 \text{ B} \qquad\qquad 1 \text{ B} = 1^{2}/_{3} \text{ R}.$$

Einem Leistungsgrad von 65 BEDAUX-Punkten entspricht somit ein Leistungsgrad nach REFA von rd. 108% und umgekehrt einem Leistungsgrad nach REFA von 120% ein solcher von

---

[1] Bei den auf einer Schachtanlage an der Ruhr durchgeführten Versuchen hat man sich mit Vorteil der Arbeitsschauuhr bedient.

72 Bedaux-Einheiten. Es muß allerdings auf einen grundsätzlichen Unterschied aufmerksam gemacht werden, der dazu führt, daß die Leistungsschätzung nach Bedaux im allgemeinen niedriger liegen wird als die entsprechende Leistungsgradschätzung nach REFA. REFA setzt außer der Normalgrundzeit Zeitverluste an, die in der Gestalt eines Verlustzeitzuschlages von 15% erscheinen. Bedaux rechnet jedoch nur mit Erholungszuschlägen (siehe nächsten Absatz!). Der REFA-Mann bezieht über den genannten Verlustzeitzuschlag hinausgehende Erholungszuschläge in den Leistungsgrad ein. Der Bedaux-Sachbearbeiter hat dies nicht nötig, weil die von Bedaux angesetzten Erholungszuschläge sowohl für die Abdeckung der Zeitverluste als auch für die Erholungszeit ausreichen müssen.

Zu 3: Die Faktoren, die der Berücksichtigung der *Erholungszeit* dienen, haben die Bedaux-Gesellschaften seit mehr als 25 Jahren praktisch und experimentell ermittelt, sie werden angeblich ständig revidiert und ergänzt. Sie werden vorgeschrieben und bewegen sich im großen Durchschnitt in einer Höhe von etwa 20 bis 30%.

Eine Begründung für die Höhe der für den in Frage kommenden Betrieb obligatorischen Erholungszuschläge ist bisher nicht gegeben worden. Sie können sehr große Ziffernwerte erreichen; so wird beispielsweise beim Heben von Lasten über 50 kg ein Erholungszuschlag von 200% verrechnet. Dem Arbeiter bleibt nun die Möglichkeit, auf Erholung zu verzichten, ohne die ihm rechnerisch zugestandene Erholungspause weiterzuarbeiten und diese so in Geldverdienst umzuwandeln. Darin liegt eine gewisse Gefahr insofern, als der Arbeiter zu einem unökonomischen Kräfteeinsatz verleitet werden könnte. Darum wird denn auch dieser Weg vom REFA abgelehnt.

Bezüglich der *Zeitstudie* selbst wäre noch zu bemerken, daß bei Bedaux die allgemeine Regel gilt, daß die Dauer einer Zeitstudie den Zeitraum einer Stunde nicht unterschreiten soll. Dem die Studie ausführenden Beobachter bleibt es überlassen, wie er sich seine Arbeit vereinfacht, so z. B. durch Verwendung von Kurzzeichen für die einzelnen Arbeitselemente. Es wird als genügend angesehen, wenn die Aufzeichnungen von dem gelesen werden können, der sie gemacht hat. Die Auswertung selbst wird jedoch so gehalten, daß sie ohne weiteres für jeden verständlich ist.

Der Umfang der Zeitstudien ist sehr beachtlich. Bei der Bewertung von 250 Mann in 14 Monaten, die im böhmischen Bergbau vorgenommen wurde, sollen insgesamt etwa 15 000 Arbeitsaufnahmen durchgeführt und etwa 5000 Elementar-Einzelwerte berechnet worden sein.

Aus Frankreich wird berichtet, daß Bedaux auch *statistisches* Material, also Erfahrungswerte, verwendet.

Die *Auswertung* [239, insbes. S. 188] der Bedaux-Zeitstudie erfolgt für jedes einzelne Arbeitselement gesondert auf einem vorbereiteten Zählbogen, der die beobachteten Zeiten und die dazu gehörenden Ziffern der geschätzten Arbeitsgeschwindigkeit in der Art einer Häufigkeitsverteilung erkennbar macht. Man findet in diesen Bildern Häufungspunkte, in denen eine bestimmte Zeit und eine bestimmte Arbeitsgeschwindigkeit zueinander gehören. Aus den so gewonnenen Ausgangswerten wird der Normalwert über einen Rechenschieber ausgerechnet.

Hat man nun für die einzelnen Arbeitselemente den Normalzeitbedarf festgelegt, so stellt man anschließend den Normalzeitbedarf für den Arbeitsvorgang in einem entsprechend vorgerichteten Formblatt zusammen.

Die geschilderte Auswertungsmethode, die Bedaux ausgearbeitet hat, hat eine Reihe von Vorzügen. Sie ist sehr einfach durchzuführen und gibt trotzdem einen sehr guten Ein- und Überblick. Sie läßt nicht nur den Verlauf der Schätzungen erkennen, sondern zeigt sinnfällig das Streuverhältnis der beobachteten Zeitziffern. Schließlich gewährt sie eine Übersicht über das Ausmaß der Schätzfehler, ihre Lage in der Verteilung und ihre Streuung.

Die Punktzahlen, die in obengenannter Formel aus der gemessenen Zeit, der geschätzten Geschwindigkeit und dem Erholungsfaktor berechnet werden, werden „*points réelles*" oder auch „aktive Punkte" genannt. Zu ihnen gewährt man in Frankreich noch Zuschläge, die zwischen den Sozialpartnern vereinbart sind, so z. B. für termingerechte Fertigstellung eines Auftrages und für in einem bestimmten Zeitraum voll verfahrene Schichten. Auch die Dauer der Betriebszugehörigkeit wird in Punkten bewertet, die den aktiven Punkten zugesetzt werden.

Neben den „points réelles" bzw. den „aktiven Punkten" kennt das Bedaux-System noch *points concédés*", die auch wohl als „passive Punkte" bezeichnet werden. Zu diesen gehören beispielsweise solche, die für Wartezeiten, die der Arbeiter nicht zu vertreten hat, in die Rechnung eingehen. Für die passiven Punkte wird lediglich der Grundlohn ohne jeden Zuschlag in Anrechnung gebracht.

Die *Arbeitspausen* gliedert BEDAUX in 4 Gruppen:

1. Leerläufe; — 2. Wartezeiten; — 3. Tarifliche Pausen; — 4. Bummelpausen.

Zu 1. Als *Leerlauf* wird ein durch den Arbeitsverlauf erzwungener voraussehbarer Stillstand angesprochen. Diesen Leerlauf berücksichtigt BEDAUX durch den sogenannten Methodenzuschlag, auf den noch zurückzukommen sein wird.

Zu 2. Die *Wartezeiten* sind Pausen, die durch den Betriebsablauf zwar erzwungen werden, aber *nicht* vorauszusehen sind. Die Wartezeit wird dem Arbeiter in Zeitminuten gutgebracht. Dabei wird die Wartezeit allerdings nicht in voller Höhe angerechnet, sondern nur zu einem Teil, da man damit rechnet, daß in der eingetretenen Zwangspause gewisse Arbeiten dennoch ausgeführt werden können.

Zu 1. u. 2. Dem Leerlauf und der Wartezeit gemeinsam ist die zwangsweise Herbeiführung durch den Arbeitsprozeß. Ihr Unterschied besteht in der Voraussehbarkeit. Leerläufe sind vorauszusehen, Wartezeiten nicht. Unterschiedlich ist auch das Behandlungsverfahren in der Abrechnung.

Zu 3. Tarifliche Pausen sind, wie schon der Name sagt, durch Vereinbarung festgelegt. Sie werden dem Arbeiter in Zeitminuten voll vergütet.

Zu 4. Bummelpausen sind reine Untätigkeitspausen, also keinesfalls als eine Art Erholungspause anzusehen.

Die Zeit der Erholung ist, wie oben ausgeführt, bereits im Erholungsfaktor berücksichtigt. Daß Bummelpausen bei der Verrechnung außer Ansatz bleiben, versteht sich sonach am Rande.

Zum *Methodenzuschlag* noch einige kurze Hinweise, zunächst an Hand eines Beispiels! Bei hintereinandergeschalteten Betriebsvorgängen ist der Hintermann in seiner Leistung abhängig vom vorgeschalteten Arbeitsprozeß. Wenn beispielsweise in der Tätigkeit des Hauptanschlägers Zeiten der Nichtbeschäftigung auftreten, weil der Lokomotivfahrer X oder die Lokomotivfahrer X, Y, Z den Vollzug nicht rechtzeitig zum Schacht brachten, so liegt die Ursache für das Auftreten dieser Leerlaufzeit im Vorgang der Streckenförderung bzw. in der bei dieser angewandten „Methode", sofern es sich um echten Leerlauf im Sinne von BEDAUX handelt, d. h. sofern er voraussehbar ist.

Erweitern wir das Beispiel nun dahingehend, daß dem Lokfahrer Z die Lokomotive entgleist und dadurch ein Stillstand der Schachtförderung eintritt, so handelt es sich nunmehr um eine echte Wartezeit nach BEDAUX, weil weder das Eintreten des Ereignisses noch auch die Zeitdauer der Störung der Förderung im voraus festzulegen sind.

Im übrigen soll nach BEDAUX der Methodenzuschlag so gehandhabt werden, als ob der betreffende Arbeiter eine Dauerleistung von 80 Einheiten erbringen würde. In der Praxis findet sich aber auch die Gleichsetzung von 1 MZ = 1 Minute.

Zur Frage der *teilweisen Abgeltung der Wartezeiten* sei bemerkt, daß in der Gedingetechnik des deutschen Steinkohlenbergbaus sich der gleiche Gedanke findet. § 20 Abs. 3 Ziffer 1a der ab 1. November 1950 geltenden Arbeitsordnung erklärt:

„Arbeitsunterbrechungen sind durch andere im Rahmen des Gedinges zu leistende oder durch sonstige Arbeiten auszugleichen. Soweit Betriebsstörungen nicht auf diese Weise ausgeglichen werden können, ist . . . . . eine besondere Vergütung . . . . . festzusetzen, wenn die Betriebsstörungen über den Umfang hinausgehen, der im Wesen und der Art des Gedinges begründet ist, und wenn sie sich infolgedessen in einer Gedingeverdienstminderung auswirken."

Für den *Aufbau des* BEDAUX-*Wertes* läßt sich nunmehr folgende Kurzfassung geben: Die in Sekunden ausgedrückte Normalzeit eines Elementes wird durch Division durch die Zahl 60 auf die Minute reduziert. Der Normalzeitwert in Minuten wird mit dem Erholungsfaktor multipliziert und man erhält den „Bx"-Wert. Daneben werden die Methodenzuschläge (MZ) für die einzelnen Arbeitselemente berechnet. Nach der Zusammenstellung aller „Bx" und „MZ" ergibt sich für den Arbeitsvorgang die charakteristische Kennziffer in 2 Größen z. B. 96 „Bx" + 40 „MZ".

Der Methodenzuschlag wird von Bedaux im Kennzifferwert gesondert aufgeführt, weil daraus ein Rückschluß auf an der betreffenden Stelle vorhandene Betriebsmängel zu ziehen ist. Der Sonderhinweis soll dazu anhalten, durch Änderung des Arbeitsablaufes den Leerlauf immer mehr einzuengen.

691.2 Durchführung. Ehe eine Bedaux-Gesellschaft die Durchführung ihres Verfahrens in einem Betriebe übernimmt, pflegt sie gemeinhin den betreffenden Betrieb von einem äußerst tüchtigen und sehr erfahrenen Bedaux-Ingenieur, der im übrigen hochbezahlt wird, befahren zu lassen, um sich ein Bild darüber zu verschaffen, ob eine Lohnersparnis, von der ja die Vergütung an die Bedaux-Gesellschaft abhängig ist, tatsächlich erzielbar erscheint. Nach Abschluß des Vertrages schickt die Bedaux-Gesellschaft entsprechend ausgebildete Fachkräfte in den Betrieb, die das neue Verfahren einführen, die ersten Zeitstudien machen und die Kräfte anlernen, die die Fortführung der Arbeiten übernehmen sollen.

Bei der Einführung des Systems ist eine große Zahl von Zeitaufnahmen erforderlich, die durch „Kontrolleure" vorgenommen werden. In Frankreich hat man mit dieser Aufgabe erfahrene Grubenbeamte beauftragt, die von Bedaux besonders ausgebildet worden waren.

Die Überwachung der Bedaux-Arbeit in den Betrieben erfordert die Einrichtung besonderer Bedaux-*Büros*. Um über deren Besetzung ein ungefähres Bild zu geben, sei folgendes angeführt [*239*, S. 191]: In einer französischen Bergbaugruppe, die aus 12 Schachtanlagen besteht, wird sowohl bei der Gruppenverwaltung als auch auf jeder einzelnen Schachtanlage je ein Bedaux-Büro unterhalten. Das Personal des Büros der Gruppenverwaltung besteht aus 1 Chefingenieur und je 1 Ingenieur für die drei Untergruppen sowie drei Angestellten. Als Beispiel für die Zusammensetzung eines Schachtanlagenbüros seien folgende Ziffern genannt, wobei bemerkt sei, daß es sich um eine Grube mit einer Belegschaft von 1300 Mann handelt: 2 Ingenieure, 1 Chefkontrolleur, 3 Kontrolleure, 10 Rechnerinnen, also insgesamt 16 Personen. Als Anhalt für die Zahl der Rechnerinnen wird die Relation: 1 Rechnerin je 110 bis 130 Arbeiter genannt.

In der laufenden Überwachung werden die Zeitaufnahmen von den Ingenieuren selbst vorgenommen, während die erfahrenen Ingenieure der Gruppenverwaltung auf den Schachtanlagen Kontrollen durchführen und den dort Tätigen an die Hand gehen.

Die Bedaux-Büros sind als unabhängige und neutrale Stellen anzusprechen, die ihre Autorität ihrer Stellung zwischen Betriebsleitung und Arbeiter verdanken.

Das Bedaux-Büro hat auch die *Lohnabrechnung* vorzunehmen. Die hierzu erforderlichen Unterlagen liefert der Arbeiter selbst. Die Aufnahme der Punkte im Untertagebetrieb wird in Frankreich z. B. so gehalten, daß ein mit dieser Aufgabe beauftragter Hauer etwa 1 Stunde vor Schichtschluß eine Reihe von Arbeitspunkten befährt und in Zusammenarbeit mit den dort tätigen Arbeitern seine Punktaufnahmen macht. Er läßt sich auch die Wartezeiten angeben und notiert beides auf einem besonderen Formblatt.

Das Arbeitsblatt, das der Vorhauer ausfüllte, wird von ihm im Bedaux-Büro abgegeben. Dieses wertet die Angaben aus und am übernächsten Tage nach der erbrachten Arbeit hat der Hauer das Auswertungsblatt in Händen, womit er über seine Leistung und seinen Lohn unterrichtet ist. Im übrigen kann jeder Arbeiter sich auch über seine Leistung und die seiner Kameraden an Hand der täglich erfolgenden *Aushänge* orientieren. In diesen Listen werden alle unternormalen Leistungen, d. h. solche mit weniger als 60 Einheiten/h rot geschrieben. Hiermit wird ein gewisser Wettkampfgedanke in die Belegschaft hineingetragen und an den Ehrgeiz appelliert insofern, als kein Mensch gerne seine das normale Maß unterschreitende Leistung der Öffentlichkeit des Betriebes unterbreitet sieht.

Der Inhalt des erwähnten Auswertungsblattes, das der Arbeiter erhält, wird bei der Ausfertigung durch Durchschreiben in eine *Kontrolliste* übertragen. Diese Liste enthält außer den Ziffern, die dem Arbeiter bekanntgegeben werden, noch eine ganze Anzahl statistischer Angaben, die zu dem sogenannten Bedaux-Analysis-Blatt zusammengestellt werden, von dem noch die Rede sein wird.

Alle 14 Tage werden in Frankreich die verdienten Löhne aufgerechnet und dem Arbeiter ausgezahlt, wobei ihm ein kleiner Abrechnungszettel übergeben wird, der nur wenige Angaben enthält, jedoch das Verdienst eines *jeden* Tages aufführt.

Was nun das *Verhältnis* der BEDAUX-*Einheiten zum Lohn* angeht, so ist zunächst festzuhalten. daß das BEDAUX-Verfahren von der Höhe des Lohnes und seinen Bewegungen völlig unabhängig ist. Tritt eine Lohnerhöhung ein, so wird diese auf die 60-Bx-Stunde umgelegt. Sodann wäre weiter zu sagen, daß BEDAUX ursprünglich die über 60-BEDAUX-Einheiten erzielten Mehrverdienste nur zu 75% auszahlen wollte. BEDAUX begründete diese seine Auffassung dahingehend. daß das Zustandekommen von über 60 Einheiten hinausgehenden Leistungen nicht nur ein Verdienst des betreffenden Arbeiters sein könne, sondern daß sich in diesem Mehrergebnis auch Maßnahmen des Betriebes auswirkten, so z. B. die Sorge um rechtzeitige Bereitstellung der Betriebsmittel und -stoffe. Es liegen aber Erfahrungen vor, daß sich die Arbeiterschaft gegen die Abwendung von der Proportionalität zwischen Lohn und Leistung stellenweise mit Erfolg zur Wehr gesetzt hat. Im Saargebiet steht sogar eine progressive Kurve in Anwendung. Wenn also von BEDAUX auch die degressive Lohnkurve mit der Begründung der Schonung der Arbeitskraft empfohlen wird, so ist sie jedoch keinesfalls ein integrierender Bestandteil seines Systems. Im übrigen darf nicht verkannt werden, daß die von BEDAUX beabsichtigte Verteilung der zurückbehaltenen 25% an die verantwortliche Betriebsbeamtenschaft, um sich deren Mitgehen zu sichern, die Gefahr naherückt, daß von seiten der Arbeiterschaft von „Antreibersystem" gesprochen wird.

Nicht unerwähnt bleiben darf, daß BEDAUX auch einen *Mindestlohn* kennt. Die Zahlung des BEDAUX-Grundlohnes (Gedingerichtsatz) wird *auch* bei Minderleistungen gewährleistet.

Die Krönung der Betriebsüberwachung nach BEDAUX findet sich im bereits kurz erwähnten *Analysisblatt*. Hierunter wird eine Ziffernzusammenstellung verstanden, die wöchentlich, monatlich, vierteljährlich oder auch jährlich ausgefertigt wird. Der Betrieb wird aufgegliedert nach Gruppen von Arbeitsgängen, nach Maschinen, nach Werkstätten oder Abteilungen und für jedes Glied ein besonderes Blatt ausgefertigt. In ihm finden sich die Angaben über die geleistete Arbeit, die ausgezahlten Bx-Einheiten, die gewährten Methodenzuschläge, die bezahlten Wartezeiten usw. Außerdem werden die Größen zueinander und zu den aufgewendeten Stunden, Mengeneinheiten und sonstigen Bezugsgrößen in Relation gebracht. Dieses Analysisblatt gibt dem Werksleiter in einer verhältnismäßig gedrängten Übersicht einen genauen Einblick in das Werksgeschehen. Man hat schon einmal den Ausdruck verwandt, das Analysisblatt sei die „Röntgenaufnahme" des betreffenden Betriebes bzw. Betriebsteiles.

691.3 Für und wider BEDAUX. Eingangs muß grundsätzlich festgestellt werden, daß jedes Entlohnungssystem, sei es auch noch so exakt und gerecht aufgebaut, in der Hand unfähiger oder gar böswilliger Menschen zu Fehlschlägen führen und damit zur Diskriminierung seiner selbst Anlaß geben kann. Dies gilt auch für das Verfahren nach BEDAUX. Wenn DESSAUER einmal feststellt, daß „das Menschengeschlecht von jeher alles und jegliches mißbrauchte, was in seine Hände kam", warum sollte dann das BEDAUX-System darin eine Ausnahme machen? Und durch solche Mißbräuche ist gewiß das BEDAUX-System so in Verruf gekommen, daß seinen wahren Namen in den Betrieben zu nennen vielfach gescheut wird. Es kann keinem Zweifel unterliegen, daß das BEDAUX-System, recht angewandt, zu Erfolgen führen muß und auch nachgewiesenermaßen zu Erfolgen geführt hat. MATHERON erstattete im Jahre 1935 auf dem 6. Internationalen Kongreß für wissenschaftliche Betriebsführung in London einen Bericht, wonach bei einer Bergwerksgesellschaft durch Anwendung des BEDAUX-Systems die Leistung um 20% gestiegen war, während die Selbstkosten um 12,5% gefallen waren und die Lohnhöhe um 5% zugenommen hatte.

Das BEDAUX-System würde, auf den westdeutschen Steinkohlenbergwerken eingeführt, den Ruf der Steiger nach Entlastung von schriftlichen Arbeiten weithin zum Verstummen bringen, da ja dann die Führung der Schichtenzettel und die Ausrechnung der Löhne entfiele. Die Forderung, daß sich der Steiger ausschließlich der Überwachung seines Betriebes und der Pflege der menschlichen Beziehungen widmen sollte, würde zu erfüllen sein. Und doch würden sich Stimmen des Widerspruchs erheben, weil dem Betriebsbeamten die gesamte Gedingewirtschaft aus den Händen genommen, weil sein Betrieb unbarmherzig auf Mängel durchleuchtet, weil der Arbeiter zur Hergabe seiner stillen Leistungsreserven veranlaßt würde, auf die er nur ungern verzichtet, vielleicht auch weil das ganze System als theoretisch und für die Praxis „wegen der besonderen Verhältnisse" als unbrauchbar gestempelt würde.

Man darf jedoch auch nicht die Augen davor schließen, daß das BEDAUX-Verfahren sehr berechtigten Einwänden begegnet. Ein schwerwiegendes Argument ist beispielsweise, daß die Heranziehung einer genügenden Zahl von Bergbau-Fachkräften auf Schwierigkeiten stoßen wird. Weiter darf auch nicht verkannt werden, daß das BEDAUX-System die Gefahr der Verbürokratisierung im Keime in sich trägt und daß die Geheimnistuerei um den Erholungszuschlag nicht dazu dienlich ist, das Vertrauen in die Methode zu stärken. Im letzten dürfte es auch bei den Gewerkschaften wenig Freunden begegnen, einmal, weil es sich im Gegensatz zum REFA, in dem die Gewerkschaften aktiv mitarbeiten, um eine Erwerbsgesellschaft handelt, und zum zweiten, weil das System — erinnert sei an den Erholungszuschlag — nicht völlig durchsichtig ist.

Selbst aus Frankreich und auch aus dem Saargebiet sind ablehnende Äußerungen bekannt geworden. Die französische Bergarbeitergewerkschaft scheint nicht ganz mit der Anwendung des BEDAUX-Systems einverstanden zu sein. Auf der anderen Seite betonen dessen Vertreter, daß die Gruben von einem allgemeinen Streik ausgenommen waren, die nach BEDAUX arbeiteten. Dem Vernehmen nach wird das BEDAUX-Verfahren in Frankreich als Papierkrieg bezeichnet. Das gleiche Urteil fällte ein Fachmann aus dem Saargebiet, wenn er es auch auf die verwickelteren Arbeitsvorgänge beschränkte und bei einfacheren BEDAUX eine größere Chance gab.

Abschließend darf zusammenfassend vielleicht gesagt werden, daß das BEDAUX-System ebenso wie das deutsche REFA-Verfahren so viel an Erkenntnissen, Ratschlägen und Erfahrungen in sich birgt, daß der Bergbau sicherlich gut daran täte, sich dieser zu bedienen.

692 Gedingerichtwerte für den Arbeitsvorgang „Gewinnung" aus auf statistischen Werten aufgebauten Nomogrammen.

Die Betriebswirtschaft G.m.b.H., Essen, hat im Jahre 1949 aus statistischen Ziffern von 270 Flözbetriebpunkten, die eine Anzahl von Zechen (26) an der Ruhr zur Verfügung gestellt hatte, eine Reihe von Nomogrammen entwickelt, mit deren Hilfe der Gedingerichtwert für den Arbeitsvorgang „Gewinnung" ermittelt werden soll. Der Versuch bezweckte, aus den statistischen Angaben die funktionalen Zusammenhänge zwischen der Gewinnungsleistung und den zahlreichen auf sie einwirkenden Einflußgrößen zu bestimmen. Als wichtigste Einflußgrößen wurden angesprochen und berücksichtigt: Mächtigkeit, Einfallen, Gewinnbarkeit der Kohle und Kohlenart, dazu auch die Stoßstellung zu den Schlechten, Bergemittel, Beschaffenheit des Nebengesteins, Abbaumethode, Art des Gewinnungsmittels, Klima (wobei hierunter Temperatur, Feuchtigkeit und Wettergeschwindigkeit erfaßt wurden), Art und Richtung des Ausbaus, Art des Fördermittels und schließlich ein sogenannter „Schachtfaktor", der für jede einzelne Schachtanlage typisch ist.

Es ist verständlich, daß von den einzelnen Schachtanlagen die zu beziffernde „Normalleistung" auf die gleichen Begriffsbestimmungen hätte abgestellt werden müssen. Die Grundlage war aber unterschiedlich:

a) tatsächlich erreichte (Ist-)Ziffern aus den Jahren 1938—1941 (wobei die ab 1. April 1939 einsetzende Schichtzeitverlängerung um ¾ Stunde vernachlässigt wurde),
b) derzeitig tatsächlich erreichte (Ist-)Ziffern,
c) Schätzungsziffern, aufbauend auf derzeitigen Istziffern und früheren „Normalleistungen".

Es muß festgestellt werden, daß durch die Verschiedenheit der Grundlagen das Ergebnis nicht in Richtung einer größeren Genauigkeit beeinflußt sein kann.

Die für die Berechnung der Gewinnungsleistung (t/M/Sch) entwickelte Formel lautet wie folgt:

$$G = \frac{M \cdot U \cdot V \cdot F}{\dfrac{C}{Ex} + a \cdot M^y} \cdot \frac{H \cdot L \cdot K \cdot W}{St} \cdot \frac{1}{1 + b\,(T - 20)} \cdot z \cdot Sch \cdot S - \frac{d \cdot B^n}{Er}$$

Die Kurzzeichen in der Formel bedeuten:

a) Variable Größen.

b) Konstante Faktoren. Als konstante Faktoren sind die Größen C, a, b und d anzusprechen.

c) Konstante Exponenten. In der Formel sind als konstante Exponenten die mit den Buchstaben x, y, z, n und r bezeichneten Größen anzusehen.

Kurzzeichen	Einflußgröße	angegeben in
G	Gedinge-Schichtleistung in der Gewinnung	t/Mann/Schicht
M	Mächtigkeit	cm
E	Einfallen	Gruppen bzw. Grade
U	Ausbau	Holz oder Eisen
V	Verhiebart oder Abbaumethode	Gruppen
F	Fördermittel	Fördermittel
H	Hangendes	Gruppen
L	Liegendes	Gruppen
K	Kohleart	Gruppen
W	Gewinnbarkeit	Faktor
St	Stoßstellung zu den Schlechten	Winkelgruppen
T	Temperatur effektiv	Grad
Sch	Schachtausbringen (Wasch- und Klaubebergeverlust)	Prozent
S	Schachtfaktor	—
B	Berge	cm

Das erste Teilglied der Formel, und zwar

$$\frac{C}{E^x} + a \cdot M^y$$

soll Mächtigkeit (M) und Einfallen (E) erfassen. Mit diesem Teilglied gekoppelt sind die Faktoren für den Ausbau (U), die Verhiebart oder Abbaumethode (V) und die Art des Fördermittels (F).

Das zweite Glied der Formel

$$\frac{H \cdot L \cdot K \cdot W}{St}$$

umfaßt als Faktoren die Einflußgrößen Hangendes (H), Liegendes (L), Kohleart (K) und Gewinnbarkeit (W) sowie als Quotienten die Stoßstellung zu den Schlechten (St).

Das dritte Glied berücksichtigt die sogenannte „effektive Temperatur" (T) in folgender Weise

$$\frac{1}{1 + b\,(T - 20)}$$

Das vierte Glied besteht aus einem konstanten Faktor (z), dem Faktor für das „Schachtausbringen" (Wasch- und Klaubebergeverlust) (Sch) und dem sogenannten „Schachtfaktor" (S).

Es folgt das zu subtrahierende Glied

$$\frac{d \cdot B^n}{E^r},$$

das das Bergemittel (B) berücksichtigt, wobei das Einfallen (E) als Divisor in einer Exponentialgröße auftritt.

Nach Auffassung der Betriebswirtschaft G. m. b. H. soll die Aufspaltung des Gesamtkomplexes in einzelne Einflußgrößen, wie in der vorstehenden Formel geschehen, jede einzelne Einflußgröße für sich in ihrer qualitativen und quantitativen Beziehung und Wirkung auf den Gewinnungsvorgang zu betrachten und zu untersuchen gestatten, ohne daß die anderen Einflußgrößen sich hierbei störend auswirken oder den betrachteten Einzeleinfluß überdecken können. So soll es möglich sein, für jede einzelne Einflußgröße ein Diagramm oder eine Häufigkeitskurve zu zeichnen, in der nur der Einfluß dieser einen Größe in Erscheinung tritt, während alle übrigen konstant gehalten werden können.

Zu der Formel ist zunächst aber einmal grundsätzlich zu betonen, daß sie nicht dimensionstreu ist, wenn man nicht annimmt, daß die eine oder andere Konstante irgendwelche Dimensionen aufweist.

Aus der Formel ist die Kurve der Abhängigkeit der Gewinnungsleistung von der Mächtigkeit abgeleitet worden. Abb. 96 zeigt diese Kurve, wobei die aus dem russischen Normenbuch entnommenen Ziffern zum Vergleich mit angegeben worden sind. Es ergeben sich doch immerhin beachtliche Unterschiede, wobei dahingestellt bleiben mag, ob die Kurve der Betriebswirtschaft G. m. b. H. oder die aus den Angaben des russischen Normenbuches entwickelte zutreffend ist bzw. den wirklichen Verhältnissen näherkommt.

In Abb. 97 ist die Abhängigkeit der Gewinnungsleistung von der Einflußgröße Einfallen kurvenmäßig dargestellt, wobei wiederum die aus den Angaben des russischen Normenbuches entwickelte Kurve mit eingezeichnet ist. Die Schlußfolgerungen sind die gleichen, wie sie oben bei der Einflußgröße Mächtigkeit angegeben worden sind.

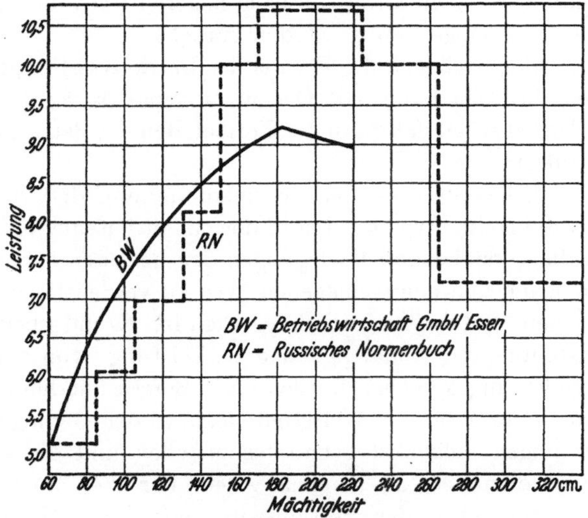

Abb. 96. Leistung in Abhängigkeit von der Mächtigkeit.

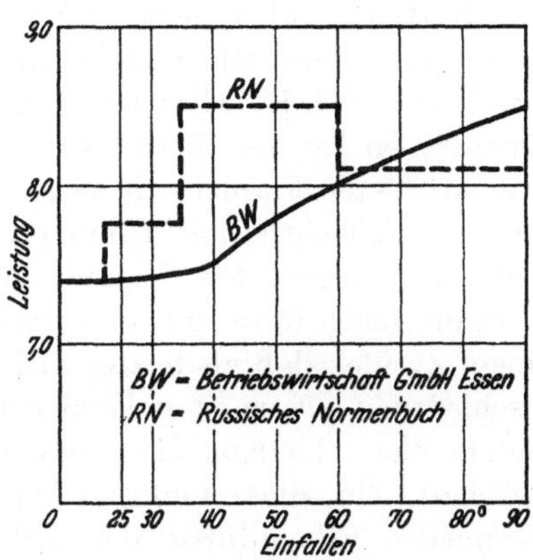

Abb. 97. Abhängigkeit der Leistung vom Einfallen.

Bei der Erfassung der Kohleart in den Fragebogen, die der Ermittlung zugrunde gelegt sind, hat man Gütekennziffern verwandt, und zwar hat man die Ausdrücke „gut", „mittel" und „schlecht" gewählt. Bei der Auswertung hat sich jedoch herausgestellt, daß die subjektiven Ansichten zu einer unterschiedlichen Beurteilung und Klassifizierung geführt haben. Damit ist sicherlich eine Unsicherheit in die Formel hineingebracht worden.

Ebenso unsicher erscheint die Gewichtung der Einflüsse des Hangenden und des Liegenden zu sein, die gleichfalls unter Anwendung der Noten „gut", „mittel", „schlecht" vorgenommen worden ist. Es scheint, daß auch hier ein gewisser Subjektivismus mit eine Rolle gespielt hat.

Die vier Einflußgrößen Kohleart und Gewinnbarkeit, Hangendes und Liegendes sowie Stoßstellung sind von der Betriebswirtschaft G. m. b. H. zu einem „Gewinnbarkeitsfaktor" zusammengefaßt worden.

Bei der Behandlung der Einflußgröße „Fördermittel" hat man die Anzahl der jeweils hintereinandergeschalteten Fördermittel nicht berücksichtigt, sondern als Konstante in die Rechnung eingehen lassen, d. h. also, der Störungsfaktor, der unstreitig mit der Anzahl der hintereinandergeschalteten Fördermittel zunimmt, hat keine besondere Berücksichtigung gefunden.

Bei der Untersuchung der Einflußgröße „Gewinnungsmittel" will die Betriebswirtschaft G. m. b. H. festgestellt haben, daß unter sonst gleichen Bedingungen beim Schrämen etwa 8—10% mehr an Gewinnungsleistung anfallen als beim Abbauhammerbetrieb. Diese Ziffern erscheinen außerordentlich niedrig, wenn man sich an Hand der in den EICKHOFF-Mitteilungen erfolgten Veröffentlichungen über im praktischen Betrieb erzielte Ergebnisse ein umfassenderes Bild über die angeschnittene Frage macht[1]. Ebensowenig kann die Angabe der Betriebswirt-

---

[1] Eickhoff-Mitteilungen:

1939	Heft 1	S. 8	24—34%	1941	Heft 5	S. 78	66%	1943	Heft 3/7	S. 25	57/25/44/77/25/42%
1939	Heft 12	S. 226	75%	1941	Heft 7	S. 112	84,7%	1949	Heft 1	S. 16	170%
1940	Heft 3	S. 36	50%	1942	Heft 1/2	S. 8	100%	1949	Heft 4	S. 51	24/42%
1941	Heft 3	S. 46	22%	1942	Heft 1/2	S. 15	20%	1949	Heft 4	S. 60	66%
1941	Heft 5	S. 71	32%	1942	Heft 3	S. 24	29,6%	1949	Heft 4	S. 93	38%

schaft G. m. b. H. befriedigen, daß der Einfluß des Schießens gegenüber dem Abbauhammerbetrieb bei 8% Mehrleistung liegt. Da sich die Angaben auf frühere Schießverfahren erstrecken, sollen die Ziffern aus dem neuzeitlichen Schrifttum nicht zum Vergleich herangezogen werden. Schon aus früheren Veröffentlichungen ergibt sich, daß die Ziffer zu niedrig ist[1].

Der von der Betriebswirtschaft G. m. b. H. benutzte Begriff der effektiven Temperatur ist noch nicht allgemein anerkannt. Überdies gibt die Betriebswirtschaft G. m. b. H. selbst an, daß die zahlenmäßige Abhängigkeit der Leistung von der effektiven Temperatur noch nicht genau angesetzt werden konnte.

Der in der angegebenen Formel noch enthaltene Schachtfaktor soll nach neueren Rechnungen eliminiert worden sein, so daß hierauf nicht mehr eingegangen zu werden braucht.

Schließlich muß noch darauf hingewiesen werden, daß sich die Formel der Betriebswirtschaft G. m. b. H. auf Erhebungen stützt, in denen die Arbeitszeit vor Ort nicht genau angegeben worden war. Hierdurch entsteht ein weiterer Unsicherheitsfaktor in der Formel, den die Betriebswirtschaft G.m.b.H. selbst mit $\pm$ 8—9% beziffert.

Inzwischen hat die Betriebswirtschaft G.m.b.H. weiter an der Vervollkommnung der von ihr entwickelten Formel gearbeitet, so u. a., wie bereits erwähnt, den in der ersten Fassung enthaltenen „Schachtfaktor" eliminiert, so daß die vorstehenden Darlegungen den neuesten Stand nicht widerspiegeln. Sie dürften aber genügen, um den eingeschlagenen Weg zu verdeutlichen.

Grundsätzlich wäre zu dem Verfahren zu sagen, daß das Ziel richtig gesehen ist. Es unterliegt keinem Zweifel, daß als letztes Ziel die Feststellung der Abhängigkeit der „Leistung" von den verschiedenen auf sie einwirkenden Einflußgrößen angesprochen werden muß. Sofern überhaupt gesetzmäßige Abhängigkeiten bestehen, wird es Aufgabe der Weiterentwicklung der Gedingewirtschaft sein, diese funktionalen Verknüpfungen möglichst genau festzustellen und die so gewonnenen Erkenntnisse der Gedingesetzung dienstbar zu machen. Allein der Weg dürfte länger und schwieriger sein als es nach dem Vorgehen der Betriebswirtschaft G.m.b.H. erscheinen könnte. Die Verknüpfungen werden mannigfaltiger und nicht einfacher Natur sein, so daß nur eine ganz in die Tiefe gehende Forschung die Gesetzmäßigkeiten mit hinreichender Genauigkeit feststellen kann. Aus statistischen Komplexen, und mögen sie im Gegensatz zu dem von der Betriebswirtschaft G.m.b.H. verwandten Material noch so genau und exakt erfaßt sein, wird man rückwärtsrechnend und kombinierend kaum zu Schlußfolgerungen gelangen können, die den Genauigkeitsforderungen einer mathematischen Formel adäquat sein werden. Hierzu wird es wahrscheinlich noch weiter ins einzelne gehender Untersuchungen im Betriebe bedürfen.

Zum Schluß soll und muß dann noch auf einen Gesichtspunkt verwiesen werden, der die Brauchbarkeit von Formeln und Nomogrammen für die praktische Gedingesetzung zum mindesten einengt, wenn nicht gar ganz ausschließt. Es wird immer wieder gefordert, daß der Aufbau des Gedinges für den Bergmann durchsichtig sein muß, daß der Bergmann vor Ort an der Berechnung des Gedinges aktiven Anteil nehmen soll. Diese Forderungen können aber von einer mathematischen Formel oder einem Nomogramm unmöglich erfüllt werden. Und daran dürfte die praktische Brauchbarkeit des Verfahrens grundsätzlich scheitern.

---

[1] So geben beispielsweise die Eickhoff-Mitteilungen Heft 7 (1941) auf Seite 107 folgende Tafel an:

		Gewinnungsart	Hackenleistung
Im ersten Streb	{	Mit Abbauhämmern	4,55 t/M/Sch
		Mit Abbauhämmern und teils Schießarbeit	7,7 t/M/Sch
		Mit Schrämmaschine und Abbauhämmern	9,33 t/M/Sch
Im zweiten Streb	{	Mit Abbauhämmern und teils Schießarbeit	10,5 t/M/Sch
		Mit Schrämmaschine und Abbauhämmern	11,66 t/M/Sch

7 Diskussion der Gedingespielarten.

70 Einführung.

701 Aufgabenstellung.

Wenn man ein Gedinge zu diskutieren beabsichtigt, so dürfte der erste Teil der damit gestellten Aufgabe darin zu erblicken sein, daß man das zu besprechende Gedinge kennzeichnet hinsichtlich Gattung, Form, Umfang, Gestalt und Art.

Dies kann unter Heranziehung der in der Übersichtstafel der Abb. 98 (vgl. auch Abb. 21) aufgeführten Kennziffern durch eine *Kennzahl* geschehen, indem man durch die erste Ziffer die

Stellung der Kennziffer in der Kennummer							
1	Gedingegattung	① kurzfristig kündbar		② langfristig kündbar		③ langfristig unkündbar	
2	Gedingeform	Bezug auf Leistung der eigenen Arbeitergruppe: ① Kameradschaftsgedinge, ② Gruppengedinge, ③ Einmanngedinge			Bezug auf Leistung anderer Arbeitergruppen: ④ Anteilgedinge, ⑤ Koppelgedinge			
3	Gedingeumfang	① Einfaches Gedinge		② Kombiniertes Gedinge		③ Rahmengedinge	
4	Gedingegestalt	① Lineares Gedinge, ② Prämiengedinge, ③ Minderleistungsgedinge, ④ Steigendes Kurvengedinge, ⑤ Fallendes Kurvengedinge, ⑥ Mindestlohngedinge, ⑦ Stufengedinge						
5	Gedingeart	Einteilung nach metrischen Maßen: ① Länge, ② Fläche, ③ Raum, ④ Gewicht			Einteilung nach bergmännischen Maßen: ⑤ Länge, ⑥ Raum		Einteilung nach sonstigen Bezugsgrößen: ⑦ Stückzahl, ⑧ Zeit	
	Beispiele	m	m²	m³	(kg) t	Schalholz Unterzug Rutschen	Wagen Wanderpfeiler Holzpfeiler	Stunden Schichten Tage

① Kennziffer

Beispiel: langfristiges unkündbares ③ Kameradschafts- ① einfaches ① lineares ① Wagen ⑥ Gedinge = Kenn-Nr. 31116

Abb. 98. Kennziffernsystematik der Gedingespielarten.

Gattung, durch die zweite die Form, durch die dritte den Umfang usf. bezeichnet. Auf diese Weise kann jedes Gedinge klar und unmißverständlich in einer nicht zu überbietenden Kürze fixiert und bezeichnet werden.

Die zweite Aufgabe wäre darin zu sehen, daß man untersucht, ob und inwieweit die *Grundforderungen* Lohngerechtigkeit, Leistungsanreiz und Wirtschaftlichkeit, die an jedes Gedinge gestellt werden müssen, von dem in Frage stehenden Gedinge erfüllt werden.

Dabei wären die genannten Grundforderungen etwa wie folgt zu umreißen:

Lohngerecht ist eine Gedingespielart, wenn sie einen Lohn abwirft, der der erbrachten Leistung bei rechter Würdigung aller Betriebsverhältnisse adäquat[1] ist. Selbstverständlich kann ein Gedinge nicht gerecht sein, wenn die rechtlichen Bestimmungen nicht vollinhaltlich befolgt werden, wobei zu den rechtlichen Bestimmungen nicht nur die gesetzlichen Vorschriften, sondern auch die vertraglichen Abmachungen zu zählen sind. So verlangt z. B. die Lohngerechtigkeit, daß der Gedingeleistung der Gedingerichtlohn, der in seiner Höhe ja festliegt, gegenübergestellt wird. Eine Unterschreitung würde eine Benachteiligung des schaffenden Bergmanns, eine unbegründete Überschreitung eine Schädigung der Volks- und Wirtschaftsinteressen bedeuten.

Einen *Leistungsanreiz* besitzt eine Gedingespielart, wenn sie den im Gedinge Arbeitenden zu einer Steigerung seiner Leistung veranlaßt und ihm ein Zurückhalten der Leistung als inopportun erscheinen bzw. erkennen läßt.

Wirtschaftlich ist eine Gedingespielart, wenn bei infolge höherer Leistung steigendem Lohn die Lohnbelastung des Erzeugnisses sinkt oder doch wenigstens nicht wächst oder, allgemein gesagt, wenn die Gedingespielart so gewählt ist, daß bei den gegebenen Verhältnissen das Optimum des Betriebsablaufes erreicht wird.

Die dritte Aufgabe würde die *mathematische Diskussion* der Gedingekurve und der Kurve der Lohnbelastung in sich schließen.

Als weiterer Punkt der allgemeinen Besprechung wäre dann noch die Schilderung der Anwendungsbereiche der in Rede stehenden Gedingespielart anzusehen.

Den Abschluß würde die Behandlung von Beispielen aus der Praxis bilden müssen, wobei u. a. einzugehen wäre auf

die Gedingekalkulation;
die Gestaltung des Gedingevertrages;
die schaubildliche Darstellung der Lohnkurve als Funktion der Leistung;
die Lohnskala als zahlenmäßigen Ausdruck dieser funktionalen Verknüpfung;
das Schaubild der Lohnbelastung der Erzeugungseinheit wiederum in funktionaler Abhängigkeit von der Leistung.

702 Grundsätze der mathematischen Analyse der Gedingekurve.

Die mathematische Diskussion der Gedingekurve wird im nachstehenden auf Grund folgender Überlegungen durchgeführt:

Im Schaubild der Abb. 99 ist auf der waagerechten Achse die Leistung/M/Sch abgetragen, wobei dahingestellt sein mag, welche Dimension die Ziffer trägt, d. h. ob es sich um eine Leistung in Wagen/M/Sch, cm/M/Sch oder um sonst irgendeine Leistungsziffer handelt. Auf der senkrechten Achse ist der Lohn/Schicht in gleicher Stufung nach DM abgetragen. In einer solchen Netztafel ist die Gedingekurve die Kurve, deren einzelne Punkte dem funktionalen Zusammenhang zwischen Lohn und Leistung entsprechen. Nehmen wir z. B. an, daß die Punkte A, B, C, D, E und F Punkte der Gedingekurve seien, so ergibt sich für die Zuordnung der Werte folgende zahlenmäßige Übersicht:

Kurvenpunkt	Lohn DM	Leistung
A	6,00	3,00
B	7,00	5,50
C	8,50	6,50
D	9,50	8,00
E	11,00	9,00
F	12,00	10,00

Mit voller Absicht ist in der Abbildung ein irregulärer Kurvenzug gebracht, um von vornherein herauszustellen, daß dem Gedinge nicht unbedingt etwas Starres anhaften muß. Es gibt eine ganze Reihe von Gestaltungsmöglichkeiten der Gedingekurve. Welche Kurvenart sich als zweckmäßigste erweist, muß vorerst einer näheren Untersuchung überlassen bleiben, doch soll hier schon vorweggenommen werden, daß nichts falscher wäre, als ein starres System als auf alle Fälle passend und allein gut anzusehen.

---

[1] „Der ‚gerechte Lohn‘ aber ist ein trans-rationales Postulat, weil es für ‚Gerechtigkeit‘ letzten Endes nur das Kriterium der subjektiven Bejahung, der individuellen Überzeugtheit gibt, daß die Relation zwischen Leistung und Vergütung nach menschlicher Möglichkeit und geltenden Regeln ‚recht‘ sei.
Was hier ‚recht‘ ist, das leitet sich für das menschliche Gefühlsurteil nicht nur aus dem triebhaften Wunsch nach gesicherter materieller Existenz und nach Erwerb ab. Die Frage reicht in tiefere seelische Schichten: ‚Gerecht‘ ist der Lohn, der aus seinem rechten Verhältnis zur Leistung heraus das natürliche Geltungs- und Selbstwertbewußtsein trägt, ohne welches die innere Sicherheit der Persönlichkeit nicht denkbar ist.“ Aus [*41*].

Der Gedingesatz, den man im Bergbau gemeinhin auch kurz „Gedinge" nennt, ist, wenn man jeden einzelnen Punkt der Gedingekurve für sich betrachtet, der Lohn je Leistungseinheit. Wenn die Gedingekurve nicht geradlinig ist, wechselt mit deren Krümmung oder Stufung selbstverständlich der Lohn je Leistungseinheit, so daß man es in diesem Fall mit wechselnden Gedingesätzen zu tun hat. Nur bei linearem Gedinge bleibt der Lohn/Leistungseinheit und damit der Gedingesatz über den gesamten Bereich der Gedingekurve eine konstante Größe.

Greift man in Abb. 99 den Punkt A heraus, für den als Lohnhöhe 6,— DM und als Leistungsziffer 3,0 gilt, so würde der Lohn je Leistungseinheit für den Punkt A 6,— DM : 3 = 2,— DM betragen. Man könnte dann auch sagen: Für den Punkt A ist der Gedingesatz 2,— DM. Für B wäre der Gedingesatz 7,— DM : 5,5 = rd. 1,7 DM, für die weiteren Punkte entsprechend rd. 1,31; rd. 1,19; rd. 1,21 und 1,20 DM. Es wird klar ersichtlich, daß sich die Gedingesätze entsprechend dem wechselnden Verlauf der Gedingekurve ändern.

Unterstellt man, daß zwischen Punkt A und B die Gedingekurve geradlinig verläuft, so errechnet sich der Gedingesatz für den Bereich $\overline{AB}$ aus dem Quotienten der Differenzen der Lohn- und Leistungsziffern wie folgt:

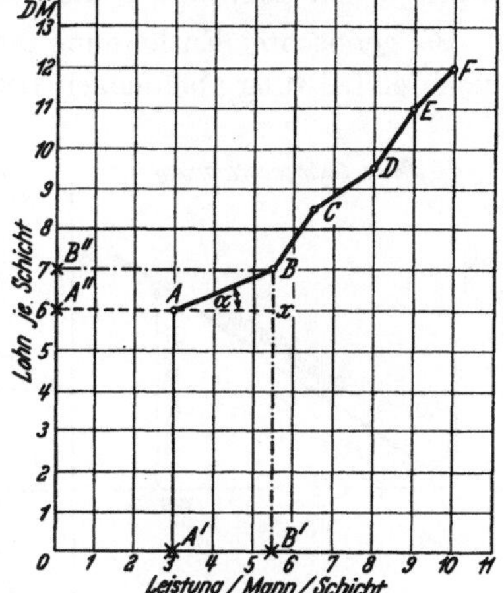

Abb. 99. Die Gedingekurve als Funktion von Lohn und Leistung.

Die Lohndifferenz beträgt im Bereiche $\overline{AB}$ $B'' — A''$ = 7 — 6 = 1,— DM. Die Leistungsdifferenz beläuft sich im gleichen Bereich auf $B' — A' = 5,5 — 3 = 2,5$. Der Gedingesatz zwischen A und B berechnet sich daher zu 1,— DM : 2,5 = 0,4 DM/Leistungseinheit.

Im Dreieck ABX ist $B'' — A'' = \overline{BX}$ und $B' — A' = \overline{AX}$. Der Quotient BX/AX ist aber gleich tg α, wenn α der zwischen Gedingekurvenstück $\overline{AB}$ und Waagerechten $\overline{AX}$ eingeschlossene Winkel ist.

Wenn man nunmehr die Punkte A und B immer näher zusammenrücken läßt, bis das Dreieck ABX unendlich klein geworden ist, dann ergibt sich, daß der Gedingesatz in jedem Punkte der Gedingekurve gleich dem Steigungsmaß dieser Kurve oder, mathematisch gesprochen, gleich dem Tangens des von der Gedingekurve mit der Waagerechten gebildeten Winkels ist. Da aber das Steigungsmaß einer Kurve auch gleich dem ersten Differentialquotienten der Kurvengleichung ist, so kann der Gedingesatz durch einmaliges Differenzieren der Kurvengleichung gewonnen werden.

Der Gedingesatz stellt zugleich eine andere wichtige Kennziffer des Bergbaubetriebes dar. Da er den Lohn je Leistungseinheit für jeden Punkt der Lohn-Leistungs-Kurve angibt, so zeigt er damit auch die Lohnbelastung je Leistungseinheit auf. Man kann daher die gleiche Kurve, nämlich die des Steigungsmaßes der Gedingekurve benutzen, einmal um den Gedingesatz für jeden Punkt der Gedingekurve abzulesen, und zweitens, um sich über die aus der Gedingekurve resultierende Lohnbelastung Klarheit zu verschaffen.

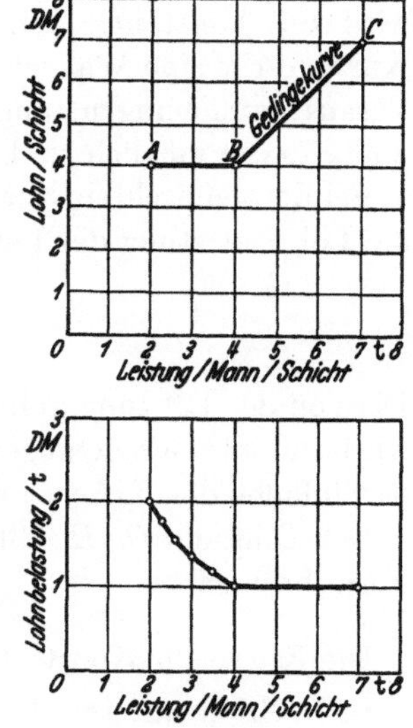

Abb. 100. Gedinge und Lohnbelastung der Leistungseinheit.

In Abb. 100 führt der im Bereich $\overline{AB}$ gleichbleibende Lohn zu einer mit steigender Leistung stark absinkenden Kurve der Lohnbelastung, während im Bereich $\overline{BC}$ die Gedingekurve ein derartiges Ansteigen aufweist, daß die Belastung konstant bleibt.

703 Reine Gedinge- und gemischte Entlohnung.

Je nachdem, ob der Gesamtlohn eines Arbeiters oder nur ein Teil desselben von der erbrachten Leistung beeinflußt, m. a. W. vom Gedinge abhängig ist, unterscheidet man zwischen reiner Gedingeentlohnung und gemischter Entlohnung. Die Grundschemata sind in Abb. 101 wiedergegeben.

Die Gedingekurve der linken Tafelhälfte weist die Abhängigkeit des Lohnes von der Leistung dergestalt aus, daß der gesamte Lohn eine Funktion der Leistung ist, so daß die mathematische Kurzformel für die reine Gedingeentlohnung lauten muß:

$$O \, f \, E \, ,$$

worin O den Lohn und E die Leistung darstellen.

Bei gemischter Entlohnung setzt sich der Gesamtlohn aus einem festen Grundlohn und einem von der Leistung abhängigen Leistungslohn zusammen, wie der rechte Teil der Abbildung zeigt.

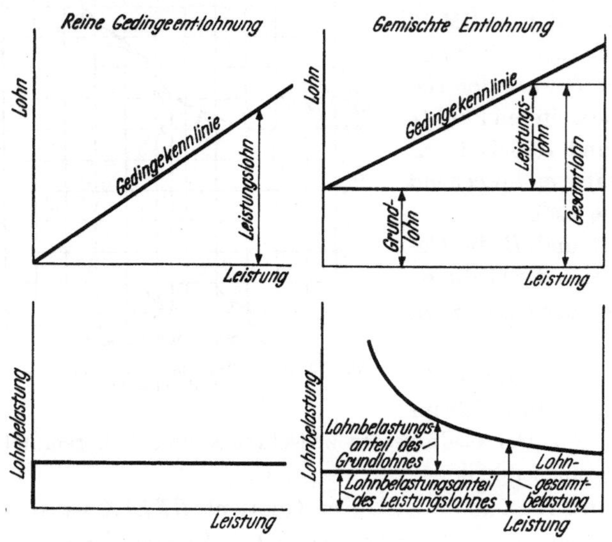

Abb. 101. Reine Gedinge- und gemischte Entlohnung.

Die mathematische Grundformel ist daher

$$O_\Sigma = O_G + O_E \, ,$$

wobei

O_Σ den Gesamtlohn;
O_G den Grundlohn;
O_E den Leistungslohn

bezeichnen.

Dabei wäre nach obiger Gleichung zu setzen:

$$O_E \, f \, E \, .$$

Die Lohnbelastung der Leistungseinheit (k) stellt sich bei der reinen Gedingeentlohnung auf

$$k = \frac{O}{E} \, .$$

Im Beispiel der Abb. 101 ist die Gedingekurve eine durch den Nullpunkt des Koordinatensystems gehende Gerade, d. h. der Lohn ist der Leistung einfach proportional. In diesem Fall wird $k =$ konstant, so daß im Lohnbelastungsbild (linke untere Hälfte der Abbildung) die Kurve für k eine Waagerechte ergibt. Es sei aber ausdrücklich betont, daß dieser zur besseren Veranschaulichung herangezogene Fall nur einer von vielen ist und auch andere Beziehungen und Kurven möglich sind.

Bei der gemischten Entlohnung sehen die Verhältnisse wesentlich anders aus. Die Formel für die Lohnbelastung der Leistungseinheit lautet:

$$k = \frac{O_G}{E} + \frac{O_E}{E} \, .$$

Die von der Leistung abhängige Lohnkurve ist, um die Sachlage möglichst einfach darzustellen, wiederum als Gerade angenommen. So wird dann der Quotient O_E/E konstant und im Schaubild als einfache der X-Achse parallele Gerade darstellbar.

Der Quotient O_G/E läßt sich, da der Grundlohn eine konstante Größe ist, auch in folgende Form bringen:

$$O_G/E = \text{Konst.} \cdot 1/E \, .$$

Die Kurve für Konst. $\cdot 1/E$ ist aber eine Hyperbel.

Im rechten unteren Teil der Abb. 101 ist zunächst der Lohnbelastungsanteil des Leistungslohnes als waagerechte Gerade im Diagramm enthalten. Darüber ist unter Benutzung der Waagerechten als Nullinie die Kurve des Lohnbelastungsanteils des Grundlohnes als Hyperbel eingezeichnet. Auf diese Weise gibt die Hyperbelkurve bei Bezug auf die X-Achse die Lohngesamtbelastung der Leistungseinheit an.

704 Gebundenes und ungebundenes Gedinge.

Gebundene Löhne entstehen dadurch, daß durch staatliche Anordnung oder auf dem Wege der Vereinbarung zwischen Arbeitgeber und Arbeitnehmer die Lohnhöhe nach oben und oder unten begrenzt und jenseits dieser Grenzen der Einfluß der Leistung auf den Lohn ausgeschaltet

wird. Dagegen kann sich bei ungebundenen Löhnen die Gedingekurve über den ganzen Leistungsbereich auf den gesamten Bereich des Lohnes auswirken. Nur im Bereich oberhalb des Mindest-
und unterhalb des Höchstlohnes ist, wie aus dem Diagramm der Abb. 102 (linke obere Hälfte)
deutlich ersichtlich ist, eine funktionale Verknüpfung zwischen Lohn und Leistung möglich.
Im Bergbau an der Ruhr ist das Gedinge insofern gebunden, als ein Mindestlohn gezahlt werden
muß und nicht unterschritten werden darf, soweit und solange dem Arbeiter keine absichtliche
Zurückhaltung der Leistung nachzuweisen ist. Von diesem Gesichtspunkt aus könnte die Erörterung des durch Mindestlohn gebundenen Gedinges dem speziellen Teil der Untersuchung
zugewiesen werden. Hinzu kommt, daß der Bergbau keine Höchstlöhne kennt, sondern im
Gegenteil hier und da sogar überproportionale Gedinge anwendet. Allein in anderen Industriezweigen kennt man die Lohnbindung nach oben oder befürwortet sie jedenfalls. So äußert sich
beispielsweise RUMMEL [*196*, S. 252]:

„Übermäßige Anstrengung und übermäßige Einzelverdienste durch Unsicherheit der Zeitbestimmung oder
Zufälligkeiten des Betriebes, verbunden mit der Wirkung von Unzufriedenheit bei anderen Teilen der Belegschaft, werden durch den mit gesteigerter Lei-
stung immer schwächer anwachsenden Kurvenverlauf abgebremst."

Klar ist, daß die Gedingekurve, die
RUMMEL bei dieser Äußerung vorschreibt,
einem oberen Grenzwert, d. h. also einem
Höchstlohn zustrebt und ihn je nach der
gewählten „Bremse" früher oder später
praktisch, wenn auch noch nicht mathematisch exakt, erreicht.

Es erscheint daher zweckmäßig, das
durch Mindest- und Höchstlöhne gebundene Gedinge vorweg einer allgemeinen
Betrachtung zu unterziehen. Abb. 102
zeigt das gebundene und das ungebundene
Gedinge nebeneinander in graphischen
Schemadarstellungen.

Das linke Bildfeld enthält die Kurven
für das Gedinge und die Lohnbelastung

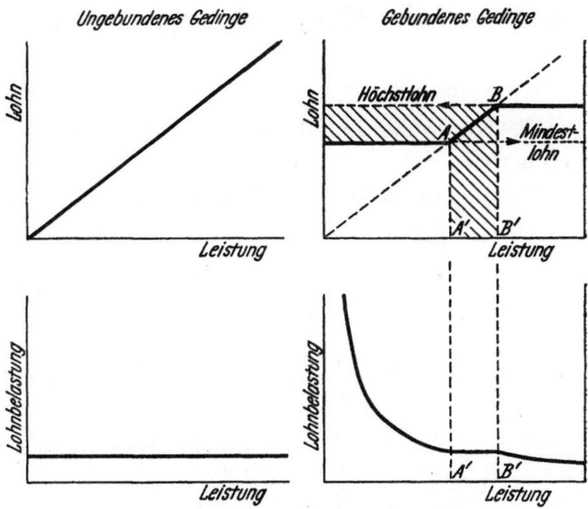

Abb. 102. Gebundenes und ungebundenes Gedinge.

bei ungebundenem Gedinge. Wie in der vorhergehenden Abbildung ist aus den gleichen wie dort
angegebenen Gründen ein lineares Gedinge als Beispiel eingezeichnet. Der gesamte Lohnbereich
steht in funktionaler Abhängigkeit von der Leistung. Die Kurve der Lohnbelastung je Leistungseinheit wird im Beispiel durch eine parallel der X-Achse verlaufende Gerade dargestellt. Die
mathematische Formel des Gedinges lautet

$$O \, f \, E \, ,$$

wobei im angezogenen Beispiel des linearen Gedinges diese in die Form

$$O = c \cdot E$$

übergeht, worin c ein konstanter Faktor ($= \mathrm{tg}\,\alpha$) ist. Die Kostenbelastung der Leistungseinheit
wird gleich

$$k = \frac{O}{E}$$

bzw. im angenommenen Fall

$$k = c = \text{konstant.}$$

Anders dagegen beim gebundenen Gedinge, dem die rechte Bildhälfte gewidmet ist. Zwischen
den Punkten A und B, die auf der Lohnskala dem Mindest- bzw. Höchstlohn koordiniert sind,
ist die Gedingekurve das Regulativ zwischen Lohn und Leistung. Im Beispiel ist diese Lohn-
Leistungs-Funktion als einfache Proportionalität angenommen. Zwischen den genannten Punkten
liegt der im Diagramm durch Schraffen hervorgehobene Gedingebereich. In ihm haben die für

das ungebundene Gedinge entwickelten Formeln Gültigkeit, also

$$O \uparrow E, \quad \text{im Beispiel } O = c \cdot E, \text{ und}$$

$$k = O/E, \quad \text{im Beispiel } k = c.$$

Unterhalb A bzw. unterhalb der Grenzleistung A' tritt der Mindestlohn in Auswirkung, und zwar dergestalt, daß der Lohn im Leistungsbereich Null bis A' in vollkommener Unabhängigkeit von der Leistung die konstante Höhe des Mindestlohnes einhält. Die Kurve der Lohnbelastung erhält damit für den Bereich Null bis A' die Formel

$$\frac{O_{\min}}{E} = \frac{1}{E} \cdot \text{konst.}$$

Der Index min bezeichnet den Mindestlohn.

Die Kurve der Lohnbelastung verläuft demnach in diesem Bereich nach einer Hyperbel. Bei der Leistung Null wird der Lohnkostenanteil gleich ∞.

Oberhalb des Punktes B bzw. oberhalb der Grenzleistung B' wird der Lohn mit Erreichung des Höchstlohnes ($O_{\max}$) wiederum gleich einer Konstanten und damit die Lohnbelastung gleich

$$\frac{O_{\max}}{E} = \frac{1}{E} \cdot \text{konst.}$$

Die Kurve der Lohnbelastung verläuft somit auch im Bereiche des Höchstlohnes nach einer Hyperbel.

Als allgemeine Formeln für gebundene Gedinge hätten demnach zu gelten

$$O \uparrow E \text{ mit den Einschränkungen} \begin{cases} \geqq O_{\min} & \text{bei durch Mindestlohn gebundenen Gedingen} \\ \leqq O_{\max} & \text{bei durch Höchstlohn gebundenen Gedingen} \end{cases}$$

$$k = \frac{1}{E} \cdot O_{\min} \text{ für den Bereich des Mindestlohnes,}$$

$$k = \frac{O}{E} \qquad \text{für den Bereich zwischen Höchst- und Mindestlohn,}$$

$$k = \frac{1}{E} \cdot O_{\max} \text{ für den Bereich des Höchstlohnes.}$$

705 Systematik der Gedingespielarten.

Oben wurde schon angegeben, daß ein Gedinge hinsichtlich Gattung, Form, Umfang, Gestalt und Art variieren kann. Bei einer Diskussion der Gedingespielarten wird man zweckmäßig eine dieser Variantenreihen als Gliederung der Untersuchung wählen. Daraus ergibt sich die Notwendigkeit, zunächst einmal in eine Besprechung der Systematik der Gedingespielarten einzutreten (s. Abb. 98).

705.1 Gedingegattung. Die Gedingegattung wird bestimmt durch die Laufzeit des Gedinges. Kennzeichnend sind die Länge der Laufzeit und die Künd- bzw. Unkündbarkeit des Gedinges. Man pflegt zu unterscheiden zwischen

1. kurzfristig kündbaren oder kurzfristig termingebundenen, — 2. langfristig kündbaren, — 3. langfristig unkündbaren Gedingen.

Den Hauptvertreter des kurzfristigen Gedinges stellt das von vornherein in seiner Laufzeit auf einen Monat begrenzte, termingebundene Monatsgedinge dar.

Das langfristig kündbare Gedinge ist in den Verträgen meist durch die Terminbezeichnung „gültig bis auf weiteres" gekennzeichnet. Man will damit zum Ausdruck bringen, daß das Gedinge zwar für eine längere Zeitspanne abgeschlossen ist, die aber zu irgendeinem Zeitpunkt durch Kündigung des Vertrages begrenzt wird. Der Gedingevertrag endet also, bevor die Arbeiten, deren Bezahlung er regelt, ihre Erledigung gefunden haben. Der Vertrag muß nach Ablauf durch einen neuen ersetzt werden. Es ist falsch und irreführend, ein langfristig kündbares Gedinge als

„Generalgedinge" zu bezeichnen, wie es vielfach geschehen ist. Ein Generalgedinge muß, da es sich auf die gesamte Zeitspanne erstreckt, in der die im Gedingevertrag bezeichneten Arbeiten an dem gleichfalls im Gedingevertrag benannten Ort durchgeführt werden, seinem Wesen nach unkündbar sein. Dem kündbaren Gedinge fehlt dieses Spezifikum, auch wenn es die Langfristigkeit mit dem Generalgedinge gemeinsam hat. Nebenbei bemerkt, kann jedes an sich langfristige Gedinge durch eine bald ausgesprochene Kündigung de facto zu einem kurzfristigen werden, woraus allein schon die Unhaltbarkeit der Bezeichnung eines langfristigen, aber kündbaren Gedinges als Generalgedinge evident wird.

Das langfristig *unkündbare* Gedinge trägt dagegen den Namen des Generalgedinges mit vollem Recht und erfüllt dieses Wort mit dem althergebrachten Sinninhalt. Es wird terminiert durch die Erledigung der Betriebsaufgabe, für die es gesetzt ist, und ist insofern von der Dauer der Arbeit vollkommen unabhängig. Kurzfristig *unkündbare* Gedinge pflegt man nicht als Generalgedinge zu bezeichnen, so daß also die Unkündbarkeit eines Gedingevertrages allein nicht dazu berechtigt, von einem Generalgedinge zu sprechen. Hinzutreten muß in jedem Fall die Langfristigkeit, die längere Laufzeit.

705.2 Gedingeform. Die Gedingeform kennzeichnet die Bezogenheit. Es besteht ein Unterschied dazwischen, ob man das Gedinge ganz oder teilweise auf die persönliche Leistung des einzelnen Arbeiters bzw. der Arbeitergruppe oder ganz oder teilweise auf die Leistung eines anderen Arbeiters bzw. einer anderen Arbeitergruppe bezieht.

Das *Kameradschaftsgedinge* einbezieht alle an einem Betriebspunkt Arbeitenden, sofern man den Begriff Kameradschaft mit dem geschichtlich Gewordenen weiter beinhaltet. Der Begriff des Kameradschaftsgedinges ist aber heute nicht mehr in allen Fällen mit dem früheren identisch. In größeren Betriebseinheiten ist heute eine Anzahl von Bergleuten mit der Erledigung einzelner Arbeitsvorgänge beschäftigt. So spricht man im Betriebe von Umlegekolonnen, Bohrkolonnen, Baukolonnen usw. Auch deren Gedinge bezeichnet man als Kameradschaftsgedinge, da es mit dem eigentlichen Kameradschaftsgedinge gemeinsam hat, daß die verdiente Lohnsumme nach den verfahrenen Schichten zu gleichen Schichtlöhnen aufgeteilt wird, d. h. daß jeder Vollarbeiter[1] im Verhältnis seiner Schichten gleichen Anteil an der Gesamtlohnsumme hat. Man würde aber aus Gründen der reinlichen Scheidung der Begriffe in den genannten Fällen besser von *Kolonnengedingen* oder auch, da die Kolonne meist an einer „Front", so z. B. an der „Versatzfront" tätig ist, von „Frontgedingen" sprechen. Allein diese Ausdrücke sind im praktischen Betriebe nicht beheimatet, so daß auf die feinere Unterscheidung verzichtet und der Sammelbegriff Kameradschaftsgedinge vorerst beibehalten werden soll.

Gliedert man die Mannschaft weiter auf und läßt an einem Arbeits*punkt* eine Gruppe von zwei oder mehr Mann in einem Gedinge zusammenarbeiten, so bezeichnet man dieses als *Gruppengedinge*. Aus der Lohnsumme der Gruppe erhält jeder[2] Gruppenangehörige ebenso wie beim Kameradschaftsgedinge den gleichen Lohn, selbstverständlich auch hier unter Berücksichtigung der verfahrenen Schichten.

Beim *Einmann- oder Einzelgedinge* arbeitet jeder einzelne Arbeiter für sich und erhält aus dem mit ihm abgeschlossenen Gedinge seinen persönlichen Lohn entsprechend seiner persönlichen Leistung.

Das *Anteilgedinge* nimmt Bezug auf die Leistung einer Kolonne oder Kameradschaft und verteilt die sich aus der Gesamtleistung ergebende Lohnsumme auf die einzelnen Mitglieder oder Gruppen nach deren Anteil an der Gesamtleistung. Man hätte somit in *Einzel- und Gruppenanteilgedinge* zu unterscheiden.

Daß das Anteilgedinge nicht zu Löhnen führen kann, die der Leistung der einzelnen Hauer genau adäquat sind, erhellt aus folgendem Beispiel. Eine Gewinnungskameradschaft wird im Anteilgedinge beschäftigt, wobei das Gedinge auf den geförderten Wagen abgestellt ist, während die Aufschlüsselung der Lohnsumme nach der Größe des vom einzelnen Hauer ausgekohlten

---

[1] Die Schichten mit tariflich festliegendem Lohnabzug, so z. B. die der Lehrhauer, gehen als „Lohnrechenschichten" in die Rechnung ein, so daß zwar die volle Gesamtlohnsumme auf die Arbeiter aufgeteilt wird, die Hauer aber allein den sogenannten Vollhauerlohn erhalten.

[2] Bezüglich der Arbeiter mit tariflich festliegendem Lohnabzug gilt auch hier die Fußnote [1].

Raumes erfolgt. Nehmen wir nun einmal an, alle Hauer hätten die gleiche Raumleistung und alle bis auf einen hätten die hereingewonnene Kohle restlos auf das Fördermittel gegeben. Der eine Hauer ließ aber x% der Kohle im Streb liegen bzw. warf sie über das Fördermittel ins Versatzfeld. Die Gesamtlohnsumme war demnach um den Betrag, den die verlorengegangene Kohle erbracht hätte, niedriger. Da aber bei gleichen Raumleistungen alle Hauer den gleichen Anteil an der Gesamtlohnsumme erhalten, trugen sie alle gemeinsam die Auswirkungen des von dem einen Hauer begangenen Fehlers. Der Fall läßt sich auch umgekehrt darstellen, wobei sich ergeben würde, daß ein besonders pflichteifriger Hauer den Lohn für seinen Eifer mit allen übrigen teilen müßte. Das Anteilgedinge ist demnach nicht rein eigen-, sondern teilweise auch fremdbezogen.

Koppelgedinge liegt dann vor, wenn das Gedinge einer Arbeitergruppe an das einer anderen gekoppelt ist. Wenn beispielsweise bei Handvollversatz den Bergeversetzern ein Schichtenaufwand von x/100 t Förderung vorgegeben wird, so erhalten sie beim Koppelgedinge x% des auf 1 t Förderung abgestellten bzw. umgerechneten Gedingesatzes der Kohlenhauer.

705.3 Gedingeumfang. Der Gedingeumfang wird durch die Anzahl der Bezugsgrößen bestimmt, auf denen das Gedinge aufbaut.

Beim *einfachen Gedinge* steht der Lohn in Abhängigkeit von einer einzigen Leistungsgröße. In diese Kategorie gehören beispielsweise das reine Wagen- und das reine m-Gedinge.

Das *kombinierte oder Mischgedinge* baut auf zwei oder mehreren Bezugsgrößen auf. Ein typisches Beispiel für ein Mischgedinge aus 2 Komponenten ist das in Aufhauen in der Kohle meist übliche Gedinge, das ein Entgelt sowohl für den geförderten Wagen Kohle wie auch für das aufgefahrene Meter vorsieht. Mischgedinge aus 3 und mehr Komponenten sind zwar seltener, doch immerhin hier und da anzutreffen. Das Mischgedinge erfaßt gleichzeitig mehrere Betriebsvorgänge.

Vom Mischgedinge unterscheidet sich im Wesen das *Rahmengedinge*. Das Mischgedinge ist auf mehrere Bezugsgrößen, das Rahmengedinge aber auf mehrere Betriebszustände abgestellt, wobei die Zahl der Bezugsgrößen gleichgültig ist. Wenn die Betriebsbedingungen innerhalb eines gewissen Spielraumes variieren, dann versucht das Rahmengedinge diese Schwankungen zu berücksichtigen, indem es für alle oder doch eine Reihe möglicher Betriebszustände das Verhältnis zwischen Lohn und Leistung a priori regelt. Prototyp ist ein Kohlengewinnungsgedinge bei wechselnder Flözmächtigkeit, das die für die einzelnen Mächtigkeitsziffern bzw. -bereiche gültigen Gedingesätze enthält.

705.4 Gedingegestalt. Unter Gedingegestalt ist die Art der mathematischen Verknüpfung zwischen Lohn und Leistung verstanden. Diese beeinflußt den Habitus des Gedinges am stärksten. Aus diesem Grunde ist die Einteilung der Gedinge in der nachfolgenden Untersuchung nach der Gedingegestalt als Dominante gewählt. Leider sind die Bezeichnungen für die verschiedenen mathematischen Funktionen zwischen Lohn und Leistung weder im Bergbau noch sonstwo einheitlich, woraus sich eine Festlegung der Begriffsinhalte und die Wahl von Einheitsbegriffen als zweckmäßig erweisen dürften.

Abb. 103 wiederholt die bereits in Abb. 5 (Abschn. 1) gebrachte Systematik der Beziehungen zwischen Lohn und Leistung, die auf eine Veröffentlichung von RUMMEL [*196*] zurückgeht, unter Hinzufügung eines Vorschlages für eine Normbezeichnung.

Zunächst sind zwei Hauptgruppen von Gedingen nach der Kurvenneigung zu unterscheiden. Entweder ist die Neigung konstant, womit die Gedingekennlinie zwangsläufig eine Gerade sein muß, oder aber die Neigung ist veränderlich, was sowohl bei der Ausbildung der Kennlinie als Kurve als auch bei gebrochenen Gedingelinien der Fall ist.

Die Hauptgruppe der Gedingekennlinien mit gleichbleibender Neigung gliedert sich in 4 Untergruppen je nach Lage der Gedingelinie im Achsenkreuz.

Verläuft die Gedingelinie parallel der X-Achse, d. h. ist der Lohn für alle Leistungen konstant, so hat man es nicht mehr mit einem Gedinge zu tun, da dessen Wesensmerkmal (die Abhängigkeit des Lohnes von der Leistung) ja fehlt. Gleichwohl muß auch auf diese Art der Entlohnung in vorliegender Ausarbeitung eingegangen werden, weil der Bergbau die Beschäftigung von Gedingearbeitern „im *Schichtlohn*" kennt. Es finden sich im Lohnwesen die verschiedensten Benennungen für den leistungsunabhängigen Lohn.

Die Ausdrücke „Zeitlohn" und „Schichtlohn" wollen besagen, daß der Lohn als Funktion der Arbeitszeit anzusehen ist.

Die Bezeichnung „Festlohn" weist darauf hin, daß der Lohn von den wechselnden Einflüssen, denen der Leistungslohn unterworfen ist, frei bleibt, d. h. nicht mit der Leistung schwankt.

Einteilung	Gleichbleibende Neigung				Veränderliche Neigung			
	Lohnlinie				Lohnkurve		einfach gebrochene Lohnlinie	mehrfach gebrochene Lohnlinie
			Gemischte Entlohnung		überhöhend	unterhöhend		
Schaubild ($Lohn \rightarrow O$ / $Leistung \rightarrow E$)	S=Schichtlohn	N=Neigung= Gedingesatz	G=Grundlohn	G	B= Basis	B= Basis	S= hier Mindestlohn	1 2 3
Mathematische Gleichung	$O=S$	$N=\mathrm{tg}\,\alpha$ $O=N\cdot E$	$O=N\cdot E+G$	$O=N\cdot E-G$	$Bf\alpha$ $O=\mathrm{tg}\,\alpha\cdot E+B$	$Bf\alpha$ $O=\mathrm{tg}\,\alpha\cdot E+B$	$O=S$ $O=N\cdot E\geqq S$	$O=N_1\cdot E+B_1$ $O=N_2\cdot E+B_2$ $O=N_3\cdot E+B_3$
Bezeichnung	Kein Gedinge i. e. S.! Zeitlohn Festlohn Tariflohn Schichtlohn	Proportionales Gedinge Vollgedinge Reines Ged. Einfaches Gedinge	Prämienged. f. alle Lstgn. Unterproportionales Ged. Flachgedinge Mischgedinge / gemischtes Gedinge / Teilgedinge	Mindestleistungsged. Überproportionales Ged.	Beschleunigtes Gedinge zunehmend steigend. Ged. Steigendes Kurvenged.	Verzögertes Gedinge abnehmend steigend. Ged. Abnehmendes Kurvenged.	Gebrochenes Gedinge Prämiengedinge Mindestlohngedinge	Gestuffes Gedinge Stufengedinge Treppengedinge
Vorschlag Norm-Bezeichnung	Schichtlohn	Lineares Gedinge	Prämiengedinge	Mindestleistungsgedinge	Steigendes Kurvengedinge	Fallendes Kurvengedinge	Mindestlohngedinge	Stufengedinge

Abb. 103. Systematik der Beziehungen zwischen Lohn und Leistung (Umgearbeitete und erweiterte Zusammenstellung nach RUMMEL).

Schließlich wäre noch die Benennung „Tariflohn" zu erwähnen, die lediglich besagt, daß es sich um einen Lohn handelt, der für Arbeiten, die nicht im Gedinge ausgeführt werden, im „Tarif" festgelegt ist. Der Ausdruck empfiehlt sich schon allein deswegen nicht, weil im „Tarif" letzten Endes auch der Gedingerichtlohn enthalten ist, so daß Verwechslungen möglich wären.

Für den Bergbau dürfte es sich empfehlen, bei dem althergebrachten „Schichtlohn" zu verbleiben, da dieser Ausdruck den Sinn vortrefflich wiedergibt und außerdem den Vorzug hat, den spezifisch bergmännischen Zeitbegriff „Schicht" in sich zu schließen.

Legt man die Gedingelinie so durch das Achsenkreuz, daß sie durch den Nullpunkt des Koordinatensystems geht, d. h. also, daß der Leistung Null der Lohn Null korrelat ist, so ist der Lohn der Leistung einfach proportional.

$$O = N\cdot E.$$

In dieser und den folgenden Formeln bedeuten:

O	Lohn	N Neigung der Gedingekurve
E	Leistung	($N = \mathrm{tg}\,\alpha = $ Gedingesatz)

Man hat daher dieses Gedinge auch proportionales genannt. Daneben bestehen noch folgende Bezeichnungen:

„Vollgedinge": anscheinend, weil bei diesem Gedinge jede Leistung im Lohn voll zur Auswirkung kommt.

„Reines Gedinge": wobei wohl der Umstand, daß keinerlei sonstige Beiziffern additiver oder multiplikativer Art vorhanden sind, bei der Namensgebung den Ausschlag gegeben hat.

„Einfaches Gedinge“: weil es das am meisten angewendete und vielfach empfohlene Gedinge darstellt; vielleicht auch, weil die Ausrechnung des Lohnes und die Berechnung des Gedingesatzes bei diesem Gedinge die wenigste Rechenarbeit verursachen.

Die Benennung „einfaches Gedinge“ erscheint auf den ersten Blick als die beste, doch steht dem entgegen, daß man das Wort „einfach“ zweckmäßiger bei der Gliederung des Gedingeumfanges verwendet — wie oben geschehen — und damit zum Ausdruck bringt, daß das Gedinge auf eine einzige Bezugsgröße abgestellt ist. Wenn auch der Ausdruck „*lineares Gedinge*“ eigentlich einen Sammelbegriff für alle Gedinge mit geradliniger Kennlinie darstellt, so dürften gleichwohl keine Bedenken bestehen, ihn auf den Hauptvertreter anzuwenden, da Verwechslungen mit den übrigen Vertretern dieser Gruppe ausgeschlossen sind, wenn deren Benennung unzweideutig ist.

Geht die geneigt verlaufende Gedingekenngerade nicht durch den Nullpunkt des Achsenkreuzes, so sind zwei Möglichkeiten gegeben:

a) Die Gedingekenngerade schneidet die Y-Achse in einem gewissen Abstand vom Nullpunkt, so daß der Leistung Null der sogenannte Grundlohn G zugeordnet ist oder

b) die Gedingekenngerade schneidet die X-Achse in einem gewissen Abstand vom Nullpunkt, so daß der Lohn Null bereits erreicht ist, ehe die Leistung auf Null abgesunken ist.

Für beide Fälle sind die Ausdrücke „Misch-“ oder „gemischtes Gedinge“ und „Teilgedinge“ in Gebrauch. Die „Mischung“ ist unstreitig von der Lohnseite aus gesehen, da sich im Fall a) der Lohn aus einem leistungsabhängigen und einem leistungsunabhängigen Betrag zusammensetzt. Dagegen scheint das Wort „Teilgedinge“ seine Wurzel darin zu haben, daß die Leistung beim Lohn nur zu einem Teil in die Waagschale fällt. Wie dem auch sei, die Sammelbegriffe sind in jedem Fall unklar und eine Aufteilung und Sonderbenennung daher erforderlich.

Schneidet, wie oben unter a) geschildert, die Gedingekenngerade die Y-Achse, so wird damit für alle Leistungen der Lohn in einen leistungsunabhängigen Betrag (den sogenannten Grundlohn) und einen leistungsabhängigen aufgespalten. Bezüglich der mathematischen Formulierung sei auf Abschn. 703 verwiesen.

Die abgewandelte Formel lautet:

$$O = N \cdot E + G,$$

worin mit G der Grundlohn bezeichnet ist.

Für das Gedinge sind außer den obenerwähnten Sammelbezeichnungen folgende gebräuchlich:

„Unterproportionales Gedinge“: offenbar mit Bezug auf die mathematische Konstitution des Gedinges.

„Flachgedinge“: wobei die Bezeichnung vom Verlauf der Gedingekennlinie abgeleitet ist.

„*Prämiengedinge*“: Bei der Benennung ist man wohl davon ausgegangen, daß der Grundlohn den gewissermaßen garantierten, festen und unveränderlichen Lohnanteil darstellt, zu dem je nach Leistung ein Zuschlag, eben die „Prämie“ tritt. Ganz glücklich gewählt ist der Ausdruck im Hinblick auf die heutige Übung gerade nicht, da man im Bergbau hier und da auch für feste Zulagen das Wort „Prämie“ benutzt — allerdings fälschlicherweise. Das gleiche gilt übrigens auch für den entsprechenden deutschen Ausdruck „Leistungszulage“, was allein schon daraus erhellt, daß man von festen und beweglichen Leistungszulagen spricht. Streng genommen sollte man sowohl den Ausdruck „Prämie“ wie auch das Wort „Leistungszulage“ nur dann verwenden, wenn eine Abhängigkeit des Lohnzuschlages von der Leistung vorliegt. Bei dieser Grundhaltung umreißt das „Prämiengedinge“ den rechten Sinngehalt und dürfte wohl die zutreffendste Bezeichnung für das in Frage stehende Gedinge sein.

Verlagert man die Gedingekenngerade dergestalt, daß sie die X-Achse in einem gewissen Abstand vom Nullpunkt schneidet, so daß der Schnitt mit der Y-Achse in einem Punkt erfolgt, der auf der negativen Y-Achse um den Betrag G vom Nullpunkt entfernt liegt, so ergibt sich als Formel für die Gedingekennkurve

$$O = N \cdot E - G.$$

Man kann die Verhältnisse auch folgendermaßen darstellen: Es muß eine Mindestleistung erbracht werden, ehe das Gedinge überhaupt einen Lohn abzuwerfen beginnt. Oder auch: Aus dem aus der Leistung bestimmten Lohnanteil wird der effektive Lohn berechnet durch Verminderung um einen Grundabzug. Dieses Gedinge führt neben den oben aufgeführten Bezeichnungen, die es mit dem Prämiengedinge gemeinsam hat, folgende Namen:

„Überproportionales Gedinge": ein Ausdruck, der sich auf die mathematische Funktion bezieht.

„Steilgedinge": offenbar ein Analogon zum Flachgedinge und wie dieses auf den Verlauf der Gedingekenngeraden bezogen.

„Mindestleistungsgedinge": weil es, wie oben geschildert, eine Mindestleistung verlangt, ehe die Lohnleistungsfunktion zum Tragen kommt.

Die Bezeichnung „*Mindestleistungsgedinge*" dürfte die beste sein, weil in ihr eine Parallele zum „Mindestlohngedinge" gegeben ist, da das „Mindestlohngedinge", wie noch zu zeigen sein wird, einen Mindestlohn bei der Leistung Null abwirft.

Von der Hauptgruppe der Gedinge mit Kennlinien veränderlicher Neigung sei als erste die Untergruppe behandelt, deren Gedingekennlinie gekrümmt ist. Die Kurve kann entweder nach oben oder nach unten offen sein. Für beide Fälle gelten folgende Überlegungen: Legt man in einem bestimmten Punkte der Kennlinie die Tangente an die Kurve, so schneidet diese die Y-Achse in einem Punkte, durch den man sodann eine Parallele zur X-Achse zieht. Der Tangens des von der Tangenten und der Parallelen eingeschlossenen Winkels stellt das Steigungsmaß der Kennlinie im angenommenen Punkte und somit den in diesem Punkte gültigen Gedingesatz dar. Der lotrechte Abstand zwischen Parallele und X-Achse wurde als Basis B bezeichnet. Wandert nun der angenommene Punkt auf der Gedingekennkurve, so wandert die Tangente mit und erzeugt fortlaufend kleiner bzw. größer werdende Abschnitte auf der Y-Achse, d. h. immer wieder andere Basiswerte. Als Formel für die Gedingekennkurve ergibt sich

$$O = \operatorname{tg} \alpha \cdot E + B,$$

wobei B als Funktion von α anzusprechen ist:

$$B f \alpha.$$

Je nach Art der Krümmung spricht man von beschleunigtem bzw. verzögertem Gedinge, zunehmend bzw. abnehmend steigendem Gedinge, steigendem bzw. abnehmendem Kurvengedinge.

Die Bezeichnung *steigendes bzw. fallendes Kurvengedinge* dürfte die Sachlage am genauesten treffen.

Als letzte Untergruppen der Hauptgruppe mit Gedingekennlinien veränderlicher Neigung wären die zu besprechen, die gebrochene Gedingelinien aufweisen. Dabei wären zwei Fälle zu unterscheiden. Die Kenngerade kann einfach oder mehrfach gebrochen sein.

Der Prototyp des einfach gebrochenen Gedinges ist das *Mindestlohngedinge*. Unterhalb einer bestimmten Leistung ist der Lohn konstant, während er oberhalb dieses Leistungspunktes von der Leistung abhängig ist.

Die Formel des Gedinges lautet:

$$O = N \cdot E \geqq S,$$

wobei S den Mindestlohn bezeichnet.

Das Gedinge wird auch gebrochenes Gedinge genannt, was aber unzweckmäßig ist, weil die Bergmannssprache unter dem „Brechen eines Gedinges" dessen Herabsetzung versteht.

Noch schiefer ist der Ausdruck „Prämiengedinge", da gemeinhin beim Wort „Prämie" der Begriff der Belohnung mitschwingt. Man wird den Mindestlohn, der meist nur bei nicht nachweisbarer Zurückhaltung der Leistung gezahlt wird, kaum als „Belohnung" ansprechen dürfen.

Die Bezeichnung „Mindestlohngedinge" ist klar und eindeutig und daher vorzuziehen.

Ist die Kenngerade des Gedinges mehrfach gebrochen, so ergeben sich eine Anzahl Gedingebereiche, für die unter Anwendung der bisherigen Formelzeichen und der Indizes 1, 2, 3 ... n für die einzelnen Bereiche folgende mathematische Formeln gelten:

$$O_1 = N_1 \cdot E + B_1, \qquad O_3 = N_3 \cdot E + B_3,$$
$$O_2 = N_2 \cdot E + B_2, \qquad O_n = N_n \cdot E + B_r.$$

Das Gedinge wird auch gestuftes oder Treppengedinge genannt. Der Ausdruck „*Stufengedinge*" dürfte als der zweckmäßigste anzusprechen sein.

705.5 Gedingeart. Die Gedingeart wird durch die Dimension der Bezugsgrößen bestimmt. Man kann dabei in die Gruppen der metrischen und bergmännischen Maße und der sonstigen Bezugsgrößen unterscheiden. Die Benennung der Gedinge erfolgt aber gemeinhin nach der Dimension der Bezugsgröße, so spricht man beispielsweise von m- und m^2-Gedingen, von Schalholzgedingen, von Stückgedingen usw.

Die Abstellung von Gedingen auf *Längenmaße* findet sich sowohl bei der Streckenauffahrung als auch im Abbau. Bei der Streckenauffahrung wird das Meter als Gedingeeinheit bevorzugt, während bei der Kohlengewinnung früher daneben auch noch das bergmännische Maß der Schalholzlänge angewandt wurde.

Das *Flächenmaß* in der Einheit des Quadratmeter wird bei Gedingen der Kohlengewinnung und der Herstellung von Mauerwerk verwendet.

Als *Raummaß* wird sowohl das Kubikmeter als auch die Einheit des Förderwagens benutzt. Unter die Kategorie der Raumeinheiten fallen die Wander- und Holzpfeiler, wenn sie auch im Gedinge meist mit der Stückzahl auftreten. Sie stellen nämlich streng genommen eine Raumeinheit dar.

Die Abstellung des Gedinges auf *Gewicht* ist im Untertagebergbau nicht gebräuchlich.

Die *Stückzahl* spielt bei der Gedingesetzung hier und da eine Rolle.

In gewissen Fällen wird vom *Termingedinge* gerne Gebrauch gemacht, wobei für die zu bewältigende Arbeit eine gewisse Zeitspanne vorgegeben wird. Wird die Zeit unterschritten, so erhöht sich der Lohn um gewisse im Gedingevertrag festgelegte Beträge, während er sich bei Überschreitung des Termins um gleichfalls vereinbarte Beträge vermindert.

71 Schichtlohn bei Gedingearbeitern / Lohnabkommen.

Der feste leistungsgebundene Lohn spielt auch bei der Entlohnung der Gedingearbeiter eine gewisse Rolle. In dem Falle nämlich, daß eine Gedingekalkulation schlechterdings unmöglich ist, wie es z. B. bei Brüchen oft vorkommt, und die Schwierigkeit der Arbeit den Einsatz hochwertiger Arbeitskräfte, d. h. Gedingehauer verlangt, reichen zur Lohnfindung die Bestimmungen der Tarifordnung nicht aus. Diese kennt nämlich für Gedingearbeiter nur den Gedingerichtlohn oder, genau gesagt, lediglich den Hauerdurchschnittslohn, den die Gesamtheit der Hauer einer Schachtanlage im Monatsmittel erreichen *soll*, der allgemein bei der Gedingesetzung als Richtlohn gewählt wird. Hochwertigen Fachkräften muß man aber einen entsprechend hohen Lohn zahlen, zumal wenn man von ihnen die Ausführung schwieriger Sonderarbeiten verlangt, wie sie beispielsweise die genannte Aufwältigung von Brüchen darstellt. Eine Möglichkeit hierzu bietet das sogenannte Lohnabkommen, das nach Art eines Gedingevertrages in dem für Gedingeverträge benutzten Vordruck schriftlich festgelegt wird. Das Lohnabkommen besagt meist, daß zu einem festen Lohn — gewöhnlich wählt man als Satz den Gedingerichtlohn (Soll-Hauerdurchschnittslohn der Tarifordnung) — ein fester Zuschlag von x DM gezahlt wird. Es stellt insoweit gewissermaßen eine Ergänzung der Tarifordnung dar. So würde beispielsweise ein Lohnabkommen für das Aufwältigen eines Bruches etwa wie folgt lauten:

„Für das Aufwältigen des Bruches, die erforderliche Vorpfändearbeit, das Wegladen des Haufwerks und das Einbringen des Ausbaus einschließlich des Verzuges wird ein Lohn/Schicht von DM 11,59 zuzüglich eines Zuschlages für die Schwierigkeit der Arbeit in Höhe von DM 1,50 gezahlt."

Die Höhe des Zuschlages wird sich bei jedem Lohnabkommen richten müssen

1. nach der Schwierigkeit und Gefährlichkeit der Arbeit, aber auch
2. nach der fachlichen Wertigkeit der hierzu herangezogenen Arbeitskräfte.

Es besteht bei kurzfristigen Arbeiten allerdings auch die Möglichkeit, sich auf die Bestimmung des Tarifvertrages zu stützen, die besagt, daß bei Beschäftigung von Gedingearbeiten außerhalb des Gedinges der am alten Arbeitsplatz bislang verdiente Lohn für 18 Schichten weiter zu zahlen sei. Dieses Verfahren empfiehlt sich aber schon deswegen nicht, weil allzu leicht der Fall eintritt, daß die einzelnen Männer an ihren bisherigen Arbeitsplätzen verschieden hohe Löhne verdient haben und infolgedessen auch bei der Arbeit außerhalb ihrer Gedinge, die sie gemeinsam verrichten, ungleiche Löhne erhalten, was zweifellos ungerecht wäre. Daß dagegen das Lohnabkommen bei richtiger Anwendung das Prinzip der Lohngerechtigkeit wahrt, bedarf wohl keines weiteren Beweises.

Einen Leistungsanreiz bietet das Lohnabkommen nicht, so daß es sich immer dann verbietet, wenn man sich der Leistungstreue und der Leistungsfreude des betreffenden Arbeiters nicht sicher ist, und das um so mehr, als die Lohnbelastung der Leistungseinheit beim Lohnabkommen mit sinkender Leistung nach der Hyperbel wächst. Allein dieser Fall dürfte keine praktische Bedeutung haben, da man zu Arbeiten, deren Bezahlung zweckmäßig durch ein Lohnabkommen geregelt wird, im Regelfalle nur sehr fleißige und sehr fähige Arbeiter heranzieht.

Mathematisch gesehen ist $O = S =$ konstant, wobei S den festen leistungsunabhängigen, im Lohnabkommen vertraglich vereinbarten Lohn/Schicht bezeichnet. Damit wird

$$k = \frac{O}{E} = \frac{S}{E} = \frac{1}{E} \cdot \text{konst.}$$

Die Kurve für k nimmt daher, wie schon erwähnt, hyperbolischen Verlauf.

72 Lineares Gedinge.

721 Ungebundenes lineares Gedinge.

Wie das durch den Mindestlohn gebundene lineare Gedinge heute den Hauptvertreter der im Bergbau gesetzten Gedinge darstellt, so ist in Zeiten, da die Mindestlohnbestimmung noch nicht oder nicht mehr in Kraft war, das ungebundene lineare Gedinge im Bergbau die hauptsächlich vertretene Gedingespielart gewesen. Wenn man sich heute mit dieser Gedingespielart beschäftigt, so sind dies aber nicht nur historische Reminiszenzen, sondern es hat auch seinen unbestreitbaren Jetztzeitwert, da das Mindestlohngedinge erst auf dem Hintergrund des ungebundenen linearen Gedinges ganz verständlich wird.

Nach der im voraufgegangenen aufgezeigten Systematik würde die Kennummer eines linearen Gedinges in der 4. Ziffernstelle die Ziffer 1 tragen. Die übrigen Ziffern der Kennummer wären der gegebenen Variante entsprechend zu wählen.

Im ersten Augenblick erscheint das ungebundene lineare Gedinge als das lohngerechteste, weil infolge der linearen Verknüpfung der Lohn der Leistung unmittelbar proportional ist. Auch wirkt sich der Umstand, daß im ganzen Bereich der Gedingekurve die gleiche Lohnsteigerung für die Einheit des Leistungszuwachses Gültigkeit hat, zunächst dahingehend aus, daß man dem Gedinge einen genügenden Leistungsanreiz zusprechen zu können glaubt. Bei näherem Zusehen ergeben sich jedoch in beiden Hinsichten erhebliche Bedenken. Die Schattenseiten des linearen Gedinges treten dann zutage, wenn man die Leistung, auf der das Gedinge aufbaut, in den Kreis der Betrachtung einbezieht.

Liegen ungünstige und schwierige Betriebsverhältnisse vor, so wird verständlicherweise die Gedingeleistung niedrig anzusetzen sein. Kleinere Leistungsschwankungen um die Gedinge-leistung ergeben größere Lohnschwankungen nach oben oder unten. Eine leichte Besserung der Verhältnisse ergibt bereits eine namhafte Lohnsteigerung ohne das persönliche Dazutun des Arbeiters, wie auch eine kleine Verschlechterung schon eine fühlbare Lohneinbuße ohne Verschulden des Arbeiters nach sich zieht. Ebenso gilt für kleine Mehr- oder Minderleistungen, daß sie sich sehr stark im Lohn auswirken. Ein Beispiel möge das näher erläutern.

In einem gestörten Streb wird eine Gewinnungsleistung von 4,— t/M/Sch bei einem Gedinge-richtlohn von 12,— DM/Sch angesetzt. Verändern sich die Verhältnisse nun zum Besseren oder Schlechteren um 12,5%, so ergeben sich als Lohn bei normalem Einsatz eines Hauers 13,50 DM bzw. 10,50 DM/Sch. Die gleichen Löhne ergeben sich, wenn ein Hauer 12,5%, d. s. 0,5 t/M/Sch, mehr bzw. weniger an Leistung erbringt.

Es kommt erschwerend hinzu, daß je gestörter die Verhältnisse sind, sich um so mehr Schwierig-keiten einer exakten Bestimmung der Gedingeleistung entgegentürmen.

Sind aber die Betriebsverhältnisse gleichbleibend gut, so wird die Gedingeleistung des Betriebs-punktes verhältnismäßig hoch liegen. Der Lohnzuwachs je Leistungseinheit ist in diesem Fall aber entsprechend klein. Eine Mehrleistung wird schlechter bewertet als bei niedrig angesetzter Gedingeleistung. Hinzu kommt, daß in derartigen Fällen die Gedinge immer schärfer gestellt sind als bei ungünstigen Verhältnissen, weil die Feststellung der Gedingeleistung leichter ist. Mehrleistungen sowohl wie auch Mangel an Leistungswillen finden in der Lohndifferenzierung einen nur schwachen Ausdruck. Ergänzt man das oben gebrachte Beispiel, wie nachstehend geschehen, so werden die Verhältnisse klar durchsichtig.

In einem Streb beträgt die Gedingegrundleistung 12,— t/M/Sch. Bringt ein Hauer in diesem Fall dieselbe Mehrleistung wie im oben geschilderten, d. h. 0,5 t/M/Sch, so erhöht sich sein Lohn auf nur 12,50 DM/Sch. Dabei kann es u. U. bei einem ausgefeilten Gedinge bedeutend schwieriger sein, eine Mehrleistung von 0,5 t/M/Sch zu erzielen, als bei einem Störungsgedinge. Auf der anderen Seite macht sich eine Minderleistung von 0,5 t/M/Sch im Lohn durch das Absinken auf nur 11,50 DM bemerkbar.

Man kann daher wohl sagen, daß das lineare Gedinge Bedenken arbeitspsychologischer Art begegnen muß.

Dagegen bestehen vom Standpunkt der Wirtschaftlichkeit aus gesehen keinerlei Bedenken gegen das lineare Gedinge, da die Lohnbelastung der Leistungseinheit für alle Leistungsbereiche konstant ist.

Bei der mathematischen Diskussion des ungebundenen linearen Gedinges ergibt sich folgendes Bild (Abb. 104):

Die Gedingelinie ist im Achsenkreuz des Lohn-Leistungs-Schaubildes durch 2 Punkte festgelegt: a) den Nullpunkt des Systems und b) den Punkt, der bestimmt ist durch die Ordinate des Gedingerichtlohnes O_R und durch die Abszisse der Gedingeleistung $E_{Ged.}$ Damit ergibt sich die Tangente des Neigungswinkels zu

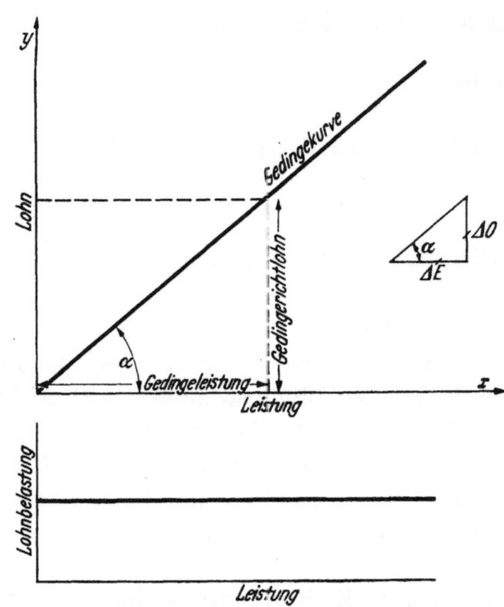

Abb. 104. Das ungebundene lineare Gedinge.

$$\operatorname{tg} \alpha = \frac{\text{Richtlohn}}{\text{Gedingeleistung}} \quad \text{oder kurz gesagt:}$$

$$\operatorname{tg} \alpha = \frac{O_R}{E_{Ged.}}.$$

Gedingesatz und Lohnbelastung der Leistungseinheit sind untereinander gleich und bleiben gleich für alle Leistungswerte. Infolgedessen hat das Unternehmen völlig unabhängig von der jeweiligen Lohnhöhe des Arbeiters für die Leistungseinheit die gleiche Lohnbelastung zu tragen. Untersucht man nun aber das Verhältnis der Lohnsteigerung zur Leistungssteigerung, so ergibt sich, wenn ΔO die Lohnsteigerung und ΔE den Leistungszuwachs bedeuten,

$$\Delta O = \operatorname{tg} \alpha \cdot \Delta E$$

oder

$$\Delta O = \frac{O_R}{E_{Ged.}} \cdot \Delta E.$$

O_R ist als eine konstante Größe zu betrachten. Nehmen wir nun für ΔE den Einheitswert der Leistung an, d. h. setzen wir in der Formel $\Delta E = 1$, so ergibt sich für den Lohnzuwachs die Formel

$$\Delta O = \text{konst.} \cdot \frac{1}{E_{Ged.}}.$$

Diese Formel vermittelt einen höchst bemerkenswerten Aufschluß über die Grundtendenz des linearen Gedinges. Der Lohnzuwachs steht in einem quadratischen Verhältnis zur Gedingeleistung, wobei sich das Abhängigkeitsverhältnis der beiden Größen in der Hyperbel darstellen läßt, wie in Abb. 105 geschehen.

Damit sind die oben bereits aus einem Beispiel gezogenen Schlußfolgerungen, daß das lineare Gedinge arbeitspsychologischen Bedenken begegnet, mathematisch unterbaut.

Ein Eingehen auf Einzelheiten des ungebundenen linearen Gedinges erübrigt sich, da es in der bergmännischen Praxis infolge Festlegung der Mindestlohnklausel heute keine praktische Bedeutung hat.

722 Gebundenes lineares Gedinge.

In Abschn. 704 wurde bereits darauf hingewiesen, daß im Bergbau der Ruhr heute das durch Mindestlohn gebundene Gedinge durch den Tarifvertrag vorgeschrieben ist.

Auf S. 259 wurden hierzu schon grundsätzliche Ausführungen gemacht, auf die verwiesen sei. Nachzutragen wäre folgendes: Nach der Kennziffereinteilung der Systematik der Abb. 98 wird ein durch Mindestlohn gebundenes Gedinge auf der 4. Stelle der Kennzahl die Ziffer 6 führen.

Der Mindestlohn ist eine konstante Größe, wird also innerhalb seines Geltungsbereiches unabhängig von der erbrachten Leistung gezahlt. Er ist somit kein echter Leistungslohn, sondern ein leistungsunabhängiger Schichtlohn und insoweit auch kein „gerechter Lohn" mehr, da das hierfür verlangte Kennzeichen der Adäquatheit zur Leistung fehlt. Er will sein und ist letztlich ein sozial bestimmter Lohn, da er vom Gesichtspunkt der sogenannten Existenzsicherung weitgehend beeinflußt ist.

Daß der Mindestlohn ebenso wie jeder Schichtlohn des Leistungsanreizes entbehrt, braucht nicht bewiesen zu werden. Man könnte ihn darüber hinaus sogar als Leistungshemmnis ansprechen, und zwar aus arbeitspsychologischen Erwägungen heraus: Es ist eine jedem Betriebsbeamten des Bergbaus bekannte Tatsache, daß Arbeitswille und Arbeitsfreude des Arbeiters bei Annäherung an den Mindestlohn bedenklich

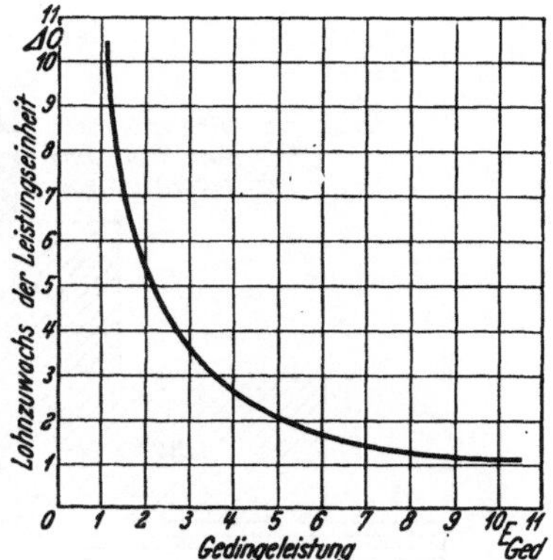

Abb. 105. Funktionale Abhängigkeit des Lohnzuwachses je Leistungseinheit von der Gedingeleistung beim linearen Gedinge.

absinken. Wird er aber unterschritten, dann ist in fast allen Fällen ein Widerstand der Mannschaft zu spüren, wenn es auch in den wenigsten Fällen gelingt, eine bewußte Zurückhaltung mit der Leistung nachzuweisen. Man sollte daher grundsätzlich die Entwicklung der Leistung und der Löhne so genau überwachen, daß man die Gefahr, die mit der Annäherung des Lohnes an den Mindestlohn heraufzieht, möglichst frühzeitig erkennt und noch Zeit zum Eingreifen hat, ehe es zu spät ist. Bei einer Untersuchung der Mindestlohnpsychose darf nicht unerwähnt bleiben, daß sich in der Gedankenwelt vieler Bergleute mit der Zahlung des Mindestlohnes die Idee verbindet, zum Leistungsuntüchtigen oder -unwilligen gestempelt zu sein. Der Wert des Mindestlohnes im Betriebsleben erscheint daher recht problematisch, wenn er auch aus der Sicht der Existenzsicherung durchaus eine Berechtigung haben mag.

Wenn man sich sodann weiter vor Augen hält, daß im Mindestlohnbereich die Lohnbelastung der Leistungseinheit mit sinkender Leistung nach einer Hyperbel anwächst, so ergibt sich fraglos, daß der Mindestlohn die Wirtschaftlichkeit des Unternehmens ungünstig beeinflußt.

Wenn dem aber so ist, warum wird denn die oft gehörte Forderung, in einem gut geleiteten Betriebe dürfe kein Mindestlohn anfallen, nicht in die Tat umgesetzt? Unternehmer und Arbeiter dürften doch nach dem Ergebnis der obigen Darlegungen in gleicher Weise an der praktischen Durchführung dieses Gedankens interessiert sein. Hier und da begegnet man auch wohl der Auffassung, der „Mindestlohn" müsse gleich dem „Durchschnittslohn" sein. Auf dieses mathematische ἄλογον näher einzugehen, wäre müßig. Müssen Mindestlöhne auftreten und wenn ja, in welchem Umfange? Mit dieser Frage graben wir bis an die Wurzel des Mindestlohnproblems.

Die Leistung der einzelnen Arbeiter streut um einen Durchschnittswert, und zwar bezeichnet man nach dem Leitfaden für die Lohngestaltung Eisen und Metall (1943) die Leistung der Arbeiter, deren Leistungsgrad zwischen 95 und 105% liegt, als normal oder ausreichend. Die

Leistungen der Gruppen mit 105—115% Leistungsgrad werden als gut, die mit 115—125% als
sehr gut und die mit $\geq$ 125% als auffallend gute oder Spitzenleistungen gewertet. Auf dieser
Bewertungsskala ergibt sich dementsprechend nach unten für einen Leistungsgrad von 85—95%
die Benennung der Leistung als schwach, bei 75—85% als sehr schwach und $\leq$ 75% als auffallend schwach. Uns interessiert im gegebenen Zusammenhang, welche Leistungsgruppe als
Minderleistung betrachtet wird. Diesen Namen trägt bereits die Gruppe mit einem Leistungsgrad
von 75—85%. Man müßte dementsprechend erwarten, daß im Bergbau der Mindestlohn auf
einen Leistungsgrad von 80% bezogen wäre. Zu einem ähnlichen Ergebnis gelangt man, wenn
man von neuzeitlichen arbeitswissenschaftlichen Ziffernangaben ausgeht. Nach FORNALLAZ [84]
„variieren bei leichten Arbeiten die meisten bei geeigneten und geübten Arbeitern beobachteten
Leistungsgrade zwischen 100 und etwa 140%. Der Mittelwert liegt wenig unterhalb 120%".
Die Spanne zwischen durchschnittlicher und „Normalleistung" beträgt daher vom Durchschnittswert aus gesehen $16^2/_3$%. Man könnte sonach schlußfolgern, daß der Mindestlohn keinesfalls um
einen geringeren Betrag als $16^2/_3$% unter dem Soll-Durchschnittslohn liegen, d. h. also höchstens
83,33% des Soll-Durchschnittslohnes betragen dürfte. Wie Abb. 106 ausweist, ist dies aber in

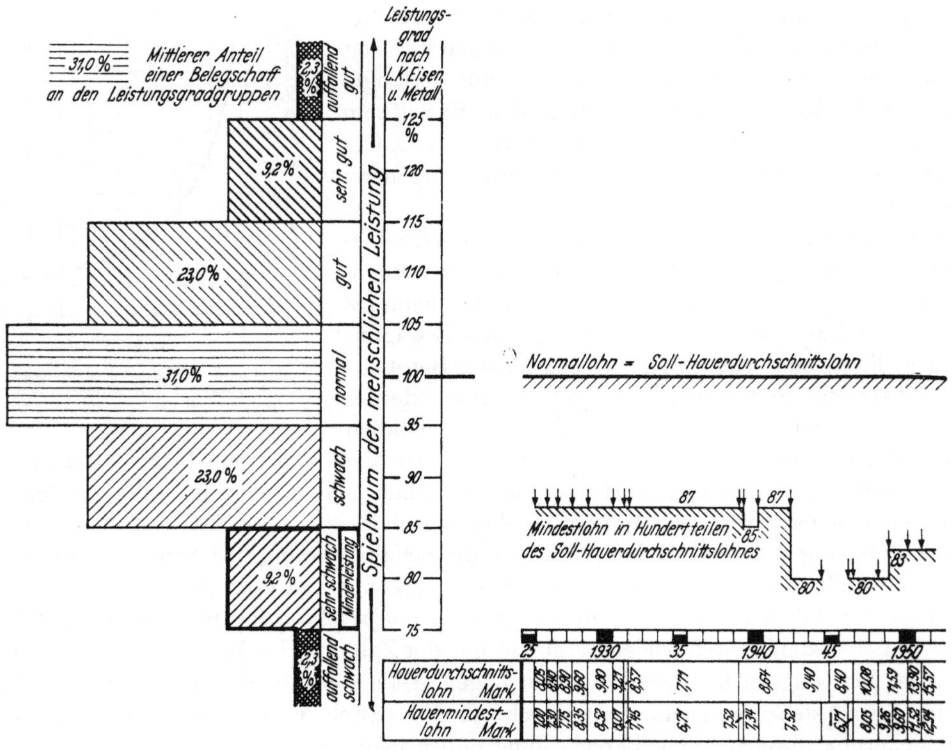

Abb. 106. Entwicklung des Hauermindestlohnes im Ruhrbergbau im Vergleich zum Hauerdurchschnittslohn
und zum Spielraum menschlicher Leistung.

den Jahren seit 1925 nur einige wenige Jahre lang der Fall gewesen. Vor dem zweiten Weltkriege
betrug der Mindestlohn 87,03% des Normallohnes. Z. Z. liegt er bei 82,83% des Normallohnes.
Hieraus ergibt sich als Antwort auf den ersten Teil der Frage, daß nach der Lohnregelung des
Ruhrbergbaus Mindestlöhne auftreten *müssen*, weil der Spielraum im Lohn enger gezogen ist
als nach der zu erwartenden mittleren Leistungsstreuung einer Belegschaft gerechtfertigt wäre.
Aus dieser Erkenntnis ergibt sich bereits, daß die oben dargelegte Auffassung der Bergleute zum
mindesten für den größten Teil der Jahre seit der Einführung des Mindestlohnes durchaus richtig
ist. Wenn der Bergmann bereits bei einem Leistungsgrad von 87,03% den Mindestlohn erreicht,
während nach dem Leitfaden für die Lohngestaltung Eisen und Metall erst ab 85%, im Mittel
jedoch erst bei 80% von einer Minderleistung gesprochen wird, nach FORNALLAZ schlußfolgernd
der 83,33% betragende Teil des Durchschnittslohnes sogar der „Normalleistung" zuzuordnen

wäre, dann muß das Gefühl der ungerechten Behandlung bei der bisherigen Übung zu Recht bestehen. Es muß hieraus der Schluß gezogen werden, daß nach heutiger Auffassung von der Leistungsstreuung bei der menschlichen Arbeit und vom Leistungsgrad des Menschen die Mindestlohngrenze im Bergbau weiter nach unten verlegt werden muß. Die Ansicht, die in der Tarifordnung zum Ausdruck kommt, daß nämlich der Gedingearbeiter mindestens so viel erhalten müsse wie der höchstbezahlte Reparaturhauer, geht von völlig falschen Voraussetzungen aus, indem sie eine Wertrangigkeitsskala der Arbeiten zum alleinigen Maßstab wählt und auf den Leistungsgrad des Menschen keine Rücksicht nimmt. Daß dies irrig ist, wird auch durch folgende Überlegung nachgewiesen:

Vergleichen wir die Arbeit eines leistungsunwilligen Gedingearbeiters mit einem Leistungsgrad von 75% mit der eines pflichtgetreuen Zimmerhauers, so ist nicht einzusehen, warum beide den gleichen Lohn erhalten müssen. Wenn man die Frage der Existenzsicherung in die Debatte wirft, so kann nicht mit Recht behauptet werden, daß der Hauer zur Sicherung seiner Existenz den Lohn des 1. Zimmerhauers erhalten müsse, da ja dann alle Löhne der Tarifordnung, die unterhalb des Lohnes des 1. Zimmerhauers liegen, die Existenz nicht mehr sichern würden. In dem Falle, daß der Gedingearbeiter durch Alter oder körperliche Schäden in seiner Leistungsfähigkeit derart beeinträchtigt ist, daß man von ihm nur geringe Leistungsgrade erwarten kann, dann wäre es nicht nur Pflicht einer gerechten Behandlung, sondern auch der Betriebsklugheit, den Betreffenden aus dem Gedinge herauszunehmen und mit Arbeiten zu betrauen, wo es weniger auf Körperkräfte als auf Erfahrung und Geschicklichkeit ankommt. Daß man dagegen den Leistungsunwilligen keinen Schutz gewähren soll und auch nicht will, geht schon daraus hervor, daß die vertraglichen Abmachungen ausdrücklich vorsehen, daß im Falle nachgewiesener Zurückhaltung mit der Leistung der Mindestlohn unterschritten werden kann.

Die Mindestlohnbestimmung des Bergbautarifs Ruhr erscheint aber auch noch einer besonderen Betrachtung unter rein technischen Gesichtspunkten wert. Bei der Festsetzung der Gedingeleistung müssen die örtlichen Gegebenheiten insofern berücksichtigt werden, als die Gedingeleistung angeben soll, welche Leistung der Durchschnittsarbeiter bei durchschnittlichem Einsatz bei den gegebenen Verhältnissen erbringen kann. Jeder Bergbau-Betriebsbeamte wird zugeben, daß die im Bergbau erreichbare Genauigkeit der Festsetzung der Gedingeleistung um ein Bedeutendes geringer ist als die, die beispielsweise ein Maschinenmann erzielen kann. Als Begründung möge nur auf die Inkonstanz der Untertageverhältnisse hingewiesen werden, die in der Gedingeleistung in einem gewissen Spielraum berücksichtigt ist. Es erhebt sich nun die Frage, ob nicht die Spanne zwischen Durchschnittslohn und Mindestlohn insofern zu klein ist, als sich in ihr die Ungenauigkeit der Bestimmung der Gedingeleistung allzu schwer auswirken kann. Wenn bei vielen untertägigen Messungen mit Fehlergrenzen von $\pm 5\%$ gerechnet wird, kann man eine Spanne von beispielsweise 13% zwischen Mindest- und Durchschnittslohn nicht mehr als ausreichend ansehen. Es besteht trotz allen guten Willens der den Gedingevertrag Schließenden bei den Schwankungen der örtlichen Gegebenheiten im Bergbau immer die Gefahr, daß durch eine Ungenauigkeit in der Feststellung der Gedingeleistung der Bergmann mit seinem Lohn unverhältnismäßig schnell in die Nähe des Mindestlohnes gelangt, womit die Gefahren verknüpft sind, die oben ausführlich dargelegt wurden. Damit dürfte erschöpfend nachgewiesen sein, daß das Mindestlohngedinge in der Form des linearen Gedinges vielfachen Bedenken begegnet, die es als eine nicht gerade glückliche Lösung erscheinen lassen.

Für die mathematische Diskussion des Mindestlohngedinges ist zunächst dessen formelmäßiger Ausdruck festzulegen. Er lautet

$$O_x = O_\mathrm{min} + \frac{O_R}{E_\mathrm{Ged.}}\left(E_x - \frac{O_\mathrm{min}}{O_R} \cdot E_\mathrm{Ged.}\right) \ldots \mathrm{I.}$$

Darin bedeuten außer den bereits oben verwandten Zeichen

$\quad O_\mathrm{min}$ den Mindestlohn und
$\quad O_x$ den aus der Leistung E_x sich ergebenden Lohn.

Oben war bereits abgeleitet

$$\frac{O_R}{E_\mathrm{Ged.}} = \operatorname{tg} \alpha .$$

Beim linearen Gedinge ist aber auch

$$\operatorname{tg}\alpha = \frac{O_{\min}}{E_{\min}},$$

wobei $E_{\min}$ die Mindestleistung bezeichnet.

Unter Berücksichtigung dieser Beziehung läßt sich die Gleichung für das Mindestlohngedinge wie folgt umformen:

$$O_x = O_{\min} + \operatorname{tg}\alpha \left(E_x - O_{\min} \cdot \frac{1}{\operatorname{tg}\alpha} \right) \ldots \text{II.}$$

Setzt man in die erste Gleichung E_x gleich der Gedingeleistung $E_{\text{Ged.}}$, so ergibt sich für O_x der Wert O_R, d. h. der der Gedingeleistung zugeordnete Gedingerichtlohn. Bei Einsatz von $E_{\min}$ für E_x ergibt sich für O_x der Mindestlohn $O_{\min}$.

Die zwischen Mindest- und Soll-Durchschnittslohn liegende Spanne wurde bereits oben diskutiert. Betrachtet man diese unter dem Gesichtswinkel der mathematischen Beziehungen, so ergibt sich folgendes:

Bezeichnen wir die Leistungsspanne, die dem Lohnunterschied zwischen Durchschnittslohn und Mindestlohn zugeordnet ist, mit $E_{\text{Ged./min}}$, so ist $E_{\text{Ged./min}} \cdot \operatorname{tg}\alpha = O_R - O_{\min}$.

Setzt man für $\operatorname{tg}\alpha$ den Wert $\dfrac{O_R}{E_{\text{Ged.}}}$ in diese Beziehung ein, so ergibt sich

$$E_{\text{Ged./min}} = E_{\text{Ged.}} \left(1 - \frac{O_{\min}}{O_R} \right).$$

$E_{\text{Ged./min}}$ ist demnach für jede Gedingelinie oder, anders gesagt, für jeden Wert von $E_{\text{Ged.}}$ eine konstante Größe, da der Wert

$$\left(1 - \frac{O_{\min}}{O_R} \right)$$

eine feste Größe ist.

Zusammenfassend kann man sagen, daß das durch Mindestlohn gebundene lineare Gedinge sehr große Schwächen aufzuweisen hat, die zu der Schlußfolgerung zwingen, daß der Bergbau gut daran täte, eine andere Regelung anzustreben, die die Mängel des gebundenen linearen Gedinges vermeidet.

Die Bezeichnung als lineares Mindestlohngedinge legt nur die Gestalt eines Gedinges, nicht aber dessen gesamtes Erscheinungsbild fest. Zur Darstellung der Gesamtcharakteristik müssen noch hinzugenommen werden: Gedingegattung, -form, -umfang und -art. Hieraus ergibt sich, daß für das lineare Mindestlohngedinge eine Reihe gänzlich verschiedener, dem Betriebsleben entnommener Beispiele gebracht werden kann. Die im nachfolgenden behandelten stellen eine Auswahl dar.

722.1 Langfristig kündbares, einfaches, auf den Wagen Kohle abgestelltes, lineares Mindestlohn-Kameradschaftsgedinge für die Belegschaft eines Klein-Abbaubetriebspunktes. Das Gedinge ist nach der Kennziffersystematik der Gedingespielarten Abb. 98 durch die *Kennzahl* 21166 charakterisiert.

Bei der *Kalkulation* dieses Gedinges muß der Schichtenaufwand für die einzelnen Arbeitsvorgänge, die in das Gedinge eingeschlossen werden sollen, vorberechnet werden. Es entfallen im Beispiel auf

die Gewinnung . . . . 23,0 Schichten/100 t
die Strebförderung . . . . 3,5 Schichten/100 t
den Versatz . . . . <u>7,0 Schichten/100 t</u>

so daß der Gesamtschichtenaufwand . . . . 33,5 Schichten/100 t
beträgt.

Der Wageninhalt ist mit 0,8 t anzusetzen, so daß sich der Schichtenaufwand für 100 Wagen Förderung zu 26,8 Schichten errechnet.

Bei einem Gedingerichtlohn von 11,59 DM/Schicht wäre demnach als Gedingesatz in den Gedingevertrag aufzunehmen 3,11 DM/Wg Förderung.

Der *Gedingevertrag* wäre nach dem Einheitsmuster 30.1 (s. Abschn. 8) auszufertigen. Das Vertragsmuster zieht die Grenzen soweit als möglich, so daß im vorliegenden Falle eine Reihe nicht zutreffender Worte zu streichen wäre.

Oberhalb einer Leistung von 3,08 Wg/M/Sch steigt der Lohn proportional mit der Leistung. Die angegebene Leistung stellt die Mindestleistung dar, bei der bzw. bei deren Unterschreitung der Mindestlohn von 9,60 DM auftritt. Die entsprechende *Lohnskala* würde lauten (Tafel 95):

Der Lohnzuwachs beträgt oberhalb der Mindestlohngrenze 0,311 DM für einen Leistungszuwachs von 0,1 Wg/M/Sch.

Oberhalb der Mindestlohngrenze beläuft sich die *Lohnbelastung* der Leistungseinheit auf 3,11 DM/Wg Förderung = 3,89 DM/t Förderung.

Unterhalb des Mindestlohnes steigt die Lohnbelastung der Fördereinheit nach Tafel 96 an.

Einer besonderen *Abnahme* in der Grube bedarf es nicht, da das Fördertagebuch die erbrachte Monatsleistung ausweist. Gefördert wurden 2000 Wg Kohle. An Schichten sind verfahren 520. Davon waren 50 Lehrhauerschichten mit einem Lohnabzug von 5%. Die Lohnrechenschichten sind wie folgt zu bestimmen:

$$\text{Haueranteil} \dots \dots \frac{470 \cdot 100}{100} = 470$$

$$\text{Lehrhaueranteil} \dots \dots \frac{50 \cdot 95}{100} = 47,5$$

$$\text{Lohnrechenschichten insgesamt} \dots \dots = 517,5$$

Die Gesamtlohnsumme beläuft sich auf $2000 \cdot 3,11 = 6220$ DM.

Dann beträgt der Hauerlohn im Streb $6220 : 517,5 = 12,01$ DM/Schicht. Die Lehrhauer erhalten 95% dieses Lohnes, mithin 11,40 DM/Schicht.

Tafel 95. *Löhne und Leistungen bei einem linearen Mindestlohn-Kameradschaftsgedinge.*

Leistung Wg/M/Sch	Lohn DM/M/Sch
$\leqq$ 3,08	9,60
3,5	10,88
3,76	11,59
4,0	12,44
4,5	13,99
5,0	15,55

Tafel 96. *Lohnbelastung unterhalb des Mindestlohnes bei einem linearen Mindestlohn-Kameradschaftsgedinge.*

Leistung Wg/M/Sch	Lohnbelastung	
	DM/Wg	DM/t
3,0	3,20	4,0
2,4	4,00	5,0
2,0	4,80	6,0
1,0	9,60	12,0

722.2 Langfristig unkündbares (Generalgedinge), einfaches, auf den Wagen Kohle abgestelltes, lineares Kohlenhauer-Meter-Anteil-Mindestlohngedinge. Die *Kennzahl* des Gedinges bestimmt sich aus der in Abb. 98 gegebenen Systematik zu 3416[6/1], wobei die erste Zahl in der Klammer die Bezugsgröße für den Gedingesatz und die zweite die Bezugsgröße der Anteilrechnung andeutet.

Die *Kalkulation* des Gedinges ist einfach. Aus der für die Gewinnung anzusetzenden Leistung und dem Gedingerichtlohn errechnet sich der Gedingesatz durch Division. Dem behandelten Beispiel eines steilgelagerten Abbaubetriebspunktes von etwa 50 m flacher Länge in einem Flöz von 0,80 m Mächtigkeit lag eine geschätzte Gewinnungsleistung von rd. 4,1 Wg/M/Sch = 3,28 t/M/Sch zugrunde, so daß sich bei einem Gedingerichtlohn von 8,64 RM/Sch ein Gedingesatz von 2,10 RM/Wg Förderung errechnete.

Der *Gedingevertrag* mit der Werksregister-Nr. 198/15 enthielt neben dem Gedingesatz und der Bezeichnung des Gedinges als „Hackenanteilgedinge" lediglich die Bemerkung, daß der Umbau der Druckluftleitung und des Ladekastens in das Gedinge eingeschlossen sei.

Die *Lohnkurve* besteht über dem Mindestlohnbereich in einer ansteigenden Geraden, die sich aus der Proportionalität zwischen Lohn und Leistung ergibt. In diesem Bereich ist die Lohnbelastung der Leistungseinheit eine konstante Größe und gleich dem Gedingesatz.

Der Mindestlohn wird bei dieser Gedingespielart nicht allzu häufig zur Anwendung auf den einzelnen Mann kommen, da Minderleistungsträger durch die genaue Erfassung der Leistung des einzelnen Mannes leicht feststellbar sind. Der Mindestlohn wird erst dann praktisch in Erscheinung treten, wenn die gesamte Kameradschaft oder doch ihr überwiegender Teil mit ihrem Lohn unter dem Mindestlohn geblieben ist.

Wird beim Vorliegen besonderer Umstände — in der Praxis kommt dieser Fall bei auch nur annähernd richtiger Gedingeregelung nur in ganz seltenen Ausnahmen vor — der Mindestlohn an die Gesamtkameradschaft gezahlt, so empfiehlt sich auch hierbei eine Aufschlüsselung der aus dem Mindestlohn/Schicht sich ergebenden Gesamtlohnsumme des Betriebspunktes über die Leistung des einzelnen Mannes, so daß zwar die Mannschaft in ihrer Gesamtheit den Mindestlohn erhält, des einzelnen Mannes Leistung aber dennoch individuell gewertet wird. In diesem Fall steigt die *Lohnbelastung* der Fördereinheit mit sinkender Gesamtleistung der Kameradschaft nach einer Hyperbel an.

Die verhauenen Meter werden für jeden einzelnen Mann vom Steiger täglich *abgenommen*, auf einem Abnahmeschein beurkundet und außerdem in den Schichtenzettel eingetragen. Die Gesamtförderung des Betriebspunktes ergibt sich aus dem Fördertagebuch.

Im April 1943 wurden im genannten Streb 732 Wagen Kohle gefördert. Die Gesamtzahl der verhauenen Meter betrug 605,8. 172,46 Schichten wurden verfahren.

Die Lohnsumme errechnete sich zu

$$732 \times 2,10 = \text{RM } 1537,80.$$

Der Durchschnittslohn für eine Hauerschicht des Betriebspunktes lag damit bei

$$\frac{1537,80}{172,46} = \text{RM } 8,91,$$

d. h. mit 0,27 RM/Sch über dem Gedingerichtlohn.

Auf das verhauene Meter entfielen an Lohn

$$\frac{1537,80}{605,8} = \text{RM } 2,53747.$$

Der Hauer A hatte in 25 Schichten 86 m verhauen, d. i. 3,44 m/Sch, und erhielt somit den Lohn von $2,537 \cdot 3,44 = \text{RM } 8,73/\text{Sch}$.

Über die innerhalb der Betriebspunktbelegschaft aufgetretene Lohnhäufigkeit gibt Tafel 97 Auskunft.

Tafel 97. *Lohnhäufigkeit bei einem Meter-Anteil-Gedinge.*

Lohnspanne RM	Lohnschichten Anzahl	Lohnschichten %
3,00— 4,00	2	1,2
6,00— 7,00	10	5,8
8,00— 9,00	98	57,0
9,00—10,00	30	17,4
10,00—11,00	3	1,4
11,00—12,00	28	16,3
12,00—13,00	1	0,6
	172	100,0

Daß bei einer solchen, die Leistung des einzelnen klar heraushebenden Lohngliederung die wenigen Schichten, die unter dem Mindestlohn (7,71 RM/Sch) geblieben waren, wegen erwiesener Minderleistung nicht auf den Mindestlohn aufgebessert wurden, braucht kaum näher begründet zu werden.

Auf der anderen Seite wurden einer damaligen Regelung zufolge sämtliche Löhne über 10,50 RM/Sch mit *neben* dem Gedinge gewährten Leistungszuschlägen bedacht, die sich nach der Leistung staffelten. So z. B. betrugen die Zuschläge für Löhne

zwischen 10,50 und 11,00 RM 0,10 RM

zwischen 11,00 und 11,50 RM 0,30 RM

zwischen 11,50 und 12,00 RM 0,60 RM usw.

Im vorliegenden Beispiel sind 31 Arbeiterschichten mit Leistungszuschlägen beaufschlagt worden, die den Leistungstüchtigen bei Kameradschaftsgedinge — mittlerer Lohn aller Hauer 8,91 RM — nicht gewährt worden wären.

722.3 Sonderart eines auf den Wagen Kohle abgestellten Meter-Anteil-Gedinges mit Lohnrechnung über Kennwerte für Hauer bzw. Hauergruppen der Kohlengewinnung. Für die einzelnen Teilfronten f_1, f_2, $f_3 \cdots f_n$ einer Abbaufront werden infolge der *verschiedenartigen Flöz- und Nebengesteinsverhältnisse* die Gedingeleistungen E_1, E_2, $E_3 \cdots E_n$ verschieden hoch festgestellt. Die Strebbelegschaft soll ein Anteilgedinge erhalten, das auf einem Gedingeeinheitssatz von x RM/Wg Kohle aufbaut. Die Gesamtlohnsumme soll anteilig nach den verhauenen, im Einfallen gemessenen Frontlängen unter Berücksichtigung der für die einzelnen Teilfronten angesetzten Gedingeleistungen erfolgen.

Die *mittlere Strebsolleistung* E_x kann nur als gewogenes Mittel errechnet werden. Die Bestimmung als arithmetisches Mittel aus den Einzelleistungen ohne Berücksichtigung der Teilfrontlängen wäre falsch, es sei denn, daß die Längen der Teilfronten genau gleich wären.

Somit ergibt sich folgende Rechnung:

nach Formeln	Zahlenbeispiel
$f_1 \cdot E_1 \ldots\ldots = \ldots$	30 m · 10 Wg/M/Sch $\ldots = 300$
$f_2 \cdot E_2 \ldots\ldots = \ldots$	20 m · 9 Wg/M/Sch $\ldots = 180$
$f_3 \cdot E_3 \ldots\ldots = \ldots$	40 m · 12 Wg/M/Sch $\ldots = 480$
.	10 m · 8 Wg/M/Sch $\ldots = 80$
.	50 m · 13 Wg/M/Sch $\ldots = 650$
$f_n \cdot E_n \ldots\ldots = \ldots$	60 m · 11 Wg/M/Sch $\ldots = 660$
$f_x \ldots\ldots f_x \cdot E_x \ldots = \ldots$	210 m 2350

$$E_x = \frac{(f_x \cdot E_x)}{f_x} \qquad\qquad E_x = \frac{2350}{210} = 11,2 \text{ Wg/M/Sch}$$

Der *Gedingesatz* Gs errechnet sich aus der mittleren Strebsolleistung E_x und dem der Gedingeleistung gegenüberzustellenden Gedingerichtlohn O_R.

$$Gs = \frac{O_R}{E_x}, \qquad Gs = \frac{9,60}{11,2} = 0,86 \text{ RM/Wg}.$$

Wenn sich die Längen der Teilfronten mit fortschreitendem Abbau ändern — kurzfristige Änderungen machen eine Gedingesetzung der behandelten Art meist unmöglich —, so müßte das Gedinge von Zeit zu Zeit überprüft und geändert werden.

In vielen Fällen, wenn es sich z. B. um nur 2 oder 3 Teilfrontlängen handelt, wird man von vornherein ein „Rahmengedinge" abschließen können. Alles Nähere bezüglich eines solchen Rahmengedinges ergibt sich aus dem Beispiel der Tafel 98.

Tafel 98. *Aufbau eines Rahmen-Teilfront-Gedinges.*

Fall	$E_1 = 13$ Wg/M/Sch f_1 (m)	$E_2 = 10$ Wg/M/Sch f_2 (m)	$E_3 = 8$ Wg/M/Sch f_3 (m)	f_x (m)	$(f_x \cdot E_x)$	E_x (Wg/M/Sch)	$Gs = \dfrac{9{,}60}{E_x}$ (RM/Wg)
1	130	60	10	200	2370	11,85	0,81
2	130	55	15	200	2360	11,80	0,81
3	130	50	20	200	2350	11,75	0,82
4	130	45	25	200	2340	11,70	0,82
5	130	40	30	200	2330	11,65	0,82
6	130	35	35	200	2320	11,60	0,83
7	155	35	10	200	2445	12,225	0,79
8	145	40	15	200	2405	12,025	0,80
9	135	45	20	200	2365	11,825	0,81
10	125	50	25	200	2325	11,625	0,83
11	115	55	30	200	2285	11,425	0,84
12	105	60	35	200	2245	11,225	0,86

Die tägliche *Abnahme* der Leistung jedes einzelnen Mannes bzw. jeder Gruppe erfolgt durch Vermessung der täglich abgekohlten Teilfrontlängen nach laufenden Metern. Die Abnahmen werden der Mannschaft in einem Taschenbuch bescheinigt. Die Monatsabnahme stellt die Summe der Tagesabnahmen dar und wird gleichfalls für den einzelnen Mann bzw. für die einzelne Gruppe bestimmt.

Die Zahl der Kennwerte wird für jeden einzelnen Hauer bzw. jede Gruppe gesondert bestimmt, indem die von ihm bzw. von ihr verhauene Gesamtmeterzahl durch die in Frage kommende Teilfrontleistung dividiert wird.

Die Gesamtzahl der Kennwerte ΣK_x bestimmt man als Summe der Einzelkennwerte.

Dividiert man nun die Gesamtzahl der Kennwerte in die Gesamtlohnsumme O^Σ, so erhält man das Arbeitsentgelt je Kennwert O_k.

$$O_k = \frac{O_\Sigma}{\Sigma K_x}.$$

Aus der Zahl der Kennwerte des einzelnen Mannes ΣK_n bzw. der Gruppe und dem Arbeitsentgelt je Kennwert errechnet sich die Lohnsumme O_n, die auf den betreffenden Mann bzw. die Gruppe entfällt.

$$\Sigma K_n \cdot O_k = O_n.$$

Aus der Lohnsumme des einzelnen Mannes bzw. der Gruppe ergibt sich über die von ihm bzw. von ihr verfahrenen Schichten Sch_Σ der Lohn je Schicht O_{Sch}.

$$O_{Sch} = \frac{O_n}{Sch_\Sigma}.$$

Für die verschiedenen Fälle bzw. für den jeweiligen Zeitraum, in dem ein bestimmter Gedingesatz Gültigkeit hat, wird eine in sich geschlossene Aufzeichnung geführt, d. h. beim Inkrafttreten eines neuen Gedingesatzes wird der bisherige „Betriebspunkt" im *Schichtenzettel* abgeschlossen und ein neuer beginnt.

Ebenso ordnet man zweckmäßig die in einer Teilfront verfahrenen Schichten im Schichtenzettel zusammenstehend an, damit die Übersicht bei der Abrechnung gewährleistet bleibt. Bei Verlegung eines Mannes von einer Teilfront an eine andere taucht der Name des Mannes eben zweimal auf. Auf korrekteste Durchführung der Schichtenbuchung wird im Interesse einer gerechten Lohnfindung größter Wert gelegt werden müssen. Auch im Taschenbuch der Kameradschaft wird man die Eintragungen nach Teilfronten gliedern.

Die Gesamtlohnsumme O_Σ errechnet sich als Produkt aus der Zahl der geförderten Wagen W_Σ und dem Gedingesatz Gs.

$$O_\Sigma = W_\Sigma \cdot Gs.$$

Die Verteilung auf die einzelnen Männer bzw. Gruppen erfolgt über Kennwerte wie oben geschildert.

Beispiel:

Förderung . . . . W_Σ = 12500 Wg

Gedingesatz . . . . Gs = 0,80 RM/Wg

Gesamtlohnsumme . . . . O_Σ = 10000 RM

Gesamtschichten . . . . Sch_Σ = 946

Arbeitsentgelt je Kennwert

$$O_k = \frac{10000}{335{,}166} = 29{,}791 \text{ RM}.$$

Einen Ausschnitt aus der Abrechnung einer großen Strebbelegschaft bringt Tafel 99.

Abschließend sei bemerkt, daß nachstehend beschriebene Gedingespielart in mehreren gestörten Abbaubetrieben längere Zeit mit bestem Erfolg angewandt worden ist.

18*

Tafel 99. *Abnahme, Kennwerte, Lohnsummen und Lohn je Schicht der einzelnen Hauer bei einem Teilfront-Gedinge.*

Hauer	Abnahme m	Schichten	vorgesehene Leistung Wg/M/Sch	Kennwerte	Lohnsumme RM	Lohn/Schicht RM
1	109	24	13	8,383	249,80	10,41
2	128	27	13	9,859	293,70	10,88
3	120	25	13	9,224	274,80	10,99
4	120	27	13	7,277	216,80	8,03
5	111	27	13	8,529	254,10	9,41
6	126	27	13	9,714	289,40	10,72
7	111	26	13	8,563	255,10	9,81
8	120	27	13	9,281	276,50	10,24
9	107	27	10	10,705	318,90	11,81
10	76	27	10	7,603	226,50	8,39
11	109	26	10	10,876	324,00	12,46
12	83	27	10	8,311	247,60	9,17
13	87	24	10	8,734	260,20	10,84
14	99	27	10	9,852	293,50	10,87
15	88	27	10	8,774	261,40	9,68
16	12	5	8	1,547	46,10	9,22
17	79	27	8	9,889	294,60	10,91
18	78	27	8	9,698	288,90	10,70
19	36	12	8	4,585	136,60	11,38
20	59	27	8	7,395	220,30	8,16
21	87	27	10	8,674	258,40	9,57
22	69	19	10	6,858	204,30	10,75
23	93	27	10	9,291	276,80	10,25
24	123	27	13	9,473	282,20	10,45
25	90	21	13	6,888	205,20	9,77
26	89	22	13	6,844	203,90	9,27
27	46	9	13	3,508	104,50	11,61
.	.	.	.	.	.	.
48	.	.	.	.	.	.
Summe oder Durchschn.	4022	946	12	335,166	10000,00	10,57

722.4 Langfristig kündbares, auf das Quadratmeter verhauene Flözfläche abgestelltes, lineares Mindestlohngedinge in der Spielart eines Rahmen-Einmann-Gedinges für Kohlenhauer. Da es sich bei der Hereingewinnung der Kohle um eine Arbeit im Raume handelt, wäre es an sich richtig, als *Bezugsgröße* des Gedinges die Raumeinheit zu wählen. Weil aber im allgemeinen die Flözmächtigkeit innerhalb eines Abbaubetriebspunktes wenig schwankt, so kann man die dritte Dimension, die Mächtigkeit, als gleichbleibenden Faktor ansprechen und als Bezugsgröße die Fläche, und zwar das Quadratmeter verhauene Flözfläche, wählen. Diese grundsätzliche Regelung kann man auch dann beibehalten, wenn im Ausnahmefall die Flözmächtigkeit innerhalb des Betriebspunktes stärker schwankt, und zwar kann man diesen Fall durch ein Rahmengedinge lösen, wie es nachstehend im einzelnen dargestellt werden soll. Man behält das m²-Gedinge zweckmäßig bei, einmal, um dem Bergmann die Umstellung auf eine andere Gedingespielart zu ersparen, und zum zweiten, um ihm die Errechnung seines Lohnes aus seiner Tagesleistung nicht unnötig zu erschweren.

Das zu besprechende Gedinge erhält gemäß der Systematik der Abb. 98 die Kenn-Nr. 23362.

Die *Kalkulation* eines Gedinges für die Kohlenhauer muß von der Ziffer der Gewinnungsleistung ausgehen. Diese soll im angezogenen Beispiel 9 t verwertbare Förderung/M/Sch und bei einem Wagenreininhalt von 0,8 t 11,25 Wg/M/Sch betragen. Die Wagenfüllziffer beträgt nach Feststellungen der Schachtanlage 1,45, d. h. 1 m³ anstehende Kohle ergibt 1,45 Wg Förderung. Eine Gewinnungsleistung von 11,25 Wg/M/Sch würde daher die Auskohlung eines Hohlraumes von 7,76 m³ Inhalt bedeuten. Beträgt nun die Flözmächtigkeit 1,50 m, so würden von einem Hauer in einer Schicht 5,17 m² Flözfläche freizukohlen sein. Diese würde bei einer Feldesbreite von 1,40 m das Abkohlen einer Knapplänge von 3,70 m erfordern.

Aus einem Gedingerichtlohn von 11,59 DM und einer Gedingeleistung von 5,17 m² ergibt sich der Gedingesatz für das Abkohlen von 1 m² Flözfläche zu 2,24 DM. Dieser Gedingesatz gilt für die Normalausbildung des Flözes in einer Mächtigkeit von 1,50 m.

Schwankt die Mächtigkeit, so tritt an Stelle des genannten Einheitsgedingesatzes von 2,24 DM/m² folgende Gedingeskala:

Tafel 100. *Gedingeskala für verschiedene Flözmächtigkeiten.*

Mächtigkeit	m	1,20	1,30	1,40	1,50	1,60	1,70	1,80
Gedingesatz	$\frac{DM}{m^2}$	1,79	1,94	2,09	2,24	2,39	2,54	2,69

Dabei ist unterstellt, daß die angenommene Gewinnungsleistung von 9 t/M/Sch den Durchschnitt darstellt, der bei den vorliegenden Mächtigkeitsverhältnissen erwartet werden kann.

Den *Gedingevertrag* wird man zweckmäßig nach dem Vertragsmuster 32.3 des Abschn. 8 ausfertigen.

Oberhalb des Mindestlohnes ist der Lohn der Leistung proportional und die *Lohnbelastung* konstant. Die zahlenmäßige Höhe der Lohnbelastung ist aus dem Gedingesatz durch Umrechnung zu bestimmen. Bei Division des Gedingesatzes durch das Produkt aus Mächtigkeit, Wagenfüllziffer und Wageninhalt ergibt sich die Lohnbelastung je t Förderung

$$\frac{\text{Gedingesatz}}{\text{Mächtigkeit} \times \text{Wagenfüllziffer} \times \text{Wageninhalt}} = \text{Lohnbelastung je t Förderung.}$$

Im angezogenen Beispiel würde sich errechnen:

Lohnbelastung je t Förderung $= 2{,}24/1{,}50 \cdot 1{,}45 \cdot 0{,}8 = 1{,}288$ DM/t.

Zum gleichen Ergebnis führt die Kontrollrechnung über die angenommene Gewinnungsleistung:

$$\frac{11{,}59\ \text{DM/Sch}}{9{,}0\ \text{t/Sch}} = 1{,}288\ \text{DM/t.}$$

Die Lohnbelastung der Fördereinheit ist unabhängig davon, ob man den Einheitsgedingesatz oder die Gedingeskala zur Anwendung bringt, da die Leistungsgrundlage in beiden Fällen als gleich unterstellt wurde.

Der Lohn ist beim Rahmengedinge zweifach gebunden: einmal durch die erbrachte m²-Leistung und zweitens durch die den jeweiligen Gedingesatz bestimmende Mächtigkeit. Eine Übersicht gibt Tafel 101.

Tafel 101. *Lohn in Abhängigkeit von Mächtigkeit und erbrachter Leistung.*

Mächtigkeit m	Erbrachte Leistung m²										
	2,5	3	3,5	4	4,5	5	5,5	6	6,5	7	7,5
	Lohn DM/Schicht										
1,20	4,48	5,37	6,27	7,16	8,06	8,95	9,85	10,74	11,64	12,53	13,43
1,30	4,85	5,82	6,79	7,76	8,73	9,70	10,67	11,64	12,61	13,58	14,55
1,40	5,23	6,27	7,32	8,36	9,41	10,45	11,50	12,54	13,59	14,63	15,68
1,50	5,60	6,72	7,84	8,96	10,08	11,20	12,32	13,44	14,56	15,68	16,80
1,60	5,98	7,17	8,37	9,56	10,76	11,95	13,15	14,34	15,54	16,73	17,93
1,70	6,35	7,62	8,89	10,16	11,43	12,70	13,97	15,24	16,51	17,78	19,05
1,80	6,73	8,07	9,42	10,76	12,11	13,45	14,80	16,14	17,49	18,83	20,18

Im Bereiche des Mindestlohnes ist der Lohn konstant und die Lohnbelastung der Leistungseinheit sinkt mit abnehmender Leistung nach der Hyperbel.

Die *Abnahme* des m²-Einmann-Gedinges muß naturgemäß täglich zu Ende der Schicht erfolgen. Neben der schriftlichen Fixierung der Abnahme auf dem Abnahmeschein werden die Ergebnisse im Schichtenzettel vermarkt. Auf diesen Eintragungen baut die monatliche *Lohnabrechnung* auf. Bei Rahmengedingen werden die Eintragungen im Schichtenzettel zweckmäßig schon bei der Eintragung nach Mächtigkeiten geordnet, da dadurch die Abrechnung wesentlich erleichtert wird, wie das Beispiel der Tafel 102 zeigt.

Tafel 102. *Beispiel für die Abrechnung eines Einmann-Gedinges.*

		1	2	3	4	5	6	7	8	9	10	11	12	13	14	15	16	17	18	19	20	21	22	23	24	25	26	27	28	29	30	31	Σ
Verhauene Quadratmeter bei einer Mächtigkeit von	1,40 m	5,3	5,8		5,4	5,8	6,0	6,1	6,1	6,1							5,8		6,1										5,6	5,9	6,1		76,1
	1,50 m											5,2	5,4	5,2	5,1	5,3			5,3	5,2							5,2	5,3					47,2
	1,60 m																					4,9	5,1	5,0		5,0							20,0
August Müller		/	/		/	/	/	/	/	/		/	/	/	/	/		/	/	/		/	/	/		/	/	/	/	/	/		26

Lohnsumme 76,1 m² je 2,09 DM = 159,05 DM
47,2 m² je 2,24 DM = 105,73 DM
20,0 m² je 2,39 DM = 47,80 DM

Insgesamt 312,58 DM

Durchschnittlicher Lohn je Schicht $= \dfrac{312{,}58}{26} = 12{,}02$ DM.

Aus den Ziffern der Tagesverdienste des einzelnen Hauers läßt sich ein Schaubild entwickeln, das dessen Lohnhäufigkeit widerspiegelt. In Abb. 107 sind die Angaben der Tafel 102 entsprechend ausgewertet. Die Übersicht läßt sich dabei auch zahlenmäßig etwa in Form der Tafel 103 herstellen. Deren Bekanntgabe an den Hauer — eine ähnliche Einrichtung kennen nach dem BEDAUX-System arbeitende französische Gruben — könnte u. U. psychologisch ausgezeichnet wirken.

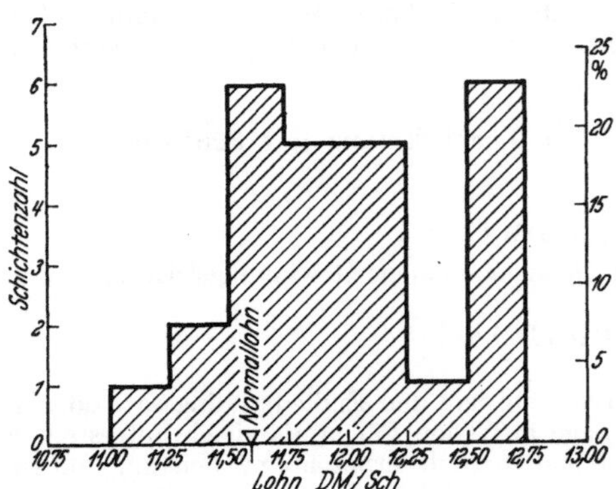

Abb. 107. Lohnbild des Hauers August Müller.

Tafel 103. *Lohntafel des Hauers August Müller.*

Lohnspanne	Lohnschichten	
DM	Anzahl	%
11,00—11,24	1	4
11,25—11,49	2	8
11,50—11,74	6	23
11,75—11,99	5	19
12,00—12,24	5	19
12,25—12,49	1	4
12,50—12,74	6	23
	26	100

Das m²-Gedinge verlangt eine genaue *Abnahme.* Eine Überprüfung ist unerläßlich. Diese ist verhältnismäßig einfach durchzuführen. Aus den Ziffern der verhauenen Quadratmeter und der Mächtigkeit errechnen sich die hereingewonnenen Kubikmeter Kohle. So z. B. für den Hauer Müller wie folgt:

$$76{,}1 \text{ m}^2 \cdot 1{,}40 \text{ m} = 106{,}54 \text{ m}^3$$
$$47{,}2 \text{ m}^2 \cdot 1{,}50 \text{ m} = 70{,}80 \text{ m}^3$$
$$20{,}0 \text{ m}^2 \cdot 1{,}60 \text{ m} = 32{,}00 \text{ m}^3$$
$$\text{Insgesamt} \quad 209{,}34 \text{ m}^3$$

Hat nun der Betriebspunkt 7328 Wagen Kohle gefördert und gilt als Erfahrungswert, daß 1 m³ anstehende Kohle 1,5 Wagen füllt, so müßten

$$\frac{7328}{1{,}5} = 4885 \text{ m}^3 \text{ Kohle hereingewonnen sein.}$$

Die Aufrechnung der Leistungen der einzelnen Hauer ergibt aber 4919 m³, so daß also 34 m³ = 0,7% mehr verrechnet sind als rechnerisch zu erwarten stand. Je nach den örtlichen Verhältnissen wird man Abweichungen bis zu höchstens $\pm$ 5% als tragbar ansehen müssen. Für den Fall der Überschreitung dieser Ziffer empfiehlt sich, im Gedingevertrag vorzusehen, daß dann eine Umrechnung der Lohnsummen der einzelnen Hauer auf den aus der Förderung ermittelten theoretischen Wert stattzufinden habe. Das gilt natürlich sowohl für die Unter- als auch für die Überschreitung, so daß beide Vertragspartner dadurch vor Benachteiligungen durch falsche oder irrige Abnahmen gesichert sind.

722.5 Kurzfristig kündbares, kombiniertes, auf die Längeneinheit bezogenes, lineares Mindestlohn-Kameradschaftsgedinge für eine Gesteinsstreckenauffahrung. Das Gedinge baut auf der Auffahrleistung einerseits und dem Sprengmittelverbrauch andererseits auf. Für die Auffahrleistung wird als Bezugseinheit das Meter gewählt. Der Sprengmittelverbrauch wird in DM beziffert.

Nach der Systematik der Abb. 98 wird das Gedinge durch die *Kenn-Nr.* 11261 festgelegt.

Grundsätzlich erscheint es richtig, die Kameradschaft durch lohnmäßige Bindung an die *Sprengmittel*kostenhöhe zu einer sparsamen Bewirtschaftung der Sprengmittel anzuhalten. Früher war es grundsätzlich und es ist auch heute noch vielfach üblich, den Sprengmittelverbrauch in *voller* Höhe in das Gedinge hineinzunehmen. Dem stehen aber gewichtige Bedenken gegenüber, die im nachstehenden an Hand der Abb. 108, deren Abszisse die Auffahrleistung angibt, näher erörtert werden sollen. Die Kurve des erzielten Lohnes ergibt sich aus der Kurve des reinen Leistungslohnes und der Kurve der Kosten des Sprengmittelverbrauches. Bei voller Anrechnung des Sprengmittelverbrauches werden die Ordinaten der Ist-Lohnkurve gleich der Differenz zwischen den zugehörigen Ordinaten der Kurve des reinen Leistungslohnes und der Kostenkurve des Sprengmittelverbrauches. Die Kurve der Kosten des Sprengmittelverbrauches besitzt aber offenbar ein Minimum bzw. Verbrauchsoptimum deswegen, weil einerseits bei zu geringem Sprengmittelverbrauch Fehlsprengungen unvermeidbar sind, die eine Leistungsminderung verursachen, und weil andererseits durch Mehreinsatz an Sprengmitteln eine gewisse Mehrleistung erzielt werden kann, wobei aber der Sprengmittelverbrauch stärker ansteigt als die Leistung. Wie im Schaubild schematisch dargestellt, braucht aber das Optimum des Sprengmittelverbrauches nicht mit dem optimalen Lohn zusammenzufallen. Die Hauer werden, sobald sie diese

Sachlage erkannt haben, sich nicht scheuen, ein Mehr an Sprengstoff einzusetzen, um dadurch zu einem höheren Lohn zu kommen. Es ist daher zweckmäßig, nur einem Bruchteil des Sprengmittelverbrauches Einfluß auf den Lohn zu gewähren.

In der Praxis hat sich im allgemeinen ein Satz von $^1/_3$ gut bewährt. Bei besonderen Verhältnissen, d. h. wenn größere Schwankungen im Sprengmittelverbrauch zu erwarten sind, kann man bis zu $^1/_6$ heruntergehen. Andererseits besteht aber auch die Möglichkeit, bei einigermaßen feststehenden Verbrauchsziffern bis auf $^1/_2$ heraufzugehen. Im Falle der Teilanrechnung hat man selbstverständlich nach beiden Seiten hin die gleiche Reduktion vorzunehmen, d. h. den Wenigerverbrauch mit dem gleichen Satz der Kameradschaft gutzubringen, mit dem der Mehrverbrauch der Kameradschaft angelastet wird, es sei denn, daß man sich in Sonderfällen entschließt, die Einsparungen höher zu bewerten. Daß durch dieses Verfahren die Lohnkurve mehr der Geraden angeglichen wird, geht aus dem Schemabild hervor, in dem die Kurve der Sprengstoffanrechnung zu $^1/_3$ des Verbrauches und die zugehörigen Lohnkurven eingetragen sind. Aus dem Kurvenverlauf ergeben sich folgende Schlußfolgerungen:

a) Durch die Einrechnung des Sprengmittelverbrauches in das Gedinge wird die Gedingegestalt grundlegend geändert. Die wahre Lohnlinie ist nicht mehr linear, sondern parabolisch. Je kleiner der Anteil der Sprengmittelkosten ist, der eingerechnet wird, desto mehr nähert sich die Lohnkurve der linearen Gestalt.

b) Beim Mindestlohngedinge verschiebt sich die dem Mindestlohn zugeordnete Leistungsziffer um so weiter nach oben, je höher der eingerechnete Anteil der Sprengmittelkosten ist.

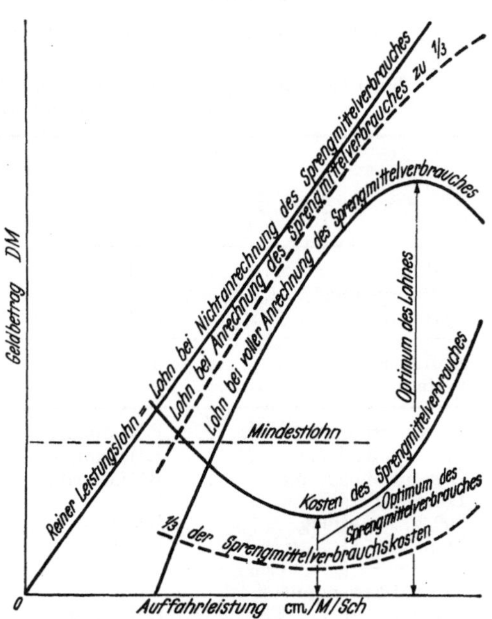

Abb. 108. Zusammenhänge zwischen Lohn und Sprengmittelverbrauch.

c) Wird der Sprengmittel-Normalverbrauch zu hoch angesetzt, so erhält der Arbeiter einen um so größeren ungerechtfertigten Lohnvorteil, je größer die Anrechnungsquote ist. Im Falle, daß der Normalverbrauch zu niedrig bemessen wird, gerät der Lohn um so schneller an die Mindestlohngrenze, je höher die Anrechnungsziffer ist.

Wenn man heute vielfach Gedinge vorfindet, die ausschließlich auf die Auffahrleistung abgestellt sind und keinerlei Bestimmungen über eine Bindung des Lohnes an den Sprengmittelverbrauch aufweisen, so kann daraus nur geschlossen werden, daß sich die früher übliche volle Verrechnung der Sprengmittel nicht mehr hat halten können. Auf der anderen Seite ist das Extrem der vollkommenen Nichtberücksichtigung des Sprengmittelverbrauches ebensowenig als eine befriedigende Lösung anzusprechen. Der richtige Weg liegt auch hier in der Mitte. Man wird den Normalverbrauch im Gedingevertrag festlegen und den über- oder unterschießenden Betrag zu einem gewissen Teil an den Lohn koppeln müssen.

Die *Gedingekalkulation* hat außer vom Gedingerichtlohn von den beiden technischen Ziffern der Auffahrleistung und des normalen Sprengmittelverbrauchs auszugehen. Bezüglich der Einzelheiten sei auf das Beispiel der Tafel 4 in Abschn. 531 hingewiesen.

Für einen ausführlichen *Gedingevertrag* können die Muster 13 bzw. 14 des Abschn. 8 empfohlen werden.

Ein Kurzvertrag aus dem Jahre 1943 hatte folgenden Wortlaut:

      Betriebspunkt: 6. Sohle 3. östl. Abt. Ortsquerschl. 2
      Auffahrung: je m Ortsquerschlag RM 76,—
      Ausmaße: lichte Maße: Kappe 2,50 m, Sohle 3,70 m, Höhe 2,40 m.
      Sprengstoffverrechnung: angesetzter Verbrauch RM 40,—/m.

Bei Mehrverbrauch $^1/_6$ zu Lasten der Kameradschaft, bei Wenigerverbrauch wird $^1/_6$ des Betrages der Kameradschaft gutgebracht.

Über die *Lohnkurve* wurde oben bereits das Wesentliche gesagt. Die mathematische Formel des Gedinges lautet:

$$O_x = \left[\frac{O_R}{E_{\text{norm}}} + (Sp_{\text{norm}} - Sp) \right] E_x \geqq O_{\min},$$

worin neben den bisher verwandten Bezeichnungen bedeuten:

Sp_{norm} normaler　　Sprengmittelverbrauch DM/m
Sp　　tatsächlicher Sprengmittelverbrauch DM/m

Die Gleichung ergibt für die Lohnbelastung der Leistungseinheit

a) bei Löhnen gleich dem und oberhalb des Mindestlohnes den konstanten Wert

$$k = \frac{O_R}{E_{\text{Ged.}}} + Sp_{\text{norm}} - Sp.$$

b) bei Löhnen unterhalb des Mindestlohnes den mit sinkender Leistung nach der Hyperbel anwachsenden Wert

$$k = O_{\min} \cdot \frac{1}{E_x}.$$

Tafel 104. *Leistungslohn und Sprengmittelverbrauch zusammen und getrennt verrechnet.*

		Auffahrleistung und Sprengmittelverbrauch	
		zusammen	getrennt
		verrechnet	
Gedinge	RM/m	50,—	—
Auffahrgedinge	RM/m	—	40,—
Sprengmittel	RM/m	—	10,—
Auffahrung	m/Monat	20,—	20,—
verfahrene Schichten	je Monat	80,—	80
Leistungslohnsumme	RM/Monat	1000,—	800,—
Sprengmittel	RM/Monat	100,—	—
Gesamtlohnsumme	RM/Monat	900,—	800,—
Lohn je Schicht	RM	11,25	10,—
200 % Aufschlag	RM/Sch	2,50	—
Zahllohn	RM/Sch	13,75	—
Normal-Sprengmittel- verbrauch	RM/Monat		200,—
Ist-Sprengmittelverbrauch .	RM/Monat		100,—
Sprengmittelersparnis	RM/Monat		100,—
Sprengmittelvergütung	RM/Sch		1,25
Zahllohn	RM/Sch	13,75	11,25

Die *Abrechnung des Gedinges* muß getrennt nach Leistungslohn und Sprengmittelvergütung erfolgen. Dies ist von besonderer Wichtigkeit, wenn auf die Mehrleistung Zuschläge gezahlt werden, wie es heute hier und da geschieht und z. Z. der 200%-Verordnung allgemein der Fall war. Zu welchen Schiefheiten in der Lohnfindung die Nichttrennung zwischen Leistungslohn und Sprengmittelverbrauch bei Zahlung von Zuschlägen führen kann, erhellt das Zahlenbeispiel der Tafel 104.

Bei nicht getrennter Verrechnung von Auffahrung und Sprengmittel hätten also in der Zeit des 200%-Zuschlages ohne Vorliegen einer Mehrleistung lediglich dadurch, daß die Sprengmittelersparnis mit in die Lohnerrechnung einging, 2,50 DM/Sch = rd. 22% an ungerechtfertigten Leistungszuschlägen gezahlt werden müssen.

Welche Lohnunterschiede sich in der Praxis aus der Teilverrechnung des Sprengstoffverbrauchs ergeben können, sei an der Abrechnung für Monat März 1943 aufgezeigt:

Auffahrung .... 32,5 m/Monat
Verfahrene Schichten .... 244,4/Monat.

A. Auffahrung 32,5 m je 76,— RM .... RM 2470,—

B. Sprengmittelrechnung
Normalverbrauch 32,5 × 40,— .... RM 1300,—
Ist-Verbrauch .... RM 687,—

Minderverbrauch .... RM 613,—
Gutschrift $^1/_6$ des Minderverbrauches .... RM 102,17

Gesamtlohnsumme RM 2572,17

C. Löhne
Leistungslohn .... 10,10 RM/Sch
Sprengmittelvergütung .... 0,42 RM/Sch

Gesamtlohn 10,52 RM/Sch

Zum Vergleich sei die Abrechnung bei voller Sprengmittelanrechnung nachstehend durchgeführt:
32,5 m · (76,— + 40,—) RM/m .... RM 3770,—
abzüglich Sprengmittelverbrauch .... RM 687,—

Gesamtlohnsumme RM 3083,—
Lohn 12,61 RM/Sch.

Die Zahlen reden eine so eindeutige Sprache für die Teilverrechnung des Sprengmittelverbrauches, daß sich weitere Ausführungen erübrigen.

722.6 Langfristig unkündbares, einfaches, auf den Wagen geförderte Kohle abgestelltes, lineares Mindestlohn-Koppelgedinge für Bergeversetzer bei Vollversatz. Es gibt im untertägigen Steinkohlenbergbau Betriebsvorgänge, die mit anderen so eng verflochten sind, daß die Leistung der einen Kameradschaft von der der anderen maßgebend beeinflußt wird. So besteht beispielsweise bei Streben mit Vollversatz eine enge Kopplung zwischen der Leistung der Gewinnungshauer und der der Bergeversetzer. Es liegt nahe, diese Abhängigkeit auch im Gedinge zum Ausdruck zu bringen. Der einfachste Weg wäre, daß man in einem Einheitsgedinge für den ganzen Betriebspunkt Gewinnungshauer und Bergeversetzer zusammenfaßt. Damit beschwört man aber die Gefahr herauf, daß die Gewinnungskameradschaft unter einer schlechten Leistung der Versatzkameradschaft leidet und umgekehrt. Letzten Endes müssen sowohl die Gewinnungs- als auch die Versatzkameradschaft in die Lage versetzt werden, einen *ihrer* Leistung entsprechenden Lohn zu verdienen. Diese Forderung erfüllt das nachstehend in einem Beispiel behandelte Koppelgedinge.

Die Leistungen der einzelnen Kameradschaft werden gewertet, indem man jeder ihr eigenes, jedoch auf dem gleichen Leistungsgrundwert abgestelltes Gedinge setzt, im angezogenen Beispiel sowohl der Gewinnungskameradschaft als auch der Versatzkameradschaft ein auf den Wagen geförderter Kohle bezogenes Gedinge gibt. So wirkt sich das Gedinge nicht nur lohngerecht, sondern auch wirtschaftlich aus, da die Überwachung der Leistung bei aufgetrennten Betriebsvorgängen leichter und das Interesse der einzelnen an der Leistung größer wird, was meist deren Steigerung zur Folge hat. Weiter hat das Koppelgedinge den unbestreitbaren arbeitspsychologischen Vorteil, daß sich die Männer der angekoppelten Kameradschaft nicht mehr als mit „Nebenarbeiten" beschäftigt fühlen. Die höhere Leistung erbringt endlich auch eine Kostensenkung.

Nach der Übersicht der Abb. 98 erhält das im Beispiel erörterte Gedinge die *Kenn-Nummer* 35166.

Die *Gedingekalkulation* des Koppelgedinges geht in allen Fällen von der Berechnung des Gedinges für die Hauptarbeit, im Beispiel von der Gewinnung der Kohle, aus. Der für den anzukoppelnden Arbeitsvorgang benötigte Schichtenaufwand betrage $x\%$ des für den Hauptvorgang anzusetzenden. Im Beispiel werden so 60% der Kohlenhauerschichten für das Einbringen des Berge-(Voll)-versatzes veranschlagt. Der Gedingesatz des Bergeversetzergedinges muß demnach 60% des Satzes betragen, der den Kohlenhauern für die Leistungseinheit, d. h. je Wagen Förderung, vorgegeben wird.

Die einfachste *Formulierung*, die aber den Nachteil hat, daß der Gedingearbeiter im Koppelgedinge, in unserem Falle der Bergeversetzer, das Hauptgedinge kennen muß, um sich seinen Lohn ausrechnen zu können, wäre folgende:

„Für das ordnungsmäßige Einbringen des Vollversatzes werden der Bergeversetzerkameradschaft 60% der von den Kohlenhauern verdienten Lohnsumme gezahlt."

Für ein solches Gedinge würde eine Lohnabrechnung wie folgt aussehen:

Lohn der Kohlenhauer	10,— DM/Schicht
Lohnschichten der Kohlenhauer	160
Lohnsumme der Kohlenhauer	1600,— DM
Lohnsumme der Bergeversetzer 60% von 1600,— DM	960,— DM
Lohnschichten der Bergeversetzer	80
Lohn der Bergeversetzer	12,— DM/Schicht

In diesem Falle hätten die Bergeversetzer infolge höherer Leistung einen um 20% über dem Kohlenhauerlohn liegenden Lohn verdient. Hätten nun aber die Lohnschichten der Bergeversetzer 100 betragen, so würde ihr Verdienst mit 9,60 DM/Schicht um 4% unter dem Lohn der Kohlenhauer liegen.

Für den Gedingearbeiter ist das Gedinge einfacher zu übersehen, wenn es auf die Leistungseinheit abgeschlossen wird, wie es im nachfolgenden Beispiel geschehen ist:

Gedingegestaltung in Flöz Dickebank Streb 1—2 Westen in der 4. westl. Abt. 6. Sohle.

Gedingelaufzeit: ab 1. 12. 42 unkündbar.

a) Grundgedinge für die Kohlenhauer

für 1 Wagen Gruskohle	RM 0,57
für 1 Wagen Stückkohle	RM 0,87
für 1 m Unterzug	RM 1,—
Sprengmittel	frei!

Umfang der Gedingekameradschaft: Kohlenhauer und Lader.

b) Koppelgedinge für die Bergeversetzer

Grundlage: 60% des Schichtenaufwandes der Kohlenhauer und Lader

für 1 Wagen Gruskohle	RM 0,342
für 1 Wagen Stückkohle	RM 0,522

Umfang der Gedingekameradschaft: Bergekipper und -versetzer. Der Holztransport im Streb ist Nebenaufgabe der Versetzer.

Gedingeabrechnung für den Monat April 1943

Grundziffern der Abrechnung

Förderung	246 Wagen Gruskohle	=	5,38%
	4327 Wagen Stückkohle	=	94,62%
	4573 Wagen insgesamt	=	100,00%

Von den Kohlenhauern eingebrachte Unterzüge 172 m.
Sprengmittelverbrauch RM 1400,94 = 0,30 RM/Wagen Fdg.
Lohnrechenschichten der Kohlenhauer und Lader 345,02
Lohnrechenschichten der Bergeversetzer und Kipper 210,20
Schichtenaufwand der Bergeversetzer in % des Aufwands an Kohlenhauerschichten ... 60,9 %

  a) Lohnabrechnung der Kohlenhauer und Lader

      246 Wagen Gruskohle je RM 0,57 .... RM 140,22

      4327 Wagen Stückkohle je RM 0,87 .... RM 3764,49

      172 m Unterzug je RM 1,— .... RM 172,—

                         Gesamtlohnsumme   RM 4076,71

$$\text{Lohn je Schicht für die Vollhauer } \frac{4076,71}{345,02} = 11,81 \text{ RM/Sch}$$

  b) Lohnabrechnung der Bergekipper und -versetzer

      246 Wagen Gruskohle je RM 0,342 .... RM   84,13

      4327 Wagen Stückkohle je RM 0,522 .... RM 2258,69

                         Gesamtlohnsumme   RM 2342,82

$$\text{Lohn je Schicht für die Vollhauer } \frac{2342,82}{210,2} = 11,14 \text{ RM/Sch.}$$

Ein bis in die Einzelheiten ausgefeiltes Gedingevertragsmuster findet sich in Abschn. 8 unter der Kenn-Nummer 33.1.

Eine Übersicht über die im vorstehend genannten Betriebspunkt auf Grund des geschilderten Gedinges verdienten Löhne gewährt die Zusammenstellung der Tafel 105.

Hierbei sei vermerkt, daß der Sollhauerlohn damals so hoch liegen sollte, daß 70% aller Hauer einen Lohn von wenigstens 9,40 RM/Sch erreichen sollten.

Die Lohnkurve für die Kohlenhauer, d. h. für das Grundgedinge ist oberhalb des Mindestlohnbereiches eine Gerade der Gleichung:

$$O = \operatorname{tg} a \cdot E = \frac{O_R}{E_{\text{Ged.}}} \cdot E .$$

Die Lohnlinie des Bergeversatzgedinges, d. h. des Koppelgedinges ist oberhalb des Mindestlohnbereiches gleichfalls eine Gerade. Deren Neigung wird durch das Koppelverhältnis x reduziert, so daß die Gleichung lautet:

$$O = x \cdot \operatorname{tg} a \cdot E = x \cdot \frac{O_R}{E_{\text{Ged.}}} \cdot E .$$

Tafel 105. *Löhne und Schichtenaufwand der Kohlenhauer und Bergeversetzer bei einem Koppelgedinge.*

Zeitraum	Hauerlohn der		Schichten der Bergeversetzer in % der Kohlenhauer und Lader
	Kohlenhauer RM/Sch	Bergeversetzer RM/Sch	
Dez. 42	11,54	10,12	68,4
Jan. 43	12,04	10,53	68,6
Febr. 43	11,98	9,96	72,2
März 43	11,31	9,97	68,1
April 43	11,81	11,14	60,9
Mai 43	11,62	10,47	66,6
Juni 43	11,46	10,42	65,9

Dabei ist x der Hundertsatz des Schichtenaufwandes der Kohlenhauer, der den Bergeversetzern vorgegeben wird, in oben geschildertem Beispiel 60%, so daß x = 0,6 ist.

Die *Lohnbelastung* ist demnach für den Lohnbereich oberhalb des Mindestlohnes in beiden Fällen eine Konstante, und zwar beträgt sie für den Bergeversatz x % (im Beispiel 60%) der Belastung durch die Kohlengewinnung. Unterhalb des konstanten Mindestlohnes steigt für das Grund- wie auch für das Koppelgedinge die Belastung hyperbolisch an.

Das Koppelgedinge wird dort, wo es sich darum handelt, Teilkameradschaften zu einem ihren Leistungen entsprechenden Lohn zu verhelfen, auch vom Arbeiter sehr begrüßt. Der Erfolg ist in der überwiegenden Mehrzahl der Fälle ein Anstieg der Leistung und ein ausgeprägteres, besseres Zusammenhalten der Kolonnen.

73 Prämiengedinge.

730 Vorbemerkungen.

Es wurde bereits darauf hingewiesen, daß sich Tendenzen bemerkbar machen, die Lohnkurve unterproportional zu gestalten. C. J. GÖRRES machte 1943 unter dem Titel „Akkordschere oder *Stufengedinge*" [98] einen bemerkenswerten Vorschlag. GÖRRES geht davon aus, daß jeder Arbeit nicht nur sachliche, sondern auch persönliche subjektive Schwierigkeiten für den einzelnen Arbeiter anhaften. Dann behauptet er, daß Verdienstunterschiede, die genau den individuellen Leistungsunterschieden entsprechen, vom Großteil der Belegschaft „nicht als gerecht empfunden" würden. Dieser hielte sehr bald einen Mehrverdienst „für unangemessen hoch", rede vielleicht

„von Bevorzugung durch zu gute Akkorde", sehe den erfolgreichen Mitarbeiter „scheel an", „mache ihm das Leben schwer" und werde „selbst unzufrieden oder gleichgültig, wenn nicht gar verbittert". Bereits diese Grundanschauungen müssen, vom Standpunkt der Lohngerechtigkeit aus gesehen, als grundsätzlich falsch angesprochen werden. Wo bleibt das Recht auf freie Entfaltung der menschlichen Persönlichkeit, wenn der Arbeiter nicht seiner individuellen Leistung entsprechend entlohnt werden soll? Mit Recht sind im Bergbau unterproportionale Gedinge, die dem Fleißigen und Tüchtigen den vollen Ertrag seiner Mehrleistung vorenthalten, verfemt. Doch lassen wir GÖRRES weiter zu Wort kommen:

„Das Mischgedinge" (Vorschlag G.) „hat nicht nur den Vorteil, daß die Akkordverdienste nicht ‚ausreißen', sondern auch den, daß irrtümlich zu knapp vorgegebene Akkorde nicht so rasch beanstandet werden."

In ersterem Gesichtspunkt spiegelt sich die vielbekämpfte und oft gerügte Ansicht eines Bergbaubetriebsführers alter Schule wider, der — selbst unter Anwendung nicht gerade lobenswerter Mittel und Methoden — dafür äußerste Sorge tragen zu müssen glaubte, daß „der Hauerdurchschnittslohn der Tarifvereinbarung nicht überschritten werde". In letzterem Gesichtspunkt liegt jedoch, wenn auch etwas schief ausgedrückt, viel Wahrheit, nämlich die Erkenntnis, daß das lineare Gedinge bei geringeren Leistungen zu schnell zu kleinen Löhnen führt. So kommt denn GÖRRES mit Recht bei der Gestaltung des Kurvenastes unterhalb der Gedingeleistung zur Anwendung der Überproportionalität.

731 Gestaltung des Prämiengedinges nach GÖRRES.

GÖRRES stuft alle Arbeiter in 8 Schwierigkeitsgruppen ein und setzt die dazugehörige Verdienstspanne in ein Verhältnis von 1 : 1,8. Damit ergibt sich eine Lohnspanne von $\pm\,28\%$ (genau 28,57%) um den Normallohn. Den individuellen Unterschied der Mengenleistung veranschlagt GÖRRES auf $\pm\,60\%$. Auf Grund dieser Ziffern errechnet er nach der Formel

$$\frac{\text{Leistungsschwierigkeit}\,(\pm\,60\%) - \text{Verdienstschwierigkeit}\,(\pm\,28\%)^{[1]}}{\text{Leistungsschwierigkeit}\,(\pm\,60\%)}$$

den Anteil des Grundlohnes am mittleren Gedingeverdienst zu 53%. Den Rest von 47% wählt er als Prämienanteil.

GÖRRES baut sodann das Gedinge wie folgt auf:

Mittlerer Gedingeverdienst O_{norm}. Grundlohn $G = 0{,}53\,O_{\text{norm}}$

Angesetzte Gedingeleistung $E_{\text{Ged.}}$ Prämie $P = \dfrac{0{,}47\,O_{\text{norm}}}{E_{\text{Ged.}}}$.

Beispiel aus der Maschinenindustrie:

$O_{\text{norm}} = 1{,}10\ \text{RM/h}$ $G = 0{,}53 \cdot 110 = \text{rd. } 58\ \text{RPfg/h}$

$E_{\text{Ged.}} = 100\ \text{St/h}$ $P = \dfrac{0{,}47 \cdot 110}{100} = \text{rd. } 52\ \text{RPfg/St}$.

Nach der Systematik der Abb. 98 tragen Gedinge dieser Art auf der 4. Stelle die *Kenn-Nummer 2.*

732 Lohnkurve, Lohnskala und Lohnbelastung.

Die Gleichung der von GÖRRES vorgeschlagenen Lohnkurve lautet demnach

$$O = G + P \cdot E$$

oder unter Einsatz der oben entwickelten Gleichungen

$$O = 0{,}53 \cdot O_{\text{norm}} + \frac{0{,}47\,O_{\text{norm}}}{E_{\text{Ged.}}} \cdot E.$$

---

[1] Das Wort „…schwierigkeit" erscheint weniger glücklich gewählt, zweckmäßiger würde man von „…spanne" sprechen.

Aus dieser Formel läßt sich die allgemeingültige Lohnskala der Tafel 106 entwickeln.

Die Lohnskala unterstreicht sehr instruktiv die oben aufgezeigten Bedenken gegen die Unterbezahlung der Leistungstüchtigen und Fleißigen. Nach GÖRRES erhält ein Arbeiter mit einer Leistung von 125% einen Lohn, der den Normallohn nur um 11,8% überschreitet. Mehr als die Hälfte seiner Mehrleistung kommt im Lohn nicht zum Ausdruck, das zugehörige Äquivalent geht ihm verloren bzw. wird ihm entzogen.

Die Gleichung für die Lohnbelastung der Leistungseinheit lautet:

$$k = \dfrac{0.53\,O_{norm} + \dfrac{0.47\,O_{norm} \cdot E}{E_{Ged.}}}{E}$$

oder umgeformt

$$k = \dfrac{0.53\,O_{norm}}{E} + \dfrac{0.47 \cdot O_{norm}}{E_{Ged.}}.$$

In dieser Formel ist einzig die Größe E veränderlich, so daß die Kurve der Lohnbelastung eine Hyperbel darstellen wird, von deren Ästen einer bei $E = \infty$ nach $\dfrac{0.47 \cdot O_{norm}}{E_{Ged.}}$ hin konvergiert, während der andere bei $E = O$ ins Unendliche läuft.

Einen Überblick über die mathematischen Zusammenhänge vermittelt Abb. 109.

Tafel 106. *Lohn-Leistungs-Skala nach* GÖRRES.

Leistung in Hundertteilen der Gedinge- leistung (100%)	Lohn in Hundertteilen des Normal- lohnes (100%)
60	81,2
65	83,6
70	85,9
75	88,3
80	90,6
85	93,0
90	95,3
95	97,7
100	100,0
105	102,4
110	104,7
115	107,0
120	109,4
125	111,8
130	114,2
135	116,5
140	118,8

733 Gedingeabrechnung.

Die Gedingeabrechnung nach dem von GÖRRES gebrachten Beispielgedinge ergibt eine Lohnleistungstafel nach Art der Tafel 107, in der zum Vergleich der Lohn mit aufgeführt ist, der sich nach einem linearen Gedinge errechnen würde.

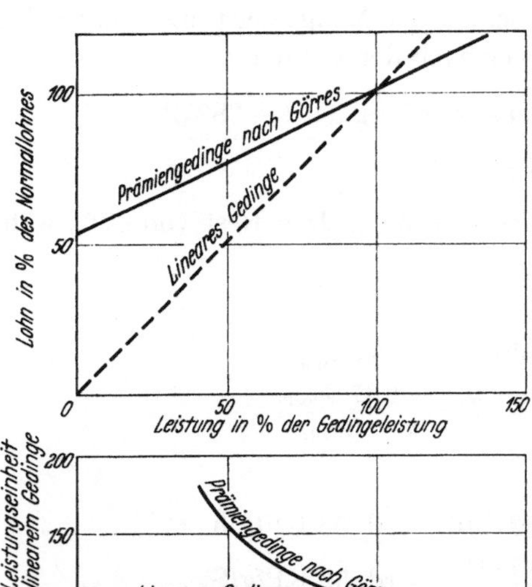

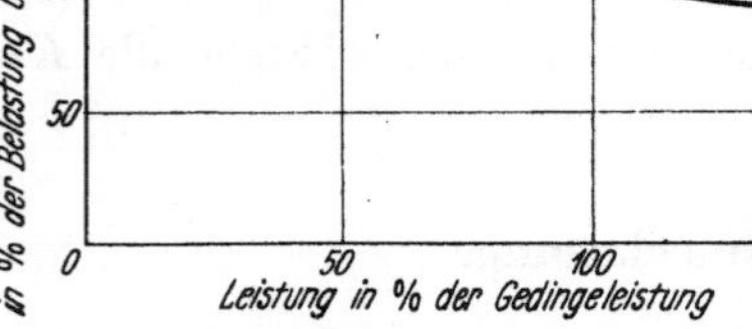

Abb. 109. Prämiengedinge nach GÖRRES.

Tafel 107. *Lohnleistungstafel für ein Prämiengedinge nach* GÖRRES *im Vergleich mit einem linearen Gedinge.*

Leistung	Grundlohn	Prämie	Gesamtlohn	Lohn bei linearem Gedinge
		nach Görres		
Stück/h	RM/h	RM/h	RM/h	RM/h
0	0,58	—	0,58	—
40	0,58	0,21	0,79	0,44
80	0,58	0,42	1,00	0,88
100	0,58	0,52	1,10	1,10
120	0,58	0,62	1,20	1,32
160	0,58	0,83	1,41	1,72

734 Anwendungsmöglichkeit im Bergbau.

Die von GÖRRES vorgeschlagene Spielart des Gedinges kommt schon allein in Auswirkung der geltenden Bestimmungen für den Bergbau nicht in Betracht. Sie widerspricht aber auch in ihrer Grundhaltung bergmännischem Empfinden und Brauchtum. Im Bergbau ist von alters her der Gedanke obwaltend, daß gute Leistungen besonders hoch belohnt werden sollen, woraus sich auch die vielfach geübte überproportionale Bezahlung von Spitzenleistungen erklärt. Vom bergmännischen Aspekt her ist das von GÖRRES vorgeschlagene Gedinge auch kein wahres Prämiengedinge, wenn es auch nach Art der mathematischen Linienführung als ein solches zu bezeichnen ist, da Prämien eine Belohnung darstellen, die *zusätzlich* gewährt werden.

735 Weitere Einzelheiten des Vorschlages Görres.

Görres modifiziert seinen Vorschlag weiter noch dahin, daß das „Mischgedinge" als *„Stufengedinge"* gesetzt werden kann. Dabei bezeichnet aber der Ausdruck „Stufengedinge" nicht wie in der Einteilung der Abb. 103 ein Gedinge mit stufenförmig ausgebildeter Gedingekennlinie, sondern zeitliche Abänderungen des Gedinges in Stufen, also in Entwicklungs,,stufen".

Bei der Reduktion „überhöhter" oder „ungerechtfertigter" Gedinge soll die stufenweise, d. h. nach und nach einsetzende Rückführung auf ein unterproportionales Gedinge die hohen Löhne „ohne Ansetzen der Akkordschere" auf das rechte Maß zurückführen, und zwar „ohne fühlbare Härte für den Arbeiter". Es ist nicht einzusehen, warum das Verfahren nach Görres keine Akkordschere darstellt. Gewiß wird der Entrüstungssturm nicht so laut sein, da „nur" der fleißige, dabei auch meist ruhige Arbeiter getroffen wird, während der weniger tüchtige oder weniger fleißige sogar noch eine Belohnung erhält. *Aber* — sicher ist, daß das allgemeine Leistungsniveau sinkt, wenn man die Spitzenlöhne zurückschneidet, und das um so mehr, wenn man der Gegenseite noch bessere Löhne in Aussicht stellt. Man kann nicht umhin, das Verfahren von Görres gegenüber den Fleißigen und Tüchtigen als ungerecht zu bezeichnen.

Beim *Aufbau neuer Gedinge* will Görres wie folgt vorgegangen wissen: Zunächst, d. h. in der ersten Stufe, soll ein hoher Grundlohn und eine geringfügige Prämie gezahlt werden. „Nach einiger Zeit" wandelt man etwa $1/_3$ des Grundlohnes in leistungsabhängige Prämie um, um dann „nach weiterer Zeit" in der 3. Stufe und nach „Erkennung der gerechten Vorgabezeit" einen weiteren Teil des verbliebenen Grundlohnes in Prämienzuschlag umzusetzen oder zum reinen Akkord überzugehen. In einem Satz also: *Das Stufengedinge beginnt mit geringen Leistungsanreizen und kommt allmählich auf höhere „Prämien".* Görres vermeint damit zu erreichen, daß sich die Löhne den tatsächlichen Mengenleistungen besser anpassen und daß auf die Dauer hiermit gute Leistungen zu erzielen wären. Dem muß aber insbesondere aus der bergmännischen Praxis widersprochen werden. Jedem Bergbetriebsbeamten ist bekannt, daß sich bei den sogenannten Anlaufgedingen die Leistungen meist nach dem Gedinge ausrichten und erst dann die volle Leistung erbracht wird, wenn Generalgedinge gesetzt ist. Die Akkordschere wird nicht durch unterproportionale „Stufengedinge" nach Görres, sondern viel sicherer und ohne den Tüchtigen und Fleißigen um den Ertrag seiner Mehrleistung zu bringen, durch grundsätzliche Anwendung von Generalgedingen aus den Betrieben gebannt. Wenn Görres der Auffassung ist, daß der „reine Akkord zwangsläufig zur Akkordschere führt" und „auf die Dauer die Leistungen bremst", so muß dem gleichfalls widersprochen werden. Jeder Gedingevertrag, der kündbar ist, läßt an sich die Anwendung der Akkordschere zu, doch kann noch nicht von Zwangsläufigkeit die Rede sein, beim unkündbaren Generalgedinge hat sie jedenfalls keine Möglichkeit der Anwendung mehr.

74 Mindestleistungsgedinge nach einer geometrischen Reihe.

740 Vorbemerkungen.

Eine Kalibergwerksgesellschaft entwickelte ein „gestaffeltes" Gedinge. Nach der Begriffssystematik der Abb. 103 liegt ein nach einer geometrischen Reihe aufgebautes Mindestleistungsgedinge vor. Die Bergwerksgesellschaft ging dabei davon aus, daß das lineare Gedinge zwar leichtverständlich ist, es auch die Vorteile der einfachen Gedingestellung (*ein* Gedingesatz für eine bestimmte Leistungseinheit) und der einfachen Lohnabrechnung besitzt, daß aber diese Gedingespielart für den Arbeiter „keinen genügenden Anreiz zur Leistungssteigerung" aufzuweisen habe. Man versuchte diesen Mangel auszuschalten, und zwar war die Überlegung maßgebend, daß jede über den Durchschnitt hinausgehende Arbeitsleistung vom Arbeiter eine größere Anstrengung verlangt und deshalb auch je Einheit höher zu bewerten ist als die Durchschnittsleistung. Man war sich dabei allerdings darüber klar, daß dann das Gedinge nicht mehr so einfach auszudrücken sein würde wie beim linearen Gedinge und daß ein Mehr an Rechenarbeit entstehen würde. Man glaubte jedoch, diese Mehrarbeit würde durch die den Arbeitern gebotenen besseren Verdienstmöglichkeiten und die damit im Zusammenhang zu erwartende Leistungssteigerung mit ihren betrieblichen Vorteilen reichlich aufgewogen.

741 Grundlagen und Voraussetzungen.

Bei der Entwicklung der Gedingespielart ging man von folgenden Grundlagen und Voraussetzungen aus:

a) Als Ausgangspunkt der Festlegung der Durchschnittsleistung wählt man die praktisch mögliche Höchstleistung, die durch Arbeits- und Zeitstudien festgestellt werden muß. Aus der Höchstleistung soll dann die Durchschnittsleistung rechnerisch ermittelt werden, wobei als „für fast alle Verhältnisse zutreffende Erfahrungstatsache" unterstellt wird, daß die Durchschnittsleistung rd. $^2/_3$ der Höchstleistung beträgt, daß mit anderen Worten die erreichbare Höchstleistung um die Hälfte (50%) über der Durchschnittsleistung liegt.

Hier muß bereits die Stimme der Kritik erhoben werden. Es ist durchaus noch nicht erwiesen, daß die Höchstleistung „für fast alle Verhältnisse zutreffend" mit 50% über der Durchschnittsleistung liegend angesetzt werden kann. Im Schrifttum liegen nach KUPKE [*134*, S. 38] verschiedentlich Äußerungen von Praktikern vor, wonach als grundsätzliche Erfahrung zu gelten hat, daß bei „richtigen" Akkorden nur in Ausnahmen mehr als 30 bis 40% Überleistung auf die Dauer erzielt werden. Nach BEDAUX beträgt die Spanne 33%. KUPKE gaben Praktiker wiederholt „Spannen" zwischen 25 und 35% an. Auch besteht noch keine Einmütigkeit darüber, ob der Leistungsbereich des Menschen *durchweg* (BEDAUX, BRAMESFELD 1929) oder zumindest *bei physischen Arbeiten konstant* sei (PRESGRAVE). Die Annahme einer Überleistung von 50% erscheint demnach reichlich hoch und gewagt.

b) Der Durchschnittsleistung ist der in der Tarifordnung vorgesehene Lohn, d. h. der Gedingerichtlohn gegenüberzustellen. Insoweit ist gegenüber den tariflichen Bestimmungen des Steinkohlenbergbaus keine Abweichung vorhanden.

c) Als Leistungsanreiz wird eine 25%ige Lohnsteigerung bei erreichter Höchstleistung von 150% der Gedingeleistung für ausreichend angesprochen, so daß der Lohn auf 162,5% des Normallohnes ansteigt, wenn die Leistung auf 150% der Gedingeleistung anwächst.

d) Um den Lohnzuwachs *in wachsendem Verhältnis* auf die Mehrleistung zu verteilen, kann man nicht vom Prinzip der arithmetischen Reihe Gebrauch machen und für einen bestimmten Leistungszuwachs jeweils einen bestimmten Lohnbetrag hinzu*addieren*. Es muß mit Hilfe der Formeln der geometrischen Reihe gerechnet werden, d. h. der Normallohn muß mit einem für jede Leistungshöhe zu ermittelnden Faktor multipliziert werden.

742 Mathematische Entwicklung.

Es bezeichnen

O_a den Normallohn bei Durchschnittsleistung (Gedingerichtlohn)
O_e den Lohn bei der Höchstleistung (150% der Durchschnittsleistung) = 162,5% des Normallohnes
n Anzahl der Leistungsstufen von der Durchschnitts- bis zur Höchstleistung
q Faktor, mit dem O_a zu multiplizieren ist, und zwar $(n-1)$ mal, um O_e zu erhalten.

Es ist nun nach den Regeln der geometrischen Reihe

$$O_e = O_a \cdot q^{n-1},$$

woraus sich

$$q = \sqrt[n-1]{\frac{O_e}{O_a}}$$

errechnet.

Da nun aber unterstellt ist, daß die Höchstleistung immer um 50% über der Gedingeleistung liegt, ist die Anzahl der Leistungsstufen $n = 50 + 1$, $n - 1$ also $= 50$. Weiter ist das Verhältnis

$$\frac{O_e}{O_a} = \frac{162,5}{100} = 1,625 \text{ als fest angenommen.}$$

Somit ergibt sich unter Einsatz der Zahlenwerte in obige Formel

$$q = \sqrt[50]{1,625} = 1,009757\,.$$

Rechnet man nunmehr die *Lohnskala* aus, so ergibt sich das Zahlenbild der Tafel 108.

Abb. 110 zeigt die Lohnskala schaubildlich und im Vergleich zur Kennlinie des linearen Gedinges.

Zunächst ist festzustellen, daß die vorgeschlagene Regelung ihr eigenes Grundgesetz — die Mehrleistung über der Gedingeleistung besser zu bezahlen als dies beim linearen Gedinge der Fall ist — wenigstens im Bereich einer Leistung von über 100 bis etwa 105% nicht nur nicht befolgt, sondern die Mehrleistung sogar etwas schlechter bewertet (bei 1% Mehrleistung 0,9757% mehr Lohn, bei 5% Mehrleistung 4,98% mehr Lohn). Der Unterschied ist allerdings praktisch von keiner entscheidenden Bedeutung.

Weiter muß man sagen, daß bei 25%iger Überleistung, die man, wie vorstehend geschildert, vielfach als Höchstleistung ansieht, ein Mehrlohn von 2,48% bezogen auf den Normallohn, d. h. ein Leistungslohnzuschlag von 2,48/125 = rd. 2% nicht als besonderer Leistungsanreiz angesprochen werden kann.

Die *Lohnbelastung* der Leistungseinheit bei einer erreichten Mehrleistung von E_m% errechnet sich nach der Formel

$$k = \frac{O}{100 + E_m} = \frac{O_a \cdot q^{E_m - 1}}{100 + E_m}.$$

Tafel 108. *Lohn-Leistungstafel für ein Gedinge nach der geometrischen Reihe.*

Leistung in % der Gedinge- leistung	Lohn in % des Normal- lohnes
100	100,00
105	104,98
110	110,20
115	115,68
120	121,43
125	127,48
130	133,82
135	140,47
140	147,46
145	154,80
150	162,50

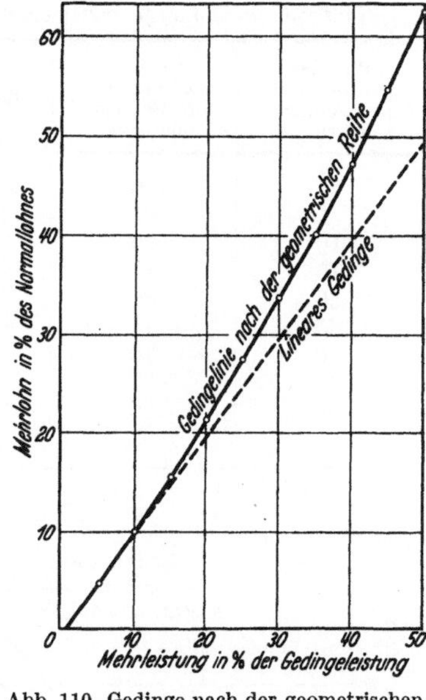

Abb. 110. Gedinge nach der geometrischen Reihe.

Beim Einsatz der Zahlenwerte ergibt sich die Ziffernübersicht der Tafel 109.

In Abb. 111 ist die Lohnmehrbelastung gegenüber dem linearen Gedinge schaubildlich dargestellt.

Auch hier wird ersichtlich, daß die Lohnsteigerung zu knapp bemessen ist. Bei der gemeinhin als Höchstleistung angesehenen Mehrleistung von 25% beträgt die Mehrbelastung der Leistungs-

Tafel 109. *Lohnbelastung der Leistungseinheit bei einem Gedinge nach einer geometrischen Reihe (Beispiel).*

Mehrleistung in % der Gedinge- leistung	Gesamtleistung in % der Gedinge- leistung	Lohnbelastung der Leistungseinheit in % (Normalbelastung bei Gedingeleistung durch den Normallohn = 100%)	
0	100	100,00	
1	101	99,976	≈ 100
5	105	99,981	≈ 100
10	110	100,18	
15	115	100,59	
20	120	101,19	
25	125	101,98	
30	130	102,94	
35	135	104,05	
40	140	105,33	
45	145	106,76	
50	150	108,33	

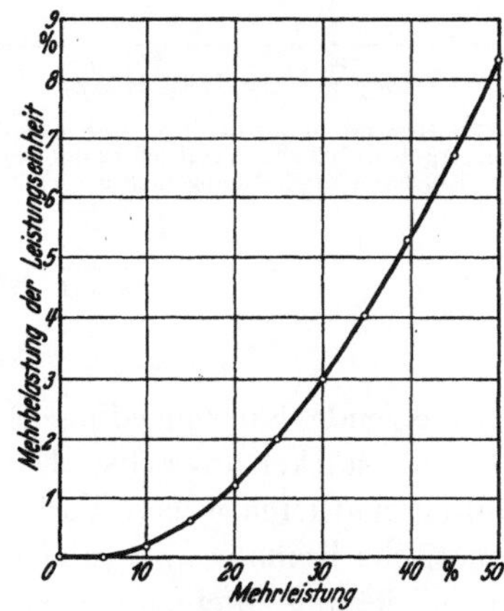

Abb. 111. Mehrbelastung der Leistungseinheit bei einem Gedinge nach einer geometrischen Reihe.

einheit noch nicht 2%. Es dürfte auch ohne nähere zahlenmäßige Untersuchung klar sein, daß bei 25% Mehrleistung als normal eine wesentliche Verbilligung des Erzeugnisses eintritt, die einen höheren Lohnzuschlag als 2% rechtfertigt.

Bei aller berechtigten Kritik an der ziffernmäßigen Ausgestaltung des Vorschlages darf aber nicht übersehen werden, daß die mathematische Grundlage immerhin eine beachtenswerte Lösungsmöglichkeit der Frage der Besserbezahlung von Mehrleistungen darstellt.

743 Die Gestaltung der Lohnkurve im Bereich der unterdurchschnittlichen Leistungen.

Schwersten Bedenken muß aber der Vorschlag begegnen, den Lohn für unterdurchschnittliche Leistungen im gleichen Verhältnis absinken zu lassen, wie er für die über dem Durchschnitt liegenden Leistungen steigt. Die Lohnskala würde unter Ansatz der Ziffern des Vorschlages im Bereich der unterdurchschnittlichen Leistungen etwa wie Tafel 110 aussehen.

In Abb. 112 ist die Lohnkurve für den gesamten Leistungsbereich von 50 bis 150% der Gedingeleistung im Achsenkreuz eingetragen und das lineare Mindestlohngedinge, das heute im Bergbau meist angewandt wird, mit aufgeführt. Man ersieht sofort, daß der Vorschlag durch die herrschende Mindestlohnklausel bedeutungslos ist. Die vorgeschlagene Gestaltung der Gedingekurve kennzeichnet das Gedinge im unternormalen Leistungsbereich als fallendes und im übernormalen Leistungsbereich als steigendes Kurvengedinge. Es stellt somit eine Mischform dar.

Tafel 110. *Lohn-Leistungstafel für ein Gedinge nach der geometrischen Reihe.*

Wenigerleistung in % der Gedingeleistung	Gesamtleistung in % der Gedingeleistung	Lohn in % des Normallohnes
0	100	100
5	95	95,02
10	90	89,80
15	85	84,32
20	80	78,57
25	75	72,52
30	70	66,18
40	60	52,54
50	50	37,50

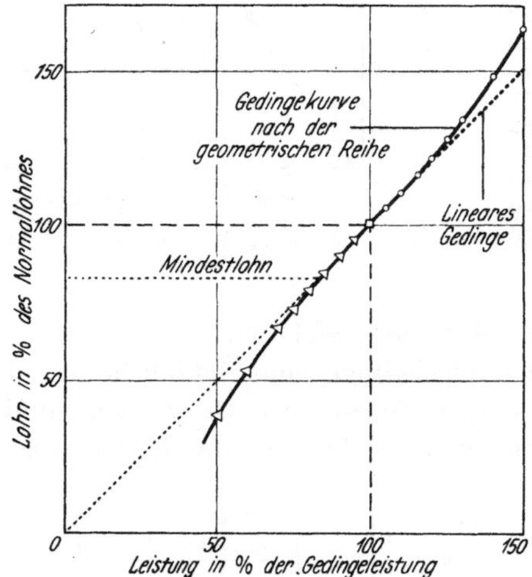

Abb. 112. Gesamtbild der Gedingekurve nach der geometrischen Reihe im Vergleich zu der des linearen Mindestlohngedinges.

744 Die Lohnfindung im Leistungsbereich oberhalb 150% der Gedingeleistung.

Obgleich es sich um eine mehr theoretische Ergänzung handelt, sei aus Gründen der Vollständigkeit auch die Lohnfindung im Leistungsbereich oberhalb 150% der Gedingeleistung behandelt. In dem Vorschlag heißt es hierzu:

„Aus praktischen Gründen ist zu empfehlen, ... noch höhere Leistungen nicht mit einem noch weiter nach oben gestaffelten Lohn zu bezahlen, sondern für diese den als Höchstwert ermittelten Lohnbetrag je Einheit weiterzuzahlen."

Das bedeutet aber nicht nur ein Abweichen vom Grundsatz der besonderen Wertung der Überleistung, worauf das vorgeschlagene Gedinge aufbaut, sondern darüber hinaus sogar eine Gegensätzlichkeit, da gerade die höchsten Leistungen nicht mehr besonders bedacht werden sollen.

75 Steigendes Kurvengedinge.

750 Allgemeines.

Das steigende Kurvengedinge ist dadurch gekennzeichnet, daß bei steigender Leistung der Lohn stetig stärker anwächst. Die Steigerung des Lohnes ist einmal abhängig von der Art der gewählten mathematischen Verknüpfung zwischen Lohn und Leistung — Beispiele: Parabel, arithmetische Reihe u. a. — und zweitens von den angesetzten Zifferngrößen, die die allgemeine Gedingegleichung zu einer speziellen machen.

Grundsätzlich gilt zunächst für alle steigenden Kurvengedinge, daß sie einen starken Leistungsanreiz[1] in sich bergen, da höhere Leistungen mit einem überhöhten Lohn abgegolten werden. Sie werden auch niemals als lohnungerecht bezeichnet werden können, wenn man, wie heute, das lineare als *das* Gedinge anspricht. Dagegen sind sie von Natur aus durchaus nicht gegen den Vorwurf der Lohnungerechtigkeit gefeit, da der Fall sehr wohl denkbar ist, daß die Lohnsteigerung

---

[1] Aus dem Gesichtspunkt, daß mit einem überproportionalen Gedinge ein starker Leistungsanreiz verbunden ist, hat im März 1951 die Deutsche Kohlenbergbau-Leitung ein überproportionales Gedinge in Vorschlag gebracht, um durch die bei dessen Anwendung erhoffte Leistungssteigerung dem herrschenden Kohlenmangel zu begegnen. Der Vorschlag wurde allerdings von der Industriegewerkschaft Bergbau abgelehnt.

als die Leistungssteigerung *nicht genügend* bewertend angesehen wird. Ein heute aus dem bereits genannten Grunde allerdings irrealer Fall. Größeren Schwierigkeiten begegnet die Frage der Wirtschaftlichkeit. Es ist leicht einzusehen, daß die Gefahr naherückt, die Gedingekurve so stark steigen zu lassen, daß die Lohnbelastung bei steigender Leistung zu wirtschaftlich nicht mehr tragbaren Werten anwächst, d. h. daß die Mehrleistung überbewertet wird. Es empfiehlt sich daher, bei der Vorberechnung eines steigenden Kurvengedinges sich über die Grenze der Wirtschaftlichkeit des in Aussicht genommenen Gedinges ein zahlenmäßiges Bild zu machen.

Da die Zusammenhänge beim steigenden Kurvengedinge nicht einfach zu durchschauen sind, soll zunächst versucht werden, in einem einfachen Beispiel grundsätzliche Erkenntnisse zu gewinnen.

751 Nach der arithmetischen Reihe steigendes Kurvengedinge.

(Auf die Leistung in cm/M/Sch abgestellt.)

Ein nach der arithmetischen Reihe steigendes Kurvengedinge, das als solches im schlichten Gewande des nachstehenden Beispiels kaum erkannt wird, findet sich im Betriebe verhältnismäßig häufig:

„Bei einer Leistung im Aufhauen von y cm je M/Sch wird der Gedingerichtlohn gezahlt; für *jedes* Zentimeter Mehrleistung wird ein Lohnzuschlag von x DM mal Mehrleistung gewährt."

Im Zahlenspiegel würde sich unter Ansatz einer Gedingeleistung von 100 cm/M/Sch, eines Gedingerichtlohnes von 10,00 DM/M/Sch und einer Zuschlagseinheit von 0,10 DM die Lohnleistungstafel wie in Tafel 111 wiedergegeben ausnehmen. Bezeichnen

n die Anzahl der Mehrleistungseinheiten.... cm/M/Sch
p die Lohnzuschlagseinheit .... DM/M/Sch,

so ergibt sich für obiges Zahlenbeispiel bei einer Leistung $100 + n$ cm/M/Sch ein Lohn von

$$10 + 1\,p + 2\,p + 3\,p + \ldots np =$$
$$10 + (n + 1) \cdot n \cdot p/2 \qquad \text{DM/M/Sch.}$$

Abb. 113 stellt die funktionale Verknüpfung schaubildlich dar und ermöglicht einen Vergleich mit dem linearen Gedinge.

Bezeichnet man den Ausgangswert der Leistung mit E_a und den des Lohnes mit O_a, so ergibt sich folgende allgemeingültige Formel:

$$O = O_a + (n + 1) \cdot n \cdot \frac{p}{2} \text{ für } E_a + n > E_a .$$

Formel und Schaubild lassen erkennen, daß die Verknüpfung zwischen Lohn und Leistung durch eine nach der arithmetischen Reihe entwickelte Gedingekurve für den Bergmann nicht mehr ohne weiteres durchsichtig ist, und doch weiß dieser ein derartiges Gedinge wohl zu werten. Die weit verbreitete Auffassung, daß der Bergmann außer dem linearen Gedinge alle anderen wegen Mangels an Übersichtlichkeit ablehne, erweist sich damit als durchaus irrig. Der Bergmann erfaßt auch ohne Kenntnis der inneren Zusammenhänge den wahren Wert eines Gedinges der beschriebenen Art.

Tafel 111. *Zahlenspiegel eines steigenden Kurvengedinges.*

Leistung cm/M/Sch	Lohn DM/M/Sch	
100	10,00	= 10,00
101	10,00 + 1 · 0,10	= 10,10
102	10,00 + 1 · 0,10 + 2 · 0,10	= 10,30
103	10,00 + 1 · 0,10 + 2 · 0,10 + 3 · 0,10	= 10,60
104	10,00 + 1 · 0,10 + 2 · 0,10 + 3 · 0,10 + 4 · 0,10	= 11,00
105	usw.	= 11,50
106		= 12,10
107		= 12,80
108		= 13,60
109		= 14,50
110		= 15,50

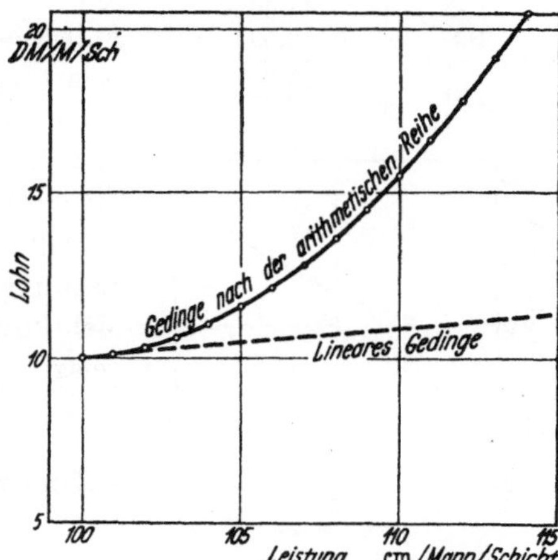

Abb. 113. Nach der arithmetischen Reihe steigendes Kurvengedinge.

Es wurde bereits an anderer Stelle nachgewiesen, daß die Lohnbelastung der Leistungseinheit aus der Formel für die Lohn-Leistungs-Funktion als der erste Differentialquotient errechnet werden kann.

Betrachten wir zunächst die Abhängigkeit der Lohnbelastung von der Mehrleistung, so ergibt sich bei Differentiation der umseitig genannten Gleichung nach n

$$\frac{dO}{dn} = \frac{p}{2} \cdot (2n + 1) = p \cdot n + \frac{p}{2} \text{ für } n > 0.$$

Die Gleichung ist linear, was bedeutet, daß die Lohnbelastung proportional der Mehrleistung ansteigt.

Im Beispiel würde die Gleichung für die Abhängigkeit der Lohnbelastung von der Anzahl der Mehrleistungseinheiten lauten:

$$k_n = 0{,}10 \cdot n + 0{,}05 \text{ (DM)}.$$

Bei Differentiation der Gleichung nach der Lohnzuwachseinheit p ergibt sich als Formel für die Lohnbelastung

$$\frac{dO}{dp} = k_p = \frac{n}{2} \cdot (n + 1) = \frac{n^2}{2} + \frac{n}{2}.$$

Diese Gleichung läßt eine quadratische Abhängigkeit erkennen, so daß wir schlußfolgern müssen, daß die Aufwärtskrümmung der Kurve der Kostenbelastung von der k_p-Kurve abhängig ist. Die gerade verlaufende k_n-Kurve ist auf die Krümmung nicht von Einfluß.

Tafel 112. *Lohnbelastung bei einem steigenden Kurvengedinge.*

Leistung cm/M/Sch	Lohnbelastung der Leistungseinheit DM/m
100	10,00
101	10,00
102	10,096
103	10,296
104	10,577
105	10,952
106	11,415
107	11,963
108	12,593
109	13,303
110	14,089

Im durchgerechneten Beispiel ergibt sich für die Lohnbelastung der Leistungseinheit in Abhängigkeit von der Mehrleistung der Zahlenspiegel der Tafel 112.

In Abb. 114 sind die Verhältnisse schaubildlich dargestellt.

Es bedarf wohl kaum einer besonderen Begründung, daß man ein Gedinge nur in seltenen Fällen anwenden wird, das — wie im Beispiel aufgezeigt — nicht nur im Lohn, sondern auch in der Lohnbelastung der Leistungseinheit mit steigender Leistung eine sehr schnelle Zunahme zu verzeichnen hat. Man wird aber von diesem Gedinge gern Gebrauch machen, wenn es gilt, jeden Bruchteil an Leistung, der erreichbar ist, zu erzielen. Nur in diesen Fällen wird die bei hohen Leistungen außergewöhnliche Lohnbelastung tragbar erscheinen. Auf jeden Fall erfordert die Setzung eines derartigen Gedinges eine recht genaue Vorberechnung unter sorgfältigster Abwägung des Leistungsanreizes höherer Löhne gegen die dadurch zwangsläufig eintretende Lohnmehrbelastung.

Daß man mit steigenden Kurvengedingen im Betriebe sehr gute Leistungen und höchste Löhne erreichen kann, ohne daß dadurch Mehrkosten auftreten müssen, sei im nachfolgenden Beispiel dargelegt.

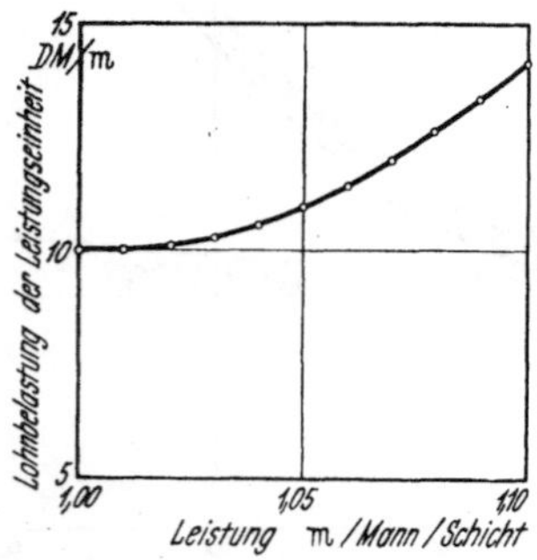

Abb. 114. Lohnbelastung der Leistungseinheit bei einem nach der arithmetischen Reihe steigenden Kurvengedinge.

752 Langfristig unkündbares, kombiniertes, auf das Meter aufgefahrene Gesteinsstrecke abgestelltes steigendes Kurven-Kameradschafts-Gedinge.

Das Gedinge berücksichtigt 2 Einflußgrößen: die Auffahrleistung einerseits und den Sprengmittelverbrauch andererseits. Für die Auffahrleistung gilt als Bezugseinheit die monatliche Auffahrung in Metern. Der Sprengmittelverbrauch wird in Mark beziffert.

Das Gedinge erhält nach der Systematik der Abb. 98 die Kenn-Nummer 31 241.

Der *Gedingevertrag* hat folgenden Wortlaut:

A. Kennzeichnung des Betriebes.

  a) *Lage im Grubengebäude:* 4. westl. Abteilung, Ortsquerschlag 3 nach Süden.

  b) *Streckenmaße:* lichte Kappenweite 1,80 m, lichte Streckenhöhe über SO 2,20 m.

  c) *Ausbau:* Türstock bestehend aus Holzstempeln und Stahlkappe mit Holzverzug und Holzverbolzung.

  d) *Betriebsorganisation:* Belegung: $^4/_3$ zu je 3 Mann; Arbeitszeit: reine Arbeitszeit 6 Std. bei Ablösung vor Ort.

B. Gedingegrundlage.

a) *Angesetzte Leistung:* 4 m Streckenauffahrung im Schiefer je Mann und Normalmonat (25 Arbeitstage); 3,7 m Streckenauffahrung im Sandschiefer je Mann und Normalmonat; 3,2 m Streckenauffahrung im Sandstein je Mann und Normalmonat.

b) *Gedingerichtlohn:* 8 RM/M/Sch. Dieser Lohn wird bei Erreichung der angesetzten Leistung gezahlt.

c) *Entlohnung der Mehrleistung:* Für jedes Viertelmeter Mehrleistung, das über die angesetzte Leistung hinaus je Mann und Normalmonat geleistet wird, erhöht sich der Lohn nach folgender Skala:

Für das 1. Viertelmeter 0,60 RM/M/Sch	Für das 5. Viertelmeter 1,05 RM/M/Sch
„ „ 2. „ 0,70 „	„ „ 6. „ 1,25 „
„ „ 3. „ 0,80 „	„ „ 7. „ 1,50 „
„ „ 4. „ 0,90 „	„ „ 8. „ 1,80 „

Die Errechnung von Leistungsteilbeträgen erfolgt durch anteilmäßige Teilung zwischen dem nächsthöheren und dem nächsttieferen Skalenwert.

d) *Entlohnung bei Minderleistung:* Bei Unterschreitung der angesetzten Leistung wird der Richtlohn für jedes Zentimeter/M/Normalmonat Unterschreitung um 0,02 RM/M/Sch gekürzt.

C. Gedingelaufzeit. Das Gedinge tritt am 1. 12. 38 in Kraft und ist gültig bis zum Aufschluß des Flözes Präsident.

D. Sprengmittelverbrauch. Als Sprengmittelnormalverbrauch werden angesetzt:

im Schiefer	30,00 RM/m	Auffahrung
im Sandschiefer	35,00 RM/m	Auffahrung
im Sandstein	40,00 RM/m	Auffahrung

Sprengmittelersparnisse werden der Kameradschaft zu $^1/_3$ im Lohn gutgebracht, Mehrverbrauch muß zu $^1/_4$ von der Kameradschaft getragen werden.

Aus den vorstehenden Ziffernangaben lassen sich bei schaubildlicher Darstellung der *funktionalen Abhängigkeit* .

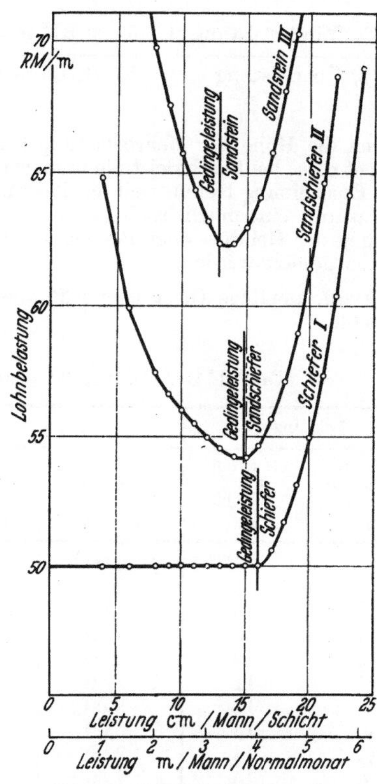

Abb. 116. Lohnbelastung je m Querschlagsauffahrung bei einem steigenden Kurvengedinge.

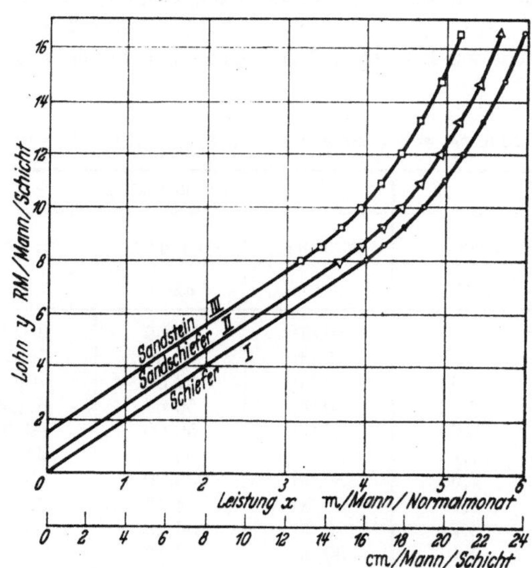

Abb. 115. Steigendes Kurvengedinge für einen Querschlagsvortrieb.

des Lohnes von der Leistung die Kurven der Abb. 115 entwickeln. Rektifiziert man diese, so ergeben sich folgende Näherungsgleichungen, in denen y den Lohn (RM/M/Sch) und x die Leistung (m/M/Monat) bezeichnen:

I. für Schiefer

$$y = -0,001\,944 \cdot x^6 + 0,0375 \cdot x^5 - 0,248\,611 \cdot x^4 + 0,729\,16 \cdot x^3 - 0,94944 \cdot x^2 + 2,433 \cdot x$$

II. für Sandschiefer

$$y = -0,001\,944 \cdot (x+0,3)^6 + 0,037\,5 \cdot (x+0,3)^5 - 0,248\,611 \cdot (x+0,3)^4 + 0,729\,16 \cdot (x+0,3)^3$$
$$- 0,949\,44 \cdot (x+0,3)^2 + 2,433 \cdot (x+0,3)$$

III. für Sandstein

$$y = -0,001\,944 \cdot (x+0,8)^6 + 0,037\,5 \cdot (x+0,8)^5 - 0,248\,611 \cdot (x+0,8)^4 + 0,729\,16 \cdot (x+0,8)^3$$
$$- 0,949\,44 \cdot (x+0,8)^2 + 2,433 \cdot (x+0,8)$$

Aus diesen Gleichungen lassen sich durch Differentiation die Formeln für die *Lohnkostenbelastung* der Leistungseinheit ableiten, so z. B. aus Gl. (I) für Schiefer folgende:

$$k = \frac{dy}{dx} = -0,011\,6 \cdot x^5 + 0,187\,5 \cdot x^4 - 0,994 \cdot x^3 + 2,187\,48 \cdot x^2 - 1,898 \cdot x + 2,43 .$$

Die Kurven der Lohnbelastung sind in Abb. 116 wiedergegeben. Das Bild vermittelt einen genauen Einblick in die Eigenarten des beschriebenen Gedinges. Für Schiefer bleibt die Lohnbelastung der Leistungseinheit von

19*

der Leistung Null bis zur Gedingeleistung 16 cm/M/Sch = 4 m/M/Normalmonat konstant, um dann mit steigender Leistung stark anzuwachsen. Und zwar erreicht die Belastung bei einer Leistung von 24 cm/M/Sch = 6 m/M/Normalmonat eine Ziffer von 70 RM/m, d. i. bei 50% Überleistung ein Mehr an Lohnbelastung von 40%. Bei 20 cm/M/Sch = 5 m/M/Normalmonat beträgt die Mehrbelastung bei einer Überleistung von 25% nur 10%. Es bedarf keines Beweises, daß die Mehrbelastung in Höhe von 10% durch anderweitige Ersparnisse, die mit der Mehrleistung verbunden sind, wieder wettgemacht wird.

Wesentlich anders ist aber die Sachlage für die Durchfahrung von Sandschiefer- oder Sandsteinschichten. Dadurch, daß in beiden Fällen bei unternormaler Leistung die gleichen Lohnabstriche wie bei Durchörterung von Schiefergestein vorgesehen sind, nehmen die Kurven der Lohnbelastung in diesen Fällen Formen höherer Ordnung an. Einzelheiten sind aus nachstehender Gegenüberstellung zu ersehen (Tafel 113).

Tafel 113. *Lohnbelastung bei verschiedenen Gesteinsarten.*

	Lohnbelastung der Leistungseinheit bei Durchfahrung von		
	Schiefer	Sandschiefer	Sandstein
bei Normalleistung	50,00 RM/m = 100%	54,05 RM/m = 100 %	62,50 RM/m = 100 %
bei 25% Minderleistung	50,00 RM/m = 100%	55,41 RM/m = 102,5%	66,67 RM/m = 106,7%
bei 25% Überleistung	55,00 RM/m = 110%	58,11 RM/m = 107,5%	64,25 RM/m = 102,8%

Gegen die Höhe der Mehrbelastung bei übernormaler Leistung dürfte nichts einzuwenden sein, dagegen begegnet diese bei Minderleistung immerhin Bedenken; doch wird diese Eigenart des Gedinges praktisch nicht in die Erscheinung treten, weil der Leistungsanreiz zu groß ist, als daß die Kameradschaft nicht alles daransetzen würde, eine möglichst hohe Leistung zu erzielen. Und sollte eine Minderleistung auftreten, die auf eine Änderung der Gebirgs- oder Betriebsverhältnisse zurückzuführen ist, so müßte das Gedinge sowieso ergänzt oder neu gesetzt werden.

Eine ziffernmäßige Genauübersicht über die den einzelnen Leistungsziffern zugehörigen Löhne vermittelt Tafel 114.

Tafel 114. *Leistung, Lohn und Lohnbelastung bei einem steigenden Kurvengedinge.*

Leistung		Lohn			Lohnbelastung		
je Mann im Normalmonat m	je Mann in der Schicht cm	Schiefer RM/M/Sch	Sandschiefer RM/M/Sch	Sandstein RM/M/Sch	Schiefer RM/m	Sandschiefer RM/m	Sandstein RM/m
1	4	2,00	2,60	3,60	50,00	65,00	90,00
1½	6	3,00	3,60	4,60	50,00	60,00	76,67
2	8	4,00	4,60	5,60	50,00	57,50	70,00
2¼	9	4,50	5,10	6,10	50,00	56,67	67,78
2½	10	5,00	5,60	6,60	50,00	56,00	66,00
2¾	11	5,50	6,10	7,10	50,00	55,56	64,55
3	12	6,00	6,60	7,60	50,00	55,00	63,33
3¼	13	6,50	7,10	8,12	50,00	54,62	62,46
3½	14	7,00	7,60	8,74	50,00	54,29	62,43
3¾	15	7,50	8,12	9,46	50,00	54,13	63,07
4	16	8,00	8,74	10,28	50,00	54,63	64,25
4¼	17	8,60	9,46	11,21	50,59	55,65	65,94
4½	18	9,30	10,28	12,30	51,67	57,11	68,33
4¾	19	10,10	11,21	13,60	53,16	59,00	71,58
5	20	11,00	12,30	15,16	55,00	61,50	75,80
5¼	21	12,05	13,60	—	57,38	64,76	—
5½	22	13,30	15,16	—	60,45	68,91	—
5¾	23	14,80	—	—	64,35	—	—
6	24	16,60	—	—	69,17	—	—

Nachstehend sei die *Abrechnung* des Betriebspunktes für einen Monat beispielhaft wiedergegeben:

a) *Grundziffern* der Leistungsabrechnung

Zahl der Arbeitstage 26
Auffahrung im Abrechnungsmonat .... 71 m im Schiefer
Verfahrene Schichten 310
Mittlere Belegung 310 : 26 .... 11,9 Mann/Tag
Auffahrung je Mann und Monat 71 : 11,9 .... 5,96 m
Gedingeleistung für 26 Tage 4 · 26 : 25 .... 4,16 m

b) Berechnung des *Leistungslohnes*

Leistung m/M/Monat	Lohn RM/M/Sch
4,16	8,00
4,16 + 0,26 = 4,42	8,00 + 0,60 = 8,60
4,42 + 0,26 = 4,68	8,60 + 0,70 = 9,30
4,68 + 0,26 = 4,94	9,30 + 0,80 = 10,10
4,94 + 0,26 = 5,20	10,10 + 0,90 = 11,00
5,20 + 0,26 = 5,46	11,00 + 1,05 = 12,05
5,46 + 0,26 = 5,72	12,05 + 1,25 = 13,30
5,72 + 0,24[1]= 5,96	13,30 + 1,16[1]= 14,46

c) Verrechnung des *Sprengmittelverbrauchs*

Angesetzter Sprengmittelnormalverbrauch 71 · 30,00 .... = RM 2130,00
Ist-Sprengmittelverbrauch .... RM 1970,00

somit Sprengmittelersparnis .... RM 160,00
Es fallen der Kameradschaft zu $^1/_3$ · 160,00 .... = RM   53,33
Bei 310 Schichten entfällt auf 1 Schicht 53,33 : 310 .... = RM   0,17

d) Zusammenstellung des *Gesamtlohnes*

Leistungslohn .... 14,46 RM/M/Sch
aus Sprengmitteleinsparung .... 0,17 RM/M/Sch

Vollhauergesamtlohn .... 14,63 RM/M/Sch

Aus besonderer Veranlassung wurden das oben näher geschilderte und ein ähnliches Gedinge in ihren *wirtschaftlichen Auswirkungen* geprüft, indem man sie mit den Ergebnissen der vorher bestehenden linearen Gedinge verglich.

Das Ergebnis der Untersuchung bringt Tafel 115.

Die Wirtschaftlichkeitsrechnung hat erwiesen, daß bei richtiger Gestaltung des steigenden Kurvengedinges hohe Leistungen bei sehr hohen Löhnen erzielt werden können, ohne daß damit eine Verteuerung einzutreten braucht. Das steigende Kurvengedinge muß daher als ein Mittel angesprochen werden, noch unausgeschöpfte Leistungsquellen zu erschließen, unstreitig vorhandene Leistungsreserven zu mobilisieren, dem leistungstüchtigen Bergmann zu hohen Löhnen zu verhelfen und das Leistungsniveau des Betriebes zu heben.

753 Das steigende Kurvengedinge als Bestkurve des bergmännischen Gedinges.

753.0 Vorbemerkungen. Es wurde mehrfach darauf hingewiesen, daß das heute vorherrschende und allgemein anerkannte lineare Mindestlohngedinge nicht den Anforderungen entspricht, die an ein bergmännisches Gedinge bei rechter Würdigung der Sachlage gestellt werden müssen. Es wird ebensowenig den billigerweise anzuerkennenden Ansprüchen des Bergmanns gerecht, wie es auch vom Gesichtspunkte des Unternehmens nicht frei von Schatten ist. Seine Nachteile lassen sich wie folgt kurz zusammenfassen:

1. Das lineare Mindestlohngedinge ist nicht lohngerecht, weil es

a) bei steigender Leistung keinen steigenden Lohn abwirft; — b) bei sinkender Leistung allzuschnell den Mindestlohn erreicht, wenigstens solange und insoweit die heutige Regelung gilt, daß der Mindestlohn rd. 17% unter dem Normallohn liegt.

2. Das lineare Mindestlohngedinge ist nicht wirtschaftlich, weil bei sinkender Leistung nach Erreichung des Mindestlohnes die Lohnbelastung der Leistungseinheit hyperbolisch, also im quadratischen Verhältnis, ansteigt.

3. Das lineare Gedinge bietet keinen genügenden Leistungsanreiz[2], da hohe Leistungen in der Einheit nicht höher bewertet werden als normale.

753.1 Grundlagen für Entwicklung einer Gedinge-Bestkurve. *Ein* Punkt der Gedingekurve liegt durch tarifliche Bestimmung fest und ist jeder betrieblichen Diskussion entzogen: der Punkt, der der Gedingeleistung den Normallohn zuordnet.

---

[1] Zwischenrechnung $\dfrac{1,25 \cdot 0,24}{26} = 1,16$

[2] Daß durch Anwendung überproportionaler Gedinge im Bergbau eine Mehrleistung und damit eine Mehrförderung erreicht werden kann, ist aus der Tatsache ersichtlich, daß die Deutsche Kohlenbergbau-Leitung im März 1951 der Industriegewerkschaft Bergbau den Abschluß überproportionaler Gedinge vorschlug, damit eine Mehrförderung zur Behebung der Kohlennot erzielt werde.

Tafel 115. *Berechnung der Wirtschaftlichkeit steigender Kurvengedinge.*

Kennzahl	Benennung	Betrieb A		Betrieb B	
		Einfach proportionales Gedinge	Steigendes Kurvengedinge	Einfach proportionales Gedinge	Steigendes Kurvengedinge
Belegung	Drittel×Mann	3×3	4×3	3×3	4×3
Arbeitszeit					
Reine Arbeitszeit	h/M/Sch	6,50	6,00	6,50	6,00
Reine Arbeitszeit	h/Tag	58,50	72,00	58,50	72,00
Verlust an reiner Arbeitszeit	h/Tag	—	6,00	—	6,00
Verlust an reiner Arbeitszeit	%	—	8,00	—	8,00
Gewinn an Arbeitsstunden	h/Tag	—	13,50	—	13,50
Gewinn an Arbeitsstunden	%	—	23,00	—	23,00
Leistungen					
Auffahrung	m/Monat	37,44	71,00	35,50	61,00
Monatsmehrauffahrung	m	—	33,56	—	25,50
Monatsmehrauffahrung	%	—	89,00	—	72,00
Stundenleistung	cm/Mann	2,46	3,81	2,33	3,32
Stundenmehrleistung	cm/Mann	—	1,35	—	0,99
Stundenmehrleistung	%	—	55,00	—	42,00
Vollhauerlohn	RM/Schicht	8,00	14,46	8,00	10,89
Reine Lohnkosten	RM/Monat	1872,00	4478,24	1872,00	3296,49
30% Sozialbeiträge	RM/Monat	561,60	1343,47	561,60	988,95
Lohnkosten insgesamt	RM/Monat	2433,60	5821,71	2433,60	4285,44
Spezifische Lohnkosten					
ohne Sozialbeiträge	RM/m	49,95	63,05	52,73	54,04
einschl. Sozialbeiträge	RM/m	65,00	82,30	68,55	70,25
Lohnmehrkosten ohne Sozialbeiträge	RM/m	—	13,10	—	1,31
Lohnmehrkosten ohne Sozialbeiträge	%	—	26,00	—	2,00
Sprengmittelkosten	RM/Monat	1123,20	1970,00	1065,00	1778,75
Ausbaumaterialkosten	RM/Monat	637,00	1207,00	603,00	1037,00
Gleisanlagekosten	RM/Monat	311,00	589,00	294,40	506,00
Maschinenbetrieb	RM/Monat	652,54	696,66	640,03	661,06
Bedienung	RM/Monat	555,00	582,00	527,00	500,00
Aufsicht	RM/Monat	25,60	166,00	24,40	144,00
Gesamtkosten der Auffahrung	RM/Monat	5737,94	11032,37	5587,43	8912,25
Spezifische Auffahrungskosten	RM/m	153,26	155,39	157,40	146,10
Vergleichsziffern					
Monatsauffahrung	m/Monat	37,44	71,00	35,50	61,00
Meterauffahrungskosten	RM/m	153,26	155,39	157,40	146,10
Gewinn } des steigenden {	RM/m	—	—	—	11,30
Verlust } Kurvengedinges {	RM/m	—	2,13	—	—
Gewinn } des steigenden {	%	—	—	—	7,20
Verlust } Kurvengedinges {	%	—	1,30	—	—

Als *zweiten* Punkt wird man zweckmäßig den gewissermaßen „oberen Endpunkt" festzulegen versuchen. Auf der Leistungsskala dürfte dieser Punkt in einer Leistung von 125% der Gedingeleistung zu erblicken sein. Schwierig wird nun aber die Frage, welche Lohnhöhe man dieser Leistung koordinieren soll. Es erscheint berechtigt, bei Vorliegen einer Leistung von 125% einen Lohn in Höhe von 150% des Normallohnes zu zahlen. Selbstverständlich soll diese Bezifferung lediglich als Vorschlag gewertet werden, über den die Diskussion noch völlig offen ist.

Drittens wäre festzulegen, welcher Punkt im unteren Leistungsbereich die Gedingekurve bestimmen soll. Ausgehen könnte man erstens von einer Leistung, die zur eben in Rechnung gezogenen Leistung von 125% spiegelbildlich von der Gedingeleistung abliegt, d. h. also von 75% der Gedingeleistung. Als zweiter Ausgangspunkt käme die Leistung Null in Betracht. Es dürfte zweckmäßig sein, zuerst eine Art „Mindestlohn" für die Leistung Null festzulegen und den Punkt für 75% der Gedingeleistung nach Festlegung der Gedingekurve unter Berücksichtigung der genannten Ausgangswerte als Kontrollpunkt zu benutzen. Als der Leistung Null zuzuordnender Lohn erscheinen 70% des Normallohnes als ausreichend.

753.2 Entwicklung der Gedinge-Bestkurve. Durch die Punkte, die bestimmt sind durch folgende Wertepaare:

Gedingeleistung — Normallohn   125% Leistung — 150% Lohn   Leistung Null — 70% Lohn

wird, wie in Abb. 117 geschehen, die Gedingekurve zügig gelegt. Eine Kontrolle über den Leistungspunkt 75% ergibt einen Lohnwert von 83,5%, was auch im Hinblick auf die bisherige Regelung im Bergbau als durchaus tragbar bezeichnet werden dürfte. Es sei wiederholt betont, daß es sich bei der entwickelten Kurve um einen Vorschlag handelt, der, mag man auch in dieser oder jener Hinsicht gewisse Abänderungswünsche haben, so doch immerhin seine Vorzüge gegenüber dem linearen Mindestlohngedinge offenbart.

753.3 Die Vorteile der entwickelten Bestkurve. Da bereits bei der Aufstellung der Grundlagen die eingangs geschilderten Unvollkommenheiten des linearen Mindestlohngedinges auszumerzen versucht wurde, bedarf die durch Wegfall der genannten Nachteile gegebene Höherwertigkeit der entwickelten Gedingekurve keiner weiteren Erörterung.

Auf eines muß aber hier mit besonderem Nachdruck hingewiesen werden. Der bisherige „Mindestlohn", ein bislang fester Bestandteil aller Tarifordnungen des Steinkohlenbergbaus, fällt weg, und mit ihm erlöschen all die betrieblichen und arbeitsrechtlichen Schwierigkeiten, die in seinem Gefolge auftreten. Bei grundsätzlicher Anerkennung einer stetig verlaufenden Gedingekurve durch die Tarifpartner ist die scharfe Ecke ausgemerzt, auf deren Vorhandensein gar viele Gedingestreitigkeiten zurückgeführt werden müssen.

Was nun die technische Durchführung des Entlohnungsverfahrens nach einer solchen Lohnleistungskurve anbelangt, so können auch in ihr gewisse Vorteile gegenüber der heutigen Methode erblickt werden.

Aus der Kurve läßt sich eine für lange Zeit — unabhängig von der absoluten Höhe der Gedingeleistung des

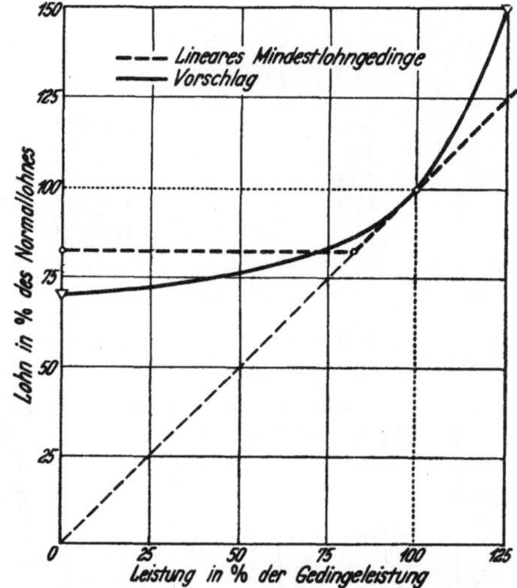

Abb. 117. Vorschlag zur höheren Bezahlung der Mehrleistung unter Abschaffung des Mindestlohnes.

einzelnen Betriebspunktes und ebenso unabhängig von der jeweiligen Höhe des Gedingerichtlohnes — gültige Zifferntafel entwickeln. Diese würde in einer linken Spalte die Leistung in Prozenten der Gedingeleistung und in einer rechten die zugehörigen Löhne in Prozenten des Normallohnes enthalten. Zweckmäßig wird man sodann noch eine dritte Spalte vorsehen, in die der Lohn in Mark und Pfennig eingetragen würde. Diese Ziffern wären nur bei Änderung des Normallohnes neu zu berechnen. Die Aufgabe des Lohnbüros bestünde lediglich darin, das Verhältnis von Ist- zur Soll-Leistung auszurechnen und den in Frage kommenden Lohn der Tafel zu entnehmen und in den Schichtenzettel zu übertragen.

753.4 Entwicklung der Zifferntafel. Die Entwicklung einer solchen Zifferntafel ist eine einfache Rechenaufgabe, bei der man jedoch, da es sich um eine Kurve handelt, des mathematischen Rüstzeuges nicht völlig entbehren kann. Man wird zweckmäßig den Kurvenzug in Teilabschnitte zerlegen, für die man jeweils den Näherungskreis als die Kurvenkrümmung genügend berücksichtigende mathematische Funktion ansehen darf.

So wäre beispielsweise für den Bereich der Leistungen 90 bis 110% der Gedingeleistung der Näherungskreis durch folgende Punkte festzulegen, wenn man die Kurve der Abb. 117 als gültig unterstellt:

Leistung % der Gedingeleistung	Lohn % des Normallohnes
90	91
100	100
110	118

Bezeichnet man nun die zugeordneten Werte der Leistung und des Lohnes mit E_x bzw. O_x, so ergibt sich für den Näherungskreis die Gleichung

$$O_x = 0{,}045\,E_x{}^2 - 7{,}65\,E_x + 415.$$

Aus dieser Gleichung läßt sich der für den in Frage stehenden Teilabschnitt der Kurve gültige Abschnitt der Zifferntafel berechnen.

Tafel 116 gibt einen Ausschnitt der aus der Näherungsgleichung entwickelten Zifferntafel wieder.

Tafel 116. *Ausschnitt aus einer Zifferntafel, in der der erreichten Leistung der verdiente Lohn gegenübergestellt ist.*

Erreichte Leistung	Lohnhöhe	
in % der Gedingeleistung	in % des Normallohnes	in DM/Sch bei einem Richtlohn v. DM 14,00
90	91,000	12,740
91	91,495	12,809
92	92,080	12,891
.	.	.
.	.	.
.	.	.
100	100,000	14,000
101	101,395	14,195
102	102,880	14,403
103	104,455	14,624
104	106,120	14,857
.	.	.
.	.	.
110	118,000	16,520

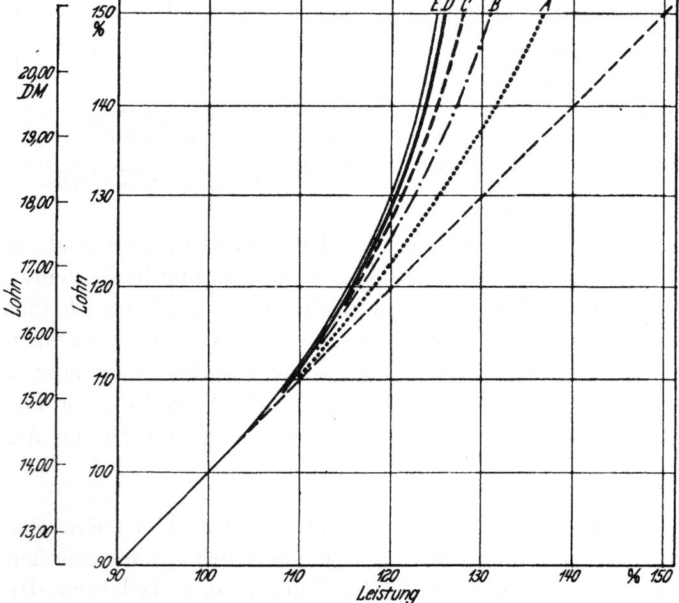

Abb. 118. Gedinge mit eingebauten Mehrleistungszuschlägen (verschiedene Zuschlagskurven).

754 Steigendes Kurvengedinge in der Gestalt einer Kombination von linearem Mindestlohngedinge und progressiven Mehrleistungszuschlägen.

754.1 Vorbemerkungen. Den nach oben gekrümmten Ast der Gedingekennlinie, wie er in Abb. 117 im Punkte der Gedingeleistung ansetzt, kann man sich als aus einer Reihe von Punkten zusammengesetzt vorstellen. Für jeden dieser Punkte gilt dann die folgende Beziehung: Auf der Ordinate, die den aus einem linearen Gedinge erfließenden Leistungslohn darstellt, wird ein mit höher werdender Leistung höher liegender Ordinatenbetrag aufgestockt, den man als „Mehrleistungszuschlag" bezeichnen kann (vgl. Abb. 118). Das leicht zu übersehende lineare Gedinge bleibt also als grundlegendes Lohnregulativ bestehen. Daneben, oder besser gesagt, dazu, tritt ein veränderlicher Zuschlag, der für Leistungen gewährt wird, die die Gedingeleistung überragen, und der in seiner Abhängigkeit von der Mehrleistung in Form einer Tabelle oder einer Kurve festgelegt wird.

754.2 Die Gestalt der Kurve des Mehrleistungszuschlages. Es ist verständlich, daß man die Mehrleistung um so höher bewerten muß, je größer die Schwierigkeiten sind, die ihrer Erreichung entgegenstehen. Man wird daher bei Gedingen, die für die Erreichung einer höheren Leistung verhältnismäßig günstige Aussichten bieten, eine Kurve geringerer Aufwärtskrümmung wählen müssen. Bei Gedingen, die sich auf Arbeiten beziehen, die zur Erzielung einer Mehrleistung einen sehr hohen körperlichen oder geistigen Einsatz verlangen, wird man sich zur Anwendung steiler gekrümmter Kurven, d. h. zu schneller wachsenden Mehrleistungszuschlägen entschließen.

Abb. 118 zeigt verschiedene Möglichkeiten beispielhaft auf. Kurve A wirft Zuschläge in einer solchen Höhe aus, daß bei einer Leistung von 137% (100% = Gedingeleistung) unter Einrechnung des Mehrleistungszuschlages ein Lohn von 150% des Normallohnes verdient wird. Die gleiche Lohnhöhe wird aber nach Kurve E bereits bei 125% Leistung erzielt, d. h. bei Überschreitung der Gedingeleistung um 25%. Die Zwischenkurven B, C und D stellen Übergangsformen dar.

754.3 Gedingestellung. Die Gedingestellung ist denkbar einfach. Der Gedingevertrag wird zunächst so aufgebaut, als ob ein lineares Gedinge vorläge (vgl. Abschn. 72). Er wird sodann ergänzt bzw. erweitert durch die Angaben über Mehrleistungszuschläge, die in Aussicht gestellt und vertraglich festgelegt werden. Dies kann, wie oben bereits angedeutet, in Form einer Zifferntafel wie auch in der eines Schaubildes erfolgen. Hierauf wird noch zurückzukommen sein.

Vorher soll aber ein gewichtiger Punkt besprochen werden, der für die psychologische Untermauerung des Gedinges von Bedeutung ist. Für den Bergmann ist eine Kurve der Abb. 118 nicht ohne weiteres ins Betriebspraktische übersetzbar. Es erscheint zweckmäßiger, sowohl auf der Lohn- als auch auf der Leistungsskala die für den in Frage stehenden Gedingefall in Betracht kommenden absoluten Maßeinheiten anzugeben. In manchen Fällen wird es auch den Betriebsbeamten erwünscht sein, in einem Schaubild nach Art der Abb. 119 neben den relativen Bezugsgrößen die auf den betreffenden Fall bezogenen Ziffern vor sich zu haben. Für den Gedingevertrag selbst kommt verständlicherweise als Appendix ein Kurvenbild wie das der Abb. 119 nicht in Frage. Ein solches Bild bezweckt lediglich, dem Betriebsbeamten eine Übersicht zu geben und ihn bei der Wahl des Mehrleistungszuschlages zu beraten. Abb. 120 bringt ein Beispiel für eine Regelung des Mehrarbeitszuschlages, das auf der Kurve A der Abb. 119 basiert.

Bei Verwendung einer Zifferntafel muß die Kurve in gerade Teilstücke aufgelöst werden, wenn man die Zahlentafel nicht zu groß und damit unübersichtlich werden lassen will. Zwischen den Tafelwerten wird dann proportional interpoliert. So würde man statt der Kurve der Abb. 120 die Tafel 117 als Appendix zum Gedingevertrag benutzen können.

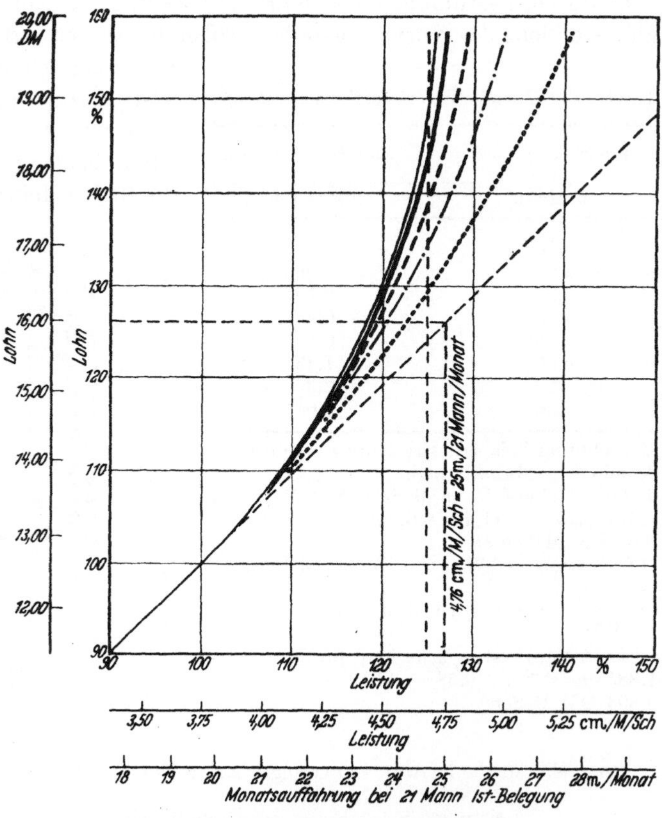

Abb. 119. Gedinge mit eingebauten Mehrleistungszuschlägen für Abteufen Scht. IV.

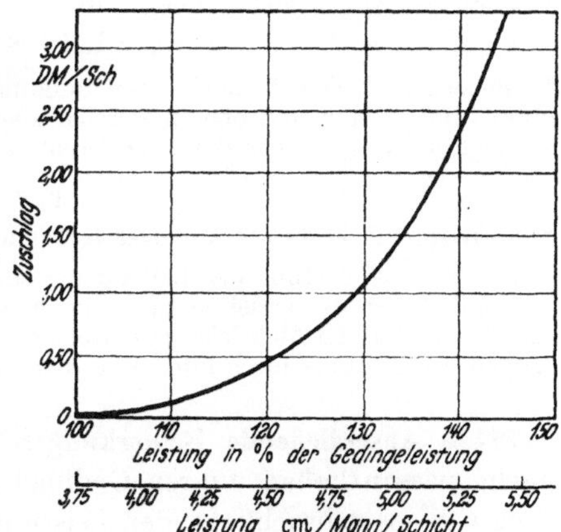

Abb. 120. Kurve des Mehrleistungszuschlages zum Gedinge Nr. .... gehörig.

754.4 Mathematische Diskussion des Gedinges. Die Basis des Gedinges hat linearen Charakter. Bezüglich der mathematischen Diskussion dieses Teiles kann auf die Ausführungen des Abschn. 72 verwiesen werden.

Es verbliebe demnach, die Kurve des Mehrleistungszuschlages zu untersuchen, wobei von vornherein festzustellen ist, daß diese jede beliebige Form annehmen kann, so daß man jeden Einzelfall gesondert zu beleuchten gezwungen ist. Zweckmäßig geht man so vor, daß man sich die für den vorliegenden Fall als geeignetst erscheinende Zuschlagkurve aufzeichnet. Aus dieser Kurve läßt sich sodann

a) durch Bestimmung der Kurven(näherungs)gleichung und deren Differentiation die Steigungstendenz der Kurve feststellen, wobei der Zahlenwert der Steigungstendenz ein Maß für den psychologischen „Anreiz" abgibt, den der Mehrleistungszuschlag bietet,

b) eine Kurve entwickeln, die für jede Leistungsziffer abzulesen gestattet, wie hoch die Leistungseinheit durch den Mehrleistungszuschlag zusätzlich belastet ist.

Tafel 117. *Tafel für Mehrleistungszuschläge.*

Erreichte Leistung	Mehrleistungszuschlag
cm/M/Sch	DM/M/Sch
3,75	—
4,00	0,06
4,25	0,19
4,50	0,46
4,75	0,85
5,00	1,43
5,25	2,35
5,50	3,65

Berechnungsbeispiel: Erreichte Leistung
4,885 cm je Mann/Schicht
Tafelwert: bei 4,75 cm/M/Sch 0,85 DM/M/Sch
$\varDelta$ für 0,25 cm: (1,43 — 0,85) =
0,58 DM/M/Sch
$\varDelta$ für (4,885 — 4,75) = 0,135 cm/M/Sch:

$$\frac{0,58 \cdot 0,135}{0,25} = 0,313 \ \text{DM/M/Sch}$$

Gesamt-Mehrleistungszuschlag für
4,885 cm/M/Sch: (0,58 + 0,313) =
0,893 DM/M/Sch

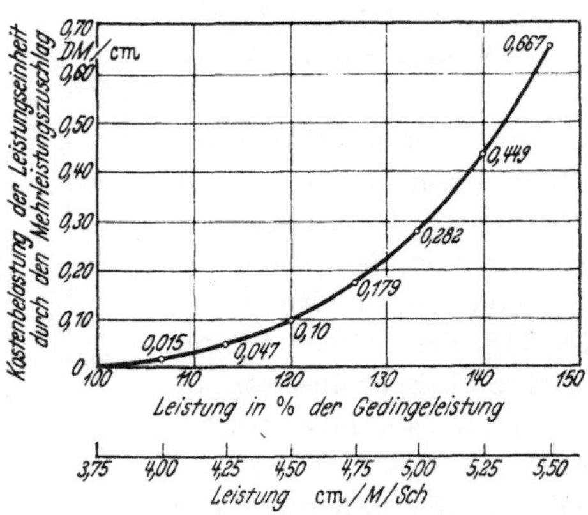

Abb. 121. Kostenbelastung der Leistungseinheit durch den Mehrleistungszuschlag in Abhängigkeit von der Leistung.

Beispiel: Für die in Abb. 120 gezeigte Kurve des Mehrleistungszuschlages ist unter Ansatz der Wertepaare

Leistung	cm/M/Sch	x	3,75	4,50	5,25
Mehrleistungszuschlag	DM/M/Sch	y	0	0,45	2,35

folgende Gleichung *erster* Annäherung entwickelt worden:

$$y = 1{,}288\,\overline{888} \cdot x^2 - 10{,}033\,\overline{333} \cdot x + 19{,}499\,999.$$

Wenn sich auch eine glatte Übereinstimmung der aus der Gleichung berechneten Werte nur für die Ansatzwerte ergibt, im unteren und oberen Bereich aber eine Abweichung nach unten, im mittleren dagegen nach oben vorliegt, so spiegelt doch der 1. Differentialquotient

$$y' = 2{,}577\,\overline{777} \cdot x - 10{,}033\,\overline{333}.$$

sehr eindrucksvoll die stark steigende Tendenz der Zuschlagskurve wider.

Die Kostenbelastung der Leistungseinheit, die durch den Mehrleistungszuschlag entsteht, ist in ihrer Abhängigkeit von der erzielten Leistung in Abb. 121 schaubildlich dargestellt. Die Kurve läßt den Entscheid darüber zu, ob der Mehrleistungszuschlag in der veranschlagten Höhe tragbar ist, d. h. ob die durch ihn verursachte Belastung durch infolge der höheren Leistung eintretende Ersparnisse ausgeglichen wird.

754.5 Abschließende Bemerkungen. Wie verschiedene Versuche in der Praxis einwandfrei nachgewiesen haben, führen Gedinge mit Mehrleistungszuschlägen unzweifelhaft zur Mobilisierung von sonst brachliegenden Leistungsreserven. Allerdings findet der Versuch ihrer Einführung nicht selten Widerstand, der in der Auffassung gründet, durch derartige Gedinge werde die „Gefahr des Raubbaus[1] an der menschlichen Arbeitskraft" heraufbeschworen. Dem ist aber ent-

---

[1] „Ein falsch angesetztes Akkordsystem etwa mit stark steigender Prämiierung der Mehrleistung kann u. U. die Leistungsbereitschaft des Arbeiters über das der Leistungsfähigkeit entsprechende Maß hinaus steigern und damit zu einem Raubbau führen." Aus „Rationalisierung"; Monatsschrift des Rationalisierungs-Ausschusses der deutschen Wirtschaft (RAW) 1950, H. 2, S. 43.

gegenzuhalten, daß es jedem Menschen freistehen muß, über den Einsatz seiner Kräfte selbst zu bestimmen. Wenn ein Mensch nach dem Lorbeer für besondere Leistungen strebt, dann sollte ihm die Selbstbestimmung der Kraftanstrengung nicht nur auf dem Gebiete des Sports, sondern auch auf dem Felde der Arbeit unbenommen sein. Kollektivistische Gedankengänge und Rücksichten haben zurückzutreten vor der freien Willensäußerung des Individuums.

76 Das fallende Kurvengedinge.

RUMMEL [196] kommt bei einer Untersuchung der Gedingefrage zu dem Schlusse, daß es „keineswegs erwünscht" sei, daß „der Anreiz unbegrenzt hoch" ist, „zur Vermeidung einer Überanstrengung" des Arbeiters. Eine Gedingekurve „mit zu starkem Anreiz" werde „als ‚Antreibersystem' empfunden". Auch würde ein zu starkes Ansteigen des Lohnes bei höherer Leistung und die daraus entspringenden erheblichen Unterschiede im Lohn „Unfrieden in die Belegschaft tragen". Ausnahmen will er nur in ganz besonders gelagerten Fällen gelten lassen. Weiterhin führt RUMMEL aus, daß man aus Kostenrücksichten beim Vorwiegen der Handarbeit die Gedingekurve schwächer neigen müsse. Schließlich bewegt ihn auch der Gedanke, daß die Grundlagen des Gedinges relativ unsicher sind, zu der Forderung, die Gedingekurve müsse schwach geneigt sein, damit man „gegen spätere Unzuträglichkeiten" gesichert sei. Wenn als Folge der Ungenauigkeit der Gedingegrundlage unerwartet hohe Leistungen möglich sind, so würde der Gedingelohn durch die schwache Neigung der Gedingekurve gewissermaßen abgebremst. Er glaubt, daß bei starker Neigung die Gefahr vorliege, „daß der Arbeiter selbst die Leistung absenkt oder bei großer Rührigkeit eine übermäßige Verdiensterhöhung einzelner eintritt, die ungünstig auf die Gesamtbelegschaft einwirkt, mitunter sogar von ihr selbst bekämpft wird."

So kommt denn RUMMEL zu einem in Abb. 122 und Tafel 118 gekennzeichneten fallenden Kurvengedinge.

Tafel 118. *Fallendes Kurvengedinge nach* RUMMEL.

Ist-Leistung in % der Gedingeleistung	Lohn in % des Normallohnes
134—129	119
128—124	118
123—120	117
119—117	116
116—115	115
114—113	114
113—112	113
111—110	112
109	111
108	110
107	109
106	108
105	107
104	106
103	105
102	103,5
101	102
100	100
99	98,5
98	97
97	96
96—95	95
94—93	94
92—91	93
90—89	92
88—86	91
unter 86	90

Abb. 122. Fallendes Kurvengedinge nach RUMMEL.

Grundgedanke der von RUMMEL entwickelten Kurve ist der, daß in der Nähe der Gedingeleistung ein „besonders starker Anreiz durch große — sogar überproportionale — Steigung der Kurve" vorliegen soll. Im Bereich der höheren Leistungen verläuft die Kurve flacher und die Löhne werden „abgebremst", damit „übermäßige Anstrengung" nicht auftritt und „übermäßige Einzelverdienste", die auf Unsicherheit der Gedingegrundlagen oder „Zufälligkeiten des Betriebes" beruhen und „Unzufriedenheit bei anderen Teilen der Belegschaft" hervorrufen, vermieden werden.

Für den Kurvenast der geringeren Leistungen schlägt RUMMEL gleichfalls eine geringer werdende Neigung vor, damit „die Minderleistungen in ihrer Wirkung abgedämpft werden". Er hält dies für erwünscht, da auch hier „Zufälligkeiten im Betrieb eine Rolle spielen können". Die Kurve mündet links asymptotisch in den Mindestlohn und rechts in den Höchstlohn aus. Schließlich wäre noch zu erwähnen, daß man nach RUMMEL derartige Gedingekurven dort anwenden soll, wo keine „unbedingt sicheren" Gedingegrundlagen und „mit starken Störungseinflüssen behaftete Betriebe" vorliegen. Man sollte demnach meinen, ein typisch auf den Bergbau zugeschnittenes Gedinge vor sich zu haben.

Vom Gesichtspunkt und aus den Erfahrungen des Bergbaus muß dem aber widersprochen werden, wenigstens soweit es sich um den oberen Ast der Gedingekurve handelt. Daß der untere Ast einem Bedürfnis des Bergbaus entgegenkommt und sich vorteilhaft auswirken würde, wurde in Abschn. 753 bereits näher dargelegt. Wir brauchen uns hier also nur noch mit dem oberen Ast der Gedingekurve nach RUMMEL auseinanderzusetzen.

Vorab ist zu bemerken, daß der Bergbau trotz seiner gegenüber anderen Industriezweigen unsicheren Gedingegrundlagen und trotz der Vielzahl der im Untertagebetrieb möglichen Störungseinflüsse höhere Leistungen besser zu bezahlen von jeher sich bemüht hat. Schon aus diesem Grunde dürfte der Vorschlag von RUMMEL bei Betriebsbeamten und Bergleuten auf die gleiche ablehnende Haltung stoßen.

Doch ist der Vorschlag auch bei rein sachlicher Prüfung nicht zu halten. Höhere Leistungen setzen, wenn man von äußeren Einflüssen absieht, eine größere Einsatzfreude oder bzw. und ein besseres Können voraus. Beides darf man, wenn man gerecht bleiben will, aber nicht unter-, sondern sollte es überbewerten. Was die Unsicherheit der Grundlage und Besserung bzw. Verschlechterung der Lagerungsverhältnisse anbetrifft, so können auch diese Gesichtspunkte eine Verflachung der Lohnkurve nicht rechtfertigen, denn an einer Änderung dieser Verhältnisse trägt der Arbeiter keine Schuld, und es wäre somit abwegig, ihm ohne Verschulden seinen Lohn zu kürzen.

Drittens und letztens wäre festzustellen, daß zur Ausschaltung der dem Entwurf von RUMMEL zugrunde liegenden Einflüsse andere Wege als die der Leistungslohnschmälerung gegangen werden können. Bei starkem Wechsel der Verhältnisse kann man das Gedinge kurzfristig stellen oder aber, was noch besser ist, ein Rahmengedinge abschließen, das den verschiedenen Verhältnissen korrelate Gedingeleistungen enthält. Zu *absolut* genauen Leistungsziffern als Gedingegrundlagen werden wir wohl nie kommen, doch kann, wie an anderer Stelle dargelegt, der Bergbau in dieser Zielrichtung noch beachtliche Fortschritte erzielen.

Das fallende Kurvengedinge ist im höheren Leistungsbereich daher nicht nur in der Spezies des Vorschlages RUMMEL, sondern allgemein für den Bergbau untauglich.

77 Stufengedinge.

770 Vorbemerkungen.

Ein Stufengedinge hat seinerzeit im Bergbau viel von sich reden gemacht: Mit Wirkung vom 1. April 1939 wurde der 200%-Zuschlag eingeführt, der bis zum 30. September 1942 in Kraft blieb und zwangläufig jedes Gedinge in ein Stufengedinge umwandelte. Von einem bestimmten Punkte der Gedingekurve ab wurde die Neigung der Gedingekennlinie verdreifacht. Dieser Punkt war zunächst durch den Wortlaut der staatlichen Anordnung leistungsseitig, d. h. durch die Januar/Februar-Leistungen des Jahres 1939 festgelegt. Da aber bald bei einer Anzahl von Betriebspunkten der Rückbezug auf die Januar/Februar-Leistungen nicht mehr möglich war, bildete sich die Übung heraus, den Knickpunkt der Lohnleistungslinie durch einen bestimmten Lohn zu fixieren.

Da die Mindestlohnklausel weiter gültig blieb, nahm die Gedingekennlinie die in Abb. 123 gekennzeichnete Form an. Einfach proportional war das Gedinge nur noch im Bereich zwischen der Mindest- und der Vergleichsleistung, oder, lohnseitig gesehen, zwischen dem Mindest- und dem Vergleichslohn. Die mathematischen Formeln für das 200%-Zuschlag-Gedinge lauten, wenn neben den bislang benutzten Bezeichnungen E_{vgl} die Vergleichsleistung und O_{vgl} den dieser Leistung zugeordneten Lohn, kurz, den Vergleichslohn darstellen:

a) für den Leistungsbereich $E_0 \ldots E_{min}$

$$O_x = O_{min},$$

b) für den Leistungsbereich $E_{min} \ldots E_{vgl}$

$$O_x = \frac{C_{min}}{E_{min}} \cdot E_x,$$

c) für den Leistungsbereich $E_{vgl} \ldots E_\infty$

$$O_x = O_{vgl} + 3\,\frac{O_{min}}{E_{min}}\,(E_x - E_{vgl})$$

oder, da

$$O_{vgl} = \frac{O_{min}}{E_{min}} \cdot E_{vgl} \ \text{ist},$$

$$\boxed{O_x = \frac{O_{min}}{E_{min}}\,(3\,E_x - 2\,E_{vgl})\,.}$$

Für $\dfrac{O_{min}}{E_{min}}$ läßt sich auch $\dfrac{O_R}{E_{Ged.}}$ einsetzen, so daß sich die Formel wie folgt umformen läßt:

$$O_x = \frac{O_R}{E_{Ged.}}\,(3 \cdot E_x - 2 \cdot E_{vgl})\,.$$

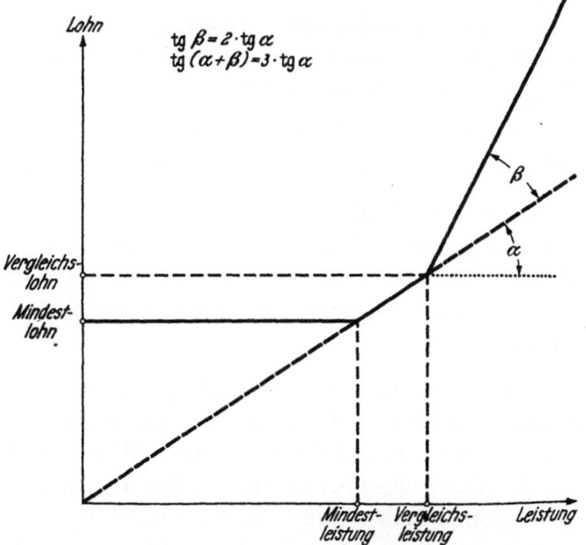

Abb. 123. Beispiel eines Stufengedinges (Mindestlohn 200%-Zuschlag-Gedinge).

Beispiel:

Gedingerichtlohn .... O_R = 8 RM
Gedingeleistung .... $E_{Ged.}$ = 10
Erbrachte Leistung .... E_x = 15
Vergleichsleistung .... E_{vgl} = 12
Verdienter Lohn .... $O_x = \dfrac{8}{10}\,(45-24) = 16{,}80$ RM.

Die Lohnbelastung errechnet sich aus den vorstehenden Gleichungen wie folgt:

a) wenn $E_x \leqq E_{min}$

$$\frac{O_x}{E_x} = k = \frac{O_{min}}{E_x} = \text{konst} \cdot \frac{1}{E_x}\,.$$

Die Lohnbelastung steigt also, wenn die erbrachte Leistung unter der Mindestleistung liegt, mit sinkender Leistung nach der Hyperbel an.

b) wenn $E_{min} < E_x < E_{vgl}$

$$\frac{O_x}{E_x} = k = \frac{O_{min}}{E_{min}} = \frac{O_R}{E_{Ged.}} = \text{konst.}$$

Liegt die erbrachte Leistung zwischen der Mindest- und der Vergleichsleistung, so ist die Lohnbelastung der Leistungseinheit konstant. In diesem Bereich liegt ja auch lineares Gedinge vor.

c) wenn $E_x > E_{vgl}$

$$\frac{O_x}{E_x} = k = \frac{O_{min}}{E_{min}} \cdot \frac{3\,E_x - 2\,E_{vgl}}{E_x}$$

$$= 3\,\frac{O_{min}}{E_{min}} - 2\,\frac{O_{min}}{E_{min}} \cdot \frac{E_{vgl}}{E_x}$$

$$= \text{konst.} - \text{konst.} \cdot \frac{1}{E_x}\,.$$

Das zweite Glied dieser Gleichung wird mit steigender Leistung immer kleiner. Damit ist erwiesen, daß die Lohnbelastung nach dem ersten Glied der Gleichung konvergiert, d. h. also, nach der Konstanten

$$3 \cdot \frac{O_{min}}{E_{min}} \qquad \text{oder} \qquad 3 \cdot \frac{O_R}{E_{Ged.}}\,.$$

Das Gedinge ist zweifellos an sich insofern lohngerecht, als es die guten Leistungen besser bezahlt. Daß es einen starken Leistungsanreiz ausübt, ist auch nicht zu bestreiten. Ebenso wird aber auch nicht zu bezweifeln sein, daß es in zweifacher Hinsicht unwirtschaftlich ist: einmal wegen des im unteren Bereiche geltenden Mindestlohnes und zweitens, weil der Lohn bei höheren Leistungen durch den 200%-Zuschlag allzu stark anwächst und dadurch die Kostenbelastung der Leistungseinheit unangemessen in die Höhe treibt, so daß verhältnismäßig schnell die Grenze des Tragbaren überschritten wird.

Sodann muß auf einen Fehler hingewiesen werden, den das Gedinge von Hause aus als Todeskeim in sich trug: die Dehnbarkeit des Begriffes der Vergleichsleistung.

a) Bei dem Wechsel der bergbaulichen Untertagegegebenheiten mußte es sogleich nach Einführung des zum Vergleich auf einen zurückliegenden Zeitraum zurückgreifenden Gedinges zu Meinungsverschiedenheiten darüber kommen, ob überhaupt die bei dem neuen Gedingeabschluß anzutreffenden Gebirgs- und Lagerungsverhältnisse den im Vergleichszeitraum beobachteten gleich seien.

b) Den Betriebspunkten des Bergbaus ist nur in verhältnismäßig wenigen Fällen eine Lebensdauer von mehreren Jahren beschieden. Monat für Monat gingen daher immer mehr Betriebe, die im Januar/Februar 1939 liefen, ihrem Ende zu. Neue Betriebe wurden in Gang gesetzt. Damit fiel die Vergleichsmöglichkeit mit den Leistungen der Monate Januar und Februar für die Betriebspunkte selbst immer mehr weg. Wie schon erwähnt, half man sich insbesondere in der letzten Zeit der Gültigkeit der Anordnung damit, daß man bei der Berechnung des 200%-Zuschlages anstatt von der Vergleichsleistung von einem Vergleichslohn ausging und die über den Vergleichslohn hinaus verdienten Lohnbeträge verdreifachte. Damit war allerdings, vom einzelnen Betriebspunkt aus gesehen, der Meinungsstreit nicht beigelegt, so daß man noch einen Schritt weiterging und den Vergleichslohn für eine ganze Schachtanlage, hier und dort sogar für ganze Zechengruppen als Konstante ansetzte. Man ging dabei von der Überlegung aus, daß der im Januar/Februar 1939 erzielte Hauerdurchschnittslohn der Schachtanlage bzw. der Zechengruppe einen Maßstab für die in der Verordnung erwähnte Vergleichsleistung darstellen müsse und darum als Knickpunkt der Lohnlinie gewählt werden könne. In dieser Auffassung lag jedoch ein Trugschluß, und zwar zunächst insofern, als ja der lohnseitig festgelegte Kurvenknickpunkt späterhin einer ganz anderen Leistung entsprechen konnte, sofern die Gedinge auf anderen Leistungen aufgebaut wurden. Und so hat denn in der Folgezeit die Praxis auch vielfach gezeigt, daß die Löhne immer mehr anstiegen, während die Leistungen nachgaben. Es konnte eben ein für eine ganze Schachtanlage lohnseitig festgesetzter Knickpunkt der Gedingekennlinie die Belange des einzelnen Betriebspunktes nicht voll berücksichtigen, woraus zwangsläufig das Bestreben jeder einzelnen Betriebspunktbelegschaft resultierte, möglichst weiche Gedinge zu erhalten, um ja in den Genuß des 200%-Zuschlages zu gelangen. Und so wurde denn mit längerer Anwendungszeit das 200%-Stufengedinge *lohnungerecht*, weil es die Mehr*leistung* nicht mehr wertete. Der *Leistungsanreiz* entfiel, weil die Zahlung des Zuschlages später vom Lohn und nicht mehr von der Leistung abhängig gemacht wurde. Und drittens erwies sich immer stärker die *Unwirtschaftlichkeit* des Gedinges, weil es zu wachsenden Löhnen bei nachgebender Leistung führte. Nach 3 ½jährigem Bestehen wurde das 200%-Stufengedinge wieder abgeschafft.

Eine ähnliche Regelung wie die 200%-Verordnung wurde im März 1951 zwischen den Tarifpartnern diskutiert, und zwar stand zur Erörterung, über eine bestimmte Leistung hinaus einen Zuschlag von 50% zu geben. Der Knickpunkt, der dadurch in die Lohnlinie des linearen Gedinges hineingelegt werden sollte, sollte sich ebenso wie bei der 200%-Verordnung aus der „Vergleichsleistung" der Monate Januar/Februar 1951 bestimmen. Angesichts der oben geschilderten Schwierigkeiten, die sich bei der Durchführung der 200%-Verordnung ergeben hatten, nahm man von einer erneuten Anwendung des Systems Abstand.

Im nachfolgenden sollen einige typische Stufengedinge im einzelnen besprochen werden.

771. Langfristig unkündbares, kombiniertes, auf den Wagen Kohle abgestelltes Stufen-Kameradschafts-Gedinge.

Das Gedinge baut auf der Wagenförderung auf, indem einmal die Leistung in Wagen/M/Sch und zum zweiten die Art der Wagenbeladung zur Gedingesetzung herangezogen werden. Das Gedinge erhält nach der in Abb. 98 wiedergegebenen Systematik die *Kenn-Nummer* 11276. Es gehört nicht zu denen, die in der Zeit des 200%-Zuschlages gesetzt wurden, sondern hat *vor* dieser Zeit Gültigkeit besessen und ist dadurch gekennzeichnet, daß oberhalb der Gedingeleistung ein Zuschlag von rd. 30% gezahlt wird, sowie weiter dadurch, daß im Bereich zwischen Gedinge- und Mindestleistung der Lohnabfall um rd. 35% geringer sich auswirkt als bei linearem Gedinge. Zur damaligen Zeit gehörte ein 30%iger Zuschlag bei übernormalen Leistungen zu den Seltenheiten und hat seine leistungsanreizende Wirkung nicht verfehlt. Auf der anderen Seite ist die durch Abbremsung des Lohnrückgangs bei eintretender Minderleistung gegebene Kostenmehrbelastung in der Zeit, in der das Gedinge Gültigkeit besaß, niemals praktisch geworden. Im übrigen ist von Interesse, daß dieses Generalgedinge ein bestehendes Monatsgedinge ablöste und daß eine wesentlich höhere Gedingeleistung vereinbart werden konnte, wobei jedoch in den Folgemonaten keine niedrigeren, sondern höhere Löhne verdient worden sind, wie noch aufzuzeigen sein wird.

Der *Gedingevertrag* war in Stichworten abgefaßt und lautete folgendermaßen:

Betriebspunkt: Streb 1—2 Westen des Flözes Dickebank der 3. westl. Abt. 6. Sohle
Gedingelaufzeit: Unkündbar, in Kraft tretend am 1. 12. 38.

A. *Leistungsentlohnung*

Bei 10 Wg/M/Sch Leistung	7,71 RM/Sch Lohn
für $^1/_{10}$ Wg/M/Sch Leistung mehr	0,10 RM/Sch Lohn mehr
für $^1/_{10}$ Wg/M/Sch Leistung weniger	0,05 RM/Sch Lohn weniger

B. *Stückwagenverrechnung*

Soll-Anteil an der Förderung	75%
für jedes % mehr	0,03 RM/M/Sch Lohn mehr
für jedes % weniger	0,05 RM/M/Sch Lohn weniger

C. *Sprengstoffverrechnung*

Sprengstoff frei!

D. *Gedingekameradschaft*

12 Mann (Hauer und Lader).

Tafel 119. *Leistung, Lohn und Lohnbelastung bei einem Stufengedinge.*

Leistung Wg/M/Sch	Lohn RM/Sch	Lohnbelastung RM/Wg
6,0	(5,71) Mindest-	1,117
7,0	(6,21) lohn 6,71	0,959
8,0	6,71	0,839
8,2	6,81	0,831
8,4	6,91	0,823
8,6	7,01	0,816
8,8	7,11	0,808
9,0	7,21	0,801
9,2	7,31	0,795
9,4	7,41	0,788
9,6	7,51	0,782
9,8	7,61	0,777
10,0	7,71	0,771
10,2	7,91	0,776
10,4	8,11	0,780
10,6	8,31	0,784
10,8	8,51	0,788
11,0	8,71	0,792
12,0	9,71	0,809
13,0	10,71	0,824
14,0	11,71	0,837

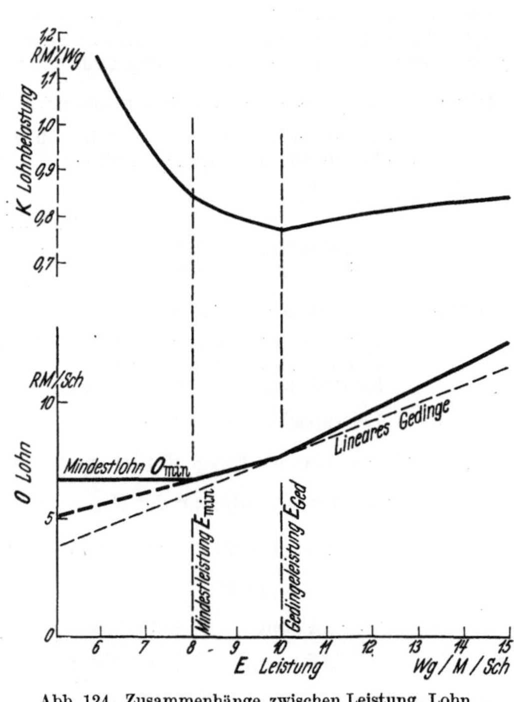

Abb. 124. Zusammenhänge zwischen Leistung, Lohn und Lohnbelastung bei einem Stufengedinge.

Zu einer ausführlichen Vertragsgestaltung kann das Muster 32.11 des Abschn. 8 herangezogen werden.

Die den einzelnen Leistungsziffern *zugeordneten Werte des Lohnes und der Lohnbelastung* sind im Zahlenspiegel der Tafel 119 zusammengestellt und in Abb. 124 in Kurvenzügen wiedergegeben.

Bemerkenswert an der Kurve der Lohnbelastung ist, daß infolge der Abbremsung des Lohnrückgangs bei unternormaler Leistung bereits im Bereich zwischen Gedinge- und Mindestleistung die Lohnbelastung bei sinkender Leistung anwächst. Weiter ist interessant, daß bei dem vorliegenden Gedinge die Lohnbelastung der Leistungseinheit bei 40%iger Überschreitung der Gedingeleistung trotz der höheren Löhne genau so hoch ist wie bei der bei 80% der Gedingeleistung liegenden Mindestleistung.

Die *mathematische Diskussion der Formeln für die Höhe des Lohnes und der Lohnbelastung* führt zu folgenden Ergebnissen:

a) Bereich $E_x \leqq E_{min}$

$$O_x = O_{min} = \text{konst.}$$

$$k = \frac{O_x}{E_x} = \frac{O_{min}}{E_x} = \text{konst.} \frac{1}{E_x}.$$

Liegt die erbrachte Leistung gleich oder unter der Mindestleistung, so ist der Lohn konstant, nämlich gleich dem Mindestlohn. Die Lohnbelastung der Leistungseinheit steigt nach der Hyperbel an.

b) Bereich $E_{min} < E_x < E_{Ged.}$

$$O_x = O_{norm} - \frac{O_{norm} - O_{min}}{E_{Ged.} - E_{min}} (E_{Ged.} - E_x)$$

$$k = \frac{O_x}{E_x} = \frac{1}{E_x} \left(O_{norm} - \frac{O_{norm} - O_{min}}{E_{Ged.} - E_{min}} \cdot E_{Ged.} \right) + \frac{O_{norm} - O_{min}}{E_{Ged.} - E_{min}}$$

Bewegt sich die erbrachte Leistung zwischen der Mindest- und der Gedingeleistung, so steigt der Lohn mit größer werdender Leistung unterproportional, also flach an. Die Lohnbelastung der Leistungseinheit verläuft nach einer hyperbolischen Kurve.

c) Bereich $E_x > E_{Ged.}$

$$O_x = O_{norm} + O_{\Delta E} \cdot (E_x - E_{Ged.}),$$

worin $O_{\Delta E}$ den Lohnbetrag je Leistungseinheit im Bereich $E_x > E_{Ged.}$ darstellt.

$$k = \frac{O_x}{E_x} = \frac{1}{E_x} (O_{norm} - O_{\Delta E} \cdot E_{Ged.}) + O_{\Delta E}.$$

Überschreitet die erbrachte Leistung die Gedingeleistung, so beginnt die Lohnlinie überproportional zu steigen. Die Lohnbelastung der Leistungseinheit wächst stetig an und nähert sich immer mehr einem Endwert, der der Größe „Lohnbetrag je Leistungseinheit" im Bereich der übernormalen Leistung gleich ist.

Die Art der *Gedingeabrechnung* erhellt aus nachfolgendem Beispiel:

Verrechnungsmonat: Dezember 1938
Förderung des Betriebspunktes: 292 Wagen Grus
                            3093 Wagen mit Stücken
             Insgesamt: 3385 Wagen
Verfahrene Schichten: 309
Vergütung für Unterzüge: 48,— RM

a) Berechnung des Leistungslohnes

Leistung 3385 Wagen: 309 Schichten = 10,95 Wg/M/Sch
Für 10 Wg/M/Sch Leistung   7,71 RM/Sch Lohn
für 0,95 Wg/M/Sch Mehrleistung   0,95 RM/Sch Mehrlohn
Leistungslohn insgesamt: 8,66 RM/Sch

b) Verrechnung der Stückwagenförderung

Stückwagenanteil an der Förderung $\dfrac{3093 \text{ Wg}}{3385 \text{ Wg}} \cdot 100 = 91{,}5\%$

Lohnzuschlag $(91{,}5 - 75) \cdot 0{,}03 = 0{,}495$ RM/M/Sch

c) Verrechnung der Unterzüge

$$\frac{\text{Lohnsumme}}{\text{Schichten}} = \frac{48{,}00 \text{ RM}}{309 \text{ Schichten}} = 0{,}155 \text{ RM/M/Sch}$$

d) Gesamtlohnberechnung

a) Leistungslohn   8,66   RM/M/Sch
b) Stückwagenverrechnung   0,495 RM/M/Sch
c) Unterzugverrechnung   0,155 RM/M/Sch
            Gesamtlohn: 9,310 RM/M/Sch

e) nur nachrichtlich

Gesamter Sprengmittelverbrauch   520,43 RM
Spezifischer Sprengmittelverbrauch   0,16 RM/Wg

Über die in diesem Gedinge erzielten Leistungen und Löhne sowie über die Entwicklung der Lohnbelastung unterrichtet Tafel 120, wobei die Ziffern des vor Inkrafttreten des Gedinges liegenden Monats zum Vergleich mit angegeben sind.

Die Zahlen sprechen für sich und beweisen zur Genüge, daß durch das unkündbare Stufengedinge eine beachtliche Leistungssteigerung bei wesentlicher Überschreitung des Soll-Hauerdurchschnittslohnes (7,71 RM je M/Sch) und eine starke Senkung der Lohnbelastung erreicht worden sind. Im übrigen ist dieser praktische Fall einer einem steigenden Kurvengedinge nahekommenden Spielart eines Stufengedinges eine Bestätigung der in Abschn. 753 gemachten Ausführungen.

Tafel 120. *Entwicklung von Leistung, Lohn und Lohnbelastung bei einem Stufengedinge.*

Kennziffer	Lineares Monatsgedinge	Unkündbares Stufengedinge (s. oben!)		
	Nov. 1938	Dez. 1938	Jan. 1939	Febr. 1939
Leistung Wg/M/Sch	7,10	10,95	11,11	10,22
Lohn RM/M/Sch	8,54	9,31	9,63	8,61
Lohnbelastung RM/Wg	1,20	0,849	0,865	0,842

772 Langfristig unkündbares, einfaches, auf das Kubikmeter Ausbruchraum abgestelltes Stufengedinge.

Das Gesteinshauern zur Zeit der Gültigkeit der 200%-Verordnung gesetzte Gedinge für den Ausbruch eines Füllortes trat am 1. November 1940 in Kraft und behielt seine Gültigkeit für die gesamte Herstellungszeit des Füllortquerschlages. Es war einzig auf das Kubikmeter Ausbruchraum abgestellt. Im Grundsätzlichen handelt es sich um ein lineares Gedinge, das durch die Mindestlohnklausel der Tarifordnung und durch die 200%-Verordnung in ein Stufengedinge umgewandelt wurde. Nach der Systematik der Abb. 98 erhält das Gedinge die *Kenn-Nummer* 31173.

Der unter der Nummer 69/1 registrierte *Gedingevertrag* war sehr einfach gehalten und lautete:

Auszuführende Arbeit: Ausbruch des Füllortquerschlages (Sandstein) einschließlich Einbringen des *vorläufigen* Ausbaues
Leistungseinheit: 1 m³ Ausbruch
Schichtzeit: 8¾ Stunden
200%-Grenze: 1,998 m³/M/verfahrene Schicht
Gedingesatz: 5,20 RM/m³
Sprengmittelverbrauch: frei.

Bemerkungen: Der Mindestlohn belief sich auf 7,52 RM/M/Sch. Die Gedingeleistung war mit rd. 1,8 m³/M/Sch angesetzt.

Aus dem Gedingevertrag und den tariflichen und gesetzlichen Bestimmungen ergibt sich der Zahlenspiegel der Tafel 121 für die Ziffern: Leistung, Lohn, Lohnbelastung der Leistungseinheit.

Es dürfte nicht ohne Interesse sein, einmal die Ziffern der Minder- und der übernormalen Leistungen gegenüberzustellen, bei denen die Lohnkostenbelastung der Leistungseinheit die gleiche Höhe aufweist. Bezeichnet x die Minderleistung und y die übernormale Leistung, bei denen die Lohnbelastung den gleichen Wert hat, so lautet die formelmäßige Verknüpfung beim vorliegenden Gedinge

$$\frac{7,52}{x} = \frac{3\,(y \cdot 5,20 - 10,39) + 10,39}{y}$$

oder umgeformt

$$\frac{y}{15,60\,y - 20,78} = \frac{x}{7,52}$$

und aufgelöst

$$y = \frac{20,78\,x}{15,60\,x - 7,52}$$

$$x = \frac{7,52\,y}{15,60\,y - 20,78}.$$

Tafel 121. *Zusammenhänge zwischen Leistung, Lohn und Lohnbelastung bei einem Stufengedinge.*

Leistung m³/M/Sch	Lohn RM/M/Sch	Lohnbelastung RM/m³
0	(7,52)	∞
0,5	(7,52) Mindest-	15,04
1,0	(7,52) lohn	7,52
1,445 Mindestleist.	7,52	5,20
1,5	7,80	5,20
1,6	8,32	5,20
1,7	8,84	5,20
1,8	9,36	5,20
1,9	9,88	5,20
1,998 200%-Grenze	10,39	5,20
2,0	10,42	5,21
2,1	11,98	5,70
2,2	13,54	6,15
2,3	15,10	6,57
2,4	16,66	6,94
2,5	18,22	7,29
2,6	19,78	7,61
2,7	21,34	7,90
2,8	22,90	8,18
2,9	24,46	8,43
3,0	26,02	8,67
		konvergierend nach 15,60

Hieraus ergibt sich der Zahlenspiegel der Tafel 122.

Tafel 122. *Leistungsziffern gleicher Lohnbelastung.*

Minderleistung	m³/M/Sch	1,3	1,2	1,1	1,0	0,9	0,8
übernormale Leistung	m³/M/Sch	2,117	2,226	2,371	2,572	2,868	3,351

übernormale Leistung .	m³/M/Sch	2,0	2,1	2,2	2,3	2,4	2,5	2,6	2,7	2,8	2,9
Minderleistung	m³/M/Sch	1,443	1,318	1,222	1,145	1,083	1,032	0,988	0,951	0,919	0,892

In Abb. 125 sind die gleicher Lohnbelastung zugehörigen Leistungsziffern nomographisch wiedergegeben.

Als Beispiel einer *Abrechnung* des vorliegenden Gedinges sei die des Monats Juli 1941 nachstehend wiedergegeben:

Abnahmeschein: Nr. 1813
Monatsleistung: 283 m³ Ausbruch
Verfahrene Schichten: 119,829
Abzug für Lehrhauer- und Gedingeschlepperschichten: 6,250
Lohnrechenschichten   113,579

a) Berechnung der einfachen Lohnsumme
    283 m³ · 5,20 RM/m³ = 1471,60 RM

b) Berechnung des 200%-Zuschlages
    Erreichte monatliche Gesamtleistung   283,00 m³ Ausbruch
    Vergleichsleistung 1,998 · 119,829   239,40 m³ Ausbruch
    Gesamte monatliche Überleistung   43,60 m³ Ausbruch

$$200\%\text{-Zuschlag} = \frac{43,60 \cdot 5,20 \cdot 200}{100} = 453,44 \text{ RM}$$

c) Berechnung des Hauerlohnes
    a) einfache Lohnsumme   1471,60 RM
    b) 200%-Zuschlag   453,44 RM
       Gesamtlohnsumme: 1925,04 RM

$$\text{Hauerlohn:} \frac{1925,04 \text{ RM}}{113,579 \text{ Sch}} = 16,95 \text{ RM/Hauerschicht.}$$

Zur Abnahme selbst wäre noch zu bemerken, daß sie sehr sorgfältig erfolgen mußte, da sich Fehler über den 200%-Zuschlag entweder sehr stark in einem ungerechtfertigten höheren Lohn sowie in einem erheblichen, ebensowenig zu verantwortenden Kostenanstieg bemerkbar machen mußten oder aber zu einem keinesfalls vertretbaren Abstrich am Lohn des Arbeiters führen konnten. Allerdings war

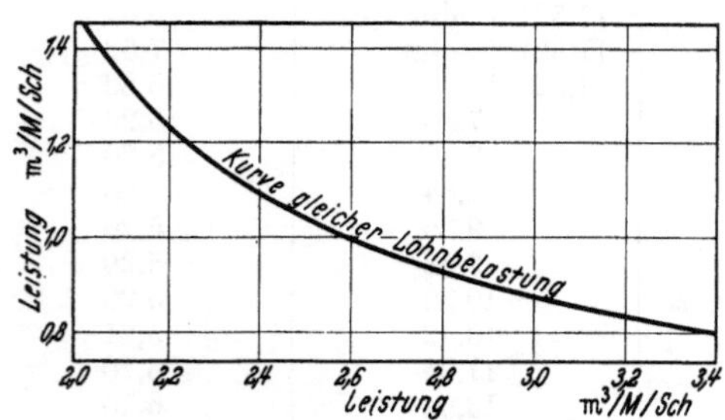

Abb. 125. Kurve der gleicher Lohnbelastung zugehörigen Leistungsziffern.

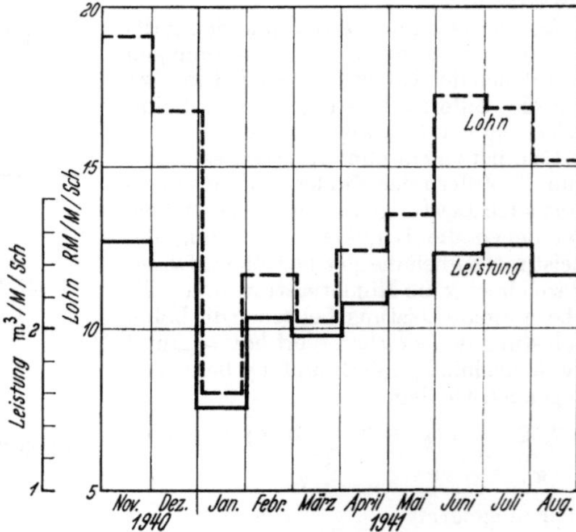

Abb. 126. In einem Stufengedinge (200%-Zuschlaggedinge) erzielte Leistungen und Löhne.

die Erfüllung dieser Forderung im vorliegenden Fall meßtechnisch kaum zu lösen, so daß man bei der Abnahme von einem festgelegten Ausbruchquerschnitt ausging, dessen Einhaltung dadurch gewahrt blieb, daß die gleiche Kameradschaft späterhin den Ausbau (Betonformsteine) einbrachte und demnach selbst an einer einwandfreien Querschnittsgestaltung interessiert war. Sie hätte gemachte Fehler entweder durch Nachspitzen oder durch Vergrößerung der Verpackarbeit selbst beseitigen bzw. tragen müssen.

Das Gedinge hat in seiner Laufzeit von 10 Monaten beachtliche Leistungen und hohe Löhne erbracht, wie aus den Kurven der Abb. 126 hervorgeht.

773 Langfristig kündbares, auf das Meter Verhieb und den Wagen Förderung abgestelltes Rahmen-Anteil-Stufengedinge.

In einem Flöz, dessen Mächtigkeit zwischen 45 und 80 cm schwankte, mußte ein Rahmengedinge gesetzt werden, das Gedingesätze für die verschiedenen Mächtigkeiten enthielt. Das Gedinge sollte sich ausschließlich auf die eine große Zahl von Männern umfassende Gewinnungsmannschaft beziehen. Um dem einzelnen zu einem seiner persönlichen Leistung entsprechenden Lohn zu verhelfen, sollte der Lohn in Abhängigkeit von der verhauenen Feldeslänge (im Einfallen gemessen) gebracht werden. Schließlich erstrebte man eine Abhängigkeit des Lohnes von der Förderung, um den einzelnen Hauer auch an dieser zu interessieren. Im Gedinge wurden zwar nur die für lineares Rahmengedinge gültigen Gedingesätze aufgeführt, doch lag de facto durch die bestehende Mindestlohnregelung und die 200%-Zuschlag-Verordnung ein Stufengedinge vor, das nach obigen Darlegungen und unter Benutzung der Systematik der Abb. 98 die *Kenn-Nummer* 2437[1/6] tragen würde. Die Doppelziffer der letzten Stelle [1/6] deutet an, daß das Gedinge einmal auf ein Längenmaß und zum zweiten auf die Förderung abgestellt ist.

Der am 3. Mai 1940 ausgefertigte *Gedingevertrag* mit der Register-Nr. 46/5 hatte folgenden Wortlaut:

Betriebspunkt: Flöz Präsident, Streb 3 Westen, 4. westl. Abt. 6. Sohle.

a) *Leistung und Gedingesatz*

Gedinge Nummer	Mittlere Flözmächtigkeit	Veranschlagter Stückwagenanteil	Gedingesatz je Wagen Förderung		Veranschlagte Leistung in der $8^3/_4$-Std.-Schicht
			Stückwagen	Gruswagen	
	cm	%	RM/Wg		Wg/M/Sch
I	45	30	2,30	2,00	4,11
II	50	30	2,20	1,90	4,32
III	55	30	2,00	1,70	4,80
IV	60	50	1,80	1,50	5,23
V	65	50	1,60	1,30	6,00
VI	70	50	1,40	1,10	6,91
VII	75	50	1,20	0,90	8,23
VIII	80	50	1,00	0,70	10,16

b) *Berechnung und Verteilung der Lohnsumme.* Die Berechnung der Gesamt-Lohnsumme erfolgt über die mittlere Mächtigkeit, die unter Beachtung der täglichen Aufmessungen am Monatsende berechnet wird. Die von der Kameradschaft verdiente Lohnsumme wird anteilig nach den im Einfallen gemessenen verhauenen Längen verteilt. Die verhauenen Längen werden täglich abgenommen.

c) *Gedingekameradschaft.* Zur Gedingekameradschaft gehören nur die Kohlenhauer, nicht die Lader und die Rutschenmeister, die ihr eigenes Gedinge erhalten. Die Rutschenmeister betreuen die Kameradschaft ohne ihr irgendwie zur Last zu fallen.

d) *Laufzeit des Gedinges.* Das Gedinge gilt ab 4. Mai 1940 und läuft auf unbestimmte Zeit bis zur Kündigung.

e) *200%-Zuschlaggrenze.* Die Grenze des 200%-Zuschlages wird lohnseitig, und zwar auf 10,— RM/Sch festgelegt.

Für eine ausführlich gehaltene Vertragsgestaltung käme das Muster 32.12 des Abschn. 8 in Frage.

Die *mathematische Diskussion* des Gedinges ergibt folgendes: Bezüglich des *generellen* Verlaufes der Kurven für Lohn und Lohnbelastung kann auf die Ausführungen des Abschnittes 770 verwiesen werden, da hierin keine Abweichungen zu erwarten sind. Dagegen erscheint eine *spezielle* Untersuchung des vorliegenden Gedinges angezeigt.

Es bedeuten:

O_x Lohn des Hauers X .... RM/Sch
S_x Schichtenzahl des Hauers X .... Schichten
F Förderung .... Wg
G Gedingesatz .... RM/Wg
L_x Länge der vom Hauer X verhauenen Front .... m
L_Σ Länge der von der Gedingekameradschaft verhauenen Front. m
O_{vgl} 200%-Zuschlaggrenze ausgedrückt im Vergleichslohn .... RM/Sch
$\left.\begin{array}{c} St \\ Gr \end{array}\right\}$ Indizes $\left\{\begin{array}{l} \text{Stückwagen} \\ \text{Gruswagen} \end{array}\right.$

Dann besteht folgende Beziehung:

$$O_x = \frac{3 \cdot \dfrac{(\Sigma F_{St}) \cdot G_{St} + (\Sigma F_{Gr}) \cdot G_{Gr}}{L_\Sigma} \cdot L_x - 2 \cdot O_{vgl} \cdot S_x}{S_x}$$

Diese Formel gilt zunächst für ein Einheitsgedinge, dann aber auch für das die Fälle I, II, III usw. umfassende zur Besprechung stehende Rahmengedinge, wenn aus den Abnahmen die mittlere Mächtigkeit berechnet wird, wie es vorgesehen war, und nach der sich ergebenden Ziffer der in Frage kommende Gedingesatz aus der im Vertrag enthaltenen Tafel entnommen wird.

20*

Die Abhängigkeit der das Gedinge grundlegenden Größen von der Mächtigkeit als der hauptbestimmenden ist in Abb. 127 schaubildlich dargestellt. Aus den Kurvenzügen, deren ins einzelne gehende Diskussion sich erübrigt, wird klar erkennbar, daß das Gedinge für den Hauer verhältnismäßig schwierig zu durchschauen sein wird. Es wird verständlich, daß in einem solchen Falle ein auf das Quadratmeter verhauene Flözfläche abgestelltes Einzelgedinge, auch wenn es als Rahmengedinge verschiedene Gedingesätze für die verschiedenen Flözmächtigkeiten enthält, aus dem Gesichtswinkel der Einsichtigkeit unbedingt vorzuziehen sein wird und insofern die vielfach geäußerte Meinung, das Anteilgedinge sei in jedem Falle besser als Einzelgedinge, doch wohl auf tönernen Füßen steht.

Bezeichnen

S_Σ die Gesamtschichten .... Anzahl

F_Σ die Gesamtförderung .... Wagen

$G_{\text{St mi}}$ den mittleren Gedingesatz für Stückwagen, der der festgestellten mittleren Mächtigkeit entspricht .... RM/Wg

$G_{\text{Gr mi}}$ den mittleren Gedingesatz für Gruswagen, der gleichfalls der festgestellten mittleren Mächtigkeit entspricht .... RM/Wg,

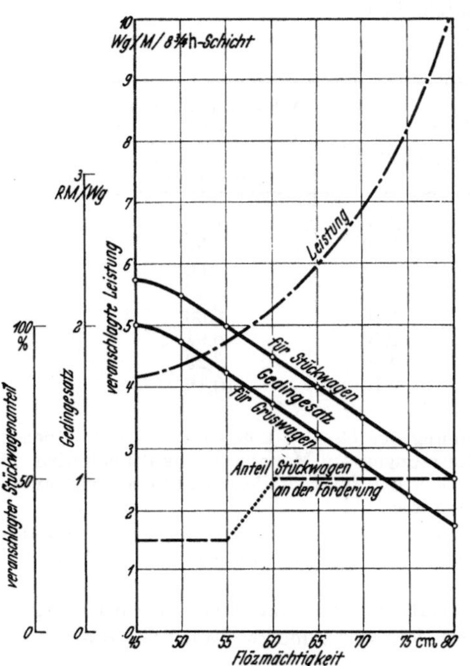

Abb. 127. Schaubild der Gedingegrundlagen eines Rahmen-Stufengedinges.

so stellt sich die Lohnbelastung der Fördereinheit im Mittel des Betriebspunktes auf

$$k = \frac{3\,[(\Sigma F_{\text{St}}) \cdot G_{\text{St mi}} + (\Sigma F_{\text{Gr}}) \cdot G_{\text{Gr mi}}] - 2 \cdot O_{\text{vgl}} \cdot S_\Sigma}{F_\Sigma}$$

Durch Aufgliederung dieser Formel ergibt sich:

$$k = \frac{3 \cdot (\Sigma F_{\text{St}}) \cdot G_{\text{St mi}}}{F_\Sigma} + \frac{3 (\Sigma F_{\text{Gr}}) \cdot G_{\text{Gr mi}}}{F_\Sigma} - \frac{2 O_{\text{vgl}} \cdot S_\Sigma}{F_\Sigma}.$$

Bezeichnet man nun mit a den Anteil der Stückwagenförderung an der Gesamtförderung, so vereinfacht sich die Formel wie folgt:

$$k = 3 \cdot a \cdot G_{\text{St mi}} + 3 (1 - a) G_{\text{Gr mi}} - \frac{2 O_{\text{vgl}} \cdot S_\Sigma}{F_\Sigma}$$

Im zur Erörterung stehenden Beispiel ist G_{Gr} mit G_{St} durch eine additive Konstante gekoppelt, für die nachfolgend der Buchstabe d eingesetzt werden soll.

$$d = G_{\text{St}} - G_{\text{Gr}}.$$

Unter Berücksichtigung dieser Beziehung läßt sich die entwickelte Formel für das Beispiel auch wie folgt abändern:

$$k = 3 \cdot a \cdot G_{\text{St mi}} + 3 (1 - a) (G_{\text{St mi}} - d) - \frac{2 \cdot O_{\text{vgl}} \cdot S_\Sigma}{F_\Sigma}$$

oder vereinfacht

$$k = 3\, G_{\text{St mi}} + 3\, d\, (a - 1) - \frac{2 O_{\text{vgl}} \cdot S_\Sigma}{F_\Sigma}.$$

Als Beispiel sei die *Abrechnung* des Betriebspunktes für den Monat Mai 1940 angeführt:

Förderung insgesamt .... 1371 Wg
davon Stückwagen .... 857 Wg = 62,5%
   Gruswagen .... 514 Wg = 37,5%
Verhauene Gesamtlänge .... 655,90 m
Mittlere Mächtigkeit .... 75 cm
Vergütung aus Zusatzgedinge 38/29 .... 175,— RM

A. *Lohn aus Förderung*

 857 Stückwagen je 1,20 .... 1028,40 RM
 514 Gruswagen je —,90 .... 462,60 RM
         Insgesamt: 1491,— RM

Lohnentfall je Meter verhauene Länge

$$\frac{1491,-}{655,90} = 2,27321 \text{ RM/m}.$$

B. *Lohn aus Zusatzgedinge*

Zusatz je Meter verhauene Länge

$$\frac{175,-}{655,90} = 0,266889 \text{ RM/m}.$$

Lohnberechnung für den Hauer X

Abnahme: 13,30 m verhauen in 3 Schichten

Reine Leistungslohnsumme 13,30 · 2,27321	=	30,234 RM
Reiner Leistungslohn 30,234 : 3	=	10,078 RM/Sch
200%-Zuschlag $(10{,}078 - 10{,}00) \cdot \dfrac{200}{100}$	=	0,156 RM/Sch
Aus Zusatzgedinge $\dfrac{13{,}30 \cdot 0{,}266889}{3}$	=	1,1828 RM/Sch
Gesamtlohn des Hauers X	=	11,417 RM/Sch

Das Gedinge ist in den Monaten Mai—Juli 1940 gültig gewesen. In diesen Monaten sind im Durchschnitt des ganzen Betriebspunktes die in Tafel 123 verzeichneten Hauerlöhne verdient worden. Um einen klaren Überblick zu geben, sind die Löhne ein- und ausschließlich der 200%-Zuschläge aufgeführt.

Der mittlere Hauerlohn hat somit immer über dem Soll-Durchschnittslohn der Tarifordnung gelegen.

Obgleich der Durchschnittshauerlohn des Betriebspunktes in den Monaten Mai und Juni unter dem Vergleichslohn lag und somit beim Kameradschaftsgedinge kein 200%-Zuschlag zu zahlen gewesen wäre, sind durch die Gedingeform des Anteilgedinges an einzelne Hauer 200%-Zuschläge gefallen, die den Durchschnittslohn um 34 bzw. 6 Rpfg. vermehrten. Man ersieht auch hieraus, daß das Anteilgedinge die Leistung des einzelnen besser wertet als das Kameradschaftsgedinge und darum lohngerechter ist.

Tafel 123. *Auf einem Rahmen-Stufengedinge verdiente mittlere Hauerlöhne.*

Monat	Mittlerer Hauerlohn des Betriebspunktes RM/Sch	
	ausschl. 200% Zuschlag	einschl. 200% Zuschlag
Mai 1940	9,56	9,90
Juni 1940	8,77	8,83
Juli 1940	11,07	13,30

Tafel 124. *Mehrleistungszuschlag („Prämie") für Gedingearbeiter.*

Verdienter Gedingelohn	Mehrleistungs-zuschlag	Verdienter Gedingelohn	Mehrleistungs-zuschlag
RM/Sch	RM/Sch	RM/Sch	RM/Sch
bis 10,50	—	15,01—15,50	4,00
10,51—11,00	0,10	15,51—16,00	4,50
11,01—11,50	0,30	16,01—16,50	5,00
11,51—12,00	0,60	16,51—17,00	5,50
12,01—12,50	1,00	17,01—17,50	6,00
12,51—13,00	1,50	17,51—18,00	6,50
13,01—13,50	2,00	18,01—18,50	7,00
13,51—14,00	2,50	18,51—19,00	7,50
14,01—14,50	3,00	19,01—19,50	8,00
14,51—15,00	3,50	19,51—20,00	8,50

Verdienter Gedingelohn	Mehrleistungs-zuschlag
RM/Sch	RM/Sch
20,01—20,50	9,00
20,51—21,00	9,50
21,01—21,50	10,00
21,51—22,00	10,50
22,01—22,50	11,00
22,51—23,00	11,50
23,01—23,50	12,00
23,51—24,00	12,50
24,01—24,50	13,00
24,51—25,00	13,50

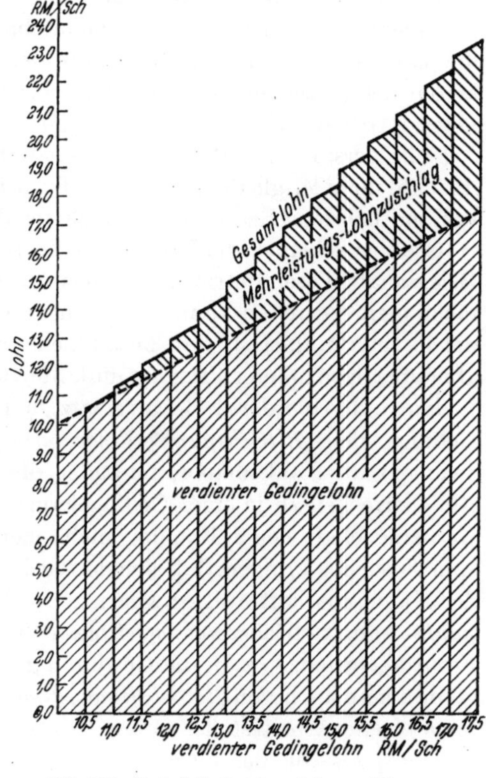

Abb. 128. Gestaffelte Leistungslohnzuschläge.

774 Gestaffelte Leistungslohnzuschläge.

Nach Fortfall des 200%-Zuschlages wendete eine Bergwerksgesellschaft, um ihren tüchtigen und fleißigen Belegschaftsmitgliedern eine Belohnung (Prämie) für gute Leistungen zukommen zu lassen, Mehrleistungslohnzuschläge an, die nach den im Gedinge verdienten Lohn einer Tafel entnommen wurden. Die Zuschläge waren, wie Tafel 124 zeigt, gestaffelt.

Abb. 128 zeigt eine schaubildliche Übersicht.

78 Schlußbemerkungen.

Die Diskussion der Gedingespielarten dürfte eines klar erwiesen haben, daß dem Bergbaubetriebsbeamten eine solche Fülle von Möglichkeiten, das Gedinge zu formen, offensteht, daß die gegebenen Verhältnisse ihre optimale Berücksichtigung finden können. Voraussetzung ist allerdings, daß der Praktiker sich auf diesem Gebiete voll auskennt und in der Lage ist, die Zusammenhänge zu durchschauen und das Für und Wider gegeneinander abzuwägen. Hierzu einen Beitrag zu liefern, war der Zweck vorstehender Untersuchung.

Anhang:

79 Kameradschafts- oder Einmanngedinge?

Das aus Urvätertagen überkommene Wort „Kameradschaft" verbindet sich bei den im Bergbau schaffenden Menschen nicht nur mit dem abstrakten Begriff einer geistig-seelischen Haltung, sondern hat darüber hinaus und im Gegensatz zum allgemeinen Sprachgebrauch einen korporativpersonenhaften Inhalt. Denn der Bergmann versteht unter „Kameradschaft" eine Anzahl von Arbeitern, die an *einem* Betriebs*punkt* tätig und zu einer Arbeits- und Leistungsgemeinschaft zusammengeschlossen sind. Sie wird geführt und vertreten durch den Ortsältesten, dem gegebenenfalls, so z. B. bei der Gedingesetzung, weitere Mitglieder der Kameradschaft helfend und beratend an die Seite treten. Die Kameradschaft kennzeichnet das Zusammengehörigkeitsgefühl des Aufeinanderangewiesenseins, die harmonische Zusammenarbeit infolge des Miteinanderbekanntseins, die planmäßige, doch ohne viel Worte erfolgende Arbeitsteilung nach den Kenntnissen und Fähigkeiten des einzelnen. Sie trägt die typischen Züge einer Interessengemeinschaft. Beim Gedingevertrag tritt die Kameradschaft als geschlossenes Ganzes als Vertragspartner auf.

Es ist verständlich, daß die Kameradschaft nur das sein kann, was sie sein soll und will, wenn die Zahl ihrer Mitglieder nicht zu groß wird. Die Gefahr der unübersichtlichen Großkameradschaft bestand bei den Kleinbetrieben früherer Jahre nicht. Durch die Zusammenfassung der Betriebe zu Großbetrieben ist die Zahl der in diesen tätigen Menschen heute so groß geworden, daß auf die Belegschaft dieser Betriebe das oben gezeichnete Bild der Arbeits- und Leistungskameradschaft nicht mehr zutreffen kann. So zwingt denn schon die technische Entwicklung dazu, den Kreis der in einer Kameradschaft zusammen Arbeitenden anders als früher zu bestimmen. Ein Kleinabbaubetrieb früherer Prägung umfaßte vielleich acht Mann, die sich in die Arbeiten: Gewinnung, Laden und Abfördern, Bergeversatz und Streckenvortrieb teilten und in einem gemeinsamen Gedinge, dem *Betriebspunktgedinge*, arbeiteten. Bei neuzeitlichen Betrieben aber sind wir gezwungen, die Kohlenhauer, die Lader, die Bergeversetzer, die Umleger, die Vortriebshauer in den Abbaustrecken zu je einer Gedingekameradschaft zusammenzufassen. Man kann dann für diese Kameradschaft neuer Prägung nicht mehr von Betriebs*punkt*gedingen sprechen, sondern muß zum Ausdruck bringen, daß sich das Gedinge auf einen Betriebs*vorgang* bezieht, dessen Wältigung der Kameradschaft aufgetragen ist. Die Entwicklung der Bergtechnik hat daher vom Betriebs*punkt*- zum Betriebs*vorgang*gedinge geführt. Da sich die Betriebsvorgänge z. T. aber in einer Front abspielen, so z. B. die Gewinnung an der Abbaufront, der Versatz an der Versatzfront, so könnte man auch von *Betriebsfrontgedingen* sprechen. In diesen Fronten hat nun aber jeder Mann seine eigene Arbeitsstelle, so der Kohlenhauer, der Blindorthauer u. ä., so daß man von einem Betriebs*punkt* für den einzelnen Mann sprechen könnte. Überträgt man diese Auffassung in die Gedingetechnik, so kommt man logischerweise darauf, für den Kleinbetriebspunkt eine Gedingeregelung vorzunehmen, insbesondere dann, wenn bei langen Abbaufronten die Kameradschaft sehr groß wird. Das Gedinge würde mit Recht den Namen „*Kleinbetriebspunktgedinge*" tragen können. Die Betriebspraxis bedient sich allerdings in diesem Falle einer anderen Nomenklatur. Der Kleinbetriebspunkt in der Betriebsfront kann sowohl von nur einem als auch von mehreren Arbeitern belegt sein. Bei Belegung mit einem Mann spricht man von *Einmann- oder Einzelgedinge*. Die aus mehreren Arbeitern bestehende Gemeinschaft bezeichnet man am Kleinbetriebspunkt nicht als Kameradschaft, sondern als Gruppe, woraus sich dann der Name „*Gruppen-*

gedinge" herleitet. Bei rechter Würdigung ist demnach das neuzeitliche Gruppengedinge nichts wesentlich anderes als das frühere Kameradschaftsgedinge, es ist und bleibt trotz aller gegenteiligen Behauptungen die Anwendung des alten Kameradschaftsprinzips auf die Männergemeinschaft, die an *einem* Betriebs*punkt* arbeitet. Was sich geändert hat, ist lediglich der Zyklus der Arbeitsvorgänge an diesem Betriebspunkt. Die Zahl der vom einzelnen zu bewältigenden Einzelarbeitsvorgänge ist kleiner geworden und wird voraussichtlich im Zuge der Weiterentwicklung noch kleiner werden.

Dieser Schau auf das Gedingewesen von der Entwicklung der Betriebstechnik her steht aber ein völlig anderes Bild der auf den Betrieb einwirkenden soziologischen Einflüsse gegenüber. Es muß festgestellt werden, daß von außen her immer wieder gegen das Einmann- und Gruppengedinge vorgegangen und gefordert wird, daß das Kameradschaftsgedinge unabhängig von der Größe der Kameradschaft anzuwenden sei und alle anderen Gedinge als unzulässig erklärt werden müßten. Den ersten amtlichen Niederschlag fand diese Auffassung in einer staatlichen Anordnung vom 11. Dezember 1940, die wörtlich folgendes bestimmte: „Auf Schachtanlagen, wo bisher das Kameradschafts- oder Gruppengedinge bestand, darf . . . das Einmanngedinge nicht eingeführt werden. Auf Schachtanlagen, wo neben dem Kameradschafts- und Gruppengedinge auch das Einmanngedinge bestand, darf eine Ausweitung des Einmanngedinges nicht erfolgen."

Einzelne Ausleger gingen sogar so weit zu sagen, daß bei bestehendem Einmanngedinge dieses an den Betriebspunkt fest gebunden sei, so daß mit dessen Wegfall auch das Einmanngedinge fortfallen müsse, womit das Schicksal dieses Gedinges endgültig besiegelt gewesen wäre. Wenn es sich auch bis heute gehalten hat, so lassen doch neuerdings wieder auftauchende Äußerungen erkennen, daß der Kampf gegen das Einmanngedinge unter der Oberfläche weiterschwelt und jederzeit zum offenen Brand werden kann. Damit ergibt sich die Notwendigkeit, dem Meinungsstreit einmal bis zu den feinsten Wurzeln nachzugehen und zu versuchen, dadurch völlige Klarheit über die Problemstellung zu gewinnen.

Zunächst folgende Beispiele aus dem Schrifttum:

1. „Viele Menschen erreichen ihren Leistungs-Bestwert vorzugsweise am Einzelplatz, andere dagegen in der Arbeitsgruppe [*34*, S. 69]."

2. „Die Arbeitsbewertung ist bisher so dargestellt worden, als ob alle Arbeiten von dem sogenannten Normalarbeiter mit einer normalen persönlichen Leistung ausgeführt würden. Im Interesse einer methodischen und objektiven Festsetzung der Löhne ist diese Betrachtungsart auch auf keinen Fall zu entbehren. Diesen Normalarbeiter gibt es aber nicht; es gibt vielmehr eine große Zahl einzelner Arbeiter und Angestellter, die auch bei gleicher Arbeit eine unterschiedliche persönliche Leistung aufweisen. Daraus folgt, daß der durch die Arbeitsbewertung ermittelte Normallohn des Normalarbeiters entsprechend der persönlichen Leistung gestaffelt werden muß.

Bei Arbeiten, die im Akkordlohn ausgeführt werden, geschieht die notwendige Differenzierung durch das Lohnsystem selbst[1]."

3. „Manche Mitarbeiter sind — ohne deswegen unverträglich oder unsozial zu sein — vollbrauchbar nur, wenn sie ihre Tätigkeit *allein* verrichten können. In der Zusammenarbeit werden sie abgelenkt oder erzeugen Reibungen. Die Praxis beweist, daß ein für die Gruppe ungeeigneter Mitarbeiter deren Schlagfertigkeit geradezu lähmen kann. Die Nichteignung braucht keineswegs immer die berufliche Leistung zu betreffen, sondern kann auch auf allgemeinen menschlichen Eigenschaften beruhen. Gerade z. B. ehrgeizige, aktive Naturen arbeiten oft besser allein, es sei denn, daß sie *Führer* einer Gruppe werden können [*42*, S. 22]."

4. „Es braucht sich niemand darüber wundern, wenn die Gedingearbeiter im Bergbau den Gedingeverhältnissen ablehnend und mißtrauisch gegenüberstehen. Besonders die Fragen, die sich aus den Gedingearten ergeben, sind Ursachen vielfältigen Mißtrauens der Kumpel untereinander. Früher war im Bergbau das Kameradschaftsgedinge die allgemeingültige Gedingeart. Jetzt streben die Zechenleitungen immer wieder das Einmanngedinge an. Die für den Bergarbeiter so notwendige Kameradschaft ist mit der Einführung des Einmanngedinges auf das empfindlichste gestört. Eine Gedingedisziplin, wie sie für die Gedingearbeiter im Bergbau nun einmal notwendig ist, um gegenseitige Treibereien zu vermeiden, besteht kaum noch."

„Weder das Gruppengedinge noch das Einzelgedinge, auch nicht das Meter-Anteil-Gedinge haben die ständige Bedrohung des Gedingelohns durch die Gedingeschere abwenden können. Besonders in der heutigen Situation, in der viele dem Bergbau fremde Arbeiter zugeführt wurden, zeigt sich das Fehlen des Kameradschaftsgedinges und die sich daraus ergebende Gedingedisziplin. Den Neubergleuten wird zwar die Möglichkeit gegeben, durch Gedingearbeit einen Lohn zu verdienen, aber eine komplizierte Arbeit, wie sie ein erfahrener Hauer verrichtet, kann dem Neubergmann nicht zugemutet werden, so daß die Summe der praktischen bergmännischen Erfahrung in keiner Weise dem alten Bergmann zugute kommt.

Die beste Möglichkeit zur Sicherung des Leistungslohnes ist der Abschluß eines Generalgedinges im Kameradschaftsgedinge. Im Kameradschaftsgedinge liegen auch die Voraussetzungen zur Erreichung der Gedinge-

---

[1] Aus: Grundfragen der Arbeitsbewertung. Herausgegeben vom Wirtschaftswissenschaftlichen Institut der Gewerkschaften (Britische Zone) Köln, S. 43.

disziplin, während das Einzelgedinge und das Gruppengedinge zu Auswüchsen neigen, die zum Schaden der Bergarbeiter und ihrer Gesundheit führen[1]."

5. „. . . wodurch der Massenmensch charakterisiert wird und was ihn von einer freien Persönlichkeit scheidet. Ohne zu vereinfachen, darf man wohl den entscheidenden Unterschied in dem Fehlen persönlicher Verantwortung und einer persönlichen Aufgabe, dem Mangel an eigenem Urteil, dem fehlenden Zutrauen zu sich selbst auf der einen und kritischem Denken, risikofreudigem, selbstverantwortlichen Vorgehen auf der anderen Seite erblicken. Der Massenmensch, das Kollektivwesen, ist nicht Subjekt, sondern Objekt. Er handelt nicht, andere handeln vielmehr für ihn. Er wird geschoben. Er hat keinen eigenen Willen, er ist ohne Ziel, Zukunft, Hoffnung und Glauben . . . Für ihn gibt es keine Werte und vor allem keine Wertskala mehr. Ihm fehlt . . . die Demut vor allem, was er mit seinem Verstand nicht unmittelbar zu begreifen vermag.

Erkenntnisse und Konsequenzen . . . es kommt darauf an, ihnen das Gefühl zu nehmen, nur eine Nummer zu sein, und bloß ihrer Arbeitskraft wegen begehrt zu werden. Man sollte jedem Mann in seinem Bereich im Rahmen des Möglichen die Freiheit der Entscheidung und damit die Verantwortung übertragen, ganz gleich, welcher Tätigkeit er nachgehen mag. Man sollte weiterhin jedem einzelnen einen an den Erfolg seiner Arbeit gebundenen Lohn und echte Aufstiegschancen bieten, die an die persönliche Leistung und nicht an irgendwelche Berechtigungsscheine oder Titel zu knüpfen wären[2]."

Zwei der Natur des Menschen innewohnende Phänomene stellen sich dem Tieferblickenden als diejenigen dar, die im Streit um das Einmanngedinge miteinander um den Vorrang ringen.

Der Mensch fordert aus seiner Geschaffenheit als Persönlichkeit die eigenpersönliche, individuelle Wertung seiner Person und seiner Arbeit, die ein Ausfluß seiner Persönlichkeit ist. Nach allgemeiner Auffassung ist das Recht auf Persönlichkeitswertung unabdingbares Naturrecht.

Auf der anderen Seite hat aber der Mensch in seiner Geschaffenheit als Gemeinschaftswesen den natürlichen Trieb, sich an seine Mitmenschen anzulehnen und in der Insekurität des menschlichen Daseins Schutz und Hilfe in und bei der Gesamtheit zu suchen. Und dieser Drang zur Rückversicherung beim Kollektiv wird verständlicherweise um so mächtiger, je schwächer sich der einzelne dem Fortunacharakter des Lebens gegenüber fühlt. Es ist daher einleuchtend, daß sich in Notlagen und in Zeiten allgemeiner Unsicherheit dieses Sichzurückziehenwollen in die „alles bezwingende Masse" ebenso bemerkbar macht, wie dies der Fall ist, wenn der einzelne in seinem Lebens- oder Arbeitskreis mit launischen Zufällen rechnen muß, die sein Wollen behindern oder durchkreuzen. Wenn ein deutscher Dichter das Wort prägte „Der Starke ist am mächtigsten allein", so kann dies nur auf die vollgeschlossene Persönlichkeit bezogen sein. Wenn uns aber wieder ein anderer die Parabel von den 7 Stäben vor Augen stellt, den Stäben, die, zur Gesamtheit gebündelt, nicht zu brechen, einzeln aber selbst der kleinsten Beanspruchung nicht gewachsen sind, dann weist er damit deutlich auf die Kollektivrückversicherung hin.

Von der im vorigen gekennzeichneten allgemeinmenschlichen Ebene her lassen sich die Urgründe des Streites um das Einmanngedinge weitgehend aufhellen. Bei dem im unerschütterlichen Sekuritätsbewußtsein dahinlebenden Menschen der Zeit vor dem ersten Weltkrieg stand der Persönlichkeitswert im Vordergrund, der innerhalb der damals im Bergbau zu findenden Kameradschaft des kleinen Betriebspunktes auch im Betriebe gebührende Achtung und Beachtung fand. Auch verlangte damals die Arbeit selbst, die vielfältig war und fast ausschließlich in Handarbeit bestand, den auf allen Gebieten erfahrenen, mit allen Berufsfragen genauestens vertrauten, tüchtigen Bergmann, die Bergmannspersönlichkeit.

Das seit dem ersten Weltkrieg auftauchende und heute noch stets sich steigernde Gefühl des Bedrohtseins ließ im Menschen die Sucht nach der Rückversicherung in der Masse immer mehr vordergründig werden. Die eigenständige, aber auch alleinstehende Persönlichkeit trat im äußeren Erscheinungsbild der Menschheit mit zunehmender Lebensunsicherheit immer mehr zurück. Beim Bergmann kam hinzu, daß in diese Zeit die Zusammenfassung und Mechanisierung der Betriebe fiel. Die Maschine nahm dem Bergmann die Vielseitigkeit der Beanspruchung, aber auch die Möglichkeit des Auswirkens seiner persönlichen Erfahrungen und seines beruflichen Könnens. Zugleich trat er in eine in ihrer zahlenmäßigen Größe bislang nicht gekannte Mannschaft ein, in der er versank. Der persönliche Kontakt, der früher zwischen den Mitgliedern der kleinen Kameradschaften bestand, ging verloren. Der einzelne fügte sich in die Masse ein, deren unpersönliches Kollektivwollen nunmehr auch sein persönliches Wollen wurde. Das Einzelgedinge konnte insofern zwar Abhilfe schaffen, als es dem einzelnen die Früchte seines Fleißes ganz und ungeteilt zuwendet und insoweit die Persönlichkeit des einzelnen wertet. Auf der anderen Seite lastet es

---

[1] JARRECK, W.: Neue Volkszeitung Nr. 101, v. 20. 9. 49.
[2] Rhein-Ruhr-Zeitung Nr. 116, v. 19. 11. 48.

aber das Risiko, das früher die Kameradschaft des einzelnen Kleinbetriebes gemeinsam trug, ebenso ganz und ungeteilt dem einzelnen zu.

So wird es denn verständlich, daß das Einzelgedinge heute nur noch bei einzelnen, berufsstarken Männern willige Aufnahme findet, während die Masse nach einem auf möglichst breiter Grundlage fundamentierten Kameradschaftsgedinge verlangt. Mit der Forderung des Naturrechts auf rechte Wertung der menschlichen Persönlichkeit ist notwendigerweise und unablösbar gekoppelt die auf gerechte Wertung der vom Menschen geleisteten, vom Stempel seiner Persönlichkeit geprägten Arbeit. Im Wirtschaftsleben pflegt man diese Forderung, da die Bewertung der Arbeit im Lohn erfolgt, gemeinhin auch als die auf „Lohngerechtigkeit" zu bezeichnen. Damit ist u. a. gemeint, daß der gezahlte Lohn der erbrachten Leistung adäquat sein soll. Auf diese Grundmaxime hat die Gestaltung des bergmännischen Gedingewesens Rücksicht zu nehmen. Tritt man aber unter diesem Aspekt in eine kritische Prüfung der Frage „Kameradschaftsgedinge oder Einmanngedinge ?" ein, so ergibt sich zunächst das folgende Übersichtsbild:

Das Kameradschaftsgedinge der früheren Epoche mit ihren kleinen Betriebseinheiten gab den in ihm arbeitenden Vollhauern den gleichen Lohn, was man angesichts der Tatsache, daß es sich um eine vom einzelnen übersehbare, steuerbare oder zum mindesten beeinflußbare, in ihrer Gesamtheit aufeinander abgestimmte und eingeschworene Leistungsgemeinschaft handelte, als gerecht ansprechen kann, wie es vom einzelnen damals auch als gerecht empfunden wurde.

Für die Großbetriebe der Jetztzeit muß man aber zwangsläufig zur Auffassung kommen, daß in ihnen das Kameradschaftsgedinge nicht mehr lohngerecht wirken kann. Hiergegen sprechen nämlich insbesondere folgende Gründe:

1. Der Betriebsablauf wird für den einzelnen nicht mehr übersehbar, so daß die Leistung der einzelnen in ihm tätigen Männer weder von dem einen noch von dem anderen kontrolliert werden kann, so daß sich der einzelne Arbeiter über seinen Anteil an der Leistung seiner Kameradschaft kein auch nur annähernd genaues Bild machen kann.

2. Der persönliche Kontakt zwischen den einzelnen Arbeitern ist weithin nicht mehr vorhanden, so daß der persönliche Einfluß des einen auf den anderen weitgehend ausgeschaltet ist.

3. Eine Verteilung der Einzelarbeitsvorgänge auf einzelne hierfür besonders geschickte oder erfahrene Arbeiter läßt der Großbetrieb nur in engen Grenzen zu.

Das Kameradschaftsgedinge wirkt lohnnivellierend und wertet die persönliche Leistung nur insoweit, als die Mehr- oder Minderleistung des einzelnen über die Gesamtleistung der Kameradschaft im Lohn des einzelnen mit zur Auswirkung kommt. Das Gruppengedinge dagegen entspricht ebenso wie das Kameradschaftsgedinge früherer Prägung der Forderung der Lohngerechtigkeit, wenn, aber auch nur wenn die bei der Erörterung des früheren Kameradschaftsgedinges genannten Vorbedingungen erfüllt sind.

Im Gegensatz zu beiden ist und bleibt das Einmanngedinge das Gedinge, das unter allen Umständen einen der Leistung des einzelnen adäquaten Lohn sicherstellt, da es diese in vollkommener Unabhängigkeit von der anderer Arbeiter wertet. Es muß allerdings dem oft gehörten Vorwurf, daß beim Einzelgedinge die Auswirkungen wechselnder Ortsverhältnisse den Einzelarbeiter im Lohn empfindlicher treffen als beim Kameradschaftsgedinge alter Prägung, da diese nicht auf eine größere Arbeitergruppe abgelastet und von dieser gemeinsam getragen würden, z. T. stattgegeben werden. Dies gilt vor allem dann, wenn trotz wechselnder Verhältnisse z. B. an einer Gewinnungsfront ein für alle in ihr Tätigen gleiches Gedinge gesetzt ist. In diesem Falle müßte eben für jeden einzelnen Punkt der Abbaufront ein besonderes, den Verhältnissen dieses Punktes entsprechendes Gedinge vereinbart werden.

Bei einer mathematischen Betrachtung der Frage gelangt man zu folgenden Ergebnissen:

Es bezeichnen

G den Gedingesatz, d. h. den Lohnsatz je Leistungseinheit
L die Leistung
O den Lohn
S die verfahrenen Schichten
$1, 2, 3 \ldots n$ die einzelnen Arbeiter
K_g das Kameradschaftsgedinge
E_g das Einzelgedinge
M_i den Mittelwert.

Der Lohn stellt sich für den einzelnen Arbeiter beim Kameradschaftsgedinge zu

$$1\,(O_{Kg})^n = G \cdot \frac{\varSigma E_1 + E_2 + E_3 + \dots E_n}{\varSigma S_1 + S_2 + S_3 + \dots S_n} = G \cdot \frac{{}_1\varSigma^n E}{{}_1\varSigma^n S} \; ;$$

beim Einmanngedinge zu

$$(O_{Eg})_n = G \cdot \frac{E_n}{S_n} \; .$$

Dagegen ergeben sich für den Hauerdurchschnittslohn der Betriebspunktbelegschaft folgende Formeln:

beim Kameradschaftsgedinge

$$(O_{Kg})_{Mi} = G \cdot \frac{\varSigma E_1 + E_2 + E_3 + \dots E_n}{\varSigma S_1 + S_2 + S_3 + \dots S_n} = G \cdot \frac{{}_1\varSigma^n E}{{}_1\varSigma^n S}$$

d. h. der Durchschnittslohn ist gleich dem Lohn des einzelnen Arbeiters,

beim Einmanngedinge

$$(O_{Eg})_{Mi} = \frac{\left(G \cdot \frac{E_1}{S_1}\right)S_1 + \left(G \cdot \frac{E_2}{S_2}\right)S_2 + \left(G \cdot \frac{E_3}{S_3}\right)S_3 + \dots \left(G \cdot \frac{E_n}{S_n}\right)S_n}{S_1 \;+\; S_2 \;+\; S_3 \;+\; \dots \; S_n} = G \cdot \frac{\varSigma E_1 + E_2 + E_3 + \dots E_n}{\varSigma S_1 + S_2 + S_3 + \dots S_n} = G \cdot \frac{{}_1\varSigma^n E}{{}_1\varSigma^n S}$$

d. h. obgleich die Löhne der einzelnen Arbeiter entsprechend der Verschiedenartigkeit ihrer Leistungen untereinander ungleich hoch sind, ist der Hauerdurchschnittslohn der Betriebspunktbelegschaft gleich dem, den das Kameradschaftsgedinge ergibt.

Bei gleicher Lohnsumme des Betriebspunktes sind daher von der Belastung der Förderung her gesehen beide Gedinge gleichwertig. Sie unterscheiden sich lediglich dadurch, daß die Aufschlüsselung der Betriebspunktlohnsumme beim Kameradschaftsgedinge nach der Schichtenzahl, d. h. nach der Anwesenheitsdauer des einzelnen, beim Einmanngedinge aber nach der persönlichen Leistung des einzelnen Arbeiters erfolgt. Man kann die Verhältnisse demnach auch folgendermaßen darstellen: Im allgemeinen Sprachgebrauch erscheinen Schichtlohn und Gedingelohn scharf voneinander getrennt. Bei genauerer Analyse entdeckt man aber, daß es Übergänge gibt, und einen solchen stellt das Kameradschaftsgedinge dar. Es ermittelt zwar die Gesamtlohnsumme über den Gedingesatz und die Gesamtleistung, verteilt diese aber nach der Anwesenheit. Für die Kameradschaft ist es demnach ein echtes Leistungsgedinge, für den einzelnen jedoch ein gewisses Schichtlohngedinge.

Es wäre demnach nun weiter festzustellen, ob und inwieweit die Schlüsselung über die Schichten zur Lohn*un*gerechtigkeit führen kann, und wenn ja, zweitens, wieweit dies im praktischen Betrieb der Fall ist.

Zunächst wäre ganz allgemein zu untersuchen, innerhalb welcher Grenzen die menschliche Leistung zu schwanken pflegt. Je größer nämlich die Leistungsstreuung ist, desto stärker erhebt die Lohngerechtigkeit ihre Stimme und fordert die Wertung der Leistung des einzelnen. Würde sich ergeben, daß der Schwankungsbereich sehr klein ist und daß er entweder keine wesentlichen Unterschiede erkennen läßt oder daß vermutet werden kann, daß er größtenteils in den außermenschlichen Gegebenheiten, nicht aber in der menschlichen Tätigkeit seine Wurzeln hat, dann wäre die Frage, ob Einmanngedinge oder Kameradschaftsgedinge, völlig müßig. Nun hat sich aber aus einer Vielzahl von Untersuchungen das folgende Bild ergeben, das heute schon vielerorts anerkannt und als Grundlage für weitere Untersuchungen benutzt wird.

Man setzt die befriedigende, berufsübliche Leistung, die auf die Dauer von einer Großzahl von Menschen eingehalten werden kann, gleich der Normalleistung und weist dieser bei einem theoretischen Wert von 100% einen Bereich von 95% bis 105% zu, den man dann als den der Normalleistung bezeichnen kann. An diese Gruppe lehnt man sodann in Stufen von je 10% je zwei nach oben und unten an.

Die Leistung der Gruppe mit 105—115% der theoretischen Normalleistung bezeichnet man als gut, die der Gruppe mit 115—125% als sehr gut, wofür man auch den Ausdruck Bestleistung benutzt. Diese Bestleistung läßt sich von dem betreffenden Arbeiter auf die Dauer durchhalten. Nach unten hin geht man analog vor und nennt die Leistung der Gruppe mit 85—95% der theoretischen Normalleistung schwach oder unbefriedigend, die der Gruppe mit 75—85% sehr schwach oder auch Minderleistung. Leistungen mit 125 und mehr % der theoretischen Normalleistung werden als auffallend gut oder als Spitzenleistung, die mit 75% und weniger als auffallend schwach oder als außerordentliche Minderleistung an das Verteilerbild angehängt. Die Spitzenleistung ist dadurch gekennzeichnet, daß sie entweder in übernormaler Eignung begründet ist oder aber bei normaler Eignung auf die Dauer nicht durchgehalten werden kann.

Es hat sich nun ergeben, daß die Stärke der einzelnen Leistungsgruppen in einer Belegschaft im Durchschnitt wie folgt beziffert werden kann (Abb. 129):

Normale Leistung weisen auf 31%, also rund $^1/_3$. Die Gruppen mit schwacher und guter Leistung sind mit je 23% vertreten, so daß mehr als ¾ einer Belegschaft eine Leistung zwischen 85 und 115% zu zeigen pflegen. Der Anteil der Männer mit Minderleistungen und mit Bestleistungen beläuft sich auf je 9,2%. Die beiden Außengruppen mit auffallend schwachen bzw. guten sind mit je 2,3% vertreten.

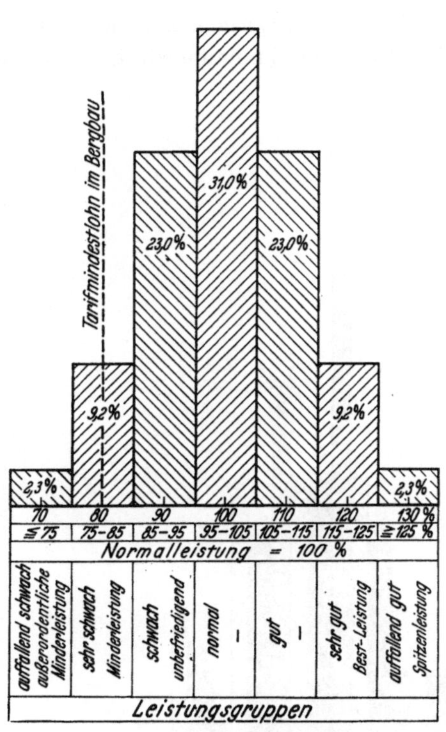

Abb. 129. Normalstärke der Leistungsgruppen.

Tafel 125. *Beispiel für die Leistungsstreuung im Bergbau, berechnet aus den Monatslöhnen der Gedingearbeiter.*

Leistungsstufe		Leistungsstreuung	der Gedingearbeiter auf der Anlage X im Oktober 1948
		normal	
		%	%
I	auffallend gut	2,3	1,1
II	sehr gut	9,2	3,5
III	gut	23,0	22,7
IV	normal	31,0	35,6
V	schwach	23,0	24,8
VI	sehr schwach	9,2	8,1
VII	auffallend schwach	2,3	4,2

Von seiten der Bergbaubetriebsbeamten wird gegen die Übernahme bergbaufremder Erfahrungen meist geltend gemacht, die Eigenarten des untertägigen Betriebes ließen dies nicht zu. Auch im vorliegenden Falle wurde diese Meinung bereits geäußert. Es erscheint deswegen geboten, aus dem praktischen Betriebe nachzuweisen, daß die geschilderte „Normalverteilung" tatsächlich schon festgestellt worden ist. Von 124 bislang durchgeführten Zusammenstellungen ist in Tafel 125 das Untersuchungsergebnis einer Schachtanlage für den Monat Oktober 1948 wiedergegeben. Die Leistungsstreuung ist berechnet aus der Lohnstreuung der Gedingearbeiter, wobei alle unter Tage im Gedinge Arbeitenden in die Untersuchung einbezogen wurden. Größere Abweichungen von der Normalziffer weisen nur die Stufen I, II und VII auf. Es ist verständlich, daß man bei diesen Flügelgruppen mit einer geringeren Übereinstimmung von vornherein rechnen muß. Dafür beweist aber um so deutlicher die gute Übereinstimmung der Ziffern in den am stärksten ins Gewicht fallenden Mittelstufen III, IV und V sowie in der Außenstufe VI eindeutig, daß — wie zu erwarten stand — die Normalskala auch für den Bergbau Gültigkeit hat.

Bei einer solchen Graduierung der menschlichen Leistung kann man nicht umhin zuzugeben, daß der Lohn nur von der Leistung des einzelnen bestimmt werden kann, wenn er gerecht sein soll. Für die Verhältnisse im Bergbau ergibt sich sodann aus dem Tarifvertrag ein spezifischer Aspekt. Dieser sieht vor, daß ein Tarifmindestlohn an Gedingearbeiter gezahlt werden muß, wenn keine Leistungszurückhaltung nachweisbar ist. Der Mindestlohn liegt in den günstigsten Fällen (während des zweiten Weltkrieges) 20% unter dem Gedingerichtlohn, so daß nach der normalen Lohnverteilung 86,2% der Schichten zwischen Mindestlohn und einem zu ihm spiegelbildlich über dem Durchschnittslohn liegenden bezahlt sein müßten. Für die Außengruppen der Untermindest- und der Spitzenlöhne müßten dann noch je 6,9% angesetzt werden. Heute beträgt der Abstand zwischen Mindest- und Durchschnittslohn wieder rd. 17%, so daß die Außengruppen zahlenmäßig noch stärker sind.

Die nächste Frage bei der Analyse des uns beschäftigenden Problems wäre nun die, wie die Lohnverteilung im praktischen Betriebe aussieht. Und zwar müßte man versuchen festzustellen, ob Kameradschafts- oder Einmanngedinge die bessere, d. h. die leistungsgerechtere Entlohnung zur Folge hat.

In Abb. 130 sind zwei Steigerabteilungen in ihrem Stand für März 1944 nebeneinandergestellt. In beiden Abteilungen arbeiteten die Hauer an der Kohlenfront im Einmanngedinge, während

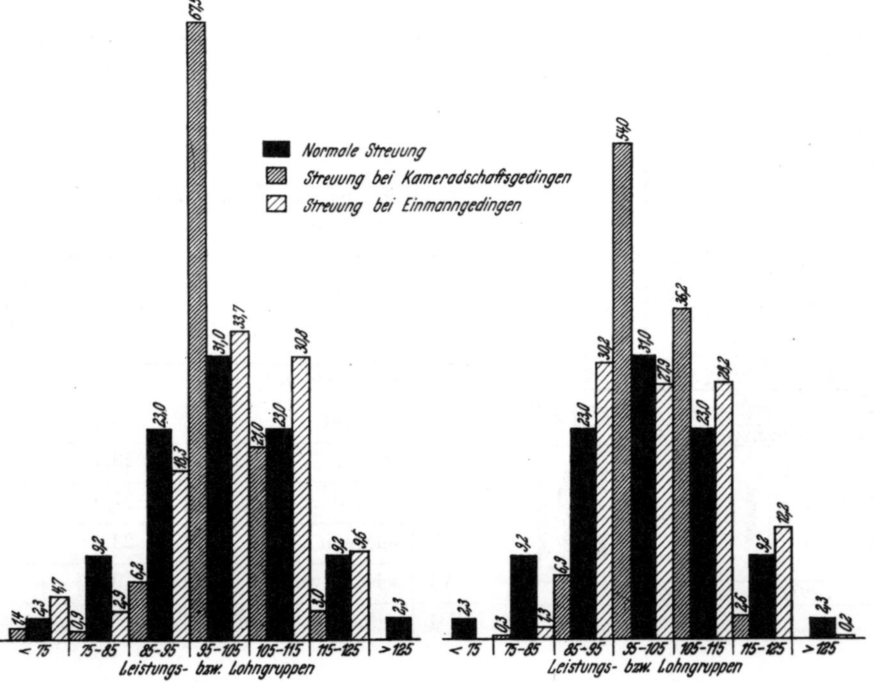

Abb. 130. Die Lohnstreuung in zwei Steigerabteilungen im März 1944.

alle anderen gedingefähigen Arbeiten in der Abteilung im Kameradschaftsgedinge vergeben waren. Nach den in Einmann- und in Kameradschaftsgedingen verdienten Löhnen sind nun die verfahrenen Schichten den einzelnen Leistungsgruppen zugeordnet worden, und zwar unter der Maßgabe, daß der Gedingerichtlohn der Leistung 100% gegenübergestellt wurde. Zwischen den beiden verschieden stark schraffierten Balken ist die Normalverteilung in tiefschwarzen Feldern zu Vergleichszwecken mit angegeben. Man ersieht sogleich, daß beim Kameradschaftsgedinge die mittleren Balkengruppen, d. h. die mittleren Leistungsgruppen, viel stärker in Erscheinung treten, als es dem Normalen entspricht, daß dafür die Flügelgruppen der sehr guten und sehr schlechten Leistungen kleiner als normal ausgebildet sind.

Beim Einmanngedinge ist dagegen eine ziemliche Angleichung an die Normalverteilung festzustellen, wobei besonders darauf hinzuweisen wäre, daß die guten Leistungsgruppen stärker, die schlechten geringer betont sind. Damit ergibt sich überzeugend, daß das Einmanngedinge lohngerechter ist und insbesondere den sehr guten und fleißigen Arbeitern zu ihrem Recht verhilft. Das Kameradschaftsgedinge verflacht den Lohn und engt den Lohnspielraum ein, und zwar — was besonders in die Waagschale fällt — auf Kosten der Männer mit hohen Leistungen, die dadurch unzweifelhaft dazu verführt werden, ihre volle Leistungsfähigkeit *nicht* einzusetzen. Es ist daher nicht zu verkennen, daß das Kameradschaftsgedinge nicht nur einer Steigerung der Leistung im Wege steht, sondern darüber hinaus sogar leistungsmindernde Einflüsse ausstrahlt. In Zeiten, in denen eine allgemeine Leistungsmüdigkeit eingetreten ist, muß sich das Kameradschaftsgedinge stärker leistungsmindernd auswirken, im besonderen dann, wenn zugleich die Belegschaft in größerem Ausmaße von Bergneulingen durchsetzt ist, die anzulernen und, volle Leistungen zu bringen, natürlicherweise noch nicht in der Lage sind. Beides ist heute vielfach und weithin der Fall. Zu welcher Lohnverteilung unter dergestaltigen Verhältnissen das Einmanngedinge führt, sei an den Beispielen der Abb. 131 aufgezeigt. Sie beziehen sich auf die Gesamtheit der Strebkohlenhauer einer ganzen Schachtanlage, die alle im m²-Gedinge gearbeitet haben, das auf den einzelnen Mann abgestellt ist. Um nicht den Verdacht aufkommen zu lassen, daß ein günstiges Bild herausgegriffen sei, sind die Ergebnisse zweier aufeinanderfolgender Monate erfaßt und nebeneinander dargestellt.

Der Anteil der Gruppe mit normaler Leistung (95—105%) beträgt in dem einen Monat 36,6, im anderen 42,1% aller Gedingeschichten gegenüber 31%, die normalerweise zu erwarten sind. Dies kann als erster Beweis dafür angesehen werden, daß die Gedinge richtig gesetzt waren und

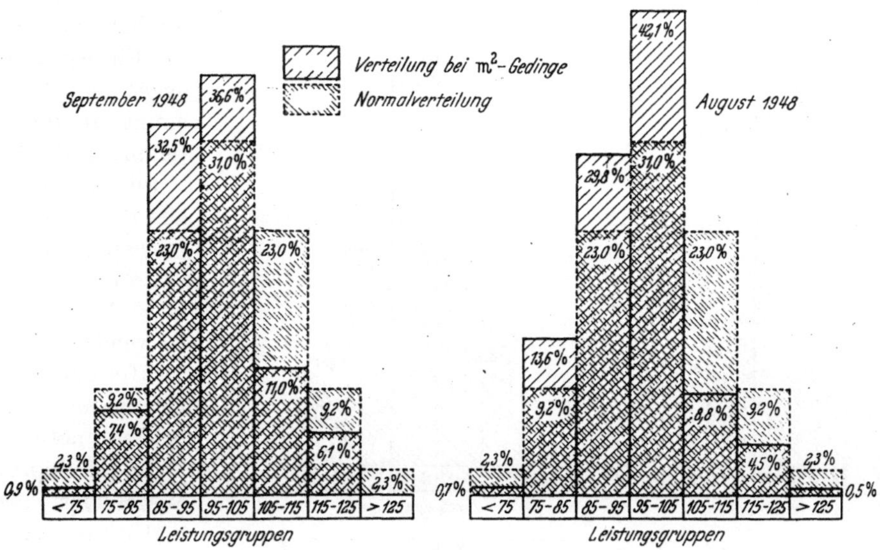

Abb. 131. Die Lohnverteilung nach Leistungsgruppen bei m²-Einzelgedingen.

infolgedessen das Lohnverteilungsbild ohne Einschränkung mit der normalen Verteilung der Leistungsgruppenanteile vergleichbar ist. Eine weitere Stütze findet diese Feststellung darin, daß die Gedinge Löhne ergaben, die Best- und Spitzenleistungen entsprechen. Die Überbetonung der Gruppen mit geringerer Leistung ist auf die obenerwähnten Gründe — die Leistungsmüdigkeit und den Einsatz von Bergneulingen in größerer Zahl — zurückzuführen. Doch ist von Wichtigkeit und besonders herauszustellen, daß sich trotzdem nur rund 2,3% der aus auffallend schwachen Leistungen zu erwartenden Löhne tatsächlich ergeben haben — Leistungsgruppe mit < 75% —, was unstreitig eine weitere Festigung der oben aus anderen Gründen abgeleiteten Behauptung darstellt, daß die Gedingesetzung einwandfrei gewesen sein muß und daß die höheren Anteile der leistungsschwachen Gruppen auf zu scharf gesetzte Gedinge nicht zurückgeführt werden können. Der Beweiskraft dieser Analyse wird sich niemand entziehen können und zugeben müssen, daß sich das angewandte Einzelgedinge — m²-Gedinge — durch weitgehende Angleichung der Lohnverteilung an die normalerweise zu erwartende als lohngerecht erwiesen hat.

Wenn gleichwohl noch irgendwelche Zweifel darüber bestehen sollten, ob das Einzelgedinge lohngerechter als das Kameradschaftsgedinge und daher dieses vorzuziehen sei, so werden sich diese

Zweifel restlos verflüchtigen, wenn man den in Abb. 132 zwischen zwei Schachtanlagen gezogenen Vergleich auswertet. Auf der Anlage *A* erhielten rund 62%, auf der Anlage *B* aber nur rund 27% aller im Gedinge Arbeitenden aus Kameradschaftsgedingen ihren Lohn. Der restliche Teil der Gedingearbeiter war im Einmanngedinge tätig, auf der Anlage *A* demnach rund 38%, auf *B* dagegen rund 73%. Schon ein bloßer Blick auf das Diagramm weist überzeugend die Tatsache aus, daß mit stärkerer Anwendung des Kameradschaftsgedinges die Lohn- bzw. Leistungsgruppe mit einer Leistung von 95 bis 105% der normalen immer mehr anwächst, während die übrigen Gruppen, und zwar sowohl die leistungsstärkeren als auch die leistungsschwächeren abnehmen, und daß infolgedessen mit zunehmender Ausdehnung des Anteils des Kameradschaftsgedinges das Lohnverteilungsbild stetig größer werdende Abweichungen vom Normalbild aufweist. Mit höherem Gewichtsanteil des Einzelgedinges tritt dagegen eine bessere Angleichung an die Normalverteilung in die Erscheinung.

Im einzelnen ergeben sich aus der Gegenüberstellung folgende Feststellungen:

1. Bei der Schachtanlage *A* mit ausgedehnter Anwendung des Kameradschaftsgedinges ist die Gruppe mit normalem Lohn bzw. mit normaler Leistung mehr als doppelt so stark ausgebildet, als es normalerweise der Fall zu sein pflegt. Bei der Schachtanlage *B* mit verbreitetem Einzelgedinge ist diese Gruppe nur um rund $^1/_3$

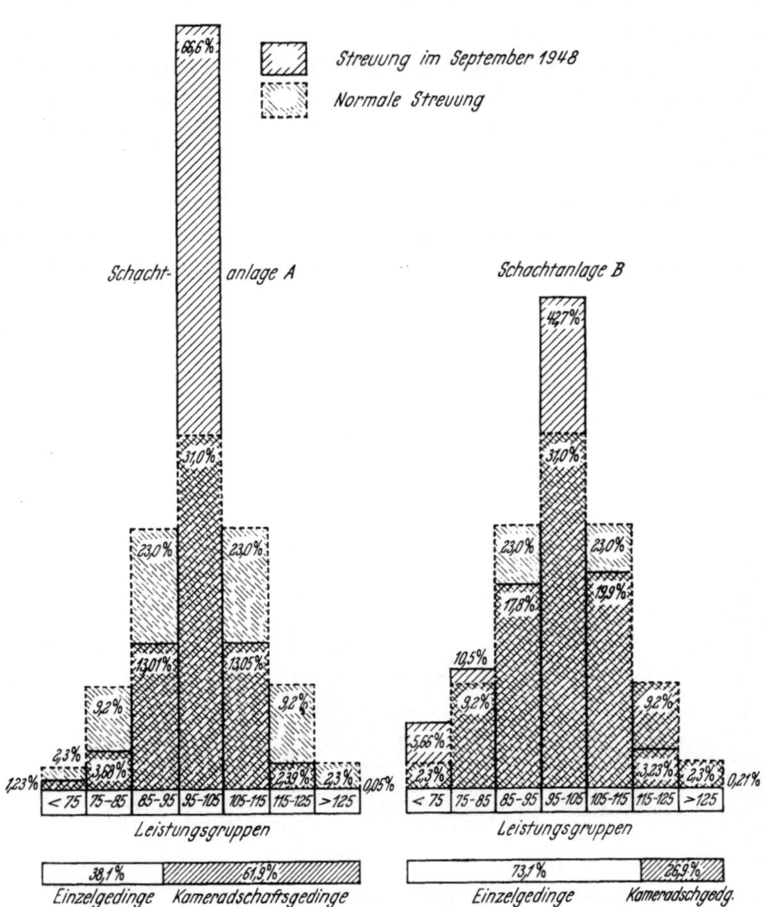

Abb. 132. Einfluß der Gedingeart auf die Lohnstreuung bei den Gedingearbeiten einer Schachtanlage.

größer als gewöhnlich. — 2. Die guten Leistungen bzw. die aus ihnen fließenden hohen Löhne sind bei der Schachtanlage *B* in ungleich größerem Umfange anzutreffen als bei *A*, und zwar in der Gruppe 105—115% mit rund 20% gegenüber rund 13%;
in der Gruppe 115—125% mit 3,2% gegenüber 2,4%;
in der Gruppe > 125% mit 0,21% gegenüber 0,05%.
Man kann diese Ziffern auch in einfachen Verhältniszahlen wiedergeben: Auf der Schachtanlage *B* sind die Anteile der oberen Lohn- und Leistungsgruppen größer um die Hälfte in der Gruppe der guten Leistungen, ein Drittel in der Gruppe der Bestleistungen und das Dreifache in der Gruppe der Spitzenleistungen.

3. Bei den Gruppen mit schwachen Leistungen ist das Ergebnis ähnlich dem der Gruppen mit guten Leistungen. Die Anlage *B* verzeichnet in den Lohn- bzw. Leistungsgruppen
mit 85—95% 17,8% der Schichten gegenüber rund 13% bei der Anlage *A*;
mit 75—85% 10,5% der Schichten gegenüber rund 3,7% bei der Anlage *A*;
mit < 75% 1,23% der Schichten gegenüber rund 5,7% bei der Anlage *A*.

4. Während bei der Anlage *A* die Gruppen mit 85—95% und 105—115% etwa gleich stark vertreten sind, liegt bei der Anlage *B* der Anteil der guten Gruppe mit beinahe 20% viel höher als die schwache, die einen Anteil von nur 17,8% aufweist.

5. Wenn man aus diesen beiden Fällen der Praxis die theoretischen Extremfälle extrapolierend entwickelt, so zeigt sich,

daß beim Einzelgedinge eine Lohnverteilung zu erwarten ist, die der aus der menschlichen Eignung deduzierten, allgemeingültigen Verteilung nach Leistungsgruppen adäquat ist,

daß dagegen beim Kameradschaftsgedinge eine Lohnnivellierung durch Zusammenballung in die Mittelgruppe auftritt, die der natürlichen Leistungsstreuung inadäquat und daher nicht lohngerecht ist.

Bei Zusammenfassung der gewonnenen Erkenntnisse ist demnach festzustellen:

1. Die technische Entwicklung führt zwangsläufig vom Kameradschaftsgedinge ab und zum Einmanngedinge hin.

2. Das Einmanngedinge stellt einen der Leistung des einzelnen adäquaten Lohn sicher und ist daher lohngerecht, während das Kameradschaftsgedinge lohnnivellierend wirkt.

3. Das Kameradschaftsgedinge wirkt leistungsmindernd, da es den guten Arbeiter um die Früchte seiner Mehrleistung bringt und ihn infolgedessen dazu verleitet, seine volle Leistungsfähigkeit nicht einzusetzen, und andererseits, weil es dem Leistungsmüden auf Kosten des Fleißigen zu nicht verdienten Lohnvorteilen verhilft und ihn daher in seiner Leistungsunlust bestärkt.

Die Frage, ob dem Kameradschafts- oder dem Einmanngedinge der Vorzug einzuräumen ist, ist damit eindeutig zugunsten des Einmanngedinges zu entscheiden.

8 „Gedinge-Einheitsverträge“.

(Muster für Gedingeverträge.)

80 Vorbemerkungen.

Wenn im nachstehenden von „Gedinge-Einheitsverträgen“ gesprochen wird, so handelt es sich selbstverständlich nicht um unterschriftsfertige Verträge mit ziffernmäßigen Angaben über die zu vereinbarenden Leistungen, sondern um Vertragsrahmen, derer sich die vertragschließenden Partner bedienen und die erst durch die für den jeweiligen Fall zutreffenden Einfügungen und Ergänzungen zu einem wirklichen Vertrag werden sollen. Es bleibt daher trotz der Einheitlichkeit des Rahmens möglich, jeden Vertrag ganz individuell auszugestalten.

Und doch erheben sich auch dann noch Stimmen, die unter Berufung auf die Verschiedenartigkeit und den Wechsel der untertägigen Verhältnisse einen derartigen Versuch als von vornherein aussichtslos ansprechen zu müssen vermeinen. Gewiß zwingen diese durchaus anzuerkennenden Eigenarten des Bergbaubetriebs dazu, den Rahmen der Vertragsmuster sehr weit zu spannen, so daß alle betrieblichen Möglichkeiten in ihm Platz finden können. Aber es wäre verfehlt, deswegen gleich von einer Unmöglichkeit der Schaffung einheitlicher Rahmenverträge zu sprechen. Dafür sind doch die in Aussicht stehenden Vorteile zu groß, als daß sie nicht wenigstens einen Versuch rechtfertigen würden.

Ganz abgesehen davon, daß die einheitliche Ausrichtung der Verträge dem Betriebsbeamten die Arbeit wesentlich erleichtert — selbstverständlich sollte man diesem durch Bereithaltung entsprechender Vordrucke auch möglichst viel Schreibarbeit abnehmen —, ist als Hauptvorteil von Musterverträgen der anzusehen, daß Fehler in der Abfassung weitgehend ausgeschlossen und insbesondere Unklarheiten vermieden werden, die zwangsläufig zu nachträglichen Auffassungs- und Auslegungsverschiedenheiten führen und damit Anlaß zu Streitigkeiten geben müssen. Ein genau umrissener Gedingevertrag, aus dem mit aller wünschenswerten Schärfe und Deutlichkeit hervorgeht, wozu sich die beiden Vertragspartner verpflichtet haben, kann nur zur Erreichung der Lohngerechtigkeit und damit zu einem störungsfreien und reibungslosen Betriebsleben beitragen, die eine größere Leistungsfreudigkeit des Arbeiters und damit eine Leistungssteigerung zwangsläufig nach sich ziehen.

Im übrigen sollte man das Wort von der Unmöglichkeit der Schaffung von Gedingevertragsmustern schon allein deswegen mit Vorsicht aufnehmen, weil ebenso im Bergbau wie auch sonstwo bei Dienst- und Mietverträgen trotz der auf diesen Sektoren wirklich unterschiedlichen Verhältnisse von Einheitsverträgen Gebrauch gemacht wird, die in Form von Rahmenentwürfen vorliegen.

81 Entwurf-Grundsätze.

Wenn man sich an die Schaffung solcher Gedingevertragsmuster heranbegibt, dann müßte an sich als oberster Grundsatz für den Vertragsrahmen gelten: „So eng wie möglich, so weit wie nötig.“ Bei näherer Beschäftigung mit dieser Aufgabe findet man aber schon bald heraus, daß man den Weg in zwei Etappen zurücklegen muß. Das erste Ziel ist die Schaffung eines Hauptrahmens, nach dem *alle* Gedingeverträge auszugestalten sind. Das Endziel würde mit dem Entwurf von Rahmenverträgen für einzelne Arbeitsvorgänge bzw. Betriebspunkte erreicht sein, die unter Wahrung des Hauptrahmens alle für den in Betracht kommenden Fall gegebenen oder möglichen Einzelheiten enthalten müßten.

Der Hauptrahmen (Abb. 133) wird sich zweckmäßig in folgende Einzelabschnitte gliedern:

0 Allgemeine Vertrags-
  kennzeichnung
 01 Betriebsart
 02 Betriebsgruppe
 03 Betriebsvorgang
 04 Gedingespielart
 05 Kennzeichen der zugehörigen
  Gedingekalkulation
 06 Nummer des Vertrages
 	
1 Laufzeit des Vertrages
 	
2 Angaben zum Betriebs-
 punkt
 (vgl. auch die entsprechenden
 Angaben in der zugehörigen Ge-
 dingekalkulation)
 21 *Lage im Grubengebäude*
  211 Sohle
  212 Abteilung
  213 Blindschacht
  214 Ort
  215 Flöz
  216 Streb
  217 ....
  219 Steigerabteilung
 22 *Örtliche Gegebenheiten*
  221 Einfallen
	222 Gesteinsart
	  222.1 Hangendes
	  222.2 Liegendes
	 223 Flözprofil
	 224 ....
	 225 ....
	
	3 Art und Umfang der zu lei-
	 stenden Arbeiten
	
	4 Betriebsorganisation
	 41 *Vorgesehene Belegung*
	  411 Drittel
	  412 Mann
	 42 *Eingeschlossene Arbeiter-
	  gruppen*
	 43 *Technische Maße*
	  431 Strecken-
	   431.1 querschnitt licht
	   431.2 querschnitt im Aus-
	    bruch
	   431.3 sohlenweite licht
	   431.4 höhe licht
	   431.5 ....
	  432 Feldes-
	   432.1 breite
	   432.2 länge
		433 Kohlenanfall je ....
		 434 Sonstige Maße
		 44 *Technische Einrichtungen*
		 45 *Materialbelieferung*
		
		5 Arbeitszeit und Leistung
		 51 Schichtzeit
		 52 Arbeitszeit vor Ort
		 53 Gedingeleistung
		
		6 Entgelt
		 60 Gedingerichtlohn
		 61 Gedingesatz
		
		7 Betriebsstoffverrechnung
		 71 Sprengstoff
		
		8 Vertragsergänzungen
		
		9 Vertragsabschluß
		 91 Tag
		 92 Ort
		 93 Unterschriften
		  931 Fahr/Obersteiger
		  932 Steiger
		  933 Ortsältester
		  934 Sonstige

Abb. 133. Hauptrahmen für Gedinge-Einheitsverträge.

Zur *allgemeinen Vertragskennzeichnung* wären anzugeben, für welche Betriebsart, -gruppe und -vorgang das Vertragsmuster Gültigkeit haben soll und auf welche Gedingespielart es sich als Ganzes genommen bezieht. Für Zwecke der Registrierung wäre sodann in dafür vorzusehenden Zeilen bei der Ausfertigung anzugeben erstens, welche Gedingekalkulation zum vorliegenden Vertrag gehört bzw. ihm zugrunde liegt, und zweitens die Registriernummer des Gedingevertrages selbst.

Bezüglich der *Laufzeit des Vertrages* wird man selbst in den Einzelvertragsmustern zweckmäßig keine Angaben vorsehen, da die Festlegung der Vertragslaufzeit dem jeweiligen Vertragsfall und den jeweiligen Vertragspartnern überlassen bleiben muß. Es ist demnach Sache des Vertragsausfertigers, die Laufzeit genau beziffert in das Vertragsstück einzusetzen.

Wenn auch die Gedingekalkulation bereits eine Reihe von kennzeichnenden Angaben über die am *Betriebspunkt* vorliegenden *Gegebenheiten* enthalten wird, so erscheint es doch aus Gründen der Vertragsvollständigkeit in jedem Falle zweckmäßig, sämtliche in Betracht kommenden Gesichtspunkte in den Vertrag aufzunehmen.

Dabei wäre zu unterscheiden zwischen den Angaben, die die Lage des Betriebspunktes im Grubengebäude und die Zugehörigkeit zu einem bestimmten Aufsichtsbezirk festlegen, sowie denjenigen, die die am betreffenden Betriebspunkt vorliegenden geologischen Verhältnisse charakterisieren.

Sodann wären *Art und Umfang der zu leistenden Arbeiten* zu beschreiben. Dabei wird man zunächst alle die Arbeiten aufzuführen trachten, die im Rahmen des in dem im Gedingevertrage behandelten Betriebsvorganges *gewöhnlich* anfallen. Darüber hinaus wird man aber auch die zu berücksichtigen suchen, die in dem einen oder anderen Falle *möglicherweise* vorkommen könnten. Außerdem wird man noch Raum für Nachträge und Ergänzungen offenlassen. Bei der Ausfertigung von Verträgen ist dann das Nichtzutreffende im Vertragsmuster zu streichen bzw. bei der Vertragsausfertigung wegzulassen und Fehlendes zu ergänzen.

Die Leistung und in deren Gefolge das für die Leistungseinheit zu zahlende Entgelt sind weitgehend von der Art der *Betriebsorganisation* abhängig, so daß man im Gedingevertrag genau angeben muß, wie der Betrieb organisiert ist. Hierzu gehört zunächst die vorgesehene Belegung nach Mann und Drittel sowie die Aufzählung der Arbeitergruppen, die von dem Gedinge erfaßt werden sollen. Sodann wären die technischen Daten, vor allem die Maße, wie Strecken- und Feldesbreite, Höhe der Strecken, Querschnitte usw. anzugeben. Schließlich muß noch vermerkt werden, welche technischen Einrichtungen zur Verfügung stehen, wie z. B. Ladegeräte, Gewinnungsmaschinen, Fördermittel usf., deren Einsatz die Höhe der Leistung beeinflußt oder mitbestimmt.

Für die Gedingestellung ist (neben der Schichtzeit) die „*Arbeitszeit vor Ort*" als maßgeblicher Faktor anzusehen und daher in den Verträgen aufzuführen. Die wichtigste Ziffer des Vertrages ist aber die „*Gedingeleistung*", da aus ihr und dem festliegenden Gedingerichtlohn (heute der tarifliche Hauerdurchschnittslohn) sich der Gedingesatz je Leistungseinheit berechnet.

Unter „*Entgelt*" wäre neben dem Gedingerichtlohn der Gedingesatz, d. h. das Entgelt je Leistungseinheit anzugeben, Zuschläge u. ä. dagegen nur dann, wenn diese nicht im Abschnitt „Vertragsergänzungen" einzutragen sind.

Weiter wären Angaben über die *Verrechnung* verbrauchter *Betriebsstoffe* zu machen, soweit diese vom Arbeiter ganz oder teilweise aus dem Gedingeverdienst getragen werden sollen und daher im Gedingevertrag Erwähnung finden müssen. Dies gilt vor allem für die Sprengmittelverrechnung, für die man auch die „freie Gestellung" vermerken sollte, weil früher der Sprengstoffverbrauch auch ohne ausdrückliche Bestimmung grundsätzlich als „zu Lasten der Kameradschaft gehend" galt und teilweise auch heute noch gilt.

Unter *Vertragsergänzungen* finden alle Regelungen Aufnahme, die Veränderungen in den Verhältnissen vorab berücksichtigen, so z. B. das Auftreten erhöhter Wasserzuflüsse. Ebenso wären hierunter aufzuführen die Zuschläge, die für besondere Betriebsverhältnisse im Einzelfall vom Tage des Gedingeabschlusses an auf bestimmte Zeit oder auch für die ganze Laufzeit gezahlt werden sollen. Dieser Abschnitt erhält fraglos deswegen ein besonderes Gewicht, weil mit seiner Hilfe die Leistungsangaben und das Entgelt von den Einflüssen freigehalten werden können, die von Betriebs-Sonderverhältnissen ausstrahlen.

Die Angabe von Tag und Ort des *Vertragsabschlusses* und die Unterschriften der Vertragschließenden gehören zu den notwendigen Bestandteilen eines jeden Vertrages. Hierfür sind daher in jedem Einzelvertragsmuster Eintragungsmöglichkeiten vorzusehen.

Nach dieser grundlegenden Besprechung des Hauptrahmens wenden wir uns nunmehr der Gestaltung der einzelnen Vertragsmuster zu. Um eine gewisse Ordnung einzuhalten, erscheint eine Einteilung nach regionalen Bereichen ähnlich der des Bergbau-Kostenstandardsystems geboten. Man wird daher die Einteilung in die großen Betriebsbezirke der Gesteinsbetriebe (Ausrichtung), der Vorrichtung, der Abbaustreckenvortriebe, der Kohlengewinnung, des Bergeversatzes, der Strebförderung und der Abbaustreckenförderung usw. als Grundlage für die Vertragsmustereinordnung betrachten müssen, womit sich etwa folgende Einteilung der Sammlung von Gedinge-

21 Dohmen, Gedingewesen.

vertragsmustern ergibt, deren Kennziffern den Vertragsmustern als Ordnungsziffern beizugeben wären.

1 *Gesteinsbetriebe*
- 11 Hauptschächte
- 12 Großräume
- 13 Richtstrecken (groß- und kleinquerschnittige)
- 14 Querschläge (Abteilungs- und Ortsquerschläge)
- 15 Blindschächte (Aufbrüche und Gesenke)

2 *Vorrichtungsbetriebe*
- 21 Flözstrecken
- 22 Aufhauen
- 23 Abhauen

3 *Abbaubetriebe*
- 31 Abbaustreckenvortrieb
- 32 Gewinnung
- 33 Bergeversatz
- 34 Abbauförderung
- 35 Abbaustreckenförderung

4 *Instandsetzungsbetriebe*

5—8 *Sonstige Betriebe unter Tage*

9 *Allgemeines.*

82 Geschichtliche Entwicklung.

Bis in die jüngste Zeit hinein hat im deutschen Bergbau der Betriebsbeamte in der Gestaltung der Gedingeverträge völlig freie Hand gehabt. Dementsprechend waren auch die ihm zur Ver-

Bergbau-Standard-Vordruck Lo 9.

Gedingeschein Nr.

Schachtanlage	Revier	Flöz	Kohlen-Nr.

Betriebspunkt

Gedingeform	Gedingeart

Geltungsdauer*) vom .... bis ....

Gedingesatz ....

Ausbau ....

Sprengstoff ....

Sonstiges ....

Ort .... Tag .... 195....

Betriebsführer od. Beauftragter	Ortsältester bzw. beauftr. Hauer	Beauftragter der Ged.-Belegsch.	Weitere Hauer

*) Anlauf- und Generalgedinge sind ausdrücklich als solche zu bezeichnen.

Abb. 134. Einheitsgedingeschein der DKBL.

fügung stehenden Vordrucke recht einfach gehalten. Sie enthielten neben dem Namen der Zeche und dem Wort „Gedingeschein“ höchstens noch einige Hinweise auf die Eintragungspflicht von Ort, Tag und Unterschriften. Erstmalig im Jahre 1950 unterzog sich ein bei der DKBL tätiger

Ausschuß der Aufgabe, die Schaffung eines „Einheits-Gedingescheines" zu versuchen. Das Ergebnis dieser Arbeiten gibt Abb. 134 wieder. Wenn auch neben den Angaben, welche die ab 1. November 1950 gültige Arbeitsordnung zwingend fordert, solche über den Ausbau, den Sprengstoffverbrauch usw. andeutungsweise verlangt werden und somit das Vertragsschema im Hinblick auf die im vorhergehenden entwickelten Grundsätze als dürftig angesprochen werden muß, so darf jedoch nicht verkannt werden, daß in der Schaffung eines „Einheits-Gedingescheins" *der* Schritt aus der Vielfalt zur Einheit getan und damit das Schwerste überwunden ist. Daß der entwickelte einheitliche Gedingeschein noch nicht die letzte, endgültige Form hat, darüber waren sich sowohl dessen Schöpfer als auch die beiden ihn empfehlenden Tarifpartner klar, da zugleich mit dessen Einführung die weitere Vervollkommnung und Ausgestaltung in Aussicht gestellt wurde.

Im folgenden finden sich — ohne damit Anspruch auf Vollständigkeit erheben zu wollen — Entwürfe für die wichtigsten für den untertägigen Steinkohlenbergwerksbetrieb in Betracht kommenden Gedingevertragsmuster.

83 Sammlung von Gedingevertragsmustern
für den untertägigen Steinkohlenbergwerksbetrieb.

Vorbemerkungen zur Kennziffergruppe 1 „Gesteinsbetriebe".

Sinngemäße Anwendung finden die Vertragsmuster

Kenn-Nr. 11 „Hauptschächte" auf Blindschächte mit Kreisquerschnitt.

Kenn-Nr. 13 „Richtstrecken" auf kleindimensionierte Richtstrecken im Gestein, die dem Aufschluß verworfener Flözteile oder anderen Zwecken dienen, wie z. B. der Wasserführung.

Kenn-Nr. 14 „Querschläge" auf Orts-, Stich-, Sumpf- und solche Kleinquerschläge, die dem Aufschluß verworfener Flözteile oder anderen Zwecken dienen, wie z. B. Rohrquerschläge.

89 Abschließende Bemerkungen.

Die nachstehende Entwurfssammlung von Gedinge-Einheitsverträgen umfaßt nur die wichtigeren im Betriebe vorkommenden Fälle und kann daher beliebig erweitert werden, wobei man sich aber zweckmäßig an die aufgezeigte, in den Mustern durchgehend angewandte Grundeinteilung halten wird, um die Einheitlichkeit des Aufbaus nicht zu stören. Die Vertragsmuster selbst bedürfen bei ihrer Verwendung im Betriebe nicht nur des Einsatzes der in Frage kommenden Ziffern, sondern sie müssen durch Streichungen und evtl. Zusätze den Verhältnissen des vorliegenden Falles genauestens angeglichen werden.

Mit der Schaffung der Einheits-Vertragsmuster ist bezweckt:

die Gedingeverträge einheitlich auszurichten,

den vertragschließenden Betriebsangehörigen eine Hilfe bei der Abfassung der Verträge zu bieten

und

durch genaue Vertragsfixierung zur gerechten Lohnfindung, zur Vermeidung von Streitigkeiten und damit zur Befriedung des Betriebslebens sowie zur Steigerung der Leistungsfreude des Arbeiters beizutragen.

Dieses Ziel dürfte erreicht sein. Sache der Betriebe bleibt, sich der entwickelten Muster zu bedienen und dadurch die genannten Vorteile zu gewinnen.

0 *Allgemeine Vertragskennzeichnung*
  01 Betriebsart   Gesteinsbetriebe   04 Gedingespielart Kameradschafts-Längen-Gedinge
  02 Betriebsgruppe   Hauptschächte   05 Kennzeichen der zugehörig. Gedingekalkulation ....
  03 Betriebsvorgang Abteufen einschl. Ausbau   06 Register-Nr. des Vertrages ....

1 *Laufzeit* des Vertrages von .... bis ....

2 *Angaben zum Betriebspunkt* (vgl. auch die entsprechenden Angaben in der zugehörigen Gedingekalkulation)
  21 Lage im Grubengebäude 211 Sohle von .... bis .... 212 Abteilung .... 219 Steiger-
    abteilung ....
  22 Örtliche Gegebenheiten 221 Einfallen .... 222 Gesteinsart ....

3 *Art und Umfang der zu leistenden Arbeiten:* Hereingewinnung der Gebirgsmassen und deren Verladung in
  Abteufkübel, Einbringen des Ausbaus und Zubereitung der Ausbaustoffe, Nachführen der Abteufförder-
  einrichtungen, der Bewetterungseinrichtungen, der Druckluft-, Wasser- und Sprachrohranlagen, Einbau der
  Fahrten, Fahrbühnen und der Einstriche. Nicht eingeschlossen ist der Einbau der Leitbäume für die Haupt-
  förderung, der Kabel und der Hauptrohrleitungen für Wasser und Druckluft.

4 *Betriebsorganisation*
  41 Vorgesehene Belegung   411 Drittel .... 412 Mann/Drittel ....
  42 Eingeschlossene Arbeitergruppen: Die Abteuf-, Maurer- und Mörtelmischkolonne. Bremser und Förder-
    leute gehören nicht zu diesem Gedinge.
  43 Technische Maße:
      431.1 Querschnitt licht .... m² bei einem Durchmesser von .... m.
      431.2 Querschnitt im Ausbruch .... m² bei einer Ausbaumindestwandstärke von .... m.
    434 Sonstige Maße:
      434.0 Art des Ausbaus ....
      434.1 Abstand der Einstriche .... m.
      434.2 Abstand der Fahrbühnen .... m.
      434.3 Länge des Abteuf- bzw. Mauersatzes .... m.
      434.4 Vorläufige Stoßsicherung ....
      434.5 Höchstzulässige Abweichung vom Mittellot .... cm/100 m.
      434.6 Höchstzulässige Abweichung vom Durchmesser .... cm.
      434.7 ....
      434.8 ....
      434.9 ....
  44 Technische Einrichtungen: Wechselkübel/Mörtelmischmaschine.
  45 Materialbelieferung: Sämtliche benötigten Betriebsstoffe sowie das erforderliche Gezähe werden am Kopfe
    des Abteufschachtes angeliefert.

5 *Arbeitszeit und Leistung*
  51 Schichtzeit .... Stunden   52 Arbeitszeit vor Ort .... Std. .... Min.
  53 Gedingeleistung
    531 Abteufen
      531.1 im Schiefer   .... cm/Mann/Schicht
      531.2 im Sandschiefer .... cm/Mann/Schicht
      531.3 im Sandstein   .... cm/Mann/Schicht
      531.4 im Konglomerat .... cm/Mann/Schicht
    532 Ausbau einschl. Nebenarbeiten .... cm/Mann/Schicht

6 *Entgelt*
  60 Gedingerichtlohn .... DM/Mann/Schicht.
  61 Gedingesätze.
    611 Schachtabteufen im Schiefer   .... DM/m
    612 Schachtabteufen im Sandschiefer .... DM/m
    613 Schachtabteufen im Sandstein   .... DM/m
    614 Schachtabteufen im Konglomerat .... DM/m
    615 Schachtausbau   .... DM/m

7 *Betriebsstoffverrechnung*
  71 Sprengstoff frei/Normalverbrauch .... DM/m / Mehrverbrauch geht zu ¹/............ zu Lasten
    der Kameradschaft, Wenigerverbrauch wird zu ¹/............ der Kameradschaft gutgeschrieben.

8 *Vertragsergänzungen*
  81 Beim Anfahren von Flözen soll ein Zwischengedinge gesetzt werden.
  82 Überschreiten die Wasserzuflüsse .... Liter stündlich, wird je Mann und Schicht eine Zulage von
    DM .... gezahlt, sofern nicht eine Neufestsetzung des Gedingesatzes erfolgt.

9 *Vertragsabschluß*
  91 Tag ....   92 Ort ....   93 Unterschriften
    931 ....   932 ....
        (Fahr/Obersteiger)   (Steiger)
    933 ....   934 ....
        (Ortsältester)   (Sonstige)

Abb. 135. Gedingeeinheitsvertrag Kenn-Nr. 11. Abteufen von Hauptschächten.

0 *Allgemeine Vertragskennzeichnung*

  01 Betriebsart   Gesteinsarbeiten 04 Gedingespielart Kameradschafts-Raum-Gedinge

  02 Getriebsgruppe Großräume   05 Kennzeichen der zugehörigen Gedingekalkulation ....

  03 Betriebsvorgang Ausbruch   06 Register-Nr. des Vertrages ....

1 *Laufzeit* des Vertrages von .... bis ....

2 *Angaben zum Betriebspunkt* (vgl. auch die entsprechenden Angaben in der zugehörigen Gedingekalkulation)

  21 Lage im Grubengebäude 211 Sohle .... 212 Abteilung ....
    213 Blindschacht .... 214 Ort .... 215 Flöz ....
    219 Steigerabteilung

  22 Örtliche Gegebenheiten 221 Einfallen .... 222 Gesteinsart ....
    222.1 Hangendes .... 222.2 Liegendes .... 223 Flözprofil ....

3 *Art und Umfang der zu leistenden Arbeiten:* Hereingewinnung der Gesteins- bzw. Kohlenmassen, Laden des Haufwerks, Ab- bzw. Heranschleppen der Förderwagen auf eine Entfernung von .... m von der Arbeitsstelle, Nachführen der Bewetterungseinrichtungen, der Druckluft- und Wasserrohrleitungen sowie der vorläufigen/endgültigen Gleisanlage (einspurig/doppelspurig/............spurig), Mitführen der Wassersaige, Einbringen des vorläufigen Ausbaus.

4 *Betriebsorganisation*

  41 Vorgesehene Belegung 411 Drittel .... 412 Mann/Drittel ....

  42 Eingeschlossene Arbeitergruppen: Die Ausbruchmannschaft, nicht jedoch die in der Förderung und mit sonstigen Nebenarbeiten Beschäftigten.

  43 Technische Maße:

    431 Strecken-
      431.1 querschnitt licht .... m^2
      431.2 querschnitt im Ausbruch .... m^2
      431.3 sohlenweite licht .... m
      431.4 höhe licht .... m über Schienenoberkante
    434 Sonstige Maße: Wassersaige .... m × .... m Querschnitt

  44 Technische Einrichtungen: Laden von Hand / mittels ....

  45 Materialbelieferung: Die benötigten Betriebsstoffe und das Gezähe werden der Kameradschaft vor Ort angeliefert.

5 *Arbeitszeit und Leistung*

  51 Schichtzeit .... Stunden 52 Arbeitszeit vor Ort .... Std. .... Min.

  53 Gedingeleistung

    531 im Schiefer .... m^3/Mann/Schicht
    532 im Sandschiefer .... m^3/Mann/Schicht
    533 im Sandstein .... m^3/Mann/Schicht
    534 im Konglomerat .... m^3/Mann/Schicht

6 *Entgelt*

  60 Gedingerichtlohn .... DM/Mann/Schicht

  61 Gedingesätze

    611 im Schiefer .... DM/m^3 Ausbruch
    612 im Sandschiefer .... DM/m^3 Ausbruch
    613 im Sandstein .... DM/m^3 Ausbruch
    614 im Konglomerat .... DM/m^3 Ausbruch

7 *Betriebsstoffverrechnung*

  71 Sprengstoff frei/Normalverbrauch .... DM/m^3 / Mehrverbrauch geht zu ^{1}/............ zu Lasten der Kameradschaft, Wenigerverbrauch wird zu ^{1}/............ der Kameradschaft gutgeschrieben.

8 *Vertragsergänzungen*

    811 Beim Anfahren von Flözen bis zu 60 cm Mächtigkeit werden für sauberes Aushalten der Kohlen je Wagen Kohlen DM .... gezahlt.
    812 Beim Anfahren von Flözen über 60 cm Mächtigkeit soll ein Zwischengedinge vereinbart werden.
  82 Überschreiten die Wasserzuflüsse .... Liter stündlich, wird je Mann und Schicht eine Zulage von DM .... gezahlt, sofern nicht eine Neufestsetzung des Gedingesatzes erfolgt.

9 *Vertragsabschluß*

  91 Tag .... 92 Ort .... 93 Unterschriften

    931 ....   932 ....
        (Fahr/Obersteiger)   (Steiger)

    933 ....   934 ....
        (Ortsältester)   (Sonstige)

Abb. 136. Gedingeeinheitsvertrag Kenn-Nr. 12.1.   Ausbruch von Großräumen.

0 *Allgemeine Vertragskennzeichnung*

  01 Betriebsart   Gesteinsarbeiten   04 Gedingespielart Kameradschafts-Flächen-Gedinge
  02 Betriebsgruppe   Großräume   05 Kennzeichen der zugehörigen Gedingekalkulation ....
  03 Betriebsvorgang   Ausbau   06 Register-Nr. des Vertrages ....

1 *Laufzeit* des Vertrages von .... bis ....

2 *Angaben zum Betriebspunkt* (vgl. auch die entsprechenden Angaben in der zugehörigen Gedingekalkulation)

  21 Lage im Grubengebäude   211 Sohle ....   212 Abteilung ....

  213 Blindschacht ....   214 Ort ....   215 Flöz ....
  219 Steigerabteilung ....

  22 Örtliche Gegebenheiten   221 Einfallen ....

3 *Art und Umfang der zu leistenden Arbeiten:* Einbringen des Ausbaus und Zubereitung der Baustoffe. Anmauern an den festen Gebirgsstoß / Hinterpacken des Ausbaubogens.

4 *Betriebsorganisation*

  41 Vorgesehene Belegung   411 Drittel ....   412 Mann/Drittel ....

  42 Eingeschlossene Arbeitergruppen: Die Ausbaukolonne und die Baustoff zubereitende Mannschaft, dagegen nicht die Förderleute und ....

  43 Technische Maße:

    431 Strecken-
      431.1 querschnitt licht   .... m²
      431.2 querschnitt im Ausbruch   .... m²
      431.3 sohlenweite licht   .... m
      431.4 höhe licht   .... m
      431.5 Ausbaufläche   .... m²/m lfd. Strecke / des Gesamtraumes .... m²
    434 Sonstige Maße:
      434.0 Art des Ausbaus: ....
      434.1 Mindestwandstärke des Ausbaus .... m

  44 Technische Einrichtungen: Mörtel-Betonmischmaschine/Aufzughaspel

5 *Arbeitszeit und Leistung*

  51 Schichtzeit .... Stunden   52 Arbeitszeit vor Ort .... Std. .... Min.

  53 Gedingeleistung .... m²/Mann/Schicht

6 *Entgelt*

  60 Gedingerichtlohn .... DM/Mann/Schicht

  61 Gedingesatz .... DM/m² Ausbau

8 *Vertragsergänzungen*

  81 Ist der Ausbruchquerschnitt um mehr als .... % größer als oben angegeben, so erhöht sich für je 1% Überschreitung der Gedingesatz um .... %.

  82 Überschreiten die Wasserzuflüsse .... Liter stündlich, wird je Mann und Schicht eine Zulage von DM .... gezahlt, sofern nicht eine Neufestsetzung des Gedingesatzes erfolgt.

9 *Vertragsabschluß*

  91 Tag ....   92 Ort ....

  93 Unterschriften

    931 ....   932 ....
         (Fahr/Obersteiger)   (Steiger)

    933 ....   934 ....
         (Ortsältester)   (Sonstige)

Abb. 137. Gedingeeinheitsvertrag Kenn-Nr. 12.2. Ausbau von Großräumen.

Allgemeine Vertragskennzeichnung

01 Betriebsart   Gesteinsbetriebe   04 Gedingespielart Kameradschafts-Längen-Gedinge

02 Betriebsgruppe   Richtstrecken   05 Kennzeichen der zugehörigen Gedingekalkulation........

03 Betriebsvorgang Auffahrung einschl. Ausbau   06 Register-Nr. des Vertrages ....

1 *Laufzeit* des Vertages von .... bis ....

2 *Angaben zum Betriebspunkt* (vgl. auch die entsprechenden Angaben in der zugehörigen Gedingekalkulation)

   21 Lage im Grubengebäude   211 Sohle ....   212 Abteilung ....

     213 Blindschacht ....   214 Ort ....   219 Steigerabteilung ....

   22 Örtliche Gegebenheiten   221 Einfallen ....   222 Gesteinsart ....

3 *Art und Umfang der zu leistenden Arbeiten:* Ausbruch, Abschleppen der Bergewagen bis .... m vom Ortsstoß, Einbringen des Ausbaus, Nachführen der Wassersaige, der Bewetterungseinrichtungen, der Druckluft- und Wasserrohre, der Gleisanlage (einspurig/doppelspurig), Beseitigung kleinerer bis .... m vom Ortsstoß auftretenden Förderstörungen, ...

4 *Betriebsorganisation*

   41 Vorgesehene Belegung   411 Drittel ....   412 Mann/Drittel ....

   42 Eingeschlossene Arbeitergruppen: Die Vortriebskameradschaft und ....

   43 Technische Maße:

       431.1 lichter Streckenquerschnitt   .... m^2,

       431.2 Ausbruchquerschnitt   .... m^2,

       431.3 lichte Sohlenweite   .... m,

       431.4 lichte Höhe   .... m über Schienenoberkante

       434.1 Art des Ausbaus: ....

       434.2 Abstand der Baue von Mitte bis Mitte   .... m,

       434.3 Abstand der Verzugspitzen licht   .... m,

       434.4 Abstand der Schwellen licht   .... m,

   44 Technische Einrichtungen: Laden von Hand/mittels Schrapper/Ladewagen ....
....

   45 Materiallieferung: *Groß*materialien wie Weichen, Ausbaurahmen, Rohre werden der Kameradschaft bis vor Ort geliefert.

5 *Arbeitszeit und Leistung*

   51 Schichtzeit .... Stunden   52 Arbeitszeit vor Ort .... Std. .... Min.

   53 Gedingeleistung

       531 im Schiefer   .... cm/Mann/Schicht

       532 im Sandschiefer   .... cm/Mann/Schicht

       533 im Sandstein   .... cm/Mann/Schicht

       534 im Konglomerat   .... cm/Mann/Schicht

6 *Entgelt*

   60 Gedingerichtlohn   .... DM/Mann/Schicht

   61 Gedingesätze

       611 im Schiefer   .... DM/m Richtstrecke

       612 im Sandschiefer   .... DM/m Richtstrecke

       613 im Sandstein   .... DM/m Richtstrecke

       614 im Konglomerat   .... DM/m Richtstrecke

7 *Betriebsstoffverrechnung*

   71 Sprengstoff   frei/Normalverbrauch .... DM/m / Mehrverbrauch geht zu ^{1}/............. zu Lasten der Kameradschaft, Wenigerverbrauch wird zu ^{1}/............. der Kameradschaft gutgeschrieben.

8 *Vertragsergänzungen*

   81 Beim Anfahren von Kohle wird das Gedinge geändert.

   82 Überschreiten die Wasserzuflüsse .... Liter stündlich, wird je Mann und Schicht eine Zulage von DM .... gezahlt, sofern nicht eine Neufestsetzung des Gedingesatzes erfolgt.

9 *Vertragsabschluß*

   91 Tag ....   92 Ort ....

   93 Unterschriften

    931 ....   932 ....

       (Fahr/Obersteiger)   (Steiger)

    933 ....   934 ....

       (Ortsältester)   (Sonstige)

Abb. 138. Gedingeeinheitsvertrag Kenn-Nr. 13.   Auffahrung von Richtstrecken.

0 *Allgemeine Vertragskennzeichnung*
  01 Betriebsart   Gesteinsbetriebe   04 Gedingespielart Kameradschafts-Längen-Gedinge
  02 Betriebsgruppe   Querschläge   05 Kennzeichen d. zugehörig. Gedingekalkulation ....
  03 Betriebsvorgang   Auffahrung einschl. Ausbau   06 Register-Nr. des Vertrages ....

1 *Laufzeit* des Vertrages von .... bis ....

2 *Angaben zum Betriebspunkt* (vgl. auch die entsprechenden Angaben in der zugehörigen Gedingekalkulation)
  21 Lage im Grubengebäude   211 Sohle ....   212 Abteilung ....
      213 Blindschacht ....   214 Ort   219 Steigerabteilung ....
  22 Örtliche Gegebenheiten   221 Einfallen ....   222 Gesteinsart ....

3 *Art und Umfang der zu leistenden Arbeiten:* Ausbruch, Abschleppen der Bergewagen bis .... m vom Ortsstoß, Einbringen des Ausbaus, Nachführen der Wassersaige, der Bewetterungseinrichtungen, der Druckluft- und Wasserrohre, der Gleisanlage (einspurig/doppelspurig), Beseitigung kleinerer bis .... m vom Ortsstoß auftretenden Förderstörungen, ...

4 *Betriebsorganisation*
  41 Vorgesehene Belegung   411 Drittel ....   412 Mann/Drittel ....
  42 Eingeschlossene Arbeitergruppen: Die Vortriebskameradschaft und ....
  43 Technische Maße:
         431.1 lichter Streckenquerschnitt   .... m^2,
         431.2 Ausbruchquerschnitt   .... m^2,
         431.3 lichte Sohlenweite   .... m,
         431.4 lichte Höhe   .... m über Schienenoberkante
         434.1 Art des Ausbaus: ....
         434.2 Abstand der Baue von Mitte bis Mitte   .... m,
         434.3 Abstand der Verzugspitzen licht   .... m,
         434.4 Abstand der Schwellen licht   .... m,
  44 Technische Einrichtungen: Laden von Hand/mittels Schrapper/Ladewagen ....

  45 Materiallieferung: *Groß*materialien wie Weichen, Ausbaurahmen, Rohre werden der Kameradschaft bis vor Ort geliefert.

5 *Arbeitszeit und Leistung*
  51 Schichtzeit .... Stunden   52 Arbeitszeit vor Ort .... Std. .... Min.
  53 Gedingeleistung
      531 im Schiefer   .... cm/Mann/Schicht
      532 im Sandschiefer   .... cm/Mann/Schicht
      533 im Sandstein   .... cm/Mann/Schicht
      534 im Konglomerat   .... cm/Mann/Schicht

6 *Entgelt*
  60 Gedingerichtlohn   .... DM/Mann/Schicht
  61 Gedingesätze
      611 im Schiefer   .... DM/m Querschlag
      612 im Sandschiefer   .... DM/m Querschlag
      613 im Sandstein   .... DM/m Querschlag
      614 im Konglomerat   .... DM/m Querschlag

7 *Betriebsstoffverrechnung*
  71 Sprengstoff   frei/Normalverbrauch .... DM/m / Mehrverbrauch geht zu $^1/$............ zu Lasten der Kameradschaft, Wenigerverbrauch wird zu $^1/$............ der Kameradschaft gutgeschrieben.

8 *Vertragsergänzungen*
      811 Beim Anfahren von Flözen bis zu 60 cm Mächtigkeit werden für sauberes Aushalten der Kohlen je Wagen Kohlen DM .... gezahlt.
      812 Beim Anfahren von Flözen über 60 cm Mächtigkeit soll ein Zwischengedinge vereinbart werden.
  82 Überschreiten die Wasserzuflüsse .... Liter stündlich, wird je Mann und Schicht eine Zulage von DM .... gezahlt, sofern nicht eine Neufestsetzung des Gedingesatzes erfolgt.

9 *Vertragsabschluß*
  91 Tag ....   92 Ort ....
  93 Unterschriften

    931 ....   932 ....
           (Fahr/Obersteiger)   (Steiger)
    933 ....   934 ....
           (Ortsältester)   (Sonstige)

Abb. 139. Gedingeeinheitsvertrag Kenn-Nr. 14. Auffahrung von Querschlägen.

0 Allgemeine Vertragskennzeichnung

01 Betriebsart   Gesteinsbetriebe   04 Gedingespielart Kameradschafts-Längen-Gedinge

02 Betriebsgruppe   Blindschächte   05 Kennzeichen der zugehörig. Gedingekalkulation ....

03 Betriebsvorgang Abteufen einschl. Ausbau   06 Register-Nr. des Vertrages ....
in Holz

1 Laufzeit des Vertrages von .... bis ....

2 Angaben zum Betriebspunkt (vgl. auch die entsprechenden Angaben in der zugehörigen Gedingekalkulation)

21 Lage im Grubengebäude   211 Sohle von .... bis ....   212 Abteilung   ....
213 Blindschacht ....   214 Ort ....   219 Steigerabteilung ....

22 Örtliche Gegebenheiten   221 Einfallen ....   222 Gesteinsart   ....

3 Art und Umfang der zu leistenden Arbeiten: Abteufen, Einbringen des Ausbaus, Nachführen der Bewetterungseinrichtungen, der Druckluft-, Wasserrohr- und Sprachrohrleitungen, Einbauen der Fahrten nebst Fahrbühnen, der Spurlatten im Fördertrumm, Verkleidung des Fahrschachtes, ...

....

4 Betriebsorganisation

41 Vorgesehene Belegung   411 Drittel ....   412 Mann/Drittel ....

42 Eingeschlossene Arbeitergruppen: In das Gedinge sind nur die auf der Abteufsohle Arbeitenden eingeschlossen, für die Bremser wird eine besondere Regelung getroffen.

43 Technische Maße:

431.1 Querschnitt licht   .... m^2
431.2 Querschnitt im Ausbruch .... m^2

434.1 Art des Ausbaus
434.2 Länge der Kappen   .... m licht,
434.3 Länge der Jochhölzer   .... m licht,
434.4 Abstand der Rahmen von Mitte bis Mitte .... m,
434.5 Verzug ....

44 Technische Einrichtungen: Wechselkübel

45 Materialbelieferung: *Groß*materialien wie Ausbaurahmen, Rohre, Fahrten werden der Kameradschaft am Kopfe des Blindschachtes angeliefert.

5 Arbeitszeit und Leistung

51 Schichtzeit .... Stunden   52 Arbeitszeit vor Ort .... Std. .... Min.

53 Gedingeleistung
531 im Schiefer   .... cm/Mann/Schicht
532 im Sandschiefer   .... cm/Mann/Schicht
533 im Sandstein   .... cm/Mann/Schicht
534 im Konglomerat   .... cm/Mann/Schicht

6 Entgelt

60 Gedingerichtlohn   .... DM/Mann/Schicht

61 Gedingesätze
611 im Schiefer   .... DM/m Gesenk
612 im Sandschiefer   .... DM/m Gesenk
613 im Sandstein   .... DM/m Gesenk
614 im Konglomerat   .... DM/m Gesenk

7 Betriebsstoffverrechnung

71 Sprengstoff   frei/Normalverbrauch .... DM/m / Mehrverbrauch geht zu $^1/$.............. zu Lasten der Kameradschaft, Wenigerverbrauch wird zu $^1/$.............. der Kameradschaft gutgeschrieben.

8 Vertragsergänzungen

81 Beim Anfahren von Flözen soll ein Zwischengedinge gesetzt werden.

82 Überschreiten die Wasserzuflüsse .... Liter stündlich, wird je Mann und Schicht eine Zulage von DM .... gezahlt, sofern nicht eine Neufestsetzung des Gedingesatzes erfolgt.

9 Vertragsabschluß

91 Tag ....   92 Ort ....

93 Unterschriften

931 ....   932 ....
        (Fahr/Obersteiger)   (Steiger)

933 ....   934 ....
        (Ortsältester)   (Sonstige)

Abb. 140. Gedingeeinheitsvertrag Kenn-Nr. 15.1. Abteufen von Blindschächten.

0 *Allgemeine Vertragskennzeichnung*

01 Betriebsart   Gesteinsbetriebe   04 Gedingespielart Kameradschafts-Längen-Gedinge

02 Betriebsgruppe   Blindschächte   05 Kennzeichen d. zugehör. Gedingekalkulation ....

03 Betriebsvorgang Aufbrechen einschl. Ausbau   06 Register-Nr. des Vertrages ....
                          in Holz

1 *Laufzeit* des Vertrages von .... **bis** ....

2 *Angaben zum Betriebspunkt* (vgl. auch die entsprechenden Angaben in der zugehörigen Gedingekalkulation)

21 Lage im Grubengebäude   211 Sohle von ...... bis ......   212 Abteilung ....

    213 Blindschacht ....   214 Ort ....   219 Steigerabteilung ....

22 Örtliche Gegebenheiten   221 Einfallen ....   222 Gesteinsart ....

3 *Art und Umfang der zu leistenden Arbeiten:* Hereingewinnung der Gesteinsmassen, Einbringen des Ausbaus und des Verzuges, Nachführen des Bergerollkastens, der Bewetterungseinrichtungen, der Druckluft-, Wasser- und Sprachrohrleitungen, der Staubabsaugegeräte, der Fördereinrichtung, Einbauen der Fahrten nebst Fahrbühnen und der Spurlatten im Gegengewichtstrumm.

4 *Betriebsorganisation*

41 Vorgesehene Belegung   411 Drittel ....   412 Mann/Drittel ....

42 Eingeschlossene Arbeitergruppen: Die unter der Ortsfirste Arbeitenden. Bergeabzieher und Förderleute sind nicht eingeschlossen.

43 Technische Maße:

    431.1 Querschnitt licht   .... m²

    431.2 Querschnitt im Ausbruch   .... m²

    434.1 Art des Ausbaus ....

    434.2 Länge der Kappen   .... m licht,

    434.3 Länge der Jochhölzer   .... m licht,

    434.4 Abstand der Rahmen von Mitte bis Mitte .... m,

    434.5 Verzug ....

44 Technische Einrichtungen: Kleinhaspel zum Hochziehen der Betriebsmaterialien.

45 Materialbelieferung: *Groß*materialien wie Ausbaurahmen, Rohre, Fahrten werden der Kameradschaft am Aufbruchfuße angeliefert.

5 *Arbeitszeit und Leistung*

51 Schichtzeit .... Stunden   52 Arbeitszeit vor Ort .... Std. .... Min.

53 Gedingeleistung

    531 im Schiefer   .... cm/Mann/Schicht

    532 im Sandschiefer   .... cm/Mann/Schicht

    533 im Sandstein   .... cm/Mann/Schicht

    534 im Konglomerat   .... cm/Mann/Schicht

6 *Entgelt*

60 Gedingerichtlohn   .... DM/Mann/Schicht

61 Gedingesätze

    611 im Schiefer   .... DM/m Aufbruch

    612 im Sandschiefer   .... DM/m Aufbruch

    613 im Sandstein   .... DM/m Aufbruch

    614 im Konglomerat   .... DM/m Aufbruch

7 *Betriebsstoffverrechnung*

71 Sprengstoff   frei/Normalverbrauch .... DM/m / Mehrverbrauch geht zu ¹/.............. zu Lasten der Kameradschaft, Wenigerverbrauch wird zu ¹/.............. der Kameradschaft gutgeschrieben.

8 *Vertragsergänzungen*

81 Beim Anfahren von Flözen soll ein Zwischengedinge gesetzt werden.

82 Überschreiten die Wasserzuflüsse .... Liter stündlich, wird je Mann und Schicht eine Zulage von .... DM gezahlt, sofern nicht eine Neufestsetzung des Gedingesatzes erfolgt.

9 *Vertragsabschluß*

91 Tag ....   92 Ort ....

93 Unterschriften

    931 ....   932 ....
            (Fahr/Obersteiger)   (Steiger)

    933 ....   934 ....
            (Ortsältester)   (Sonstige)

Abb. 141. Gedingeeinheitsvertrag Kenn-Nr. 15.2. Aufbrechen von Blindschächten.

0 *Allgemeine Vertragskennzeichnung*

   01 Betriebsart   Vorrichtungsbetriebe   04 Gedingespielart Kameradschafts-Längen / Raum-Gedinge

   02 Betriebsgruppe Flözstrecken   05 Kennzeichen der zugehörigen Gedingekalkulation ....

   03 Betriebsvorgang Auffahrung   06 Register-Nr. des Vertrages ....

1 *Laufzeit* des Vertrages von .... bis ....

2 *Angaben zum Betriebspunkt* (vgl. auch die entsprechenden Angaben in der zugehörigen Gedingekalkulation)

   21 Lage in Grubengebäude   211 Sohle ....   212 Abteilung ....

       213 Blindschacht ....   214 Ort ....   215 Flöz ....

       219 Steigerabteilung ....

   22 Örtliche Gegebenheiten   221 Einfallen ....°   222 Gesteinsart ....

      222.1 Hangendes ....   222.2 Liegendes ....   223 Flözprofil ....

3 *Art und Umfang der zu leistenden Arbeiten:* Hereingewinnung der Kohle am Oberstoß bis ...., am Unterstoß bis ....; Nachreißen des Hangenden / des Liegenden; Laden des Haufwerks; Schleppen der Wagen bis auf eine Entfernung von .... m vom Ortsstoß; Einbringen des Ausbaus; Nachführung der Bewetterungseinrichtungen / der Druckluft- und Wasserrohrleitungen / der Gleisanlage (einspurig/doppelspurig), der Wassersaige, ...

4 *Betriebsorganisation*

   41 Vorgesehene Belegung   411 Drittel ....   412 Mann/Drittel ....

   42 Eingeschlossene Arbeitergruppen: Die Ortshauer, nicht die Bedienung wie Förderleute, Einstauber usw.

   43 Technische Maße:

      431 Strecken-

         431.1 querschnitt licht   .... m^2

         431.2 querschnitt im Ausbruch   .... m^2

         431.3 sohlenweite licht   .... m

         431.4 höhe licht   .... m

      433 Kohlenanfall je m Strecke   .... Wagen

      434 Sonstige Maße

         434.1 Art des Ausbaus ....

         434.2 Länge der Kappe   .... m licht,

         434.3 Abstand im Knie   .... m licht,

         434.4 Abstand der Zimmerungen

             von Mitte bis Mitte   .... m,

         434.5 Abstand der Spitzen   .... m licht,

         434.6 Abstand der Schwellen   .... m licht,

   44 Technische Einrichtungen: Laden von Hand / mittels ....

   45 Materialbelieferung: Betriebsmaterialien werden am .... angeliefert.

5 *Arbeitszeit und Leistung*

   51 Schichtzeit .... Stunden   52 Arbeitszeit vor Ort .... Std. .... Min.

   53 Gedingeleistung

      530 Gesamtaufwand an Arbeitszeit .... min/m Auffahrung.

      531 Gedingeleistung .... cm/Mann/Schicht

      532 Gedingeleistung .... Wagen Kohlen/Mann/Schicht

6 *Entgelt*

   60 Gedingerichtlohn   .... DM/Mann/Schicht

   61 Gedingesätze

      611 .... DM/m Auffahrung

      612 .... DM/Wagen geförderte Kohle

7 *Betriebsstoffverrechnung*

   71 Sprengstoff   frei/Normalverbrauch .... DM/m / Mehrverbrauch geht zu $^1/$............ zu Lasten der Kameradschaft, Wenigerverbrauch wird zu $^1/$............ der Kameradschaft gutgeschrieben.

8 *Vertragsergänzungen:* Auftretende Gebirgs- und Flözstörungen werden in Zusatzgedingen berücksichtigt, sofern nicht ein Zwischengedinge vereinbart wird.

9 *Vertragsabschluß*

   91 Tag ....   92 Ort ....

   93 Unterschriften

      931 ....   932 ....

             (Fahr/Obersteiger)   (Steiger)

      933 ....   934 ....

             (Ortsältester)   (Sonstige)

Abb. 142. Gedingeeinheitsvertrag Kenn-Nr. 21.   Auffahrung von Flözstrecken.

0 *Allgemeine Vertragskennzeichnung*

   01 Betriebsart   Vorrichtungsbetriebe   04 Gedingespielart Kameradschafts-Längen/Raum-Gedinge
   02 Betriebsgruppe   }   05 Kennzeichen der zugehör. Gedingekalkulation ....
                      Aufhauen
   03 Betriebsvorgang }   06 Register-Nr. des Vertrages ....

1 *Laufzeit* des Vertrages von .... bis ....

2 *Angaben zum Betriebspunkt* (vgl. auch die entsprechenden Angaben in der zugehörigen Gedingekalkulation)

   21 Lage im Grubengebäude   211 Sohle ....   212 Abteilung ....
   214 von Ort ....   bis Ort ....   215 Flöz ....
   219 Steigerabteilung ....

   22 Örtliche Gegebenheiten   221 Einfallen ....°   222 Gesteinsart ....
   222.1 Hangendes ....   222.2 Liegendes ....   223 Flözprofil ....

3 *Art und Umfang der zu leistenden Arbeiten:* Hereingewinnung der Kohlen / des Nebengesteins und Aufgabe in das Fördermittel; Einbringen des Ausbaus und Verziehen der Stöße; Nachführen der Bewetterungseinrichtungen, der Druckluft- und Sprachrohrleitung, des Fördermittels; Laden und Abschleppen der Kohlenwagen bis ....

4 *Betriebsorganisation*

   41 Vorgesehene Belegung   411 Drittel ....   412 Mann/Drittel ....

   42 Eingeschlossene Arbeitergruppen: Die vor Ort Arbeitenden und die in der Abbaustreckenförderung Tätigen.

   43 Technische Maße:

      431 Querschnitt des Aufhauens   .... m × .... m = ... m²
      432 Feldesbreite   .... m
      433 Kohlenanfall je lfdm   .... Wagen
      434 Sonstige Maße:
         434.1 Art des Ausbaus ....

         434.2 Abstand der Stempel im Einfallen .... m
         434.3 Abstand der Stempel im Streichen .... m
         434.4 Abstand der Verzugspitzen .... m

   44 Technische Einrichtungen:

      441 Fördermittel ....
      442 Kleinhaspel für Materialtransport, ...

   45 Materialbelieferung: Materialien werden angeliefert am Blindschachtanschlag / am Fuß des Aufhauens / am ....

5 *Arbeitszeit und Leistung*

   51 Schichtzeit .... Stunden   52 Arbeitszeit vor Ort .... Std. .... Min.
   53 Gedingeleistung .... cm/Mann/Schicht .... Wagen/Mann/Schicht

6 *Entgelt*

   60 Gedingerichtlohn   .... DM/Mann/Schicht
   61 Gedingesatz
      611 .... DM/m Aufhauen
      612 .... DM/Wagen geförderte Kohle

8 *Vertragsergänzungen:* Beim Anfahren einer Störung wird ein Zusatz- oder Zwischengedinge vereinbart.

9 *Vertragsabschluß*

   91 Tag ....   92 Ort ....
   93 Unterschriften

   931 ....   932 ....
        (Fahr/Obersteiger)   (Steiger)
   933 ....   934 ....
        (Ortsältester)   (Sonstige)

Abb. 143. Gedingeeinheitsvertrag Kenn-Nr. 22.1. Aufhauen.

0 *Allgemeine Vertragskennzeichnung*

01 Betriebsart　　　Vorrichtungsbetriebe　04 Gedingespielart Kameradschafts-Längen / Raum-Gedinge
02 Betriebsgruppe　⎫　　　　　　　　　05 Kennzeichen der zugehörigen Gedingekalkulation ....
03 Betriebsvorgang　⎬　Abhauen
　　　　　　　　　　⎭　　　　　　　　　06 Register-Nr. des Vertrages ....

1 *Laufzeit* des Vertrages von .... bis ....

2 *Angaben zum Betriebspunkt* (vgl. auch die entsprechenden Angaben in der zugehörigen Gedingekalkulation)

21 Lage im Grubengebäude　　　211 Sohle ....　212 Abteilung　.................
214 von Ort .... bis Ort ....　215 Flöz ....　219 Steigerabteilung ....

22 Örtliche Gegebenheiten　　　221 Einfallen ....°　222 Gesteinsart　.................
222.1 Hangendes ....　222.2 Liegendes ....
223 Flözprofil ....

3 *Art und Umfang der zu leistenden Arbeiten:* Hereingewinnung der Kohlen / des Nebengesteins und Aufgabe in das Fördermittel; Einbringen des Ausbaus und Verziehen der Stöße; Nachführen der Bewetterungseinrichtungen, der Druckluft- und Sprachrohrleitung, des Fördermittels; Laden und Abschleppen der Kohlenwagen bis ....

4 *Betriebsorganisation*

41 Vorgesehene Belegung　　　411 Drittel ....　412 Mann/Drittel ....

42 Eingeschlossene Arbeitergruppen: Die vor Ort Arbeitenden und die in der Abbaustreckenförderung Tätigen.

43 Technische Maße:
431 Querschnitt des Abhauens　　　.................... m × .... m = ... m²
432 Feldesbreite　　　　　　　　　.................... m
433 Kohlenanfall je lfdm　　　　　　.................... Wagen
434 Sonstige Maße:
434.1 Art des Ausbaus　..................
434.2 Abstand der Stempel im Einfallen　.............. m
434.3 Abstand der Stempel im Streichen　.............. m
434.4 Abstand der Verzugspitzen　.............. m

44 Technische Einrichtungen: Fördermittel ....

45 Materialbelieferung: Materialien werden angeliefert am Blindschachtanschlag / am Kopf des Abhauens / am ....

5 *Arbeitszeit und Leistung*

51 Schichtzeit .... Stunden　52 Arbeitszeit vor Ort .... Std. .... Min.

53 Gedingeleistung .... cm/Mann/Schicht .... Wagen/Mann/Schicht

6 *Entgelt*

60 Gedingerichtlohn　.................... DM/Mann/Schicht

61 Gedingesatz
611 .... DM/m Abhauen
612 .... DM/Wagen geförderte Kohle

8 *Vertragsergänzungen:* Beim Anfahren einer Störung wird ein Zusatz- oder Zwischengedinge vereinbart.

9 *Vertragsabschluß*

91 Tag ....　92 Ort ....
93 Unterschriften

931 ....　　　　　　　　932 ....
　　　　(Fahr/Obersteiger)　　　　　　　　　　(Steiger)
933 ....　　　　　　　　934 ....
　　　　(Ortsältester)　　　　　　　　　　　(Sonstige)

Abb. 144. Gedingeeinheitsvertrag Kenn-Nr. 22.2. Abhauen.

0 *Allgemeine Vertragskennzeichnung*
   01 Betriebsart   Abbaubetrieb   04 Gedingespielart Kameradschafts-Raum-Gedinge
   02 Betriebsgruppe }   05 Kennzeichen der zugehörigen Gedingekalkulation ....
   03 Betriebsvorgang } Gesamtabbaubetrieb   06 Register-Nr. des Vertrages ....

1 *Laufzeit* des Vertrages von .... bis ....

2 *Angaben zum Betriebspunkt* (vgl. auch die entsprechenden Angaben in der zugehörigen Gedingekalkulation)
   21 Lage im Grubengebäude   211 Sohle ....   212 Abteilung ....
      214 Ort ....   215 Flöz ....   216 Streb ....
      219 Steigerabteilung ....

   22 Örtliche Gegebenheiten   221 Einfallen ....°   222 Gesteinsart ....
      222.1 Hangendes ....   222.2 Liegendes ....
      223 Flözprofil ....

3 *Art und Umfang der zu leistenden Arbeiten:* Alle im Bereich des Abbaubetriebspunktes und in den zugehörigen
Streckenvortrieben vorkommenden Haupt- und Nebenarbeiten.

4 *Betriebsorganisation*
   41 Vorgesehene Belegung   411 Drittel ....
      412 Mann/Drittel .... Kohlenhauer, ... Bergeversetzer, ... Umleger, ... Füller,
      .... Holzförderer, ... Vorlüfter, ... Bahnhauer, ... Ortshauer, ...
   42 Eingeschlossene Arbeitergruppen: Kohlenhauer, Bergeversetzer, Umleger, Füller, Holzförderer, Vor-
      lüfter, Bahnhauer, Ortshauer, ...
   43 Technische Maße:
      431 Strecken-
         431.1 querschnitt licht .... m²   431.3 sohlenweite licht .... m
         431.2 querschnitt im Ausbruch .... m² 431.4 höhe licht .... m
      432 Feldes-
         432.1 breite im Streb .... m   432.2 länge im Streb .... m
      433 Kohlenanfall
         433.1 je m Strecke .... Wagen   433.2 je m streichende Länge .... Wagen
      434 Sonstige Maße:
         434.0 Art des Ausbaus ....
         434.1 Stempelabstand im Einfallen .... m
         434.2 Stempelabstand im Streichen .... m
         434.3 Spitzenabstand im Streb .... m
         434.4 Abstand der Streckenzimmerungen von Mitte bis Mitte .... m
         434.5 Spitzenabstand beim Streckenverzug .... m
         434.6 Abstand der Schwellen .... m
   44 Technische Einrichtungen: Strebfördermittel ....
   45 Materialbelieferung: Material wird am Blindschachtanschlag/am .... Eingang der Abbau-
      strecke angeliefert.

5 *Arbeitszeit und Leistung*
   51 Schichtzeit .... Stunden   52 Arbeitszeit vor Ort .... Std. .... Min.
   53 Gedingeleistung .... Wagen/Mann/Schicht

6 *Entgelt*
   60 Gedingerichtlohn .... DM/Mann/Schicht
   61 Gedingesatz .... DM/Wagen Kohlen

7 *Betriebsstoffverrechnung*
   71 Sprengstoff   frei/Normalverbrauch .... DM/Wg / Mehrverbrauch geht zu ¹/............ zu
      Lasten der Kameradschaft, Wenigerverbrauch wird zu ¹/............ der Kameradschaft gutgeschrieben.

8 *Vertragsergänzungen:* Beim Auftreten von Sprüngen mit mehr als .... cm Mächtigkeit wird ein Zusatz-
oder Zwischengedinge vereinbart.

9 *Vertragsabschluß*
   91 Tag ....   92 Ort ....

   93 Unterschriften
      931 ....   932 ....
         (Fahr/Obersteiger)   (Steiger)
      933 ....   934 ....
         (Ortsältester)   (Sonstige)

Abb. 145. Gedingeeinheitsvertrag Kenn-Nr. 30.1.   Gesamtabbaubetrieb I.

0 *Allgemeine Vertragskennzeichnung*

  01 Betriebsart   Abbaubetrieb   04 Gedingespielart Kameradschafts-Raum-Gedinge mit

  02 Betriebsgruppe   }   Kolonnenanteilentlohnung

  03 Betriebsvorgang } Gesamtabbaubetrieb   05 Kennzeichen der zugehörigen Gedingekalkulation ....

                                          06 Register-Nr. des Vertrages ....

1 *Laufzeit* des Vertrages vom .... bis ....

2 *Angaben zum Betriebspunkt* (vgl. auch die entsprechenden Angaben in der zugehörigen Gedingekalkulation)

  21 Lage im Grubengebäude   211 Sohle ....   212 Abteilung ....

  214 Ort ....   215 Flöz ....   216 Streb ....

  219 Steigerabteilung ....

  22 Örtliche Gegebenheiten   221 Einfallen .... °   222 Gesteinsart ....

  222.1 Hangendes ....   222.2 Liegendes ....   223 Flözprofil ....

3 *Art und Umfang der zu leistenden Arbeiten:* Alle im Bereich des Abbaubetriebspunktes und in den zugehörigen Streckenvortrieben vorkommenden Haupt- und Nebenarbeiten.

4 *Betriebsorganisation*

  41 Vorgesehene Belegung   411 Drittel ....

  412 Mann/Drittel .... Kohlenhauer, ... Bergeversetzer, ... Umleger, ... Füller, ... Holzförderer, ... Vorlüfter, ... Bahnhauer, ... Ortshauer,

  42 Eingeschlossene Arbeitergruppen: Kohlenhauer, Bergeversetzer, Umleger, Füller, Holzförderer, Vorlüfter, Bahnhauer, Ortshauer, ...

  43 Technische Maße:

    431 Strecken-

      431.1 querschnitt licht   .... m²

      431.2 querschnitt im Ausbruch .... m²

      431.3 sohlenweite licht   .... m

      431.4 höhe licht   .... m

    432 Feldes-

      432.1 breite im Streb   .... m

      432.2 länge im Streb   .... m

    433 Kohlenanfall

      433.1 je m Strecke   .... Wagen

      433.2 je m streichende Länge .... Wagen

    434 Sonstige Maße:

      434.0 Art des Ausbaus ....

      434.1 Stempelabstand im Einfallen   .... m

      434.2 Stempelabstand im Streichen   .... m

      434.3 Spitzenabstand im Streb   .... m

      434.4 Abstand der Streckenzimmerungen von Mitte bis Mitte .... m

      434.5 Spitzenabstand beim Streckenverzug   .... m

      434.6 Abstand der Schwellen   .... m

  44 Technische Einrichtungen: Strebfördermittel ....

  45 Materialbelieferung: Material wird am Blindschachtanschlag / am .... Eingang der Abbaustrecke angeliefert.

5 *Arbeitszeit und Leistung*

  51 Schichtzeit .... Stunden   52 Arbeitszeit vor Ort .... Std. .... Min.

  53 Gedingeleistung .... Wagen/Mann/Schicht

6 *Entgelt*

  60 Gedingerichtlohn .... DM/Mann/Schicht

  61 Gedingesätze:

    Es erhalten unter Zugrundelegung der Gesamtförderung des Betriebspunktes

      die Kohlenhauer   .... DM je Wagen Kohlen

      die Bergeversetzer   .... DM je Wagen Kohlen

      die Umleger   .... DM je Wagen Kohlen

      die Holzförderer   .... DM je Wagen Kohlen

      die Vorlüfter   .... DM je Wagen Kohlen

      die Füller   .... DM je Wagen Kohlen

      die Bahnhauer   .... DM je Wagen Kohlen

      die Ortshauer   .... DM je Wagen Kohlen

7 *Betriebsstoffverrechnung*

  71 Sprengstoff   frei/Normalverbrauch .... DM/Wg / Mehrverbrauch geht zu ¹/............ zu Lasten der Kameradschaft, Wenigerverbrauch wird zu ¹/............ der Kameradschaft gutgeschrieben.

9 *Vertragsabschluß*

  91 Tag ....   92 Ort ....   93 Unterschriften

  931 ....   932 ....

        (Fahr/Obersteiger)   (Steiger)

  933 ....   934 ....

        (Ortsältester)   (Sonstige)

Abb. 146. Gedingeeinheitsvertrag Kenn-Nr. 30.2.   Gesamtabbaubetrieb II.

0 *Allgemeine Vertragskennzeichnung*

   01 Betriebsart   Abbaubetriebe   04 Gedingespielart Einzelgedinge
   02 Betriebsgruppe   Gesamtabbaubetrieb   05 Kennzeichen der zugehörigen Gedingekalkulation ....
   03 Betriebsvorgang   Aufsicht   06 Register-Nr. des Vertrages ....

1 *Laufzeit* des Vertrages von .... bis ....

2 *Angaben zum Betriebspunkt* (vgl. auch die entsprechenden Angaben in der zugehörigen Gedingekalkulation)

   21 Lage im Grubengebäude   211 Sohle ....   212 Abteilung ....
      214 Ort ....   215 Flöz ....   216 Streb ....
      219 Steigerabteilung ....

   22 Örtliche Gegebenheiten   221 Einfallen ....°   222 Gesteinsart ....
      222.1 Hangendes ....   222.2 Liegendes ....
      223 Flözprofil ....

3 *Art und Umfang der zu leistenden Arbeiten:* Wartung des Strebfördermittels, Einteilung der Arbeitsabschnitte,
   Abnahme der täglichen Leistungen, Regelung der Holzzuteilung an die einzelnen Hauer, Überwachung der
   Wagenfüller, Beseitigung von Förderstörungen, ...

4 *Betriebsorganisation* ....

   42 Eingeschlossene Arbeitergruppen: Die Rutschenmeister / Ortsältesten ....

5 *Arbeitszeit und Leistung*

   51 Schichtzeit .... Stunden   52 Arbeitszeit vor Ort .... Std. .... Min.

6 *Entgelt*

   60 Gedingerichtlohn   .... DM/Mann/Schicht
   61 Bezahlung und Zulagen
      611 Der Rutschenmeister/Ortsälteste erhält außerhalb des Gedinges / aus der Gesamtlohnsumme / aus
          der Lohnsumme der Kohlenhauer / der Bergeversetzer / der Umleger / den Durchschnittslohn der
          Strebe / der Kohlenhauer / und je Schicht .... DM als Zulage.
      612 Nach Überschreiten der Soll-Leistung der Strebe/der Kohlenhauer erhält er außerhalb des Gedinges
          einen Lohnzuschlag von .... DM je Wagen Mehrleistung.

8 *Vertragsergänzungen:* Der Rutschenmeister/Ortsälteste arbeitet selbst in der Kameradschaft mit / arbeitet
   nicht mit.

9 *Vertragsabschluß*

   91 Tag ....   92 Ort ....

   93 Unterschriften

      931 ....   932 ....
              (Fahr/Obersteiger)   (Steiger)

      933 ....   934 ....
              (Ortsältester)   (Sonstige)

Abb. 147. Gedingeeinheitsvertrag Kenn-Nr. 30.3. Aufsicht im Gesamtabbaubetrieb.

0 *Allgemeine Vertragskennzeichnung*
  01 Betriebsart   Abbaubetriebe   04 Gedingespielart Kameradschaft-Längen/Raum-Gedinge
  02 Betriebsgruppe   Abbaustrecke   05 Kennzeichen der zugehörigen Gedingekalkulation ....
  03 Betriebsvorgang   Auffahrung   06 Register-Nr. des Vertrages ....

1 *Laufzeit* des Vertrages von .... bis ....

2 *Angaben zum Betriebspunkt* (vgl. auch die entsprechenden Angaben in der zugehörigen Gedingekalkulation)
  21 Lage im Grubengebäude   211 Sohle ....   212 Abteilung ....
  213 Blindschacht ....   214 Ort ....   215 Flöz ....
  219 Steigerabteilung ....
  22 Örtliche Gegebenheiten   221 Einfallen .... °   222 Gesteinsart ....
  222.1 Hangendes ....   222.2 Liegendes ....
  223 Flözprofil ....

3 *Art und Umfang der zu leistenden Arbeiten:* Hereingewinnung der Kohle am Oberstoß bis ....,
am Unterstoß bis ....; Nachreißen des Hangenden/des Liegenden; Laden der Kohle, der Berge;
Kippen der Bergewagen in den Streb; Versetzen der Ortsberge im Damm/Streb; Schleppen der Wagen bis
auf eine Entfernung von .... m vom Ortsstoß; Einbringen des Ausbaus; Nachführung der Bewetterungseinrichtungen, der Druckluft- und Wasserrohrleitungen/der Gleisanlage (einspurig/doppelspurig) einschließlich Auflegeweiche, der Fördereinrichtung, der Wassersaige;

4 *Betriebsorganisation*
  41 Vorgesehene Belegung   411 Drittel ....   412 Mann/Drittel ....
  42 Eingeschlossene Arbeitergruppen: Die Ortsbelegschaft ....
  43 Technische Maße:
    431 Strecken-
      431.1 querschnitt licht   .... m^2
      431.2 querschnitt im Ausbruch   .... m^2
      431.3 sohlenweite licht   .... m
      431.4 höhe licht   .... m
    433 Kohlenanfall je m Strecke   .... Wagen
    434 Sonstige Maße
      434.1 Art des Ausbaus ....
      434.2 Länge der Kappe   .... m licht,
      434.3 Abstand im Knie   .... m licht,
      434.4 Abstand der Zimmerungen von Mitte bis Mitte .... m,
      434.5 Abstand der Spitzen   .... m licht,
      434.6 Abstand der Schwellen   .... m licht,
  44 Technische Einrichtungen: Laden von Hand/mittels .... ;
  Kletterweiche/Vorziehhaspel/Streckenband/Kratzförderer.
  45 Materialbelieferung: Betriebsmaterialien werden am .... angeliefert.

5 *Arbeitszeit und Leistung*
  51 Schichtzeit .... Stunden   52 Arbeitszeit vor Ort .... Std. .... Min.
  53 Gedingeleistung
    530 Gesamtaufwand an Arbeitszeit .... min/m Auffahrung
    531 Gedingeleistung .... cm/Mann/Schicht
    532 Gedingeleistung .... Wagen Kohlen/Mann/Schicht

6 *Entgelt*
  60 Gedingerichtlohn .... DM/Mann/Schicht
  61 Gedingesätze
    611 .... DM/m Auffahrung
    612 .... DM/Wagen geförderte Kohle

7 *Betriebsstoffverrechnung*
  71 Sprengstoff   frei/Normalverbrauch .... DM/........ / Mehrverbrauch geht zu ^{1}/............ zu
  Lasten der Kameradschaft, Wenigerverbrauch wird zu ^{1}/............ der Kameradschaft gutgeschrieben.

8 *Vertragsergänzungen:* Auftretende Gebirgs- und Flözstörungen werden in Zusatzgedingen berücksichtigt,
sofern nicht ein Zwischengedinge vereinbart wird.

9 *Vertragsabschluß*
  91 Tag ....   92 Ort ....
  93 Unterschriften
    931 ....   932 ....
       (Fahr/Obersteiger)   (Steiger)
    933 ....   934 ....
       (Ortsältester)   (Sonstige)

Abb. 148. Gedingeeinheitsvertrag Kenn-Nr. 31. Auffahrung von Abbaustrecken.

0 *Allgemeine Vertragskennzeichnung*

    01 Betriebsart   Abbaubetriebe   04 Gedingespielart Einfaches Kolonnengedinge
    02 Betriebsgruppe   ⎫ Gewinnung   05 Kennzeichen der zugehörigen Gedingekalkulation
    03 Betriebsvorgang   ⎭   06 Register-Nr. des Vertrages

1 *Laufzeit* des Vertrages von .... bis ....

2 *Angaben zum Betriebspunkt* (vgl. auch die entsprechenden Angaben in der zugehörigen Gedingekalkulation)

    21 Lage im Grubengebäude   211 Sohle ....   212 Abteilung ....
    215 Flöz ....   216 Streb ....   219 Steigerabteilung ....
    22 Örtliche Gegebenheiten   221 Einfallen ....°   222 Gesteinsart ....
    222.1 Hangendes ....   222.2 Liegendes ....
    223 Flözprofil ....

3 *Art und Umfang der zu leistenden Arbeiten:* Hereingewinnung der Kohle, Einschaufeln des Haufwerks in das Fördermittel, wobei keine Kohle im Gewinnungs- oder Versatzfelde liegenbleiben darf; Einbringen des vorläufigen und endgültigen Ausbaus.

4 *Betriebsorganisation*

    41 Vorgesehene Belegung   411 Drittel ....   412 Mann/Drittel ....
    42 Eingeschlossene Arbeitergruppen: Nur die Kohlenhauer
    43 Technische Maße
        432 Feldes-
            432.1 breite   .... m
            432.2 länge   .... m
        433 Kohlenanfall je Feld .... Wagen
        434 Sonstige Maße
            434.0 Art des Ausbaus ....
            434.1 Stempelabstand im Einfallen   .... m
            434.2 Stempelabstand im Streichen   .... m
            434.3 Abstand der Spitzen   .... m
    44 Technische Einrichtungen: Hereingewinnung mittels Abbauhammer/Schießarbeit/ ....
    45 Materialbelieferung: Holzlieferung erfolgt bis zu Arbeitsstelle.

    ....

5 *Arbeitszeit und Leistung*

    51 Schichtzeit   .... Stunden   52 Arbeitszeit vor Ort .... Std. .... Min
    53 Gedingeleistung   .... t/Mann/Schicht = ... Wagen/Mann/Schicht

6 *Entgelt*

    60 Gedingerichtlohn   .... DM/Mann/Schicht
    61 Gedingesatz   .... DM/Wagen

7 *Betriebsstoffverrechnung*

    71 Sprengstoff   frei/Normalverbrauch .... DM/Wg / Mehrverbrauch geht zu ¹/............... zu Lasten der Kameradschaft, Wenigerverbrauch wird zu ¹/............... der Kameradschaft gutgeschrieben.

8 *Vertragsergänzungen:* Bei Auftreten von Gebirgsstörungen von mehr als .... cm Verwurf- oder Verschubhöhe wird ein Zusatz- oder Zwischengedinge vereinbart.

9 *Vertragsabschluß*

    91 Tag ....   92 Ort ....
    93 Unterschriften

    931 ....   932 ....
            (Fahr/Obersteiger)   (Steiger)

    933 ....   934 ....
            (Ortsältester)   (Sonstige)

Abb. 149. Gedingeeinheitsvertrag Kenn-Nr. 32.11. Gewinnung I.

0 *Allgemeine Vertragskennzeichnung*

  01 Betriebsart   Abbaubetriebe   04 Gedingespielart Kolonnen-/Gruppen- bzw. Einzelanteilgedinge

  02 Betriebsgruppe } Gewinnung   05 Kennzeichen der zugehörigen Gedingekalkulation ....

  03 Betriebsvorgang }   06 Register-Nr. des Vertrages ....

1 *Laufzeit* des Vertrages von .... bis ....

2 *Angaben zum Betriebspunkt* (vgl. auch die entsprechenden Angaben in der zugehörigen Gedingekalkulation)

  21 Lage im Grubengebäude   211 Sohle ....   212 Abteilung ....

    215 Flöz ....   216 Streb ....   219 Steigerabteilung ....

  22 Örtliche Gegebenheiten   221 Einfallen ....°   222 Gesteinsart ....

    222.1 Hangendes ....   222.2 Liegendes ....

    223 Flözprofil ....

3 *Art und Umfang der zu leistenden Arbeiten:* Hereingewinnung der Kohle, Einschaufeln des Haufwerks in das Fördermittel, wobei keine Kohle im Gewinnungs- oder Versatzfelde liegenbleiben darf; Einbringen des vorläufigen und endgültigen Ausbaus.

4 *Betriebsorganisation*

  41 Vorgesehene Belegung   411 Drittel ....   412 Mann/Drittel ....

  42 Eingeschlossene Arbeitergruppen: Nur die Kohlenhauer

  43 Technische Maße:

    432 Feldes-

      432.1 breite .... m

      432.2 länge .... m

    433 Kohlenanfall je Feld / m / Schalholz / m² / m³ .... Wagen

    434 Sonstige Maße

      434.0 Art des Ausbaus ....

      434.1 Stempelabstand im Einfallen   .... m

      434.2 Stempelabstand im Streichen   .... m

      434.3 Abstand der Spitzen   .... m

  44 Technische Einrichtungen: Hereingewinnung mittels Abbauhammer / Schießarbeit / ....

  45 Materialbelieferung: Holzlieferung erfolgt bis zur Arbeitsstelle.

  ....

5 *Arbeitszeit und Leistung*

  51 Schichtzeit   .... Stunden   52 Arbeitszeit vor Ort .... Std. .... Min.

  53 Gedingeleistung   .... t/Mann/Schicht = ... Wagen/Mann/Schicht

6 *Entgelt*

  60 Gedingerichtlohn   .... DM/Mann/Schicht

  61 Gedingesatz   .... DM/Wagen

7 *Betriebsstoffverrechnung*

  71 Sprengstoff   frei/Normalverbrauch .... DM/Wg / Mehrverbrauch geht zu ¹/............... zu Lasten der Kameradschaft, Wenigerverbrauch wird zu ¹/............... der Kameradschaft gutgeschrieben.

8 *Vertragsergänzungen:* Die Gesamtlohnsumme wird auf die einzelnen Gruppen/Hauer nach Maßgabe der von ihnen verhauenen m/m²/m³ verteilt. Mehrleistungszuschläge werden für jeden Hauer einzeln errechnet

9 *Vertragsabschluß*

  91 Tag ....   92 Ort ....

  93 Unterschriften

    931 ....   932 ....

        (Fahr/Obersteiger)   (Steiger)

    933 ....   934 ....

        (Ortsältester)   (Sonstige)

Abb. 150. Gedingeeinheitsvertrag Kenn-Nr. 32.12.   Gewinnung II.

22*

0 *Allgemeine Vertragskennzeichnung*

  01 Betriebsart   Abbaubetriebe   04 Gedingespielart Gruppengedinge nach m/Schalholz/m²/m³

  02 Betriebsgruppe   } Gewinnung   05 Kennzeichen der zugehörigen Gedingekalkulation ....

  03 Betriebsvorgang   }   06 Register-Nr. des Vertrages ....

1 *Laufzeit* des Vertrages von .... bis ....

2 *Angaben zum Betriebspunkt* (vgl. auch die entsprechenden Angaben in der zugehörigen Gedingekalkulation)

  21 Lage im Grubengebäude 211 Sohle ....   212 Abteilung ....

     215 Flöz ....   216 Streb ....   219 Steigerabteilung ....

  22 Örtliche Gegebenheiten 221 Einfallen ....°   222 Gesteinsart ....

     222.1 Hangendes ....   222.2 Liegendes ....

     223 Flözprofil ....

3 *Art und Umfang der zu leistenden Arbeiten:* Hereingewinnung der Kohle, Einschaufeln des Haufwerks in das Fördermittel, wobei keine Kohle im Gewinnungs- oder Versatzfelde liegenbleiben darf; Einbringen des vorläufigen und endgültigen Ausbaus.   .

4 *Betriebsorganisation*

  41 Vorgesehene Belegung   411 Drittel ....   412 Mann/Drittel ....

     413 Stärke der Gruppe .... Mann

  42 Eingeschlossene Arbeitergruppen: Nur die Kohlenhauer

  43 Technische Maße:

     432 Feldes-

       432.1 breite .... m   432.2 länge .... m

     433 Kohlenanfall je Feld / m / Schalholz / m² / m³ .... Wagen

     434 Sonstige Maße

       434.0 Art des Ausbaus ....   434.1 Stempelabstand im Einfallen .... m

       434.2 Stempelabstand im Streichen ...... m   434.3 Abstand der Spitzen .... m

  44 Technische Einrichtungen: Hereingewinnung mittels Abbauhammer/Schießarbeit/ ....

  45 Materialbelieferung: Holzlieferung erfolgt bis zur Arbeitsstelle.

    ....

5 *Arbeitszeit und Leistung*

  51 Schichtzeit .... Stunden   52 Arbeitszeit vor Ort .... Std. .... Min.

  53 Gedingeleistung .... t/Mann/Schicht = ... Wagen/Mann/Schicht

     = ... m/Mann/Schicht = ... m²/Mann/Schicht

     = ... m³/Mann/Schicht

6 *Entgelt*

  60 Gedingerichtlohn .... DM/Mann/Schicht

  61 Gedingesatz .... DM je m/Schalholz/m²/m³

7 *Betriebsstoffverrechnung*

  71 Sprengstoff   frei/Normalverbrauch .... DM/...... / Mehrverbrauch geht zu ¹/.............. zu Lasten der Kameradschaft, Wenigerverbrauch wird zu ¹/.............. der Kameradschaft gutgeschrieben.

8 *Vertragsergänzungen*

  81 Die Lohnsumme wird gleichmäßig / über Lohnrechenschichten auf die Gruppenangehörigen aufgeteilt.

  82 Bei Auftreten von Gebirgsstörungen von mehr als .... cm Verwurf- oder Verschubhöhe wird ein Zusatz- oder Zwischengedinge vereinbart.

9 *Vertragsabschluß*

  91 Tag ....   92 Ort ....

  93 Unterschriften

     931 ....   932 ....

        (Fahr/Obersteiger)   (Steiger)

     935 ....

          (Vertreter der einzelnen Gruppen)

Abb. 151. Gedingeeinheitsvertrag Kenn-Nr. 32.2.   Gewinnung III.

0 *Allgemeine Vertragskennzeichnung*

 01 Betriebsart Abbaubetriebe 04 Gedingespielart Einzelgedinge nach m/Schalholz/m²/m³

 02 Betriebsgruppe ⎫
 03 Betriebsvorgang ⎭ Gewinnung

 05 Kennzeichen der zugehörigen Gedingekalkulation ....

 06 Register-Nr. des Vertrages ....

1 *Laufzeit des Vertrages* von .... bis ....

2 *Angaben zum Betriebspunkt* (vgl. auch die entsprechenden Angaben in der zugehörigen Gedingekalkulation)

 21 Lage im Grubengebäude 211 Sohle .... 212 Abteilung ....

 215 Flöz .... 216 Streb .... 219 Steigerabteilung ....

 22 Örtliche Gegebenheiten 221 Einfallen ....° 222 Gesteinsart ....

 222.1 Hangendes .... 222.2 Liegendes ....

 223 Flözprofil ....

3 *Art und Umfang der zu leistenden Arbeiten:* Hereingewinnung der Kohle, Einschaufeln des Haufwerks in das Fördermittel, wobei keine Kohle im Gewinnungs- oder Versatzfelde liegenbleiben darf; Einbringen des vorläufigen und endgültigen Ausbaus.

4 *Betriebsorganisation*

 41 Vorgesehene Belegung 411 Drittel .... 412 Mann/Drittel ....

 42 Eingeschlossene Arbeitergruppen: Nur die Kohlenhauer

 43 Technische Maße:

   432 Feldes-
     432.1 breite .... m
     432.2 länge .... m

   433 Kohlenanfall je Feld / m / Schalholz / m² / m³ .... Wagen

   434 Sonstige Maße
     434.0 Art des Ausbaus ....
     434.1 Stempelabstand im Einfallen .... m
     434.2 Stempelabstand im Streichen .... m
     434.3 Abstand der Spitzen .... m

 44 Technische Einrichtungen: Hereingewinnung mittels Abbauhammer / Schießarbeit / ....

 45 Materialbelieferung: Holzlieferung erfolgt bis zur Arbeitsstelle.

 ....

5 *Arbeitszeit und Leistung*

 51 Schichtzeit .... Stunden 52 Arbeitszeit vor Ort .... Std. .... Min.

 53 Gedingeleistung .... t/Mann/Schicht = ... Wagen/Mann/Schicht
   = ... m/Mann/Schicht = ... m²/Mann/Schicht
   = ... m³/Mann/Schicht

6 *Entgelt*

 60 Gedingerichtlohn .... DM/Mann/Schicht

 61 Gedingesatz .... DM je m/Schalholz/m²/m³

7 *Betriebsstoffverrechnung*

 71 Sprengstoff frei/Normalverbrauch .... DM/...... / Mehrverbrauch geht zu ¹/.............. zu Lasten der Kameradschaft, Wenigerverbrauch wird zu ¹/.............. der Kameradschaft gutgeschrieben.

8 *Vertragsergänzungen*

 81 Bei Auftreten von Gebirgsstörungen von mehr als .... cm Verwurf- oder Verschubhöhe wird ein Zusatz- oder Zwischengedinge vereinbart.

9 *Vertragsabschluß*

 91 Tag .... 92 Ort ....

 93 Unterschriften

   931 .... 932 ....
        (Fahr/Obersteiger)   (Steiger)

   936 ....

        ....
                (Die beteiligten Hauer)

Abb. 152. Gedingeeinheitsvertrag Kenn-Nr. 32.3. Gewinnung IV.

0 *Allgemeine Vertragskennzeichnung*

  01 Betriebsart   Abbaubetriebe   04 Gedingespielart Zusatzgedinge für Arbeitserschwernisse
  02 Betriebsgruppe   ⎫   05 Kennzeichen der zugehörigen Gedingekalkulation
  03 Betriebsvorgang   ⎬ Gewinnung   06 Register-Nr. des Vertrages
                  ⎭
  07 Zusatz-Gedinge zum Gedingevertrag
      Nr. .... vom ....

1 *Laufzeit* des Vertrages von .... bis ....

  53 Gedingeleistung: Ermäßigt sich auf ....

6 *Entgelt*

Für feste Kohle / Anbauen des Hangendpackens / Aushalten des Bergemittels / ....
wird zu dem im Hauptgedinge vereinbarten Gedingesatz ein Zuschlag von .... DM je ....
gezahlt.

8 *Vertragsergänzungen*

9 *Vertragsabschluß*

  91 Tag ....   92 Ort ....

  93 Unterschriften

    931 ....   932 ....
           (Fahr/Obersteiger)   (Steiger)

    933 ....   934 ....
           (Ortsältester)   (Sonstige)

    935 ....   936 ....

      (Vertreter der beteiligten Gruppen   (Die beteiligten Hauer
        — bei Gruppengedingen —)   — bei Einzelgedingen —)

Abb. 153. Gedingeeinheitsvertrag Kenn-Nr. 32.4., Arbeitserschwernisse in der Gewinnung I.

---

0 *Allgemeine Vertragskennzeichnung*

  01 Betriebsart   Abbaubetriebe   04 Gedingespielart Zwischengedinge für Arbeitserschwernisse
  02 Betriebsgruppe   ⎫   05 Kennzeichen der zugehörigen Gedingekalkulation
  03 Betriebsvorgang   ⎬ Gewinnung   06 Register-Nr. des Vertrages
                  ⎭
  07 Zwischengedinge zum Gedingevertrag
      Nr. .... vom ....

1 *Laufzeit* des Vertrages von .... bis ....

  53 Gedingeleistung: Ermäßigt sich auf ....

6 *Entgelt*

Anstelle des im Hauptgedinge vereinbarten wird ein Gedingesatz von .... DM je ....
festgelegt.

8 *Vertragsergänzungen*

Im Schichtenzettel ist der vorhergehende Gedingeposten abzuschließen. Die neue Vereinbarung erfordert
getrennte Leistungs- bzw. Lohnerrechnung.

9 *Vertragsabschluß*

  91 Tag ....   92 Ort ....

  93 Unterschriften

    931 ....   932 ....
           (Fahr/Obersteiger)   (Steiger)

    933 ....   934 ....
           (Ortsältester)   (Sonstige)

    935 ....   936 ....

      (Vertreter der beteiligten Gruppen   (Die beteiligten Hauer
        — bei Gruppengedingen —)   — bei Einzelgedingen —)

Abb. 154. Gedingeeinheitsvertrag Kenn-Nr. 32.5. Arbeitserschwernisse in der Gewinnung II.

0 *Allgemeine Vertragskennzeichnung*

   01 Betriebsart   Abbaubetriebe   04 Gedingespielart Kameradschafts/Einzel-Längen-Gedinge

   02 Betriebsgruppe   Gewinnung   05 Kennzeichen der zugehörigen Gedingekalkulation ....

   03 Betriebsvorgang   Durchörterung von   06 Register-Nr. des Vertrages ....

                             Gebirgsstörungen
im Streb

1 *Laufzeit* des Vertrages von .... bis ....

2 *Angaben zum Betriebspunkt* (vgl. auch die entsprechenden Angaben in der zugehörigen Gedingekalkulation)

   21 Lage im Grubengebäude   211 Sohle ....   212 Abteilung ....

       214 Ort ....   215 Flöz ....   216 Streb ....

       217 Störung ....   219 Steigerabteilung ....

   22 Örtliche Gegebenheiten

      221 Einfallen

         221.1 des Flözes   ....°

         221.2 der Gebirgsstörung   ....°

      222 Gesteinsart   222.1 Hangendes ....   222.2 Liegendes ....

      223 Flözprofil ....   224 Verwurfhöhe der Störung .... m

      225 Kluftbreite der Störung   .... m

3 *Art und Umfang der zu leistenden Arbeiten:* (Restlose) Hereingewinnung der Störungskohle, Einbringen des vorläufigen und endgültigen Ausbaus, von (ausgefüllten) Holzpfeilern, ...

4 *Betriebsorganisation*

   41 Vorgesehene Belegung   411 Drittel ....   412 Mann/Drittel ....

   42 Eingeschlossene Arbeitergruppen: Nur die Hauer vor der Störung.

      433 Kohlenanfall je m Störung .... Wagen

      434 Sonstige Maße:

         434.1 Art des Ausbaus in der Störung ....

         434.2 Maße für den Ausbau in der Störung ....

   44 Technische Einrichtungen: ....

5 *Arbeitszeit und Leistung*

   51 Schichtzeit .... Stunden   52 Arbeitszeit vor Ort .... Std. .... Min.

   53 Gedingeleistung   .... cm Störung/Mann/Schicht

6 *Entgelt*

   60 Gedingerichtlohn   .... DM/Mann/Schicht

   61 Gedingesatz   .... DM/m Störung

7 *Betriebsstoffverrechnung*

   71 Sprengstoff wird frei gestellt.

8 *Vertragsergänzungen:* Leistungen und Schichten werden im Schichtenzettel auf einem besonderen Blatt erfaßt.

9 *Vertragsabschluß*

   91 Tag ....   92 Ort ....

   93 Unterschriften

     931 ....   932 ....

          (Fahr/Obersteiger)   (Steiger)

     933 ....   934 ....

          (Ortsältester)   (Sonstige)

Abb. 155. Gedingeeinheitsvertrag Kenn-Nr. 32.6.   Gebirgsstörungen im Streb.

0 Allgemeine Vertragskennzeichnung

01 Betriebsart   Abbaubetriebe   04 Gedingespielart Kameradschafts-Koppel-Raum-Gedinge

02 Betriebsgruppe   Bergeversatz   05 Kennzeichen der zugehörigen Gedingekalkulation ....

03 Betriebsvorgang   Handvollversatz   06 Register-Nr. des Vertrages ....

1 Laufzeit des Vertrages von .... bis ....

2 Angaben zum Betriebspunkt (vgl. auch die entsprechenden Angaben in der zugehörigen Gedingekalkulation)

21 Lage im Grubengebäude   211 Sohle ....   212 Abteilung ....

    214 Ort ....   215 Flöz ....   216 Streb ....

    217 Strecke ....   219 Steigerabteilung ....

22 Örtliche Gegebenheiten   221 Einfallen ....°

    222 Gesteinsart   222.1 Hangendes ....   222.2 Liegendes ....

    223 Flözprofil ....   224 Versatzbedarfsgrad: 100 Wagen Kohlen erfordern .... Wagen Bergeversatz.

3 Art und Umfang der zu leistenden Arbeiten: Antransport der Bergewagen, Kippen der Bergewagen, Verpacken des Versatzgutes, Herrichtung der Kippstelle, Ausbauen des Fördermittels und der Rohrleitungen, Herstellung der Verschläge, Setzen der Abschlußmauern, ...

4 Betriebsorganisation

41 Vorgesehene Belegung   411 Drittel ....   412 Mann/Drittel ....

42 Eingeschlossene Arbeitergruppen: Bergeschlepper, Bergekipper, Bergeverpacker.

    432 Versatzfeld-

       432.1 breite .... m

       432.2 länge .... m

44 Technische Einrichtungen: Fördermittel ....,
Kippeinrichtung ....

5 Arbeitszeit und Leistung

51 Schichtzeit .... Stunden   52 Arbeitszeit vor Ort .... Std. .... Min.

53 Gedingeleistung: Schichtenaufwand ..../100 t Kohlen = .../100 Wg Kohlen

6 Entgelt

60 Gedingerichtlohn .... DM/Mann/Schicht

61 Gedingesatz .... DM/Wagen geförderte Kohle

8 Vertragsergänzungen

9 Vertragsabschluß

91 Tag ....   92 Ort ....

93 Unterschriften

931 ....   932 ....
     (Fahr/Obersteiger)   (Steiger)

933 ....   934 ....
     (Ortsältester)   (Sonstige)

Abb. 156. Gedingeeinheitsvertrag Kenn-Nr. 33.1. Handvollversatz.

0 *Allgemeine Vertragskennzeichnung*
   01 Betriebsart   Abbaubetriebe   04 Gedingespielart Kolonnen- od. Gruppen- od. Einzel-Längengedinge
   02 Betriebsgruppe Bergeversatz   05 Kennzeichen der zugehörigen Gedingekalkulation ....
   03 Betriebsvorgang Blindortabbohren 06 Register-Nr. des Vertrages ....

1 *Laufzeit* des Vertrages von .... bis ....

2 *Angaben zum Betriebspunkt* (vgl. auch die entsprechenden Angaben in der zugehörigen Gedingekalkulation)
   21 Lage im Grubengebäude 211 Sohle ....   212 Abteilung ....
      214 Ort ....   215 Flöz ....   216 Streb ....
      219 Steigerabteilung ....
   22 Örtliche Gegebenheiten 221 Einfallen ....°
      222 Gesteinsart   222.1 Hangendes ....   222.2 Liegendes ....
      223 Flözprofil ....   224 Blindörter im Hangenden/im Liegenden

3 *Art und Umfang der zu leistenden Arbeiten:* Herstellung der Bohrlöcher, Hilfeleistung bei der Sprengarbeit, Einbringen und Rauben des Ausbaus im Blindort, Schlagen von Brechstempeln, ...

4 *Betriebsorganisation*
   41 Vorgesehene Belegung   411 Drittel ....   421 Mann/Drittel ....
   413 Größe einer Gruppe .... Mann
   42 Eingeschlossene Arbeitergruppen: Nur die Blindort-Abbohrer
   43 Technische Maße:
      431 Blindort-
         431.1 querschnitt licht   .... m^2
         431.2 querschnitt im Ausbruch .... m^2
         431.3 sohlenweite licht   .... m
         431.4 höhe licht   .... m
         431.5 Bohrlochzahl   .... je m
      432 Abschlag-
         432.2 länge   .... m
      433 Bergeanfall je m Blindort   .... m^3 geschüttet
      434 Sonstige Maße ....
   44 Technische Einrichtungen: Bohrsäulen / Wasserspülung / Staubabsaugung / ....

5 *Arbeitszeit und Leistung*
   51 Schichtzeit .... Stunden   52 Arbeitszeit vor Ort .... Std. .... Min.
   53 Gedingeleistung   .... m Blindort/Mann/Schicht

6 *Entgelt*
   60 Gedingerichtlohn   .... DM/Mann/Schicht
   61 Gedingesatz   .... DM/m Blindort

7 *Betriebsstoffverrechnung*
   71 Sprengstoff   frei/Normalverbrauch .... DM/m / Mehrverbrauch geht zu $^1/$............ zu Lasten der Kameradschaft, Wenigerverbrauch wird zu $^1/$............ der Kameradschaft gutgeschrieben.

8 *Vertragsergänzungen*
Die Lohnabrechnung wird

(beim Kolonnengedinge) dergestalt vorgenommen, daß die Gesamtlohnsumme der Kolonne nach den verfahrenen Schichten verteilt wird,

(beim Gruppengedinge) dergestalt vorgenommen, daß die Leistung jeder Gruppe für sich verrechnet und die Lohnsumme der Gruppe nach den verfahrenen Schichten auf die Gruppenmitglieder aufgeteilt wird,

(beim Einzelgedinge) für jeden einzelnen nach seiner erbrachten Leistung durchgeführt.

9 *Vertragsabschluß*
   91 Tag ....   92 Ort ....
   93 Unterschriften
      931 ....   932 ....
         (Fahr/Obersteiger)   (Steiger)
      933 ....
         (Ortsältester)
      934 ....   } beim Kolonnengedinge
         (Sonstige)
      935 ....   936 ....
      (Vertreter der einzelnen Gruppen   (Die einzelnen Hauer
      — beim Gruppengedinge —)   — beim Einzelgedinge —)

Abb. 157. Gedingeeinheitsvertrag Kenn-Nr. 33.21. Blindortabbohren.

0 *Allgemeine Vertragskennzeichnung*

 01 Betriebsart   Abbau   04 Gedingespielart Kolonnen- o. Gruppen- o. Einzel-Längen-
 02 Betriebsgruppe Bergeversatz   bzw. Flächengedinge
 03 Betriebsvorgang Blindort-Bergeverpacken 05 Kennzeichen der zugehörigen Gedingekalkulation ....
               06 Register-Nr. des Vertrages ....

1 *Laufzeit* des Vertrages von .... **bis** ....

2 *Angaben zum Betriebspunkt* (vgl. auch die entsprechenden Angaben in der zugehörigen Gedingekalkulation)

 21 Lage im Grubengebäude 211 Sohle .... 212 Abteilung ....
   214 Ort ....   215 Flöz ....   216 Streb ....
   219 Steigerabteilung ....
 22 Örtliche Gegebenheiten 221 Einfallen ....°
   222 Gesteinsart 222.1 Hangendes .... 222.2 Liegendes. ....
   223 Flözprofil .... 224 Blindörter im Hangenden/Liegenden ....

3 *Art und Umfang der zu leistenden Arbeiten:* Verpacken des in den Blindörtern hereingewonnenen Bergehaufwerks / Ziehen der Bergemauern, Einbringen des Ausbaus und Rauben des rückwärtigen in den Blindörtern

....

4 *Betriebsorganisation*

 41 Vorgesehene Belegung 411 Drittel .... 412 Mann/Drittel ....
   413 Größe der Gruppe .... Mann
 42 Eingeschlossene Arbeitergruppen: Nur die Blindort-Verpacker.
 43 Technische Maße
   431 Blindort-
     431.1 querschnitt licht .... m^2
     431.2 querschnitt im Ausbruch .... m^2
     431.3 sohlenweite licht .... m
     431.4 höhe licht .... m
   432 Feldes-
     432.1 breite .... m
     432.2 länge .... m
   433 Bergeanfall je m Blindort .... m^3 geschüttet
   434 Sonstige Maße ....
 44 Technische Einrichtungen: ....

5 *Arbeitszeit und Leistung*

 51 Schichtzeit .... Stunden 52 Arbeitszeit vor Ort .... Std. .... Min.
 53 Gedingeleistung .... m bei .... m Feldesbreite/Mann/Schicht
          = ... m^2/Mann/Schicht

6 *Entgelt*

 60 Gedingerichtlohn .... DM/Mann/Schicht
 61 Gedingesatz .... DM/m = ... DM/m^2

8 *Vertragsergänzungen*

Die Lohnabrechnung wird

(beim Kolonnengedinge) dergestalt vorgenommen, daß die Gesamtlohnsumme der Kolonne nach den verfahrenen Schichten verteilt wird,

(beim Gruppengedinge) dergestalt vorgenommen, daß die Leistung jeder Gruppe für sich verrechnet und die Lohnsumme der Gruppe nach den verfahrenen Schichten auf die Gruppenmitglieder aufgeteilt wird,

(beim Einzelgedinge) für jeden einzelnen nach seiner erbrachten Leistung durchgeführt.

9 *Vertragsabschluß*

 91 Tag ....   92 Ort ....
 93 Unterschriften
   931 ....   932 ....
     (Fahr/Obersteiger)   (Steiger)
   933 ....
     (Ortsältester)   beim Kolonnengedinge
   934 ....
     (Sonstige)
   935 ....   936 ....
    (Vertreter der einzelnen Gruppen   (Die einzelnen Hauer
    — beim Gruppengedinge —)   — beim Einzelgedinge —)

Abb. 158. Gedingeeinheitsvertrag Kenn-Nr. 33.22. Blindort-Bergeverpacken.

0 *Allgemeine Vertragskennzeichnung*

    01 Betriebsart   Abbaubetriebe   04 Gedingespielart Kolonnen-Stück-Gedinge

    02 Betriebsgruppe   Bergeversatz   05 Kennzeichen der zugehörigen Gedingekalkulation ....

    03 Betriebsvorgang   Bruchbau   06 Register-Nr. des Vertrages ....

1 *Laufzeit* des Vertrages von .... bis ....

2 *Angaben zum Betriebspunkt* (vgl. auch die entsprechenden Angaben in der zugehörigen Gedingskalkulation)

    21 Lage im Grubengebäude   211 Sohle ....   212 Abteilung ....

    214 Ort ....   215 Flöz ....   216 Streb

    219 Steigerabteilung ....

    22 Örtliche Gegebenheiten   221 Einfallen .... °

    222 Gesteinsart   222.1 Hangendes ....   222.2 Liegendes ....

    223 Flözprofil ....

3 *Art und Umfang der zu leistenden Arbeiten:* Umsetzen der Wanderpfeiler / Umsetzen der Bruchkanten-Stahl-stempelreihe / Rauben der Stempel im Alten Mann / ....

4 *Betriebsorganisation*

    41 Vorgesehene Belegung   411 Drittel ....   412 Mann/Drittel ....

    42 Eingeschlossene Arbeitergruppen: Die Umsetzkolonne.

    43 Technische Maße

        432 Feldes-

            432.1 breite .... m

            432.2 länge .... m

        434 Sonstige Maße

            434.1 Anzahl   der Wanderpfeiler .... Stück

            434.2 Ausmaß der Wanderpfeiler .... m $\times$ .... m

            434.3 Baustoff der Wanderpfeiler ....

            434.4 Anzahl der Stempel an der Bruchkante ....

            434.5 Gewicht des Stahlstempels .... kg

            434.6 Gewicht der Stahlkappe .... kg

            434.7 Abstand der Stahlstempel .... m

    44 Technische Einrichtungen: Raubhaspel / Sylvester / Raubwinden / ....

5 *Arbeitszeit und Leistung*

    51 Schichtzeit   .... Stunden   52 Arbeitszeit vor Ort .... Std. .... Min.

    53 Gedingeleistung   .... Wanderpfeiler/Mann/Schicht

                      .... Stempel einschl. Kappe/Mann/Schicht

6 *Entgelt*

    60 Gedingerichtlohn   .... DM/Mann/Schicht

    61 Gedingesatz

        61.1 .... DM/Wanderpfeiler

        61.2 .... DM/Stahlstempel einschl. Kappe

7 *Betriebsstoffverrechnung*

    71 Sprengstoff ....

8 *Vertragsergänzungen*

9 *Vertragsabschluß*

    91 Tag ....   92 Ort ....

    93 Unterschriften

      931 ....   932 ....

           (Fahr/Obersteiger)   (Steiger)

      933 ....   934 ....

           (Ortsältester)   (Sonstige)

Abb. 159. Gedingeeinheitsvertrag Kenn-Nr. 33.3. Bruchbau I.

0 *Allgemeine Vertragskennzeichnung*

  01 Betriebsart   Abbaubetriebe   04 Gedingespielart Kolonnen-Längen- o. Flächen- o. Raumgedinge

  02 Betriebsgruppe   Bergeversatz   05 Kennzeichen der zugehörigen Gedingekalkulation ....

  03 Betriebsvorgang   Bruchbau   06 Register-Nr. des Vertrages ....

1 *Laufzeit* des Vertrages von .... bis ....

2 *Angaben zum Betriebspunkt* (vgl. auch die entsprechenden Angaben in der zugehörigen Gedingekalkulation)

  21 Lage im Grubengebäude   211 Sohle ....   212 Abteilung ....

     214 Ort..................   215 Flöz ....   216 Streb   ....

     217 Strecke ....   219 Steigerabteilung ....

  22 Örtliche Gegebenheiten   221 Einfallen ....°

     222 Gesteinsart   222.1 Hangendes ....   222.2 Liegendes ....

     223 Flözprofil ....   224 Versatzbedarfsgrad: 100 Wagen Kohlen erfordern .... Wagen Bergeversatz.

3 *Art und Umfang der zu leistenden Arbeiten:* Antransport und Kippen der Bergewagen, Beaufsichtigung der Maschinenanlage, Ein- und Ausbau der Blasrohrleitung, Herstellung der Verschläge, ...

....

4 *Betriebsorganisation*

  41 Vorgesehene Belegung   411 Drittel ....   412 Mann/Drittel ....

  42 Eingeschlossene Arbeitergruppen: Bergeschlepper, Bergekipper, Maschinisten, Rohrverleger, ...

....

  43 Technische Maße

     432 Versatzfeld-

       432.1 breite   .... m

       432.2 länge   .... m

     433 Bergebedarf   .... /lfdm .... /m² .... /m³

     434 Sonstige Maße ....

  44 Technische Einrichtungen: Blasmaschine Typ ...., Blasrohrdurchmesser .... mm, Blasrohrschußlänge .... m, ... Kipper, ...

5 *Arbeitszeit und Leistung*

  51 Schichtzeit .... Stunden   52 Arbeitszeit vor Ort .... Std. .... Min.

  53 Gedingeleistung: Schichtenaufwand ..../100 t Kohle = .../100 Wg Kohlen

      = .../lfdm Streblänge = .../m² Versatzfläche

      = .../m³ Versatzraum

6 *Entgelt*

  60 Gedingerichtlohn   .... DM/Mann/Schicht

  61 Gedingesatz

     .... DM/lfdm Streblänge

     .... DM/m² Versatzfläche

     .... DM/m³ Versatzraum

8 *Vertragsergänzungen* ....

9 *Vertragsabschluß*

  91 Tag ....   92 Ort ....

  93 Unterschriften

    931 ....   932 ....

        (Fahr/Obersteiger)   (Steiger)

    933 ....   934 ....

        (Ortsältester)   (Sonstige)

Abb. 160. Gedingeeinheitsvertrag Kenn-Nr. 33.4.   Bruchbau II.

0 *Allgemeine Vertragskennzeichnung*

  01 Betriebsart   Abbaubetrieb   04 Gedingespielart Kolonnen-Längen-Gedinge

  02 Betriebsgruppe   Abbauförderung   05 Kennzeichen d. zugehörig. Gedingekalkulation ....

  03 Betriebsvorgang Umlegen des Fördermittels 06 Register-Nr. des Vertrages ....

1 *Laufzeit* des Vertrages von .... **bis** ....

2 *Angaben zum Betriebspunkt* (vgl. auch die entsprechenden Angaben in der zugehörigen Gedingekalkulation)

  21 Lage im Grubengebäude   211 Sohle ....   212 Abteilung ....

    214 Ort ....   215 Flöz ....   216 Streb ....

    219 Steigerabteilung ....

  22 Örtliche Gegebenheiten   221 Einfallen ....°

    222 Gesteinsart   222.1 Hangendes ....   222.2 Liegendes ....

    223 Flözprofil ....

3 *Art und Umfang der zu leistenden Arbeiten:* Umlegen des Fördermittels einschl. Antriebsmotor in das neue Förderfeld und Herstellung der Betriebsbereitschaft, Umbauen der Rohrleitungen, Umhängen des Ladekastens, Förderung der im Rutschenfeld liegenden Restkohle, Säuberung des Strebs von Restkohlen, ...

....

4 *Betriebsorganisation*

  41 Vorgesehene Belegung   411 Drittel ....   412 Mann/Drittel ....

  42 Eingeschlossene Arbeitergruppen: Die Umlegerkolonne.

  43 Technische Maße

    432 Feldes-

      432.1 breite   .... m

      432.2 länge   .... m

    434 Sonstige Maße

      434.1 Art des Fördermittels ....

      434.2 Gesamtlänge des Fördermittels .... m

  44 Technische Einrichtungen: Flaschenzug / Sylvester / ....

5 *Arbeitszeit und Leistung*

  51 Schichtzeit   .... Stunden   52 Arbeitszeit vor Ort .... Std. .... Min.

  53 Gedingeleistung   .... m Fördermittel/Mann/Schicht

6 *Entgelt*

  60 Gedingerichtlohn   .... DM/Mann/Schicht

  61 Gedingesätze   .... DM/m Fördermittel

             .... DM/Wagen Kohlen

8 *Vertragsergänzungen*

Bei besonderen Arbeitserschwernissen oder Auftreten einer Gebirgsstörung von mehr als .... m Mächtigkeit wird ein Zuschlag- oder Zwischengedinge vereinbart.

9 *Vertragsabschluß*

  91 Tag ....   92 Ort ....

  93 Unterschriften

    931 ....   932 ....

        (Fahr/Obersteiger)   (Steiger)

    933 ....   934 ....

        (Ortsältester)   (Sonstige)

Abb. 161. Gedingeeinheitsvertrag Kenn-Nr. 34. Umlegen.

0 *Allgemeine Vertragskennzeichnung*

  01 Betriebsart   Abbaubetriebe   04 Gedingespielart Kolonnen-Gedinge
  02 Betriebsgruppe   Abbaustreckenförderung 05 Kennzeichen der zugehörig. Gedingekalkulation
  03 Betriebsvorgang Wagenfüllung   06 Register-Nr. des Vertrages

1 *Laufzeit* des Vertrages von   bis

2 *Angaben zum Betriebspunkt* (vgl. auch die entsprechenden Angaben in der zugehörigen Gedingekalkulation)

  21 Lage im Grubengebäude 211 Sohle   212 Abteilung
     214 Ort   215 Flöz   216 Streb
     219 Steigerabteilung

  22 Örtliche Gegebenheiten 221 Einfallen   °
     222 Gesteinsart   222.1 Hangendes   222.2 Liegendes
     223 Flözprofil

3 *Art und Umfang der zu leistenden Arbeiten:* Füllen der Wagen mit Kohlen unter Aushaltung der Klaube-
berge; Sauberhaltung der Ladestelle in einem Umkreis von   m / der Abbaustrecke; Entladung der
Holzwagen; An- und Abtransport der Wagen auf eine Entfernung von   m von der Ladestelle,
Beseitigung kleinerer Förderstörungen in der Förderstrecke.

4 *Betriebsorganisation*

  41 Vorgesehene Belegung   411 Drittel   412 Mann/Drittel
  42 Eingeschlossene Arbeitergruppen: Wagenfüller, Hilfsförderleute an der Ladestelle.

  43 Technische Maße
     433 Normaler Kohlenanfall je Schicht   Wagen
     434 Sonstige Maße
        434.1 Wageninhalt   l =   kg Reinförderung
  44 Technische Einrichtungen: Wagenrüttler / Vorschiebevorrichtung / Vorziehhaspel /

5 *Arbeitszeit und Leistung*

  51 Schichtzeit   Stunden   52 Arbeitszeit vor Ort   Std.   Min.
  53 Gedingeleistung   Wagen/Mann/Schicht

6 *Entgelt*

  60 Gedingerichtlohn   DM/Mann/Schicht
  61 Gedingesatz   DM/Wagen Kohlen

8 *Vertragsergänzungen*
Bei Änderungen des Gewinnungsgedinges der Strebe ändert sich der Gedingesatz im gleichen Verhältnis wie
das der Kohlenhauer.

9 *Vertragsabschluß*

  91 Tag   92 Ort
  93 Unterschriften

    931   932
       (Fahr/Obersteiger)   (Steiger)

    933   934
       (Ortsältester)   (Sonstige)

Abb. 162. Gedingeeinheitsvertrag Kenn-Nr. 35.1.   Wagenfüllung.

0 *Allgemeine Vertragskennzeichnung*

   01 Betriebsart   Abbaubetriebe   **04** Gedingespielart Schichtlohn-Zuschlag-Gedinge

   02 Betriebsgruppe   Abbaustreckenförderung **05** Kennzeichen der zugehörigen Gedingekalkulation ....

   03 Betriebsvorgang   Schlepparbeit   **06** Register-Nr. des Vertrages ....

1 *Laufzeit* des Vertrages von .... bis ....

2 *Angaben zum Betriebspunkt* (vgl. auch die entsprechenden Angaben in der zugehörigen Gedingekalkulation)

   21 Lage im Grubengebäude   **211** Sohle ....   **212** Abteilung ....

      213 Blindschacht .... **214** Ort ....   **215** Flöz ....

      219 Steigerabteilung ....

3 *Art und Umfang der zu leistenden Arbeiten:*

Kohlenschlepper: Füllen der Wagen mit Kohlen unter Aushaltung der Klaubeberge; Sauberhaltung der Ladestelle in einem Umkreis von .... m / der Abbaustrecke; Entladung der Holzwagen; An- und Abtransport der Wagen auf eine Entfernung von .... m von der Ladestelle, Beseitigung kleinerer Förderstörungen in der Förderstrecke.

Bergeschlepper: Anschleppen der Bergewagen von .... bis zur Kippstelle, Stürzen und Reinigen der Wagen, Sauberhaltung der Förderstrecke, Entladen von Holzwagen.

4 *Betriebsorganisation*

   41 Vorgesehene Belegung   **411** Drittel ....   **412** Mann/Drittel ....

   42 Eingeschlossene Arbeitergruppen: ....

   43 Technische Maße

      431 Strecken-

         431.5 länge .... m

      433 Kohlen- bzw. Bergewagenanfall je Schicht .... Wagen Kohlen/Wagen Berge

      434 Sonstige Maße: Schlepplänge .... m

   44 Technische Einrichtungen: Vorziehhäspel / ....

5 *Arbeitszeit und Leistung*

   51 Schichtzeit .... Stunden   **52** Arbeitszeit vor Ort .... Std. .... Min.

   53 Gedingeleistung .... Wagen Kohlen o. Berge/Mann/Schicht

6 *Entgelt*

   60 Gedingerichtlohn .... DM/Mann/Schicht

   61 Gedingesatz .... DM/Wagen

   Als Grundlohn wird der Tariflohn der Schlepper gezahlt (Nr. .... der Tarifordnung), dazu kommt ein Leistungszuschlag von .... DM/Mann/Schicht bei einer Überschreitung einer Leistung von .... Wagen Kohlen/Berge/Mann/Schicht.

9 *Vertragsabschluß*

   91 Tag ....   **92** Ort ....

   93 Unterschriften

      931 ....   **932** ....

           (Fahr/Obersteiger)   (Steiger)

      933 ....   **934** ....

           (Ortsältester)   (Sonstige)

Abb. 163. Gedingeeinheitsvertrag Kenn-Nr. 35.2. Schlepparbeit.

0 *Allgemeine Vertragskennzeichnung*
  01 Betriebsart   } Instandhaltung   04 Gedingespielart Kolonnen-Längen-Gedinge
  02 Betriebsgruppe   } des Grubengebäudes   05 Kennzeichen d. zugehörig. Gedingekalkulation ....
  03 Betriebsvorgang   Unterhaltung/Erweiterung 06 Register-Nr. des Vertrages ....

1 *Laufzeit* des Vertrages von .... bis ....

2 *Angaben zum Betriebspunkt* (vgl. auch die entsprechenden Angaben in der zugehörigen Gedingekalkulation)
  21 Lage im Grubengebäude   211 Sohle ....   212 Abteilung ....
    213 Blindschacht ....   214 Ort ....   215 Flöz ....
    219 Steigerabteilung ....
  22 Örtliche Gegebenheiten   221 Einfallen .... °   222 Gesteinsart ....
    222.1 Hangendes ....   222.2 Liegendes ....

3 *Art und Umfang der zu leistenden Arbeiten:*
  31 Wiederherstellung des ursprünglichen Querschnittes durch Erweitern in den Stößen, in der Firste, durch Ausstollen, unter Einbringen neuen Ausbaus,
  32 Erweitern auf einen größeren als den ursprünglichen Querschnitt durch Erweitern in den Stößen, in der Firste unter Einbringen neuen Ausbaus.
  33 Instandsetzung der Gleisanlage durch Ausstollen, Bahnsenken, unter Einbringung neuer Schwellen.
  34 Säuberung und Erweitern / Betonieren der Wassersaige.
  39 (Soweit erforderlich) Durchführung der Bohrarbeit, der Herrichtung des Ausbaus, Laden, Verpacken der anfallenden Berge, Abtransport der Bergewagen bis ....

4 *Betriebsorganisation*
  41 Vorgesehene Belegung   411 Drittel ....   412 Mann/Drittel ....
  42 Eingeschlossene Arbeitergruppen: Nur die mit den Instandsetzungsarbeiten Beauftragten, nicht Förderleute und ....
  43 Technische Maße
    431 Streckenmaße nach Fertigstellung der Arbeiten
      431.1 Querschnitt licht   .... m^2
      431.2 Querschnitt im Ausbruch   .... m^2
      431.3 Sohlenweite licht   .... m
      431.4 Höhe licht   .... m
      431.5 Neigung   1 : ....
      431.6 Querschnitt der Wassersaige   .... m × .... m = ... m^2
    433 Bergeanfall je lfdm   .... Wagen
    434 Sonstige Maße
      434.1 Art des Ausbaus ....
      434.2 Abstand der Zimmerungen   .... m
      434.3 Abstand der Spitzen   .... m
      434.4 Abstand der Schwellen   .... m
      434.5 Vorhandener Streckenquerschnitt   .... m^2
      434.6 Vorhandene Sohlenweite licht   .... m
      434.7 Vorhandene Höhe licht   .... m
      434.8 ....
      434.9 ....
  44 Technische Einrichtungen: ....

  45 Materialbelieferung: Die erforderlichen Betriebsmaterialien werden angeliefert bis ....

5 *Arbeitszeit und Leistung*
  51 Schichtzeit .... Stunden   52 Arbeitszeit vor Ort .... Std. .... Min.
  53 Gedingeleistung
    531 .... m Strecke/Mann/Schicht
    532 .... m Wassersaige/Mann/Schicht

6 *Entgelt*
  60 Gedingerichtlohn .... DM/Mann/Schicht
  61 Gedingesätze
    611 .... DM/m Strecke instand setzen   613 .... DM/m Gleisanlage instand setzen
    612 .... DM/m Strecke erweitern   614 .... DM/m Wassersaige

7 *Betriebsstoffverrechnung*
  71 Sprengstoff frei/Normalverbrauch .... DM/m / Mehrverbrauch geht zu $^1/$............ zu Lasten der Kameradschaft, Wenigerverbrauch wird zu $^1/$............ der Kameradschaft gutgeschrieben.

8 *Vertragsergänzungen:* Die nicht volleinsatzfähigen Mitglieder der Kolonne .... sind mit ....% bei der Lohnabrechnung zu berücksichtigen.

9 *Vertragsabschluß*
  91 Tag ....   92 Ort ....   93 Unterschriften
    931 ....   932 ....
        (Fahr/Obersteiger)   (Steiger)
    933 ....   934 ....
        (Ortsältester)   (Sonstige)

Abb. 164. Gedingeeinheitsvertrag Kenn-Nr. 4. Unterhaltung/Erweiterung.

0 *Allgemeine Vertragskennzeichnung*

01 Betriebsart
02 Betriebsgruppe } Sonstige Betriebe
03 Betriebsvorgang   Sonderarbeiten wie Aufstellen von Maschinen, Aufwältigen von Brüchen, Raubarbeiten, Strebsichern, Sprungdurchörtern usw.

04 Gedingespielart Zeit-Pauschal-Gedinge

05 Kennzeichen der zugehörigen Gedingekalkulation ....

06 Register-Nr. des Vertrages ....

07 Nr. des Hauptgedinges, zu dem der Vertrag gehört ....

1 *Laufzeit* des Vertrages von .... bis ....

2 *Angaben zum Betriebspunkt* (vgl. auch die entsprechenden Angaben in der zugehörigen Gedingekalkulation)

21 Lage im Grubengebäude   211 Sohle ....   212 Abteilung ....

213 Blindschacht ....   214 Ort ....   215 Flöz ....

216 Streb ....   219 Steigerabteilung ....

22 Örtliche Gegebenheiten   221 Einfallen .... °

222 Gesteinsart   222.1 Hangendes ....   222.2 Liegendes ....

223 Flözprofil ....

3 *Art und Umfang der zu leistenden Arbeiten:* ....

....

....

4 *Betriebsorganisation*

41 Vorgesehene Belegung   411 Drittel ....   412 Mann/Drittel ....

42 Eingeschlossene Arbeitergruppen: ....

43 Technische Maße: ....

44 Technische Einrichtungen: ....

45 Materialbelieferung: ....

5 *Arbeitszeit und Leistung*

51 Schichtzeit .... Stunden   52 Arbeitszeit vor Ort .... Std. .... Min.

53 Leistung

Für die Erledigung vorstehender Arbeiten werden .... Leistungsschichten/Leistungsstunden vorgegeben.

6 *Entgelt*

60 Gedingerichtlohn .... DM/Mann/Schicht

61 Gedingesatz

Für die Erledigung vorstehender Arbeiten werden .... DM gezahlt.

9 *Vertragsabschluß*

91 Tag ....   92 Ort ....

93 Unterschriften

931 ....   932 ....

(Fahr/Obersteiger)   (Steiger)

933 ....   934 ....

(Ortsältester)   (Sonstige)

Abb. 165. Gedingeeinheitsvertrag Kenn-Nr. 5.   Sonderarbeiten I.

23 Dohmen, Gedingewesen.

0 *Allgemeine Vertragskennzeichnung*

    01 Betriebsart   ⎫   Allgemeines   04 Gedingespielart Lohnabkommen

    02 Betriebsgruppe ⎭   06 Register-Nr. des Vertrages ....

    03 Betriebsvorgang   Sonderarbeiten wie Aufstellen von Maschinen, Aufwältigen von Brüchen, Raubarbeiten, Strebsichern, Sprungdurchörtern usw.

1 *Laufzeit* des Vertrages von .... bis ....

2 *Angaben zum Betriebspunkt* (vgl. auch die entsprechenden Angaben in der zugehörigen Gedingekalkulation)

    21 Lage im Grubengebäude   211 Sohle ....   212 Abteilung ....

        213 Blindschacht ....   214 Ort ....

        215 Flöz ....   216 Streb ....

        219 Steigerabteilung ....

    22 Örtliche Gegebenheiten ....

3 *Art und Umfang der zu leistenden Arbeiten:* ....

4 *Betriebsorganisation*

    41 Vorgesehene Belegung   411 Drittel ....   412 Mann/Drittel ....

    42 Eingeschlossene Arbeitergruppen: ....

    43 Technische Maße: ....

    44 Technische Einrichtungen: ....

    45 Materialbelieferung: ....

5 *Arbeitszeit und Leistung*

    51 Schichtzeit .... Stunden   52 Arbeitszeit vor Ort .... Std. .... Min.

6 *Entgelt*

    Für die Durchführung obiger Arbeiten wird ein Lohn von .... DM/Mann/Schicht vereinbart.

8 *Vertragsergänzungen*

    Die Arbeiter mit ....% Abzügen erhalten obigen Lohn entsprechend gekürzt.

9 *Vertragsabschluß*

    91 Tag ....   92 Ort ....

    93 Unterschriften

        931 ....   932 ....

            (Fahr/Obersteiger)   (Steiger)

        933 ....   934 ....

            (Ortsältester)   (Sonstige)

Abb. 166. Einheitsvertrag für Lohnabkommen Kenn-Nr. 9. Sonderarbeiten II.

9 Abnahme und Abrechnung der Gedinge sowie Überwachung und Statistik der Gedingewirtschaft.

90 Einleitende Bemerkungen.

PEISELER [173] betrachtet den Gedingevertrag als einen „Geschäftsabschluß" zwischen zwei Partnern, „die man ‚Geschäftsfreunde' nennen möchte . . . Jeder wird seinen Stolz darin setzen, vor dem anderen und vor jedem als anständiger Kaufmann dazustehen." Es kann nicht geleugnet werden, daß dieser Gedanke der Erwägung wohl wert ist. Verfolgen wir ihn daher etwas weiter — über den eigentlichen Vertragsabschluß hinaus.

Im kaufmännischen Leben ist es Brauch, über eine Lieferung einen sogenannten Lieferschein auszufertigen, der, mit der Bestätigung über den Erhalt durch den Empfänger versehen, der Rechnungserteilung als Grundlage dient. Oder wenn eine Firma für eine andere Arbeiten ausgeführt hat, so wird nach Beendigung der Arbeit von den beiderseitigen Beauftragten eine genaue „Aufmessung" vorgenommen, die schriftlich fixiert wiederum die Grundlage für die Abrechnung bildet. Auf die Gedingewirtschaft bezogen würde das bedeuten, daß die geleistete Arbeit von den Beauftragten der beiden Vertragspartner genau aufzumessen ist, soweit sie nicht auf andere Weise (so z. B. durch tägliche Notierung der geförderten Wagen durch einen vom Vertrauen beider Partner getragenen Vertrauensmann) offenkundig und nachweisbar ist. Das heißt demnach: Der Abschluß eines Gedingevertrages verlangt aus dem Prinzip der Ehrlichkeit der Vertragspartner eine „Abnahme" nach Erledigung der Arbeiten.

Und weiter: Wenn man im Geschäftsleben für die Bestätigung einer Lieferung oder Aufmessung die schriftliche Form wählt, warum sollte man bei der bergmännischen Abnahme im Untertagebetrieb anders verfahren?

Drittens: Wenn es sich um Lieferverträge handelt, die über einen längeren Zeitraum laufen, so pflegt man, wenn monatliche Rechnungserteilung vereinbart ist, Zwischenaufmessungen zu machen bzw. Teillieferscheine auszufertigen, auf denen die Monatsabrechnung aufbaut. Für den Bergbau gilt nun der Monat als Lohnabrechnungszeitraum. Es ist daher vom Standpunkt eines redlichen Kaufmanns nicht mehr als billig, daß man als Unterlage für die monatliche Lohnabrechnung bei über den Lohnrechenzeitraum hinaus geltenden Gedingeverträgen zum Ende eines jeden Monats eine Abnahme der im laufenden Monat geleisteten Arbeiten vornimmt. Daß mit Ablauf des Gedingevertrages unabhängig von dessen Zeitpunkt eine abschließende Aufnahme der erbrachten Leistung erfolgen muß, braucht nicht näher begründet zu werden.

Sodann ist es für jeden ehrlichen Kaufmann selbstverständlich, daß eine Änderung bzw. Ergänzung des Vertrages vorgenommen werden muß, wenn die Art der übertragenen Aufgabe eine andere geworden ist oder sich aus irgendwelchen Gründen Schwierigkeiten in der Durchführung ergeben haben. Ob nun die Berücksichtigung dieser Änderungen bzw. Schwierigkeiten Inhalt des Vertrages geworden ist oder nicht, sie müssen in jedem Falle bei der Ausfertigung des Aufmessungs- bzw. Abnahmescheines schriftlich niedergelegt bzw. vermerkt werden. Das gleiche gilt für den Gedingevertrag des Bergmanns.

Schließlich ist es zwischen Kaufleuten üblich, Arbeiten oder Lieferungen, die außerhalb des eigentlichen Vertrages ausgeführt werden, gesondert aufzunehmen, festzulegen, abzurechnen und zu bezahlen. Für das bergmännische Gedingewesen gelten die gleichen Grundsätze.

Man kann daher, wenn man das Verhalten von „Geschäftsfreunden" sich zur Richtschnur wählt, bezüglich des bergmännischen Gedingewesens an folgenden Forderungen nicht vorbeigehen:

1. Abnahme nach Fertigstellung der Arbeiten, mindestens aber zu Ende eines jeden Lohnrechenzeitraumes durch Aufmessung, sofern das Arbeitserträgnis nicht anderweitig erkennbar ist.

2. Schriftliche Form einer jeden Abnahme.

23*

3. Gemeinsame korrekte Aufmessung durch die Beauftragten der beiden Vertragspartner.

4. Festlegung von Abweichungen in der Ausführung und der aufgetretenen Schwierigkeiten im Abnahmeschein.

5. Gesonderte Abnahme für neben dem Gedingevertrag erfolgte Lieferungen und Leistungen.

Wenn auch diese Forderungen, die sich aus dem praktischen Kaufmannsleben ableiten, in der ab 1. November 1950 gültigen Arbeitsordnung nicht alle erhoben werden oder teilweise nur als „Kann-Vorschriften" enthalten sind, so sollte doch jeder aufgeschlossene Betriebsbeamte sie zu erfüllen sich angelegen sein lassen.

Wie bereits angedeutet, baut auf den Liefer- bzw. Aufmaßscheinen die Rechnungserteilung auf. Der Lieferer „stellt" dem Empfänger den „Gegenwert" der Lieferung bzw. der geleisteten Arbeit in Geldziffern ausgedrückt „in Rechnung". Das gleiche findet bei der Lohnabrechnung statt, nur mit dem Unterschied, daß die Abrechnung vom Empfänger der Arbeitsleistung durchgeführt wird. Wie jede Rechnung eines Kaufmanns, so muß auch die Lohnabrechnung klar und wahr sein, d. h. sie muß für den „Geschäftspartner" durchschaubar und nachprüfbar sein und darf keinerlei absichtliche Fehler enthalten.

Jeder kaufmännische Betrieb muß damit rechnen, daß Fehler unterlaufen können, selbst bei größter Aufmerksamkeit und ehrlichstem Wollen dessen, auf den der Fehler nachträglich zurückgeführt wird. Jeder ordentliche Kaufmann wird es daher als seine Pflicht ansehen, durch Einsatz von Prüf- und Überwachungsorganen die Möglichkeit von Fehlern soweit nur irgend denkbar einzuschränken. Wenn man im Bergbau die Überprüfung der Gedingewirtschaft bisher vielfach recht stiefmütterlich behandelt hat, so ist dies an sich schon aus dem Grunde unverständlich, weil der Bergbau ein lohnintensiver Betrieb ist, dessen Selbstkosten in weitreichendem Ausmaße von den Löhnen abhängig sind und somit durch die Gedinge bestimmt werden. Doch davon ganz abgesehen, hätte nicht der nie verstummte Vorwurf des „Geschäftsfreundes", der Gegenpartner lasse es an Vertragstreue fehlen, längst dazu Veranlassung geben müssen, die Gedingewirtschaft jeder einzelnen Schachtanlage durch für diese Aufgabe eigens geschulte und abgestellte Betriebsbeamte laufend überwachen zu lassen? Es will scheinen, als ob von einer planmäßigen Überwachung und Überprüfung des Gedingewesens — so sehr unangenehm im Einzelfall auch das Ergebnis für den einen oder andern sein und den verärgern könnte, der den Fehler gemacht hat — eine weitgehende und tiefreichende Beruhigung in das Betriebsleben ausstrahlen könnte, die sich letztlich infolge gehobener Leistungsfreude auch in einer Leistungssteigerung widerspiegeln würde. Auch sollte nicht verkannt werden, daß eine von neutraler Stelle vorgenommene Prüfung der Gedinge und Abnahmen das Vertrauen des Bergmanns auf Gerechtigkeit der Würdigung und Wertung seiner Leistung erheblich zu stärken in der Lage sein würde.

Eine der Hauptpflichten eines rechten Kaufmanns besteht darin, daß er Buch führt und sich und andern jederzeit über den Stand seines Geschäftes Auskunft geben kann. Ohne Statistik kommt daher der Kaufmann nicht aus. Und so rundet sich denn das Bild, wenn nunmehr abschließend die Forderung erhoben wird, daß die Entwicklung der Gedingewirtschaft planmäßig statistisch verfolgt werden muß, aber nicht so, daß man es vielleicht mit der statistischen Erfassung der Kennziffer „Hauerdurchschnittslohn" bewendet sein läßt, sondern dergestalt, daß man sich bemüht, sich ein in die Breite und die Tiefe reichendes Bild über den Stand und die Entwicklung aller das Gedingewesen einer Schachtanlage kennzeichnenden Ziffern zu machen. Letzten Endes begnügt sich ja auch der Kaufmann nicht mit der einen Ziffer des Jahres-Reingewinnes, sondern sucht durch statistische Erfassung und Betrachtung aller möglichen Kennzahlen seine Geschäftsverbindungen und deren Ergebnisse zu durchleuchten.

Der eingangs erwähnte Vergleich des Gedinges mit einem „Geschäftsabschluß" zwischen „Geschäftsfreunden" (PEISELER) führt, wenn man ihn — wie vorstehend versucht — bis zum Ende durchdenkt, zwangsläufig zu der Schlußfolgerung, daß bei einer systematischen Behandlung des Gedingewesens auf Darlegungen, die die Abnahme und Abrechnung der Gedinge sowie die Überwachung und Statistik der Gedingewirtschaft zu Gegenständen haben, nicht verzichtet werden kann. Den damit aufgeworfenen Fragen sollen die nachfolgenden Abschnitte gewidmet sein.

91 Die Abnahme.

910 Wesen der Abnahme.

Der Gedingevertrag gibt im Gedingesatz an, welches Entgelt für die erbrachte Leistungseinheit als zu zahlen vereinbart ist. Die auf einen bestimmten Zeitraum bezogene Lohnabrechnung bedarf daher der ziffernmäßigen Angabe, welche Arbeiten in eben diesem Zeitraum verrichtet worden sind und nunmehr nach den Vereinbarungen des Gedingevertrages in Geld abgegolten werden sollen. D. h. also konkret gesprochen: die Zahl der Leistungseinheiten ist festzustellen, die bei der Lohnrechnung als Multiplikator zum Gedingesatz hinzutreten müssen, um die Lohnsumme rechnerisch bestimmen zu können.

Als Abnahme in weiterem Sinne sind somit anzusehen alle ziffern- oder wortmäßigen Angaben, die dazu dienen oder erforderlich sind, um einen Gedingevertrag zu erfüllen.

Wie aber bereits einleitend einmal am Rande erwähnt wurde, wird im Bergbau das Arbeitserträgnis „Förderung" Tag um Tag durch den sogenannten Pinntafelwärter, der vom Vertrauen der Belegschaft und der Verwaltung getragen ist, aufgezeichnet. Das Ergebnis seiner Aufzeichnungen wird tagtäglich der Belegschaft durch Aushang bekanntgegeben. Diese Aufzeichnungen bezeichnet der Bergmann nicht als eigentliche Abnahme. Er beschränkt vielmehr diesen Begriff auf die Feststellungen, die in der Grube an Ort und Stelle durch Aufmessung oder auf andere Weise (so z. B. durch Inaugenscheinnahme) getroffen werden mit dem Ziele, an ihrer Hand die Lohnabrechnung des Gedingevertrages möglich zu machen.

Abnahme in engerem Sinne sind daher alle ziffern- oder wortmäßigen, auf in der Grube an Ort und Stelle getroffenen Feststellungen beruhenden Angaben, die dazu dienen oder erforderlich sind, um einen Gedingevertrag zu erfüllen.

Allgemein könnte man auch so formulieren:

Die Abnahme ist das unumgänglich notwendige Bindeglied zwischen Gedingevertrag einerseits und Lohnrechnung andererseits. Hieraus folgt, daß die Lohnrechnung als das folgende Glied nicht bestehen kann, wenn das Bindeglied der Abnahme fehlt. Es folgt aber auch, daß bei bestem Gedingevertrag die Lohnrechnung nicht richtig sein kann, wenn keine einwandfreie Abnahme vorliegt.

Die enge Verbindung der 3 Betriebsvorgänge: Gedingevertragsabschluß, Abnahme und Lohnabrechnung könnte man vielleicht in der Art einer mathematischen Gleichung wie folgt zum Ausdruck bringen:

$$\text{Gedingevertrag} + \text{Abnahme} = \text{Lohnabrechnung}.$$

Es muß mit aller Schärfe betont werden, daß der Abnahme die gleich schwerwiegende Bedeutung zukommt wie dem Gedingevertrag.

Betrachtet man nunmehr die Abnahme nicht so sehr unter dem Gesichtswinkel des sachlichen Inhaltes, sondern mehr in Hinsicht auf die sich dabei abspielenden Vorgänge, so kommt man zu der Begriffsbestimmung, daß unter *Abnahme im Nebensinne die Aufmessung der Arbeitsertägnisse eines bestimmten Zeitraumes zu verstehen* ist. Hierbei wird die Abnahme nicht als Ergebnis, sondern als Tätigkeit gesehen, d. h. die Vornahme der Feststellungen in den Vordergrund gerückt.

Legen wir uns nun die Frage vor, welche Faktoren beim Zustandekommen einer vollgültigen Abnahme eine Rolle spielen, so wären zu nennen:

a) die Abnahmebeauftragten; — b) der Zeitpunkt der Abnahme; — c) die Art und Weise, wie die Feststellungen getroffen werden; — d) die Art und Weise, wie die getroffenen Feststellungen festgelegt werden.

911 Die Abnahmebeauftragten.

Vorab ist zu bemerken, daß aus dem Prinzip der Gleichgewichtigkeit der Vertragspartner gefolgert werden muß, daß bei der Abnahme beide Partner durch einen oder auch mehrere Beauftragte vertreten sein müssen. Einer einseitigen Feststellung der zu verrechnenden Leistung kann keinerlei Rechtswirksamkeit zugemessen werden.

§ 37 Abs. 1 der ab 1. November 1950 gültigen Arbeitsordnung bestimmt, daß „die Gedinge-abnahme ... durch den Betriebsführer oder dessen Beauftragten möglichst unter Hinzuziehung des zuständigen Steigers im Beisein des Ortsältesten bzw. des beauftragten Hauers" zu erfolgen hat. Bei dieser Bestimmung bezieht sich die Arbeitsordnung ausdrücklich auf die Abs. 3 und 4 des § 27 der gleichen Arbeitsordnung. Hier ist bestimmt, daß von seiten der Arbeiter beim Ge-dingeabschluß der Ortsälteste und „mindestens ein Beauftragter der betroffenen Gedingebeleg-schaft" tätig sein sollen und weiter, daß „Ortsälteste, die nicht unter das Gedinge fallen, zum Gedingeabschluß nicht berechtigt" sind, sondern an ihre Stelle „ein von der Belegschaft beauf-tragter Hauer" tritt. Hieraus muß geschlossen werden, daß die Schöpfer der Arbeitsordnung sich zu dem Grundsatz bekannten, daß die Personen, die den Gedingevertrag geschlossen haben, auch die Abnahme tätigen sollten. Die wortwörtliche Auslegung der Bestimmung läßt allerdings auch die Möglichkeit offen, daß für die Abnahme ein anderes Gedingebelegschaftsmitglied von der Gedingebelegschaft beauftragt wird als dasjenige, das bei der Gedingesetzung als Beauftragter fungiert hat. Wahrscheinlich hat man aus betriebspraktischen Erwägungen die Bestimmung dehnbar gehalten, weil infolge des Wechsels der Schichten bei der Abnahme nicht in jedem Falle der Hauer gerade anwesend ist, der das Gedinge mit abgeschlossen hat.

Werksseitig wird bei der Ausdehnung der heutigen Untertagebetriebe der Betriebsführer wohl kaum jemals als Abnahmebeamter auftreten, wie er ja auch mit der Gedingesetzung im Regelfall die Fahr- oder Obersteiger beauftragt. Im allgemeinen wird die Aufgabe der Abnahme nicht dem Fahr- oder Obersteiger gestellt, sondern dem Abteilungssteiger zugewiesen. Während also ein Fahr- bzw. Obersteiger den Gedingevertrag abschließt, überläßt man die Feststellungen, die zur Erfüllung des Vertrages erforderlich sind, dem Abteilungssteiger. Dieser Dualismus würde allerdings nicht mehr bestehen, wenn man — wie bereits hier und da versucht — dem „revier-führenden Fahrsteiger" sowohl die Gedingevereinbarung als auch die Tätigung der Abnahme zulastet.

Vorerst besteht aber weithin diese Diskrepanz. Diese hat die ab 1. November 1950 geltende Arbeitsordnung offenbar beseitigen wollen, wenn sie sowohl bei der Gedingesetzung (§ 27 Abs. 3) als auch bei der Abnahme (§ 37 Abs. 1) durch den Betriebsführer oder seinen Beauftragten die „Hinzuziehung des zuständigen Steigers" verlangt. Hieraus kann nur gefolgert werden, daß der Beauftragte des Betriebsführers und der zuständige Steiger zwei verschiedene Personen sein sollen. Allein in der Praxis wird sich diese Bestimmung nicht ohne weiteres durchführen lassen. Es bestehen wesentliche Unterschiede hinsichtlich der Beanspruchung des Betriebsbeamten durch die Gedingesetzung und durch die Abnahme. Zunächst spielt die Länge des Zeitraumes eine aus-schlaggebende Rolle. Während für die Gedingesetzung dem Betriebsbeamten eine Reihe von Tagen zur Verfügung steht, müssen die Abnahmen in der überwiegenden Mehrzahl zu *einem* Zeit-*punkt* durchgeführt werden, sei es, daß es sich um tägliche Abnahmen zum Schichtende oder um monatliche Abnahmen zum Monatsende handelt. Die Abnahmen in einem ganzen Fahrsteiger-bereich zu einem Zeitpunkt durchzuführen, ist aber höchstens bei kleinen Fahrabteilungen mög-lich. Eine weitere Erschwernis ist darin zu erblicken, daß bei vielen Abnahmen Messungen durch-geführt werden müssen, die außerdem noch vermarkt werden müssen. Diese nehmen sehr viel Zeit in Anspruch. Die Einschaltung des Steigers in den Kreis der Abnahmebeauftragten wird sich daher in vielen Fällen nicht umgehen lassen. Doch wird auch dieser nicht alle Abnahmen selbst durchführen können, wobei hauptsächlich an die bei Einmann- oder Gruppengedingen notwendi-gen täglichen Abnahmen an der Strebfront zu denken wäre. In neuzeitlichen Großbetrieben wäre der Steiger, selbst wenn er die Zeit des Schichtwechsels zur Aufmessung eines Großabbaubetriebes hinzunähme, zur Erledigung dieser Aufgabe nicht in der Lage, ganz abgesehen davon, daß im Schichtwechsel der andere Vertragspartner bei der Aufmessung nicht zugegen sein könnte. Es bleibt demnach nichts anderes übrig, als den Kreis der vom Betriebsführer mit der Abnahme zu beauftragenden Männer weiter, und zwar über den Steiger hinaus, auszudehnen, was nur möglich ist, indem vertrauenswürdige Arbeiter mit der Vornahme von Abnahmen betraut werden. Selbstverständlich soll damit keinesfalls einer Ausschaltung der Fahr- oder der Abteilungssteiger-tätigkeit bei der Abnahme durch Arbeiter das Wort geredet werden, sondern man wird bei Ver-größerung des Personenkreises von den genannten Betriebsbeamten erwarten müssen, daß sie die

Abnahmen ihrer Untergebenen sorgfältig prüfen, und zwar so genau, daß sie selbst die ungeteilte Verantwortung für die Tätigkeit ihrer Mitarbeiter übernehmen können.

Nach dem Gesagten könnte man daher bezüglich des Kreises der werksseitigen Abnahmebeauftragten etwa zu folgendem Vorschlag kommen:

Höchstwichtige Arbeiten: Der Betriebsführer persönlich und der zuständige Abteilungssteiger.

Wichtige Arbeiten: Der Fahr- bzw. Obersteiger und der zuständige Abteilungssteiger.

Normale Arbeiten: Der zuständige Abteilungssteiger, gegebenenfalls auch der zuständige Schichtsteiger, wobei der Fahr- bzw. Obersteiger die Abnahmen überwacht und überprüft.

Dauernd sich wiederholende Arbeiten: Der zuständige Abteilungssteiger oder der zuständige Schichtsteiger oder die von diesen ernannten vertrauenswürdigen und sachverständigen sowie an dem Gedingeertrag persönlich nicht interessierten Arbeiter, wobei sich die Steiger durch Stichproben oder durch Übernahme eines wechselnden Teiles der Abnahme von der ordnungsmäßigen Durchführung überzeugen.

Um eine klare Betriebsorganisation zu schaffen und Überlastung einzelner zu vermeiden, dürfte es sich empfehlen, Monat für Monat einen bestimmten Abnahmeplan festzulegen, nach dem sich die werksseitigen Abnahmebeauftragten zu richten hätten.

Die Arbeitsordnung spricht nur vom Ortsältesten und dem beauftragten Hauer, wenn sie die Vertretung des zweiten Vertragspartners bei der Abnahme umreißt. Sie kennt zwar eine mit wachsender Stärke der Gedingebelegschaft zunehmende Zahl Vertreter bei der Gedingesetzung (§ 27 Abs. 5), aber nicht eine solche Regelung bei der Abnahme. Im übrigen spezifiziert sie die Bestimmung nicht weiter, wie es den Bedürfnissen des praktischen Betriebes entsprechen würde. Eine solche Gliederung ist nachstehend versucht.

a) Am einfachsten liegen die Dinge beim *Einmanngedinge.* Bei dessen Abnahme kann und muß sich der einzelne Arbeiter, weil er ja alleiniger Vertragspartner ist, selbst vertreten.

b) Beim *Gruppengedinge,* das als eine Art Kleinkameradschaftsgedinge angesehen werden kann, wird man die Heranziehung des Ortsältesten als Vertreter der Gedingebelegschaft nur dann in Aussicht nehmen können, wenn der Ortsälteste in das Gedinge eingeschlossen ist, was selten der Fall sein wird, da er ja die Gruppen in ihrer Gesamtheit zu betreuen hat. Beim Gruppengedinge wird daher in den meisten Fällen lediglich ein von der Gruppe zu benennender Hauer als von der andern Vertragsseite zu stellender Abnahmebeauftragter in Erscheinung treten.

c) Beim *Kameradschaftsgedinge* sind die Regeln, die die Arbeitsordnung vorschreibt, dagegen voll anwendbar. Es treten der Ortsälteste und der Beauftragte der Gedingebelegschaft gemeinsam in Funktion. Zweckmäßig erscheint es, auch hier die Regel der Abhängigkeit der Zahl der Beauftragten von der Stärke der Kameradschaft anzuwenden, wie sie bei der Gedingesetzung vorgeschrieben ist, damit in dieser Hinsicht die Parallelität hergestellt wird. Praktisch wird wahrscheinlich in einer großen Zahl von Fällen bereits so verfahren. Kameradschaftsgedinge wird heute vornehmlich noch beim Auffahren von Strecken angewandt. Bei diesen erstreckt sich die Abnahme u. a. auf die Feststellung der aufgefahrenen Länge. Hierbei sind aber meist mehrere Hilfspersonen tätig, so daß man bereits heute von der tatsächlichen Heranziehung mehrerer Beauftragter sprechen kann, wenn diese auch weniger eine kontrollierende als eine mithelfende Tätigkeit ausüben.

Anhangsweise muß noch einer Art Sonderabnahme gedacht werden, die ein für diese Aufgabe besonders abgestellter Beauftragter der Werksleitung durchführt: die Bestimmung des Kohleninhaltes der Fördergefäße (Förderwagen). § 37 Abs. 6 der Arbeitsordnung besagt, daß „ein Beauftragter der Werksleitung" den Kohleninhalt „durch Abmessen ermittelt", daß aber „die Arbeiter gemäß § 80c Abs. 2 ABG. die Überwachung durch einen Vertrauensmann auf ihre Kosten verlangen" können.

912 Der Zeitpunkt der Abnahme.

Der Zeitpunkt der Abnahme hat sich zu richten einmal nach der Abnahmemöglichkeit und zweitens nach der Abnahmenotwendigkeit. Der Gesichtspunkt der Möglichkeit ist bestimmend, wenn das Arbeitserträgnis nur zu *einem,* nicht wiederkehrenden Zeitpunkt mit Sicherheit ermittelt werden kann, wie z. B. die tägliche Leistung an einer täglich vorrückenden und dauernd ihr Gesicht ändernden Kohlen- oder Versatzfront abzunehmen nur an dem einen betreffenden Tage möglich ist. Dagegen wird die monatliche Aufmessung bei der längeren Streckenauffahrung durch die Notwendigkeit bestimmt, die Unterlagen für die monatliche Lohnabrechnung zu beschaffen.

Bei Gliederung nach sachlichen Gesichtspunkten könnte man die Zeitpunkte der Abnahme wie folgt ordnen:

a) *Abnahmen außerhalb von Festterminen.* Hierunter fallen beispielsweise die Abnahme von „Nebenarbeiten", die außerhalb des Gedingevertrages geleistet werden. Diese müssen sofort nach Erledigung abgenommen werden, nicht nur, damit der Arbeiter weiß, welchen Lohn er bei dieser Arbeit verdient hat, sondern auch, damit die Abnahme dieser untergeordneten Arbeiten nicht in Vergessenheit gerät.

b) *Periodisch wiederkehrende Abnahmen.* Wenn ein Arbeitsvorgang, dessen Erledigung Gegenstand eines Gedingevertrages ist, im zyklischen Wechsel periodisch wiederkehrt — Beispiel: Umlegen eines Fördermittels bei mehrtägigem Verhieb —, so muß die Abnahme periodisch vorgenommen werden, und zwar grundsätzlich nach Abschluß einer jeden Periode, im angezogenen Beispiele jedesmal dann, wenn der Förderstrang in seiner Gesamtheit einmal umgelegt ist.

c) *Tägliche Abnahmen.* Dort, wo das Arbeitsergebnis aus einer täglich sich ändernden Betriebskonstellation abgelesen werden muß, wird die tägliche Abnahme notwendig, weil ja bereits am nächsten Tage das Ergebnis des Vortages aus dem Gesicht des Betriebes nicht mehr abgelesen werden kann. Dies gilt vornehmlich für die Arbeiten, die im Strebraum ausgeführt werden, sofern nicht das Arbeitserträgnis aus außerhalb des Strebraumes festzustellenden Meßgrößen wie z. B. aus der Wagenförderung bestimmt werden kann. Auch die Förderung muß, da die hierzu benutzten Förderwagen immer wieder entleert und neu beladen werden, täglich abgenommen werden. Dieser Vorgang wird jedoch — wie bereits erwähnt — gemeinhin nicht als „Abnahme" angesehen, da die Aufschreibungen nicht unter Tage, sondern über Tage von einem besonders hierfür abgestellten Manne vorgenommen werden.

d) *Monatliche Abnahme.* Aus der Übereinkunft, daß der Lohn im Bergbau monatlich berechnet wird, ergibt sich zwangsläufig, daß mindestens zum Monatsletzten alle im Laufe des Monats ausgeführten Arbeiten abgenommen werden müssen, damit die Monatslohnabrechnung ein Fundament hat.

Die vorstehende Gliederung der Zeitpunkte der Abnahme spiegelt sich in der ab 1. November 1950 geltenden Arbeitsordnung nur teilweise wieder.

In § 37 Abs. 1 wird bestimmt, daß die Abnahme „grundsätzlich am Monatsschluß" erfolgen soll. Zweckmäßiger wäre es, statt von „grundsätzlich" von „spätestens" zu sprechen, zumal Abs. 2 besagt, daß „die Abnahme von Nebenarbeiten, die nicht unter das Hauptgedinge fallen, sowie von Arbeiten, die im Laufe des Monats abgeschlossen werden, sofort nach ihrer Fertigstellung" erfolgen soll.

913 Methodik der Abnahmefeststellungen.

Bei den untertägigen Abnahmen wird es sich in der Hauptsache immer um Aufmessungen handeln, in einzelnen Fällen auch wohl um Zählungen.

Bei den *Messungen* wird man sich des Metermaßstabes und der Meßkette oder des Meßbandes als Hilfsmittel bedienen. Ungenaue Meßwerkzeuge verfälschen das Ergebnis um so stärker je öfter sie bei einer Abnahme angewandt werden, da sich die Fehler summieren. Die bekannten Fahrlatten sind aus diesem Grunde als Abnahmemeßgeräte nicht geeignet. Das Meßwerkzeug muß der zu messenden Länge angepaßt werden. Grundsätzlich sollte man immer zum längstmöglichen Maßstab greifen, also nicht mehrfach den Meterstab benutzen, wo Aufmessung mittels Meßkette oder Bandmaß in *einem* Meßgang möglich ist. Sodann sollte man schon am Orte der Abnahme durch Aufsummung der Einzelabnahmen das Meßergebnis der Abnahme kontrollieren. So muß z. B. die Summe der jedem einzelnen Hauer an der Kohlenfront zugemessenen Verhieblänge gleich der gesamten Länge der Verhiebfront sein. Oder die Gesamtlänge einer in Auffahrung befindlichen Strecke ergibt bei Verminderung um die Summe der bisherigen Abnahmebeträge die neue Abnahme durch Rechnung. Bei Übereinstimmung der gemessenen Monatsziffer mit der errechneten ist die Richtigkeit der vorgenommenen Abnahme nachgewiesen.

Damit bei *Zählungen* Doppelerfassung vermieden wird, tut man gut daran, jedes abgenommene Stück einzeln zu kennzeichnen, sei es nun, daß man in Holz erstellte Baue mit dem Holzmesser anreißt oder andere Ausbaue bzw. eingebrachte Ausbauelemente mittels Kreide ankreuzt oder gar mit Kreidenummern versieht.

914 Festlegung der Abnahmefeststellungen.

Bei der Festlegung von Feststellungen, die man bei oder mit dem Ziele der Abnahme getroffen hat, sind zwei an sich völlig verschiedene Vorgänge zu unterscheiden:

a) die Vermarkung der Abnahme in den Grubenbauen; — b) die schriftliche Fixierung des Abnahmeergebnisses.

Die Festlegung des Punktes, bis zu dem eine Abnahme stattgefunden hat, durch sogenannte *Stufen* ist seit alters her im Bergbau Brauch. Die Herstellungsweise dieser Stufen ist im Einzelfall sehr verschieden:

α) Herstellung eines kurzen Bohrloches im Stoß oder in der Firste — sei es ins Gebirge, sei es in den Ziegel- oder Betonausbau —, Eintreiben eines Holzpflockes in das Bohrloch, Befestigung einer Blechplatte mittels Nagel auf dem Holzpflockkopf, wobei die Blechplatte eingeschlagene Ziffern trägt, die die lfd. Nummer der Stufe sowie Monat und Jahr der Anbringung kennzeichnen;

β) Ankreuzen eines hölzernen Ausbauteiles und Einritzen der Monats- und Jahreszahl mittels Kerbmesser oder Anbringen der unter α) erwähnten Blechtafel durch Annagelung an Stempel oder Kappe;

γ) Einschlagen von Kerben mittels Meißel in den stählernen Grubenausbau und Anbinden der unter α) genannten Blechtafel an den Stahlausbau mittels Draht oder deren Annagelung an hölzernen Ausbauteilen, z. B. am Verzug oder an den Läufern.

Dem Verfahren unter α) ist mit alleiniger Ausnahme des hier und da auftretenden Falles, daß es sich um derart gebräches Gebirge handelt, daß ein Bohrloch nicht herzustellen ist, unter allen Umständen der Vorzug zu geben, weil alle Vermarkungen an hölzernen oder stählernen Ausbauteilen mit deren Entfernung verlorengehen. Hierbei ist nicht unwesentlich zu erwähnen, daß der den Stufen vertraglich und gesetzlich gewährte Schutz offensichtlich nur wirksam werden kann, wenn der Betrieb bei ihrer Anbringung die billigerweise zu verlangende Vorsicht und Sorgfalt angewendet hat. Ist dies nicht der Fall, so wird ein Vergehen gegen die einschlägigen Bestimmungen ungleich weniger schwer wiegen (vgl. Abschn. 915).

Die *schriftliche Fixierung* des Abnahmeergebnisses, wovon beide Vertragspartner eine Ausfertigung erhalten, ist in der Vergangenheit längst nicht bei allen Bergwerksgesellschaften Brauch gewesen, da in den Arbeitsordnungen darüber keine zwingenden Vereinbarungen getroffen waren und auch keine gesetzlichen Bestimmungen dies forderten. Selbst in der ab 1. November 1950 geltenden Arbeitsordnung wird die schriftliche Festlegung der Abnahme nicht in allen Fällen vorgeschrieben. § 37 Abs. 1 besagt, daß „das Ergebnis der monatlichen Abnahme *auf Wunsch* . . . schriftlich mitzuteilen ist"; dagegen schreibt § 37 Abs. 2 zwingend vor, daß über die Abnahme von „Nebenarbeiten, die nicht unter das Hauptgedinge fallen" sowie über die Abnahme von Arbeiten, „die im Laufe des Monats abgeschlossen werden, eine *Bescheinigung mit Angaben* über die Dauer der Arbeit und über die Höhe des Verdienstes für die außerhalb des Gedinges verfahrenen Schichten" auszustellen ist. Man sollte aber im Betriebe grundsätzlich die Organisation so treffen und strikt darauf sehen, daß sämtliche Abnahmen, soweit sie nicht in sonstigen Urkunden erfaßt werden, durch Abnahmescheine belegt werden.

Zweckmäßig wird der Abnahmeschein im Durchschreibeverfahren in drei Stücken ausgefertigt, von denen zunächst eine Ausfertigung der in Frage kommende Arbeiter bzw. der Beauftragte der Gedingegruppe bzw. der Gedingekameradschaft erhält. Von den beiden verbleibenden Ausfertigungen erhält ein Stück der Betriebsführer, der eine Sammlung aller Abnahmescheine zur Verfügung hat, um bei Rückfragen und Beschwerden eine Originalausfertigung zur Hand zu haben. Das letzte Stück geht in die Abnahmescheinsammlung des Lohnbüros, welches einmal die Lohnrechnung auf der Abnahme aufbaut, dann aber auch die Sammlung der Abnahmescheine für Fälle der Überprüfung durch betriebliche oder außerbetriebliche Instanzen bereit hält.

Die Abnahmescheine werden dem Betriebsbeamten am besten laufend numeriert in Blockform ausgehändigt. Dabei werden je 3 mit der gleichen Nummer versehene, aber in verschiedenfarbigem Papier gehaltene Vordrucke bei *einer* Abnahme Verwendung finden. Im übrigen werden die Nummern der Abnahmescheine ebenso wie die der Gedingescheine bei der Lohnberechnung vermerkt, damit man jederzeit ohne viel Sucharbeit auf die Lohnunterlagen im Original zurückgreifen kann.

Der Abnahmeschein für Gedingearbeiter muß unter allen Umständen folgende Angaben enthalten:

a) die Kennzeichnung des Gedingevertrages, auf den sich die Abnahme bezieht; — b) den Betriebspunkt; — c) den Abrechnungsmonat; — d) die Abnahme selbst; — e) den Tag der Abnahme; — f) die Unterschriften der beiderseitigen Abnahmebeauftragten.

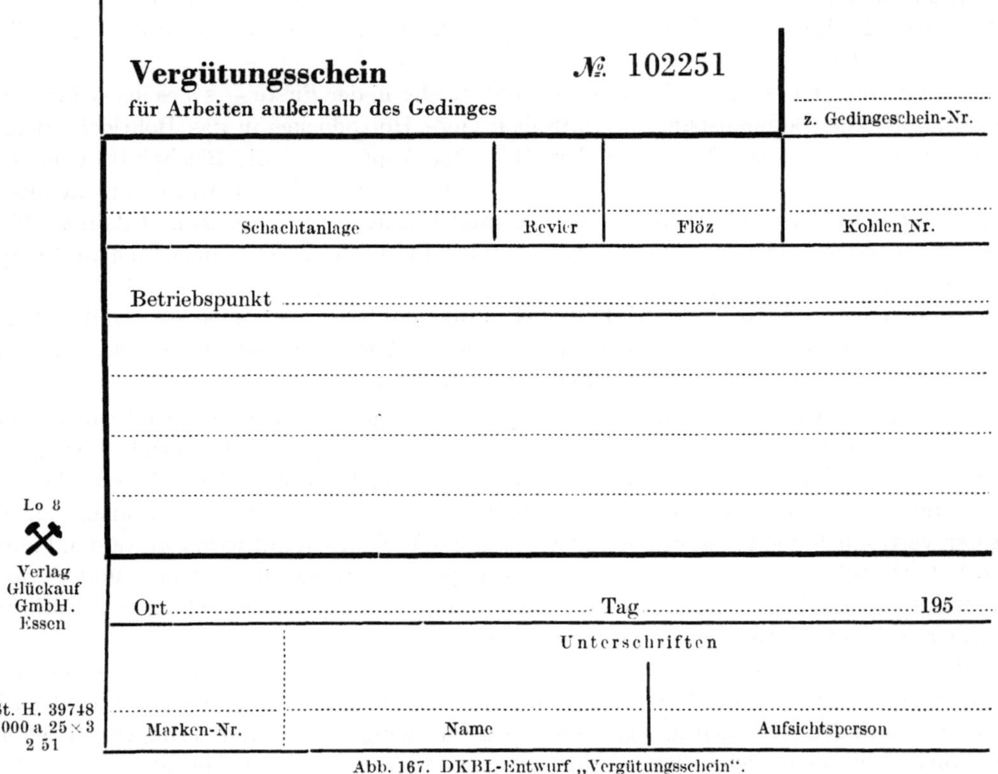

Abb. 167. DKBL-Entwurf „Vergütungsschein".

Dagegen wird der Abnahmeschein für Arbeiten, die außerhalb eines Gedinges geleistet wurden, (sog. Vergütungsscheine für Nebenarbeiten) enthalten müssen:

a) den Betriebspunkt; — b) den Abrechnungsmonat; — c) die Beschreibung der geleisteten Arbeiten; — d) die Dauer der Arbeiten bzw. die Zahl der für deren Erledigung aufgewandten Schichten; — e) die Höhe der für die Arbeiten gewährten Lohnsumme (entweder als Gesamtsumme oder als Lohn je Schicht); — f) den Tag der Ausfertigung des Abnahmescheines; — g) die Unterschriften der beiderseitigen mit der Abnahme Beauftragten.

Wie oben bezüglich des Zeitpunktes der Abnahme und des Kreises der Abnahmebeauftragten die betrieblichen Gegebenheiten als ausschlaggebend in den Vordergrund gerückt wurden, so muß dies auch hinsichtlich der Form der schriftlichen Fixierung der Abnahme geschehen. Selbstverständlich wird man überall dort, wo es eben geht, für den Gedingeträger (Kameradschaft, Gruppe, Einzelmann) einen Abnahmescheinvordruck verwenden; es gibt aber auch Fälle, in denen man aus betrieblichen Zweckmäßigkeitsgründen ein anderes Verfahren wählen muß. So könnte man beim Einmanngedinge jedem einzelnen Hauer an der Kohlenfront täglich einen Abnahmeschein geben, was unzweifelhaft unpraktisch sein und eine große Belastung für den Betrieb bedeuten würde. Einfacher und richtiger ist es schon, die täglichen Abnahmen sämtlicher Hauer auf einem

Abnahmeschein mitsamt den Unterschriften zu sammeln, wodurch der Verfahrensgang sicherlich vereinfacht wird. Andere ziehen es im genannten Falle vor, von Abnahmescheinausfertigungen abzusehen und die Eintragungen für den ganzen Monat täglich in einem Taschenbuch vornehmen zu lassen. Welchem Verfahren der Vorzug gebührt, muß von Fall zu Fall entschieden werden. Keinesfalls sollte man aber aus irgendwelchen Schwierigkeiten schlußfolgern, daß man auf die schriftliche Festlegung verzichten dürfte. Denn, das sei abschließend besonders betont, man kann keine Gedingewirtschaft im Sinne eines ordentlichen Kaufmanns betreiben, wenn man dem Gedingevertrag keinen Abnahmeschein folgen läßt.

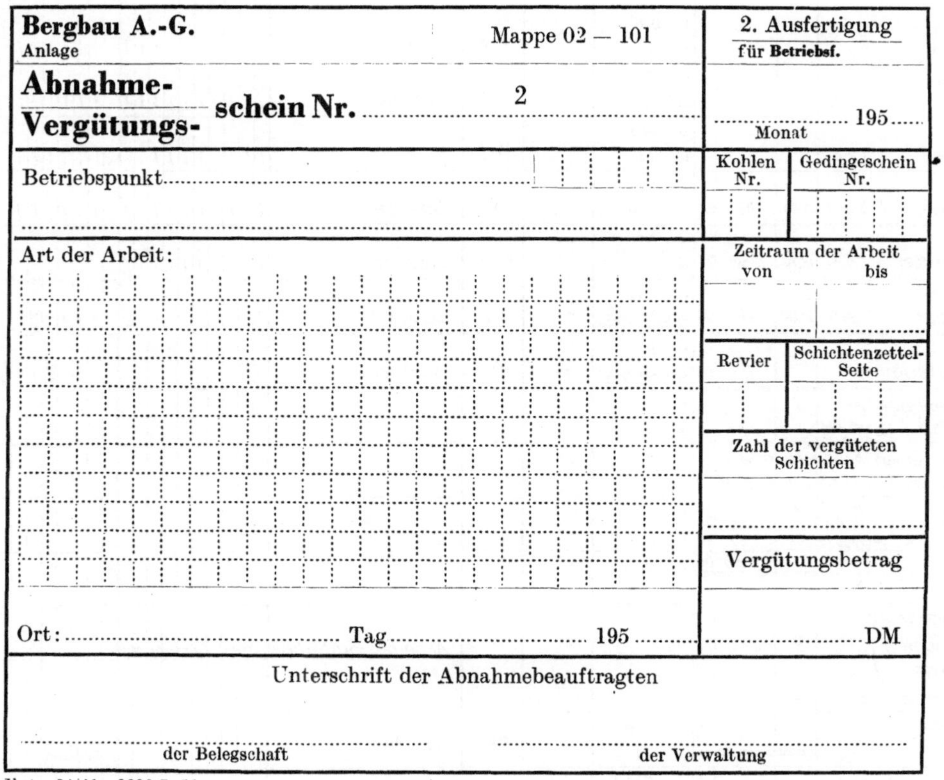

<table>
<tr><td colspan="2">Bergbau A.-G.
Anlage</td><td>Mappe 02 — 101</td><td>2. Ausfertigung
für Betriebsf.</td></tr>
<tr><td colspan="2">Abnahme-
Vergütungs- schein Nr. .... 2 ....</td><td></td><td>.......... 195......
Monat</td></tr>
<tr><td colspan="2">Betriebspunkt..........</td><td></td><td>Kohlen Nr. | Gedingeschein Nr.</td></tr>
<tr><td colspan="2">Art der Arbeit:</td><td></td><td>Zeitraum der Arbeit
von   bis</td></tr>
<tr><td colspan="2"></td><td></td><td>Revier | Schichtenzettel-Seite</td></tr>
<tr><td colspan="2"></td><td></td><td>Zahl der vergüteten Schichten</td></tr>
<tr><td colspan="2"></td><td></td><td>Vergütungsbetrag</td></tr>
<tr><td colspan="2">Ort: .... Tag .... 195 ....</td><td></td><td>..........DM</td></tr>
<tr><td colspan="4">Unterschrift der Abnahmebeauftragten</td></tr>
<tr><td colspan="2">.......... der Belegschaft</td><td colspan="2">.......... der Verwaltung</td></tr>
</table>

Form 04/21 6600 7. 51

Abb. 168. Abnahme-/Vergütungs- schein einer Bergwerksgesellschaft.

Was nun den *Vordruck* „Abnahmeschein" bzw. „Vergütungsschein" selbst angeht, so muß vorab bemerkt werden, daß man sicherlich mit einem einzigen Vordruck für beide Fälle auskommen kann, wenn man sie in den Eindrucken entsprechend gestaltet. Bislang hat man an einer Vereinheitlichung der im Ruhrbezirk benutzten Abnahmescheine noch nicht gearbeitet, dagegen wohl, von der Vorschrift des § 37 Abs. 2 ausgehend, einen Vorschlag für einen einheitlichen „Vergütungsschein" herausgebracht. Aber — wie gesagt — es genügt bei entsprechender Ausgestaltung ein und derselbe Vordruck für reine Gedingeabnahmen und für Vergütungen. Den Anfang 1951 von der DKBL empfohlenen Vordruck „Vergütungsschein" gibt Abb. 167 wieder, während Abb. 168 einen Vordruck zeigt, der sowohl als Abnahme- als auch als Vergütungsschein brauchbar ist.

915 Sonderheiten aus dem Betriebsbereich „Abnahme".

Abnahmestufen genießen einen besonderen vertraglichen Schutz. § 41 Abs. 2 Ziffer 5 der ab 1. November 1950 geltenden Arbeitsordnung betont, daß „insbesondere verboten" ist: „das Entfernen oder Verändern von Eichschildern, Markscheidestufen oder sonstigen Merkzeichen." § 37 Abs. 3 der ab 1. November 1950 geltenden Arbeitsordnung befaßt sich mit *mangelhaft ausgeführten*

Kostenstelle 600/221 Abbaustreckenvortrieb
Betriebspunkt Flöz Sonnenschein
2. östl. Abteilung Norden
Ort 3 Osten
K. N⁰ 105

Gedingeangaben   Ged. Sch. N⁰ 7487 vom 1.12.50
Je Wg. Kohlen   0,60 DM   Gedingeform : Kameradschaftsgedinge
Je m Ort   73,70 "   Gedingeart : Wagen-Meter-Gedinge
Sprengstoff   14,00 " frei, Mehr- bezw. Wenigerverbrauch wird zu
$\frac{1}{3}$ belastet bzw. gutgeschrieben
1 Stck Weiche legen 21,00 DM
Fortsetzung unter "Betriebsangaben"! Abnahme-Sch. N⁰ 3909 v. 31.3.51

Beschreibung der geleisteten Arbeit	Gedinge im einzelnen DM	Gedinge im ganzen DM	a) Schlüssel-Nr oder Kurzzeichen des Arbeitergrades / b) Lehrhauer, Gedingeschlepper, Neubergleute, Bergjehrlinge seit	a) Geburtsdatum der Arbeiter mit Abzug / b) % Abzug für Gedingearbeiter	Marken-Nr	Name	Schichten-Notierung (Obere Zeile — Überstunden; Untere Zeile — Laufende Schichten)
1	2	3	4	5	6	7	8
							Übertrag
Geförderte Kohlen laut Förderliste	175 Wg		a) 010 b) H		379	Hoffmann	
Abzüge für Mindermaß	− 1 Wg		a) 010 b) H		418	Krause	
Abzüge für unreine Kohlen	− 1 Wg		a) 010 b) H		709	Müller	
zu verrechnen	173 Wg 0,60	103 80	a) 023 b) L-H	5	615	Schulze	
Abbaustrecke aufgef.	22,5 m 73,70	1658 25	a) 010 b) H		532	Fischer	Bl 17
Weiche gelegt	1 Stck 21,00	21 00	a) 022 b) Ged.-Schl.	7,5	317	Lange	Bl 25 ... Bl 25
Gedingelohnsumme		1783 05	a) 021 b) Ged. Schl.	10	813	Demski	Bl 16 Bl 16

Vollhauer-Gedingelohn
1783,05 : 117,178 = 15,217 DM

Löhne der einzelnen Arbeitergrade
100 %   88,640 Schi zu 15,217 DM = 1348 80
95 %   24,250 "   " 14,456 " = 350 56
92,5 %   4,000 "   " 14,075 " =   56 30
90,0 %   2,000 "   " 13,695 " =   27 39
                                    1783 05

Sprengstoffverbrauch
105 kg Sprengstoff ⎫ Σ 276 10
100 Stck Zünder   ⎭
Normalverbrauch 225·14 = 375 00
Wenigerverbrauch   38 90
gutzubringen ⅓   12 97

Arbeiten außerhalb des Gedinges

010 | 532 | Fischer   Bl 17 I 5 Bl 17

Sprengstofferspamis-Prämie
Aufgliederung n. Arbeitergrad
021 Ged. Schl. 10 | 813 | Demski   Bl 16 I Bl 16

$\frac{12 \cdot 97}{117 \cdot 178}$: 0,1197 DM Hauerschicht
100 %   88,640 Schi zu 0,1107 = 9 81   010 H | 532 | Fischer Bl 17 I Bl 17
95 %   24,250 "   · 0,1052 = 2 55
92,5 %   4,000 "   " 0,1024 = 0 41
90 %   2,000 "   " 0,0996 = 0 20
         118,89 Schi   12 97

Aufgliederung der Vergütung aus
Vergütungsschein Nr. 1344

$\frac{30}{1,9}$ = 15,79 DM/Hauerschicht
100 %   1 Schi zu 15,79 DM = 15 79
90 %   1 "   " 14,21 " = 14 21
                             30 00

Summe aller verfahr. Schicht.   = 122,52
  "   "   Lohnverrechnungssch.   = 120,708

Übertrag

Abb. 169. Abrechnung eines Kameradschaftsgedinges

Betriebsangaben

Verg. Sch. № 1287 für Instandsetzung des Unterzuges werden 24.-DM gezahlt
verfahrene Schichten 1,63

Verg. Sch. № 1344 Gleisanlage: für Gefälle ausgleichen werden 30.-DM gezahlt
verfahrene Schichten 2,00

Schichten für Lohnberechnung

Zwischensumme	Tally (26 27 28 29 30 31)	Lohnverrechnungsschein (9)	Verfahrene Schichten insgesamt (10)	ohne Zuschlag (11)	25% (12)	50% (13)	100% (14)	(15)	bezahlte Feiertags (16)	Tarifurlaubs (17)	Sonderurlaubs (18)	Lern- (19)
	X											
21	Z 1 1 1 1 1	26	26									
21	Z 1 1 1 1 1	26	26									
21	Z 1 1 1 1 1	26	26									
21	Z 1 1 1 2 v	23,038	24,25									
8	81/17 1 1 5 81/17	10,640	10,64									
4		3,700	4									
2		1,800	2									
98		117,178	118,89									
1,63		1,63 / 1	1									
1		0,9	1	-								
1		1	1	-								
3,63		53 / 3	3,63									
101,63		708 / 720 (120,708)	122,52									

Lohn

Zwischensumme	a) Prämien je Schicht (20a)	b) Lohn je Schicht (20b)	Lohn (Sp. 10 × 20b) (21)	Prämien u. sonstige Vergütungen insgesamt (22)	25% (23)	50% (24)	100% (25)	(26)	Feiertags (27)	Tarifurlaubs (28)	Sonderurlaubs (29)	Lern- (30)	Insgesamt (31)
21	0,111	15,217	395,63	2,88					15,33				413,84
21	0,111	15,217	395,63	2,88					15,33				413,84
21	0,111	15,217	395,64	2,88					15,33				413,85
21	0,105	14,455	350,56	2,54					14,56				367,66
8	0,111	15,217	161,90	1,78									163,08
4	0,102	14,075	56,30	0,41									56,71
2	0,100	13,695	27,39	0,20									27,59
98			1783,05	12,97					60,55				1856,57
1,63	aus Verg. Schichten	14,72	1287	24,00									24,00
1	aus Verg. Schichten	14,21	1344	14,21									14,21
1		15,79	1344	15,79									15,79
3,63				54,00									54,00
101,63			1783,05	66,97					60,55				1910,57
			1850,02										

Vollhauerschichtlohn

$$\frac{1850,02}{120,708} = 15,326 \text{ DM/S}$$

Rev. Nr. **3 7.** Sohle **2.** westl./östl. Abt. **Norden**   Sattel-/Mulden **Nord** flügel   Flöz **Sonnenschein**

Kennzeichnung der Belegschaftsmitglieder

1 Ar-beiter-grad	2 Geburts-datum	3 Lohn-ab-zug %	4 Lfd. Nr. der Lohn-ordnung	5 Mar-ken Nr.	6 Namen der Belegschaftsmitglieder	Schichten-Nachweis (1.–25.)	Summe Zw.	26.–31.
						600/221 Abbaustreckenvortrieb		
H			010	379	Hoffmann	I I I · I I I I I I I I I I I I I I I I I I	21	Z I I I I I
H			010	418	Krause	I I I I I I I I I I I I I I I I I I I I I	21	Z I I I I I
H			010	709	Müller	I I I I I I I I I I I I I I I I I I I I I	21	Z I I I I I
L-H		5	023	615	Schulze	I I I I I I I I I I I I I I I I I I I I I	21	Z I I I 2 v
H			010	532	Fischer	I I I I I I I I BI/17	8	BI/17 I I 5 BI/17
G-Schl	7,5	022	317	Lange	BI/25 I I I I BI/25	4	
G-Schl	10	021	813	Demski	BI/16 I I BI/16	2	
							98	
						Arbeiten außerhalb des Gedinges		
			010	532	Fischer	aus Verg. Sch. Nº 1287 BI/17 I 5 BI/17	1	63
G-Schl	10	021	813	Demski	aus Verg. Sch. Nº 1344 } BI/16 I BI/16	1	
H			010	532	Fischer	BI/17 I BI/17	1	
							3	63

	Schichten-Nachweis
Summenziffer	5 5 5	5 5 5 5 5 4	7 6 5(5) 5 5 5	4 4 4 4 4 4	101 (63)	5 5 4(5) 3(2) 3

Summe der Schichten:

	Schichten
morgens	2 2 2	2 2 2 2 2 2	3 3 3 3 2 2	2 2 2 2 2 2		2 2 2 2 2
mittags	3 3 3	3 3 3 3 3 2	2 2 2 2 3 3	2 2 2 2 2 2		3 3 2(5) 1(2) 1
nachts			2 1(5)			

Soll-Belegung	Sollförderung	Istförderung Wg. → 175 "	1.	2.	3.	4.	5.	6.	7.	8.	9.	10.	11.	12.	13.	14.	15.		16.	17.	18.	19.	20.	21.	22.	23.	24.	25.	26.	27.	28	29.	30.	31.	
5 Mann	... Wg.		16		13	12	14		16	14		85	16		15	14	16													15	14				175

Bemerkungen über den Betriebsablauf (besondere Fälle) und Prüfungsvermerke der Oberbeamten (Namenszeichen und Datum)

Sprengstoffersparnis – Prämie (Aufgliederung nach Arbeitergrad)

100 %	88,640	Schichten zu 0,1107 DM/S	=	9,81	DM
95 %	24,250	" " 0,1052 " "	=	2,55	"
92,5 %	4,000	" " 0,1024 " "	=	0,41	"
90 %	2,000	" " 0,0996 " "	=	0,20	"
	118,890 Schichten			12,97 DM	

$$\frac{12,97}{117,178} = 0,1107 \text{ DM / Hauerschicht}$$

Aufgliederung aus Vergütungsschein Nº 1344

100 %	1 Schicht zu 15,79 DM	=	15,79	DM
90 %	1 " " 14,21 "	=	14,21	"
	2 Schichten		30,00 DM	

$$\frac{30}{1,9} = 15,79 \text{ DM / Hauerschicht}$$

Vollhauer-Schichtlohn

$$\frac{1850,020}{120,708} = 15,326 \text{ DM / S}$$

Form. 02/44 e S 50 4000 W 54

Abb. 170. Abrechnung eines Kameradschaftsgedinges

| Betriebspunkt **Ort 3 Osten** | Ausbau **TEK** | Norm.-Nr. — | Versatzart — | Streb-Fördermittel — | Streckenmaße: S.-Breite 3,20 m / Höhe 2,30 m / Str.-Länge am 1.: 772 m |

Schichten — Leistungsziffern — Lohneinkommen

Abzug	8 Summe der Schichten	9 Tarifurlaubszahl	10 Feiertagszahl	11 Vergütungs	12 Über 25%	13 Sonntags 50%	14 100%	15 Verhauene Länge m / Fläche m²	16 Gedingesatz DM/m / DM/m²	17 Reine Leistungs-Lohnsumme DM Pf	18 je Schicht DM Pf	19 Grundlohn einschl. Zuschl. DM Pf	20 Tarifurlaubsgeld DM Pf	21 Vergütung Feiertagsschichten DM Pf	22 Geburt Sterbef. DM Pf	23 Schichtenzahl	24 je Schicht	25 Betrag DM Pf	26 für*)	27 Zuschläge Über-/Sonntagsschichten DM Pf	28 Entgangene Schichten
	26			1						395 63	15 21^{7}	395 63		15 33		26	0,1107	2 88	Sprengst. Zuschl. 1/3		
	26			1						395 63	15 21^{7}	395 63		15 33		26	0,1107	2 88	"		
	26			1						395 64	15 21^{7}	395 64		15 33		26	0,1107	2 88	"		
1^{212}	24^{25}			1						350 56	14 43^{5}	350 56		14 56		24^{25}	0,1052	2 54	"		
	10^{64}									161 90	15 21^{7}	161 90				10^{64}	0,1107	1 18	"		
0^{300}	4									56 30	14 07^{5}	56 30				4	0,1024	0 41	"		
0^{200}	2									27 39	13 69^{5}	27 39				2	0,0996	0 20	"		
1^{712}	118^{89}									1783 05		1783 05				118^{89}		12 97			
				1^{63}								Aus Vergütungsschein № 1287				1^{63}	14,72	24 —			
0,100				1								Aus Vergütungsschein № 1344				1	14,21	14 21			
				1												1	15,79	15 79			
0,100				3^{63}														54 —			
1^{812}	122^{52}									1783 05		1783 05		60 55				66 97			

Gedinge-Abrechnung   Abnahme-Schein Nr. 3909

*) Nichtzutreffendes streichen

Leistungsabhängige Beträge	Lohn je Einheit DM	Lohn insgesamt DM
173 Wagen Kohlen	0 60	103 80
22,5 Meter, Ort, ~~Störung, Aufhauen~~*)	73 70	1658 25
1 Weiche gelegt	21 —	21 —
Gedinge-Lohnsumme	—	1783 05
Fest-Beträge		
Unterzug instandgesetzt		24 —
Gefälle ausgeglichen		30 —
Summe	—	54 —

Sprengmittel

Soll-Verbrauch 22,5 Meter × DM 14.- = DM 315.-
Ist-Verbrauch . . . . = DM 276,10
~~Mehr~~-/Weniger-Verbrauch*) . . . . . = DM 38,90
Davon der Kameradschaft ~~zu belasten~~ / gutzubringen 1/3 → 12 97

Gedinge-Gesamt-Lohnsumme 1783,05 / Lohnrechn.-Schichten 117,178 = DM 15,217 Vollhauerlohn je Schicht   Gesamt-Lohnsumme 1850 02

Verf. Schichten = 118,890
% Abzug-Schichten = 1,712
Lohnrechnungs-Schichten = 117,178

Zum Gedinge dieses Blattes gehören Schichten	
auf Blatt ..../.... =	
" " ..../.... =	
" " ..../.... =	
" " ..../.... =	
" " ..../.... =	
" " ..../.... =	
" " ..../.... =	
Summe =	

Gedinge-Eintragung   Gedingeschein Nr. 7484   vom 1.12.50

Betriebspunkt-Förderung
(laut Fördertagebuch nach Abzug der Mindermaßmenge)

Kohlen Nr.	105		Summe
Förderung Wg.	173		173

	Erreichte Leistung M/Sch	Erzielter Lohn DM/Sch	Lohn-Anteil je Gedinge-Einheit DM
Vor. Monat	0,183	14,65^{6}	14,65^{6}
15. d. lfd. Mon.	0,187	14,97^{6}	14,97^{6}
Ende d. lfd. Mon.	0,190 m	15,21^{7}	15,21^{7}
Abzug %	5	7½	10
Lohn DM/Sch	14^{456}	14^{075}	13^{695}

Auszuführende Arbeit	Leistungseinheit	Leistung in 8 Std. je Mann/Schicht	Gedingesatz je Einheit DM
Wagen	Wg		0 60
Ort	m	0,181	73 70
Weiche legen	Stck		21 —

Sprengstoff 14.- DM/m frei: Mehr- bzw. Wenigerverbrauch wird zu 1/3 belastet - bzw. gut-geschrieben

Vergütungsschein № 1287 für Instandsetzung des Unterzuges = 24.-DM/ Schichten 1,63
Vergütungsschein № 1344 Gleisanlage für Ausgleichen des Gefälles = 30.-DM/ Schichten 2

im Schichtenzettelvordruck einer Bergwerksgesellschaft.

Arbeiten und bestimmt: „Regel- und vorschriftswidrig sowie unvollständig ausgeführte Arbeiten sind unverzüglich zu beanstanden. Die Werksleitung kann verlangen, daß Mängel in der Ausführung, welche die Gedingearbeiter zu vertreten haben, grundsätzlich von diesen oder — erforderlichenfalls — von anderen Arbeitern sofort abgestellt und zu Lasten des Gedinges verrechnet werden". Die Beanstandungen sind selbstverständlich ebenso in den Abnahmeschein aufzunehmen, wie auch aus dem Abnahmeschein hervorgehen muß, welche Beträge gegebenenfalls wegen mangelhafter Ausführung der Arbeit dem bzw. den Gedingearbeiter(n) in Rechnung gestellt werden.

Die *Förderung* wird täglich für die einzelnen Betriebspunkt-Kohlennummern Wagen für Wagen auf der Hängebank auf der sogenannten Pinntafel markiert und das Tagesergebnis in die Förder-

Gedinge-Abrechnung

Zeche Glückauf   Revier 3   Steiger Müller

Monat	Jahr	Lfd.-Nr	Blatt
März	1951	33	1

Gedingeform: Kameradschaftsgedinge
Betriebspunkt: Flöz Sonnenschein 2.östliche Abteilung Norden / Abbaustreckenvortrieb Ort 3 Osten
Kohlen-Nr 105

Gedinge-Schein Nr	vom	Abnahme Nr	vom	Buchseite
7487	1.12.50	3909	31.3.51	–

Gedingeart: Wagen-Meter-Gedinge
Steigerschichtenzettel Seite 12   bzw. von M.-Nr –   bis M.-Nr –

Ausgeführte Arbeiten — Gedinge (Spalten 1–5):

Abnahme (siehe unten) (1)	Gedinge-Einheit *) (2)	Beschreibung (Nichtzutreffendes streichen: Gesteinsarbeiten, Vorrichtung, Abbau, Bergeversatz, Umlegen, Ausbau) (3)	satz (4)	betrag (5)
173	Wg	Kohlen gefördert	–.60	103.80
22,5	m	Abbaustrecke aufgefahren	73.70	1658.25
Sonstige Arbeiten: 1	Stck	Weiche gelegt	21.–	21.–

Beschreibung — Sprengmittel (Spalten 6–10):

Sprengmittel-verbrauch (6)	Einheit (7)	Beschreibung (8)	je Einheit (9)	Betrag (10)
		Übertrag		1783, 05
105	kg	Sprengstoff } Σ 276,10 DM	12, 27	
100	Stck	Zünder		
		Normalverbrauch 315.– DM	14, –	
		Ersparnis 38,90 DM	1, 73	
		gutzubringen ⅓ 12,97 DM	0, 58	12, 97
Festbeträge (Verg.-Sch Nr)		Summe		1796, 02
1287		Unterzug instandgesetzt		24, –
1344		Gleisanlage: Gefälle ausge-glichen		30, –

*) m/m²/m³ Wagen Kohle usw.   Gedingelohnsumme (Übertrag) 1783.05   Gesamtlohnsumme 1850 02

Errechnung der Leistung

	Verhauen m/m³/m²	Wagen
Gesamtsumme abzüglich:		175
1. Mindermaß		1
2. Unreine Kohle		1
3.		
4.		
5. Zwischensumme		173
6. Wg. K. v. K. Nr		
7.		
8.		
9.		
10.		
11.		
Tatsächliche Leistung (siehe oben: Spalte 1 Abnahme)		173

Errechnung des Lohnanteils (Verrechnungsfaktor) DM je m/m²/m² usw. (anzuwenden bei Einmann- und Gruppengedinge als Anteilgedinge)

x) Sprengstoffersparnis -Prämie
Aufgliederung nach Arbeitergrad
1297 = 0,1107 DM / Hauerschichten
117,178
100%   88,640 Sch zu 0,1107 DM/Sch = 9,81 DM
95%   24,250 " " 0,1052 " " = 2,55 "
92,5%   4,000 " " 0,1024 " " = 0,41 "
90%   2,000 " " 0,0996 " " = 0,20 "
118,890 Sch   12,97 DM

xx) Aufgliederung der Vergütung aus V. Schein Nr. 1344
30.– : 1579 DM/ Hauerschicht
1,9
100%   1 Sch zu 15,79 DM/Sch = 15,79
90%   1 " " 14.21 DM/Sch = 14.21
2 Sch   30.–

Verteilung der Gedingeschichten und der Gesamtlohnsumme

Verfahrene Schichten nach Arbeitergraden: Lohn-Ordn.Nr (11)	% (12)	Schichten (13)	Lohnverrechnungsschichten (Sp. 12×13)/100 (14)	Lohnsatz DM, Pf (15)	Lohnbetrag (Spalten 13×15) DM, Pf (16)
010	100	88,64	88,640	15, 21^7	1348, 80
023	95	24,25	23,038	14, 45^6	350, 56
022	92,5	4,00	3,700	14, 07^5	56, 30
021	90,0	2,00	1,800	13, 69^5	27, 39
		118,89	117,178		
außerhalb des Gedinges: Sprengstoffersparnis			Gedingelohnsumme		1783, 05
			– –	x)	12, 97
Verg. 1287		1,63	1, 63		24, –
" 1344		2,00	1, 90	xx)	30, 00
		3,	3, 53		
Summe Verfahrene Schichten		122,52	120,708	15, 326	1850, 02

gez. Müller   gepr. gez. Schmidt   Unterschriften

Summe Lohnverrechnungsschichten	Vollhauer Schichtlohn	Gesamt-Lohnsumme

HBAG, 12. 50. 8233. 07 450

Abb. 171a. Abrechnung eines Kameradschaftsgedinges im Abrechnungsvordruck der DKBL.

liste eingetragen, von der täglich ein Auszug der Belegschaft durch Aushang zur Kenntnis gebracht wird. Diese Förderliste dient hinsichtlich der erbrachten Förderung als Abnahmebeleg. Ungenügend beladene Förderwagen sowie solche mit unreiner Beladung werden nur mit dem wirklichen Kohleninhalt verrechnet (§ 37 Abs. 4 und 5 der Arbeitsordnung). Dieser wird durch Abmessen festgestellt (§ 37 Abs. 6 der Arbeitsordnung).

919 Abschließende Bemerkungen.

Wenn auch im allgemeinen aus den Abnahmen bedeutend weniger Streitfälle entstehen als über das Gedinge, so darf dies nicht dahingehend ausgelegt werden, daß das derzeitige Abnahmeverfahren fehlerlos und nicht mehr zu vervollkommnen wäre. In welche Richtung der Weg der Entwicklung zu gehen hätte, dürfte aus den vorstehenden Darlegungen ersichtlich geworden sein.

92 Die Gedingeabrechnung.

920 Vorbemerkung.

Im kaufmännischen Leben folgt der Lieferung die Rechnungserteilung bzw. -begleichung. Damit findet der mit der Vertragsschließung begonnene Geschäftsvorgang seinen Abschluß. Analog erfließen aus dem Gedingevertragsabschluß notwendigerweise die Abrechnung des Gedinges und die Lohnzahlung.

921 Grundlagen der Gedingeabrechnung.

Für die Vornahme der Gedingeabrechnung sind unabdingbar erforderlich: die Kenntnis der Bestimmungen des Gedingevertrages und der Festlegungen der Abnahme. Aus ihnen ist die Lohnsumme in ihrer Gesamtheit errechenbar. Doch ist damit der Vorgang der Gedingeabrechnung noch nicht beendet. Bei vielen Gedingeverträgen muß die Lohngesamtsumme auf die Anteilseigner des Vertrages aufgeteilt werden, wozu als Schlüssel die Zahl der von den einzelnen Anteilseignern verfahrenen Schichten dient. Des weiteren ergibt sich aus der Vorschrift der Lohnordnung über den Mindestlohn zwangsläufig, daß der Lohn je Schicht berechnet werden muß, da man ja nur an Hand der Ziffer des verdienten Lohnes je Schicht feststellen kann, ob die Mindestlohnklausel im gegebenen Fall zur Debatte steht oder nicht. Es wird auch aus diesem Umstande die Zahl der verfahrenen Schichten als für die Abrechnung erforderliche Grundzahl erkennbar. Eine weitere Notwendigkeit, die Zahl der Schichten als erforderliche Abrechnungsgrundlage anzusprechen, ergibt sich daraus, daß bei ungleichgewichtig zusammengesetzten Gruppen oder Kameradschaften die Lohnsummenverteilung selbst bei gleicher Schichtenzahl der einzelnen Mitglieder nicht einfach über deren Zahl erfolgen kann, sondern gemäß tariflicher Vorschrift über sogenannte Lohnrechenschichten durchgeführt werden muß, die sich aus den verfahrenen Schichten über Reduktionsfaktoren berechnen. Endlich ist die gesamte bergmännische Lohnstatistik auf dem Lohn je Schicht aufgebaut, so daß schon allein aus diesem Grunde die Abrechnung der Schichtenzahl als Abrechnungskomponente bedarf. Zusammenfassend ist also zu sagen, daß als Grundlagen der Gedingeabrechnung zu betrachten sind: a) der Gedingevertrag; — b) die Abnahme; — c) die Schichtenaufzeichnung.

24 Dohmen, Gedingewesen.

Gedinge-Abrechnung   Monat März   1951

Kostenstelle: Abbaustreckenvortrieb 600/221.0
Revier: 3 (Müller)
Betriebspunkt: 2. östl. Abt. Norden Flöz Sonnenschein Ort 3 Ost
Kohlen-Nr: 105

Gedinge				Errechnung der Leistung	Verhauen m/m²/m³	Wagen
Schein Nr	vom	Abnahme Nr	vom	Gesamtsumme		175
7487	1.12.50	3909	31.3.51	abzüglich: a) Mindermaß		1
				b) Unreine Kohle		1
Gedingeform: Kameradschaftsgedinge				c)		
				d) Wg. v. K. Nr		
Gedingeart: Wagen-Meter-Gedinge				e)		
				f)		
				g)		
gültig von Marken Nr ___				h)		
				i)		
bzw. von Seite Nr 12				Tatsächl. Leistung		173

Ausgeführte Arbeiten — Gedinge-

Abnahme (Menge) [1]	Gedinge-Einheit x) [2]	Beschreibung [3]	satz DM [4]	satz ₰	betrag DM [5]	betrag ₰
173	Wg	Kohlen gefördert	–	60	103	80
22,5	m	Abbaustrecke aufgefahren	73	70	1658	25
Sonst. Arbeiten						
1	Stk	Weiche gelegt	21	–	21	–
		Gedingelohnsumme			1783	05
Festbeträge (Vergg.-Sch. Nr)						
1287		Unterzug instandgesetzt	24	–	24	–
1344		Gleisanlage: Gefälle ausge- glichen	30	–	30	–

Sprengmittelverbrauch — Ersparnisgutschrift 1/3   Summe   1837 | 05

		satz DM	betrag DM	₰
105 kg	Sprengstoff)			
100 Stk	Zünder)	276,10 DM	12,27	
	Normalverbrauch	315,– DM	14,–	
	Ersparnis	38,90 DM	1,73	12 97

x) m/m²/m³ Wagen Kohle usw.   **Gesamtlohnsumme**   1850 | 02

Errechnung des Lohnanteils (Verrechnungsfaktor) DM je m/m²/m³ usw.
(anzuwenden bei Einmann- u. Gruppengedinge als Anteilgedinge)

Sprengstoff - Ersparnis - Prämie
Aufgliederung nach Arbeitergrad
$12,97 : 117,178 = 0,1107$ DM/HS
100 % 88,64 S zu 0,1107 DM/S = 9,81 DM
95 % 24,25 S " 0,1052 " = 2,55 DM
92,5 % 4,00 S " 0,1024 " = 0,41 DM
90 % 2,00 S " 0,0996 " = 0,20 DM
118,89 S   12,97 DM

Vergütung aus V-Schein
Nr. 1344 / Aufgliederung
$30,– : 1,9 = 15,79$ DM/HS
100 % 1 S z. 15,79 = 15,79 DM
90 % 1 S z. 14,21 = 14,21 DM
2 S   30,– DM

Verteilung der Gedingeschichten und der Gesamtlohnsumme

Lohn Ordn. Nr [6]	% [7]	Schichten [8]	Lohnverrechn.-Schichten (Sp. 7×8/100) [9]	Lohnsatz [10]	Lohnbetrag (Spalten 8×10) [11]	Vollhauerlohn
010	100	88 64	88 640	15,21[7]	1348 80	Gedingelohnsumme (Sp. 11) / Lohnverrechnungsschichten (Sp. 9)
023	95	24 25	23 038	14,45[6]	350 56	1850,02 / 120,708
022	92,5	4 00	3 700	14,07[5]	56 30	15,326 DM/Hauerschicht
021	90	2 00	1 800	13,69[6]	27 39	

außerhalb d. Gedinges		Gedinge-Lohnsumme		1783	05	
Sprengst. ersp. V-Schein			S.O.	12	97	Müller *Steiger*
1287	1 63	1 630	S.O.	24	00	Schmidt *Vorgerechnet*
1344	2 00	1 900	S.O.	30	00	
Summe vert. Schichten	122 520	120 708	15,326	1850	02	Schulze *Nachgerechnet*

Bemerkungen

Abb. 171b. Abrechnung eines Kameradschaftsgedinges im Abrechnungsvordruck der DKBL.

Kostenstelle	600/222 Gewinnung
Betriebspunkt	Flöz Girondelle
	Streb 1 Westen
Revier Nr. 2	7. Sohle 1. westliche Abteilung
Sattel	Nordflügel
Kohlen Nr.	107

Gedingeangaben — m² - Einmanngedinge — Ged. Sch. Nr. 3715 v. 1. 3. 51

Mächtigkeit m	Gedinge-Soll-Leistungen Wg.	m²	Gedingesatz DM/m²
1,01 – 1,20	12	7,27	1,91
1,21 – 1,40	12	6,16	2,26
1,41 – 1,60	12	5,33	2,61
1,61 – 1,80	12	4,71	2,96

Schichten-Notierung — Obere Zeile — Überstunden; Untere Zeile — Laufende Schichten

Beschreibung der geleisteten Arbeit (1)	Gedinge im einzelnen DM (2)	Gedinge im ganzen DM (3)	a) Schlüssel-Nr oder Kurzzeichen des Arbeitergrades / b) Lehrhauer, Gedingeschlepper, Neubergleute, Berglehrlinge zeit (4)	a) Geburtsdatum der Arbeiter mit Abzug / b) % Abzug für Gedingearbeiter (5)	Marken-Nr (6)	Name (7)	Schichten-Notierung (8)
						Übertrag	
50,50 m²	1,91	96 45	a)			1,01 – 1,20 m	
31,05 m²	2,26	70 17	b)			1,21 – 1,40 m	
96,50 m²	2,61	251 86	a)			1,41 – 1,60 m	
		418 48	b)			1,61 – 1,80 m	
		5 50	a) 010		805	Schneider	Vergütungsschein Nr. 3722
		423 98	b) H				
27,10 m²	2,26	61 24	b)			1,01 – 1,20 m	
61,40 m²	2,61	160 25	a)			1,21 – 1,40 m	
		221 49	a) 023		337	Lange	1,41 – 1,60 m
			b) L-H				1,61 – 1,80 m
		27 00	a)			Vergütungsschein Nr. 3726	
		248 49	b)				
63,20 m²	1,91	120 71	a)			1,01 – 1,20 m	
40,70 m²	2,26	91 98	b)			1,21 – 1,40 m	
57,65 m²	2,61	150 47	a)			1,41 – 1,60 m	
49,30 m²	2,96	145 93	b)			1,61 – 1,80 m	
			a) 023				
		509 09	b) L-H		1209	Müller	
45,60 m²	1,91	87 10	a)			1,01 – 1,20 m	
47,35 m²	2,26	107 01	b)			1,21 – 1,40 m	
68,10 m²	2,61	177 74	a)			1,41 – 1,60 m	
		371 85	b)			1,61 – 1,80 m	
			a) 023				
			b) L-H		283	Schulze	
		23 –	a)			Vergütungsschein Nr. 3728	
		394 85	b)				
Gedingeabrechnung Blatt 2/1 + 2/2			b)			Sammel - Abnahmeschein Nr. 3512	
303,50 m²	1,91	579 68	b)				
250,40 m²	2,26	565 90	a)			Gesamtschichten 154,875	
442,65 m²	2,61	1155 32	b)				
73,40 m²	2,96	217 26	a)			Gesamt - Lohnsumme 2573,66 = 16,67 DM/Schicht	
Gedinge - Lohnsumme		2518 16	b)			Gesamtschichten 154,375	
Festbeträge			a)				
Vergütungsschein Nr. 3722		5 50	b)				
Vergütungsschein Nr. 3726		27 00	a)				
Vergütungsschein Nr. 3728		23 00	b)				
Summe - Festbeträge		55 50	a)				
			b)				
Gesamt - Lohnsumme		2573 66	a)				
			b)				
						Übertrag	

Abb. 172. Abrechnung eines Einmanngedinges im

Betriebsangaben

Vergütungsschein Nr. 3722 für Beseitigung einer Störung in der Strecke = 5,50 DM

Vergütungsschein Nr. 3726 für 12,00 m Bahn senken = 27,00 DM

Vergütungsschein Nr. 3728 für Unterzug erneuern = 23,00 DM

Ausbau: Holz   Norm-Nr. III   Versatzart: V   Strebfördermittel: Sta F

Bemerkungen:
3. 3. St
9. 3. St
16. 3. St
24. 3. St
30. 3. St

Schichten für Lohnberechnung — Lohn

Zwischensumme	8 (26 27 28 29 30 31)	Verfahrene Schichten insgesamt (9)	(10)	ohne Zuschlag (11)	25% (12)	50% (13)	100% (14)	(15)	bezahlte Feiertags- (16)	Tarifurlaubs- (17)	Sonderurlaubs- (18)	Lern- (19)	a) Prämien u. sonstige Vergütungen je Schicht / b) Lohn je Schicht (20) DM	Leistungslohn — Lohn (Sp. 10 X 20b) (21) DM	Prämien u. sonstige Vergütungen insgesamt (22) DM	25% (23)	50% (24)	100% (25)	(26)	Feiertags- (27)	Tarifurlaubs- (28)	Sonderurlaubs- (29)	Lern- (30)	Insgesamt (31) DM
	6,30 6,10 5,60 5,60 5,75	96,50 31,65 595																						
0,375			− 375	-375				1					a) 423,98 { 5 50 / b) 16 07 { 418 48		1, 375					16 07				441 425
21	Z / / / / /		26																					
		61,40 27,10											a) / b) 15 29 248,49 { 221 49 / 27 00											248 49
14,50			} 16 25																					
1,75																								
	6,00 6,20 6,10 6,10 6,40	63,20 40,70 35,40 48,30											a) / b) 19 58 509 09							19 58				528 67
21	Z / / / / /		26 −					1																
	5,60 5,70 5,70 5,75 5,55	64,20 47,35 68,10											a) / b) 15 31 394,85 { 371 85 / 23 −							15 31				410 16
19,25	Z / / / / /		} 25 75					1																
1,50																								
													Leistungs-Lohnsumme a) Bl. 2/1 1520 91											
													Festbeträge a) " 55 50											
79 375		94 375						Gesamt-Lohnsumme					= 1576 41		1 375					50 96				1628 745

Vordruck „Einheitsschichtenzettel" der DKBL.

24*

	Kennzeichnung der Belegschaftsmitglieder					Schichten-Nachweis
Arbeitergrad	Geburtsdatum	Lohnabzug %	Lfd. Nr. der Lohnordnung	Marken-Nr.	Namen der Belegschaftsmitglieder	1. 2. 3. 4. 5. 6. 7. 8. 9. 10. 11. 12. 13. 14. 15. 16. 17. 18. 19. 20. 21. 22 23. 24. 25 · Zw. Summe · 26. 27. 28. 29. 30. 31.
1	2	3	4	5	6	

600/222 Gewinnung m³-Einmanngedinge

Block 1 — Schneider:

Band	m²	Werte
1,01 – 1,20 m	m²	6,80 7,40 · · · 7,80 7,50 · 7,60 7,90 · 5,50
1,21 – 1,40 m		7,30 · 7,70 7,20 7,25 1,60
1,41 – 1,60 m		4,80 6,70 6,90 · 6,15 6,95 · 3,20 6,40 6,55 6,30 6,20 6,40 · · · 6,30 6,10 5,60 5,60 5,25
1,61 – 1,80 m		
H · 010 · 805 · Schneider		/ / / / / / / / / / / / / / / / / / / = 21 Z / / / / /
Vergütungsschein № 3722		3 · – 375

Block 2 — Lange:

Band	m²	Werte
1,01 – 1,20 m		
1,21 – 1,40 m		7,40 7,60 7,50 4,60
1,41 – 1,60 m	m²	5,60 5,80 5,80 5,40 5,50 5,50 5,40 5,60 5,50 5,20 6,10
1,61 – 1,80 m		
L-H · 023 · 337 · Lange		/ / / / / / / / / / / / 4 = 14 ⁶⁰
Vergütungsschein № 3726		4 · / 2 Bl/15 · 1 ⁷⁵

Block 3 — Müller:

Band	m²	Werte
1,01 – 1,20 m		10,80 10,50 10,90 10,20 · 10,00 10,00
1,21 – 1,40 m	m²	8,10 8,10 8,30 8,00 8,20
1,41 – 1,60 m		8,10 8,20 8,25 8,30 8,10 8,10 8,40
1,61 – 1,80 m		6,10 6,30 6,10 · 6,00 6,20 6,10 6,10 6,40
L-H · 023 · 1209 · Müller		/ / / / / / / / / / / / / / / / / / / = 21 Z / / / / /

Block 4 — Schulze:

Band	m²	Werte
1,01 – 1,20 m		8,80 · 9,00 8,60 8,50 8,80 · 1,90 · 10,00 10,00
1,21 – 1,40 m	m²	6,80 6,80 · 6,60 6,75 6,75 6,80 6,85
1,41 – 1,60 m		5,70 · 5,80 5,80 5,60 5,55 5,65 5,70
1,61 – 1,80 m		
H · 010 · 283 · Schulze		/ / / / / / / 2 / / / / / / / / / / / / = 19 ²⁵ Z / / / / /
Vergütungsschein № 3728		/ 4 · 1 ⁵⁰
Summenziffer		79 ³⁷⁵

Summe der Schichten		
morgens	4 4 4 4 4 4 4 3 3 4 4 4 4³ 4 4 4 3² 3 3 3 3	77 ⁵²⁵ · 3 3 3 3 3
mittags		
nachts	1 ⁶	1 ⁷⁵⁰

Soll-Belegung	Sollförderung	Istförderung Wg. →	1. 2. 3. 4. 5. 6. 7. 8. 9. 10. 11. 12. 13. 14. 15 · 16. 17. 18. 19. 20. 21. 22. 23. 24. 25. 26. 27. 28. 29. 30. 31.
________ Mann	________ Wg.		

Bemerkungen über den Betriebsablauf (besondere Fälle) und Prüfungsvermerke der Oberbeamten (Namenszeichen und Datum)

3. 3.   St
9. 3.   St
16. 3.   St
24. 3.   St
30. 3.   St

Abb. 173. Abrechnung eines Einmanngedinges im

Monat **März 1951** — Blatt 2 / 1

Betriebspunkt: **Streb 1 Westen** — Ausbau: **Holz** — Norm.-Nr. **III** — Versatzart **V** — Streb-Fördermittel **Stg F**

Streckenmaße: S.-Breite … m — Höhe … m — Str.-Länge am 1. … m

	Schichten							Leistungsziffern			Lohneinkommen										
											Grundlohn		Vergütung			Sonderzuschläge					
Abzug	Summe der Schichten	Tarifurlaubs-Sch.	Feiertagszahl-Sch.	Vergütungs-Sch.	Über- 25%	Sonntags-Sch. 50%	Sonntags-Sch. 100%	Verhauene Länge m / Fläche m²	Gedingesatz DM/m, DM/m²	Reine Leistungs-Lohnsumme DM ₰	je Schicht DM ₰	einschl. Zuschl. f. Mehrarb. Über- u. Sonnt.-Sch. DM ₰	Tarifurlaubsgeld DM ₰	Feiertagszahlschichten DM ₰	Geburt Sterbef. DM ₰	Schichtenzahl	je Schicht	Betrag DM ₰	für*)	Zuschläge f. Über- u. Sonntagssch. Betrag DM ₰	Entgangene Schichten
—	8	9	10	11	12	13	14	15	16	17	18	19	20	21	22	23	24	25	26	27	28
								50,50	1,91	96 45											
								31,05	2,26	70 17											
								96,50	2,61	251 86											
										418 48		418 48									
	26	-		1							16 07			16 07						1 375	
	- 375				- 375							5 50									
								27,10	2,26	61 24											
								64,40	2,61	160 25											
										221 49		221 49									
	14 50										15 29										
	1 75											27 00									
								63,20	1,91	120 71											
								40,70	2,26	91 98											
								57,65	2,61	150 47											
								49,30	2,96	145 93											
	26			1						509 09	19 58	509 09		19 58							
								45,60	1,91	87 10											
								47,35	2,26	107 01											
								68,10	2,61	177 74											
										371 85		371 85									
	24 25			1							15 31			15 31							
	1 50											23 -									
	94 375									1520 91		1576 41		50 96						1 375	

Gedinge-Abrechnung — Sammel-Abnahme-Schein Nr. 35.12

*) Nichtzutreffendes streichen

Leistungsabhängige Beträge	je Einheit DM	insgesamt DM
Wagen Kohlen		
Meter, Ort, Störung, Aufhauen*)		
303,50 m²	1 91	5 79 68
250,40 m²	2 26	5 65 90
442,65 m²	2 61	11 55 32
73,40 m²	2 96	217 26
Gedinge-Lohnsumme	—	2518 16
Fest-Beträge		
Vergütungsschein № 3722		5 50
Vergütungsschein № 3726		27 00
Vergütungsschein № 3728		23 00
Summe	—	55 50
Sprengmittel		
Soll-Verbrauch … Meter × DM … = DM		
Ist-Verbrauch . . . . . . = DM		
Mehr-/Weniger-Verbrauch*) . . . . . = DM		
Davon der Kameradschaft zu belasten / gutzubringen		
Gesamt-Lohnsumme 2573,66 / Lohnwochen-Schichten 154,375 = DM 16,67 Vollhauerlohn je Schicht — Gesamt-Lohnsumme		2573 66

Vergütungsschein № 3728

für Unterzug erneuern = 23.- DM

Verf. Schichten = 154,375

% Abzug-Schichten = —

Lohnrechnungs-Schichten . . . . = 154,375

Zum Gedinge dieses Blattes gehören	Schichten
auf Blatt 2 / 1 =	94 375
„ „ 2 / 2 =	60
„ „ / =	
„ „ / =	
„ „ / =	
„ „ / =	
„ „ / =	
Summe =	154 375

Betriebspunkt-Förderung
(laut Fördertagebuch nach Abzug der Mindermaßmenge)

			Summe
Kohlen Nr.	107		
Förderung Wg.	2175		2175

	Erreichte Leistung M/Sch	Erzielter Lohn DM/Sch	Lohn-Anteil je Gedinge Einheit DM/m²
Vor. Monat	13,8 Wg	15,87	2,24
15. d. lfd. Mon.	13,9 Wg	15,98	2,25
Ende d. lfd. Mon.	14,5 Wg	16,67	2,35
Abzug %	5	7½	10
Lohn DM/Sch	—	—	—

Gedinge-Eintragung — Gedingeschein Nr. 37.15 vom 1. 3. 51

Auszuführende Arbeit	Leistungseinheit	Leistung in 8 Std. je Mann/Schicht	Gedingesatz je Einheit DM ₰

Gedinge-Soll-Leistungen

Mächtigkeit m	Wg	m²	Gedingesatz DM/m²
1,01 - 1,20	12,0	7,27	1,91
1,21 - 1,40	12,0	6,16	2,26
1,41 - 1,60	12,0	5,33	2,61
1,61 - 1,80	12,0	4,71	2,96

Vergütungsschein № 3722 für Beseitigung einer Störung in der Strecke = 5,50 DM

Vergütungsschein № 3726 für 12,00m Bahn senken wird die Summe von 27.- DM gezahlt

Schichtenzettelvordruck einer Bergwerksgesellschaft.

922 Abrechnungsbeauftragte.

Auf vielen Schachtanlagen ist es heute noch — wie seit alters her — Brauch, daß der Abteilungssteiger die Abrechnung vollverantwortlich und allein durchführt. Der Lohnbürobeamte prüft lediglich auf rechnerische Richtigkeit nach.

In der Erkenntnis, daß der Steiger als Techniker sich bei der Abrechnung mit einem strenggenommen kaufmännischen Vorgang befaßt, und der Forderung der Steiger auf Entlastung von schriftlichen Arbeiten nachkommend, haben sich manche Bergwerksgesellschaften entschlossen, dem Steiger einen kaufmännisch vorgebildeten und mit neuzeitlichen Rechenhilfsmitteln vertrauten Angestellten als Rechenhilfe beizustellen, wodurch sich allerdings nichts darin ändert, daß der Steiger der für die Abrechnung Vollverantwortliche ist und bleibt.

Monat März 1951 — Gedinge-Nr. 3715 — **Anlage zur Gedingeabrechnung** — lfd. Nr 12 — Blatt —

Hollerith Gedinge Kennziffer Nr	Marken-Nr	Verfahrene Schichten Insgesamt (Voll/Teil)	mit Vergütung (V/T)	im Gedinge (Voll/Teil)	ohne Lohnabzug 100% (V/T)	mit Lohnabzug 95% (V/T)	92,5% (V/T)	90% (V/T)	Lohnverrechnungs-Schichten *) (Voll/Teil)	1,01–1,20 m / 1,97	1,21–1,40 m / 2,26	1,41–1,60 m / 2,61	1,61–1,80 m / 2,96	Gedinge-Lohnsumme (Leistung × Einheitssatz)	Σ	Vergütung für Störungen u.ä.	Gesamt-Lohnsumme (Summe Spalten 15–17)	Durchschnitts-Lohnsatz je Schicht (Spalten 18:3)	Lohnsätze 100%	95%	92,5%	90%
1	2	3	4	5	6	7	8	9	10	11	12	13	14	15	16	17	18	19	20	21	22	23
										50.50				96.45								
											31.05			70.17								
												96,50		251.86								
H	805	26 / 375	- / 375	26 / -	26 / -	- / -	- / -	- / -	26 / -						Σ 418.48	5.50	423.98	16.07				
											27.10			61.24								
												61,40		160.25								
LH	337	16 / 25	1 / 75	14 / 5	14 / 5	- / -	- / -	- / -	14 / 5						Σ 221.49	27.-	248.49	15,29				
										63,20				120.71								
											40.70			91.98								
												57,65		150.47	Σ							
LH	1209	26 / -	- / -	26 / -	26 / -	- / -	- / -	- / -	26 / -				49,30	145.93	509.09	-	509.09	19.58				
										45,60				87.10								
											47,35			107.01								
												68,10		177.74								
H	283	25 / 75	1 / 5	24 / 25	24 / 25	- / -	- / -	- / -	24 / 25						Σ 371.85	23.-	394.85	15.31				
										54.-				103.14								
											22,30			50.40								
H	642	10 / -	- / -	10 / -	10 / -	- / -	- / -	- / -	10 / -						Σ 153.54	-	153.54	15.35				
											42,70			81.56								
												38,45		86.90								
												77,60		202.54	Σ							
H	1521	26 / -	- / -	26 / -	26 / -	- / -	- / -	- / -	26 / -				24,10	71.34	442.34	-	442.34	17.01				
										47.50				90.72								
											43,45			98.20								
												81,40		212.45								
H	1781	24 / -	- / -	24 / -	24 / -	- / -	- / -	- / -	24 / -						Σ 401.37	-	401.37	16.72				
Summe Übertrag		154 / 375	3 / 625	150 / 75	150 / 75	- / -	- / -	- / -	150 / 75	303,50	250,40	442,65	73,40		2518.16	55.50	2578.66	16.67	—	—	—	—

*) Spalten 5×6 bzw. 7, 8 oder 9 : 100

Abb. 174. Abrechnung eines Einmanngedinges im Abrechnungsvordruck der DKBL.

In einzelnen Fällen hat man jedoch den Steiger von der Abrechnung ganz entbunden und diese Arbeit in ihrer Gesamtheit dem kaufmännischen Personal übergeben. Man ging bei dieser Maßnahme von dem durchaus richtigen Grundgedanken aus, daß Gedingevertrag, Abnahme und Schichtenbuchung so exakt und eindeutig sein sollen, daß es jedem — wenn auch nicht technisch vorgebildeten und mit dem Betrieb vertrauten — Betriebsbeamten möglich sein muß, die Abrechnung vorzunehmen. Es braucht nicht erwähnt zu werden, daß durch eine solchermaßen getroffene Betriebsorganisation ehestens die Gewähr für eine ordnungsmäßige Gedingewirtschaft geboten wird. Auch eröffnet sich bei diesem Verfahren die Möglichkeit der vollmechanisierten Abrechnung (Hollerithverfahren).

923 Technik der Abrechnung.

Die einfachste Verfahrenstechnik ist die Abrechnung von Hand, wie sie vom Steiger früher und teilweise auch heute noch ausgeführt wurde bzw. wird. Als Hilfsmittel benutzt der Steiger höchstens einen Rechenschieber, der aber in der Ablesegenauigkeit den Bedürfnissen der Gedingeabrechnung nicht voll gerecht wird, oder auch eine Multiplikationstabelle[1], die erhebliche Ersparnisse an Zeit zu gewinnen gestattet (mindestens 50% gegenüber der reinen Handrechnung).

Beim Einsatz neuzeitlicher Rechenmaschinen erzielt man neben einem namhaften Zeitgewinn auch noch die Vorteile der größeren Rechensicherheit und der geringeren geistigen Beanspruchung des Rechnenden. Der Zeitgewinn tritt allerdings nicht voll in Erscheinung, wenn dem Steiger eine mit einer Rechenmaschine ausgerüstete Rechenhilfskraft zur Verfügung gestellt wird, sondern kann nur im Lohnrechenbüro voll ausgeschöpft werden.

Die zeitsparendste Methode ist die Abrechnung über Hollerith, wobei man noch den Vorteil gewinnt, daß in den Lochkarten bei entsprechender Ausgestaltung das ganze lohnstatistische Zahlenmaterial enthalten ist, das durch einfache Maschineneinstellungen ausgewertet werden kann.

924 Abrechnungsschema.

924.1 Allgemeines. Es ist verständlich, wenn die Vielfalt der bergmännischen Gedingespielarten dazu führte, die Gestaltung der Abrechnung ganz und gar dem Betriebsbeamten zu überlassen. Man hielt auch dann noch an der freien Gestaltung fest, als durch Bestimmungen bzw. Vereinbarungen ein gewisses Gerippe in die Gedingewirtschaft gebracht worden war, das Ansätze zu einer einheitlichen Ausrichtung der Abrechnung hätte abgeben können.

Allerdings hatten einzelne Bergwerksgesellschaften schon länger versucht, für ihre Betriebe ein einheitliches Abrechnungsschema festzulegen, und mit diesem Beginnen auch unbestreitbare Erfolge erzielt; doch waren diese Arbeiten über den zecheneigenen Kreis nicht hinausgedrungen, bis im Jahre 1950 ein Arbeitskreis der Deutschen Kohlenbergbau-Leitung sich mit der Frage der Vereinheitlichung der Gedingeabrechnung befaßte. Es verdient festgehalten zu werden, daß dieser Ausschuß nicht aus der Sicht der Gedingetechnik seine Arbeiten aufnahm, sondern von der kaufmännischen Rechenseite herkommend an die Aufgabe herantrat.

Für die Entwicklung des Abrechnungsschemas selbst ist von großer Bedeutung, daß Kameradschaftsgedinge eine völlig andersartige Abrechnung verlangen als Einmann- oder Gruppengedinge. Ein auf alle Fälle passendes Schema kann daher nicht gefunden werden, und man wird zufrieden sein dürfen, wenn man mit zwei Einheitsvordrucken auskommt.

Über die Frage, ob die Abrechnung im Schichtenzettel erfolgen muß oder zweckmäßiger auf Sonderblättern durchgeführt wird, gehen die Ansichten auseinander. Wenn hierzu von einzelnen der Urkundencharakter des Schichtenzettels in den Vordergrund gerückt wird, so ist dazu grundsätzlich zu bemerken, daß der Schichtenzettel niemals die einzige Lohnurkunde gewesen ist (so ist z. B. das Fördertagebuch immer als getrennte Urkunde behandelt worden). Im übrigen enthält der Schichtenzettel in vielen Angaben Abschriften bzw. Auszüge aus Urkunden, so z. B. bezüglich des Gedinges und der Abnahmen, und ist insoweit überhaupt keine Urkunde im engeren Sinne. Schließlich verliert die Abrechnung nichts an Wert als Urkunde, wenn sie vom Schichtenzettel getrennt geführt wird. Letzten Endes ist man heute auf vielen Gebieten zur Lose-Blatt-Gestaltung gekommen und hat die gebundenen Bücher von früher verlassen, ohne daß damit die Festlegungen an urkundlichem Wert eingebüßt haben. Sodann ist grundsätzlich zu sagen, daß neuzeitliche Abrechnungsverfahren (Lochkartensystem) zur Aufgliederung in Blätter drängen.

924.2 Besprechung einzelner Abrechnungsschemata. Abb. 169 zeigt beispielhaft die ungebundene Abrechnung eines *Kameradschaftsgedinges* im Vordruck „Einheitsschichtenzettel" der Deutschen Kohlenbergbau-Leitung, wie er vor der Entwicklung der einheitlichen Abrechnungsschemata der DKBL bei der überwiegenden Mehrzahl der Ruhrzechen in Gebrauch war.

Das gleiche Beispiel ist in Abb. 170 in einem Schichtenzettelvordruck durchgerechnet, den eine Bergwerksgesellschaft mit geringen, dem jeweiligen Entwicklungsstande entsprechenden Ab-

---

[1] z. B. A. WERNER: Kleine Multiplikationstabelle, Unger & Domröse Verlag, Herne i. W.

Kostenstelle	600/222 Gewinnung	Gedingeangaben	m²·Gruppengedinge		Ged. Sch. Nr. 7721 v. 1.3.1951
Betriebspunkt	Fl. Girondelle	Mächtigkeit	Gedinge-Soll-Leistungen		Gedingesatz
	Streb 1 Osten	m	Wg.	m²	DM/m²
Revier Nr. 2	7. Sohle, 1. westliche Abteilung	1,81 – 2,00	12,5	5,10	2,75
	Sattel Nordflügel	2,01 – 2,20	12,5	4,60	3,04
	Kohlen Nr. 98				Sammel-Abnahmeschein Nr. 4456

Schichten-Notierung — Obere Zeile = Überstunden; Untere Zeile = Laufende Schichten

Beschreibung der geleisteten Arbeit	Gedinge im einzelnen DM	Gedinge im ganzen DM	a) Schlüssel-Nr oder Kurzzeichen des Arbeitergrades b) Lehrhauer, Gedingeschlepper, Neubergleute, Berglehrlinge	a) Geburtsdatum der Arbeiter mit Abzug b) % Abzug für Gedingearbeiter	Marken-Nr	Name
1	2	3	4	5	6	7
						Übertrag
I 242,5 m²	2,75	666 87	a)			1,81 – 2,00 m
58,6 m²	3,04	178 74	b)			2,01 – 2,20 m
			a) 010			
Gedinge-Lohnsumme		845 01	b) H		483	Boller
			a) 023			
Gedingeschichten = 51,00			b) L–H	5	705	Fischer
% Abzugsschichten = 1,60			a) 022			
Lohnrechenschichten = 49,40			b) G.-Schl.	7,5	693	Häuser
$\frac{845{,}019^{56}}{49{,}40}$ = 17,10 DM/Vollhauerschicht			a) 010			
		15 00	b) H		483	Boller
95% = 16,25[01] DM/S			a)			
		860 01	b)			
92,5% = 15,82[26] DM/S			a)			
			b)			
II 189,0 m²	2,75	519 75	a)			1,81 – 2,00 m
102,4 m²	3,04	311 29	b)			2,01 – 2,20 m
			a) 010			
Gedingeschichten = 52,00		831 04	b) H		1215	Hammer
% Abzugschichten = 1,95			a) 022			
Lohnrechenschichten = 50,05			b) G.-Schl.	7,5	977	Murski
$\frac{831{,}05^{46}}{50{,}05}$ = 16,60[43] DM/Vollhauerschicht			a)			
			b)			
92,5% = 15,35[90] DM/S			a)			
			b)			
III 203,5 m²	2,75	559 62	a)			1,81 – 2,00 m
35,7 m²	3,04	108 52	b)			2,01 – 2,20 m
			a) 022			
Gedinge-Lohnsumme		668 15	b) Ged.-Schl.	7,5	1237	Fleige
Gedingeschichten = 46,000			a) 010			
% Abzugschichten = 1,575			b) H		456	Becker
Lohnrechenschichten = 44,425						
$\frac{668{,}15^{3}}{44{,}425}$ = 15,04[00] DM/Vollhauerschicht			a) 023			
			b) L–H	5	1259	Stemski
95% = 14,28[00] DM/S			a) 010			
92,5% = 13,91[30] DM/S			b) H		456	Becker
Aus Vergütungsschein Nr. 1725		98 00				
Schichtensumme = 6,00			a) 023			
% Abzugschichten = 0,15			b) L–H	5	1259	Stemski
Lohnrechenschichten = 5,85			a)			
		766 15	b)			
$\frac{98{,}00}{5{,}85}$ = 16,75[21] DM/Vollhauerschicht			a)			
			b)			
95% = 15,91[45] DM/S			a)			
			b)			
Gedingeabrechnung	Blatt 3/1, 3/2 u. 3/3					Insgesamt verfahrene Schichten 362 Vergütungsschichten 9
1387,7 m²	2,75	3816 17	a)			Verfahrene Gedingeschichten 353,000
489,0 m²	3,04	1486 56	b)			% Abzugschichten 11,925
Gedingelohnsumme		5302 73	a)			Lohnrechnungsschichten 341,075
Festbeträge			b)			
Vergütungsschein Nr. 1723		15 00				Übertrag
Vergütungsschein Nr. 1725		98 00				
Vergütungsschein Nr. 1726		30 00				
		143 00				
Gesamt-Lohnsumme		5445,73[5]				

Abb. 175. Abrechnung eines Gruppengedinges im

Betriebsangaben		Bemerkungen	Monat März 1951	Seite
Vergütungsschein Nr. 1723. Für Streckensicherung	= 15,00 DM			3/1
Vergütungsschein Nr. 1725. Für Instandsetzung des Unterzuges	= 98,00 DM	3. 3. St		3/2
Vergütungsschein Nr. 1726. Eine Kurvenweiche legen	= 30,00 DM	9. 3. St		3/3
		16. 3. St		
Ausbau: Holz, Norm-Nr. III; Versatzart: V, Strebfördermittel: Sta F		24. 3. St		
		30. 3. St		

Schichten für Lohnberechnung — Lohn

Spaltenüberschriften:
Zwischensumme — Verfahrene Schichten insgesamt (10) — In Spalte 10 sind enthalten: ohne Zuschlag (11), Über-, Sonn- und Feiertagsschichten mit Zuschlag von 25% (12), 50% (13), 100% (14), (15) — bezahlte Feiertagsschichten (16) — Tarifurlaubs- (17) — Sonderurlaubs- (18) — Lehr- (19) — a) Prämien u. sonstige Vergütungen je Schicht / b) Lohn je Schicht (20) — Lohn (Sp. 10 × 20 b) (21) — Prämien u. sonstige Vergütungen insgesamt (22) — Lohnzuschläge für Über-, Sonn- u. Feiertagsschichten 25% (23), 50% (24), 100% (25), (26) — Vergütung für Feiertags- (27), Tarifurlaubs- (28), Sonderurlaubs- (29), Lehr- (30) Schichten — Insgesamt (31)

Zwischensumme	8	9	10	16	20 a)/b)	21 Lohn	27	31 Insgesamt
	9,3 8,2 8,0 9,0 9,1	343,6 / 58,6			a) / b)			
20	Z 1 1 1 1 1		25	1	b) 17 10	427 64	17 10	444 74 ^{56}
14		% Abzug 0,70	14		b) 16 25	227 50		227 50 ^{45}
7	Z 1 1 1 1 1	0,90	12	1	b) 15 82	189 87	15 82	205 69 ^{48}
		1,60	51					
1			1		b) 15 00	15 00		15 00
					b)	860 01 ^{67}		892 94 ^{49}
	10,2 10,0 10,0 10,0 70,4	189,0 / 102,4						
21	Z 1 1 1 1 1		26	1	b) 16 60	431 71 ^{18}	16 60	448 31 ^{61}
21	Z 1 1 1 1 1	% Abzug 1,95	26	1	b) 15 35	399 33 ^{34}	15 35	414 69 ^{24}
			52		b)	831 04 ^{52}		863 00 ^{85}
	7,0 7,3	203,5 / 367						
17		% Abzug 1,275	17		b) 13 91	236 50 ^{40}		236 50 ^{40}
21	Z 1 1 oben		23	1	b) 15 04	345 92 ^{00}	15 04	360 96 ^{00}
4	Z 1 1 unten 0,300		6	1	b) 14 28	85 72 ^{80}	14 28	100 01 ^{60}
		1,575	46					
	oben 1 1 1		3		b) 16 75	50 25 ^{63}		50 25 ^{63}
	oben 1 1 1 0,150		3		b) 15 91	47 74 ^{35}		47 74 ^{35}
			149	Gedingeschichten	b)	766 15 ^{18}		795 47 ^{98}
			7	Vergütungsschichten				
				Leistungs-Lohnsumme	a) 2344,21 ^{39}			
126		5,275	156	Gesamt-Lohnsumme	b) 2457,21 ^{87}		94 21	2551 43 ^{32}

(Spaltenannotationen: 665,0167 DM; 663,152 DM; 97,99,98)

$$\frac{\text{Gedinge - Lohnsumme } 5302{,}735}{\text{Lohnrechenschichten } 341{,}075} = 15{,}54\ 71\ \text{DM} \quad \text{Vollhauerlohn/Schicht}$$

$$\text{Durchschnittslohnsatz je Schicht} \quad \frac{5445{,}735}{362} = 15{,}04\ 34\ \text{DM/S}$$

$$95\% = 14{,}76\ 97\ \text{DM/S}$$

$$92{,}5\% = 14{,}38\ 11\ \text{DM/S}$$

Vordruck „Einheitsschichtenzettel" der DKBL.

Kennzeichnung der Belegschaftsmitglieder

Schichten-Nachweis

Ar-beiter-grad	Geburts-datum	Lohn-ab-zug °/₀	Lfd. Nr. der Lohn-ord-nung	Marken-Nr.	Namen der Belegschaftsmitglieder	Zw. Summe
1	2	3	4	5	6	

600 / 222 Gewinnung m³ Gruppengedinge

I

1,81 – 2,00 m — m² 12,8 13,0 13,4 | 13,0 12,6 12,8 12,5 12,8 13,1 | 13,7 12,8 12,4 12,5 12,8 | 12,8 12,7 12,6 12,4
2,01 – 2,20 m — 9,0 4,2 | 9,3 9,2 8,8 9,0 8,7

Grad		Nr.	Marke	Name	Zw. Summe
H		010	483	Boller	20
L–H	5	023	705	Fischer	14
Ged.-Schl.	7,5	022	693	Häuser	7
H		010	483	Boller	1

Vergütungsschein № 1723

II

1,81 – 2,00 m — m² 11,4 12,0 12,4 | 11,8 11,4 11,6 11,4 11,7 | 11,6 11,8 11,6 12,4 12,2 12,2 | 11,8
2,01 – 2,20 m — 10,2 10,4 10,0 10,8 10,4 | 10,2 10,0 10,0 10,0 10,4

Grad		Nr.	Marke	Name	Zw. Summe
H		010	1215	Hammer	21
G.-Schl.	25	022	977	Murski	21

III

1,81 – 2,00 m — m² 11,2 11,4 11,4 | 10,9 11,1 10,8 11,2 11,4 11,4 | 11,2 11,6 11,4 11,4 11,0 11,2 | 11,2 11,9 11,8
2,01 – 2,20 m — 7,2 7,0 7,2 | 7,0 7,3

Grad		Nr.	Marke	Name	Zw. Summe
G.-Schl.	7,5	022	1237	Fleige	17
H		010	456	Becker	21
L–H	5	023	1259	Sternski	4
H		010	456	Becker	
L–H	5	023	1259	Sternski	

Vergütungsschein № 1725

Summenziffer

Summe der Schichten																									
morgens	6	6	6		6	6	6	6	6		6	6	6	6	6		6	6	6	6	6		126	6 6 4 4 4
mittags																								
nachts 12																								2 2 2

Soll-Belegung _____ Mann	Sollförderung _____ Wg.	Istförderung Wg. →

Bemerkungen über den Betriebsablauf (besondere Fälle) und Prüfungsvermerke der Oberbeamten (Namenszeichen und Datum)

3. 3.	St
9. 3.	St
16. 3.	St
24. 3.	St
30. 3.	St

Abb. 176. Abrechnung eines Gruppengedinges im

Betriebspunkt	Ausbau	Norm-Nr.	Versatzart	Streb-Fördermittel	Streckenmaße
Streb 1 Osten	Holz	III	V	Sta F	S.-Breite = m; Höhe = m; Str.-Länge am 1. = m

Hauptabrechnung (Schichten – Leistungsziffern – Lohneinkommen):

Abzug	8 Summe der Schichten	9 Tarifurlaubs-Sch.	10 Feiertagszahl-Sch.	11 Vergütungs-Sch.	12 Über- 25%	13 Sonntags- 50%	14 100%	15 Verh. Länge m / Fläche m²	16 Gedingesatz DM/m DM/m²	17 Reine Leistungslohnsumme DM Pf	18 Grundlohn je Schicht DM Pf	19 einschl. Zuschl. f. Mehrarb. Über- u. Sonnt. Sch. DM Pf	20 Tarifurlaubsgeld DM Pf	21 Vergütung Feiertagszahlsch. DM Pf	22 Geburt Sterbef.	23 Schichtenzahl	24 je Schicht	25 Betrag	26 für	27 Zuschläge f. Über- u. Sonntagssch. Betrag	28 Entgangene Schichten
								242,5	2,75	666 87(5)											
								58,6	3,04	178 14(4)											
	25		-	1						845 01(9)	17 10(56)	427 64(00)		17 10(56)							
0,70 {51}	14		-								16 25(01)	227 50(45)									
0,90	12		-	1							15 82	189 87(12)		15 82(26)							
1,60	1										15 00	15 00									
												860 01(67)									
								189,0	2,75	519 75											
								102,4	3,04	311 29(6)											
	26			1						831 04(6)	16 60(63)	431 71(78)		16 60(63)							
1,95	26			1							15 35(90)	399 33(34)		15 35(98)							
	52											831 04(52)									
								203,5	2,75	559 62(5)											
								35,7	3,04	108 52(8)											
1,275 {46}	17									668 15(9)	13 91(10)	236 50(40)									
	23			1							15 04(00)	345 92(00)		15 04(00)							
0,300	6			1							14 28(80)	85 72(80)		14 28(80)							
{6}	3										16 15(10)	50 25(63)									
0,150	3										15 91(05)	47 74(35)									
												766 15(18)									
	149	Gedingesch.																			
	7	Vergütungssch.																			
5,275	156			6						2344 21(39)		2457 21(87)	94 21(95)								

Gedinge-Abrechnung   *Sammel*   Abnahme-Schein Nr. 4456

*) Nichtzutreffendes streichen

Leistungsabhängige Beträge	Lohn je Einheit DM	Lohn insgesamt DM	
Wagen, Kohlen			
Meter, Ort, Störung, Aufhauen*)			
1387,7 m²	2 75	3816	17(5)
489,0 m²	3 04	1486	56(0)
Gedinge-Lohnsumme	—	5302	73(5)

Fest-Beträge

		Summe DM	
Vergütungsschein Nº 1723		15	-
Vergütungsschein Nº 1725		98	-
Vergütungsschein Nº 1726 (15.- + 15.- M)		30	-
Summe	—	143	-

Sprengmittel

Soll-Verbrauch .... Meter × DM .... = DM ....
Ist-Verbrauch . . . . = DM ....
Mehr-/Weniger-Verbrauch*) . . . . . = DM ....
Davon der Kameradschaft zu belasten / gutzubringen ....

Gedinge-Lohnsumme 5302,73(5) / Lohnrechn.-Schichten 347,075 = DM 15,54⁷¹	Vollhauerlohn je Schicht	Gesamt-Lohnsumme	5445	73(5)

Gedinge-

Verf. Schichten =	353
% Abzug Schichten =	11,925
Lohnrechnungs-Schichten . . . . . =	341,075

Zum Gedinge dieses Blattes gehören — Schichten:

	Schichten
auf Blatt 3 / 1 =	156
" " / 2 =	155
" " / 3 =	51
" " / =	
" " / =	
" " / =	
" " / =	
Summe =	362

Gedinge-Eintragung   Gedingeschein Nr. 1721   vom 1.3.1951

Betriebspunkt-Förderung
(laut Fördertagebuch nach Abzug der Mindermaßmenge)

				Summe
Kohlen Nr.	98			
Förderung Wg.	4952			4952

	Erreichte Leistung M/Sch	Erzielter Lohn DM/Sch	Lohn-Anteil je Gedinge-Einheit DM
Vor. Monat	13,9 Wg	15,44	2,80(5)
15. d. lfd. Mon.	14,2 Wg	15,17	2,86(5)
Ende d. lfd. Mon.	14,0 Wg	15,56	2,82(5)
Abzug %	5	7½	10
Lohn DM/Sch	14,76⁸⁷	14,38⁷⁷	13,99²⁴

Auszuführende Arbeit	Leistungs-einheit	Leistung in 8 Std. je Mann / Schicht	Gedingesatz je Einheit DM Pf

Gedinge-Soll-

Mächtigkeit m	Leistungen Wg.	m²	Gedingesatz DM/m²
1,81 - 2,00	12,5	5,10	2,75
2,01 - 2,20	12,5	4,60	3,04

Vergütungsschein Nº 1723, für Streckensicherung = 15,00 DM

Vergütungsschein Nº 1725, für Instandsetzung des Unterzuges = 98,00 DM

Vergütungsschein Nº 1726, Eine Kurvenweiche legen = 30,00 DM

Schichtenzettelvordruck einer Bergwerksgesellschaft.

änderungen seit dem Jahre 1939 benutzt hat. Aus dem Vergleich der beiden Abrechnungen gehen die Vorteile, die die Schemaabrechnung bietet, klar hervor.

Ein drittes Mal ist das Zahlenbeispiel in den Abbn. 171a u. b benutzt, und zwar hier zur Ausfüllung der Abrechnungsvordrucke, die, von der DKBL entwickelt, 1951 auf einer Reihe von Schachtanlagen im Betriebe mit Erfolg erprobt worden sind. Inhaltlich sind die beiden Vordrucke gleich, sie unterscheiden sich ausschließlich in der Anordnung der einzelnen Vordruckfelder. Und zwar ist die Verschiedenheit der Gestaltung vom Papierformat her bestimmt, das seinerseits durch den Verwendungszweck in Art und Größe beeinflußt wird. Der Vordruck der Abb. 171a (das gleiche gilt für den der Abbn. 174 u. 177) wird *neben* dem Schichtenzettel in drei Stücken im Durchschreibeverfahren ausgefertigt. Das letztliegende Stück ist eine Karteikarte, die einer Gedingelohn-

Monat März 1951   Gedinge-Nr. 1721   **Anlage zur Gedingeabrechnung**   lfd. Nr 14   Blatt 2

Hollerith Gedinge Kennziffer Nr	Gruppen Marken-Nr	Verfahrene Schichten: Insgesamt (Voll/Teil)	mit Vergütung (V/T)	im Gedinge (Voll/Teil)	ohne Lohnabzug 100% (V/T)	mit Lohnabzug 95% (V/T)	92,5% (V/T)	90% (V/T)	LohnverrechnungsSchichten *) (Voll/Teil)	Leistung je Einheit Einheitssatz 1,81–2,00m 2,75	2,01–2,20m 3,04			GedingeLohnsumme Leistung × Einheitssatz		Vergütung für Störungen u.ä.	GesamtLohnsumme (Summe Spalten 15–17)	DurchschnittsLohnsatz je Schicht (Spalten 18:3)	Lohnsätze (Spalten 16:10) 100%	95%	92,5%	90%
1	2	3	4	5	6	7	8	9	10	11	12	13	14	15	16	17	18	19	20	21	22	23
	I																					
	483	26 –	1 –	25 –	25 –	– –	– –	– –	25 –	242.5				666.87^{5}		15.–			17.10^{56}	–	–	–
	705	14 –	– –	14 –	– –	14 –	– –	– –	13 30		58^{6}			778.14^{4}					–	16.25^{04}	–	–
	893	12 –	– –	12 –	– –	– –	12 –	– –	11 10						$Σ\,845.01^{9}$		860.01^{9}	18.53^{88}	–	–	15.82^{28}	–
	II																					
	1215	26 –	– –	26 –	26 –	– –	– –	– –	26 –	189,–				519.75					16.60^{43}	–	–	–
	977	26 –	– –	26 –	– –	– –	26 –	– –	24 05		102^{4}			311.29^{6}					–	–	15.35^{90}	–
															$Σ\,831.04^{5}$		831.04^{5}	15.98^{16}				
	III																					
	1237	17 –	– –	17 –	– –	– –	17 –	– –	15 725	203^{5}				559.82^{4}					–	–	–	13.91^{20}
	456	26 –	3 –	23 –	23 –	– –	– –	– –	23 –		35^{7}			108.52^{6}					15.04^{00}	–	–	–
	1259	9 –	3 –	6 –	– –	6 –	– –	– –	5 70						$Σ\,668.15^{3}$	98.–	766.15^{3}	14.73^{37}	–	14.28^{80}	–	–
	IV																					
	1394	26 –	– –	26 –	26 –	– –	– –	– –	26 –	141^{8}				389.95					15.57^{61}	–	–	–
	665	11 –	– –	11 –	– –	11 –	– –	– –	10 45		131^{5}			399.76					–	14.78^{72}	–	–
	801	15 –	– –	15 –	– –	15 –	– –	– –	14 25						$Σ\,789.71$		789.71	15.18^{67}	–	14.79^{72}		
	V																					
	749	26 –	– –	26 –	26 –	– –	– –	– –	26 –	198^{0}				544.50					17.87^{07}	–	–	–
	1572	25 –	– –	25 –	– –	– –	25 –	– –	22 50		105^{2}			319.80^{8}					–	–	–	16.03^{86}
															$Σ\,864.30^{5}$		864.30^{5}	16.94^{72}				
	VI																					
	1592	26 –	1 –	25 –	25 –	– –	– –	– –	25 –	227^{6}				625.90		15.–			14.65^{72}	–	–	–
	1727	24 –	– –	24 –	– –	24 –	– –	– –	22 80		29^{4}			89.37^{6}					–	13.92^{43}	–	–
	823	2 –	1 –	1 –	1 –	– –	– –	– –	1 –						$Σ\,715.27^{6}$	15.–	745.27^{6}	14.33^{22}	14.65^{72}	–	–	–
	VII																					
	619	15 –	– –	15 –	15 –	– –	– –	– –	15 –	185^{5}				509.57^{5}					11.97^{60}	–	–	–
	399	11 –	– –	11 –	– –	11 –	– –	– –	10 45		26^{8}			79.64^{8}					–	11.37^{72}	–	–
	1812	25 –	– –	25 –	– –	25 –	– –	– –	23 75						$Σ\,589.22^{5}$		589.22^{5}	11.55^{33}	–	11.37^{72}	–	–
Summe Übertrag		362 –	9 –	353 –	167 –	106 –	55 –	25 –	341^{075}	1387^{7}	489^{0}			5302.73^{5}		143.–	5445.73	15.04^{34}	—	—	—	—··

*) Spalten 5×6 bzw. 7, 8 oder 9 : 100

Abb. 177. Abrechnung eines Gruppengedinges im Abrechnungsvordruck der DKBL.

oder einer Betriebspunktkartei eingegliedert wird, aus der bei entsprechender Ordnung der Karten die gedingemäßige Entwicklung der Betriebspunkte leicht überschaubar wird. Die beiden anderen Ausfertigungen werden in Buchform gebunden. Ein Stück verbleibt als Lohnrechenbeleg beim Schichtenzettel, während das zweite zur Unterrichtung und zum Gebrauch bei Rückfragen dem Betriebsführer zur Verfügung gestellt wird. Der Vordruck der Abb. 171b ist dagegen dazu bestimmt, *in* den Schichtenzettel eingeklebt oder eingeheftet zu werden. Welches Verfahren das zweckmäßigere ist, hängt weitgehend von der Organisation der Lohnabrechnung ab.

Oben wurde bereits darauf hingewiesen, daß die besondere Strukturiertheit des *Einmann- und Gruppengedinges* ein eigenes Abrechnungsschema verlangt.

Den für die Abrechnung eines Kameradschaftsgedinges in den Abbn. 169 bis 171a gebrachten Beispielen entsprechend finden sich in Abb. 172 die Abrechnung eines *Einmanngedinges* im seinerzeitigen Einheitsschichtenzettelvordruck der DKBL, in Abb. 173 die Abrechnung des gleichen

Einmanngedinges im Schichtenzettel einer Bergwerksgesellschaft und in Abb. 174 die Abrechnung des als Beispiel herangezogenen Einmanngedinges im 1951 von der DKBL entwickelten Abrechnungsschema.

In der gleichen Ordnung sind in den Abbn. 175 bis 177 die Abrechnungen ein und desselben *Gruppengedinges* nach den genannten Schemata wiedergegeben.

Auch beim Einmann- und Gruppengedinge tritt der Vorteil einer Verwendung von Abrechnungsschemata klar in Erscheinung.

924.3 Grundlagen der Abrechnungsschemata.

Die im Gedingevertrag festgelegte Art der funktionalen Verknüpfung zwischen Lohn und Leistung wirkt sich ebenso gestaltgebend auf den Abrechnungsgang aus wie einzelne Bestimmungen der tariflich vereinbarten Arbeits- und Lohnordnung.

Der Gedingevertrag legt zunächst das Fundament der Abrechnung, indem aus ihm ersichtlich wird, welcher Gedingesatz für die erbrachte Gedingeeinheit in Ansatz zu bringen ist. An Hand der Abnahmeziffern und der vorgenannten Angaben des Gedingevertrages läßt sich, von Ausnahmen abgesehen, die Gesamtlohnsumme bestimmen. Sodann besagt der Gedingevertrag weiter, auf welche Gedingeträger diese Lohnsumme entfällt, ob auf eine Kameradschaft, eine Gruppe oder auf einen einzelnen Mann. Jeder Gedingeträger rechnet grundsätzlich zunächst als geschlossene Einheit ab. Wenn es dann aber anschließend gilt, die auf eine Kameradschaft oder Gruppe entfallende Lohnsumme auf die einzelnen Mitglieder aufzuteilen, dann greift folgende Bestimmung[1] der Lohnordnung Platz:

„Aus dem Gedinge erhalten:
Lehrhauer und Schlepper im Gedinge einer Kameradschaft
im 1. Jahr 10%
im 2. Jahr 7½%
vom 3. Jahr an 5% je Schicht weniger.
Knappen im Gedinge einer Kameradschaft erhalten:
im 1. Jahr 7½%
vom 2. Jahr an 5% je Schicht weniger.

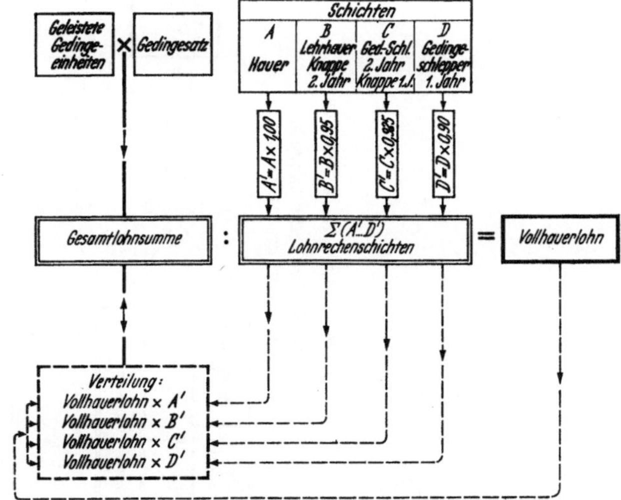

Abb. 178. Gedingeabrechnung bei Kameradschaftsgedinge.

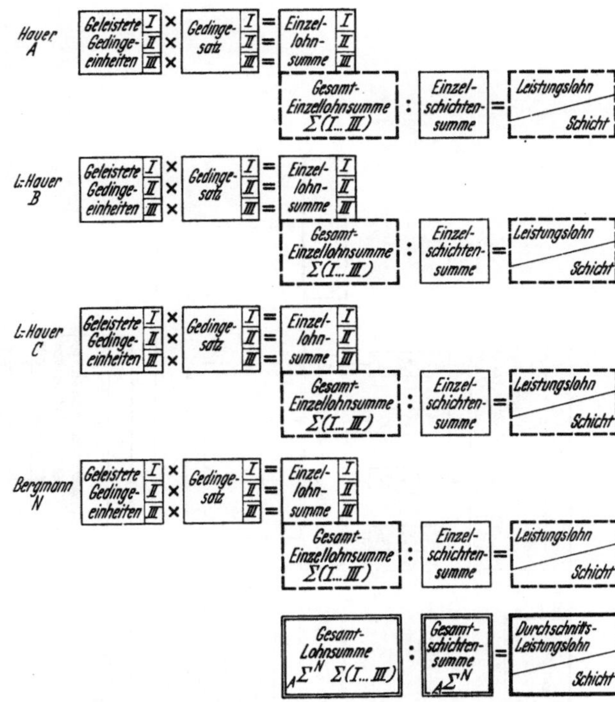

Abb. 179. Gedingeabrechnung bei Einmanngedinge.

Diese Regelung gilt für die Dauer der Gültigkeit des Merkblattes für die Anwerbung von Neubergleuten. Neubergleute im 3. Monat der Anlernung erhalten 10% je Schicht weniger.

Wir haben demnach u. U. neben der Gruppe der Hauer, die an der Lohnsummenverteilung mit 100% beteiligt sind, Gedingearbeiter in die Abrechnung einzubeziehen, die mit 95%, 92,5% oder

---

[1] zitiert nach der Lohnordnung vom 1. 11. 50. Die Bestimmung findet sich im gleichen Wortlaut in den Lohnordnungen vom 1. 1. 50 und 1. 5. 49.

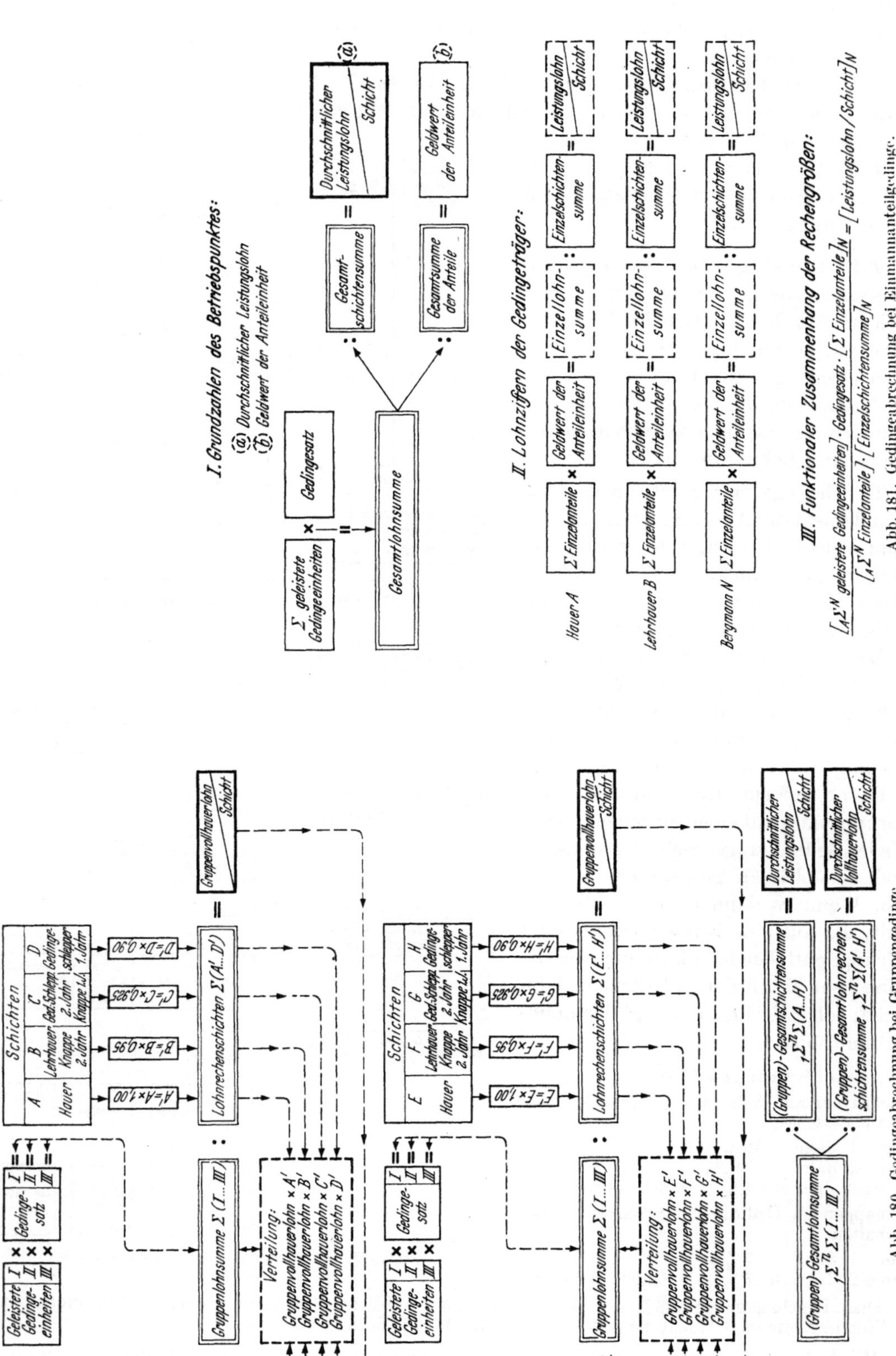

Abb. 181. Gedingeabrechnung bei Einmannanteilgedinge.

Abb. 180. Gedingeabrechnung bei Gruppengedinge.

90% eingerechnet werden. Diese Ziffernwerte sind als Schlüssel für die Verteilung der Lohnsumme zu benutzen. Die ganze Lohnsumme ist dem Gedingeträger zu übereignen. Daher dürfen die in der Lohnordnung genannten Abzüge nicht zugunsten des Unternehmens einbehalten werden. Die Abrechnung hat über Lohnrechenschichten (früher „reduzierte Schichten" genannt) zu erfolgen. Dieser Grundsatz gilt für *alle* Kameradschafts- und Gruppengedinge. An dieser Regelung

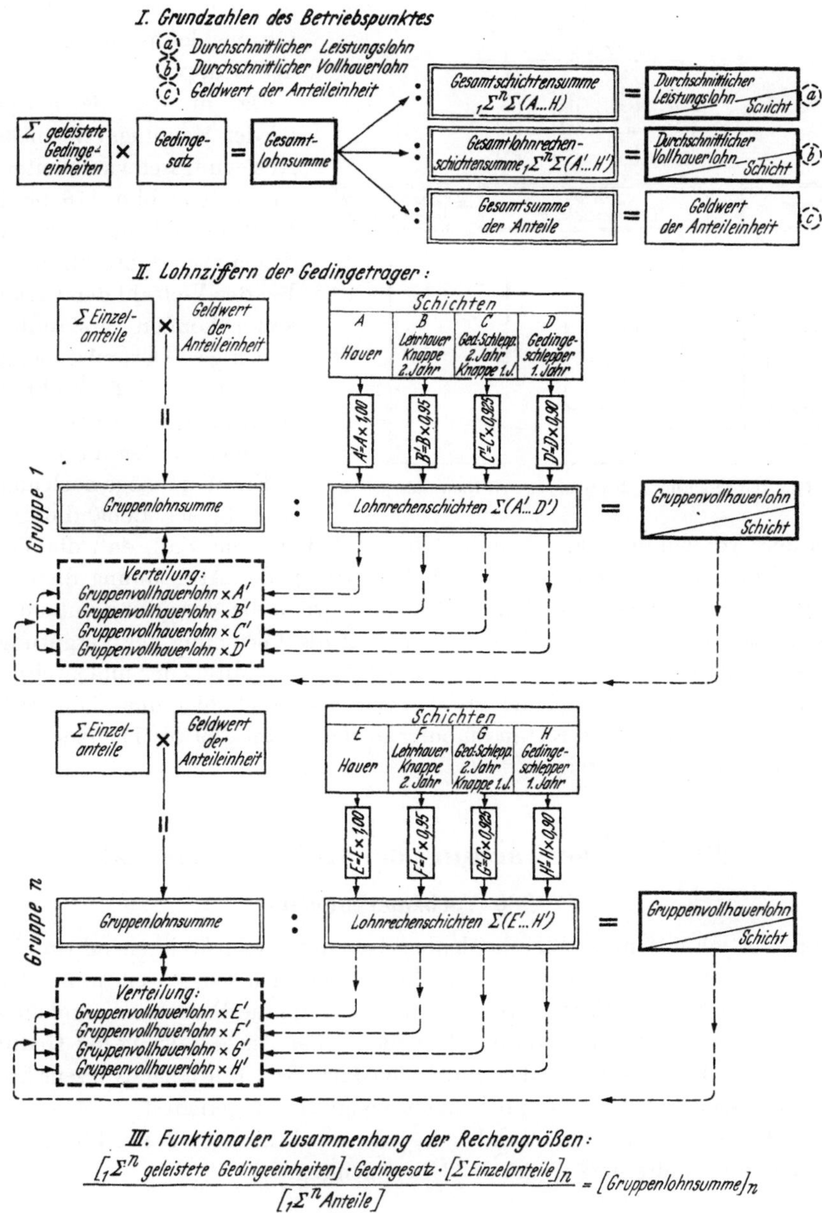

$$\frac{\left[{}_1\Sigma^n \text{ geleistete Gedingeeinheiten}\right]\cdot\text{Gedingesatz}\cdot\left[\Sigma\text{Einzelanteile}\right]_n}{\left[{}_1\Sigma^n\text{Anteile}\right]} = \left[\text{Gruppenlohnsumme}\right]_n$$

Abb. 182. Gedingeabrechnung bei Gruppenanteilgedinge.

ändert sich auch nichts, wenn z. B. 2 Gruppen, deren eine aus 2 Hauern und deren andere aus 2 Lehrhauern besteht, die gleiche Lohnsumme verdient haben und nun infolge der Gleichgewichtigkeit der Partner innerhalb der beiden Gruppen die Hauer der ersten Gruppe den gleichen Verdienst verzeichnen wie die Lehrhauer der zweiten Gruppe. Die Bestimmung der Lohnordnung regelt lediglich die Lohnsummenverteilung bei einem *ungleich* zusammengesetzten Gedingeträger.

Auf diese Weise erhalten die Abrechnungsschemata für Kameradschafts-, Gruppen- und Einmanngedinge ihr verschiedenartiges Gepräge.

Eine weitere Verschiedenheit muß sich ergeben aus der Art der Lohnsummenfindung, d. h. ob diese direkt oder indirekt erfolgt. So bestimmt man z. B. beim Gruppenanteilgedinge zunächst die Gesamtlohnsumme des Betriebspunktes, sodann im zweiten Rechengang die Einzellohnsummen der verschiedenen Gruppen aus deren Anteil an der Gesamtleistung, und schließlich folgt die Aufteilung der Gruppenlohnsummen auf die Mitglieder der Gruppen.

Da in der Betriebspraxis immer wieder Meinungsverschiedenheiten und Auslegungsschwierigkeiten auftauchen, ist in den Abbn. 178 bis 182 versucht, Funktionsschemata für die verschiedenen Grundabrechnungen zu schaffen. Bei der Vielzahl der Variationsmöglichkeiten können verständlicherweise nur derartige Grundschemata gegeben werden, wobei die Wahl weiterer Kombinationen ausdrücklich als offen bezeichnet werden muß.

Ein Wort möge noch angefügt werden betreffs der Behandlung von „Vergütungen" bei der Abrechnung. Es ist unbestritten, daß in dem Fall, daß die Vergütung dem einzelnen Arbeiter zugesprochen ist, sie auch lediglich in der Abrechnung dieses Arbeiters erscheinen darf. Fragen können erst dann auftauchen, wenn die Vergütung auf eine Gruppe oder eine Kameradschaft bezogen ist. In diesen Fällen hat die Verteilung der Vergütungssumme einmal in Rücksicht auf die verfahrenen Schichten der einzelnen Mitglieder und zweitens in Hinsicht auf die Gewichtigkeit der Anteilseigner zu erfolgen, also auch hier über Lohnrechenschichten. Bezüglich Einzelheiten sei auf die Handhabung in den Abbn. 169 bis 177 bzw. auf das Abrechnungsschema der Abb. 183 verwiesen.

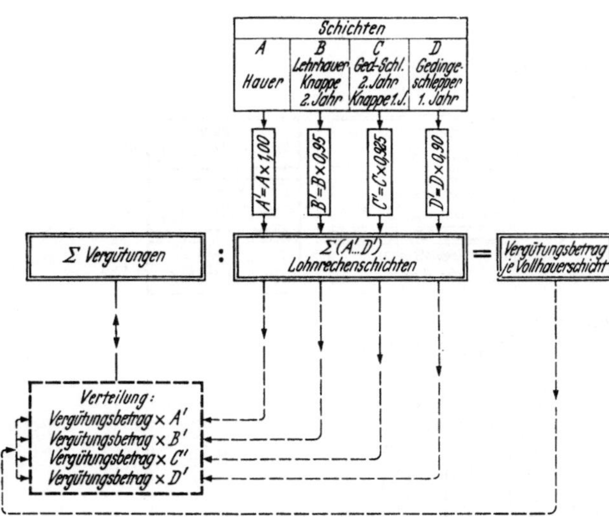

Abb. 183. Verteilung von Vergütungen bei Gruppen und Kameradschaften.

93 Die Überwachung der Gedingewirtschaft.

930 Vorbemerkungen.

Darauf, daß der lohnintensive Steinkohlenbergbau mit seinen weitgehend durch Gedinge bestimmten Löhnen sich dessen genaue Überwachung angelegen sein lassen muß, ist bereits mehrfach hingewiesen worden. Es dürfte verständlich sein, wenn die Forderung erhoben wird, daß der Ausbau der Überwachung als sekundäres Element mit der Ausgestaltung der Gedingewirtschaft Schritt halten soll, keinesfalls dieser aber voraneilen darf. Es würde einen Nonsens bedeuten, wenn man etwas überwachen wollte, was noch nicht vollgültig eingerichtet, noch nicht voll durchorganisiert ist. Der erste Schritt muß daher in jedem Fall in einer Weiterführung des Gedingewesens bestehen, der zweite im Ausbau der Überwachung.

931 Personenkreis der Überwachung.

Der in die Überwachung der Gedingewirtschaft einer Schachtanlage eingeschaltete bzw. einschaltbare Personenkreis läßt sich in jedem Fall in drei scharf getrennte Gruppen aufgliedern:

a) Eigentliche Betriebsbeamte, wobei noch zu unterscheiden wäre zwischen solchen, die auf dem technischen Sektor, und solchen, die als Verwaltungsbeamte tätig sind; — b) Angehörige von Verwaltungskörpern, die mehrere Schachtanlagen betreuen, wozu sowohl Techniker als auch Kaufleute zu zählen wären; — c) Betriebsfremde Stellen.

Zur ersten Gruppe der Betriebsbeamten wären zu rechnen:

der Steiger der Fahr- bzw. Obersteiger der Betriebsführer	Kreis der unmittelbaren technischen Betriebsaufsicht
der Gedingesteiger der Wirtschafts- bzw. Gedingeingenieur	Kreis der mittelbaren Betriebsaufsicht
der Gruben- bzw. Betriebsinspektor der Betriebs- bzw. Bergwerksdirektor	Kreis der technischen Betriebsleitung
der Lohnbürobeamte der Lohnbürovorsteher bzw. Rechnungsführer	Kreis der kaufmännischen Betriebsverwaltung

Die überwachende Tätigkeit üben die vorgenannten betrieblichen Dienststellen eines Bergwerksbetriebes aus teils auf Grund der ihnen aus dem Berggesetz und der Tarifordnung zugelasteten Verantwortung, teils aus ihrer aus dem Vorgesetztenverhältnis erfließenden Disziplinargewalt, teils aus der Aufgabenstellung heraus, die ihnen die Organisation der Verwaltung zuweist. Wenn auch die im Berggesetz und in der Tarifordnung festgelegten Vorschriften zwingenden Charakter haben, so bleibt doch noch Spielraum genug, um eine so große Mannigfaltigkeit der Aufgabenverteilung zu ermöglichen, daß ein auf alle Fälle passendes Schema für diese nicht gegeben werden kann.

Die zweite Gruppe, die der Angehörigen von übergeordneten Verwaltungskörpern, die sich mit der Gedingewirtschaft befassen, ist in jedem Fall bedeutend kleiner als die der Betriebsbeamten. Es kann sich dabei lediglich handeln um eine technische oder betriebswirtschaftliche Abteilung, zu deren Aufgabengebieten die Gedingewirtschaft, das Arbeitsstudium, die Arbeitsplatzbewertung u. ä. zählen, und die Markscheiderei als Vermessungsabteilung, demnach um 2 technisch ausgerichtete Abteilungen einer übergeordneten Verwaltung, sowie um die Revisions- bzw. Oberrechnungsabteilung als Prüfinstanz für lohntechnische Vorgänge.

Zur dritten Gruppe, zu der außerbetrieblicher Instanzen, wären vornehmlich die Gedingeprüfer zu zählen, die derzeitig, von den beiden Sozialpartnern gleichschultrig getragen, neben ihrer schlichtenden Tätigkeit auch die der Prüfung der Gedingewirtschaften der einzelnen Schachtanlagen ausüben.

932 Aufgaben der Gedingeüberwachungsorgane.

Die Dreiphasigkeit der Gedingewirtschaft: Gedingesetzung — Abnahme — Gedingeabrechnung wird sich auch in den Aufgaben der die Gedingewirtschaft überwachenden Organe widerspiegeln.

932.1 Überwachung der Gedingesetzung. Die Fahr- und Obersteiger setzen gemeinhin als Beauftragte des Betriebsführers zusammen mit dem Steiger das Gedinge. Der Betriebsführer hat demnach als erster die Pflicht, sich davon zu überzeugen, daß seine Beauftragten in seinem Sinne gehandelt haben. Die in der Entwicklung der Gedingewirtschaft einzuschlagende Marschroute wird in den meisten Fällen vom Werksleiter, der ja für die technische und wirtschaftliche Entwicklung seines Betriebes ebenso die letzte Verantwortung trägt wie für die Behandlung der darin tätigen Menschen, angegeben werden, woraus für ihn zwingend folgt, daß er sich von der Innehaltung der von ihm gegebenen Weisungen zu überzeugen hat.

Die vorstehend genannten Aufgaben tragen mehr oder weniger universellen Charakter. Daneben ergeben sich aber auch noch solche spezieller Art.

Soweit im Organisationsplan der Schachtanlage eine Eintragung der geschlossenen Gedingeverträge in den Schichtenzettel vorgesehen ist, eine Aufgabe, die dem schichtenzettelführenden Steiger obliegt, haben sich die zuständigen Fahr- bzw. Obersteiger davon zu überzeugen, daß diese Übertragung pünktlich und ordnungsmäßig erfolgt.

Dem Gedingebüro der Schachtanlage, das von einem Gedingesteiger oder Gedingeingenieur besetzt sein kann, obliegt in der Überwachung der Gedingesetzung eine Reihe von Aufgaben. Deren Vielfalt setzt eine innige Vertrautheit mit den Problemen des Gedingewesens einerseits und mit den gegebenen Vorschriften andererseits voraus. Die für diese Aufgabe zu bestellenden Fachkräfte müssen daher über eine ausgedehnte langjährige Praxis verfügen. Auch sind an sie besondere charakterliche Anforderungen (unbedingte Objektivität, betontes Gerechtigkeitsgefühl) zu stellen. Denn ihre Aufgaben sind: Überprüfung aller Gedingeverträge auf Einhaltung der gesetzlichen und tariflichen Vorschriften; Nachprüfung aller Gedingekalkulationen, die als Grundlage der Vertragsabschlüsse gedient haben, auf sachliche und rechnerische Richtigkeit, insbesondere auch auf Verwendung betrieblicher oder allgemeingültiger Grundwerte; Vergleich der in den Schichtenzetteln enthaltenen Vertragsabschriften mit den Originalausfertigungen; Führung der Gedingekartei und deren Auswertung für betriebliche Zwecke der Gedingesetzung und dergleichen mehr.

Der innerhalb einer übergeordneten Verwaltung mit der Gedingewirtschaft sich befassenden Stelle sind neben der Ausarbeitung allgemeiner Richtlinien und Anweisungen, die von der Gesellschaftsleitung für die einzelnen Werke verbindlich zu erklären wären, zweckmäßig folgende Sonderaufgaben zuzuweisen: Berichterstattung über besondere Gedingefälle, die zu grundsätzlichen Geschäftsanweisungen Veranlassung geben oder geben könnten, und statistische Verfolgung der Entwicklung der bei der Gedingesetzung angewandten Gedingespielarten. An die hiermit beauftragten Fachkräfte müssen noch höhere Anforderungen gestellt werden als an die auf den einzelnen Werken tätigen Gedingesteiger bzw. Gedingeingenieure. Denn letzten Endes soll von dieser Stelle aus die Entwicklung vorwärtsgetrieben werden. Auch muß von ihr den Betrieben bei irgendwelchen Zweifelsfragen bezüglich der Gedingesetzung eine klare und erschöpfende Auskunft gegeben werden können.

Bezüglich der Tätigkeit der außerbetrieblichen Gedingeinspektoren in der Überwachung der Gedingesetzung sei vermerkt, daß diese sich vornehmlich auf die Prüfung erstrecken wird, ob die tariflichen und gesetzlichen Vorschriften innegehalten worden sind, und daß sie in zweiter Hinsicht darauf ihr Augenmerk richten wird, ob sich irgendwelche Fehlrichtungen in der Entwicklung oder irrige Auffassungen in der Handhabung der Vertragsverhandlungen bzw. -abschlüsse bemerkbar machen. WALTHER [*230*] bemerkt zu dieser Frage:

„Sofern bei diesen allgemeinen Überprüfungen (der Gedingeinspektoren d. V.) Mängel in tariflicher Hinsicht festgestellt werden, wird deren Abstellung veranlaßt. Bei größeren Beanstandungen werden die sich daraus ergebenden Fragen grundsätzlicher Art von Fall zu Fall in einer gemeinsamen Aussprache auf der jeweiligen Schachtanlage im Beisein der Betriebsvertretung geklärt."

932.2 Überwachung der Abnahme. Da die Tätigkeit der Abnahme gemeinhin den Steigern als Aufgabe zugewiesen ist, treten ihre unmittelbaren Vorgesetzten, die Fahr- und Obersteiger, als Überwachungsorgane erstrangig in Erscheinung. Sie werden ihr Hauptaugenmerk auf die Überprüfung jener Feststellungen richten, die nur hic et nunc möglich sind, nur zu einem gewissen Zeitpunkt, und zwar zu dem der Abnahme selbst, getroffen werden können. Zu diesen Abnahmen, deren Ergebnisse keine bleibenden, immer wieder erneut feststellbaren Werte darstellen, gehören u. a.

die täglichen Abnahmen an der Kohlenfront beim Einmann-, Gruppen- und Anteilgedinge,
die periodisch wiederkehrenden Abnahmen im Strebraum (Beispiel Umlegung von Förderrinnen bei mehrtägigem Verhieb),
die für Betriebsstörungen und kurzfristige Erschwernisse zugebilligten „Vergütungen".

Hierzu wäre im einzelnen zu bemerken, daß sich in den meisten Fällen die Abnahme im Strebraum über die Förderung und die feststehenden Kennziffern des Betriebspunktes (z. B. flache Länge, Mächtigkeit, Feldesbreite usw.) in ihrer Gesamtheit rechnerisch überprüfen läßt. Schwieriger ist schon die Feststellung, ob jedem einzelnen Mann an der Strebfront seine von ihm persönlich erbrachte Leistung abgenommen wurde. Doch ist hier das Regulativ der Überwachung durch den Arbeiter eingeschaltet, der eine falsche oder irrige Abnahme nicht unwidersprochen hinnehmen wird. Bezüglich der vom Steiger durchgeführten und durch Stufen im Grubengebäude vermarkten Längenabnahmen kann sich der Fahr- oder Obersteiger auf Stichproben beschränken, da ein Fehler sich auch späterhin noch feststellen lassen wird. Wenn die Längenauffahrungen außerdem noch markscheiderisch vermessen und im Grubenbild festgelegt werden, so werden dadurch die Fahr- und Obersteiger insoweit erheblich entlastet. Betriebsführer und Werksleiter werden sich allmonatlich durch Vornahme einiger Stichprobenrechnungen bzw. -messungen davon überzeugen, daß die gegebenen Abnahmerichtlinien eingehalten werden. Sie werden dies insbesondere auch aus betriebspsychologischen Rücksichten tun, damit jeder im Betriebe Tätige davon durchdrungen ist, daß auf dem Gebiete der Abnahme unbedingte Sachlichkeit und Ehrlichkeit herrschen.

Da ein großer Teil der auf einem Bergwerk anfallenden Lohnsumme von der Zahl der geförderten Wagen abhängig ist, wird man gut daran tun, deren Aufschreibung vollste Aufmerksamkeit zu schenken. Der sogenannte Pinntafelwärter muß charakterlich vollkommen einwandfrei sein. Die Kontrolle seiner Anschreibung erfolgt durch Vergleich mit den Zählungen der Anschläger unter und über Tage. Der Schichtmeister bzw. ein anderer Beauftragter des Betriebsführers hat sich täglich davon zu überzeugen, daß die Angaben der Pinntafel ordnungsmäßig in die Förderliste übertragen werden. Eine gewisse Kontrolle ist im übrigen auch darin gegeben, daß jeder im Betriebe tätige Bergmann an Hand der zum Aushang gebrachten Abschrift der Förderliste das notierte Förderergebnis seines Betriebspunktes vor Augen hat.

Der Gedingesteiger bzw. Gedingeingenieur wird bei der Abnahmeprüfung zunächst seine Aufgabe darin sehen, Abnahme und Gedingevertrag miteinander zu vergleichen, um festzustellen, ob sie einander entsprechen. Soweit Abnahmen durch Kontrollrechnungen auf Richtigkeit geprüft werden können, wird es der Gedingesteiger bzw. -ingenieur als seine Pflicht ansehen müssen, diese Rechnungen durchzuführen. Er wird sich auch eine Überprüfung der „Vergütungen" besonders angelegen sein lassen.

Die Revisionsabteilung wird Stichproben auf dem gesamten Gebiete der Abnahmeüberprüfung nehmen, wobei allerdings, dem verwaltungstechnischen Habitus einer solchen Abteilung entsprechend, diese Prüfungen sich lediglich der buchmäßigen Unterlagen bedienen können. Das gleiche trifft auf die Tätigkeit der Gedingeinspektoren zu.

932.3 Überprüfung der Gedingeabrechnung. Eine erste, überschlägige Abrechnung fertigt der Steiger zweckmäßig zum 15. jeden Monats an, um sich Gewißheit über den Stand der Löhne seiner Abteilung zu verschaffen. Er wird in dem Fall, daß der einzelne Lohn nicht zufriedenstellend hoch ist, sich überlegen müssen, ob dies auf eine Minderleistung der Mannschaft oder auf einen unzureichenden Gedingevertrag zurückzuführen ist. Trifft ersteres zu, so wird er die Minderleistungsträger auf den geringen Lohn aufmerksam machen und sie ermahnen, was insbesondere bezüglich der Anwendung der Mindestlohnklausel u. U. von Bedeutung sein kann. Liegt dagegen ein Vertragsmangel vor, so muß er die zu einer Umgestaltung des Gedingevertrages erforderlichen Schritte einleiten. Im übrigen kann nach der geltenden Arbeitsordnung die Zwischenabnahme zur Monatshälfte arbeiterseitig verlangt werden.

Die Fahr- und Obersteiger, der Betriebsführer und der Werksleiter werden nach erfolgter Abrechnung die Lohnabrechnungen eingehend prüfen müssen, wobei sie ihr Augenmerk insbesondere auf die Einhaltung der Mindestlohnvorschrift zu richten haben. Wenn die Frage des Mindestlohnes zur Erörterung steht, sollte in jedem Fall der zuständige Abteilungssteiger gutachtlich gehört werden. Im übrigen werden sich der Betriebsführer und der Werksleiter bei der monatlichen Überprüfung der Gedingewirtschaft weitgehend der Unterlagen bedienen, die ihnen von anderen Dienststellen, so z. B. vom Gedingesteiger bzw. -ingenieur oder der Lohn- bzw. statistischen Abteilung, vorgelegt werden.

Da der Schichtenzettel eine Hauptunterlage für die Lohnrechnung darstellt, muß ihm von allen bergtechnischen Dienststellen einer Schachtanlage vorderrangige Bedeutung zugemessen werden. Walther [230] bemerkt zu dieser Frage:

„Die für die Gedingesetzung eigentlich selbstverständlichen Formalien sollten keiner Überprüfung bedürfen, aber im Rahmen der allgemeinen Gedingeüberprüfung hat sich gezeigt, daß die Sorgfalt in der Führung der Schichtenzettel sehr oft fehlt. Durchschreibungen, Bleistifteintragungen, Überklebungen, Rasuren sowie nachträgliche Gedingeänderungen werden auch heute noch angetroffen. Man vergißt, daß der Schichtenzettel eine Urkunde ist und deshalb ordnungsmäßig geführt werden muß. Sind Änderungen notwendig, so sind sie durch deutliches Nebenschreiben auszuführen. Ausfüllung der Gedingescheine und ihre Übertragung in den Schichtenzettel sind oft derartig fehlerhaft, daß dadurch eine unkorrekte Lohnverrechnung eintritt."

Aus dieser Schilderung der von den Gedingeinspektoren festgestellten Verhältnisse kann bezüglich der Überwachung nur die eine Forderung abgeleitet werden, daß die Prüfung der Schichtenzettel keine Aufgabe der Betriebsführer allein sein darf, sondern daß sich die gesamte Betriebshierarchie bis hinauf zum Werksleiter um eine ordnungsgemäße Schichtenzettelführung bemühen muß und es auch nicht an einer eingehenden, allmonatlich vorzunehmenden Prüfung fehlen lassen darf. Es erübrigt sich zu sagen, daß für die Führung dieser wichtigen Urkunden genaue Richtlinien erlassen werden sollten, deren Nichtbefolgung streng zu ahnden ist. Als oberster Grundsatz gilt: Der Schichtenzettel muß ein *wahrheitsgetreues* Spiegelbild des Betriebsablaufs sein. Aus dieser These leiten sich alle speziellen Forderungen ab.

Die mit der Bearbeitung und Prüfung der Lohnabrechnung betrauten kaufmännischen Instanzen werden sich in erster Linie darum bemühen müssen, daß die Lohnabrechnung ohne Rechenfehler durchgeführt wird. Daneben werden sie aber auch ihr Augenmerk darauf richten, daß diese Urkunde so ausgefertigt wird, wie man es von kaufmännischen Geschäftsführern verlangt, und, sofern und soweit dies nicht geschehen ist, die zuständigen Dienststellen auf Mängel hinweisen, damit für die Zukunft Abhilfe geschaffen wird.

Eine besondere Aufgabe fällt dem mit den Untertageverhältnissen vertrauten Gedingesteiger bzw. -ingenieur zu. Er hat mit größter Sorgfalt darüber zu wachen, daß die Lohnverrechnung gedinge- und abnahmetreu erfolgt. So hat er u. a. dem Lohnbürobeamten helfend zur Seite zu stehen, wenn sich dieser über den Abrechnungsgang nicht klar ist, den eine ihm vielleicht noch nicht geläufige Gedingespielart erfordert.

933 Überwachung durch Statistik.

933.0 Vorbemerkungen. Wenn auch statistische Aufgaben in Bergwerksbetrieben meist von kaufmännisch vorgebildeten Kräften gelöst werden, so erscheint es zur betriebsstatistischen Überwachung der Gedingewirtschaft doch richtiger, mit den speziellen Fragen vertraute technische Betriebsbeamte heranzuziehen. Gewiß wird man die Arbeiten der Fertigung von Auszügen und Zusammenstellungen aus den Lohnlisten den Lohnbürobeamten überlassen. Doch gehört die Auswertung, die Analyse, regelmäßig in die Hand des *Gedingetechnikers.*

Aus Gründen einer einheitlichen Ausrichtung und Überwachung der Gedingewirtschaft wird man die Auswertung und Verfolgung der statistischen Gedingekennziffern einer Abteilung der übergeordneten Verwaltung anvertrauen, die die Ergebnisse ihrer Untersuchungen einerseits der Gesellschaftsleitung vorlegt, andererseits aber auch die einzelnen Werksleiter unterrichtet.

933.1 Mindest- und Kleinlöhne. Wenn, wie oben bereits erwähnt, der Steiger zur Monatsmitte eine Zwischenabnahme und Zwischenlohnrechnung durchführt, so hat er sämtliche angefallenen Klein-, Mindest- und Untermindestlöhne dem Betriebsführer in einer Aufstellung vorzulegen. Diese soll auch die Gründe enthalten, die nach Ansicht des Steigers für die Löhne bestimmend waren. Der Betriebsführer prüft zusammen mit dem zuständigen Fahr- oder Obersteiger die Angaben und trifft hiernach seine Maßnahmen. Eine zusammenfassende Aufstellung gibt der Betriebsführer auf dem Dienstwege an die zuständige Abteilung der übergeordneten Verwaltung weiter, so daß auf diese Weise alle Dienststellen über die Betriebspunkte bzw. Gedinge ins Bild gesetzt sind, an bzw. aus denen Lohnunzufriedenheit oder gar Lohnstreitigkeiten erwartet werden können.

Die gleichen Aufstellungen werden zweckmäßig nach Abschluß des Monats gemacht, damit die kritischen Fälle im Lohngebäude des Monats klarliegen. In diesen Aufstellungen ist besonders eingehend zu begründen, warum oder warum nicht Löhne, die unter dem Mindestlohn lagen, auf den Mindestlohn aufgebessert wurden.

933.2 Mit Nebenarbeiten beschäftigte Gedingearbeiter. Eine Folge des Nachwuchsmangels im Bergbau ist das Fehlen einer genügend großen Zahl von Fachkräften für die aushilfsweise Besetzung wichtiger Betriebsposten, die gemeinhin von Nachwuchskräften eingenommen werden. Erinnert sei nur an Lokomotiv- und Haspelführer, die eine besondere Ausbildung genießen und eine behördlich genehmigte Dienstanweisung erhalten. Im Betriebe macht man immer wieder die Feststellung, daß beim Fehlen eines „Postenmannes" der Steiger einfach auf den „Vorgänger im Amt" zurückgreift, auch wenn dieser inzwischen zum Hauer aufgerückt ist. So geschieht es nicht selten, daß ein Hauer wochen-, ja monatelang als Haspelführer beschäftigt wird, weil man täglich mit der Wiederkehr des erkrankten Bremsers rechnet. Vielfach wird dem aushilfsweise Beschäftigten sein Gedingeverdienst auch über die tariflich vorgeschriebene Zeit hinaus weitergezahlt, so daß neben dem Ausfall einer Arbeitskraft im Gewinnungsprozeß vom Arbeitsplatz aus gesehen ungerechtfertigt hohe Löhne gezahlt werden. Hier und da trifft man sogar auf Scheingedinge oder falsche Schichtenbuchungen im Schichtenzettel, die den wahren Sachverhalt zu verschleiern bezwecken.

Es ist daher unumgänglich notwendig, daß die mit der Überwachung der Gedingewirtschaft betraute Verwaltungsstelle laufend den Einsatz und die Bezahlung der Gedingearbeiter verfolgt, die an Arbeitsplätzen tätig sind, die den Schichtlohnarbeitern zukommen. Als kennzeichnende statistische Ziffern können dienen: die Zahl der Schichten, die von Gedingearbeitern an Arbeitsplätzen verfahren wurden, für die normalerweise Schichtlöhne gezahlt werden, und die Lohnsumme, die über den normalerweise für diese Schichten anfallenden Betrag hinausgehend verrechnet wurde.

933.3 Entwicklung des Hauerdurchschnittslohnes. Der Hauerdurchschnittslohn hat zwar lange Zeit als *die* Kennziffer der Gedingewirtschaft einer Schachtanlage gegolten. Um seine Höhe und seine Bedeutung ist früher manche hitzige Fehde geführt worden. Der in vergangenen Jahrzehnten oft gehörte Vorwurf, der tariflich festgelegte Soll-Hauerdurchschnittslohn werde durch die Betriebsbeamten mit allen Mitteln, vornehmlich durch Anwendung der „Gedingeschere“, gegen eine Überschreitung geschützt, kann angesichts der tatsächlichen, im letzten Jahrzehnt zu verzeichnenden Entwicklung des Ist-Hauerdurchschnittslohnes nicht mehr aufrechterhalten werden. Ebenso kann nicht mehr der Einwand erhoben werden, der „Vollhauerdurchschnittslohn“ werde durch geschickte Rechenmanipulationen künstlich auf die Höhe der Sollziffer gehoben. Heute liegen klare und scharfumrissene Anweisungen vor, welche Lohnsummen und welche Schichten bei der Bestimmung des Ist-Hauerdurchschnittslohnes in den Rechengang einzubeziehen sind. Schließlich hat die Kennziffer bedeutend an statistischem Wert verloren: im zweiten Weltkrieg bereits durch den Einsatz von Fremdarbeitern und Kriegsgefangenen, nach dem Kriege infolge Aufstockung der Belegschaft durch umfangreiche Anlegung bergfremder Neubergleute bei geschrumpfter Hauerzahl. Damit soll allerdings nicht gesagt sein, daß das alte Gewicht der Kennziffer bei entsprechender Entwicklung der Belegschaftszusammensetzung nicht wieder in Erscheinung treten könnte.

Was nun die Art der statistischen Verfolgung des Ist-Hauerdurchschnittslohnes betrifft, so ist vorab zu bemerken, daß die Ziffer allmonatlich erfaßt werden muß. Zur Darstellung der Entwicklung sollte man jedoch nicht die absoluten Ziffern heranziehen, sondern diese auf einen allgemein und auf die Dauer brauchbaren Maßstab zurückführen. Als Meßgröße kann

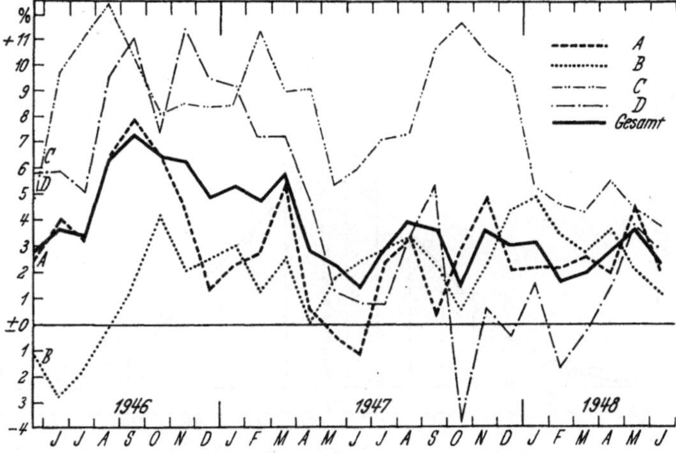

Abb. 184. Entwicklung des Hauerdurchschnittslohnes im Verhältnis zum Soll-Lohn.

mit Vorteil die Ziffer des Soll-Hauerdurchschnittslohnes Verwendung finden, so daß man, wenn man letztere gleich 100% setzt, die Abweichungen des Ist-Lohnes vom Soll-Lohn in Prozenten in einem Entwicklungsbilde festhalten kann. Ein solches Diagramm bringt beispielhaft Abb. 184.

Mit dieser mehr oder weniger formalen Festlegung des Entwicklungsganges der Hauerlohnkurve kann sich aber die planmäßige Überwachung nicht bescheiden. Der Hauerdurchschnittslohn müßte streng genommen mit ansteigender Leistung wachsen, mit sinkender Leistung sich verringern. Wenn des öfteren das Gegenteil festgestellt wird, so ist dies darum noch kein Beweis für die Irrigkeit der vorangegangenen Behauptung. Vorteilhaft dürfte es in jedem Falle sein, halbjährlich die Korrelation zwischen Lohn- und Leistungsentwicklung zu verfolgen.

Der Korrelationskoeffizient berechnet sich nach der Formel

$$k = \frac{A_1 \cdot D_1 + A_2 \cdot D_2 + A_3 \cdot D_3 + \dots A_n \cdot D_n}{\sqrt{(A_1{}^2 + A_2{}^2 + A_3{}^2 + \dots A_n{}^2) \cdot (D_1{}^2 + D_2{}^2 + D_3{}^2 + \dots D_n{}^2)}}$$

Hierin bedeuten

k Korrelationskoeffizient
A Differenz gegen den Ausgangswert der Ziffernreihe A_1, A_2, $A_3 \dots A_n$ (im gegebenen Falle
    der statistischen Folge der Leistungsziffern)
D Differenz gegen den Vergleichswert der Ziffernreihe B_1, B_2, $B_3 \dots B_n$ (im gegebenen Falle
    der statistischen Folge der Lohnziffern)
Indizes 1, 2, 3 .... n hinweisend auf die Folge der Zeiträume (hier der Monate).

Tafel 126 gibt ein Beispiel wieder und läßt zugleich ein aus der obengenannten Formel entwickeltes Rechenschema erkennen. Zur besseren Veranschaulichung der Entwicklung der in Spalte o aufgeführten Korrelationskoeffizienten ist diese in Kurven, den Zahlenspiegel überdeckend, wiedergegeben. Man ersieht, daß die Gleichläufigkeit[1] im Laufe der Zeit immer mehr zurückgeht. Daß u. U. auch Kurvenbilder gefunden werden, die Gegenläufigkeit[1] ausweisen, zeigt die gleichfalls der Praxis entnommene Tafel 127.

933.4 Untersuchung der Lohn- und Leistungsstreuung. Die Verfolgung der Entwicklung des Vollhauerdurchschnittslohnes und der Entwicklung der Korrelation zwischen Lohn und Leistung gibt keinen tieferen Einblick in das Gefüge der Gedingewirtschaft einer Schachtanlage. Dieser kann aber gewonnen werden, wenn man die Lohnstreuung laufend einer genaueren Beobachtung unterwirft.

Die einfachste Methode ist die, die Lohnskala im Bereich des Betriebspraktischen in Gruppen aufzugliedern und festzustellen, wie viele bezahlte Schichten in den Bereich der einzelnen Gruppen fallen.

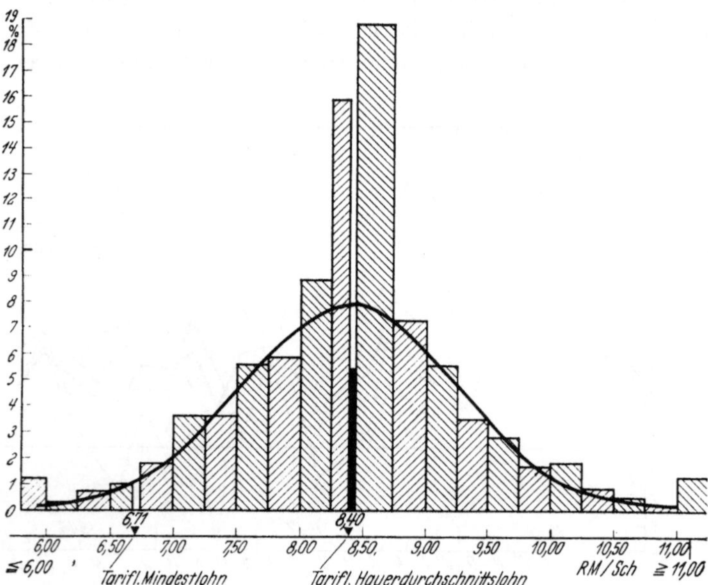

Abb. 185. Die Häufigkeit der Hauerlöhne der Schachtanlage *C* im April 1946.

Besonders markante Löhne, wie z. B. den Voll-Hauerdurchschnittslohn und den Hauermindestlohn, wird man gesondert erfassen. Trägt man nun die gefundenen Werte als Gruppensäulen über der Lohnskala als Abszisse auf, so gewinnt man ein unmittelbar anschauliches Bild der Lohnstreuung und ist in der Lage, schon aus einem einzigen Bild recht tiefreichende Schlußfolgerungen[2] zu ziehen. Von dieser Möglichkeit macht u. a. auch die Gedingekommission Gebrauch, indem sie von dem sie anrufenden Werk die Löhne nach Gruppen gegliedert anfordert und sich hieraus ein Bild über die Gedingewirtschaft der Schachtanlage macht.

Hierzu einige Hinweise: Zeigt das Lohnverteilungsbild eine starke Annäherung an die Gaußsche Normalverteilung, so darf man annehmen, daß die Streuung der Löhne der normalen Streuung menschlicher Leistungen sowie der normalen Streuung der bergmännischen Betriebsverhältnisse entspricht. Ein Beispiel gibt Abb. 185.

[1] Der Korrelationskoeffizient kann niemals den Ziffernbereich +1 bis —1 über- bzw. unterschreiten. Je gleichartiger der Verlauf der beiden verglichenen Zahlenreihen bzw. Kurven ist, desto mehr nähert er sich einem der beiden Grenzwerte. Bei vollkommener Gleichläufigkeit ist er = +1, bei vollkommener Gegenläufigkeit (oder spiegelbildlicher Gleichläufigkeit) ist er = —1. Besteht im Verlauf der Kurven keinerlei Gleichartigkeit, so ist der Korrelationskoeffizient = 0.

[2] S. a. Fußnote S. 123.

Tafel 126. *Korrelation von Untertageleistung und Hauerdurchschnittslohn.*

Schachtanlage A

Lfd. Nr.	Werte-Reihe A Untertagelstg. kg/M/Sch	Differenz /. Ausgangs- bzw. Vergl.-wert Δ_x	Werte-Reihe B Durchschn. Lohn RM Ist	Soll	Differenz /. Ausgangs- bzw. Vergleichs-wert D_x	Berechnung des Zählers $\Delta_x \cdot D_x$	$\Sigma\Delta_{1...x} \cdot D_{1...x}$	Berechnung des Nenners Δ_x^2	$\Sigma\Delta_1^2 + ... \Delta_x^2$	D_x^2	$\Sigma D_1^2 + ... D_x^2$	$\Sigma\Delta_{1...x}^2 \cdot \Sigma D_{1...x}^2$	$\sqrt{\Sigma\Delta_1^2...x \cdot} / \sqrt{\Sigma D_1^2...x}$	Korrelations-Koeffizient k	Bemerkung
a	b	c	d		e	f	g	h	i	k	l	m	n	o	p
0	1331	—	8,45	8,40	+0,05	—	—	—	—	0,0025	0,0025	—	—	—	Februar 1946
1	1184	—147	8,22	8,40	—0,18	+26,46	+ 26,46	2 16 09	2 16 09	0,0324	0,0349	754,15	27,50	+0,96	März
2	1147	—184	8,44	8,40	+0,04	— 7,36	+ 19,10	3 38 56	5 54 65	0,0016	0,0365	2 024,47	45,00	+0,42	April
3	1137	—194	8,30	8,40	—0,10	+19,40	+ 38,50	3 76 36	9 31 01	0,0100	0,0465	4 329,20	65,80	+0,59	Mai
4	1153	—178	8,17	8,40	—0,23	+40,94	+ 79,44	3 16 84	12 47 85	0,0529	0,0994	12 403,63	111,40	+0,71	Juni
5	1132	—199	8,24	8,40	—0,16	+31,84	+111,28	3 96 01	16 43 86	0,0256	0,1250	20 548,25	143,40	+0,78	Juli
6	1184	—147	8,39	8,40	—0,01	+ 1,47	+112,75	2 16 09	18 59 95	0,0001	0,1251	23 267,97	152,60	+0,74	August
7	1251	— 80	8,51	8,40	+0,11	— 8,80	+103,95	64 00	19 23 95	0,0121	0,1372	26 396,59	162,50	+0,64	September
8	1240	— 91	8,75	8,40	+0,35	—31,85	+ 72,10	82 81	20 06 76	0,1225	0,2597	52 115,56	228,30	+0,32	Oktober
9	1260	— 71	10,28	10,08	+0,20	—14,20	+ 57,90	50 41	20 57 17	0,0400	0,2997	61 653,38	248,30	+0,23	November
10	1278	— 53	10,34	10,08	+0,26	—13,78	+ 44,12	28 09	20 85 26	0,0676	0,3673	76 591,60	276,75	+0,16	Dezember
11	1312	— 19	10,38	10,08	+0,30	— 5,70	+ 38,42	3 61	20 88 87	0,0900	0,4573	95 524,03	309,10	+0,12	Januar 1947
12	1310	— 21	10,21	10,08	+0,13	— 2,73	+ 35,69	4 41	20 93 28	0,0169	0,4742	99 263,34	315,10	+0,11	Februar
13	1277	— 54	10,36	10,08	+0,28	—15,12	+ 20,57	29 16	21 22 44	0,0784	0,5526	117 286,03	342,50	+0,06	März
14	1255	— 76	10,09	10,08	+0,01	— 0,76	+ 19,81	57 76	21 80 20	0,0001	0,5527	120 499,65	347,13	+0,06	April
15	1307	— 25	10,26	10,08	+0,18	— 4,50	+ 15,31	6 25	21 86 45	0,0324	0,5851	127 929,19	357,67	+0,04	Mai
16	1309	— 22	10,33	10,08	+0,25	— 5,50	+ 9,81	4 84	21 91 29	0,0625	0,6476	141 907,94	376,71	+0,03	Juni
17	1315	— 16	10,36	10,08	+0,28	— 4,48	+ 5,33	2 56	21 93 85	0,0784	0,7260	159 273,51	399,09	+0,01	Juli
18	1385	+ 54	10,44	10,08	+0,36	+19,44	+ 24,77	29 16	22 23 01	0,1296	0,8556	190 200,74	436,12	+0,06	August
19	1381	+ 50	10,30	10,08	+0,22	+11,00	+ 35,77	25 00	22 48 01	0,0484	0,9040	203 220,10	450,80	+0,08	September
20	1313	— 18	10,14	10,08	+0,06	— 1,08	+ 34,69	3 24	22 51 25	0,0036	0,9076	204 323,45	452,02	+0,08	Oktober
21	1293	— 38	10,30	10,08	+0,22	— 8,36	+ 26,33	14 44	22 65 69	0,0484	0,9560	216 599,96	465,40	+0,06	November
22	1330	— 1	10,52	10,08	+0,44	— 0,44	+ 25,89	1	22 65 70	0,1936	1,1496	260 464,87	510,36	+0,05	Dezember
23	1275	— 56	10,57	10,08	+0,49	—27,44	— 1,55	31 36	22 97 06	0,2401	1,3897	319 222,43	564,99	±0	Januar 1948
24	1341	+ 10	10,42	10,08	+0,34	+ 3,40	+ 1,85	1 00	22 98 06	0,1156	1,5053	345 926,97	588,16	±0	Februar
25	1577	+246	10,36	10,08	+0,28	+68,88	+ 70,73	6 05 16	29 03 22	0,0784	1,5837	459 782,95	678,07	+0,10	März
26	1302	— 29	10,45	10,08	+0,37	—10,73	+ 60,00	8 41	29 11 63	0,1369	1,7206	500 975,06	707,79	+0,09	April

Tafel 127. *Korrelation von Untertageleistung und Hauerdurchschnittslohn.*

Schachtanlage B

Lfd. Nr.	Werte-Reihe A Untertagelstg. kg/M/Sch	Differenz °/. Ausgangs- bzw. Vergl.-wert Δ_x	Werte-Reihe B Durchschn. Lohn RM Ist	Soll	Differenz °/. Ausgangs- bzw. Vergleichs-wert D_x	Berechnung des Zählers $\Delta_x \cdot D_x$	$\Sigma\Delta_{1...x} \cdot D_{1...x}$	Berechnung des Nenners Δ_x^2	$\Sigma\Delta_1^2 + ...\Delta_x^2$	D_x^2	$\Sigma D_1^2 + ...D_x^2$	$\Sigma\Delta_{1...x}^2 \cdot \Sigma D_{1...x}^2$	$\sqrt{\Sigma\Delta_1^2...x} \cdot / \sqrt{\Sigma D_1^2...x}$	Korrelations-Koeffizient k	Bemerkung
a	b	c	d		e	f	g	h	i	k	l	m	n	o	p
0	1314	—	8,93	8,40	+0,53	—	—	—	—	0,2809	0,2809	—	—	—	Februar 1946
1	1084	—230	8,48	8,40	+0,08	— 1,84	— 1,84	5 29 00	5 29 00	0,0064	0,2873	15 198,17	123,20	—0,01	März
2	1193	—121	8,64	8,40	+0,24	—29,04	— 30,88	1 46 41	6 75 41	0,0576	0,3449	23 294,89	152,60	—0,20	April
3	1227	— 87	8,59	8,40	+0,49	—42,63	— 73,51	75 69	7 51 10	0,2401	0,5850	43 939,35	209,60	—0,35	Mai
4	1261	— 53	8,90	8,40	+0,50	—26,50	—100,01	28 09	7 79 19	0,2500	0,8350	65 062,36	255,10	—0,39	Juni
5	1270	— 44	8,74	8,40	+0,34	—14,96	—114,97	19 36	7 98 55	0,1156	0,9506	75 910,16	275,70	—0,42	Juli
6	1296	— 18	9,21	8,40	+0,81	—14,58	—129,55	3 24	8 01 79	0,6561	1,6067	128 823,60	359,00	—0,36	August
7	1252	— 62	9,30	8,40	+0,90	—55,80	—185,35	38 44	8 40 23	0,8100	2,4167	203 058,38	450,60	—0,41	September
8	1250	— 64	9,03	8,40	+0,63	—40,32	—225,67	40 96	8 81 19	0,3969	2,8136	247 931,62	498,00	—0,45	Oktober
9	1228	— 86	11,22	10,08	+1,14	—98,04	—323,71	73 96	9 55 15	1,2996	4,1132	392 872,30	626,80	—0,52	November
10	1373	+ 59	11,03	10,08	+0,95	+56,05	—267,66	34 81	9 89 96	0,9025	5,0157	496 534,24	704,70	—0,38	Dezember
11	1306	— 8	11,00	10,08	+0,92	—73,60	—341,26	64	9 90 60	0,8464	5,8621	580 699,63	762,00	—0,45	Januar 1947
12	1278	— 36	10,80	10,08	+0,72	—25,92	—367,18	12 96	10 03 56	0,5184	6,3805	640 321,46	800,20	—0,46	Februar
13	1288	— 26	10,96	10,08	+0,88	—22,88	—390,06	6 76	10 10 32	0,7744	7,1549	722 873,86	850,20	—0,46	März
14	1176	—138	10,58	10,08	+0,50	—69,00	—459,06	1 90 44	12 00 76	0,2500	7,4049	889 150,77	942,95	—0,49	April
15	1156	—158	10,21	10,08	+0,13	—20,54	—479,60	2 49 64	14 50 40	0,0169	7,4218	1 076 457,87	1 037,60	—0,46	Mai
16	1169	—145	10,17	10,08	+0,09	—13,05	—492,65	2 10 25	16 60 65	0,0081	7,4299	1 233 846,34	1 110,80	—0,44	Juni
17	1172	—142	10,26	10,08	+0,18	—25,56	—518,21	2 01 64	18 62 29	0,0324	7,4623	1 389 696,67	1 178,80	—0,44	Juli
18	1213	—101	10,44	10,08	+0,36	—36,36	—554,57	1 02 01	19 64 30	0,1296	7,5919	1 491 276,92	1 221,10	—0,45	August
19	1275	— 39	10,61	10,08	+0,53	—20,67	—575,24	15 21	19 79 51	0,2809	7,8728	1 558 428,63	1 248,40	—0,46	September
20	1243	— 71	9,70	10,08	—0,38	+26,98	—548,26	50 41	20 29 92	0,1444	8,0172	1 627 427,46	1 275,70	—0,43	Oktober
21	1287	— 27	10,14	10,08	+0,06	— 1,62	—549,88	7 29	20 37 21	0,0036	8,0208	1 634 005,40	1 278,70	—0,43	November
22	1238	— 76	10,03	10,08	—0,05	+ 3,80	—546,08	57 76	20 94 97	0,0025	8,0233	1 680 857,28	1 296,50	—0,42	Dezember
23	1169	—145	10,24	10,08	+0,16	—23,20	—569,28	2 10 25	23 05 22	0,0256	8,0489	1 855 458,53	1 362,15	—0,42	Januar 1948
24	1116	—198	9,92	10,08	—0,16	+31,68	—537,60	3 92 04	26 97 26	0,0256	8,0745	2 177 902,59	1 475,80	—0,36	Februar
25	1390	+ 76	10,05	10,08	—0,03	— 2,28	—539,88	57 76	27 55 02	0,0009	8,0754	2 224 788,85	1 491,57	—0,36	März
26	1426	+112	10,24	10,08	+0,16	+17,92	—521,96	1 25 44	28 80 46	0,0256	8,1010	2 333 460,65	1 527,60	—0,34	April

Ist der rechte Bildflügel überbetont (wie z. B. in Abb. 186), so ergeben sich folgende Erklärungsmöglichkeiten:

1. Die Leistungsforderung der Gedingeverträge war im allgemeinen zu niedrig bemessen.
2. Es handelt sich um eine überdurchschnittlich fähige bzw. fleißige Belegschaft.
3. Die bergmännischen Verhältnisse haben sich nach Abschluß der Gedingeverträge grundlegend gebessert.

Der umgekehrte Fall, daß nämlich der linke Bildflügel überbetont (wie in Abb. 187) ist, zwingt zu den entgegengesetzten Schlußfolgerungen:

.Entweder 1. die Leistungsforderung der Gedingeverträge war im allgemeinen zu hoch veranschlagt;

oder 2. es handelt sich um eine unterdurchschnittlich fähige und weniger fleißige Belegschaft;

oder 3. die bergmännischen Verhältnisse haben sich nach Abschluß der Gedingeverträge grundlegend verschlechtert.

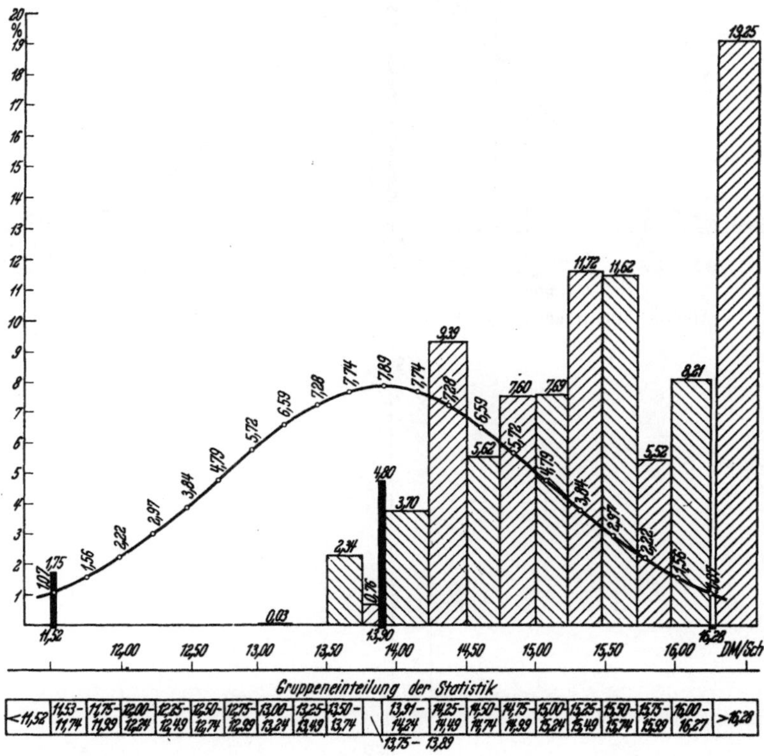

Abb. 186. Die Häufigkeit der Hauerlöhne der Schachtanlage *D* im März 1951.

Zu welchen Teilen die genannten Gründe an der Entstehung der Verschiebung des Lohnschwerpunktes beteiligt sind, müssen weitere Betriebsuntersuchungen an Ort und Stelle klären.

Verzeichnen der Hauerdurchschnittslohn oder auch die ihm unmittelbar benachbarten Lohngruppen einen unverhältnismäßig hohen Anteil, wie beispielsweise in Abb. 188, so kann dies meist dahingehend gedeutet werden, daß entweder in vielen Fällen ein auf den Durchschnittslohn zielendes Scheingedinge abgeschlossen bzw. eine große Zahl von Lohnabkommen getroffen wurde, die einen Lohn vorsehen, der gleich oder in der Nähe des Durchschnittslohnes liegt, oder daß viele Löhne künstlich auf den Hauerdurchschnittslohn bzw. ihm benachbart liegende Lohnhöhen aufgebessert wurden.

Ist der Anteil der mit dem Mindestlohn abgegoltenen Schichten unnatürlich groß, so kann dies nur darin seinen Grund haben, daß eine größere Zahl von Gedingearbeitern den Mindestlohn nicht erreicht hat und, da der Nachweis der absichtlichen Leistungszurückhaltung fehlte oder nicht zu erbringen war, ihren Lohn auf den Mindestlohn aufgebessert erhielt.

Vielfach wird für anomale Lohnstreubilder als Grund angegeben, die eine oder andere Arbeitergruppe (so z. B. Unternehmerarbeiter, im Generalgedinge arbeitende Hauer an der Kohlenfront)

394

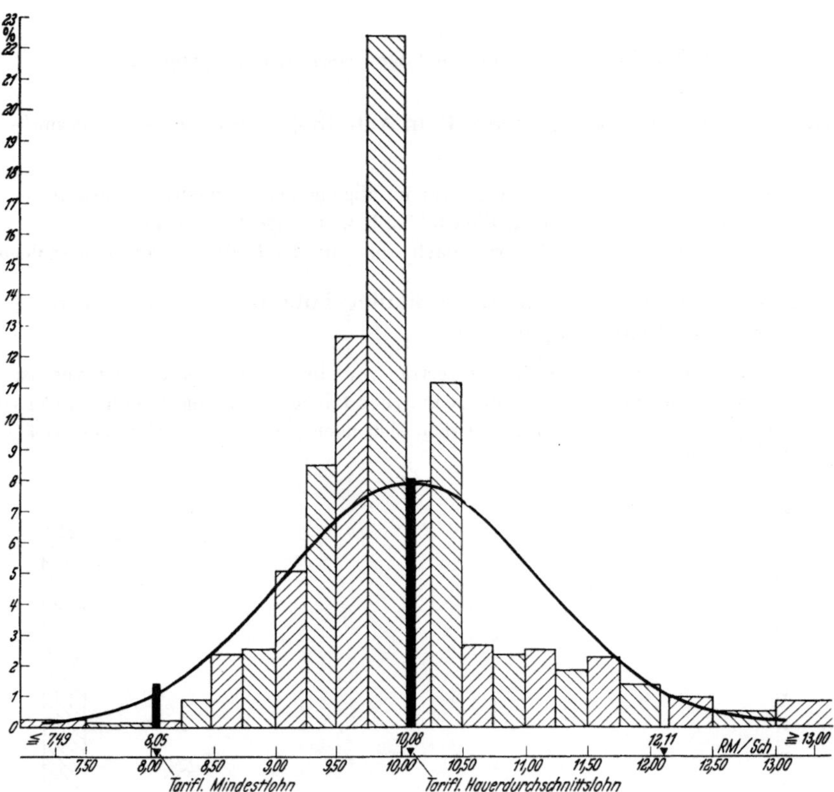

Abb. 187. Die Häufigkeit der Hauerlöhne der Schachtanlage *B* im Januar 1947.

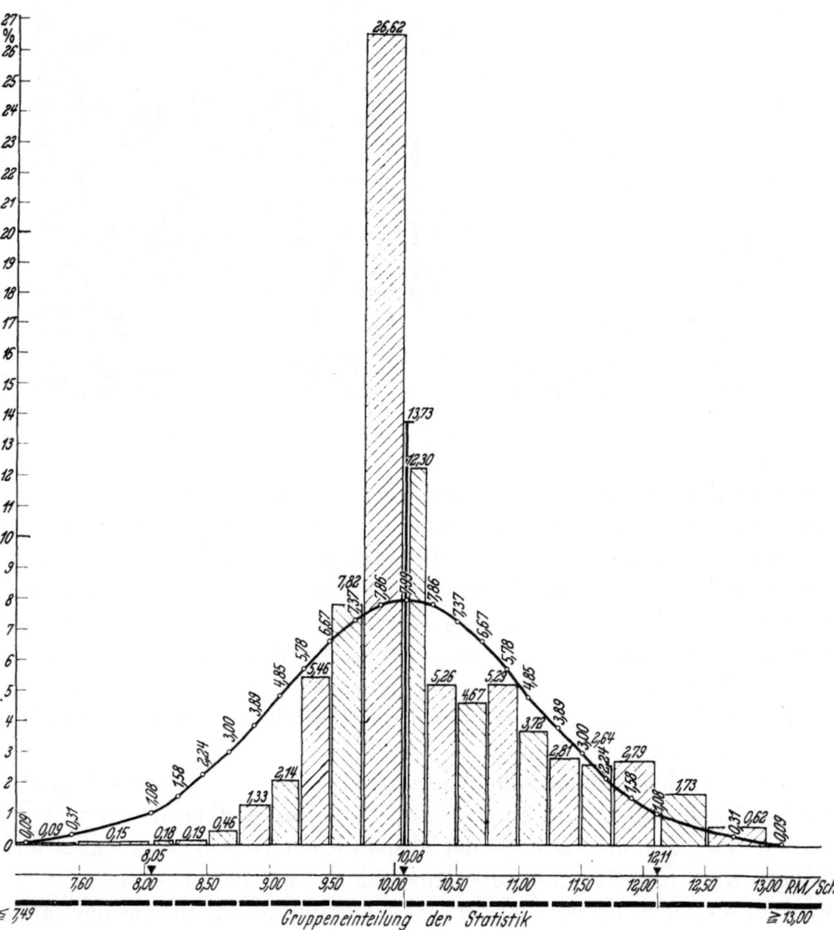

Abb. 188. Die Häufigkeit der Hauerlöhne der Schachtanlage *E* im Februar 1946.

habe besonders hohe Löhne erzielt und dadurch sei das natürliche Lohngefüge gestört. Ob dem so ist, läßt sich leicht feststellen, indem man die auf die besagten Arbeitergruppen entfallenden Anteile besonders markiert, wie es in Abb. 189 geschehen ist. Das Bild erbrachte den Nachweis, daß der Einwand, die rechte äußerste Lohnsäule sei durch im Einmann-Generalgedinge arbeitende Kohlenhauer hervorgerufen worden, nicht zu Recht bestand.

Da immer wieder das Einmann- bzw. teilweise auch das Gruppengedinge für unnatürliche Lohnstreuungen verantwortlich gemacht wird, empfiehlt es sich, die in diesen Gedingen verdienten Löhne in besonderen Häufigkeitsbildern (Abb. 190) zu erfassen. In der Mehrzahl der Fälle wird

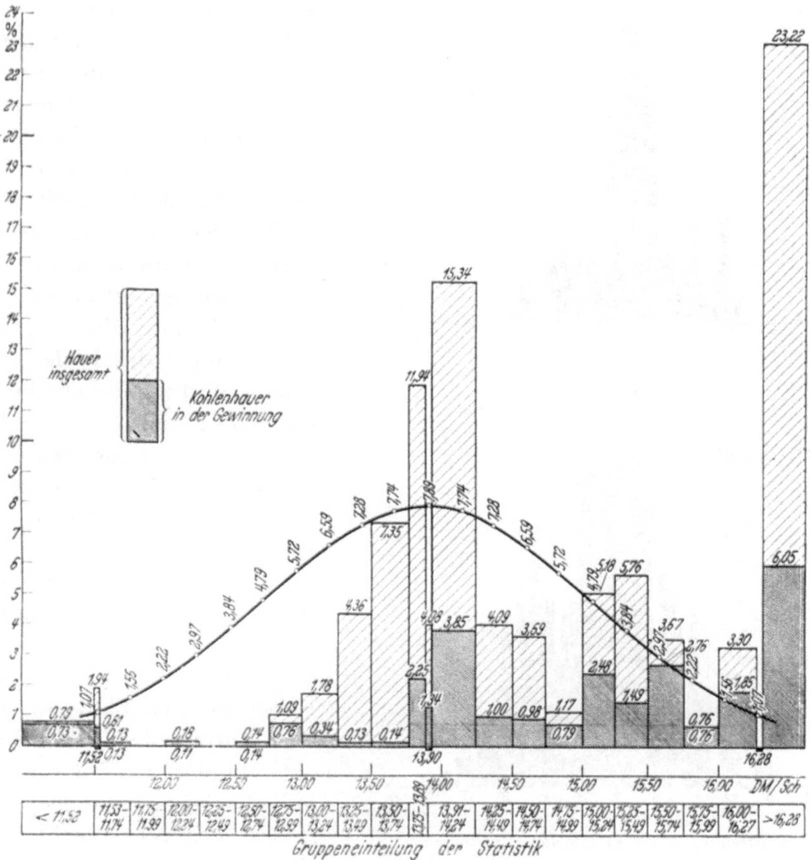

Abb. 189. Die Häufigkeit der Hauerlöhne der Schachtanlage F im April 1951 unter besonderer Hervorhebung der Kohlenhauerlöhne.

man dabei die Feststellung treffen, daß die Verteilung der Löhne über die Lohnskala beim Einmanngedinge sich viel stärker der natürlichen Streuung nähert als beim Kameradschaftsgedinge. Dies ist auch erklärlich, da ja das Kameradschaftsgedinge, wie in Abschn. 79 näher dargelegt, lohnnivellierend wirkt. Nicht weil die Streuung beim Einmanngedinge über die beim Kameradschaftsgedinge auftretende hinausgeht, ist sie unnatürlich, sondern umgekehrt: Das Kameradschaftsgedinge weist eine unnatürlich verringerte Streubreite der Löhne auf.

Aus dergestaltigen Schaubildern von Einmann-Gedingelöhnen lassen sich aber auch lehrreiche Schlüsse auf die Gedingesetzung ziehen, wie folgende Beispiele nachweisen:

In Abb. 191 sind die von einer in der Kohlengewinnung tätigen Mannschaft erzielten Leistungen aufgezeichnet, die in insgesamt 405 verfahrenen Schichten im Zeitraum der Monate Juli bis Oktober 1948 angefallen sind. Es handelt sich um Einzelleistungen, die bei m²-Einmann-Gedinge erbracht wurden. Insgesamt verhauen wurden 4063 m² Flözfläche. Die Gedinge-Soll-Leistung bezifferte sich auf 9 m²/M/Sch. Die erbrachte (Ist-)Leistung liegt im gewogenen Mittel bei 10,02 m² je M/Sch. Die Gesamtverteilung der erbrachten Einzelleistungen, dabei auch der Umstand, daß in ungefähr $^1/_9$ der verfahrenen Schichten Leistungen von fast 140% der Gedingesoll-Leistung erbracht wurden, zeigt, daß die Leistungsforderung des Gedinges zu gering angesetzt gewesen ist. Diese Schlußfolgerung gewinnt noch wesentlich an Überzeugungskraft, wenn man die im Bilde miteingezeichneten Verteilungskurven nach Gauss, einmal auf den Gedingeleistungswert von 9 m²/M/Sch und zweitens auf den Ist-Leistungswert von 10,02 m²/M/Sch als Mittelwert bezogen. mit der tatsächlichen Verteilung der angefallenen Leistungen vergleicht. Bedenken dürften kaum laut werden, wenn man sagt, daß das Gedinge bei Aufbau auf einer Soll-Leistung von 10 m²/M/Sch eher zu weich als zu scharf gesetzt gewesen sei.

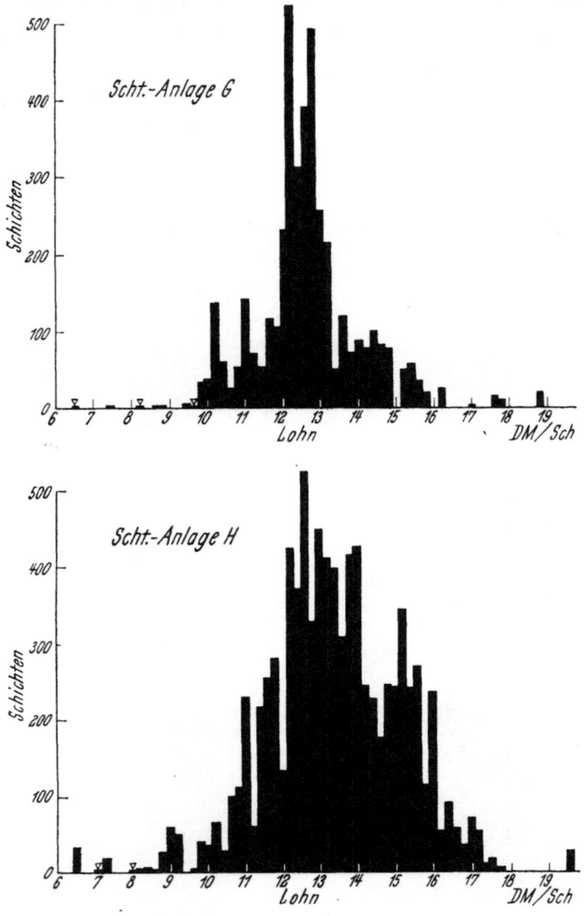

Der umgekehrte Fall liegt in Abb. 192 vor. In ihr sind die in 274 Schichten in den Monaten Juli bis Oktober 1948 im Einmanngedinge erbrachten einzelnen Leistungen erfaßt, die beim Abkohlen von 1795 m² Flözfläche erzielt wurden. Die dem Gedingevertrag zugrunde gelegte Soll-Leistung bezifferte sich auf 7 m²/M/Sch. Das gewogene Mittel der erreichten Leistungen beträgt aber nur 6,55 m²/M/Sch. Die Struktur des Bildes weist eindeutig nach, daß die Soll-Leistung des Gedingevertrages zu hoch veranschlagt wurde.

Die bei den bisherigen Untersuchungen der Lohnhäufigkeit benutzten Treppenpolygonbilder haben zwar den Vorzug der Anschaulichkeit und leichten Verständlichkeit, was insbesondere für die Unterrichtung der Betriebsbeamten von Bedeutung ist. Auf der anderen Seite sind sie aber nur zur Festlegung eines einzigen Falles geeignet. Sie versagen oder sind infolge eintretender Unübersichtlichkeit weniger brauchbar, wenn man verschiedene Fälle in einem Achsenfeld gleichzeitig darstellen will. Sie können daher weder zu Vergleichen verschiedener Schachtanlagen für einen festen Zeitpunkt noch auch zur Darstellung der Entwicklung einer Schachtanlage in Kurven für verschiedene Zeitpunkte benutzt werden.

Abb. 190. Lohnstreuung bei m²-Einzelgedinge im März 1951.

In diesen Fällen liefert die kurvenmäßige Darstellung (Integrationskurve) auf Diagrammpapier. das in der Ordinate nach der Gaußschen Verteilung geteilt ist, bessere Bilder. Ihre Apperzeption erfordert allerdings Loslösung vom optischen Flächenvergleich. Der Beschauer muß sich daran gewöhnen, die durch die Summenkurve aufgeteilte Bildfläche in einer Art Projektionsfläche der Glockenkurve zu sehen, wie ja auch das Lesen von Diagrammen mit logarithmischer Achsenteilung eine gewisse Übung verlangt.

Abb. 193 zeigt die Darstellung der Entwicklung der Hauerlohnstreuung einer Schachtanlage für die Jahre 1946 bis 1951, wobei die Verlagerung der Kurven der Stichmonate gegeneinander sehr deutlich zum Ausdruck bringt, wie der Schwerpunkt der Lohnverteilung sich immer mehr von der natürlichen Verteilung ab und in die höheren Löhne hinein bewegt hat. Unter „Normaler Verteilung" ist die des öfteren bereits erwähnte Streuung des „Lohngruppenkatalogs Eisen und Metall" eingetragen.

Abb. 194 zieht einen Vergleich zwischen den Monatsergebnissen von 4 Schachtanlagen. Als Ergebnis kann grundsätzlich folgendes herausgestellt werden: Im Lohnbereich unterhalb des Min-

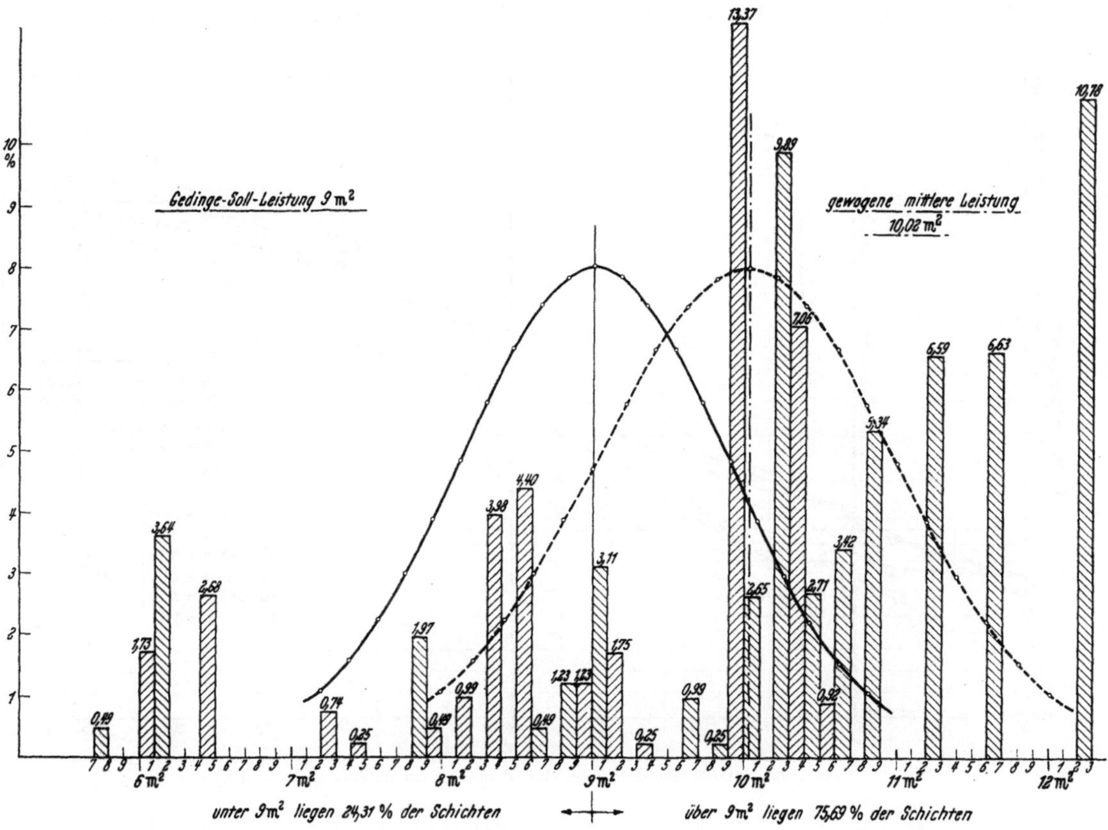

Abb. 191. Die Häufigkeit der m²-Leistung der Kohlenhauer. Revier 2, 4. Sohle, Schachtabt. Süden, Luisenglücker-Sattel-Nordfl., Flöz Hauptflöz, Streb 1—2 Osten.

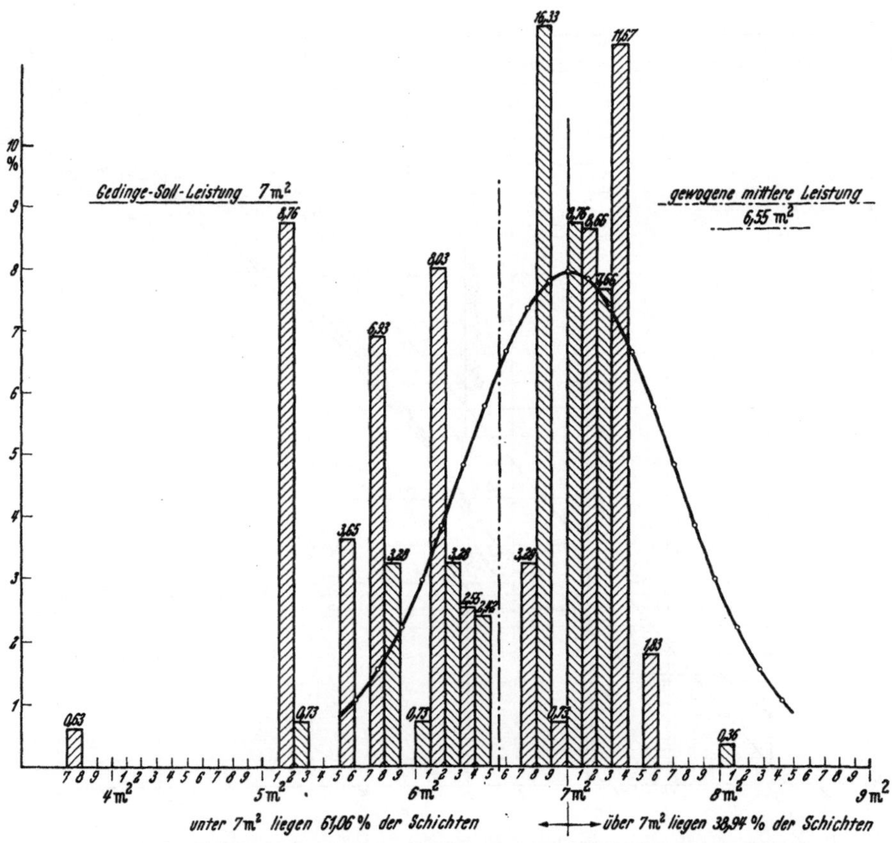

Abb. 192. Die Häufigkeit der m²-Leistung der Kohlenhauer. Revier 2, 4. Sohle, Schachtabt. Süden, Luisenglücker-Sattel-Nordfl., Flöz Hauptflöz, Streb 1—2 Westen.

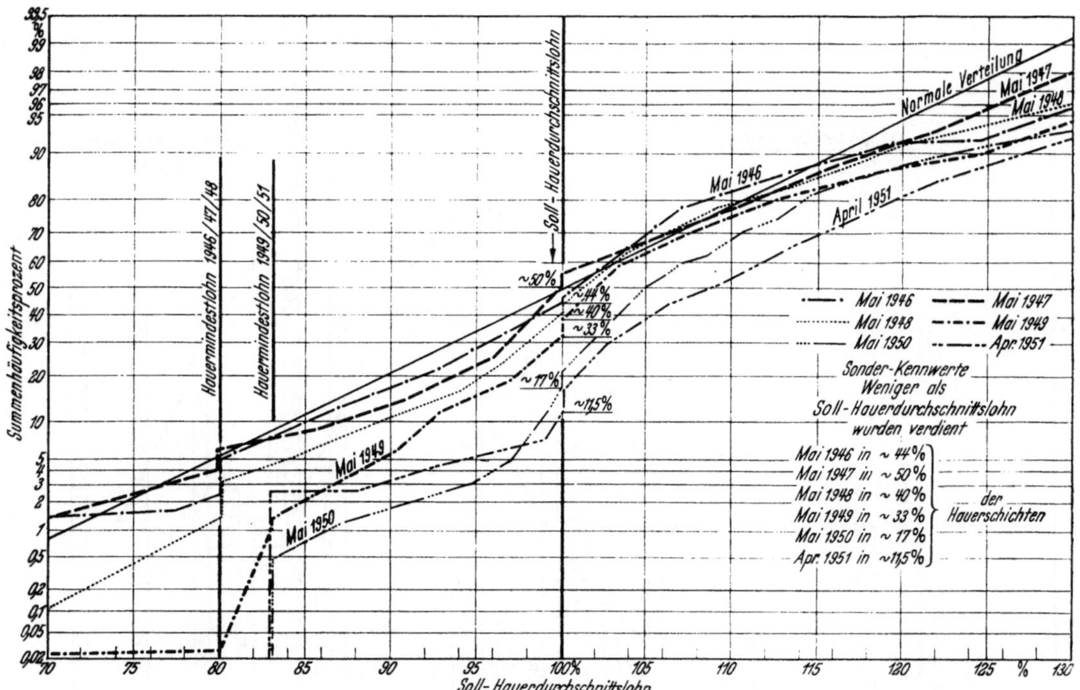

Abb. 193. Entwicklung der Hauerlohnstreuung, Schachtanlage „Glückauf".

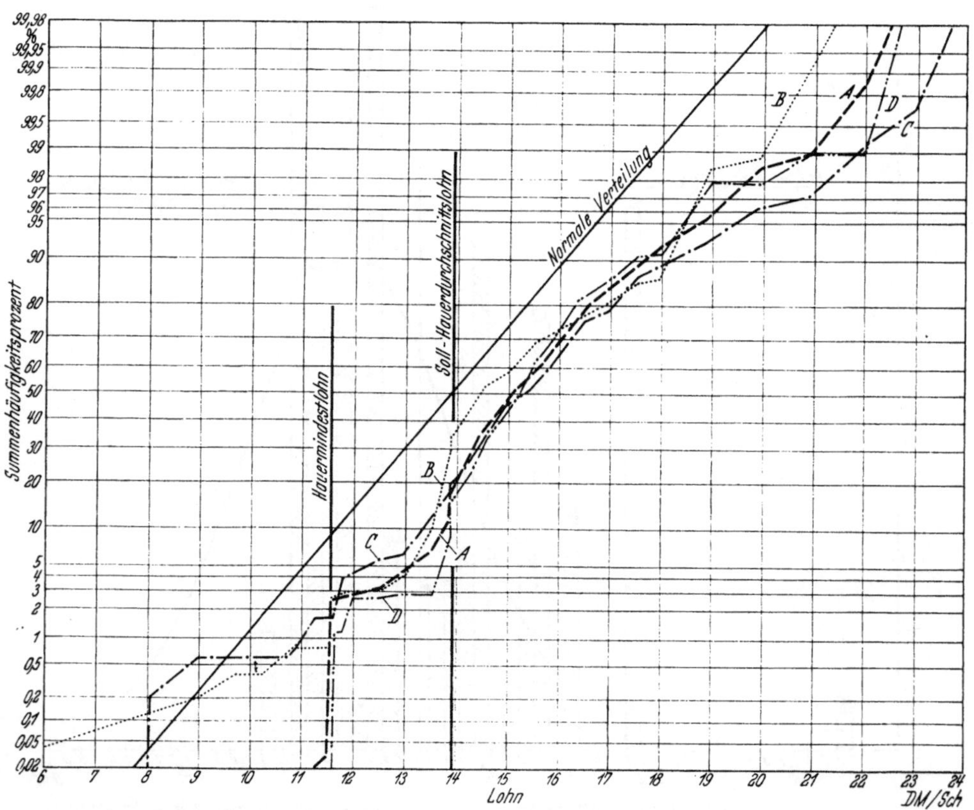

Abb. 194. Vergleich der Hauerlohnverteilungen der Schachtanlagen der Bergbau A.-G. „Tiefbau" im April 1951.

destlohnes sind nur die Schachtanlagen B und C mit nennenswerten Anteilen vertreten. Im Bereiche zwischen Mindest- und Durchschnittslohn nähert sich die Kurve der Schachtanlage C am

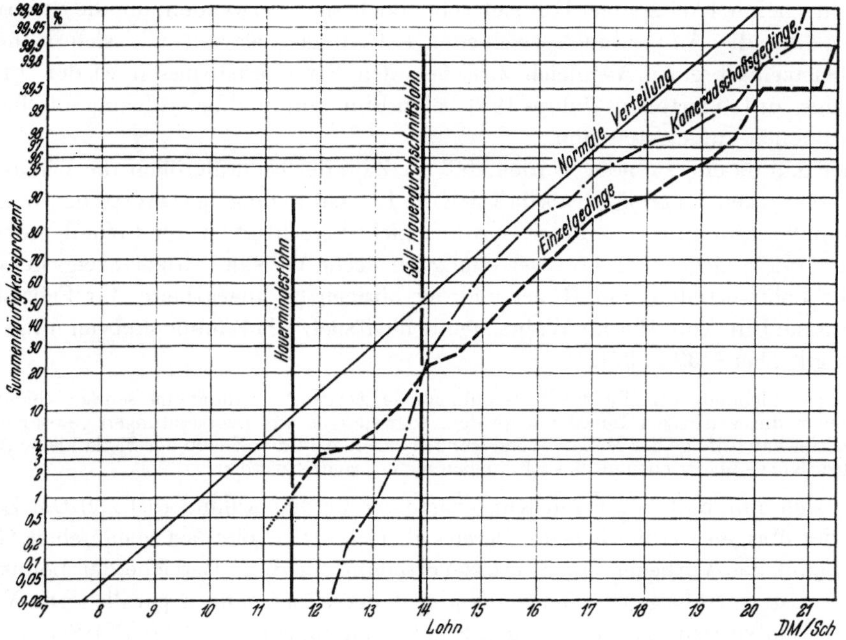

Abb. 195. Hauerlohnstreuung der Schachtanlage M im 1. Vierteljahr 1951.
Erläuterungen: 9 Einmanngedinge, 113 Kameradschaftsgedinge. 74 Monats-, 38 Zeit- und 10 Generalgedinge. Verfahrene Schichten 22 220 im Kameradschaftsgedinge, 2239 im Einzelgedinge.
Anteil der Kameradschaftsgedinge (Grundlage verfahrene Schichten) 88,3%.

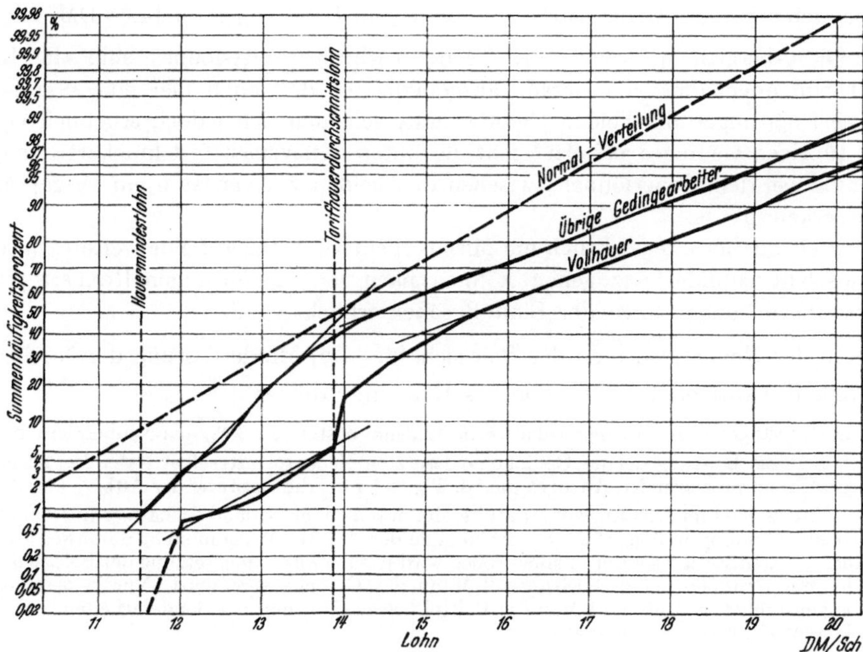

Abb. 196. Lohnstaffelung der Vollhauer und der übrigen Gedingearbeiter im Monat Februar 1951 auf der Zeche Walsum (nach ROELEN).

stärksten der der Normalverteilung, während die der Anlage D ihr am entferntesten liegt. In der Nähe des Durchschnittslohnes ändert sich das Bild, indem die Anlage B den besten Kurvenverlauf zeigt, während die Anlage D bis zu einem Lohn von 15 DM an schlechtester Stelle bleibt. Von da ab tritt eine weitere Änderung ein. Anlage D tendiert zur ersten, Anlage B zur schlechtesten Stelle. Im Bereich über 19 DM liegt Anlage B an günstigster, Anlage C an ungünstigster Stelle.

Die vergleichende Darstellung verschiedener Lohnstreuungen in nach der GAUSS-Verteilung geteiltem Wahrscheinlichkeitspapier läßt sich schließlich auch verwenden, um die Streuverhältnisse offenzulegen, die die Anwendung verschiedener Gedingespielarten mit sich bringt. So gibt Abb. 195 beispielhaft einen Vergleich zwischen den Streuverhältnissen wieder, die auf einer Schachtanlage im 1. Viertel des Jahres 1951 bei in Einmann- und bei in Kameradschaftsgedingen verdienten Löhnen aufgetreten sind.

Es ist hier und da eingewendet worden, daß die Zahl der Einflußgrößen, die sich auf den Bergmannslohn auswirken, zu groß sei, als daß sich die Lohnstaffelung der GAUSSschen Idealverteilung auch nur annähern könnte. Daß dieser Einwand nicht berechtigt ist, zeigt eine Untersuchung der von ROELEN [*190*] angegebenen Lohnverteilung der Zeche Walsum. ROELEN zeigt in Gruppen von 0,50 DM die Lohnverteilung der Hauer und der übrigen Gedingearbeiter für Februar 1951 auf. Diese Ziffern sind in Abb. 196 im Wahrscheinlichkeitsnetz als Summenkurven aufgetragen. Für dieses Netz gilt aber [*139* S. 32]:

> „Im Wahrscheinlichkeitsnetz gibt die Summenkurve der GAUSS-Verteilung eine schräge Gerade. Man kann somit mit einem durchsichtigen Lineal nachprüfen, wieweit eine aus Beobachtungen gewonnene Verteilung GAUSS-Charakter hat. Infolge der Maßstabverzerrung erscheinen an den Enden der Skala kleine Abweichungen von der GAUSS-Kurve übertrieben groß, sie brauchen nicht beachtet werden."

Es ergibt sich nun, daß die oberen Kurvenäste der Vollhauerlöhne ab 15,50 DM Lohn und die der Löhne der übrigen Gedingearbeiter bereits ab 14,50 DM Lohn fast genau einer Geraden entsprechen, womit das Vorliegen einer GAUSS-Verteilung für diese Bereiche der Lohnstaffel exakt nachgewiesen ist. Im übrigen laufen die beiden Kurvenäste nahezu parallel. Die Verschiebung gegen die Normalverteilung, die auf 50% Summenhäufigkeit bei 13,90 DM/Sch. d. h. dem damaligen Tarifhauerdurchschnittslohn aufbaut, ist gekennzeichnet dadurch, daß die Summenhäufigkeit von 50% erreicht wird

bei den Vollhauern bei einem Lohn von etwa 15,67 DM/Sch

bei den sonstigen Gedingearbeitern bei einem Lohn von etwa 14,36 DM/Sch.

Im Verteilungsbereich unterhalb des Tarifhauerdurchschnittslohnes sind die Kurvenzüge beide wiederum angenähert als Gerade ausgebildet, so daß auch hier eine GAUSS-Verteilung vorliegt. Die Richtungen der beiden Geraden unterscheiden sich jedoch erheblich voneinander.

Bei den „übrigen Gedingearbeitern" geht der untere Kurvenast fast knickartig in den oberen über, während bei den Hauerlöhnen zwischen den beiden Kurvenästen ein ausgeprägter Übergangsbogen erkennbar ist.

Es handelt sich daher offensichtlich um Mischkollektive. Ohne auf eine weitere mathematische Analyse[1] des Kurvenbildes einzugehen, können nach den Ausführungen ROELENS [*190*] in den Kurven die Auswirkungen folgender Einflußgrößen erblickt werden:

a) Anteil der Neubergleute an der Belegschaft; — b) Minderleistung der Neubergleute; —

c) Anteile des Kameradschafts- und des Einmanngedinges.

Zu a) „Die Untertagebelegschaft der Anlaufzeche Walsum besteht zu 60% aus Neubergleuten."

Zu b) „... liegt die Leistung der im Gedinge eingesetzten Neubergleute selbst unter Berücksichtigung des im Tarif vorgesehenen prozentualen Abzuges um rd. 2% tiefer als die Leistung der Altbergleute."

Zu c) „... Unterschied im Leistungslohn (ist) bereits durch einige Kameradschaftsgedinge in Ortsbetrieben und durch Gruppenbildung in den Abbaubetrieben gemildert." „Auf Walsum steht durchweg Generalgedinge in Anwendung ..." „In stark belegten Großbetrieben wird je nach Zusammensetzung der Belegschaft mit jedem einzelnen oder mit Gruppen bis zu höchstens 3 Mann das Gedinge vereinbart. Nur in geschlossenen Ortsbetrieben, die gewöhnlich mit bis zu 4 Mann je Drittel belegt sind, und bei Sonderarbeiten, wie Umlegen der Fördermittel, steht ein Kameradschaftsgedinge."

Man kann nach Vorstehendem durchaus nicht der Auffassung sein, daß besondere Verhältnisse vorgelegen hätten, die der Ausbildung einer Verteilung nach GAUSS günstig gewesen wären, wenn man von der weitgehenden Anwendung des Einmanngedinges einmal absieht. Mit Sicherheit kann demnach das Beispiel der Zeche Walsum als Beweis dafür angesehen werden, daß auch im Berg-

---

[1] DAEVES, K., u. A. BECKEL: Großzahl-Forschung und Häufigkeits-Analyse. Weinheim 1948, s. a. Fußnote S. 123.

bau die Lohnverteilung der GAUSSschen Normalverteilung zustrebt, wenn keinerlei Nivellierungseinflüsse vorliegen.

Einer der am schwersten ins Gewicht fallenden Nivellierungseinflüsse geht unzweifelhaft vom Kameradschaftsgedinge aus. ROELEN [190] bemerkt zu dieser Frage:

„Im Kameradschaftsgedinge ist es für den willigen und fähigen Bergmann unmöglich, durch besonderen Fleiß und besonderes Geschick einen besonderen Lohn zu erwerben. Hier erhält jeder Gedingearbeiter, gleichgültig ob er viel oder wenig leistet, den gleichen Lohn. Durch diese ungesunde Lohnnivellierung wird zwangsläufig auf die Dauer Arbeitswille und Arbeitsfreude unterbunden und jedes gesunde Streben gehemmt. Der Mann mit Minderleistung begrenzt und bestimmt hier Lohn und Leistung. Bei Einzelgedinge dagegen liegen die Lohnverhältnisse wesentlich anders. Jeder Lohn entspricht der persönlichen Leistung."

Aus den vorstehenden nur skizzenhaften Andeutungen mag ersehen werden, welche bedeutsamen gedingewirtschaftlichen Erkenntnisse man aus einer planmäßigen Verfolgung der Lohn- bzw. Leistungsstreuung gewinnen kann. Es wird sich sicherlich empfehlen, die einschlägigen Untersuchungen monatlich durchführen zu lassen. Selbst dann, wenn man sich nur einen ungefähren Überblick verschafft wie z. B. durch eine Zahlenaufstellung nach Art der Tafel 128 sind die daraus zu ziehenden Schlußfolgerungen von großer gedingewirtschaftlicher Bedeutung.

Tafel 128. *Leistungsstreuung berechnet aus den verdienten Löhnen.*

Leistungsstufe	Leistungs-grad %	Leistungsstreuung % nach den Löhnen des Monats September 1948					
		normal	Anlage A	Anlage B	Anlage C	Anlage D	Durchschn.
auffallend gut, Spitzenleistung Entweder übernormale Eignung oder bei normaler Eignung nicht auf Dauer durchzuhalten.	$\geqq 125$	2,3	0,05	0,10	0,21	0,27	—
sehr gut, Bestleistung Läßt sich auf die Dauer durchhalten.	115—125	9,2	2,39	0,42	3,23	0,17	1,9
gut Läßt sich aber rascher machen.	105—115	23,0	13,05	12,78	19,87	5,51	13,7
normal, berufsübliche Leistung Befriedigende Leistung Kann von einer Großzahl von Menschen auf die Dauer eingehalten werden.	95—105	31,0	66,59	64,38	42,68	59,97	58,1
schwach, unbefriedigende Leistung Leistungsgrad läßt sich noch abschätzen.	85—95	23,0	13,01	15,27	17,81	24,46	16,9
sehr schwach, Minderleistung Leistungsgrad läßt sich nur noch schwer abschätzen.	75—85	9,2	3,68	5,69	10,54	7,42	6,8
auffallend schwach, außerordentliche Minderleistung Leistungsgrad läßt sich nicht mehr abschätzen.	$\leqq 75$	2,3	1,23	0,86	5,66	2,20	2,6

933.5 Spielarten der gesetzten Gedinge. Hinsichtlich der im Betriebe anzuwendenden Gedingespielarten wird die Werksleitung, von Erfahrungen ausgehend und die Besonderheiten der Betriebsgegebenheiten und des Betriebszuschnittes in Rücksicht ziehend, ihre Betriebsanweisungen geben. Erfahrungsgemäß darf es aber nicht bei der Angabe des einzuschlagenden Weges bleiben, sondern es muß laufend überwacht werden, daß der Betrieb diese Richtschnur auch innehält.

Dies gilt zunächst hinsichtlich der *Laufzeit* der Gedinge. Es bedarf an dieser Stelle kaum der Wiederholung, daß langfristige (kündbare oder unkündbare [General-]) Gedinge aus den verschiedensten Gründen anzustreben sind. Eine etwa vierteljährlich anzufertigende Aufstellung nach Art der Tafel 129 gibt Aufschluß über die Laufzeiten der bestehenden Gedingeverträge und weist aus, inwieweit die Betriebe der Forderung nach Langfristigkeit der Gedingeverträge nachgekommen sind.

Sodann erscheint die statistische Erfassung der Gedingespielarten nach der Art der *Gedingeträger* vorteilhaft, wobei man zweckmäßig unterscheiden wird in Kameradschafts-, Gruppen- und Einzelgedinge.

Man wird dabei berücksichtigen müssen, ob es sich um reine Einzel- und Gruppengedinge oder um Anteilgedinge handelt. Man erfaßt zweckmäßig die Gedinge der Strebkohlenhauer, bei denen die erwähnten Differenzierungen hauptsächlich auftreten, gesondert. In einem Schaubild nach Art der Abb. 23 (Abschn. 2) kann man den Entwicklungsgang in kaum zu übertreffender Anschaulichkeit wiedergeben.

933.6 Genauigkeitsgrad der Gedinge im „Flözbetrieb". Im „Flözbetrieb" werden die anfallenden Arbeiten, von verschwindenden Ausnahmen abgesehen, sämtlich im Gedinge vergeben, so daß für diesen Betriebsbereich besondere Untersuchungen möglich sind, die Rückschlüsse auf die Genauigkeit der gesetzten Gedinge gestatten.

Ausgang der Untersuchung bildet die bekannte Gleichung

$$\text{Ist-Leistung im Flözbetrieb} = \frac{\text{Förderung}}{\text{Schichten im Flözbetrieb}} \dots \text{I.}$$

Die sogenannte „Soll-Aufstellung" der Schachtanlagen muß auf den gesetzten Gedingen basieren, so daß unter der Voraussetzung, daß lineare Gedinge gesetzt sind, die Proportion bestehen muß:

$$\text{Ist-Leistung} : \text{Soll-Leistung} = \text{Ist-Lohn} : \text{Soll-Lohn} \dots \text{II.}$$

In dieser Gleichung sind bekannt:

a) grundsätzlich der Soll-Lohn, da alle Gedinge auf dem Tarif-Hauerdurchschnittslohn als Richtlohn aufbauen sollen; — b) nach Fertigstellung der Soll-Aufstellung die Soll-Leistung; — c) nach Vorliegen der Monats-Abrechnung die Ist-Leistung, zu errechnen nach der oben angegebenen Formel I.

Somit läßt sich nach Abschluß des Monats der durch die erbrachte Ist-Leistung beeinflußte und auf dem Verhältnis Richtlohn: Soll-Leistung aufbauende theoretisch zu erwartende Hauerdurchschnittslohn im Flözbetrieb errechnen nach der Formel

$$\begin{array}{l}\text{Theoret. Hauerdurchschnittslohn} \\ \text{im Flözbetrieb}\end{array} = \frac{\text{Ist-Leistung im Flözbetrieb} \times \text{Gedingerichtlohn}}{\text{Soll-Leistung im Flözbetrieb}} \dots \text{III.}$$

Setzt man nun den theoretischen Hauerdurchschnittslohn im Flözbetrieb ins Verhältnis zu dem tatsächlich erreichten, so ergibt sich eine Kennziffer, die als Gedingegenauigkeitsgrad bezeichnet sei.

$$\text{Gedingegenauigkeitsgrad (\%)} = \frac{\text{Ist-Hauerdurchschnittslohn im Flözbetrieb}}{\text{theor. Hauerdurchschnittslohn im Flözbetrieb}} \times 100 \dots \text{IV.}$$

Abweichungen vom Bestwert (100%) können hervorgerufen sein

a) durch Fehler der Sollaufstellung, insbesondere durch Ansatz anderer Soll-Leistungszahlen als der, die den Gedingen zugrunde gelegt sind; — b) durch eine Änderung der betrieblichen Verhältnisse insoweit, als diese Änderungen nicht vorauszusehen waren und infolgedessen bei der Gedingesetzung nicht berücksichtigt werden konnten; — c) durch Gedinge-Fehlkalkulationen; — d) durch Zuweisung unberechtigter Vergütungen, die den Lohn ohne Vorliegen einer Gegenleistung heraufsetzen bzw. durch Zahlung des Mindestlohnes bei unterwertigen Leistungen; — e) durch geldliche Vergütungen, die für in mangelhafter Betriebsorganisation begründete Betriebsstörungen oder Versorgungslücken gezahlt werden; — f) durch Vergütungsbeträge für Störungen, die auf höhere Gewalt zurückzuführen sind.

Die Feststellung der Ziffer „Gedingegenauigkeitsgrad" kann daher bei Vorliegen stärkerer Abweichungen vom Optimalwert u. U. zu einer genauen Untersuchung nicht nur der Lohn- und

Tafel 129. *Übersicht über die Gedingeverhältnisse im Juli 1948.*

Gedingelaufzeit		Zahl der Gedinge-betriebspunkte					Anzahl der im Gedinge Arbeitenden					Verteilung nach Betriebspunkten in %					Verteilung nach der Zahl der Beschäftigten in %				
		Schachtanlage					Schachtanlage					Schachtanlage					Schachtanlage				
		A	B	C	D	Σ	A	B	C	D	Σ	A	B	C	D	Σ	A	B	C	D	Σ
Kurzfristige Gedinge 1 Monat Laufzeit und weniger	Kohle	8	—	6	1	15	30	—	22	4	56	6	—	5	1	4	4	—	3	1	3
	Gestein	1	—	1	1	3	7	—	9	6	22	1	—	1	1	1	1	—	1	2	1
	Insgesamt	9	—	7	2	18	37	—	31	10	78	7	—	6	2	5	5	—	4	3	4
Langfristige, kündbare Gedinge Gültig vom Abschlußtage „bis auf weiteres"	Kohle	96	91	109	80	376	544	413	601	360	1918	77	94	89	92	86	77	90	89	91	85
	Gestein	15	4	6	5	30	81	37	46	25	189	12	5	5	6	7	12	8	7	6	8
	Insgesamt	111	95	115	85	406	625	450	647	358	2107	89	99	94	98	93	89	98	96	97	93
Langfristige, unkündbare Gedinge (Generalgedinge)	Kohle	1	1	—	—	2	12	7	—	—	19	1	1	—	—	1	2	2	—	—	1
	Gestein	3	—	—	—	3	34	—	—	—	34	3	—	—	—	1	4	—	—	—	2
	Insgesamt	4	1	—	—	5	46	7	—	—	53	4	1	—	—	2	6	2	—	—	3
Vermutliche Laufdauer der unkündbaren (General-) Gedinge	3 Monate	1	—	—	—	1	6	—	—	—	6	1	—	—	—	0,4	0,8	—	—	—	0,4
	4 Monate	1	—	—	—	1	12	—	—	—	12	1	—	—	—	0,4	1,6	—	—	—	0,7
	5 Monate	—	—	—	—	—	—	—	—	—	—	—	—	—	—	—	—	—	—	—	—
	6 Monate	—	—	—	—	—	—	—	—	—	—	—	—	—	—	—	—	—	—	—	—
	7 Monate	—	—	—	—	—	—	—	—	—	—	—	—	—	—	—	—	—	—	—	—
	8 Monate	2	—	—	—	2	28	—	—	—	28	2	—	—	—	0,8	3,6	—	—	—	1,4
	9 Monate	—	—	—	—	—	—	—	—	—	—	—	—	—	—	—	—	—	—	—	—
	10 Monate	—	—	—	—	—	—	—	—	—	—	—	—	—	—	—	—	—	—	—	—
	11 Monate	—	—	—	—	—	—	—	—	—	—	—	—	—	—	—	—	—	—	—	—
	12 Monate	—	1	—	—	1	—	7	—	—	7	—	1	—	—	0,4	—	2	—	—	0,5

Gedinge-, sondern auch der Betriebsverhältnisse der in Frage stehenden Abteilung Veranlassung geben.

Ein Beispiel für eine derartige Untersuchung gibt Tafel 130.

933.7 Vergütungen an Strebkohlenhauer. Wenn von schwankenden Verhältnissen und Störungen im Betriebsablauf die Rede ist, so hat man dabei in nahezu allen Fällen die Abbaubetriebs-

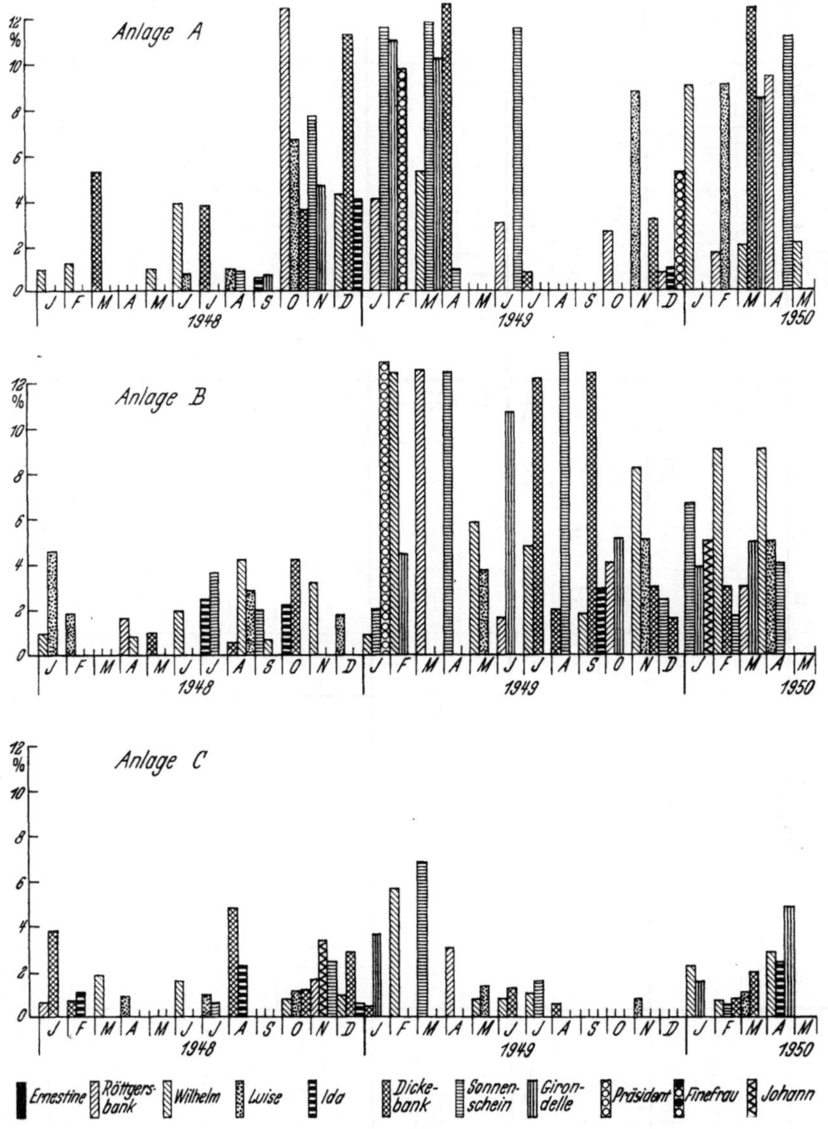

Abb. 197. Anteil der Vergütungen an der Strebkohlenhauer-Lohnsumme.

punkte vor Augen. Diese Tatsache dem Bergmann näher begründen zu wollen, hieße Eulen nach Athen tragen. Da nun aber die Abweichungen vom normalen Stand gedinge- bzw. lohntechnisch vielfach durch Zahlung von „Vergütungen" ausgeglichen werden, ist es erklärlich, daß der größte Teil dieser Geldsummen in die Strebkohlenhauer-Lohnsumme eingeht.

Die „Vergütungen" müssen aus den verschiedensten Gründen sorgfältig überwacht werden. Der wichtigste ist der, daß sie der Schätzung und damit dem subjektiven Urteil voll unterliegen. Ein weiterer schwer in die Waagschale fallender Gesichtspunkt ist der, daß die „Vergütung" u. U. als Lohnregulativ benutzt werden kann, sei es, daß der Betriebsbeamte hohe Löhne durch knapp bemessene „Vergütungen" zu senken bestrebt ist, sei es, daß er durch Großzügigkeit in der Be-

Tafel 130. *Bestimmung des Gedingegenauigkeitsgrades für den Monat Mai 1949.*

Schacht-anlage	Steiger-abteilung	Ist-Zahlen				Soll-Zahlen		Gedinge-genauig-keits-grad	Bewertung der Genauigkeit	Untersuchungsergebnisse					
		Monats-förde-rung	Gedinge-schichten im Flöz-betrieb	Gedinge-schicht-leistung im Flöz-betrieb	Hauer-durch-schnitts-lohn	Gedinge-schicht-leistung im Flöz-betrieb	Theoret. Hauer-durch-schnitts-lohn			Einflußgrößen der Abweichungen					
										Fehler in der Sollauf-stellung	Änderung der Betriebs-ver-hältnisse	Fehler in der Gedinge-kalku-lation	Unter-wertige Leistun-gen	Fehler in der Betriebs-organi-sation	Betriebs-störun-gen
		moto	Zahl	kg/M/Sch	DM/Sch	kg/M/Sch	DM/Sch	%							
		F	S	L_i	D_i	L_s	D_s	M							
a	b	c	d	e	f	g	h	i′	k	l	m	n	o	p	q
I/VI	1	9 216	2 870	3 211	11,72	3 425	10,87	107,8	hinreichend	—	●	●●	●	—	●
	2	3 283	1 841	1 783	11,51	3 213	6,43	179,0	sehr schlecht	—	●●●	●●●	●●●	●●●	●●●
	3	8 508	3 158	2 694	11,63	2 761	11,31	102,8	gut	—	—	—	—	—	—
	7	6 779	2 691	2 519	11,80	2 505	11,65	101,3	gut	—	—	—	—	—	—
	8	10 725	2 512	4 269	13,75	3 000	16,49	83,4	sehr schlecht	●●●	●●	—	—	—	—
	9	5 264	2 395	2 198	11,28	2 514	10,13	111,3	schlecht	—	●●	—	—	—	●●
	11	10 267	3 492	2 940	12,10	2 796	12,18	99,3	gut	—	—	—	—	—	—
	12	5 248	1 335	3 931	12,91	3 586	12,71	101,6	gut	—	—	—	—	—	—
	13	4 899	2 106	2 326	12,10	2 244	12,01	100,7	gut	—	—	—	—	—	—
	14	2 894	1 593	1 817	11,46	1 867	11,28	101,6	gut	—	—	—	—	—	—
	15	7 373	2 529	2 915	11,89	2 874	11,76	101,1	gut	—	—	—	—	—	—
II/IV	1	6 549	3 257	2 011	11,82	2 109	11,05	107,0	hinreichend	—	●	—	●	—	●
	2	8 602	3 686	2 334	12,00	2 077	13,02	92,2	hinreichend	●●	●	—	—	—	—
	3	6 011	3 311	1 815	12,73	1 726	12,19	104,4	gut	—	—	—	—	—	—
	6	8 159	3 406	2 395	11,84	2 469	11,24	105,3	hinreichend	—	●	—	—	—	●
	7	13 730	3 192	4 301	12,63	4 083	12,21	103,4	gut	—	—	—	—	—	—
	8	9 543	2 624	3 637	11,02	2 504	16,83	65,5	sehr schlecht	●●●	—	●●●	—	—	—
	11	6 488	2 604	2 492	12,01	2 561	11,27	106,6	hinreichend	—	—	—	—	—	●●
	12	4 111	1 846	2 227	12,99	1 852	13,94	93,2	hinreichend	●●	●	—	—	—	—
	13	4 840	2 248	2 153	13,57	1 766	14,13	96,0	gut	—	—	—	—	—	—
	14	2 928	1 788	1 638	12,89	1 617	11,74	109,8	hinreichend	—	—	●●	—	—	—

Formeln:

1. $L_i = \dfrac{F}{S}$ 2. $D_s = \dfrac{L_i \cdot 11{,}59}{L_s}$ 3. $M = \dfrac{D_i \cdot 100}{D_s}$

Bewertungsskala für den Gedingegenauigkeitsgrad:

$$\geqq \quad < 5\%$$
$$\geqq 5 - < 10\%$$
$$\geqq 10 - < 15\%$$
$$\geqq 15\%$$

± Ab-weichung gegen 100%:

gut
hinreichend
schlecht
sehr schlecht

Zeichen für Gewicht der Einflußgrößen

— kein
● gering
●● mittel
●●● stark

messung von „Vergütungen" einen niedrigen Lohn zu heben sucht. Auch darf nicht verkannt werden, daß in den „Vergütungen" gegebenenfalls ein Weg erblickt wird, die Gedingesätze niedrig zu halten und über die Vergütungen „den Lohn in der Hand zu behalten". Schließlich kann aus der Höhe der in einem Betriebspunkt gezahlten Vergütungssumme ein Maß für eine Verschlechterung der Lagerungsverhältnisse, aber auch ein Hinweis auf den Umfang von betriebsablaufbedingten Störungen erschlossen werden.

Als Kennziffer benutzt man zweckmäßig den Prozentanteil der Vergütungen an der Strebkohlenhauer-Lohnsumme und trägt diese Ziffer für die einzelnen Betriebspunkte in der Art eines Säulendiagrammes auf, wie Abb. 197 im einzelnen zeigt.

933.9 Abschließende Bemerkungen. Die vorstehend skizzierten Möglichkeiten einer Überwachung der Gedingewirtschaft mittels statistischer Methoden erheben keinerlei Anspruch auf Vollständigkeit der Aufzählung. Je nach Art des Betriebes und der Gedingeorganisation wird man weitere Gesichtspunkte ins Feld führen können, die der Untersuchung und statistischen Verfolgung wert erscheinen. Auch kann die Entwicklung des Gedingewesens dazu führen, Fragen zu untersuchen und deren kennzeichnende Ziffern in die Gedingestatistik zu übernehmen, deren Bedeutung heute noch gering erscheint. Neue Entwicklungen bringen neue Überwachungsaufgaben und diese erfordern wiederum neue Lösungsmethoden.

934 Überbetriebliche Überwachung der Gedingewirtschaft.

Es bedarf keiner Frage, daß eine umfassende Übersicht über den Stand und die Entwicklungsrichtung des Gedingewesens, von übergeordneter Stelle geboten, die betriebliche Arbeit auf dem problemgesättigten Gebiet des Gedingewesens wesentlich befruchten kann. Eine solche Schau

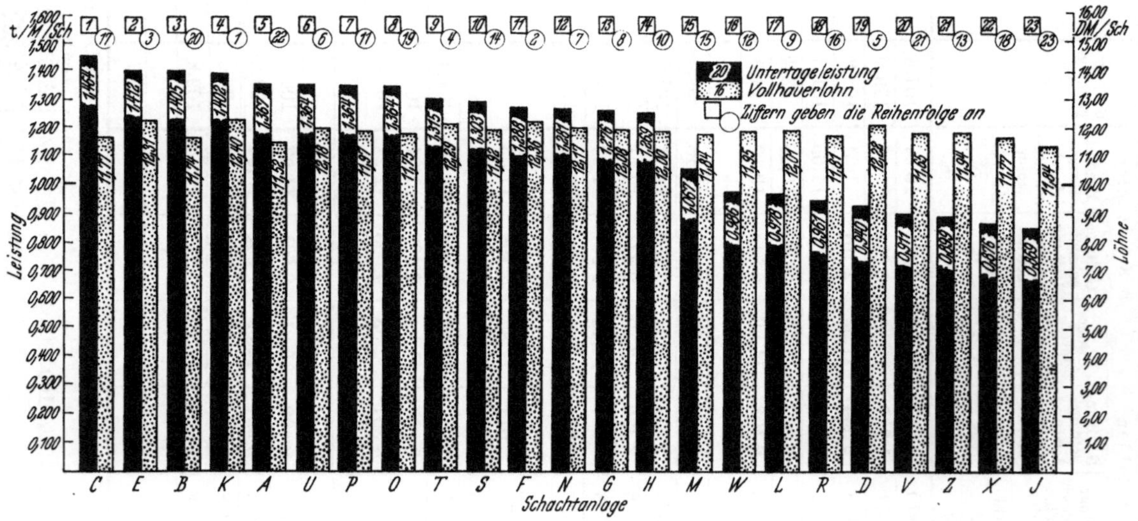

Abb. 198. Untertageleistung und Vollhauerlohn im August 1948, geordnet nach der Leistungsfolge.

gibt nicht nur Auskunft über die allgemeine Lage, sondern ermöglicht es dem einzelnen Werk, sich darüber klar zu werden, wo und wie es im Rahmen der Gesamtheit Standort bezogen hat.

Gewiß ist schon seit langen Jahren in den monatlichen und jährlichen Zusammenstellungen von Lohn- und Leistungsziffern der Schachtanlagen, Gesellschaften und Bezirke (Beispiel Abb. 198) ein gewisser Einblick in die Gedingewirtschaft möglich gewesen, doch kann man nicht umhin, die Erfassung der genannten Ziffern als ersten Schritt anzusehen, der keinerlei tiefer reichende Erkenntnisse vermitteln konnte.

Eine erste umfassende gedingetechnische Erhebung hat die Deutsche Kohlenbergbau-Leitung für März 1949 durchgeführt und diese für März 1950 wiederholt. Daneben sind auch noch mehr oder weniger umfangreiche Einzelrundfragen gestellt und deren Ergebnisse bearbeitet worden, woran die Gedingeinspektoren teilweise maßgeblichen Anteil hatten. Die Ergebnisse sind der Öffentlichkeit zugänglich gemacht worden ([*234*] u. [*235*]).

In diesen Arbeiten sind insbesondere folgende statistischen Kennziffern behandelt:

1. Aufteilung der Gedinge und Gedingearbeiter nach Betriebsvorgängen; — 2. Gedinge und Gedingearbeiter in der Ausrichtung; — 3. Durchschnittliche Belegung je Gedinge in den einzelnen Betriebsvorgängen; — 4. Gedinge und Gedingearbeiter sowie Gedingebelegung im Flözbetrieb; — 5. Gedinge und Gedingearbeiter aufgegliedert nach Gedingeformen; — 6. Gedinge und Gedingearbeiter sowie Gedingebelegung im Abbau; — 7. In der Gewinnung beschäftigte Gedingearbeiter aufgegliedert nach Gedingeformen; — 8. Im Bergeversatz beschäftigte Gedingearbeiter aufgegliedert nach Gedingeformen; — 9. In der Gewinnung stehende Gedinge und darin tätige Gedingearbeiter aufgegliedert nach Gedingearten; — 10. Anteil der in der Gewinnung tätigen Gedingearbeiter an den einzelnen Gedingearten; — 11. Gedinge und Gedingearbeiter aufgeteilt nach der Geltungsdauer der Gedinge; — 12. Geltungsdauer der Gedinge in den einzelnen Betriebsvorgängen bezogen auf Gedingearbeiter; — 13. Zahl und Anteil der Generalgedinge untergliedert nach den Teilvorgängen des Flözbetriebes bezogen auf Gedingearbeiter; — 14. Geltungsdauer der Gedinge gegliedert nach Gedingeformen bezogen auf Gedingearbeiter; — 15. Aufgliederung der Gedingestreitigkeiten nach Betriebsvorgängen.

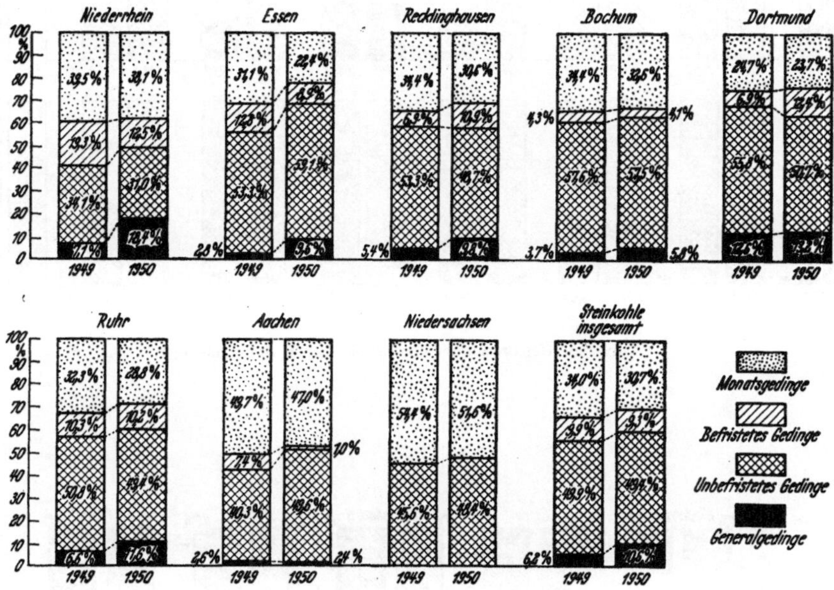

Abb. 199. Geltungsdauer der Gedinge.

Die genannten Kennzahlen werden dem Leser sämtlich in mehr oder weniger umfangreichen Zahlentafeln gebracht, so daß es schwer hält, das Wesentliche zu extrahieren. Es ist daher in den Abbn. 199 bis 214 der Versuch gemacht, die wichtigsten Kennzahlen der Veröffentlichungen in schaubildlichen Übersichten zu bringen. Dabei ist mehrfach eine über die in der Veröffentlichung angewandte Gliederung hinausgehende Teilung nach Bezirken dank dem Entgegenkommen der DKBL (Zurverfügungstellung des Zahlenmaterials) möglich gewesen. Auf eine textliche Erläuterung wird bewußt verzichtet, da die Bilder für sich selbst sprechen sollen.

Für die betriebspraktische Auswertung derartiger Regionalübersichten empfiehlt sich folgendes Verfahren: Man fügt in das an der in Frage kommenden Stelle entsprechend aufgeweitete regionale Bild die Säule ein, die sich auf den für die betreffende Kennziffer gültigen betrieblichen Grundziffern aufbaut. Damit wird sogleich augenfällig sichtbar, in welcher Hinsicht und wie stark die betriebliche Übung vom allgemeinen Brauch abweicht. Daraus folgt dann, ob das betrachtete Werk hinter der allgemeinen Entwicklung zurückgeblieben oder ihr vorangeeilt ist.

Damit schließt sich der Kreis: Die überbetriebliche statistische Überwachung steht auf unsicheren Grundlagen, wenn nicht jeder Beiträger genaues Ziffernmaterial zur Verfügung stellt; sie verfehlt aber ihren Zweck, wenn der einzelne Beiträger nicht hinterher seine Ziffern mit den Durchschnittszahlen der Gesamtheit vergleicht.

Abschließend noch ein Wort zu der überwachenden Tätigkeit der überbetrieblichen Gedingeinspektoren. Ihre Wurzeln findet diese in einem Übereinkommen der beiden Tarifpartner. Die

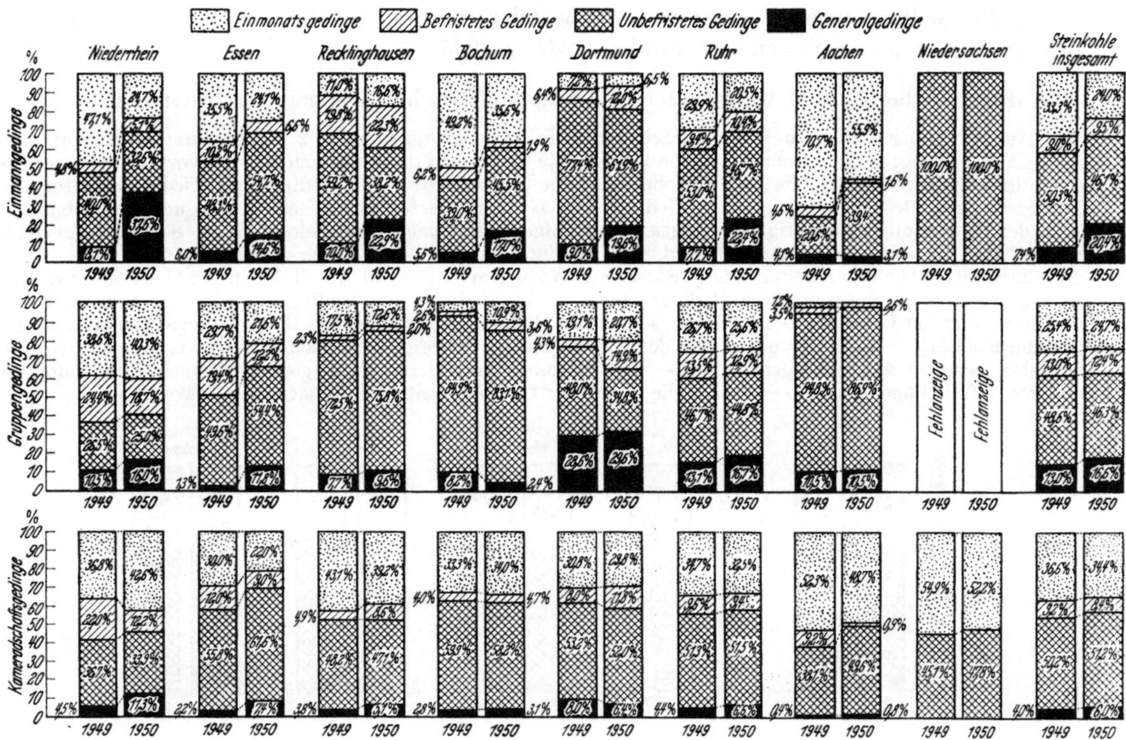

Abb. 200. Geltungsdauer der verschiedenen Gedingeformen.

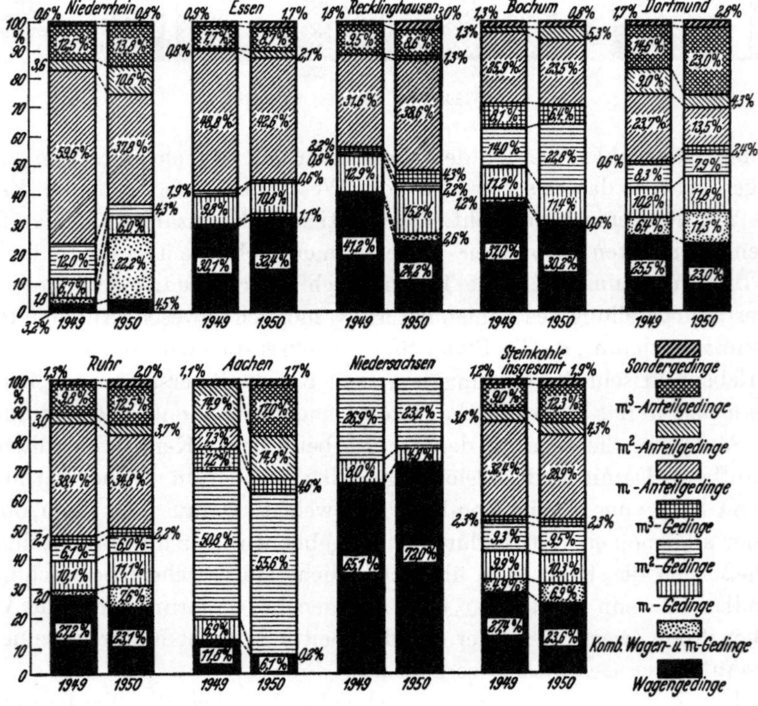

Abb. 201. Anwendung der verschiedenen Gedingearten in der Kohlengewinnung.

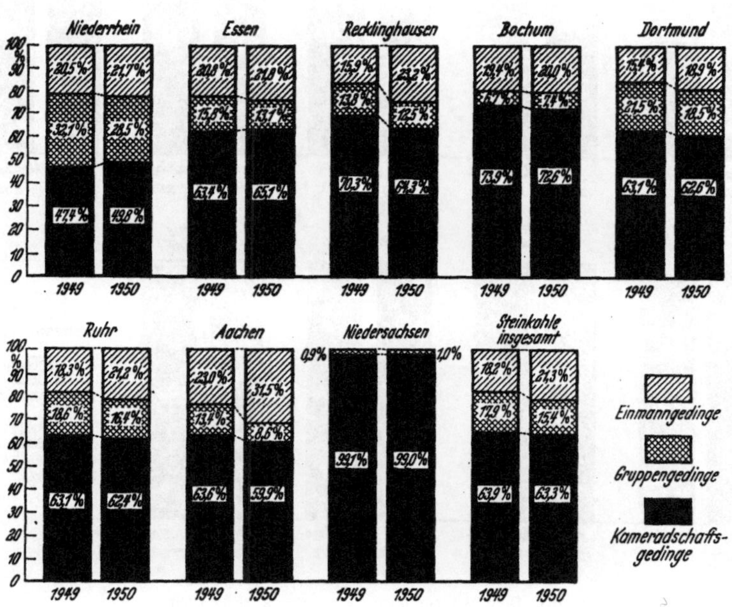

Abb. 202. Anwendung der verschiedenen Gedingeformen.

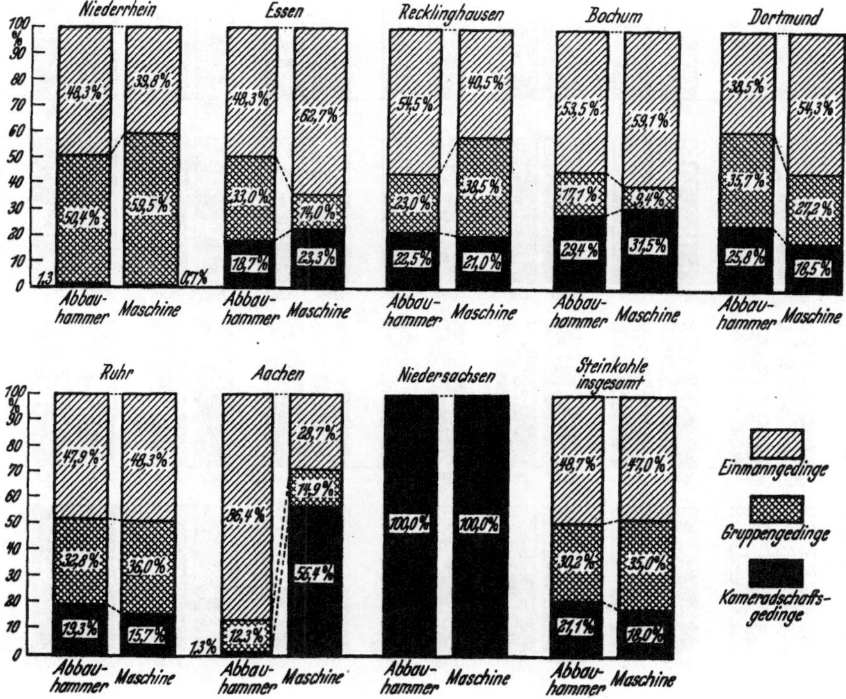

Abb. 203. Gedingeformen in der Gewinnung. März 1950.

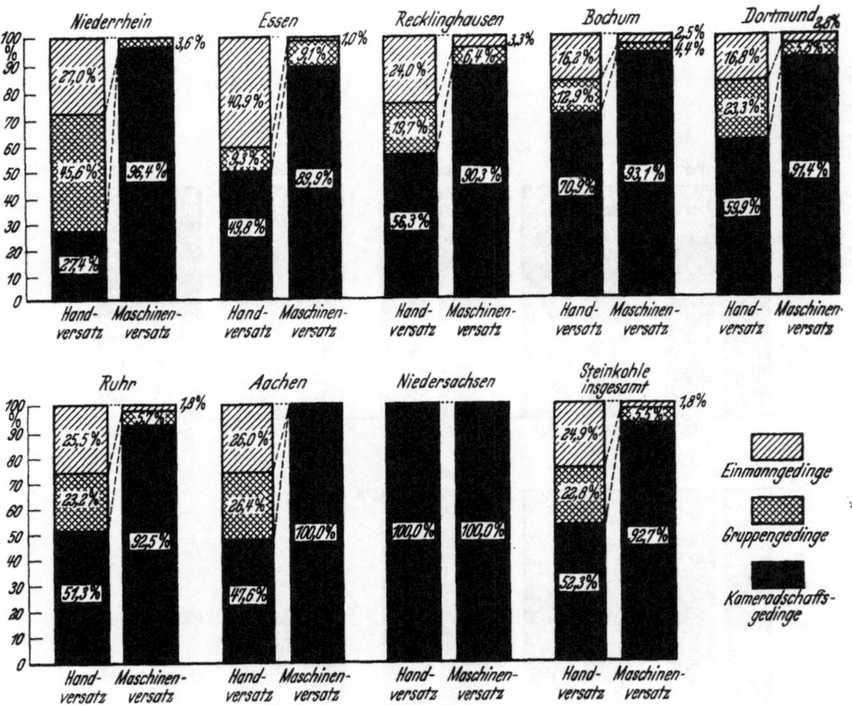

Abb. 204. Gedingeformen im Bergeversatz. März 1950.

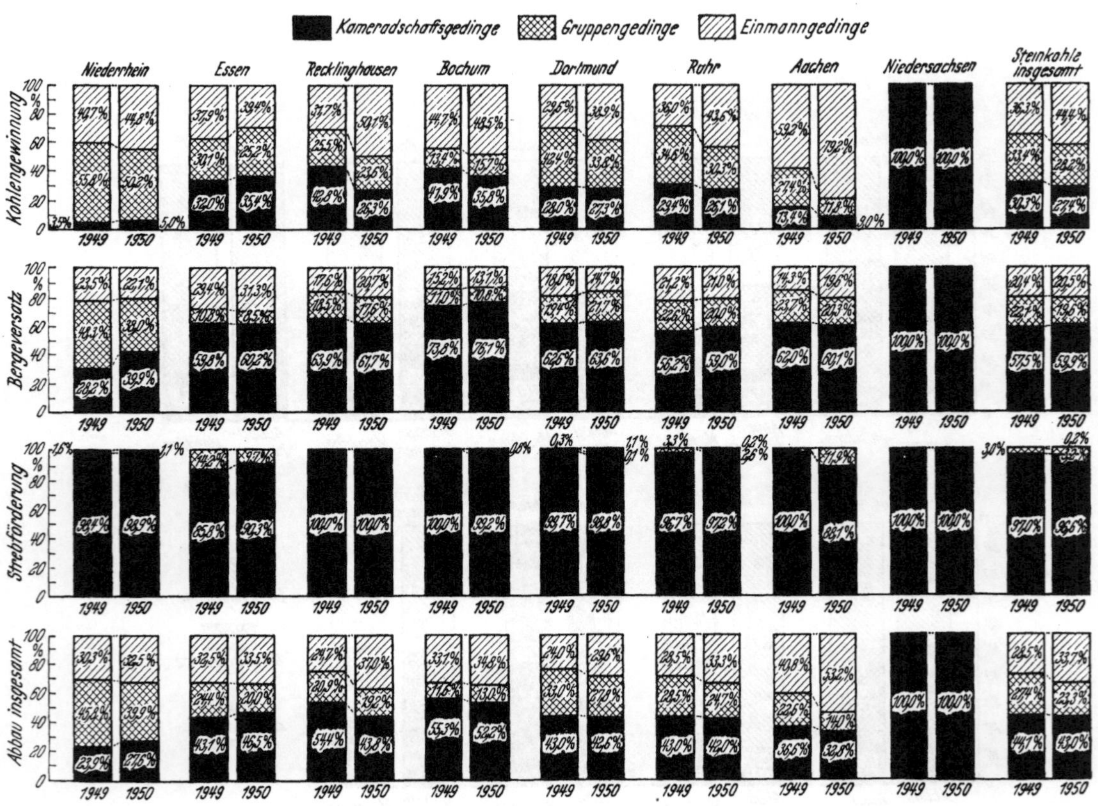

Abb. 205. Gedingeformen im Abbau.
(Kohlengewinnung, Bergeversatz, Strebförderung.)

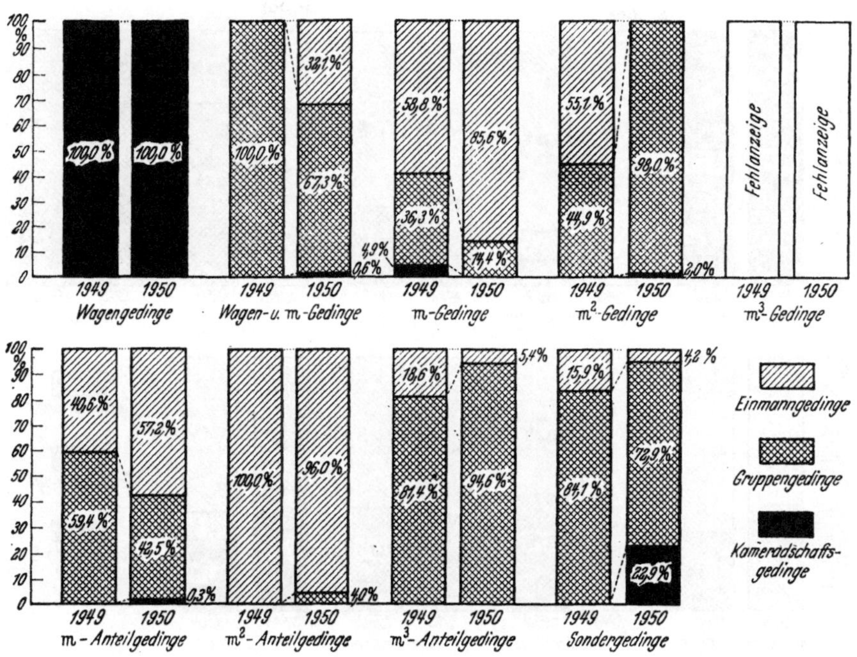

Abb. 206. Gedingeformen und Gedingearten in der Kohlengewinnung, Bezirk Niederrhein.

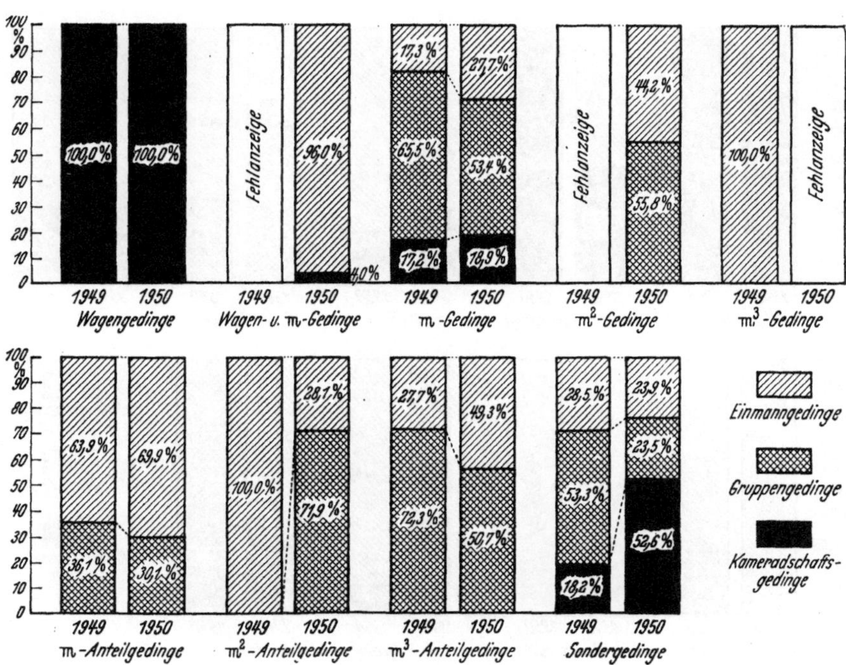

Abb. 207. Gedingeformen und Gedingearten in der Kohlengewinnung, Bezirk Essen.

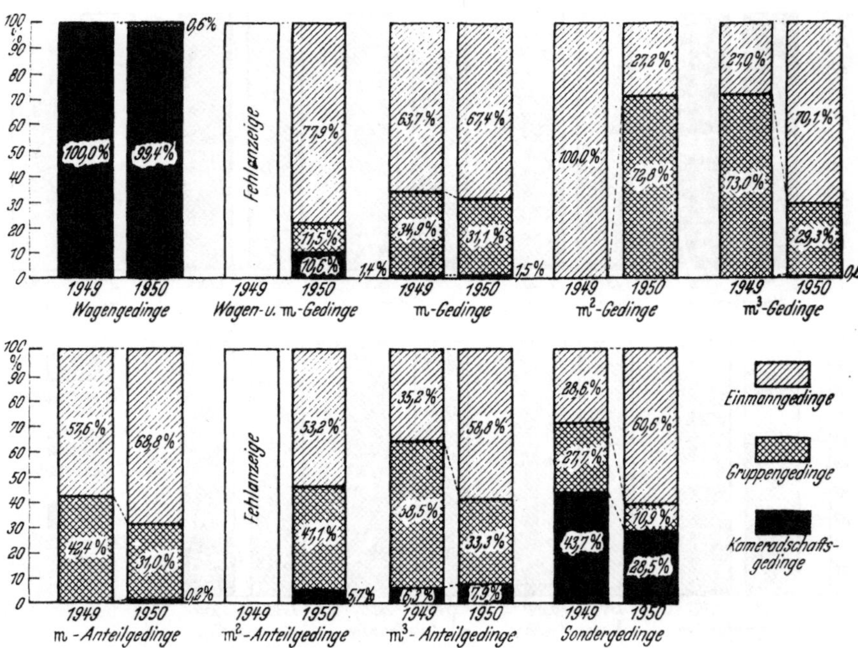

Abb. 208. Gedingeformen und Gedingearten in der Kohlengewinnung, Bezirk Recklinghausen.

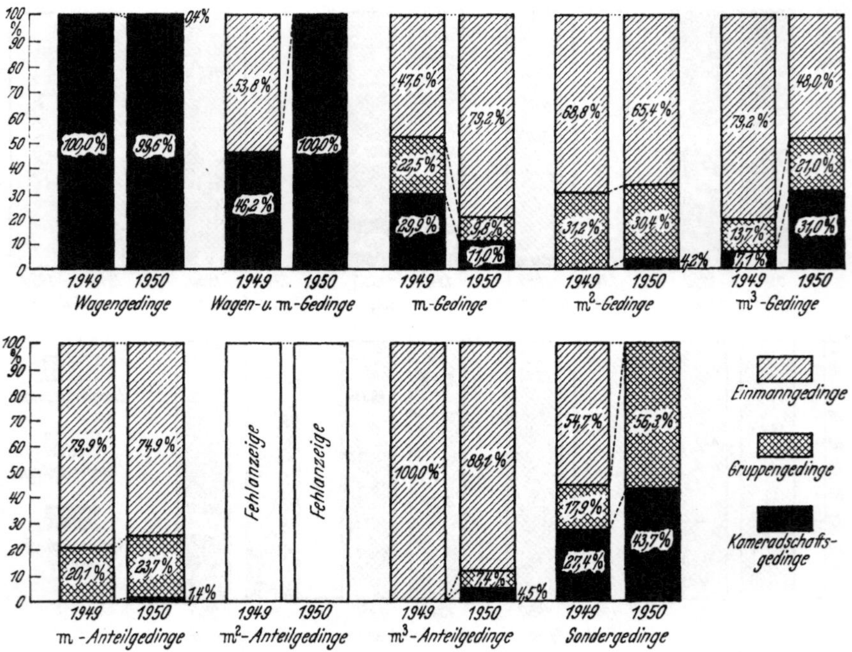

Abb. 209. Gedingeformen und Gedingearten in der Kohlengewinnung, Bezirk Bochum.

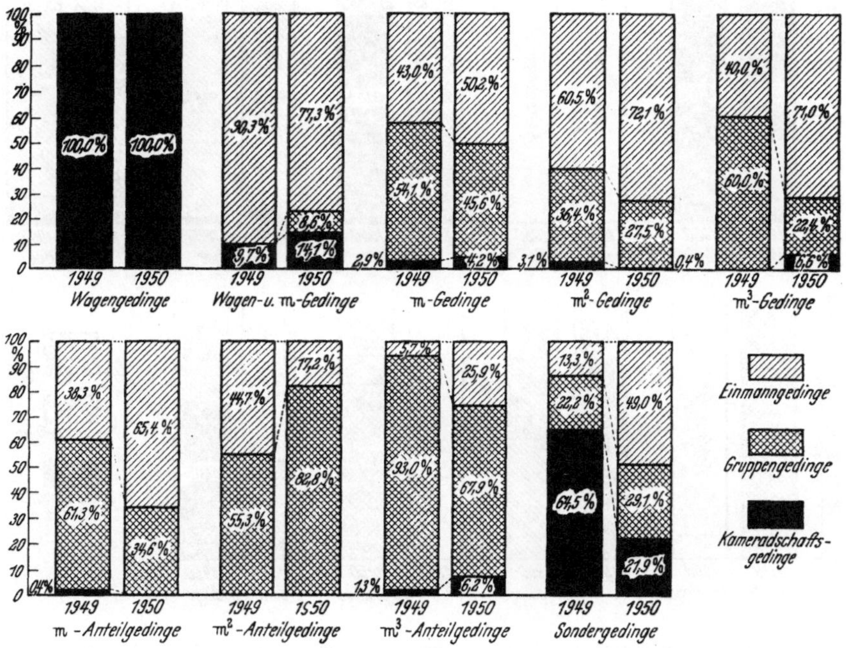

Abb. 210. Gedingeformen und Gedingearten in der Kohlengewinnung, Bezirk Dortmund.

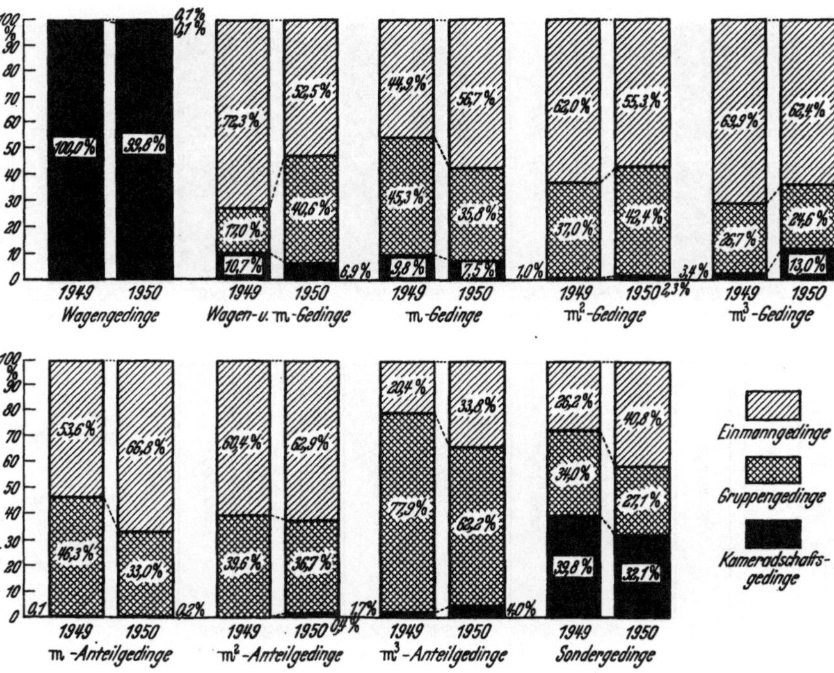

Abb. 211. Gedingeformen und Gedingearten in der Kohlengewinnung, Bezirk Ruhr.

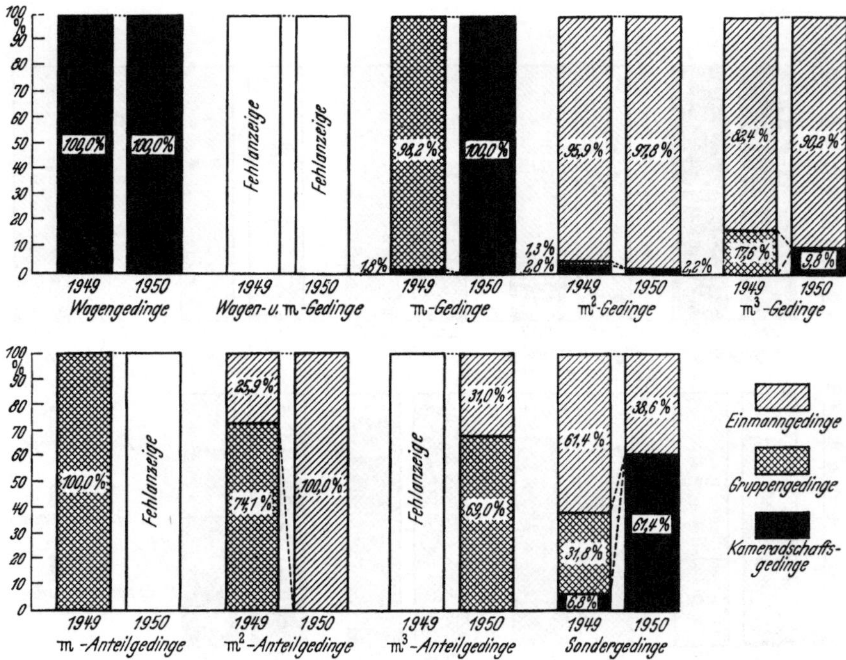

Abb. 212. Gedingeformen und Gedingearten in der Kohlengewinnung, Bezirk Aachen.

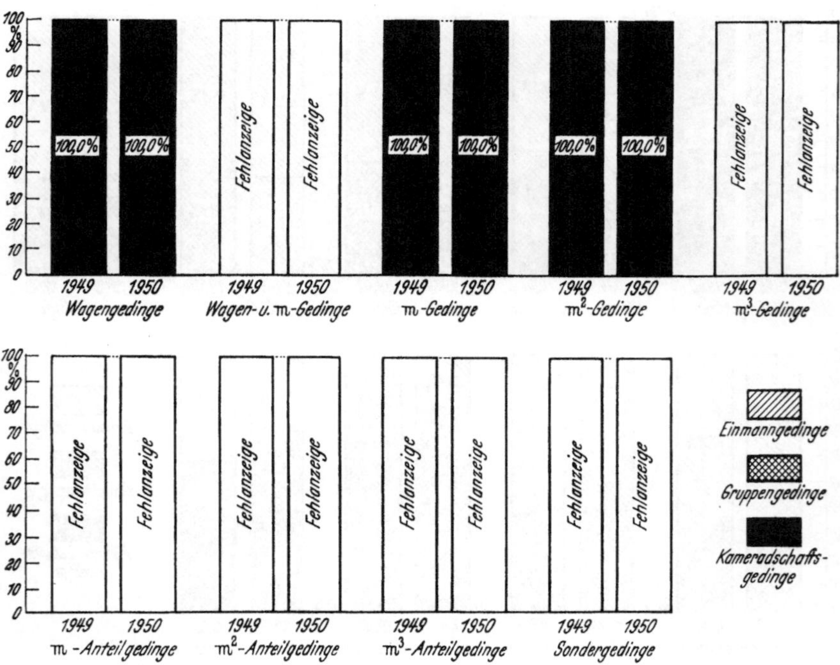

Abb. 213. Gedingeformen und Gedingearten in der Kohlengewinnung, Bezirk Niedersachsen.

Gedingeprüfung wird somit zu einer Art empfehlender bzw. gutachtlicher Aufgabe. Ihre Bewältigung setzt hohes fachliches Wissen und Können, eine objektive Grundhaltung und charakterliche Festigkeit voraus. Wenn die Einrichtung sich bisher zum Segen des Bergbaus bewährt hat, so ist das nicht zuletzt den Männern zu verdanken, die sich dieser Aufgabe unterzogen haben.

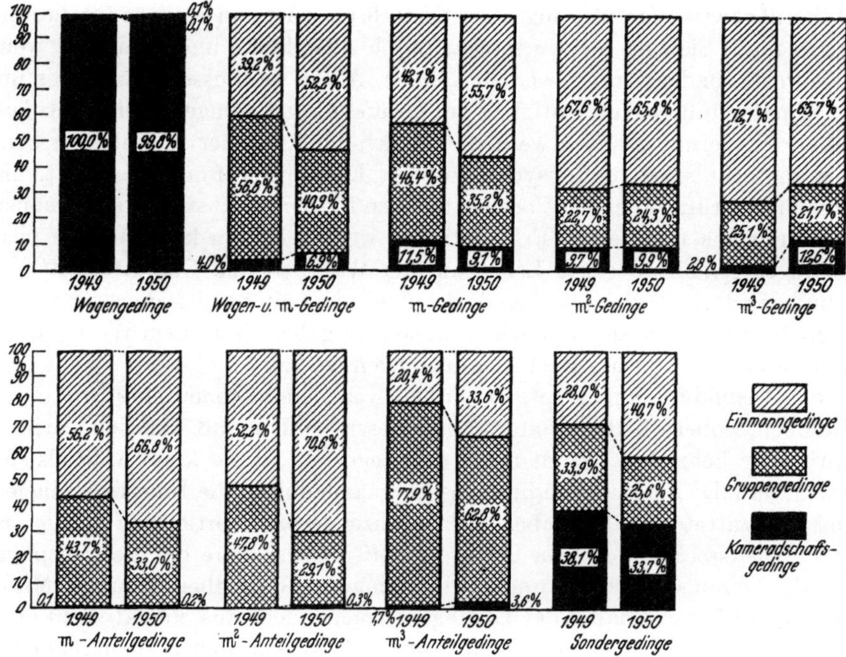

Abb. 214. Gedingeformen und Gedingearten in der Kohlengewinnung, Steinkohlenbergbau insgesamt.

94 Der Gedingeingenieur, ein bergmännischer Betriebsbeamter.

Keinem Zweifel kann unterliegen, daß das vielerorts wie mit einem Schleier umgebene Gedingewesen langsam, aber stetig in ein immer helleres Licht gerückt wird. Es will scheinen, als ob der Bann gebrochen sei und der Gedanke immer mehr Freunde finde, daß die Probleme des Gedingewesens beherzt angefaßt werden müssen. Die Aussicht, daß der als richtig befundene Weg zu Ende gegangen wird, berechtigt, an den Schluß der vorliegenden Arbeit das Berufsbild eines bergbaulichen Betriebsbeamten zu setzen, der der Träger der Entwicklung des Gedingewesens in Zukunft sein wird: des Gedingeingenieurs.

Gedingeingenieur sein heißt: eine Persönlichkeit sein, die auf dem Gebiet der Bergtechnik ebenso zu Hause ist wie auf dem der Arbeitswissenschaft, eine Persönlichkeit, die weder auf die Wichtigkeit ihrer Stellung überheblich pocht, noch in ängstlicher Befangenheit an ihre Aufgabe herantritt. Voller Willenskraft und Selbstvertrauen, beseelt von einem glühenden Optimismus, aber auch selbstbeherrscht, taktvoll und sich der Schwere seiner Verantwortung voll bewußt, steht der Gedingeingenieur inmitten des bergmännischen Betriebsgeschehens. Ehrlich und aufrichtig gibt er sich selbst und anderen Rechenschaft über sein Tun. Er ist verläßlich in jeder Lage und in jeder Sache. Für ihn gibt es nur einen Maßstab, den der Gerechtigkeit. Er ist bereit zur Zusammenarbeit mit jedwedem, der guten Willens ist. Ihn zeichnen aus eine gute Vorstellungs- und Beobachtungsgabe. Seine Urteilskraft findet auch im Dornengestrüpp ineinander verschlungener Betriebsvorgänge den rechten Weg. Er vermag jeden Fragenkomplex richtig zu zergliedern, Einflußgrößen richtig zu wägen und seine Beobachtungen richtig auszuwerten. Er verfügt über die Fähigkeit, Fehler nicht nur zu erkennen, sondern den, der sie machte, recht zu belehren und zu unterweisen.

Wenn im vorstehenden das Bild des Gedingeingenieurs skizziert wurde, so mußte aus begreiflichen Gründen der Entwurf sich auf den Idealtyp beziehen, um das erstrebenswerte Ziel aufzuzeigen. Wir hätten uns nunmehr mit der Frage auseinanderzusetzen, auf welchem Wege dieses Ziel zu erreichen wäre.

Es braucht kaum näher begründet zu werden, daß der angehende Gedingeingenieur für seinen zukünftigen Beruf gewisse Veranlagungen geistig-seelischer Art und sittliche Qualitäten von Hause aus mitbringen muß. Sie sind nicht ersetzbar durch Ausbildung und Schulung, wenn sie durch diese auch geweckt und gefördert werden können. Allein sie müssen wenigstens implizite vorhanden sein. Um der äußersten Wichtigkeit des Berufes eines Gedingeingenieurs willen muß daher die unablösbare Forderung erhoben werden, daß sich der Anwärter sowohl einer bis ins einzelne gehenden psychotechnischen und psychologischen Eignungsprüfung unterwirft, als auch sich selbst gewissenhaft prüft, ob er die Voraussetzungen für den in Aussicht genommenen Beruf voll erfüllt. Opportunismus und reines Erfolgsstreben werden sich in keinem Falle bitterer rächen als beim Gedingeingenieur, der sein Leben nur der Wahrheit und Gerechtigkeit im Dienste der Wirtschaft und der darin Tätigen weihen darf, soll er nicht ein bemitleidenswerter Torso oder ein allverachteter Stümper sein, der mit seiner hohen Aufgabe, die in dem Wort „Der Mensch im Betrieb" konkretisiert ist, nichts Rechtes anzufangen weiß.

Was nun die Ausbildung anbelangt, so wird man auf ein akademisches Studium wohl kaum verzichten können, wobei allerdings darauf hingewiesen werden muß, daß sich hierfür kein irgendwie fest umrissener Lehr- bzw. Studienplan aufzeigen läßt. Eines kann wohl als sicher herausgestellt werden, daß das normale Studium des Bergakademikers die Hauptgrundlage des Berufes schaffen wird. Hinzutreten müßten aber noch ergänzende bzw. vertiefende Studien u. a. auf den Gebieten des Arbeitsrechts, der Arbeitswissenschaft, insbesondere der Betriebsphysiologie und -psychologie, der Organisationslehre und des betrieblichen Gesundheitsschutzes. Mit der gewöhnlichen Semesterzahl kommt daher der Gedingeingenieur nicht aus, zumal wenn er zwecks Eindringens in besondere Spezialgebiete seinen Studien an verschiedenen Hochschulen obliegt.

An die Hochschulausbildung wird sich eine spezielle Betriebsausbildung anschließen müssen, die einmal einen tiefen Einblick in das Gefüge und Getriebe des untertägigen Bergwerksbetriebes vermitteln, dann aber auch durch Beschäftigung auf einer Reihe von verschiedenartigen Schachtanlagen den Blick ausweiten muß, damit weder Betriebsblindheit noch Erfahrungsenge auftreten können.

Selbstverständlich wird man nach Abschluß der betrieblichen Ausbildung dem Gedingeingenieur nicht gleich die schwierigsten Probleme zur Lösung aufgeben, sondern ihn in sein Arbeitsgebiet hineinwachsen lassen. Hat er dann aber sein Ziel erreicht und steht er auf der Höhe seines Schaffens, dann sollte man in der Gehaltsbemessung nicht kleinlich sein eingedenk der Tatsache, daß dem Gedingeingenieur das wertvollste Betriebsgut, der Mensch im Betriebe, anvertraut ist.

Möge unsere bergmännische Jugend diese Aufgabe sehen lernen, sich für sie begeistern und Männer aus ihren Reihen erwachsen lassen, die als Gedingeingenieure zu dienen gewillt sind

dem Bergbau und den in ihm schaffenden Menschen.

Schrifttumverzeichnis.

1. ABELE, E.: Ergebnislohn ersetzt nicht Leistungslohn. Das rationelle Büro. Bd. 1 (1950) S. 215.
2. ANTOINE: Das Schaubild als unentbehrliches Hilfsmittel statistischer Berichterstattung. Der Betrieb. Bd. 4 (1951) S. 61.
3. AUDIBERT: Généralités sur l'organisat. rationelle du travail dans les mines. Rev. ind. min. 1933, H. 304, S. 355ff.
4. — Le Système Gennaper pour l'évaluation des tâches. Rev. ind. min. 1935, H. 354, S. 429/54.
5. BALDAMUS, W.: Lohnsystem und Leistungssteigerung. Arbeitsblatt. Bd. 1 (1949) S. 294ff.
6. BARBIER: Les houillères françaises et sarroise et le mouvement en faveur de l'organisation scientifique. Rev. ind. min. Bd. 209 (1929) Teil 1, S. 484ff.
7. BARNES, R. M.: Bewegungs- und Zeitstudien. New York 1949.
8. BATTY, R.: Vom progressiven Leistungslohn. Energie und Technik. Bd. 2 (1950) H. 9, S. 7.
9. — Leistungsgrad, Sachleistung und gerechter Lohn. Energie und Technik. Bd. 3 (1951) H. 7, S. 10.
10. BAUER, A.: Die Stellung der Arbeitsbewertung innerhalb des Leistungsproblems. Z. Arbeitswissensch. Bd. 3 (1949) S. 201ff.
11. BAUM: Das Recht des Arbeitsvertrages. Leipzig 1911.
12. BECKEL, A., u. K. DAEVES: Ein neues Hilfsmittel der Großzahlforschung. Stahl u. Eisen. Bd. 54 (1944) S. 1305.
13. BECKERATH, P. G. v.: Prämienlöhne im Dienste der Leistungssteigerung. Arbeitgeber. 1949, Nr. 2, S. 10.
14. — Zum Gesetz über Grundsätze der Lohnregelung. Arbeitgeber 1949, Nr. 2 u. Nr. 3.
15. — Gleiche Leistung, gleicher Lohn. Arbeitgeber. 1949, Nr. 3, S. 2.
16. — Durchschnitts- und Normalleistung bei Akkordarbeit. Arbeitgeber 1949, Nr. 7, S. 3.
17. BELLINGRODT, W.: Leistungsanalysen im oberbayerischen Pechkohlenbergbau. Diss. Clausthal 1950.
18. BERGHEIM u. TAMM: Ergebnisse der zahlenmäßigen Erfassung des Arbeitsvorganges auf den Gruben der Gewerkschaft Eisenzecherzug. Glückauf. Bd. 62 (1926) S. 133ff. u. S. 167ff.
19. BERK, K. VAN: Sind Arbeitsstudien im Bergbau notwendig? Bergbau u. Wirtschaft. Bd. 4 (1951) S. 110ff.
20. — Der „Ausschuß für Arbeitsstudien" im Bergbau. Bergbau u. Wirtschaft. Bd. 4 (1951) S. 240ff.
21. BERNHARD, K.: Das neue saarländische Lohn- und Tarifwesen. Saarbrücken 1948.
22. BEYER, O.: Förderung der Einführung von Leistungslöhnen und des progressiven Lohnes durch die Arbeitsbehörden im Land Sachsen. Arbeit u. Sozialfürsorge. Bd. 3 (1948) S. 316ff.
23. BILLER, J.: Arbeitsstudien im Bergbau. Bergbau u. Wirtschaft. Bd. 4 (1951) S. 202ff.
24. BISCHOF, H. H.: Die Entwicklung der Bergarbeiterlöhne. Glückauf. Bd. 85 (1949) S. 273ff.
25. BLANKENSTEIN, K.: Die Bewertung der Arbeit bei der Zeitstudie. Techn. Bd. 2 (1947) S. 37ff.
26. — Literatur über betriebliches Arbeitsstudienwesen. Z. Arbeitswissensch. Bd. 2 (1948) S. 114ff.
27. BOHN, H.: Die Akkorde innerhalb des Arbeitsvertrages. Recht d. Arbeit. Bd. 5 (1952) Nr. 1, S. 16ff.
28. BÖHRS, H.: Die Leistungsgradbewertung in der Zeitstudie. Z. Organis. (25. 9. 36).
29. — Die Auswertung der Zeitstudie. Z. Organis. (25. 9. 38).
30. — Das Schätzen des Leistungsgrades in der Zeitstudie. Z. Organis. Bd. 18 (1944) S. 47ff.
31. — Aufgaben der Arbeits- und Zeitstudien. Betrieb. Bd. 1 (1948) Nr. 15, S. 105ff.
32. — Probleme der Vorgabezeit. München 1950.
33. — Normalleistung und Erholungszuschlag in der Vorgabezeit. Refa-Nachrichten. Bd. 4 (1951) S. 85ff.
34. —, E. BRAMESFELD u. H. EULER: Einführung in das Arbeits- und Zeitstudium. München 1948.
35. BRAMESFELD, E.: Bewertung der Arbeitsschwierigkeit und des menschlichen Leistungsgrades. Techn. u. Wirtsch. Bd. 31 (1938) S. 177ff.
36. — Richtiges Leistungsgradschätzen. Masch.-Bau-Betrieb Juni 1941.
37. — Bestimmung der menschlichen Betriebsleistung. Zbl. Arbeitswiss. Bd. 1 (1947) S. 101ff.
38. — Schätzen als Methode. Zbl. Arbeitswiss. Bd. 1 (1947) S. 164ff.
39. — Der Leistungsgrad des Menschen. Zbl. Arbeitswiss. Bd. 2 (1948) S. 125ff.
40. — Bestimmung von Leistung und Leistungslohn. Betrieb. Bd. 2 (1949) S. 206.
41. — Die Bestimmung der menschlichen Arbeitsleistung als aktuelle Frage der Rationalisierung. Z. handelswiss. Forsch. Bd. 2 (1950) S. 97ff.
42. — u. O. GRAF: Praktisch-psychologischer Leitfaden für das Arbeitsstudium. München 1949.
43. — u. W. SCHEUER: Wie werden Arbeitszeiten richtig geschätzt? Masch.-Bau-Betrieb Bd. 16 (1937) S. 237ff.
44. BRAND, R. H.: Hennecke-Bewegung auf breiter Basis. Wirtsch. Bd. 3 (1948) S. 506ff.
45. BRÄUER, K.: Sowjetzone „rationalisiert" den Leistungslohn. Mensch u. Arbeit. Bd. 1 (1949) S. 155ff.
46. — Methoden der Leistungssteigerung in den UdSSR. Mensch u. Arbeit. Bd. 1 (1949) S. 153ff.
47. BRODDE, W.: Ein Beispiel für progressiven Leistungslohn. Wirtsch. Bd. 3 (1948) S. 315ff.
48. BROWN, J.: Britische Gemerkschaftler für ein anspornendes System differenzierter Löhne. Algemeen Handelsblad (17. 11. 50).
49. BRÜGMANN, G.: Entwirrung von Streufeldern bei der Auswertung von Zeitaufnahmen. Masch.-Bau-Betrieb Bd. 19 (1940) S. 441ff.
50. BUSSE, E.: Praktische Ergebnisse der Arbeitswissenschaft in der Sowjetunion. Zbl. Arbeitswiss. Bd. 2 (1948) S. 11ff.

51. Bykow, G. W., u. W. A. Krasin: Normenbuch des Kusnezker Bassins für von Hand ausgeführte bergmännische Arbeiten. Nowo-Sibirsk 1933.
52. Cerny, B.: Leistungsgrad-Untersuchungen und Leistungsgrad-Bestimmungen. Werkst. u. Betr. Bd. 80 (1947) S. 262 ff.
53. Chladek, H.: Akkordlohn zeitgemäß? Werkst. u. Betr. Bd. 81 (1948) S. 31 ff.
45. Couve: Aufgaben und Methodik der Arbeitsuntersuchungen. Z. Organis. Bd. 20 (1951) S. 173.
55. Crumbach, W.: Arbeitsstudien und Rationalisierung. Bergbau u. Wirtschaft Bd. 4 (1951) S. 219.
56. Cusset: Le chronométrage des travaux du fond en vue de la taylorisation des mines. Rev. ind. min. 1931, H. 248, Teil 1, S. 129 ff.
57. Cžuber: Die statistischen Forschungsmethoden. Wien 1921.
58. Daeves, K.: Betriebsüberwachung und Fehlerbeseitigung durch Großzahlforschung. Stahl u. Eisen Bd. 52 (1932) S. 725.
59. — Zum Begriff des Normalen. Schrift. Akad. Luftfahrtforsch. 1940, H. 19.
60. — Zur Methodik der Großzahlforschung mit Beispielen aus der Glasindustrie. Essen 1949.
61. — Großzahlforschung und Häufigkeits-Analyse. Z. VDI Bd. 91 (1949) S. 65.
62. — Großzahlmethodik als Erkenntnismittel in Technik u. Wirtschaft. Schweiz. Bauztg. Bd. 67 (1949) S. 233 ff.
63. — u. A. Beckel: Auswertung von Betriebszahlen und Betriebsversuchen durch Großzahlforschung. Berlin 1941.
64. — — Gesetzmäßigkeiten der Wirtschaft und ihre Darstellung. Stahl u. Eisen Bd. 66/67 (1947) S. 112 ff.
65. Dahlmann, F.: Wege zur Fördersteigerung. Bergbau u. Wirtschaft Bd. 4 (1951) S. 201 ff.
66. Dake: Lost Dollars found by timestudy analysis in completely mechanizes operations. Coal Age Bd. 43 (1938) Nr. 4, S. 55 ff.
67. Debus, K.: Der Arbeitsvertrag. Einführung in die gesetzlichen Bestimmungen einschl. der Arbeitsgerichtsbarkeit. Offenbach/Main 1948.
68. Dencker, W.: Wie werden Zeitstudien gemacht? Berlin 1942.
69. Denecke: Gruppenakkord. Das Arbeitsgericht S. 137 ff. 1930.
70. Dorfner, A,: Normung der wichtigsten Hauerarbeiten im russischen Kohlenbergbau. Glückauf Bd. 71 (1935) S. 1250.
71. Dressel: Die Arbeitswissenschaft in Deutschland. Z. Organis. Bd. 20 (1951) S. 161.
72. Eckenberg, W.: Kritik der Auswertung von Zeitstudien und die Grenzen der Anwendung der verschiedensten Auswertungsverfahren. Diss. Aachen 1932.
73. Euler, H.: Lohnhöhe und Arbeitsbewertung. Vorschläge zur leistungsgerechten Abstufung der Löhne. Betrieb Bd. 2 (1949) S. 85 ff.
74. — Die betriebswirtschaftlichen Grundlagen und die Grundbegriffe des Arbeits- und Zeitstudiums. München 1949.
75. — u. H. Stevens: Arbeitsbewertung als Hilfsmittel zur gerechten Entlohnung. Zbl. Arbeitswiss. Bd. 2 (1948) S. 23 ff.
76. — — Unterlagen und Anleitungen für die analytische Arbeitsbewertung (als Hilfsmittel für die Leistungsentlohnung). Werkst. u. Betr. Bd. 81 (1948) S. 57 ff. u. S. 89 ff.
77. — — Leistungslohn? — I. Gründe gegen den Leistungslohn. — II. Gründe für den Leistungslohn. — III. Voraussetzungen und Hilfsmittel für die Einführung des Leistungslohnes. Stahl u. Eisen Bd. 68 (1948) S. 271 ff.
78. Faber, A.: Von REFA zu TAN. Das System des Leistungslohnes in der sowjetischen Besatzungszone. Betriebswirtsch. Forschung u. Praxis Bd. 2 (1950) S. 312.
79. Feix, A.: Der gerechte Grundlohn. Österreichisches Kuratorium für Wirtschaftlichkeit Bd. 1 (1949) S. 11 ff.
80. Fidora: Das Gedingewesen im Bergbau. Bergbau Bd. 2 (1951) S. 21 ff.
81. Fischer: Lohngerechtigkeit im Betrieb. Mensch u. Arbeit 1951, S. 129.
82. Fischer, B.: Methode der analytischen Arbeitsbewertung zur Bestimmung der Grundlohnskala nach Bedaux. Z. Betr.-Wirtsch. Bd. 21 (1951) S. 35 ff.
83. Flesch: Empfehlen sich gesetzliche Bestimmungen über den gewerblichen Arbeitsvertrag auf Gedinge (Akkordvertrag)? DJZ. 1906, S. 927 ff.
84. Fornallaz, P. F.: Die Schätzung des menschlichen Leistungsgrades. Industr. Organis. Bd. 17 (1948) S. 130 ff. u. S. 172 ff.
85. — Definitionen und Kommentare zur „menschlichen Leistung". Industrieblatt Bd. 50 (1950) S. 349 ff.
86. — Neue Untersuchungen auf dem Gebiete der Schätzung des Leistungsgrades. Industr. Organis. Bd. 19 (1951) S. 541 ff.
87. Fraenkel, K. H., u. W. Eckenberg: Neuzeitliche Hilfsmittel bei Zeitaufnahmen und Betriebsüberwachung. Berlin 1929.
88. — u. H. Freund: Lehrbuch des Zeitstudiums. Berlin 1932.
89. Frankenberger, K.: Das Schätzen des Leistungsgrades bei Arbeitsstudien. Werkstatts-Technik 1941, S. 341 ff.
90. Fröhlich, P.: Der Tarifvertrag. Köln 1951.
91. Galetschky, C., u. G. Bockermann: Leistungsgradschätzung. Techn. u. Wirtsch. 1942, S. 185 ff.
92. Gauss, C. G.: Bestimmung der Genauigkeit von Beobachtungen. Z. Astron. u. verw. Wiss. Bd. I (1816).
93. Gautzsch, O.: Arbeitsbewertung als Mittel der gerechten Entlohnung. Masch.-Bau-Betrieb Bd. 15 (1936) S. 627 ff.
94. — Durchführung von Zeitaufnahmen bei Mehr-Maschinen-Bedienung. Werkstattstechnik Bd. 31 (1937) H. 8.
95. Gehlen, K.: Vergleich verschiedener Lohnverfahren. Masch.-Bau Bd. 11 (1932) S. 214 ff.
96. Gilberger, H.: Schwierigkeiten eines gerechten Leistungslohnes. Mensch u. Arbeit Bd. 1 (1949) S. 133.
97. Görres, K.: Gerechter Lohn mit und ohne Refa. Stuttgart 1950.
98. Görres, O. J.: Akkordschere oder Stufengedinge. Dtsch. Bergwerksztg. Nr. 44 (1943) S. 1.
99. Goossens, Fr.: Sehr verschiedene Begriffe der „Normalleistung". Mensch u. Arbeit Bd. 3 (1951) S. 37.
100. Graack, E.: Gerechter Arbeitslohn. Neue sozialpolitische Erfahrungen. Zbl. Arbeitswiss. Bd. 4 (1950) S. 124 ff.

101. GRIESE: Zeitstudien im Mansfelder Kupferschieferbergbau. Glückauf Bd. 64 (1928) S. 1046 ff.
102. G. F.: Der „progressive" Leistungslohn in der Sowjetwirtschaft. Mensch u. Arbeit Bd. 1 (1949) S. 13.
103. HAASE, K.: Versuch einer gerechten Leistungsbewertung. Werkst. u. Betr. Bd. 73 (1940) S. 27.
104. HAMMER, R.: Gedinge in Zechenwerkstätten. Glückauf Bd. 60 (1924) S. 235.
105. HEIDEBROEK, E.: Die Problematik der Lohnverfahren. Techn. Bd. 7 (1947) S. 314.
106. HEITBAUM, H.: REFA-Arbeit und Gewerkschaften. Wirtsch. u. Wissen Bd. 1 (1950) Nr. 11, S. 4 ff.
107. — Psychologie im Betrieb. Köln 1951.
108. HESSEL, PH.: Die unabdingbaren Grundlagen der Lohnpolitik. Gewerksch. Mh. Bd. 1 (1950) S. 406 ff.
109. HINTZE, W.: Der Leistungsgrad in der Akkordermittlung. Werkst. u. Betr. Bd. 74 (1941) S. 127 ff.
110. HLOUSCHEK: Die Zeitstudien im Bergbau, ein Mittel zur Leistungssteigerung. Berg- u. Hüttenm. Jb. Bd. 76 (1928) S. 14 ff.
111. HOHMANN, E.: Leistungslohn und Arbeitsbewertung. Mensch u. Arbeit Bd. 1952, S. 13.
112. H. K.: Arbeitsleistung und Lohn. Zbl. Arbeitswiss. Bd. 3 (1949) S. 34 ff.
113. KALVERAM, W.: Messung und Wertung betrieblicher Leistungen. Wirtsch.- u. Finanzztg. Bd. 2 (1948) Nr. 9/10, S. 5.
114. KELLER, P.: Gewerkschaften und Arbeitsstudien. Köln 1948.
115. — Grundfragen der Arbeitsbewertung. Köln 1948.
116. — Der proportionale Lohn. Mitt. Wirtsch.-Wiss. Inst. Gewerksch. Bd. 2 (1949) Nr. 7, S. 3 ff.
117. KLINKERT, H. G.: Schweizerische Arbeits- und Zeitstudienmethoden. Zbl. Arbeitswiss. Bd. 3 (1949) S. 193 ff.
118. KNAYER, M.: Das Zeitstudienwesen in Frankreich. Werkst. u. Masch.-Bau Bd. 1951, S. 287.
119. KNOLL, FR.: Über die Zerspaltung einer Mischverteilung in Normalverteilungen. Arch. math. Wirtsch. u. Sozialforsch. Bd. 8 (1942) S. 36 ff.
120. KOHAUT, A.: Zur graphischen Analyse von Häufigkeitsverteilungen. Z. Naturforsch. Bd. 3b (1948) S. 95 ff.
121. KOLLER, S.: Graphische Tafeln zur Beurteilung statistischer Zahlen. Berlin u. Stuttgart 1940.
122. KORNFELD, O.: Zeitstudien auf steirischen Braunkohlengruben. Glückauf Bd. 61 (1925) S. 1421 ff. u. S. 1462 ff.
123. KOTHE, E.: Bestgestaltung der Arbeit durch Arbeitsstudien. Masch.-Bau-Betrieb Bd. 15 (1936) S. 63 ff.
124. — Sind Arbeitsstudien noch zeitgemäß? Werkst. u. Betr. Bd. 81 (1948) S. 10 ff.
125. — Arbeitsstudien im Bergbau. Bergfreih. Bd. 16 (1951) Nr. 12, S. 7 ff.
126. KRABBE, F.: Die Komponenten des Lohnes. Zbl. Arbeitswiss. Bd. 3 (1949) S. 8 ff.
127. KRAEMER, O.: Mensch und Arbeit im technischen Zeitalter. Z. VDI. Bd. 93 (1951) S. 655.
128. KRAJEWSKI, Z.: Arbeitsstudien im Bergbau. Oberschles. Wirtsch. Bd. 65 (1926) S. 306 ff.
129. KUPKE, E.: Akkord-, Leistungs- oder Kontroll-Lohn? Techn. u. Wirtsch. Bd. 32 (1939) S. 33 ff.
130. — Psychotechnische Untersuchungen über das Leistungsgradschätzen. Diss. Berlin 1940.
131. — Der Leistungsgrad. Frankfurter Zeitung (Reichsausgabe v. 11. 11. 42).
132. — Der menschliche Leistungsgrad als Kernproblem der Leistungssteigerung im Betriebe. Z. VDI. Bd. 86 (1942) S. 761 ff.
133. — Vom Schätzen des Leistungsgrades. Berlin 1943.
134. — Beiträge zur Frage des Leistungsgrades und der Vorgabezeit. München 1948.
135. — Die Berücksichtigung der Arbeitsintensität in der Arbeitsmessung. Werkstatts-Technik v. 15. 7. 1931.
136. — Die Streuung der Stoppzeiten bei verschiedener Arbeitsgeschwindigkeit. Ind. Psychotechnik 15. 2. 1934.
137. KÜTTNER, L.: Wie prüft man Leistungssteigerungen und Arbeitszeiten? Eberswalde-Berlin-Leipzig 1941.
138. LAHY, J. M.: Taylor-System und Physiologie der beruflichen Arbeit. Berlin 1923.
139. LEINWEBER, P.: Mathematisch-statistische Verfahren im Fabrikbetrieb. Berlin-Köln 1951.
140. Leitfaden für die Lohngestaltung Eisen und Metall. Gera 1943.
141. LINDER, A.: Statistische Methoden. Basel 1951.
142. LORENZ, P.: Über die Analyse von Verteilungskurven. Techn. Bd. 2 (1947) S. 83 ff.
143. LOTZ, J., u. J. DE VRIES: Die Welt des Menschen. Regensburg 1940.
144. MAHLER, E. H.: Amerikanisches und deutsches Arbeitsstudium — ein Vergleich. Rationalisierung (1951) S. 195. Industrielle Organisation (1951) S. 161.
145. MAJEWSKI, L.: Arbeitsnormen für Nebenarbeiten und Belegungsnormen im Kohlenbergbau. Gospodarka Gornictwa Bd. 1 (1951) Nr. 3, S. 6 ff.
146. MATHERON: L'application du système „Bedaux" dans le travaux du fond de la Compagnie des Mines de Roche-la-Molière et Firminy. Rev. ind. min. Bd. 15 (1935) S. 553 ff.
147. MATTHES, K. P.: Die Leistungsstudie als Mittel der Rationalisierung. Neue Betriebswirtschaft (Beilage zum Betriebsberater). 1951, Nr. 1, S. 6 ff.
148. MAUCHER, H.: Was ist betriebliche „Normalleistung"? Z. Sozial- u. Wirtsch.-Praxis in Betr. u. Verw. „Mensch u. Arbeit" Bd. 1 (1949) S. 194 ff.
149. — Wahre und statistische Belegschaftsleistung. Mensch u. Arbeit. Bd. 2 (1950) S. 196 ff.
150. — Gebrochene Grundlöhne — eine tarifliche Empfehlung? Mensch u. Arbeit Bd. 3 (1951) S. 12.
151. —, H. DIRKS, G. PAUL u. FR. GOOSSENS: Sehr verschiedene Begriffe der „Normalleistung". Mensch u. Arbeit Bd. 3 (1951) S. 110.
152. METZNER, M.: Leistungslohn und Leistungsgewinn. Zbl. Arbeitswiss. Bd. 3 (1949) S. 93 ff.
153. MEUSS, P.: Vorschläge für die Hebung der Leistung bei den Zimmerhauern. Glückauf Bd. 64 (1928) S. 1358.
154. — Gedingeformen im Steinkohlenbergbau. Kohle u. Erz 1931, S. 447.
155. — Die Arbeit, die Durchschnittsleistung und Normalleistung des Menschen. Bergbau-Rdsch. 1 (1949) S. 237 ff.
156. — Die Entstehung und Entwicklung der Gedingeordnungen im alten deutschen Bergrecht. Bergbau-Rdsch. Bd. 2 (1950) S. 491 ff.
157. — Die Normalleistung. Bergbau-Rdsch. Bd. 3 (1951) S. 307 ff., S. 368 ff. u. S. 404 ff.
158. MEYER: Neuartige Belegschafts- und Zeitkontrolle in Bergwerksbetrieben. Glückauf Bd. 64 (1928) S. 784.
159. — Das Recht der Arbeitsleistung. Wertheim 1931.
160. MICHALAK: Das Gedinge im mitteldeutschen Steinkohlenbergbau. Meuselwitz 1938.
161. MOHR, H.: Akkordarbeit. Zbl. Arbeitswiss. Bd. 2 (1948) S. 152 ff.

162. Moss u. Halls: A time study of coal-face workers. Trans. Instn. Min. Engrs. Bd. 90 (1935) S. 62 ff.
163. Müller, A.: Das Wertproblem in der Biologie und Medizin. Phil. Jb. Bd. 59 (1949) S. 307 ff.
164. Müller, H.: Gruppenarbeit und Gruppenlohn im saarländischen Steinkohlenbergbau. Diss. Mainz 1950.
165. Müssig: Das Gedinge im rheinisch-westfälischen Steinkohlenbergbau. Bochum 1931.
166. Neuwald, M.: Arbeitszeit im Bergbau. Bergbau u. Wirtsch. Bd. 4 (1951) S. 358 ff.
167. Oberhoff, E.: Arbeitsgestaltungsstudien mit der Poppelreuterschen Arbeitsschauuhr. Z. Rationalis. Bd. 1 (1950) S. 205 ff.
168. Oertmann: Der Arbeitslohn. Berlin 1921.
169. Oidtmann, P. H.: Die Auswertung von Meßergebnissen nach Häufigkeitsverfahren. Glückauf Bd. 88 (1952) S. 518 ff.
170. ÖKW-Veröffentlichung Nr. 29: Grundsätze der prakt. Psychologie. 1948.
171. Owsiany, W.: Haben Arbeitsstudien im Bergbau Erfolg? Bergbau u. Wirtsch. Bd. 4 (1951) S. 294 ff.
172. Pauli, R.: Die Arbeitskurve als Abbild der Leistungspersönlichkeit. Zbl. Arbeitswiss. Bd. 4 (1950) S. 135.
173. Peiseler, G.: Richtige Akkorde. Berlin 1929.
174. Pentzlin, K.: Sechs Möglichkeiten der Lohnregelung. Zbl. Arbeitswiss. Bd. 3 (1949) S. 88.
175. Peupelmann, H. W.: Gibt es einen gerechten Lohn? Bergbau u. Wirtsch. Bd. 4 (1951) S. 476 ff.
176. Poppelreuter, W.: Zeitstudie und Betriebsüberwachung im Arbeitsschaubild. München-Berlin 1929.
177. Potthoff: Probleme des Arbeitsrechtes. Jena 1920.
178. — Gruppenarbeit. Soz. Prax. 1929, H. 2, S. 42 ff.
179. — Belegschaft und Betriebsgruppe. Arch. civ. Prax. Bd. 128, S. 55 ff.
180. Pütz: Untersuchung und Überwachung bergbaulicher Arbeits- und Betriebsvorgänge durch die Aufnahme von Schaubildern mit besonderen Meßgeräten. Glückauf Bd. 67 (1931) S. 625 ff. u. S. 662 ff.
181. — Meßgeräte für den Untertagebetrieb. Techn. Bl. Bd. 21 (1931) S. 590 ff.
182. — Erfahrungen auf d. Gebiete der Regelung von Gedinge-Streitigkeiten. Bergbau-Rdsch. Bd. 4 (1952) S. 242.
183. Rasche, H.: Um den gerechten Lohn. Bergbau u. Wirtsch. Bd. 4 (1951) S. 391 ff., S. 418 ff. u. S. 447 ff.
184. 2. REFA-Buch. Berlin 1939.
185. Das REFA-Buch. Band 1 Arbeitsgestaltung. München 1951.
186. Reles, Th.: Der Proportionallohn — eine Lösung des Lohnproblems. Mensch u. Arbeit Bd. 1 (1949) S. 135.
187. Riebesell: Kritische Betrachtung zur sogenannten Großzahlforschung in der Technik und zur Anwendung mathematisch-statistischer Methoden in der Biologie und Medizin. Z. angew. Math. Mech. Bd. 28 (1948) S. 226 ff.
188. Riedel: Persönlichkeit und Leistung. Arch. Berufsausb. (1951) S. 101.
189. Rocil, F.: Untersuchungen zur Ermittlung der „Normalleistung“. ÖKW-Nachr. Bd. 1 (1949) S. 14 ff.
190. Roelen, W.: Klarheit und Wahrheit in Lohn und Leistung. Bergfreiheit Bd. 16 (1951) Nr. 6, S. 30 ff.
191. Roesch, H.: Der progressive Leistungslohn. Zbl. Arbeitswiss. Bd. 3 (1949) S. 154 ff.
192. Rohn: Der Arbeitsvertrag der Bergarbeiter. Marburg 1913.
193. Rubner, G.: Zeitaufnahmen mit einfachen Stoppuhren. Werkst. u. Betr. Bd. 2 (1946) S. 40.
194. Rühl, G.: Die Bestimmung von Beurteilungsmaßstäben in der praktischen Psychologie mit Hilfe von Häufigkeitskurven. Diss. T. U. Berlin 1951.
195. Rühl, H.: Der Einsatz von Zeitmeßgeräten zur Minderung des Fertigungsaufwandes. Ministerielles Rundschreiben v. 1. 3. 1944.
196. Rummel, K.: Leistungslohn und Lohnarten. Arch. Eisenhüttenw. Bd. 14 (1940/41) S. 248 ff.
197. — Der Leistungsbegriff im Zeitstudienwesen. Arch. Eisenhüttenw. Bd. 15 (1941/42) S. 295 ff.
198. — Die Bestimmung des Leistungsgrades bei der Zeitstudie als Akkordgrundlage. Zbl. Arbeitswiss. Bd. 3 (1949) S. 28 ff.
199. Saekel, B.: Der progressive Akkord. Zur lohnpolitischen Entwicklung in der Ostzone. Wirtsch.-Spiegel Bd. 3 (1948) S. 271 ff.
200. Sauer, H.: Was haben wir vom „MTM“ zu halten? Refa-Nachrichten 1951, S. 24.
201. Seesemann: Zeitaufnahmen bei der Seilfahrt. Glückauf Bd. 62 (1926) S. 681 ff.
202. Scheffler: Gruppenarbeit. Berlin 1927.
203. Schmidt, A.: Psychologische Gesichtspunkte bei der Ermittlung von Leistungslohn. Zbl. Arbeitswiss. Bd. 3 (1949) S. 51 ff.
204. Schmocker, A.: Kalkulation. Zürich 1948.
205. Schollmeier, F.: Bestimmung des Leistungsgrades der menschlichen Arbeit. Neue Betriebswirtschaft (Beilage zum Betr.-Berater) 1952, Nr. 1, S. 12 ff.
206. Schroeder, A.: Über die Norm in der Medizin und ihre Ermittlung mit Hilfe des Wahrscheinlichkeits-Netzes. Z. menschl. Vererbungs- u. Konst.-Lehre Bd. 24 (1940) S. 665.
207. Schroeder, R.: Die Zeitstudie als statistisches Verfahren. Werkstatts-Technik u. Masch.-Bau 1949, H. 4, S. 115 ff.
208. — Die Bestimmung der Arbeitsleistung. Beziehung zwischen Normal- und Individualleistung. Betrieb Bd. 2 (1949) S. 520.
209. — Die Bestimmung der Normalleistung. Betrieb Bd. 3 (1950) S. 208.
210. — Das Bedauxsystem der Leistungsentlohnung. Mensch u. Arbeit Bd. 3 (1951) S. 36.
211. — Das Bedauxverfahren. Zbl. Arbeitswiss. u. soz. Betr.-Prax. Bd. 5 (1951) S. 40 ff.
212. Schroeder, S.: Die geschichtliche Entwicklung der Arbeitszeit im deutschen Bergbau. Bergbau u. Wirtsch. Bd. 4 (1951) S. 282 ff.
213. Schwenger, R.: Das Bedauxsystem, Analyse und Kritik. Soz. Prax. 1929, S. 496.
214. Sieben, K.: Der Sinn der Zeitstudie im Bergbau. Bergbaul. Rdsch. Bd. 1 (1927) S. 9/10.
215. Skup, M.: Grundsätze für die Zusammenstellung von Arbeitskameradschaften im Bergbau. Przegl. Gor. Bd. 5 (1949) S. 181—188.
216. Smith, H. G.: The function of the study office in mine management. Limits of Standarisation in practice an equipment. Iron Coal Tr. Rev. Bd. 154 (1947) Nr. 4128, S. 727/28.

217. Sogalla: Über die Grenzen der Anwendbarkeit und die Auswertung von Zeitstudien im oberschl. Steinkohlenbergbau. Oberschles. Wirtsch. Bd. 3 (1928) S. 205 ff., S. 258 ff., S. 331 ff. u. S. 388 ff.
218. Spiethoff, B.: Garantierte Jahreslöhne. Mensch u. Arbeit Bd. 1 (1949) S. 10 ff.
219. — Die Praxis des Ergebnislohnes. Mensch u. Arbeit Bd. 1 (1949) S. 59 ff.
220. Spindler, G. R.: Die Organisation der Arbeit vor Ort. Bergbau-Arch. Bd. 10 (1949) S. 96 ff.
221. Stein, O.: Der Abteilungssteiger als der mit der Gedingesetzung Beauftragte. Bergbau-Rdsch. Bd. 2 (1950) S. 26 ff.
222. Stephens, V. C.: Efficiency through time Study. Coal Age Bd. 53 (1948) Nr. 4, S. 105 ff.
223. Strauch, H.: Statistische Methoden und Zeitstudien. Refa-Nachr. 1952, H. 1, S. 19 ff.
224. Townsend, H.: Time-Study methods for mining operations. Engng. Min. J. Bd. 123 (1927) S. 722 ff.
225. Vorhoff, H.: Kritische Untersuchung der in den Abbaustreckenvortrieben der Zechen Lothringen I/III und Graf Schwerin stehenden Gedinge unter Vergleich mit der holländischen Anleitung und dem russischen Normenbuch. Diplomarbeit Bergakademie Clausthal 1950.
226. Wagenführ, R.: Arbeitslohn und Arbeitsleistung ... (nebst Entgegnung der Schriftleitung). Arbeitgeber 1950, Nr. 4, S. 14 ff.
227. Walther, H.: Zeitstudien und das Rationalisierungsproblem im Steinkohlenbergbau. Dtsch. Bergwerksztg. 1926, Nr. 196, S. 12.
228. — Zeitstudien im Steinkohlenbergbau. Techn. Bl. Düsseld. Bd. 16 (1926) S. 409/10.
229. — Betriebsuntersuchungen mit Hilfe von Zeitstudien auf Steinkohlengruben des Ruhrbezirks. Glückauf Bd. 63 (1927) S. 1572 ff.
230. — Gedingeinspektoren und Gedingekommission. Bergfreiheit Bd. 14 (1949) Nr. 11, S. 12 ff.
231. — Zur Gedingekalkulation. Bergfreiheit Bd. 14 (1949) Nr. 11, S. 13 ff.
232. — Gedanken zur Weiterentwicklung des Gedingewesens. Bergbau-Rdsch. Bd. 2 (1950) S. 293 ff.
233. — Die Gedingekalkulation. Bergfreiheit Bd. 15 (1950) Nr. 7, S. 12 ff.
234. — Die Entwicklung der Gedinge im Jahre 1950 gegenüber 1949 im westdeutschen Steinkohlenbergbau. Glückauf Bd. 86 (1950) S. 1134 ff.
235. — Entwicklung auf dem Gebiet des Gedingewesens in den letzten Jahren. Bergfreiheit Bd. 16 (1951) Nr. 2, S. 1 ff.
236. — Gedingegrundwerte auf Grund von Gedingekalkulationen in Abbaustreckenvortrieben. Bergbau-Rdsch. Bd. 4 (1952) S. 13 ff. u. S. 66 ff.
237. — Erfahrungen mit Gedingekalkulationen auf Eß-, Mager- und Anthrazitkohlenzechen. Glückauf Bd. 88 (1952) S. 53 ff.
238. Wandel, L.: Arbeitsbewertung und Arbeitsstudie als Hilfsmittel zu einer gerechteren Entlohnung. Zbl. Arbeitswiss. Bd. 4 (1950) S. 1 ff.
239. Wawersik, R., u. E. Liebel: Bericht über eine Reise zum Studium des Bedauxsystems. Bergbau-Rdsch. Bd. 4 (1952) S. 187 ff.
240. Wendt, H. G.: Leistungslohn und Leistungssteigerung in der UdSSR. Zbl. Arbeitswiss. Bd. 5 (1951) S. 33 ff., S. 49 ff. u. S. 85 ff.
241. — Zum Problem des Leistungslohnes. Arbeitsbl. für die brit. Zone Bd. 1 (1949) S. 171 ff.
242. Werner u. Schmolz: Analytische Bestimmung des Leistungsgrades. Das Industriebl. Bd. 50 (1950) S. 350.
243. Wickel, H.: Akkordlohn zeitgemäß. Werkst. u. Betr. Bd. 81 (1948) S. 308.
244. Winkel, A.: Refa, Betriebswirtschaft und Menschenkunde. Refa-Nachr. Bd. 3 (1950) Nr. 1.
245. — Refa-Probleme. Refa-Nachr. Bd. 4 (1951) Nr. 2.
246. Winkel, A., u. a.: Arbeits- und Zeitstudien in der Betriebspraxis. München 1949.
247. Woelbling: Der Akkordvertrag und der Tarifvertrag. Berlin 1908.
248. — Grundsätze des Akkordvertrages aus Gerichtsentscheidungen. Berlin-Leipzig 1922.
249. Wolf, A.: Einfluß von Gedingezeit- und Arbeitszeitänderungen auf Lohnkosten und Arbeitsleistung in Reparaturwerkstätten. Glückauf Bd. 77 (1931) S. 1565.
250. Wolff, W.: Durch Plankosten zum leistungsgerechten Arbeitsentgelt. Eine Stellungnahme zu W. W. Neumayers Vorschlägen. Z. Betr.-Wirtsch. Bd. 21 (1951) S. 469 ff.
251. X.: Der Stand der Zeitstudien im Bergbau. Techn. Bl. Düsseld. 1929, Nr. 15, S. 238 ff.
252. — Was ist Leistung? Dtsch. Soz.-Pol. 1940, Nr. 5.
253. — Die Kohlenschlacht in Frankreich. Dtsch. Bergwerksztg. 1941, Nr. 123.
254. — Aussprache: Entlohnung nach Leistung. Zbl. Arbeitswiss. Bd. 7 (1947) S. 135 ff.
255. — Die Bewertung von Arbeitsleistungen. Lohngerechtigkeit als Mittel der Arbeitseinsatzlenkung. Betrieb Bd. 1 (1948) S. 121 ff.
256. — Richtlinien für den Leistungslohn in volkseigenen Betrieben. Wirtsch. Bd. 3 (1948) S. 479.
257. — Die neue Arbeitsordnung in der sowjetischen Zone. Zbl. Arbeitswiss. Bd. 2 (1949) S. 15/16.
258. — Wandlungen der Gedinge-Verantwortung. Bergfreiheit Bd. 14 (1949) Nr. 9, S. 3 ff.
259. — Der „progressive Leistungslohn" in der Sowjetwirtschaft. Mensch u. Arbeit Bd. 1 (1949) Nr. 1, S. 13.
260. — Die Aufgaben der Kontrollkommissionen für Arbeitsnormen in der polnischen Kohlenindustrie. Przegl. Gor. Bd. 5 (1949) S. 346 ff.
261. — Gerechter Lohn mit und ohne Refa. Dtsch. Textilanz. Bd. 5 (1950) Nr. 4, S. 4.
262. — Leistungsprämie im französischen Bergbau. Le Monde, 16. 11. 50.
263. — Die Verbreitung der Zeit- und Leistungslöhne. Arbeitgeber 1950, Nr. 15, S. 8.
264. — Der progressive Leistungslohn. Techniker Bd. 3 (1950) Nr. 8, S. 6.
265. — Der Proportional-Lohn (Salaire Proportionell) — eine Lösung des Lohnproblems? Wirtsch.-Prax. III B: Fertigung, Lohnfragen Bd. 4 (1950) Nr. 24.
266. — Eine Probe auf tarif-(normalleistungs-)gerechte Akkordgestaltung. Wirtsch.-Prax. 1950, Nr. 23, S. 97.
267. — Handbuch für Arbeitsstudien, ausgearb. v. ÖKW-Ausschuß für Arbeitsstudien. Hrg. v. ÖKW, Wien 1951.
268. — Die Meinung des Bergmanns. Bergfreiheit Bd. 17 (1952) Nr. 1, S. 6 ff.
269. Zierenhold, P.: Leistungssteigerung durch gute Arbeitsbedingungen. Bergbau-Rdsch. Bd. 3 (1951) S. 303.

Sachverzeichnis.

(*Kursiv* gedruckte Zahlen weisen auf besonders wichtige Stellen, dieBuchstaben A und T auf Abbildungen bzw. Tafeln hin.)